JN409843

內燃機關工學

-高性能機關을 中心으로-

趙 珍 鎬 編著

學 硏 社

머 리 말

內燃機關은 우리의 일상 생활에 밀착되어 있는 熱機關으로서, 超小形機關으로부터 수만마력의 船舶用·超大形機關에 이르기까지 광범위하게 제작되어서 실용화되고 있다. 특히 內燃式 體積形인 피스턴기관은 현재 모든 교통차량 및 해운을 비롯하여 建設機械, 一般産業機械類 등의 動力源으로서 주류를 이루고 있다.

내연기관은 機械工學의 기초인 材料力學, 工業力學, 流體力學, 熱力學과 공학으로서 중요한 燃燒工學, 傳熱工學, 潤滑工學, 材料學, 信賴性工學 등이 총합되어서 만들어지게 되는 것이므로 이 내연기관을 공부함으로써 기계에 관한 폭넓은 지식이 얻어질 것이다.

그리고 이 내연기관으로부터 배출되는 이산화탄소 외에 각종 有害成分의 발생과 소음 등은 사회의 환경을 오염시키는 公害問題의 근원으로서 근래 社會問題로 크게 대두되어 있다. 그러나 현재로서는 이 내연기관이 인류의 사회 생활과는 불가분의 관계에 있어서, 이에 대한 대책을 위한 노력은 지대하여 여러 가지 연구발전되어 가고 있는 추세에 있다. 본서는 자동차용 기관을 중심으로 電子制御燃料噴射裝置를 비롯하여 기관의 精密制御, 희박연소 그리고 배출가스, 소음, 진동 등의 公害對策과 신뢰성공학 외에 기관의 고성능 등 새로운 기술에 대하여 그 동안의 강의 내용과 여러 참고 문헌을 참조하여 이해하기 쉽도록 하는 데 노력하였다.

본서는 대학 및 전문대학의 기계공학과와 자동차공학과에서 이수하여야 할 내연기관공학에 관한 교재로 개발한 것으로, 포함되어 있는 내용 가운데 수업시간 등 여건에 맞추어서 선택적으로 다룰 수 있도록 하였다.

위와 같은 취지하에 노력은 하였으나, 내용이나 옮기는 데 있어서 뜻하지 않은 오류가 있을 것으로 염려되어서 독자 여러분의 서슴없는 지도와 편달을 바라는 바이다.

끝으로 本著를 엮음에 있어서 많은 引用文獻 著者諸賢과 學硏社의 社長님을 위시하여 社員 여러분의 아낌없는 협조에 깊이 감사 드리는 바이다.

1993년 11월

編著者 識

차 례

第1章 序 論

第2章 機關의 基本사이클과 熱效率

第 3 章 機關性能에 관계되는 諸因子

第 4 章 出力과 燃費

第 5 章 作動流體의 交換

第 6 章 混合氣 生成法

第 7 章 燃料 및 燃燒

第 8 章 機關의 構造 및 機能

第 9 章 傳熱 및 冷却

第 10 章 機關의 潤滑

第 11 章 機關主要部의 運動

第 12 章 기관의 始動, 運轉試驗 및 騷音

附錄 (I) 運轉現象과 機關의 使用方法

附錄 (Ⅱ) 自動車의 動力性能

第1章 序 論

內燃機關은 편리하고 유용한 熱機關이어서, 여러 가지 용도에 널리 사용되며, 그 종류도 많고, 우리들 인류 사회에 더없이 필요한 動力源이다. 그러나 많은 특징을 가지고 있는 반면, 기관으로부터 배출되는 가스나 운전할 때 발생하는 소음 등이 公害問題로서 크게 대두되어 있다. 최근 이 공해 문제는 많은 실험 연구의 결과로 점차 개량되어 가고 있으며, 이미 低公害機關이 개발되었고, 앞으로는 종래와는 달리 연료에 압축 천연가스(CNG)나 수소를 사용하는 등 새로운 형식의 기관이 보급, 실용화될 것으로 믿어진다.

1-1 內燃機關의 定義

열을 기계적인 일로 전환시키는 기계장치를 총칭하여 열기관(heat engine)이라 한다. 이 열기관 가운데 가스나 액체 상태의 연료(gaseous or liquid fuel)와 공기로 된 混合氣(fuel air mixture), 즉 作動流體(working fluid)를 기관의 일정체적인 燃燒室(combustion chamber) 내에서 각 사이클마다 간헐적으로 폭발 연소시켜서, 이 때 발생하는 열에너지를 이용하여 기계적인 일로 전환하는 열기관은 內燃式 體積形의 열기관으로 이를 일반적으로 내연기관(internal combustion engine)이라 한다. 한편, 연료를 일정의 연소실 내에서 연속적으로 연소시켜서 발생하는 연소가스를 유동적으로 이용하여 기계적인 일로 전환하는 열기관은 內燃式 流動形(또는 속도형)의 열기관이며, 이를 가스 터빈기관(gas turbine engine)이라고 한다. 또 기관본체의 외부에서 생성된 작동유체를 이용하여 기계적인 일을 하는 열기관은 外燃式熱機關(external combustion engine)이고, 내연식 열기관의 경우와 같이 체적형과 유동형이 있다.

表 1-1 熱機關의 分類

가스작동형식 / 연소방식	체 적 형	유 동 형
內燃式	內燃機關	가스터빈기관 터보제트기관
外燃式	蒸氣機關	증기터빈기관

1-2 機關의 作動概要

연료의 연소로써 발생된 열에너지를 가진 연소가스, 즉 작동유체는 往復運動(reciprocating motion) 또는 回轉運動(rotational motion)을 하는 피스턴에 작용하여 유효한 기계적인 일을 한다. 피스턴의 왕복운동을 이용하여 기계적인 일을 얻는 기관을 往復內燃機關이라 하고, 피스턴의 회전운동을 이용하여 기계적인 일을 얻는 기관을 回轉內燃機關이라 한다.

(1) 往復內燃機關

왕복기관은 연료의 연소로 발생하는 폭발 압력을 받은 피스턴이 실린더 내를 왕복운동하는 데 따라 커넥팅 로드(connecting rod)를 거쳐서 크랭크축에 동력을 전달하여서 유효일을 하는 기관이다. 이 때, 피스턴이 2왕복, 즉 크랭크축의 2회전마다 1회의 유효일을 하는 기관을 4사이클기관(4 stroke cycle engine or 4 cycle engine)이라 하고, 1왕복, 즉 크랭크축의 1회전마다 1회의 유효일을 하는 기관을 2사이클기관(2 stroke cycle engine or 2 cycle engine)이라고 한다.

피스턴이 실린더의 가장 위쪽에 있을 때가 上死點(top dead center or TDC)이고 이 때에는 커넥팅 로드와 크랭크 암(crank arm or web)이 일직선상에 있다. 또, 피스턴이 실린더의 가장 아래쪽에 왔을 때의 위치를 下死點(bottom dead center or BDC)이라고 하고, 상·하사점의 사이, 즉 피스턴이 왕복하는 거리를 行程(stroke)이라고 한다.

피스턴이 상사점에 있을 때의 피스턴 크라운부와 실린더 헤드부 사이의 틈새(top clearance)는 연소실이고, 그 체적이 틈새체적(clearance volume)이며, 피스턴이 1행정으로 배제하는 체적을 行程體積(stroke volume or swept volume)이라 하고, 이 행정체적과 틈새체적과의 합과 틈새체적과의 비가 壓縮比(compression ratio)이다.

1) 4사이클 가솔린기관

가솔린기관은 氣化器(carburetor)나 EGI 시스템에 의하여 연료와 공기로 된 혼합기를 흡입하고 피스턴으로 압축시킨 다음 點火플러그(spark plug)의 스파크에 의하여 점화 연소시켜서 유효일을 하는 기관으로서, 스파크점화기관(spark ignition engine or SIE) 또는 오토기관(Otto engine)이라고 한다. 최근에는 燃費의 저감과 배출가스 공해방지대책의 한 방법으로 연소를 개선하기 위하여 기화기를 쓰지 않고 가솔린을 연료펌프(fuel pump)로 가압하여 흡기밸브 가까이의 흡기포트나 또는 스로틀보디에 분사하는 방식의 가솔린기관, 즉 가솔린분사 스파크점화기관(gasoline-injection spark-ignition engine)이 대부분을 차지하고 있다.

그림 1-1은 4사이클 가솔린기관의 작동을, 그림 1-2는 실린더 내의 압력 p와 체적 V의 변화를 나타내는 pV 선도이다. 그림 1-1 (a)에서 흡기밸브(suction or intake valve)가 열리고 피스턴이 吸氣行程(suction stroke)에 들어가면 연료와 공기와의 혼합기가 흡입되고, 그림 1-2의 0→1로 표시되는 체적의 변화가 일어난다. 다음에 (b)에서 흡기밸브 S가 닫히고 피스턴이 壓縮行程(compression stroke)에 들어가면 실린더 내의 혼합기는 피스턴에 의하여 압축되어서 압력이 상승되고, 1→2로 표시되는 체적과 압력의 변화가 일어난다. 이 행정의 말기에서 점화플러그에 스파크가 발생하면 혼합기는 一定體積하에서 폭발 연소하고, 2→3에서와 같은 압력의 상승이 일어난다. 다음은 (c)에서와 같이, 피스턴은 연소가스의 팽창압력을 받아서

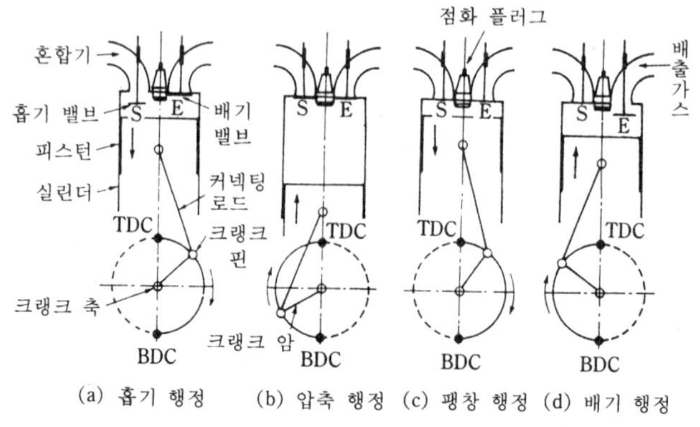

그림 1-1 4사이클 가솔린기관의 작동(그림 1-2 참조)

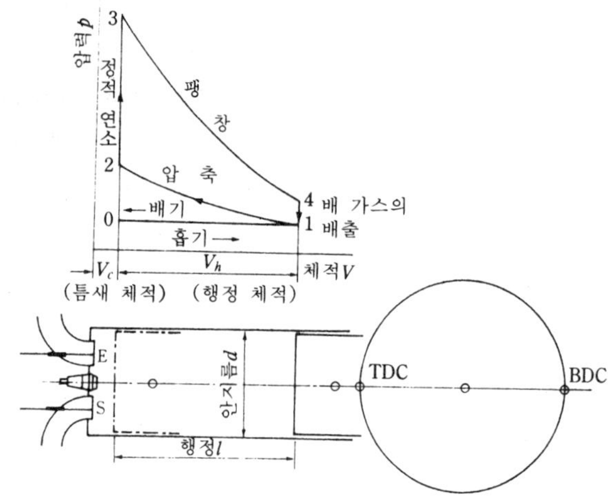

그림 1-2 4사이클 가솔린기관의 pV 선도

아래로 내리밀리면서 유효일을 하게 된다. 이 행정을 膨脹行程(expansion stroke) 또는 作業行程(working stroke)이라 하고, 압력 p와 체적 V의 변화는 3→4로 표시된다. 다음에는 (d)에서와 같이, 排氣밸브(exhaust valve) E가 열려서 정적하에 작동유체, 즉 배출가스가 실린더 밖으로 배출되면서 排氣行程(exhaust stroke)을 끝마치게 된다. 이 때, 압력 p는 4→1로 나타내는 것과 같이 저하되고 체적 V의 변화는 1→0의 경로를 밟는다. 이 행정에서 배출가스는 완전히 배출되지 못하고 실린더 내에는 어느 정도의 가스가 남게 되는데, 이 가스를 殘留가스(residual gas)라고 한다.

2) 4 사이클 디젤기관

디젤기관은 壓縮着火(發火)機關(compression ignition engine or CIE)이라 하며, 흡기행정에서 흡입된 공기가 고도로 압축되어서 압축행정 말기의 공기의 온도는 연료의 자연발화온도 이상에 도달한다. 그 고온, 고압의 공기를 향하여 연료를 霧狀으로 분사함으로써 自己着火(self-ignition)하여 연소하게 되고, 발생된 연소가스의 압력에 의하여 유효일을 하는 기관이다. 따라서, 디젤기관은 흡기행정에서는 공기만을 흡입, 압축행정 말기 가까이에서 연료를 분사하여서 착화시키는 외에, 기관의 작동요령은 가솔린기관과 같다. 그림 1-3 (a)는 저속디젤기관의 pV선도이고, 연소가 정압하에서 이루어지면서 2→3 의 경로를 거치게 되며, 그 밖의 과정은 그림 1-2 와 같다.

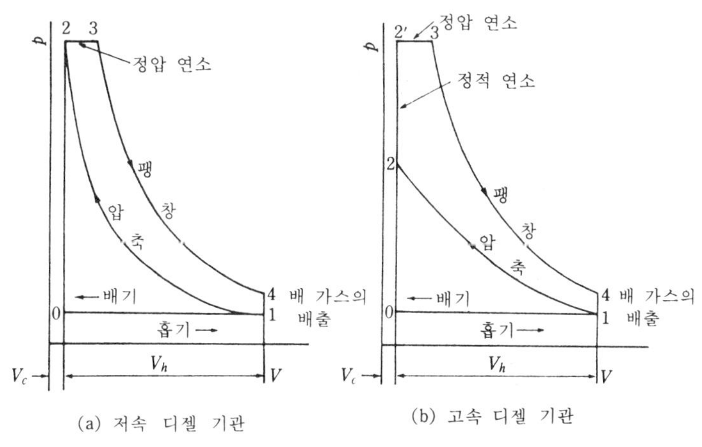

그림 1-3 4 사이클 디젤기관의 pV선도

(b)는 고속디젤기관의 pV선도로서, 연료의 연소는 定積과 定壓하에서 이루어지게 되며, 그 경로는 2→2′→3 으로 표시된다.

3) 2 사이클 가솔린기관

그림 1-4는 2사이클 가솔린기관의 작동 요령을, 그림 1-5는 그의 pV선도를 나타낸 것이다. (a)는 피스턴의 下降行程으로, ①은 점화플러그의 스파크에 의한 폭발 연소와 가솔린과 공기로 된 혼합기를 크랭크실 내에 흡입하는 吸氣作用을, ②는 연소가스의 배출과 흡입된 새로운 혼합기의 크랭크실 내에서의 壓縮作用을 나타낸다. (b)는 피스턴의 上昇行程으로, ③은 배출가스와 크랭크실 내에서 압축된 新氣(혼합기)에 의한 掃氣를, ④는 피스턴 스커트로 掃氣口(scavenging port)와 排氣口(exhaust port)를 막고 난 뒤부터의 피스턴에 의한 압축작용을 나타낸다. ②에서 알 수 있는 것과 같이, 배기구가 열리기 시작하는 것은 소기구가 열리기 시작한 것보다도 빠르므로, 소기구로부터의 신기는 실린더 내에 남아 있는 배출가스를 몰아내는 작용도 함께 하게 된다.

그러나 이로 인하여, 신기에 포함되는 연료의 어느 양이 배출가스와 함께 배출되므로 연료의 일부가 손실되고 또한 일부의 탄화수소가 배출된다.

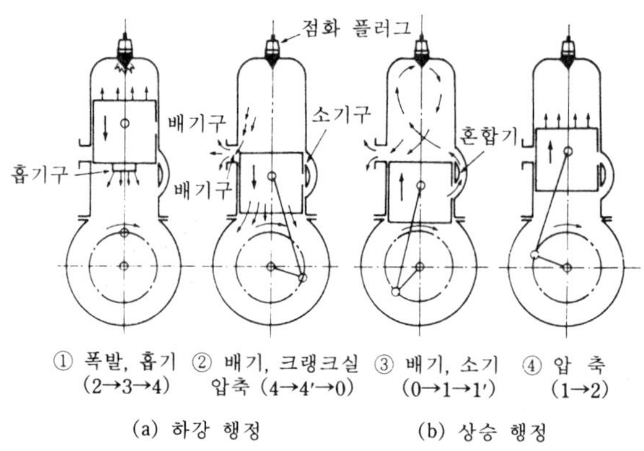

그림 1-4 2사이클 가솔린기관의 작동

4) 2 사이클 디젤기관

小形機關의 경우는 가솔린기관과 같은 소기구와 배기구가 있으나, 고성능기관에서는 배기구 대신 배기밸브가 있다. 그리고 크랭크실 소기 대신

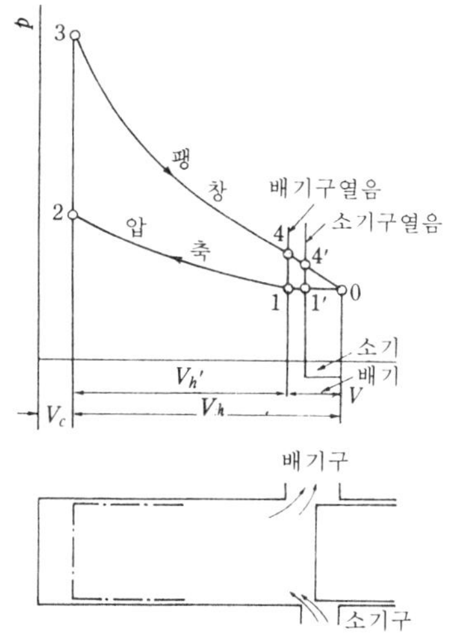

그림 1-5 2 사이클 가솔린기관의 pV선도

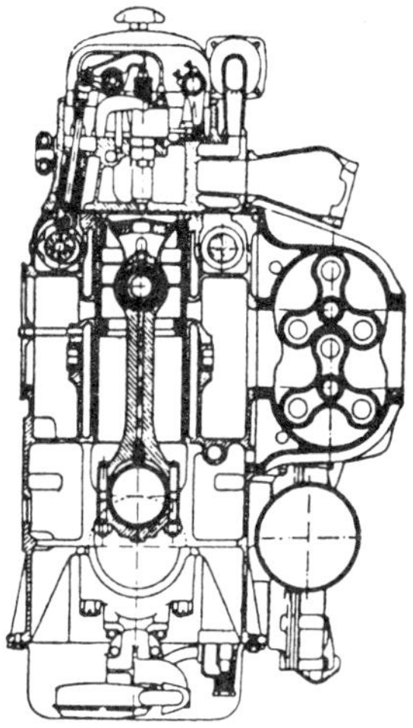

그림 1-6 루트송풍기부착 유니플로 소기 2 사이클 디젤기관

독립된 掃氣펌프(scavenging pump)나 掃氣送風機(scavenging blower)를 가지고 있다. 기관의 작동요령과 pV선도는 그림 1-4, 1-5와 같으며, 다만 디젤기관의 경우는, 압축행정 말경에 분사펌프로 실린더 내에 연료를 직접 분사하게 되어서 掃氣作用에 의한 연료의 손실이 없다.

그림 1-6은 루트송풍기(Root's blower)가 부착되어 있는 기관의 예이다.

5) 4 사이클기관과 2 사이클기관의 비교

4사이클기관은 負荷 및 回轉速度의 변화의 폭이 넓어도 그 運轉性이 안정되어 있고, 특히 輕負荷에서 우수하며 常用回轉速度 범위에서의 軸토크曲線이 평탄하다. 즉, 低速性能이 크게 악화되지 않고 高速化가 용이하며, 그밖에 始動性이나 연료 소비면에서 유리한 것도 무시되지 않는다. 그리고 2사이클기관은 동일의 실린더 체적에서 얻어지는 출력이 크고 부품의 수가 적으며, 플라이휠을 가볍게 할 수 있어 小形이고 輕量이며 제작원가가 저렴하다. 이상으로 보아 소형이고 경량일 것이 중시되는 경우는 2사이클기관이, 그 밖의 경우는 4사이클기관이 주류로 되어 있다. 표 1-2는 양 사이클의 원리, 혹은 구조상의 특징에 따른 두 사이클의 우열을 대비한 것이다.

단, 2사이클기관은 대상으로 하는 것이 자동차용 2사이클 가솔린기관의 주류인 크랭크실 壓縮掃氣方式이다.

表 1-2 4사이클機關과 2사이클機關의 비교(가솔린기관)

두 사이클의 특징	두 사이클의 우열대비	A	B
1. 4사이클기관은 기관 2회전에 1회, 2사이클기관은 1회전에 1회의 동력행정이 있다.	a. 比出力은 2사이클기관 쪽이 크다. 이상적으로는 2배가 되어야 하나, 2사이클機關은 일에 쓰이는 유효한 실린더 체적이 작고 잔류가스가 많아서 실제로는 1.2~1.5배이다.		○
	b. 2사이클기관 쪽이 회전력의 변동이 작다. 따라서 실린더수가 적은 기관일 경우라도 진동이 작으며, 플라이휠을 가볍게 할 수 있다.		○
	c. 2사이클기관 쪽이 熱負荷가 크다(매회전마다 폭발 과정이 있다.)	○	
2. 2사이클기관에서는 실린더 내에 충전되는 신기 중에 혼입되는 잔류가스가 많고, 또 新氣의 追出(소기포트로부터 배기포트로의 소통)도 많다. 4사이클기관의 경우는 흡·배기 행정이 독립되어 있어서 이것이 적다.	d. 잔류가스가 많으면 불완전 연소를 일으키므로 2사이클기관의 운전은 안정되지 못하고(특히 저속, 경부하일 때) 또한 시동성이 나쁘며, 특히 HC의 배출이 많다.	○	
	e. 그러나 내부적으로 EGR의 증가효과가 있어서, 2사이클기관의 NO_x 배출률은 낮다.		○
	f. 2사이클기관의 신기 추출은 연료 소비를 증가시킨다. 또 d의 영향과 합해져서 HC의 배출이 많은 요인이 된다.	○	
3. 2사이클기관의 가스 교환은 유체의 압력차나 유동방법 등 자연작용에 따르는 것이 4사이클기관보다 강하여 慣性이나 脈動效果의 영향을 받기 쉽다.	g. 2사이클기관의 경우 기관회전속도에 대한 軸토크의 변화가 평탄하지 않고 4사이클기관에 비하여 변화의 기복이 심하다. 또 고속이나 혹은 저속측에서 축토크가 떨어지기 쉽다. 이것과 d의 영향이 합해져서 안정적이면서 운전성이 좋은 運轉領域이 4사이클기관 쪽이 넓다.	○	

4. 2사이클기관에서는 밸브기구가 없거나 간단하다. 그대신 실린더에 배기포트와 소기(흡기)포트가 마련되어 있다.	h. 2사이클기관의 경우는 밸브기구가 없거나 간단하여 부품의 수가 적고 경량이며 제작원가가 저렴하다. 밸브기구의 충격음이 없다.		○
	i. 배기와 소기포트 부근의 온도변화가 크고 熱變形이 생기기 쉽다.	○	
5. 2사이클기관은 4사이클기관에 비하여 실린더 내 압력이 높은 시점에서 배기포트가 열린다.	j. 2사이클 쪽이 배기압력이 높아 배기 소음이 크다.		○
6. 4사이클기관에서는 윤활유를 순환시켜서 사용한다. 그러나 2사이클기관의 경우는 윤활유를 신기에 혼합하여 사용, 소모되므로 항상 새로운 윤활유가 보급된다.	k. 2사이클기관은 윤활유 소비가 많고 윤활유 연소에 기인하는 연기가 나기 쉽다. 또 점화플러그나 배기계에 그을음이 퇴적하기 쉽다.	○	
	l. 2사이클기관에서는 항상 새로운 윤활유를 사용하게 되어, 耐久性에 유리하다.		○

주 A : 4사이클기관의 좋은 사항, B : 2사이클기관의 좋은 사항

(2) 回轉內燃機關

1) 회전가솔린기관

회전기관에는 회전실린더기관과 회전피스턴기관이 있다. 이 중에서 현재 실용화되고 있는 것은 독일의 Wankel이 개발한 삼각형의 로터를 가진 반켈기관(Wankel engine)이다.

이 기관은 로터의 3변에 의해 각각 독립된 作動室(chamber)이 형성되고 이들 3개의 작동실은 로터의 회전에 따라 그림 1-7과 같은 작동을 한다.

1개의 작동실에 대하여 설명하면 다음과 같다. ①에서 흡입구가 열리기 시작 ②~④와 같이 점차 체적이 커지면서 혼합기를 흡입한다. ⑤에서 흡입구가 닫히고 ⑥~⑧사이에 압축, ⑨에서 점화 폭발한 다음 ⑩~⑫와 같이 팽창한다. ⑬에서 배기구가 열리기 시작, ⑱까지 배기가 이어진다. 배기가

끝나면 ①로 되돌아가서 다시 같은 사이클을 반복한다.

다른 2실도 이것과 같은 작동을 하게 된다.

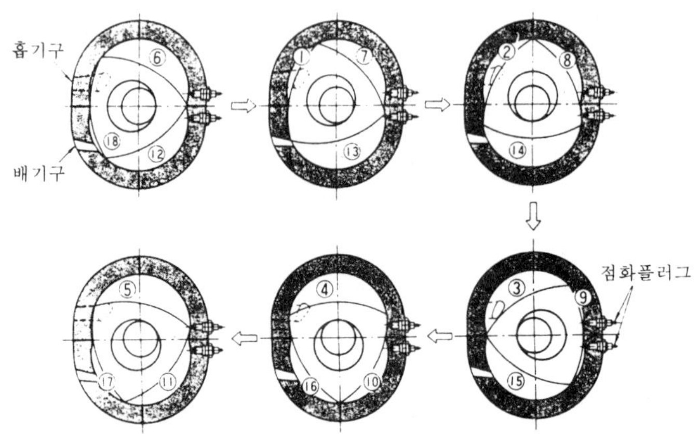

그림 1-7 로터형 기관의 작동

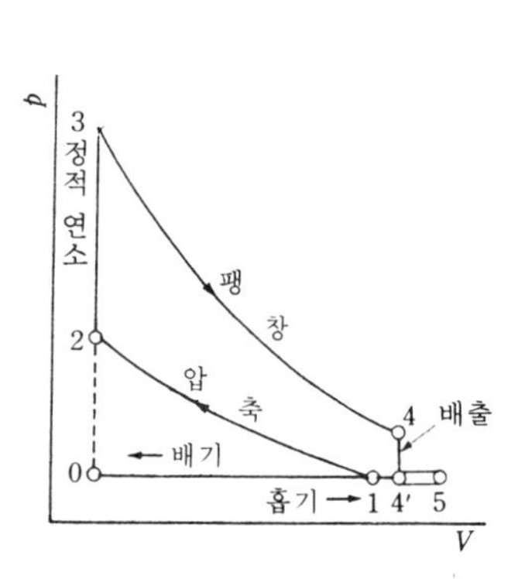

그림 1-8 반켈회전 가솔린기관의 pV선도

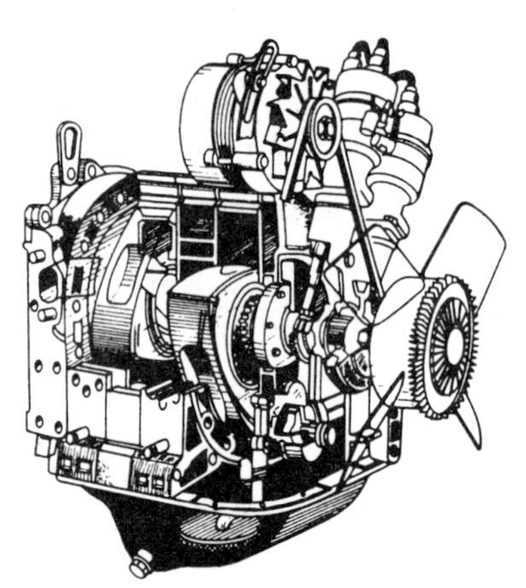

그림 1-9 로터형 기관

구조는 로터가 出力軸의 偏心部에 支持되고 內齒齒車를 가진 로터는 출력축의 선기어(sun gear)와 맞물려서 플라네터리기어(planetary gear) 운동을 하면서 출력축을 구동하여 동력을 전달한다. 로터와 하우징(housing)과의 사이에는 3개의 작동실이 있어 왕복기관의 3실린더에 상당하고, 각 작동실의 가스 교환은 왕복기관의 4사이클식이다. 그리고 로터의 매 1회전 마다 출력축은 3회전을 하고 3회의 팽창행정이 있으므로 출력측 1회전당 1회의 팽창행정이 있게 된다. 그림 1-8은 그 pV선도를 나타낸 것이고 그림 1-9는 2개의 로터를 가진 반켈기관의 구조도이다.

1-3 內燃機關의 特徵

앞에서 설명한 바와 같이, 오늘날 인류의 일상 생활에 밀착되어서 가장 많이 이용되고 있는 열기관은 내연식 체적형 열기관임에 틀림이 없다.

이 기관을 다른 열기관과 비교할 때 특징은 다음과 같다.

[장점]

① 熱效率이 높다 : 앞으로 석유자원의 고갈을 의식, 석유 에너지의 절약에 대비하여 연료 소비량이 적은, 즉 열효율이 높은 열기관을 요망하게 되었다. 외연식 열기관을 제외하고 내연식의 경우 최근 현저하게 발달된 가스 터빈도 현재로는 체적형 내연기관의 열효율에는 미치지 못하고 있다.

② 구조가 간단하다 : 사용상 구조가 간단하여야 함은 필수 조건의 하나이다. 외연기관에 비하여 부품의 수가 적고, 따라서 제작원가도 저렴하다.

③ 취급이나 관리가 용이하다 : 구조가 간단하여 취급하기 쉽고, 운전이나 수리 등 관리에 소요되는 시간이나 경비가 적게 든다.

④ 輕量이고, 比重量, 比體積이 작다 : 구조가 간단하므로 비중량(중량/출력)이 작고, 또 콤팩트(compact)하여 비체적(체적/출력)이 작아서 기관을 설치하는 데 필요로 하는 공간이 작아도 된다.

⑤ 超小形機關이 가능하다 : 수십분의 1마력인 초소형기관을 다른 열기관으로는 실현하기가 불가능하나, 체적형의 내연기관만은 이것이 가능하다.

[단점]

① 自力으로서의 시동이 불가능하다 : 電動機는 전류가 통전되면 바로 회전이 가능하나, 내연기관은 시동을 위하여 起動電動機 등 별도의 시동장치를

필요로 한다. 또, 極寒地에서의 시동을 위해서는 특별한 시동 보조 장치를 필요로 한다.

② 연료의 종류에 제한이 있다 : 석유기관, 가솔린기관, 디젤기관 등은 각 기관에 가장 적합한 氣化性과 流動性 및 着火性 등의 양호한 물성을 가지고 있는 연료를 필요로 한다. 그러나 연구개발 중에 있는 多種燃料機關(multi-fuel engine)이 실용화될 경우는 예외이고, 연소방식 등의 독특한 고려가 됨으로써, 이 때에는 넓은 범위에 걸쳐서 수소 등 여러 종류의 연료를 사용할 수 있게 될 것이다.

③ 배출가스, 소음 및 진동에 의한 공해가 있다 : 배출가스 중에 포함되어 있는 유해성분 CO, HC, NO_x 등이 인체에 미치는 위생상의 문제, 배기흑연이나 배기악취 등에 의한 불쾌감 및 기관의 운전시 발생하는 이산화탄소를 포함하여 소음이나 배기음 등에 의한 환경공해가 있으며, 이것들은 稀薄燃燒方式 등에 의하여 획기적으로 개선되어 가고 있다.

1-4 内燃機關의 分類

1876년 Otto가 4 사이클 가스기관을 개발한 후 오늘날에 이르렀고, 또 1898년 Diesel이 공기만을 실린더 내에 흡입하고 이것을 압축하여 생성된 고온·고압의 공기 속에 압축공기를 이용하여 연료를 무상으로 분사하여 자기착화 연소시키는, 즉 디젤기관이 완성되고서부터도 퍽 오랜 기간이 지난 것이 된다. 그러나 이들 기관의 원리는 지금까지도 변하지 않았으며, 다만 그 구조에 관하여만 여러 가지 변천을 거쳤고, 또 기관의 용도에 상응하여 각종의 내연기관이 고안, 제작되어서 실용화되어 왔다. 이들은 어느 것이나 각각의 특징을 가지고 있으며, 그 사용 목적에 따라서 다시 개량되어서 오늘날의 내연기관이 되었다.

1-5 内燃機關의 現狀

내연기관의 종류는 매우 많고, 또 각각의 기관은 날로 개선되어 발달하고 있으므로, 기관 전반에 관한 현상을 상세하게 설명하기는 매우 어렵다. 따라서, 대표적인 기관으로서 農·工業用 機關(agricultural and industrial engine), 自動車用 機關(automobile engine), 建設機械用 機關(engine for constructional machine) 및 船舶用 機關(marine engine)에 대하여 그 현상의 개요와 문제점 등을 설명하기로 한다.

(1) 農·工業用 機關

여기에 속하는 기관은 수마력으로부터 수십 마력[PS], 〚kW〛의 소형오토기관과 디젤기관으로, 사용되는 연료도 등유(kerosene), 가솔린, 경유(gas oil) 등이 있다. 실린더수는 單 또는 多실린더로 4사이클과 2사이클의 두 형식이 쓰여지며, 水冷式과 空冷式이 채용된다. 단실린더기관인 경우는 진동방지대책으로서 動的平衡(dynamic balancing)裝置가 채용되어서 수직 및 수평의 진동이 상쇄되도록 고려되고 있다. 시동을 쉽게 하기 위한 실린더 내의 減壓裝置(decompression device)뿐 아니라, 시동방법도 기관에 따라 수동으로부터 기동전동기를 이용한 시동방법에 이르기까지 다양화되고 있다. 작업 능률의 향상이나 인력을 대신하는 방법 등으로 절대 필요하게 되어서, 그 생산량의 증가가 현저하며 다만, 이들 기관은 에너지 절약이라는 관점에서, 저연비로서 신뢰성이 높고, 취급이 용이하며, 내구성이 있는 것이 바람직하다.

(2) 自動車用 機關

승용자동차용 가솔린기관에 대한 세계 각국의 공통적 과제는 燃費性能의 향상과 정해진 배출가스의 규제를 어떻게 달성하는가에 있으며, 각 제작회사들 사이에는 이의 대책을 위한 연구 개발이 활발하게 진행되고 있다. 현재로는 왕복기관의 경우, 현존 기관의 연료 공급 장치의 개량으로 연소를 개선하거나, 또는 기관 자체를 크게 개조하고, 주연소실 외에 부연소실을 마련하여 희박연소시키는 등의 방법이 강구되고 있다. 그리고 기관의 연소실을 개선하는 외에 三元觸媒裝置에 의한 배출가스의 後處理方法의 병행으로 그 성과는 크게 향상되었다. 한편, 회전기관은 연료소비량(fuel consumption)이 왕복기관에 비하여 많은 것이 문제로 되고 있으며, 이를 위한 여러 가지 연구 결과로 다소 연비가 개선되어 가고 있다.

배출가스 대책의 하나로서 사용되기 시작하였던 電子制御가솔린噴射(electronic controlled gasoline injection)의 사용은 배출가스의 淨化뿐 아니라 기관의 성능 향상, 즉 應答性(responsive)의 양호, 희박연소 등에 의한 연료 소비의 저감, 운전성의 향상 등을 들 수 있다.

그동안 승용자동차의 디젤화는 유럽 등지에서 많이 보급되고 있으며, 앞으로 보다 정숙한 운전이 가능하게 되면 증가될 추세에 있다. 한편, 버스, 트럭용 디젤기관으로부터 배출되는 유해 성분의 양이 승용자동차용 기관으로부터 배출되는 것과 거의 같은 정도여서, 앞으로 이에 대한 규제는 더욱 강화되어야 할 것이고, 뿐만 아니라 디젤기관의 경우, 배출가스 중의 유해 성분 외에도 배기흑연이나 騷音 및 排氣臭 등의 문제가 있어서 이들의 방지책에도 힘써야 한다.

디젤기관의 연소방식으로는 연료의 경제성의 면에서 유리한 直接噴射燃燒方式이 대부분을 차지하고 있으며, 배출가스와 소음의 관점에서는 豫燃燒室式이나 渦流室式인 副燃燒室式이 유리하나, 연비성능면에서는 다소 불리하다. 그리고 연료분사계통의 전자제어방식 등 개량과 더불어 이의 개선책이 취해지고 있다.

근래 고속 도로의 확장과 더불어 트럭이나 버스는 해마다 대형화, 고속화하는 경향에 있고 따라서, 이들의 동력원인 내연기관도 고속, 고출력화하는 추세이다. 고속화와 고출력화의 방법으로서는 행정을 짧게 하여 기관 주축의 회전 속도를 상승시켜서 출력의 증가를 도모하고, 또한 행정체적을 크게 하는 대신에 배기터보過給에 의하여 고출력화하고 있다.

(3) 建設機械用 機關

건설기계용 기관은 대부분 수냉디젤기관이 사용되며, 자동차용 디젤기관과 같이 직접분사연소방식이 많이 채용되고 있고, 건설기계용 기관의 유명메이커인 CAT(Caterpillar Co.)에서는 오랫동안 예연소실식을 견지하여 왔으나, 연비의 저감과 성능 향상을 위하여 기관의 연소실이나 분사계 관계 부품의 교환 등으로 경제성에 유리한 직접분사기관으로의 전환이 이루어지고 있으며, 사용자의 요망에 따라 예연소실식과 직접분사식의 두 가지를 생산하고 있다. 또, 출력증가를 위하여 신뢰성 있는 자기 회사 제품의 排氣터보過給機를 잘 이용하고 있는 점이 주목된다.

건설기계용 디젤기관은 자동차용 기관과는 달리 작업시 기관에 걸리는 부하가 급격하고, 특히 저속에서의 토크(torque)의 클 것 등의 요구가 커서, 연료분사계의 개선 등으로 저속에서의 토크의 증대를 도모하고 있다.

(4) 船舶用 機關

선박용 디젤기관은 해상에서 사용되므로, 현재로서는 배출가스에 의한 대기 오염 문제는 거론되고 있지 않다. 이 기관도 선박의 대형화와 고속화에 따라 기관의 출력이 증대되고, 세계 초대형기관인 경우는 1실린더마다의 출력이 5000〔PS〕, 3700〚kW〛, 실린더의 직경은 1050〔mm〕에 달하고 있다. 우리나라 대형디젤기관의 제작 기술도 그 동안 많은 기술축적이 이루어져서 출력 7만여 마력의 우수한 기관이 생산되고 있다. 일반적으로, 선박용 기관은 신뢰성과 내구성 및 경제성의 향상 뿐 아니라, 보수의 용이화와 고도의 자동화에 의한 에너지 절약을 도모하고 있다.

1-6 가솔린機關과 디젤機關의 比較

(1) 燃燒面

가솔린기관은 일반적으로 기화기 또는 吸氣管 내 연료분사기구에 의하여 理論空燃比 부근의 豫混合氣가 형성된다. 따라서 기관의 부하, 즉 연료공급량에 비례적으로 공기를 제어 공급하여야 하고, 이를 위한 흡기의 스로틀밸브가 쓰인다. 이렇게 하여 형성된 예혼합기는 실린더 내에 흡입, 압축행정을 거쳐 상사점 약간 전에 점화되어 火炎傳播에 의해 연소된다.

따라서 연소의 속도를 제어할 수 없으며 이때 피스턴의 위치는 상사점 부근이고 실린더 내의 체적은 거의 변화될 틈이 없으므로 定積燃燒가 되며 이것이 스파크점화(가솔린)기관의 특징이다. 그리고 실린더 내 온도는 각종 내연기관 중 가장 높으며 이것이 스파크점화기관이 다음과 같은 여러가지 특징을 가지게 되는 근원이 되며 디젤기관과의 차가 여기에 있다.

다음은 스파크점화기관의 성질을 열거한 것이다.

① 실린더 내 혼합기의 질량이 많으면 연소가 완료된 후의 압력과 온도가 높고 적으면 낮아진다. 즉 발생하는 열량은 혼합기의 양에 비례하므로 출력의 제어는 혼합기의 공급량에 따른다.

② 압축비는 異常燃燒에 의하여 제한되나 낮을 경우는 열효율을 무시하면 제한이 없다.

③ 연소의 속도는 혼합비, 압축비 등에 의하여 결정되고 제어할 수 없으며 최고압력의 크랭크각도는 점화시기에 의하여 제어된다.

이에 대하여 디젤기관은 공기만을 흡입, 압축하고 상사점 직전에 연료분사 밸브에 의해 연료가 연소실 내에 분사된다. 분사된 각 연료입자는 주위의 고온공기로부터 열을 받아 증발하고, 이것이 확산에 의해 공기와 혼합한다. 이렇게 하여 粒子表面 가까이에 可燃混合氣層이 형성되고, 이 층이 충분히

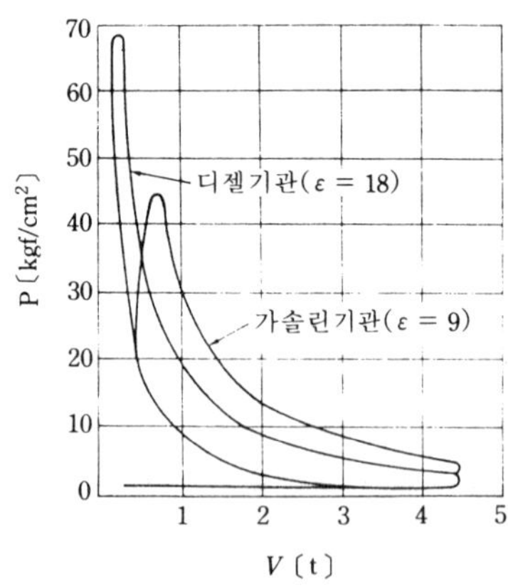

그림 1-10 가솔린기관과 디젤기관의 $p-V$선도의 비교

고온으로 되면 自發火(자기발화)하여 입자는 화염에 둘러싸인다. 이 입자의 자발화는 순간적으로 噴霧 전체에서 일어난다.

이상이 디젤기관의 연소이고, 중요한 특징은 총합공연비가 아무리 희박하여도 분무유입의 근방에는 반드시 가연혼합기층이 형성되므로 흡기(공기)를 스로틀링할 필요가 없다. 다만, 자발화를 촉진시키기 위하여 압축비를 크게 하여 압축온도를 높이고, 일반적으로 자발화온도가 낮은 연료를 사용한다. 또, 연료유입의 微粒化와 分散性의 향상이 공기와의 혼합을 더욱 좋게 하여 연소를 잘 되게 하는 데 중요하므로 연료의 분사압력을 높이고, 또한 연소실의 형상 등에도 여러 가지로 배려되고 있다.

그림 1-10은 가솔린기관과 디젤기관의 pV선도를 비교한 예이다. 디젤기관의 최고압력(보통60~80〔kgf/cm²〕)이 가솔린기관의 최고압력(약 50〔kgf/cm²〕)에 비하여 대단히 높다. 그 이유는 디젤기관의 경우는 압축비가 높고, 자발화연소에 따른 초기연소가 빠르기 때문이다. 또한, 그림 1-11은 部分負荷 때의 $P\theta$선도를 가솔린기관과 디젤기관에 대해서 비교한 것이다. 가솔린기관의 경우는, 경부하로 되면 흡기량이 적어지므로 압축압력이 낮아지고 화염전파속도도 늦어져서 최고압력은 크게 저하된다. 이에 대하여 디젤기관은 경부하일지라도 흡기량의 변화가 거의 없고, 發火遲延期間중의 연료분사량이 부하에 따라 큰 차이가 없으므로 初期 燃燒速度, 즉 최고압력에 큰 변화가 없다.

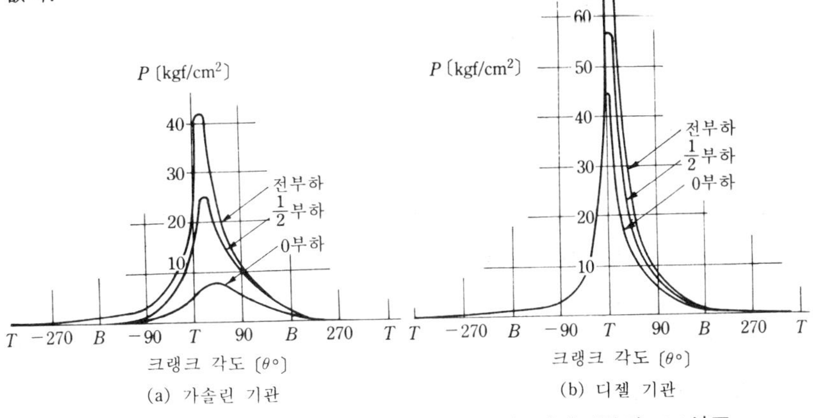

그림 1-11 부분부하에 대한 가솔린기관과 디젤기관의 $P\theta$선도

(2) 性能面

가솔린기관과 디젤기관을 성능면에서 비교하여 요약하면 다음과 같다.

1) 比出力

가솔린기관 쪽의 비출력이 크다. 디젤기관은 분무연소이므로 공기 이용도를 높이기(공기 과잉률 $\lambda=1$ 상당까지 연료를 공급한다) 어렵다. 가솔린기관의 경우는 예혼합연소이어서 이 제약이 없다.

2) 回轉速度

가솔린기관은 예혼합기를 연소하므로 혼합기형성상의 시간적인 제약이 적어 고속화에 유리하다. 또한, 디젤기관은 운동부분이 무거울 뿐 아니라 고속화를 위한 착화지연의 단축이나 분무의 분포 등에 한계가 있어 회전속도의 상승에 불리한 요인이 된다.

3) 大出力

가솔린기관의 성능은 실린더 내경이 커지게 되면 화염전파의 완료 전에 未燃部分이 自己着火, 즉 노킹을 유발한다. 點火時期를 늦추면 방지할 수 있으나 열효율이 떨어진다. 한편, 디젤기관에서의 분무에 의한 혼합기형성법은 큰 실린더 내경일수록 쉽고, 뿐만 아니라 냉각손실도 실린더 체적이 클수록 상대적으로 적어 열효율에 유리하다.

4) 熱效率

디젤기관은 특히 경부하 때에 연료소비가 적어 열효율이 높다. 이는, 디젤기관은 흡기의 스로틀링이 없어 흡기저항이 적어서 공기사이클에 가깝고 압축비가 높기 때문이다. 그러나 가솔린기관은 노킹에 제약되어 압축비를 그다지 높이지 못한다.

全負荷時의 최저 연료소비율은 승용차용 기관의 예를 보면 가솔린기관이 약 200~205〔gr/PS·hr〕로 2~3 %의 차가 있을 뿐이다.

부분부하(특히 경부하나 아이들링)시는 연료의 공급량으로 출력제어가 이루어지고 가솔린기관과는 달리 吸氣壓이 낮아지지 않으므로 펌프손실이 없고 연료소비율은 디젤기관 쪽이 대단히 낮다.

5) 燃料의 差異

가솔린기관은 可燃性의 연료－공기의 혼합기가 실린더 내에 흡입되므로 공기 중에서 기화되기 쉬운 연료일 것이 필요하다. 그러나 디젤기관은 기화성은 중요하지 않고 혼합기의 발화온도가 낮을 것이 필요하다. 이와 같은 성질의 연료는 원유의 蒸溜溫度의 고저에 따라 분류되며 스파크점화기관에는 저온증류분인 가솔린, 디젤기관에는 기관의 종류에 따라서 고온증류분인 경유, 중유가 쓰여진다.

가솔린과 경유, 중유를 비교하면 고온물체에 닿았을 때 발화온도가 낮은 경유, 중유쪽이 발화하기 쉽고 가솔린은 기화되기 쉬우며 또 이 기화된 연료증기가 공기와 혼합, 스파크에 의하여 연소하게 된다. 따라서 연료의 안전성면에서 볼 때 특히 선박 등에서는 중요하므로 선박용 기관에는 반드시 디젤油가 사용된다.

6) 排出가스의 比較

가솔린 승용차에 대한 배출가스에 관한 것에 대하여는 뒤에서 상세하게 설명될 것이나 여기서는 가솔린기관과 디젤기관의 차이만을 간단히 기술한다. 排氣管으로부터 배출되는 공기오염물질의 성분은 가솔린기관인 경우는 HC, CO, NO_x의 3성분이고 사용하는 혼합비가 이론공연비보다 농후 또는 희박함에 따라 각각의 排出濃度가 크게 변화한다. 현재 이들 유해가스의 처리방법은 이론공연비의 혼합기를 사용하고 거기에 촉매의 도움을 받아서 HC, CO의 산화와 NO_x의 환원을 동시에 하여 배출량이 머스키법의 수준을 달성하고 있다.

이에 대하여 디젤기관은 희박한 혼합기만을 사용하므로 HC, CO의 농도는 낮으나 NO_x는 가솔린기관 보다는 저농도이나 상당량이 배출되고 있다. 이를 가솔린기관과 같이 NO_x를 처리할 수가 없고 실린더 내의 연소에 의하여

NO_x 발생을 저감시키지 않으면 안된다. 그리고 크랭크 케이스로부터의 블로바이 가스는 피스턴과 실린더 사이에서 누출되는 가스로서 가솔린기관은 혼합기가 많은데 대하여 디젤기관은 공기만이 대부분이므로 문제가 적다.

7) 吸氣 負壓效果

이미 설명한 것과 같이 가솔린기관의 출력제어는 혼합기의 흡입량을 吸氣通路에 마련된 스로틀밸브에 의하여 스로틀링 함으로써 이루어진다. 스로틀밸브 이후는 부압으로 되고 아이들링시에는 스로틀밸브의 전후의 압력차가 스로틀링 통로의 空氣流速이 음속에 달할 때까지로 된다. 기체는 그 유속이 음속으로 되면 스로틀링부 전후의 압력차에 관계없이 流量이 일정하게 되는 성질이 있다. 이것에 의하여 아이들링시는 일정의 회전속도를 유지하게 된다.

디젤기관은 연료의 공급량에 의하여 출력을 제어 한다. 이 때에는 연료펌프에서 연료의 누출이 있으므로 아이들링을 어느 회전속도로 설정하여도 무엇인가의 원인으로 인하여 회전이 높아지고 누출량이 많아지면 실린더내로의 연료분사량이 증가, 회전속도는 다시 높아지게 된다. 회전속도가 낮아질 때에는 이와 역의 현상이 나타나므로 아이들링 회전속도가 일정하지 않게 되며 이 때문에 디젤기관은 아이들링 회전속도의 안정을 위한 거버너(governor)가 필요하다.

8) 機關의 過負荷 特性

기관의 定格負荷 이상의 부하를 과부하라고 한다. 여기서는 어느 회전속도일 때의 全開토크에서 그 이상인 부하를 걸었을 때를 생각하면 다음과 같다.

a) 가솔린機關

가솔린기관인 경우는 전개토크가 중속에서 최대가 되도록 곡선이 형성된다. 최대토크 회전속도 이상의 회전속도에서 전개토크 때 보다 그 이상의 부하를 걸게 되면 부하와 평형을 이루는 전개토크점까지 회전속도가 떨어지며, 최대토크 이상을 지속적으로 걸게 되면 회전속도는 급격하게 떨어져서 기관이 정지하기에 이른다. 즉 과부하에 대하여는 耐力이 없다.

b) 디젤機關

디젤기관인 경우는 분사펌프의 1회당 분사량이 배출되는 매연의 농도에 크게 관계되며 배출되는 매연의 농도를 허용한다면 토크는 증대될 수 있다. 토목기계나 건설기계용 기관인 경우는 부하의 급증이 생기기 쉽고 거버너는 분사량을 자동적으로 증가시켜서 어느 한도는 있으나 과부하에 견딜 수 있게 되어 있다. 그리고 디젤기관은 토크의 변동이 크고 慣性能率이 큰 플라이휠이 부착되어 있어서 이것이 가하여 져서 과부하에 비교적 큰 내력을 가지고 있다.

(i) 出力當의 重量

디젤기관은 최고압력이 높아서 이에 맞도록 설계되어 있어 무겁다. 또한, 驅動토크가 크고 플라이휠이 크며 압축비가 높기 때문에 기동시의 부하가 커서 큰 용량의 기동전동기를 필요로 한다.

(ii) 靜肅性

가솔린기관은 최고압력이나 壓力上昇率이 낮고, 또한 구동토크의 변동이 작아서 진동이 작고 정숙하다. 그리고 그 차는 경부하일수록 현저하다. 이밖에 디젤기관은 분무연소이므로 산소 결핍 영역이 생겨 그을음이 발생하기 쉽다.

表 1-3 가솔린機關과 디젤機關의 주된 相違點

	가 솔 린 기 관	디 젤 기 관
연 료	가솔린, 옥탄가가 높을 것(자발화하기 어렵다)	경유, 세탄가가 높을 것(자발화하기 쉽다)
흡 입 하 는 기 체	공기와 가솔린의 혼합기	공기 뿐
연 료 의 공 급	기화기에 의해 공기와 가솔린을 거의 일정 비율로 혼합하거나 전자제어 연료 분사장치에 의해 연료를 흡기포트 내에 저압으로 분사한다.	연료분사펌프에 의해 고압의 연료를 압송하고 노즐을 통하여 높은 압력으로 연소실 내에 분사한다.
출 력 의 제 어	흡기 스로틀링 밸브에 의해 흡입 혼합기의 양을 증감 조절한다.	연료분사량만으로 제어한다.

착 화	고압전기의 스파크에 의해 혼합기에 점화한다. 1~2점 착화	고온의 압축 공기 속에서 분사된 연료의 자기착화, 다점착화
압 축 비	8~11 정도까지	15~23 까지
적용될 수 있는 실린더 치수	자기착화를 일으키기 전에 화염이 도달할 필요가 있어 실린더 직경이 지나치게 커서는 안된다. ϕ100 정도까지	실린더 직경이 지나치게 작으면 연료분사, 연소에 어려움이 있어 제한된다. ϕ75 이상 ϕ1000 전후까지

表 1-3은 가솔린기관과 디젤기관에 있어서 연료의 공급방식과 연소기구상의 특징을 비교한 것이다.

이상을 디젤기관에 대하여 특징적인 것을 종합하면 다음과 같다.

① 압축된 공기의 온도가 분사연료의 발화온도 이상이 되어야 하므로 고압축비로 되고 압축압력이 높아진다. 압축 후의 온도는 흡기온도의 영향을 크게 받으나 실린더의 크기, 연소실의 형식에 따라 그 차가 크고 예연소실, 渦流室式인 소형기관인 경우는 고압축비만으로는 시동이 곤란하거나 불가능하므로 연소실을 예열할 필요가 있다.

② 이와 같이 디젤기관의 압축비는 운전에 필요한 압축비보다 높게 하여야 하므로 기관 각부의 기계적 강도를 가솔린기관보다 훨씬 크게 할 필요가 있으며 기관의 외형이나 중량이 커지게 된다.

③ 연소시에 압력이 어느 한도 이상으로 높아지는 것은 바람직하지 못하므로 정압하에 연소가 이루어질 수 있도록 연료가 제어분사되며 따라서, 정압연소일 것이 디젤기관의 특징이다.

④ 실린더 내에 분사된 연료는 순차 새로운 공기와 접촉, 연소가 진행되어 간다. 따라서 분무연료와 공기가 잘 접할 수 있도록 공기의 渦流現象 등 심한 운동이 요구된다.

⑤ 연료－공기의 혼합비는 원리적으로는 자유이고 연료의 다소에 따라 출력이 변화된다. 즉 출력제어는 연료의 공급량으로 이루어지거나 실린더 내에서 분사된 연료(기화되기 어려운 연료)가 순차 신선한 공기와 맞나기 위해서는 공기 중의 산소가 균일하게 연료와 결합되기가 매우 어려워서

부분적으로 濃炎의 상태가 생기게 되고 이 농염의 부분은 煤煙(그을음)의 형태로 되어서 대기중으로 배출된다. 이 때문에 가솔린기관과 같이 최고출력을 얻는 혼합비를 사용할 수 없어서 출력이 낮다.

⑥ 상사점 부근에서 분사된 연료가 기화하여 공기와 혼합, 발화될 때까지에는 시간이 걸리고 이 때문에 높은 열효율을 유지하는 최고회전속도가 제한된다. 그러므로 최고회전시에 상응하는 혼합비를 사용할 수 없는 것과 회전속도를 높일 수 없는 2가지의 이유 때문에 최고출력은 가솔린기관보다 다소 낮다.

⑦ 마력당의 연료소비율(열효율)은 자동차용 기관인 경우는 가솔린과 디젤기관을 비교할 때 최대토크 회전속도에서는 압축비가 크게 다른데도 불구하고 그 차는 적다. 그 이유는 압축비가 높아서 機械效率이 낮은 것과 연소가스의 운동이 격심하여 冷却媒體로 전달되는 열에 의한 열손실이 크기 때문이다.

1-7 內燃機關의 將來

내연기관으로부터의 배출가스나 소음 공해를 방지하기 위한, 지금까지 이루어진 여러가지 기술상의 연구 성과는 연비의 저감이나 성능의 향상에도 크게 기여했다. 그러나 현존하는 내연기관은 앞서 설명한 바와 같이 90～100 년 전에 개발된 오토기관과 디젤기관의 원리를 그대로 계승한 것이며, 최근의 반켈회전기관도 종래의 왕복피스턴을 회전피스턴으로 바꾸어 놓은 기구의 개조이고, 이것도 오토기관에 지나지 않다. 몇 년전부터 가솔린기관과 디젤기관의 각각의 특징을 한데 조합한 혼혈기관, 즉 하이브리드엔진(hybrid engine)의 연구가 활발하게 이루어지고 있는데, 공해 대책의 관계로부터 더욱 바람직한 것으로 생각된다.

그리고 내연기관의 배출가스를 가스 터빈기관에 공급하여 구동시키는 터보 콤파운드엔진(tubo-compound engine)도 실용화 단계에 있으며, 또한 연소실 주위의 受熱部에 斷熱性이 높은 복합재료를 잘 이용하는 데 따른 斷熱機關 또는 斷熱 콤파운드엔진의 탄생과 여러가지 복합재료를 부품에 이용하는 등 함으로써 기관을 경량화시킴은 물론 그밖에 열효율의 향상, 여러 종류의 연료의 사용, 연비의 저감 등을 도모하는 한편, 배출가스 공해의 해결과 동시에 소음 방지에도 큰 몫을 할 것으로 생각된다.

전반적으로 보아서, 장래의 내연기관은 출력성능의 향상, 대체연료의 사용과 경제성의 개선을 도모하고 배기터보과급기와 전자제어기술의 적극적인 이용이 보다 활발해질 것으로 생각되며 특히 가솔린기관의 경우는 희박연소를 主軸으로 하는 低燃費, 低公害機關쪽으로 발전되어 갈 것이다.

第2章　機關의 基本사이클과 熱效率

내연식 체적형의 열기관에서 작동유체인 연소가스의 狀態變化(change of state)는 유동형 열기관인 가스터빈과 달라서 모든 과정이 非流動過程(non-flow process)으로 이루어진다. 그리고 이 때 일어나는 모든 熱的인 現象은 열역학에 의하여 해석되어지므로, 이들의 현상을 열역학적으로 고찰하는 것은 대단히 중요하고 또한 편리하다.

일반적으로, 기관의 연소실 내에서 연료의 연소에 의해서 발생된 연소가스는 팽창에 의하여 일을 하게 되며, 그 사이 가스의 상태는 끊임없이 계속적인 변화를 하고, 일부의 열은 주위의 실린더 벽으로부터 외부로 유실되거나, 또는 운동부분에서는 손실로 되는 摩擦熱이 생기는 등 하여, 유효일로 이용되는 열량을 정확하게 산정하기는 매우 어렵다. 따라서, 일반적으로 열기관의 諸現象을 열역학적으로 고찰할 때, 이를 쉽게 생각하도록 하기 위하여 다음의 가정을 설정하고, 理想狀態에 대하여 해석한다.

① 작동유체는 完全가스(perfect gas)로 한다.

② 모든 상태변화는 準靜的(quasistatic)으로 이루어진다.

다음은 기관의 혼합가스의 작동과정을 나타내는 諸사이클, 연소가스의 변화 경로 및 열효율에 대하여 설명한다.

2-1　基本空氣사이클

기본공기사이클은 기관의 작동유체에 열이 가해지는 과정, 즉 受熱過程이 달라지는 데 따라서 다음의 3가지로 분류된다.

① 定積(等積)사이클(constant volume cycle)

② 定壓(等壓)사이클(constant pressure cycle)

③ 合成(複合)사이클(composite cycle or dual combustion cycle)

정적사이클은 일정의 체적하에서, 정압사이클은 일정의 압력하에서 각각 受熱이 이루어진다. 그리고 합성사이클은 수열의 일부는 정적하에서, 나머지는 정압하에서 이루어진다. 그러나 방열은 어느 사이클에서나 일정 체적하에서 이루어진다.

이들 사이클은 모두 앞에서의 가정에 따라 작동유체를 완전가스(理想가스)로 볼 수 있는 공기를 사용하므로 理想空氣사이클(ideal air cycle or air standard cycle)이라 한다.

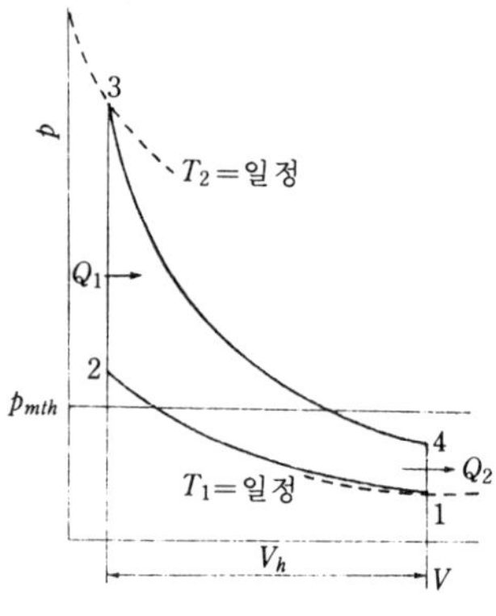

그림 2-1 理想空氣사이클

지금 그림 2-1에서와 같은 사이클에서 受熱量을 Q_1, 放熱量을 Q_2, 等溫線을 T_1, T_2라고 하면, 1사이클 중의 일 W_{th}는 다음 식으로 표시된다.

$$W_{th}=\int_1^2 pd\,V+\int_2^3 pd\,V+\int_3^4 pd\,V+\int_4^1 pd\,V$$

$$=\oint pd\,V=\frac{1}{A}\oint dQ$$

$$=\frac{1}{A}(Q_1-Q_2) \quad \cdots\cdots (2\text{-}1)$$

여기서 A = 일의 熱當量(equivalent heat of work)

= 1/J = 1/426.8〔kcal/(kgf·m)〕

J = 熱의 일當量(equivalent work of heat)

= 426.8〔kgf·m/kcal〕

그리고 SI로는 일량이나 열량이 모두 J(Joule)로 계산되므로, 위의 일의 열당량 A 와 열의 일당량 J는 필요 없게 된다.

식 (2-1)로부터

$$AW_{th} = Q_1 - Q_2 \quad \cdots\cdots (2\text{-}2)$$

이 열기관은 열량 Q_1 을 소비하여 식 (2-1)로 나타내는 일을 하였으므로, 그 효율 η_{th} 는 다음 식으로 구하여진다.

$$\eta_{th} = \frac{AW_{th}}{Q_1} = \frac{Q_1 - Q_2}{Q_1} = 1 - \frac{Q_2}{Q_1} < 1 \quad \cdots\cdots (2\text{-}3)$$

이 효율을 理論熱效率(theoretical thermal efficiency)이라고 한다.

지금 1사이클 중의 압력변화의 평균값을 p_{mth} 라 하고, 1실린더의 행정체적을 V_h 라고 하면, W_{th} 는 다음 식으로 표시된다.

$$W_{th} = p_{mth} V_h \quad \cdots\cdots (2\text{-}4)$$

이 p_{mth} 는 理論平均有效壓力(theoretical mean effective pressure)이라 하며, 기관의 우열을 판단하는 지표(index)가 된다.

(1) 定積사이클

이 사이클은 오토사이클(Otto cycle)이라 하며, 스파크점화기관의 기준 사이클이다. 그림 2-2 (a)에서 1→2는 可逆斷熱壓縮(reversible adiabatic compression) 과정, 2→3은 정적하에서 열량 Q_1 의 수열과정, 3→4는 可逆斷熱膨脹(reversible adiabatic expansion) 과정, 4→1은 정적의 상태에서 열량

Q_2를 방열하는 과정이다. 이 사이클의 일량은 면적(1→2→3→4→1)로 표시되며, 압축과 팽창과정에서의 體積變化比 V_1/V_2, V_4/V_3는 같으며, 다음 식으로 나타내어진다.

$$\frac{V_1}{V_2}=\frac{V_4}{V_3}=\varepsilon \quad \text{(2-5)}$$

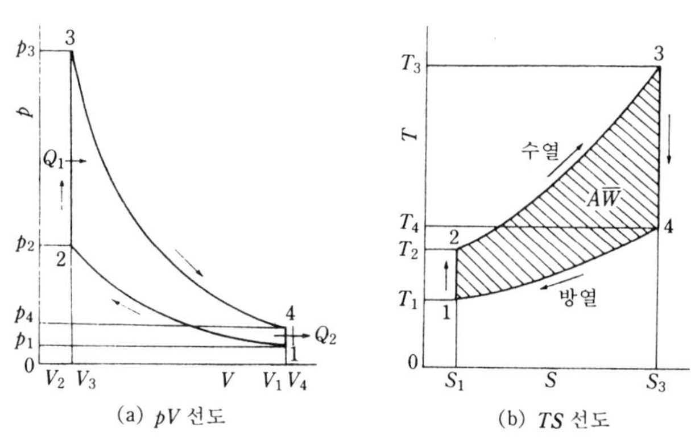

(a) pV 선도　(b) TS 선도

그림 2-2　오토사이클

이 ε를 壓縮比(compression ratio)라 한다. 그림 (b)는 엔트로피(entropy) s와 온도 T의 관계를 나타내는 TS선도이고, 2→3은 수열, 4→1은 방열을 나타내며, 면적(s_1 −1→2→3→4− s_3 − s_1)은 Q_1을, 면적(s_1−1−4−s_3−s_1)은 Q_2를 표시하며, 면적(1−2→3→4→1)이 Q_1-Q_2로서 일량 AW_{th}이다.

지금 그림 (a)에서 점 1, 2, 3, 4에서의 온도를 각각 T_1, T_2, T_3, T_4, 定積比熱을 c_v, 定壓比熱을 c_p, 比熱比 c_p/c_v를 k라고 하면, 과정 2→3에서 수열된 열량 Q_1과 과정 4→1에서 방열된 열량 Q_2는, 작동유체의 양을 m이라고 하면, 다음 식으로 표시된다.

$$\left.\begin{aligned} Q_1&=mc_v\,(T_3-T_2) \\ Q_2&=mc_v\,(T_4-T_1) \end{aligned}\right\} \quad \text{(2-6)}$$

따라서, 이 사이클의 이론열효율 $\eta_{th(0)}$는 다음 식으로 구하여진다.

$$\eta_{th(0)}=\frac{Q_1-Q_2}{Q_1}=1-\frac{Q_2}{Q_1}=1-\frac{T_4-T_1}{T_3-T_2} \quad \cdots\cdots (2\text{-}7)$$

과정 1→2와 3→4는 斷熱變化이므로 다음의 식이 성립된다.

$$\left.\begin{aligned} T_1V_1^{k-1}=T_2V_2^{k-1}, \quad \therefore\ T_2=T_1\left(\frac{V_1}{V_2}\right)^{k-1}=T_1\,\varepsilon^{k-1} \\ T_3V_3^{k-1}=T_4V_4^{k-1}, \quad \therefore\ T_3=T_4\left(\frac{V_4}{V_3}\right)^{k-1}=T_4\,\varepsilon^{k-1} \end{aligned}\right\} \cdots\cdots (2\text{-}8)$$

따라서,

$$\frac{T_2}{T_1}=\frac{T_3}{T_4}=\varepsilon^{k-1} \qquad \therefore\ \frac{T_4-T_1}{T_3-T_2}=\frac{1}{\varepsilon^{k-1}} \quad \cdots\cdots (2\text{-}9)$$

식 (2-7)로 표시되는 이론열효율 $\eta_{th(o)}$는 다음과 같이 고쳐 쓸 수 있다.

$$\eta_{th(o)}=1-\left(\frac{1}{\varepsilon}\right)^{k-1} \quad \cdots\cdots (2\text{-}10)$$

지금 k=일정이라 하면, 이 사이클의 열효율은 ε만의 함수로 된다.

그림 2-3은 $k=1.2\sim1.45$로 하여 $\varepsilon=1\sim30$에 대한 $\eta_{th(0)}$를 계산한 결과이다. 그림에서 알 수 있는 바와 같이, 정적사이클의 열효율은 압축비와 비열비를 크게 하면 좋아지고 연료소비율은 감소하나, 이 값들은 뒤에 설명

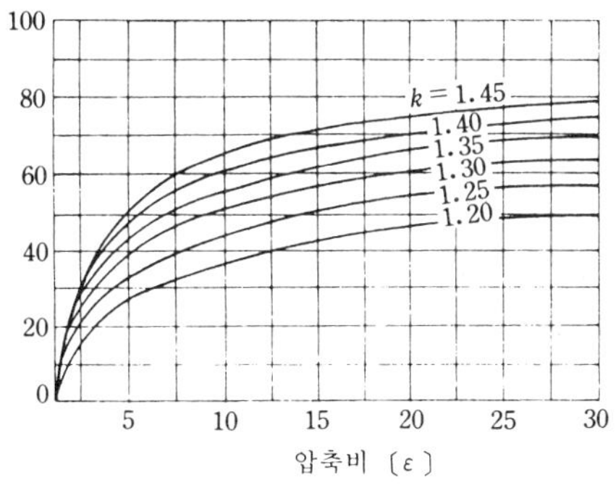

그림 2-3 정적사이클의 이론열효율과 압축비의 관계

하는 노킹(knocking)을 일으키지 않는 범위 내에 있어야 한다.

그림 2-2 (a)에서, 점 1, 2, 3, 4 에서의 압력을 p_1, p_2, p_3, p_4 라 하고, 壓力上昇比(pressure rise ratio)를 $p_3/p_2=\alpha$ 라고 하면, 단열변화의 상태식으로부터 다음과 같은 관계가 얻어진다.

$$\left.\begin{array}{l} p_2=p_1\varepsilon^{\kappa},\ p_3=p_2\ \alpha=p_1\varepsilon^{\kappa}\alpha,\ p_4=p_3/\varepsilon^{\kappa}=p_1\ \alpha, \\ T_3=T_2\ \alpha=T_1\ \varepsilon^{k-1}\alpha,\ T_4=T_1\alpha \end{array}\right\} \cdots\cdots\cdots\cdots\cdots\cdots (2\text{-}11)$$

따라서, 열량의 관계식 (2-6)은 식 (2-8)과 윗식을 이용하여 다음과 같이 된다.

$$\left.\begin{array}{l} Q_1=mc_vT_1\ \varepsilon^{k-1}(\alpha-1) \\ Q_2=mc_vT_1(\alpha-1) \end{array}\right\} \cdots\cdots\cdots\cdots\cdots\cdots\cdots\cdots\cdots\cdots\cdots\cdots\cdots\cdots (2\text{-}12)$$

이 사이클의 理論平均有效壓力 $p_{mth(0)}$ 는 다음 식으로 구하여진다.

$$p_{mth(0)}=\frac{W_{th}}{V_h}=\frac{W_{th}}{V_1-V_2}=\frac{Q_1-Q_2}{AV_1\left(1-\dfrac{1}{\varepsilon}\right)}$$

$$=\frac{mc_vT_1(\varepsilon^{k-1}-1)(\alpha-1)}{AV_1\left(1-\dfrac{1}{\varepsilon}\right)}$$

$$=\frac{mT_1AR(\varepsilon^{k}-\varepsilon)(\alpha-1)}{AV_1(k-1)(\varepsilon-1)}$$

$$=p_1\frac{(\varepsilon^{k}-\varepsilon)(\alpha-1)}{(k-1)(\varepsilon-1)} \cdots\cdots\cdots\cdots\cdots\cdots\cdots\cdots\cdots\cdots\cdots\cdots (2\text{-}13)$$

여기서, R=가스상수…공기의 경우

=29.27〔kgf·m/kgf·℃〕,

R'=287.03 ⟦J/kg·K⟧

$AR=c_v\,(k-1)$

SI로는 $R'=c_v'(k-1)$

c_v 의 단위는 〔kcal/kgf·℃〕, ⟦J/kg·k⟧이다.

그림 2-2 (b)의 TS 선도에서 면적(1−2−3−4−1)은 오토사이클의 일 AW_{th}에 상당한다. 즉, 작동유체가 하는 일 W는 한 사이클에서 폐곡선의 면적으로 표시되며, 이론평균유효압력은 여러가지의 손실을 고려하지 않은 사이클의 평균유효압력이다. 그리고 손실을 고려한 경우를 圖示平均有效壓力(indicated mean effective pressure)이라고 한다.

앞에서의 식 (2-13)을 다시 고쳐 쓰면,

$$p_{mth(0)} = \frac{W_{th}}{V_1 - V_2} = \frac{AW_{th}}{AV_1\left(1-\frac{1}{\varepsilon}\right)}$$

$$= \frac{\eta_{th(o)} Q_1}{AV_1\left(1-\frac{1}{\varepsilon}\right)} \quad \cdots\cdots (2\text{-}14)$$

한편, 압축초 점 1의 가스 상태는 완전가스의 상태식으로부터

$$p_1 v_1 = RT_1 \quad \cdots\cdots (2\text{-}15)$$

이 되고, 식 (2-10), (2-14), (2-15)에서 v_1과 $\eta_{th(o)}$를 소거하면,

$$p_{mth(o)} = \frac{p_1 Q_1}{ART_1} \frac{\varepsilon}{(\varepsilon-1)} \left\{1-\left(\frac{1}{\varepsilon}\right)^{k-1}\right\} \quad \cdots\cdots (2\text{-}16)$$

즉, $p_{mth(0)}$는 압축초(점 1)의 압력 p_1에 비례하고 그 온도 T_1에는 반비례하므로 결국 가스의 비중량에 비례하고, 압축비 ε의 증가와 더불어 증가하며, 또 가스 1〔kgf〕당의 공급열량 Q_1에 비례한다. 연료 1〔kgf〕에 대하여 실제로 공기량 λL_{min}〔kgf〕이 공급될 때 연소가스 중량(G_g)은 연료 1〔kgf〕당 $G_g = 1 + \lambda L_{min}$〔kgf/kgf〕가 된다. 공기과잉률 $\lambda \geqq 1$일 때는 연료 1〔kgf〕이 가지는 低發熱量 H_l이 모두 유효열량으로 전환되므로

$$Q_1 = \frac{H_l}{1+\lambda L_{min}} \text{〔kcal/kgf〕} \quad \cdots\cdots (2\text{-}17)$$

이 되고, $\lambda < 1$인 경우에는 불완전연소되어서 燃燒效率을 η_B라고 할 때 H_l 중의 일부 $\eta_B \cdot H_l$만이 유효열량으로 이용된다. 여기서 L_{min}은 最少理論空氣量이다.

따라서, $$Q_1 = \frac{\eta_B H_l}{1+\lambda L_{min}} \cdots\cdots (2\text{-}18)$$

로 표시된다. 여기서 공기과잉률 λ의 값만을 고려한 연소효율 η_B의 값은 다음과 같다.

$\lambda \geqq 1$: $\eta_B = 1$, $\lambda = 0.9$: $\eta_B = 0.861$

$\lambda = 0.8$: $\eta_B = 0.724$

$\lambda = 0.7$: $\eta_B = 0.590$

식 (2-16)은 식 (2-18)을 이용하여 다음과 같이 된다.

$$p_{mth(0)} = \frac{p_1 \eta_B H_l}{ART_1 (1+\lambda L_{min})} \frac{\varepsilon}{\varepsilon - 1} \left\{1 - \left(\frac{1}{\varepsilon}\right)^{k-1}\right\} \cdots\cdots (2\text{-}19)$$

(2) 定壓사이클

이 사이클은 디젤사이클(Diesel cycle)이라고도 하며, 저속디젤기관의 기본사이클이다. 그림 2-4 (a)는 디젤사이클의 pV 선도를, (b)는 TS 선도를 나타낸다. 체적비 V_3/V_2는 연료분사의 締切比(cut-off ratio) β라고 한다.

그림 (a)의 각 점에서의 가스 상태는 다음과 같다.

$$\left.\begin{aligned}
&\text{점 } 2 \cdots\cdots p_2 = p_1 \varepsilon^k, \quad T_2 = T_1 \varepsilon^{k-1}, \quad V_2 = \frac{V_1}{\varepsilon} \\
&\text{점 } 3 \cdots\cdots p_3 = p_1 \varepsilon^k, \quad T_3 = T_2 \left(\frac{V_3}{V_2}\right) = T_1 \varepsilon^{k-1} \beta \\
&\qquad V_3 = V_2 \beta = V_1 \left(\frac{\beta}{\varepsilon}\right) \\
&\text{점 } 4 \cdots\cdots p_4 = p_3 \left(\frac{V_3}{V_4}\right)^k = p_3 \left\{\left(\frac{V_3}{V_2}\frac{V_2}{V_1}\right)\right\}^k \\
&\qquad = p_3 \left(\frac{\beta}{\varepsilon}\right)^k = p_1 \beta^k \\
&\qquad T_4 = T_3 \left(\frac{V_3}{V_4}\right)^{k-1} = T_3 \left(\frac{\beta}{\varepsilon}\right)^{k-1} \\
&\qquad = T_1 \varepsilon^{k-1} \beta \left(\frac{\beta}{\varepsilon}\right)^{k-1} = T_1 \beta^k
\end{aligned}\right\} \cdots\cdots (2\text{-}20)$$

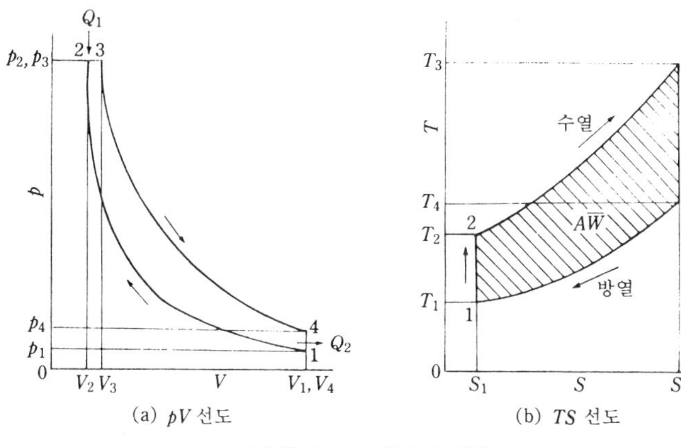

(a) pV 선도 (b) TS 선도

그림 2-4 디젤사이클

한편, 수열량과 방열량은 다음 식으로 표시된다.

$$\left.\begin{aligned} Q_1 &= mc_p\,(T_3 - T_2) = mc_pT_1\,\varepsilon^{k-1}(\beta - 1) \\ Q_2 &= mc_v\,(T_4 - T_1) = mc_vT_1(\beta^k - 1) \end{aligned}\right\} \cdots\cdots\cdots\cdots \text{(2-21)}$$

따라서, 이론열효율 $\eta_{th(\mathrm{D})}$ 는 다음 식으로 구하여진다.

$$\begin{aligned} \eta_{th(\mathrm{D})} &= 1 - \frac{Q_2}{Q_1} = 1 - \frac{c_v(\beta^k - 1)}{c_p\,\varepsilon^{k-1}\,(\beta - 1)} \\ &= 1 - \left(\frac{1}{\varepsilon}\right)^{k-1} \left\{\frac{\beta^k - 1}{k(\beta - 1)}\right\} \cdots\cdots\cdots\cdots \text{(2-22)} \end{aligned}$$

윗식으로부터 $\eta_{th(\mathrm{D})}$ 는 ε을 증대시키면 향상되고, β 가 커지게 되면 역으로 저하된다. 그림 2-5는 $\varepsilon = 7 \sim 23$, $\beta = 1.1 \sim 5.0$ 으로 변화시켰을 경우 $\eta_{th(\mathrm{D})}$ 의 변화를 나타낸다.

理論平均有效壓力 $p_{mth(\mathrm{D})}$은 다음 식으로 구하여진다.

$$p_{mth(\mathrm{D})} = \frac{Q_1 - Q_2}{AV_1\left(1 - \dfrac{1}{\varepsilon}\right)} = p_1\,\frac{\varepsilon^k\,k(\beta - 1) - \varepsilon(\beta^k - 1)}{(k-1)(\varepsilon - 1)} \quad \cdots\cdots\cdots\cdots \text{(2-23)}$$

그림 2-4 (b)의 TS 선도에서 면적 (1−2−3−4−1)은 디젤사이클의 일량 AW_{th}를 표시한다.

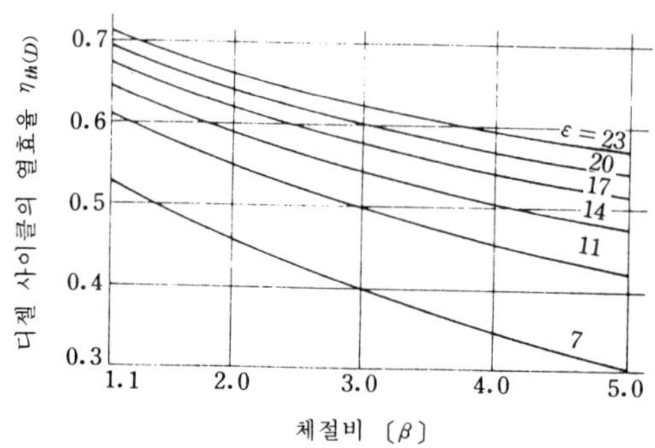

그림 2-5 디젤사이클의 열효율

한편, 식 (2-14), (2-15), (2-18), (2-22)로부터 이론평균유효압력은 다음과 같이 된다.

$$p_{mth(D)} = \frac{\eta_{th(D)} Q_1}{A(V_1 - V_2)} = \frac{\eta_{th(D)} Q_1}{AV_1\left(1 - \frac{1}{\varepsilon}\right)}$$

$$= \frac{p_1 Q_1}{ART_1} \frac{\varepsilon}{\varepsilon - 1} \eta_{th(D)} \quad \cdots\cdots (2\text{-}24)$$

디젤기관에서는 $\lambda \geqq 1$의 보통이므로 식 (2-17)을 그대로 써서

$$Q_1 = \frac{H_l}{1 + \lambda L_{\min}}$$

이고, 식 (2-24)는 다음과 같이 된다.

$$p_{mth(D)} = \frac{p_1 H_l}{ART_1(1 + \lambda L_{\min})} \frac{\varepsilon}{\varepsilon - 1} \eta_{th(D)} \quad \cdots\cdots (2\text{-}25)$$

또한, 체절비 β는 다음과 같이 표시된다.

$$\beta = \frac{V_3}{V_2} = \frac{T_3}{T_2} = 1 + \frac{Q_1}{c_p T_2} = 1 + \frac{Q_1(k-1)}{kART_1}\left(\frac{1}{\varepsilon}\right)^{k-1} \quad \cdots\cdots (2\text{-}26)$$

따라서, $p_{mth(D)}$는 압축초(점 1)의 가스 비중량과 $\frac{\varepsilon}{\varepsilon-1}\eta_{th(D)}$에 비례하며, 공기과잉률 λ가 클수록 저하된다. 디젤기관에서 無過給일 때에는 p_1, T_1이 거의 일정하므로, 연료공급량이 달라지면 공기과잉률 λ의 변화로 $p_{mth(D)}$도 달라진다. 그리고 過給機關에서는 p_1의 변화와 λ의 변화에 따라 출력이 달라진다.

(3) 複合사이클

이 사이클은 사바디사이클(Sabathé cycle)이라 하며, 고속디젤기관의 기본 사이클이다. 이 사이클은 수열시간, 즉 연소시간을 단축하기 위하여 생각된 사이클로서, 앞에서의 정적, 정압사이클의 수열과정을 합한 것으로, 압축행정이 끝나기 직전에 연료를 분사하기 시작하여 압축말에 착화, 定積燃燒시키고, 나머지 연료를 定壓燃燒시키도록 한 것이다.

그림 2-6 (a)에 사바디사이클의 pV 선도를, (b)에는 TS 선도를 표시한다.

지금 $\beta=V_4/V_3$=等壓度(등압팽창비 : 앞에서의 체절비와 같음, constant pressure expansion ratio), $\alpha=p_3/p_2$=爆發度(degree of explosion or rate of explosion)라 하면, 그림 중 각 점에서의 가스 상태는 다음 식으로 표시된다.

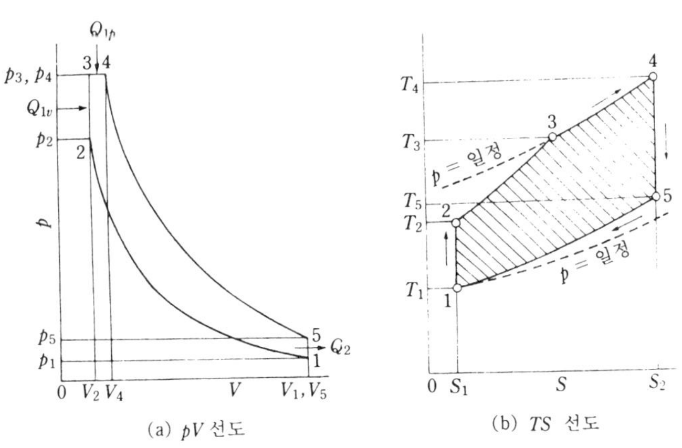

(a) pV 선도 (b) TS 선도

그림 2-6 複合사이클

$$\left.\begin{array}{l}
\text{점 } 2\cdots\cdots p_2 = p_1 \varepsilon^k, \quad T_2 = T_1 \varepsilon^{k-1}, \quad V_2 = \dfrac{V_1}{\varepsilon} \\
\text{점 } 3\cdots\cdots p_3 = p_2 \alpha = p_1 \varepsilon^k \alpha, \quad T_3 = T_2 \alpha = T_1 \varepsilon^{k-1} \alpha \\
\qquad V_3 = V_2 \\
\text{점 } 4\cdots\cdots p_4 = p_3 = p_1 \varepsilon^k \alpha, \quad T_4 = T_3 \beta = T_1 \varepsilon^{k-1} \alpha\beta \\
\qquad V_4 = V_3 \beta \\
\text{점 } 5\cdots\cdots p_5 = p_4 \left(\dfrac{V_4}{V_5}\right)^k = p_4 \left\{\left(\dfrac{V_4}{V_3}\right)\left(\dfrac{V_2}{V_1}\right)\right\}^k = p_4 \left(\dfrac{\beta}{\varepsilon}\right)^k \\
\qquad\quad = p_1 \beta^k \alpha \\
\qquad T_5 = T_4 \left(\dfrac{p_5}{p_4}\right)^{\frac{k-1}{k}} = T_4 (\beta^k \varepsilon^{-k})^{\frac{k-1}{k}} \\
\qquad\quad = T_4 \beta^{k-1} \varepsilon^{1-k} = T_1 \beta^k \alpha \\
\qquad V_5 = V_1
\end{array}\right\} \cdots (2\text{-}27)$$

한편, 수열량과 방열량은 다음 식으로 표시된다.

$$\left.\begin{array}{l}
Q_1 = Q_{1v} + Q_{1p} = mc_v (T_3 - T_2) + mc_p (T_4 - T_3) \\
\quad = mc_v T_1 \varepsilon^{k-1} (\alpha - 1) + mc_p T_1 \varepsilon^{k-1} \alpha (\beta - 1) \\
\quad = mc_v T_1 \varepsilon^{k-1} \{(\alpha - 1) + k\alpha(\beta - 1)\} \\
Q_2 = mc_v (T_5 - T_1) = mc_v T_1 (\beta^k \alpha - 1)
\end{array}\right\} \cdots\cdots\cdots\cdots\cdots\cdots (2\text{-}28)$$

따라서, 이론열효율 $\eta_{th(s)}$ 는 다음 식으로 구하여진다.

$$\eta_{th(s)} = 1 - \frac{Q_2}{Q_1} = 1 - \left(\frac{1}{\varepsilon}\right)^{k-1} \left\{\frac{\alpha\beta^k - 1}{(\alpha - 1) + k\alpha(\beta - 1)}\right\} \cdots\cdots\cdots\cdots\cdots (2\text{-}29)$$

그리고 이론평균유효압력 $p_{mth(s)}$ 는 다음 식으로 구하여진다.

$$\begin{aligned}
p_{mth(s)} &= \frac{Q_1 - Q_2}{A(V_1 - V_2)} \\
&= p_1 \frac{\varepsilon^k \{\alpha - 1 + k\alpha(\beta - 1)\} - \varepsilon(\beta^k \alpha - 1)}{(k-1)(\varepsilon - 1)} \qquad \cdots\cdots\cdots\cdots\cdots (2\text{-}30)
\end{aligned}$$

그림 (b)의 TS 선도에서 면적(1−2−3−4−5−1)은 사바디사이클의 일량을 나타낸다.

한편, 식 (2-14), (2-28)로부터

$$p_{mth(s)} = \frac{\eta_{th(s)}(Q_{1v}+Q_{1p})}{A(V_1-V_2)}$$

$$= \frac{p_1 H_l}{ART_1(1+\lambda L_{min})} \quad \frac{\varepsilon}{\varepsilon-1}\eta_{th(s)} \cdots\cdots\cdots\cdots\cdots\cdots (2\text{-}31)$$

여기서, α, β는 사이클당에 대한 열공급 비율, 즉 Q_{1v} 및 Q_{1p}의 분배에 따라서 결정된다.

$$\alpha = \frac{T_3}{T_2} = \frac{T_2+(T_3-T_2)}{T_2} = 1+\frac{T_3-T_2}{T_2}$$

$$\beta = \frac{T_4}{T_3} = \frac{T_3+(T_4-T_3)}{T_3} = 1+\frac{(T_4-T_3)}{\alpha T_2}$$

가스 1 kgf에 가해진 총열량은 Q_1이므로

$$Q_1 = Q_{1v}+Q_{1p} = \frac{H_l}{1+\lambda L_{min}} \text{〔kcal/kgf〕}$$

이고, Q_{1v}에 의한 온도 상승은

$$T_3-T_2 = \frac{Q_{1v}}{c_v} = \frac{Q_1}{c_v}\left(\frac{Q_{1v}}{Q_1}\right) = \frac{H_l(k-1)}{AR(1+\lambda L_{min})} \quad \frac{Q_{1v}}{Q_1}$$

가 된다.

또, Q_{1p}에 대한 온도 상승은

$$T_4-T_3 = \frac{Q_{1p}}{c_p} = \frac{Q_1}{c_p}\left(1-\frac{Q_{1v}}{Q_1}\right)$$

$$= \frac{H_l(k-1)}{ARk(1+\lambda L_{min})}\left(1-\frac{Q_{1v}}{Q_1}\right)$$

가 된다.

이들 두 식을 α, β 의 식에 대입하면 다음의 관계가 성립한다.

$$\left.\begin{aligned}\alpha=\frac{p_3}{p_2}&=1+\frac{H_l(k-1)}{ART_1(1+\lambda L_{\min})}\left(\frac{1}{\varepsilon}\right)^{k-1}\left(\frac{Q_{1v}}{Q_1}\right)\\ \beta=\frac{V_3}{V_4}&=1+\frac{H_l(k-1)}{\alpha ART_1k(1+\lambda L_{\min})}\left(\frac{1}{\varepsilon}\right)^{k-1}\left(1-\frac{Q_{1v}}{Q_1}\right)\end{aligned}\right\} \quad \cdots\cdots (2\text{-}32)$$

일반적으로, 디젤기관에서는 $Q_{1v}/Q_1=0.1\sim0.15$, $Q_{1p}/Q_1=0.85\sim0.90$ 정도이고, 고속디젤기관일수록 Q_{1v}/Q_1 는 커지고, 과급기관일수록 작아진다.

또한, 압축비의 일정하에서는 열효율이 정적사이클일 때 가장 좋고, 정압사이클은 가장 낮고, 합성사이클은 그 중간이며, 압축비가 커지면 어느 정도 열효율은 높아진다.

그리고 $p_{mth(s)}$는 $\dfrac{\varepsilon}{(\varepsilon-1)}\eta_{th(s)}$에 비례하고, 흡기의 밀도가 커질수록 증가한다.

(4) 3基本사이클의 비교

지금 복합사이클의 $\eta_{th(s)}$ 와 $p_{mth(s)}$ 의 식 (2-29)와 (2-30)에서 $\beta=1$ 이라고 하면 정적사이클의 식 (2-10)과 (2-13)이 얻어지고, 또 $\alpha=1$이라 하면 정압사이클의 식 (2-22)와 (2-24)가 얻어진다.

이상 3기본사이클의 열효율의 식에서 명시된 바와 같이 압축비를 증대시키면 η_{th} 는 향상되나, 뒤에 설명하는 바와 같이 정적사이클에서는 노킹(knocking) 현상이 발생하므로 ε에는 한도가 있어서, 특수한 연료를 사용해도 압축비는 $\varepsilon<10\sim11$이어야 한다. 또, 정압사이클에서는 노킹의 염려는 없고, 더구나 자기착화를 시키는 관계로 압축비를 높이는 것이 바람직하나, 최고연소압력이 상승하므로 기관 각부의 강도상의 문제로 인해 이것이 제한된다.

디젤기관의 경우, ε의 값은 연소실의 형식에 따라서 다르나, $\varepsilon\fallingdotseq15\sim23$ 정도이다.

이들 3사이클의 이론열효율을 TS 선도를 이용하여 비교해 보면 다음과 같다.

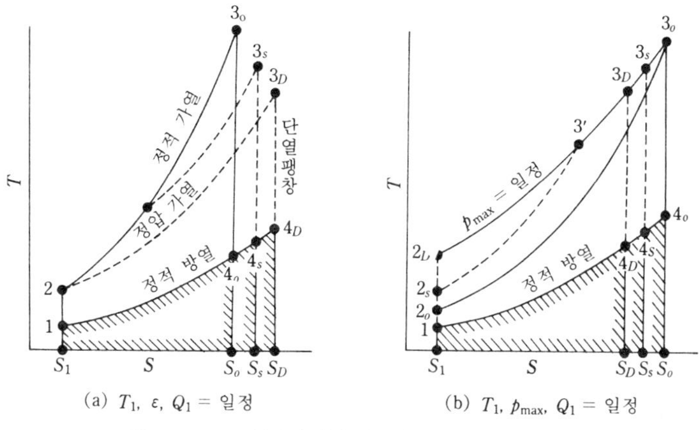

그림 2-7 3 기본사이클의 이론열효율의 비교

1) 初溫 T_1, 壓縮比 ε, 受熱量 Q_1 이 일정할 경우

조건에 따라 그림 2-7 (a)에서 점 1과 2는 공통, 또 Q_1 이 일정하므로 각 점에 둘러싸인 면적은 같아진다.

즉, $Q_{1(0)}=$ 면적$(s_1-1-2-3_0-4_0-s_0-s_1)$

$Q_{1(s)}=$ 면적$(s_1-1-2-3'-3_s-4_s-s_s-s_1)$

$Q_{1(D)}=$ 면적$(s_1-1-2-3_D-4_D-s_D-s_1)$

$$Q_{1(0)}=Q_{1(s)}=Q_{1(D)}$$

한편, 방열량 Q_2 는 각각 정적방열선 $1-4_0$, $1-4_s$, $1-4_D$ 선과 횡축 S 선과의 사이의 면적(사선으로 된 면적)으로 표시되어서, 열효율 사이에는 다음의 관계가 있다.

$$\eta_{th(0)}>\eta_{th(s)}>\eta_{th(D)}$$

2) 初溫 T_1, 最高壓力 p_{max}, 受熱量 Q_1 이 일정할 경우

조건에 따라 그림 (b)에서 점 1은 공통 3_0, 3_s, 3_D 는 $p_{max}=$ 일정 곡선상에, 또 Q_1 이 일정하므로 각 점으로 이어지는 면적은 동일하게 된다.

따라서, $Q_{1(0)}=$ 면적$(s_1-1-2_0-3_0-4_0-s_0-s_1)$

$$Q_{1(s)} = \text{면적}(s_1 - 1 - 2_s - 3' - 3_s - 4_s - s_s - s_1)$$

$$Q_{1(D)} = \text{면적}(s_1 - 1 - 2_D - 3_D - 4_D - s_D - s_1)$$

$$Q_{1(0)} = Q_{1(s)} = Q_{1(D)}$$

로 된다. 한편, 방열량 Q_2는 정적방열선 $1-4_0$, $1-4_s$, $1-4_D$와 횡축 s선과의 사이 면적(사선으로 된 면적)으로 표시되므로, 열효율은 다음의 관계가 있다.

$$\eta_{th(o)} < \eta_{th(s)} < \eta_{th(D)}$$

2-2 燃料－空氣사이클과 實際사이클

앞에서의 이론공기사이클은 작동유체로서 공기를 사용하였으나, 실제사이클에서는 연료와 공기로 된 혼합기를 작동유체로 사용하므로, 연료－공기사이클(fuel-air cycle)로 취급하여야 한다. 이 때에는 다음에 열거하는 여러가지의 영향으로 공기사이클의 일량과는 많은 차이가 있다.

① 작동유체는 연료, 공기 및 앞의 사이클의 잔유가스로 된 혼합기이다.

② 受熱은 혼합기의 연소에 의하여 발생되는 열이다.

③ 계의 比熱은 혼합기의 연소 온도에 따라서 변화한다.

④ 연소가스는 높은 온도(> 1500〔℃〕)에서 熱解離(thermal dissociation)를 일으켜서 解離熱을 빼앗기고, 이로써 열의 손실이 생긴다. 〔열해리에 대해서는 뒤에서 다시 설명한다.〕

이상 실제로는 이들의 영향을 받게 되므로 1 사이클의 일량은 공기사이클의 일량보다도 적은 값이 되며, 실제 기관의 실린더 내에서 얻어지는 실제사이클의 일은 위에서 열거한 이들 영향을 고려에 넣어서 각점이 가스상태의 변화를 엄밀한 계산에 의하여 구한 연료－공기사이클의 일량보다도 더욱 적어지며, 그 이유로서는 다음과 같은 것들을 생각할 수 있다.

① 연소는 이론처럼 반드시 정적이나 정압하에서 이루어지지 않는다.

② 배출가스에 적지 않은 열량이 손실된다.

③ 연소는 반드시 完全燃燒가 이루어지는 것은 아니다.

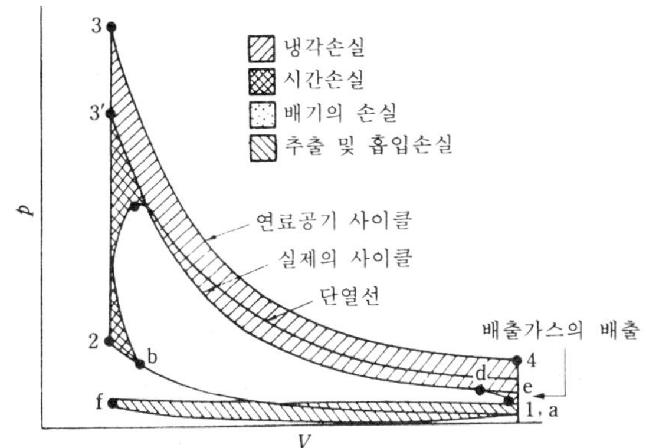

그림 2-8 연료-공기사이클과 실제사이클의 비교

④ 연소가스의 열의 일부를 연소실 벽을 통하여 冷却媒質에 빼앗긴다.

⑤ 흡기나 배기 행정에서의 일은 펌프일(pumping work)로서, 어느 경우나 負(-)의 일로 된다.

⑥ 每사이클마다 이루어지는 연소가스와 新氣와의 사이에서 유체가 교환될 때 유동손실이 동반된다.

⑦ 흡기, 배기밸브의 開閉에 시간이 걸린다.

⑧ 사이클선도의 각 정점에서는 둥글게 되고 일량은 그만큼 감소된다.

보통 실제사이클의 指壓線圖(indicator diagram)는 기관을 운전하고, 연소해석장치(combustion analyser)를 써서 구하며, 그밖에 전자계산기를 이용한 시뮬레이션(simulation)에 의하여 비교적 실제에 가까운 지압선도를 구할 수 있다. 그리고 극히 간단한 방법으로는 작동유체의 변화 경로를 뒤에 설명하는 작도에 의하여도 구할 수 있으며, 그림 2-8은 연료-공기사이클과 실제사이클을 비교한 것이다.

2-3 指壓線圖

실제로 기관을 운전하여 실린더 내에서 일어나는 압력변화나 壓力波形 등으로부터 연소실 내에서의 연소상황 등을 판단할 수 있다. 실린더 내에서의 압력은 보통 크랭크각에 대하여는 $(p-\theta)$, 그리고 시간에 대하여는 $(p-t)$로 나타내어지며 이것들이 실린더 내의 압력파형이고 지압선도이다.

(1) 理論指壓線圖

실린더 내에 신기를 흡입할 때에는 다음 장의 기관의 성능에서 열거하는 여러가지 원인, 즉 ① 新氣의 온도, ② 吸氣壓力, ③ 背壓, ④ 空燃比, ⑤ 壓縮比 등이 변화하는데 따라 그 吸入量이 달라지고 이에 따라서 지압선도는 달라진다. 즉 실제운전의 경우는 특히 신기의 밀도가 흡기밸브 직전에서의 절대온도 T_S에 반비례하고, 또 그곳에서의 靜壓, 즉 흡기압력 p_s 또는 부스트압력(boost pressure) p_B의 높고 낮음에 따라서 달라지므로, 실린더 내에 흡입되는 신기의 유량은 그 영향을 받아서 변화한다. 또, 배기밸브 직후나 배기관 내의 정압, 즉 배압 p_r이 높으면 실린더 내의 잔유가스의 양이 많아지고, 신기가 유입할 때 저항을 받게 되어서 신기량은 그만큼 감소하며, 그뿐 아니라 압축초의 온도가 상승되어서 지압선도가 또한 변화한다.

완전연소에 필요한 理論空氣量(theoretical correct air quantity)에 대한 사용공기량의 비, 즉 공기비 또는 空氣過剩率(excess air ratio)이 변화하면 연소가스의 비열이 달라지고, 또한 압축비가 달라져도 잔유가스와 신기의

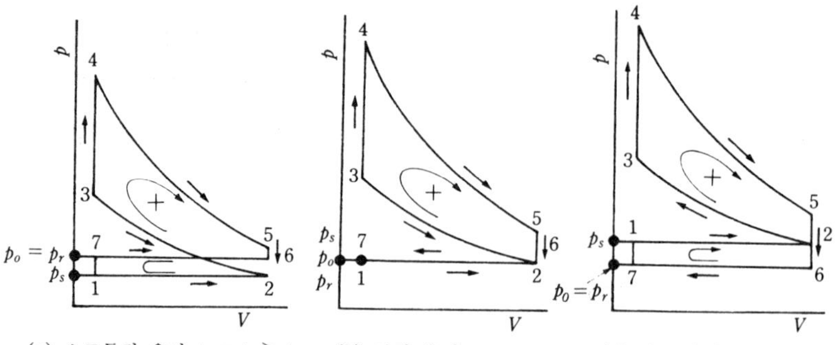

(a) 스로틀링 운전 $p_o=p_r>p_s$ (b) 정격 운전 $p_o=p_r=p_s$ (c) 과급 운전 $p_o=p_r<p_s$

그림 2-9 흡기조건의 상위와 이론지압선도

〔p_0 =대기압, p_r =배압, p_s =점 2의 압력〕

혼합비율이 변화하며, 따라서 압축 후의 압력이나 폭발시의 압력과 팽창시의 압력과 온도가 변화되어서 지압선도도 달라진다.

과급기(supercharger)를 사용하여 실린더 내에 보다 많은 신기를 흡입하도록 하여 출력의 증대를 도모하는 過給機關(supercharged engine)인 경우는 $p_r < p_s$로 되어서 행정체적 V_h 이상의 공기가 실린더 내에 채워지고, 출력이 증대되며, 지압선도는 변화된다. 그림 2-9는 흡기조건 p_s와 p_r이 달라짐에 따른 3개의 이론지압선도이다. (a)는 스로틀링運轉時, (b)는 定格(正規)運轉時, (c)는 過給運轉時의 선도이다. 그림 2-10은 실제 기관에 대하여 구한 흡·배기의 동작, 즉 펌프작용(pumping action)의 압력변화를 나타내는 지압선도(light spring indicated diagram)이다.

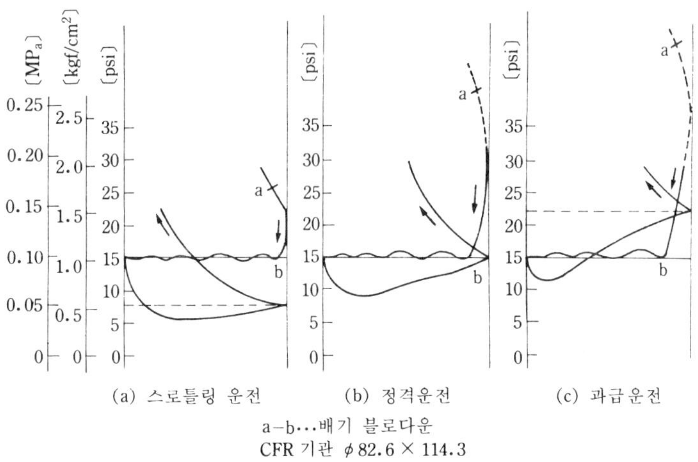

그림 2-10 흡기조건의 상위와 저압부의 압력변화

(2) 폴리트로프變化와 變化經路의 作圖

1) 폴리트로프指數

어느 系가 열과 일의 授受가 이루어지면서 준정적인 변화를 하는 경우, 그 변화의 경로에 대하여는 가스의 狀態方程式과 에너지式이 그대로 적용되며, 이 과정의 상태변화는 일반적인 성격을 가지게 되므로 폴리트로프변화이다. 가스의 비유동과정에서의 상태변화의 조건식은 다음과 같다.

상태식 $pV=mRT$ ………………………………………… ①

에너지식 $dQ=mc_v dT+ApdV$ ……………………………… ②

지금 이 계의 비열을 c_n 이라 하면,

$dQ=mc_n dT$ ……………………………………………………… ③

따라서,

$$mc_v dT+ApdV=mc_n dT$$

$$ApdV=m(c_n-c_v)dT$$

$$\therefore\ dT=\frac{ApdV}{m(c_n-c_v)} \quad \cdots\cdots ④$$

위의 상태식으로부터

$$dT=\frac{pdV+Vdp}{mR} \quad \cdots\cdots ⑤$$

식 ④와 식 ⑤로부터

$$(c_n-c_v)(pdV+VdP)=ARpdV$$

$$\{c_n-(c_v+AR)\}pdV=-(c_n-c_v)Vdp$$

$$\therefore\ (c_n-c_p)\ pdV=-(c_n-c_v)Vdp$$

따라서,

$$\frac{c_n-c_p}{c_n-c_v}\frac{dV}{V}=-\frac{dp}{p},\ n\frac{dV}{V}=-\frac{dp}{p} \quad \cdots\cdots (2\text{-}33)$$

여기서, $n=(c_n-c_p)/(c_n-c_v)$=폴리트로프指數

$$\therefore\ \log_e V^n=-\log_e p+\log_e C$$

$$\therefore\ pV^n=C \quad \cdots\cdots (2\text{-}34)$$

여기서 C=정수. 식 (2-34)는 폴리트로프변화의 조건식으로, 지수 n은 계의 비열 c_n과 정적, 정압비열 c_v, c_p로써 결정된다. 이 n의 값이 달라지는데 따른 상태변화는 다음과 같다.

$n=0$, pV^0 =일정 정압변화

$n=1$, pV =일정 등온변화

$n=k$, pV^k =일정 단열변화

$n=\infty$, pV^∞ =일정 정적변화

그림 2-11은 각 상태변화의 설명도다. 이 n의 값은 압축행정의 전반에서는 $n>k$이고, 후반에서는 $n<k$로 되지만, 기관의 종류나 운전조건에 따라서 달라진다. 그러나 일반적으로 기관을 계획할 때에는 압축행정에서의 n값은 앞에서 설명한 것과 같이 $n_c \fallingdotseq 1.30 \sim 1.35$, 팽창행정에서는 $n_e = 1.20 \sim 1.25$ 정도로 취한다.

한편 폴리트로프지수 n과 비열비 k와의 사이에는 식 (2-33)

$$n\frac{dV}{V}=-\frac{dp}{p}$$

에서 열역학 제1법칙의 식 $dQ=dU+APdV$, $dU=CvdT$, 또 가스의 식 $pv=RT$로부터

$$dT=\frac{1}{R}(pdV+Vdp)$$

이고 윗식에서의 dp는

$$dp=\frac{1}{V}\left(\frac{R(dQ-APdV)}{C_v}-pdV\right)$$

가 되어서 이 dp를 앞에서의 식 (2-33)에 대입하면

$$n\frac{dV}{V}=-\frac{1}{p}\frac{1}{V}\left(\frac{R(dQ-APdV)}{C_v}-pdV\right)$$

가 되며 여기에 $c_p-c_v=AR$, $c_p/c_v=k$의 관계를 고려하면 n과 k와의 사이는

$$n = k - \frac{k-1}{AP}\,\frac{dQ}{dV}$$

가 된다.

따라서 압축행정 ($dV < 0$)에서 방열이 있으면 ($dQ < 0$), $n < k$ 로 되고 열의 공급 ($dQ > 0$)이 있으면 $n > k$ 로 된다. 또 팽창행정 ($dV > 0$)에서는 방열이 있으면 ($dQ < 0$), $n > k$, 열의 공급이 있으면 ($dQ > 0$), $n < k$ 로 된다.

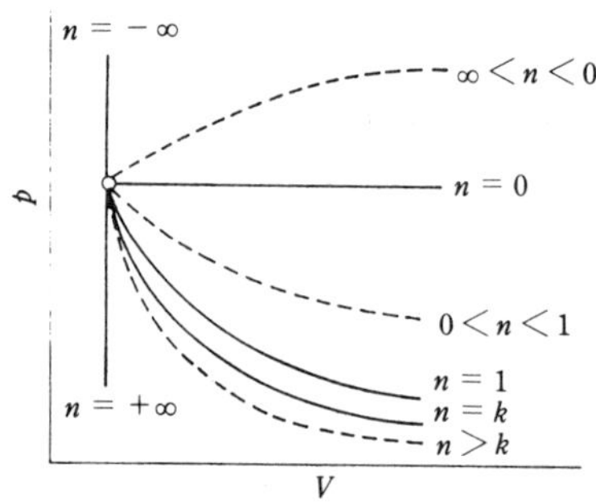

그림 2-11 폴리트로프指數와 상태변화의 경로

그리고 단열변화에서는 ($dQ=0$), 물론 $n=k$ 가 된다.

실제행정에서는 압축행정일 때는 공기의 비열비를 $k \fallingdotseq 1.4$ 보다 낮은 1.3 대의 값을 취한다. 그리고 시동시에는 방열이 특히 현저하여 n 의 값이 낮아지고 가솔린기관인 때에는 가솔린의 증발로 열을 빼앗기게 되어서 디젤기관의 경우보다도 압축행정의 n 값이 더욱 낮아진다.

또한 팽창행정 때에는 연료의 후연 ($dQ > 0$)의 영향도 있어서 일반적으로 1.3 이거나 혹은 그보다 낮은 값을 갖는다.

2) 變化經路의 作圖

계의 pV 선도상에서의 상태변화는 가스의 초기상태가 주어지면 계산에 의하여 구하여지나, 다음과 같은 圖式方法을 이용하면 극히 간단하게 작도 된다.

지금 다음 식

$$1+\tan\beta=(1+\tan\alpha)^n \quad \cdots\cdots (2\text{-}35)$$

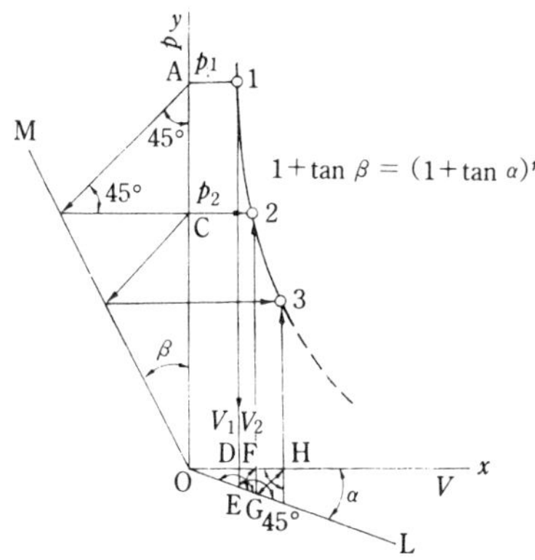

그림 2-12 폴리트로프변화경로의 작도

중의 α와 n에 어느 적당한 값을 주어서 β를 계산하여 구하고, 그림 2-12에서 $\overline{Ox}$와 이루는 각을 α, $\overline{Oy}$와 이루는 각을 β로 하여 $\overline{OL}$과 $\overline{OM}$을 긋는다. 다음 최대압력 점 1을 설정한다. 점 1에서 $\overline{Ox}$에 평형으로 $\overline{1A}$를 긋고, 점 A로부터 45[deg]의 선을 그어서 점 B를 구하고, 점 B에서 수평으로 $\overline{BC}$를 긋는다. 한편, 점 1에서 수직으로 $\overline{1DE}$ 선을 긋고, 점 E에서 45[deg]로 $\overline{EF}$를 긋는다. 점 F에서 직선을 세워서 $\overline{BC}$와의 교점을 2라고 한다. 같은 방법으로, 3을 구한 다음 1, 2, 3을 통하는 곡선을 그리면 된다. 그 이유는 다음과 같이 증명된다.

그림 2-12로부터

$$\tan\beta=\frac{\overline{BC}}{\overline{OC}}$$

$$\tan\alpha=\frac{\overline{DE}}{\overline{OD}}$$

이므로, 식 (2-35)은 다음과 같은 식으로 고쳐서 쓸 수 있다.

$$1+\frac{\overline{BC}}{\overline{OC}}=\left[1+\left(\frac{\overline{DE}}{\overline{OD}}\right)\right]^n$$

$$\frac{\overline{OA}}{\overline{OC}}=\left(\frac{\overline{OF}}{\overline{OD}}\right)^n, \qquad \therefore \frac{p_1}{p_2}=\left(\frac{V_2}{V_1}\right)^n$$

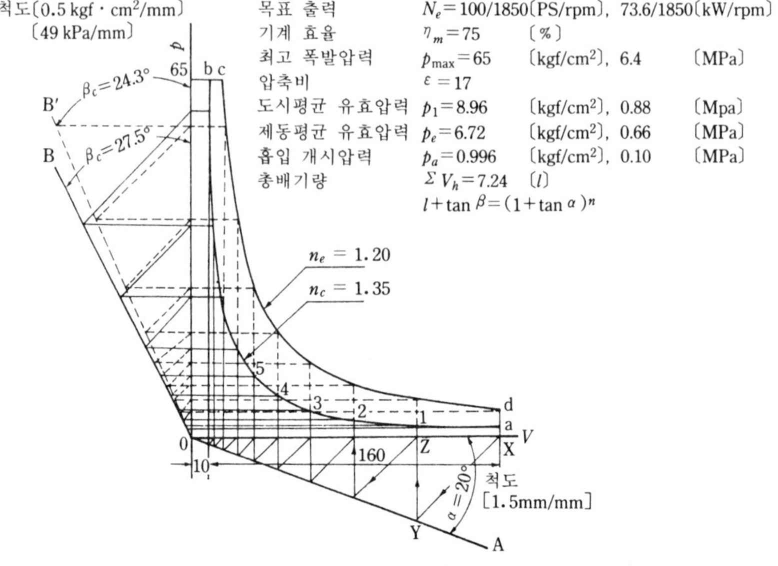

그림 2-13 지압선도의 작성예(디젤기관)

$$\therefore\ p_1V_1^n = p_2V_2^n = \text{일정}$$

만약, 정압변화라고 하면 $n=0$, $\beta=0$ 로 되어서 점 2, 3, …… 은 $\overline{A1}$ 선의 연장선상에 있고, 정적변화이면 $n=\infty$, $\alpha=0$ 로 되어서 점 2, 3, …… 은 $\overline{1D}$ 선과 일치한다. 또, 등온변화에서는 $n=1$, $\alpha=\beta$ 로 하고, 단열변화에서는 $n=k$ 로 하여 작도하면 된다. 그림 2-13 은 100〔PS〕, 73.6⟦kW⟧ 디젤기관을 설계할 때 압축시의 지수 $n_e=1.35$, 팽창시의 지수 $n_e=1.20$ 으로 하여 작도한 선도이다. 그리고 $\alpha=20°$ 로 하여 $\beta_c=27.5°$, $\beta_e=24.3°$ 를 구하였다.

2-4 實際機關에 있어서의 狀態變化

가솔린기관의 기본적인 성격 또는 사이클의 경향은 앞에서 설명한 오토 사이클에 의하여 개략적으로 알 수 있다. 그러나 실제로 기관의 성능을 추정하거나 CO, HC, NO_x 등의 발생 등 化學反應의 파악을 위하여는 보다

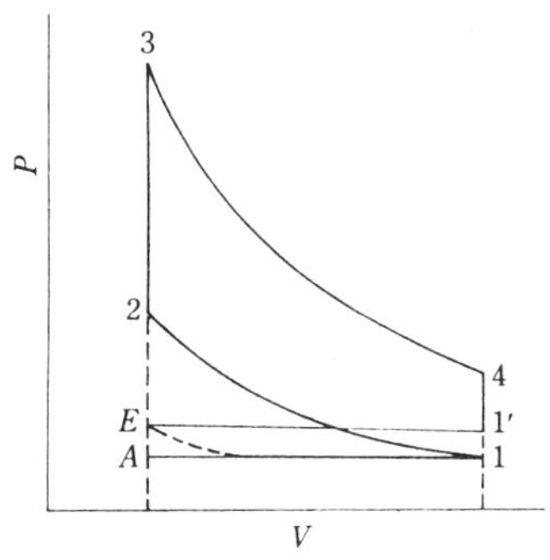

그림 2-14 사이클해석의 설명도

定量的인 이해가 필요하다. 그러므로 다음과 같은 조건들을 가미하여 사이클의 수행을 다시 생각하여야 한다.

(1) 壓縮初의 狀態(p_1, T_1)

1) 壓縮初의 壓力(p_1)

압축초의 압력 p_1은 스로틀밸브의 개도 및 EGR량에 따라 달라지며 스로틀밸브를 닫아서 흡기를 스로틀링 할수록 압력 p_1은 낮아진다. 그리고 또 EGR이 있는 경우는 그 양이 증가하게 되면 그에 따라 높아진다. 또한 p_1은 뒤에 설명하는 흡입 때의 관성효과와 맥동효과를 제외하고 생각할 때 흡기포트에서의 압력손실 $\gamma \frac{w^2}{2g}$을 흡기매니폴드압력(부스트 압) p_B로부터 뺀 것이 되고 흡기포트의 유속은 連續方程式 $G=\gamma Aw$이므로 $w=G/\gamma A$가 되어서

$$p_1 = p_B - \frac{G^2}{2g\gamma A^2}$$

여기서 γ : 흡입가스의 비중량 〔kgf/m^3〕

G : 흡입가스량(흡입공기량+EGR)〔kgf/s〕

w : 흡기포트 내에서의 유속 〔m/s〕

A : 흡기포트 단면적 〔m^2〕

로 된다. 그런데 일반적으로는 압축초의 압력 p_1은

$$p_1 \fallingdotseq p_B \cdots\cdots (2\text{-}36)$$

로 취급하며 가솔린기관의 경우 EGR 없이 대기압 p_a의 상태에서 균질의 혼합기(공연비 일정)가 도입되는 경우는 이 때가 최대 에너지의 공급상태로 되며 이것이 에너지 공급의 대용 특성치가 된다.

2) 壓縮初의 溫度(T_1)

압축초의 온도 T_1은 대기온도 T_a가 아니고 다음의 3개 항목의 영향을 받는다.

① 잔유가스 및 EGR과의 혼합(가열)

② 가솔린의 기화(냉각)

③ 실린더 및 피스턴과의 열교환(가열)

이들에 의한 온도변동을 각각 $+\Delta T_r$, $-\Delta T_{ev}$, $+\Delta T_w$라고 하면 압축초의 온도 T_1은

$$T_1 = T_a + \Delta T_r - \Delta T_{ev} + \Delta T_w \cdots\cdots (2\text{-}37)$$

이 된다.

a) 殘留가스 및 EGR의 영향($+\Delta T_r$)

잔류가스의 압력과 온도를 배기매니폴드에서 각각 압력, 온도 p_{ex}, T_{ex}와 같다고 하면 잔류가스량은

$$G_r = \frac{p_{ex} V_2}{R_{ex} T_{ex}} \cdots\cdots (2\text{-}38)$$

이것이 p_1까지 단열팽창되고 난 다음부터 비로소 흡기매니폴드 내의 신기+EGR이 들어오게 되는 셈이 되고, 따라서 이 신기+EGR의 체적은

$$V_{hm} = V_1 - V_2 \left(\frac{p_{ex}}{p_1}\right)^{1/kex} \cdots\cdots (2\text{-}39)$$

이며 단, 여기서 V_1: 전 실린더 체적, V_2: 연소실 체적, 그리고 k_{ex}은 배기

(연소가스)의 비열비이다. EGR과 잔류가스가 신기에 주는 열량과 신기가 받는 열량은 같고 따라서

$$G_aC_{pa}(T_1^* - T_a) = G_a\,\gamma_{EGR}C_{pex}(T_{EGR} - T_1^*)$$
$$+ G_rC_{pex}(T_{ex} - T_1^*)$$

$$\therefore\ T_1^* = \frac{C_{pex}(G_a\,\gamma_{EGR}T_{EGR} + G_rT_{ex}) + G_aC_{pa}T_a}{G_a(C_{pa} + \gamma_{EGR}C_{pex}) + G_rC_{pex}}$$

$$\Delta T_r = T_1^* - T_a \quad \cdots\cdots (2\text{-}40)$$

로 된다. 여기서 T_1^*은 EGR, 잔류가스만을 고려한 때의 압축초 온도 T_1의 값이다.

지금 $\gamma_{EGR} = 15\ \%$, $G_r = 0.05\,G_a$, $T_a = 288°K$ (15℃), $T_{EGR} = 423°K$ (150℃), $T_{ex} = 773°K$ (500℃), $C_{pa} = C_{pex}$로 가정하고 이 때의 잔류가스+EGR의 혼합으로 인하여 상승된 온도 ΔT_r을 구하면 다음과 같이 된다.

즉 T_1^*의 값을 윗식으로부터 계산하면

$$T_1^* = \frac{(015 \times 423 + 0.05 \times 773) + 288}{1 + 0.15 + 0.05} = 325$$

따라서, $T_1^* \fallingdotseq 325°K$이므로

$$\Delta T_r = 325 - 288 = 37℃$$

가 되고 EGR이 없는 경우는 $T_r = 23℃$로 약간 낮아지며 중간 냉각없이 EGR율이 15 %인 경우는($T_{EGR} = T_r$)

$$\Delta T_r = 81℃$$

로 된다.

b) 가솔린 氣化의 영향($-\Delta T_{ev}$)

가솔린은 기화기(또는 연료인덱터) → 흡기매니폴드 → 실린더로 이송되는 동안, 그리고 실린더 내에 들어가서 실린더나 피스턴의 벽면에 접촉하거나 혹은 잔류가스와 혼합되는 과정에서 기화, 증발하게 되고 그때 일부의 氣

化潛熱을 신기로부터 받는다. 이로 인하여 압축초의 가스온도는 저하되며 일반적으로 기화잠열의 $\frac{1}{2}$ 을 신기로부터 받는 것으로 취급하는 것이 통례이고 이렇게 되면 온도강하 $-\Delta T_{ev}$ 는

$$G_a C_{pa} \Delta T_{ev} = \frac{H_{ev} G_a}{2(MR)}$$

$$\therefore \Delta T_{ev} = \frac{H_{ev}}{2 C_{pa}(MR)} = \frac{82}{2 \times 0.24(MR)} \fallingdotseq \frac{171}{(MR)} \text{〔℃〕} \cdots\cdots\cdots (2\text{-}41)$$

단, · H_{ev} : 가솔린의 기화잠열, 82〔Kcal/kgf〕

(MR) : 공연비

이론공연비 $(MR)_{th} = 14.7$ 부근에서는 $\Delta T_{ev} \fallingdotseq 12$℃이고 기화잠열의 전체를 신기로부터 받는다고 하여도 $\Delta T_{ev} \fallingdotseq 23$℃ 내외가 되어서 그 영향은 그다지 크지 않다.

c) **실린더 및 피스턴과의 熱交換의 영향**$(+\Delta T_w)$

동작가스와 실린더, 피스턴과의 열교환은

$$Q = \alpha A(T_w - T_g) \cdots\cdots\cdots (2\text{-}42)$$

여기서 Q : 실린더, 피스턴 → 동작유체의 이동열량

α : 실린더, 피스턴 등의 表面 熱通過率

A : 실린더, 피스턴 등의 전열 표면적

T_w : 벽면온도

T_g : 가스온도

의 관계에 의하여 결정된다. α나 T_w가 균일하지 않으므로(벽면을 따라 흐르는 열유속이 큰 위치에서 α는 크고 또 온도도 피스턴이나 실린더 헤드쪽은 높으며 실린더의 하부는 낮다.) 엄밀하게 추정하기는 어려우며 실험적으로 A. Hausen에 의하여「실린더 벽온의 평균치는 200℃로 하여도 좋으며 실린더와의 열교환에 의한 동작유체의 온도상승 ΔT_w는 벽온과 가스온도차의 $\frac{1}{3}$ 이다.」라고 하는 간단한 경험칙을 도입하고 있다. 즉

$$\Delta T_w = \frac{473 - T_a - \Delta T_r + \Delta T_{ev}}{3} \quad \cdots\cdots (2\text{-}43)$$

예를 들어서 $T_a = 15$℃, $\Delta T_r = 23$℃, $\Delta T_{ev} = 12$℃를 이 식에 대입하여 온도상승을 구하면 $\Delta T_w = 58$℃로서 이에 의한 영향이 가장 크다.

(2) 壓縮行程의 作動流體

압축행정의 동작유체는 순수한 건공기가 아니고 수증기, 가솔린 증기, 잔류가스, EGR 가스 등이 포함되어서 비중이나 비열 및 비열비의 값들이 공기의 그것들과는 다르며 보통 EGR이 없는 경우는 폴리트로프지수가 $n=1.386$ 정도이다. 그리고 압축행정은 근사적으로 단열변화로 생각하여도 좋으나 연소, 팽창과 배기과정에서는 방열을 무시할 수 없다.

(3) 壓縮末의 狀態(p_2, T_2)

압축행정의 전반에서는 $T_w > T_g$이므로 열은 실린더벽 → 작동유체로 흐르고, 그러나 후반에는 $T_w < T_g$로 되기 때문에 열은 작동유체 → 실린더벽으로 역류한다. 따라서 전반과 후반에서 열의 수수가 상살되므로 압축행정은 단열적으로 이루어지는 것으로 하여도 실용상 문제가 없다고 하는 것이 일반적인 설명이다.

$$\therefore \; p_2 = p_1 \varepsilon^n$$
$$T_2 = T_1 \varepsilon^{n-1}$$

n의 값은 물론 동작유체의 압력, 온도의 변동에 따라 변화하나 제안자에 따라서는 평균값으로서 $n=1.387$로 하고 있으며 보다 상세하게는 초기는 $n=1.38$, 중간에는 1.35, 압축말기에는 1.30까지 내려간다. 또한, 한편으로는 압축말인 상태의 n값은 $n=1.30$으로 하여야 된다는 주장도 있다. 다음 표 2-1은 압축말의 압력 p_2와 온도 T_2를 부스트부압과 폴리트로프지수 n값의 변화와 압축비 $\varepsilon=10$, $T_1=423$°K인 경우에 대하여 구한 것이다.

표 2-1

부스트부압 mmHg gage		0	150	300	450
p kgf/cm² (절대)		1.033	0.839	0.625	0.421
p_2 kgf/cm²(절대)	폴리트로프지수 $n=1.387$ 일 때	25.2	20.4	15.2	10.25
	$n=1.3$ 일 때	20.6	16.7	12.5	8.4
T_2 ℃	$n=1.387$ 일 때	755	←	←	←
	$n=1.3$ 일 때	571	←	←	←

※ p_2 와 T_2 계산의 의미로서는

(1) p_{max}, T_{max} 계산의 초기조건을 준다.

(2) 냉시동시의 기동조건을 명확하게 한다. (이것은 특히 압축착화기관의 경우 대단히 중요하다.)

(4) 最高壓力 및 最高溫度(p_{max}, T_{max})

기계적인 부하의 관점에서는 $p_{max}=p_3$, 그리고 열부하 및 NO_x 발생의 관점에서는 $T_{max}=T_3$ 의 값들이 정확히 구해질 것이 바람직하며 이 값들은

$$p_{max} = p_1 \varepsilon^k + \frac{(k-1)Q_1}{AV_2}$$

$$T_{max} = T_1 \varepsilon^{k-1} + \frac{Q_1}{GC_v}$$

(단열압축에 의한 상승분) (정적연소에 의한 상승분)

로 표시된다. 실제 기관에서의 연소는 이것을 정적하에서의 연소로 취급하기에는 조건들이 맞지 않는 부분들이 지나치게 많다. 즉,

① 연소기간

연소(열발생)는 상사점에서 한순간에 이루어지는 것이 아니고 상사점 전 20도에서 상사점 후 40도 정도까지의 사이에 이루어진다. 더구나 상사점 이후의 열발생은 뒤의 等積度(degree of constant volume)에서 설명하는

表 2-2 空氣 및 燃燒가스를 구성하는 주요 기체의 성질

기체의 종류		분자량	기체정수 〔kgf·m/°K〕 kg	비열(at 0℃, 저압) 〔kcal/℃ kg〕		$k = C_p/C_v$
				C_p	C_v	
질 소	N_2	28	30.26	0.2482	0.1774	1.400
산 소	O_2	32	26.49	0.2184	0.1562	1.399
탄 산 가 스	CO_2	44	19.25	0.1957	0.1505	1.301
수 증 기*	H_2O	18	47.0	0.62	0.47	1.32
수 소	H_2	2	420.3	3.403	2.417	1.409
일 산 화 탄 소	CO	28	30.28	0.2486	0.1775	1.400
메 탄	CH_4	16	52.89	0.515	0.390	1.319
에 탄	C_2H_6	30	28.22	0.413	0.345	1.20
에 틸 렌	C_2H_4	28	30.25	0.385	0.308	1.249
공 기	—	29	29.27	0.240	0.171	1.402

* 수증기의 경우는 400〔℃〕, 60〔kgf/cm²〕인 때의 값

바와 같이 실질적으로는 압축비의 낮은 기관에서의 압력상승에 상당하는 압력의 상승 밖에는 얻을 수 없어서 p_{max}는 낮아진다.

② k 값의 변화

연소가 진행됨에 따라 O_2가 감소되고 CO_2나 H_2O가 증가된다. 즉 비열비 k의 값이 큰 ($k \fallingdotseq 1.40$) 2원자 가스인 O_2가 줄어들고 k값이 작은 ($k \fallingdotseq 1.30$) 3원자 가스인 CO_2나 H_2O가 많아지게 되어서 동작유체 전체의 겉보기 비열비의 k값은 작아진다(표 2-2 참조).

③ 조성변화에 의한 비열의 상승

CO_2, H_2O 등의 몰비열〔kcal/℃ kmol〕은 그림 2-15와 같이 O_2보다 커서 연소가 진행됨에 따라 동작유체 전체의 겉보기 비열은 커지게 된다.

④ 온도상승에 의한 비열의 증가

그림 2-15에서 보는 바와 같이 가스의 비열은 온도의 상승과 더불어 현저하게 증가한다. 그러므로 위에서의 ③과, ④에 의하여 가스온도의 상승은 억제된다.

⑤ 열해리

고온하에서 연소생성물인 CO_2, H_2O는 그 일부분이

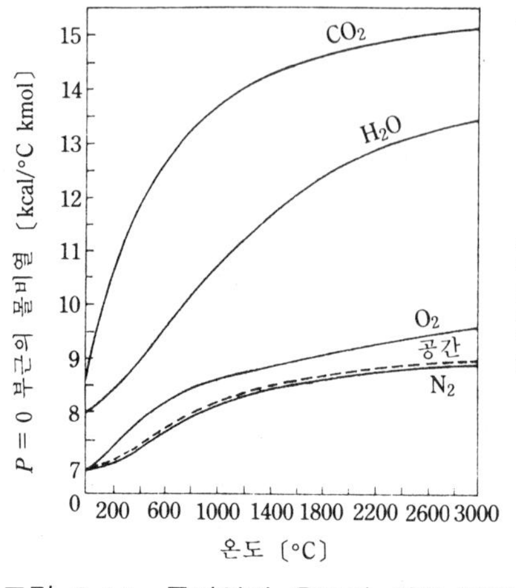

그림 2-15 몰비열의 온도에 의한 변화

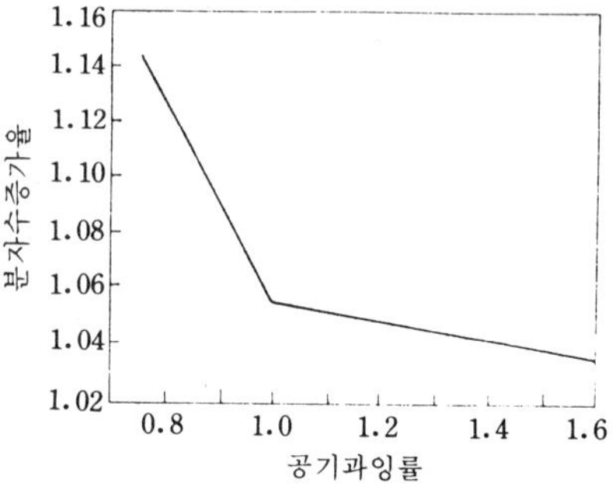

분자수증가율

공기과잉률

그림 2-16 연소에 의한 분자수의 증가 (A.R. Rogowski)

$$2CO_2 \rightarrow 2CO + O_2$$

$$2H_2O \rightarrow 2H_2 + O_2$$

와 같이 열해리(thermal dissocation)을 일으키게 된다. 그런데 이것은 흡열 반응이어서 가스의 온도를 저하시킨다.

⑥ 분자수의 증가

가솔린의 평균적인 조성은 거의 헥산(hexane)C_6H_{14}에 가깝고 이것이 완전연소하게 되면

$$2C_6H_{14} + 18O_2 = 12CO_2 + 14H_2O$$

로 되어 이와 같이 몰수 N이 $20 \rightarrow 26$으로 증가된다. 그런데 특성식은

$$PV = (\text{일반가스상수}) \times NRT$$

로 표시되므로 분자수의 증가는 V와 T가 일정할 경우는 압력증대에 영향을 미치게 된다.

⑦ 열손실

연소에 의하여 p_{max}나 T_{max}에 도달할 때까지에는 연소실이나 실린더의

벽으로부터 냉각매질로 방출되는 방열손실로 인하여 실제로는 이들 값이 낮아진다.

(5) 膨脹末의 狀態(p_4, T_4)

연소가 끝나는 시점에서의 압력과 온도를 각각 p_e, T_e, 그 때의 실린더 체적을 V_e 라고 하면 단열팽창을 하는 것으로 간주하고 폴리트로프지수 n 의 값을 적절하게 취하여 다음 식에 의하여 팽창말의 상태인 p_4, T_4 를 구한다.

$$p_4 = p_e \left(\frac{V_e}{V_4} \right)^n$$

$$T_4 = T_e \left(\frac{V_e}{V_4} \right)^{n-1}$$

윗식에서의 n 의 값은 공연비나 EGR 율에 따라 달라지게 되며 EGR 이 없는 경우는 $n = 1.27$ 이고, 제안하는 사람에 따라서 $n = 1.22$ 혹은 $n = 1.284$ 이다. 그리고 배기계의 소음기나 촉매컨버터 등에 의한 배압 p_r 의 상승은 잔류가스의 양을 증가시킨다.

2-5 實際사이클의 指壓線圖

실린더 내의 압력파형과 지압선도 등으로부터는 다음과 같은 정보를 얻을 수 있다.

(i) 실린더 내 압력파형으로부터 얻어지는 정보

① 최고압력 p_{max}

② 최대압력상승률$(dp/d\theta \text{ or } dp/dt)_{max}$

③ 착화지연

④ 평균가스온도

⑤ 연소의 상태(노킹의 발생유무 등)

⑥ 압축압력 및 온도(냉시동성의 판단자료가 된다)

⑦ 열발생률

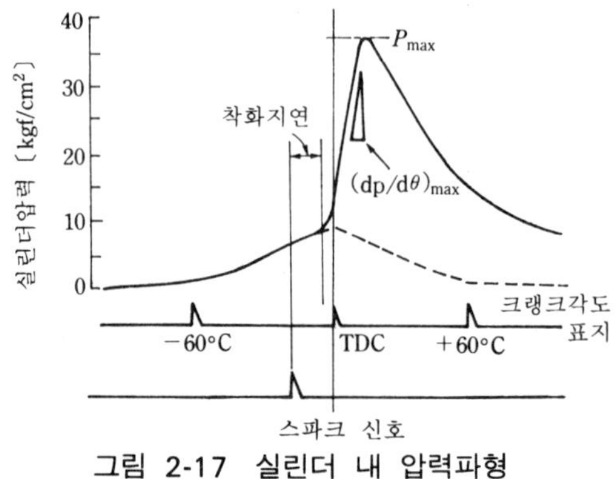

그림 2-17 실린더 내 압력파형

⑧ 연소변동(차량의 경우는 운전성과 배기청정성의 판단자료가 된다)

(ii) 지압선도로부터 얻어지는 정보

① 도시일

② 펌프일

③ 폴리트로프지수

④ 등적도

특히 차량용 기관과 같이 회전속도가 높은 경우에는 실린더 내에서 압력경과를 정확히 측정하기가 매우 어려우며, 따라서 앞에서 열거한 사항들을 정량적으로 구하기는 쉽지 않다.

(1) 最高壓力, 壓力上昇率 및 壓力變動

1) 最高壓力

최고압력(p_{max})은 동작가스의 연소에 의하여 얻어진 압력에너지의 크기를 나타내는 것이고, 이로부터 단열팽창하여 막 일을 시작하려고 하는 동작가스의 극한상태를 상징하며, 또 다른 한편으로는 p_{max}가 기관의 각 구성부재를 반복타격하는 충격력으로서 기계적 부하의 대용 특성이 되기도 한다. 실제기관에 있어서는 p_{max}가 큰 폭으로 변동하게 되며, 이것은 연소의 불안정에서 오는 결과이고 운전의 원활성이나 배기의 청정성에 미치는 영향이 크다.

2) 壓力上昇率

압력상승률 *dp/dt* 는 연소의 진행속도, 즉 열발생률의 상황을 반영하는 것으로 앞에서의 기관에 가해지는 충격력의 완급도를 의미한다. 따라서, 기관의 이상유무나 안정성과 밀접한 관계가 있고 진동이나 소음과의 사이에도 관계된다.

3) 壓力變動

일반적으로 실린더 내의 압력은 사이클간의 혼합기의 불균일공급 등으로 그림 2-18 과 같이 비교적 큰 폭으로 변동된다.

그림 2-19 는 점화플러그의 수를 증가시키거나 掃氣를 잘 함으로써 실린더 내에서 일어나는 압력파의 크기가 고르지 못한 현상이 감소됨을 나타낸 실험의 예이다.

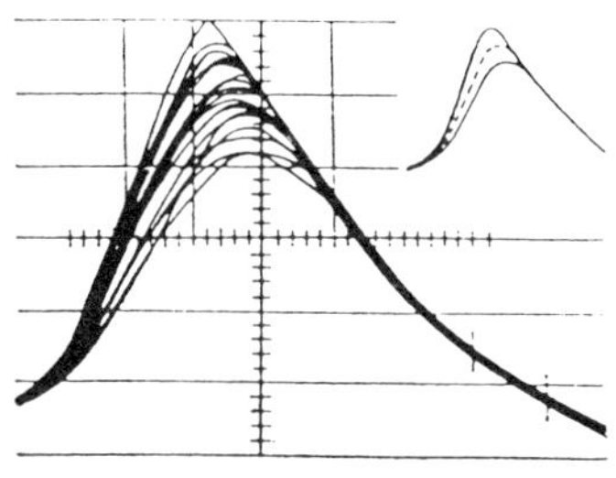

그림 2-18 사이클간의 변동(W.E. Adams)

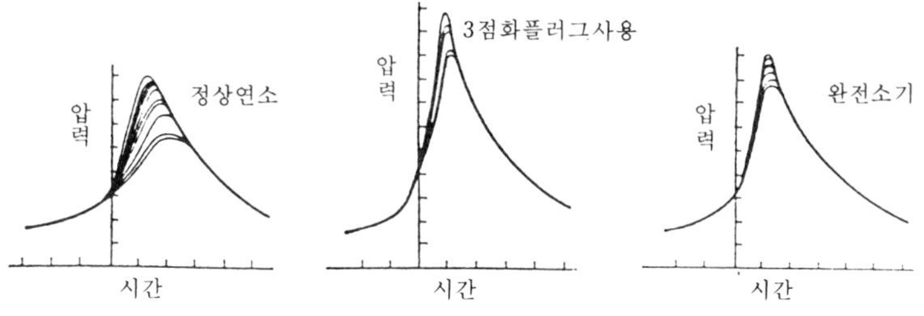

그림 2-19 사이클간의 변동(J.S. Clarke)

(2) 가스溫度, 熱發生率, 폴리트로프變化, 等積度

1) 平均가스溫度

기체의 상태식 $PV=mR_0T$를 변형하면

$$T=\frac{PV}{mR_0} \quad \cdots\cdots (2\text{-}44)$$

단, T : 가스온도 〔K〕

m : 몰수 〔kmol〕

R_0 : 일반기체상수 848 〔kgf · m/°K · kmol〕

V : 가스체적 · $m^3 = V_p\left\{\frac{1}{\varepsilon-1}+\frac{1}{2}(1-\cos\theta)+\frac{\lambda}{8}(1-\cos 2\theta)\right\}$ 〔m^3〕

V_p : 피스턴 배기량 〔m^3〕

ε : 압축비

θ : 크랭크 각(상사점에서 0°)

λ : 크랭크 반경/커넥팅 로드 길이 비

몰수 m은 가스중량 G/분자량 M이고 분자량 M은 공기의 값인 29를 사용하여도 큰 차이가 없으며 가스중량 G는 흡입공기유량을 흡입회수로 나눈 값이다. 실린더 압력파형으로부터 각 크랭크 각도 θ에 있어서의 가스압력 p값이 얻어지면 위의 식 (2-44)로부터 가스의 평균온도 T를 구할 수 있다. 그러나 이 값은 어디까지나 평균온도이고 실제기관의 경우는 실린더 내에는 반드시 어느 크기만큼의 온도구배가 있고 또한 온도는 압력과 같이 그 균일화가 빠르지 못하다.

2) 熱發生率

크랭크각 $d\theta$ 사이에 연소에 의하여 발생된 열량 dQ는 동작가스의 내부에너지 증가 $dU=GC_vdT$나 또는 팽창일 $APdV$ 혹은 방열손실 dQ_L로 된다.

$$dQ=GC_vdT+APdV+dQ_L$$

로 된다. 한편 가스의 특성식 PV=GRT 로부터

$$GdT=\frac{1}{R}(PdV+VdP) \cdots\cdots ①$$

식 ① 의 관계를 윗식에 대입하여 정리하면

$$dQ=\frac{C_v}{R}(VdP+(1+A\frac{R}{C_v})PdV)+dQ_L \cdots\cdots ②$$

또한 $C_p-C_v=AR$, $C_p/C_v=k$ 의 관계로부터

$$\frac{C_v}{R}=\frac{A}{k-1}$$

이므로 윗식은

$$dQ=\frac{A}{k-1}(kPdV+VdP)+dQ_L \cdots\cdots (2\text{-}45)$$

이 된다. V는 식 (2-44)에서 나타낸 것과 같이 크랭크각 θ의 함수로서 기관의 설계에 따라 결정된다.

비열비 k는 연소가 진행됨에 따라 가스의 조성과 온도의 변화와 함께 그 값이 시시각각으로 변화하나 $k=1.3$으로 하면 된다.

한편 방열손실 dQ_L은

$$dQ_L=\alpha_c A(T_g-T_w)dt \cdots\cdots (2\text{-}45')$$

단 α_c : 동작가스→실린더 벽→냉각액의 평균 열전달률 〔kcal/m^2·h·℃〕

A : 방열벽 면적 〔m^2〕

T_g : 평균 가스온도 〔℃〕

T_w : 냉각액 온도 〔 C〕

에 의하여 구해진다. 방열벽의 면적 A는 실린더 헤드의 면+피스턴 크라운 면+실린더 벽면이고 대체로 다음과 같이 표시된다.

$$A=2A_p+\pi D(h+x) \text{ 〔m}^2\text{〕}$$

단 A_p : 피스턴의 단면적, $\pi D^2/4$ (실린더 헤드면)

D : 실린더 지름

h : 상부 틈새

x : 피스턴 변위$=r[(1-\cos\theta+1/4\,\lambda(1-\cos 2\theta)]$

그리고 평균 열전달률 α_c 는

$$\alpha_c=\frac{1}{\dfrac{1}{\alpha_g}+\dfrac{\delta}{\lambda}+\dfrac{1}{\alpha_w}} \quad \cdots\cdots (2\text{-}46)$$

단 α : 가스 경계층의 열전달률 [kcal/m²·h·℃]

λ : 실린더 벽의 열전달률 [kcal/m²·h·℃]

주철 : 45

알루미늄 : 196

δ : 실린더 벽두께

α_w : 냉각액 경계층의 열전달률 [kcal/m²·h·℃]

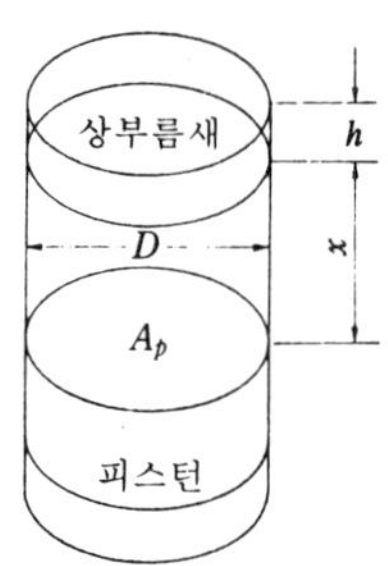

그림 2-20 실린더의 방열벽

水冷機關의 냉각벽면에서는 보통 沸騰傳熱이 실현되는 것으로 생각되며 그 열전달률 α_w 는 수천 [kcal/m²·h·℃]의 값을 가진다. 또한 열저항으로서 그 값이 가장 커서 열손실 Q_L 에 지배적인 영향을 미치는 것은 α_g 이고 α_g 는 온도, 압력, 가스유속 등에 강하게 지배되며 장소나 시간에 따라 크게 달라진다. α_g 의 경험식으로 가장 널리 쓰여지고 있는 식은 G. Eichelberg가 2사이클 디젤기관의 실험결과로부터 얻은 다음 식이

$$\alpha_g = 2.1 \sqrt[3]{U_m} \sqrt{PT} \quad \cdots\cdots (2\text{-}47)$$

단 U_m : 평균 피스턴 속도 〔m/s〕

있으나 가스유속의 대용특성으로서 U_m 을 사용하고 있는 점에는 약간의 무리가 있다. α_g 의 값은 보통 수백 〔kcal/m²·h·℃〕로서 α_w 보다 한 자리 낮다.

3) 等積度

오토사이클의 이론열효율 η_{th} 는

$$\eta_{th} = 1 - \frac{1}{\varepsilon^{k-1}}$$

단, $\varepsilon = V_1/V_c$ (그림 2-21)이다.

그러나 실제기관인 경우는

① 상사점 전부터 열발생이 시작되고 팽창행정에 들어가서도 어느 기간 그것이 계속된다. 즉 동작가스에 대한 열에너지의 부가가 상사점에서 한순간에 이루어지는 것이 아니고 어느 기간에 걸쳐 이루어진다.

② 단열팽창은 하사점 전의 어느 시점에서 중단되고 배기과정(효과로서는 방열과정) 에 들어간다. 또 하사점 이후에도 실린더 내에는 어느 양 만큼의 배기가 잔류하므로 방열과정이 계속되는 것과 같은 효과를 가진다. 즉, 동

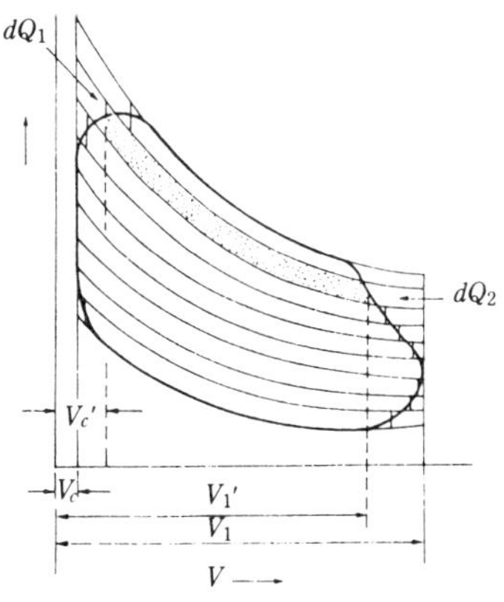

그림 2-21 등적도의 설명도

작가스로부터 열에너지가 하사점에서 순간적으로 방산되는 것이 아니고 어느 기간에 걸쳐서 이루어지는 등의 이유로 효율은 이론열효율 η_{th} 보다 낮아진다.

③ 지금 그림 2-21에서와 같은 지압선도를 2개의 斷熱線과 2개의 定積線으로 이루어지는 多數의 微小사이클로 분할하였을 때 그 미소사이클의 효율 η_{th}' 는

$$\eta_{th}' = 1 - \frac{1}{\varepsilon'^{k-1}}$$

$$\varepsilon' = V_1'/V_c' < V_1/V_c$$

가 되어서 η_{th} 보다 작다.

④ 이 미소사이클의 일은 $\eta_{th}' dQ_1$ 으로 되어 이론일 $\eta_{th} dQ_1$ 보다 작다. 모든 미소사이클의 일을 집합하여 이론일 $\eta_{th} Q_1$ 에 대한 비를 취하는 것이 等積度이고 다음과 같이 표시된다.

$$\text{등적도} \quad \gamma_{cv} = \frac{\int \eta_{th}' dQ}{\eta_{th} Q} \qquad \cdots\cdots (2\text{-}48)$$

⑤ 등적도를 크게 하려면 되도록 다량의 연료를 상사점 가까이에서 연소시켜서 오토사이클에 가까운 지압선도가 그려지도록 할 것과 충분한 배기로 배기밸브의 열림에 의하여 손실되는 압력에너지와 잔압의 영향을 최소로 할 것이 바람직하다. 그러나 급격한 열발생은 압력상승률 $dP/d\theta$와 최고폭발압력 p_{max} 를 높이는 것 뿐 아니라, 또 최고가스 온도 T_{max} 를 높아지게 함으로써 NO_x 의 발생량을 증가시키므로 이에 대한 주의가 필요하다.

(3) 部分負荷時의 指壓線圖

가솔린기관의 경우는 혼합기의 양으로 출력제어를 하므로 부분부하에 맞도록 스로틀밸브를 닫으면 흡입공기량도 동시에 감소한다. 즉 열발생량과 동작가스 중량이 거의 비례하여 감소하게 된다. 이에 대하여 디젤기관의 경우에는 흡입공기량은 거의 일정하게 유지되도록 하고 연료분사량에 의

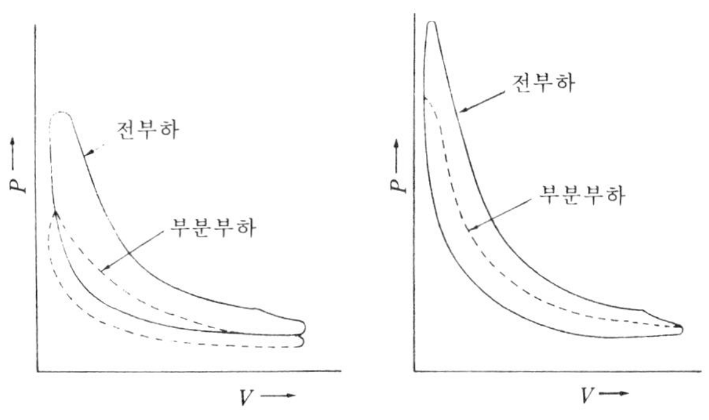

그림 2-22 부분부하의 지압선도

하여 출력제어를 하므로 동작가스 중량은 열발생량의 증감에 관계없이 크게 변화하지 않는다. 따라서 가솔린기관에서는 부분부하상태로 되면 압축곡선과 팽창곡선이 모두 낮아지게 되나 디젤기관인 경우는 압축곡선은 달라지지 않고 팽창곡선만이 저하된다(그림 2-22). 따라서

① 압축비가 높은 것과 함께 디젤기관에서는 부분부하때나 혹은 아이들링 상태에서도 비교적 높은 압력수준을 유지하게 됨을 뜻하고 디젤기관의 소음이 높은 근본적인 원인이 된다.

② 디젤기관의 경우는 부분부하상태가 될수록 공기과잉률이 높아지고 비열비 k가 공기의 1.4에 가까워져서 열효율은 향상된다. 이것이 디젤기관의 연비가 좋은 이유의 하나가 된다.

③ 압축온도는 $T_2 = T_1 \varepsilon^{k-1}$이므로 근본적으로 흡입공기량과는 무관하다. 그러나 정적연소에 의한 온도상승 ΔT는

$$\Delta T = T_3 - T_2 = \frac{Q_1}{GC_v}$$

이므로 동작가스의 중량 G가 거의 일정하게 유지되는 디젤기관인 경우는 고부하상태가 될수록 Q_1이 커져서 연소가스 온도의 수준이 높아진다. 그러나 가솔린기관에서는 Q_1의 상승에 비례하여 흡기량 G도 함께 증가되므로 ΔT가 크게 변화하지 않는다. 이것은 연소실 내에 발생하는 NO_x의 생성 기구를 생각할 때 배려되어야 할 사항이다.

2-6 實際사이클의 熱效率

실제사이클의 경우는 연료－공기사이클과 비교할 때 앞에서 기술한 것과 같이 여러가지의 손실이 따르게 되므로 열효율(도시)은 더욱 저하된다. 다음은 앞에서 열거한 것들 중에서 특히 열효율과의 관계가 큰 것들에 대한 설명이다.

(1) 冷却損失

압축행정의 후반, 연소 중 및 팽창행정에서 동작가스와 연소실 벽과의 온도차에 의하여 손실되는 것이 냉각손실이다. 이것은 기관의 치수, 연소실 형상이나, 기관의 회전속도에 따라 달라진다. 그림 2-23 은 연소기간을 일정(40° CA, CA ; crank angle)으로 하여 Woschni 의 열전달계수를 써서 계산한 결과이다. 이로부터 냉각손실을 고려하면 연료－공기사이클보다 도시 열효율 η_i 는 대폭적으로 낮아지고, 또 행정체적 V_h 가 작을수록 η_i 가 낮으며 또한 고압축비화한 경우의 효과가 작아짐을 알 수 있다.

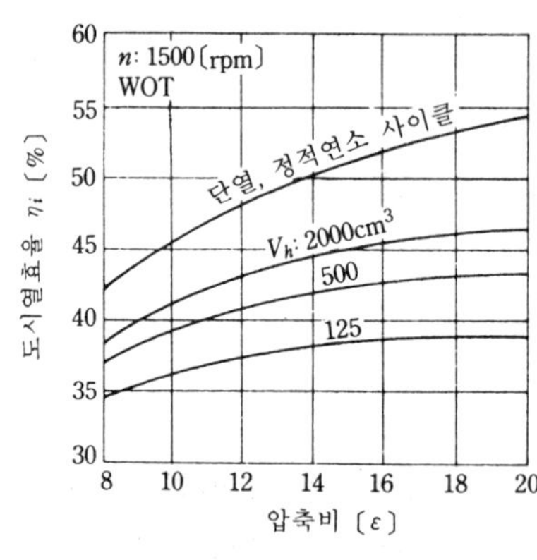

그림 2-23 냉각손실을 고려한 사이클의 도시 열효율

(2) 不完全燃燒에 의한 損失

연료와 공기의 불완전한 혼합에 따른 불완전연소, 연소실 벽면의 消炎層

이나 피스턴 톱 랜드 클레비스(piston top land clevice)부의 未燃 HC, 즉 미연연료의 존재가 연소효율을 저하시킨다.

(3) 가스交換損失

동작가스의 흡·배기에 따른 손실로 이론적으로는 定積(하사점) 하에 배기가 이루어지는 것으로 되어 있으나 실제로는 하사점 전에 배기밸브가 열리게 되어서 이 부분의 일이 손실로 된다. 또, 이론사이클에서는 생각하지 않았던 흡·배기계의 마찰손실이나 밸브에 있어서의 스로틀링손실로 인하여 배출과 흡입손실(펌프손실)이 생긴다. 스로틀밸브의 전개 때에는 이 흡입손실이 작으나 低負荷일수록 그 손실은 커지게 되고, 부하의 감소와 더불어 열효율이 낮아지는 주원인으로 된다.

(4) 時間損失

이론사이클의 연소는 정적(상사점) 하에서 이루어지는 것으로 되어 있으나 실제로는 크랭크각도로 40~60° CA 정도의 연소기간(열발생 기간)을 요하며, 이에 의한 손실을 시간손실(time loss)이라 한다. 냉각손실을 고려하면 열효율이 최대로 되는 연소기간은 0°(정적연소)가 아니고, 30° CA 전후(저속)에서 15° CA(고속)로 변화한다. 그림 2-24는 연소기간과 도시 열효율과의 관계를 한 예로 나타낸 것이다.

그림 2-25는 이상과 같은 제손실을 동반하는 실제기관에 대한 압축비와 열효율과의 관계를 나타낸 것이다. 이것은 연료에 耐爆劑를 첨가함으로써 실험범위에서는 노킹없이 운전하고 그 때의 상태를 조사한 것으로, 이에 따르면 압축비 17 정도까지는 열효율이 향상됨을 알 수 있다. 그러나 시판되는 가솔린(옥탄가 RON : 91~98)으로는 노킹으로 인하여 고압축비화에 제한이 따르게 되어 일반적인 기관의 압축비는 8.5~10 정도이다.

노킹의 억제가 연료나 기관의 개량으로 가능하게 될 경우는 보다 고압축비화 함으로써 출력의 향상이 얻어진다.

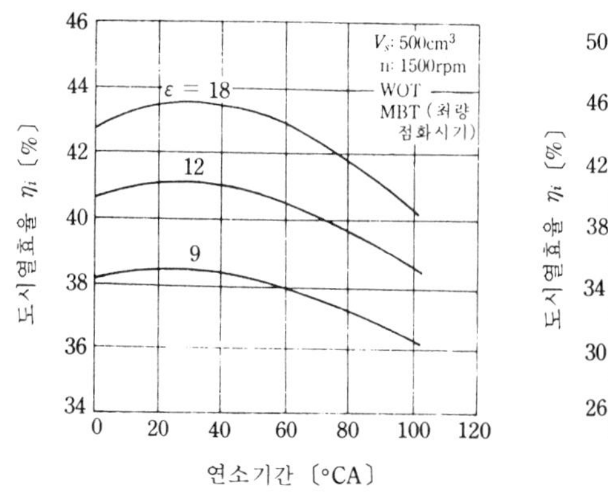

그림 2-24 연소기간과 열효율과의 관계

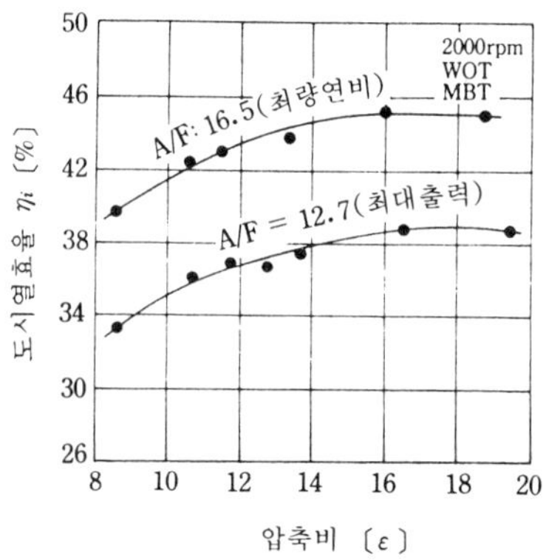

그림 2-25 실제기관에 있어서의 압축비와 열효율의 관계

2-7 空燃比와 出力, 熱效率과의 관계

기관에 공급하는 공기와 연료의 重量比를 空燃比(Air Fuel ratio : A/F)라 하고 공연비가 같을 때에는 열효율이 높으면 출력도 커진다. 그러나 동일의 기관에서 공연비를 변화시키는 경우(일정의 공기량에 대한 연료량의 변화)의 양자관계는 그림 2-26과 같이 달라진다.

즉, 출력(토크)이 최대로 되는 공연비는 이론공연비(약 14.5)보다 농후한 쪽에 있고 열효율이 최대(연료소비율이 최소)로 되는 경우는 희박한 쪽에

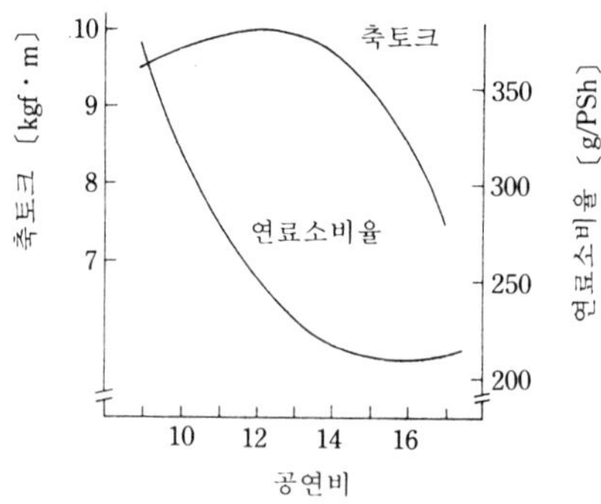

그림 2-26 공연비와 토크, 연료소비율과의 관계

있다. 그 이유는 고온에 의한 동작가스의 열해리의 영향으로 연소온도가 최고로 되는 공연비가 이론공연비보다 농후한 쪽으로 옮겨지는 것과, 농후한 쪽에서는 CO의 생성이 증가하고 동작가스의 분자증가에 의한 압력의 향상효과가 있기 때문이다. 따라서 최대출력은 이론공연비보다 10% 이상 농후한 공연비 12.5~13에서 얻어지고 이 공연비를 出力空燃比라 한다.

그리고 이 때에는 연료의 일부가 완전연소하지 않은 CO인 그대로 배출하는 것이 주원인으로 되어서 열효율은 이론공연비일 때 보다 낮아진다.

한편, 희박한 쪽에서는 연소온도의 저하가 냉각손실의 저감이나 비열비의 증대효과 등으로 이론공연비보다 열효율이 향상된다. 그러나 희박한 쪽의 열효율 변화율은 농후한 쪽의 경우에 비할 때 대단히 작고, 또한 공연비가 희박한 경우는(=공급연료량의 감소) 그 값이 커질수록 출력은 비례하여 낮아진다.

2-8 點火時期와 出力, 熱效率과의 관계

흡기량이나 공연비가 일정하여도 점화시기(ignition timing)가 달라지게 되면 실린더 내의 압력은 그림 2-27과 같이 되며 점화시기를 앞세울수록 최고압력의 형성되는 시기가 상사점에 가까워지고, 또 그 압력도 높아진다.

이론상으로는 상사점에서 압축압력으로부터 연소에 의해 최고압력으로

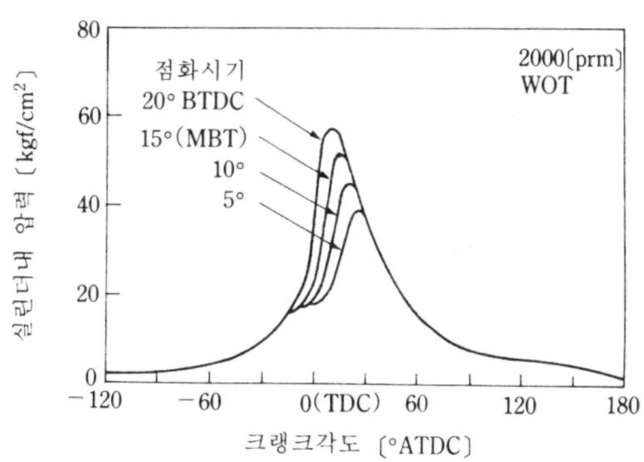

그림 2-27 실린더 내 압력에 대한 점화시기의 영향

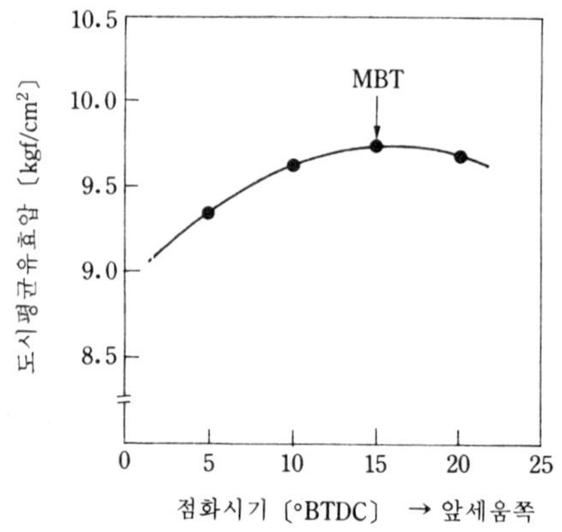

그림 2-28 도시평균유효압에 대한 점화시기의 영향

도달되는 壓力波形(그림 2-27 에서 TDC 에 있어서 수직으로 솟아오른 파형)일 때 출력이 가장 커지게 된다. 그러나 실제의 기관에서는 40～60° CA 의 연소기간이 필요하고 점화시기를 지나치게 앞세우면 TDC 전의 연소비율이 커져서 압축일의 증대로 출력이 저하되며 그림 2-28 은 그 모양을 나타낸 것이다. 이를 위한 실제 기관의 점화시기는 피스턴이 압축상사점에 있을 때 화염의 전파가 연소실 내의 $\frac{1}{2}$ 까지 확산되도록 점화시기를 조정하는 것이 좋다. 그리고 출력과 열효율이 최대로 되는 점화시기를 MBT(Minimum Spark Advance for Best Torque)라 한다.

이상 설명한 출력 공연비에 있어서의 스로틀밸브 전개시 출력을 향상시키기 위한 열효율의 향상방법을 종합하면 그림 2-29 와 같다.

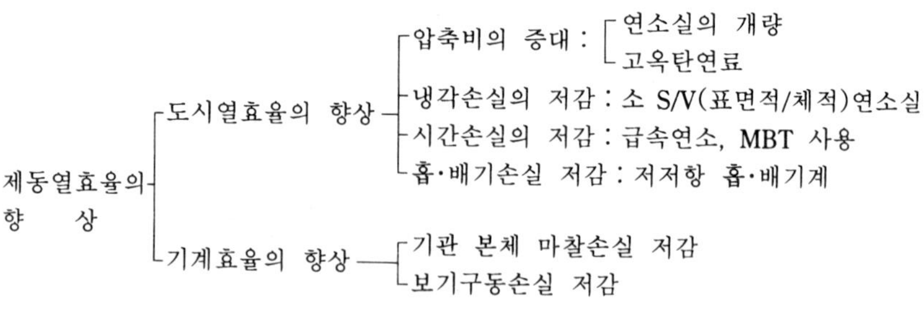

그림 2-29

2-9 圖示 및 制動일과 機械效率

(1) 圖示일과 制動일

1) 도시일

도시일(indicated output) W_i 는 앞에서의 W_{th} 의 식 (2-4) 와 같은 요령으로 실린더 체적 V_h 와 圖示平均有效壓力 p_{mi} 로부터 다음 식으로 구하여진다.

$$W_i = p_{mi} \times V_h \qquad \therefore\ p_{mi} = \frac{W_i}{V_h} \quad \cdots\cdots (2\text{-}49)$$

2) 제동일

제동일(brake output) W_e 는 기관 주축으로부터 얻어지는 일로서, 도시일 W_i 로부터 여러가지의 기계적인 마찰저항을 이기기 위하여 소비되는 일, 즉 機械摩擦損失일(friction output or lost horse power) W_f 를 뺀 값이다. 이 W_f 는 다음의 4 가지 일로 크게 나누어진다.

① 피스턴 및 피스턴 링의 마찰손실일

② 베어링의 마찰손실일

③ 냉각수펌프, 오일펌프, 燃料噴射펌프, 掃氣펌프(2 사이클기관의 경우), 냉각팬, 발전기 등 補機類의 구동에 요하는 손실일

④ 각 회전부분의 공기마찰 등에 의한 손실일(windage loss)

지금 이 손실일 W_f 를 평균압력으로 표시하고, p_{mf} 라고 하면 제동일은 다음 식으로 된다.

$$W_e = W_i - W_f = (p_{mi} - p_{mf}) \times V_h$$

$$= p_{me}\, V_h \quad \cdots\cdots (2\text{-}50)$$

$$\therefore\ p_{me} = \frac{W_e}{V_h} \quad \cdots\cdots (2\text{-}51)$$

여기서 p_{me} = 制動平均有效壓力(brake mean effective pressure) 이다.

表 2-3 理想사이클로부터 實際의 사이클로의 변화

	① 이상사이클	② 폴리트로프 이상사이클	③ 연료-공기 사이클	④ 흡·배기손실의 고려	⑤ 연소과정의 고려	⑥ 실제의 사이클	⑦ 외부출력
작 동 유 체	공기(이상가스)	공 기	연료+공기 및 연소가스	연료+공기 및 연소가스	연료+공기 및 연소가스	연료+공기 및 연소가스	
폴리트로프지수	단열지수 $k(=1.4)$	각행정마다 $n=$일정	$n=$일정	$n=$일정	n의 변화고려	n 변화	
흡 기 행 정	손실 없음 $P=P_a$(대기압)	손실 없음 $P=P_a$	손실 없음	펌프손실의 고려	펌프손실 있음 (유효압축비의 고려)	펌프손실(흡·배기관로의 압력손실)	
압 축 행 정	단열압축 $k=1.4$	폴리트로프압축 $n=$일정 (1.32∼1.30)	혼합가스의 폴리트로프압축 $n=$일정 (1.32∼1.30)	폴리트로프 압축 $n=$일정 (1.32∼1.30)	폴리트로프압축, 행정에 따라 n 변화	전열, 가스누출 등의 영향	기계손실의 고려
연 소 과 정	정적(또는 정압) 가열	정적 또는 정압 가열	정적 또는 정압 가열	정적 또는 정압 가열	연소의 지연, 열해리, 후연의 고려	연소의 시간적 경과, 그밖의 고려	
팽 창 행 정	단열팽창 $k=1.4$	폴리트로프팽창	연소가스의 폴리트로프팽창 n=일정 (1.30∼1.28)	연소가스의 폴리트로프팽창 n=(1.30∼1.28)	연소가스의 폴리트로프팽창, 후연 등에 의한 n의 변화	연소가스의 폴리트로프팽창, 후연 등에 의한 n의 변화	
배 기 행 정	손실 없음 정적블로다운 정압배기	손실 없음	손실 없음	배기의 시간경과 및 압력손실고려	배기블로다운 손실(유효팽창비의 고려)	배기블로다운 압력손실	

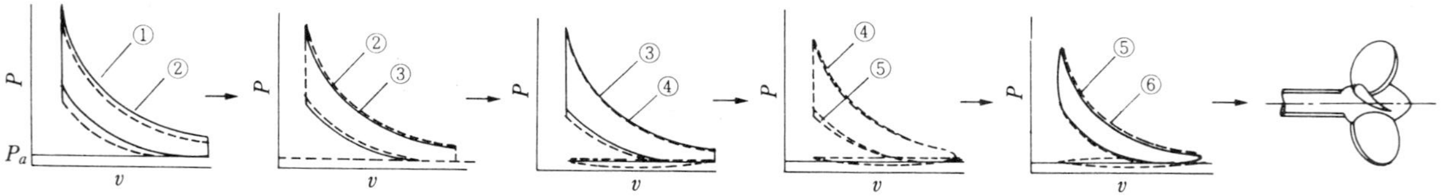

(2) 機械效率

기계효율(mechanical efficiency) η_m 은 기관의 유효일의 양을 규제하는 것으로, 기관의 구조, 특히 운동부분의 구성방법 등에 따라 크게 달라지며, η_m 은 제동일의 도시일에 대한 비로서 다음 식으로 표시된다.

$$\eta_m = \frac{W_e}{W_i} = 1 - \frac{W_f}{W_i} \text{〔\%〕} \cdots\cdots (2\text{-}52)$$

기계효율의 구체적인 개선방법은 후술한다.

2-10 熱效率과 熱精算

(1) 熱效率

기관의 이론열효율에 대하여는 '2-1 기본공기사이클'에서 설명한 바와 같이, 실린더 내에 흡입된 완전가스가 가지는 열량(수열량) Q_1 과, 실린더 내에서 이론적으로 가스에 의한 유효일에 상당하는 열량 $Q_1 - Q_2$ 의 비로 표시된다. 지금 앞에서의 3 기본사이클의 열효율을 나타내는 식 η_{th} 를 다시 쓰면 다음과 같다.

오토사이클 : $\eta_{th(O)} = 1 - \left(\frac{1}{\varepsilon}\right)^{k\ 1}$

디젤사이클 : $\eta_{th(D)} = 1 - \left(\frac{1}{\varepsilon}\right)^{k-1} \left\{\frac{\beta^k - 1}{k(\beta - 1)}\right\}$

사바디사이클 : $\eta_{th(S)} = 1 - \left(\frac{1}{\varepsilon}\right)^{k-1} \left\{\frac{\alpha\beta^k - 1}{(\alpha - 1) + k\alpha(\beta - 1)}\right\}$

도시열효율 η_i 는 연료-공기로 되는 작동유체의 가진 열량과 실린더 내에서 이루어진 일에 상당하는 열량의 비이며, 그 일에 상당하는 열량은 연소의 지연이나 밸브의 개폐시기 등의 영향에 의한 열손실 외에 여러 가지의 열손실을 뺀 값이 되므로, η_i 와 η_{th} 사이에는 다음과 같은 관계가 있다.

$$\eta_i = f_d \eta_{th}$$
$$\therefore f_d = \frac{\eta_i}{\eta_{th}} \quad \cdots\cdots (2\text{-}53)$$

이 f_d 를 線圖係數(diagram factor)라고 하며, 이 f_d 는 η_i 가 낮을 경우의 원인이 연소의 지연이나 불완전연소에 의한 것인가, 또는 가스의 누출이나 냉각손실 등에 의한 손실이 크기 때문인가, 혹은 사이클 자체의 η_{th} 가 낮기 때문인가를 판단하는 데 좋은 지표가 되는 계수이다. 따라서, f_d 는 실제사이클이 이론사이클에 어느 정도 가까워지는가를 나타내는 것이 된다.

1) 도시열효율

도시열효율(indicated thermal efficiency) η_i 는 圖示出力 N_i〔PS〕, ⟦kW⟧와 每時燃料消費量(fuel consumption) B_i〔kgf/h〕, ⟦kg/h⟧로부터 그 개략적인 값은 다음의 일반식으로 구하여진다.

$$\eta_i = \frac{N_i \times 632.5}{B_i \times H_l} = 632.5 \times \frac{1}{\frac{B_i}{N_i} \times H_l}$$
$$= \frac{632.5}{b_i} \frac{1000}{H_l} \quad \cdots\cdots (2\text{-}54)$$

SI 로는 $\quad \eta_i' = \frac{1}{b_i' H_l'} \quad \cdots\cdots (2\text{-}55)$

여기서 1 마력 1 시간의 일량에 상당하는 열량＝75×3600/426.8＝632.5〔kcal/PS·h〕

$b_i = B_i/N_i$ ＝도시연료소비율(indicated specific fuel consumption)〔gf/PS·h〕, b_i'〔g′/J〕 또는 ⟦g/kW · h⟧

H_l ＝연료의 저발열량(lower calorific value)〔kcal/kgf〕

H_l' ⟦MJ/kg⟧

2) 제동열효율

제동열효율(brake thermal efficiency) η_e 는 제동연료소비량과 소비율을 B_e

b_e 라고 하면 앞의 식으로부터 다음과 같이 표시된다.

$$\eta_e = 632.5 \times \frac{1}{\dfrac{B_e}{N_e} \times H_l} = \frac{632.5}{b_e} \frac{1000}{H_l} \quad \cdots\cdots (2\text{-}56)$$

SI 로는 $\eta_e' = \dfrac{1}{b_e' H_l'}$ $\cdots\cdots$ (2-56′)

b_e' 와 H_l' 의 단위는 위에서와 같다.

그리고, η_e, η_m, f_d, η_i 및 p_{me}, p_{mi}, b_i, b_e 의 사이의 관계는 다음과 같이 된다.

$$\left.\begin{aligned} \eta_e &= \eta_m \eta_i = f_d \eta_m \eta_{th} \\ \eta_m &= \frac{\eta_e}{\eta_i} = \frac{p_{me}}{p_{mi}} = \frac{b_i}{b_e} \end{aligned}\right\} \quad \cdots\cdots (2\text{-}57)$$

(2) 熱精算

1) 열에너지의 분포

열역학의 제 1 법칙, 즉 에너지 보존의 법칙에 따르면, 연료의 총발열량에 상당하는 에너지는 항상 무엇인가의 형태로 되어서 존재한다. 지금, 기관에 공급된 연료가 완전히 연소하여서 발생되는 총발열량을 100〔%〕로 하고, 이 열량이 유효일 외에 달리 어떻게 전환되고 분배되는가를 나타내는 것을 열정산(heat balance)이라고 하는데, 각각의 기관의 성능평가에 쓰여진다.

일반적으로, 열에너지는 다음의 4 가지로 분배된다.

① 유효일로 전환되는 열량(축출력)

② 冷却媒質(물 또는 공기)에 빼앗기는 열량(냉각손실)

③ 배가스에 빼앗기는 열량(배기손실)

④ 기계마찰열, 방사열, 전달열 등으로 주위에 버려지는 열량(그 밖의 손실)

열정산의 내용은

연료에너지 Q_1 − 냉각손실 Q_c

− 배기손실 Q_{ex}

= 도시출력 AW_i (도시효율 $= AW_i/Q_1$)

− 기계적 마찰손실 AW_f

= 순축출력 AW_e 〔순 기계효율 $= (W_i - W_f)/W_i$〕

− 보기구동용동력 AW_w

= 정미축출력 AW_e (정미기계효율 $= W_e/W_i$)

이 된다.

위에서 정미축출력인 ①의 유효일로 전환된 열량은 기관을 臺上에서 운전하고 N_e와 B_e를 측정하여 b_e를 구한 다음, 식 (2-56)으로부터 η_e는 계산에 의하여 구하여진다. ②의 냉각손실은 출입하는 냉각수의 양과 온도의 차이로써 구하여지며, ③의 배기손실은 열역학상의 저열원, 즉 대기로 방출되는 열량으로써 배기온도를 측정하여 구하여지나, 불완전팽창에 의하여 손실되는 에너지도 포함된다. ④의 그 밖의 손실은 냉각매질이나 오일온도의 상승 및 대기로의 방사열도 있어서 그 양의 측정이 어렵다.

가솔린기관의 최소연료소비율은 200～260〔gr/PS·hr〕정도이고 디젤기관의 그것은 180～200〔gr/PS·hr〕가량이다. 이것을 열효율로 고쳐 쓰면

가솔린기관	28 ± 4〔%〕
디젤기관	34 ± 2〔%〕

이 된다. 즉 기관에 공급되는 연료에너지 가운데 유효하게 동력으로 변환, 이용되는 것은 가장 좋은 조건 하에서도 30 % 전후이고 70 %의 에너지가 허실되는 셈이 된다.

2) 손실의 저감

a) 냉각손실

연소실의 벽면으로부터 냉각계로 전달되는 열손실로서 방열손실이라고도 하며, 출력이나 열효율의 저하와 연소실의 열부하 등에 영향을 미친다. 냉각

손실은 순수한 냉각손실 외에 앞에서 설명한 배기손실의 일부와 피스턴 등 기계부분의 마찰손실이 가해진다.

뒤의 냉각계의 장에서 설명하는 바와 같이 연소실로부터의 방열량 Q_c 〔kcal/h〕는 연소가스의 온도 t_g, 냉각수 온도 t_w, 벽면의 열저항 R 〔m²h°C/kcal〕, 벽면적 A 〔m²〕의 함수이고

$$Q_c = \frac{A}{R}(t_g - t_w)$$

의 관계가 된다. 따라서,

① 냉각수온 t_w 가 높을수록 냉각손실은 적어진다. 그림 2-30 은 냉각수온이 냉각손실에 미치는 영향을 실험한 예이다. (일부는 배기포트로부터의 수열량 변화의 효과도 포함된다.)

② 연소실벽 면적 A 는 되도록 좁은 편이 유리하므로 연소실의 표면적/체적(S/V)비는 되도록 연소실을 球面에 가깝도록 하여 작게 할 것이 바람직하다.

③ 연소실의 주체를 이루는 것은 연소실 내 벽면의 가스 경계층이다. 이 가스 경계층의 열저항은 가스의 온도, 방사, 압력, 가스유속 등에 지배되나 일반적으로 압력이나 온도 그리고 가스유속이 높을수록 열저항은 약해진

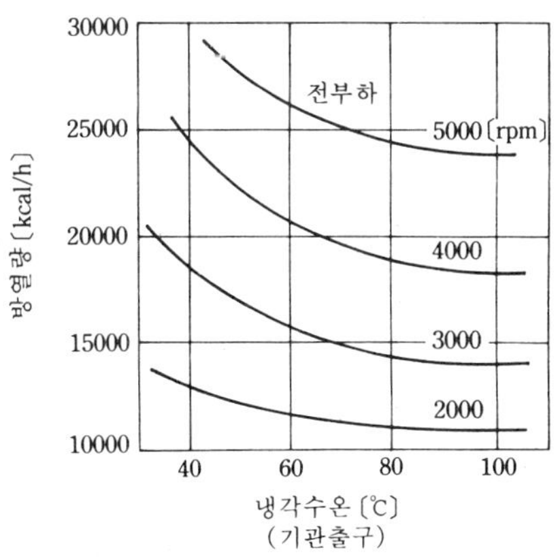

그림 2-30 냉각수온과 방열량의 관계

다는 것이 실험적으로 인정되고 있다. 연소에서 강한 불꽃을 낳게 되는 디젤기관은 방사에 의한 방열이 크다. 기관이 노킹의 상태로 되면 기관의 출력이 저하되는 것은 경계층의 가스유속이 현저하게 증대되어 방열이 증가되기 때문인 것이고 이 때문에는 벽면의 온도상승도 함께 일어난다.

b) 배기손실

연소실로부터 배기포트로 나가는 에너지가 배기손실이다. 그 내역은

① 불완전연소의 연료에너지

② 불완전팽창에 의한 손실(하사점까지 단열팽창되면 일로 전환될 열량)

③ 이론사이클 완결상 마땅히 저열원(대기중)으로 방출될 내부에너지(배기가 대기상태까지 감압냉각하는 데 방출되는 에너지) 등이다. ③의 손실은 오토사이클에 관해 압축비의 효과를 나타낸 그림 2-3과 복합사이클에 대한 열발생률의 효과를 나타낸 그림 2-31에서 명확하게 나타나는 것과 같이 압축비가 높을수록, 또 연소를 상사점의 가까이에서 단시간에 완료할 수록 저하시킬 수 있다. ①의 불완전연소의 연료에너지 손실은 공연비가 과농해질수록 또 공연비가 동일하여도 실린더 간의 연료분배가 균일하지 못하게 될 수록 증가한다.

그리고 배기손실의 일부는 배기포트를 통과하는 동안 냉각수로(냉각손실), 또 일부는 배기매니폴드를 지나는 사이에 주위 공기에(방사손실) 전달되고 그 나머지가 배기손실로 된다. 3원촉매장치 등의 배기후처리장치를 작동시키는 경우에는 냉각수로부터 대기중으로의 방열을 저지할 것이 중요하다.

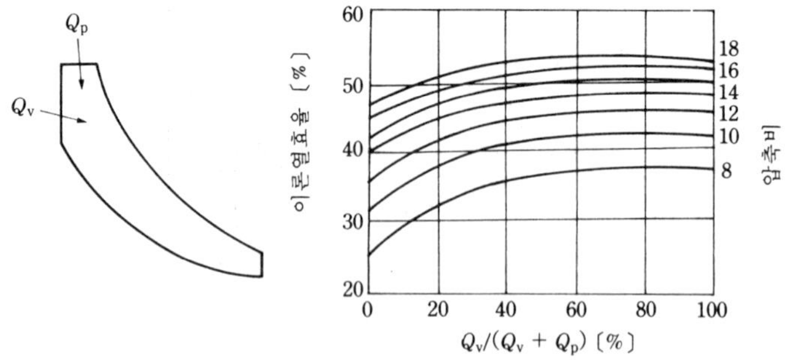

그림 2-31 복합사이클의 열효율

c) 기계적 마찰손실

기계적인 마찰손실은 대부분이 윤활유의 내부 剪斷摩擦에 의한 것이고 양적으로 그렇게 큰 것이 아니며 연료에너지의 2% 이하이나 윤활유의 온도제어를 위해서는 정확하게 파악할 것이 중요하다. 마찰열은 냉각수나 대기중으로 전달되어 각각 냉각손실과 방사손실로 된다.

d) 보기구동용 동력

補機驅動用의 동력으로는 ① 직접 기관의 운전상 필요한 보기인 냉각수펌프, 냉각팬, 윤활유펌프, 연료분사펌프, 과급기 등을 구동시키는 데 소요되는 동력과 ② 기관 이외의 장치인 에어컨디셔너 압축기, 발전기 등을 구동시키는 데 쓰이는 동력으로 나누어진다.

그러나 보기의 구동에 소비되는 동력도 결국에는 냉각손실이나 방사손실로 된다.

3) 열정산도

기관의 열정산은 기관의 종류에 따라, 또 운전조건이나 환경이 달라지는데 따라서 그 분배비율은 여러가지로 달라진다. 예외는 있으나, 대체적인 표준으로서 유효일에 30〔%〕, 배출가스에 30〔%〕, 냉각매질에 30〔%〕, 그 밖에 10〔%〕이다. 표 2-4 에 가솔린기관과 디젤기관의 열정산을, 그림 2-32, 2-33 은 대표적인 기관의 열정산도를 나타낸다.

表 2-4 機關의 熱精算

구 분	기 관 의 종 별			열정산〔%〕		
	분 류		사이클	제 동 열효율	배 기 손 실	냉 각 손 실
디 젤 기 관	육박공업용기관 (과급기관 포함)	대형(d>400)	2	38～43	32～25	30～22
		중형(400>d>200)	2, 4	34～45	34～30	30～24
	소형기관(과급기관 포함) d<200		4	30～38	30～38	30～27
가솔린 기 관	승용자동차, 버스, 트럭기관		4	26～33	32～38	30～38
	소형기관(수・공랭)		2, 4	20～29	40～45	26～18
	항공용기관		4	25～35	45～50	20～16

100〔%〕와의 차는 그 밖의 열손실

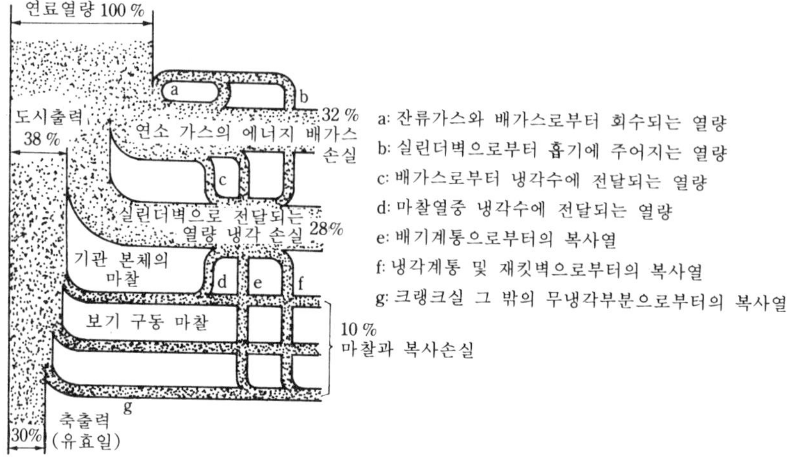

그림 2-32 자동차용 가솔린기관의 열정산

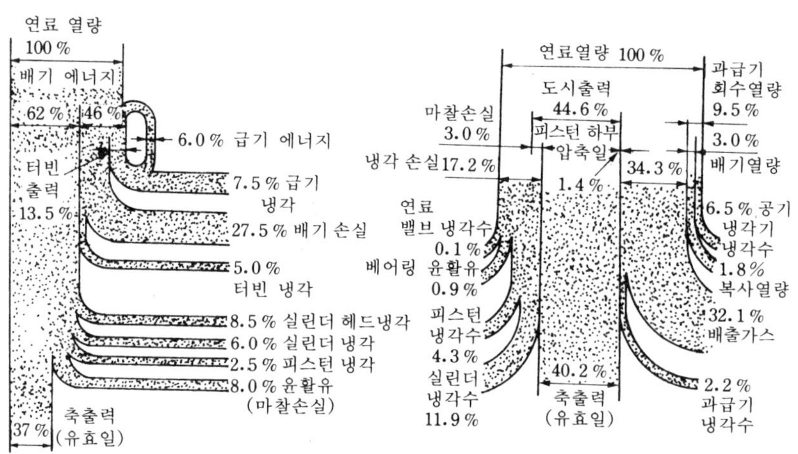

(a) 과급 고속 디젤 기관의 열정산 (b) 과급 디젤 기관의 열정산

그림 2-33 디젤기관의 열정산

第3章 機關性能에 관계되는 諸因子

3-1 가솔린機關의 性能

(1) 圖示平均有效壓力에 영향을 미치는 因子

기관의 출력을 나타내는 대표적인 값으로서 평균유효압력을 사용하면 앞에서 기술한 바와 같이 기관의 대소나 회전속도에 관계없이 그 기관의 출력성능에 대한 우열을 나타낼 수 있다.

p_{me} : 제동평균유효압력 〔kgf/cm²〕

p_{mi} : 도시평균유효압력 〔kgf/cm²〕

p_f : 마찰평균압력 〔kgf/cm²〕

p_{Bl} : 과급기구동평균압력〔**기계구동과급기에 한하여 고려한다**〕〔kgf/cm²〕

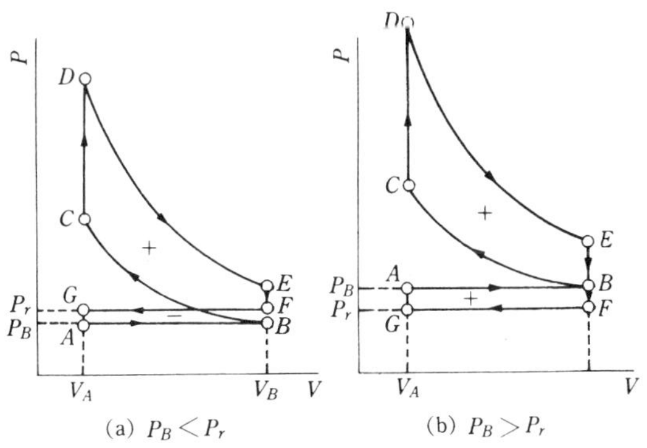

그림 3-1 4 사이클 가솔린기관의 사이클

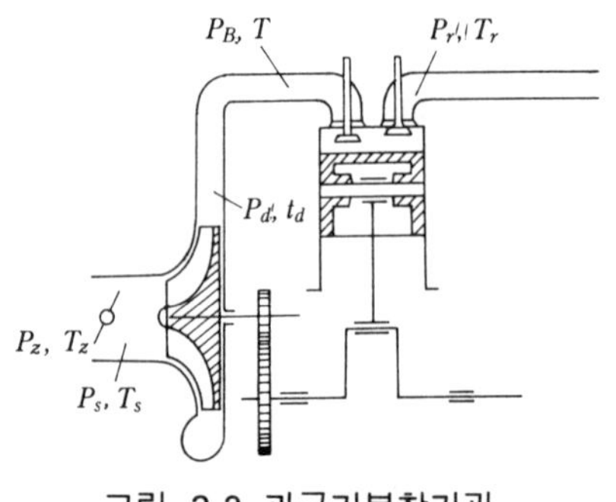

그림 3-2 과급기부착기관

자연흡기식기관이나 배기터보구동의 과급기를 부착하는 때에는

$$p_{me}=p_{mi}-p_f \quad \cdots\cdots (3\text{-}1)$$

기계적으로 구동되는 과급기를 부착하고 있을 경우에는

$$p_{me}=p_{mi}-(p_f+p_{Bl}) \quad \cdots\cdots (3\text{-}2)$$

로 표시된다. p_f나 p_{Bl}에 대하여는 뒤에 설명키로 하고 먼저 p_{mi}에 대하여 생각하면 p_{mi}는 그림 3-1 에서의 전사이클의 도시평균유효압력으로서 그림에서 (a), (b)의 어느 경우에서나 사이클(*BCDEB*)와 사이클(*ABFGA*)의 평균유효압력으로 구분하고 앞의 것을 p_{mi}^*라고 표시하면

$$p_{mi}=p_{mi}^*+0.00136(p_B-p_r)\ [\text{kgf/cm}^2] \quad \cdots\cdots (3\text{-}3)$$

로 된다.

p_{mi}^*은 연료에 의하여 공급되는 열량에 비례하고, 또한 연료는 흡입되는 공기중량에 대하여 기관의 운전조건에 따라 대체로 일정의 비율이 되도록 혼합공급된다. 따라서, 기관의 출력성능을 나타내는 대표적인 값인 p_{mi}^*, p_{mi}는 얼마나 많은 양의 연료를 연소시킬 수 있는 공기량을 확보하는가에 의하여 결정되며 그 양은 대체로 다음의 5가지 인자에 의하여 좌우된다.

1) 부스트압력(boost pressure) p_B [mmHg abs]

p_B는 흡기관(흡기밸브 직전)의 압력이다. 이것이 크면 공기의 비중량이

증가되므로 일정체적의 실린더 내에 흡입되는 공기중량이 증가되며, 따라서 연료가 증가되어 출력도 증대된다. 즉 p_{mi}*, p_{mi}은 공히 p_B에 비례하여 커지게 된다.

2) 흡기관 온도(intake air temperature) T_s〔°K〕

흡기밸브 직전의 온도를 t_s〔℃〕(절대온도 T_s°K)라고 하면 흡기의 비중량 γ_s는 온도 T_s에 반비례한다. 실린더에 흡입되는 공기량은 압축초의 상태로서 결정되며 그 온도 T_B가 직접 공기량에 영향을 미치게 되고 (비중량은 p_B / T_B에 비례한다.) T_B은 T_s에 비례하는 것으로 보아도 좋으므로 결국 p_{mi}*, p_{mi}은 T_s에 따라서 달라지며 T_s가 낮을수록 증대된다.

3) 배 압(back pressure) p_r〔mmHg abs〕

p_r은 배기밸브 직후의 배기관 내의 평균정압으로 이 p_r은 식 (3-3)에서와 같이 p_B와 함께 p_{mi}*에 영향을 주고 또한 식 (3-3)의 우변 제 2 항에도 영향을 미친다(후자의 영향은 작다.). p_r이 커지게 되면 배기행정의 말기에 연소실 체적 V_c 내에 남게 되는 잔류가스의 중량 G_r이 증가한다. G_r은 기체의 특성식으로부터

$$G_r = \frac{p_r V_c}{R_r T_r} \text{〔kgf〕} \cdots\cdots (3\text{-}4)$$

T_r : 잔류가스의 온도

R_r : 잔류가스의 가스상수

이고 G_r은 T_r에 의하여도 달라질 것이나 T_r은 운전조건에 의해 그다지 변화되지 않아서, 그 영향은 작다.

p_r이 커져서 G_r이 많아지게 되면 그 만큼 신기와 혼합한 뒤의 온도 T_B도 높아지게 되고 충전되는 신기의 중량이 감소하여 p_{mi}*가 낮아진다.

4) 압축비(compressure ratio) ε

앞에서 기술한 것과 같이 p_{mi}*는 1 사이클당의 공급열량에 비례하는 것으로 생각하여도 좋으므로

$$p_{mi}^* \propto \frac{\eta_i \eta_B H_l G_f}{\Sigma V_h n} \propto \frac{\eta_i \eta_B H_l G_a}{\lambda L_{min} \Sigma V_h n} \quad \cdots\cdots (3\text{-}5)$$

η_i : 도시열효율

η_B : 연소효율

H_l : 연료의 저발열량 〔kcal/kgf〕

G_f : 연료유량 〔kgf/s〕

G_a : 공기유량 〔kgf/s〕

λ : 공기과잉률

L_{min} : 연료의 이론최소공기량 〔kgf/kgf〕

ΣV_h : 총행정체적

n : 기관의 회전속도 〔rpm〕

압축비 ε은 식 (3-5) 중의 η_i와 G_a에 영향을 미친다. η_i는 식 (2-10)에서와 같이 압축비 증대와 함께 좋아지는 경향이 있고, 또 G_a는 G_r이 적을수록 증가 된다고 하는 것은 앞에서 설명한 바 있다. G_r은 식 (3-4)에서와 같이 동일의 행정체적 V_h에 대하여 V_c가 작을수록, 즉 압축비 $\varepsilon = 1 + (V_h \div V_c)$가 클수록 작아지게 되므로 결국 ε이 커지게 되면 G_a도 증가되어 η_i의 향상과 함께 p_{mi}^*, p_{mi}가 커지게 되는데 기여한다.

5) 공기과잉률(excess air factor) λ

$$\lambda = \frac{G_a}{G_f L_{min}} = \frac{G_a/G_f}{L_{min}} = \frac{(MR)}{L_{min}} = \frac{L_a}{L_{min}} \quad \cdots\cdots (3\text{-}6)$$

즉 혼합비 (MR)와 이론혼합비(가솔린인 경우는 $L_{min} = 14.7 \sim 14.8$) $(MR)_{th}$와의 비 혹은 실제의 흡입공기량 G_a와 G_f에 대한 이론적인 최소공기량 $G_f L_{min}$의 비를 공기과잉률이라고 한다. 여기서 L_a는 연료 1 kgf에 대하여 공급한 공기량이고 조건이 동일하면 L_a / L_{min}을 체적비로 생각하여도 좋다. 가솔린기관에서는 $\lambda = 0.6 \sim 1.2$의 범위에 있지 않으면 일반적인 방법에 의하여서는 전기스파크로 연소를 할 수 없으며 이 혼합비의 범위를 가연범위라고 한다. 이 가연범위 내에서 혼합비가 달라지는 경우의 p_{mi}가 받은 영향은 다음 식으로부터 음미할 수 있다.

$$p_{mi}^{*} \propto \eta_i G_a \left(\frac{\eta_B}{\lambda}\right) \left(\frac{H_l}{L_{min}}\right) \frac{1}{\Sigma V_h \cdot n} \quad \cdots\cdots (3\text{-}7)$$

일반적으로 연료가 달라지면 H_ℓ이나 L_{min}은 다소 변화되나 H_ℓ와 L_{min}은 비례하므로 특별한 경우를 제외하고는 연료가 달라져도 (H_ℓ / L_{min})은 크게 변화하지 않는다. 공기과잉률 λ는 식 (3-7) 중의 (η_B / λ)의 항과 η_i에 미치는 영향을 통하여 p_{mi}^{*}에 영향을 준다.

(2) 充塡效率과 體積效率

그림 3-1로부터 4사이클 가솔린기관의 충전효율과 체적효율을 표시하는 이론식을 구하면 다음과 같다.

G_o : 표준상태(p_0, T_0)에서 행정체적 $V_h = V_B - V_A$를 채운 신기중량 〔kgf〕
G^{*} : (p_B, T)에서 실린더체적 V_B를 차지하는 신기중량 〔kgf〕
G^{**} : (p_B, T)에서 행정체적 V_h를 차지하는 신기중량 〔kgf〕
G_{BC} : (p_B, T_B)에서 실제로 흡입되는 신기중량 〔kgf〕

표준상태(p_0, T_0)는 760 mmHg · abs., 273.2 °K이고, p_B는 부스트압력, T는 흡기온도, T_B는 압축초의 온도로서 $T_B > T$의 관계를 갖는다.

지금, R_t : 신기에 대한 가스상수
R_r : 잔류가스의 가스상수
R_B : 압축초 상태에 있어서의 실린더 내 가스의 상수(신기와 잔류가스의 혼합기)라 하면 완전가스의 특성식으로부터

$$\left.\begin{aligned} G_0 &= \frac{p_0 (V_B - V_A)}{T_0 R_t} \\ G^{*} &= \frac{p_B V_B}{T R_t} \\ G^{**} &= \frac{p_B (V_B - V_A)}{T R_t} \end{aligned}\right\} \quad \cdots\cdots (3\text{-}8)$$

충전효율 η_c 및 체적효율 η_v는 다음과 같이 정의된다.

$$\eta_c = \frac{G_{BC}}{G_0} \quad \cdots\cdots (3\text{-}9)$$

$$\eta_v = \frac{G_{BC}}{G^{**}} \quad \cdots\cdots (3\text{-}10)$$

먼저 충전효율의 이론식을 구하면

잔류가스의 압력(≒ 배압)을 p_r, 잔류가스의 온도(≒ 배기온도)를 T_r이라 할 때 흡입되는 신기중량은 압축초 B점에서 실린더체적에 포함되는 G_B로부터 배기행정말 G점에서 극간체적에 남아 있는 잔류가스의 중량 G_r을 뺀 것과 같다. 이것을 식으로 표시하면

$$G_{BC} = G_B - G_r = \frac{p_B V_B}{R_B T_B} - \frac{p_r V_A}{R_r T_r} \quad \cdots\cdots (3\text{-}11)$$

식 (3-8)을 이용하면

$$\frac{G_{BC}}{G^*} = \frac{T R_t}{T_B R_B} - \frac{p_r V_A T R_t}{p_B V_B T_r R_r}$$

여기서 $\varepsilon = \frac{V_B}{V_A}$, $\frac{R_t}{R_B} = a \fallingdotseq 1$, $\frac{R_t}{R_r} = b \fallingdotseq 1$로 놓으면 윗식은 다음과 같이 간단하게 표시된다.

$$\frac{G_{BC}}{G^*} = \frac{T}{T_B} a - \frac{T}{T_r} \left(\frac{p_r b}{p_B \varepsilon} \right) \quad \cdots\cdots (3\text{-}12)$$

식 (3-9)로부터

$$\eta_c = \frac{G_{BC}}{G^*} \frac{G^*}{G_0} \quad \cdots\cdots (3\text{-}9')$$

식 (3-8)로부터

$$\frac{G^*}{G_0} = \frac{p_B}{p_0} \frac{\varepsilon}{(\varepsilon - 1)} \frac{T_0}{T} \quad \cdots\cdots (3\text{-}13)$$

식 (3-12)와 식 (3-13)을 식 (3-9′)에 대입하면

$$\eta_c = \frac{p_B}{p_0} \frac{T_0}{T_B} \frac{\varepsilon}{(\varepsilon-1)} \left[a - \frac{T_B}{T_r}\left(\frac{p_r}{p_B} \frac{b}{\varepsilon}\right)\right]$$

또는

$$\eta_c \fallingdotseq \frac{p_B}{p_0} \frac{T_0}{T_B} \frac{\varepsilon}{(\varepsilon-1)} \left[1 - \frac{T_B}{T_r}\left(\frac{p_r}{p_B} \frac{1}{\varepsilon}\right)\right] \cdots\cdots\cdots\cdots\cdots\cdots (3\text{-}14)$$

비중량 γ는 p/T에 비례하므로 η_c는 γ_B/γ_0에 비례한다. 식 (3-14)의 〔 〕 속의 값은 잔류가스와 신기와의 중량비의 함수로 생각할 수 있다.

체적효율 η_v는 식 (3-10)과 식 (3-8)로부터

$$\eta_v = \frac{G_{BC}}{G_0} \frac{G_0}{G^{**}} = \eta_c \frac{p_0}{p_B} \frac{T}{T_0} = \frac{T}{T_B} \frac{\varepsilon}{(\varepsilon-1)}$$

$$\left[1 - \frac{T_B}{T_r}\left(\frac{p_r}{p_B} \frac{1}{\varepsilon}\right)\right] \cdots\cdots\cdots\cdots\cdots\cdots\cdots\cdots\cdots\cdots\cdots\cdots (3\text{-}15)$$

4사이클 가솔린기관의 압축초의 온도 T_B는 다음 식으로 표시된다.

$$T_B = \frac{328 + 0.67t}{1 - 0.58\left(\frac{p_r}{p_B} \frac{1}{\varepsilon}\right)} \,[°\mathrm{K}] \cdots\cdots\cdots\cdots\cdots\cdots\cdots\cdots\cdots (3\text{-}16)$$

T_B는 373[°K]정도이고, T_r는 1,273[°K]정도이며, t는 흡기시의 외기온도이다. $p_0 = 760$ [mmHg·abs], $T_0 = 273$ [°K]로 하여 식 (3-14), (3-15), (3-16)을 써서 η_c, η_v의 근사식을 구하면 다음과 같다.

$$\eta_c = 0.5363 \frac{p_B}{(490+t)} \frac{\varepsilon}{(\varepsilon-1)} \left[1 - 0.87\left(\frac{p_r}{p_B} \frac{1}{\varepsilon}\right)\right] \cdots\cdots\cdots (3\text{-}17)$$

$$\eta_v = 1.493 \frac{(273+t)}{(490+t)} \frac{\varepsilon}{(\varepsilon-1)} \left[1 - 0.87\left(\frac{p_r}{p_B} \frac{1}{\varepsilon}\right)\right] \cdots\cdots\cdots (3\text{-}18)$$

예를 들면 $p_B = 1{,}060$ [mmHg·abs], $p_r = 760$ [mmHg·abs], $\varepsilon = 8$, $t = 20$[℃]인 4사이클 가솔린기관의 η_c 및 η_v를 구하면 다음과 같이 된다.

식 (3-17)로부터

$$\eta_c = 0.5363 \times \frac{1{,}060}{(490+20)} \times \frac{8}{(8-1)} \left[1 - 0.87\left(\frac{760}{1{,}060} \frac{1}{8}\right)\right] = 1.238$$

식 (3-18)로부터

$$\eta_v = 1.493\frac{(273+20)}{(490+20)} \times \frac{8}{(8-1)}\left[1-0.87\left(\frac{760}{1{,}060}\quad\frac{1}{8}\right)\right]=0.932$$

이상의 계산에서는 압축초의 압력은 부스트압력 p_B와 같다고 보고, 또 배기행정말의 극간체적에 남아 있는 잔류가스의 압력 p_r은 배압과 같다고 보아서 계산한 것이다. 흡기 및 배기밸브의 개공면적을 A_s 및 A_E, 시간을 t라 하면 밸브開孔面積時間積分値(value opening area-time integral) $\int_{S0}^{SC} A_s\,dt$ 또는 $\int_{E0}^{EC} A_E\,dt$ (첨자 s는 흡기밸브, E는 배기밸브, o는 밸브 열림시작, c는 닫힘을 끝냈을 때를 의미한다)가 아주 작을 때에는

$$\left.\begin{aligned} p_B' &= p_B - \Delta p_B \\ p_r' &= p_r + \Delta p_r \end{aligned}\right\} \cdots\cdots\cdots\cdots\cdots\cdots\cdots\cdots\cdots\cdots \text{(3-19)}$$

여기서 Δp_B는 $\int_{S0}^{SC} A_s\,dt$의 감소와 더불어 증가하고, Δp_r은 $\int_{E0}^{EC} A_E\,dt$의 감소와 더불어 증가한다. 그러므로 식 (3-17), (3-18)의 p_B, p_r 대신에 p_B', p_r'를 사용할 경우에는 η_c 및 η_v는 더 작아진다.

(3) 吸入空氣量

4사이클 가솔린기관의 흡입공기량 G_a〔kgf/s〕는 충전효율 η_c를 알면 쉽게 계산할 수 있다.

지금, 실린더수를 Z, 기관의 회전수를 n rpm, 총행정체적을 $\Sigma V_h = ZV_h$〔m^3〕라 하면

$$G_a = \frac{G_{BC}\,Z\,n}{120} = \frac{\eta_c\,G_0\,Z\,n}{120}$$

$$= \frac{p_B}{p_0}\;\frac{T_0}{T_B}\;\frac{\varepsilon}{(\varepsilon-1)}\left[1-\frac{T_B}{T_r}\left(\frac{p_r}{p_B}\quad\frac{1}{\varepsilon}\right)\right]\left[p_0\,\frac{V_h\,Z\,n\times 10^4}{T_0\,R_t\,120\times 735.6}\right]$$

$$\therefore\; G_a = \frac{p_B\,\varepsilon}{258\,T_B\,(\varepsilon-1)}\left[1-\frac{T_B}{T_r}\left(\frac{p_r}{p_B}\quad\frac{1}{\varepsilon}\right)\right]\Sigma V_h\,n\ \text{〔kgf/s〕} \cdots \text{(3-20)}$$

T_B를 식 (3-16)을 써서 정리하여 G_a를 다시 구하면

$$G_a=\frac{p_B}{(84{,}800+173\,t)}\ \frac{\varepsilon}{(\varepsilon-1)}\left[1-0.87\left(\frac{p_r}{p_B}\ \frac{1}{\varepsilon}\right)\right]$$

$$\Sigma V_h n \ \text{[kgf/s]} \qquad \cdots\cdots (3\text{-}21)$$

G_a의 개략값은 1〔ps〕당 1〔g/s〕 정도이다.

예를 들면 실린더 지름 80〔mm〕, 행정 80〔mm〕, 실린더수 4, 압축비 8.5, 기관회전수 5,000 rpm인 가솔린기관의 흡입공기량을 계산하면 다음과 같이 된다. 단, t = 15〔℃〕, p_r = 760〔mmHg·abs〕, p_B =500〔mmHg·abs〕

$$\Sigma V_h=\frac{\pi}{4}d^2 s Z=\frac{\pi}{4}\times 0.08^2\times 0.08\times 4=0.00161\ \text{[m}^3\text{]}$$

식 (3-21′)로부터

$$G_a=\frac{500}{84{,}800+(173\times 15)}\times\frac{8.5}{7.5}\left[1-0.87\left(\frac{760}{500}\times\frac{1}{8.5}\right)\right]$$

$$\times 0.00161\times 5.000=0.0428\ \text{[kgf/s]}$$

(4) 圖示平均有效壓力과 관계되는 因子

그림 3-1에서 도시평균유효압력 p_{mi}는 사이클 $BCDEB$의 평균유효압력 p_{mi}^*와 하부의 장방형루프 $ABFGA$의 합 또는 차로써 표시할 수 있다. p_{mi}^*는 연료공급량에 비례하므로 혼합비가 일정하면 흡입공기량 G_{BC}에 비례한다. p_{mi}^*는 식 (3-5)에 표시한 것과 같이 $\eta_i\,\eta_B H_\ell\, G_a/\lambda L_{\min}\Sigma V_h n$에 비례하며 따라서 압축비와 혼합비가 일정하면, p_{mi}^*는 $G_a/\Sigma V_h n$에 비례한다. 식 (3-21′)의 모양을 참조하면

$$p_{mi}^*=f(\lambda)_i\, k(\varepsilon)_i\ \frac{p_B}{a_1+t}\left[1-c_1\left(\frac{p_r}{p_B}\ \frac{1}{\varepsilon}\right)\right] \qquad \cdots\cdots (3\text{-}22)$$

이론적 해석에 따르면 a_1=420, c_1=0.823이고, 이 값은 실제의 경우에도 잘 일치한다.

식 (3-3)으로부터 p_{mi}의 일반식은 다음과 같이 표시된다.

$$p_{mi}=f(\lambda)_i\, k(\varepsilon)_i\, \frac{p_B}{420+t}\left[1-0.823\left(\frac{p_r}{p_B}\ \frac{1}{\varepsilon}\right)\right]$$
$$+0.00136\,(p_B-p_r)\ [\mathrm{kgf/cm^2}] \cdots\cdots (3\text{-}23)$$

$f(\lambda)_i$ 및 $k(\varepsilon)_i$는 혼합비와 압축비에 따라서 정해지는 수정계수이다(표 3-1, 3-2). $f(\lambda)_i$는 공기과잉률 λ만의 함수로서 혼합비에 따라서 $p_{mi}{}^*$의 변화비율을 표시하고, $k(\varepsilon)_i$는 압축 ε만의 함수이다.

表 3-1 $f(\lambda)_i$

공기과잉율 λ	$f(\lambda)_i$
0.7	0.933
0.9	0.969
0.9	1.000
1.0	1.000
1.2	0.870

表 3-2 $k(\varepsilon)_i$

압축비 ε	$k(\varepsilon)_i$
7	7.123
7.5	7.208
8	7.285
8.5	7.357
9	7.425

예를 들면 $p_B=1{,}060$ [mmHg·abs]·(+300[mmHg]), $p_r=770$ [mmHg·abs], $t=100$[℃], $\varepsilon=7$, $\lambda=0.8$일 때 p_{mi}를 구하면 다음과 같이 된다.

식 (3-23)으로부터

$$p_{mi}=0.969\times 7.123\,\frac{1{,}060}{420+100}\left[1-0.823\left(\frac{770}{1{,}060\times 7}\right)\right]+0.00136$$
$$(1{,}060-770)=12.90+0.39=13.29\ [\mathrm{kgf/cm^2}]$$

그림 3-3은 가솔린기관의 부스트압력과 흡기온도와 도시평균유효압력과의 관계를 나타낸 것이다.

그림 3-3과 식 (3-23)으로부터 p_{mi}에 영향을 미치는 인자는 다음의 5가지를 들 수 있다.

① p_{mi}는 부스트압력 p_B에 비례한다.

② p_{mi}는 그림 3-4와 같이 배압 p_r의 증가에 비례하여 감소한다.

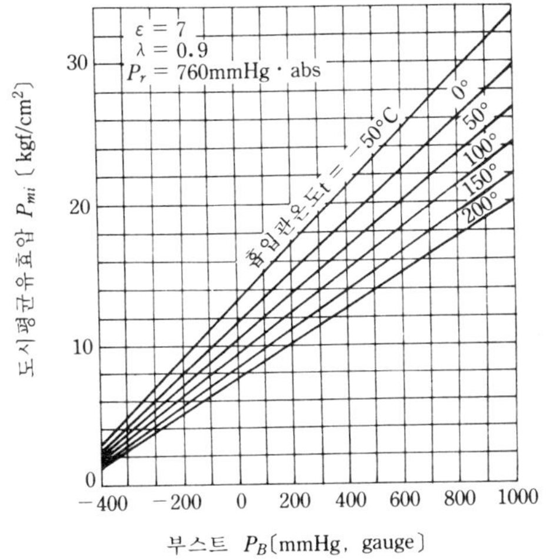

그림 3-3 가솔린기관의 부스트압력과 도시평균유효압력

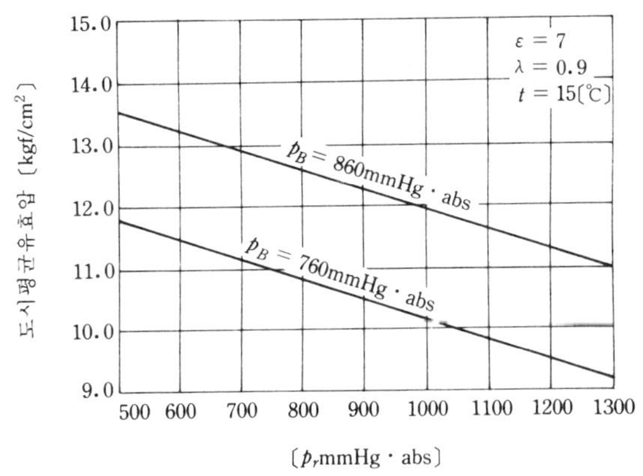

그림 3-4 배압 p_r 의 영향

③ 흡기온도 t 는 p_{mi} 에 영향을 미친다. t 가 증가하면 p_{mi} 는 감소한다. 그림 3-3 에서 알 수 있는 바와 같이 같은 부스트압력이라도 t 가 낮을수록 p_{mi} 는 증가하고 그 영향은 높은 부스트압력일수록 현저하다. 고과급일 경우에는 흡기온도 t 가 증가하므로 p_{mi} 의 저하를 가져온다. 따라서 이때에는 흡기를 냉각시키는 것이 p_{mi} 증가에 효과적이다.

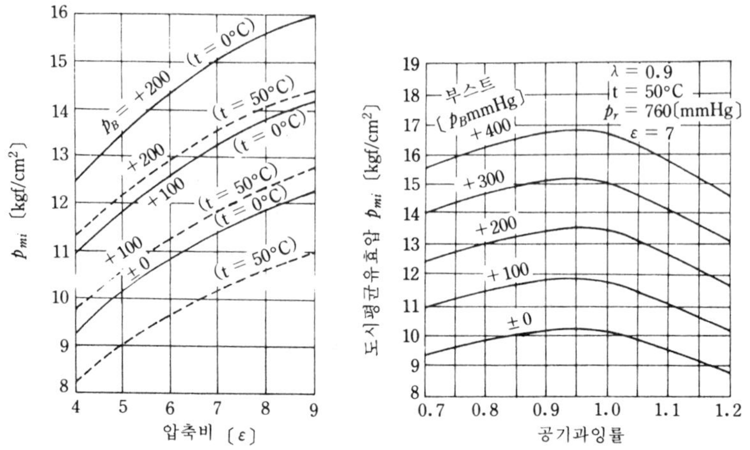

그림 3-5 압축비에 따른 출력의 변화　그림 3-6 혼합비에 따른 출력의 변화

실용적인 방법으로는 흡기냉각기(air cooler), 기관과 과급기 사이에 놓는 중간냉각기(inter cooler)를 사용하는 일이 많다. 이것은 흡기온도를 내리고 공기량을 증대시켜서 p_{mi} 를 증가시킴과 아울러 노크의 발생을 방지하여 더욱 높은 부스트의 사용을 가능하게 한다.

④ 압축비가 증가하면 p_{mi} 는 증가한다. 그 원인은 잔류가스량의 감소에 따른 공기량의 증가와 열효율의 향상의 영향 때문이다.

⑤ 공기과잉률, $\lambda = 0.9$ 에서 p_{mi} 는 최대값이 되고, $\lambda = 1.1 \sim 1.2$ 의 희박혼합비에서는 급격히 저하하여, $\lambda = 0.8 \sim 1.0$ 사이에서는 λ에 따라서 p_{mi} 는 별로 변화하지 않는다.

그림 3-6은 혼합비에 의한 출력변화를 표시한 것이고, 그림 3-5는 압축비에 따른 출력의 변화를 나타낸 것이다.

(5) 摩擦平均壓力 p_f

과급기를 가지지 않는 기관에서는 도시마력 N_i 로부터 마찰마력 N_f 를 감한 것이 실제로 이용되는 제동마력 N_e 이다. 이들의 관계는 평균유효압력에 있어서도 성립된다.

$$\left.\begin{aligned} N_e &= N_i - N_f \text{ [ps]} \\ p_{me} &= p_{mi} - p_f \text{ [kgf/cm}^2\text{]} \end{aligned}\right\} \cdots\cdots (3\text{-}24)$$

여기서 p_f는 해석적으로 다음과 같이 표시할 수 있다.

$$p_f = p_{f0} + p_{f1} + p_{f2} + p_{f3} + p_{f4} + p_{fa} \cdots\cdots (3\text{-}25)$$

p_{f0} : 피스턴 링의 마찰평균압력 [kgf/cm²]

p_{f1} : 피스턴 측압에 의한 마찰평균압력 [kgf/cm²]

p_{f2} : 피스턴 핀에 의한 마찰평균압력 [kgf/cm²]

p_{f3} : 크랭크 핀에 의한 마찰평균압력 [kgf/cm²]

p_{f4} : 메인 베어링에 의한 마찰평균압력 [kgf/cm²]

p_{fa} : 기어, 보기류 등에 의한 마찰평균압력 [kgf/cm²]

이들 값 중 p_{f0}, p_{f3}, p_{f4}, p_{fa}, 가 크고, p_{f1}, p_{f2}는 비교적 작다. 자동차용 6 실린더기관의 분포값의 예는 표 3-3과 같다. p_f는 회전수의 증가와 더불어 다소 증가하고, 부스트 압력 p_B의 증가에 따라 커지는 경향을 갖는다(표 3-4). 관성력과 가스압력은 마찰을 좌우하는 인자가 되며, 또한 油溫이 높

表 3-3 p_f의 分布 (p_B = 760 [mmHg·abs], p_r = 760 [mmHg·abs])

[n rpm]	p_{f0}	p_{f1}	p_{f2}	p_{f3}	p_{f4}	p_f
0	0.494	0.237	0.038	0.534	0.448	1.751
500	0.494	0.242	0.040	0.526	0.460	1.762
1000	0.494	0.267	0.044	0.562	0.523	1.869
1600	0.494	0.313	0.049	0.627	0.583	2.066
2000	0.494	0.358	0.055	0.690	0.676	2.273
2400	0.494	0.424	0.065	0.805	0.785	2.573

表 3-4 n 및 p_B에 따른 p_f 값의 변화의 예

[n rpm]	p_B [mmHg · abs]		
	760	460	310
0	1.716	1.072	0.799
1000	1.869	1.152	0.854
2000	2.273	1.656	1.432

아지면 p_f는 감소하고 내려가면 증가하며 이것은 오일의 점성에 따른 마찰계수의 변화에 기인한다. 자동차용에서 p_f의 근사값은 다음 식을 취한다.

$$p_f = (0.002956\text{-}0.000000565\, n)\, p_B - 0.79 + 0.0009\, n\ [\mathrm{kgf/cm^2}] \cdots (3\text{-}26)$$

그리고 표 3-4는 흡기압 p_B가 달라지는데 따른 p_f의 값의 변화되는 예를 나타낸 것이다.

일반적으로 大出力機關일수록, 또 실린더의 수가 많은 다실린더기관인 경우는 p_f가 작아지는 경향이 있다.

표 3-5는 기관의 종류에 대한 p_f의 값을 나타낸 것이다.

表 3-5 p_f의 개략치

기관의 종류	p_f [kgf/cm²]
소형기관	2.0～3.5
자동차용기관	1.5～2.5
디젤기관	2.0～3.0

(6) 過給機驅動平均壓力

과급기구동마력 N_{Bl}을 평균압력으로 환산한 것을 과급기구동평균압력이라 하고 p_{Bl}로 표시한다. 그리고 이때의 과급기구동마력 N_{Bl}은 다음과 같이 된다.

$$N_{Bl} = 1.367 \frac{T_s G_a}{\eta_c} (\gamma_c^{0.286} - 1) \cdots\cdots (3\text{-}27)$$

여기서 T_s : 과급기 흡입측의 절대온도 [°K]

η_c : 과급기의 단열효율

G_a : 공기유량 [kgf/s]

γ_c : 압력비, $\gamma_c = p_d / p_s$

p_d : 배출측의 정압 [mmHg · abs]

p_s : 흡입측의 정압 [mmHg · abs]

4 사이클기관에서는

$$p_{Bl}=\frac{0.9\,N_{Bl}}{\Sigma\,V_h\,n}=1.230\left(\frac{G_a}{\Sigma\,V_h\,n}\right)\frac{T_s}{\eta_c}\,(\gamma_c^{0.286}-1)\,[\mathrm{kgf/cm^2}]\cdots\cdots(3\text{-}28)$$

식 (3-21′)을 대입하면

$$p_{Bl}=\frac{1.230\,p_B}{(84{,}800+173\,t)}\;\frac{\varepsilon}{(\varepsilon-1)}\left[1-0.87\left(\frac{p_r}{p_B}\;\frac{1}{\varepsilon}\right)\right]\frac{T_s}{\eta_c}$$

$$(\gamma_c^{0.286}-1)\,[\mathrm{kgf/cm^2}]\cdots\cdots\cdots\cdots\cdots\cdots\cdots\cdots\cdots\cdots\cdots\cdots\cdots(3\text{-}29)$$

예를 들어서 과급기의 흡입측에 스로틀밸브를 마련하고, $\eta_c=0.7$, 압력비 2 인 과급기를 사용하여 $p_B=1{,}060$ [mmHg · abs] 까지 과급할 경우의 p_{Bl}, p_{me} 를 구하면 다음과 같이 된다. 단, $\varepsilon=7$, $\lambda=0.9$, $p_r=760$ [mmHg · abs], $t_s=15$ [℃], $p_f=2.5$ [kgf/cm²] 이다.

압력비 $\gamma_c=\frac{p_d}{p_s}=\frac{p_B}{p_s}=\frac{1{,}060}{p_s}=2$ $\therefore p_s=530$ [mmHg · abs] (−230[mmHg]로 흡입측을 스로틀링 한다). $t_s=15$[℃]

과급기의 출구온도는 흡입관의 온도 T와 같으므로

$$T_d=T=T_s\left[1+\frac{1}{\eta_c}(\gamma_c^{0.286}-1)\right]=288\left[1+\frac{1}{0.7}\times0.274\right]=400\,[\text{°K}]$$
$$(=127\,[℃])$$

식 (3-29)로부터

$$p_{Bl}=\frac{1.230\times1.060}{(84{,}800+173\times127)}\times\frac{7}{6}\left[1-0.87\left(\frac{760}{1{,}060}\times\frac{1}{7}\right)\right]\frac{280}{0.70}$$
$$(2^{0.286}-1)=0.0142(1-0.089)\,412(0.274)=1.46\,[\mathrm{kgf/cm^2}]$$

식 (3-23)으로부터

$$p_{mi}=7.123\times\frac{1{,}060}{420+127}\left[1-0.823\left(\frac{760}{1{,}060}\times\frac{1}{7}\right)\right]+0.00136\times300$$
$$=13.8(1-0.084)+0.41=12.70+0.41=13.11\,[\mathrm{kgf/cm^2}]$$
$$p_{me}=p_{mi}-(p_f+p_{Bl})=13.11-(2.50+1.46)=9.15\,[\mathrm{kgf/cm^2}]$$

N_{Bl}, p_{Bl} 은 기계구동과급기만에 대한 것이고, 배기터보과급기에서는 계산에 넣지 않아도 무방하다.

(7) 圖示燃料消費率, 制動燃料消費率

도시열효율을 η_i, 제동열효율을 η_e, 도시연료소비율과 제동연료소비율을 각각 b_i, b_e 로 나타낼 때 b_i 와 η_i 또는 b_e 와 η_e 와의 관계는

$$\left.\begin{aligned} b_i &= \frac{63.25}{\eta_i}\ \frac{10{,}000}{H_l}\ \text{〔g/PS}_\text{i}-\text{h〕} \\ b_e &= \frac{63.25}{\eta_e}\ \frac{10{,}000}{H_l}\ \text{〔g/PS}_\text{e}-\text{h〕} \end{aligned}\right\} \cdots\cdots\cdots \text{(3-30)}$$

여기서 H_l 는 연료의 低位發熱量이다.

η_i 와 p_{mi} 의 사이에는 다음 관계가 성립된다. 그림 3-1 의 도시일 AW_i 는

$$AW_i = \frac{p_{mi}}{0.04269}(V_B - V_A) = \frac{p_{mi}V_B(\varepsilon-1)}{0.04269}\ \frac{1}{\varepsilon}\ \text{〔kcal〕}$$

압축초 B 점에서는 1 사이클에 대하여 V_B 내에 흡입되는 신기량 G_a, 연료 G_f, 잔류가스 G_r 을 포함하므로

$$V_B = 〔G_a + G_f + G_r〕\ \frac{RT_B}{p_B} \times 735.6 \times 10^{-4}$$

이것을 윗식에 대입하면

$$AW_i = \frac{735.6\times10^{-4}}{0.04269}\ \frac{p_{mi}RT_B}{p_B}\ \frac{(\varepsilon-1)}{\varepsilon}〔G_a + G_f + G_r〕$$

한편 G_f 〔kgf〕의 연료가 가지고 있는 열량은

$$Q_f = H_l G_f \text{ kcal}$$

이므로 열효율 η_i 는 다음과 같이 표시된다.

$$\eta_i = \frac{AW_i}{Q_f} = \frac{735.6\times10^{-4}}{0.04269}\ \frac{p_{mi}RT_B}{p_B H_l}\ \frac{(\varepsilon-1)}{\varepsilon}\left(1 + \frac{G_a}{G_f}\ \frac{(G_a + G_r)}{G_a}\right)$$

$$\frac{G_a}{G_f} = \lambda L_{min}, \quad \frac{G_a}{G_a + G_r} = \frac{1}{\xi}$$

따라서

$$\eta_i = 0.005044 \ p_{mi} \frac{T_B}{p_B} \frac{(\varepsilon - 1)}{\varepsilon} \frac{10,000}{H_l} \left(1 + \frac{\lambda L_{min}}{1/\xi}\right) \cdots\cdots\cdots (3\text{-}31)$$

같은 방법으로 제동열효율 η_e 와 제동평균유효압력 p_{me} 와의 사이에는

$$\eta_e = 0.005044 \ p_{me} \frac{T_B}{p_B} \frac{(\varepsilon - 1)}{\varepsilon} \frac{10,000}{H_l} \left(1 + \frac{\lambda L_{min}}{1/\xi}\right) \cdots\cdots (3\text{-}32)$$

식 (3-30)에 대입하면

$$b_i = 12,550 \frac{p_B \varepsilon}{p_{mi} T_B (\varepsilon - 1) \left(1 + \frac{\lambda L_{min}}{1/\xi}\right)} \text{〔g/PS}_i - \text{h〕} \cdots\cdots\cdots\cdots\cdots (3\text{-}33)$$

$$b_e = 12,550 \frac{p_B \varepsilon}{p_{me} T_B (\varepsilon - 1) \left(1 + \frac{\lambda L_{min}}{1/\xi}\right)} \text{〔g/PS}_e - \text{h〕} \cdots\cdots\cdots\cdots\cdots (3\text{-}34)$$

위의 식에서 $1/\xi$은 표 3-6의 값을 이용하고, T_B는 식 (3-16)에 의하여 계산한다.

表 3-6 $\frac{1}{\xi} = \frac{G_a}{G_a + G_r} = 1 - \frac{T_B}{T_r}\left(\frac{p_r}{p_B} \frac{1}{\varepsilon}\right)$의 값

흡기온도〔℃〕 $\left(\frac{p_r}{p_B} \frac{1}{\varepsilon}\right)$	−50	0	50	100	150	200	250	300	350
0	1.000	1.000	1.000	1.000	1.000	1.000	1.000	1.000	1.000
0.1	0.975	0.973	0.970	0.968	0.964	0.961	0.959	0.956	0.953
0.2	0.948	0.942	0.936	0.930	0.925	0.919	0.914	0.908	0.902
0.3	0.917	0.907	0.897	0.887	0.878	0.871	0.862	0.854	0.847
0.4	0.880	0.865	0.851	0.838	0.826	0.816	0.804	0.794	0.784
0.5	0.834	0.816	0.798	0.781	0.766	0.752	0.740	0.728	0.716
0.6	0.775	0.751	0.731	0.712	0.695	0.678	0.666	0.653	0.640
0.7	0.695	0.668	0.644	0.620	0.602	0.580	0.566	0.554	0.540

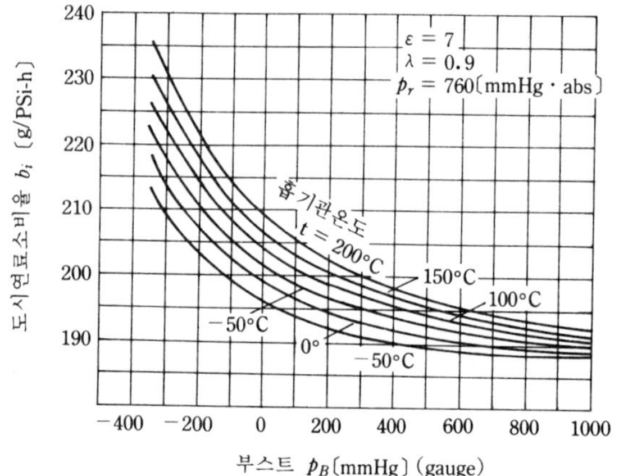

그림 3-7 가솔린기관의 도시연료소비율

그림 3-7은 부스트압력 p_B와 b_i의 관계를 나타낸 것이다. 식 (3-34)로부터 b_e를 저하시키려면 p_f를 작게 하고 ε을 크게 하여야 하나 실제로는 ε을 지나치게 크게 할 수는 없다.

(8) 燃料消費量

연료소비량 B 〔kgf/h〕는

$$B=\frac{b_e N_e}{1{,}000}=\frac{b_e p_{me}\Sigma V_h n}{900} \quad \cdots\cdots (3\text{-}35)$$

식 (3-34)를 대입하면

$$B=13.9\frac{p_B}{T_B}\ \frac{\varepsilon}{(\varepsilon-1)}\ \frac{\Sigma V_h n}{\left(1+\frac{\lambda L_{\min}}{1/\xi}\right)} \text{〔kgf/h〕} \quad \cdots\cdots (3\text{-}36)$$

식 (3-16)의 T_B를 이용하면

$$B=20.8\frac{p_B}{(490+t)}\ \frac{\varepsilon}{(\varepsilon-1)}\ \frac{\Sigma V_h n\left[(1-0.58\left(\frac{p_r}{p_B\,\varepsilon}\right)\right]}{\left[1+\frac{\lambda L_{min}}{1/\xi}\right]} \text{〔kgf/h〕} \cdots (3\text{-}37)$$

가 된다.

(9) 4사이클 가솔린機關의 실린더內 溫度 및 壓力變化

가솔린기관 실린더 내의 가스가 갖는 온도 및 압력은 다음 식으로 표시할 수 있다. 이것은 비열의 온도변화, 열해리, 열손실, 혼합비의 영향 등을 모두 포함하고 있으므로 실제기관의 실린더 내에서 일어나는 상태변화에 비교적 가까운 것으로 생각해도 좋다.

(a) 壓縮初의 상태 T_B, P_B

$$\left.\begin{aligned} T_B &= \frac{328+0.67t}{1-0.58\left(\frac{p_r}{p_B}\ \frac{1}{\varepsilon}\right)} \ [°K] \\ P_B &= \frac{p_B}{735.6} \ [kgf/cm^2] \end{aligned}\right\} \cdots\cdots (3\text{-}38)$$

(b) 壓縮末의 상태 T_c, P_c

$$\left.\begin{aligned} T_c &= T_B\,\varepsilon^{k-1} \ [°K] \ (k=1.387) \\ P_c &= P_B\,\varepsilon^{k} \ [kgf/cm^2] \end{aligned}\right\} \cdots\cdots (3\text{-}39)$$

(c) 燃燒末의 상태 T_D, P_D

$$\left.\begin{aligned} T_D &= f(\lambda)\,t_D\left[2400\left(\frac{1}{\xi}\right)+\left\{0.40+0.55\left(\frac{p_r}{p_B}\ \frac{1}{\varepsilon}\right)\right\}t_c\right] \ [℃] \\ P_D &= \delta_r\,\frac{T_D}{T_C}\,P_c = \delta_r\,\frac{T_D}{T_B}\left(\frac{p_B}{735.6}\right)\varepsilon \ [kgf/cm^2] \end{aligned}\right\} \cdots (3\text{-}40)$$

$\delta_r = 1+(\delta_0-1)\dfrac{1}{\xi}$: 연소에 의한 체적증가율(잔류가스의 영향 포함),

δ_0 : 잔류가스가 없을 때의 연소에 의한 체적증가율

여기서 $\dfrac{1}{\xi}$은 표 3-6, $f(\lambda)_{tD}$ 및 δ_0의 값은 표 3-7에 따른다.

또는

$$P_D = f(\lambda)_{pD}\,(7.45\,\varepsilon-2.4)\,\frac{p_B}{560+t}\left[1-0.660\left(\frac{p_r}{p_B}\ \frac{1}{\varepsilon}\right)\right] \ [kgf/cm^2]$$

$$\cdots\cdots (3\text{-}41)$$

表 3-7 空氣過剩率 λ에 따라 변화하는 諸常数

공기과잉률 λ	$f(\lambda)_{tD}$	$f(\lambda)_{pD}$	$f(\lambda)_{tE}$	$f(\lambda)_{pE}$	δ_o
0.7	0.900	—	0.882	0.942	1.142
0.8	0.970	1.004	0.939	0.970	1.102
0.9	1.000	1.000	1.000	1.000	1.068
1.0	0.991	0.973	1.062	1.032	1.041
1.1	0.967	0.942	0.991	0.959	1.038
1.2	0.937	0.909	0.936	0.901	1.034

$f(\lambda)_{pD}$ 의 값은 표 3-7 에 따른다.

(d) 膨脹末의 상태 T_E, P_E

$$\left.\begin{aligned} T_E &= \frac{493}{\delta_r}\, k(\varepsilon)_{Ef}(\lambda)_{TE}\, \frac{489+t}{650+t} \\ &\frac{\left[1-0.517\left(\dfrac{P_r}{P_B}\ \dfrac{1}{\varepsilon}\right)\right]}{\left[1-0.58\left(\dfrac{P_r}{P_B}\ \dfrac{1}{\varepsilon}\right)\right]}\ [°\mathrm{K}] \\ P_E &= \frac{k(\varepsilon)_E f(\lambda)_{pE} P_B}{650+t}\left[1-0.517\left(\frac{P_r}{P_B}\ \frac{1}{(\varepsilon-1)}\right)\right]\ [\mathrm{kgf/cm^2}] \end{aligned}\right\} \quad (3\text{-}47)$$

$f(\lambda)_{pE}$: 표 3-7, $k(\varepsilon)_E$ 는 표 3-8 에 따른다.

表 3-8 $k(\varepsilon)_E$ 의 값

압 축 비 ε	$k(\varepsilon)_E$
7	4.59
7.5	4.51
8	4.44
8.5	4.37
9	4.31

(10) 밸브오버랩과 殘留가스의 排出

4사이클기관에서는 隙間體積에 남아 있는 잔류가스는 기관흡입공기량을 감소시켜서 그 성능을 저하시킨다. 과급기를 가지고 있는 것에서는 부스트 압력 p_B는 배압 p_r보다 높으므로 排氣行程末 *TDC* 부근에서는 배기밸브가 닫히기 전에 흡입밸브가 열려서 새로운 공기는 p_B-p_r의 압력차에 의하여 배기를 배기관 내로 내보내게 된다. 이 작용은 마치 2사이클기관의 掃氣作用과 유사하다. 이와같이 흡·배기밸브가 함께 열려 있는 각도를 밸브오버랩각(valve overlap angle)이라 하고, 위의 목적을 얻기 위하여는 기관에 따라 60～120° 정도로 두는 경우도 있다.

逐出作用에 의하여 극간체적에 남아 있는 잔류가스 G_r〔kgf〕중의 $\eta_s G_r$〔kg〕을 배출시켰다면 $(1-\eta_s)G_r$〔kgf〕이 남아 있게 되는데 이때의 η_s를 掃氣效率(scavenging efficiency)이라 한다.

이 경우 充塡效率 η_c는

$$\eta_c=\frac{p_B}{p_0}\ \frac{T_0}{T_B}\ \frac{\varepsilon}{(\varepsilon-1)}\left[1-\frac{T_B}{T_r}(1-\eta_s)\left(\frac{p_r}{p_B}\ \frac{1}{\varepsilon}\right)\right] \cdots\cdots\cdots (3\text{-}42)$$

또는

$$\eta_c=0.5363\frac{p_B}{490+t}\ \frac{\varepsilon}{(\varepsilon-1)}\left[1-0.87(1-\eta_s)\left(\frac{p_r}{p_B}\ \frac{1}{\varepsilon}\right)\right] \cdots (3\text{-}42')$$

체적효율 η_v는

$$\eta_v=1.493\frac{(273+t)}{(490+t)}\ \frac{\varepsilon}{(\varepsilon-1)}\left[1-0.87(1-\eta_s)\left(\frac{p_r}{p_B}\ \frac{1}{\varepsilon}\right)\right]$$
$$\cdots\cdots\cdots\cdots\cdots\cdots\cdots\cdots\cdots\cdots (3\text{-}43)$$

압축초의 온도

$$T_B=\frac{328+0.67t}{1-0.58(1-\eta_s)\left(\frac{p_r}{p_B}\ \frac{1}{\varepsilon}\right)}\ [°K] \cdots\cdots\cdots\cdots (3\text{-}44)$$

도시평균유효압력

$$p_{mi}=f(\lambda)_i\,k(\varepsilon)_i\frac{p_B}{(420+t)}\left[1-0.823\,(1-\eta_s)\left(\frac{p_r}{p_B}\ \frac{1}{\varepsilon}\right)\right]$$

$$+0.00136(p_B-p_r)\ [\mathrm{kgf/cm^2}] \cdots\cdots (3\text{-}45)$$

기관의 흡입공기량 G_a는 밸브오버랩이 없는 경우보다 증가한다.

$$G_a=\frac{p_B}{(84{,}800+173\,t)}\ \frac{\varepsilon}{(\varepsilon-1)}\left[1-0.87\,(1-\eta_s)\left(\frac{p_r}{p_B}\ \frac{1}{\varepsilon}\right)\right]\ \Sigma V_h n$$

$$[\mathrm{kgf/sec}] \cdots\cdots (3\text{-}46)$$

그러나 밸브오버랩으로 인하여 흡기밸브로부터 배기밸브로 직접 배출되는 공기량은

$$G_a-G_{a0}=G_{a0}(\mu-1)\ [\mathrm{kgf/s}]$$

가 된다.

단, G_a: 과급기로부터 송입되는 공기량 [kgf/s]

G_{a0}: 기관의 연소에 소요되는 공기량 [kgf/s]

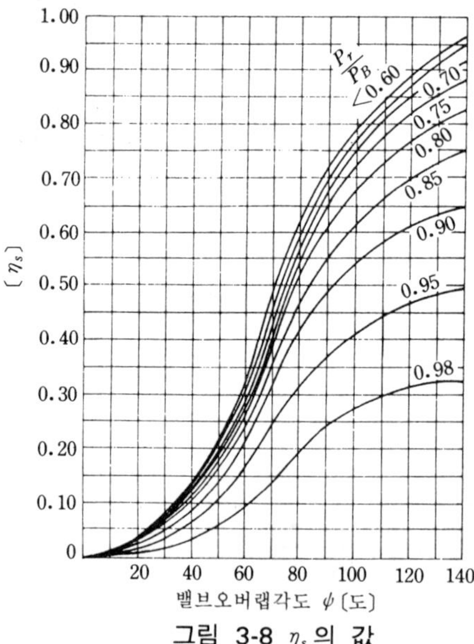

그림 3-8 η_s의 값

$$\mu = \frac{G_a}{G_{a0}}$$

따라서, 과급기구동평균압력은

$$p_{Bl} = \frac{\mu p_B}{(68{,}500 + 140\,t)} \frac{\varepsilon T_s}{(\varepsilon - 1)\,\eta_c} \left[1 - 0.87\,(1-\eta_s)\left(\frac{p_r}{p_B}\ \frac{1}{\varepsilon}\right)\right]$$

$$[\gamma_c^{0.286} - 1]\ [\text{kgf/cm}^2] \cdots\cdots (3\text{-}47)$$

도시열효율 η_i 는

$$\eta_i = 0.005044\ p_{mi}\ \frac{T_B}{p_B}\ \frac{(\varepsilon - 1)}{\varepsilon}\ \frac{10{,}000}{\mu H_t} \left[1 + \frac{\lambda L_{\min}}{1/\xi}\right] \cdots\cdots (3\text{-}48)$$

여기서

$$\frac{1}{\xi} = 1 - (1-\eta_s)\,\frac{T_B}{T_r}\left(\frac{p_r}{p_B}\ \frac{1}{\varepsilon}\right) = 1 - (1-\eta_s)\left(1 - \frac{1}{\xi}\right) \cdots\cdots (3\text{-}49)$$

제동연료소비율

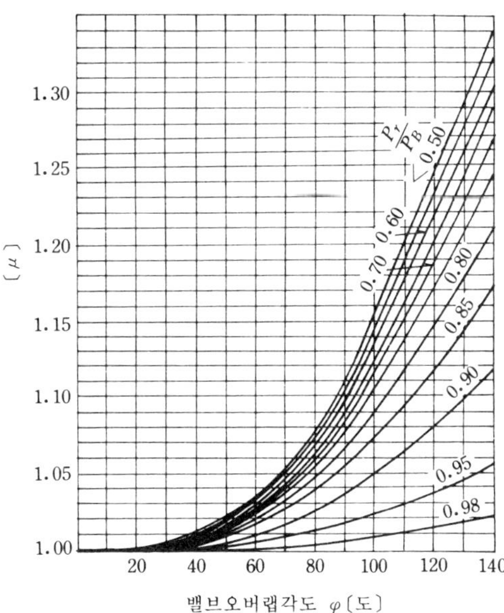

그림 3-9 μ의 값

$$b_e = 12{,}550 \frac{\mu p_B \varepsilon}{p_{me} T_B (\varepsilon - 1)\left[1 + \frac{\lambda L_{min}}{1/\xi}\right]} \text{〔gr/PS}_e\text{-h〕} \cdots\cdots\cdots\cdots (3\text{-}50)$$

제동연료소비량

$$B = 20.8 \frac{\mu p_B \varepsilon \Sigma V_h n \left[1 - 0.58(1 - \eta_s)\left(\frac{p_r}{p_B} - \frac{1}{\varepsilon}\right)\right]}{(490 + t)(\varepsilon - 1)\left[1 + \frac{\lambda L_{min}}{1/\xi}\right]} \text{〔kgf/h〕} \cdots (3\text{-}51)$$

氣化器를 가지지 않는 실린더 내 분사일 때는 η_i, b_i, η_c, b_c, B의 식 중에서 $\mu = 1$로 잡아도 좋다. η_s 및 μ의 값은 p_B, p_r과 밸브열림면적, 밸브오버랩각 등의 함수관계를 가지며 그림 3-8 및 3-9는 η_s와 μ의 한 예를 표시한 것이다.

3-2 디젤機關의 性能

(1) 4사이클 디젤機關의 性能에 미치는 因子

앞절에서 고찰한 바와 같이 4사이클 디젤기관의 사이클은 합성사이클로 생각할 수 있다. 가솔린기관에서와 같이 4사이클 디젤기관의 도시평균유효압력 p_{mi}는 전 사이클을 사이클 *BCZDEB*와 *ABFGA*로 나누었을 경우 다음 식으로 표시된다.

지금, p_{mi} : 도시평균유효압력 〔kgf/cm²〕

p_{mi}^* : 사이클 *BCZDEB*의 도시평균유효압력 〔kgf/cm²〕

p_B : 부스트압력 〔mmHg . abs〕

p_r : 배압 〔mmHg · abs〕

라고 하면

$$p_{mi} = p_{mi}^* + 0.00136(p_B - p_r) \text{〔kgf/cm}^2\text{〕} \cdots\cdots\cdots\cdots (3\text{-}52)$$

p_{mi}^*는 다음과 같은 여러 가지 인자의 영향을 받는다.

① 부스트압력(boost pressure) p_B 〔mmHg · abs〕

② 배압(back pressure) p_r 〔mmHg · abs〕

③ 흡기온도(intake temperature) t〔℃〕

④ 압축비(compression ratio) ε

⑤ 공기과잉률(excess air factor) λ

⑥ 연소비율 Q_v / Q_1, $Q_1 = Q_v + Q_p$

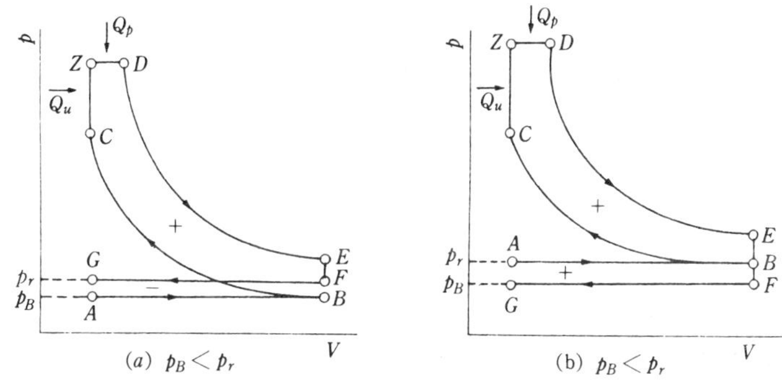

그림 3-10 4 사이클 디젤기관의 사이클

그림 3-10 에서 표시된 합성사이클의 성능은 CZ 사이에 정적가열된 열량 Q_v, ZD 사이에 정압가열된 열량 Q_p, 운전조건에 따른 부스트압력, 흡기온도, 분사시기, 연료의 착화성, 연소속도, 혼합기의 와류의 유무, 연소실의 형상 등에 따라서 다소 달라진다. 실제로는 그림 3-10 과 같이 Q_v, Q_p 의 확실한 구분은 표시되지 않고 어떤 시간적 비율로서 서서히 가열되는 것으로서 Q_v / Q_1 의 비율은 보통 0.10~0.15 정도이다. 고속기관일수록 Q_v / Q_1 의 비가 커지고, 과급을 하는 경우에는 이 값은 작아지는 경향을 갖는다.

p_B, p_r, t, ε은 1 사이클에 흡입되는 공기량에 영향을 주므로 $p_{mi}{}^*$ 에 영향을 미친다. p_B 및 p_r 은 식 (3-52)의 우변 제 2 항에도 영향을 미치고 ε과 λ는 열효율과 $p_{mi}{}^*$ 에 영향을 준다.

공기과잉률 λ는 공기량에 대한 연료의 공급비율을 규정하는 것으로서, $p_{mi}{}^*$에 영향을 미친다.

흡입공기량을 G_a〔kgf/s〕(또는 1사이클당), 연료유량을 G_f〔kgf/s〕(또는 1 사이클당)라 하면 연료의 이론공기량 L_{min}(경유 14.2, 중류 13.9)은 다음 식으로 표시된다.

$$\left.\begin{aligned} \lambda &= \frac{G_a}{L_{min} G_f} \\ G_f &= \frac{G_a}{L_{min}} \left(\frac{1}{\lambda}\right) \end{aligned}\right\} \cdots\cdots (3\text{-}53)$$

가솔린기관의 가연범위는 $\lambda = 0.6 \sim 1.2$ 정도이나 디젤기관에서는 $\lambda = 1 \sim \infty$, 즉 $\frac{1}{\lambda} = 1 \sim 0$의 어떤 공기과잉률에서도 착화가 가능하다. λ의 최대한계, 즉 $\frac{1}{\lambda}$의 최소한계는 p_{mi}와 p_f와의 평형되는 아이들링조건

$$(p_{mi})_{min} = p_f \cdots\cdots (3\text{-}54)$$

로 한정된다.

$\lambda < 1$의 과농혼합비에서도 운전은 가능하나 $\lambda = 1$에 비하여 출력은 증가하지 않고 연료소비만이 크게 증대하여 불완전연소를 일으키므로 黑煙(black-smoke)이 혼합되어 배출된다. 따라서 보통 흑연을 발생하기 시작하는 한계를 發煙限度(smoke limit)라 한다. 이 한계는 $\lambda = 1 \sim 1.3$ 정도의 범위이다.

무과급디젤기관에서 공기 스로틀밸브를 설치하지 않았을 때의 부스트압력 p_B 및 배압 p_r은 다음과 같이 표시된다.

$$\left.\begin{aligned} p_B &= p_a - \Delta p_B \\ p_r &= p_a - \Delta p_r \end{aligned}\right\} \cdots\cdots (3\text{-}55)$$

여기서 p_a는 대기압, Δp_B는 공기의 속도헤드에 상당하는 부압($\fallingdotseq \gamma w^3/2g$, w : 유속), Δp_r은 배기관 내 저항에 의한 靜壓이다.

(2) 充塡效率과 体積效率

4사이클 가솔린기관의 경우와 같이 압축초의 온도를 T_B라 하면

$$T_B = \frac{a_1 + b_1 t}{1 - c_1\left(\frac{p_r}{p_B} \frac{1}{\varepsilon}\right)} \text{〔°K〕} \cdots\cdots (3\text{-}56)$$

충전효율 η_c는

$$\eta_c = \frac{p_B}{p_0}\frac{T_0}{T_B}\frac{\varepsilon}{(\varepsilon-1)}\left\{1-\frac{T_B}{T_r}\left(\frac{p_r}{p_B}\frac{1}{\varepsilon}\right)\right\} \cdots\cdots (3\text{-}57)$$

여기서 $(p_0,\ T_0)$는 표준상태(760〔mmHg·abs〕, 15〔℃〕)를 표시하고 T_r은 배기행정말의 연소실체적에 남아 있는 잔류가스의 절대온도이다.

식 (3-56)으로부터

$$c=c_1+\left(\frac{T_B}{T_r}\right) \cdots\cdots (3\text{-}58)$$

라 하면 식 (3-57)은 다음과 같이 표시된다.

$$\eta_c=\frac{p_B\ T_0\ \varepsilon}{p_0\,(a_1+b_1 t)\,(\varepsilon-1)}\left\{1-c\left(\frac{p_r}{p_B}\frac{1}{\varepsilon}\right)\right\} \cdots\cdots (3\text{-}59)$$

여기서 c는 $\frac{T_B}{T_r}$에 따라 변화하므로 엄밀한 의미에서는 상수가 아니고 λ나 흡기온도 t의 함수이다. 그러나 c를 상수 C로 놓으면

$$\eta_c=\frac{f(\lambda)_a\,p_B\,T_0\,\varepsilon}{p_0\,(a_1+b_1 t)\,(\varepsilon-1)}\left\{1-C\left(\frac{p_r}{p_B}\frac{1}{\varepsilon}\right)\right\} \cdots\cdots (3\text{-}60)$$

기관의 총행정체적을 ΣV_h〔m³〕, 회전수를 n〔rpm〕, 공기의 가스상수를 R_a〔kgf-m/kgf °K〕, 공기량을 G_a〔kgf/s〕, 공기과잉률을 λ라 하면 흡입공기량은 밸브오버랩을 고려하지 않을 경우

$$G_a=\frac{n\,\Sigma V_h}{120\ R_a}\frac{p_0\,\eta_c}{T_0}=0.00386\,\frac{f(\lambda)_a\,p_B}{(a_1+b_1 t)}\frac{\varepsilon}{(\varepsilon-1)}$$
$$\left\{1-C\left(\frac{p_r}{p_B}\frac{1}{\varepsilon}\right)\right\}\ \Sigma V_h\,n\ \text{〔kgf/s〕} \cdots\cdots (3\text{-}61)$$

부스트압력 p_B, 흡입관온도 t, 배압 p_r에 따른 각 계수를 실험적으로 구하면

$$G_a=0.00386\left(1.09-0.09\,\frac{1}{\lambda}\right)\frac{p_B}{(288+0.565\,t)}\frac{\varepsilon}{(\varepsilon-1)}$$

$$\left[1-3.60\left(\frac{p_r}{p_B}\ \frac{1}{\varepsilon}\right)\right]\ \Sigma V_h n\ \text{[kgf/s]} \cdots\cdots\cdots\cdots (3\text{-}62)$$

또는

$$G_a=0.00684\left(1.09-0.09\frac{1}{\lambda}\right)\frac{p_B}{(510+t)}\ \frac{\varepsilon}{(\varepsilon-1)}$$
$$\left[1-3.60\left(\frac{p_r}{p_B}\ \frac{1}{\varepsilon}\right)\right]\ \Sigma V_h n\ \text{[kgf/s]} \cdots\cdots\cdots\cdots (3\text{-}62')$$

G_a의 개략값은 최대출력 1[ps]당 1[gf/s] 정도이다.

(3) 圖示平均有效壓力

연료유량을 G_f[kgf/s], 공기유량을 G_a[kgf/s], 공기과잉률을 λ, 연료의 이론 공기량을 $L_{\min}$라 하면

$$G_f=\frac{1}{\lambda}\ \frac{G_a}{L_{\min}}\ \text{[kgf/s]} \cdots\cdots\cdots\cdots (3\text{-}63)$$

의 관계가 성립한다. 그림 3-10에서 사이클 *BCZDEB*의 도시평균유효압력 p_{mi}^{*}는 G_f에 비례하므로 다음 꼴로 표시할 수 있다.

$$p_{mi}^{*}=f(\lambda,\ p_B,\ p_r)_i\,k(\varepsilon)_i\,\frac{G_a}{n\,\Sigma V_h} \cdots\cdots\cdots\cdots (3\text{-}64)$$

여기서 $f(\lambda,\ p_B,\ p_r)_i$는 식 (3-63)의 $\frac{1}{\lambda}$의 영향을 받으며, λ, p_B, p_r의 함수이다. $k(\varepsilon)_i$는 압축비에 의한 열효율의 변화에 기초를 둔 계수로서 압축비 ε만의 함수이다.

식 (3-62′)를 참조하여 p_{mi}를 다시 쓰면

$$p_{mi}^{*}=f(\lambda,\ p_B,\ p_r)_i\,k(\varepsilon)_i,\ \frac{p_B}{a_2+t}\left[1-c_2\left(\frac{p_r}{p_B}\ \frac{1}{\varepsilon}\right)\right]\text{[kgf/cm}^2\text{]} \cdots (3\text{-}65)$$

실험에 의하여 각 계수를 정하면

$a_2=350,\ c_2=4.60$

$$f(\lambda,\ p_B,\ p_r)_i=(1-0.000154\,p_B)\,f(\lambda)_i \cdots\cdots (3\text{-}66)$$

여기서
$$\left.\begin{aligned} f(\lambda)_i &= [1.415+0.000338(p_B-p_\gamma)]\frac{1}{\lambda} && \frac{1}{\lambda}<0.4 \\ f(\lambda)_i &= [1.415+0.000338(p_B-p_\gamma)]\frac{1}{\lambda} \\ &\quad -[0.925+0.00075(p_B-p_\gamma)]\left(\frac{1}{\lambda}-0.4\right)^{1.57} && \frac{1}{\lambda}>0.4 \end{aligned}\right\}\cdots\cdots (3\text{-}67)$$

식 (3-66)의 $f(\lambda)_i$ 의 값은 다음 표와 같다.

表 3-9 $f(\lambda)_i$ 의 값

	p_B-p_r [mmHg]	−100	0	+100	+200	+300	+400	+500
$\frac{1}{\lambda}$	1.0	1.000	1.000	1.000	1.000	1.000	1.000	1.000
	0.9	0.954	0.962	0.966	0.977	0.979	0.989	0.992
	0.8	0.899	0.911	0.923	0.934	0.941	0.950	0.961
	0.7	0.837	0.850	0.860	0.878	0.887	0.901	0.914
	0.6	0.760	0.776	0.790	0.804	0.818	0.832	0.849
	0.5	0.667	0.681	0.667	0.712	0.729	0.742	0.759
	0.4	0.552	0.566	0.579	0.594	0.605	0.620	0.635
	0.3	0.414	0.424	0.434	0.445	0.454	0.465	0.476
	0.2	0.276	0.287	0.290	0.297	0.304	0.310	0.318
	0.1	0.138	0.142	0.145	0.148	0.152	0.155	0.158
	0	0	0	0	0	0	0	0

따라서 그림 3-10의 전사이클의 도시평균유효압력 p_{mi} 는 다음 식으로 표시된다.

$$p_{mi}=f(\lambda,\ p_B,\ p_r)_i\ k(\varepsilon)_i\frac{p_B}{350+t}\left[1-4.60\left(\frac{p_r}{p_B}\ \frac{1}{\varepsilon}\right)\right]$$
$$+0.00136(p_B-p_r)\ [\mathrm{kgf/cm^2}] \cdots\cdots (3\text{-}68)$$

表 3-10 $k(\varepsilon)_i$ 의 값

압 축 비 ε	$\kappa(\varepsilon)_i$
10	7.34
11	7.66
12	7.97
13	8.27
14	8.54
15	8.78
16	9.00
17	9.20
18	9.38
19	9.55

그림 3-11는 부스트 및 회전수 n 을 일정하게 유지하고 연료분사량 G_f, $\frac{1}{\lambda}$ 을 변화시켰을 때의 제동평균유효압력 p_{me} 와 $\frac{1}{\lambda}$ 과의 관계를 여러 가지 부스트압력에 대하여 나타낸 것이다.

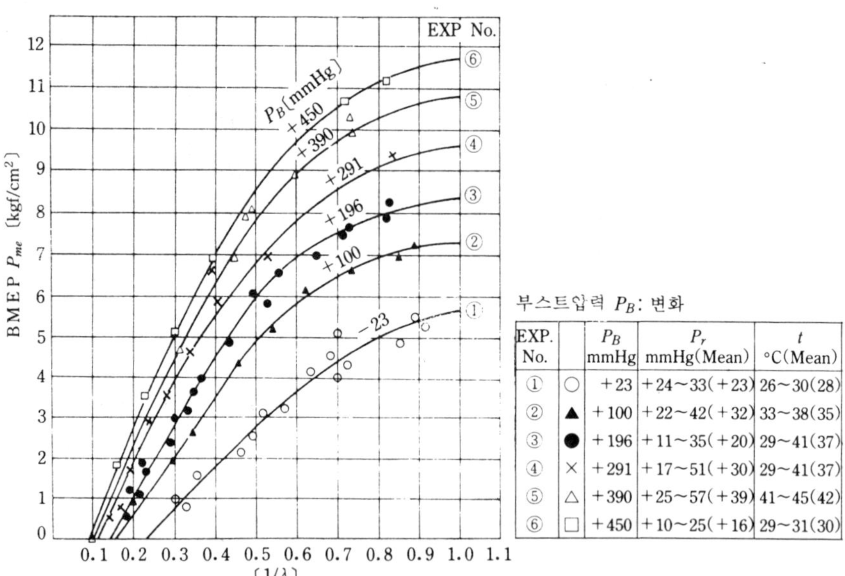

EXP. No.		P_B mmHg	P_r mmHg(Mean)	t °C(Mean)
①	○	+23	+24～33(+23)	26～30(28)
②	▲	+100	+22～42(+32)	33～38(35)
③	●	+196	+11～35(+20)	29～41(37)
④	×	+291	+17～51(+30)	29～41(37)
⑤	△	+390	+25～57(+39)	41～45(42)
⑥	□	+450	+10～25(+16)	29～31(30)

그림 3-11 p_B 를 변화시켰을 때의 제동평균유효압력 p_{me} 와 $\frac{1}{\lambda}$ 과의 관계

(4) 밸브오버랩에 따른 영향

밸브오버랩각이 큰 경우에는 가솔린기관의 경우와 같이 잔류가스 배출효과에 따라서 p_{mi}는 다소 증가한다. 가솔린기관의 결과를 그대로 이용하면

$$p_{mi}=f(\lambda,\ p_B,\ p_r)_i\ k(\varepsilon)_i \frac{p_B}{(350+t)}\left[1-4.85(1-\eta_s)\left(\frac{p_r}{p_B}\ \frac{1}{\varepsilon}\right)\right]$$
$$+0.00136(p_B-p_r)\ [\mathrm{kgf/cm^2}] \cdots\cdots (3\text{-}69)$$

실린더에 남아서 연소에 이용되는 공기량을 G_{a0}라 하면

$$G_{a0}=0.00684\left(1.09-0.09\frac{1}{\lambda}\right)\frac{p_B}{(510+t)}\ \frac{\varepsilon}{(\varepsilon-1)}$$
$$\left[1-3.80(1-\eta_s)\left(\frac{p_r}{p_B}\ \frac{1}{\varepsilon}\right)\right]\Sigma V_h n\ [\mathrm{kgf/s}] \cdots\cdots (3\text{-}70)$$

실린더로 유입되는 공기량(과급기로서 압축되는 공기량)을 G_a라 하면

$$G_a=\mu G_{a0}\ [\mathrm{kgf/s}] \cdots\cdots (3\text{-}71)$$

(5) 摩擦平均壓力

4사이클 디젤기관의 마찰마력 N_f는 마찰평균압력을 p_f라고 할 때

$$N_f=\frac{p_f \Sigma V_s n}{0.9}$$
$$p_f=p_{f0}+\Delta p_f\ [\mathrm{kgf/cm^2}] \cdots\cdots (3\text{-}72)$$

여기서 마찰평균마력 p_f는 기관에 따라서 별로 변화하지 않으며 대체로 무과급 디젤기관에서는 1.0~2.5 [kgf/cm²] 정도이다. 그러나 p_f는 가스압력의 영향을 받으며 p_{mi}가 10 kgf/cm² 이상의 고과급의 경우에는 p_{mi}와 함께 증가하고 식 (3-72)로 표시된다.

p_{f0}는 무부하 또는 경부하시의 p_f이고, Δp_f는 부하의 증대에 따른 증가량이다. Δp_f는 그림 3-12와 같다.

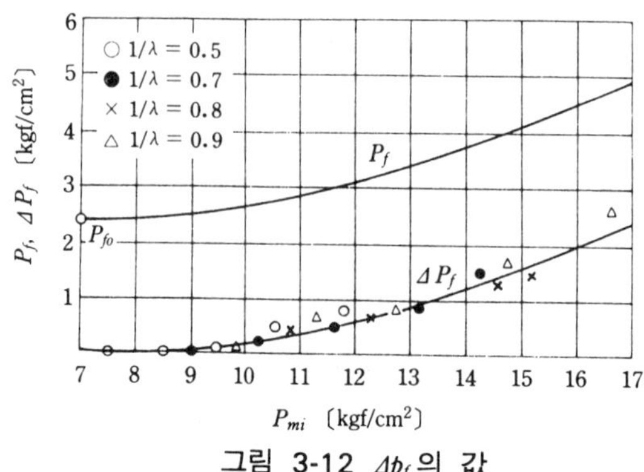

그림 3-12 Δp_f의 값

무과급기관에서는

$$p_f = p_{f0}, \qquad p_B = p_r$$

로 잡는다.

제동평균유효압력 p_{me}는

$$p_{me} = p_{mi}^{*} + 0.00136(p_B - p_r) - p_{f0} = p_{mi} - p_{f0} \text{〔kgf/cm}^2\text{〕} \cdots\cdots\cdots (3\text{-}73)$$

(6) 過給機驅動平均壓力

과급기구동마력 N_e은 가솔린기관에서와 같은 방법으로 계산된다.

$$N_e = \frac{G_a R_a k T_s}{75\ \eta_c (k-1)} \left(\gamma_c^{\frac{k-1}{k}} - 1 \right) \cdots\cdots\cdots (3\text{-}74)$$

여기서 G_a : 공기량 〔kgf/s〕

R_a : 공기의 가스상수 (=29.27 〔kgf-m/kgf °K〕)

k : 비열비=1.40

η_c : 과급기의 단열효율

γ_c : 과급기압력비

T_s : 과급기흡입측의 절대온도 〔°K〕

평균압의 단위로 표시하면

$$p_{Bl}=1.229\, G_a\, T_s\, [\gamma_c^{0.287-1}]\, /\, \eta_c\ [\mathrm{kgf/cm^2}] \quad \cdots\cdots (3\text{-}75)$$

식 (3-70) 및 식 (3-71)을 사용하면

$$p_{Bl}=0.00841\left(1.09-0.09\frac{1}{\lambda}\right)\frac{\mu\, p_B\, T_s\, \varepsilon}{(510+t)\ (\varepsilon-1)\ \eta_c}$$
$$\left[1-3.80\,(1-\eta_s)\left(\frac{p_r}{p_B}\ \frac{1}{\varepsilon}\right)\right]\ [\gamma_c^{0.286}-1]\ [\mathrm{kgf/cm^2}] \quad \cdots\cdots (3\text{-}76)$$

과급기흡입측의 정압은 대기압 p_a 보다도 입구측 유속 w_s 에 상당하는 동압만큼 낮아지므로 γ_s 를 유입측의 비중량이라 하면

$$p_s=p_a-735.6\times10^{-4}\,\gamma_s\ w_s^2\,/\,2g\ [\mathrm{mmHg\cdot abs}] \quad \cdots\cdots (3\text{-}77)$$

과급기출구측에 스로틀밸브가 없는 경우는 부스트압력 p_B 는 과급기배출압력 p_d 와 같다. 흡입관온도 T 는 스로틀밸브의 유무에 무관하고 과급기배출온도 T_d 와 같다.

$$T=T_d=T_s\,[1+(\gamma_c^{0.286}-1)/\eta_c]\ [^\circ\mathrm{K}] \quad \cdots\cdots (3\text{-}78)$$

(7) 制動平均有效壓力과 機械效率

무과급 또는 터보과급을 하는 경우 제동평균유효압력(brak mean effective pressure) p_{me} 는

$$p_{me}=p_{mi}-p_f\ [\mathrm{kgf/cm^2}] \quad \cdots\cdots (3\text{-}79)$$

기계적으로 구동하는 과급기를 가지고 있을 때에는

$$p_{me}=p_{mi}-p_f-p_{Bl}\ [\mathrm{kgf/cm^2}] \quad \cdots\cdots (3\text{-}80)$$

여기서 p_{Bl} 는 과급기구동평균압력이다. 기계효율 η_m 은

$$\eta_m=\frac{p_{me}}{p_{mi}}=\frac{p_{mi}-p_f-p_{Bl}}{p_{mi}} \quad \cdots\cdots (3\text{-}81)$$

가 된다.

(8) 燃料消費率, 燃料消費量

제동평균유효압력을 p_{me}, 유효일을 AW_e, 압축초 실린더체적을 V_B, 압축비를 ε이라 하면

$$AW_e = p_{me} \times 10^4 (V_B - V_c)/426.9 = p_{me} \times 10^4 V_B (\varepsilon - 1) / 426.9\varepsilon \cdots (3\text{-}82)$$

압축초의 상태 B점에 대해서 가스의 상태식을 세우면

$$p_B V_B = 735.6 \times 10^{-4} (G_a + G_r) R_m T_B \cdots\cdots (3\text{-}83)$$

여기서 G_a: 1사이클의 신기중량 〔kgf〕

G_r: 1사이클의 잔류가스중량 〔kgf〕

G_f: 1사이클의 연료분사량 〔kgf〕

R_m: 신기와 잔류가스의 혼합기의 가스상수 〔kgf-m/kgf °K〕

T_B: 압축초의 온도 〔°K〕

식 (3-82), (3-83)으로부터 V_B를 소거하면

$$AW_e = 1.72 R_m p_{me} T_B (G_a + G_r)(\varepsilon - 1)/p_B \varepsilon \cdots\cdots (3\text{-}84)$$

1사이클당 연료공급량을 G_f〔kgf〕, 연료의 저발열량을 H_l〔kcal/kgf〕라 하면

$$\eta_e = \frac{AW_e}{G_f H_l} = 1.72 R_m p_{me} T_B (G_a + G_r) \frac{(\varepsilon - 1)}{p_B \varepsilon G_f H_l} \cdots\cdots (3\text{-}85)$$

제동연료소비율 b_e와 η_e의 사이에는 다음 관계가 성립한다.

$$b_e = \frac{63.25 \times 10{,}000}{\eta_e H_l} \text{〔gf/PS}_e\text{-h〕} \cdots\cdots (3\text{-}86)$$

공기과잉률 λ, 이론공기량을 $L_{\min}$라 하면

$$\frac{G_a}{G_f} = \lambda L_{\min} \cdots\cdots (3\text{-}87)$$

식 (3-85), (3-86), (3-87)로부터

$$b_e = \frac{12{,}600\,\varepsilon\, p_B\, G_a}{L_{\min}\, p_{me}\, T_B\,(\varepsilon-1)\,(G_a+G_r)}\;\frac{1}{\lambda} \quad \cdots\cdots\cdots\cdots \quad (3\text{-}88)$$

식 (3-88) 속에

$$\frac{G_a}{G_a+G_r} = 1 - k_1\left(\frac{p_r}{p_B\,\varepsilon}\right) \quad \cdots\cdots\cdots\cdots \quad (3\text{-}89)$$

T_B 대신에 식 (3-56)를 사용하고 또 상수 $k_2 \fallingdotseq k_1 + c_1$ 라 하면

$$b_e = \frac{12{,}600\, p_B\, \varepsilon\left[1 - k_2\left(\frac{p_r}{p_B}\,\frac{1}{\varepsilon}\right)\right]}{L_{\min}\,(\varepsilon-1)\,p_{me}\,(a_1+b_1 t)}\;\frac{1}{\lambda}\;[\mathrm{gf/PS_e\text{-}h}] \quad \cdots\cdots\cdots\cdots \quad (3\text{-}90)$$

중유에 대하여 $L_{\min}=13.9$, 실험값으로부터 $k_2 \fallingdotseq 4.0$, $a_1=275$, $b_1=0.50$ 이므로 식 (3-90)은

$$b_e = 907\,\frac{\varepsilon\, p_B\left[1 - 4.0\left(\frac{p_r}{p_B}\,\frac{1}{\varepsilon}\right)\right]}{(\varepsilon-1)\,p_{me}\,(275+0.50\,t)}\;\frac{1}{\lambda}\;[\mathrm{gf/PS_e\text{-}h}] \quad \cdots\cdots\cdots\cdots \quad (3\text{-}91)$$

1 시간당의 제동연료소비량을 B[kgf/h]라 하면

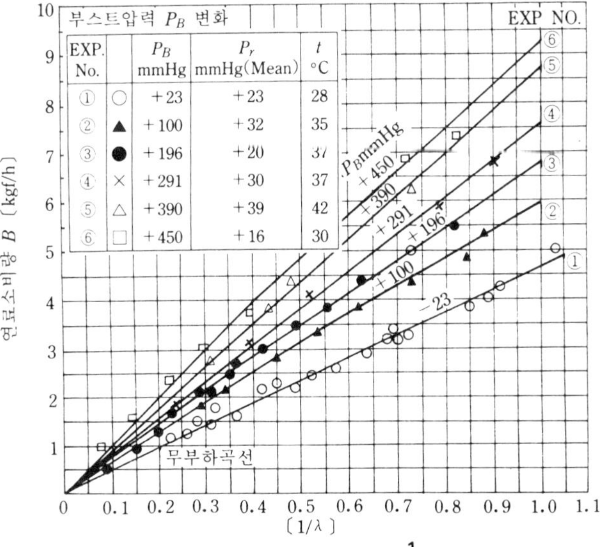

그림 3-13 연료소비량 B와 $\frac{1}{\lambda}$ 과의 관계

$$B=b_e\frac{N_e}{1{,}000}=\frac{b_e\,p_{me}\,\Sigma V_s\,n}{1{,}000\times0.9}\quad\cdots\cdots(3\text{-}92)$$

$$B=101\ \Sigma V_h\,n\,\frac{p_B\,\varepsilon\left[1-4.0\left(\frac{p_r}{p_B}-\frac{1}{\varepsilon}\right)\right]}{(\varepsilon-1)\,(275+0.50\,t)}\,\frac{1}{\lambda}\ \text{〔kgf/h〕}\cdots\cdots(3\text{-}93)$$

그림 3-13은 p_B를 변화시켰을 때의 연료소비량 B와 $\frac{1}{\lambda}$과의 관계를 표시한 것이다.

(9) 터보過給 4사이클 디젤機關의 性能

디젤기관을 터보과급기를 써서 과급하는 경우에 터빈 입구압력, 기관의 출력이나 연료소비율의 관계는 다음과 같다.

지금

G_{a0} : 실린더 내에서 연소에 이용되는 공기유량 〔kgf/s〕

G_a : 과급기를 통하는 공기량 〔kgf/s〕

G_g : 터빈을 통과하는 가스량 〔kgf/s〕

μ : 배출률

G_a : μG_{a0}

$$G_g=G_{a0}\left(1+\frac{1}{\lambda L_{\min}}\right)+(\mu-1)\,G_{a0}=G_a\left(1+\frac{1}{\mu\lambda L_{\min}}\right)\text{〔kgf/s〕}\cdots(3\text{-}94)$$

터빈의 출력을 N_t이라 하면

$$N_t=\frac{\eta_t\,G_g\,R'\,T_t\,k'}{75\,(k'-1)}\left[1-\left(\frac{1}{r_t}\right)^{\frac{k'-1}{k'}}\right]\quad\cdots\cdots(3\text{-}95)$$

여기서

η_t : 터빈의 효율

R' : 연소가스의 가스상수

T_t : 터빈 입구온도 〔°K〕

k' : 연소가스의 비열비 $=\frac{c_p'}{c_v'}$

r_t : 터빈의 압력비 $=\frac{p_r}{p_a}$

식 (3-74)와 식 (3-95) 과급기구동마력 N_t를 같이 놓으면 $N_c = N_t$의 조건으로부터

$$\left(\frac{1}{r_t}\right)^{\frac{k'-1}{k'}} = 1 - 3.5\,\frac{(k'-1)\,T_s}{k'\,\eta_c\,\eta_t\,T_t}\,[r_c^{0.286} - 1] \Big/ \left(1 + \frac{1}{\lambda L_{\min}\,\mu}\right) \quad \cdots\cdots (3\text{-}96)$$

여기서 k'는 온도와 $\frac{1}{\lambda}$의 함수이나 300°～700 ℃의 연소가스에 대하여는

$$k' = 1.385 - 0.047\,\frac{1}{\lambda} = \text{연소가스의 } C_p/C_v \quad \cdots\cdots (3\text{-}97)$$

p_B, η_c, η_t, p_a, T_s, $\frac{1}{\lambda}$이 주어졌을 때에는 기관의 배압 p_r을 가정, T_t를 정하여 식 (3-96)을 만족하는 배압 p_r을 산출한다 (가정과 다를 때에는 맞을 때까지 반복한다). p_r이 구하여지게 되면 기관 본체와 터빈, 또한 과급기 모두의 성능이 결정된다. 그리고 p_B, p_r, t, ε, λ가 정해지면 용이하게 각 식을 써서 기관과 조합하였을 때의 여러가지 성능을 결정할 수 있다.

第4章 出力과 燃費

내연기관은 각각 그 사용 목적에 따라 요구되는 특성이 달라진다. 예를 들면, 고속시의 성능을 요구하는 것, 혹은 저속시의 토크 증대를 희망하는 것, 또 전부하특성을 가장 중시하는 것 등 出力性能(power performance)을 중점적으로 요구하는 것이 있는 한편, 기관의 취급이나 운전의 용이성 또는 시동성의 양호 등의 運轉性能(operation performance)의 우수한 기관을 요구하는 것도 있다. 또, 연료나 윤활유, 그 밖에 소요되는 관리상의 원가, 즉 經濟性能(economic performance)을 가장 우선으로 생각하는 것, 혹은 원가보다 공해가 적고 콤팩트한 기관, 즉 대공해성능(anti-nuisance performance), 또는 내구 및 信賴性能(durability and reliability)이 우수한 기관을 바라는 등 그 요구들은 다양하다.

4-1 出力性能

기관의 출력성능은 정해진 실린더 체적 내에서 일정량의 연료를 연소시켜 얻어지는 일량, 즉 출력의 대소에 의하여 그 우열이 판단된다. 그러나 이 기관의 출력은 기관의 종류나 또는 운전조건에 따라서 각각 달라지게 되며, 기관의 출력은 어떤 종류의 출력인가를 반드시 명시하여야 한다.

(1) 出力의 定義

기관의 출력은 사용하는 목적에 따라서 여러가지의 명칭이 정해져 있으며,

그 주요한 것들은 다음과 같다.

① 最大出力(maximum power)

자동차용 기관에 쓰여지는 출력으로, 그 기관이 낼 수 있는 최대의 출력이다. 운전시간은 짧으나 정해진 시험치를 계측하는 사이는 운전을 계속하여야 한다.

② 連續最大出力(continuous maximum power)

선박용 기관에 쓰여지는 출력으로, 안전하게 연속적인 운전을 할 수 있는 최대의 출력이다.

③ 定格出力(rated power)

일정속도로 사용되는 정치기관에 적용되는 출력으로, 정해진 정격회전속도로 연속적인 운전이 가능한 출력을 말한다. 이 출력은 경제성, 내구성을 고려하여 정한다.

④ 1時間 定格出力(one-hour rated power)

건설기계용 기관에 쓰여지는 출력으로, 정격회전속도로 1시간 연속하여 낼 수 있는 출력을 말한다.

⑤ 連續定格出力(continuous rated power)

건설기계용 기관에 쓰여지는 출력으로, 정격회전속도, 1시간 정격출력의 85〔%〕로 오랜 시간 고장 없이 연속하여 낼 수 있는 출력이다.

⑥ 過負荷(정격)出力(over loaded power)

일정속도로 사용되는 정치기관, 건설기계용 기관 및 선박용 기관에 쓰여지는 출력으로, 앞의 정치용과 건설기계용 기관의 경우는 정격회전속도에서 정격출력의 10〔%〕 증가를, 그리고 선박용 기관은 연속최대출력의 10〔%〕 증가의 출력을 말한다.

⑦ 常用出力(normal or cruising power)

선박용 기관에 쓰여지는 출력으로, 선박이 정해진 순항속도, 즉 경제속도로 항해하는 데 필요한 출력을 말한다.

(2) 出力의 表示

기관의 출력을 표시하는 데는 일반적으로 마력 또는 킬로와트 등이 사용된다. 이의 단위에는 독불계〔PS〕와 영미계〔HP〕가 있으며 우리나라에서는 앞엣것이 쓰여지고 킬로와트⟦kW⟧와의 사이는 다음과 같다.

$$\left.\begin{array}{l} 1\ \text{〔PS〕} = 75\ \text{〔kgf·m/s〕} = 735.5\ [\![\text{W}]\!] = 0.736\ [\![\text{kW}]\!] \\ 1\ \text{〔HP〕} = 550\ \text{〔ft·lbf/s〕} = 746\ [\![\text{W}]\!] = 0.746\ [\![\text{kW}]\!] \end{array}\right\} \cdots\cdots\cdots\cdots (4\text{-}1)$$

(3) 軸出力과 制動平均有效壓力

1) 軸出力

기관의 제동일을 마력 N_e〔PS〕로 표시하기 위해서는 실린더 직경을 d〔cm〕, 피스턴 행정을 l〔cm〕, 단실린더의 체적을 V_h〔l〕, 실린더수를 z, 회전속도를 n〔rpm〕이라 하면, N_e는 식 (2-53)으로부터 다음의 식과 같이 된다.

$$N_e = \frac{p_{me}\left(\frac{\pi}{4}\right) d^2 lzni}{75 \times 60 \times 100} = \frac{p_{me} V_h zni}{450} = \frac{p_{me} \Sigma V_h ni}{450} \cdots\cdots\cdots\cdots (4\text{-}2)$$

여기서 $\Sigma V_h = V_h z = \dfrac{\frac{\pi}{4} d^2 lz}{1000}$ 〔l〕

i=정수 (4사이클기관……$\frac{1}{2}$, 2사이클기관……1)

SI로는 출력 N_e'⟦W⟧는 p_{me}'⟦Pa⟧, $\Sigma V_h'$⟦m^3⟧와 n'⟦s^{-1}⟧를 쓰면 다음과 같이 된다.

$$N_e' = p_{me}' \Sigma Vh'n'i'\ [\![\text{W}]\!] \cdots\cdots\cdots\cdots (4\text{-}2')$$

일반적으로 출력의 식 (4-2)는 다음과 같이 고쳐 쓸 수 있다.

$$\left.\begin{array}{l} \text{4사이클기관} \quad N_e = \dfrac{p_{me} \Sigma V_h n}{900}\ \text{〔PS〕} \\ \text{2사이클기관} \quad N_e = \dfrac{p_{me} \Sigma V_h n}{450}\ \text{〔PS〕} \end{array}\right\} \cdots\cdots\cdots\cdots (4\text{-}3)$$

SI로는 식 (4-2′)는 다음 식으로 표시된다.

$$\left.\begin{aligned} &\text{4 사이클기관} \quad N_e' = p_{me}' \Sigma V_h' \frac{n'}{2} \ [\![\mathrm{W}]\!] \\ &\text{2 사이클기관} \quad N_e' = p_{me}' \Sigma V_h' n' \ [\![\mathrm{W}]\!] \end{aligned}\right\} \cdots\cdots (4\text{-}3')$$

2) 제동평균유효압력

한편 기계효율은 앞에서 다음과 같이 정의된 바 있다.

$$\eta_m = \frac{p_{me}}{p_{mi}} = \frac{p_{mi} - (p_f + p_{B1})}{p_{mi}} \ \text{〔kgf/cm}^2\text{〕}$$

또는 $p_{me} = \eta_m p_{mi}$

윗식에서 과급기를 갖지 않았거나 또한 있어도 배기터보기관인 경우는 $p_{B1} = 0$ 이 된다.

제동평균유효압력 p_{me}는 식 (4-3)과 위에서의 기계효율의 정의 식으로부터 다음과 같이 표시된다.

$$\left.\begin{aligned} &\text{4 사이클기관} \quad p_{me} = \frac{N_e}{\Sigma V_h n} \times 900 \ \text{〔kgf/cm}^2\text{〕} \\ &\text{2 사이클기관} \quad p_{me} = \frac{N_e}{\Sigma V_h n} \times 450 \ \text{〔kgf/cm}^2\text{〕} \end{aligned}\right\} \cdots\cdots (4\text{-}4)$$

SI 로는 식 (4-2′)로부터 다음 식으로 구하여진다.

$$p_{me}' = \frac{N_e'}{\Sigma V_h' n' i} \ [\![\mathrm{Pa}]\!] \cdots\cdots (4\text{-}4')$$

p_{me}를 증가시키는 유효한 방법은 다음과 같다.

① 부스트 압력 p_B를 높인다. 다만, 노킹이 유발되지 않는 범위 내에서 압축비를 크게 하거나 과급을 한다.

② 흡기온도를 될 수 있는대로 낮춘다.

③ 동일의 부스트이면 압축비가 높을수록 p_{me}는 증가하나 노크 또는 기계적 부하의 대용특성인 최고압력의 제한을 받을 때는 오히려 압축비를 낮추고 고과급을 하는 편이 유리하다.

④ $\lambda = 0.9$ 정도의 과농혼합비를 사용한다.

⑤ 마찰손실을 최소한으로 저감시킨다.

⑥ 기계적 과급기의 구동마력을 가능한 한 감소시킨다.

⑦ 배압 p_r 을 가능한 한 낮게 유지한다.

⑧ 배기터보 과급이 가장 유리하다.

⑨ 흡기 및 배기밸브의 흡·배기저항을 감소시키고 밸브면적시간적분 값을 크게 취하여 고속회전시의 체적효율의 저하를 방지한다.

(4) 吸氣流量과 機關出力

1) 흡기유량

왕복기관의 출력에 관계되는 흡기유량은 총행정체적 ΣV_h 〔l〕 보다도 여기에 채워지는 양을 좌우하게 되는 체적효율(volumetric efficiency) η_v, 또는 충전효율(charging efficiency) η_c 에 의하여 지배된다. 지금 신기의 비중량을 γ_a 〔kgf/m³〕 이라고 하면, 매초마다의 신기유량 G_s 〔kgf/s〕는 다음 식과 같이 된다.

$$G_s = \frac{\Sigma V_h n \gamma_a i}{60} \eta_v \times 10^{-3} \text{〔kgf/s〕} \cdots\cdots (4\text{-}5)$$

SI로는 중량유량 대신 질량유량을, 또 비중량 γ_a (kgf/m³) 대신 밀도 ρ_a ⟦kg/m³⟧과 $\Sigma V_h'$⟦m³⟧을 사용하여야 하므로, 식 (4-5)는 다음 식과 같이 된다.

$$G_s' = \Sigma V_h n' \rho_a \eta_v i \text{ ⟦kg/s⟧} \cdots\cdots (4\text{-}5')$$

흡기관 내의 압력을 p_s, 온도를 T_s, 신기의 가스정수를 R_s 라고 한다면, γ_a 는 다음 식으로 표시된다.

$$\gamma_a = \rho g = \frac{p_s}{R_s T_s} \cdots\cdots (4\text{-}6)$$

한편, 新氣가 단면적 A_s 의 흡기관을 지나서 단면적 A_v 의 흡기밸브 시트의 틈새를 통과하여 실린더 내에 유입할 때의 현상은, 관로 내에 노즐이 있는 경우의 기체유동과 같이 생각되어지므로, 실린더 내에서 상태변화하였을 때의 압력과 온도를 각각 p_c, T_c 라고 하면, 신기의 유량은 다음 식으로 구하여진다.

$$G_s = \alpha_v A_v \sqrt{\frac{2g\dfrac{k}{k-1}\dfrac{p_s}{V_s}\left\{\left(\dfrac{p_c}{p_s}\right)^{\frac{2}{k}} - \left(\dfrac{p_c}{p_s}\right)^{\frac{k+1}{k}}\right\}}{1-m_v^2\left(\dfrac{p_c}{p_s}\right)^{\frac{2}{k}}}} \quad \cdots\cdots\cdots\cdots\cdots\cdots \text{(4-7)}$$

여기서 α_v =흡기밸브의 유량계수, $m_v = A_v/A_s$ =개구면적비, k=비열비

지금, $p_s v_s = R_s T_s$ 를 고쳐 쓰면

$$\frac{p_s}{v_s} = \frac{p_s^2}{R_s T_s}$$

으로 되고, 이것을 써서 위의 식을 다시 변형하면

$$G_s = \alpha_v A_v \sqrt{\frac{2g}{R_s}\frac{k}{k-1}}\ \frac{p_s}{\sqrt{T_s}} \sqrt{\frac{\left(\dfrac{p_c}{p_s}\right)^{\frac{2}{k}} - \left(\dfrac{p_c}{p_s}\right)^{\frac{k+1}{k}}}{1-m_v^2\left(\dfrac{p_c}{p_s}\right)^{\frac{2}{k}}}} \quad \cdots\cdots\cdots\cdots \text{(4-8)}$$

위의 식에서 m_v ≒0.5, p_c ≒0.950〔kgf/cm²〕, 93.2⟦kPa⟧, p_s=0.980~1.00〔kgf/cm²〕, 96.1~98.1⟦kPa⟧이라고 할 때, 최종 $\sqrt{\ }$ 안의 값은 거의 일정한 것으로 볼 수 있으므로, 다음과 같이 다시 고쳐서 쓸 수 있다.

$$G_s = C\frac{p_s}{\sqrt{T_s}} \ \text{〔kgf/s〕} \cdots\cdots\cdots\cdots\cdots\cdots\cdots\cdots\cdots\cdots\cdots \text{(4-9)}$$

여기서 C=정수, 따라서 흡기유량 G_s는 흡기압력 p_s에 비례하고, 흡기의 절대온도 T_s의 평방근에 반비례하는 것이 된다.

2) 흡기유량과 기관출력과의 관계

흡기유량 G_s와 기관출력 N_e와의 관계는 식 (4-2)와 (4-5)로부터 4사이클기관의 경우 i=1/2로 하면 다음의 식이 얻어진다.

$$\frac{N_e}{G_s} = \frac{p_{me}\,\Sigma V_h\, n}{900}\ \frac{120\times 10^3}{\Sigma V_h n\ \gamma_a\ \eta_v} = \frac{400}{3}\ \frac{p_{me}}{\gamma_a\ \eta_v} \cdots\cdots\cdots\cdots\cdots\cdots\cdots\cdots \text{(4-10)}$$

또, $p_s v_s = R_s T_s$를 써서 위의 식을 변형하면 다음과 같이 된다.

$$\frac{N_e}{G_s} = \frac{400}{3} R_s \frac{p_{me}}{p_s} \frac{T_s}{\eta_v} \qquad (4\text{-}11)$$

위의 식을 다시 식 (4-5)와 $p_{me} = \eta_m p_{mi}$를 써서 고쳐 쓰면,

$$\frac{N_e}{G_s} = \frac{400}{3} R_s \frac{p_{mi}}{p_s} \frac{\eta_m}{\eta_v} T_s \qquad (4\text{-}12)$$

로 되고, 따라서 $(p_{mi}/p_s) \cdot (\eta_m/\eta_v) \cdot T_s$와 R_s가 일정하면 축출력 N_e는 흡입유량 G_s에 비례함을 알 수 있다.

(5) 行程－內徑比와 平均피스턴速度

1) 행정－내경비

행정－내경비는 평균피스턴속도에 관계되며, 이는 바로 기관의 성능에 직접적으로 영향을 미치게 된다. 일반적으로 $l/d > 1$의 장행정기관과, 최근에 기관의 고속화와 더불어 실린더의 내경과 행정이 같은 $l/d \fallingdotseq 1$ 또는 $l/d < 1$의 단행정기관 등이 있다.

① $l/d > 1$인 경우

이 기관은 디젤기관과 소형, 경량의 가솔린기관에서도 회전속도보다 토크를 우선으로 하는 경우에 많다. 이 경우는 기관의 내경이 작아서 각 실린더 사이의 간격이 좁아 크랭크축을 짧게 할 수 있어 기관의 전장이 짧아지는 특징이 있다. 지금 내경 73〔mm〕, 행정 77.4〔mm〕로서 배기량이 1.3 l인 기관의 경우 내경을 그대로 둔 채 행정을 87〔mm〕로 신장시켜 배기량을 1.5〔l〕로 크게 하였을 때의 피스턴속도를 비교하면 다음과 같다. 즉 행정을 크게 하기 이전의 1.3〔l〕인 기관은 회전속도 1000〔rpm〕에서 146〔m/분〕, 행정을 신장시킨 1.5〔l〕의 기관은 동일의 회전속도에서 174〔m/분〕으로 되어 매 분당 28〔m〕의 차가 생긴다. 이 피스턴속도의 차는 기관의 회전속도가 높아질수록 더욱 커져서 그만큼 기관의 마찰저항이 증대된다. 일반적으로 고속형기관에서 장행정을 피하는 이유는 위에서와 같이 피스턴속도가 빨라지면 이에 따라 마찰저항이 증가되기 때문이다.

② $l/d \fallingdotseq 1$ 또는 $l/d < 1$ 인 경우

최근 자동차용 가솔린기관으로서 배기량이 $2l$ 급인 경우는 $l/d \fallingdotseq 1$ 로서 회전속도나 토크면에서, $l/d > 1$ 과 $l/d < 1$ 의 중간적인 특성을 가진 것이 일반적으로 많이 쓰여진다. 이 기관은 저속으로부터 중속에 이르는 사이에서의 발생 토크가 크고, 또한 고회전역에서의 원활한 운전을 목표로 하고 있다. 그리고 내경에 비하여 행정이 작은 $l/d < 1$의 단행정기관은 실린더보어가 커서 흡·배기를 효과적으로 할 수 있고 행정을 짧게 함으로써 고회전역에서의 마찰손실이 저감된다. 그러나 반면 이 단행정기관은 고회전형기관이어서 일반적으로 저속에서의 토크를 확보하기 어렵다.

지금 행정체적 V_h 와 기관의 회전속도 n 을 일정하게 하는 경우 l/d 을 1보다 작게 하는데 따른 기관의 성능에 미치는 영향은 다음과 같다.

〔장점〕

① 출력이 증가된다.

② 마찰손실이 적어지고, 마찰평균압력 p_f 가 작아진다.

③ 보어경이 커져서 흡·배기밸브의 경을 크게 할 수 있어서 작동유체의 교환이 원활하여진다.

④ 행정이 작아지므로 크랭크 핀과 저널과의 오버랩(overlap)이 많고, 크랭크축의 剛性이 증가된다.

〔단점〕

① 연소실의 S/V비의 증가로 열손실이 많아진다.

② 연소 상황이 나빠지고, 연비가 증가한다.

③ 기관의 全高는 낮아지나 전폭이 커지게 되고, 전장이 증대된다.

이상과 같은 장·단점이 있으나, 실제 기관으로서의 l/d 은 연소의 문제, 토크 성능의 문제를 고려하여 결정하여야 하며, 소형고속기관의 경우는 $l/d = 0.9 \sim 1.1$ 이 바람직한 것으로 되어 있고, 대형선박용 기관에서는 $l/d = 2.3 \sim 2.5$ 로 하여서 저연비화를 꾀하고 있다.

2) 평균피스턴속도

기관의 흡기통로를 흐르는 가스의 유속이 음속에 달하면 유량이 증가되지 않는다고 하는 것은 이미 아는바 있다. 즉 흡기관이나 흡기포트, 밸브 등을 통과할 때 유속이 음속에 달하는 일없이 얼마만큼 많은 공기를 유입시킬 수 있는가 하는 것이 중요하다. 지금 어느 실린더 내에 배치될 수 있는 흡기밸브의 크기(우산 모양으로 된 뒷부분의 외경)는 흡기와 배기능력이 형평, 흡입공기의 실린더 내에서 간섭, 밸브시트의 냉각과 밸브스템의 끼워맞춤 등을 고려하면 평면인 실린더헤드의 경우 흡·배기밸브가 각 1개씩일 때에는 적정밸브경이 실린더 내경의 0.44〔d〕 정도 되고 이 때의 평균피스턴속도는 최고 약 14.7〔m/sec〕가 된다. 그리고 4밸브로 하는 때에는 밸브경이 보어경의 0.33〔d〕 정도가 되며 이 때 평균피스턴속도는 16.7〔m/sec〕이다(평균피스턴속도의 산출은 복잡하므로 생략한다).

그리고 실린더헤드를 半球形으로 하면 보다 큰 밸브를 사용할 수 있어서 피스턴속도가 상승될 수 있고 NA 기관(Natural Aspirated engine)의 출력향상은 평균피스턴속도를 높이는 기술에 따른 영향이 크다.

출력은 회전속도에 정비례하나 위에서 기술한 바와 같이 피스턴속도에 한계가 있으므로 배기량에 제한이 있을 때의 출력향상은 행정을 짧게 하여 회전속도를 높이는 것이 유리하다.

피스턴은 폭발력을 받아서 커넥팅로드－크랭크축 기구에 의하여 왕복운동을 하게 되고 그 때의 피스턴속도 u〔m/s〕는 다음 식으로 된다.

$$u=r\,\omega\left(\sin\theta+\frac{\sin 2\theta}{2\lambda}\right)=\frac{\pi nl}{60}\left(\sin\ \theta+\frac{\sin 2\theta}{2\lambda}\right) \cdots\cdots\cdots\cdots\cdots (4\text{-}13)$$

여기서, θ ＝크랭크회전각〔deg〕, ω＝각속도＝$2\pi n/60$＝$0.10472\,n$〔rad/s〕,

$\lambda = L/r$

L＝커넥팅로드의 길이＝$\lambda \cdot r$

$r=l/2$＝크랭크 반경, l＝행정

위의 식에서 표시하는 u는 크랭크각 θ에 의하여 변화하나, 일반적으로 다음 식으로 피스턴의 평균속도 u_m〔m/s〕을 구하여 비교의 지표로 하고 있다.

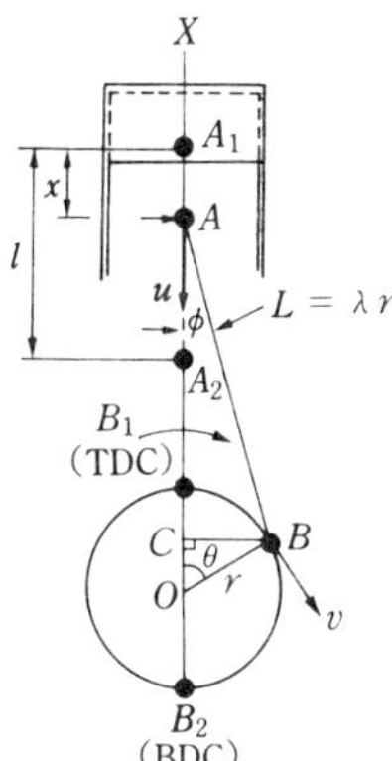

그림 4-1 피스턴－커넥팅로드－크랭크기구의 운동

$$u_m = \frac{2\,ln}{60} = \frac{ln}{30}\ \text{〔cm/s〕}$$

$$= \frac{ln}{3000}\ \text{〔m/s〕} \quad \cdots\cdots (4\text{-}14)$$

SI 로는

$$u_m' = 2\,ln'\ \text{〔cm/s〕} = \frac{ln'}{60}\ [\![\text{m/s}]\!] \quad \cdots\cdots (4\text{-}14')$$

(6) 比出力

왕복기관으로서의 출력의 대소, 성능의 우열을 비교하기 위한 것으로서, 실린더의 단위체적당의 출력, 즉 리터마력(체적출력, liter horsepower) N_L 이나, 피스턴 면적당의 출력, 즉 피스턴 면적마력(bore area horsepower) N_a 등이 쓰여진다. 이들을 비출력(specific power)이라고 하며, 기관의 양부를 판정하는 지표로서 널리 쓰여진다.

1) 리터마력

마력, 토크, 연료소비량은 절대치이고 리터당 혹은 배기량당의 마력과 토크, 시간당, 마력당의 연료소비량은 상대치이며 이 PS/l 의 값으로는 배기량이 서로 다른 기관에 대한 출력성능의 비교를 할 수 있다. 기관은 동일 배기량으로 큰 출력을 얻을 것이 바람직하고 더구나 발생될 수 있는 출력은 기술에 의한 차가 생기게 되어 풍부한 경험을 바탕으로 하는 고도의 기술적인 뒷받침이 있어야 한다. 따라서, 기관의 고성능, 고출력은 설계기술의 수준을 나타내는 지표라고 할 수 있다.

리터마력은 식 (4-3)으로부터 구하여진다.

$$\left.\begin{aligned} &\text{4 사이클기관}\quad N_L = \frac{N_e}{\Sigma V_h} = \frac{p_{me}\,n}{900}\ \text{〔PS/}l\text{〕} \\ &\text{2 사이클기관}\quad N_L = \frac{N_e}{\Sigma V_h} = \frac{p_{me}\,n}{450}\ \text{〔PS/}l\text{〕} \end{aligned}\right\} \cdots\cdots (4\text{-}15)$$

SI로는 식 (4-2′)로부터 다음과 같이 된다.

$$N_L' = P_{me}'\, n'\, i'\ [\![\text{W/m}^3]\!] \cdots\cdots (4\text{-}15')$$

윗식에서 N_L은 제동평균유효압력 p_{me}와 회전속도 n의 곱한 값에 비례하는 것이 되며, p_{me}가 일정할 경우는 소형기관 쪽이 운동부분의 관성력이 작아서 고속운전이 가능하므로 n을 크게 할 수 있어서 유리하게 된다. 한편, 회전속도 n은 실린더 직경 d가 같아도 행정 l의 길고 짧은데 따라서 피스턴속도가 달라지게 되며, 총행정체적 ΣV_h가 같은 값일지라도 l의 영향을 생각하여야 한다. 따라서, 리터마력 N_L은 d와 l이 근사한 기관끼리의 성능의 우열을 비교하는 데 이용될 수 있으나 치수가 전혀 상이할 경우는 적당하지 못하다.

2) 피스턴 면적마력

이 피스턴 면적마력〔PS/cm²〕의 값은 기관을 평가하는 중요한 지표가 된다. 평가항목 가운데 出力과 冷却(내구성과 관련)은 서로 관련되는 항목으로서 크랭크축, 커넥팅로드계를 제외하고는 기관의 출력에 관한 기술을 종합적으로 평가하는 지수가 될 수 있다. 즉 기관의 마력은 단위시간당 연소에 소비되는 공기량(질량)에 비례한다. 이 공기량은 흡·배기밸브의 공기와 가스의 취급능력에 따라 결정이 되어지므로 이들 밸브의 직경이 클수록 출력은 커지게 된다. 그러나 일정의 실린더에 배치될 수 있는 밸브의 外徑에는 한계가 있어서 기관의 출력은 실린더 면적에 비례하는 것이 되고 실린더 경이 결정되면 출력은 따라서 결정된다. 그러므로 기술수준이 동일할 경우는 실린더의 총면적이 출력의 대용치가 될 수 있다.

그리고 행정을 길게 하여 실린더 체적을 크게 하여도 마력은 커지지 않는다. 즉 〔PS/*l*〕의 값이 낮아진다. 짧은 행정은 당연하게 이와는 역으로 된다. 따라서 〔PS/cm²〕치가 높은 기관이 고성능기관이고 고성능화에 대한 기술을 평가하는 지표일 수 있다. 또한 〔PS/cm²〕의 또 다른 뜻은 배기밸브와 시트, 배기포트, 피스턴, 실린더헤드의 열부하의 지표로 되는 경우가 있다. 그리고 실린더가 커짐에 따라 연소실의 표면적/체적의 비가 작아지는 것과 동시에 연소실의 살 두께가 두터워져서 배기밸브의 헤드로부터 밸브가이드까지의 거리도 길어진다. 이로 인하여 수열면으로부터 냉각수까지의 열의 흐름 통로가 길어지고 이에 따라 수열면의 온도가 상승된다. 이것은 熱應力의 증가를 낳게 함과 함께 異常燃燒를 일으키기 쉬워진다. 이 때문에 실린더경에는 한계가 있어서 오늘날까지의 경험으로는 최고의 설계기술을 구사하여도 가솔린기관은 100〔mm〕, 디젤기관은 대략 1000〔mm〕 내외이다.

열에 관한 내구성의 관점에서 볼 때에는〔PS/cm²〕의 값이 실린더의 크기와 상대적인 관계를 가지고 있어서 이를 고려하여야 하고 이상으로부터 실린더보어의 크기에는 한계가 있으므로 대출력기관인 경우는 다 실린더화 하여야 한다.

기관이 相似形(동일의 도면에 의하여 치수를 변화시켜서 만들었다고 하는 뜻)이면 실린더-면적당의 출력〔PS/cm²〕은 일정하고 이〔PS/cm²〕의 값은 흡기와 배기통로의 설계와 흡기압력에 의하여 변화한다. 높은 〔PS/cm²〕의 값을 얻으려면 밸브의 수를 증가시킬 것과 흡·배기밸브의 狹角을 크게 하여 경이 큰 밸브의 사용, 그리고 유동저항이 적은 유로를 만들 것 등이 요점이고, 과급기관인 경우는 과급압이 높을 것이 바람직하다.

이미 설명한 바와 같이 실린더보어의 직경이 커지게 되면 냉각이 어려워진다. 따라서, 냉각이 관계되는 기관인 경우에 대하여 내구성의 면에서 볼 때에는 실린더보어 직경이 커짐에 따라 〔PS/cm²〕의 값을 낮추는 것이 바람직하다. 그러므로 보어가 큰 실린더로 높은 〔PS/cm²〕치를 가진 기관을 만들기 위하여는 냉각면적의 고려 등 최고의 기술을 필요로 한다.

지금 피스턴 면적을 a〔cm²〕라고 하면, 피스턴 면적마력 N_a는 식 (4-2)로부터 다음과 같이 구하여진다.

$$N_a = \frac{N_e}{az} = \frac{p_{me}\,\Sigma\,V_h n i}{az\,450} = \frac{p_{me}\,i}{150}\,\frac{ln}{3000}$$
$$= p_{me}\,u_m\,i\frac{1}{150}\ \text{〔PS/cm}^2\text{〕} \cdots\cdots (4\text{-}16)$$

따라서,

$$\left.\begin{array}{ll}\text{4 사이클기관} & N_a = \dfrac{1}{300}\,p_{me}u_m\ \text{〔PS/cm}^2\text{〕}\\ \text{2 사이클기관} & N_a = \dfrac{1}{150}\,p_{me}u_m\ \text{〔PS/cm}^2\text{〕}\end{array}\right\}\cdots\cdots (4\text{-}17)$$

SI로는 식 (4-2′)으로부터

$$N_a' = \frac{N_e'}{az} = \frac{1}{az}\,p_{me}'\,\Sigma\,V_h'n'i$$
$$= p_{me}'u_m'i\times\frac{10^{-4}}{2}\ [\![\text{W/m}^2]\!] \cdots\cdots (4\text{-}17')$$

따라서,

$$\left.\begin{array}{ll}\text{4 사이클기관} & N_a' = p_{me}'u_m'\times\dfrac{10^{-4}}{4}\ [\![\text{W/m}^2]\!]\\ \text{2 사이클기관} & N_a' = p_{me}'u_m'\times\dfrac{10^{-4}}{2}\ [\![\text{W/m}^2]\!]\end{array}\right\}\cdots\cdots (4\text{-}18)$$

위의 식으로부터 피스턴의 면적마력 N_a는 p_{me}와 u_m과의 곱한 값에 비례한다. 즉, p_{me}, d, n이 일정할 때에는 u_m이 클수록, 따라서 행정 l이 긴 기관일수록 N_a의 값이 크고 좋다는 것이 된다.

(7) 토 크

왕복기관에서 폭발에 의한 가스의 압력을 받은 피스턴이 커넥팅로드를 거쳐서 크랭크축을 회전시킬 때의 힘은 동력계로 측정될 수 있고 이것이 그 기관의 회전력, 즉 토크(torque)이다. 기관의 최고출력(馬力)은 동력계로 측정한 토크에 그 때의 기관 회전속도를 곱한 다음 716으로 나눈 값이며 동력계에 의한 토크의 측정은 그 기관이 주어진 시간 동안에 어느 만큼의 힘을 낼 수 있는가를 나타내는 것으로 토크 T_e〔kgf·m〕, 〔N·m〕와 출력 N_e와의 사이에는 다음과 같은 관계가 있다.

$$N_e = \frac{\text{토크} \times \text{기관회전속도}}{716} \text{〔PS〕} \cdots\cdots (4\text{-}19)$$

또는,

$$= \frac{2\pi n T_e}{75 \times 60} = 0.001396\, nT_e \text{〔PS〕} \cdots\cdots (4\text{-}19')$$

그리고 윗식으로부터 토크 T_e는

$$T_e = \frac{60 \times 75}{2\pi} \frac{N_e}{n} = 716.2 \frac{N_e}{n}$$

$$\fallingdotseq 716 \frac{N_e}{n} \text{〔kgf·m〕} \cdots\cdots (4\text{-}20)$$

이 된다.

SI로는 $N_e' = 2\pi n' T_e'$ 〔W〕

$$\therefore\ T_e' = \frac{1}{2\pi} \cdot \frac{N_e'}{n'} = 0.519 \quad \frac{N_e'}{n'} \text{〔n·m〕} \cdots\cdots (4\text{-}20')$$

공학단위의 SI계 단위로의 환산에는 다음 식이 쓰여진다.

$$T_e \text{〔kgf·m〕} 9.81 = T_e' \text{〔N·m〕}$$

윗식으로부터 토크는 기관의 회전속도 n에 반비례하여 변화함을 알 수 있다.

일반적으로, 차량용 기관, 더구나 건설기계용 기관의 경우, 특히 작업할 때에는 기관의 柔軟性이 요구된다. 즉, 작업 중 부하의 증대로 기관의 회전속도가 저하되는 데 따라서 토크는 커지게 되는 경향이 요구되며, 이와 같은 경향을 토크 라이즈(torque rise)라고 한다.

그림 4-2에서 토크곡선상의 최대출력 $N_{e\,max}$인 점 A_1에서 가동중인 기관의

회전속도가 n_1 에서 n_2 로 떨어졌을 때의 토크는 $T_{e2} > T_{e1}$ 의 관계에 있지 않으면 안 된다. 지금 점 A_3 를 최대 토크 $T_{e\max}$ 라 하고, 그 때의 회전속도를 n_3 라고 하면, 토크 라이즈 τ 는 다음 식으로 표시된다.

$$\tau = \frac{T_{e\max} - T_{e1}}{T_{e1}} \ [\%] \quad \cdots\cdots (4\text{-}21)$$

이 τ 의 값이 가솔린기관인 경우는 15~23〔%〕, 디젤기관에서는 20~40〔%〕이고, 특히 건설기계용 디젤기관 중에는 45〔%〕에 달하는 기관도 있다. 그림 4-2에서 $T_{e\max}/T_{e1} = t_r$ 을 토크비(torque ratio), $n_1/n_3 = n_r$ 을 회전비(revolution ratio)라 하고, $t_r n_r = e$ 로 나타내는 값 e 는 기관의 강인성(persistency)

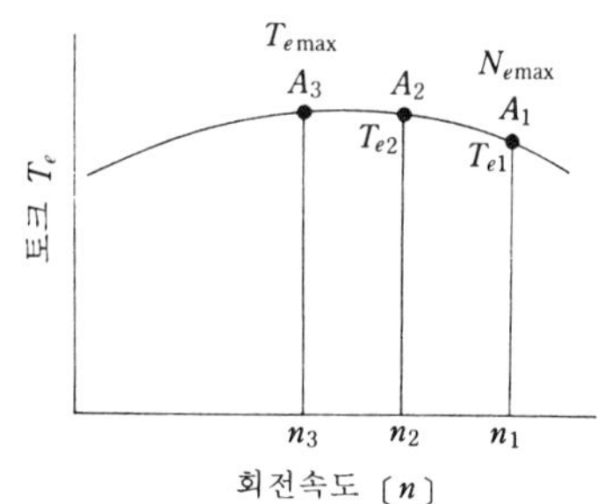

그림 4-2 토크 라이즈

表 4-1 CAT "3406" 트럭기관의 토크 라이즈

No.	출력 〔PS〕 ⟦kW⟧	연소 형식	과급	토크〔kgf·m〕, ⟦kN·m⟧ $T_{e\max}$/rpm(n_3)	$T_{e1\max}$/rpm(n_1)	토크 라이즈 τ	토크비 t_r	회전비 n_r	유연성 e
1	360 265	PC	TA	149.4 1.47 /1400	124.5 1.22 /2100	20	1.20	1.5	1.80
2	325 239	DI	T	139.7 1.37 /1400	113.4 1.11 /2100	23	1.23	1.5	1.85
3	270 199	PC	T	132.1 1.30 /1400	93.4 0.92 /2100	41.4	1.41	1.9	2.68
4	270 199	DI	T	135.5 1.33 /1400	93.4 0.92 /2100	45.1	1.45	1.9	2.76

PC…예연소실식 DI…직접분사식 T…터보과급 TA…터보과급, 애프터쿨러 부착

$\tau = (T_{e\max} - T_{e1})/T_{e1}$ $t_r = T_{e\max}/T_{e1}$ $e = t_r \cdot n_r$ $n_r = n_1/n_3$

을 대표하는 값으로서, 持續性指數 또는 柔軟性指數라고 한다. 이 값은 가솔린기관은 1.5~2.0, 디젤기관의 경우는 1.8~2.8로 되어 있다.

(8) 性能曲線

기관을 臺上 운전시험하여 얻어진 결과는 표로 정리되어서 그 성능의 양부를 검토하는 데 사용되며, 이들을 도시한 것이 性能曲線(characteristics curve)이다. 그림의 횡축에 크랭크축 회전속도 n을, 그리고 종축에는 N_e, T_e, p_{me}, b_e 등이 표시되어 있다. 그림 4-3은 디젤기관에서 연료레버를 일정하게 하고 부하를 변화시킨 경우의 기관성능곡선으로, N_e, p_{me}, T_e, b_e 등의 변화를 나타낸다.

지금 그림에서 출력곡선과 토크곡선과의 관계를 구하기 위하여 출력곡선상의 임의의 한 점 A에 대응하는 토크곡선상의 점 B의 토크 T_B는 앞에서의 식 (4-20)으로부터

$$T_B = C\left(\frac{N_A}{n_A}\right) = C\left(\frac{\overline{AC}}{\overline{OC}}\right) = C\tan\varphi \quad \cdots\cdots (4\text{-}22)$$

로 된다. 여기서 C=정수=716.2, $\varphi = \angle$A0C

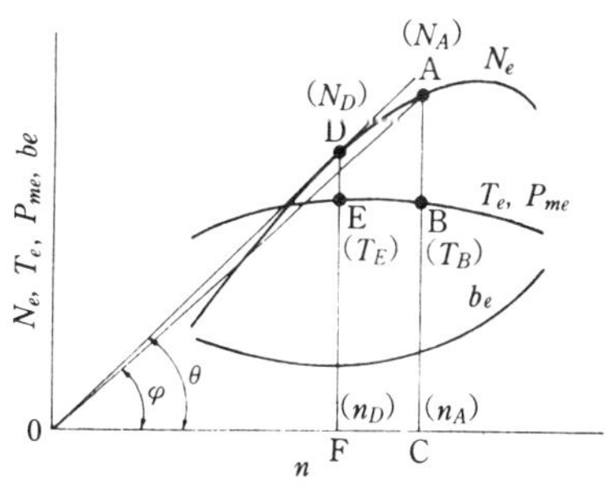

그림 4-3 기관의 성능곡선

이 T_B를 최대로 하는 조건은 윗식에서 φ를 최대, 즉 그림에서 원점 0로부터 출력곡선에 접선을 그으면 $\theta > \varphi$로 되고, 점 D는 토크의 최대점 E(토크 T_E)를 부여하는 출력점으로 된다. 따라서, 만약 토크곡선이 그려져

있으면 토크곡선상의 최대토크 점 E를 통하는 수선상에 T_{max}를 부여하는 출력점 D가 있는 것이 된다. 또, p_{me}의 식 (4-4)와 T_e의 식 (4-20)은 모두 정수$\times N_e/n$로서 상사하므로, 성능곡선상에서 T_e와 p_{me}는 공용될 수 있으며, 종축상에는 각각의 눈금이 필요하다. 또한, 연료소비율 b_e는 곡선상에서 가장 낮은 점이 보통 $T_{e\,max}$의 회전속도 부근에 있다.

1) 토크곡선의 형상

토크곡선상에서 토크는 최대를 나타내는 $T_{e\,max}$점이 기관의 회전속도가 높은 고회전역쪽에 존재할수록 출력이 증대되고, 또 역으로 이 $T_{e\,max}$점이 기관의 회전속도가 낮은 저회전역쪽에 있게 되면 출력보다 기관의 운전성이 좋아지는 등, 토크의 형성과 기관의 회전속도와의 사이에는 깊은 관계를 가진다.

즉 기관의 회전속도가 낮을 때에는 가스의 누출과 피스턴속도의 저하로 흡기의 흡입능력이 떨어져서 체적효율이 저하되고, 또한 연소실 내에서의 스월(swirl)이나 스귀시(squish) 등이 약해짐으로써 혼합기의 공기와 연료와의 불균질 혼합에 따른 불완전연소 등 연소상태가 악화되며 연소속도가 떨어진다. 또한 기관의 회전속도가 높은 고속역에서 흡기의 유속이 지나치게

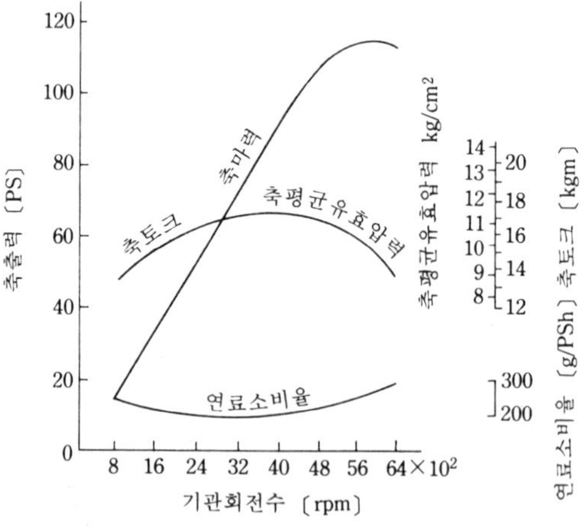

그림 4-4 기관 성능곡선(연료분사 사양)

커지게 되면 흡기시의 초킹(choking) 현상의 유발 등으로 체적효율이 떨어져서 흡기중량이 감소되고 연소실 내에서의 과대한 스월이나 스쿼시현상으로 인하여 가스 유동이 너무 커져서 오히려 연소를 불량하게 하는 경우가 있게 되며, 뿐만 아니라 기관의 회전속도가 커지면 마찰손실이 또한 커진다.

이상과 같은 이유로 기관의 저속역에서와 고속역에서의 토크는 낮아지고 따라서 그 곡선의 모양은 山形으로 된다.

2) 토크특성

기관의 배기량이나 주요제원이 결정되어 있을 때 고회전역에서의 출력을 중시하는 경우에는 가변기구 등을 사용하지 않는 한 저회전역에서의 토크가 작아지는 경향이 있다. 기관의 내경이나 행정이 결정되면 토크특성을 변화시키는 요소로서는 압축비, 흡·배기밸브의 경이나 수, 밸브 타이밍, 흡·배기매니폴드의 형상이나 치수, 연료공급시스템 등이 있고 기관의 사용목적에 부합되도록 이들 요소들을 조합 선정한다.

차량용 기관의 경우는 최대토크를 나타내는 때의 기관회전속도가 비교적 낮으면 발진이나 등판능력이 좋고, 또 그 역으로 고속역에서 최대토크가 얻어지게 되면 추월이나 가속성이 양호하게 된다. 이와같이 기관의 동력성능은 최대출력이나 최대토크만으로 평가하는 외에 그 기관의 토크특성에 의하여 성능을 평가하는 방법이 쓰여진다.

평가는 앞에서 설명한 지속에서의 지속성을 나타내는 기관의 유연성지수를 포함하여 토크곡선상에서 최대토크 $T_{e\max}$의 90 %를 나타내는 점에서의 기관회전속도의 범위(그림에서 $n_L \sim n_H$ 사이)가 넓을수록, 즉 平坦토크(flat torque)성이 좋을수록 기관의 운전성은 좋은 기관으로 판단할 수 있다.

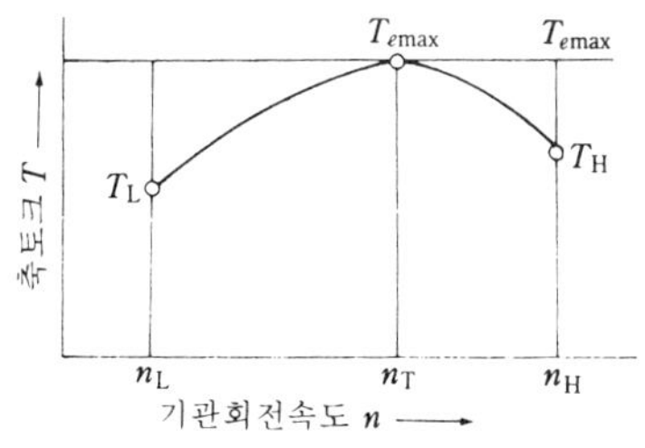

그림 4-5 토크의 평탄성

(9) 過給機關의 性能

기관에 과급기를 부착하여 기관의 출력성능을 개선하는 것은 세계대전 당시 항공가솔린기관에서 실시되었으며, 오늘날에는 선박용 디젤기관이나 차량용 디젤기관, 자동차용 가솔린기관에 채용되고 있다. 원래, 항공기관에서는 기계식 과급기를 써서 고공에서의 낮은 대기밀도를 증대시켜서 고공성능을 개선하는 것과 이륙출력(take-off power)을 향상시키기 위한 것이었으나 현재에는 배기터빈과급기(터보과급기)를 써서 흡입공기량 G_s를 증대시켜 비출력의 향상과 연비의 저감을 도모하고 있다. 〔과급기와 과급법에 대하여는 뒤에 상세하게 설명한다.〕

1) 과급가솔린기관의 성능

가솔린기관의 경우는 가연혼합비의 범위가 좁아서 과급을 하게 되면 공기유량과 연료공급량을 동시에 조정하여야 할 필요가 있게 된다. 그러므로 이 양자의 조화(matching) 여하에 따라서는 연소에 변화가 일어나고 기관성능에 나쁜 영향을 미치기 쉽다. 따라서, 과급에는 한계가 있어서 기관의 대폭적인 출력향상을 바라기는 어려운 경우도 있고 뿐만 아니라, 과급에 의한 흡기압력의 증가로 기관의 압축비가 증대되는 결과 이상연소의 원인이 될 염려도 있다. 따라서, 과급기의 압력비(pressure ratio)와 기관의 압축비 중의 어느 것을 적당하게 조절하지 않으면 안 된다.

일반적으로, 과급가솔린기관인 경우의 연료공급법으로서는 종래의 기화기를 사용하는 방법보다 연료분사펌프와 노즐을 사용하는 연료분사방식이 기관의 운전성능, 특히 응답성에 관하여는 유리하다.

2) 과급디젤기관의 성능

과급디젤기관의 경우는 가솔린기관과 달라서 可燃混合比의 범위가 넓어서 연료의 공급량만을 조절하면 성능의 향상이 가능하다. 다만, 문제는 과급기의 압축기로터의 관성모멘트의 영향으로 토크의 순간적인 상승이 무과급기관보다 나쁘다. 예를 들면, 그림 4-6에서 지금 출력곡선이 근사한 무과급, 과급기관의 경우, 최대출력인 점 A의 회전속도 $n_{Ne\,max}$로부터 최대토크의 점 E에 상당하는 회전속도 $n_{Te\,max}$ 사이의 고속회전 영역에서는 무과급, 과급 양 기관의 토크변화는 그 경과되는 모양이 거의 같으나, $n_{Te\,max}$ 이하의 저속영역에서는 무과급기관의 토크쪽이 과급기관의 토크보다 약간 위쪽에 있는 경향이 있다. 이것은 과급기관의 토크의 순간적인 상승이 나쁘다는 것을 뜻하는 증거이다.

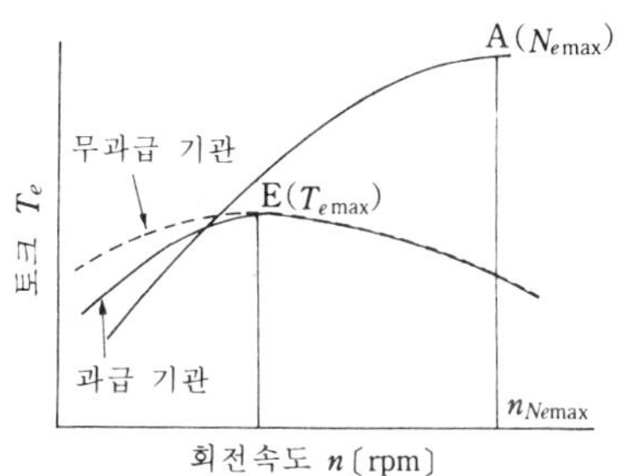

그림 4-6 과급기의 유무에 의한 토크곡선의 비교

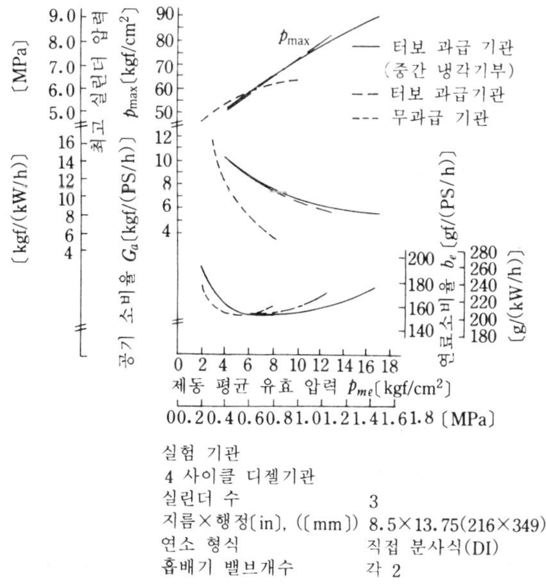

실험 기관	
4 사이클 디젤기관	
실린더 수	3
지름×행정〔in〕, (〔mm〕)	8.5×13.75(216×349)
연소 형식	직접 분사식(DI)
흡배기 밸브개수	각 2

그림 4-7 과급디젤기관의 성능

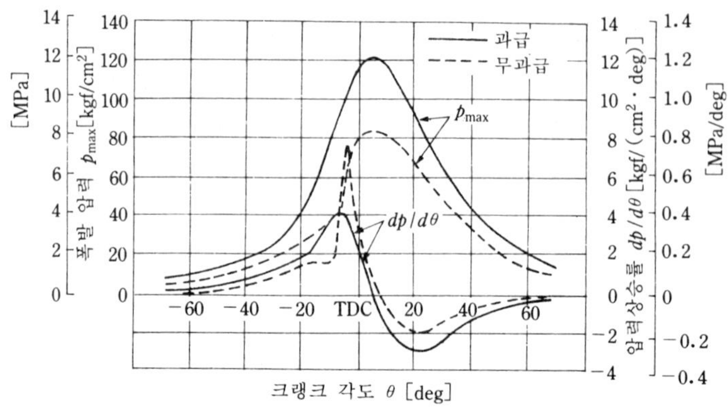

그림 4-8 무과급기관과 과급기관의 $dp/d\theta$ 의 비교

高過給·高性能의 디젤기관에서는 압축기에 의한 급기의 온도 상승을 방지하여서 공급 급기량의 증가를 도모하기 위하여 과급기와 실린더 흡기 통로와의 사이에 중간냉각기(intercooler)를 설치하고, 급기의 냉각을 한다. 그림 4-7에 나타나는 것과 같이, 실린더 내의 최고압력을 그다지 상승시키지 않고, 또 연비율의 증대되는 일이 없이 p_{me}를 향상시킬 수 있어서 출력성능의 개선이 이루어지게 된다.

또, 과급디젤기관은 착화지연이 짧아지고, 따라서 압력상승률 $dp/d\theta$ 가 낮아진다. 그림 4-8은 과급·무과급 양 기관의 $dp/d\theta$ 와 p_{me}를 비교한 것이다. $dp/d\theta$ 가 크면 연소 소음과 깊은 관계가 있음은 잘 알려진 사실이다.

3) 과급디젤기관의 高地性能

건설기계는 고지에서 사용되는 기회가 많으며, 고지에서는 기압이 떨어지는데, 이는 공기의 밀도가 떨어져서 기관의 출력감소와 연비율의 상승에 직접 영향을 미치게 된다. 그림 4-9는 CAV사가 과급·무과급의 기관을 써서 지상으로부터 고도 6100〔m〕까지 실험한 결과에 따른 출력과 연비율을 나타낸 것이다. (a)에서 과급기관은 2285〔m〕까지 출력의 저하는 거의 없고, 그 뒤에 완만하게 하강하는 데 대하여, 무과급기관의 출력은 고도의 상승에 비례하여 저하되며, 1525〔m〕에서 약 16〔%〕, 3050〔m〕에서 약 33〔%〕, 4580〔m〕에서는 약 50〔%〕까지 저하되어 있다. 그리고 (b)에서 과급기관의 연

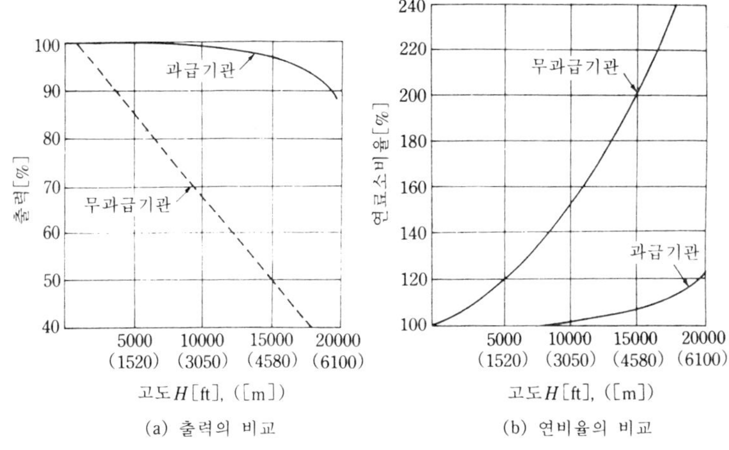

(a) 출력의 비교 (b) 연비율의 비교

그림 4-9 과급디젤기관의 고지성능

비율은 3050〔m〕까지 약간 상승하고, 그 뒤 점차 증가하는 데 대하여, 무과급기관의 연비율은 1520〔m〕까지 고도에 비례하여 증가하고, 3050〔m〕에서는 놀랍게도 지상의 약 150〔%〕로 되고, 그 뒤에 다시 급증하고 있다.

(10) 出力性能의 向上

기관의 출력을 증대시키는 수단으로서는 앞에서 출력의 식 (4-2)로부터 p_{me}, ΣV_h, n 의 어느 것을 증가시키는 것이 된다.

1) 제동평균유효압력 p_{me} 의 증가

ΣV_h 와 n 이 일정할 때 p_{me} 를 증대시키는 것은 식 (2-60)으로부터 알 수 있는 것과 같이, η_{th} 와 η_m 이 커지게 되면 η_e 가 향상되고, 따라서 p_{me} 가 높아지게 된다. η_{th} 는 식 (2-10), (2-22), (2-29)에 나타낸 바와 같이, 압축비 ε를 증가시키면 되나, 각 사이클에는 각각 일정의 한도가 있어서 간단하지 않다. 한편, 기계효율 η_m 을 향상시키려면 각 운동부분의 마찰손실을 감소시키는 외에 보기류의 구동수단을 재검토하여 극력손실을 감소시키지 않으면 안 된다.

2) 총행정체적 ΣV_h의 증가

p_{me}와 n이 일정할 때 $\Sigma V_h(=ZV_h)$를 증대시키는 것으로는 다음과 같은 방법이 있다. 실린더수 z를 증가시키는 외에 실린더의 중심거리나 크랭크케이스 내에 여유가 있을 때에는 내경 d를 허용하는 범위 내에서 크게 하거나, 행정 l을 증대시킨다. 또, ΣV_h를 증대시키지 않아도 출력 N_e는 흡기유량 G_s에 비례하므로 G_s의 증대를 도모하면 된다. 이를 위하여는 체적효율 η_v를 향상시켜야 되며, η_v의 향상에는 흡기계통에서의 유로저항을 극력 저감시켜서 흡기압력의 강하를 방지하고, 잔류가스의 양을 적게 하며, 또한 통로벽에 의한 흡기의 온도상승을 막고, 또 배기계통의 저항을 감소시켜야 한다. 적극적으로 G_s의 증가를 도모하기 위한 방법으로는 과급기를 사용하는 것이다. 과급기를 사용하지 않을 때에는 흡·배기관 내 유체의 동적효과를 이용하여 η_v를 향상시키는 수단도 있다.

3) 회전속도 n의 증가

기관의 회전속도 n을 증가시키면 출력은 n에 비례하여 어느 정도 증대된다. 그러나 왕복기관에서는 n이 커지게 되면 연소에 따른 문제 이외에도 평균피스턴속도 u_m이 증가되고, 이로써 왕복운동 부분의 관성력이 커져서 각 베어링류의 마멸이 증가되는 등의 문제가 따르게 된다.

(11) 出力과 最高回轉速度와의 관계

기관의 최고회전속도는 요구되는 최고출력에 의하여 결정되어지고 그 기관의 성능을 나타내는 지표라 할 수 있다. 그러나 지나친 회전속도의 상승은 주운동부분이나 구성부품의 강도, 강성의 증대를 비롯한 밸브 스프링의 강화 등으로 무게의 증가와 마찰, 소음, 진동성능의 악화 등이 뒤따르게 된다. 기관의 최고회전속도를 높이는 본래의 목적은 동일의 배기량으로 단위시간당의 폭발횟수를 증가시켜서 출력의 향상을 도모하고자 한 것이다. 즉 출력은 축 토크×기관의 회전수에 비례하므로 동일의 축 토크를 발생하는 경우는 회전속도를 높이는 편이 출력이 증대된다. 그러나 기관의 회전

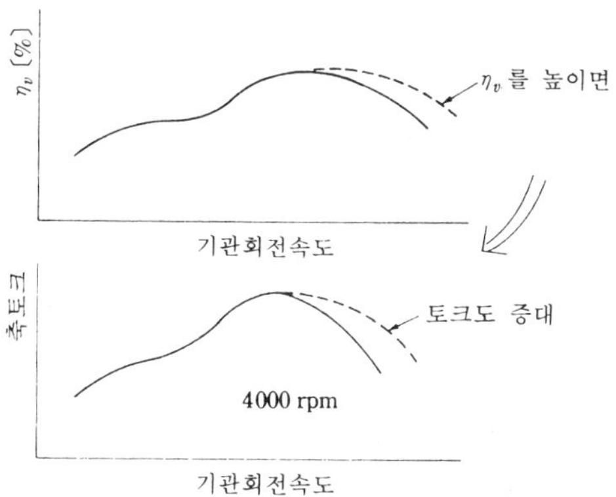

그림 4-10 충전효율과 기관회전속도와의 관계

속도가 높아지게 되면 마찰토크(friction torque)도 또한 가속적으로 커지므로 기관의 고회전시에는 다음과 같은 2가지 점에 대하여 유의하여야 한다.

① 고속회전시의 충전효율향상

② 고속회전시의 마찰토크의 저하

1) 밸브작동기구

기관이 고속영역에서 운전될 때에는 1회당의 공기의 흡입시간이 짧아지므로 단시간에 많은 흡기가 효율적으로 이루어질 것이 요구된다. 따라서, 공기의 출입구를 크게 할 것과 공기의 관성을 잘 이용함으로써 충전효율을 향상시켜야 한다.

2) 흡·배기밸브

공기의 출입구를 크게 하려면 흡·배기밸브의 치수와 그 리프트를 크게 하거나 밸브수를 증가시키는 외에 밸브가 열려져 있는 시간을 길게 하면 공기의 출입구를 크게 하는 것과 같은 결과가 얻어진다.

흡·배기밸브의 치수를 크게 하려면 단행정화하여 실린더 보어를 크게 할 것이 유효하다. 그러나 지나치게 밸브가 커지게 되면 그 무게가 무거워져서 고속운전시 밸브 서지(surgy)현상을 일으키며 또한 밸브의 열려져 있는 시간을 길게 하는 것이나 리프트를 크게 하는 것은 캠 축의 작동각을 크게 하는 것으로서 이 경우는 저속시의 토크 저하나 아이들의 불안정 등이 뒤따르게 되어서 지나치게 크게 하는 것은 피해야 한다. DOHC기관에 많이 채용되고 있는 4밸브는 위에서와 같은 고속회전화에 따른 문제 등을 극복하는데 유리하다. 즉 4밸브화 함으로써 흡기량의 증대가 가능하고 또한 밸브 1개당의 무게가 가벼워지기 때문에 고회전시 발생되는 밸브 서지의 한계를 높일 수 있을 뿐 아니라, 밸브 스프링도 그다지 강하게 하지 않아도 되어서 밸브작동기구의 마찰 또한 억제할 수 있다. 그리고 4밸브로 충분한 흡기가 가능하여 캠 축의 작동각을 넓게 하지 않아도 출력이 증대될 수 있어서 고회전시의 흡·배기효율의 향상으로 저속 토크나 아이들 안정을 희생하지 않아도 되며 현재로서는 80 〔PS/l〕의 실현도 가능하다.

3） 主運動系

a） 베어링 하중

고속회전의 경우 주운동계에서 특히 문제가 되는 것은 크랭크축 메인 베어링의 마찰, 피스턴의 옆방향에 대한 작용력(side force), 크랭크축 平衡錘(counter weight)에 의한 오일의 교반 등이다. 베어링의 마찰은 작용하는 하중의 크기에 따라 증대되며 이 하중은 각 실린더마다의 평형추의 평형률과 관계되고 이 平衡率이 좋으면 기관이 고속으로 회전하여도 베어링 하중은 그다지 크지 않으나 그 평형률이 나쁘면 고회전역에서 가속도적으로 베어링 하중이 증대된다.

크랭크축의 평형추는 세미 카운터 웨이트형과 풀 카운터 웨이터형이 있고 앞의 것은 각 실린더마다의 평형률을 고려하지 않고 전체로서의 평형을 취한 형이고 뒤의 것은 각 실린더마다의 평형을 취한 형이다.

그리고 세미 카운터형은 전체의 평형추 무게를 감소시킬 수 있어서 기관의 경량화에 도움이 되어 좋은 점이 있으나 뒤의 것은 그것에 대하여 상대적으로 무거워지는 대신 실린더마다의 평형이 좋아지고 베어링 하중을 경감시킬 수 있다. 고속회전시의 마찰저감에는 이 풀 카운터형이 유리하나 크랭크축 전체로서 평형이 이루어지는 것 만으로 평형추의 무게를 지나치게 경량화하게 되면 회전속도가 높아지는 경우, 그에 따라 베어링 하중이 과 대하게 되어 마찰이 증대되고 심하면 베어링 메탈의 융착에까지 이르게 된다.

b) 피스턴의 側壓

피스턴의 옆방향으로의 작용력인 측압은 팽창행정시 피스턴이 하강할 때 옆방향의 분력을 받아 마찰력을 발생하며 이 측압에 의한 작용력의 비율은 커넥팅 로드의 中心間距離와 스트로크에 관계된다. 스트로크량에 비하여 커넥팅 로드의 중심간거리가 상대적으로 길수록 측압은 작아지게 되어 마찰도 감소된다.

기관의 높이는 커넥팅 로드의 중심간거리를 작게 할수록 낮아질 수 있으나 고속회전시 발생되는 마찰의 관점에서 볼 때에는 지나치게 짧게 하여서는 안 된다. 일반적으로 단행정기관은 측압이 큰 것으로 되어 있으나, 실제로는 정확하지 않고 커넥팅 로드 중심간의 거리가 상대적으로 짧은 기관이 측압 또는 작용력이 커지게 된다.

c) 평형추의 윤활유 교반저항

크랭크축의 평형추에 의한 오일의 교반저항은 오일팬의 유면에 닿으면서 일어나는 교반과 실린더 헤드를 윤활한 오일이 실린더 내벽을 거쳐서 크랭크축의 닿는 순간에 부딪히는 경우가 있다. 유체는 느린 속도로 움직일 때에는 저항이 작으나 고속에서는 대단히 커진다. 따라서, 예를 들어서 기관이 6000〔rpm〕으로 회전하게 되면 평형추는 40〔m/s〕 전후의 속도로 회전하게

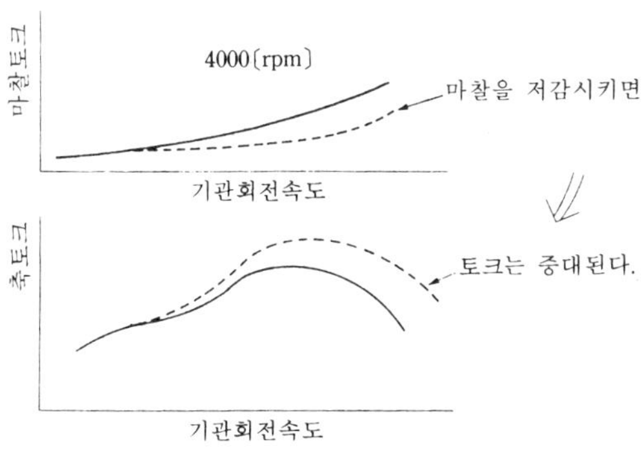

그림 4-11 마찰토크와 기관회전속도와의 관계

되어서 그 저항이 상당한 크기이다. 그러므로 이 오일의 교반저항을 저감시키기 위하여는 평형추가 유면으로부터 떨어지게 하거나 실린더 내에서 오일의 거동이 조용하게 이루어짐으로써 보다 많은 마찰의 저감이 가능하고 따라서 출력저하를 경감시킬 수 있다.

(12) 過渡出力과 應答性

과도출력과 연관되는 것으로는 흡입공기와 연료의 응답지연 외 가속저항의 문제 등이 있으나 여기서는 흡입공기의 응답지연과 연료의 응답지연에 대하여 기술한다.

1) 吸入空氣의 應答遲延

흡입공기의 응답지연은 스로틀밸브를 열었을 때의 흡입공기의 응답지연과 터보 과급기에 의한 응답지연인 터보 래그(turbo lag)로 나누어진다.

① 스로틀밸브 급개시의 흡기 응답지연

연료분사 사양의 기관인 경우는 스로틀밸브 하류에 흡기를 집합, 분배하는 인테이크 코렉터(intake corrector or surge tank)가 있어서 그 곳으로부터 각 실린더로 흡기를 분배한다. 이 코렉터는 각 실린더의 흡기행정에서 발생하는 압축맥동을 억제하기 위하여 어느 정도의 체적(개략적으로 배기량과 같은 크기의 체적)을 가지고 있다.

기관의 아이들 또는 一定速運轉時는 스로틀밸브가 거의 닫혀진 상태이고 스로틀밸브 하류는 고부압(진공도가 높다.) 상태로 되어 있다. 이 상태로부터 스로틀밸브를 열게 되면 흡기 매니폴드, 흡기 코렉터 내에 공기가 충전되어 가면서 흡기밸브를 통하여 연소실로 들어가게 된다. 따라서, 그 체적이 크면 공기가 충전될 때까지 시간이 걸리고 이로 인하여 기관의 토크 발생이 늦어지게 된다. 그러므로 이들의 체적은 되도록 작은 것이 좋으나 그러기 위하여는 흡기매니폴드의 플렌지부 지름을 작게 하거나 코렉터의 체적을 작게 하여야 할 필요가 있어서 출력의 향상수단과는 역행되는 것이 된다. 따라서 출력과 흡기응답성과의 형평을 이루도록 하는 것은 흡기계의 설계기법으로서 대단히 중요하다.

2) 연료의 응답지연

연료의 응답지연은 흡입공기량의 변화를 정확하게 계량할 수 없기 때문에 일어나는 것과 인젝터로부터 분사된 연료가 연소실에 들어갈 때까지 걸리는 시간지연으로 나누어진다.

① 흡입공기량의 계량에 관한 것

L-제트로닉의 연료제어시스템의 경우는 에어 플로미터를 사용, 흡입공기량을 계량한다. 그런데 에어클리너와 일체로 되어 있거나 그 가까이에 부착되어 있는 에어 플로미터에 의하여 계량된 공기량과 실제 연소실에 들어가는 공기량과는 다른 값이 된다. 스로틀밸브를 열게 되면 연소실에 들어가는 공기량은 바로 증량되나 에어 플로미터를 통과하는 공기량은 증량이 늦어진다. 이로 인하여 스로틀밸브를 여는 순간에는 공연비가 일시 희박하게 되며 이와 같은 현상을 방지하기 위하여 스로틀밸브에 부착된 스로틀 센서로 스로틀 개도의 변화를 감지하여 연료의 분사량을 증량하고 있다. 터보 과급기관인 경우는 흡기통로상에 터보 차저나 차저 쿨러가 부착되며 NA 기관의 2배 이상 되는 흡기량이 되어서 이와 같은 장치는 필수적이다. 최근에는 에어 플로미터를 스로틀 쳄버에 부착하거나 에어 플로미터 대신 압력 센서를 사용하는 D 제트로닉 방식이 채용되어 응답성의 개선을 도모하고 있으나 앞에서 기술한 추가장치에 의한 연료분사의 증량은 필요하다.

② 연료의 시간지연에 관한 것

연료는 흡기포트에 부착된 인젝터로부터 분사되어 연소실에 들어간다. 그러나 실제로는 인젝터를 나온 연료는 흡기포트나 흡기밸브에 부착된 다음, 연소실로 들어가는 양이 많기 때문에 스로틀밸브를 열어도 그 즉시 필요한 만큼의 연료량이 채워지는 것은 아니므로 혼합비는 희박하게 된다. 이 때문에 스로틀 센서로 스로틀 개도의 변화를 감지하여 요구혼합비가 되도록 연료를 증량분사한다. 이와같이 스로틀밸브를 열었을 때의 보정은 가능하나, 반면 스로틀밸브를 닫으면 흡입공기량은 즉시 감소하나 흡기포트에 부착

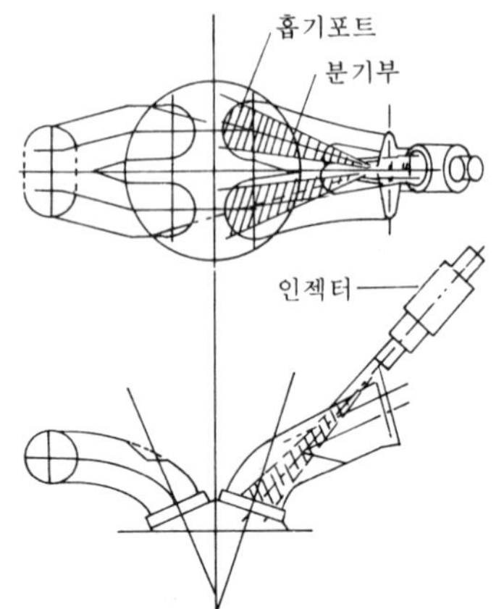

그림 4-12 흡기포트와 인젝터의 관계(예)

되어 있던 연료가 연소실로 들어가서 필요 이상으로 혼합비를 농후하게 만든다. 이 때문에 HC나 CO의 배출농도가 증가되어 이것을 방지하기 위하여 보조공기제어를 하여 감속시도 공기를 연소실로 보내어 대응하고 있다. 이와같이 연료분사량이나 흡입공기량의 보정을 하여 연료의 시간지연에 대하여 대응하고 있으나 완전한 해소는 불가하고 그 분 만큼의 연비악화는 피할 수 없는 현실이다. 기본은 시간지연을 작게 하기 위하여는 연료를 흡기포트에 되도록 부착되지 않도록 하여 연소실에 들어가도록 하는 것이 가장 이상적이나 인젝터로부터 분사되는 연료를 물총처럼 쏘는 것은 연료의 霧化가 불량하게 되므로 무화를 악화시키지 않고 흡기포트에 부착되지 않은 것이 중요하다. 그러기 위하여는 인젝터의 분무 중심을 흡기밸브를 향하여 크게 밸브로부터 떨어지지 않는(흡기밸브는 우산모양의 중심과 인젝터의 거리를 100 mm 전후로 하는 것이 좋다.) 위치로 하면 좋다.

4-2 運轉性能

기관의 운전성능으로서 가장 큰 것이 시동성이고, 기관의 시동 후는 가속성과 감속성이며, 다음은 調速性 등이다. 이것들은 모두 운전성능으로서, 기관을 평가하는 데 중요한 항목이 된다.

(1) 始動性

기관의 시동성(starting performance)은 대기의 상태에 따라 크게 좌우된다. 특히, 대기온도의 영향이 크고, 흡입공기의 온도는 가솔린기관에서는 연료의 기화에, 디젤기관에서는 직접 혼합기의 착화에 영향을 주게 된다. 또, 사용되는 윤활유는 그 종류에 따라서 달라지나, 온도에 따라서도 그 점도가 크게 지배되며, 온도가 낮을 때에는 크랭크축 등 많은 회전 부분이나 미끄럼 부분의 마찰저항으로 나타나서 시동을 곤란하게 한다. 따라서, 기동전동기나 발전기 및 축전지 등의 용량의 적합 여부가 문제로 되는 경우가 많다.

일반적으로, 시동성능을 좌우하는 것은 기화기나 연료분사펌프의 성능, 즉 연료공급장치의 상태나, 가솔린기관에서는 특히 점화플러그의 성능 외에, 흡입공기, 냉각수, 윤활유 등의 加溫裝置의 유무에 따라서도 좌우된다. 또, 시동을 용이하게 하는 보조 수단의 우열에 따라서도 달라지게 된다.

(2) 加速性과 減速性

기관의 가속성(accelerative performance)과 감속성(decelerative performance)은 모두 기관을 장착하고 있는 차량이나 장치에 따른 영향이 크다. 기관 자체로서 생각할 경우 그 가속성과 감속성, 즉 추종성은 기관의 주요 운동부(플라이휠 등)의 극질량관성모멘트 I의 크기, 연료공급장치, 연소특성 및 다음에 설명하는 조속성능에 따라서 지배되는 것이 된다. 이 추종성은 I가 커지면 나빠지고, 작아지면 좋아지게 되고, 그러나 그 어느 한쪽으로 치우치면 부하의 변동에 대하여 기관은 過回轉(overrun)이나 機關停止(engine stop) 등의 현상을 일으키게 된다. 그리고 I의 크기는 뒤에서 설명하는 플라이휠의 速度變動率에 관계되며, 이에 따라서 결정되어지는 것이다.

(3) 調速性能

기관의 조속성능(governing performance)은 부착되어 있는 거버기(gover-

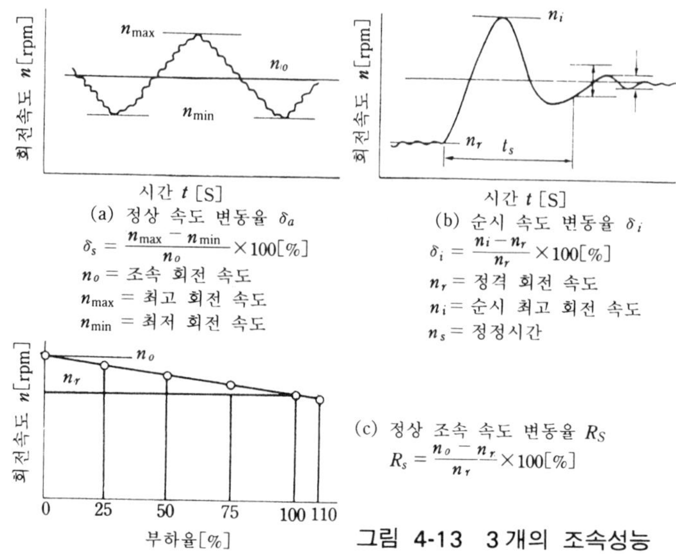

그림 4-13 3개의 조속성능

nor)에 의하여 지배된다. 발전기나 공기 압축기를 구동하는 定置, 定速機關에서는 그림 4-13 (a) 定常速度變動率(steady-state speed governing rate) δ_s와 그림 (b) 瞬時速度變動率(momentary overspeed governing rate) δ_i 등이 문제로 된다. 그리고 차량용 기관의 경우는 각 회전속도에 대하여 일정의 속도변동 내로 제어하는 全速度調速機(all speed governor)가 쓰여진다.

이들 거버너에는 원심추를 이용한 원심거버너(centrifugal governor)와 공기거버너(pneumatic governor) 등이 사용되고 있고, 원심거버너의 우열은 추와 그것에 작용하는 스프링과의 조화의 양부에 따라 결정된다. 기관의 토크성능을 개선하기 위하여 고·저속 스프링 외에 토크 스프링이나 앵글라이히 스프링(Angleich spring) 등이 쓰여진다.

4-3 經濟性能

기관의 경제성능으로서 가장 문제가 되는 것은 이론열효율 η_{th}를 근본으로 하는 제동열효율 η_e의 우열이다. 따라서, 연료의 소비량 B_e의 다소가 문제로 되며, 또한 기관에는 회전 부분이나 미끄럼운동 부분이 많고, 이들 마찰부분에 공급되는 윤활유는 윤활작용 뿐 아니라 가열부에서의 냉각작용을 하게 되고, 또한 극히 적은 양의 윤활유는 연소실에서 연소하는 등 종합적으로 소비되는 윤활유의 양이나 오일이 劣化하기에 앞서 새로운 오일과 교환하는 횟수 등에 따른 여러가지 비용 등이 문제로 된다. 특히 오일은 연료보다 값이 높아서 경제성능에 큰 영향을 미치게 되며, 이 밖에도 기관의 정비비, 부품교환의 횟수와 양, 가동률 등도 경제성능의 우열을 결정하는 항목이 된다. 그리고 축출력을 내지 않는 상태인 아이들링(아이들) 때의 연비성능은 일반적으로 단위시간당 소비되는 연료량〔l/h〕으로 나타내고 이것을 연료소비량(fuel consumption)이라고 한다.

(1) 燃費性能의 向上方法

차량의 연비성능을 나타내는데는 mode 연비와 평탄로를 일정의 속도로 주행하는 경우의 定地燃費가 있고 각각 km/l, mpg(mile per gallon), l/100 km 등의 단위로 표시된다.

그림 4-14 는 10 mode와 LA-4 mode 주행시의 기관회전속도와 부하와의 영역을 나타낸 것으로, 그림에서와 같이 표시된 영역은 부분부하의 정상 및 가속조건과 아이들, 감속조건과의 조합으로 이루어져 있다.

가속조건은 부하를 변화시킨 정상운전조건을 집합한 것으로 취급하고 감속시의 연료 컷(fuel cut, 일반적으로 감속상태에서 연료공급을 중단하는 방법)을 하지 않는 경우의 연료소비량은 스로틀부가 임계조건으로 되기 때

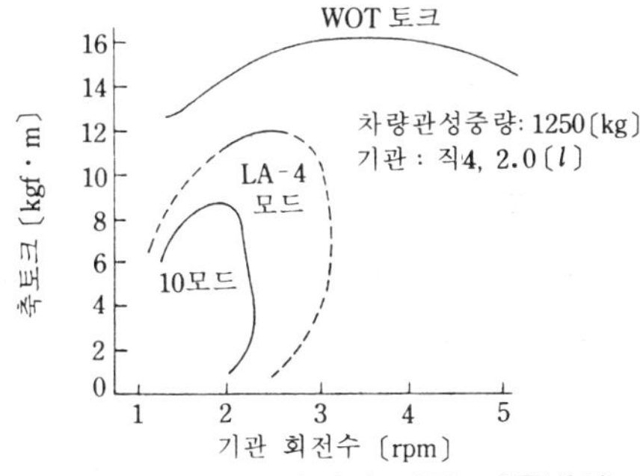

그림 4-14 모드주행시의 기관 사용범위

문에 아이들 때와 동일한 것으로 생각하면 연비의 향상은 부분부하에 있어서의 연료소비율향상과 아이들 연료소비량의 저감으로 크게 나누어진다.

1) 부분부하 연료소비율의 향상

그림 4-15는 열효율의 향상방법과 같이 제동연료소비율의 향상방법을 나타낸 것이다.

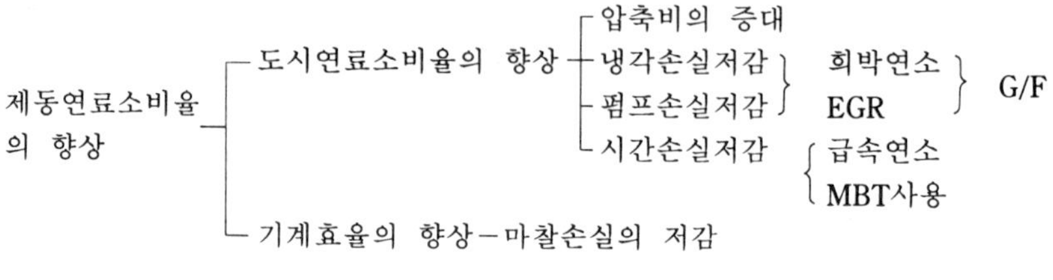

그림 4-15 열효율과 연비율의 향상방법

이 가운데 부분부하연비에 영향을 크게 미치는 G/F, 점화시기 및 마찰손실에 대하여 설명하면 다음과 같다.

a) 大 G/F 운전에 따른 펌프손실 저감

G/F란(연료 이외의 공급되는 전작동가스 중량/연료중량)으로서 구체적으로는 G=흡입공기량+EGR 양이다. 즉 EGR이 없는 경우는 G/F=A/F가 된다.

동일의 연료량으로 G/F를 크게 하면 작동가스량이 증가되므로 펌프손실이 저감되고 연소가스온도가 저하되기 때문에 냉각손실이 작아져서 출력이 증대된다. 따라서 일정의 출력으로 볼 때에는 그 분에 상당하는 것 만큼 연료소비가 저감될 수 있다.

그림 4-16은 그 한 예를 나타낸 것으로 EGR이 없는 경우 공연비의 희박화에 의하여 G/F=18 부근까지 희박해짐에 따라 BSFC는 단조롭게 저감되어감을 알 수 있다.

한편 공연비를 고정하고 EGR의 양을 변화시키는 경우는 공연비에 따라 G/F(EGR 양)과 BSFC의 관계가 다르다. 즉 濃厚空燃比로부터 EGR 양을 증가시키는 경우는 BSFC의 향상범위가 있으나 稀薄空燃比로부터의 경우는 악화될 뿐이다. 이것은 G/F가 커져가게 되면 위에서와 같이 연비의 향상요인과 함께 연소속도를 저하시켜서 연소변동을 증대시킨다고 하는 악화 요인도 함께 가지기 때문이다.

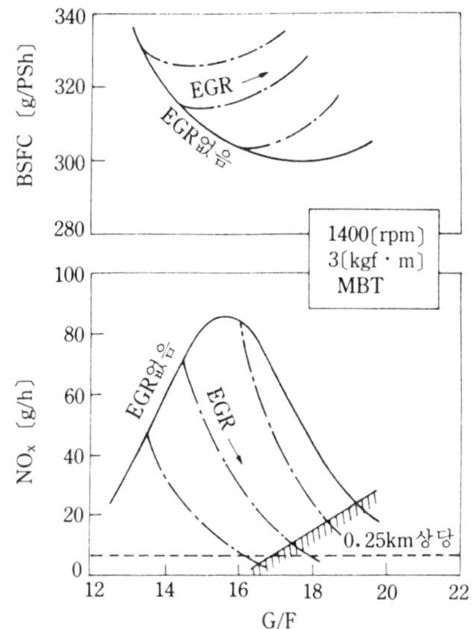

그림 4-16 G/F에 대한 BSFC, NOx의 관계

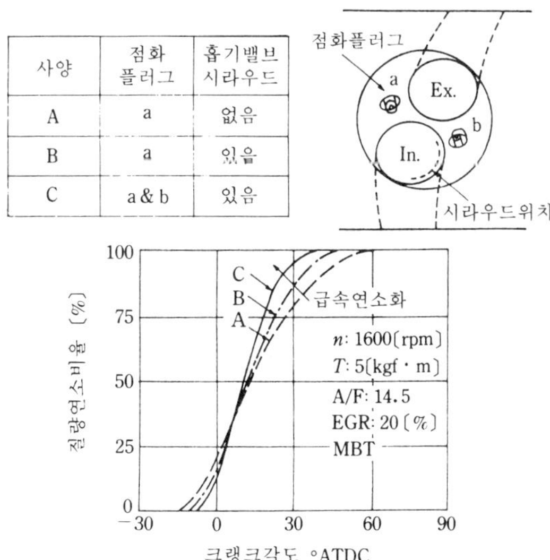

사양	점화 플러그	흡기밸브 시라우드
A	a	없음
B	a	있음
C	a & b	있음

그림 4-17 다점점화, 가스유동강화에 의한 연소기간의 단축

향상요인을 살리고 악화요인을 억제하는 수단으로서는 실린더 내 가스 유동의 강화나 多點點火에 의한 燃燒期間의 단축, 急速燃燒化가 유효하다. 그림 4-17, 4-18은 그것들에 의한 연소기간의 변화와 BSFC의 향상효과를 나타낸 것이다.

즉, 근원적으로 연소기간이 긴 기관의 경우는 EGR에 의한 BSFC의 개선효과를 얻기 어려우나 급속연소화 함으로써 EGR율 20〔%〕이상에서 BSFC가 가장 좋은 기관이 될 수 있다.

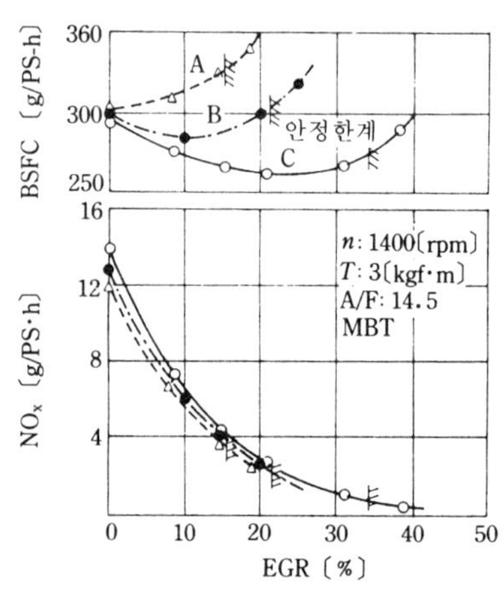

그림 4-18 급속연소화에 의한 BSFC, NOx의 개선

희박화나 EGR에 의한 연비개선효과를 충분히 얻기 위하여는 급속연소화 기술과의 조합이 불가결하다.

b) 점화시기의 최적화

연비면에 중점을 두고 보는 최적점화시기란 동일의 연료량으로 최대의 일을 얻을 수 있는 점화시기이고 이는 어느 조건보다는 실린더 내의 최고 압력이 15~20° ATDC가 되도록 점화시기를 설정하는 것이다(그림 4-19 참조). 최적의 점화시기가 조건에 따라서 달라지는 것은 기관의 회전속도나 부하, 공연비 등에 따라 점화로부터 연소종료까지의 시간이 변화되기 때문이다.

그림 4-19는 동일의 공연비, 흡기속도에서 회전속도와 부하를 변화시킨

경우의 最適點火時期(MBT)의 예를 나타낸 것이다. MBT는 低回轉, 高負荷쪽일수록 늦어지고(TDC에 가까워진다.) 高回轉, 低負荷쪽일수록 앞선다.

이것은 고부하가 될수록 잔류가스의 비율이 감소하고 연소속도가 빨라지는 것과 고회전화와 더불어 작동가스의 난류레벨이 강해지고 열발생의 크랭크 각도에서 보는 시간은 회전속도에 따르지 않고 거의 일정하나 점화로부터 열발생개시까지의 절대시간의 변화가 작고 고속일수록 필요한 크랭크 각도는 커지게 되어서 점화시기를 앞세울 필요가 있기 때문이다(이것은 뒤의 연소의 항에서 다시 설명될 것임).

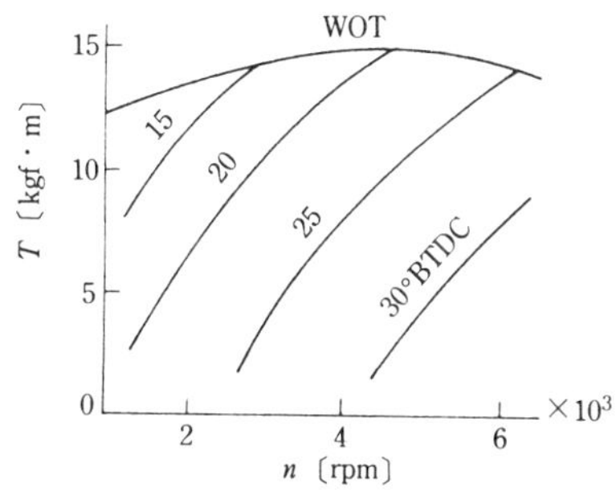

그림 4-19 회전수, 부하에 의한 MBT의 변화

실제 기관에서는 냉각수의 온도나 흡기온도 등에 따라 공연비가 변화하며 MBT의 값은 거기에 상응하여 변화한다. 전자제어 등을 하는 경우는 이들의 변화에 대하여도 항상 MBT가 되도록 제어가 가능하여 연비의 개선이 이루어진다.

c) 마찰손실의 저감

마찰마력은 이론적으로는 기계마찰마력과 보기구동마력과의 합이된다. 그런데 기관의 실제운전(firing)에서는 일반적으로 동력계로 이들 각각의 마력을 측정하기가 곤란하므로 실제의 경우는 기관을 電氣動力計에 직결하여 구동운전(motoring)을 하고 이때 필요로 하는 구동마력을 동력계로 계측하여 이것을 일반적으로 마찰마력이라고 한다. 따라서 흡기와 배기를 위하여 손실되는 일, 즉 펌프손실이 포함되며 모터링 때의 마찰마력은 다음 식으로 표시된다.

$$N_f = N_{mf} + N_{ma} + N_{mp}$$

여기서 N_f : 모터링시의 구동마력

N_{mf} : 순수한 기계마찰마력

N_{ma} : 보기류의 구동마력

N_{mp} : 펌프 손실마력

모터링시에는 기관의 피스턴 링이나, 베어링 등 각부에 작용하는 힘은 모터링시의 가스압력에 의한 것이고, 또 각부의 온도도 낮아서 실제 운전시의 마찰마력과는 비교적 다른 것으로 된다.

排氣行程 때의 실린더 내 압력은 모터링시에 비하여 실제운전인 경우는 크기 때문에 펌프손실은 배기행정손실만을 보아도 모터링 때는 실제운전의 경우보다 낮아지게 된다. 다만, 보기구동마력 N_{ma}는 모터링 때나 실제운전인 때의 차이가 거의 없다. 그리고 모터링으로 구하여진 마찰마력 N_f나 마찰평균압력 P_f는 이와 같은 이유에서 실제의 값과는 각각 다소 다르나 성능해석이나 성능비교에 편리하므로 일반적으로 이들 값을 그대로 사용하고 있다. 마찰손실을 구성하고 있는 것들에 대한 특성은 다음과 같다.

(i) 펌프손실

4사이클기관의 펌프손실은 지압선도의 흡·배기행정의 평균압력으로 측정하나 모터링에 의하여 간접적인 측정도 가능하다. 그림 4-20은 그 결과를 한 예로 나타낸 것이고 그림 4-21은 모터링에 있어서의 지압선도를 확대

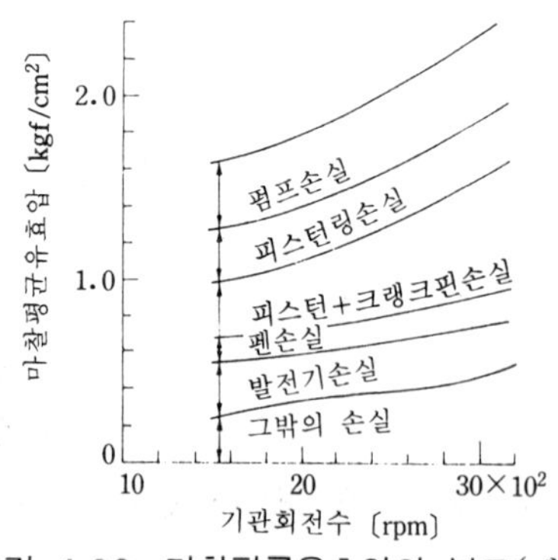

그림 4-20 마찰평균유효압의 분포(예)

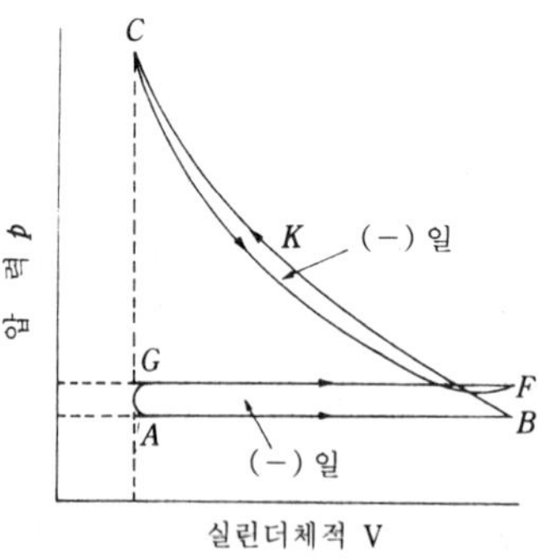

그림 4-21 모터링시의 지압선도

하여 나타낸 것이다. 그림에서 압축곡선 BKC가 팽창곡선 CLF보다 약간 상회하는 것은 압축행정의 후반과 팽창행정의 전반에서 실린더 벽을 통하여 빠져나가는 열손실로 인하여 가스의 온도가 저하되기 때문이다. 이 루프는 반시계방향이어서 그 일량은 負가 된다. 또 배기행정 FG는 대기압에 가까웁고 흡기행정 AB는 그보다 더욱 낮아서 부압으로 되어 있다. 이 루프도 반시계방향으로 되어 있어서 그 일량 또한 부가 되며, 이들 부의 일에 의한 손실이 모터링시의 펌프손실이다.

펌프손실 저감에 의한 부분부하시의 BSFC 향상방법은 혼합비를 희박하게 하거나 EGR 이외에도 흡기밸브의 닫힘시기를 보통 때보다 늦추어서 펌프손실을 저감시키는 방법도 검토되고 있다. 또 다실린더기관의 일부 실린더를 휴지시켜서 가동실린더를 고부하측에서 사용하는 시스템도 넓은 의미로서의 펌프손실 저감방법으로 한때 실용되었던 바 있다.

(ii) 기계손실

ⓐ 피스턴, 피스턴 링에 의한 손실

이들 손실은 기계손실 가운데에서도 그 차지하는 비율이 가장 크고 또한 가스압력과 온도의 영향을 받으므로 앞에서 설명한 바와같이 출력운전 때와 모터링 때에는 마찰손실의 크기가 많이 달라진다. 일반적으로 피스턴 본체의 마찰손실은 피스턴의 측압과 실린더 벽과의 미끄럼운동을 하는 접촉면적에 지배된다. 이 측압은 왕복운동부분의 관성력과 가스압력에 의하여 생기게 되므로 왕복질량을 감소시킴으로써 피스턴 마찰손실의 감소에 효과가 있다. 또 피스턴 마찰손실은 실린더와 피스턴의 틈새에서의 유막의 점성마찰에 의한 것으로서 피스턴 속도의 2승에 거의 비례하여 커지게 된다.

한편 피스턴 링은 운전 중에는 링의 배면에 작용하는 가스압력과 링의 장력에 의하여 실린더 벽에 강하게 밀어 붙여지고, 이 밀어 붙여지는 힘은 링 배면에 걸리는 가스압력에 주로 지배되므로 제1압축링(top ring)이 가장 강하고 순차로 낮아진다. 따라서 피스턴 링의 장력을 약하게 만드는 예도 있다.

피스턴 전체의 마찰손실은 가스압력에 강하게 관계되는 링 마찰손실과 가스압력에는 관계가 그다지 크지 않는 피스턴 본체의 마찰손실로 되어 있고 그 크기는 순수한 기계손실의 50~60% 정도이다.

링 장력의 저하나 링 두께의 저감에 의하여도 마찰손실은 저감될 수 있으나 이 문제는 링의 제원을 달리하거나 실린더 보어의 변형억제 등 외에 오일소비, 블로바이가스 대책도 함께 고려하여야 할 필요가 있다.

ⓑ 커넥팅로드, 크랭크축에 의한 손실

이 손실은 주로 크랭크메인베어링의 점성마찰이므로 기관회전속도의 2승에 비례하여 커진다. 베어링에 작용하는 하중은 회전속도만큼은 미치는 영향이 크지 않으므로 고속기관인 경우는 가스압력보다도 관성력이 커지므로 그 대책으로서 카운터 웨이트를 부착하여 평형을 취하고 있다. 크랭크축의 마찰손실을 적게 하기 위하여는 유막면을 결정하는 베어링 면적이 작고 베어링의 수가 적으며 크랭크축의 경이 작을수록 유리하다. 그러나 이들은 내구, 강도면과 또한 기관의 소음, 진동상 이롭지 못하게 되므로 마찰손실의 감소만의 차원에서 결정될 수는 없다. 그림 4-22는 베어링 미끄럼 운동부분의 면적과 마찰토크의 관계를 한 예로 나타낸 것이다.

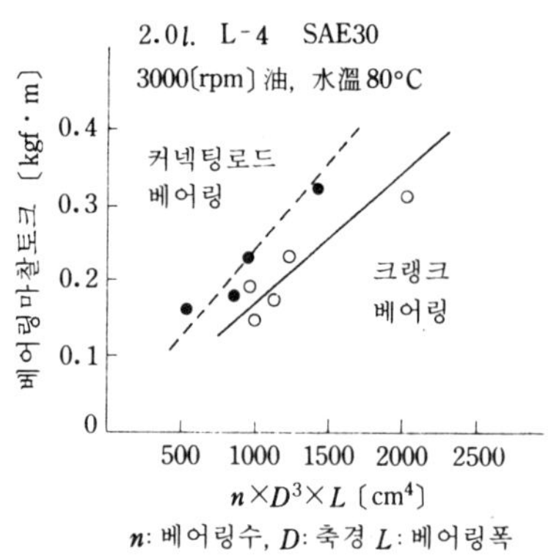

그림 4-22 베어링미끄럼면의 면적과 마찰토크

ⓒ 밸브작동계에 의한 기계손실

기관의 저회전영역에 있어서는 전체기계손실의 15〔%〕 전후가 밸브작동계에 의한 것으로 그 대부분은 캠과 캠폴로어(follower) 사이의 미끄럼 마찰에 의한 것이고 이는 밸브 스프링 하중에 비례한다. 저감방법으로는 밸브작동계에의 경량화에 의한 스프링 하중의 저감과 캠플로어부에 롤러를 사용하는 것이 효과적이다. 그림 4-23은 롤러밸브작동계의 효과를 나타낸 것으로 저속에서는 약 70〔%〕가량이나 미끄럼밸브작동계에 대하여 마찰손실의 저감이 가능함을 나타내고 있다. 따라서 이 롤러밸브작동계는 점차 일반화되어 가고 있는 추세에 있다.

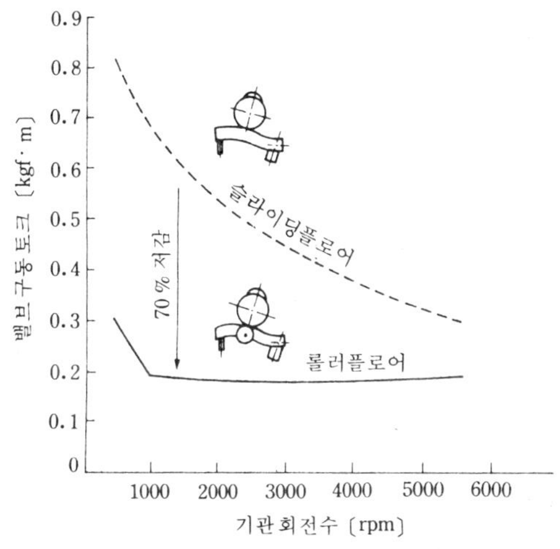

그림 4-23 롤러밸브작동계의 마찰 저감효과

(iii) 보기구동손실

특히 가솔린기관의 補機로서는 본체의 운전에 직접적으로 필요한 냉각수 펌프, 윤활유 펌프, 냉각 팬, 발전기나 상착이 일반화되어 있는 에어콘용의 압축기, 파워스티어링용의 펌프 등이 있다. 각각의 구동손실을 저감시키기 위하여 다음과 같은 방법이 취하여지고 있다.

ⓐ 냉각수 펌프 : 베인형상의 개량, 펌프용량의 최적화

ⓑ 윤활유 펌프 : 치형 또는 베인의 개량, 용량의 최적화

ⓒ 냉각 팬 : 전동 팬(고회전시에만 작동)

커프링 팬(고회전시에는 감속)

팬 형상개량

ⓓ 발전기 : 소형 고효율화

ⓔ 압축기 : 소형 고효율화, 가변용량화

ⓕ 파워스티어링 펌프 : 소형 고효율화, 전동식의 채용

2) 아이들, 감속연비의 향상

아이들이란 축출력은 내지 않고 기관의 마찰손실에 이기면서 설정회전속도를 유지하고 있는 상태이므로 부분부하 연비의 향상방법에서 설명한 마찰손실의 저감이 아이들 연비의 제 1 향상방법이다.

아이들, 감속 특유의 연비개선방법으로서는 다음과 같은 것들이 있다.

a) 밸브오버랩 축소

아이들 때에는 충전효율이 낮기 때문에 실린더 내의 잔류가스비율이 높고 부분부하에 있어서 대량 EGR 상태(그림 4-16 참조)에 가깝다.

따라서 연소속도가 늦고 연소변동도 부하가 걸려있을 때보다 크다. 잔류가스비율은 동일회전속도인 경우는 밸브오버랩량에 의하여 거의 결정되어지므로 오버랩을 작게 함으로써 연소개선, 연비개선이 이루어진다.

한편, 동일의 작동각 캠으로 소오버랩화하면 저중속토크가 저하하고, 저속토크를 유지하기 위하여 캠의 작동각을 작게 하면 최대출력이 낮아진다. 따라서 실제의 밸브 개폐시기는 아이들성능과 출력성능의 양쪽 요구를 충족시킬 수 있도록 고려하여 결정되어져야 합리적이다. 일부 기관의 경우는 이를 위하여 양립을 위한 가변기구도 실용화되는 예가 있다.

b) 회전속도의 저하

아이들 때의 연료소비량은 부분부하 때와는 달라서 공연비의 영향은 비교적 작다. 이것은 동일의 점화시기에서 공연비가 희박하여지게 되면 연소속도가 늦어지게 되고 희박화에 의한 향상분 만큼을 상쇄하여 버리기 때문에 연소변동도 급속하게 악화한다. 동일공연비로서 아이들 회전속도를 저하시키면 일의 양이 감소하므로 연료소비량도 거의 직선적으로 저감된다.

그러나 회전속도를 낮추면 오버랩크랭크角度 일정의 경우일지라도 오버랩시간이 길어지기 때문에 잔류가스의 비율이 증가하여 다시 연소개선의 필요성이 생긴다. 구체적으로 小오버랩化, 混合氣의 霧化, 분배향상, 가스유동의 강화, 농후혼합비(최대 연소속도 공연비)의 사용 등이 그 대책이다.

농후혼합비를 사용하는 경우는 배출가스 정화를 위하여 배기관에 공기를

공급하는 2차공기장치가 필요하게 되고 저회전화와 함께 차량의 경우는 차체에 미치는 振動周波數帶域이 넓어지는데 따른 대책도 필요하다.

c) 감속 연료컷

시가지주행을 모방한 10모드시험에서는 연료소비량이 아이들링과 감속에서 全燃料消費量의 20~25〔%〕를 차지한다.

감속시의 연료유량은 과도시를 제외하면 아이들시와 동일하므로 아이들 연비저감법은 즉 감속연비저감법이다. 감속시는 원래 연료공급의 필요가 없는 조건이므로 감속시 연료컷시스템은 일반화되어 있다.

감속으로부터 아이들이나 부하조건으로 되돌려졌을 때 기관이 정지하거나 충격이 커지지 않기 위해서는 연료의 공급을 재개하는 리커버 회전속도는 아이들 회전속도보다 상당히 높게 설정할 필요가 있다. 따라서, 연료나 점화시기의 최적제어와 리커버 회전속도를 저하시킴으로써 감속시의 연비저감을 얻는 예도 있다.

(2) 實用燃費의 향상

10모드 연비나 60〔km/h〕定地燃費로 일컬어지고 있는 公稱燃費에 대하여 실제의 연비, 예로서 연료탱크가 완전히 채워진 만탱크법으로 측정한 값〔km/*l*〕를 실용연비라 하고 있다. 동일의 차종으로서 동일기종의 기관일지라도 주행패턴, 계절, 운행하는 사양의 결정하는 방법과 운행방법 등에 내하여 설명하면 다음과 같다.

1) 난기성능의 향상

그림 4-24는 기관이 완전하게 더워진 뒤의 시가지주행 패턴에 있어서의 실용연비에 대하여 1회당의 주행거리와 외기온도가 변화한 경우에 연비가 어떻게 달라지는지를 조사한 결과를 나타낸 것이다. 이로부터 기온이 낮을수록, 또 주행거리가 짧을수록 연비가 악화됨을 알 수 있다.

특히 주행거리가 10〔km〕이하에서는 거리가 짧아지는데 따라 급격히 악화된다. 그 이유는 전운전시간이 차지하는 暖機時間의 비율이 높아지기 때

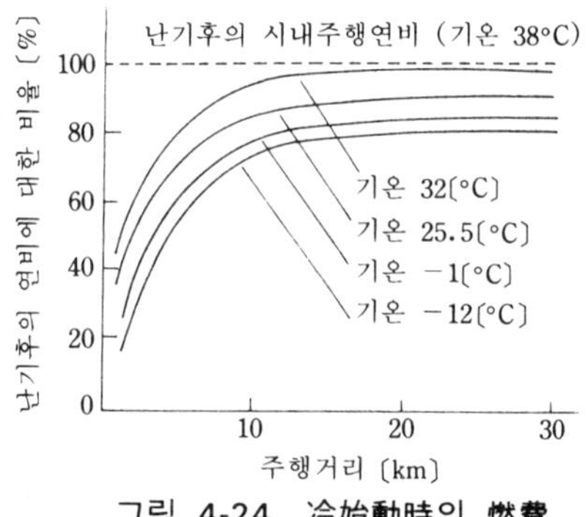

그림 4-24 冷始動時의 燃費

문이고 난기 중의 연비가 나쁜 것은 윤활유의 온도가 낮아 점도가 높기 때문에 마찰손실이 증대되는 것과 冷機時는 실린더 내에 있어서의 연료의 氣化率이 저하되므로 양호한 연소를 유지하기 위하여는 기관이 더워진 때보다 농후한 혼합기를 공급할 필요가 있기 때문이다.

暖機性의 향상을 위하여는 기관의 열용량(냉각수 주입량)의 저감, 즉 경량 컴팩트엔진으로 할 것과 저온에서도 점도가 낮은 멀티 그레이드 오일의 사용, 연소개선에 의한 냉기시의 사용공연비의 희박화 등이 있다.

자동차의 기관인 경우는 냉기시, 특히 겨울철이나 寒冷地에 있어서는 엔진룸의 통풍을 제한하여 라디에이터를 포함, 전체의 난기촉진을 도모하여야 한다.

2) 電力消費의 저감

자동차에 있어서 전력소비원으로서는 기관을 운전하는데 필수적인 점화계, 연료펌프나 인젝터 등외 연료계와 라이트류, 블로어, 오디오류 등 여러종류가 있다. 기관운전 중의 전력소비는 발전기의 부하로 되고 기관쪽에서 볼 때에는 보기구동손실의 증대로 되어서 연비의 악화를 가져오게 된다.

그림 4-25는 10모드 연비와 소비전력과의 관계를 나타내는 한 예이다. 이 예를 통하여 볼 때 소비전력이 50 W에서 150 W로 증대되면 10모드 연비가 약 3[%] 정도 악화됨을 나타내고 있다. 따라서 불요불급의 전력소비는 되도록 제어함으로써 실용연비의 향상을 얻을 수 있다.

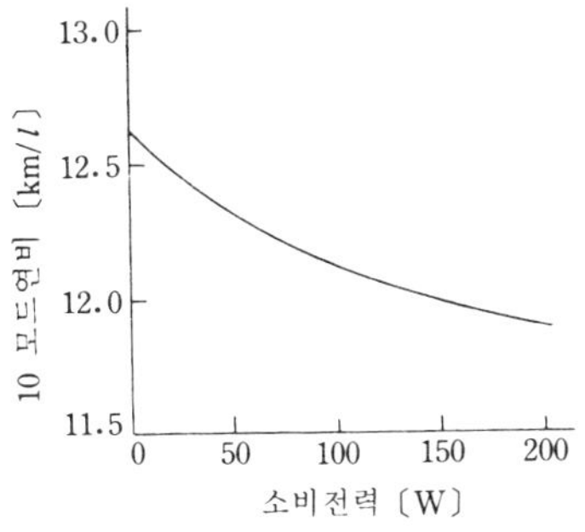

그림 4-25 소비전력과 10 모드 연비의 관계

3) 운전방법

실용연비를 향상시키는 데는 차량의 경우 운전방법의 참고로서 마일레지 마라톤(milage marathon)이라고 부르는 연비경주에 쓰여지는 운전방법이 있다. 이것은 경량, 통풍이나 구름(rolling) 등에 대한 저저항인 차량으로서 배기량이 작은 기관을 간결적으로 전부하운전을 하여 일정평균차속 이상으로 주행 연비를 비교하는 것이고, 간결적인 운전시 이외는 기관은 정지된 타행운전을 한다. 즉, 가장 연료소비율이 좋은 全負荷인 때만 구동력을 얻으며 기관에는 정상, 감속, 아이들링의 조건이 없는 극단적인 운행방법이다.

이상으로부터 제동연료소비율 b_e를 저하시키는데 유효한 방법을 정리하면 다음과 같다.

ⓐ 압축비를 높인다(노크를 일으키지 않는 범위에서).

ⓑ 공기과잉률 λ를 크게 취하고 b_e가 최소치를 나타내는 희박혼합비로 운전한다. 다만, 이때에는 P_{me}도 저하되나 b_e를 낮추고저 하는 것은 경부하인 경우이므로 일반적으로 운전에는 지장이 없다.

ⓒ 마찰손실을 극력 감소시키는데 노력하여 P_f를 작게 한다.

ⓓ 앞에서 설명한 바와같이 스로틀밸브는 되도록 전개에 가까운 상태에서 운전한다. 큰 출력의 기관을 스로틀링하여 부스트압을 내려서 낮은 출력인 상태로 사용하는 것은 b_e를 저하시키기 위하여는 불합리하다.

ⓔ 과급기의 구동마력을 저하시킨다. 즉 단열효율 η_{ad}를 향상시키거나 또는 배기터보에 의한 구동법이 가장 유효하다.

ⓕ 이론공기량 L_{min}의 되도록 큰 연료를 사용한다. 알코올과 같이 L_{min}의 작은 연료인 경우는 P_{me}는 동일하여도 b_e가 증가된다(식 (3-34) 참조).

4-4 機關性能을 결정하는 基本要素

기관의 성능에 관계되는 기본인자 가운데 기관의 본체를 이루는 부분으로서 성능과 깊이 관련되는 곳은 연소실이다. 연소실은 밸브의 배치, 압축비, 밸브의 개폐시기와 그 작동방식 등과 관계 되고 그 설계에 앞서 실린더 보어나 스트로크, 실린더 수와 그 배열 등이 고려되어야 할 사항들이다.

(1) 燃燒室

연소실은 그 기관의 성능을 좌우하는 기본적인 잠재력을 가지고 있다. 즉 연소실의 설계에 의하여 출력성능 외에 연비성능과 배기성능이 거의 결정되기 때문이며 다음과 같은 점에 대하여 유의하여야 한다.

① 體積效率의 향상 : 흡·배기가 효율적이고 가스교환이 순조롭게 이루어질 것

② 熱效率의 향상 : 연소에 의하여 발생된 열은 출력으로 효율적으로 변환될 것

③ 燃燒效率의 향상 : 연소실에 흡입된 연료는 허실없이 연소되고 또 열에너지로서 이용될 수 있을 것

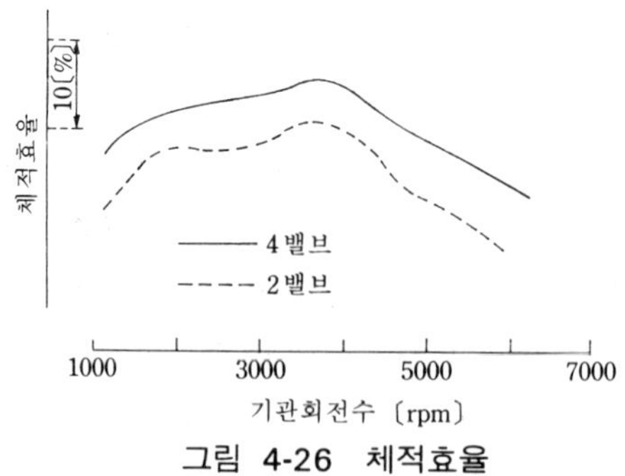

그림 4-26 체적효율

1) 체적효율의 향상

출력성능과 가장 깊은 관계를 가지는 것이 체적효율이다. 실제 체적효율을 결정하는 요인으로서는 흡·배기밸브의 徑과 그 형상, 흡·배기포트 및 그것과 이어지는 연소실의 형상 등이다. 특히 밸브 경사각은 연소실의 형상, 밸브의 경 및 수와 관계가 깊으며 체적효율의 향상에는 멀티밸브화가 바람직하다.

2) 열효율의 향상

연소실의 설계에서 열효율의 향상에 기여하는 것은 압축비를 크게 하여 이론열효율을 높이고 급속연소로 연소시간을 단축시킴으로써 냉각손실의 저감과 또한 노킹의 유발을 개선한다.

먼저 연소시간과 냉각손실에 대하여는 다음과 같이 생각할 수 있다. 즉 냉각손실의 저감에는 연소시간의 단축과 연소실 표면적을 작게 하는 것이며 그 유효한 방법으로서 기관은 장행정화하여 실린더 경을 작게 하는 것과 흡·배기밸브를 연소실 벽면과 면이 같아지도록 하는 외에 피스턴 헤드면에 凹凸을 붙이지 않는 등의 배려가 필요하다. 즉 S/V 비를 작게 하는 것이고 연소실의 구석진 곳의 모서리 R 이나 스퀴시 면적은 밸브 협각이나 압축비가 정하여지면 자동적으로 결정되어지는 부분도 많다. 그러나 성능면에서 볼 때에는 S/V 비를 작게 하기 위하여는 모서리 R 은 되도록 크게 하는 것이 좋으며 스퀴시 면적이 커지게 되면 가스 유동이 좋아짐으로써 노킹의 발생을 억제하는 효과가 있으나 이것은 S/V 比가 악화되는 역의 관계를 가진다.

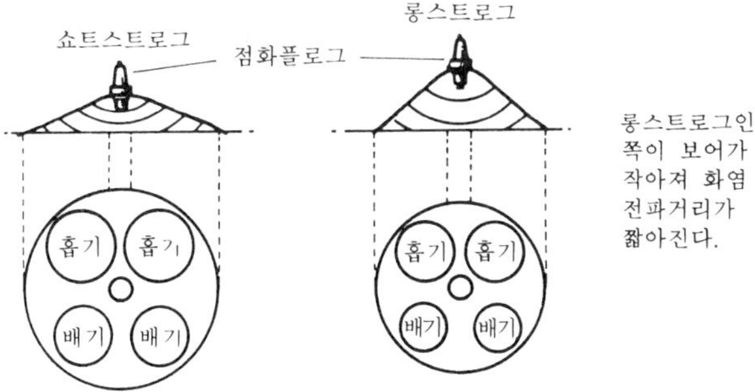

그림 4-27 보어의 소경화에 의한 연소기간의 단축

3) 연소효율의 향상

연소실에 들어간 연료를 허실없이 연소시켜서 출력으로 변환시키는 것이 연소효율의 개선이다. 연소실에 들어간 연료 가운데 일부는 粒徑이 크고 또한 다른 일부는 흡기포트의 벽에 부착, 벽류(wall folw)로 되어서 기화되지 않는 상태이어서 연소에 참여하지 못하는 분이 있다. 이 연료의 허실되는 분을 감소시키려면 클레비스 볼륨을 감소시켜야 한다.

(2). 밸브配置

밸브의 배치가 정하여지게 되면 연소실의 형상은 자연 결정된다. 특히 4 밸브 배치인 경우는 연소실 상부의 많은 부분을 밸브가 차지하게 되어 설계에 자유도가 거의 없고 연소실의 나머지 부분은 보어와 밸브 사이의 스퀴시 에어리어의 형상 정도이다.

4 밸브기관의 원래의 목적은 최고출력을 얻기 위하여 최고회전시의 충전효율이 높을 것과 고속운전시 밸브작동의 추종성이 좋아서 기관이 높은 성능을 얻을 수 있는 것이 특징이었다. 그런데 지금의 4 밸브기관의 특징은 고속회전시의 충전효율의 向上値를 실용고속회전영역에서 全域의 향상치로, 또 고속회전까지 추종될 수 있는 밸브작동의 잠재능력을 실용회전역까지 확대시키고 뿐만 아니라 그때의 마찰 저감도 함께 적응이 가능하도록 하는 두 점이다. 그리고 4 밸브기관은 전역에 걸쳐서 출력과 연비의 양면에서 2 밸브기관을 능가한다. 그리고 4 밸브기관은 중앙점화이어서 연소면에서 2

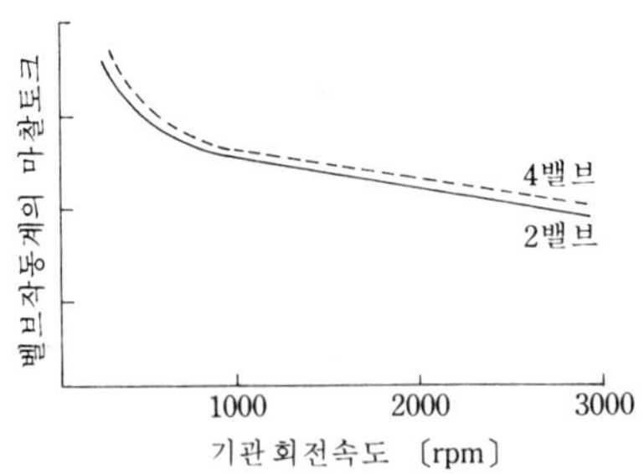

그림 4-28 多밸브化와 밸브작동계 마찰토크(4 실린더기관)

밸브기관에 비하여 유리하다.

이상과 같이 고속회전, 고출력으로부터 전역 고효율 쪽으로 지향하는 방향이 달라짐에 따라 연소실의 설계도 그것에 따라 다소 다르다. 즉 높은 흡·배기효율을 얻은 것이 최상의 목표이었으므로 밸브 경을 크게 할 수 있고

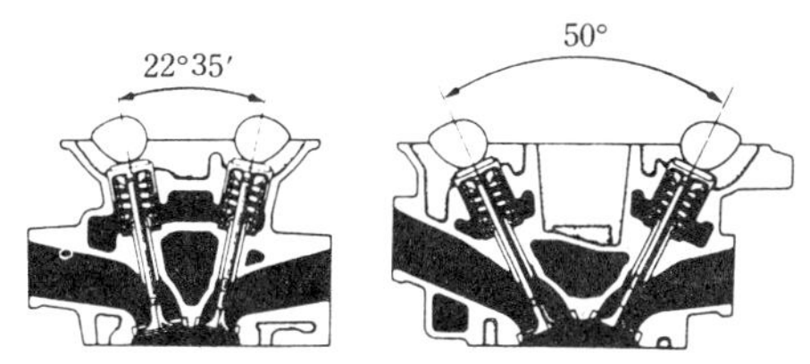

그림 4-29 밸브협각과 연소실과의 관계(예)

흡·배기의 유동성이 좋도록 밸브 협각을 크게 하였다. 그에 대하여 같은 4밸브기관인 경우에도 전역에서 높은 효율을 지향하는 경우에는 연소실의 형상을 S/V 비가 악화되지 않고 고압축비를 실현하며 메커니컬 옥탄가를 높이기 위하여 밸브 경과 밸브 협각을 공히 작게 한 컴펙트 연소실로 하는 경우도 있다.

(3) 壓縮比

압축비는 이론열효율을 결정하는 기본요소이나 동시에 압축비는 노킹과 큰 관계를 가진다. 여기서는 압축비와 노킹과의 관계를 중심으로 기술한다.

압축비를 높이면 연소종료시기가 빨라져서 배기온도가 낮아지고 출력이나 연비가 모두 향상된다. 그러나 이것이 실현되는 데는 그때의 회전속도, 부하에 있어서 출력 및 열효율이 최대로 되는 점화시기(MBT)일 때 뿐이고 노킹이 발생되면 점화시기를 늦추어야 하며 그렇게 되면 최고연소압력이 낮아지고 배기온도가 높아지며 냉각수로의 방열량이 많아져서 처음의 지향하였던 바와는 역의 현상이 발생되어서 高壓縮比化는 반드시 좋은 것만은 아니다. 이상은 全開領域일 때이고 부분부하영역에서는 實壓縮比가 낮기 때문에 압축비를 높게 하여도 문제의 발생은 없다.

1) 노킹과 압축비

노킹은 피스턴이나 실린더 헤드를 용해시킬 만큼의 큰 에너지를 가진다. 뒤에서 설명하는 바와같이 노킹은 혼합기가 가장 늦게 연소하게 되는 곳인 엔드 가스 존(end gas zone)에서 미연가스가 순간적으로 연소하는 自發火現象으로 衝擊波를 동반한다. 이 충격파가 연소실 내를 왕복하면서 금속성의 노크 음을 내는 외에 피스턴이나 연소실의 표면을 덮고 있는 경계층을 파열, 그로 인하여 직접 2000〔℃〕 정도의 연소가스가 피스턴이나 실린더 헤드에 직접 닿게 되면서 용융되어 버린다. 보통의 연소인 때에는 피스턴 헤드가 경계층으로 보호되어 실린더 헤드는 200〔℃〕, 피스턴 크라운면은 300〔℃〕 정도의 온도이다.

연소실 내에서 연소가 시작되면 미연혼합기는 이미 연소된 개연가스에 의하여 압축, 가열되고 엔드 가스 존에서는 그 압력, 온도에 견디지 못하게 되어 자연착화되어 버린다. 압축비가 클 경우는 처음부터 압축에 의하여 혼합기 온도가 그만큼 높아진 상태이고 연소압력도 또한 높아져서 엔드 가스 존에서의 압력, 온도는 倍加된다. 일단 노킹이 발생되면 피스턴이나 실린더 헤드 표면의 경계층이 파열되어 고온이 되므로 더욱 더 노킹은 발생되기 쉬워진다.

노킹은 기후의 영향도 받아서 공기밀도나 기온이 높고 水蒸氣分壓이 낮은 상황에서는 발생하기 쉬워진다. 따라서 겨울철보다 더운 여름철인 편이 노킹의 발생이 쉬워지며 이것은 냉각수의 수온이 높을 뿐 아니라 에어콘 등의 부하도 여름철인 때가 높기 때문이다.

이상 설명한 바와 같이 노킹은 엔드 가스 존에서 발생되므로 화염의 전파거리가 길거나 혹은 연소가 늦어지게 되면 발생되기 쉬워지므로 노킹의 방지에는 보어 경을 작게 하거나, 점화플러그를 중앙에 둔다든지, 가스유동의 촉진으로 연소속도를 증가시키는 등의 방책이 효과적이다.

이와 같은 관점에서 최근의 기관에는 스퀴시 에어리어를 가진 컴팩트한 연소실 형상으로 한 것이 많고 노킹을 방지하여 고압축비화를 실현하고 있다. 이와같이 연소실 형상에 의한 노킹의 발생되기 쉬운 지표를 메커니컬 옥탄가라고 칭한다.

2) 겉보기 압축비와 실압축비

우리들이 압축비라고 칭하는 것은 실은 겉보기 압축비를 뜻하는 것이고 노킹 현상과 관계가 있는 것은 실압축비인 쪽이다. 실압축비란 실린더에 흡입된 공기가 얼마만큼 압축되는가를 뜻하는 것으로 그 크기는 흡기량에 비례한다. 쉽게 표현하면 노킹은 실압축비와 혼합기 온도, 연소실벽 온도, 연소실 내 가스유동의 함수로 되어 있다. 혼합기 온도, 연소실벽 온도가 동일할 때에는 실압축비가 높을수록, 또 가스유동이 적을수록 노킹이 발생되기 쉽다.

흡입공기량이 적은 부분부하역에서는 압축비를 높여도 실압축비가 높지 않으므로 노킹은 발생되지 않으며 따라서 압축비를 높이면 그만큼 열효율이 향상되어 연비가 좋아진다. 한편 전부하영역에서는 충전효율이 높고 그에 상당하는 분의 실압축비도 높기 때문에 노킹을 억제하기 위하여는 압축비를 그다지 높이지 못한다. 특히 출력의 증대를 위하여 다량의 공기를 흡입토록 설계된 흡기계를 가진 고성능기관인 경우는 더욱 더 그 경향은 크다. 이 전부하영역에서도 혼합기가 강한 난류에 의해 교반되는 고회전인 때보다 가스의 유동이 적은 저회전영역이 노킹을 일으키기 쉽다. 압축비는 기본적으로 저속 전부하인 영역이 결정요인이 된다. 그러므로 "저속토크를 얻기 위하여 많은 공기를 흡입하게 되면 노킹이 발생되기 쉬워진다고 하여 점화시기를 늦추게 되면 토크가 떨어져버린다. 이것을 회피하기 위하여는 압축비를 낮춘다."라고 하는 논리가 된다.

이상을 정리하면 부분부하영역에서는 압축비를 높일 수 있으나 전부하영역에서는 이를 그다지 높일 수 없으며 특히 이와 같은 현상은 저속, 전부하일 때가 더욱 심하다. 즉 기관의 운전상태에 따라 최적의 압축비의 요구는 달라지고 이 달라지는 요구에 대응할 수 있으면 현재보다 더욱 연비와 출력을 높은 차원에서 실현시킬 수 있을 것이다. 그 수단으로 주목되는 것이 가변압축비의 시스템이다.

겉보기의 압축비 : $\varepsilon = \dfrac{V_c + V_h}{V_c}$

실압축비 : $\varepsilon' = \varepsilon \times x$

x: 압축하기 전 실린더 내 혼합기의 압력(절대압)

예를 들면 부스트 −380〔mmHg〕인 경우는

$$x = \frac{760 - 380}{760} = 0.5$$

따라서, 실압축비 ε' 는

$$\varepsilon' = 0.5 \times \varepsilon$$

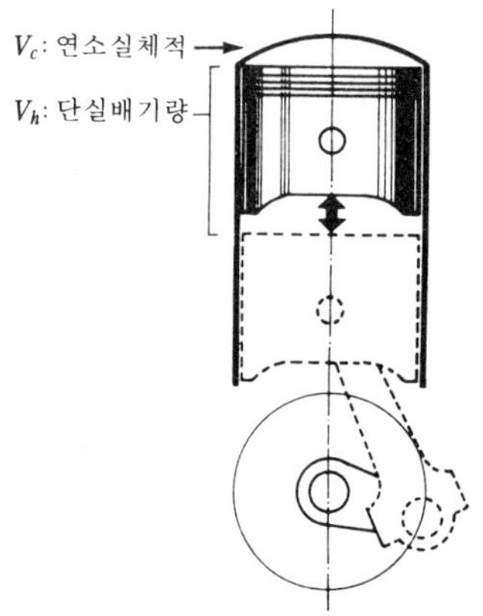

그림 4-30 압축비를 생각하는 방법

가 되어서 겉보기 압축비의 $\frac{1}{2}$이 된다.

터보 과급인 경우 과급압을 1기압이라고 하면

$$x = \frac{760 + 760}{760} = 2$$

이고 이로부터 실압축비는 $\varepsilon' = 2 \times \varepsilon$이 되어 겉보기 압축비의 2배가 된다.

터보기관인 경우는 압축비를 NA 기관보다 낮추고 있는 것은 과급되는 분만큼 실압축비가 높아지기 때문이며 압축비가 10인 기관을 과급압 1〔kgf/cm^2〕로 과급을 하게 되면 공기량이 2배로 되기 때문에 실압축비는 20으로 된다. 그리고 실제로는 과급을 하게 되면 흡입공기의 온도가 올라가므로 그 분을 고려하여야 하고 이는 흡입공기의 온도가 예를 들어서 30〔℃〕에서 100〔℃〕로 상승되는 경우는 노킹을 유발시키는 데 크게 영향을 미치게 된다.

3) 노킹의 회피

연소실의 개량이나 점화시기를 늦추는 수단 이외에 노킹을 회피하는 방법은 다음의 3가지를 생각할 수 있다.

a) 연소실의 냉각개선

냉각수의 온도를 저하시키는 데는 연소실 주변의 냉각수 유속을 높게 하여 열전달률을 높이는 방법이다. 다만, 냉각수의 온도를 내린다고 하여도 80〔℃〕 이하로 저하시키는 것은 현실적이 아니고 여하히 80〔℃〕를 유지시키느냐가 중요하며 기관에 따라서 다르나 냉각수의 온도가 10〔℃〕 정도 내려가게 되면 점화시기를 1° 앞세울 정도의 효과를 가진다. 그리고 연소실 주변의 냉각수의 유동이 정체되지 않도록 하게 되면 실질적으로 수온을 저하시키는 것과 같은 정도의 효과를 기대할 수 있다.

b) 혼합기의 공연비 변화

일반적으로 理論混合比→出力混合比→失火限界까지 공연비가 농후하게 되면 노킹은 개선되어 간다. 출력혼합비로 하였을 때에는 점화시기가 MBT일 때 출력이 최대로 되나 그 이전에 노킹이 발생되는 경우에는 출력혼합비 이상으로 농후하게 하고 점화시기를 빨라지게 하는 편이 출력이 높아지는 예가 많으며 이것은 특히 터보기관인 경우에 해당된다. 한편 이론공연비보다도 혼합비를 희박하게 하면 또한 노킹은 개선된다. 이것은 연료에 대하여 공기가 과잉으로 공급되므로 연소실이 공기에 의하여 냉각되기 때문이다.

c) 프레미엄 가솔린의 채용

耐노크성이 높은 가솔린을 사용하는 것으로 노킹을 회피할 수 있다. 프레미엄 가솔린(premium gasoline)은 성분 가운데 아로마틱분이 많고 또한 첨가제에 의하여 自己着火性을 억제한다. 레귤러 가솔린(regular gasoline)의 옥탄가 (RON)이 약 91 전후인데 대하여 프레미엄 가솔린인 경우는 약 100 정도이다. 이 옥탄가의 다른 것은 점화시기로 약 6°, 압축비로 고치면 약 1 정도이다.

4) 밸브 작동방식

흡·배기밸브의 구동방법에는 캠에 의한 直動式과 로커 암을 거쳐서 구동하는 間接式의 2형식이 있고 로커 암 형에는 한쪽을 固定支點으로 하여 지지된 상태에서 움직이는 스윙 암(swing arm) 식과 중앙이 로커 암 축으로 지지되어 T자 형으로 움직이는 로커 축의 2종류가 있다. 각각에 기계적으로 틈새(valve clearance)를 조정하는 소리드 형과 현재 많이 쓰여지고 있는 것으로 유압에 의하여 자동적으로 틈새를 0으로 조정하는 유압 HLA(hydrauric lash adjuster) 방식으로 나누어진다. 이들 밸브 개폐기구에는 흡·배기밸브를 각각 별개의 캠축으로 구동시키는 DOHC와 1개의 캠축으로 흡·배기밸브를 모두 구동하는 SOHC 방식이 있다.

5) 밸브 구동방식

a) 직동식

직동식은 부품의 수가 적고 구성이 간단하여 밸브 구동계의 강성이 높고 관성질량도 가벼운 특징이 있다. 특히 최근 실용화되고 있는 알루미늄 버킷 리프터(aluminum bucket lifter)를 사용할 경우에는 롤러 베어링을 사용하는 스윙 암 형에 못지 않는 마찰저감이 실현된다. 뿐만 아니라 밸브 틈새의 변화가 적으므로 유압 HLA를 사용하지 않아도 되고 결점으로는 밸브 리프트가 버킷 경의 제약을 받으므로 밸브의 리프트 양을 크게 할 수 없는 것과 구조가 간단하여 밸브작동의 可變化의 발전성이 없다는 점이다.

b) 로커 암 형

(i) 스윙암 식

이 방식은 밸브의 개폐용 암을 소형, 경량으로 설계할 수 있어서 관성질량이 적고 강성도 직동식과 다를 바 없다. 뿐만 아니라 로커 비를 1.5 정도로 할 수 있어서 직동식보다 밸브 리프트 양을 크게 할 수 있다. 그러나 앞의 것에 비하여 로커 암의 개재로 밸브 틈새의 경시 변화가 크고 밸브 작동기구의 마찰이 크다. 이를 보상하기 위하여 유압 피버트(hydraulic pivot)를 채용하여 이 피버트 부에 유압기구가 채용되므로 관성질량이 전혀 커지지 않는 이점이 있다. 밸브 작동기구의 마찰의 저감을 위하여 롤러 로커

암을 채용하고 있어서 현재로서는 밸브 작동기구의 마찰 억제에 관하여는 최고의 수준이고 밸브의 리프트가 커져도 그 값은 커지지 않는다.

(ii) 로커 암 축식

캠을 실린더 헤드의 중앙에 배열, 좌우의 밸브를 로커 암으로 구동하는 전형적인 배치로서 현재 이 방식이 SOHC 4밸브의 주류를 이루고 있다. 캠축이 실린더 헤드의 중앙에 있어서 점화플러그를 똑바로 세우는 직립은 불가능하나 거의 DOHC에 가까운 중앙점화플러그 배치가 가능하다. SOHC인 경우는 그다지 고회전을 요구하지 않아서 실용상에 문제는 없으며 로커암에 내장되는 소형의 유압 어드져스터가 개발되어 실용화되고 있다.

c) 캠축 형

(i) DOHC 방식

DOHC 방식은 흡·배기밸브를 각각 별개의 캠축으로 작동하므로 밸브 작동기구 주변의 설계 자유도가 높고 또한 구조적으로 간단하여 밸브 작동계 부품을 소형, 경량으로 설계하기 쉽다. 또한 밸브 협각을 자유롭게 취할 수 있어서 연소실의 설계 자유도가 클 뿐 아니라 흡·배기밸브를 별개의 캠축으로 구동하기 때문에 가변 밸브 타이밍, 가변 밸브 리프트 등 흡배기 효율을 높이기 위한 가변기구의 추가가 쉽다.

(ii) SOHC 방식

종래의 2밸브용으로 쓰여져 온 것인데 최근에는 4밸브용으로 사용하게 되었다. 캠축이 실린더 헤드 중앙부에 있어서 점화플러그를 똑바로 세우기는 어려우나 약간 눕히면 DOHC와 같은 중앙점화가 실현될 수 있다. 그러나 밸브 협각을 그다지 크게 할 수 없으나 연소실을 컴팩트화 하는데 장점일 수 있으며 기관의 고성능보다 고효율을 겨냥한 것으로 4밸브화 함으로써 2밸브에 비하여 성능, 연비면에서 우수하고 따라서 SOHC 4밸브 형은 실용적인 기관이라 할 수 있다.

(4) 機關의 出力과 밸브 타이밍의 設定

밸브 타이밍의 설정하는 방법은 종래와는 생각하는 방법이 많이 달라진

경향이 있다. 즉 2밸브기관이 주류이었던 시대는 실용기관은 고속성능은 단념하고 아이들 안정과 저속 토크에 중점을, 레이스카용 기관은 이것과는 역으로 고속성능을 위하여 아이들과 저속 토크, 연비는 희생하는 쪽으로 생각하였다. 4밸브기관이 상식화된 현재로는 모든 성능이 높은 차원에서 매칭되는 것을 중시하게 되었고 또한 기술도 어느 정도 만족할 수 있는 단계에 있다. 즉 상용차용이나 레이스용으로 쓰여지는 기관에 그 성능의 차이가 없어진 셈이다. 흡·배기매니폴드나 연소실, 밸브徑이나 數로 어느 정도의 출력 잠재능력을 확보하고 있어서 밸브 타이밍의 조정에는 그다지 무리하지 않아도 되도록 되어 있다. 밸브 타이밍에 의하여 보다 큰 출력을 얻으려고 할 때에는 실용성이 무시되어야 할 단계까지 변화시켜야 할 필요가 있다. 그 예가 可變 밸브타이밍, 可變 밸브시스템인 VTEC (Vaviable valve Timing Electronic Control)이다. 가변 밸브타이밍은 흡기 캠의 중심각을 가변하여 아이들, 저속, 고속의 각각의 요구에 맞는 밸브 오버 랩과 흡기밸브의 닫힘시기를 부여한다. 아이들과 고속시는 흡기밸브의 닫힘시기를 늦추고 저속시는 또한 그 닫힘시기를 빠르게 한다. 아이들시는 흡기밸브의 닫힘시기를 늦춤으로써 열림시기도 늦어져서 오버 랩이 작아지게 되며 가변 밸브타이밍의 제어시스템은 실용성을 해치지 않고 80〔PS/*l*〕정도를 실현시킬 수 있는 시스템이고 가격, 중량, 치수적으로 크게 부담이 되지 않는 점에서 앞으로 채용 가능성이 높을 것으로 생각된다.

가변동 밸브시스템은 저속용 캠과 고속용 캠을 기관의 회전속도에 맞추어서 작동되도록 한 것이다. 이것에 의하여 저회전일 때에는 지금까지의 상용차 이상의 저속 캠을, 그리고 고속일 때에는 레이스카와 같은 정도의 넓은 작동각을 가진 캠을 사용, 저속과 고속의 양립을 도모하고자 한 것이다. 또 중속에서 일어나는 모순은 가변 흡기시스템을 병용하여 보상한다. 이 가변동 밸브시스템을 채용하는 경우 NA 기관이면서 100〔PS/*l*〕의 실현이 가능하고 실제 사용상 문제가 없는 점에서 크게 평가되고 있다. 그러나 고속과 저속 캠이 변환시점이 5000〔rpm〕정도의 높은 회전속도에 있음으로써 고성능에 대한 부담을 느끼게 하는 점과 7000〔rpm〕이상의 고속회전을 필요로 하는 기관인 점에 유의하여야 한다.

(5) 보어, 스트로크

1) 출력과의 관계

보어, 스트로크는 실린더의 배열과 함께 기관의 기본적인 성능을 결정하는 가장 중요한 항목의 하나이고 보어, 스트로크의 치수에 따라 그 기관의 출력 잠재력이 기본적으로 결정되어진다.

1 실린더의 배기량은 $d^2 \times l \times \pi/4$ 로 표시된다 (d : 보어 경, l : 스트로크). 실린더의 배기량이 동일하면 d 가 클수록 l 는 작아지게 되고 역으로 d 가 작을수록 l 는 커진다. d 가 l 보다 큰 기관을 단행정기관, 역으로 d 가 l 보다 작은 기관을 장행정기관, d 와 l 이 같은 치수의 것을 스퀘어 엔진이라고 하는 것은 이미 아는 사실이다. 예를 들어서 4 실린더 $2l$ 의 기관인 경우, 실린더마다의 배기량은 500 cc이나 실제의 기관에 대한 것을 보면

기 종		
	A	$d \times l$ = 89 mm × 80 mm : 쇼트 스트로크
	B	$d \times l$ = 86 mm × 86 mm : 스퀘어 스트로크
	C	$d \times l$ = 81 mm × 95 mm : 롱 스트로크

실린더의 배기량이 같을 경우 단행정기관인 편이 출력 잠재능력이 높은 이유는 밸브 경을 크게 할 수 있고 동시에 피스턴 속도를 높이지 않고 고속회전화가 가능하다는 2가지 점이다.

a) 밸브 경

밸브 경의 크기에 따라 밸브의 치수가 결정된다. 실린더에 흡입되는 혼합기는 흡기밸브 치수×밸브 리프트에 의하여 정하여 지고 실린더로부터 배출되는 배출가스량도 같이 배기밸브 치수×밸브 리프트에 의하여 정하여진다. 따라서 보어 경이 클수록 흡·배기밸브를 크게 할 수 있어서 흡·배기의 가스량이 증가되어 출력의 향상을 가져온다. 또한 밸브 리프트는 밸브의 작동각 및 최고회전속도와의 상관관계로부터 제한없이 크게 할 수는 없으며 일반적으로 밸브 경의 1/4～1/3 정도로 되어 있고, 그 이유는 다음과 같다.

밸브 스로트부의 면적은 스로트 경을 d 라고 하면 $\pi d^2/4$ 로 나타내어진다. 한편 밸브 리프트를 L 라고 하면 밸브가 리프트되었을 때 연소실에 개구되는 면적은 밸브 둘레길이×리프트 즉 $\pi D \times L$ 이 된다. 밸브의 開口면적은 스로트부의 면적과 같거나 그 이상으로 되면 충분하므로 $\pi d^2/4 \leq \pi DL$ 로 하면 된다. 밸브 스로트 경 d 와 밸브 경 D 의 관계는 밸브 경보다 스로트 경이 5〔mm〕정도 작은 $d=D-5$ 정도이고 이것은 $\pi(D-5)^2/ \leq \pi DL$ 이 된다. 이로부터 $L \geq D/4$ 이면 되고, 예를 들어서 $D=35$ 라고 하면 이 식을 풀면 $L \geq 6.4$〔mm〕가 된다. $D/4=8.75$ 이므로 $L \geq 8.75$ 로 하면 리프트의 크기는 충분하다는 것을 알 수 있다.

b) 스트로크

기관의 회전속도가 같을 경우는 스트로크가 길수록 피스턴의 속도는 빨라진다. 크랭크축이 1회전할 때, 피스턴의 왕복운동하는 거리는 회전속도에 반비례하므로 행정의 길이에 비례한다. 그런데 실린더보어와 피스턴과의 사이에는 윤활유에 의하여 윤활되나 피스턴 속도가 지나치게 빨라지게 되면 유막이 파열되어 피스턴에 흠이 생기고 최악의 경우에는 융착을 일으킨다. 따라서, 피스턴 속도를 지나치게 올리는 것은 바람직하지 못하여 일부 레이스용 기관을 제외하고는 20~22〔m/s〕로 그 속도를 제한한다.

피스턴 속도의 표시방법에는 평균 피스턴 속도와 수정 피스턴 속도의 2종류가 있으나 일반적으로 평균 피스턴 속도를 사용한다.

평균 피스턴 속도를 U_m〔m/s〕, 스트로크를 l〔mm〕, 기관의 회전속도를 n〔rpm〕이라고 하면 $U_m = 2l \times 10^{-3} \times n/60$으로 표시된다.

앞에서의 각 기종에 대하여 스트로크 별로 계산하면 표 4-2 와 같이 된다.

표에서 알 수 있는 바와같이 같은 4 실린더, $2l$ 기관일 경우에도 장행정인

表 4-2 平均 피스턴 速度의 비교

기종	스트로크〔mm〕	최고회전〔rpm〕	평균피스턴속도〔m/s〕
A	80	7500	20.0
B	86	7200	20.6
C	95	6500	20.6

편이 피스턴 속도의 제어에 의하여 최고회전속도가 억제된다.

그런데 기관의 축 토크와 출력, 회전수와의 사이에는

$$N=T\times n/716.2(N：\text{출력},\ T：\text{토크},\ n：\text{회전수})$$

의 관계가 있어서 같은 토크일 때에는 회전수가 높을수록 출력은 향상된다. 즉 단행정인 편이 최고회전속도가 높아지는 것만큼 최고출력이 높아질 수 있는 능력을 가지고 있다고 할 수 있다.

(6) 出力 이외에 고려되어야 할 項目

1) 연 소

단행정기관은 보어가 커서 연소실이 장행정기관에 비하여 넓고 편평하게 되어 있어서 장행정기관의 컴팩트한 연소실인 쪽이 이 편평한 연소실보다 점화로부터 연소가 종료될 때까지 요하는 시간이 짧아진다. 점화플러그로부터 연소실의 구석까지의 거리인 화염전파거리가 짧아지기 때문이며 이 거리는 노킹과도 크게 관계되어 장행정기관인 쪽이 노킹에 대하여 유리하다. 한편 밸브경이 큰 단행정기관인 경우는 흡기포트와 밸브를 통과하는 공기의 유속이 크게 떨어진다. 실린더 내에 유입되는 혼합기의 유속이 빠르면 실린더 안에서의 난류생성으로 연소시간이 단축되고 열효율의 향상과 연소안정성의 개선이 얻어져서 이 점에서는 단행정기관이 불리하다. 그리고 동일 배기량인 기관에서 연소실의 표면적이 작은 쪽이 S/V 비가 작아서 열효율이 좋다. 그것은 연소실 표면으로부터의 熱流가 적어서 냉각손실이 작아지기 때문이다.

2) 소음, 진동

피스턴과 커넥팅 로드의 소단부가 왕복운동하면서 발생하는 往復慣性力을 단행정과 장행정기관에 대하여 비교하면 피스턴의 중량은 보어徑의 3승에 비례하므로 결국 왕복관성력은 d^3l에 비례하는 것이 된다. 배기량이 일정할 경우는 d^2l는 일정하므로 보어경에 비례하여 왕복관성력은 커지게 되고 따라서 단행정일수록 커지는 셈이 된다. 다음 커넥팅 로드 대단부와 크랭크 축이 회전하면서 발생하는 回轉慣性力에 대하여 비교하면 다음과 같다. 즉 4실린더기관인 경우 회전 평형은 크랭크 핀과 반대쪽에 카운터 웨이트를 부착, 평형률이 100%가 되도록 하는 예가 많으며 이 경우는 행정의 장단에 관계없이 평형에 있어서는 크게 문제되지 않는다. 한편, 燃燒加振力에 대하여는 폭발력을 *F*, 폭발압력(연소압)을 *P*, 피스턴 크라운 면의 면적을 *A* 라고 하면 $F=PA$ 로 표시된다. 피스턴 크라운 면의 면적은 단행정기관일수록 크고 한편 폭발압력은 흡입 공기량, 압축비가 동일하면 같은 정도가 된다. 따라서 폭발력은 단행정기관일수록 커지고, 이 폭발력에 의하여 기관자체가 加振되므로 폭발력에 의한 起振力은 단행정일수록 크다.

이상과 같이 단행정기관은 장행정기관에 비하여 관성력, 폭발력이 공히 커서 소음, 진동면에서 분리함을 알 수 있다.

4-5 形態性能

기관의 형태성능으로서 외형 치수, 즉 기관이 차지하는 체적 또는 탑재 공간의 크기는 기관을 장착하여서 사용하는 곳에서는 절대로 가볍게 볼 문제가 아니다. 특히, 수송차량용 기관에서는 기관이 점유하는 공간이 운반물의 양을 제한하는 것이 되고, 나아가서는 경제성능에 영향을 미치는 것도 된다. 따라서, 기관의 실린더 배열은 사용목적에 따라 직렬형, 횡형, 수평대향형 또는 V형 등으로서, 그 배열의 선택은 적합성을 고려한 형태로 되어야 한다. 그리고 補機類를 기관 본체에 부착할 때에도 부분적인 돌출을 극력 피하는 것은 물론, 전체로서 콤팩트한 형태로 될 것이 바람직하다.

4-6 耐久, 信賴性能

기관의 성능으로서의 내구성능이나 신뢰성능은 모두 기관의 사용자측에서 볼 때 가장 중요시할 성능이고, 앞에서의 운전성능의 우열을 지배하는 중요한 요소이다.

가솔린기관의 내구성과 신뢰성에서 가장 문제로 되었던 부분이 점화계통의 접점과 점화플러그의 전극이었다. 그러나 최근의 무접점화와 백금전극의 사용 등으로 이것들이 제거됨으로써 가솔린기관과 디젤기관의 신뢰성과 내구성에 대한 본질적인 차는 없어지게 되었다.

기관의 내구성과 신뢰성은 기관이 사용되고 있는 용도의 요구에 상응하도록 설계, 제작된다. 가솔린기관은 연료 경제성보다 원가가 중요한 자가용의 용도가 많으므로 신뢰성은 중요하나 내구성은 경시되는 경향이 있다. 영업용으로 사용되는 기관은 사용되는 목적에 부합되는 내구성을 가지도록 설계, 제작될 필요가 있다.

디젤기관은 연료 경제성이 우수하여 차량, 건설기계, 박용기관으로 쓰여지며 따라서 용도에 상응하는 충분한 내구성과 신뢰성을 갖추도록 설계, 제작되어야 한다.

4-7 排出가스性能

배기성능은 暖機狀態인 때와 시동으로부터 暖機狀態에 이르기까지의 두 상태로 크게 나누어서 생각할 수 있다. 난기상태에서는 연소가 안정되어 있고 CO, HC, NOx의 배출량도 적으나 冷氣狀態에서는 燃燒狀態가 나쁘고 이를 보상하기 위하여 농후한 혼합기를 공급하는 등으로 HC, CO의 배출량이 대폭적으로 증가된다. 지금까지는 난기 후의 배기상태를 주로 문제시하여 왔으나 배기를 깨끗하게 하기 위하여는 냉기시의 배출가스를 깨끗하게 하는 것이 앞엣것에 못지않게 중요하다. 따라서 냉기시 혼합비를 수온에 상응하여 극히 정밀하게 제어, 운전성과 혼합비의 희박화를 양립하도록 하는 것이 필요하다. 배출가스 정화는 "燃燒時의 生成抑制"와 "後處理"의 두 부분으로 나누어서 생각하는 것이 편리하다. 앞의 연소시의 생성억제란 연소 후 배기밸브로부터 배출되는 배출가스를 깨끗하게 하는 것으로 유해성분의 생성을 근원적으로 억제시키는 것을 뜻한다. 그리고 후처리는 촉매 컨버터에 의하여 기관으로부터 배출되는 배출가스를 깨끗한 물질, 즉 H_2O와 CO_2로 변환하는 것이다. 그러므로 배출가스를 정화하는 데는 "연소시의 생성억제"

와 "후처리"를 잘 조합시킬 것이 필요하다.

(1) 燃燒時의 生成抑制에 의한 排出가스淨化

연소시의 생성억제 방법으로서는 S/V 비의 향상, 밸브 타이밍의 최적화, 연료분사의 개선 등을 생각할 수 있다.

1) S/V 비의 향상

S/V 비는 피스턴이 상사점에 있을 때의 연소실 표면적과 체적의 비이므로 이것을 작게 하기 위하여는 연소실 자체를 컴팩트화하거나 연소실 표면의 凹凸 부분의 수를 적게 하면 된다.

그리고 연소실을 컴팩트화하기 위하여는 기관의 스트로크를 길게 하여 실린더 보어와 밸브 협각을 작게 하는 외에 실린더 헤드 개스킷을 얇게 하거나 피스턴 톱랜드의 높이를 낮추고 피스턴 크라운부에 만들어지는 밸브 자리를 얇게 하는 등의 방법으로 연소실 각부의 클레비스 볼륨(clevis volume) (보어와 피스턴 사이, 실린더 헤드 개스킷 부분 등의 틈새 체적)을 작게 함으로써 연소실 표면의 凹凸을 작게 한다.

2) 밸브 타이밍의 최적화

배기밸브의 열리는 시기는 하사점 전 30~40° 정도가 보통이나 최근에는 밸브 오버랩을 작게 하기 위하여 더욱 그 시기가 빨라지는 경향이 있다. 그러나 배기밸브를 지나치게 빨리 열게 되면 연소가 완전하게 끝나기 전에 배출하는 것이 되어 미연가스가 배출되기 때문에 HC가 증가되므로 밸브의 오버랩과 그 작동각의 조화가 필요하다.

3) 연료분사의 개선

흡기 포트에 인젝터로부터 연료가 분사되는 연료분사방식인 경우, 분사된 연료가 흡기 포트의 벽에 부착, 벽류로 되면서 연소실로 들어가면 무화가 나빠져서 연료의 후연으로 HC가 발생한다. 이것을 방지하기 위하여 인젝터는 되도록 흡기밸브에 근접시키고 또한 흡기밸브의 중심을 겨냥하여 분사시키는 것이 중요하다. 4밸브기관인 경우는 벽류의 방지를 위하여 2방향 인젝터가 대단히 유리한 수단이고 DOHC 5밸브기관에는 3방향 인젝터가 채용되는 예도 있다. 또 연료의 무화향상도 벽류방지에 효과가 있어서 인젝터의 노즐형상의 개량에 따른 燃料粒徑의 미세화, 애시스터 에어(인젝터의 노즐 부근에 흡기의 공기를 보내어 그 流線에 연료가 합류되는 상태에서 연소실에 유도, 흡입되도록 하는 방법) 등이 구체화되고 있다.

(2) 後處理에 의한 排出가스淨化

후처리의 방법으로서는 촉매를 사용하는 방법이 가장 일반적이나 그밖에 2차공기도입의 방법 등이 있다.

1) 촉 매

排氣規制 초기에는 CO 및 HC를 정화시키는 산화촉매가 일반적이었으나 1978년 규제 이후에는 CO, HC, NOx를 동시에 처리하는 3원촉매가 주류로 되어 있다. 현재의 3원촉매를 이상적으로 작동시키기 위하여는 $\lambda=1$, 즉 이론혼합비로 연소시켜야 하므로 혼합비제어를 위하여 O_2 센서를 사용하고 있다. O_2 센서에는 질코니어를 소자로 사용하는 경우가 많고 $\lambda=1$을 경계로 출력이 급변하는 성질을 이용한 것이다.

종래 차량의 경우, 촉매는 차의 바닥밑에 설치하는 것이 일반적이었으나

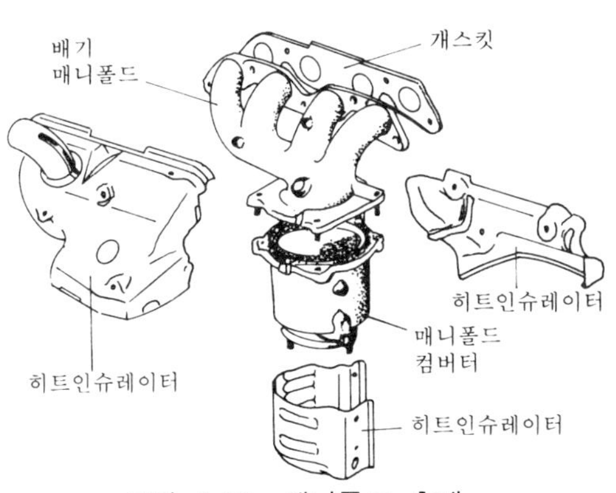

그림 4-31 매니폴드 촉매

최근에는 배기매니폴드의 바로 뒤쪽에 설치하는 매니폴드 촉매가 증가되어 가고 있다. 이것은 매니폴드 촉매로 하면 냉기시동 후 촉매의 昇溫性能이 좋고 난기시의 배출가스 정화성능이 우수하기 때문이다. 그러나 매니폴드 촉매의 경우는 고온의 배출가스에 쉴틈없이 접하게 됨으로써 劣化가 빨라지므로 배기성능의 보증을 위하여 바닥밑 촉매와 병용하는 경우가 많다.

촉매의 크기는 거의 劣化性能에 비례한다. 즉 그 치수가 클수록 열화가 잘 되지 않는다. 그리고 배기밸브로부터 촉매까지의 거리는 촉매의 입구온도와 관계가 있고 거리가 멀수록 온도가 내려가서 轉換性能이 떨어진다. 이 때문에 배기밸브로부터 촉매까지의 거리를 근접시킬 수 없을 경우에는 촉매의 치수를 크게 하여 Rh 등 내용물의 양을 증가시키는 등의 대처가 필요하다. 따라서 촉매의 열화성능과 관련되는 배기밸브로부터 촉매까지의 거리와 전환성능의 조화를 위한 부착 위치의 선정이 중요하다.

2) 2차공기도입

질소산화물인 NOx를 감소시키거나 또한 연비의 향상을 위하여는 EGR이 효과적이다. 그러나 반면 EGR을 하게 되면 연소의 악화로 기관 운전의 안정도가 떨어지고 따라서 연소안정을 위하여 이론혼합비보다 농후한 혼합비로 운전하는 경우가 있다. 이것을 그대로 계속하게 되면 HC, CO가 증가되므로 이의 감소와 3원촉매의 유효한 작동을 위하여 배기포트나 배기매니폴드에 공기를 도입하는 방법이 취하여지고 있다. 2차공기 도입의 방법에는 배출가스의 맥동을 이용한 EAI(Exhaust Air Injection)나 에어 펌프에 의한 강제도입 등의 방법이 있다.

3) EGR

"연소시의 생성억제"나 "후처리" 모두에 관련되는 것이 EGR이다. EGR는 배출가스를 흡기에 혼합시켜서 연소온도를 저하시킴으로써 NOx를 감소시키고자 하는 방법이면서 연소 그 자체를 변화시키는 점에서는 "연소시의 생성억제"라고 할 수 있으나 배출가스를 재순환시키는 점에서는 "후처리"라고도 할 수 있다.

그리고 EGR을 함으로써 연비가 다음과 같은 이유에서 좋아진다. 동일의 토크 발생을 위해서는 배출가스가 도입된 양만큼 흡기를 위한 스로틀링 손실 즉 펌핑손실의 감소로 연비가 향상된다.

4-8 騷音, 振動性能

소음의 발생원인은 연소에 의하여 생기는 燃燒音과 기관 내부의 기계적 충격에 의하여 발생하는 機械音으로 나누어지며 기계음은 피스턴, 커넥팅 로드의 왕복운동에 의한 왕복관성력에 의한 것과 밸브작동계의 衝擊音의 2가지가 주된 요소이다. 그리고 진동의 발생원인은 연소가진력(폭발력), 관성가진력, 밸브작동기구계 가진력의 3가지로 나누어진다.

(1) 騷 音

1) 본체음

기관의 본체음은 가진력에 의하여 발생되는 것으로 이것은 연소음과 기계음으로 나눌 수 있다. 기관에 따라서 다르나 고속형 기관인 경우는 3000〔rpm〕부근까지는 연소음이, 그리고 그 이상에서는 왕복관성력의 증대에 따른 기계음이 지배적이 된다. 기계음 가운데 밸브작동계의 소음은 기관의 회전에 관계없이 거의 일정하다.

2) 연소음

기관의 연소에 의하여 발생하는 音은 주로 실린더 블록이나 실린더 헤드 표면으로부터 방사되며 당연하게 연소압력의 높은 全開出力時에 그 음은 커지게 되며 연소압력의 상승이 급격할수록, 즉 연소상황이 빠를수록 이 방사음의 레벨도 커지게 된다. 터보엔진의 경우는 연소압력 자체는 높아지게 되나 압력의 상승폭이 급하지 않아서 NA 기관보다도 音質的으로는 좋아지는 경향이 있다. 기관의 회전을 상승시켜도 연소압력파형의 변화는 작으나 기관이 가진 고유진동수가 고주파성분쪽으로 있으므로 회전상승과 함께 고주파역의 레벨이 상승, 放射音도 커지게 된다.

3) 기계음

기계음은 기관의 각부에서 발생하는 기계적 충격에 의하여 일어난다. 왕복관성력에 의한 기계가진력은 기관회전수의 2승에 비례하여 증대되며 연소음과 같은 이유로 고회전역일수록 고주파역의 레벨이 상승된다. 그리고 기관에 따라 다르나 6000〔rpm〕부근에서는 왕복가진력이 전체의 약 50〔%〕를 차지하게 된다.

밸브작동계 부근의 소음은 캠축이 밸브 리프트나 로커 암에 접촉된 다음, 다시 흡·배기밸브에 접촉될 때의 충격음과 그 반동에 의한 캠 저널이 실린더 헤드의 저널 베어링을 울리는 충격음에 의한 것이다. 이 밸브 작동계의 소음은 거의 기관의 회전에 비례하여 커지게 되므로 전체의 소음에 대하여 미치는 영향은 회전에 의하지 않고 거의 일정하다. 다만 기관의 회전이 고회전역일 때에는 실린더 헤드, 캠축, 배기매니폴드 등의 고유치와 주파수가 일치하여 共振現象을 일으켜서 방사음의 레벨이 증가하는 경우가 있다. 특히 기관의 全長이 긴 직렬 6실린더기관의 경우는 고유치가 낮고 밸브작동계의 異音이 나기 쉽다.

(2) 振 動

1) 연소가진력

기관의 연소에 의하여 기관의 본체가 가진되는 현상으로 가진력의 레벨은 압축비, 충전효율, 점화시기, 연소속도 등에 의하여 달라지게 된다. 압축비가 크고 충전효율이 높으며 점화시기가 빠른 경우는 연소압력이 높아지므로

表 4-3 음진의 종류

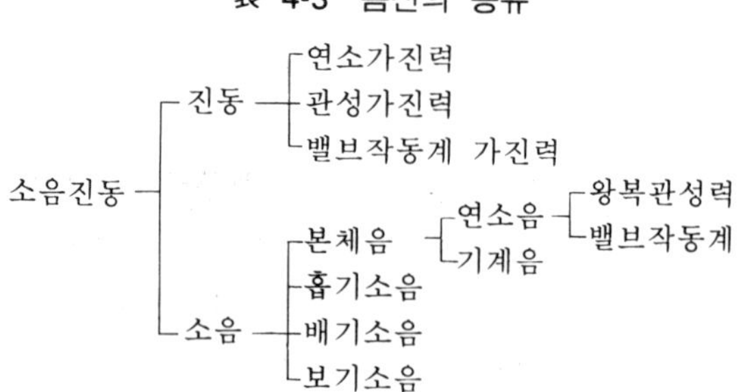

연소가진력이 커진다. 특히 고성능의 DOHC 기관의 경우는 흡기를 다량으로 흡입하고 더구나 압축비를 높이는 외에 옥탄가가 높은 프레미엄 가솔린(premium gasoline)을 사용, 최적의 점화시기에서 연소토록 하기 때문에 연소가진력도 상당히 커지게 된다. 그리고 터보기관인 경우는 흡입공기량이 1.5~2배가 되므로 노킹의 방지를 위하여 압축비를 낮추고 점화시기를 늦추어서 연소속도를 늦게 한다고 하여도 NA 기관에 비하여 20~50〔%〕정도 가진력이 더 크게 발생하게 된다. 따라서 연소에 관련되는 구조체인 실린더 블록, 피스턴, 커넥팅 로드, 크랭크 축 등이 변형을 일으켜서 이들 부품, 시스템의 진동응답특성을 勵振시켜서 진동을 발생한다.

2) 관성가진력

피스턴과 커넥팅 로드의 상하운동에 의하여 발생하는 가진력으로 多실린더기관인 경우는 각 실린더의 가진력을 합성한 크기가 된다. 그 기관의 실린더 수와 배치, 폭발순서에 따라 실린더마다의 위상차가 있으므로 단순히 만족될 만큼은 되지 않는다. 직렬 4실린더기관인 경우는 기관회전 2차(기관회전의 2배의 주파수) 불평형력이 발생되며 직렬 6실린더기관인 경우는

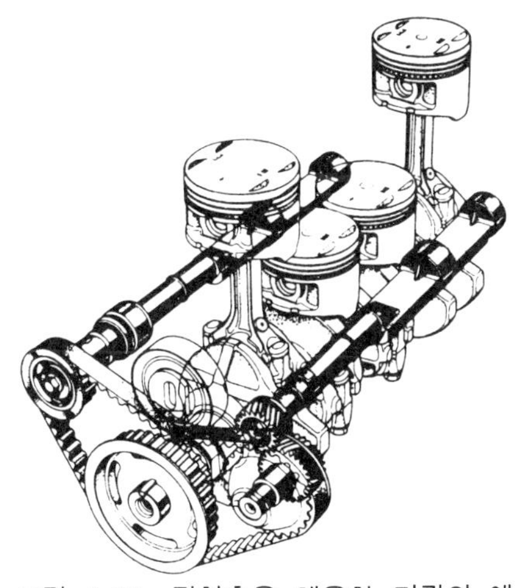

그림 4-32 평형축을 채용한 기관의 예

평형이 완전하여 이론상으로는 불평형력이 발생되지 않는다. 4실린더기관에 평형축(balance shaft)을 채용하는 기관이 증가되어 가고 있으며, 이것은 평형축을 기관회전의 2배로 크랭크 축과는 역의 방향으로 회전시켜서 기관회전 2차의 불평형력을 상쇄시키고자 하는 발상이다. 관성가진력은 왕복운동하는 피스턴이나 커넥팅 로드의 중량에 비례하여 커지므로 동일의 배기량인 경우는 실린더 수가 많은 기관인 쪽이 각 부품 하나하나의 중량이 가벼워져서 관성가진력은 작아지고 관성력이 작으면 부품의 강도가 같아도 보다 고회전화 할 수 있어서 이것이 다실린더기관이 고회전화에 유리한 이유이다.

동일의 배기량과 실린더 수의 기관이면 피스턴, 커넥팅 로드의 중량이 가벼울수록 각각의 부품에 걸리는 관성력이 작아지게 되고 동일의 회전속도 범위에서 사용할 경우는 보다 경량화가 가능하다. 즉 관성가진력이 작아져서 기관의 진동을 작게 억제할 수 있고 이와같이 왕복운동부품을 가볍게 하는 것은 기관을 경량화하거나 진동을 억제하는데 있어서 대단히 중요하다.

3) 밸브작동계의 가진력

흡·배기밸브가 왕복운동함으로써 발생되는 가진력으로서 多실린더기관인 경우는 관성가진력과 같이 각 실린더를 합성한 값이다. 밸브의 무게는 주운동계 부품보다 크게 가벼워서 일반적인 경우는 크게 문제되지 않으나 직렬 6실린더의 2밸브기관은 그 합성치가 비교적 크다.

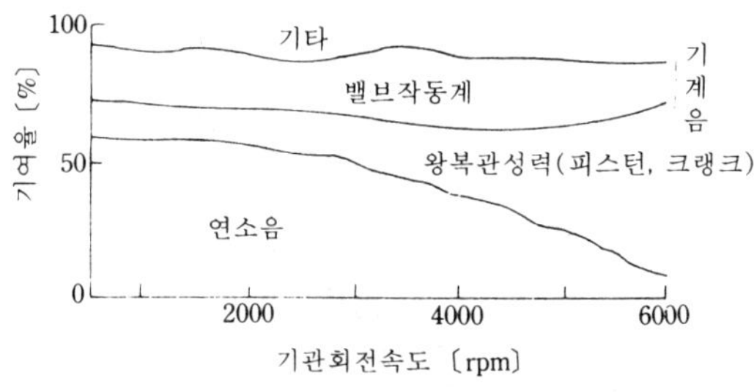

그림 4-33 加振力源의 분석

4) 실제 기관에 작용하는 가진력

운전상태의 기관인 경우는 연소가진력과 관성가진력의 양쪽이 기관 본체에 작용한다. 연소가진력은 충전효율이나 연소속도, 점화시기에 영향을 받으므로 거의 최대토크 발생의 회전속도에서 최대가 되나 스로틀밸브 전개의 조건에서는 기관의 회전에 의한 차는 10〔%〕 정도이다. 물론 스로틀밸브가 닫혀지게 되면 그에 따라 그만큼 연소가진력도 작아지게 되나, 한편 관성가진력은 기관 회전수의 2승에 비례하여 증가한다. 또한 피스턴, 커넥팅로드 중량이 동일할지라도 기관의 회전속도가 6000〔rpm〕에서 8500〔rpm〕으로 높아지게 되면 관성가진력이 2배가 되며 실제로는 이 관성가진력에 견딜 수 있도록 다시 보강을 하여야 하므로 보다 큰 관성력이 작용하는 것이 된다. 이 관성가진력은 기관의 회전속도만에 의존할 뿐 부하에는 무관하여 무부하나 전부하일 때 작용하는 관성가진력은 동일하다.

5) 관성가진력과 연소가진력과의 관계

피스턴이 압축상사점에 가까워지게 되면 왕복관성력(피스턴+커넥팅 로드 소단부 중량)에 의하여 위쪽으로의 힘을 받게 된다. 한편 압축상사점 전에 점화되면 피스턴은 폭발력을 받아서 아래쪽으로 밀려 내려가면서, 즉 관성력과 폭발력은 서로 상쇄되는 쪽으로 작용한다. 관성가진력은 앞에서 기술한 바와같이 기관회전수의 2승에 비례하여 증대되는 한편, 연소가진력은 흡입공기량, 점화시기, 즉 軸平均有效壓力에 의하여 변화된다. 일반적으로 연소가진력이 저회전쪽에서는 흡입공기량도 적어서 작으나 회전속도가 상승됨에 따라 점차 증대되어 최대토크회전속도 가까이에서 최대치에 달한 다음, 그

表 4-4 機關의 性能向上對策

- I) 比出力의 增大
  - 平均有效壓力의 增大
    - 吸排氣系의 改良
    - 壓縮比의 增加
    - 過給(排氣터보 등)
  - 回轉速度의 增大
    - 小直徑 多실린더化
    - 小行程化(直徑/行程比의 增大)
    - 밸브機構, 베어링 등의 改良
  - 輕量小形化
    - 最適設計 등 設計技術의 향상
    - 輕合金의 사용, 熔接構造
    - 다이캐스트, 加工技術의 향상

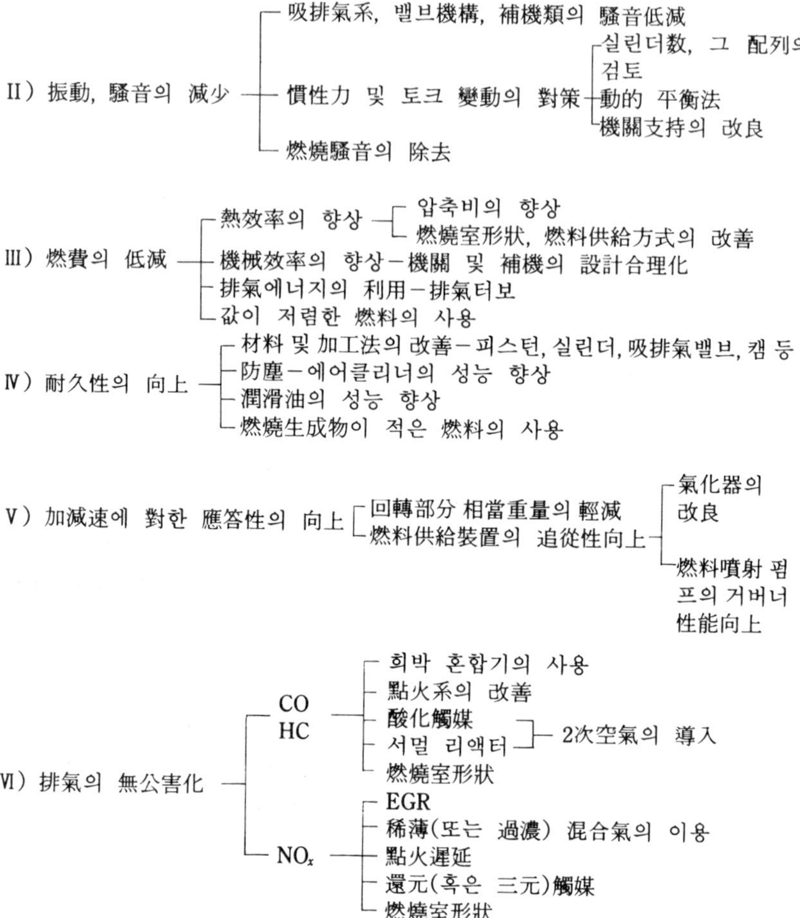

이후는 흡입공기량이 감소되는데 따라 작아져서 산모양의 곡선을 그린다. 이 관성가진력과 연소가진력의 평형관계는 저회전측에서는 연소가진력쪽이 커서 가진력을 지배하고 기관의 회전속도가 상승됨에 따라 관성가진력의 증가가 폭발력의 증가를 상회하여 전체로서의 가진력은 점차 감소되며 그렇게 됨으로써 폭발력과 연소가진력이 같아지는 곳에서 가진력은 0이 된다. 다만 배기상사점에서는 관성가진력밖에 작용하지 않으므로 2회전에 1회는 관성력이 작용하는 것이 되며, 이때 기관의 회전은 보통의 기관인 경우 약

5000〔rpm〕 전후이다. 이로부터 고회전측에서는 연소가진력이 점차 감소하고 역으로 관성가진력은 가속도적으로 증대되어가며 상하가진력은 관성력이 지배적인 요인으로 된다.

第5章 作動流體의 交換

내연기관의 연소실 내에서 어느 사이클의 혼합기가 폭발 연소하여 생성된 연소가스, 즉 작동유체가 팽창행정에서 일을 끝마치게 되면 그 유체는 실린더 밖으로 배출되고, 다음 사이클에서 일할 新氣(공기와 연료와의 혼합가스 또는 공기)가 실린더 내로 흡입되며 이와 같은 일련의 배출이나 흡입시 작동유체의 교환은 비유동과정에 따라 이루어지게 된다. 이 연소가스의 배출과 신기의 충전을 왕복피스턴 또는 회전피스턴의 운동에만 의존하는 無過給機關과 피스턴의 운동 외에 과급기를 이용하여 여분의 신기를 실린더 내에 압송하는 과급기관이 있다. 작동유체의 교환에서 취급되는 유체는 상온, 상압의 신기와 고온, 고압의 배출가스이고, 앞엣것은 기관의 흡기 계통의 각부, 즉 에어클리너, 기화기, 또는 스로틀보디, 흡기매니폴드(suction manifold)를 통하여 흡기밸브, 흡기포트 또는 소기공을 거쳐서 실린더 내로, 뒤엣것은 실린더 내로부터 배기밸브, 배기포트를 통하여 배기관, 촉매장치, 消音器(muffler)를 거쳐서 대기 중에 방출된다. 이와같이 단면적이나 통로의 모양이 다른 곳을 통과하는 유체의 운동현상을 규명하려면, 작동유체의 열에 관한 상태식이나 에너지식 등 열역학의 도움을 받고, 동시에 유체에 관한 여러가지 상황이나 현상 등 유체역학의 지식을 구사하며, 경계조건을 고려하여 작동유체의 교환에서 일어나는 여러가지 非定常現象의 문제를 다루어야 한다.

5-1 現象의 解析에 필요한 基礎事項

작동유체의 교환에서의 여러가지 현상을 해석하는 데 필요한 사항들과

식들은 다음과 같다.

(1) 音速과 마하數

음속(sonic or acoustic velocity)과 마하수(Mach number)는 고체 또는 유체의 속도의 비교에 관한 표준으로 쓰여지는 중요한 지수이다.

1) 음 속

가스상수 R인 공기가 온도 T인 대기 중을 통과할 때의 음속 a_s는 다음 식으로 표시된다.

$$a_s = \sqrt{kgRT}\ \text{〔m/s〕} \quad \cdots\cdots (5\text{-}1)$$

SI로는 $a_s' = \sqrt{kR'T}$ 〔m/s〕 ⋯⋯ (5-1′)

여기서 k=비열비=1.402(공기)

$g = 9.80$ 〔m/s²〕

$R = 29.27$ 〔kgf·m/kgf·°k〕

$R' = 287.04$ 《J/kg·k》(공기)

따라서, 대기 중에서의 음속은 $a_s = 20.06\sqrt{T}$, 지금 대기의 표준온도를 $t = 20$〔℃〕라고 하면 $a_s = 20.06\sqrt{20+273} = 343.4$ 〔m/s〕로 된다.

2) 마하수

음속 a_s에 대한 고체 또는 유체의 속도 w의 비는 마하수 M_s로 정의되며, 다음 식으로 표시된다.

$$M_s = \frac{w}{a_s} \quad \cdots\cdots (5\text{-}2)$$

또는 마하수 M_s는 그 크기에 따라서 다음과 같이 분류된다.

$M_s < 0.78$	亜音速(subsonic velocity)
$M_s = 0.9 \sim 0.99$	遷音速(transonic velocity)
$M_s = 1$	音　速(sonic velocity)

$M_s = 1.1 \sim 1.4$ 超 音 速(supersonic velocity)

$M_s > 2.0$ 極超音速(hypersonic velocity)

(2) 레이놀드數

유체의 유동을 다룰 때에는 항상 유속의 크기가 문제로 된다. 그 때 속도의 비교나 판정 등에는 레이놀드수(Rdynolds number) R_e가 쓰여지며, R_e는 慣性力과 粘性力의 비로서, 다음 식으로 표시된다.

$$R_e = \frac{wl}{\nu} = \frac{wl}{\mu/\rho} \text{ 또는 } \frac{wd}{\mu/\rho} \quad \cdots\cdots (5\text{-}3)$$

여기서 w = 유속 〔m/s〕

l, d = 대표길이 〔m〕

ν = 動粘性係數 = μ/ρ 〔St〕

μ = 粘性係數 〔$kgf \cdot s/m^2$〕

ρ = 密度 〔$kgf \cdot s^2/m^4$〕

(3) 連續의 式

유체가 그림 5-1과 같이 流線(stream line)을 이루면서 흐를 때 임의의 2개의 단면 a_1, a_2를 통과하는 유체의 밀도와 속도를 각각 ρ_1, ρ_2, w_1, w_2라고 하면, 다음과 같은 관계식이 성립한다.

$$\rho_1 w_1 a_1 = \rho_2 w_2 a_2 \quad \cdots\cdots (5\text{-}4)$$

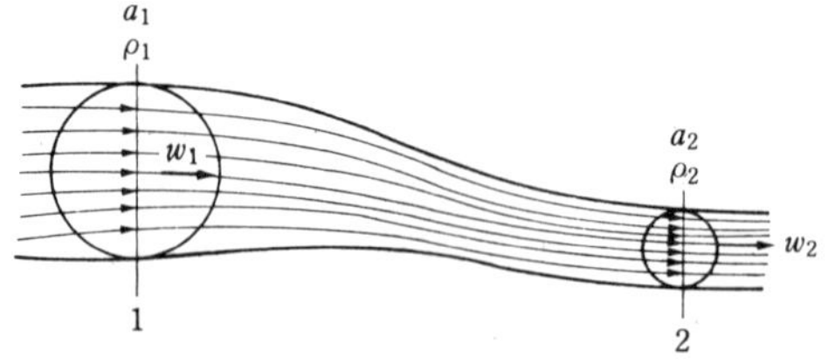

그림 5-1 유 선

이것을 연속의 식(equation of continuity)이라 하고, 흐름의 문제를 다룰 때 쓰여지는 식이다.

(4) 베르누이의 定理

그림 5-2에서 탱크에 부착된 관을 통하여 유체가 유출할 때 A, B의 중심선상의 점 1, 2의 위치에서의 높이 h_1, h_2〔m〕, 압력 p_1, p_2〔kgf/m²〕, 속도 w_1, w_2〔m/s〕 및 비중량 γ〔kgf/m³〕와의 사이에는 다음의 관계가 있다.

$$\frac{p_1}{\gamma}+h_1+\frac{w_1^2}{2g}=\frac{p_2}{\gamma}+h_2+\frac{w_2^2}{2g}$$

$$\therefore \frac{p}{\gamma}+h+\frac{w^2}{2g}=H \text{〔m〕} \qquad (5\text{-}5)$$

SI로는 $$\frac{p_1'}{\rho}+gh_1+\frac{w_1^2}{2}=\frac{p_2'}{\rho}+gh_2+\frac{w_2^2}{2}$$

$$\therefore \frac{p'}{\rho}+gh+\frac{w^2}{2}=gH \qquad (5\text{-}5')$$

여기서, p'〚Pa〛, ρ〚kg/m³〛이다.

이 관계는 베르누이의 정리(Bernoulli's theorem)이며, 유체역학에서의 에너지 불멸의 법칙이다. 윗식에서의 제1항은 압력 헤드(pressure head) 제2항은 높이 또는 위치 헤드(potential head), 제3항은 속도 헤드(velocity

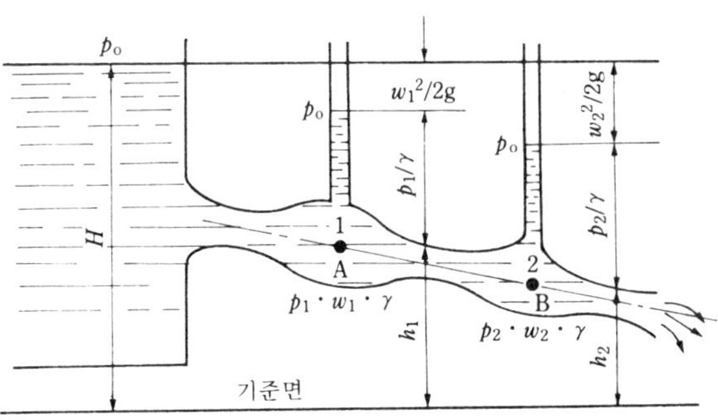

그림 5-2 베르누이의 정리도

head)이고, 이들의 총합이 전 헤드(total head)이다. 식 (5-5)는 다음과 같이 고쳐 쓸 수 있다.

$$p+\gamma h+\gamma\frac{w^2}{2g}=P=\text{일정} \quad \cdots\cdots (5\text{-}6)$$

SI로는 식 (5-5′)로부터

$$p'+\rho gh+\rho\frac{w^2}{2}=P'=\text{일정} \quad \cdots\cdots (5\text{-}6')$$

여기서, p'〚Pa〛, ρ〚kg/m³〛, h〔m〕이다.

윗식의 각 항은 각각 靜壓(static pressure), 위치의 압력(potential pressure) 및 動壓(dynamic pressure)이라 하며, 총합이 全壓(total pressure)이다.

(5) 스로틀링部로부터의 流出速度

탱크에 부착된 오리피스(orifice)로부터 유체가 유출할 경우를 생각한다. 그림 5-3에서 유체가 점 1과 2(평행유동의 점)가 이어지는 유선에 따라 흐를 때 각각의 점에서의 단면적, 높이, 압력 및 속도를 A, H_1, p_0, w_1 및 a, H_2, p_0, w_2라고 하면, 앞에서의 베르누이의 식 (5-5)로부터 다음과 같은 관계가 얻어진다.

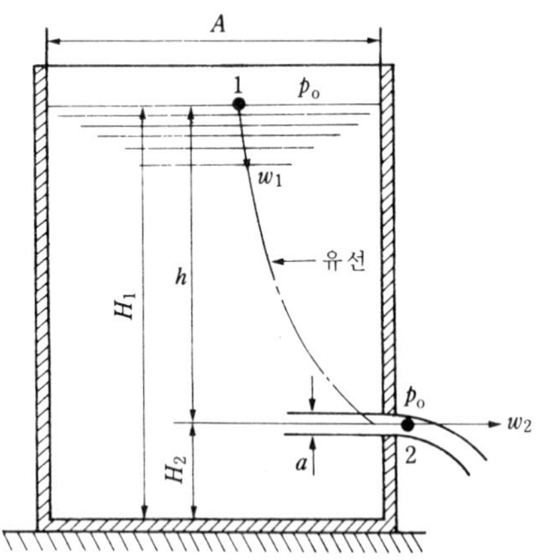

그림 5-3 스로틀링부(오리피스)로부터의 유체유출

$$\frac{p_0}{\gamma}+H_1+\frac{w_1^2}{2g}=\frac{p_0}{\gamma}+H_2+\frac{w_2^2}{2g}$$

$$\therefore\ w_2^2-w_1^2=2g\,(H_1-H_2)$$

$$w_2^2\left\{1-\left(\frac{w_1}{w_2}\right)^2\right\}=2g\,(H_1-H_2)$$

$$\therefore\ w_2=\sqrt{\frac{2g\,(H_1-H_2)}{1-\left(\dfrac{w_1}{w_2}\right)^2}}$$

연속의 식으로부터

$$w_1A=w_2a,\quad \therefore w_1/w_2=a/A \fallingdotseq 0$$

따라서, $H_1-H_2=h$ 로 하여서 윗식을 변형하면 다음과 같이 된다.

$$w_2=\sqrt{2gh} \quad \cdots\cdots (5\text{-}7)$$

식 (5-7)은 SI로 하여도 같다.

윗식은 토리첼리의 정리(Torricelli's theorem)로서 알려져 있다.

(6) 靜的流量係數와 流量의 式

정상류의 유량을 측정할 때에는 일반적으로 관내오리피스가 쓰여지며, 이 유동에서의 유체가 오리피스를 통과할 때에는 반드시 스로틀링상태로 되어서 유출하게 되고, 그 때 유체의 단면적은 오리피스의 단면적보다도 작아진다는 것은 잘 알려져 있는 사실이다.

1) 정적유량계수

오리피스의 직경을 d_0, 면적은 a, 스로틀링된 유체의 직경을 d_c 라고 하면, 그 사이에는 다음의 관계가 있다.

$$\frac{\pi}{4}d_c^2=c_s\frac{\pi}{4}d_0^2 \quad \cdots\cdots (5\text{-}8)$$

여기서, c_s=縮流係數(contraction coefficient)

또, 이 오리피스를 통과하는 유체의 속도를 w_0 라고 하면

$$w_0 = c_v w_2 \quad \cdots\cdots (5\text{-}9)$$

이고, 여기서 c_v=速度係數(velocity coefficient)이다.

일반적으로 스로틀링이 있는 유로를 생각할 경우의 유량계수는 이들 계수 c_s, c_v를 함께 고려한 다음의 식을 써야 한다.

$$\alpha_0 = c_s c_v \quad \cdots\cdots (5\text{-}10)$$

α_0는 오리피스의 유량계수로서 靜的流量係數(coefficient of staticdischarge) α_s라고도 한다. 또 관과 스로틀링부의 직경과 면적을 각각 D, d_0, A, a라 했을 때 $(d_0/D)^2 = a/A$를 開口面積比(opening area ratio) m_0라 하고, 유량계수와 개구면적비와의 곱한 값 $\alpha_0 m_0 = \alpha_0 (d_0/D)^2 = \alpha_0 (a/A)$는 流量特性値(characteristic of discharge)로서, 오리피스를 통과하는 유량을 정하는 무차원수이다.

2) 유량의 식

그림 5-4에서 오리피스 전후의 압력을 p_1, p_2, 오리피스의 단면적을 A_0라고 하면, 중량유량 G는 다음 식으로부터 구해진다.

$$G = \alpha_0 \varepsilon A_0 \sqrt{2g\gamma_1 \Delta p} = \alpha_0 \varepsilon A_0 \sqrt{2g\gamma_1 (p_1 - p_2)} \; \text{[kgf/s]} \quad \cdots\cdots (5\text{-}11)$$

여기서, ε=공기(가스체)의 팽창에 관한 보정계수(expansion factor)이다.

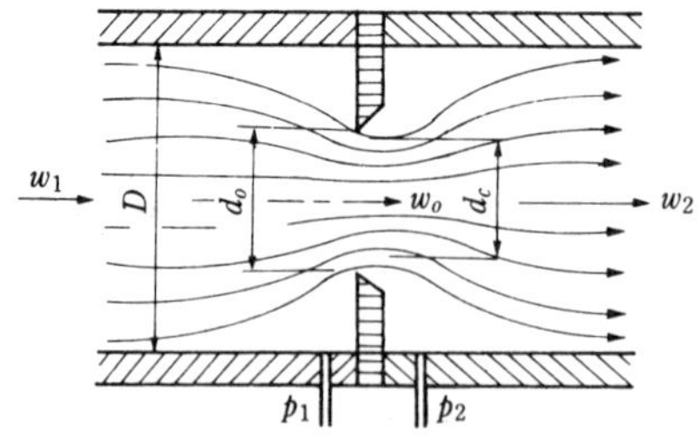

그림 5-4 관내 오리피스

$$\varepsilon=\sqrt{\frac{k}{k-1}\frac{p_1}{p_1-p_2}\left\{\left(\frac{p_2}{p_1}\right)^{\frac{2}{k}}-\left(\frac{p_2}{p_1}\right)^{\frac{k+1}{k}}\right\}}$$

$$=\sqrt{\frac{k}{k-1}\frac{p_1}{p_1-p_2}\left(\frac{p_2}{p_1}\right)^{\frac{2}{k}}\left\{1-\left(\frac{p_2}{p_1}\right)^{\frac{k-1}{k}}\right\}}\cdots\cdots\cdots\cdots\cdots\cdots\cdots\cdots\text{(5-12)}$$

$$\fallingdotseq 1-0.536\frac{p_1-p_2}{p_1}\quad (k=1.40=\text{공기의 비열비})$$

$$A_0=\frac{\pi}{4}d_0^2=\left(\frac{\pi}{4}\right)D^2m_0,\ m_0=\left(\frac{d_0}{D}\right)^2$$

$$\therefore d_0^2=D^2m_0$$

γ_1= 오리피스前 공기의 비중량 〔kgf/m^3〕

SI로는 γ_1 대신 ρ_1을 쓰고, 질량유량 G'는 다음과 같이 표시된다.

$$G'=\alpha_0\,\varepsilon A_0\sqrt{2\rho_1(p_1'-p_2')}\ [\![\text{kg/s}]\!]\cdots\cdots\cdots\cdots\cdots\cdots\cdots\cdots\cdots\text{(5-11}'\text{)}$$

식 (5-11)에 ε의 식을 대입하고 G를 고쳐 쓰면 다음 식과 같이 된다.

$$G=\alpha_0A_0\sqrt{2g\frac{k}{k-1}\gamma_1p_1\left\{\left(\frac{p_2}{p_1}\right)^{\frac{2}{k}}-\left(\frac{p_2}{p_1}\right)^{\frac{k+1}{k}}\right\}}\cdots\cdots\cdots\cdots\text{(5-13)}$$

SI로는

$$G'=\alpha_0A_0\sqrt{2\frac{k}{k-1}\rho_1p_1'\left\{\left(\frac{p_2'}{p_1'}\right)^{\frac{2}{k}}-\left(\frac{p_2'}{p_1'}\right)^{\frac{k+1}{k}}\right\}}\cdots\cdots\cdots\cdots\text{(5-13}'\text{)}$$

(7) 動的流量係數

앞에서 설명한 정적유량계수 α_s는 일정의 개구면적을 통과하는 유체가 유동하는 경우이다.

그러나 기관에서는 그림 5-5에 나타나 있는 바와 같이, (a) 흡·배기밸브와 밸브 시트와의 사이, (b) 소·배기구와 피스턴 헤드부와의 사이와 같이 크

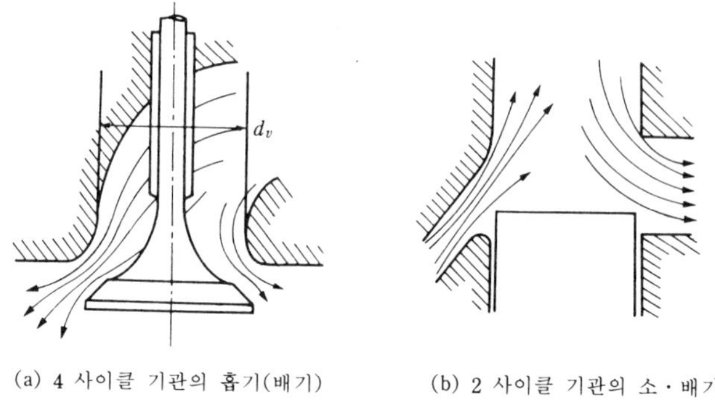

(a) 4 사이클 기관의 흡기(배기)　　(b) 2 사이클 기관의 소·배기

그림 5-5 동적유동의 예

랭크축의 회전과 더불어 변화하는 개구면적으로부터 작동유체가 유출입하게 되어서 그 현상은 복잡하게 된다. 이와 같은 경우의 유량계수를 동적유량계수(coefficient of dynamic discharge) α_d 라고 한다.

지금 임의의 밸브양정(lift)인 때 유량계수 α_0 인 오리피스를 써서 측정하였을 때의 실제유량을 G_a, 이론유량을 G_{th}, 밸브와 밸브 시트의 틈새를 흐를 때의 유량계수를 α_d 라고 하면, 다음의 관계가 있다.

$$G_a = \alpha_d G_{th}$$

$$\therefore\ \alpha_d = \frac{G_a}{G_{th}} \quad \cdots\cdots (5\text{-}14)$$

α_d 는 밸브의 양정에 따라 달라지는 변수이다. 또한 G_a 와 G_{th} 는 식 (5-13)을 써서 다음과 같이 나타내어진다.

〔단, SI 로서의 표시는 앞에서의 식 (5-13′)와 같은 요령에 의하여 얻어진다.〕

$$\left.\begin{aligned} G_a &= \alpha_0 A_0 \sqrt{2g\frac{k}{k-1}p_{01}\,\rho_{01}\left\{\left(\frac{p_{02}}{p_{01}}\right)^{\frac{2}{k}} - \left(\frac{p_{02}}{p_{01}}\right)^{\frac{k+1}{k}}\right\}} \\ G_{th} &= A_v \sqrt{2g\frac{k}{k-1}p_{v1}\,\gamma_{v1}\left\{\left(\frac{p_{v2}}{p_{v1}}\right)^{\frac{2}{k}} - \left(\frac{p_{v2}}{p_{v1}}\right)^{\frac{k+1}{k}}\right\}} \end{aligned}\right\} \cdots\cdots (5\text{-}15)$$

여기서 A_0, A_v=오리피스와 밸브의 개구면적

p_{01}, p_{02}, p_{v1}, p_{v2}=오리피스와 밸브 시트의 스로틀링 전후의 압력

따라서, α_d는 다음 식으로 구하여진다.

$$\alpha_d=\alpha_0\frac{A_0}{A_v}\sqrt{\frac{2g\left\{\frac{k}{k-1}\right\}p_{01}\gamma_{01}\left\{\left(\frac{p_{02}}{p_{01}}\right)^{\frac{2}{k}}-\left(\frac{p_{02}}{p_{01}}\right)^{\frac{k+1}{k}}\right\}}{2g\left\{\frac{k}{k-1}\right\}p_{v1}\gamma_{v1}\left\{\left(\frac{p_{v2}}{p_{v1}}\right)^{\frac{2}{k}}-\left(\frac{p_{v2}}{p_{v1}}\right)^{\frac{k+1}{k}}\right\}}}\cdots(5\text{-}16)$$

지금,

$$\varepsilon_v=\sqrt{\frac{2g\left\{\frac{k}{k-1}\right\}p_{v1}\gamma_{v1}\left\{\left(\frac{p_{v2}}{p_{v1}}\right)^{\frac{2}{k}}-\left(\frac{p_{v2}}{p_{v1}}\right)^{\frac{k+1}{k}}\right\}}{2g\gamma_{v1}(p_{v1}-p_{v2})}}$$

$$\varepsilon_0=\sqrt{\frac{2g\left\{\frac{k}{k-1}\right\}p_{01}\gamma_{01}\left\{\left(\frac{p_{02}}{p_{01}}\right)^{\frac{2}{k}}-\left(\frac{p_{02}}{p_{01}}\right)^{\frac{k+1}{k}}\right\}}{2g\gamma_{01}(p_{01}-p_{02})}}$$

이라고 하면, 식 (5-16)은 다음 식으로 된다.

$$\alpha_d=\alpha_0\left(\frac{A_0}{A_v}\right)\left(\frac{\varepsilon_0}{\varepsilon_v}\right)\sqrt{\frac{2g\gamma_{01}(p_{01}-p_{02})}{2g\gamma_{v1}(p_{v1}-p_{v2})}}$$

$$=\alpha_0\left(\frac{A_0}{A_v}\right)\left(\frac{\varepsilon_0}{\varepsilon_v}\right)\sqrt{\frac{\gamma_{01}}{\gamma_{v1}}\frac{\Delta p_0}{\Delta p_v}}\cdots\cdots(5\text{-}17)$$

여기서 $\Delta p_0=p_{01}-p_{02}$, $\Delta p_v=p_{v1}-p_{v2}$로 한다.

흡기밸브가 열리기 시작하고서부터 닫혀질 때까지의 평균동적유량계수 α_{dm}은 다음 식과 같이 된다.

$$\alpha_{dm}=\frac{1}{A_v(\theta_c-\theta_0)}\int_{\theta_0}^{\theta_c}\alpha_d(\theta)A_v(\theta)\,d\theta\cdots\cdots(5\text{-}18)$$

여기서, θ_0, θ_c=밸브 개폐시의 크랭크각도

평균동적유량계수 α_{dm}은 밸브와 밸브 시트의 치수로부터, 즉 밸브의 개

구면적을 정확하게 구하고, 실험을 기초로 하여 앞에서의 이론에 따라서 계산하지 않으면 안 된다. 어느 기관출력 55~88〔PS〕, 40.5~64.8⟦kW⟧, 회전속도 4500~5000〔rpm〕급의 자동차용 기관에 대하여 실험한 결과에 따르면 $\alpha_{dm}=0.256\sim0.310$ 정도인 것으로 발표되어 있다.

일반적으로, 동적유량계수 α_d는 정적유량계수 α_s의 경우와 같이, 유체가 개구면적을 통과할 때의 속도계수와 축류계수의 영향으로 달라지게 되고, 밸브와 밸브 시트와의 틈새를 유체가 통과할 때의 α_d는 밸브 揚程이 작은 곳에서는 유체 마찰이 커서 속도계수의 영향이 작용하게 되고, 양정이 큰 곳에서는 유량이 커서 축류계수의 영향이 큰 것으로 생각되어지고 있다.

5-2 4사이클機關의 作動流體交換

왕복 4사이클기관에서는 흡기, 압축, 팽창 및 배기 등 4가지의 연속적인 작동을 하게 된다. 즉, 신기의 흡입을 위해서는 먼저 앞의 사이클에서 유효일을 끝낸 가스가 실린더 밖으로 배출되어야 한다. 즉, 최초로 배기밸브가 열려서 가스의 배출이 끝나면 이는 닫히고, 다음의 사이클이 시작될 때 흡기밸브가 열려 신기를 흡입하고, 압축 초에 이 밸브는 닫히게 되며, 이러한 조작에 의하여 신구의 작동유체는 교환하게 된다.

(1) 作動流體가 교환될 때의 실린더 내 및 排氣管 내의 壓力變化

그림 5-6은 無過給機關에서 작동유체가 교환될 때의 실린더 내와 배기관 내 압력의 변화와 배기 및 흡기밸브의 開口面積의 변화를 나타낸 것이다. 피스턴의 팽창행정이 끝나는 BDC에서 배기밸브가 열리면 될 것이나, 뒤에 설명하는 이유로 배기밸브는 BDC 전 35~70〔deg〕에서 열리도록 되어 있다. 배기밸브가 열리면, 바로 가스의 블로 다운(blow down)이 시작되고 실린더 내의 압력〔실선 부분〕은 급격하게 저하되는 한편, 배기관 내의 압력〔점선 부분〕은 상승하기 시작한다. 배가스의 블로 다운 초기의 가스 유출속도는

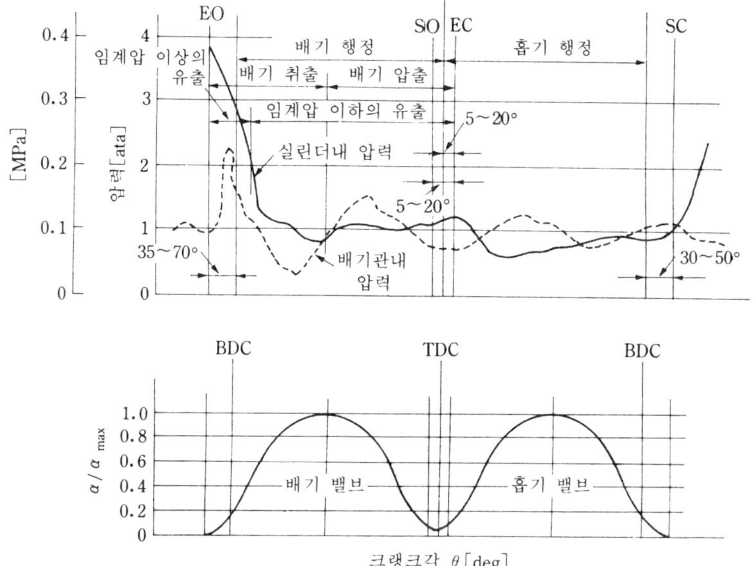

그림 5-6 유체교환시의 실린더 내와 배기관 내의 압력변화

임계속도로서, 배기밸브를 통과할 때의 가스속도 V_g는 음속(a_s)과 같으며, 다음 식으로 표시된다.

$$V_g = a_s = \sqrt{kgR_gT_{cr}} = \sqrt{2g\left\{\frac{k}{k+1}\right\}R_g T_z}$$

$$= 3.38\sqrt{R_gT_z}\ \text{〔m/s〕} \quad \cdots\cdots (5\text{-}19)$$

한편, 臨界壓力比 γ_c는

$$\gamma_c = \frac{p_{cr}}{p_z} = \left(\frac{2}{k+1}\right)^{\frac{k}{k+1}} = 0.5283$$

여기서, T_{cr}=임계온도(critical temperature), T_z=실린더 내 가스온도, R_g=배가스의 가스상수, k=1.40(공기, 질소, 산소의 경우)

배기관 내로 배출된 배출가스는 그림에서와 같이 압력파가 생기고, 배기관의 출구를 향하여 음속으로 진행되며, 관의 끝에 도달한 壓力波는 負壓波로 되어서 다시 되돌아온다.

피스턴이 BDC에 달하여 배기행정으로 옮겨지면 이번에는 배출가스가 피스턴에 의하여 밀려나가게 되며, 행정의 1/2 정도를 지나면 배기관 내 압력이 약간 상승되고, 배기밸브가 닫히기 시작하면 실린더 내 압력은 다소 높아진다. 그리고 실린더 내의 잔류가스를 밀어내기 위해서는 배기밸브의 닫히는(EVC) 시기를 TDC보다 5～20〔deg〕만큼 늦추지 않으면 안 된다. 다음 피스턴이 흡기행정으로 옮겨질 때의 실린더 내 압력은 그림에서 보는 바와 같이 점차 떨어지고, 흡기밸브 바깥쪽의 압력보다도 낮아진 다음부터 신기의 흡입이 시작된다. 그러나 흡기밸브가 열리기(SVO) 시작하는 10～30〔deg〕 BTDC(before top dead center) 경에는 밸브 시트와 밸브 사이의 통과 면적이 작고 점차 커지게 되나, 피스턴의 속도가 그 이상으로 커지게 되어서 실린더 내의 압력은 그림에서와 같이 급격하게 떨어진다. 피스턴이 BDC에 도달될 시기에야 흡기의 운동에너지도 증가되고, 압력은 대체로 대기압에 도달하게 된다. 이 시점에서 흡기밸브를 닫으면 겨우 증대되어 가는 흡기의 관성을 단절시키는 것이 되므로 흡기밸브의 닫힘(SVC)은 BDC보다 30～50〔deg〕만큼 늦추어야 할 필요가 있다.

이상과 같이 하여 흡·배기밸브는 피스턴에 연관되는 조작으로 新舊 가스의 교환이 이루어진다. 그러나 기관의 출력향상을 위해서는 흡·배기밸브의 개폐시기가 최적으로 설정되어서 실린더 내의 잔류가스를 극력 배출시키고 보다 많은 양의 신기를 흡입할 수 있도록 하고 있다.

(2) 밸브의 開閉時期

이론사이클에서의 취급에서는 압축비(=팽창비)는 상사점(TDC)에 있어서의 연소실체적으로 하사점(BDC)에 있어서의 체적을 나눈 것이므로 흡·배기밸브의 개폐시기도 상·하사점과 일치한다. 그러나 포페트밸브(poppet valve)를 사용하는 실제기관에서는 밸브 개폐시에 있어서 밸브의 가속도에 대한 제한으로 밸브의 揚程曲線(lift curve)는 正弦波에 가까운 곡선으로 된다(그림 5-7).

따라서, 이로 인하여 η_v, η_c가 최적으로 되는 밸브의 개폐시기도 상·하점

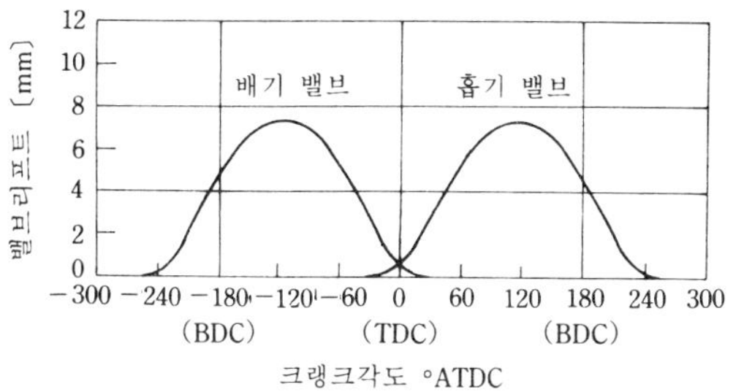

그림 5-7 實機의 밸브리프트 특성의 예

으로부터 벗어나게 된다. 따라서, 흡·배기밸브의 개폐시기 모두에 대하여는 다음과 같이 생각할 수 있다.

1) 흡기밸브의 열림시기(suction valve open : SVO)

피스턴 속도의 큰 곳에서 밸브의 열림면적을 크게 하기 위하여 흡기밸브는 일반적으로 상사점전 5~20℃A에서 열게 되어 있다. 이 값을 크게 하면 뒤에 설명하는 밸브 오버랩(valve overlap)량이 증대되어 저속에서는 잔류가스량의 증가로 η_v가 저하되고, 또한 고속에서는 역으로 동적효과에 의하여 η_v가 증대된다.

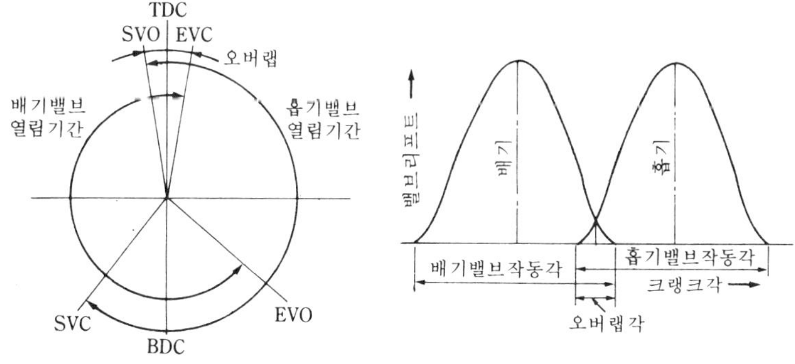

그림 5-8 흡·배기밸브의 개폐시기와 오버랩

2) 흡기밸브 닫힘시기(suction valve close : SVC)

흡기행정의 초기에는 밸브 전후의 차압이 크나 밸브의 양정(lift)이 커지게 되면 실린더 벽으로부터의 가열 등으로 압력은 대기압에 가까워진다. 흡기밸브의 닫힘이 빠르면 스로틀링으로 인하여 압력이 회복하지 못하므로 SVC는 하사점 후 30~50℃A정도로 하며, 이 보다 닫힘이 빠르면 η_v는 저하된다. 그리고 역으로 늦으면 일단 실린더 내에 흡입된 신기를 흡기계로 역류시키는 것이 되어서 빠른 경우와 같이 η_v는 낮아진다. 흡기의 관성의 영향으로 SVC의 최적치는 회전속도에 의하여 달라지며 저속에서는 작고 고속에서는 커지게 된다.

3) 배기밸브의 열림시기(exhaust valve open : EVO)

EVO의 값은 η_v에 미치는 영향이 비교적 적다. 그러나 팽창일을 크게 하고 배출가스의 밀어내기 손실을 저감시킨다고 하는 양자의 형평에서 하사점 전 50℃A 전후의 값이 많다.

4) 배기밸브의 닫힘시기(exhaust valve close : EVC)

배기행정 중의 실린더 내 압력은 배기밸브의 스로틀링으로 배기포트압력보다 조금 높다. 잔류가스량을 감소시켜서 η_v를 향상시키기 위하여 EVC는 상사점 후 5~20℃A의 값으로 한다. 지나치게 빠르면 배기가 충분하지 못하여 잔류가스량이 증가됨으로써 η_v가 저하된다. 한편 닫임시기가 지나치게 늦어지게 되면 배출가스가 배기포트로부터 실린더 내로 역류되어 역시 잔류가스가 증가된다.

5) 오버랩

밸브 오버랩(over lap) 기간은 흡기밸브와 배기밸브의 양쪽이 열려져 있는 기간이 된다. 이 기간은 고속인 경우는 흡기의 관성으로 배기를 밀어냄으로써 흡입효율이 향상되나 저속, 특히 아이들시에는 배기가 흡기쪽으로 역류되는 현상이 발생, 잔류가스의 양이 증가된다. 아이들시에는 당초부터 흡입공기가 적어서 연소가 불리한 가운데 잔류가스가 혼합하게 되므로 연소는 더욱 악화됨으로써 운전상태는 한층 불안정하게 된다. 특히 4밸브기관은 밸브 면적이 커서 2밸브기관과 오버랩 기간이 같아도 실질적으로는 그 기간이 커지는 것과 다를 바 없으며, 또한 배기량이 작은 기관의 경우는 배기량에 비하여 상대적으로 밸브 면적이 큰 예가 많으므로 그 경향은 더욱 심하다.

지금은 레이스카인 경우에는 아이들의 상황이 불안정한 것이 허용되지 않으므로 4 밸브기관은 오버랩이 최대 5°까지, 그 가운데에는 0° 이하인 것도 있다. 오버랩이 0° 이하라고 하는 것은 명목상의 작동각을 말하는 것이고 실제에 있어서는 밸브 리프트가 시작되어 있어서 실질적으로 오버랩이 존재하게 된다.

일반적으로 오버랩이 큰 기관은 고속형, 작은 경우는 저속형이라고 하나 이것은 엄밀한 뜻에서는 바른 표현이 못된다. 고속을 중시하는 기관은 캠축의 작동각을 크게 하고 그렇게 함으로써 리프트가 커져서 자연 오버랩이 커지게 되는 것이다. 따라서 작동각이 작은 체 SVC를 빠르게, EVO를 늦춤으로써 오버랩을 크게 하여도 고속에서의 출력은 증대되지 않고 오히려 역으로 저하된다.

(3) 充塡効率의 向上方法

1) 충전효율, 체적효율의 정의

흡기행정말에 있어서의 실린더 내의 혼합기의 압력은 흡기계(공기청정기, 기화기, 흡기매니폴드, 흡기밸브 등)의 저항에 의하여 흡기계 입구의 압력보다도 낮고 온도도 흡기계나 실린더 벽과도 열교환이나 잔류가스와의 혼합으로 입구 온도보다 높아진다. 그 결과 흡입신기(공기 또는 혼합기)의 체적을 입구의 온도압력으로 환산하면 행정체적보다 작아지는 것이 일반적이다.

이 비율을 體積效率(volumetric efficiency) η_v 라고 하면 다음의 식으로 표시된다. p, T를 흡기계 입구의 압력과 온도라고 하면

$$\eta_v = \frac{p,\ T \text{ 하에서의 흡입 신기체적}}{\text{총 행정체적}}$$

$$= \frac{\text{흡입 신기의 중량}}{p,\ T \text{ 하에서의 총 행정체적을 차지하는 신기의 중량}} \cdots (5\text{-}20)$$

η_v 는 기관의 흡입능력을 나타내는 것이 되나 높고 낮은 지대, 덥거나 추운

열대나 한대지방과 같이 외기조건이 다른 경우는 η_v가 동일하여도 흡기의 절대량이 달라지고 그에 따라 출력도 다르게 된다. 그러므로 절대량의 기준으로서 정의한 것이 다음의 充填效率(charging efficiency) η_c 이다.

$$\eta_c = \frac{\text{흡입 신기의 중량}}{\text{표준상태에서 총 행정체적을 차지하는 신기의 중량}}$$

$$= \frac{p}{p_o} \times \frac{T_o}{T} \times \eta_v \quad \cdots\cdots (5\text{-}21)$$

여기서 p_o, T_o : 표준상태(760 mmHg, 20℃)에서 흡기의 절대압력과 절대온도이고, 식(5-21)에서와 같이 표준상태에서는 η_v와 η_c가 동일하다. 다음에는 η_v, η_c에 영향을 미치는 인자를 정적인 것과 동적인 것으로 나누어 생각한다.

2) η_v, η_c에 영향을 주는 靜的要因

a) 입구온도

흡기의 입구온도가 높아지게 되면 연소실의 벽면온도와의 온도차가 작아지게 되어 η_v는 상승된다. 그러나 흡기의 밀도가 감소되어지므로 η_c는 역으로 저하한다.

실험적으로는 온도가 달라지는 데 대하여는 다음과 같은 관계가 얻어진다.

$$\eta_c = \left(\frac{T_o}{T}\right)^m \times \eta_{co} \quad \cdots\cdots (5\text{-}22)$$

여기서 η_c : 입구온도 T(K)일 때의 충전효율

η_{co} : 표준상태 (T_o=293K)일 때의 충전효율

m : 지수 0.6～0.9

b) 입구압력

온도의 일정하에서 흡기의 입구압력이 변화되어도 η_v는 거의 변화하지 않으나 η_c는 압력에 거의 비례하여 변화한다.

$$\eta_c = \left(\frac{p}{p_o}\right)^m \times \eta_{co} \quad \cdots\cdots (5\text{-}23)$$

여기서 η_c : 입구압력 p(절대압력)인 때의 충전효율

η_{co} : 표준상태 하에서의 충전효율

m : 지수 1.1~1.2

과급기관의 경우는 터보차저나 수퍼차저에 의하여 흡기압을 높게 하여 충전효율, 즉 출력을 증대시키고 있다. 이 때 과급기의 가압에 의하여 흡기온도도 동시에 상승된다. 이 온도상승을 억제하고 충전효율을 보다 향상시키고 또한 내노크성도 향상시키기 위하여 중간냉각기를 설치한다.

c) 연소실벽온

기관의 부하나 냉각수의 온도가 높아지게 되면 연소실의 벽온이 상승되어 흡기를 가열하게 되므로 η_v, η_c 공히 감소한다. 그림 5-9는 벽온과 체적효율과의 관계를 조사한 실험결과이다.

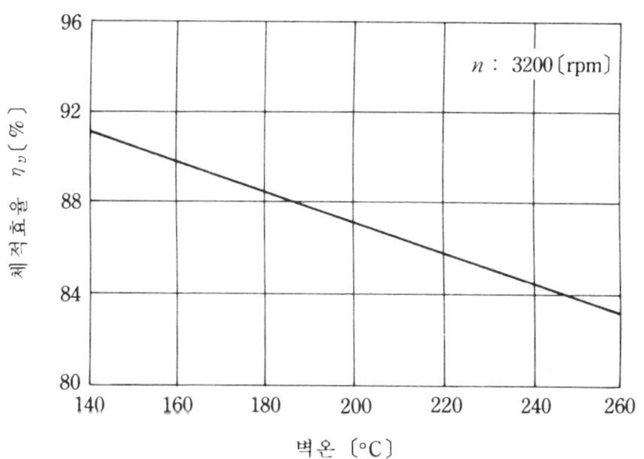

그림 5-9 벽온이 체적효율에 미치는 영향

d) 흡기저항

공기청정기, 흡기매니폴드, 흡기밸브에 의한 압력손실은 흡기의 종료시기에서 흡기압(입구압)과 연소실압력과의 차압을 낳게 하여 η_v, η_c가 또한 공히 감소하고 구부러짐이나 스로틀링의 적은 충분한 단면적을 가진 흡기통로로 함으로써 압력손실은 저감된다. 1배럴 기화기 사양으로부터 2배럴 기화기로 하거나 흡기밸브를 多밸브화(3밸브, 4밸브기관)하는 것으로써 고속에서의 η_v, η_c를 향상시킬 수 있다.

3) η_v, η_c에 영향을 주는 동적요인

흡기, 배기가 간헐적으로 이루어지는데 기인하는 흡·배기계의 압력진동에 의한 것으로서 관성효과, 맥동효과라고 한다. 다음은 흡기관과 배기관 그리고 多실린더기관인 경우에 대하여 나누어서 설명한다.

a) 흡기관 효과

흡기관 내의 氣柱의 관성에 의하여 하사점 후 일지라도 신기가 실린더 내에 유입하여 흡기관이 없는 경우보다 η_v를 향상시킬 수가 있고 이것을 흡기관성 효과라고 한다(그림 5-11). 이 관성효과는 관성특성수(Z), 관내진동계수(μ), 흡기밸브의 닫힘각(θ_{sc})로서 결정된다. Z는 식 (5-24)로 나타내어 진다.

$$Z=\frac{\pi n}{30\ a_s}\sqrt{\frac{V_h L_s}{A_s}} \qquad (5\text{-}24)$$

여기서 a_s: 흡기관계의 음속 L_s: 흡기관 길이

n: 기관회전속도 A_s: 흡기관 단면적

V_h: 행정체적

η_v가 증대로 되는 Z는 θ_{sc}의 함수이고 약 0.5 전후이다. 식 (5-24)로부터 알 수 있는 바와 같이 η_v가 최대로 되는 η_v는 $\frac{1}{\sqrt{L_s}}$에 비례하여 변화하고 그림 5-10의 실험결과와 잘 대응되고 있다.

관성효과는 흡기관 내에 생긴 압력진동이 동일 흡기행정에 영향을 미치는 현상을 말하나, 고속회전이나 흡기관의 길이가 긴 경우는 다음의 사이클에

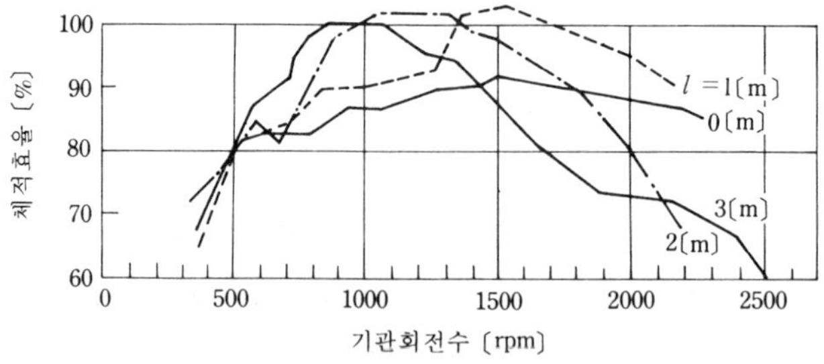

그림 5-10 흡기관 길이와 체적효율

영향을 미치게 되고 이것을 맥동효과라 한다.

한쪽이 개방단으로 된 흡기관의 기본진동수($\nu = a_s/4L_s$)와 기관의 흡입수 ($n/2\times60$)의 비를 맥동차수 q로 표시하면

$$q=\frac{\dfrac{a_s}{4L_s}}{\dfrac{n}{2\times60}}=\frac{30\ a_s}{n\ L_s} \qquad \cdots\cdots (5\text{-}25)$$

이 되고 $q=1, 2, 3, \cdots$인 정수인 경우는 다음의 흡기행정에 부압파가 동조하여 η_v는 저하된다. 한편 $q=1.5, 2.5, 3.5, \cdots$의 정압파가 동조하게 되면 η_v는 향상된다. 단, 고차의 것은 감쇄가 크기 때문에 효과가 작다.

b) 배기관 효과

배출가스의 부러내기에 의하여 흡기관보다 큰 압력진동이 생긴다. 이 압력에 의하여 배기행정의 후반에 부압이 생기게 되면 잔류가스가 빨려나가게 된다. 밸브 오버랩이 크면 부압파를 오버랩 기간에 동조하도록 함으로써 소기효과가 얻어진다.

c) 다실린더기관에 있어서의 동적효과

공통의 흡기매니폴드를 가진 다실린더기관에 있어서는 어느 실린더의 흡기행정 후반에 다른 실린더의 흡기개시에 의한 부압파가 동조하면 입구 압력을 내린 상태와 같은 것이 되어 η_v가 저하되고 이것을 흡기간섭이라 한다. 배기매니폴드에서도 같은 이치에 따라서 배기의 정압파가 다른 실린더의 배기행정 후반에 동조하면 排氣背壓이 높아지게 되고 잔류가스량이 많아져서 η_v가 저하된다. 이것을 배기간섭이라고 한다.

이들의 간섭이 없도록 하기 위하여는 흡·배기관의 독립길이를 길게 할 필요가 있다. 실제 자동차용 기관에는 엔진룸의 제약 내에서 목표로 하는 토크곡선(저·중속에서 달라지느냐 또는 고속에서 달라지느냐 하는 등)에 맞추어서 흡·배기관 길이의 적합여부의 결정이 이루어지고 있다.

이 적합결정에 있어서는 계산기에 의한 시뮬레이션이 많이 이루어지고 있고 여기서 사용되는 모델도 종래의 일차원으로부터 다차원 모델화되어 가고 있어서 점차 그 예측정도의 향상이 이룩되고 있다. 그림 5-11, 5-12는

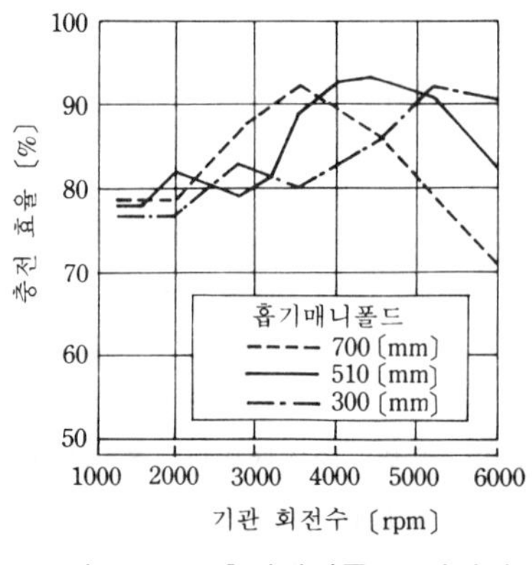

그림 5-11 흡기매니폴드 길이가 충전효율에 주는 영향

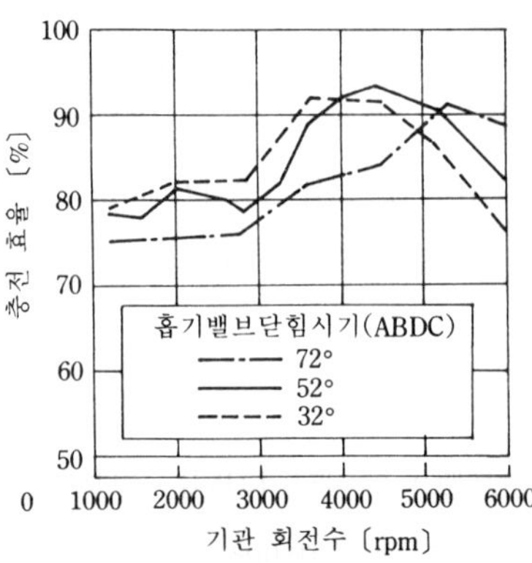

그림 5-12 흡기밸브 닫힘시기의 충전효율에 주는 영향

직렬 6실린더기관을 대상으로 흡기매니폴드 길이와 흡기밸브 닫힘시기가 충전효율에 미치는 영향을 계산한 예를 나타낸 것이다.

이상의 모든 관계를 최대출력의 향상을 위한 η_v의 향상방법으로서 정리하면 그림 5-13과 같이 된다. 밸브의 개폐시기와 흡기매니폴드 길이를 최대출력을 견양하여 설정하면 일반적으로 그림 5-10, 5-11에서와 같이 저·중속에서의 불연속성이 크게 일어난다. 이 때문에 기관의 회전속도에 따라 等價吸氣管 길이를 그 때마다 달리하는 흡기시스템이 많이 쓰여지고 있다. 또 DOHC기관에 있어서는 회전속도에 따라 흡기측의 캠을 변위시키는 SVC의 가변화를 도모하여 저속으로부터 고속까지 높은 토크를 얻도록 한 可變밸브 타이밍 시스템도 실용화되고 있다.

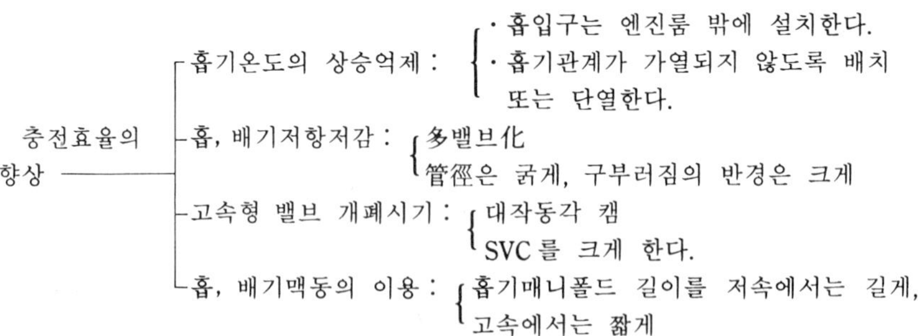

그림 5-13

(4) 機關回轉速度의 高速化

단위시간당의 흡기유량을, 흡기밸브의 총면적으로 나눈 흡기밸브에 있어서 겉보기의 흡기속도가 지나치게 커지게 되면 초킹(choking)現象이 발생하여 체적효율은 급격하게 저하된다. 그 결과 기관의 회전속도를 상승시켜도 출력은 역으로 저하된다.

즉, 기관의 고속화로 고출력을 얻으려면 고속회전에서도 체적효율이 떨어지지 않도록 겉보기의 흡기속도를 저하시킬 필요가 있고 여기에는 다음과 같은 방법들이 취해지고 있다.

1) 흡기밸브의 작동, 양정의 증대

흡기밸브가 열리고 있는 시간(각도) 및 양정(lift)량을 크게 함으로써 흡기밸브에서의 유속은 저하되고 보다 고속화 될 수 있다. 흡기밸브의 작동각은 보통 크랭크각도로 240° 전후이고 레이스용 기관인 경우에는 280~320°까지 커진다.

2) 단행정화

흡기밸브경 d_s는 거의 실린더 내경 d에 비례하므로 동일의 행정체적인 경우는 단행정(short stroke)화 할수록 흡기밸브경을 크게 할 수 있어서 고회전화가 가능하다. 한편 피스턴과 실린더 사이의 윤활상 평균 피스턴 속도는 20~22m/s가 상한으로 되어 있고(stroke 60mm의 10000rpm에서 평균 피스턴 속도 20m/s), 이러한 면에서 볼 때에도 고속회전화를 위하여는 단행정화 할 것이 불가결하다. 기관의 스트로크/보어비(l/d)는 0.9~1.1이 대부분이나 레이스용에서는 l/d 비가 0.6 전후까지 작은 것도 있다.

3) 吸氣 多밸브化

앞에서 기술한 것과 같이 실린더의 내경 d가 결정되면 레이아웃이 가능한 흡기밸브도 그것에 비례하여 정하여지며 2밸브기관에서는 $0.5d$, 4밸브기관에서는 $0.4d$ 전후가 흡기밸브의 최대경이다. 흡기밸브의 면적비는

$$\frac{4\text{ 밸브기관의 흡기밸브 면적}}{2\text{ 밸브기관의 흡기밸브 면적}}=\frac{2\times(0.4\,d)^2}{(0.5\,d)^2}=1.28$$

이 되어 2밸브로부터 4밸브로 함으로써 약 30[%]의 흡기밸브 면적이 증대됨을 알 수 있고 그 결과 보다 고회전까지 체적효율이 저하되지 않고 고출력이 얻어진다.

4) 多실린더化

동일의 총 행정체적인 경우 다실린더화하면 실린더경과 흡기밸브경이 모두 작아지게 된다. 간단하게 하기 위해서 스케어(square)(내경=행정)엔진에서 실린더수 Z와 흡기유속 w_s의 관계를 구하면 다음과 같이 된다.

$$V_H=\Sigma V_h=ZV_h\propto Zd^3$$

$$w_s\propto\frac{V_h}{d^2}\propto d\propto\frac{1}{\sqrt[3]{Z}}$$

즉 흡기유속 w_s는 실린더 수의 3승근에 역비례하여 多실린더化 할수록 동일 회전속도에서의 흡기유속이 저하됨을 나타내고 있다. 4실린더의 흡기유속을 100으로 할 때 6실린더인 경우는 91, 8실린더인 경우는 72로 된다.

이 흡기유속이 저하된 분만큼 다실린더기관은 고속회전화가 가능하게 되고 동일의 총 행정체적으로 고출력이 얻어진다. 지금까지의 고속으로 되어도 체적효율을 저하시키지 않는 방법을 정리하면 그림 5-14와 같이 된다. 실제의 고출력기관에서는 전 항목이 고루 조합되어진 설계로 되어 있다.

기관회전속도의 高速化
- 흡기밸브의 작동각, 리프트량 증대
- 短행정化
- 흡기 多밸브化
- 다실린더화

그림 5-14

5-3 2사이클機關의 吸·排氣系

往復 4사이클기관에서는 흡·배기과정이 나누어지고, 더구나 각각 그 기간도 크랭크각도로 250° 전후로 충분히 길게 되어 있다. 그러나 2사이클기관에서는 하사점 전후의 약 150° 가량의 짧은 기간 동안에 흡기와 배기를 동시에 하지 않으면 안 된다. 즉, 흡기에 의하여 연소가스를 실린더 밖으로 몰아냄과 동시에 실린더를 흡기로 채우는 것이 필요하게 된다. 이것을 掃氣作用(scavenging)이라 하며, 이 때 당연하게 급기압은 배기압보다도 높아야 하고, 이를 위하여 소기펌프(scavenging pump) 또는 송풍기(blower)가 쓰여지며, 압축공기(소기인 동시에 신기이다.)를 掃氣口(scavenging port)로부터 밀어넣고 배가스를 排氣口(exhaust port)를 통하여 실린더 밖으로 배출시키며, 그것이 끝날 즈음에 피스턴으로 하여금 배기구와 소기구를 닫아서 실린더 내에 남아 있는 소기(신기)를 압축하게 된다.

2사이클기관이 이론적으로는 같은 배기량과 같은 회전속도인 4사이클기관에 비하여 약 2배의 출력을 얻을 수 있고, 또한 매회전마다 폭발하므로 회전토크의 변동이 적고, 출력당의 마찰손실이 적은 등의 이점이 있다. 그러나 완전한 소기작용이 이루어지지 못하고 공급된 신기의 일부가 배기와 함께 소통되고, 또 다량의 연소가스가 실린더 내에 잔류하여 신기의 부족으로 출력이나 열비율의 악화 등이 생기기 쉽다.

이상과 같이, 2사이클기관에서는 소기작용의 좋고 나쁨이 그 성능에 영향을 크게 미친다.

(1) 掃氣方式

소기방식에는 크게 나누어서 횡단 소기식(cross scavenging), 루프(반전) 소기식(loop scavenging). 유니플로(단류) 소기식(uniflow scavenging)의 3가지 형식이 있다.

1) 횡단 소기식

이 방식은 그림 5-15에서 보는 바와 같이, 실린더벽에 掃氣口와 排氣口가 對向으로 만들어져 있어서 피스턴에 의하여 소·배기구를 제어한다. 구조는 가장 간단하나, 掃氣效率이 낮다. 소기가 실린더 내를 횡단하는 것같이 흐르므로 어느 정도의 신기소통은 피할 수 없으며 (a)는 소기구에 대면하는 피스턴 헤드부에 디플렉터(deflector)가 만들어져 있어서 소기의 흐름이 위를

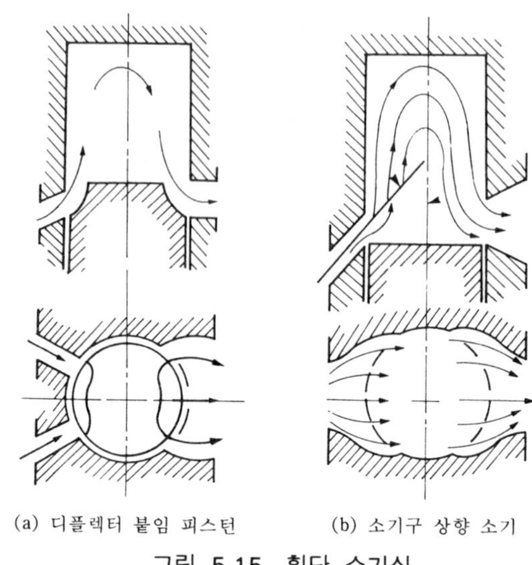

(a) 디플렉터 붙임 피스턴　　(b) 소기구 상향 소기

그림 5-15 횡단 소기식

향하도록 하여 신기의 소통을 방지하고 있고, 이 방식은 크랭크실 소기 등 소형기관에 많이 채용되고 있다. (b)는 소기구를 上向(a ≒ 40〔deg〕)으로 하여 소기효율의 향상을 도모하고 있다.

2) 루프 소기방식

이 방식은 그림 5-16에서 보는 바와 같이, 소·배기구가 모두 실린더 라이너의 동일측면에 만들어져 있고 피스턴에 의하여 제어된다. 소기는 실린더 내를 反轉하여 흐르고, 소기효율은 앞에서의 횡단 소기식보다 좋다.

(a)는 실린더의 하단부에 소기구를, 상단부에 배기구를 설치한 예로, 예로부터 채용되어 온 방식이다. 이의 결점은 피스턴 행정의 길이가 어느 정도 제한되는 점이다.

그림 (b)는 Schnüle가 고안한 방식으로, 실린더의 한쪽 중앙부에 배기구를, 그의 양쪽 두 곳에 소기구를 설치하고, 소기구로부터의 소기는 위쪽을 향하여 경사지게 유입되어서 헤드의 구석까지 퍼져서 배출가스를 배출구로부터 밀어낸다. 소기효율이 비교적 좋아서 소형 2사이클 가솔린기관을 비롯하여 고속디젤기관 등에 채용되고 있다.

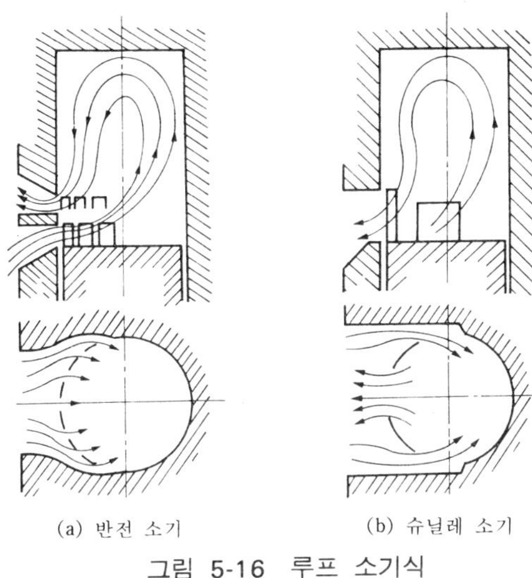

(a) 반전 소기　　(b) 슈닐레 소기

그림 5-16 루프 소기식

3) 유니플로 소기식

이 방식은 그림 5-17과 같이 실린더 하단의 온 둘레에 소기구를, 또 상단의 온 둘레에 배기구를 설치하는 방식과, 배기구 대신 2~4개의 배기밸

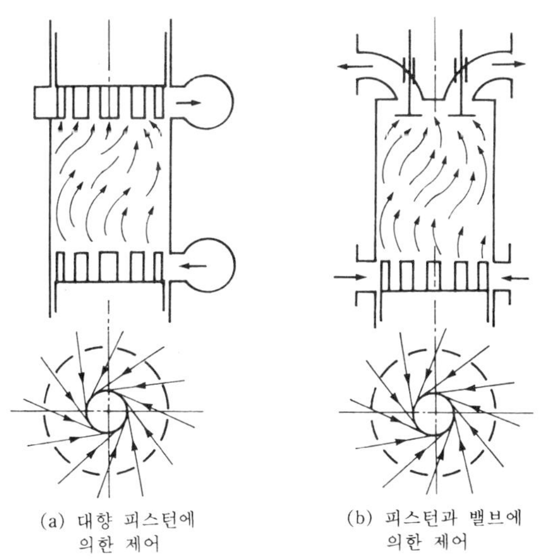

(a) 대향 피스턴에 의한 제어　　(b) 피스턴과 밸브에 의한 제어

그림 5-17 유니플로 소기식

브를 설치하는 방식도 있다. (a)는 상하피스턴에 의하여 제어하는 예이고, (b)는 소기는 피스턴, 배기는 밸브에 의하여 제어하는 예이다. 이 방식은 3개의 소기방식 중 가장 소기가 완전하게 이루어져서 소형고속 디젤기관뿐 아니라 중·대형기관에도 많이 채용되고 있다. 이 소기방식의 좋은 점을 들면 다음과 같다.

① 소·배기의 혼합될 염려가 없고 소기효율이 가장 높다.

② 비대칭 소기법이므로 後期給氣(그림 5-18 (b)이 각도 β)가 가능하다.

③ 소·배기구가 실린더벽의 온 둘레에 설치되어서 구멍의 위치를 낮출 수 있고, 이로써 피스턴의 유효행정이 작아지는 것을 막을 수가 있다.

(2) 掃·排氣口의 開閉時期

2사이클기관의 소·배기구 개폐시기의 형식에는 대칭과 비대칭의 2종류가 있다. 그림 5-18 (a)는 對稱掃氣의 예로서, 팽창기간이 끝나는 EO에서 배기구가 열리고, 배출가스가 음속으로 유출되어 각 α 동안 계속 된다. 그리고 SO에서 소기구가 열려서 소기가 시작되며 그 시기까지는 실린더 내의 압력이 소기압 이하로 되어 있어야 할 필요가 있다. 만일, 이 압력이 높으면 배기가 소기구로 역류하여 완전소기가 이루어질 수 없고, 기관의 성능은

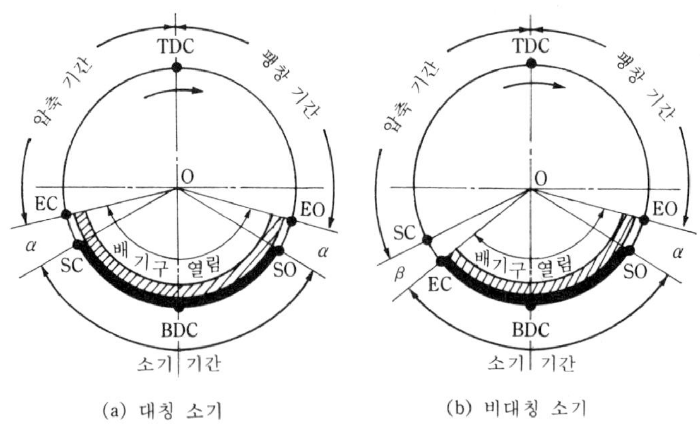

그림 5-18 소·배기구의 개폐시기

저하된다. SC에서 소기구가 닫혀서 소기가 끝나게 되나, 배기구는 각 α 동안 열려져 있어서 압축은 EC로부터 시작된다. 이 방식의 특징은 팽창과 압축의 시간이 같고, 또 배기와 소기의 기간이 BDC를 중심으로 하여 대칭으로 되어 있다는 것이다. (b)는 非對稱掃氣의 예로서, EC에서 배기구가 닫히고부터 각 β 동안은 아직 소기구가 열린 채로 되어 있어 소기가 실린더 내로 유입하게 되고, 그 사이에 후기급기가 이루어진다. 이 방식은 유니플로식의 경우에서 쉽게 적용될 수 있으나, 횡단식이나 루프식의 경우는 배기구에 회전밸브를 설치하거나, 또는 소기구에 자동개폐밸브를 부착하는 데 따라서 비대칭 소기구로 할 수도 있다.

2사이클기관에서는 소기(신기)로 배출가스를 밀어내는 관계로 신기가 배출가스와 함께 배기구를 통하여 빠져 나가게 된다. 따라서, 소기에 연료와 공기와의 혼합기를 사용하는 2사이클 氣化器機關은 연료의 경제면에서 바람직하지 못하다. 그러나 한편 4사이클 기관만큼의 완전소기가 아니므로 실린더 내에 잔류하는 배출가스가 마치 배출가스 재순환(EGR, exhaust gas recirculation) 방식과 같은 작용을 하여서 배출가스 중의 NO_x의 양이 적어지는 등 공해대책상의 이점이 있다.

(3) 掃氣에 관한 諸效率과 指標

2사이클기관의 소기작용을 평가하는 데는 여러가지의 효율과 지표가 있으나, Schweitzer가 제안한 방식이 가장 알기 쉽고, 오늘날 널리 이용되고 있다.

지금, G_0=소기 후 실린더 내에 남아 있는 신기량

G_r=소기 후 실린더 내에 남아 있는 배출가스량(잔류가스)

$G_z=G_0+G_r$=실린더 내의 전가스량

G_{ho}=외기상태 p_0, T_0 하에서 행정체적을 점유하는 급기량

G_{hn}=표준상태 p_n, T_n 하에서 행정체적을 점유하는 급기량

G_s=소기에 쓰여진 全給氣量

G_a=실린더 내의 純空氣量

1) 소기효율

掃氣效率(scavenging efficiency) η_s는 실린더 내 소기의 농도를 나타내며, 다음과 같이 정의된다.

$$\eta_s = \frac{G_0}{G_z} \quad \cdots\cdots (5\text{-}26)$$

2) 급기비와 충전비

給氣比(delivery ratio) S_0는 소기에 쓰여진 전급기량 G_s의 외기상태 하에서 행정체적을 점유하는 급기량 G_{h0}에 대한 비로서, 이 S_0는 G_{h0}의 몇 배의 급기량이 쓰여졌는가를 나타낸 것으로, 다음과 같이 정의된다.

$$S_0 = \frac{G_s}{G_{h0}} \quad \cdots\cdots (5\text{-}27)$$

그리고 充填比(charging ratio) C_r는 실린더 내의 전가스량 G_z의 G_{h0}에 대한 비로서, 이는 실러더 내의 전가스량 G_z가 G_{h0}의 얼마만큼의 비율에 상당하는가를 나타내며, 다음과 같이 표시된다.

$$C_r = \frac{G_z}{G_{h0}} \quad \cdots\cdots (5\text{-}28)$$

3) 급기효율

給氣效率(trapping efficiency) η_{tr}은 소기 후 실린더 내에 남아 있는 신기량 G_0의 전급기량 G_s에 대한 비로서, 기관의 출력은 이 급기효율의 크고 작은 데 따라서 지배되며, 다음 식과 같이 표시된다.

$$\eta_{tr} = \frac{G_0}{G_s} = \frac{G_0}{G_z}\frac{G_z}{G_{h0}}\frac{G_{h0}}{G_s} = \eta_s C_r \frac{1}{S_0} \quad \cdots\cdots (5\text{-}29)$$

4) 순 도

純度(purity) η_p는 소·배기 후 실린더 내에 잔류하는 가스 중에서 연소에 쓰여지지 않은 공기와 신기와를 합한 공기량 G_a와 실리더 내의 전가스량 G_z와의 비로서, 다음 식으로 표시된다

$$\eta_p = \frac{G_a}{G_z} \quad \cdots\cdots \quad (5\text{-}30)$$

5) 4사이클기관의 체적효율 η_v와 충전효율 η_c와의 상호관계

앞에서의 4사이클기관의 η_v와 η_c와의 사이에는 다음과 같은 관계가 있다.

$$\text{체적효율} \quad \eta_v = \frac{G_0}{G_{h0}} = \frac{G_0}{G_z}\,\frac{G_z}{G_{h0}} = \eta_s\,C_s = \eta_{tr}\,S_0 \quad \cdots\cdots \quad (5\text{-}31)$$

$$\text{충전효율} \quad \eta_c = \frac{G_0}{G_{hn}} = \frac{G_0}{G_{h0}}\,\frac{G_{h0}}{G_{hn}} = \eta_v\,\frac{\gamma_0}{\gamma_n} = \eta_s\,C_r\,\frac{\gamma_0}{\gamma_n} \quad \cdots\cdots \quad (5\text{-}32)$$

6) 掃氣에 관한 諸效率의 圖示

그림 5-19는 Schweitzer에 의한 소기에 관한 제효율을 이해하기 쉽도록 그림으로 표시한 것이다.

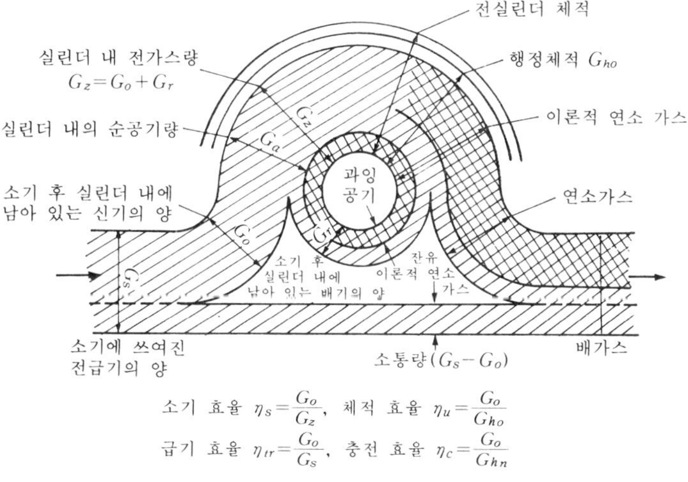

그림 5-19 소기에 관한 제효율

7) 完全層狀掃氣와 完全混合掃氣

실제의 소기과정은 대단히 복잡하여서 해석적인 취급은 거의 불가능하다. 따라서, 소기를 이론적으로 취급할 경우는 2개의 이상적인 상태를 가정하여 이것과 실제기관의 소기상태를 비교한다.

a) 완전층상소기

그림 5-19와 같이 완전층상소기(perfect stratified scavenging)란 신기와 연소가스가 혼합되는 일 없이 신기가 들어간 양만큼 배출가스는 배기구를 통하여 밀려나가게 되어, 신기와 배출가스는 층상으로 이동되며, 신기는 배기가 완료될 때까지 배기구를 통한 소통은 없는 것으로 가정한 소기과정이다.

b) 완전혼합소기

그림 5-20에서와 같이, 실린더 내에 들어간 신기는 바로 배출가스 중에서 완전히 확산하여 균일한 혼합가스로 되고, 그 혼합가스가 점차 배기구를 통하여 배출된다고 가정한 소기작용을 완전혼합소기(perfect mixing scavenging)라고 한다.

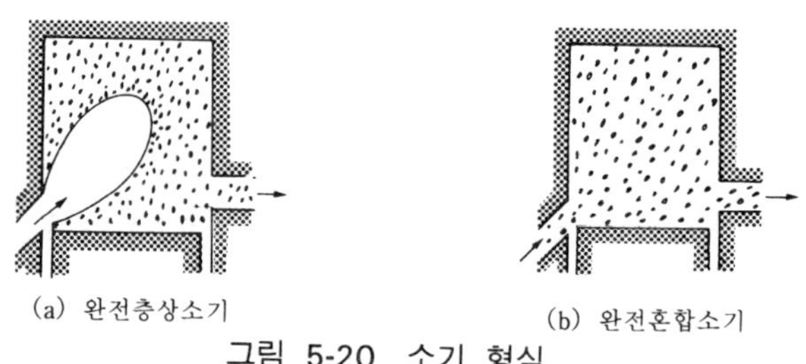
(a) 완전층상소기 (b) 완전혼합소기

그림 5-20 소기 형식

8) 소기형식에 따른 소기효율의 비교

2사이클기관의 소기작용은 급기압력에 따라 변화한다. 그림 5-21은 급

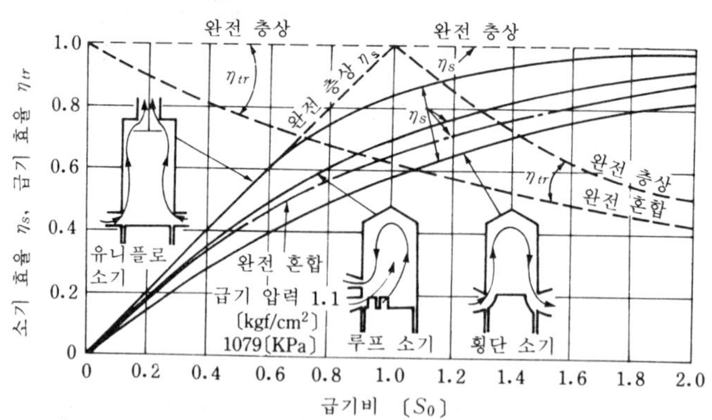

그림 5-21 소기 3형식의 소기효율 η_s와 흡기효율 η_{tr}

기압력 1·1〔kgf/cm²〕, 107.9⟦kPa⟧인 경우의 급기비의 변화에 대한 각 소기 형식의 소기효율을 비교한 것이다.

(4) 掃氣펌프

실린더 내의 소기에는 소기펌프나 송풍기가 필요하며, 그 용량과 기능의 良否는 기관의 성능을 좌우하게 된다. 그러나 오늘날 대·중형디젤기관에서는 배기터빈과급기에 의한 과급을 하고 있어서 소기펌프는 보조수단으로 쓰여지는 예가 많다.

1) 크랭크실 압축펌프

그림 5-22는 피스턴의 상하운동에 의한 크랭크실 압축을 이용한 소기펌프의 예이다. 크랭크실의 체적이 행정체적의 10여 배가 되고, 따라서 給氣比 S_0가 대단히 작으며, 掃氣效率이 나쁘다. 이 형식은 단실린더기관에 많이 쓰여지나, 크랭크실 내의 압력상승으로 오일이 올라가기 쉽고, 오일의 소비량이 증가되는 등의 결점이 있다.

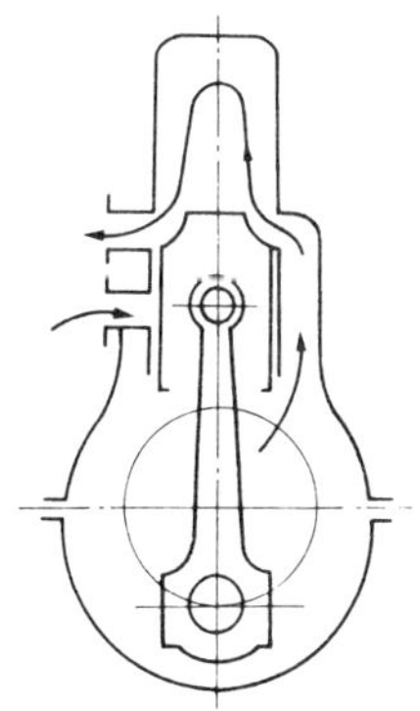

그림 5-22 크랭크실 압축(펌프)

2) 독립소기펌프(송풍기)

소기펌프의 형식에는 체적형과 원심형이 있다. 그림 5-23 (a), (b), (c)는 體積形(positive or volumetric displacement type), (d)는 遠心形(centrifugal

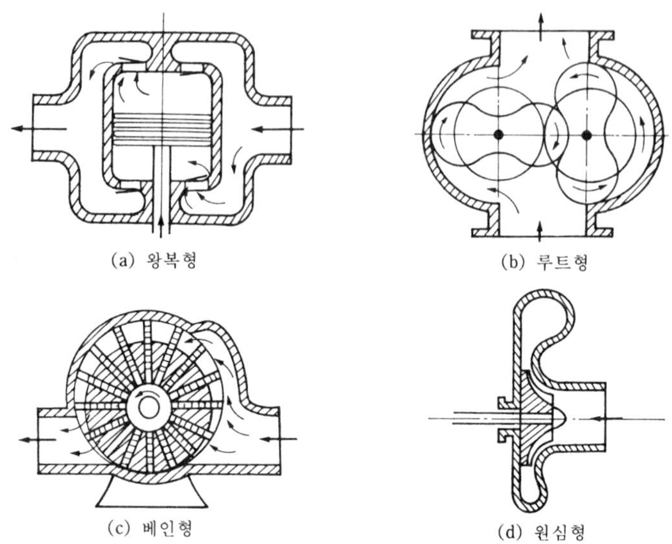

(a) 왕복형 (b) 루트형 (c) 베인형 (d) 원심형

그림 5-23 각종 소기펌프(송풍기)

type)의 예이다.

체적형펌프는 기관의 회전속도에 관계없이 거의 일정량의 공기를 보낼 수 있어서 저속토크를 필요로하는 기관에 적합하다. (a)의 往復形은 단열효율이 약 80〔%〕로 다른 것에 비하여 가장 좋고 고압이 얻어진다. 그러나 작동이 단속적이고, 고속운전이 불가능하며, 형태가 커지는 등의 이유로 定置用 低·中速機關에 쓰여진다.

(b)의 루트(roots)形은 단열효율이 약 65〔%〕로 저속회전 때에는 누설이나 역류가 있으나 고속으로 되면 체적효율은 상승된다. 그러나 소음이 심한 결점이 있다.

(c)의 베인(vane)形은 단열효율 약 70〔%〕로 소형이고, 운전시의 소음도 비교적 적으나, 날개의 양 끝으로부터의 공기누설은 피할 수 없다. (d)의 원심형은 단열효율이 약 70〔%〕이고, 소형, 경량이면서 고속회전이 가능하나, 송출압력이 회전속도 n^2에 비례하여 저속시의 압력이 낮은 것이 결점이다. 이들 소기펌프의 배출공기의 체적(외기상태)을 행정체적으로 제한 체적효율은 (a)가 약 93〔%〕, (b)가 약 75〔%〕, (c)가 약 85〔%〕로 되어 있다.

(5) 가솔린機關의 2스트로그化

종래의 2사이클기관인 경우는 흡기의 블로바이(blow by)가 많아서 HC의 배출량이 많고, 또 연비가 나빠서 배기규제가 실시되고서부터는 승용차용으로는 사용되지 못하였다. 그러나 최근에 발표된 바에 따르면 흡·배기밸브가 부착된 실린더 내 연료직접분사 2사이클기관인 경우는 소기행정 후 실린더 내에 연료를 직접분사하므로 배기가 깨끗하고 더구나 연비도 좋다.

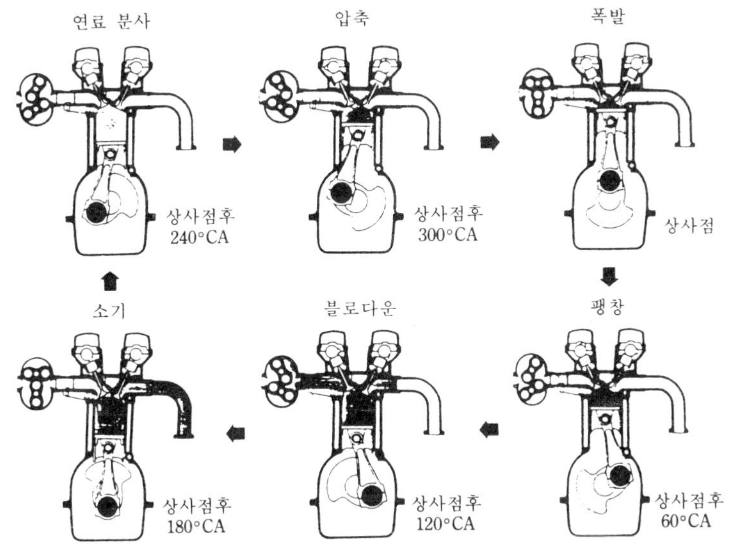

그림 5-24 2사이클 가솔린기관

따라서, 가까운 장래 이 2사이클기관도 승용차용으로 실용화될 가능성이 있다. 그리고 2사이클기관은 토크가 배로 증대되어 자동차의 경우는 하이기어링의 채용이 될 수 있고 자동변속기에 최적인 것으로 생각되어지나 역으로 밸브의 작동기구는 4사이클기관의 2배로 회전하게 되는 셈이 되어서 최고회전속도는 4000〔rpm〕정도까지가 실용범위로 될 것이다. 그리고 2사이클기관은 소기작용이 기관의 성능에 미치는 영향이 크다.

5-4 過給과 過給機

주어진 行程體積으로서 기관의 출력성능을 향상시키려면 체적효율이나 회전속도를 향상, 증대시켜야 하나, 어느 것이나 한계가 있다. 그러므로 실린더 내에 보다 많은 신기를 밀어넣는 방법으로서 공기를 압축하여 이의 밀도를 높여서 흡입되도록 하는 적극적인 수단으로 강구된 것이 과급(supercharging)이다.

(1) 過給의 필요성

위에서와 같이 과급에 의하여 기관의 출력을 향상시킬 수 있음은 크게 바람직한 일이다. 2사이클기관 대신 취급이 용이한 같은 정도의 행정체적을 가진 4사이클기관을 과급함으로써 2사이클기관과 동등한 출력성능을 얻는 경향이 있으며, 이를 위해서는 신뢰성 높은 과급기의 개발이 필요하다.

최근 과급 4사이클 디젤기관의 진출로 소형 2사이클기관(150~250〔PS〕, 110~185〚kW〛급)을 추방하는 경향은 주목할 만한 현상이다. 또, 기관의 주요부분을 변경하지 않고, 단지 흡·배기관 등의 일부 부품만을 교환함으로써 여러가지 용도에 적합한 넓은 범위의 출력을 얻을 수 있다는 점에서도 과급기가 널리 이용되는 이유이기도 하다.

한편 가솔린기관에 있어서도 출력을 높이기 위한 기관의 고속회전화는 회전속도를 높이는 데 대하여 과급은 토크를 증대시킴으로써 출력의 향상을 도모한 것이다. 自然吸氣 (NA)인 경우는 흡기의 맥동을 이용한 慣性給氣를 할 경우는 대기압의 1.1배 정도까지 흡기량을 증대시킬 수 있다. 그런데 과급을 하게 되면 자연흡기의 2배 이상의 공기를 실린더 내에 밀어 넣을 수 있어서 기관의 본체를 크게 변경하지 않고 과급기의 장착만으로 1.5~2배 정도의 출력향상이 얻어진다.

과급을 하는데 있어서는 기관의 본체에 대하여 출력증대에 따른 다음의 보강을 필요로 하게 된다. 즉 最高燃燒壓力(NA 기관의 약 80〔kgf/cm²〕이 터보과급화를 함으로써 100〔kgf/cm²〕전후까지 높아진다.)의 상승으로 피스턴의 크라운부, 커넥팅 로드 I 단면, 크랭크 축, 베어링 캡 볼트, 실린더 헤드 볼트를 비롯한 실린더 헤드 개스킷 등의 보강이 필요하게 된다. 뿐만 아니라 크랭크 축의 메인 베어링이나 커넥팅 로드 베어링도 작용하는 하중의 증대하는 분만큼의 베어링 폭을 크게 하거나 공급하는 오일의 증량을 필요로 하는 외에 출력증대에 따른 발생열량의 증가도 현저하므로 피스턴 크라운부, 배기밸브 등의 냉각과 실린더 헤드를 중심으로 하는 냉각수의 순환량 증량도 필수 조건의 하나이다.

過給機關(SC 기관)은 흡기를 압축기로 실린더 내에 밀어 넣게 되므로 NA 기관에 비하여 뒤에 설명하는 실압축비는 더욱 높아져서 당연하게 노킹의 발생이 유발되어 압축비(겉보기 압축비)를 낮추지 않으면 연소가 유효하게 이루어 질 수 있는 점화시기에 점화될 수 없게 된다. 그러나 압축비를 저하시키는 것만으로 노크를 회피하고자 하면 과급하지 않는 영역에서의 출력이나 연비가 악화된다. 그러므로 出力空燃比 보다 농후하게 공연비를 설정, 고회전, 고부하영역에서 노킹에 대처하고 있는 것이 지금의 현상이다. 배기밸브나 배기매니폴드, 터보 과급기의 내열면을 고려할 때에는 공연비를 농후하게 하여야 할 경우가 있다. 압축으로 가열된 흡기의 중간 냉각기(inter cooler)를 통한 냉각은 노킹을 회피하기 위한 방법으로 유효하며 흡기가 냉각되면 온도의 저하 뿐아니라 흡입공기의 밀도가 높아져서 그 효과 또한 크다. 예를 들면 0.7〔kgf/cm^2〕의 과급압으로 과급하면 출력이 자연흡기식 기관인 경우에 비하여 1.7배가 될 것이나 과급에 의하여 흡기온도가 30℃로부터 100℃로 높아지게 되어 밀도가 0.8배로 되기 때문에 결국 출력은 1.7×0.8=1.36배로 밖에 되지 못한다.

이상과 같이, 과급의 용도가 많고, 필요성이 점차 높아짐에 따라 과급기 자체도 진보, 발달하여 새로운 과급기의 사용법이나 새로운 형식의 과급기가 개발되어 가고 있다.

(2) 過給機

기관의 과급에 쓰여지는 과급기에는 앞에서 설명한 2사이클기관용의 소기펌프(송풍기)와 같은 형식 중 널리 이용되고 있는 것은 (b)의 루트식 및

(d)의 원심식, 즉 루트과급기(Roots supercharger)와 遠心過給機(centrifugal supercharger)이며, 최근에는 새로이 개발된 콤플렉스과급기(complex supercharger)도 거론되고 있다.

1) 루트과급기

루트의 형상에는 2葉(two lobe) 또는 3葉(three lobe)의 직선형과 또는 비틀림형이 있다. 그 작동은 2개의 로터가 상호 물려 있고 서로 반대 방향으로 회전하면서 로터와 케이싱과의 틈새에서 들어오는 공기를 밀어 낸다. 지금 그림 5-25 (a)에서 로터에 의하여 배제되는 체적 V_1 (사선부분)에 비하여 배출측의 체적 V_2가 충분히 크고, 또 V_2의 공기가 V_1으로 역류되어도 p_2에는 하등의 변화가 없으며, 또한 로터 사이에는 공기의 누설이나 마찰저항 등이 없는 것으로 가정한다. 지금 비체적 v_1인 공기를 압력차 p_2-p_1으로 배출측을 향하여 중량 G〔kgf/s〕만큼 압송할 때의 단위시간당의 일, 즉 理想루트過給機의 소요일량 W_0는 다음 식으로 표시된다.

$$W_0=Gv_1(p_2-p_1)=GRT_1\left\{\left(\frac{p_2}{p_1}\right)-1\right\} \cdots\cdots (5\text{-}33)$$

SI로서는 G'〚kg/s〛, v_1'〚m³kg〛, p_1', p_2'〚Pa〛, R'〚J/(kg·K)〛, T〔K〕라고 할

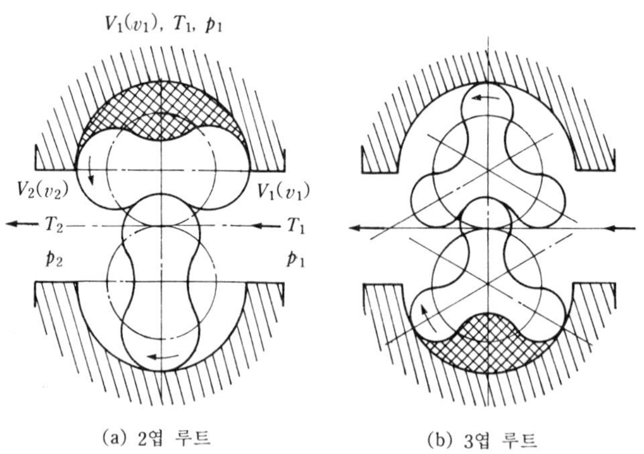

(a) 2엽 루트　　(b) 3엽 루트

그림 5-25 루트과급기

때 식 (5-33)이 그대로 적용되며, 이 때의 일량⟦W⟧ 또는 ⟦J/s⟧는 다음과 같이 된다.

$$W_0'=G'R'T_1'\left\{\left(\frac{p_2'}{p_1'}\right)-1\right\}\cdots\cdots(5\text{-}33')$$

지금 유량 G를 p_1에서 p_2까지 등엔트로피 압축하여 압송한다고 하면 소요일량 W는 다음 식으로 표시된다.

$$W=GRT_1\frac{k}{k-1}\left\{\left(\frac{p_2}{p_1}\right)^{\frac{k-1}{k}}-1\right\}\cdots\cdots(5\text{-}34)$$

식 (5-34)도 SI의 단위를 쓰면 그대로 적용될 수 있다.

따라서, 앞의 두 식으로부터 이상루트과급기의 단열효율 η_{ad}는 다음과 같이 된다.

$$\eta_{ad}=\frac{W}{W_0}=\frac{k}{k-1}\frac{\left(\frac{p_2}{p_1}\right)^{\frac{k-1}{k}}-1}{\left(\frac{p_2}{p_1}\right)-1}\cdots\cdots(5\text{-}35)$$

로터의 프로필(profile)로서는 사이클로이드형(cycloid type), 인블류트형(involute type) 및 엔벨로프형(envelope type) 등이 쓰여지고 있다. 체적형 과급기는 원심형 과급기보다도 저속에서의 효율이 높고, 차량용 기관의 과급기로서는 가장 적합하나, 형상과 중량이 커서 원심형 과급기에 밀리고, 그 사용 범위가 줄어들고 있는 현상이다.

2) 원심형 과급기

원심형 과급기는 원판에 여러 장의 직선 또는 곡선 모양의 날개(blade or vane)를 방사상으로 붙인 임펠러(impeller or vane rotor)를 케이싱(scroll casing or chamber) 내에서 회전시켜 임펠러의 중앙부로부터 축방향으로 유입되는 공기를 원심식으로 송출하는 송풍기이다. 이 원심형 과급기는 최근 현저한 발달을 하여서 개량된 많은 신형이 생산되고 있다. 소형, 경량인 것이

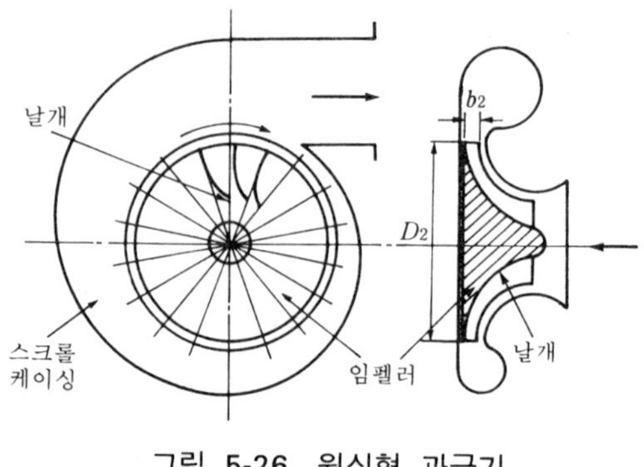

그림 5-26 원심형 과급기

특징이며, 배출가스 터빈으로서의 구동이 가능하여서 대형선박용 기관으로부터 소형의 동력·차량용 기관에 이르기까지 널리 이용되고 있다.

(3) 過給法과 그 特徵

기관의 급기를 증가시켜서 출력성능을 향상시키는 데는 앞에서 설명한 바 있는 흡·배기의 동적효과를 이용하는 방식과 여기서 설명하는 압축기 또는 송풍기, 즉 과급기를 사용하는 방식이 있다. 앞엣것은 주로 정치·정속용 기관에 쓰여지며, 그 사용 범위도 좁고 과급률도 낮다. 여기에 비하여, 뒤엣것은 일반적인 동력용 기관이나 차량용 기관 등에도 널리 채용되며, 과급률도 무과급기관에 비하여 30~80〔%〕 정도로 높다.

과급기의 구동방식에는 기관 본체, 또는 그 밖의 동력에 의한 기계과급법(mechanical driven supercharging)과, 기관으로부터 배출되는 배출가스에 의하여 작동되는 배기터빈과급법이 있다.

1) 기계과급법

기계과급법은 V 벨트나 齒車列을 거쳐서 기관 본체 또는 다른 동력원으로부터 과급기를 구동하여 과급을 하는 것이다. 과급기로는 루트 과급기, 원심과급기가 이에 속한다. 그림 5-27는 이들의 구동요령을 나타낸 것이다.

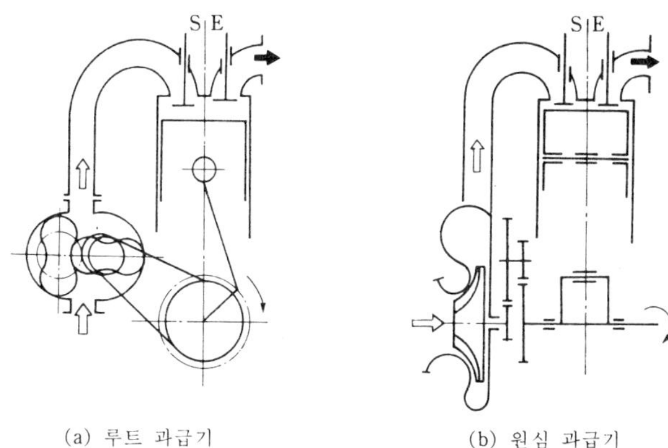

(a) 루트 과급기 (b) 원심 과급기

그림 5-27 기계과급법

a) 과급기부기관의 지압선도

그림 5-28은 고속과급디젤기관의 理論指壓線圖의 한 예이다. 그림에서 면적(1－5－6－7－1)은 펌프일로서 $p_s > p_0$ 이므로 정의 일이 된다. 과급기에 의하여 급기가 단열적으로 압축되면 급기압축일은 면적 (1′－9－8－1－1′)으로 표시된다. 면적(1－5－6－7－1)은 펌프일로서 회수되므로, 손실일은 2개의 사선면적(1′－5－1－1′)와 (6－7－8－9－6)의 합이 된다. 따라서, 과급기부의 지압선도로서는 굵은 선으로 그려진 1－2－3′－3－4－5－6－7－1의 경로를 거치게 된다.

과급기의 성능을 나타내는 데는 다음 식으로 표시되는 단열효율 η_{ad} 가 쓰여진다.

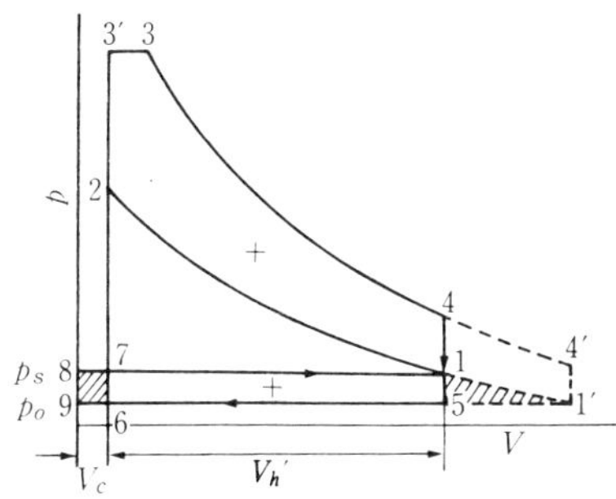

그림 5-28 기계과급기관의 이론사이클(사바디사이클의 경우)

$$\eta_{ad}=\frac{\text{단열적으로 압축, 송입하기 위한 일}}{\text{압축기로 공급되는 일}}$$

$$=\frac{\left(\frac{p_s}{p_0}\right)^{\frac{k-1}{k}}-1}{\left(\frac{p_s}{p_0}\right)-1} \quad \cdots\cdots (5\text{-}36)$$

b) 과급기의 특성곡선

(i) 루트과급기의 경우

그림 5-29는 루트과급기의 성능으로서 공기유량 Q와 압력비 $r_c(=p_s/p_0)$의 관계를 나타낸다. 그림 중에서 점선은 밸브의 겹침이 없는 경우이고, 실선은 겹침이 크고 소기를 하는 경우이다. Q와 r_c는 대체적으로 회전속도(1점쇄선) n에 비례하여 증가하나, n=일정의 경우에는 Q와 r_c에 반비례의 관계가 있다. 일반적으로, 制動平均有效壓力 p_{me}는 Q와 r_c에 비례하여 변화하며, 과급기의 구동마력이 n^2에 비례하므로 그림 5-30에서 보는 바와 같이 p_{me}는 고속에서 감소한다. 한편, 저속에서는 냉각손실 등으로 연소상태가 나빠지고, p_{me}가 저하되므로, n에 대하여 비교적 평평한 특성곡선으로 된다. 따라서, 앞에서 설명한 바와 같이, 루트과급기는 차량용 기관에 가장 적합하다고 할 수 있다.

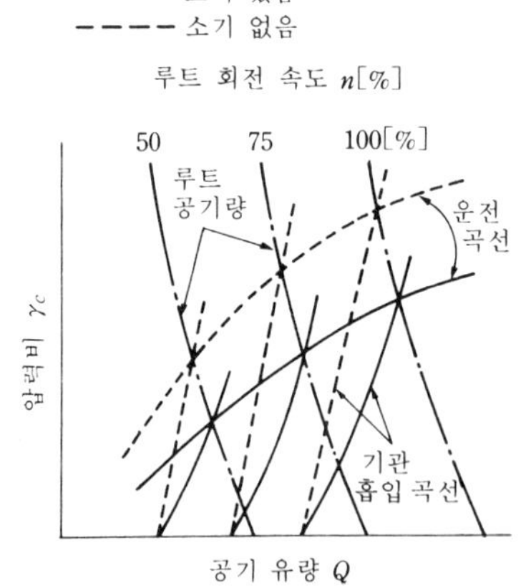

그림 5-29 루트과급기의 성능

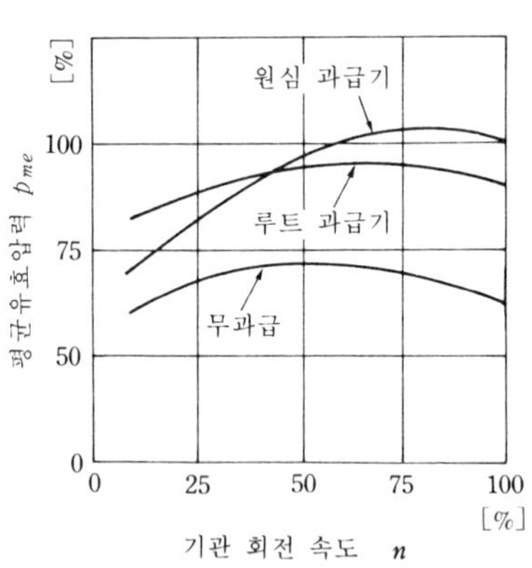

그림 5-30 과급기가 달라지는데 따른 성능비교

(ii) 원심과급기의 경우

그림 5-31은 원심과급기의 성능곡선이다. 로터의 회전속도가 낮아지면 Q와 r_c가 모두 급격하게 감소하나, n=일정에서는 Q의 증가와 더불어 r_c는 처음의 거의 일정 상태로부터 급격하게 감소하는 경향이 있다. 한편, 저속에서는 Q가 적으므로 p_{me}는 낮으나, 고속으로 되어서 Q가 급증하는 데 따라서 p_{me}가 상승되어서, 과급기의 구동동력을 충분히 보상할 수 있게 된다. 따라서, 기관의 부하가 n^3에 비례하는 선박기관에 적합하다고 할 수 있다. 원심과급기는 루트과급기와 달라서, 서징(surging)의 현상이 있어, 진동이나 소음을 발생하므로 서지선(surge line)을 넘어서의 사용은 불가능하다. 그러나 일반적으로 최고의 효율을 나타내는 점은 이 선에 가까운 곳에 있다〔그림 5-32 참조〕.

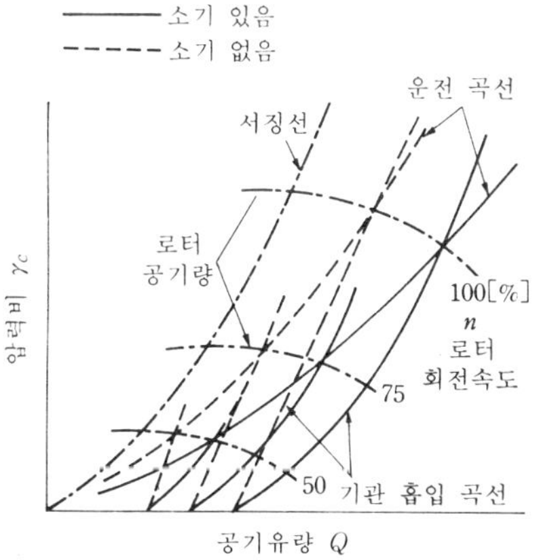

그림 5-31 원심과급기의 성능

2) 배기터빈과급법

배기터빈으로 과급기를 구동하는 과급법은 기관 본체로부터 배출되는 열에너지(연료에너지의 30~35〔%〕가 배출가스와 함께 소비된다.)를 터빈에 공급하는 靜壓(또는 定壓)過給法과 기관의 배기밸브로부터 배출된 운동에너지를 가진 동압배출가스를 직접 터빈에 작용시키는 動壓過給法(pulse operation or blow down system)이 있다.

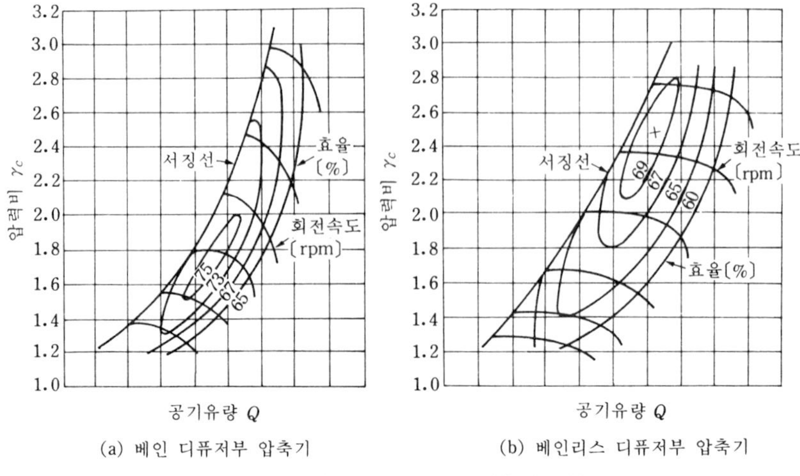

그림 5-32 배기터보과급기의 압축기 성능도

a) 정압과급법

그림 5-33은 정압과급법의 요령도이다. 각 실린더로부터 배출되는 배출가스는 큰 가스 저장조에 모여지고, 터빈에는 노즐을 통하여 방출되며, 이때 배출가스는 정상류로서 팽창되면서 터빈을 회전시키고, 그 축에 직결된 압축기를 구동하게 된다. 소형과급기에는 半徑流形(radial flow type)의 터빈과 압축기를 조합하여서 사용하며, 대형과급기에는 軸流形(axial type)의 터빈과 압축기와를 조합하여서 사용하는데, 반경류와 축류를 조합한 것도 있다.

그림 5-34는 정압과급기의 pV선도에서 저압부를 나타낸 것이다. 그림 중 5에서 배기밸브가 열리고서부터 경로 5－6－7－2－8을 통하여 A에서 터빈 노즐로 유입된다. 이 때 사선으로 표시된 면적(5－6－7－2－8－5)은

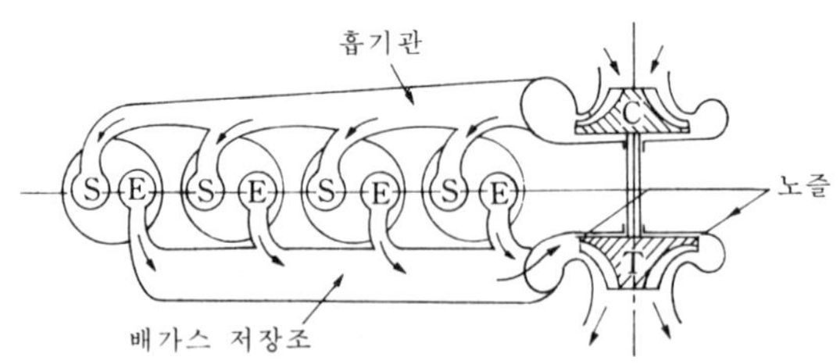

그림 5-33 정압과급방식

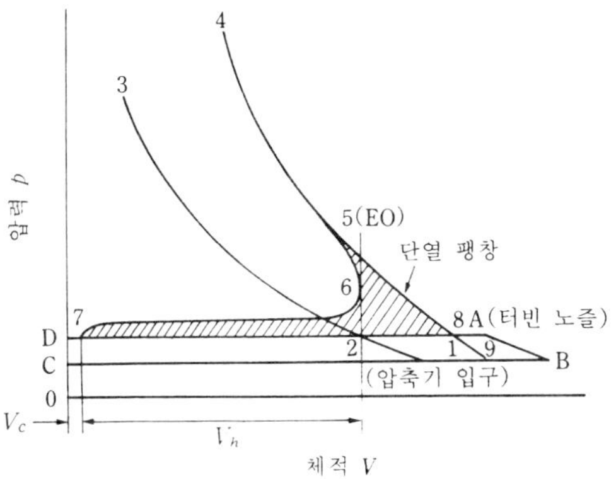

그림 5-34 정압과급기부기관의 지압선도(저압부)

열로 변환되어서 8에서부터 A까지 팽창한다. 터빈에 유입된 가스는 다시 단열팽창하여 A에서 B에 이른다. 이 때 이루어지는 배출가스 1〔kgf〕마다의 일 W_{AB}는 다음 식으로 표시된다.

$$W_{AB}=\int_{B}^{A} Vdp=\text{면적}(A-B-C-D-A) \quad \cdots\cdots (5\text{-}37)$$

또는, 터빈의 단열효율을 η_t라고 하면 실제일 W_{et}는 다음과 같이 된다.

$$W_{et}=\eta_t W_{AB} \quad \cdots\cdots (5\text{-}38)$$

지금 배출가스의 유량을 G_g〔kgf/s〕라고 하면 전소요동력 N_t는 다음 식과 같이 된다.

$$N_t=\frac{G_g}{75} W_{et}=\frac{G_g}{75} \eta_t W_{AB} \text{〔PS〕} \quad \cdots\cdots (5\text{-}39)$$

한편, 단열효율 η_c인 압축기로 1〔kgf/s〕의 공기를 1→2로 단열적인 압축을 할 경우의 일을 W_{12}라고 하면, 이 때 실제일 W_{ec}는 다음 식으로 표시된다.

$$W_{ec}=\frac{1}{\eta_c} W_{12} \quad \cdots\cdots (5\text{-}40)$$

또한, 매초 G_a〔kgf/s〕의 공기를 압축하는 데 필요로 하는 동력 N_c는 다음 식으로 구하여진다.

$$N_c = \frac{G_a}{75} W_{ec} = \frac{G_a}{75\,\eta_c} W_{12} \cdots\cdots \text{(5-41)}$$

터빈과 압축기를 직결하면 $N_t = N_c$ 로 되고, 다음 식과 같이 된다.

$$\frac{G_g}{75} \eta_t W_{AB} = \frac{G_a}{75\,\eta_e} W_{12} \cdots\cdots \text{(5-42)}$$

$$\therefore\ \eta_t \eta_c \left(\frac{G_g}{G_a}\right) = \frac{W_{12}}{W_{AB}} = \frac{h_2 - h_1}{h_A - h_B} = \frac{c_{pm} \Big|_{t_1}^{t_2} (t_2 - t_1)}{c_{pm} \Big|_{t_B}^{t_A} (t_A - t_B)} \cdots\cdots \text{(5-43)}$$

여기서 c_{pm}=平均定壓比熱이고, 윗식에서 W_{12}와 W_{AB}는 다음 식으로 된다.

$$\left.\begin{aligned} W_{12} &= RT_1 \frac{k_a}{k_a - 1}\left\{\left(\frac{p_2}{p_1}\right)^{\frac{k_a - 1}{k_a}} - 1\right\} \\ W_{12} &= RT_1 \frac{k_g}{k_g - 1}\left\{\left(\frac{p_A}{p_B}\right)^{\frac{k_g - 1}{k_g}} - 1\right\} \end{aligned}\right\} \cdots\cdots \text{(5-44)}$$

식 (5-41)로부터 $\eta_t \eta_c = \eta_{tc}$ 라고 하면, 다음 식이 얻어진다.

$$\eta_{tc} = \left(\frac{G_a}{G_g}\right) \frac{(h_2 - h_1)}{(h_A - h_B)} \cdots\cdots \text{(5-45)}$$

따라서, 일정의 열락차 $h_A - h_B$에 대하여 필요한 과급압, 즉 압력비를 얻기 위한 과급기의 효율 η_{tc}는 윗식에 따라서 결정되어지는 것이 된다.

b) 동압과급법

그림 5-35는 동압과급법의 요령도이고, 각 실린더로부터의 배출가스를 직접 터빈에 작동시키는 과급방식이다. 이 방식에서는 배출가스의 운동에

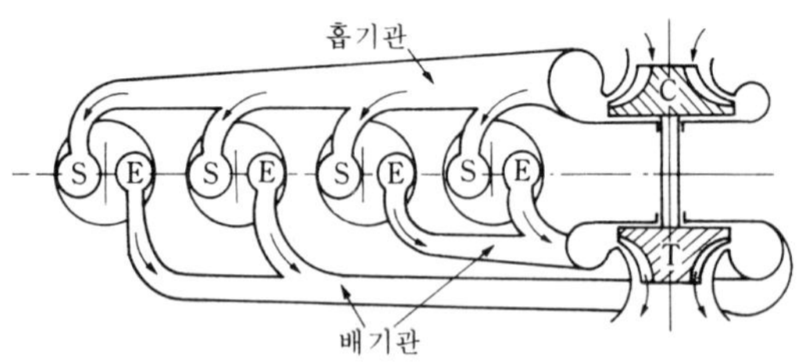

그림 5-35 동압(블로다운) 과급방식

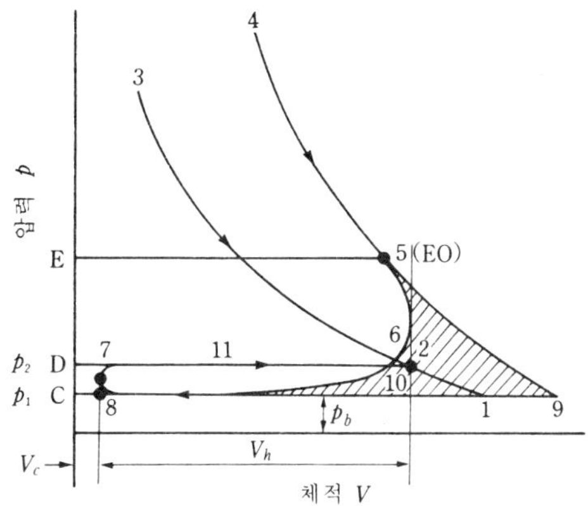

그림 5-36 동압과급기부착기관의 지압선도(저압부)

너지가 그대로 터빈에 이용되므로 정압과급의 경우보다도 터빈의 출력이 크며, 이 방식은 Büchi의 고안에 의한 것이다.

그림 5-36은 動壓過給機附機關의 저압부 pV 선도이다. 터빈 입구의 압력은 그림 중의 5로서 높고, 출구는 거의 대기압이며, 배기에너지 면적(5−9−C−E−5)로부터 사이클에 필요한 면적을 뺀 사선부분의 면적(5−9−8−7−6−5)를 터빈에 흡수한다.

또, 급기압력에 의한 펌프일 면적(7−11−10−8−7)은 정의 일이 되어서 기관의 출력에 가해지는 것이 된다.

c) 정압과급과 동압과급의 비교

그림 5-37은 이상합성사이클의 정압과급과 동압과급을 비교한 것이다. 그림 중 면적(A−B−C−D−A)는 정압과급의 배기에너지, 또 면적(4−9−C−D−1−4)는 동압과급의 배기에너지를 표시한다. 1사이클 중의 배출가스 온도와 압력변동은 정압과급에서는 거의 일정한 데 비하여, 동압과급에서는 변화가 크다는 것을 알 수 있다. 따라서, 배기에너지의 회수율은 앞엣것이 좋으므로, 오늘날 고속 4사이클 디젤기관에서는 정압과급방식이 많이 채용되고 있다. 또, 정압과급의 경우는 흡·배기행정 중의 펌프손실이 적다. 그 이유는 배기행정 중의 배기의 블로다운 손실이 적기 때문이고, 따라서 고속·고과급기관으로서 고부하운전을 하는 경우는 특히 연비율이 저감된다. 그

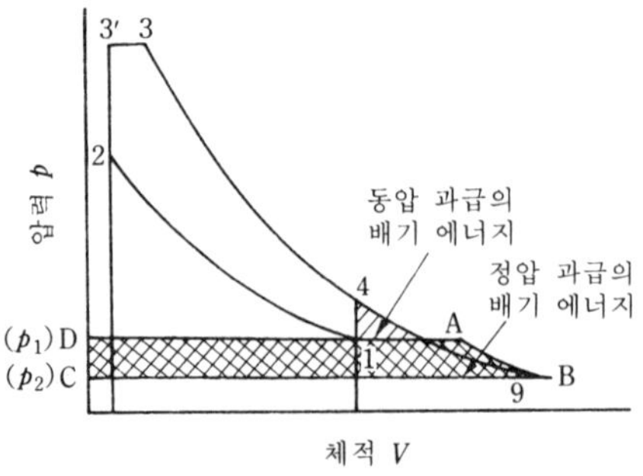

그림 5-37 정압과급과 동압과급의 유효에너지 비교(이론합성사이클)

리고 자동차용 기관과 같은 경우는 순수한 정압과급 또는 동압과급으로 나누기가 어렵고, 양자를 합한 형태로 되어 있다. 즉, 자동차용 기관은 사용회전속도와 부하범위가 넓고, 따라서 배출가스의 유량범위가 넓은 데 대하여, 터빈 노즐면적이 일정하여서 저속 영역에서는 동압의 비율이 많아지고, 고속·고부하영역에서는 노즐에서 스로틀링되고 블로다운 에너지의 이용비율이 감소하므로 정압과급의 비율이 증대되는 것으로 생각된다.

d) 급기의 냉각

과급기관에서 압축기에 의하여 가압된 급기의 온도는 압력비 r_c에 따라서 달라지나, 보통 120～150℃ 정도로 높다. 보다 높은 출력을 얻기 위하여서는

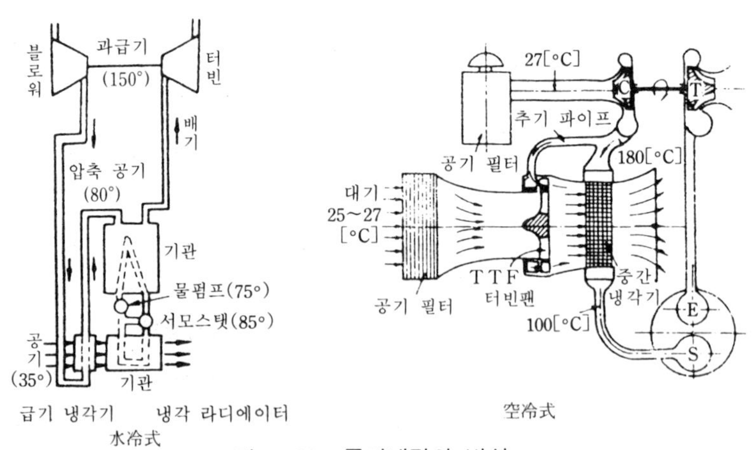

그림 5-38 급기냉각의 방식

급기를 냉각시켜서 급기의 밀도를 높이고, 따라서 체적효율 η_v를 향상시켜야 한다. 특히 고과급기관의 경우는 급기온도의 상승으로 실린더 내의 열부하나 p_{max}가 증대되고, 이로써 기관의 강도나 신뢰성의 향상면에서 급기냉각은 반드시 유효한 수단이다. 냉각의 방식으로는 空冷式(air to air)과 水冷式(air to water)으로 크게 나누어지고, 표 5-1 에 표시된 바와 같이 분류된다.

表 5-1 급기냉각의 방식

	분 류
공냉식	a. 기관냉각용 라디에이터의 앞에 장착한 쿨러에 의한 냉각 b. 기관냉각계와는 무관하게 설치한 쿨러에 의하여 냉각
수냉식	c. 기관냉각수, 즉 재킷물로 냉각 d. 재킷물과는 별개 독립된 냉각수계에 의해서 냉각(서키트식)

특히 디젤기관의 경우를 생각하면 급기냉각은 위에서 설명한 바와 같이 실린더 내로 흡입되는 신기의 밀도를 높이고 그만큼 연료분사량을 증가시킬 수 있어서 평균유효압력이 상승된다. 뿐만 아니라, 공기과잉률에 여유가 있게 되어서 희박연소의 경향으로 되고, 일반적으로 연비율도 향상된다. 한편, NO_x 나 排氣煙濃度의 저감에 대하여도 효과적이고, 그리고 급기냉각을 할 경우의 문제로서는 탑재상 얼마만큼 콤팩트하게 하느냐가 최대의 과제이다. 급기냉각기를 장착함으로써 기관 본체의 냉각계통에 여분의 부담이 가해지고, 라디에이터, 냉각팬, 냉각수펌프의 용량을 크게 하는 등의 영향이 미치게 된다.

그림 5-38는 공랭식 중간냉각기의 요령도이다. Garett사의 TTF(Tip Turbine Fan)를 장비한 것으로서, 압축기로부터의 공기의 일부를 抽氣(bleed)하고, 축류송풍기의 팁(tip)에 마련된 공기터빈 날개에 유도, TTF를 회전시켜 필터를 통하여 흡입된 대기온도(25~27℃)의 공기를 중간냉각기로 보내서 압축기로부터의 고온공기를 냉각한다. 이 방식에서는 대기온도 27℃일 때라도 급기매니폴드 전에서 70~100℃로 내릴 수 있다.

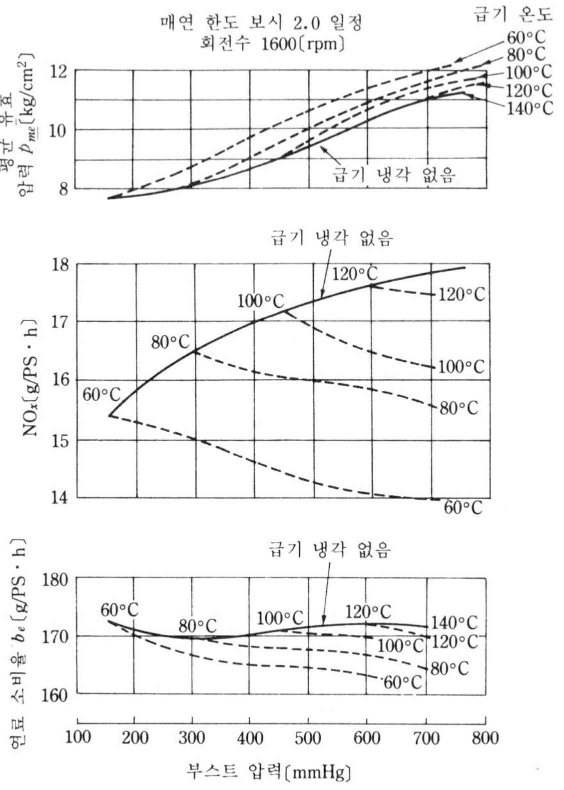

그림 5-39 급기조건과 기관특성

e) 터보 콤파운드기관

이 터보 콤파운드(turbo-compound)기관은 과급기의 터빈 하류로부터 나오는 배출가스를 다시 별도로 설치된 터빈에서 재팽창시켜서 크랭크축에 출력을 되돌리는 방식이다. 배기에너지의 회수율이 일반의 給氣冷却器附過給機關에 비하여 향상되고 있다. 아직 자동차용 기관 등에는 실용화되고 있지 않으나, 장래 계속하여 연구 개발될 것이다.

f) 터보 래그

터보 래그(turbo lag)란 스로틀밸브를 열었을 때 흡입공기량이 경과시간과 함께 변화하여 출력증대가 스로틀 개도의 정상치에 알맞는 값에 달할 때까지 시간이 걸리는 현상을 말한다.

스로틀밸브를 열게 되면 흡기량이 증가, 배출가스량이 증량되면서 온도가 높아지고 그에 따라 배기터빈의 회전속도가 상승, 동일축에 의하여 회전하는 압축기 휠(compressor wheel)의 회전이 증속, 흡입공기가 증량된다. 이렇게 됨으로써 어느 정상의 출력에 도달하게 되는 이 일련의 작동시간의 지연이 터보 래그이다.

터보 래그는 압력비, 터보 과급기(풍량, 관성 모멘트, 마찰 등)와 인터 쿨러 등에 관계되며 과급기에 의한 출력증대를 지나치게 겨냥하게 되면 압력비를 대폭적으로 내리고 대형의 과급기, 인터 쿨러를 사용하여야 하고 이렇게 되면 터보 래그가 커서 기관의 취급에 어려움이 뒤따른다.

실제 운전에서의 터보 래그는 단지 시간지연을 느끼는 것만은 아니다. 스로틀밸브를 전개로 하였을 때 과급의 효과가 있기 전의 절대 토크의 크기, 과급 효과발생의 전후 토크 격차, 최대과급압에 도달, 웨스터 게이트 밸브가 열리기 시작하는 회전속도, 터보 과급의 효과가 있기 시작하고부터 정상토크에 도달할 때까지의 시간 등에 따라 터보 래그를 느끼는 정도는 다르다. 논 터보(non turbo) 역에서 토크의 여유가 있거나 터보 과급의 효과가 발생하기 전후의 토크차가 적으면 터보 래그는 느끼기 어렵다. 그리고 과급의 응답성이 좋으면 짧은 시간에 토크가 급변하여 오히려 레그의 느낌을 조장시키는 경우도 있다. 터보기관의 베이스 엔진의 배기량, 압축비로 논 터보 영역의 토크를 확보하여 최대과급압에 도달하는 점을 내려서 논 터보 영역으로부터 터보 영역으로서의 자연적인 연계감을 느끼게 하는 것이 가장

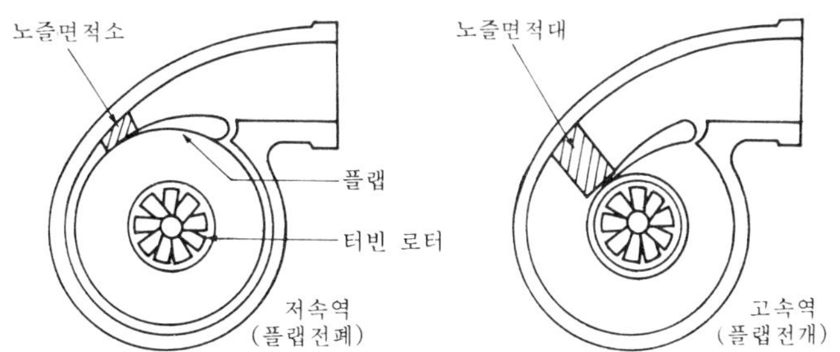

그림 5-40 과급압의 제어

취급하기 쉬운 기관이다.

g) 배기터보과급의 동향

기관의 배출가스 에너지를 유효하게 이용한 배기터보과급은 앞에서 설명한 바와 같이, 기관의 출력을 향상시키는 데 가장 적합한 수단이므로, 최근 그 발달은 현저하며, 작은 것은 압축기로터의 직경이 50～60〔mm〕로부터 큰 것은 1000〔mm〕에 이르고, 주속은 300～450〔m/s〕 정도로 되어 있다.

터빈과 압축기의 형식은 소형인 경우는 양자 모두 반경류형이나, 중·대형으로 되면 터빈은 축류, 압축기는 반경류형이 대부분을 차지하고 있다. 또 압력비의 경우, 소형은 3～4, 대형(특히 2사이클 기관용)은 2.5～3으로 되어 있다. 과급방식은 소형은 예외없이 정압과급방식인 데 대하여 중·대형기관은 지금까지 動壓過給方式이다. 그러나 배기에너지 回收에 유리한 정압과급의 채용으로 점차 옮겨지는 경향이 있다. 이것은 앞에서 설명한 바와 같이, 정압과급은 동압과급에 비하여 배기관 내의 압력이 낮고 또 변동도 적어서 배기밸브의 열리는 시기를 늦추어서 유효 일량을 증가시킴으로써 연비율의 향상이 얻어지기 때문이다. 극히 최근에는 대형선박기관(φ 520×1250)에서 정압과급을 하여 연비율 144〔gf/PS·h〕, 196〚g/kW·h〛를 얻고 있다.

압축기 디퓨저(diffuser)의 형상은 종래 최대효율을 얻기 위하여 베인을 가진 디퓨저부가 많았으나, 차량기관용 과급기에서는 효율을 다소 희생하고 사용 영역이 넓은 베인리스 디퓨저(vaneless diffuser)의 채용이 많아졌다.

第6章 混合氣 生成法

내연기관에서는 작동 유체의 교환이 끝나면, 다음은 연소에 필요한 혼합기 생성이 이루어진다. 가솔린이나 등유 및 LPG 등을 연료로 사용하는 기화기식 기관에서의 혼합기 생성은 공기가 기화기를 통과하는 사이에 연료와 혼합되고, 가솔린 분사기관이나 디젤기관의 경우는 각각 적당한 시기에 분사펌프에 의해서 분사노즐을 통하여 흡기관이나 흡기매니폴드 또는 연소실 내에 직접 연료가 霧狀으로 분사되며, 이 분사된 噴霧는 공기와 혼합되어서 최적의 혼합기를 생성시키게 된다. 따라서, 혼합기의 생성은 기화기식 기관에서는 실린더의 외부에서, 가솔린 분사기관이나 디젤기관에서는 매니폴드 또는 실린더 내에서 이루어지게 되어서 혼합기의 생성방법이 근본적으로 다르다. 또한, 기관에 혼합기가 공급될 때에는

① 기관의 요구출력에 상응하는 에너지를 발생할 수 있도록 연료 또는 혼합기의 양이 적정량 공급될 것

② 확실하게 착화될 수 있는 요건을 구비하고, 각 운전조건에 대하여 최적의 결과(출력, 효율 또는 공해상)가 지속적으로 얻어지기 위하여 공기와 연료의 혼합비가 자동조정되고 완전연소될 수 있을 것 등의 요구를 만족시킬 수 있어야 한다.

6-1 가솔린機關에서의 混合氣 生成

(1) 가솔린機關에 요구되는 混合比

불꽃스파크기관의 대표인 가솔린기관의 경우, 혼합비에 대하여 설명하면

다음과 같다.

1) 점 화

전기스파크로 점화될 수 있는 한계의 혼합비는 가솔린의 경우를 공연비로 표시하면 稀薄限界가 23：1～18：1, 過濃限界가 4.3：1 이나, 실제로 운전할 때의 희박한계는 17：1 정도이고, 만약 가솔린을 완전히 기화, 혼합하여서 공급하면 20～25：1까지도 운전이 가능한 것으로 되어 있다. 그리고 조성된 혼합기는 각 실린더에 균등하게 분배되고 또한 실린더 내에서는 균일하게 혼합되어야 할 것이 바람직하다.

그러나 실제로는 일부분만이 기화하는 데 지나지 않으므로, 실질적인 혼합비를 점화범위로 하기 위해서는 공연비가 1：1～3：1 의 극히 농후한 혼합기로써 공급되어야 하며, 또 저회전, 저부하 때에는 잔류가스의 비율이 크고, 공기의 유속이 낮아서 가솔린을 霧化할 능력이 적으므로 비교적 과농의 혼합기가 공급되지 않으면 점화되지 않는다. 그리고 가속시 스로틀 밸브를 급히 열 때에는 공기만이 바로 증대될 뿐, 가솔린은 한때 벽면에 부착하여 실린더에 들어가는 것이 순응하지 못하고 늦어지므로 일시적으로 연료를 과다하게 공급해야 할 필요가 있게 된다.

2) 성 능

기관은 최고출력으로만 사용되는 것이 아니다. 특히, 가솔린기관이 가장 많이 쓰여지고 있는 자동차의 경우는 거의 저출력으로 운전된다.

그와 같은 경우는 연비나 열효율은 물론 배기정화대책 등에 대하여도 특별한 배려가 있어야 하고, 그러기 위해서는 희박혼합기의 안정된 연소가 촉진되어야 할 것이다. 따라서 혼합기의 생성은 에너지 절약뿐 아니라 출력 증대와 배출가스 중의 유해성분을 억제하는 데 유효하여야 한다.

그림 6-1은 기관의 출력비에 대한 필요 혼합비와의 관계를 나타낸 것으로서, 실선으로 표시된 것이 시동시를 제외하였을 때의 기관출력의 비율에 따른 바람직한 혼합비이다.

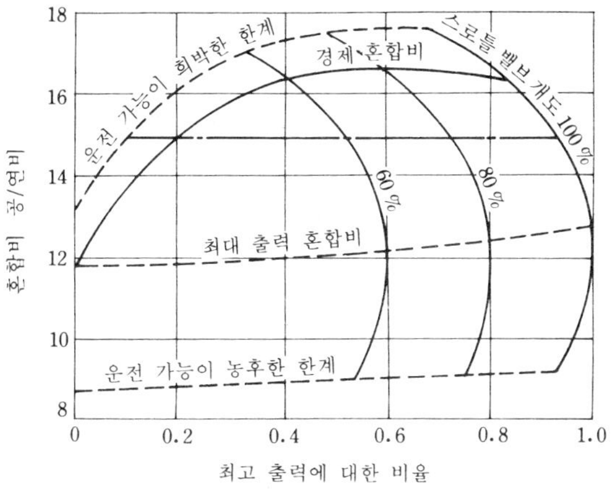

그림 6-1 기관이 요구하는 혼합비

(2) 燃料供給系

연료공급장치에 대하여는 작동에 관한 요구가 다음과 같은 원리에 의하여 충족되어져야 한다.

1) 연료공급장치의 기능

연료공급장치가 하는 일은 흡입된 공기의 양에 상응하는 적정량의 연료를 計量(metering), 공급하는 것이다. 그리고 난 다음에는 실린더 내에서 연소하기 쉽도록 공급되는 연료가 되도록 미세한 입자의 霧狀(atomization)으로 만들어질 것과 이것이 다시 기화되는 일이다.

a) 연료의 계량

기관의 출력, 연료소비율면에서 요구되는 공연비의 값은 그 요구치가 다르며 요구에 상응하여 空燃比(air-fuel ratio)를 변화시킬 필요가 있게 된다. 뿐만 아니라 배출가스 청정화의 이유에서 공연비의 허용폭은 극히 좁게 되어 있다. 또한 아이들링시의 연료소비를 저감시킬 것과 기관의 최대 출력을 향상시키는 노력이 끊임없이 이어지고 온 결과 기관의 운전에 필요로 하고 있는 연료유량의 최대치와 최소치의 비는 60 : 1에 달한다. 자동차용 가솔린기관의 연료공급장치로서는 이와같이 넓은 범위의 연료를 요구에 상응하여 精密度높게 공급할 것이 중요하다.

그리고 한냉시의 시동과 난기시에는 계량하는 연료의 양을 보통 때보다도 많도록 하는 기능이 필요하다.

이미 설명한 바와같이 가솔린기관이 정상으로 점화하여 연소하기 위한 혼합기는 한정된 공연비의 범위 내에 있고 더구나 실린더 내의 점화 직전에 있어서는 氣體狀態이어야 할 것이 전제로 된다.

일반적으로 기체와 액체가 공존할 때 액체의 기화하는 양이 온도와 압력에 의하여 제약되는 영역이 있다. 공기와 가솔린의 경우에도 이와 같은 영역이 존재하고 특히 냉각시의 시동, 暖機運轉時에는 이 영역이 확대된다. 따라서, 氣化量이 제약을 받을 만한 저온에서 기관의 운전을 시작할 경우에는 어떤 방법에 의하거나 그 온도로서의 기화량으로 可燃空燃比의 혼합기가 얻어지도록 연료공급장치로부터의 연료공급량을 증량하여 겉보기의 공연비를 농후하게 하고 운전에 의한 온도 상승에 따라 서서히 보통의 운전 때의 공연비에 가까워지도록 하고 있다.

이 증량의 양을 필요 이상으로 하면 연료의 허실을 가져오게 될 뿐만 아니라 배출가스 중의 일산화탄소나 탄화수소가 증대된다. 즉 시동, 난기 운전시에는 온도의 상태에 따라 연료를 과부족 없이 증량할 것이 대단히 중요하다. 그림 6-2는 현재 시판되고 있는 가솔린의 蒸溜狀態를 근거로 하여

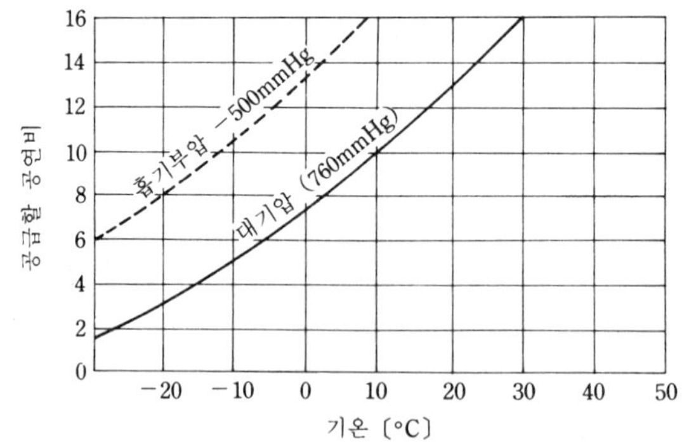

그림 6-2 기체상의 공연비가 16으로 되는데 필요한 공급공연비와 기온과의 관계

기화한 양으로서의 공연비가 16이 되도록 하기 위하여 필요한 공급공연비와 기온과의 관계를 계산에 의하여 구한 것이다.

이에 따르면 스로틀 전개운전시(그림의 대기압 상태)에 요구되는 공연비는 0(℃)에서 8, 즉 보통 운전 때의 2배, −20(℃)로 되면 즉 약 5배의 연료량을 필요로 한다는 논리가 된다.

b) 연료의 무화

연료를 흡기매니폴드 집합부에 공급하는 경우와 연소실 가까이 흡기 포트(intake port)부에 공급하는 경우는 연료의 무화를 필요로 하는 이유가 약간 다르다. 흡기매니폴드 集合部(riser)에 연료를 공급하는 기화기나 싱글 포인트 인젝션(single point injection : SPI)의 경우 가솔린은 흡기매니폴드 내에서 순간적으로는 氣化(evaporation)되지 않고 일부의 가솔린만이 겨우 기화되는 정도로서 나머지는 액체의 가솔린이 입자상태로 浮遊하고 있거나 管壁을 흐르고 있는 경우가 많다(그림 6-3).

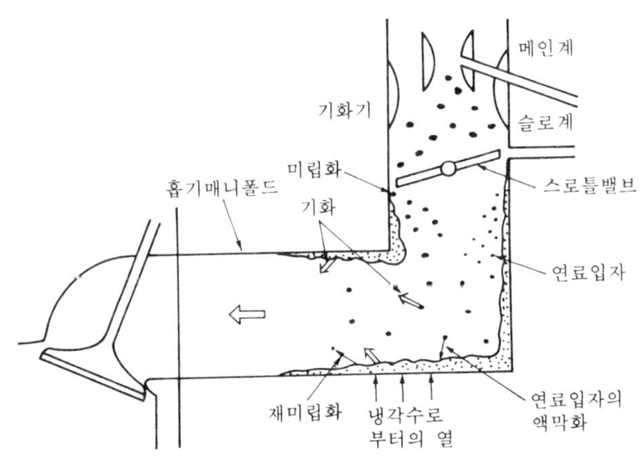

그림 6-3 흡기매니폴드 내의 연료의 거동설명

연료의 무화를 향상시켜서 연료의 질량당의 표면적을 크게 하면 기화가 빨라짐과 동시에 흡기매니폴드 내에서의 공기유로의 追從性도 좋아지므로 관벽에 부착하는 연료량이 적어지게 된다.

그림 6-4는 보통의 조건하에서의 공기류 중에 부유하는 연료입자의 기화의

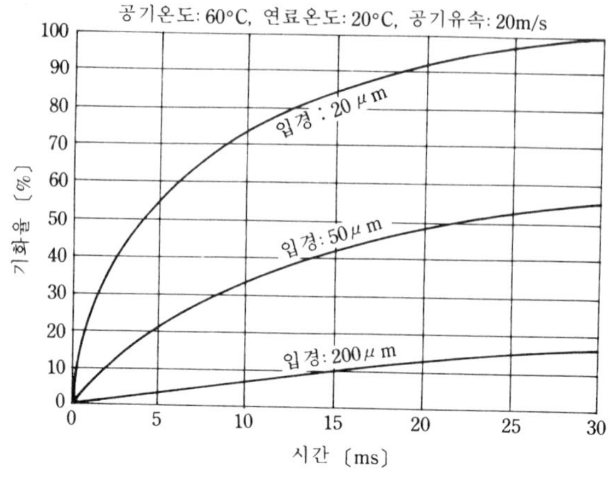

그림 6-4 기류중의 연료입자의 기화특성

진행상황을 계산한 것이다. 이에 따르면 부분부하운전시에 기화기에 있어서 얻어지는 입경(직경) 20 μm 인 경우에는 약 4 ms 에서 50〔%〕기화하는데 대하여 200 μm 는 스로틀 전개저속운전시 기화기를 통하여 공급되는 연료입자의 크기이다. 이 경우에는 연료는 거의 기화되지 못한 채로 흡기매니폴드내의 구부러진 부분에서 관벽에 부착하여 液膜燃料(wall flow)로 됨을 알 수 있다. 액막연료는 매니폴드의 각 브랜치(branch)로 균등하게 배분되기 어렵고 따라서 각 실린더로의 燃料分配(fuel distribution)의 악화의 원인으로 되는 경우가 많다. 또 이송속도도 관내 공기유속의 2〔%〕정도로서 작으므로 급가속시의 실린더로의 도달이 늦어져서 공연비의 희박화를 가져오는 원인이 된다. 이 때문에 현실로는 흡기매니폴드의 가열에 의하여 액막연료의 기화를 촉진시키고 있으나 이것만으로는 완전히 기화시키기는 어렵다. 기화기나 SPI 인 경우에 연료의 무화가 중요한 요건으로 되는 것은 이와 같은 이유 때문이다.

電子制御噴射(electronic fuel injection)장치 특히 MPI 방식에서 많이 볼 수 있는 것과 같이 각 실린더 흡기포트부에 연료를 공급하는 경우는 연료의 각 실린더로의 분배에 관한 문제는 없어진다. 그러나 이 방식의 경우일지라도 흡기포트 내벽에의 연료의 부착이 많아지게 되면 가속시 연료의 도달지연이 생긴다. 이것을 방지하기 위하여 연료분사의 확산(퍼지는 것)을 지나치게 적게 하면 연료와 공기의 혼합이 충분하게 이루어지지 않은 상태에서 실린더 내에 흡입되기 쉬워진다. 따라서, 분사하는 연료입자의 크기 이외에 분사방식, 噴霧形狀(spray pattern) 등에 세심한 주의를 함으로써 연료의 내벽에의 부착을 최소한으로 억제시키면서 연소시에 양호한 혼합기를, 기화기 등과 비하여 좁은 공간, 짧은 시간에 얻을 수 있도록 하고 있다. 연료입자의 크기는 운전조건에 따르지 않고 100～200μm 정도가 일반적이다.

2) 전자제어 기화기

연료공급장치의 구조와 원리는 현재 쓰여지고 있는 대표적인 것에 한정하여 연료의 계량원리를 중심으로 기술한다.

그림 6-5은 대표적인 電子制御氣化器(electronically controlled carbarator)의 구조를 나타낸 것이다.

넓은 범위의 연료의 계량범위와 또한 여러 운전상태에 따라서 달라지는 공연비를 얻기 위하여 기화기에는 복수의 연료계통이 마련되어 있는 것이 일반적이다.

① 주연료계(main fuel system)

② 저속계(slow fuel system)

③ 출력계(power system)

④ 가속계(accelerating pump system)

⑤ 시동, 난기계(chock system)

⑥ 피드백 제어계(feed back control system)

그림 6-5 에서와 같이 실제의 기화기에는 메인계, 슬로계, 스로틀밸브가 있는 배럴(barrel)부가 2개 있고 프라이머리(1차측), 세컨더리(2차측)이라 한다. 이와 같은 기화기를 2배럴, 2스테이지 혹은 2連 2段式 기화기라 부르고 있다. 저부하시에는 프라이머리(primary)의 스로틀밸브만이 열리고 연료도 프라이머리로만이 공급된다. 고속 고부하시에는 세컨더리(secondary)측도 열려서 연료를 공급함과 동시에 흡기저항을 저감시키고 있다.

보통 세컨더리의 스로틀밸브는 스로틀 전개저속시의 벤투리(venturi) 부압을 확보하기 위하여, 프라이머리의 벤투리 부압이 약할 때에는 열리지

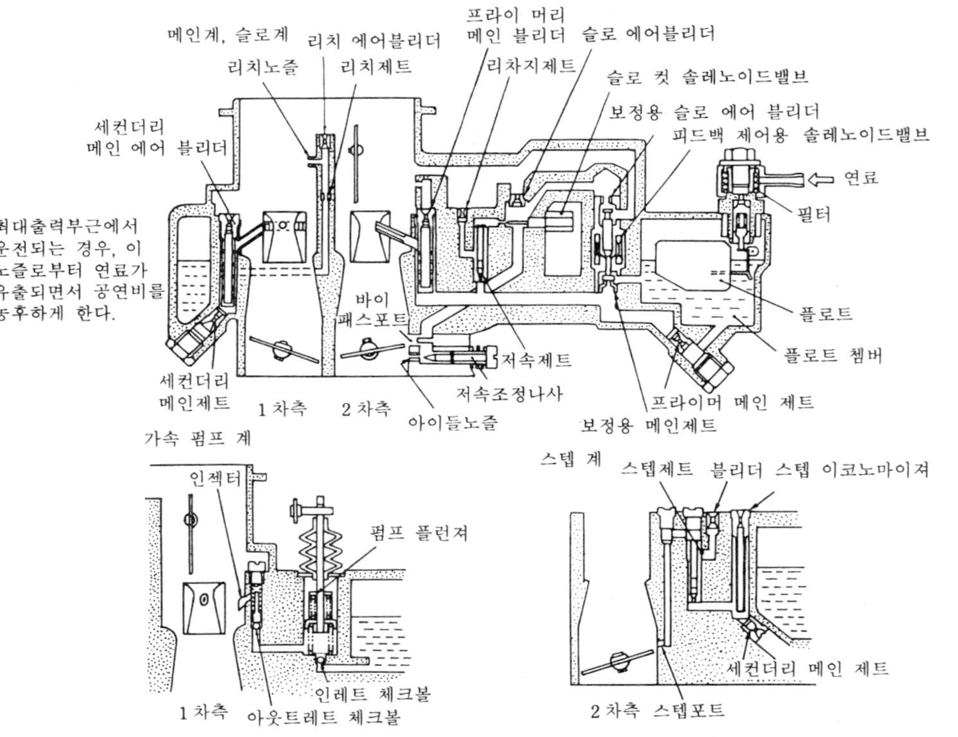

그림 6-5 대표적인 전자제어 기화기의 구조

않도록 되어 있다. 이상의 각 연료계의 계량원리와 구조에 대하여 설명하면 다음과 같다.

a) 메인계

일반적인 현상으로 유체의 흐름 속에 스로틀링부를 설치하면 그 유동 중 전후에 생기는 압력차는 유량의 2승에 비례한다. 이것은 또 스로틀링의 전후에 압력차가 있으면 압력차의 평방근에 비례하는 유량을 낳게 한다는 뜻이 된다.

공기나 연료가 공히 유체이므로 기화기도 이것을 응용하여 흡입공기 유로에 스로틀링(venturi)부를 마련하고 공기유량의 변화에 상응하여 생기는 압력차를 그대로 연료통로 내에 설치한 스로틀링부(jet)에 걸리도록 하여 공기유량에 거의 정비례하는 연료가 공기류 속에 빨려나올 수 있도록 하고 있다(그림 6-6). 이것이 메인계의 연료계량을 위한 원리적인 구조이다.

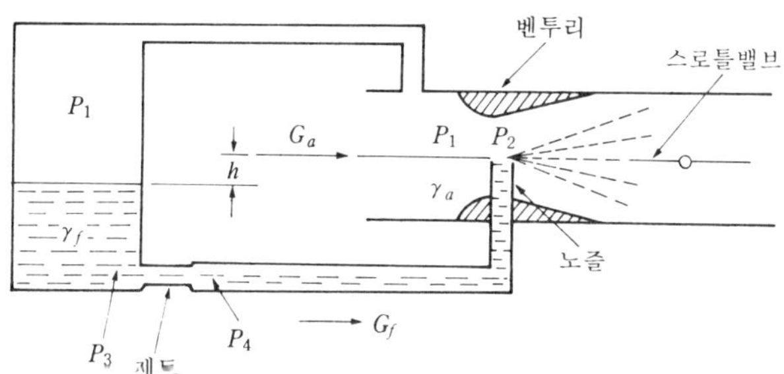

그림 6-6 주연료계의 계량원리도

이것은 정확하게는 연료의 유면과 噴出口(main nozzle)가 같은 높이라고 하였을 때의 결과이다. 실제에 있어서는 기관이 정지되어 있을 때 연료가 기관 내부로 흘러들어가지 않도록 하기 위하여 메인 노즐은 유면보다도 10~15〔mm〕높게 설치하도록 되어 있다(그림 6-6의 h).

이상을 수식으로 설명하면 다음과 같다.

G_a : 공기유량〔kgf/s〕

G_f : 연료유량〔kgf/s〕

A : 벤투리 스로틀부(throttle)의 단면적〔m^2〕

a : 연료 오리피스(jet)의 단면적〔m^2〕

C_a : 벤투리의 유량계수

C_f : 연료 제트의 유량계수

γ_a : 벤투리前 공기의 비중량〔kgf/m^3〕

γ_f : 연료의 비중량〔kgf/m^3〕

h : 연료유면으로부터 노즐(nozzle) 분출구까지의 높이〔m〕

p_1, p_2, p_3, p_4 : 각각의 그림에 표시된(그림 6-6)부위의 압력〔kgf/m^2〕

g : 중력의 가속도〔m/s^2〕

이라고 한다.

기관이 흡입하는 空氣流量 G_a가 벤투리부를 흐르면 그 직전과 스로틀부와의 사이의 압력차 p_1-p_2는 공기의 압축성을 무시하면 G_a는 다음의 식으로 표시된다.

$$G_a = C_a A \sqrt{2g(p_1-p_2)\gamma_a} \quad \cdots\cdots (6\text{-}1)$$

이때 연료제트의 전후에 걸리는 압력 p_3-p_4는 다음과 같이 된다.

$$p_3-p_4 \doteq p_1-p_2-h\gamma_f$$

따라서, 연료제트를 흐르는 연료유량은 다음과 같이 된다.

$$G_a = C_f a \sqrt{2g(p_1-p_2-h\gamma_f)\gamma_f} \quad \cdots\cdots (6\text{-}2)$$

식 (6-1) (6-2)로부터 공연비(MR)은 다음과 같이 된다.

$$(MR) = \frac{G_a}{G_f} = \frac{C_a}{C_f}\,\frac{A}{a}\sqrt{\frac{H_w}{H_w-h_w}\,\frac{\gamma_a}{\gamma_f}} \quad \cdots\cdots (6\text{-}3)$$

여기서 $H_w = p_1-p_2$

$h_w = h\gamma_f$

식 (6-3)이 기화기의 메인계의 공연비계량의 원리를 나타내는 기초식이다. 여기서 G_a, G_f, γ_a, γ_f 및 h는 공기 및 연료의 유량에는 거의 관계가 없는 일정의 값을 갖는다.

그리고 벤투리 및 제트의 단면적 A 및 a가 일정치인 기화기인 경우는 식 (6-3)을 적용하면 공기유량 G_a에 상응하여 변화하는 것은 벤투리부에 생기는 압력차 H_w가 된다. 만약 노즐이 燃料油面으로부터의 높이에 의한 압력 h_w가 0(zero)이면 G_a의 변화에 의하여 H_w가 변화되어도 공연비는 언제나 일정치로 됨을 알 수 있다. 그러나 앞에서 기술한 것과 같이 실제의 경우는 일정치 h_w가 반드시 존재하게 되므로 이로 인하여 다음과 같은 현상이 생긴다.

(i) $H_w \leq h_w$인 때에는 식 (6-3)이 성립되지 않는다. 이것은 공기유량이 적어서 벤투리부에 생기는 압력차 H_w가 h_w보다 작을 경우에는 노즐까지 연료를 빨아올릴 수 없게 된다. 이것이 슬로계라고 불리우는 보조 연료계를 설치하여야 하는 이유이다.

(ii) $H_w \geq h_w$의 범위에 대하여 보면 空燃比(MR)은 H_w가 커지게 되면 작아지는 경향을 가지는 것이 되고 이것을 보정하는 기구가 필요하게 된다. 이 보조방식에 의하여 제니스(zenith), 스트롬베르그(stromberg), 카터(carter) 등 대표적인 기화기가 생겨나게 되었다.

또 식 (6-3)은 다음과 같이 볼 수도 있다. 즉 벤투리부에 생기는 압력차 H_w를 언제나 일정치로 놓고 벤투리 및 연료 제트의 단면적 A 및 a를 공기유량 G_a에 상응하여 변화시켜서 그 비 A/a가 항상 일정하게 될 수 있는 방식으로 하면 위에서 기술한 h의 존재에 의한 영향은 없어지고 이 메인계는 기관의 전운전영역을 감당할 수 있게 되므로 별개의 空燃比補正機構도 필요로 하지 않는다. 이것이 可變벤투리氣化器라고 불리우는 형식으로 SU (Skinner Union(사)의 약) 기화기가 그 대표적인 예이다.

식 (6-3)으로부터 또 공기비중량 γ_a가 변화하면 공연비의 변화됨을 알 수 있다. 지금 p_0, T_0인 표준의 기압, 온도에서 공연비$(MR)_0$이 되도록 제트 단면적 a 또는 A/a가 선정되어 있는 기화기를 p, T인 조건하에서 사용하게 되면 그 때의 공연비는

$$\frac{(MR)}{(MR)_0}=\sqrt{\frac{p}{p_0}\frac{T_0}{T}} \quad \cdots\cdots (6\text{-}4)$$

와 같이 변화한다. 즉 高地補正(altitude compensation) 등이 필요하게 되는 것은 이와 같은 이유이다.

이상 메인계의 기구에 대하여 식 (6-3)을 중심으로 그 계량의 원리와 이로부터 파생되는 여러 형식에 대하여 설명하여 왔으나 모두 h가 일정치임을 전제로 하고 있다. 이 때문에 일반적으로 연료실 내에 플로트(float)와 니들밸브(needle valve)가 있어서 연료를 플로트실(float chamber)에 저압으로 공급함으로써 이 요구를 달성하고 있다(그림 6-5).

b) 슬로계

메인계로부터 충분한 연료가 나오기 시작되기까지의 슬로계에 의존하는 운전범위는 스로틀밸브가 전폐의 위치로부터 15° 정도 열리는 때까지의 사이이고 이 범위에서는 흡기부압은 −350〔mmHg〕이상으로 된다. 이와 같은 조건에서는 유체역학의 법칙에 의하면 스로틀부를 통과하는 공기의 속도가 음속에 달하고 공기의 유량은 압력차에 의하지 않고 스로틀부의 단면적에 비례하는 값으로 된다.

따라서, 공연비가 거의 일정하게 되도록 공기유량에 비례하는 연료를 공급하려면 연료가 압력과는 관계없이 스로틀밸브의 개도에 따라서 정하여지는 공기유로면적에 비례하여 분출되도록 하지 않으면 안 된다.

일반적으로 예외없이 쓰여지고 있는 구조는 스로틀밸브의 선단부에 대응하여 연료의 噴出口(port or nozzle)를 마련하고 연료는 제트와 에어 브리드 제트(air bleed jet 공기를 계량하는 제트)를 갖춘 통로를 통하여 그 분출구에 달하도록 하고 있다(그림 6-7).

이와같이 하면 분출구로부터 분출하는 것은 연료와 공기의 혼합물이고 그것은 거의 기체로 볼 수 있으므로 적어도 스로틀밸브보다 하류에서 분출하는 이 혼합기의 유출량은 압력차에 관계없는 臨界流出量으로 되고 그 분출구 면적만에 정비례하는 것이 된다. 이 분출구 면적은 스로틀밸브의 개도에 상응하여 변화하게 되므로 이 관계는 앞에서 기술한 空氣流路와 스로틀밸브 개도의 관계와 동일하게 될 수 있고 또한 분출구로부터의 혼

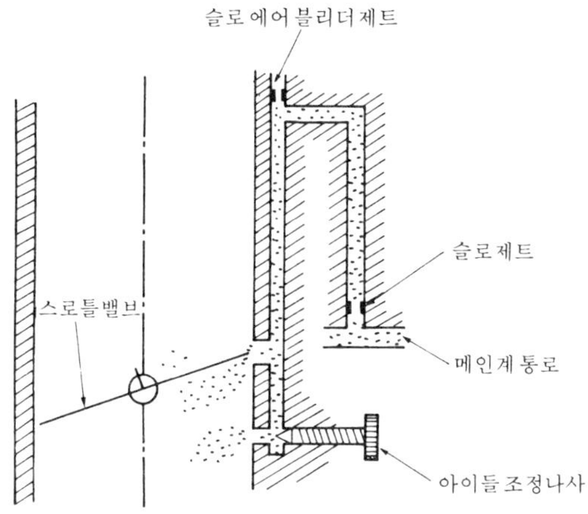

그림 6-7 슬로계 설명도

합물의 공연비를 언제나 일정으로 할 수 있다면 이 구조에 의하여 흡입 공기량에 거의 정비례하는 연료를 공급할 수 있는 것이 된다.

후자의 혼합물의 공연비가 거의 일정하게 된다고 하는 것은 앞에서 기술한 메인계에 있어서 벤투리에 상당하는 것이 에어 브리더(air bleeder)인 것으로 생각함으로써 쉽게 이해할 수 있다.

그리고 스로틀밸브의 개도는 아이들링 때 최소(보통은 4~5°)로 되고 스로틀밸브는 이 이하로 닫혀지는 경우는 없으므로 이 때의 噴口가 필요한 면적으로만 되어 있다면 그 위치는 스로틀밸브의 先端部에 있지 않아도 좋은 셈이 되어서 일반적으로 쓰여지고 있는 구조에서는 아이들시의 분구를 분리하여 그 각도를 나사로 미량조정될 수 있도록 하고 있다.

또 일반적으로 이 계의 연료통로는 메인계의 메인제트를 통한 뒤인 부분으로부터 分岐시켜 놓고 있어서 플로트실로부터 직접 들어가도록 하는 경우는 거의 없다.

그것은 메인계의 작동영역에서 슬로계로부터의 연료가 나오지 않도록 하기 위한 것이다. 이 슬로계로부터 메인계로의 변환, 즉 이어지는 작동상태를 "連繼"라 부르며 이 때에는 신중한 설계와 실험에 의한 확인을 특히 필요로 한다.

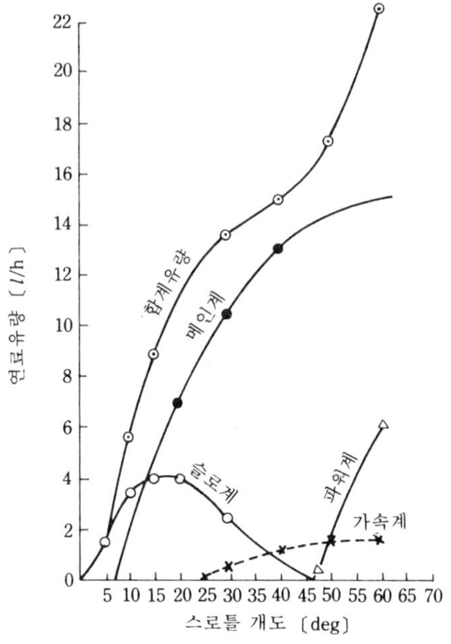

그림 6-8 기화기의 각 연료계의 작동(1배럴 기화기의 예)

그리고 그림 6-8은 어느 기화기를 기관에 부착하고 저속저부하로부터 점차 속도, 부하를 증대시켜서 스로틀밸브 전개시에 그 기관의 최대토크에 달하도록 하는 운전을 하였을 때의 각 연료계의 분담을 분석한 결과이다. 이 경우 슬로계의 영향이 미쳐지는 범위가 넓다고 하는 것을 알 수 있다.

c) 파워계

대부분의 운전영역에서는 연비나 배기특성의 요구에 따라 이론공연비나 또는 거기에 근접되는 공연비를 사용하고 있으나 스로틀밸브 전개부근에서는 최대출력을 얻어야 하므로 공연비를 농후하게 할 것이 요구된다. 이에 대하여 보통은 메인계에 보정기구를 추가하여 대처하고 있다.

즉 식 (6-3)으로부터 이해할 수 있는 바와같이 제트의 단면적을 변화시키면 된다. 이 보정은 흡기부압을 이용하여 메인제트에 병설되어 있는 파워제트를 개폐하여 이루어지도록 하는 것이 일반적이다.

d) 가속계

急加速運轉時에는 앞에서 설명한 바와같이 관벽에 부착되는 연료의 이

송지연이 생기므로 실린더로 흡입되는 혼합기의 공연비가 한 때 희박하게 되어 가속이 불량하게 된다. 이 때문에 가속계 또는 가속펌프라고 하는 별개의 보조연료계를 설치하는 예가 많다(그림 6-5).

e) 초크계

앞에서 기술한 바와같이 한냉시에는 보통의 운전시보다 수배의 농후한 혼합기가 요구된다. 기화기에서는 이것을 위하여 일반적으로 초크(chock) 기구를 사용한다.

(i) 초크기구의 원리

메인계 공연비의 계량은 식 (6-3)에 의하여 이루어지고 정상운전시에 요구되는 일정의 공연비를 공급하기 위하여서는 벤투리와 제트의 단면적비를 일정하게 되도록 하는 것에 대하여 설명하였다.

그런데 이와같이 설정되어 있는 메인계의 供給空燃比를 농후하게 하기 위하여는 벤투리와 제트와의 단면적비를 작게 하면 된다.

벤투리와 제트의 단면적이 각각 일정의 일반 기화기에서는 제트를 그대로 두고 그림 6-9 에 나타낸 것과 같이 벤투리의 상류에 초크밸브를 설치한다.

그렇게 하여 그 기관, 즉 공기유로의 단면적을 가감하여 실질적으로 벤투리와 제트와의 단면적비를 변화시켜 임의의 공급공연비가 얻어지도록 하고 있다. 현재로는 바이메탈 등을 사용, 초크밸브의 개도를 온도에 상응하여 자동적으로 변화하도록 하는 (auto chock)것이 일반적이다.

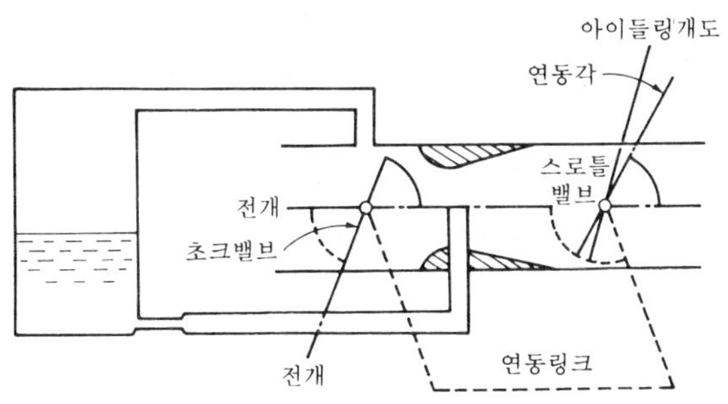

그림 6-9 초크밸브 설명도

(ii) 連動角

실제의 초크계에서는 초크밸브가 全開되었을 때 스로틀밸브는 그 기관이 보정하는 최저온도에서 회전이 지속될 수 있는 開度로 되고, 초크밸브가 全開되면 스로틀밸브는 보통 운전시의 아이들링 開度가 되도록 링크(link)로 양자를 연동시키고 있다(그림 6-9).

이것들은 난기시의 아이들링을 지속시키기 위하여 혼합기의 공급량을 증량시켜야 할 필요가 있어서 하고 있는 것으로 기관의 내부마찰과 유온에 따라서 변화되는 것에 대한 조처이다.

f) 피드백 제어계

배기 중의 산소농도를 검출하여 공연비를 피드백 제어하기 위하여 연료량을 변화시킬 수 있는 기화기가 電子制御氣化器이다. 그림 6-5에서는 전자밸브(solenoid valve)를 사용하여 메인 제트와 슬로 에어 브리더 제트를 일정 주파수(40Hz 정도)로 ON-OFF하여 그 전자밸브의 개, 폐의 시간비율을 달리하는 듀티(duty) 제어에 의하여 연료량을 변화시키고 있다. 다음은 그에 대한 설명이다.

공연비를 수정제어할 경우 주어진 전기신호에 대한 공연비의 변화가 공기유량에 관계없이 안정된 값이 될 것이 제어상 유리하다. 메인 제트 면적 a는 식 (6-3)에 나타내는 바와같이 공연비와 비례하며 a를 변화시키는 것은 위의 기술한 목적에 부합된다.

슬로계에 대하여도 주어진 전기신호에 대한 공연비의 변화량이 공기유량의 변화에 鈍感할 것이 바람직하다. 앞에서 기술한 바와 같은 슬로계의 에어 브리더 제트의 면적을 변화시키는 것은 메인계의 벤투리 면적을 변화시키는 것에 상당하고 식 (6-3)에 있어서 A를 변화시키는 것이 된다. 이로부터 슬로계의 공연비의 피드백 제어에 있어서 에어 브리더 제트의 면적을 변화시키는 것은 메인계에 있어서의 연료제트의 면적을 변화시킨 경우와 같은 제어성능을 기대할 수 있음을 알 수 있다.

또한 그림 6-5에서는 메인 제트와 스로 에어 브리더 제트의 유효면적을 1개의 전자밸브의 듀티제어로 변화시킬 수 있도록 하는 연구가 최근 이루어지고 있다.

(3) 가솔린噴射의 概要

1) 가솔린분사의 기본개념

기관이 흡입하는 공기량을 직접 혹은 간접적으로 검출하고 기관의 회전상태에 알맞도록 설정된 공연비가 되도록 가솔린의 양을 계량하는 것이 연료량의 조절이다.

表 6-1 기화기와 가솔린분사의 다른점

	기 화 기	가솔린 분사
구성	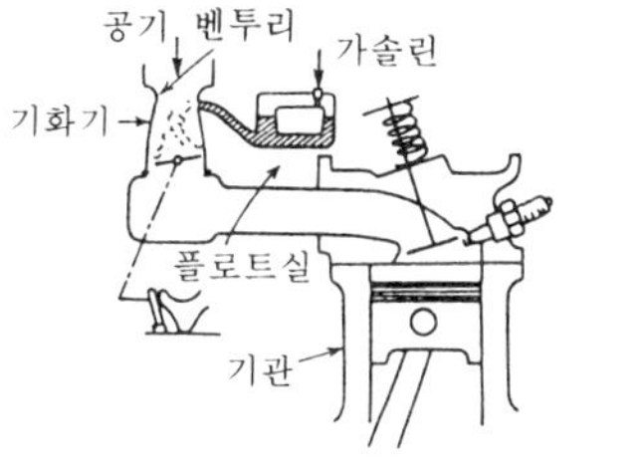 공기, 벤투리, 가솔린, 기화기, 플로트실, 기관	가압가솔린, 제어장치, 공기, 슬로틀 밸브, 분사밸브, 기관
연료공급방법	공기류에 의하여 생기는 벤투리부의 부압으로 가솔린을 스로틀 상류의 흡기통로 중으로 빨아낸다.	분사밸브에 제어장치로부터의 밸브 열림신호를 주는데 따라 적정량의 가솔린 양을 흡기통로에 분사한다.

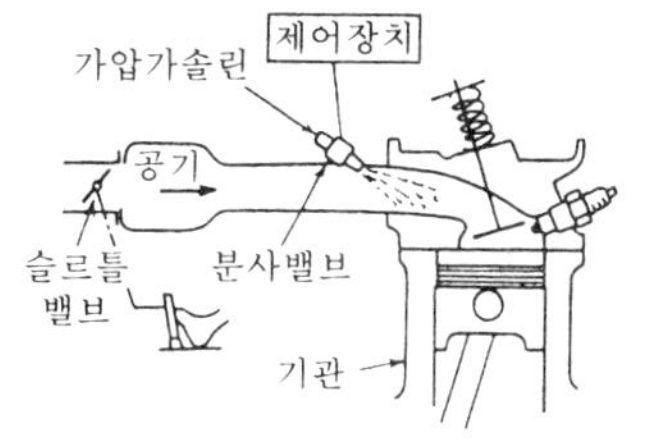

가솔린기관의 연료량 조절은 연료의 공급방식에 따라서 표 6-1 에서와 같이 기화기식과 가솔린분사의 2가지로 분류된다.

기화기식의 경우는 앞에서 설명한 바 있고 가솔린분사인 경우에 대하여 설명하면 다음과 같다. 즉 가솔린분사는 흡기계, 연료계, 제어계로 구성되고 직접 또는 간접적으로 검출된 공기량 신호에 기초하여 기관의 연소에 필요한 가솔린 양을 계산하고 이를 연료분사밸브인 인젝터에 밸브의 열림 신호를 보내어 가압된 가솔린을 인젝터의 밸브가 열림으로써 기관에 공급된다.

가솔린분사는 공연비제어방식, 즉 기관의 흡입하는 공기량을 검출, 그 때 필요로 하는 가솔린의 양을 계산하는 방식으로 3가지의 종류가 있다. 그리고 분사방식, 즉 인젝터에 의하여 기관에 가솔린을 공급하는 방식에 따라서도 분사위치, 분사시기의 달라지는 데 따른 연료분사장치의 구성이 틀려지게 된다. 또한 인젝터로부터 가솔린을 분사할 때의 연료분사방식은 앞에서 기술한 분사방식과 깊은 관계가 있다. 즉 가솔린분사는 이상과 같이 분류되고 그 목적은 공연비를 제어하는 데 있다.

2) 공기량의 검출방식

그림 6-10는 흡기계의 개략적인 것을 나타낸 것이다.

기관이 흡입하는 공기량은 ① 스로틀밸브의 개도, 또는 흡기관 압력과, ② 기관의 회전속도에 의하여 기본적으로 추정할 수 있으며 그 검출방식에는 직접적으로 하는 것과 간접적으로 하는 두 가지 방식으로 나누어진다.

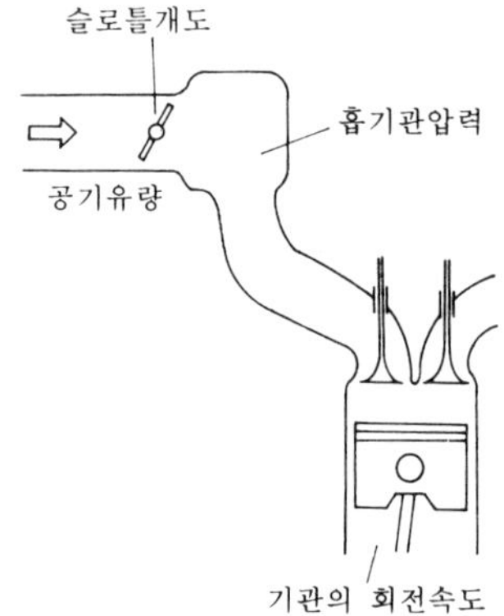

그림 6-10 흡기계의 개념도

직접적으로 검출하는 것을 매스플로(mass flow) 방식이라 하고 간접적으로 검출하는 방식에는 흡기관 압력과 기관의 회전속도에 의하여 흡입공기량을 추정하는 速度密度(speed density) 방식과 현재로는 쓰여지고 있지 않은 스로틀 개도와 기관의 회전속도로부터 흡입공기량을 추정하는 스로틀 스피드(throttle speed) 방식의 2가지가 있다. 그림 6-11은 배기량 $2l$인 기관의 흡입공기량을 기관의 회전속도와 흡기관 압력, 기관회전속도와 스로틀 개도로 정리한 것을 나타낸 것이고, 또한 그림 6-12는 위에서의 3종류의 방식에 의한 공연비 제어시스템을 도시한 것이다.

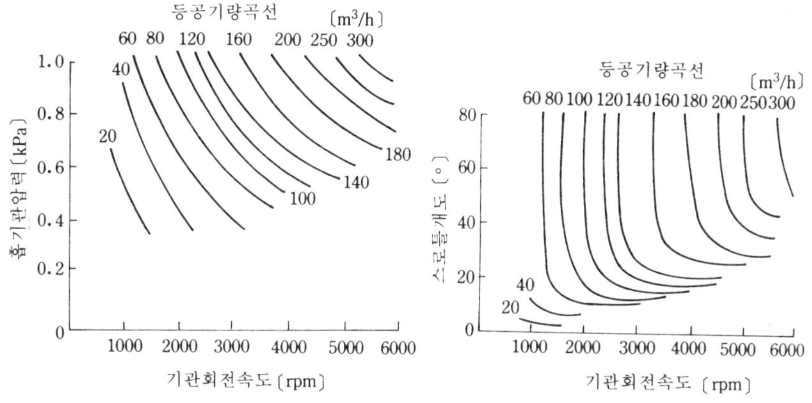

그림 6-11 기관의 등공기량 선도

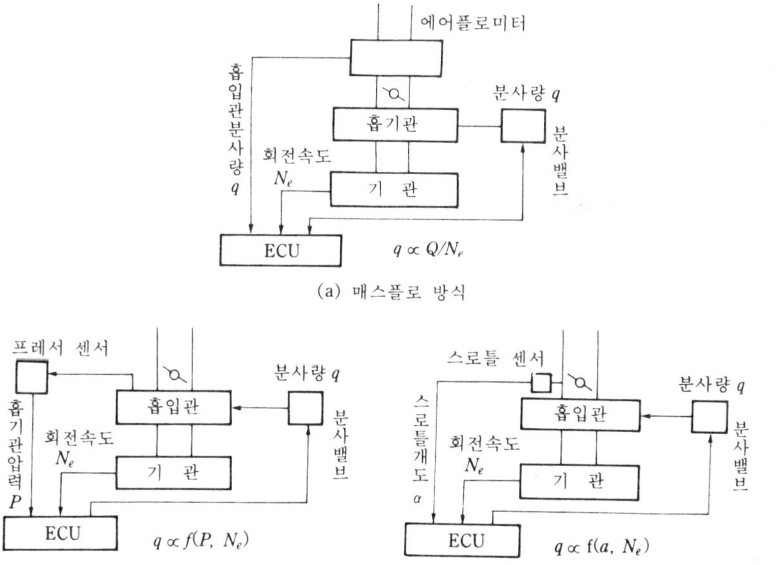

에어플로메터
흡입관분사량 q
분사량 q
흡기관
분사밸브
회전속도 N_e
기 관
ECU
$q \propto Q/N_e$

(a) 매스플로 방식

프레서 센서
분사량 q
흡입관
분사밸브
흡기관압력 P
회전속도 N_e
기 관
ECU
$q \propto f(P, N_e)$

(b) 스피드덴시티 방식

스로틀 센서
분사량 q
흡입관
분사밸브
스로틀개도 α
회전속도 N_e
기 관
ECU
$q \propto f(\alpha, N_e)$

(c) 스로틀스피드 방식

그림 6-12 공연비 제어시스템

a) 매스플로 방식

이 매스플로(mass flow) 방식은 空氣流量計(air flow meter)로 흡입공기의 유량을 직접 계측한다. 현재 주류를 이루고 있는 간헐분사방식인 경우 필요한 정보는 1연소사이클당의 흡입공기량이다. 즉 계측된 단위시간당의 흡입공기량을 연소사이클 수로 나누어서 구하며 보통은 계측된 유량을 기관의 회전속도로 나눈 값이 사용되고 이 값에 따라 가솔린의 분사량을 연산한다.

b) 속도밀도 방식

이 속도밀도(speed density) 방식은 1사이클당 기관에 흡입되는 공기량을 기관의 회전속도와 흡기관 압력으로 추정하고 이 공기량을 기본으로 하여 가솔린의 분사량을 演算한다. 연료량의 조절하는 측면에서 볼 때에는 기관의 가솔린 유량의 범위가 약 80배이고 기관회전속도의 변화범위는 약 10배이므로 연료량의 조절범위는 약 8배로 되어서 연료량을 정밀하게 조절할 수 있는 점에서 이점이 있다. 그러나 이 방식의 결점은 흡기관 압력과 흡입공기량 사이에 간단한 함수관계로 구하여 질 수 있는 것이 아니어서 過渡狀態일 때의 흡입공기량 검출시는 반드시 보정이 필요하다. 더구나 EGR을 할 경우는 흡기관 압력이 변화되므로 흡입공기량의 정확한 검출이 쉽지 않다.

3) 가솔린의 분사방식

a) 분사위치에 의한 분류

가솔린의 공급은 직접 실린더 내에 분사하는 실린더 내 분사와 흡기관에 분사하는 吸氣管噴射로 나누어진다.

실린더 내 분사인 경우는 분사밸브(injector)가 실린더 헤드에 끼워지도록 되어 있어서 인젝터 자체는 물론 연소에 의한 고온, 고압에 견딜 수 있는 설계를 하여야 하는 등 기관의 設計制約上 현재로는 쓰여지지 않고 있다. 지금은 흡기관 내 분사의 채용이 주류를 이루고 있으며 인젝터의 부착위치에 따라 두 가지 방식으로 나누어진다. 즉 각 실린더에 대응하도록 흡기매니폴드에 독립적으로 1개씩 끼워지는 MPI(Multi Point Injector)와 흡기매니폴드 집합부에 인젝터 1개가 끼워지도록 된 SPI(Single Point Injector) 방식이다. 어느 경우나 실린더 내 분사에 비하여 인젝터가 연소반응에 의한 고온, 고압에 직접 접하지 않아서 인젝터의 설계제약면에서 많이 완화된다. 표 6-2는 MPI와 SPI의 구성의 다른 점을 나타낸 것이다.

表 6-2 MPI와 SPI의 구성

	가솔린분사	
	MPI	SPI
구성	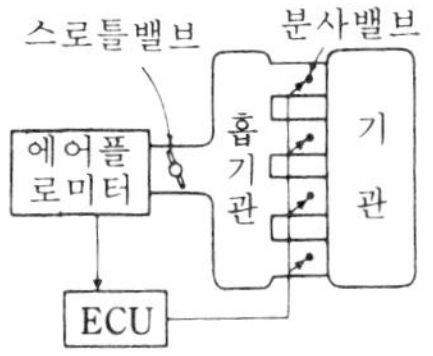 스로틀밸브 분사밸브 에어플로미터 흡기관 기관 ECU	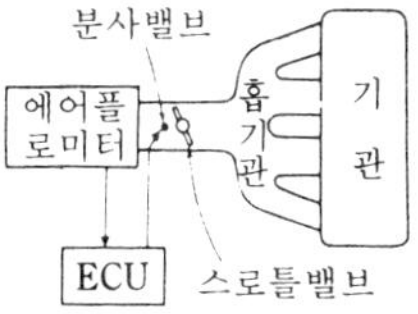 분사밸브 에어플로미터 흡기관 기관 ECU 스로틀밸브
출력	◎ 흡기계설계자유도大	△
A/F 적합자유도	◎	○

MPI는 각 실린더에 각각 인젝터가 설치되므로 실린더간의 공연비가 균일하고 공기의 慣性過給效果를 이용, 고출력 설계가 가능하다.

그리고 SPI는 구조상 각 실린더로의 연료분배가 균일하게 될 수 있는 흡기관의 설계가 필요하다.

b) 분사시기에 따른 분류

가솔린을 연속적으로 분사하는 연속분사와 간헐적으로 분사하는 간헐분사가 있다. 그리고 간헐분사인 경우에도 기관의 회전에 동기하는 것과 동기하지 않는 2가지 경우가 있다.

(i) 연속분사

원리적으로 흡기관 내 분사인 경우에 한정되며 현재 채용되고 있는 것에는 보시(Bosch)식의 K-Jetronic이 있다. 즉 공기유량을 기계적인 변위로 변환하고 燃料流路 중의 연료계량 슬릿(slit) 전후의 차압을 일정하게 되도록 한 조건하에 연료계량 슬릿 면적을 변화시킴으로써 공연비의 제어를 하도록 되어 있다.

(ii) 간헐분사

기관의 회전에 同期하는 것으로서 각 실린더의 인젝터가 독립적으로 분사하도록 되어 있는 것(독립분사), 동시에 분사하는 것(동시분사), 연소의

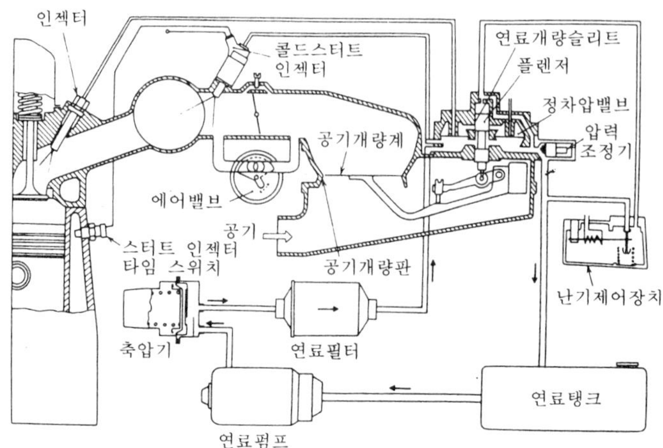

그림 6-13 K-Jctronic(보시)

순서에 따라 그룹(group)으로 분사하는 것(그룹분사)으로 나누어진다.

독립분사는 실린더 내 분사나 흡기관 내 분사의 어느 경우나 채용된다. 1연소에 필요한 가솔린 양의 분사가 각 실린더마다, 그리고 적절한 분사시기에 설정될 수 있어서 稀薄燃燒를 위한 공연비의 한계를 확대하여 연비의 향상을 달성할 수 있다. 그림 6-14는 도요다(Toyota) 희박연소 시스템의 예로서 분사의 종결시기를 선택함으로써 공연비가 25까지 확대될 수 있음을 나타내고 있다.

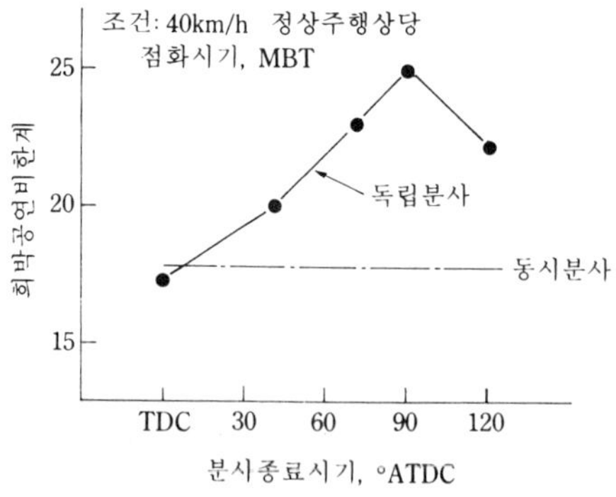

그림 6-14 분사시기와 희박공연비 한계

그러나 각 실린더에 대하여 독립적으로 분사하게 되어서 어느 실린더에 분사할 것인가를 판별하는 실린더의 判別信號가 필요하고 또한 인젝터 구동회로도 실린더의 수만큼 필요하다.

每回轉同時噴射는 연소에 필요한 가솔린 양을 2회로 나누어서 분사하는 것으로 이 경우는 흡기관분사에 한한다.

매 회전동시분사는 독립분사인 경우와는 달리 실린더 판별신호는 필요하지 않고 또 인젝터 구동회로도 공통으로 가능하며 구성이 간단하여 현재의 주류를 이루고 있다.

그룹분사도 흡기관분사에만 한하며 과농의 공연비제어성은 독립분사와 동시분사의 중간에 위치한다. 또 분사의 허용될 수 있는 기간은 독립분사인 경우와 같고 실린더 판별신호는 필요하나 인젝터의 구동회로는 그룹 수만큼 있으면 된다.

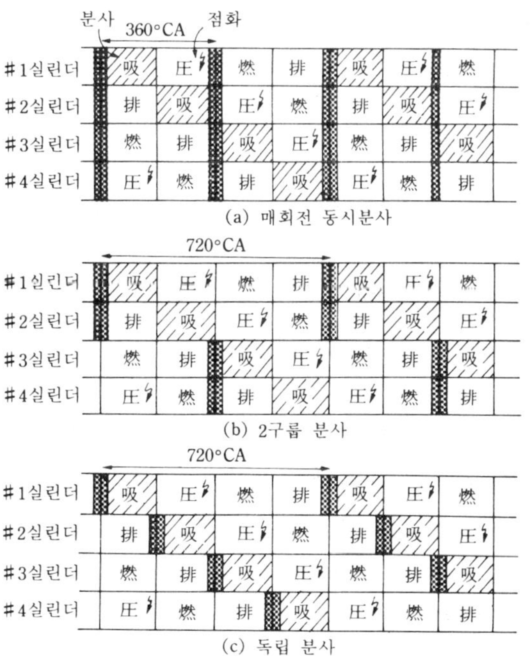

그림 6-15 간헐분사의 예(회전동기)

그림 6-15는 회전에 동기하는 간헐분사의 예를 나타낸 것이다. 4실린더 기관을 예로 하여 동시분사인 경우는 매 회전동시분사를, 그리고 그룹분사인 때에는 2그룹분사를 나타내고 있다.

기관의 회전에 동기하지 않는 것으로서 주파수에 의존하여 분사하는 것이 있다. 그 예로서 ECI 시스템(Electronic Controlled Injection system)이 있으며, 이 시스템인 경우는 공기유량계에 칼만와류식을 채용하고 있다. 공기유량이 칼만와류 발생 주파수에 비례하고 있기 때문에 인젝터의 밸브열림 시간을 고정하고 와류 주파수와 동기시켜 가솔린분사를 하는 방식이다. 이 방식은 연속분사와 기관회전 동기식 간헐분사의 중간에 위치하는 것으로 볼 수 있다.

c) 연료분사 압력

간헐분사식 가솔린분사인 경우는 연료량의 제어를 인젝터의 밸브열림 시간으로 한다. 따라서 보통 燃料噴射壓力은 분사위치인 흡기관 내의 압력에 대하여 항상 일정의 압력차가 되도록 설정된다.

(i) 연료의 고압분사와 저압분사

간헐분사식 가솔린분사는 연료의 압력에 의하여 고압연료분사와 저압연료분사의 2개로 나누어진다. 흡기관분사식 가솔린기관인 경우 구분의 기준이 명확하지는 않으나 일반적으로 흡기관압력에 대하여 200 KPa(2.5 kgf/cm^2) 이상의 것을 고압연료분사, 그 이하의 경우를 저압연료분사라고 구분한다. 고압연료분사는 연료의 베이퍼록은 잘 발생되지 않으나 연료의 배관, 연료계 부품에 높은 내압성이 요구되며 또한 고압의 가솔린을 송출하므로 연료펌프의 소비전력이 크며 외관도 커지게 된다. 따라서, 이 고압연료분사는 인젝터가 흡기밸브의 가까이에 끼워져 기관이 일시 정지할 경우는 한 때 연료배관의 온도가 높아지는 MPI에 채용되고 있다. 그리고 고속시의 운전악화를 방지하기 위하여 SPI의 일부에도 채용되는 예가 있다.

저압연료분사는 고압에 비하여 베이퍼록의 발생이 쉽다. 그러나 연료배관, 연료계부품은 가솔린의 압력이 낮아서 내압에 따른 구조가 간단할 뿐 아니라 사용재료의 살 두께가 얇은 등 耐壓强度의 낮은 재료의 채용으로 경량화, 소형화가 가능하다. 따라서, 이 저압연료분사는 인젝터가 기관으로부터 약간 떨어진 스로틀보디에 부착되며 인젝터 온도가 MPI에 비하여 낮은 SPI에 널리 채용되고 있다.

차량의 경우는 엔진룸의 소형화와 고출력화 등으로 기관이 한 때 정지되었을 경우는 엔진룸 안의 온도와 이에 따른 가솔린의 온도가 높아지는 경향이 있다. 그리고 미국을 중심으로 시판 가솔린의 리드 증기압도 상승경향에 있어서 고압연료분사가 많아지고 있다.

4) 가솔린분사의 특징

a) 기관설계의 자유도

그림 6-16은 매스플로 방식의 가솔린분사 시스템의 구성을 나타낸 것이다. 전자제어 가솔린분사는 크게 나누어서 흡기계, 연료계, 제어계로 된 기능분산형 시스템이고 기관에 대한 탑재성이 우수하다. MPI인 경우 출력성능을

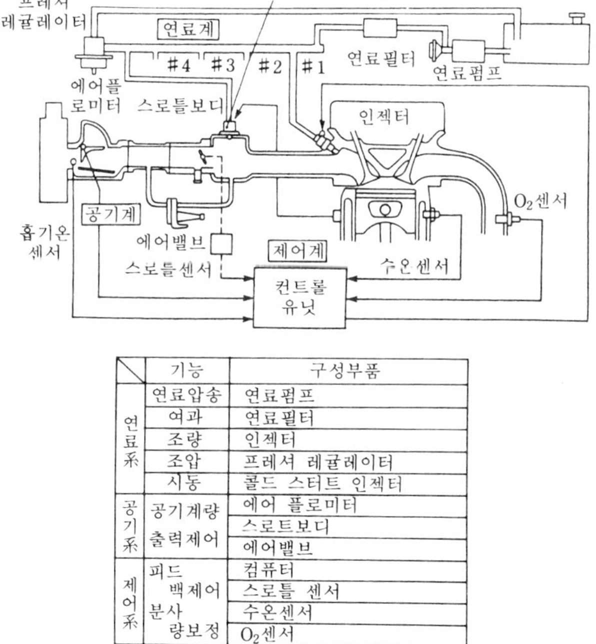

	기능	구성부품
연료系	연료압송	연료펌프
	여과	연료필터
	조량	인젝터
	조압	프레셔 레귤레이터
	시동	콜드 스타트 인젝터
공기系	공기계량	에어 플로미터
	출력제어	스로트보디
		에어밸브
제어系	피드백제어	컴퓨터
		스로틀 센서
	분사량보정	수온센서
		O_2센서

그림 6-16 매스플로 가솔린분사 시스템의 구성

확보하기 위한 흡입공기의 慣性過給效果를 잘 이용될 수 있는 흡기계의 설계가 가능하다.

그림 6-17은 흡기관의 길이를 변화시켰을 때의 토크 특성을 기화기인 경우를 예로 들어서 비교한 것이다. 그리고 가솔린분사는 기화기식처럼 흡기계에 기화기가 없으므로 흡기압력의 손실이 적어질 수 있다.

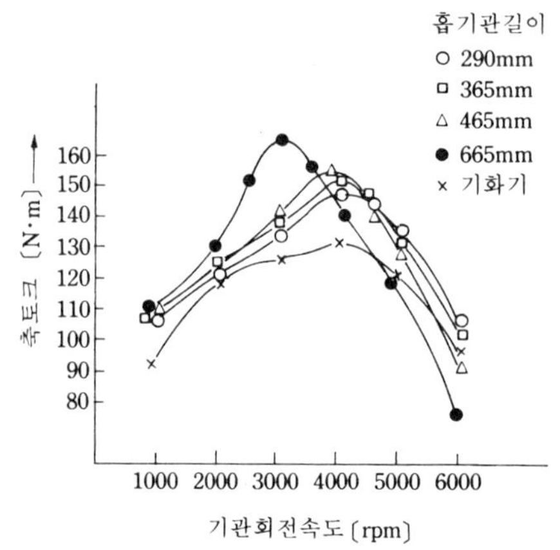

그림 6-17 흡기관의 길이와 토크의 관계

b) 공연비의 정밀한 제어

공연비를 정밀도 높게 제어할 수 있다고 하는 것이 전자제어 가솔린분사가 가지는 최대의 메리트라고 하여도 지나친 표현이 아니다.

기화기에 비하여 각 실린더에 독립적으로 가솔린을 분사할 수 있기 때문에 각 실린더 사이에 공연비의 평형을 이룩할 수 있다. 그림 6-18은 공연비의 平均率을 기화기와 비교한 예이다.

그리고 O_2 센서 피드백 제어, 學習制御機能 등이 있어서 보다 정밀한 공연비의 제어가 가능하며, 뿐만 아니라 평지에서 고지로의 주행시 등에 나타나는 대기압의 변화 혹은 흡기온도의 변화, 즉 공기의 밀도변화에 대하여도 空燃比補正을 적절히 할 수 있다.

그리고 가속도 주행시 등 과도운전시에도 신속하게 대처할 수 있으며

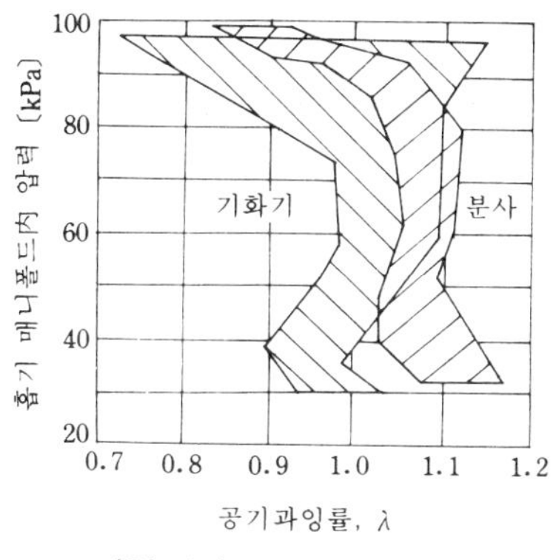

그림 6-18 공연비의 실린더간 불균일률

점화시기, ISC(Idle Speed Control) 등 부수적인 시스템이 부가되어 있어서 더욱 더 공연비의 제어가 정밀하게 이루어질 수 있고, 따라서 각종의 운전조건에서 최적의 공연비를 설정할 수 있어서 가감속운전 등 운전자의 요구에 따른 주행이 가능하다.

기관의 시동시에는 시동전용의 가솔린 양을 제어장치(ECU)에서 연산, 기관에 공급하여 난기에 이르기까지 기관의 회전상태가 원활하게(패스트 아이들) 달성될 수 있다. 따라서, 기관의 초크기구와 같은 것을 필요로 하지 않으며, 뿐만 아니라 기화기와 비교하여 加壓燃料를 인젝터에 공급함으로써 베이퍼록을 잘 일으키지 않는 특징이 있다.

e) 연 비

燃料經濟上 연비는 중요한 평가항목이고 전자제어 가솔린분사인 경우는 운전조건에 따라 여분의 가솔린이 기관에 공급되지 않도록 하는 기능이 있다. 즉 차량의 경우 고갯길을 내려갈 때 가속페달로부터 발을 뗀 타행운전시는 연료 컷 기능이 작동한다. 그리고 특히 강조할 수 있는 것은 독립분사방식을 채용하여 희박연소 시스템을 구성할 수 있다는 것이다. 어느 특정의 기관인 경우는 공연비 25의 운전이 가능하여 저연비 지향요구를 충족시키고 있다.

5) 매스폴로 방식의 구성

전자제어 가솔린분사(Electronic Fuel Injection : EFI)는 10점 이상의 부품으로 구성되어 있고 이들 구성부품은 흡기계통, 연료계통, 제어계통의 3 계통으로 나누어진다.

a) 흡기계통

흡기계통은 기관의 연소에 필요한 공기를 계량 및 제어한다. 에어클리너에서 여과기를 통과한 공기는 흡입공기량 센서인 에어플로미터에 의하여 계측된 다음 스로틀 보디를 통하여 서지탱크에서 각 실린더의 흡기관으로 분배된다. 여기에서 인젝터로부터 분사되는 가솔린과 공기가 혼합되면서 실린더 내로 흡입된다.

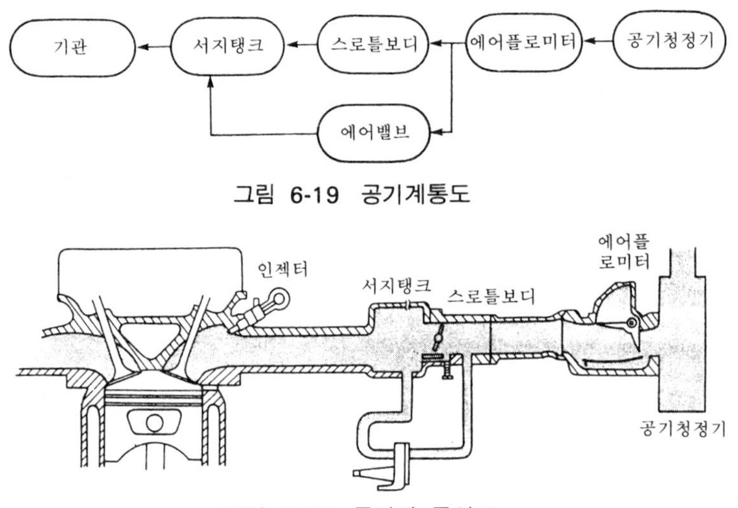

그림 6-19 공기계통도

그림 6-20 공기계 구성도

그리고 냉각수 온도가 낮을 때를 위하여 기관의 暖機促進을 목적으로 패스트 아이들 기구가 갖추어져 있다. 즉 에어밸브가 패스트 아이들에 필요한 공기를 제어하며 에어밸브를 통한 공기는 스로틀밸브를 바이패스하여 서지탱크로 흐른다.

b) 연료계통

연료계통은 실린더 내에 연소에 필요한 가솔린을 공급한다. 연료펌프에 의하여 연료탱크로부터 송출된 가솔린은 연료필터를 통하여 연료 압력조정기(pressure regulator)에서 흡기관 압력보다 약 250 KPa(2.5 kgf/cm^2) 높은 압력으로 조정이 되고, 이 가솔린은 딜리버리 파이프(delivery pipe)를 통하여 각 인젝터와 저온시동전용의 인젝터인 콜드스타트 인젝터(지금은 콜드스타트 인젝터가 없는 경우가 많다)에 분배된다.

인젝터는 ECU(Electronic Control Unit)로부터의 분사신호에 의하여 가솔린을 흡기매니폴드에 그 양이 조절되어 분사된다.

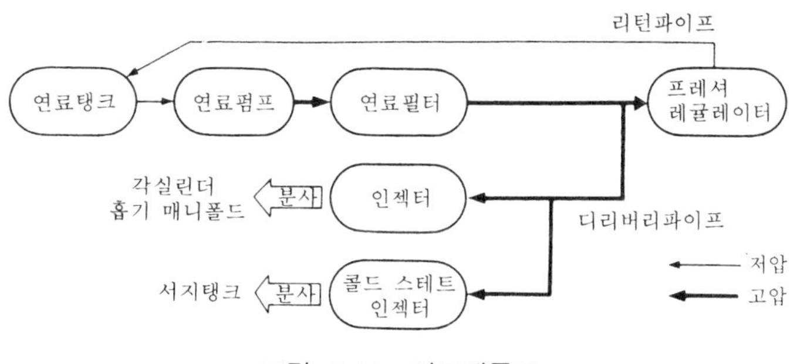

그림 6-21 연료계통도

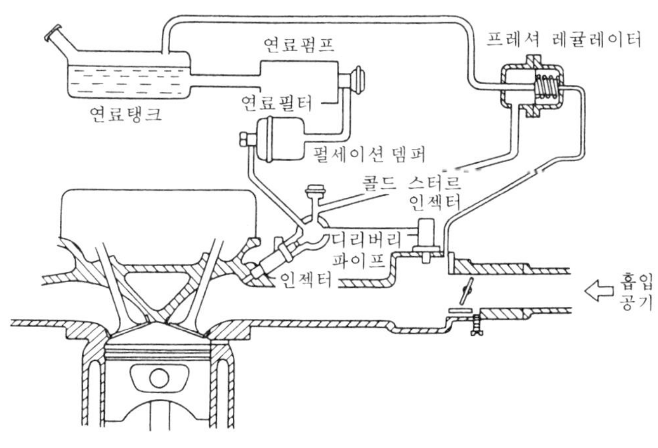

그림 6-22 연료계 구성도(MPI)

c) 제어계통

제어계통은 기관의 제어성능에 상응하는 최적의 가솔린 양을 결정한다.

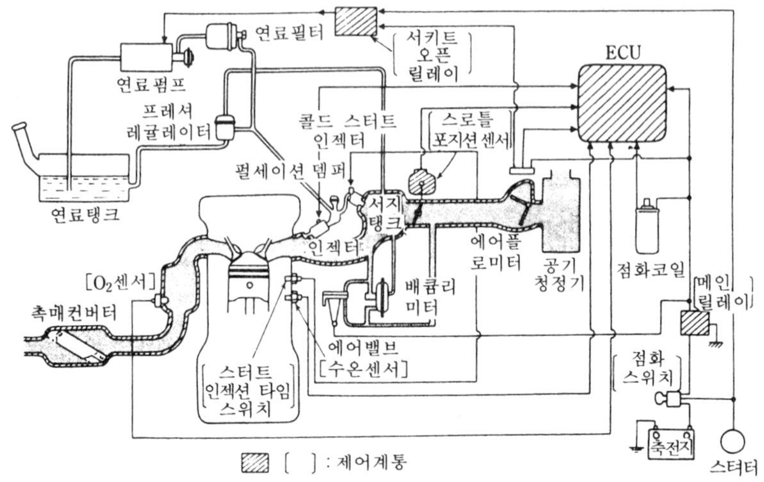

그림 6-23 제어계 구성도

기관에 공급하는 가솔린 양은 인젝터의 분사시간에 의하여 제어되며 분사시간은 ECU가 연산 결정한다.

기관의 성능검출 센서에는 수온센서, 흡기온센서, 크랭크 위치센서, 스로틀 포지션센서, O_2 센서 등이 있다.

그 밖의 제어계 부품으로서는 전원을 ON/OFF 하는 릴레이(relay), 콜드 인젝터의 분사시간을 결정하는 스타트 인젝터 타임 스위치, 인젝터에 걸리는 전류를 제어하는 솔레노이드 레지스터 등이 있다(그림 6-23). 그리고 릴레이에는 가솔린분사장치 전체의 전원을 ON/OFF 하는 메인 릴레이와 연료 펌프용의 서킷 오프닝 릴레이가 있다.

6-2 電子制御가솔린噴射

(1) 吸氣系

1) 에어플로미터

에어플로미터(air flow meter)는 기관이 흡입하는 공기량을 계측하는 공기유량계이고, 공기유량계에는 계측원리에 따라 베인식, 칼만渦식, 열선식 등이 있다.

a) 베인식 에어플로미터

(i) 계측원리

그림 6-24는 베인식 에어플로미터의 구성을 그리고 그림 6-25은 계측원리를 나타낸 것이다. 베인식 에어플로미터는 기관이 흡입하는 공기가 통과할 때 생기는 압력차에 의하여 메저링 플레이트(measuring plate 이하 베인(vane)이라 한다.)가 밀려서 열리는 원리를 이용하고 있다. 그 베인의 회전축상에 스파이럴상의 리턴 스프링이 있어서 흡입공기가 베인을 열려고 하는 힘과

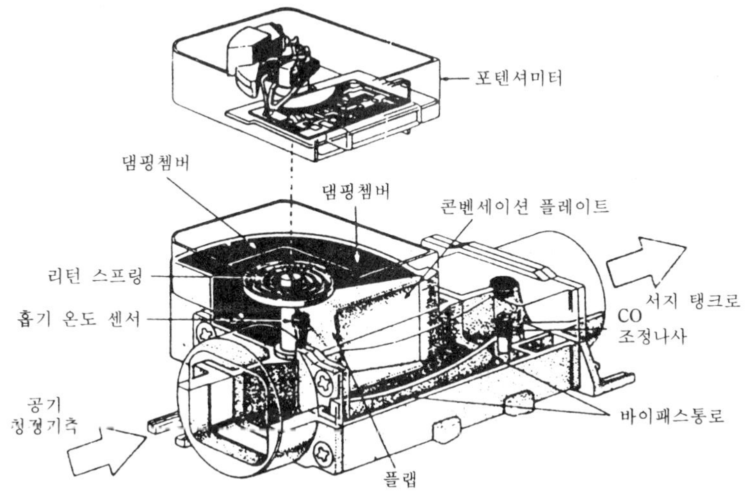

그림 6-24 공기유량계의 구조

리턴 스프링의 반력이 평형을 이루는 위치에서 베인은 정지하고 이 위치를 퍼텐쇼미터(potentiometer)로 검출하여 공기유량을 알도록 하고 있다. 그림 6-25에서 베인 상류인 흡입관 ⓐ점과 베인 끝쪽 부분과 하우징 사이에 형성되는 유량통로부 ⓑ점에 있어서는 다음의 관계를 얻을 수 있다.

$$\frac{1}{2}\rho w_a^2 + p_a = \frac{1}{2}\rho w_b^2 + p_b \quad \cdots\cdots (6\text{-}5)$$

$$\rho w_a A_a = \rho w_b A_b \quad \cdots\cdots (6\text{-}6)$$

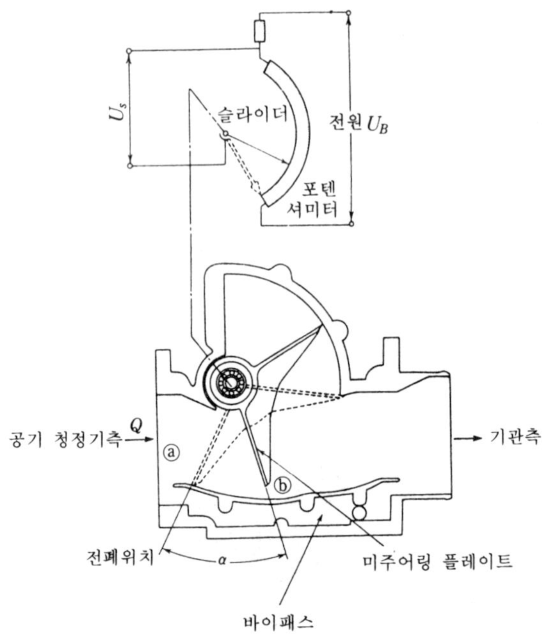

그림 6-25 베인식 에어플로미터의 원리

여기서 ρ : 공기의 밀도〔kg/m³〕

w_a, w_b : ⓐ, ⓑ 점에서의 유속〔m/s〕

p_a, p_b : ⓐ, ⓑ 점에서의 압력〔Pa〕

A_a, A_b : ⓐ, ⓑ 점에서의 통로면적〔m²〕

식 (6-5)는 베르누이의 정리이고 식 (6-6)은 연속의 식이다.

식 (6-5)와 식 (6-6)으로부터 계측하는 유량은 다음과 같이 된다.

$$G_a = \rho Q = \rho w_a A_a$$
$$= cA_b\sqrt{2\rho\,(p_a - p_b)} \quad \cdots\cdots (6\text{-}7)$$

여기서 G_a : 질량유량〔kg/s〕

Q : 체적유량〔m³/s〕

c : 유량계수 $= 1/\sqrt{1-(A_b - A_a)^2}$

지금 베인 전후의 압력차 (p_a-p_b)는 거의 일정하게 되도록 설계되어 있고 그 때문에 식 (6-7)에 있어서 질량유량 G_a는 스로틀링부 면적 A_b(베인의 개도 α)와 공기밀도 ρ에 의하여 결정되어진다.

기관의 흡입공기량은 기관의 운전상태에 따라서 크게 달라지며 그 때의 사용 최대공기량과 사용 최소공기량과의 동적인 비(dynamic range)는 100배 이상일 때도 있다. 따라서, 베인의 개도 α에 대한 계량부 통로면적의 특성은

$$A_b = Ke^{\alpha} \quad (\text{K는 정수}) \cdots\cdots (6\text{-}8)$$

이 관계가 설정되어 있다.

이 특성은 어느 베인 개도 α에 대하여도 계측정확도가 변화하지 않는다는 특징을 가지고 있기 때문에 큰 동적인 비의 전역에 있어서 일정의 정확성을 확보하는 유량의 계측을 가능하도록 하고 있다. 그 이유는 다음과 같다.

계량부의 통로면적 A_b의 개도 α에 대한 변화의 정도는

$$\begin{aligned}\frac{dA_b}{d\alpha} &= Ke^{\alpha} \\ &= A_b \cdots\cdots (6\text{-}9)\end{aligned}$$

식 (6-9)로부터

$$\frac{dA_b}{A_b} = d\alpha \cdots\cdots (6\text{-}10)$$

이 식 (6-10)은 다음의 관계와 같다고 생각할 수 있다.

$$\frac{\Delta A_b}{A_b} = \Delta\alpha \cdots\cdots (6\text{-}11)$$

여기서 ΔA_b : A_b의 미소변화량

$\Delta\alpha$: α의 미소변화량

이것은 개도 α가 어떤 값이 되어도 일정의 변화량 $\Delta\alpha$에 대하여 통로면적의 변화비율 $\Delta A_b/A_b$는 언제나 일정하다는 것을 의미하고 있다.

ΔA_b가 微小임을 고려하면 식 (6-7)은

$$G_a \propto A_b \quad \cdots\cdots (6\text{-}12)$$

가 되므로 식 (6-11)로부터

$$\frac{\Delta G_a}{G_a} \propto \frac{\Delta A_b}{A_b} = \Delta\alpha \quad \cdots\cdots (6\text{-}13)$$

여기서 ΔG_a : 계측 유량의 변화량

즉 계측량 변화의 비율은 개도의 변화량에 대하여 언제나 일정하게 되고 따라서 어느 개도에 있어서도 계측의 정확도는 변화되지 않는 특성으로 된다. 또 공기량에 대응하는 전기신호는 베인과 동축에 부착된 퍼텐쇼미터에 의하여 電壓比(U_S/U_B)의 변화로서 출력된다.

이 출력 U_S/U_B와 공기량 Q와의 관계는 다음과 같이 하여 결정되어진다.

$$U_S/U_B = C/Q \quad \cdots\cdots (6\text{-}14)$$

여기서 C : 정수

Q : 체적유량〔m^3/s〕

또 출력으로서 전압비 신호를 사용하는 이점은 퍼텐쇼미터에 인가되는 전원전압 U_B가 변화하는 경우일지라도 U_S 신호는 그것에 비례하여 변화하기 때문에 에어플로미터의 신호 U_S/U_B로서는 변화하지 않는 점에 있다.

(ii) 구 성

① 급격한 흡입공기량 변화나 공기맥동에 대한 베인의 움직임을 안정시키기 위하여 베인과 일체로 된 컴펜세이션 플레이트(compensation plate)와 댐핑 체임버(damping chamber)가 마련되어 있다.

② 기관제어에서 필요로 하는 질량유량을 구하기 위하여서는 공기밀도를 고려할 필요가 있고〔식 (6-7)에 표시〕, 공기밀도는 공기의 온도, 압력에 의하여 변화하게 되며 이 온도에 의한 보정을 하기 위하여 흡기온 센서가 에어플로미터 내에 부착되어 있다. 여기서 얻어진 신호는 ECU에 보내어지고 흡기온도에 의하여 공기밀도가 변화하는 분만큼 공연비가 목적치보다 벗

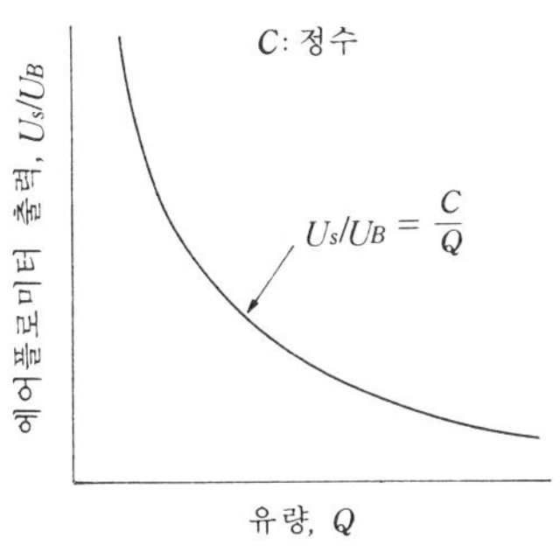

그림 6-26 출력특성

어나므로 이 벗어나는 양을 보정한다.

③ 바이패스 통로에는 바이패스 스크루가 마련되어 있다. 이 바이패스 스크루는 특히 공기량이 적을 때의 특성을 조정하기 위하여 있는 것으로 기관 및 EFI 부품, 시스템에 의하여 아이들링시 공연비에 약간의 고르지 못한 경우가 생겼을 때 바이패스 통로면적의 조정으로 에어플로미터의 출력을 변화시켜서 목적치에 부합되도록 하는데 쓰여진다(그림 6-26).

(iii) 특 징

① 베인 개도에 대한 계량부의 통로면적 특성에 의하여 간단한 구성으로 기관의 使用流量 전역에서 일정의 정확도 높은 유량계측을 가능하도록 하고 있다.

② 출력은 아날로그(analogue) 전압비 출력이므로 電源電壓의 변동의 영향을 받지않는 이점이 있다.

b) 칼만渦式 에어플로미터

(i) 계측원리

균일하게 流動하는 흐름 속에 渦발생체인 기둥을 놓으면 칼만(Kalman) 渦라고 불리우는 渦列이 渦발생체 後流에 交互로 발생한다. 이 칼만渦의 주파수 f와 유속 w와의 사이에는 그 관계가 다음의 식으로 표시됨이 알려져 있다.

$$f = S_t \frac{w}{d} \quad \cdots\cdots (6\text{-}15)$$

여기서 d : 渦발생체 대표 치수

S_t : 스트로헤르츠 수(정수)

이 스트로헤르츠 수 S_t는 실제의 흐름에 있어서는 특정의 레이놀드數 Re의 범위에서는 일정으로 된다. 레이놀드수 Re란

$$Re = \frac{wd}{v} \quad \cdots\cdots (6\text{-}16)$$

여기서 v : 유체의 동점성 계수

로 정의된다. 스트로헤르츠 수 S_t가 거의 일정으로 되는 영역은 레이놀드수 Re가 수 $10 \sim 10^4$ 정도이다.

이 원리를 이용하여 기관의 흡입공기량 범위가 위에 기술된 레이놀드수 범위 내에 들도록 하는 통로와 渦발생체의 치수를 설정하면 스트로헤르츠 수 S_t는 계측범위 전역에서 거의 일정하게 되므로 칼만渦의 발생주파수를 검지함으로써 유속 w를 알 수 있다. 따라서, 에어플로미터의 공기통로의 유효 단면적을 곱하면 흡입공기의 체적유량을 알 수 있게 된다. 이 에어플로미터의 출력은 칼만渦에 同期하는 전기 펄스 신호(digital 신호)이고 그 渦발생주파수는 ECU에서 출력신호의 주기를 측정함으로써 구하여진다.

(ii) 구 성

① 칼만渦의 검출방법으로서 실용화된 예에는 그림 6-27, 6-28에 나타낸 것들이 있다.

앞의 것의 구조는 칼만渦에 따라 발생하는 渦발생체 양쪽의 압력변동을 얇은 금속제의 거울(mirror) 표면에 도압공을 통하여 유도하고 거울을 진동시킨다. 이 진동하는 거울에 한 쌍의 수, 발광소자를 근접시켜서 그 반사광을 신호로 하여 渦를 검지하도록 하고 있다. 또 뒤의 것은 渦에 의한 공기의 밀도변화를 이용하여 관로 내에 연속적으로 발신되는 일정의 초음파를 수신할 때 밀도의 변화에 의하여 受信信號가 渦의 數만큼 산란되는 것으로 渦를 검지하고 있다.

② 흡기량 센서를 가지고 있어서 ECU에 그 신호를 보냄으로써 흡기온

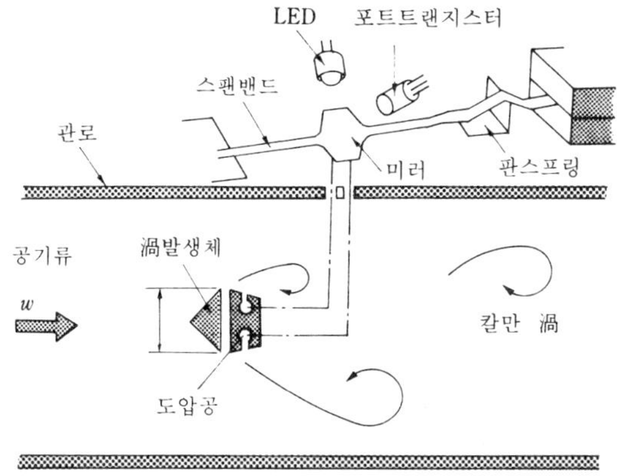

그림 6-27 칼만渦식 에어플로미터(거울 검출방식)

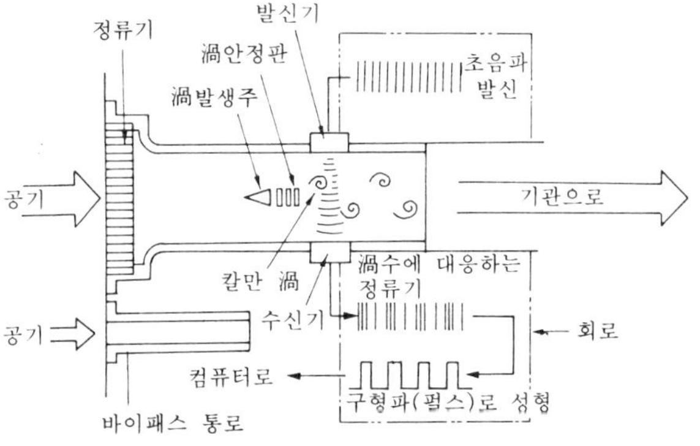

그림 6-28 칼만渦식 에어플로미터(초음파 검지방식)

도에 따른 공기밀도의 변화를 보정하고 있다.

③ 그 밖의 구성으로서는 渦발생을 안정시키기 위한 정류격자, 渦의 검지 신호를 정형한 펄스(pulse) 출력으로 하는 회로부를 가지고 있다.

(iii) 특 징

출력이 디지탈 신호이기 때문에 ECU 내에서 마이크로 컴퓨터에서의 처리에 극히 적합하다.

c) 熱線式 에어플로미터

(i) 계측원리

공기 중에 發熱體를 놓으면 공기에 열을 빼앗기게 되므로 발열체는 냉각되고 발열체의 둘레를 통과하는 공기유량이 많으면 그만큼 빼앗기는 열량도 증가한다.

이와 같은 발열체와 공기와의 사이에서 일어나는 열전달의 현상을 이용한 것이 이 열선식의 에어플로미터이다.

일반적으로 흡입공기 온도와 열선(가느다란 백금선 등)의 온도차를 일정하게 유지될 수 있도록 제어한다. 따라서, 흡기온 측정부와 발열부를 가지는 2개의 엘리먼트 형으로 되어 있으며, 이 방식에 따르면 공기량 출력은 공기의 밀도변화에도 상응될 수 있으므로 원리적으로 ECU에서 온도, 압력의 보정을 하지 않아도 되는 특징이 있다.

기본 원리에 대하여는 그림 6-29에서와 같이 공기의 흐름 속에 놓여진 발열체(열선)로부터 공기로의 傳熱係數는 다음 관계로 나타내어진다.

$$h = \alpha + \beta\sqrt{G_a} \quad \cdots\cdots (6\text{-}17)$$

여기서 h : 전열계수 (円柱形)

α, β : 정수

G_a : 공기의 질량유량

이와 같은 관계에 다시 열선에 가하여지는 전력(발열량)의 熱 平衡을 생각하면

$$VI = (\alpha + \beta\sqrt{G_a})A(T_H - T_A) \quad \cdots\cdots (6\text{-}18)$$

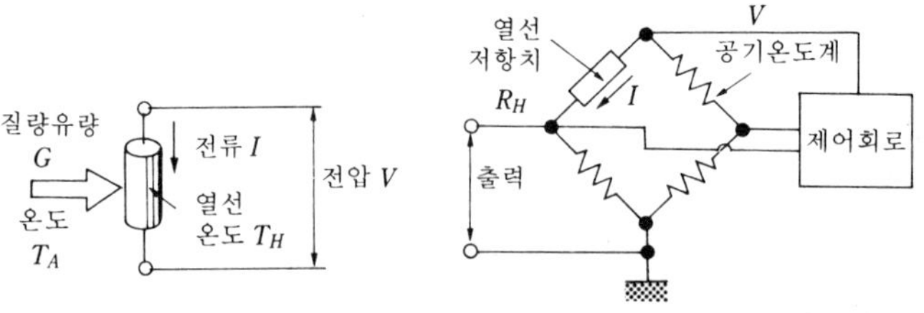

그림 6-29 열선식 에어플로미터의 계측원리

여기서 V : 열선 인가 전압〔V〕

I : 열선 전류〔A〕

A : 열선 전열면적〔m^2〕

T_H : 열선온도〔℃〕

T_A : 흡기온도〔℃〕

그리고 여기서 온도차〔$T_H - T_A$〕를 열선과 吸氣溫度計의 저항치 변화는 휘트스톤 브리지(wheatstone bridge)를 구성하여 검출하고 온도차가 일정하게 되도록 전류 I를 제어하고 있다.

온도차 ($T_H - T_A$)가 일정하면 식 (6-18)로부터

$$VI \propto \alpha + \beta\sqrt{G_a} \quad \cdots\cdots (6\text{-}19)$$

로 된다. 열선에 걸리는 전압 V는

$$V = IR_H \quad \cdots\cdots (6\text{-}20)$$

여기서 R_H : 열선의 저항치〔Ω〕

이므로 전류 I를 검출하는 출력은

$$I \propto \sqrt{\alpha + \beta\sqrt{G_a}} \quad \cdots\cdots (6\text{-}21)$$

로 된다. 이 출력은 직접 질량유량 G_a의 함수로 되기 때문에 공기밀도의

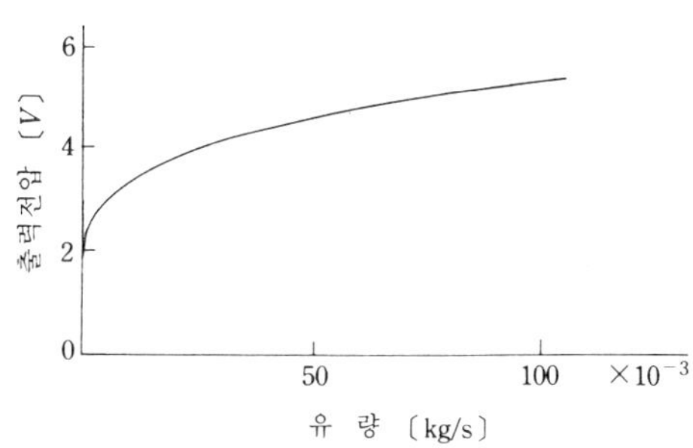

그림 6-30 출력특성

보정 등은 필요로 하지 않게 된다. 그림 6-30은 출력의 특성 예를 나타낸 것이다.

출력신호는 열선의 전류에 비례하는 아날로그 신호이며 출력의 精度向上을 위하여 일정하게 제어하고 있는 열선의 印加電壓이 외부로부터의 전원 변동을 받지않고 동작하기 위한 안정화 전원회로를 내장하고 있다.

(ii) 구 성

열선식 플로미터로서 실용화된 것은 그림 6-31, 6-32 및 그림 6-33에서 나타낸 것들이다.

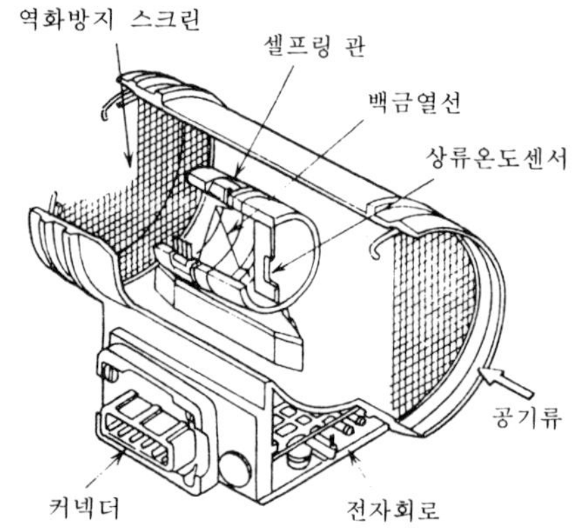

그림 6-31 열선식 에어플로미터(주류계측방식)

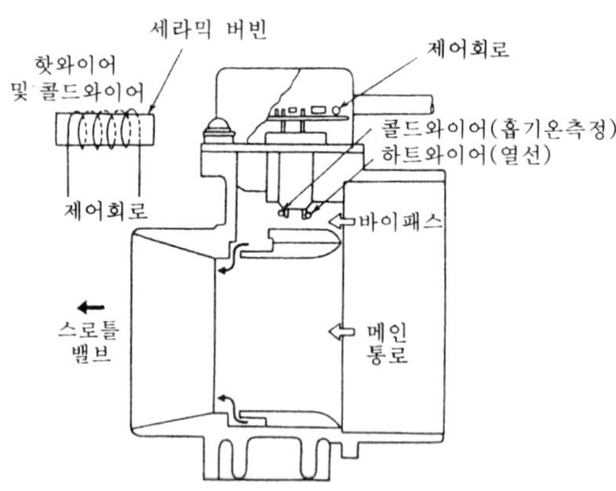

그림 6-32 열선식 에어플로미터(바이패스 계측방식)

① 그림 6-31은 열선과 온도 센서가 통로 내에 있는 형이고, 그림 6-32는 열선을 보빈(bobin)에 감아 바이패스 통로 내에 놓아서 계측하는 형이다. 양자 모두 열선의 온도를 흡기온도로 유지시키기 위한 定溫度差制御回路를 가지며 이 회로는 열선이 흡입공기에 의하여 냉각하게 되면 열선으로의 供給電流를 높혀서 열선을 원래의 정온도차 상태로 되돌리는 기능을 가지게 하여 이 공급전류의 변화에 상응하는 전압신호가 공기량신호로 된다.

② 그림 6-33에 나타내는 것은 발열부가 열선이 아닌 熱膜(발열로 되는 金屬箔이 얇은 樹脂箔 위에 고정되어 있는 것)으로 된 것으로 열선식과 같이 직접 흐름에 의한 힘을 발열체가 받지 않도록 되어 있는 구조로 되어 있다.

(iii) 특 징

이 에어플로미터는 원리적으로 질량유량에 대응하는 출력을 직접 얻을 수 있기 때문에 보정 등의 후처리가 필요하지 않다.

또한 열선의 온도변화는 흡입공기량의 변화에 충분히 추종될 수 있는 응답성이 있으므로 과도성능이 우수하며 플랩식과 같은 計量時의 공기통로 가운데 縮流되는 부분이 없어서 통기저항에 의한 토크의 저하도 없다. 그리고 열선의 유량에 대한 적응성이 넓은 범위를 감내할 수 있어서 계측될 수 있는 흡입공기량의 범위 또한 넓다. 흠점으로서는 열선에 블로바이 오

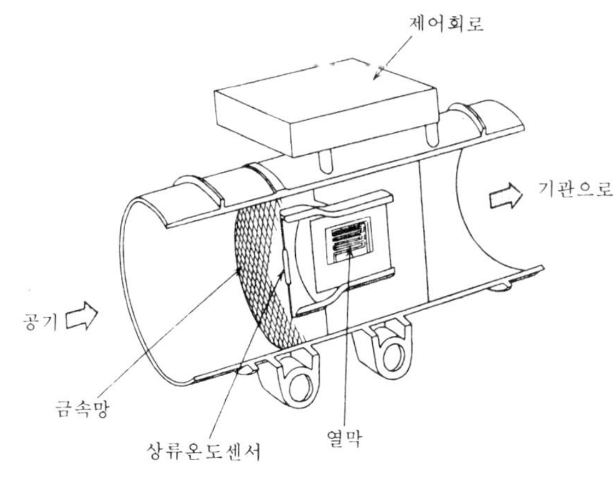

그림 6-33 열막식 에어플로미터(熱膜)

일이나 흡기 중의 먼지가 부착되면 계량오차가 생긴다. 이 오손을 방지하기 위하여 기관이 정지되었을 때 열선에 일정시간 전류를 흐르게 하여 부착물을 태워버리도록 조처하고 있으며 최근에는 열선에 이물질이 부착되지 않는 열막형이 많이 쓰여지게 되었다. 이상과 같이 熱線式이나 熱膜式은 성능적으로 우수한 점이 많아서 현재 사용되고 있는 에어플로미터의 주류를 이루고 있다.

2) 스로틀 보디

스로틀 보디는 에어플로미터와 기관과의 사이 흡기관에 위치하여 가속페달 조작에 연동하여 흡기통로의 면적을 변화시킴으로써 기관의 운전상태를 지배적으로 결정하는 장치이다.

(i) 작 동

작동은 스로틀 보디 내에 마련되어 있는 스로틀밸브가 가속페달의 밟는 양에 상응하여 와이어 케이블 등에 의하여 레버를 회전시킴으로써 回動하게 되어 있다. 그림 6-34는 그 기본구성을 나타낸 것이다.

(ii) 구 성

① 스로틀밸브는 기관의 아이들시는 全閉位置에 있고 아이들 운전에 필

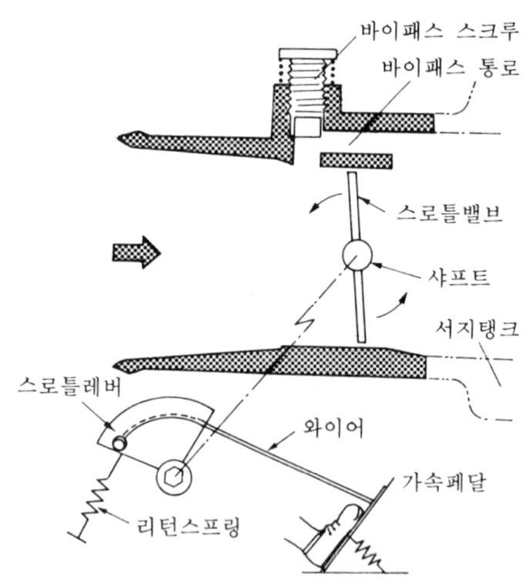

그림 6-34 스로틀 보디 기본구성

요한 공기는 바이패스 통로를 흐른다. 그리고 이 바이패스 통로에는 통로면적을 변화시킬 수 있는 바이패스 스크루가 마련되어 있다. 이 바이패스 스크루는 적절한 기관의 아이들 회전속도의 초기설정을 할 때나 또는 오랫동안의 사용으로 사용기간의 경과에 따른 경시적인 변화에 의한 스로틀밸브의 틈새나 바이패스 통로에 흡기 중 먼지 등이 끼어서 그 면적이 작아짐으로써 아이들 회전속도가 저하되었을 때 등 바이패스 통로면적을 조정하는데 쓰여진다.

② 스로틀밸브의 치수는 기관의 출력에 대응하여 결정되어진다. 즉 기관의 最大出力時(스로틀밸브 전개시)는 기관출력을 저하시키지 않을 정도의 통로면적이 요구된다. 이들 관계에 대하여는 그림 6-35에 나타내어져 있다.

③ 스로틀밸브 개도를 검출하는 스로틀 센서가 스로틀밸브 축의 한쪽 끝에 부착되어 있으며 이 센서의 출력은 운전상태를 ECU가 판단하여 각종의 제어를 하기 위하여 쓰여진다.

④ 스로틀 보디의 하우징 바깥둘레에는 기관의 냉각수 통로가 유도되며 이것은 기관의 냉각수 온도에 의하여 스로틀 보디 전체를 더웁게 하여 특히 한냉지에서의 축이나 밸브부 둘레의 아이싱(결빙)을 방지하기 위한 것이다.

⑤ 스로틀밸브는 급감속시 등에 가속페달을 개방하였을 때 리턴스프링의 힘에 의하여 전폐 때까지 뒤돌려 지고, 이때 기관의 흡입공기가 순간적으로 감소되면서 기관의 출력도 급격하게 저하되어 불쾌한 쇼크나 기관의 운전정지를 초래하는 일이 있다. 이 때문에 스로틀밸브가 전폐위치로 되기 조금

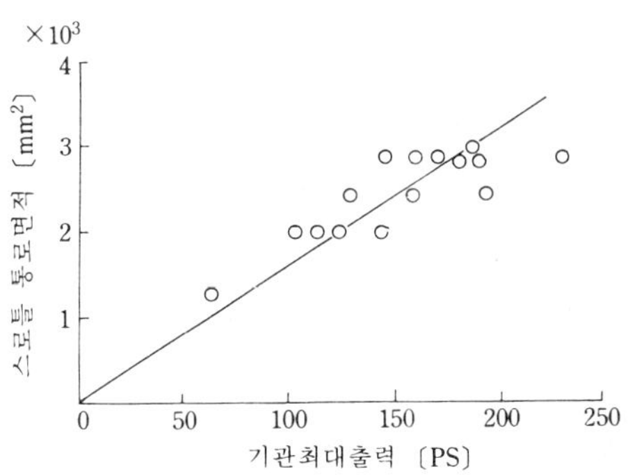

그림 6-35 스로틀 통로면적과 출력의 관계

앞서부터 천천히 닫혀지도록 하는 기구가 부가되어서 앞에서 말한 것과 같은 폐단을 방지하고 있으며, 이 기구가 일종의 완충기로서 대시포트(dash pot)라고 하는 공기식의 댐퍼장치이다.

3) 에어밸브

에어밸브는 기관의 시동 후의 暖氣運轉時 기관의 회전마찰력 등에 이기고 또한 早期暖氣를 위하여 필요한 공기량을 공급하는 장치이다(패스트 아이들 제어).

冷間時에는 기관의 난기를 적정하게 하기 위하여 이 에어밸브가 열리고 스로틀 보디를 바이패스 한 공기가 기관에 공급된다. 이때 에어밸브를 통과하는 공기는 에어플로미터의 하류로부터 유도되므로 에어밸브가 열리면 그 공기량은 에어플로미터에서 계측된다. 마치 스로틀밸브를 약간 열었을 때와 같아서 기관의 회전속도도 상승되도록 되어 있다. 기관의 난기 후는 에어밸브를 흐르는 공기가 천천히 차단되고 스로틀 보디의 바이패스부에서 조정된 보통의 아이들 회전속도로 낮아지면서 안정된다.

(i) 작 동

에어밸브에는 히트 코일의 가열에 의한 바이메탈의 변위를 이용하여 밸브를 작동시키는 바이메탈형과 기관의 냉각수를 유도하여 그때의 수온에 의한 왁스의 팽창수축을 이용, 밸브를 작동시키는 왁스형이 있다.

(ii) 구 성

ⓐ 바이메탈형

그림 6-36에 그 전체 구조를, 그리고 그림 6-37에 밸브의 구조를 나타낸다.

이 에어밸브는 바이메탈과 가열용의 히트 코일이 있어서 코일에는 기관의 시동과 동시에 전류가 흐른다. 바이메탈이 가열되어 서서히 화살표 방향으로 변위되어 게이트밸브(gate valve)의 공기 통로가 닫혀지게 된다. 이에 따라 시동 후의 시간 경과와 더불어 기관의 회전속도가 서서히 낮아져서 보통의 아이들 회전속도로 된다. 또 시동시의 분위기 온도가 낮으면 낮을수록 게이트밸브의 통로면적은 크고 그것에 상응하여 시동시의 기관 회전속도는 높게 설정된다. 밸브의 구조는 그림 6-37에 나타낸 것과 같이 하우징 중앙

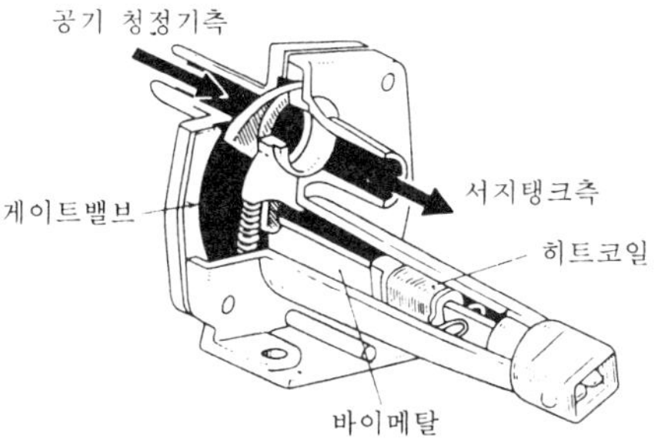

그림 6-36 에어밸브의 구조(바이메탈형)

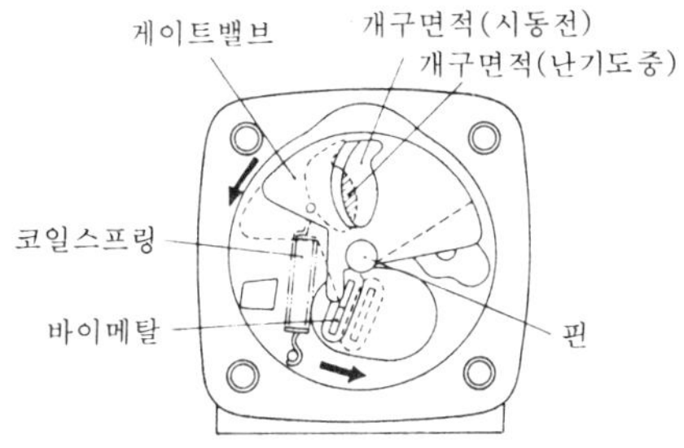

그림 6-37 밸브 구조도(바이메탈형)

부의 핀을 중심으로 게이트밸브가 자유롭게 돌 수 있도록 만들어져서 부착되어 있다. 게이트밸브는 리턴 스프링의 힘에 의하여 한쪽 끝부분이 바이메탈에 언제나 접촉되어 있고 이 기구에 의하여 바이메탈의 변위가 게이트밸브의 회전으로 변환된다. 게이트밸브의 개구면적은 기관의 暖氣特性에 맞추어서 게이트밸브의 회전위치에 대응하여 결정되도록 되어 있다.

ⓑ 왁스형

왁스형은 기관의 냉각수 온도에 따라 流路面積을 제어한다. 제어구동력에는 주위 온도에 상응하여 열에 의한 팽창과 수축을 하는 서모왁스를 사용한다. 이 형은 기관의 냉각수를 유도하는 것이 필수조건으로 되어 있어서 냉각수의 배관 등의 간소화를 위하여 스로틀 보디 가열용의 냉각수 통로를 공용하는 일체화된 구조가 많이 쓰여지고 있다.

그림 6-38는 스로틀 보디와 일체로 되어 있는 전체 구성을, 그리고 그림 6-39는 에어밸브 부분만의 구조를 나타낸 것이다.

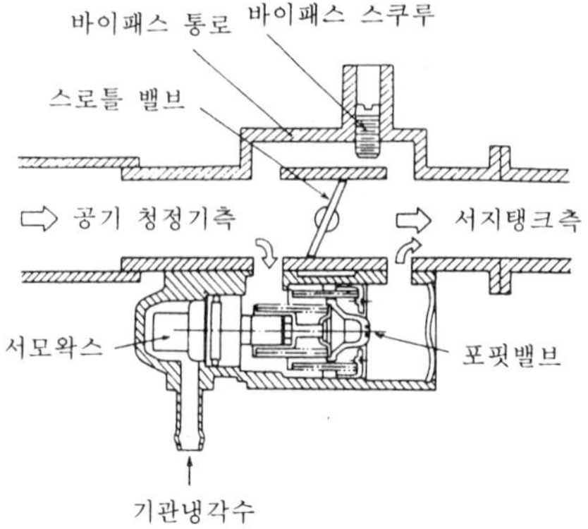

그림 6-38 전체 구성도 (스로틀 일체형)

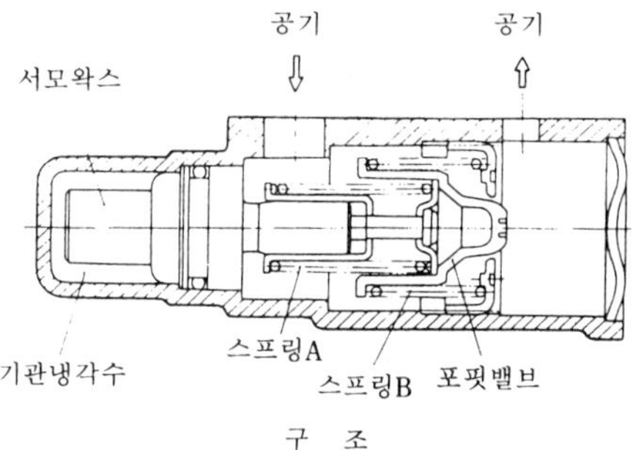

그림 6-39 에어밸브의 외관과 구조(왁스형)

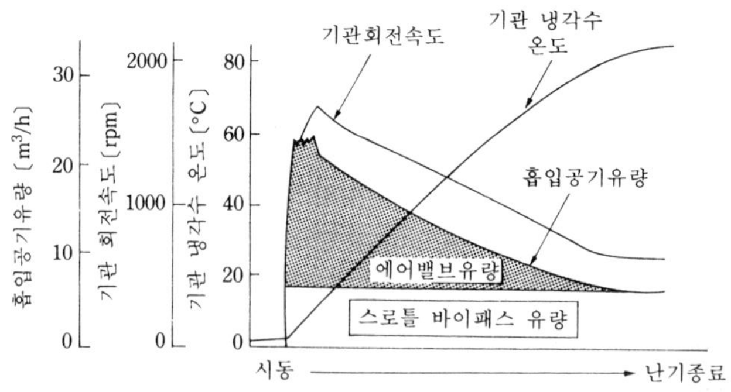

그림 6-40 난기 특성도

기관의 냉각수 온도가 낮을 때에는 서모왁스가 수축되어 있고 포핏밸브는 스프링 B에 의하여 열리게 된다. 다음 냉각수의 온도가 상승됨에 따라 서모왁스가 팽창되므로 로드가 밀어서 포핏밸브를 서서히 닫히게 하여 기관의 아이들 회전속도를 저하시킨다.

그림 6-40은 에어밸브를 사용한 기관의 난기특성의 예를 나타낸 것이다.

(2) 燃料系

1) 연료펌프

연료펌프는 연료를 연료탱크로부터 빨아올려서 인젝터를 거쳐서 기관에 공급하는 작동을 하는 것으로 연료탱크의 외부 배관의 도중에 놓이도록 된 인라인식과 연료탱크 내에 설치하는 인탱크식의 2종류가 있다.

a) 인라인식 연료펌프

이 펌프는 직류모터와 롤러식 펌프에 의하여 구성되며 연료배관 보호용 안전밸브, 잔압유지용 첵 밸브, 연료맥동 방지용 사이렌서 및 흡입구, 토출구 등으로 되어 있다.

(i) 작동원리

그림 6-41에 나타내는 펌프부분은 모터에 의하여 구동되는 로터, 로터와 편심으로 조립되어 펌프의 바깥쪽 가장자리가 되는 펌프 스페이서, 로터와 펌프 스페이서 사이의 실(seal) 역할을 하는 롤러로 구성된다. 모터의 회전에 의하여 로터가 회전하면 롤러는 그 원심력으로 스페이서의 내벽에 따라 이동하게 되며 이들 3부품으로 둘러 싸이는 부분의 체적이 변화하게 되면서 吸入孔으로부터 연료가 흡입되고 그 반대측에 있는 吐出孔을 통하여 토출된다. 흡입공으로부터 들어온 연료는 펌프실에서 퍼올려져서 모터 하우징 내를 거쳐 첵 밸브, 사이렌서를 통하여 토출구로 보내어진다.

(ii) 펌프특성

펌프는 그 인가되는 전압이 12〔V〕, 吐出壓力 250〔KPa〕(2.25〔kgf/cm^2〕)일 때 토출유량 : 100〔ℓ/h〕, 소요전류 : 5〔A〕이하 정도인 치수의 것이 일반적으로 쓰여지고 있다. 펌프의 토출유량, 소요전류는 전압에 의존하고 그 대표적 특

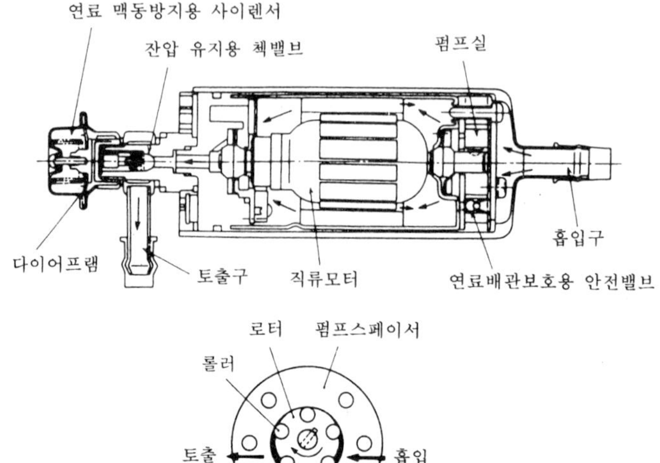

그림 6-41 인라인식 연료펌프의 구조

성은 그림 6-42에 나타내는 것과 같이 14〔V〕때 115〔ℓ/h〕정도를 토출하며 그 때의 소요전류는 약 4〔A〕이다.

(iii) 연료배관보호용 안전밸브

이 안전밸브는 펌프가 작동할 때 어떤 원인으로 펌프 토출구 하류의 연

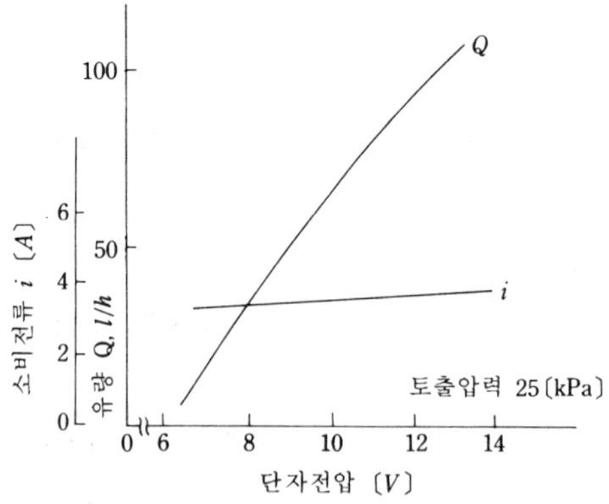

그림 6-42 인라인식 펌프의 특성

료배관이 폐색되는 경우의 연료배관의 파괴, 연료의 누출을 방지하기 위한 것이다. 이 안전밸브는 펌프가 작동 중에 토출구가 막힌 상태에서 작동하는 것으로 토출구가 막혔을 때의 압력은 4000 KPa(4.08 kgf/cm²) 정도로 설정되어 있다. 안전밸브가 열리면 고압연료는 펌프의 흡입측과 통해있어서 연료는 펌프와 모터 내부를 순환하여 그 이상 연료의 압력(燃壓)이 상승되는 것을 방지한다.

(iv) 잔압유지용 첵 밸브

기관을 정지하여 연료펌프로부터의 연료압송이 멈추어지는 경우 이 첵 밸브는 신속하게 닫혀져서 펌프, 프레셔 레귤레이터 사이의 압력을 유지한다(잔압유지라고 한다). 일반적으로 가솔린은 그림 6-43에 나타내는 것과 같이 고온으로 되면 증기가 발생하고 이 증기는 펌프 및 인젝터 기능의 저하를

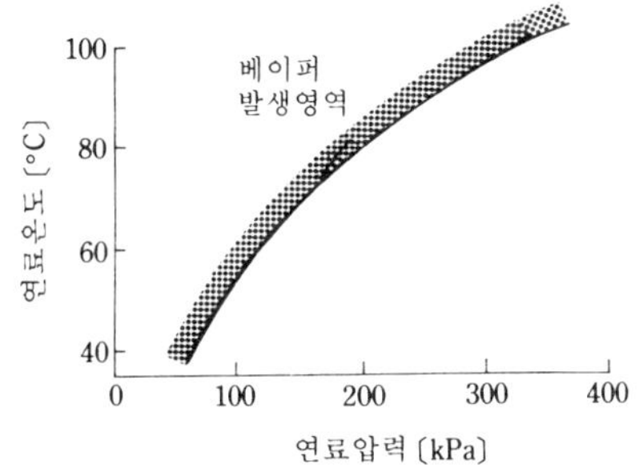

그림 6-43 연료압력과 베이퍼 발생온도의 관계

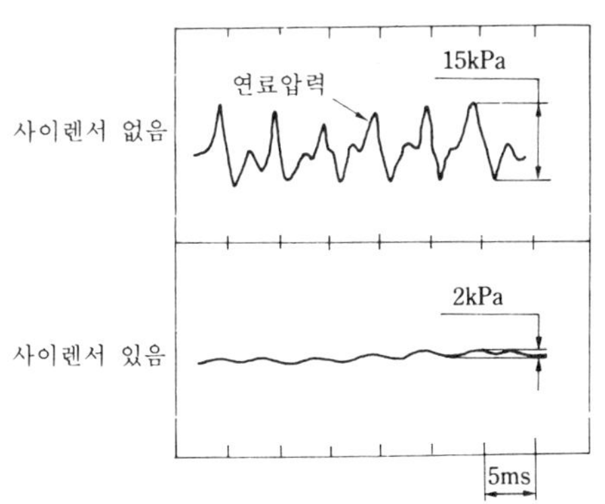

그림 6-44 연료압력맥동에 대한 사일런서의 효과

초래하기 때문에 기관의 고온시, 재시동 불량 등의 문제를 유발한다. 잔압의 유지는 연료배관 내의 압력을 고압으로 보존함으로써 기관의 고온 재시동성을 쉽도록 하기 위한 것이다.

(v) 연료 맥동방지용 사이렌서의 특성

롤러식 펌프는 로터 1회전당 롤러의 수에 대응하는 회수의 壓力脈動이 발생된다. 사일런서(silencer)는 다이어프램(diaphragm)과 스프링의 작용으로 이 압력맥동을 흡수하는 작동을 하여, 연료펌프 하류의 배관으로의 맥동전달을 낮추어서 소음저감을 도모한다. 그림 6-44에서와 같이 사일런서의 없는 경우 펌프 토출구에서의 압력맥동은 약 15〔KPa〕이나 사일런서를 장착함으로써 2〔KPa〕이하로 될 때까지 압력맥동을 저감시킬 수 있다.

b) 인 탱크식 연료펌프

인 탱크식 연료펌프는 펌프를 연료탱크 내에 장착시킨 것으로 인 라인 연료펌프에 비하여 베이퍼록 및 연료의 누출에 대하여 유리하다. 또 인 탱크식 연료펌프인 경우는 펌프의 自吸性能이 작아도 좋은 이점이 있다.

2) 인젝터

인젝터는 흡기관에 부착되어 있어서 ECU로부터의 분사신호에 따라 연료를 분사하는 것으로 전압신호를 연료유량으로 변환함과 함께 연료를 무화하여 분사한다.

a) 인젝터의 종류

인젝터는 용도, 구조에 따라 표 6-3과 같이 분류할 수 있다.

表 6-3 인젝터의 종류

- 인젝터
  - MPI 인젝터
    - 톱 피드 방식
    - 보텀 피드 방식
  - SPI 인젝터
    - 톱 피드 방식
    - 보텀 피드 방식

즉 용도에 따라 분류하면 MPI용과 SPI용으로 나눌 수 있으며 각각을 구조상으로 나누면 연료를 인젝터의 윗쪽에서 공급하는 톱 피드(top feed)

방식과 그 반대로 인젝터의 아래쪽으로부터 연료를 공급한 다음 그 일부의 연료를 연료배관으로 되돌리는 보텀 피드(bottom feed) 방식이 있다.

b) 작동원리

그림 6-45에 나타낸 것이 인젝터의 구조이다. 솔레노이드 코일에 전류가 흐르면 코어(core)가 흡인되어 코어와 일체로 되어 있는 니들밸브는 니들밸브의 프랜지부가 스페이서에 달할 때까지 흡인되어 밸브가 전개되면서 연료가 화살표 방향의 통로를 통하여 분사된다. 분사량은 니들밸브의 스트로크, 분구의 면적, 분사되는 곳의 압력과 연압과의 差壓 등에 의존하게 되고 이것들이 일단 결정되면 니들밸브가 열려져 있는 시간, 즉 솔레노이드 코일로의 通電時間에 의하여 결정되어진다.

c) 기본특성(분사량 특성)

인젝터의 분사량 특성이란 그림 6-46에 나타낸 것과 같이 인젝터의 솔

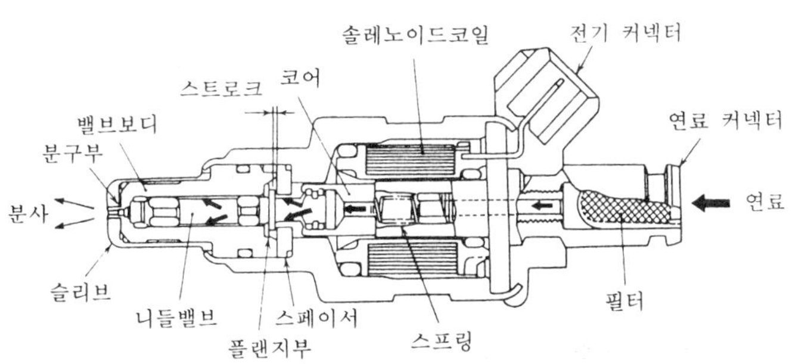

그림 6-45 인젝터의 구조

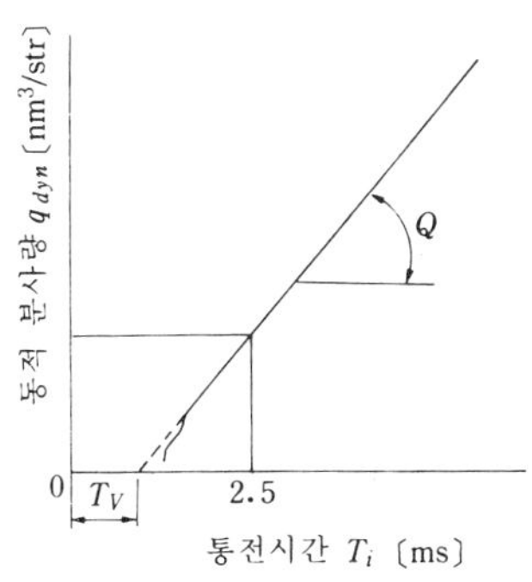

그림 6-46 인젝터 분사량 특성

레노이드 코일로의 통전시간 T_i 에 대한 動的 噴射量 q dyn 을 나타낸 것이다. 기관이 필요로 하는 연료량은 ECU 에서 연산되고 인젝터에는 통전시간 T_i 인 전기신호가 입력되며 인젝터는 이 통전시간 T_i 에 대응하는 연료량을 기관에 분사한다. 일반적으로 인젝터의 분사량 특성은 靜的 噴射量 Q 및 動的 噴射量 q dyn 으로 표현된다.

(i) 靜的 噴射量

정적 분사량 Q 란 규정 압력하에서 니들밸브를 최대 리프트 위치로 유지시켰을 때 단위시간당 분사되는 양으로 보통〔cm^3/min〕로 나타내어진다. 그림 6-46 의 분사량 특성도에서 정적 분사량 Q 는 구배를 나타낸다.

(ii) 動的 噴射量

동적 분사량 q dyn 이란 어느 통전시간 T_i 에 있어서의 분사량〔mm^3〕을 지칭한다. 일반적으로 통전시간 2.5 ms 시에 있어서의 밸브니들 1 스트로크 (stroke： 1 회의 작동) 당의 분사량으로 표시되며 그 단위는 〔mm^3/str〕이 쓰여진다. 따라서, 통전시간 T_i 와 동적 분사량 q dyn 과의 관계가 直線性의 어느 범위에 있어서는 임의의 통전시간 T_i 에 대한 동적 분사량 q dyn 의 관계는 그림 6-46 에서 나타내는 특성도에 있어서 식 (6-22)로 표시된다.

$$q\ \text{dyn} = \frac{Q}{60}(T_i - T_v) \quad \cdots\cdots (6\text{-}22)$$

여기서 Q：정적 분사량〔cm^3/min〕

T_i ：통전시간〔ms〕

T_v ：무효분사시간〔ms〕

d) 작 동

인젝터의 동적 분사량 특성과 깊은 관련을 가지는 니들밸브의 거동에 대하여 설명하면 다음과 같다. 그림 6-47 은 구동펄스와 니들밸브의 거동과의 관계를 나타낸 것이다.

통전시간 T_i 의 구동펄스가 솔레노이드에 가하여졌을 때 니들밸브는

① T_o 인 시간에 최대 리프트의 상태로 된다.

② 최대 리프트 도달 직후는 니들밸브의 플렌지부가 스페이서에 충돌,

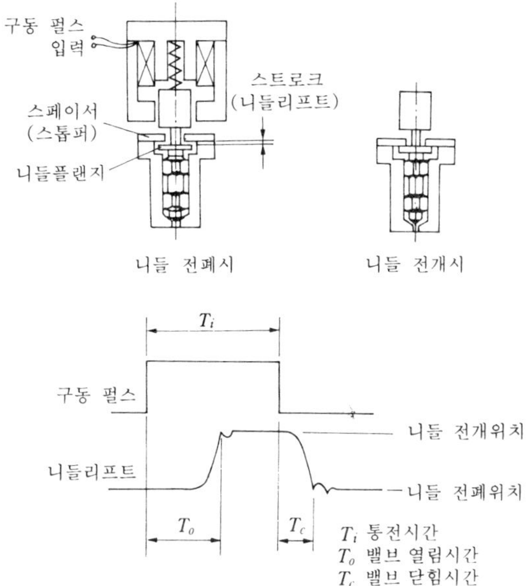

그림 6-47 구동펄스와 니들거동

잠시 뒤 니들밸브는 최대 리프트 상태에서 안정된 다음 정지한다.

③ T_c 인 시간으로 밸브가 닫히고

④ 밸브를 닫는 직후는 니들밸브의 시트부가 보디에 충돌하고 잠시 뒤에 니들밸브는 닫힌 상태에서 정지한다.

인젝터는 이상 ①~④ 의 작동을 반복한다.

e) 분사량 범위

인젝터는 밸브의 열려져 있는 시간을 電磁的으로 제어함으로써 분사량을 제어하도록 되어 있는 구조이므로 니들밸브의 움직임의 지연과 그 거동으로부터 최소 통전시간, 최대 통전시간에는 시간적인 제한이 있다.

(i) 최소 통전시간 T_{imin}

니들밸브가 최대 리프트 상태에 달할 때까지에는 어느 시간이 걸리는 것과 또한 니들밸브가 최대 리프트 도달 직후에 니들밸브의 플렌지부가 스페이서에 충돌, 안정될 때까지에 어느 시간을 요하는 관계로부터 통전시간을 무한히 작게 할 수는 없다. 그림 6-48 은 이와 같은 양상을 나타낸

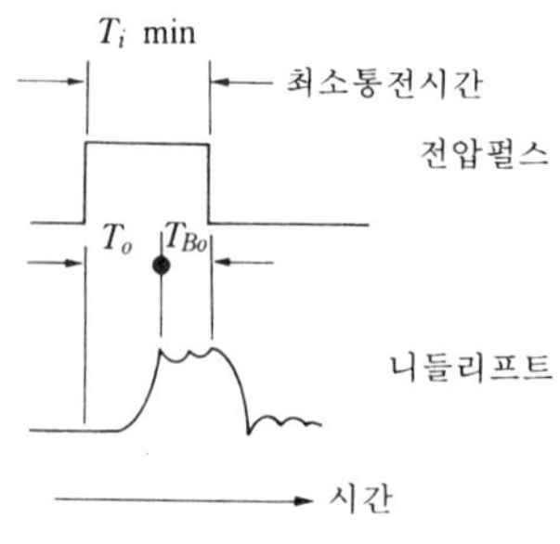

그림 6-48 최소 통전시간

것이다. 즉 최소 통전시간은 니들밸브가 최대 리프트 상태에 달할 때까지의 시간과 그 직후의 니들밸브의 거동이 안정될 때까지의 시간의 합으로 나타내어지며, 그리고 최소 통전시간 T_{imin}은 인젝터의 종류에 따라 다르나 거의 1.2～1.8〔ms〕이고 T_{imin}에 대응하는 시동 분사량 q_{min}을 최소 분사량이라 한다.

(ii) 최대 통전시간 T_{imin}

인젝터는 그 구조상 니들밸브의 상승, 하강시에 각각 금속끼리의 충돌에 의하여 스트로크가 규정되어지므로 니들밸브가 정지하기까지는 어느 만큼의 시간을 요한다. 니들밸브가 바르게 작동을 반복하기 위하여서는 니들밸브의 작동이 정지, 그리고 안정되는 것을 기다리지 않으면 안 된다(그림 6-49).

즉 通電 펄스로부터 다음의 통전 펄스 사이에는 휴지시간을 설정할 필요가 있고 그림 6-49는 그 양상을 나타낸 것으로 휴지시간 T_{rest}는 0.6〔ms〕 정도가 필요하다.

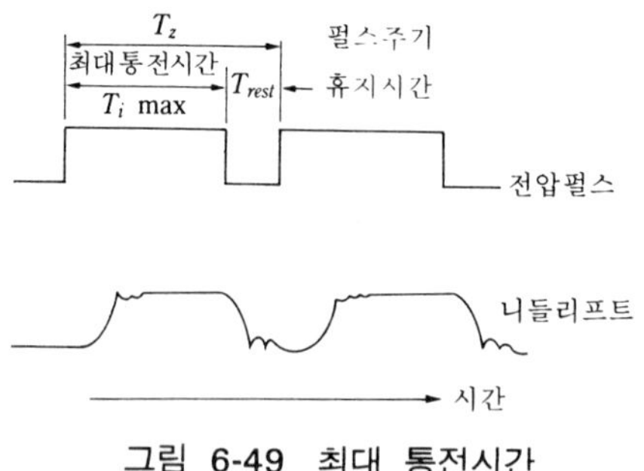

그림 6-49 최대 통전시간

또 펄스주기를 T_z 라고 하였을 때 $T_{imax} = T_z - T_{rest}$ 로서 표현되며 T_{imax} 에 대응하는 동적 분사량 q_{max} 를 최대 분사량이라고 한다.

(iii) 최대 분사량 q_{max}, 최소 분사량 q_{min}

최대 통전시간을 T_{imax}, 최소 통전시간을 T_{imin} 이라고 하면

$$\frac{q_{max}}{q_{min}} = \frac{Q(T_{imax} - T_v)}{Q(T_{imin} - T_v)} = \frac{T_{imax} - T_v}{T_{imin} - T_v} \quad \cdots\cdots (6\text{-}23)$$

여기서 T_v : 무효 분사시간

이 되고 정적 분사량 Q 와는 관계없이 T_{imax}, T_{imin} 으로부터 분사량 비가 기관의 요구를 만족시키느냐에 대한 여부를 검토할 수 있다. 펄스 주기 $T_z = 10$ ms 일 때의 q_{max}/q_{min} 의 비를 다이나믹 렌지라 하고 인젝터 성능을 나타내는 지표로서 쓰여진다.

(iv) 인젝터 구동회로

인젝터는 구조, 구동방식에 따라서 표 6-4 와 같이 나누어진다.

저저항 인젝터란 코일 저항치가 0.6～3〔Ω〕 정도의 것을 말하며 전압 구동회로 혹은 전류 구동회로와 조합하여 사용한다(그림 6-50).

表 6-4 인젝터 구동방식

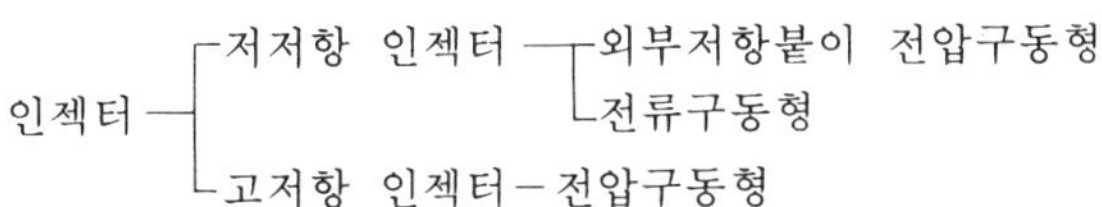

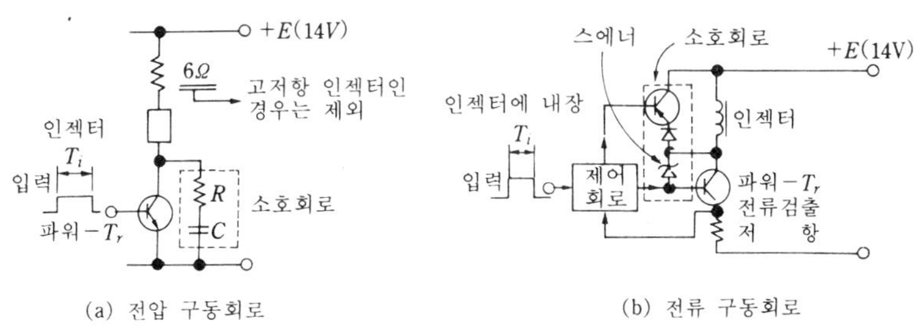

(a) 전압 구동회로 (b) 전류 구동회로

그림 6-50 인젝터 구동회로

저저항 인젝터를 電壓驅動回路로 사용할 경우는 외부붙이 저항이 필요하다. 이것은 인젝터 자신의 응답성을 좋게 하기 위하여 솔레노이드의 卷數를 적게 하고 인덕턴스(inductance)를 작게 하기 때문이다. 인젝터의 솔레노이드 권수를 적게 함으로써 전류가 증가하여 솔레노이드가 발열, 이로 인하여 단선(쇼트)하는 것을 방지하기 위하여 전류제한기로서 외부붙이 저항(solenoid resistor)을 설치한다.

전압구동방식인 경우는 회로구성을 간단한 것으로 할 수 있다. 그러나 반면 외부붙이 저항을 사용하기 때문에 회로 임피던스(impedance)가 커지게 되고 인젝터에 흐르는 전류가 감소하여 인젝터에 발생하는 電磁吸引力이 저하되는 분만큼 다이나믹 렌지의 점에서는 약간 불리하다.

한편 電流驅動回路는 외부붙이 저항을 사용하지 않으므로 회로 구성상으로 복잡하게 되나 회로 임피던스는 낮고 구동펄스 ON 후의 전류의 회생이 빠르고 다이나믹 렌지상으로 볼 때에는 유리하다. 전류구동회로에 있어서는 펄스 ON 후 니들밸브 전개 후에 전류제어회로를 작동시켜 니들밸브 전개에 필요한 값의 전류로 제한하여 인젝터의 솔레노이드 발열을 방지하고 있다(그림 6-51).

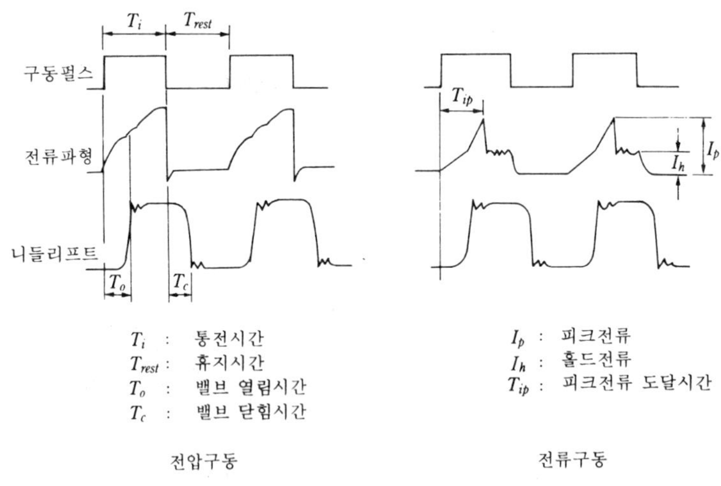

그림 6-51 구동회로에 의한 전류파형의 差

고저항 인젝터란 코일의 저항치가 12~17〔Ω〕정도의 것을 말하며 외부붙이 저항(solenoid resistor)를 안에 내장한 것이라고 생각할 수 있다.

그리고 구동회로에는 펄스가 끊어졌을 때 인젝터의 솔레노이드 코일부에 발생하는 誘起 起電力에 대하여 파워 트랜지스터를 보호하기 위한 것과 인젝터의 밸브 닫힘시간 T_c를 단축하기 위하여 아크를 소멸시키는 消弧回路를 마련하고 있다.

(v) 분무특성

인젝터는 흡기관이나 또는 실린더 헤드에 부착되어 있어서 흡기밸브를 향하여 연료를 분사시키게 되어 있고 그 분사각은 10~40°의 것이 일반적이다(그림 6-52).

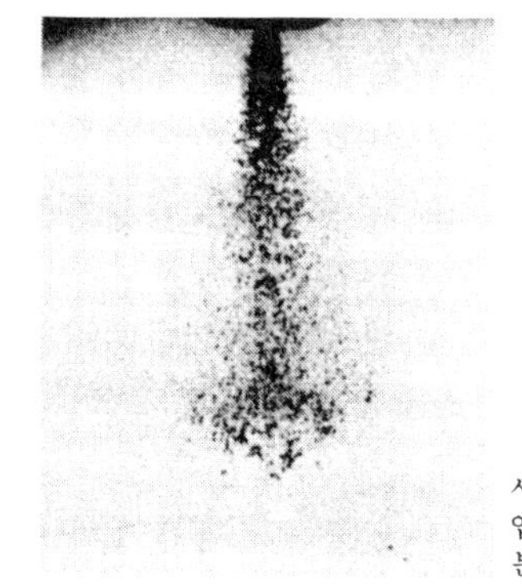

시험유: 가솔린
압 력: 250〔kPa〕
분 사: 대기분사

그림 6-52 인젝터에 의한 분무

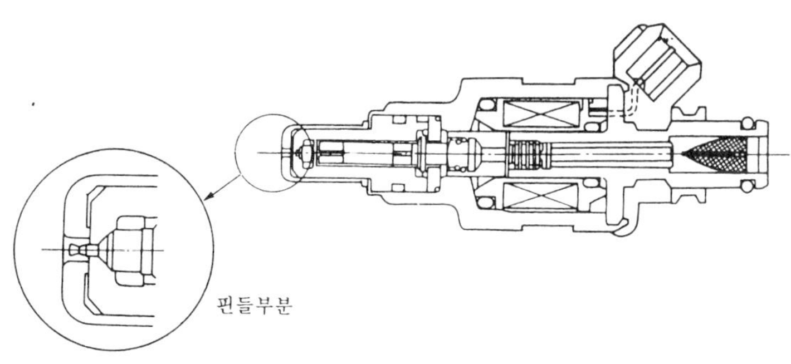

그림 6-53 핀틀식 인젝터

霧化機構로서는 핀틀(pintle)식(그림 6-53)이 많이 쓰여지고 있으며 최근에는 흡기 포트가 2개인 기관에 대하여는 2구멍(two hole) 인젝터가 쓰여지게 되었다.

2구멍 인젝터는 각 포트로의 연료 분배성의 향상을 도모한 것이다.

vi) 전원전압에 대한 분사량의 보정

인젝터의 동적 분사량은 인젝터 驅動電源의 전압에 의하여 변화한다. 즉 전압이 높으면 분사량은 증가하고 전압이 낮으면 분사량은 감소된다. 이것은 전압이 높을 경우는 인젝터의 솔레노이드 코일에 흐르는 전류가 증가하게 되고 그 결과 흡인력이 증가하여 인젝터의 밸브 열림시간 T_o가 단축됨으로써 니들밸브의 전개시간이 증대되어서 분사량이 증가하는 것이다.

전원전압이 일정하지 않을 때에는 전원전압의 변동에 대한 분사량의 변화가 없도록 하기 위하여 電源電壓의 변화에 대한 보정이 필요하며, 보정은 통전시간을 달리함으로써 하게 되고 通電電壓 14〔V〕를 기준으로 할 때에는 보정 통전시간은 −0.15〔ms/V〕정도이다. 이 보정 통전시간은 인젝터의 사양 및 구동방식에 따라 다소 다르며 대표적인 특성은 그림 6-54에 나타낸 것과 같다.

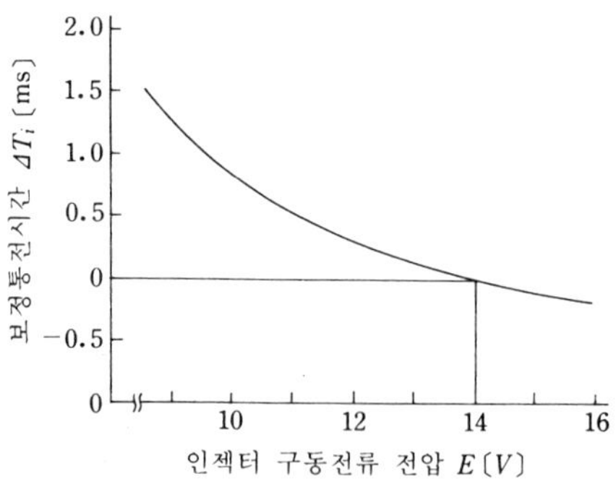

그림 6-54 전압보정특성

3) 프레셔 레귤레이터

프레셔 레귤레이터는 燃料壓力을 대기압 또는 흡기관 부압에 대하여 일정하게 유지시키는 작용을 하는 연료압력조절밸브이다.

기관이 요구하는 燃料噴射量은 ECU로부터 인젝터에로의 통전시간에 의하여 제어하고 있기 때문에 燃壓의 제어를 하지 않으면 인젝터로의 통전시간이 같아도 연압이 높은 경우는 연료분사량이 많아지게 되고 연압이 낮은 경우는 적어지게 된다.

인젝터로부터의 연료가 분사되는 장소는 흡기관 또는 실린더 헤드이기 때문에 대기압에 대하여 연압을 일정하게 하여 두면 흡기관 절대압력이 낮을 경우는 연료의 분사량이 증가되고 흡기관 절대압이 높을 경우는 적어지게 된다. 이 때문에 프레셔 레귤레이터는 인젝터의 분사 분위기인 흡기관압력에 대하여 항상 설정된 압력분 만큼 높아지도록 연료의 압력을 유지시켜서 인젝터로의 통전시간으로 분사량이 획일적으로 결정되어지도록 하고 있다.

a) 구조와 작동원리

그림 6-55에 나타내는 것과 같이 프레셔 레귤레이터는 금속제 하우징으로 되어 있고 그 내부는 고무제품인 다이어프램에 의하여 스프링실과 연료실로 나누어진다. 연료펌프로부터 보내오는 연료는 입구로부터 들어가며 연료실에 채워진 다음 다이어프램을 거쳐 밸브를 밀어올려서 설정압력에서 스프링의 힘과 평형을 이룬 다음 나머지 연료는 출구를 거쳐서 연료탱크로 되돌아간다. 프레셔 레귤레이터의 스프링실과 기관의 흡기관을 접속함으로써 흡

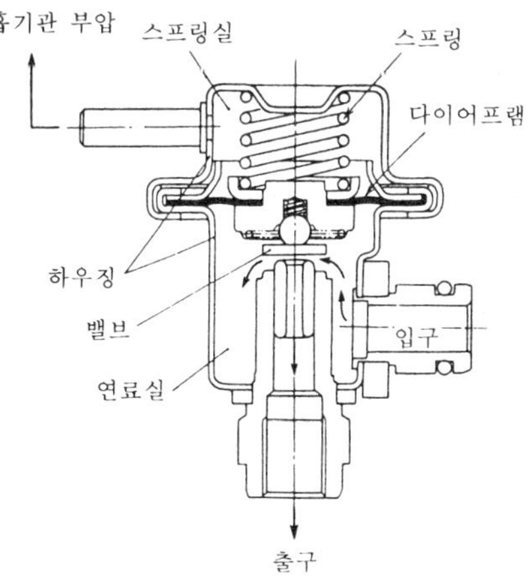

그림 6-55 프레셔 레귤레이터 구조도

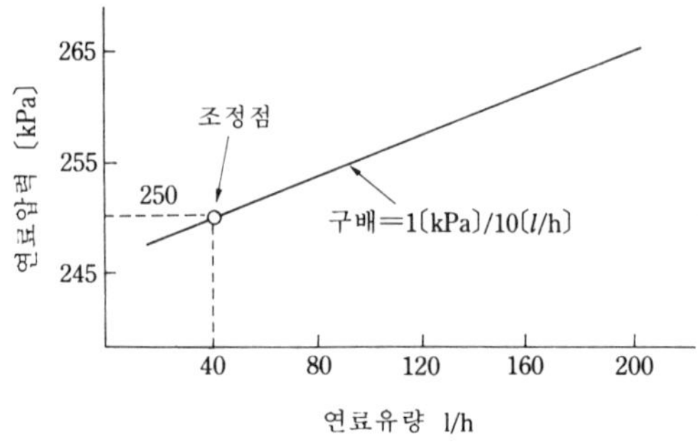

그림 6-56 프레셔 레귤레이터의 기본특성

기관 부압에 대하여 항상 일정의 설정압력을 유지할 수 있도록 하고 있다.

b) 기본특성

일반적으로 사용되고 있는 프레셔 레귤레이터의 설정압력은 250 KPa(2.55 kgf/cm^2)이고, 그림 6-56은 프레셔 레귤레이터에 요구되는 특성의 한 예를 나타낸 것이다.

4) 콜드 스타트 인젝터

저온시 기관의 시동성을 좋도록 하기 위하여 보조적으로 서지탱크 내에 연료를 분사하는 전기식 연료 분사밸브이다. 기관의 냉각수온에 상응, 스타트 인젝터 타임 스위치에 의하여 통전시간의 제어로 분사량이 결정되어 진다.

콜드 스타트 인젝터는 저온시의 크랭킹 중 작동할 필요에 의하여 연료를 분사하는 것이므로 작동전압은 낮을 것이 요구되며, 또 기관의 시동성을 좋도록 하기 위하여 분무는 미립화되어야 할 뿐 아니라 분무각은 넓을 것이 특징이다.

콜드 스타트 인젝터는 스로틀 하류쪽 서지탱크에 연료의 실린더별 분배가 잘 될 수 있는 위치를 선택하여 부착한다(그림 6-57). 그리고 기관의 각 실린더로의 연료분배성을 향상시키기 위하여 스월 노즐부분이 2개 있는 콜드 스타트 인젝터도 있다.

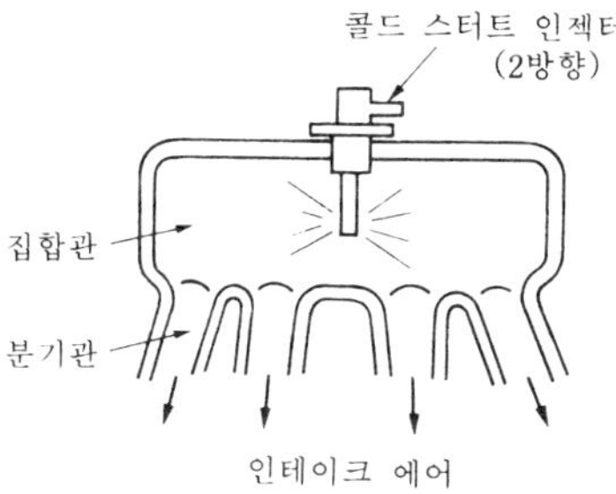

그림 6-57 2방향분사 콜드 스타트 인젝터의 부착

表 6-5 콜드 스타트 인젝터

항 목	특 성 치
최저작동전압	6.8 V 이하
분무각	70° 이상
분사량	120 cc/min

5) 퓨얼 펄세이션 댐퍼

퓨얼 펄세이션 댐퍼(fuel pulsation damper)는 인젝터가 연료를 분사하였을 때 생기는 딜리버리 파이프 내의 燃壓脈動을 감쇠시켜 딜리버리 파이프 上流配管으로의 맥동전달을 저감시킴으로써 소음이 낮아지도록 하는데 그

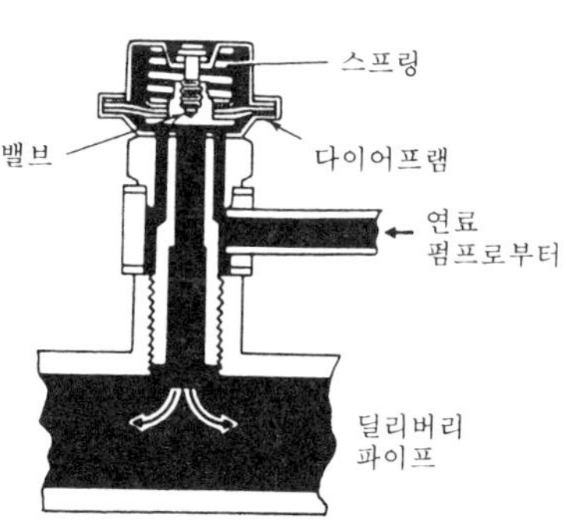

그림 6-58 퓨얼 펄세이션 댐퍼 단면도

설치목적이 있다.

a) 작동원리

압력맥동을 감쇠시키기 위하여 그림 6-58에 나타낸 것과 같이 다이어프램과 스프링에 의한 댐핑효과를 이용함으로써 압력맥동을 낮은 레벨까지 저감시킬 수 있다.

b) 기본특성

연압은 보통 250〔KPa〕(2.55〔kgf/cm²〕)의 압력하에서 사용되나 인젝터의 작동으로 발생하는 맥동에 의하여 300〔KPa〕(3.06〔kgf/cm²〕) 정도까지가 그 사용범위로 된다.. 이 퓨얼 펄세이션 댐퍼를 장착함으로써 인젝터 작동 직후의 퓨얼 펄세이션 댐퍼 上流壓力이 감쇠된다.

6) 퓨얼 필터

퓨얼 필터의 역할은 기관에 공급된 연료 속에 섞여져 있는 산화철, 먼지 등의 고형 이물질을 제거하여 연료펌프, 인젝터 등의 연료계가 막히는 것을 방지하고 또한 기계적인 마모의 방지로 기관의 안전작동, 내구성 등을 확보할 수 있다. 연료계가 고장없이 정상의 상태를 유지하는 목적에서 퓨얼 필터는 중요한 몫을 한다.

이와같이 퓨얼 필터는 그 역할을 충족하기 위하여 다음과 같은 성능이 요구된다.

① 여과 효율이 좋을 것

② 수명이 길고 이물질의 포착량이 많을 것

③ 압력손실이 작고 내구성이 좋을 것

④ 소형 경량일 것

퓨얼 필터는 연료펌프의 토출측에 부착되므로 필터의 내부에는 언제나 200~300〔KPa〕(2.04~3.06〔kgf/cm²〕)의 燃料壓力이 걸려지므로 耐壓強度는 500〔KPa〕(5.1〔kgf/cm²〕) 이상이 요구된다. 그리고 배관도 금속배관으로서 나사로 끼워 맞추도록 하는 식이 쓰여진다.

(3) 制御系

制御系部品을 기능별로 크게 나누면 표 6-6에서의 3개로 정리될 수 있다. 다음은 이들 부품의 주요구성과 원리 및 특성에 대하여 설명하고 특히 흡기량 센서에 대하여는 앞에서 상세히 설명한바 있으므로 여기서는 생략한다.

表 6-6 제어계부품의 기능별 분류표

분 류	부 품 명	기 능
센서류	에어플로미터	흡입공기량을 검출한다
	수온 센서	냉각수 온도를 검출한다
	흡기온 센서	흡입공기 온도를 검출한다
	기관 회전속도 크랭크 위치 센서	기관 회전속도 및 크랭크 각도 위치를 검출한다
	스로틀 포지션 센서	스로틀밸브의 개도를 검출한다. 아이들 상태를 검출한다
	스타트 신호	기관이 크랭킹 중임을 검출한다
	O_2 센서	배출가스 중의 산소농도를 검출한다
	대기압 센서	대기압 상태를 검출한다
E C U		각 센서 신호에 따라 연료분사 시간을 제어한다
그 밖의 (릴레이류)	메인 릴레이	EFI 장치 전체의 전원을 제어한다
	서킷 오푸닝 릴레이	연료펌프의 전원을 제어한다
	스타트 인젝션 타임 스위치	콜드 스타트 인젝터의 통전시간을 제어한다

1) 센서류

a) 수온센서

수온센서는 기관의 냉각수 온도를 검출하는 센서로서 온도에 의하여 저항치가 크게 변화하는 서미스터(thermistor)로 구성되어 있다. 기관의 냉각수 통로부에 부착되어 냉각수 온도의 변화를 저항치의 변화로 바꾸어서 검출한다. 서미스터의 저항치는 그림 6-59에 나타내는 것과 같이 냉각수 온도가 낮을수록 크고 그 온도가 높아지면 높아질수록 작아지는 특징을 가지고

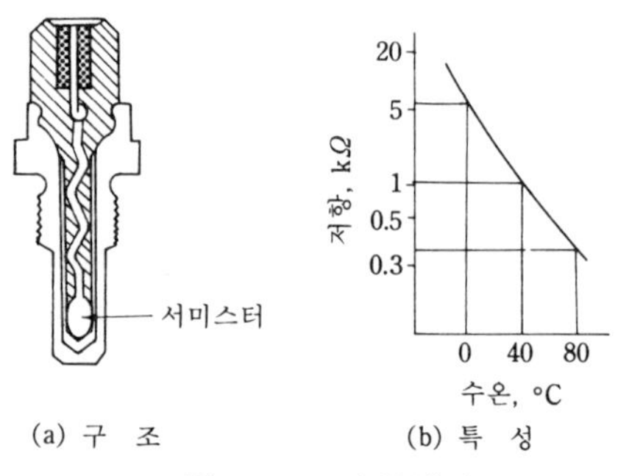

그림 6-59 수온센서

있다. 이 센서 신호를 ECU에 입력하여 냉각수 온도에 상응하는 분사량의 제어를 한다.

b) 흡기온센서

흡기온 센서는 기관 흡입공기의 온도를 검출하는 센서이고 일반적으로는 수온 센서와 같은 특성의 서미스터로 구성되어 있다. 흡기량 센서는 특히 앞에서 설명한 바 있는 베인식 및 칼만(Kalman)渦식 플로미터를 사용하는 경우에 흡입공기의 온도변화에 따른 공기밀도의 변화에 대한 분사량 보정을 하기 위한 것으로 에어플로미터의 공기 계량부 부근에 부착된다. 그림 6-60은 흡기온 센서의 단면도를 나타낸 것이다.

c) 기관의 회전 크랭크 위치 센서

EFI인 경우는 기관의 연소 1사이클마다의 흡입공기량에 대하여 적정의 공연비가 얻어지도록 ECU에서 연료분사량을 제어한다. 앞에서 설명한 바

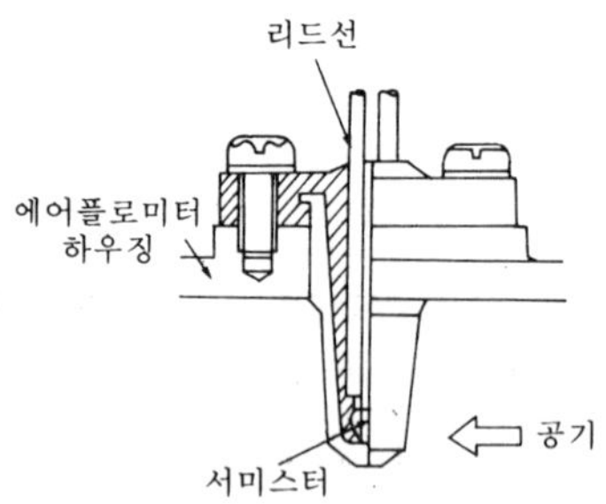

그림 6-60 흡기온 센서의 부착

있는 에어플로미터에서는 단위시간당의 흡입공기량을 검출할 수 있으나 1 사이클당의 흡입공기량을 검출할 수는 없다.

따라서 1사이클마다의 흡입공기량을 구하기 위하여 단위시간당의 기관 회전속도를 검출하여야 할 필요가 있다.

그리고 독립분사나 그룹분사인 경우는 각각의 분사방식의 특징을 살리기 위하여 특정의 분사시간을 결정할 필요가 있고 그 때문에 각 실린더마다의 크랭크각도위치를 검출하여야 한다.

이 기관의 회전속도 및 크랭크각도위치의 검출을 하기 위한 센서가 기관 회전속도 · 크랭크위치센서이다. 이 종류의 센서로서는 여러가지의 방식이 실용화되고 있으나 가장 많이 쓰여지고 있는 것으로서는 電磁式 센서이다.

d) 전자식 센서

전자식 센서는 배전기 축에 고정되어서 회전하는 타이밍로터와 로터의 바깥쪽에 설치된 픽업코일, 마그네트 및 브래킷으로 구성된다.

그림 6-61에 나타내는 것과 같이 마그네트의 磁束은 타이밍 로터를 거친

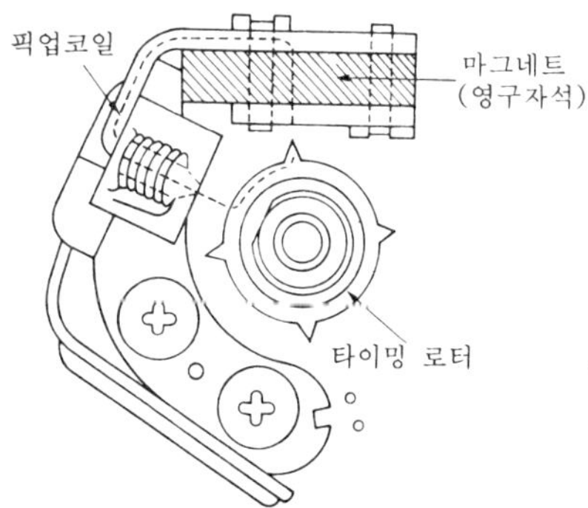

그림 6-61 전자식 센서의 구조도

다음 픽업코일을 통과하고 있다. 타이밍 로터가 회전하면 로터 돌기부의 에어 갭(air gap)이 변화하기 때문에 픽업코일의 통과 磁束量이 변화한다. 그렇게 하여 이 변화량에 상응하는 전압이 코일의 양단에 발생한다.

이 발생 전압은 자속의 변화를 방해하는 방향으로 발생하므로 그림 6-62에 나타내는 것과 같은 交流出力으로서 나타나게 된다.

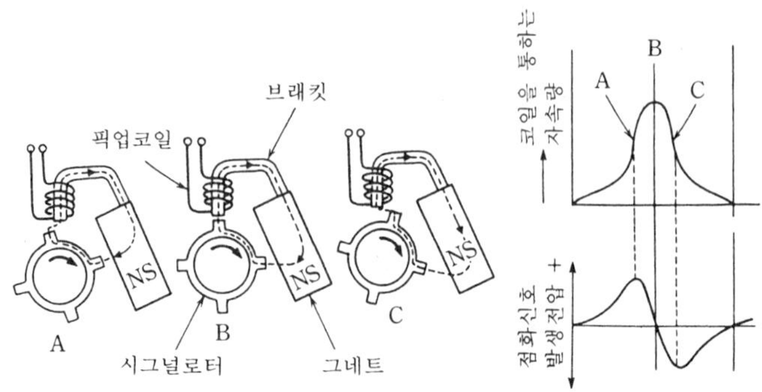

그림 6-62 픽업코일의 발생 전압

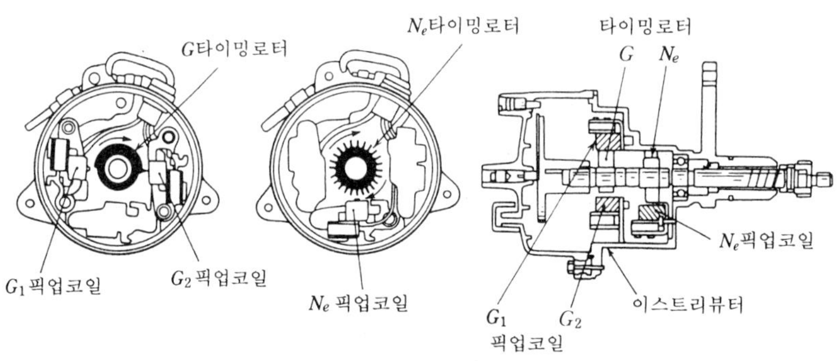

그림 6-63 G, N_e 픽업의 부착

그렇게 하여 구체적으로는 그림 6-63에 나타내는 것과 같은 복수의 타이밍 로터와 픽업코일의 구성에 의하여 크랭크각도위치 및 기관회전속도를 검출하고 있다.

먼저 특정 실린더의 크랭크각 기존위치(예로서 압축 상사점)을 검출하기 위한 G 타이밍 로터와 G_1, G_2 픽업의 구성에 대하여 4실린더, 4사이클 기관을 예로 들어서 아래와 같이 설명할 수 있다.

배전기의 축에 부착시킨 배전기 1회전(크랭크 축 2회전)에 대하여 1개의 돌기를 가진 G 타이밍 로터가 축과 함께 회전하면 로터와 G_1, G_2 픽업코일의 간격이 변화하기 때문에 각 픽업코일에 배전기 1회전에 대하여 1펄스의 기전력을 발생한다. G 타이밍 로터의 돌출부가 #1 실린더 및 #4 실린더의 압축상사점에서 가장 가까워지는 위치에 G_1, G_2 픽업코일을 설치함으로써 G_1, G_2 픽업코일의 電壓變化를 검출하는 것으로서 #1, #4 실린더의 압축상사점 위치를 알 수 있게 된다. 그림 6-64는 G_1, G_2의 발생신호 예를 나타낸 것이다. 다음은 보다 상세한 크랭크각도위치를 검출하기 위한 N_e 타이밍 로터와 N_e 픽업코일의 구성에 대하여 설명한다. 배전기 1회전에 대하여 일정 각도마다의 복수개(예를 들면 24개)의 돌기를 가진 N_e 타이밍 로터가 G 타이밍 로터와 같이 배관기 축에 부착되어 있어서 배전기가 1회전하게 되면 N_e 픽업코일에 복수의 펄스(예를 들면 24펄스)의 기전력이 발생한다. 이 펄스를 ECU에 입력시켜 펄스 간격을 계측하는데 따라서 기관의 회전속도를 검출할 수 있게 된다.

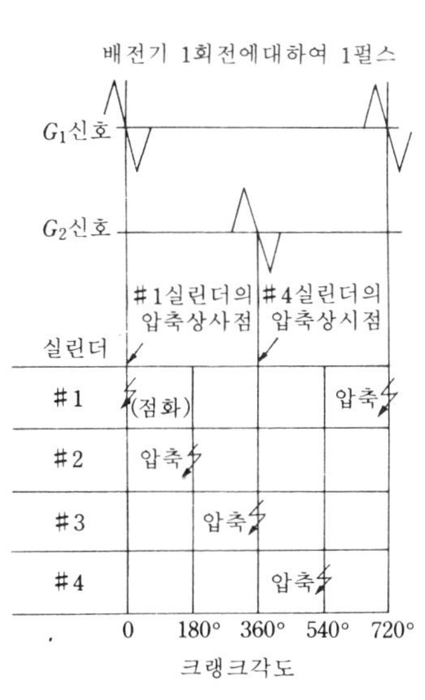

그림 6-64 G_1, G_2 신호예

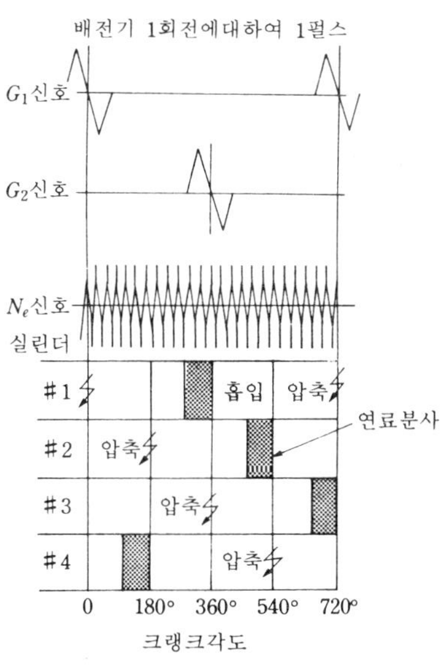

그림 6-65 G_1, G_2, N_e 신호예

또 그림 6-65에 나타내는 것과 같이 G 신호와 N_e 신호와의 조합에 의하여 특정 실린더의 크랭크각도위치를 검출할 수가 있다. 이 G, N_e 신호를 ECU에 입력시켜서 기관의 각 운전조건에 상응하는 분사량, 분사시간을 결정하고 있다.

e) 그 밖의 센서

위의 c)에서 설명된 電磁式 크랭크위치 센서의 경우는 기관의 회전속도를 검출하는 외에 크랭크각도위치를 검출하고 있는데 대하여 기관의 회전속도만을 검출하는 방법으로써 점화코일의 점화 1차 신호를 ECU에 직접 잡아넣는 간편한 형식의 것도 있다. 점화코일의 1차 전류의 OFF 시에 발생하는 역기전력은 그림 6-66에서와 같이 300~400〔V〕에 달한다.

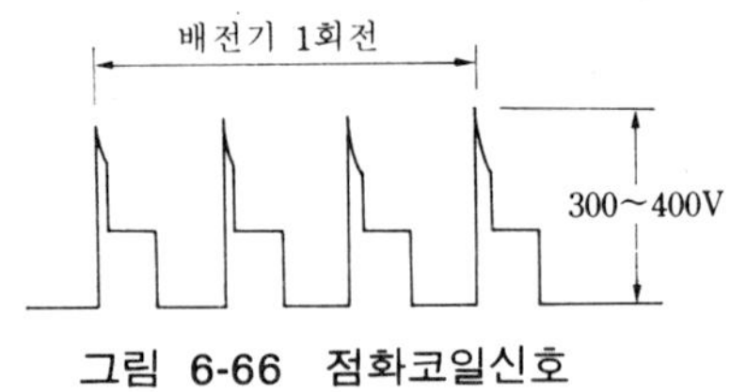

그림 6-66 점화코일신호

그렇게 하여 이 점화신호를 ECU에 입력시키고 기준압력(예를 들면 150 V)과 비교함으로써 점화신호 펄스를 형성, 이 펄스 간격을 계측함으로써 기관의 회전속도를 계측하고 있다(그림 6-67).

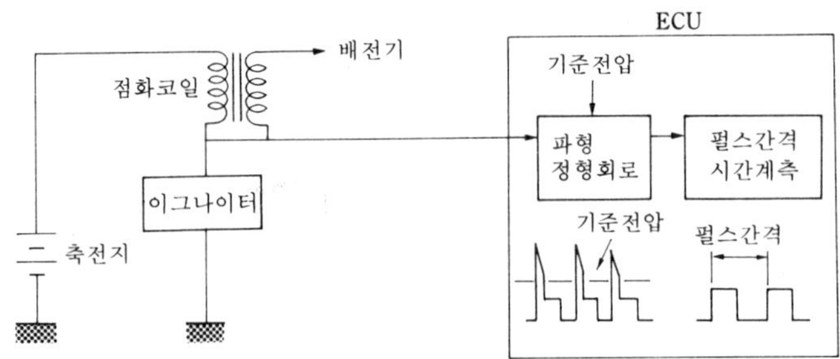

그림 6-67 회전신호처리 회로

이 방식의 경우는 점화신호 밖에 검출할 수 없기 때문에 특정의 분사크랭크각도위치를 선정하기가 어렵고 독립분사나 그룹분사방식에는 적합하지 않으며 일반적으로 전실린더 동시분사인 경우에 쓰여지고 있다.

f) 스로틀 포지션 센서

스로틀 포지션 센서는 스로틀 보디에 부착되어서 스로틀밸브의 개도를 검출하는 센서이고, 이 센서 신호를 ECU에 입력시켜 스로틀 개도의 상태에 상응하는 분사량의 제어를 하고 있다. 스로틀 포지션 센서로서는 일반적으로 리니어식과 스위치식이 있다.

(i) 리니어식 스로틀 포지션 센서

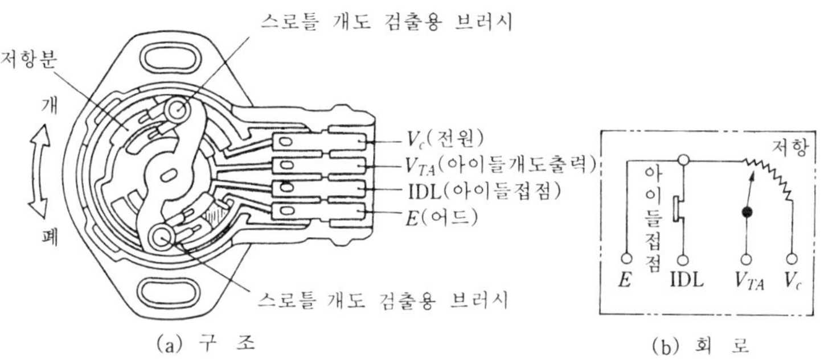

그림 6-68 리니어식 스로틀 센서의 구조와 회로도

그림 6-68은 리니어식 스로틀 포지션 센서의 구조와 회로를 나타낸 그림이다. 스로틀밸브와 연동하여 움직이는 2개의 브러시가 있고 1개의 접점이 基板上에 프린트 된 저항체 위를 미끄럼운동하여 움직이는데 따라 밸브의 개도에 상응하는 선형적인 출력전압을 얻을 수 있게 된다. 다만 스로틀밸브에 대한 저항체의 지항치에는 약간 고르지 못한 경우가 있어서 상세한 밸브의 개도를 검출하기는 어렵고 스로틀밸브의 전폐상태를 확실히

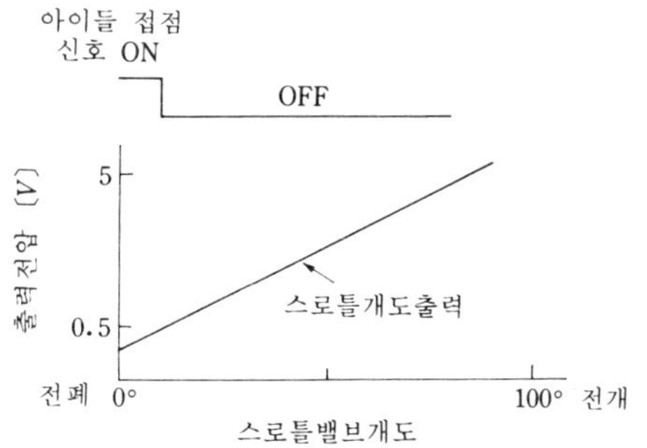

그림 6-69 리니어식 스로틀 센서 출력특성

검출하기 위하여 밸브가 전폐상태인 때만 접점이 ON으로 되는 또 하나의 접점(아이들 접점)을 가지고 있다.

그림 6-69는 스로틀밸브 개도에 대한 출력특성을 나타낸 것이다.

(ii) 스위치식 스로틀 포지션 센서

그림 6-70은 스위치식 스로틀 포지션 센서의 구조를 나타낸 것으로 가이드 캠의 홈에 따라 움직이는 可動接點과 고정의 파워접점, 아이들 접점으로 구성되어 있다. 가이드 캠은 스로틀밸브와 동일축에 고정되어 있는 레버에 의하여 작동한다.

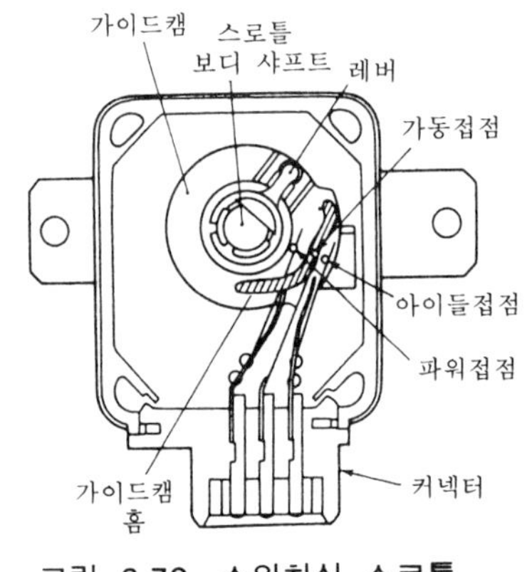

그림 6-70 스위치식 스로틀 센서의 구조

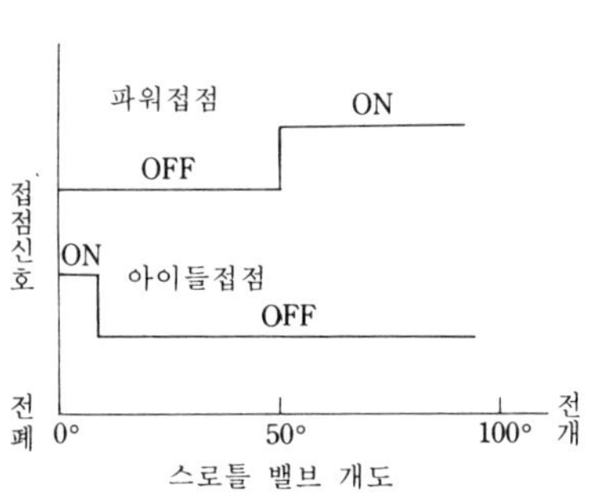

그림 6-71 스위치식 스로틀 센서 출력신호 특성

그림 6-71에 나타내는 것과 같이 스로틀밸브의 전개시에는 가동접점과 아이들 접점이 접촉, 스로틀밸브의 전개상태를 검출한다. 또 스로틀밸브가 큰 개도(예를 들어 50° 이상)까지 열리면 가동접점이 파워접점과 접촉하여 스로틀밸브의 큰 개도의 상태를 검출한다. 중간의 개도에서는 가동접점이 어느 접점에도 접촉하지 않는 구조로 되어 있다.

이 방식은 (i)의 리니어식에 비하여 간단한 구조로 되어 있어서 원가면에서는 유리하나 스로틀밸브의 개도 검출성이 나쁘다.

g) 대기압 센서

베인식이나 칼만渦식의 에어플로미터를 사용할 경우는 대기압의 변화에 따라 흡입공기의 밀도가 달라져서 공연비에 변화가 생기게 된다.

그러므로 이런 경우에는 대기압을 검출하여 연료의 분사량을 보정하여야 하며 대기압을 검출하는 센서가 대기압 센서이고 이 센서에는 피에조(piezo) 저항효과를 이용한 반도체식 압력 센서가 많이 쓰여지고 있다.

2) ECU

ECU(Electronic Control Unit)는 앞에서 기술한 바와같이 각종의 센서 신호에 따라 기관의 상태에 상응하는 연료분사량을 결정, 이 분사량에 알맞는 인젝터의 분사시간을 제어한다.

먼저 기관으로 흡입되는 흡입공기량과 기관의 회전속도로부터 기본분사 시간을 계산하고 이것에 각 센서로부터의 신호에 의한 보정을 가하여 총 분사시간(연료 분사량)을 결정한다. 종래의 ECU는 연료분사(EFI) 제어만을 할 뿐이었으나 최근에는 마이크로 컴퓨터의 도입으로 성능을 확대하여 EFI 외에 점화시기의 제어, 아이들 회전속도의 제어 등 많은 성능을 구사하여 기관의 제어를 하게 되었다.

마이크로 컴퓨터에 의한 디지탈 제어는 종래의 어내러그 제어에 비하여 짧은 시간에 보다 많은 정보처리가 가능하기 때문에 위에서 설명한 다기능을 가진 정확도 높은 기관의 집중제어가 가능하여지게 되었다.

현재 실용화되고 있는 대부분의 ECU는 마이크로 컴퓨터를 내장하고 있어서 여기서는 마이크로 컴퓨터를 포함하는 ECU의 구성에 대하여 설명

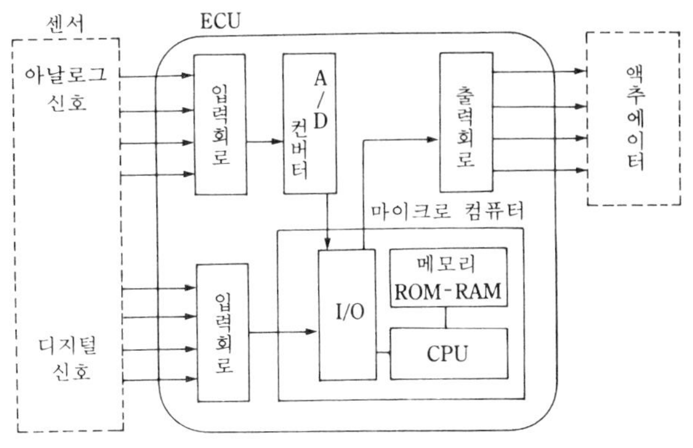

그림 6-72 ECU의 개략적인 구성

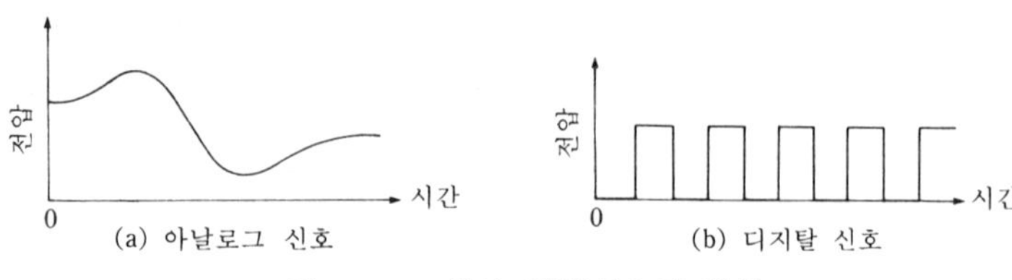

그림 6-73 센서 입력신호의 종류

한다. 그림 6-72는 ECU의 개략적인 구성을 나타낸 것이다.

ECU에 입력되는 센서 신호의 형태로서는 그림 6-73에 나타내는 것과 같이 베인식 에어플로미터의 흡입공기량 신호나 수온센서 신호 등의 아날로그 신호와 스로틀 포지션 센서의 접점신호 등의 디지탈 신호 등의 2종류가 있다. 신호형태가 상이한데 따른 ECU 내에서의 처리방법도 달라지게 된다.

센서로부터의 입력신호가 ECU에 입력되면 먼저 입력회로를 통하여 디지탈 신호를 직접적으로 나타내고 아날로그 신호는 A/D 컨버터로 디지탈 변환된 다음 마이크로 컴퓨터에 입력된다. 마이크로 컴퓨터는 이 입력신호를 연산처리하여 기관의 상태에 상응하는 연료분사시간을 결정, 그 결과를 출력회로를 통하여 인젝터에 출력한다.

a) 입력회로

각 센서로부터의 신호는 먼저 이 입력회로에 입력된다. 여기서 그림 6-74

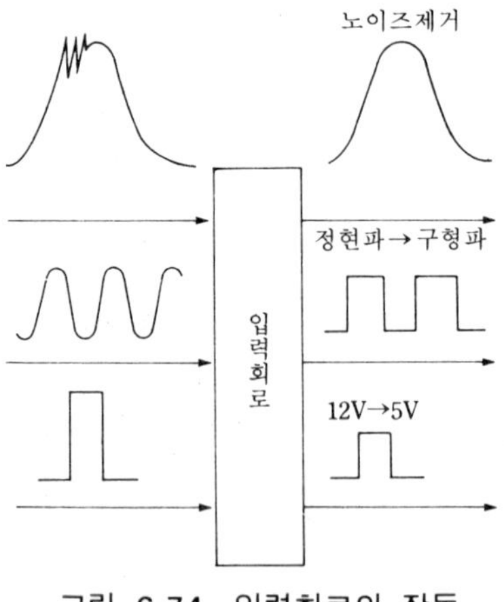

그림 6-74 입력회로의 작동

에 나타내는 것과 같은 노이즈(noise) 제거나 正弦波入力을 矩形波로 변환하거나 입력전압 레벨을 바꾸는 등 한다.

b) A/D 컨버터(아날로그/디지탈 변환기)

아날로그 입력신호인 그대로는 마이크로 컴퓨터에서 처리할 수 없으므로 이 A/D 컨버터로 디지탈 신호로 변환처리하고 있다.

에어플로미터로부터의 공기량 신호인 경우를 예로 들어서 입력처리에 대하여 설명하면 다음과 같다. 그림 6-75에 나타낸 것이 그 회로이다. 공기량 신호 전압 V_s와 기준의 전압 V_c는 A/D 컨버터에 접속된다. 공기량 신호는 연료분사 제어의 기본이 되는 신호이고 高分解能, 高精度가 요구되기 때문에 예를 들면 11비트 精度의 A/D 컨버터 등이 채용되고 있으며, 일반적으로 A/D 컨버터의 비트수로서는 8~12비트가 쓰여지고 있다.

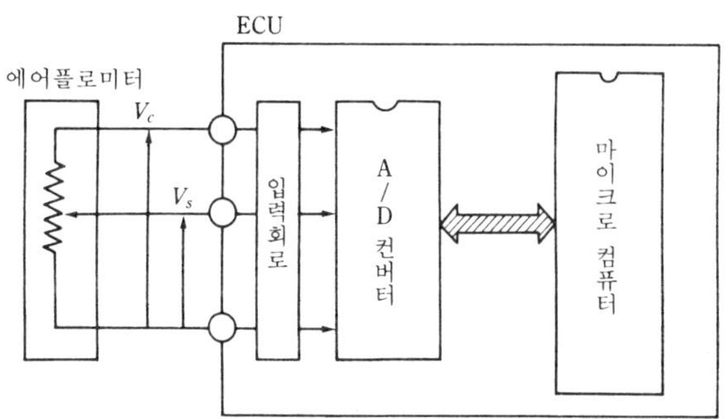

그림 6-75 아날로그 신호의 입력저지회로

c) 마이크로 컴퓨터

마이크로 컴퓨터는 각 센서로부터의 신호를 필요에 따라 받아들이고, 또한 기억하고 있는 프로그램(마이컴이 처리를 하게 되는 순서)이나 데이터를 사용하여 연산처리한 다음, 그 결과(예를 들면 연료분사신호)를 출력회로 쪽으로 보낸다.

마이크로 컴퓨터의 내부구조는 그림 6-76과 같이 되어 있으며 명령을 해독하여 데이터 처리를 하는 中央處理裝置(CPU : Central Processing Unit), 프로그램이나 데이터를 보존 유지하는 記憶裝置(memory), 외부센서와 액추에이터(actuater)및 데이터를 수수하는 入出力裝置(I/O : Input/Out-

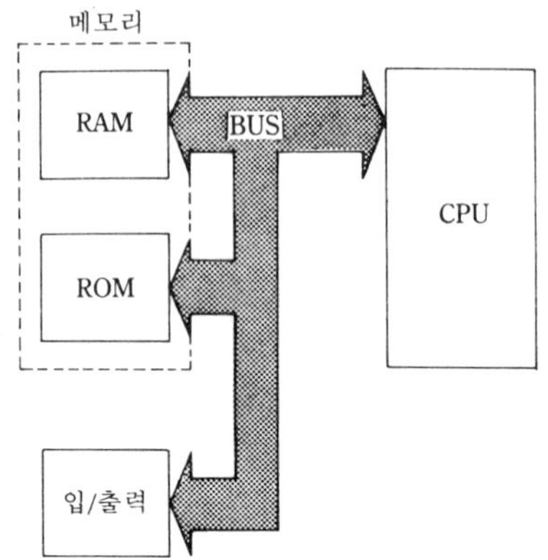

그림 6-76 마이크로 컴퓨터의 구성 예

put)로 구성되어 있다.

CPU를 중심으로 하여 메모리나 I/O는 버스(bus)라 불리우는 신호전달선(line)으로 접속되어 있다. 버스에는 데이터를 주고 받는 데이터버스, 메모리나 입출력의 어드레스(address)를 지정하는 어드레스 버스, 시스템의 동작을 제어하는 컨트롤 버스의 3종류가 있다. 또 제어 타이밍을 취하기 위하여 水晶發振子를 사용한 基準信號發生器를 가지고 있으며 이것에 의하여 마이크로 컴퓨터 전체의 타이밍이 제어된다.

(i) CPU

CPU(Central Processing Unit)는 그림 6-77에서와 같이 데이터의 算術演

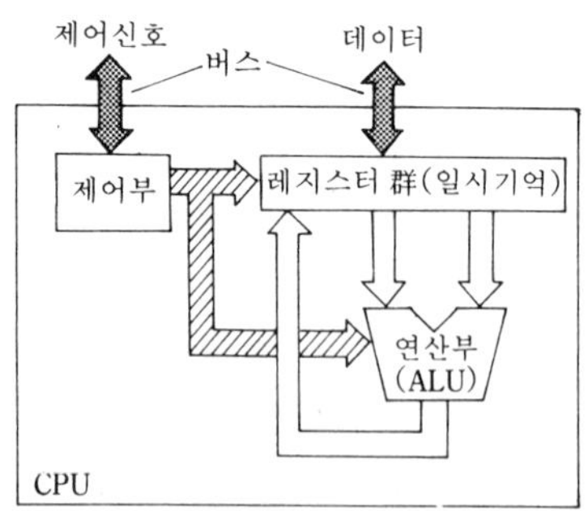

그림 6-77 CPU의 구성

算이나 論理演算을 하는 연산부(ALU : Arithmetic Logical Unit), CPU 내에 있는 메모리로 데이터를 한 때 저장하는 레지스터부, 프로그램에 따라서 각 장치간의 신호의 轉送 등 전체의 제어를 하는 제어부로 구성되어 있다.

(ii) 메모리

메모리는 프로그램과 데이터를 기억하는 기능을 가지고 있으며 일반적으로 ROM(Read Only Memory)과 RAM(Random Access Memory)로 구성되어 있다.

ROM은 읽어내기 전용 메모리이고 일반적으로는 마스크 ROM이 쓰여지고 있으며 한번 써 넣으면 그 내용을 변경할 수 없다. 그러나 전원이 끊겨도 기억이 소멸되지 않아서 프로그램이나 고정 데이터의 보존 유지에 사용된다. 최근에는 자외선을 쪼이면 내용이 소거되고 내용을 고쳐서 써 넣을 수 있는 EPROM(Erasable Programable ROM)도 사용되기 시작하였다.

RAM은 임의의 어드레스로 기억되어 있는 데이터를 읽어 넣거나 써 넣을 수 있다. 그러나 RAM은 전원이 끊어지면 기억하고 있는 데이터가 소멸되기 때문에 처리의 도중에 나타나는 일반적인 데이터의 보존 유지에 사용된다.

(iii) I/O

I/O(Input/Output)는 CPU의 명령에 의하여 외부의 센서, 액추에이터와의 사이에서 데이터의 수수를 제어하는 부분이고 I/O 포트라고 한다.

마이크로 컴퓨터는 일반적으로 데이터 語長, 팁 구성 및 반도체 프로세스 기술의 종류로 분류될 수 있다.

ⓐ 데이터 語長에서 보는 분류

기관제어 시스템용으로 쓰여지고 있는 마이크로 컴퓨터를 먼저 데이터 어장으로 분류하면 4, 8, 12, 16비트의 4종류가 있다. 이것은 CPU가 한번에 처리될 수 있는 데이터의 길이가 몇 비트인가로서 분류한 것이다.

이 가운데 EFI 제어용으로 가장 많이 쓰여지고 있는 것은 8비트 컴퓨터이고 일부에서 12 및 16비트의 마이크로 컴퓨터도 쓰여지고 있다.

ⓑ 팁 구성에서 보는 분류

또 마이크로 컴퓨터를 팁의 구성에서 원 팁 마이크로 컴퓨터, 멀티 팁 마이크로 컴퓨터로 분류된다.

㉠ 원 팁 마이크로 컴퓨터

그림 6-77 (a)에 나타낸 것과 같이 1개의 LSIC(Large Scale Integrated Circuit, 팁이라고도 한다) 속에 마이크로 컴퓨터의 기능인 CPU, 메모리, I/O를 꾸며 넣는 것을 지칭한다.

㉡ 멀티 팁 마이크로 컴퓨터

그림 6-77 (b)에서와 같이 마이크로 컴퓨터의 기능을 따로따로의 LSI로 구성한 것을 지칭한다.

원 팁 마이크로 컴퓨터인 편이 코스트 퍼포먼스가 높아서 원 팁 마이크로 컴퓨터가 많이 쓰여지고 있다.

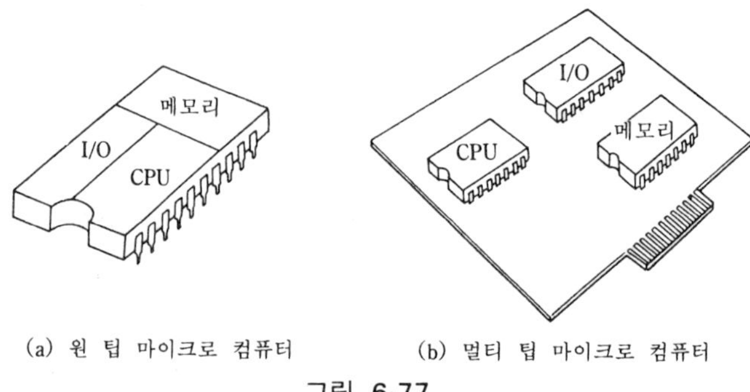

(a) 원 팁 마이크로 컴퓨터 (b) 멀티 팁 마이크로 컴퓨터

그림 6-77

ⓒ 반도체 프로세서 기술에서 보는 분류

마이크로 컴퓨터를 프로세서 기술면에서 보면 일반적으로 MOS(Metal Oxide Semiconductor) 트랜지스터가 쓰여지고 있다. MOS 트랜지스터는 電界效果 트랜지스터(FET : Field Effect Transistor)의 일종이다.

MOS 트랜지스터로서는 그림 6-78에 나타내는 것과 같이 P-MOS, N-MOS, C-MOS의 3종류가 있다. P-MOS는 MOS 가운데에서도 가장 빨리 실용화되었으나 다른 MOS에 비하여 동작속도가 늦고 소비전력이 커서 현재로는 고성능이 요구되는 기관제어용 마이크로 컴퓨터로서는 N-MOS, C-MOS가 사용되고 있다. C-MOS는 高速性이 적절하고 소비전력이 가장 적으며 외부의 환경조건(전원전압의 변동, 온도변화, 전원 노이스 등)에 강하여 기관의 제어용으로서는 앞으로 이 C-MOS가 주류를 이룰 것이다.

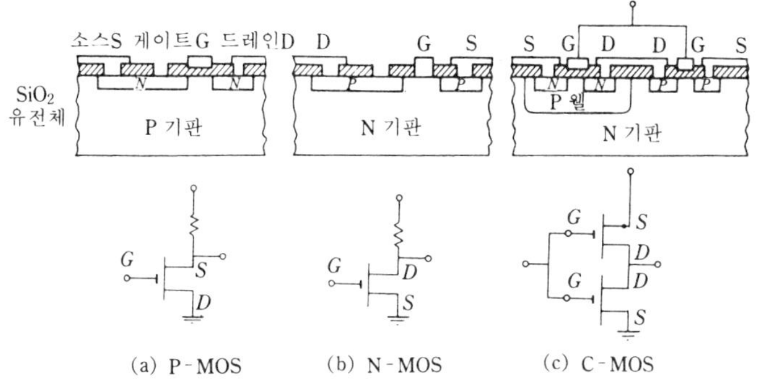

그림 6-78 MOS 트랜지스터의 종류

(iv) 출력회로

마이크로 컴퓨터로부터 출력되는 신호는 디지탈 신호이고 더구나 출력 전압도 낮기 때문에 이 출력신호로서는 구동될 수 없는 액추에이터도 많다. 따라서 그림 6-79와 같이 이 출력회로부에서 액추에이터를 구동될 수 있는 출력신호로 변환시키고 있다.

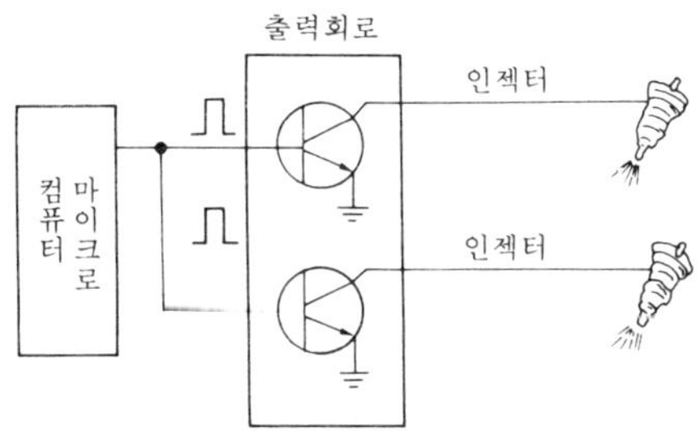

그림 6-79 출력회로

3) 그 밖의 전원 릴레이 스위치류

다음은 각 EFI 부품에 공급되는 電源線을 ON, OFF 하는 릴레이(relay), 스위치(switch) 등에 대하여 설명한다.

a) 메인 릴레이

ECU를 비롯하여 EFI 부분에 전원 노이즈나 고르지 못한 전압의 영향을 주지 않도록 하여 공급전압을 안정화시키기 위한 릴레이가 메인 릴레이

(main relay)이다. 메인 릴레이는 많이 쓰여지고 있는 것으로 플런저형 릴레이이다. 그림 6-80 (a)에 메인 릴레이의 구조를, 그리고 그림 6-80 (b)에 전원의 공급회로도를 나타낸 것이다.

점화 스위치를 ON으로 하면 메인 릴레이의 코일에 전류가 흘러서 플런저가 흡입되어지므로 접점이 닫히고 EFI 부품에 전원이 공급된다. 점화 스위치가 OFF되면 릴레이도 OFF가 되고 EFI부품의 전원도 OFF 즉 끊어진다.

b) 서킷 오프닝 릴레이

연료펌프의 전원을 제어하는 것으로 보통 기관이 운전중에만 ON이 되도록 되어 있다.

그림 6-80 (a), (b)은 서킷 오프닝 릴레이(circuit opening relay)의 구조와 회로도를 나타낸 것이고, 그림 6-80 (c)는 펌프 접점을 내장한 에어플로미터인 경우의 연료펌프의 전원공급회로도를 나타낸 것이다.

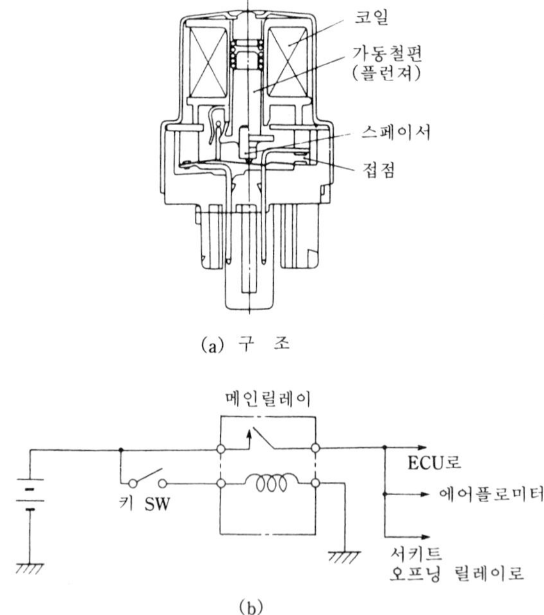

(a) 구 조

(b)

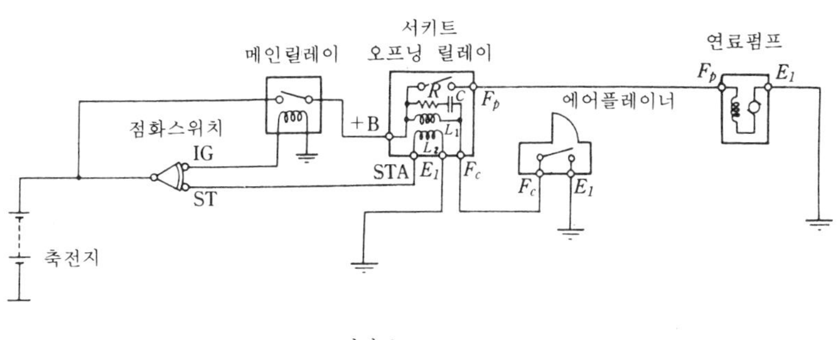

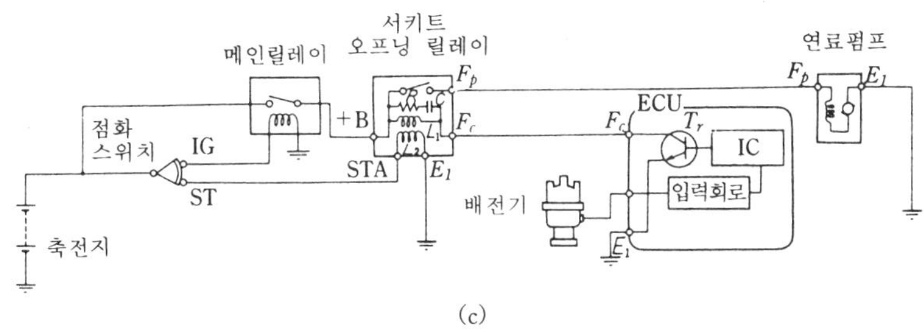

(c)

그림 6-80 메인 릴레이 및 연료펌프의 전원공급 회로도

c) 스타트 인젝터 타임 스위치

앞에서 언급한 바 있는 저온 시동용 콜드 스타트 인젝터의 분사시간을 히트 와이어나 바이메탈을 이용하여 냉각수 온도에 상응하여 제어하는 것

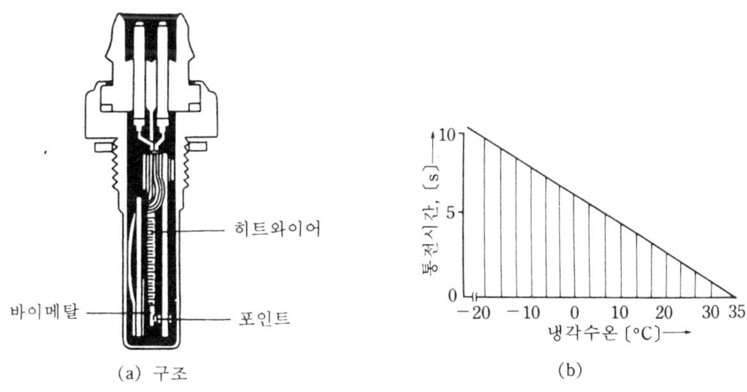

(a) 구조 (b)

그림 6-81 스타트 인젝터 타임 스위치 구조와 통전시간의 예

으로 바이메탈이 냉각수 온도의 영향을 받을 수 있도록 냉각수 통로부에 부착되어 있다.

스타트 인젝터의 통전시간은 수온 및 히트 와이어로의 통전시간에 따라 결정되며, 그림 6-81 (b)는 통전시간의 한 예를 나타낸 것이다. 溫間時는 바이메탈에 의하여 접점이 OFF 되어서 콜드 스타트 인젝트는 작동하지 않는다. 스타트 인젝터 스위치는 바이메탈의 주위에 히트 와이어(니크롬선)를 감아서 이 히트 와이어에 통전하게 되어 가열되면 휘어지면서 접점을 OFF 시키는 기능을 가지고 있다.

6-3 燃料量의 算出方式

여기서는 연소 1회에 필요한 연료의 질량 즉 ECU가 연산하여 인젝터로 보내는 신호인 가솔린분사시간을 구하는 방법에 대하여 설명한다.

가솔린분사시간은 1회의 흡입행정으로 실린더 내에 충전되는 공기 질량을 근거로 연산한다.

1회의 흡입행정으로 실린더 내에 충전되는 공기 질량은 흡기관에 부착되어 있는 에어플로미터, 흡기온 센서, 대기압 센서의 출력신호와 기관의 회전속도의 신호에 의하여 구하여진 공기의 질량과 목표 공연비로부터 연소 1회에 필요한 연료질량이 결정된다.

$$\text{목표 공연비} = \frac{G_a}{G_f} \quad \cdots\cdots (6\text{-}24)$$

여기서 G_a : 1회의 흡입행정으로 실린더 내에 충전되는 공기 질량〔g〕
G_f : 1회의 연소에 필요한 연료 질량〔g〕

목표 공연비는 기관의 동력성능, 응답성, 배출가스의 정화, 연료 경제성 등을 고려하여 결정된다. 시동시 등 특수한 운전조건을 제외하면 가솔린분사시간은 흡입된 공기질량정보에 근거하는 기본분사시간과 그 補正項 및 인젝터의 무효분사시간으로 이루어진다.

$$T_I = T_p \times F_c + T_v \cdots\cdots (6\text{-}25)$$

여기서 T_I : 가솔린분산시간〔ms〕
T_p : 기본 분사시간〔ms〕
F_c : 기본 분사시간의 보정계수
T_v : 인젝터의 무효분사시간〔ms〕

T_p는 소정의 공연비(일반적으로는 이론공연비 14.7이 설정되어 있다)를 실현하는 분사시간이고 F_c는 T_p가 실현하는 공연비를 변화시킬 때 등에 쓰이는 補正係數이다.

(1) 噴射時間의 分類

가솔린분사시간은 흡입공기 질량 정보에 근거하여 연산하는 시동 후의 분사시간과 흡입공기 질량 정보에는 관계되지 않는 시동시의 분사시간으로 크게 나누어진다. 그리고 시동 후 분사시간은 분사타이밍에 의하여 2개로 분류된다. 즉 소정 크랭크각위치에서 분사를 하게 되는 同期噴射와 급가속시의 임시적으로 하는 분사인 非同期噴射가 있다.

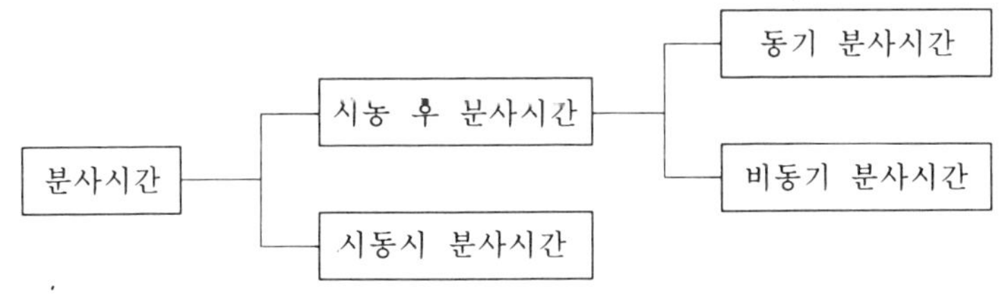

시동 후의 동기 분사시간부터 설명하면 다음과 같다.

1) 始動 후의 同期噴射時間

일반적으로 시동 후의 동기 분사시간 T_I는 식 (6-25)로 결정되고 보정계수 F_c의 일반적인 항목은 식 (6-26)으로 나타내어진다.

$$F_c = g(F_{ET} F_{AD} F_O F_L F_H) \cdots\cdots (6\text{-}26)$$

여기서 F_{ET} : 기관 온도에 관계되는 보정계수

F_{AD} : 가감속운전시의 보정계수

F_O : 이론공연비로의 피드백 보정계수

F_L : 학습제어에 의한 보정계수

F_H : 고부하, 고회전운전시의 보정계수

2) 基本噴射時間

기본 분사시간은 목표 공연비를 실현하기 위하여 에어플로미터 등의 출력신호로부터 구하여지는 분사시간으로써 에어플로미터의 종류에 따라 구하는 방법이 다르다.

a) 베인식 에어플로미터

베인식 에어플로미터를 사용하였을 때의 기본 분사시간(T_p')는 다음의 식 (6-27)에 의하여 결정된다.

$$T_p' = \frac{Q/N}{K_1(A/F)_T} \quad \cdots\cdots (6\text{-}27)$$

여기서 T_p' : 에어 플로미터 신호로부터 구해지는 기본 분사시간〔ms〕

Q : 단위시간당의 공기량〔m^3/s)

N : 기관의 회전속도〔1/s〕

Q/N : 1회의 흡입행정으로 실린더 내에 충전되는 공기량〔m^3〕

$(A/F)_T$: 목표공연비

K_1 : 인젝터 치수, 분사방식, 실린더수에 의하여 정해지는 정수

베인식 에어플로미터의 출력신호 U_S/U_B 와 흡입공기량 Q 는 식 (6-28)의 관계에 있다.

$$Q = \frac{C}{U_S/U_B} \quad \cdots\cdots (6\text{-}28)$$

여기서 C : 상수

식 (6-27), (6-28)로부터 기본 분사시간 T_p' 는

$$T_p' = \frac{C}{K_1(A/F)_T}\,\frac{1}{(U_S/U_B)N} = \frac{K}{(U_S/U_B)N} \quad \cdots\cdots (6\text{-}29)$$

여기서 K = 정수($= C/K_1\,(A/F)_T$)

가 된다.

베인식 에어플로미터의 출력특성은 標準狀態[293K(20℃), 101 KPa(760 mmHg)]를 기준으로 하고 있다.

대기조건이 변화하였을 때에는 온도, 압력보정에 의하여 질량유량을 구할 필요가 있다. 흡입공기 질량에 대한 기본 분사시간 T_p는 식 (6-30)으로 주어진다.

$$T_p = \frac{K}{(U_s/U_B)N}\sqrt{\frac{273+20}{T}}\sqrt{\frac{p}{101}} \quad \cdots\cdots (6\text{-}30)$$

여기서 T : 에어플로미터부의 흡기온도〔°K〕

p : 대기압력〔KPa〕

다음은 식 (6-30)의 온도와 압력의 보정의 구하는 방법을 설명한 것이다.

미터링 플레이트의 일정개도에 있어서 표준상태의 질량유량을 G_S, 온도 T〔°K〕, 대기압력 p〔KPa〕인 상태(이하 임의의 상태라 한다)의 질량우량을 G 라고 할 때 양자의 비는

$$\frac{G}{G_s} = \frac{\rho Q}{\rho_s Q_s} \quad \cdots\cdots (6\text{-}31)$$

로 된다.

여기서 Q_s : 표준공기의 체적유량〔m^3/s〕

Q : 임의공기의 체적유량〔m^3/s〕

ρ_s : 표준공기의 밀도〔kg/m^3〕

ρ : 임의공기의 밀도〔kg/m^3〕

미터링 플레이트가 일정 개도일 때의 체적유량 Q는

$$Q = CAw \quad \cdots\cdots (6\text{-}32)$$

여기서 C : 유량계수

A : 미터링 플레이트의 개도면적〔m^2〕

w : 미터링 플레이트부의 공기유속〔m/s〕

그림 6-82의 ⓐ, ⓑ부의 밀도는 같은 것으로 가정하고 베르누이의 정리를 적용하면

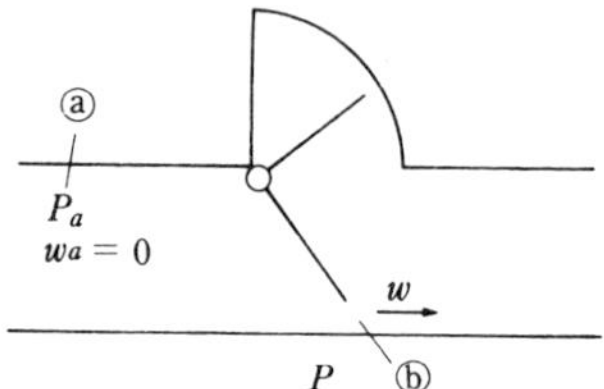

그림 6-82 베인식 에어플로미터의 계측원리

$$w=\sqrt{\frac{2}{\rho}(p_a-p)} \quad \cdots\cdots (6\text{-}33)$$

p_a : ⓐ부의 압력〔KPa〕

p : ⓑ부의 압력〔KPa〕

식 (6-32), (6-33)을 식 (6-30)에 대입한다.

$$\frac{G}{G_s}=\frac{\rho CA\sqrt{\frac{2}{\rho}(p_a-p)}}{\rho_s CA\sqrt{\frac{2}{\rho_s}(p_a-p_1)}}=\sqrt{\frac{\rho}{\rho_s}} \quad \cdots\cdots (6\text{-}34)$$

이상기체의 상태방정식 $\rho=1/gp/(RT)$ (g : 중력가속도, R : 기체정수)로부터 흡기온도의 보정량은

$$\sqrt{\frac{T_s}{T}}=\sqrt{\frac{273+20}{T}} \quad \cdots\cdots (6\text{-}35)$$

대기압 보정량은

$$\sqrt{\frac{p}{p_s}}=\sqrt{\frac{p}{101}} \quad \cdots\cdots (6\text{-}36)$$

그림 6-83은 식 6-35, 6-36의 특성을 나타낸 것이다.

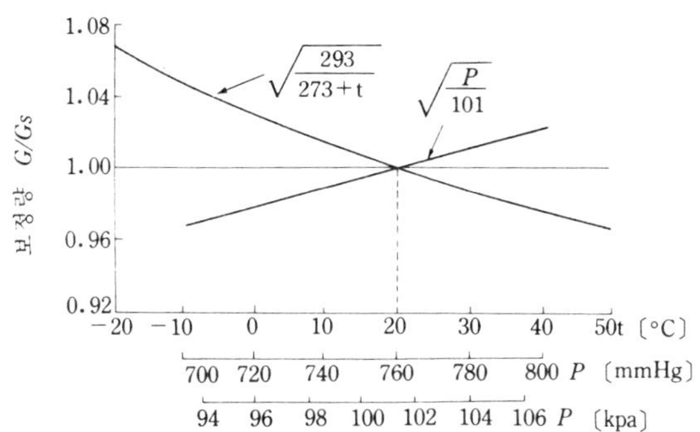

그림 6-83 흡기온, 대기압보정도(베인식)

흡기온도에 대한 보정은 에어플로미터에 부착된 서미스터식의 흡기온 센서로 하며 대기압에 대한 보정은 대기압 센서(일반적으로는 반도체식 프레셔 센서)에 의하여 하게 되나 대기압 센서를 사용하지 않고 뒤에 설명하는 학습제어로 대기압 보정을 하고 있는 EFI 시스템도 있다. 그림 6-83의 특성을 맵(map)으로 하여 ECU 메모리 내에 기억시켜 놓고 센서로부터의 출력신호에 따라서 보정계수를 구한다.

b) 칼만渦式 에어플로미터

칼만渦식 에어플로미터의 출력인 칼만渦의 주파수 f는 흡입공기의 유속 w에 비례한다. 따라서 공기유량 Q와 f의 관계는

$$Q=C_1Af \quad \cdots\cdots (6\text{-}37)$$

여기서 C_1 : 정수

A : 칼만渦 센싱부의 유로면적〔m^2〕

식 (6-37)를 식 (6-27)에 대입하면 1회의 흡입으로 실린더 내에 충전되는

공기의 체적유량에 대한 기본 분사시간 T_p'가 식 (6-37)로 결정된다.

$$T_p' = \frac{C}{K_1(A/F)T}\frac{f}{N} \quad \cdots\cdots (6\text{-}38)$$

여기서 $C = C_1A$

칼만渦식 에어플로미터는 베인식과 같이 체적유량계이고 질량유량에 대한 기본 분사시간을 구하기 위하여서는 온도, 압력보정이 필요하다.

식 (6-31)에 식 (6-37)를 대입하면

$$\frac{G}{G_s} = \frac{\rho}{\rho_s} \quad \cdots\cdots (6\text{-}39)$$

가 된다. 이상기체의 상태방정식 $\rho = 1/gP/(RT)$로부터

$$\frac{G}{G_s} = \frac{T_s}{T}\frac{p}{p_s} \quad \cdots\cdots (6\text{-}40)$$

따라서, 흡기온 보정량은

$$\frac{T_s}{T} = \frac{270+20}{T} \quad \cdots\cdots (6\text{-}41)$$

대기압 보정량은

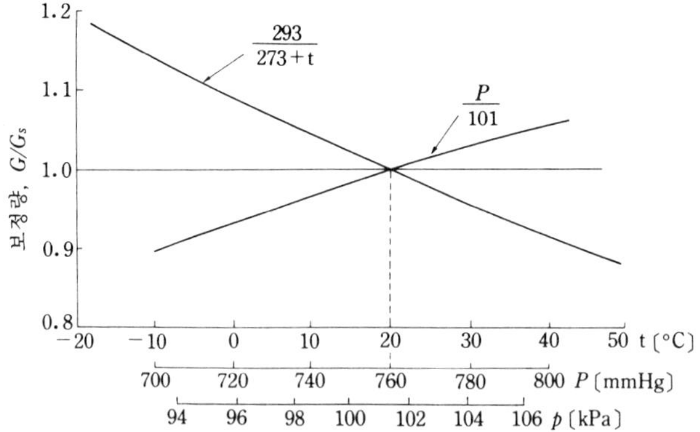

그림 6-84 흡기온, 대기압 보정도(칼만渦식)

$$\frac{p}{p_s}=\frac{p}{101} \quad \cdots\cdots (6\text{-}42)$$

이 된다.

식 (6-41), (6-42)의 특성을 그림 6-84에 나타낸다.

식 (6-38), (6-41), (6-42)에 의하여 질량유량에 대한 기본 분사시간 T_p는 식 (6-43)으로 주어진다.

$$T_p=K\frac{f}{N}\,\frac{273+20}{T}\,\frac{p}{101} \quad \cdots\cdots (6\text{-}43)$$

여기서 $K=\dfrac{C}{K_1(A/F)}$

c) 熱式 에어플로미터

열식 에어플로미터는 질량유량계이고 베인식 에어플로미터, 칼만渦식 에어플로미터에서 필요로 하던 온도, 압력 보정은 필요하지 않다. 열식 에어플로미터의 출력은 그림 6-30에 나타내는 것과 같이 질량유량에 대하여 비선형적이다. 따라서 출력을 질량유량에 대하여 線形的인 데이터로 수정, 기본 분사량을 구한다. 線形化의 방법은 하드회로로 하는 것과 출력을 A/D 변환 후 소프트 처리하는 것으로 크게 나누어진다. 선형화 후의 신호를 G_L이라고 하면 기본 분사량 T_p는 식 (6-44)으로 된다.

$$T_p=K\frac{G_L}{N} \quad \cdots\cdots (6\text{-}44)$$

여기서 K: 인젝터 치수, 분사방식, 실린더수에 의하여 결정되는 정수

(2) 機關溫度에 관련되는 補正係數

겨울철 기관이 차가워진 상태로부터 시동된 경우 및 여름철 고속주행 후 10~30분 기관이 정지된 다음 기관이 고온상태에서 시동한 때에는 분사연료량을 증가시키고 있다. 저온측의 연료증량의 보정요구는 주로 연료가 분사할 때 부착되는 부분의 온도가 낮은데 따른 연료 기화의 악화에 기인하고 고온측은 연료 내에 발생하는 베이퍼에 기인한다. 저, 고온하 모두 기본

분사시간의 연료량으로는 기관의 연소에 직접 참여하는 공연비는 목표공연비보다 희박하게 된다. 따라서 증량보정을 하지 않으면 아이들 회전의 불안정, 기관의 정지, 서징(차량의 경우 전후방향의 진동) 등의 현상이 발생한다.

1) 시동 후 증량보정계수

기관이 냉각되어 있는 상태로부터 시동하는 경우 기관의 완폭 후(기관이 자력에 의하여 회전을 유지할 수 있는 상태) 수 10초 간 시동 후 증량보정을 한다. 기관의 냉각 정도가 심하면 그에 따라 연료증량은 크게, 증량보정의 시간도 길어진다.

시동 후 증량보정계수는 저온 시동 직후에 주로 흡기밸브, 실린더 내벽 부분에서의 가솔린의 기화작용 부족을 보충하는 보정계수로 생각한다. 흡입공기 질량에 대하여 예를 들어서 $A/F=14.7$ 을 실현하는 가솔린 양을 기관에 공급하여도 가솔린의 기화가 나빠지게 되면 벽에 부착된 가솔린은 공기와 혼합되지 않는다. 이 때문에 실제로 연소에 관여하는 혼합기의 공연비는 희박하게 된다.

시동 후 증량보정의 ECU 내에서의 처리는 다음과 같은 순서에 따라 이루어지게 된다.

① 시동시의 냉각수 온도에 의하여 시동 후 증량보정계수의 초기치를 결정한다.

② 기관의 완폭 후 분사기관의 보정이 개시되고 일정의 기관 회전속도마다

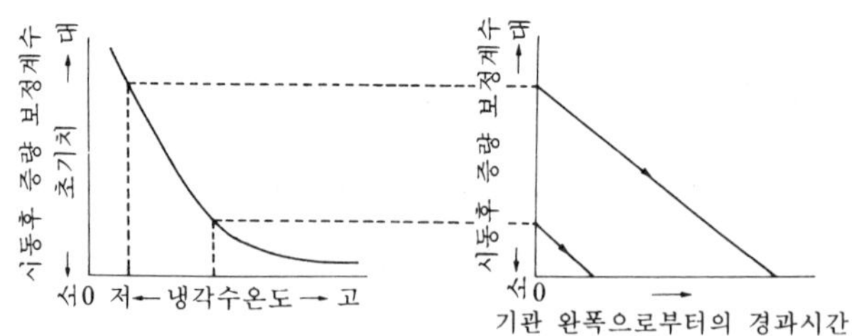

그림 6-85 시동 후 증량계수의 초기치

그림 6-86 시동 후 증량계수의 감쇠계수

또는 일정시간마다 시동 후 증량보정계수를 감쇠시킨다(그림 6-85, 6-86).

2) 난기 증량보정계수

난기 증량보정계수도 기관이 냉각되어 있을 때 연료를 증량시키는 보정계수이고 앞에서 기술한 시동 후 증량보정과 동시에 증량보정을 한다. 시동 후 증량은 기관의 완폭 후 수 10초에서 증량을 종료시키나 난기 증량은 냉각수 온도가 소정의 값 이상으로 될 때까지 증량을 계속한다.

기관의 완폭 직후 흡기밸브 및 실린더 내벽온도는 폭발시의 화염에 의하여 급상승되고 그뒤 냉각수 온도의 상승에 따라 완만하게 완전한 난기 상태를 향하여 상승을 계속한다.

이 냉각수 온도의 상승에 상응하는 흡기밸브 및 실린더 내벽온도의 상승과정에서의 가솔린 기화작용의 부족을 보충하는 것이 난기 증량보정계수로 생각한다. 난기 증량보정계수는 냉각수 온도 상승에 따라 감쇠된다(그림 6-87).

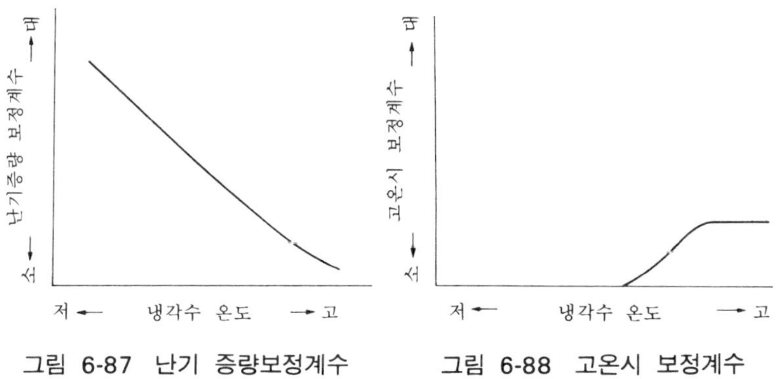

그림 6-87 난기 증량보정계수

그림 6-88 고온시 보정계수

3) 고온시 보정계수

고온시 보정이 필요한 운전모드는 예를 들어서 고온하를 고속주행 후 기관을 정지하여 10~30분 경과된 다음의 2~3분이다. 고속주행시는 주행풍에 의한 냉각으로 가솔린의 온도가 상승되어도 높아져야 50℃ 정도이나 기관을 정지시키면 기관을 열원으로 하여 가솔린 온도는 80~100℃로 상승된다. 이 온도까지 상승되면 인젝터 내의 가솔린은 비등하게 되고 증기를 발생하게 된다.

증기가 발생하면 인젝터로부터 분사되는 가솔린에 증기가 함유되므로 가솔린의 분사량이 감소하여 공연비는 희박하게 된다.

이 증기에 의한 공연비의 희박화에 대한 대책으로 설정 냉각수 온도(예를 들면 냉각수 온도 100℃) 이상에서는 고온시 보정에 의한 분사량을 증량하는 시스템도 있다(그림 6-88).

고온상태의 검출을 냉각수 온도가 아니고 직접 가솔린의 온도를 검출하여 분사량보정을 하는 시스템도 개발되어 있다(그림 6-89, 6-90).

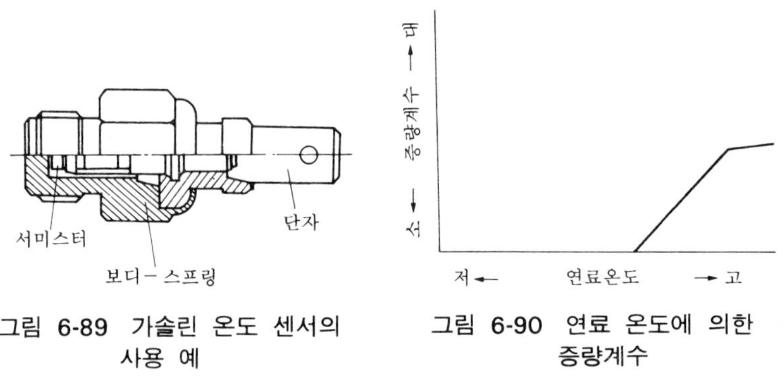

그림 6-89 가솔린 온도 센서의 사용 예

그림 6-90 연료 온도에 의한 증량계수

(3) 加·減速時의 補正係數

기본 분사량만으로는 가속, 감속 등 과도시에 공연비가 목표치로부터 이탈하게 되며, 그 이탈되는 경향은 일반적으로 가속시는 희박하게, 또 감속시는 농후하게 되고, 따라서 각각의 증량과 감량의 보정이 필요하게 된다. 가, 감속시의 보정을 하지 않으면 기관의 회전이 고르지 못한 숨쉬기, 서징, 백 파이어 등의 현상이 발생되며 유해한 배출가스도 증가된다.

1) 가속보정

吸氣管部 압력에 대하여 250 KPa의 고압으로 분사되는 가솔린의 대부분은 흡기밸브와 그 근방에 부착한다. 가속, 즉 스로틀밸브를 열었을 때 이 부착 연료량이 증가하고 부착된 가솔린이 기화할 때까지는 시간이 걸리기 때문에

가속시 부착 연료량의 증가분만큼 앞에서 기술한 바와같이 공연비는 목표 공연비로부터 이탈되어 희박하게 된다.

부착된 연료의 기화속도는 흡기관압력과 부착부의 온도에 의하여 받는 영향이 크다. 즉 흡기관압력이 높을수록(절대압력을 생각하므로 고부하를 의미한다) 또 부착부 온도가 낮을수록 기화속도는 늦어지게 되며 흡기관 압력이 높아지게 되는 가속의 모드에서는 부착연료의 기화속도가 떨어지고 부착연료가 증가한다.

가속보정계수 F_{AC}는 식 (6-45)에 나타내는 2개의 항으로부터 성립된다.

$$F_{AC} = F_{DL1} \times F_{THW1} \quad \cdots\cdots (6\text{-}45)$$

여기서 F_{DL1} : 부하변화량에 상응하는 보정계수

F_{THW1} : 냉각수 온도에 상응하는 보정계수

F_{DL1}은 흡기관 내 압력(흡기관 내 압력은 부하에 상당한다)이 높을수록 기화속도가 늦어지는 것을 보정한다. 부하로서는 흡입행정 1회당의 흡입공기량 Q/N, 또는 스로틀 개도 등을 사용한다.

그림 6-91에 F_{DL1}의 한 예를 나타낸다. 일정시간 간격마다의 $\Delta Q/N$이 클수록 높은 흡기관 압력치를 나타내고 있음을 의미하기 때문에 보정량은 커지게 된다.

F_{THW1}은 가술린 부착부 온도가 낮을수록 기화속도가 늦어지는 것을 보정하고 있다. 그림 6-92에서와 같이 동일의 부하 변화량의 가속에서도 냉각수 온도가 낮을수록 가속보정계수는 커진다.

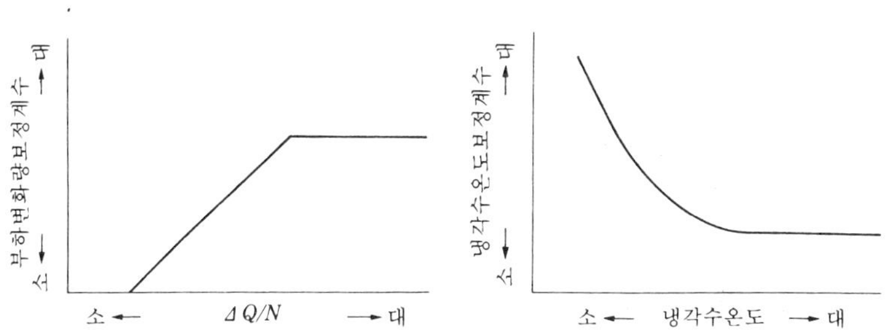

그림 6-91 부하변화량보정의 일례(가속시), 6-92 냉각수 온도보정의 일례(가속시)

2) 감속보정

감속시는 스로틀밸브가 닫혀지기 때문에 흡기관압력은 낮아지게 된다. 따라서 흡기밸브와 그 근방에 부착되어 있는 가솔린의 기화가 촉진되어 가속 때와는 역으로 공연비가 농후하게 된다. 감속보정계수 F_{DC} 의 연산식은 식 (6-46)과 같다.

$$F_{DC} = F_{DL2} \times F_{THW2} \quad \cdots\cdots (6\text{-}46)$$

여기서 F_{DL2} : 부하변화량에 상응하는 보정계수

F_{THW2} : 냉각수 온도에 상응하는 보정계수

그림 6-93, 6-94는 그 예를 나타낸 것이다.

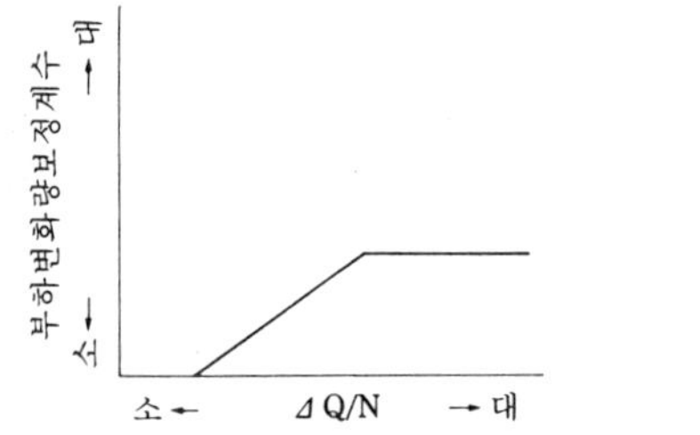

그림 6-93 부하변화량보정의 일례 (감속시)

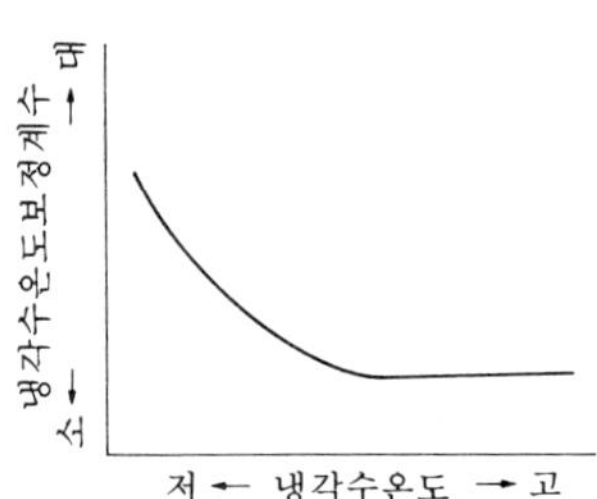

그림 6-94 냉각수 온도보정의 일례 (감속시)

(4) 非同期噴射

비동기분사는 크랭크각에 동기하지 않는 급가속시의 임시적인 분사이다.

앞에서 기술한 것과 같이 加速補正係數는 크랭크각 동기분사의 증량보정이었다. 같은 가속보정인 비동기분사는 동기분사로서는 가솔린의 공급이 때를 맞출 수 없는 급가속 모드에서의 공연비 희박화를 보정한다.

1) 비동기분사의 필요성

비동기분사의 필요성을 그림 6-95을 사용하여 설명한다. 그림은 가속시의

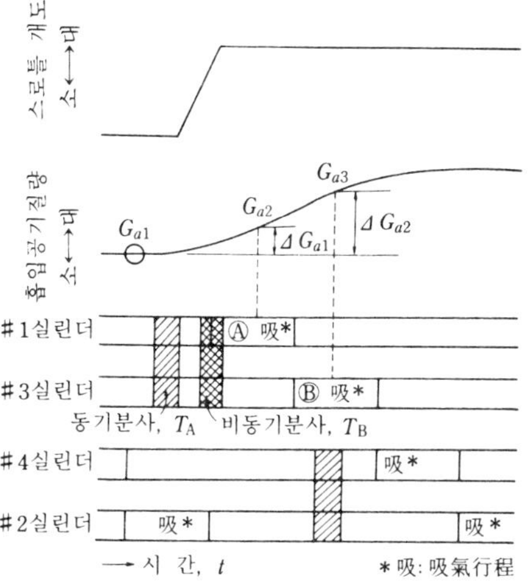

그림 6-95 비동기분사의 타이밍차트

스로틀 개도, 흡입공기 질량, 각 실린더의 흡입행정을 나타낸다.

그림에서의 G_{a1}은 동기분사 T_A의 연산에 사용한 吸入空氣質量의 데이터이다. 따라서 T_A의 분사량은 흡입공기질량 G_{a1}에 대하여 목표 공연비를 실현한다.

흡입행정 Ⓐ에서 흡입하는 공기질량은 행정의 중간 타이밍의 G_{a2}로 대표할 수 있는 것으로 가정한다. 이때 $\Delta G_{a1}(=G_{a2}-G_{a1})$에 상당하는 가솔린量이 제 1 실린더에서 부족하다. 동기분사 T_A에 대하여 제 1 실린더보다 늦어서 흡입하는 제 3 실린더는 $\Delta G_{a2}(\Delta G_{a2}>\Delta G_{a1})$에 상당하는 가솔린量이 부족하다. ΔG_{a1}, ΔG_{a2}에 상당하는 가솔린量을 공급하는 것이 비동기분사 T_B이다.

2) 비동기분사량의 결정

비동기분사를 효과적으로 하기 위하여서는 가속을 보다 빨리 검출하여야 한다. 기관의 상태를 나타내는 변수(parameter) 가운데에서 가속은 스로틀 개도에 의하여 가장 신속하게 검출할 수 있다.

여기서는 스로틀 개도 데이터를 사용하여 비동기분사량을 결정하는 방법에 대하여 설명한다. 스로틀 개도 데이터를 TH_A 라고 하면 비동기분사량은 일정의 시간간격(예를 들면 10~20 ms)의 스로틀 개도의 변화량 ΔTH_A 에 의하여 결정된다. 그 예를 나타낸 것이 그림 6-96이다.

ΔTH_A 가 클수록 흡입공기 질량의 변화속도가 급하게 된다. 즉 그림 6-95의 ΔG_{a1}, ΔG_{a2} 가 커지게 되고 많은 비동기분사 가솔린量을 필요로 한다.

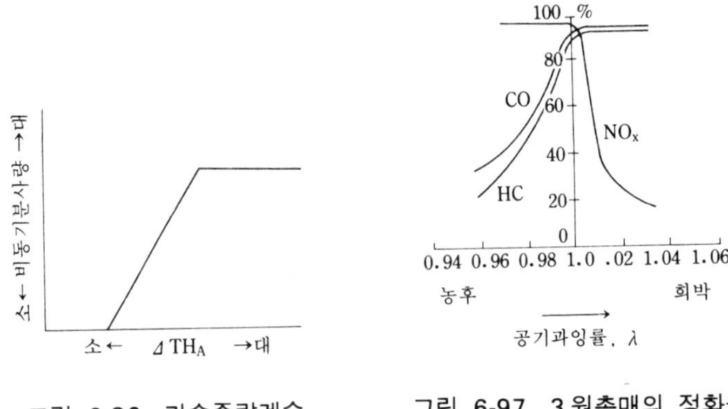

그림 6-96 가속중량계수

그림 6-97 3원촉매의 정화율

(5) 理論空燃比로의 피드백 補正

배출가스 규제 대응을 위하여 3원촉매가 많이 이용되고 있다. 앞에서 기술한 것처럼 3원촉매는 그림 6-97과 같이 이론공연비 부근에서만 CO, HC의 산화, NOx의 환원을 동시에 함으로써 CO_2, H_2O, O_2, N_2 로의 무해화를 할 수 있는 능력을 가지게 된다. 즉 이론공연비보다 희박하게 되면 NOx가 배출되고 또한 농후하게 되면 CO, HC가 배출된다. 3원촉매를 유효하게 사용하여 배출가스를 충분히 정화하기 위하여는 공연비를 이론공연비로 정밀도 높게 유지될 수 있도록 하여야 한다. 그러나 CO, HC, NOx 모두를 정화시킬 수 있는 공연비의 범위는 지극히 좁아서 오픈 루프(open loop) 제어로는 그 요구를 충족시킬 수 없다.

3원촉매가 요구하는 공연비를 실현시키는 방법이 O_2 센서 신호에 의한 이론공연비로의 피드백 제어이다.

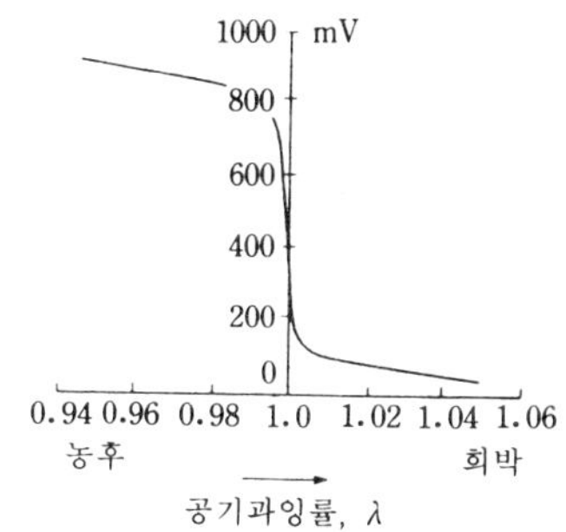

그림 6-98 O_2 센서 출력특성

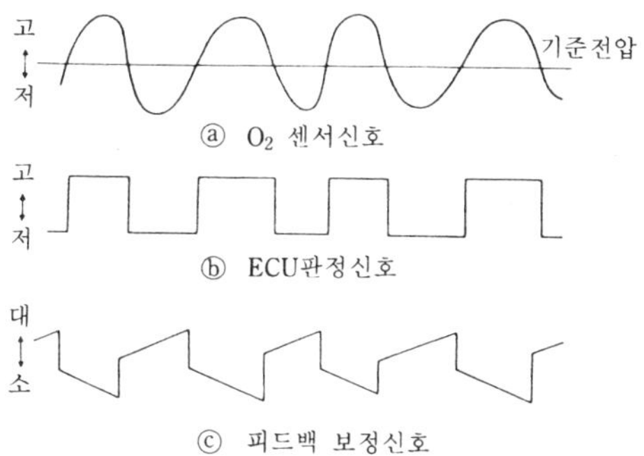

그림 6-99 공연비 피드백 제어

1) 공연비 피드백 제어

O_2 센서는 이론공연비인 곳에서 출력전압이 급하게 변화하므로(그림 6-98), 그 특성을 살려서 그림 6-99에 나타내는 것과 같은 공연비의 피드백 제어를 한다.

그리고 ECU는 O_2 센서의 출력전압과 이론공연비를 나타내는 기준전압과의 비교에 의하여 농후, 희박의 판정을 하게 된다(그림 6-99 ⓑ).

농후의 경우는 분사량이 감량되도록 피드백 보정계수를 단계적(계단 모양)으로 변화시킨다.

이 피드백 제어방식은 응답성을 높혀 보다 빨리 이론공연비 가까이로 공연비를 제어할 것을 목적으로 하고 있다.

2) 피드백 제어의 실시조건

O_2 센서의 온도가 낮을 때에는 이론공연비를 바르게 검출할 수 없다. 이 때문에 시동 때나 시동되고서 시간이 충분히 경과되지 않아 냉각수 온도가 낮을 때에는 피드백 제어를 정지한다.

(6) 學習制御

학습제어(learning control)는 이론공연비로의 제어 정확도를 보다 향상시킬 것을 목적으로 하여 아래와 같은 3단계로 하도록 되어 있다.

이론공연비로부터의 공연비 이탈량을 구한다.
↓
공연비 이탈량을 수정하는 보정계수(학습보정량)를 구하고 이를 기억한다. (기억된 학습보정량은 점화스위치 키를 OFF 시켜도 지워지지 않는다.)
↓
현재의 운전조건에 해당하는 학습보정량을 분사시간에 반영한다.

다음에 이 3단계의 내용을 베인식 에어플로미터의 바이패스 공기량(바이패스 통로를 흐르는 공기량)이 시간이 경과함에 따라 변화하는 經時變化에 의해 감소하였을 때의 예를 들어서 설명한다.

바이패스 공기량의 감소는 그림 6-100 (ii)에 나타내는 공연비의 이탈량을 가지게 되고 이 이탈량은 $a/Q+b$(Q는 흡입공기량)로 표시할 수 있으며, 이때 구하여야 할 학습보정량은 a, b의 2개이다.

1) 공연비 이탈량을 구하는 방법

그림 6-100 (i)은 기관이 그림 6-100 (ii)의 운전조건 Ⓐ하에 있을 때의 O_2 센서 피드백 보정계수를 나타내고 있다. 운전조건 Ⓐ의 공연비(피드백

제어를 하지 않은 오픈루프 제어시의 공연비)는 이론공연비에 대하여 10%의 농후도를 나타내기 때문에 피드백 보정계수의 중심치는 0.9(10% 감량)를 나타낸다. 즉 피드백 보정계수 중심치의 1.0으로부터의 이탈량으로 오픈루프 제어시의 공연비 이탈량을 알 수 있게 된다.

2) 학습보정량

오픈루프 제어시의 공연비를 이론공연비가 되도록 하려면 피드백 보정계수 중심치가 1.0이 되도록 하기 위한 학습보정량을 구한다. 즉 그림 6-100의 운전조건 Ⓐ의 학습보정량은 0.9가 되며 따라서 학습보정량은 공연비의 이탈량과 대칭이 되는 값으로 된다(그림 6-100 (iii)).

공연비 이탈량을 조사하여 정확한 학습보정량을 구하려면 시간이 필요하다. 점화스위치를 OFF 시킬 때마다 전원이 끊겨져 학습보정치가 소거되

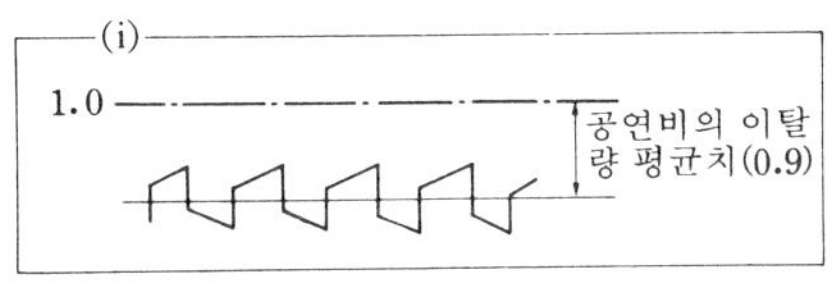

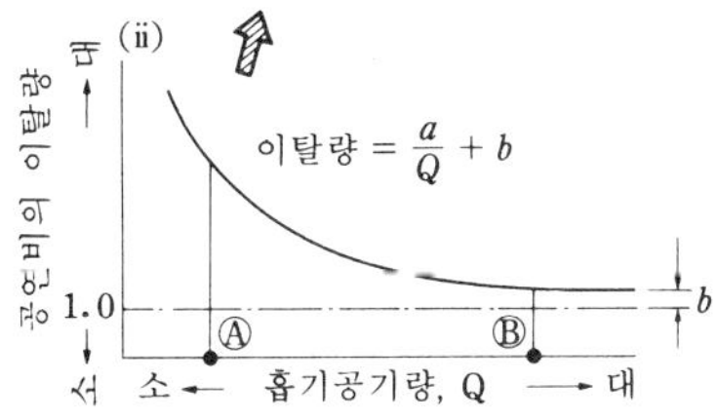

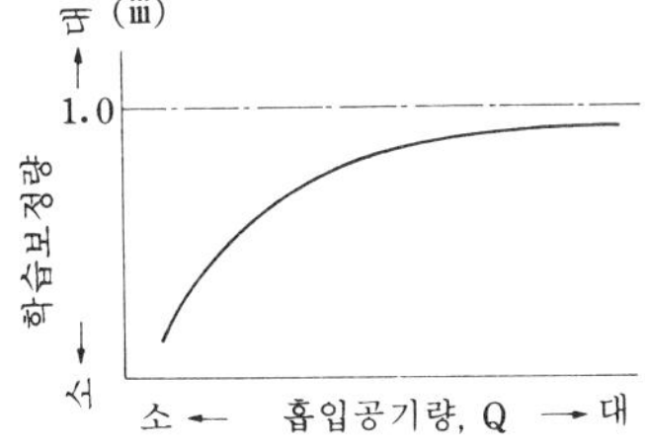

그림 6-100 학습제어의 보정 예

어서는 정밀한 공연비의 보정제어는 어려워진다. 이를 위하여 학습보정량은 점화스위치를 OFF 시켜도 언제나 전압이 계속적으로 공급되는 구성의 불휘발성 메모리에 격납한다. 따라서 불휘발성 메모리를 사용함으로써 기관이나 EFI 부품의 사용과정에서의 특성변화가 달라지는데 따른 공연비 이탈량의 수정이 지속적으로 이루어질 수 있게 된다.

3) 학습보정량의 반영

학습보정량은 운전조건을 알게 되면 즉시 분사시간에 반영 될 수 있고 이 때문에 과도운전시의 공연비 제어 정확도가 향상된다.

운전조건이 그림 6-100의 Ⓐ ⇨ Ⓑ로 변화하였을 때의 피드백 보정계수의 움직임을 학습제어의 있고 없음에 따라 다른점을 설명하면 다음과 같다.

그림 6-101 (i)은 학습보정제어가 없을 때의 피드백 보정계수이고 피드백제어의 적분속도는 일반적으로 수 %/초로서 공연비로부터의 이탈이 있을 때에는 수 10〔ms〕 오더(order)로 운전조건이 달라지는 과도시에는 이론공연

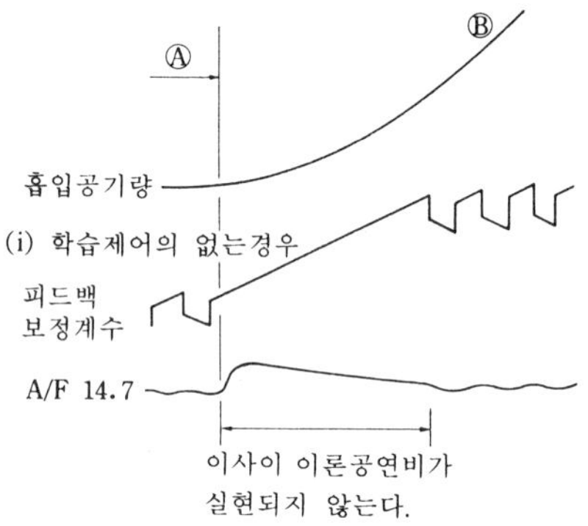

(ii) 학습제어를 하고있는 경우

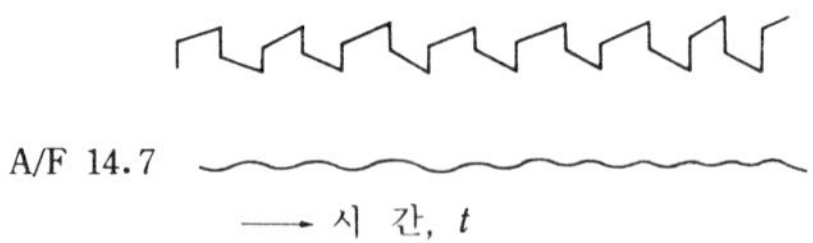

그림 6-101 학습제어의 유무에 의한 공연비 제어 정확도

비를 실현할 수 없게 된다. 그리고 그림 6-101 (ii)는 학습제어가 있을 때의 피드백 보정계수이다. 이때에는 학습보정량이 운전조건의 변화에 상응하여 반영되기 때문에 공연비로부터의 이탈에 영향없이 이론공연비를 실현할 수 있다.

그림 6-102는 10 모드인 경우를 학습제어의 있고 없음에 따른 주행시의 공연비의 빈도 분포를 나타낸 것이다.

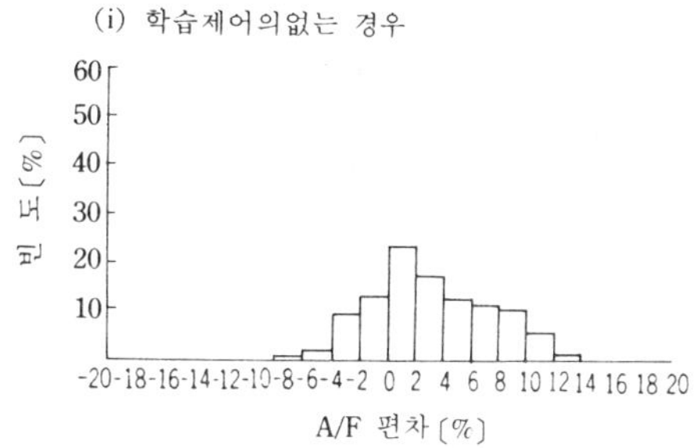

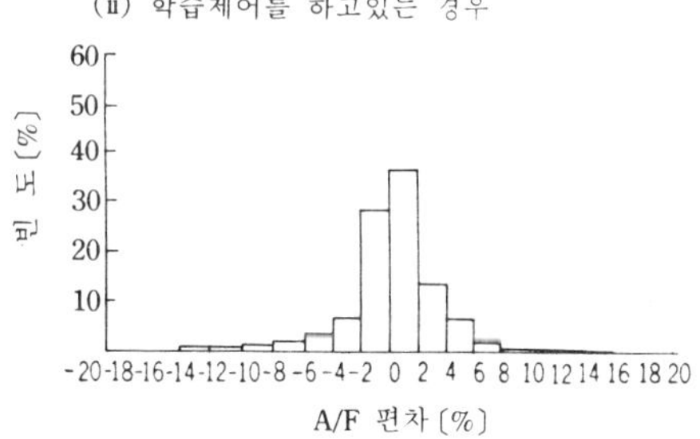

그림 6-102 공연비 학습제어의 효과

(7) 高回轉, 高負荷時의 增量補正

스로틀 개도가 큰 고부하 주행시에는 보다 큰 토크를 요구하게 된다. 고부하 주행은 공연비에 대한 토크 특성이 피크(peak)를 나타내는 12.5 부근으로 공연비를 설정하며 이 공연비 12.5의 실현은 오픈루프 제어로 한다. 즉 기본 분사시간은 거의 이론공연비 14.7을 실현시키고 있기 때문에 여기에 증량 보정계수를 기본 분사시간에 곱한다. 이때 O_2 센서에 의한 피드백 제어는 정지된다.

고회전속도, 즉 차량의 경우 고속주행시도 고부하 때와 같이 12.5 부근으로 공연비를 설정한다.

공연비를 농후하게 하면 연소속도가 저하되기 때문에 그림 6-103에 나타내는 것과 같이 배출가스의 온도가 낮아진다. 연소속도가 낮아지는 원인은 가솔린의 기화열에 의한 냉각과 산소부족에 의한 연소효율의 저하이다. 그리고 공연비 12.5로 운전될 때 排氣系部品(배기관, O_2 센서, 촉매)이 허용온도를 초과할 때에는 보다 공연비를 농후하게 설정하는 경우도 있다.

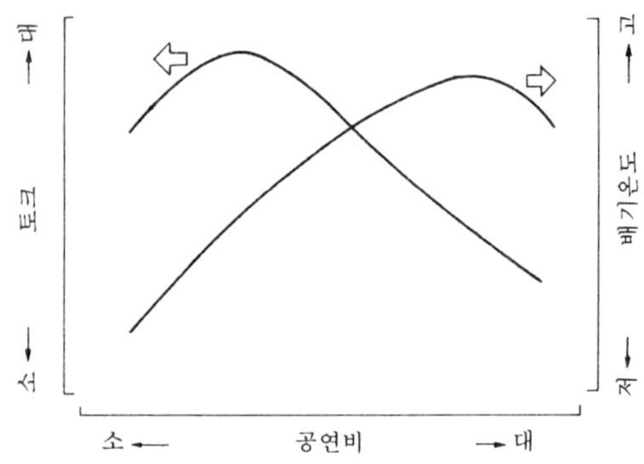

그림 6-103 공연비와 토크·배기온도의 관계

(8) 無效噴射時間

연료를 분사하는 인젝터는 驅動電壓이 인가되고서부터 밸브가 열릴 때까지에는 작동지연 T_o가 있고 또한 구동전압이 끊어지고부터 밸브가 닫혀질 때까지에도 작동지연 T_c가 있으며 작동지연시간은 밸브가 닫힐 때보다 열릴 때가 길다. 연료를 분사하지 않는 시간, 즉 $T_o - T_c$의 시간을 無效噴射時間이라고 하고 ECU에서 연산된 분사시간에 가산할 필요가 있다.

무효분사시간은 축전지 전압에 대하여 그림 6-104에 나타내는 특성으로 된다.

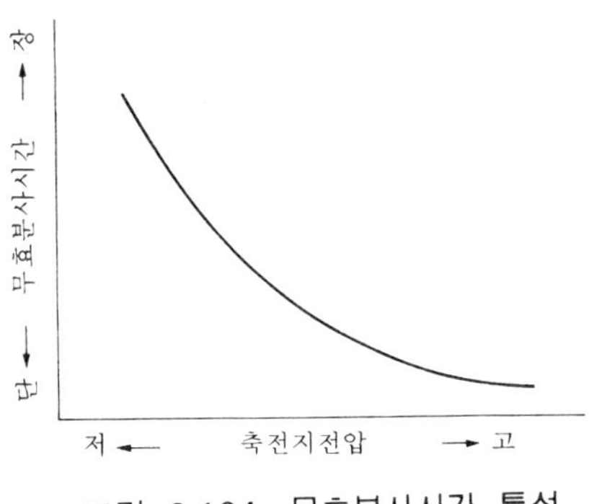

그림 6-104 무효분사시간 특성

(9) 燃料 컷

연료 컷(fuel cut)이란 인젝터로의 분사신호의 정지를 뜻한다.

2종류의 연료 컷이 있고 제 1은 연비의 개선, 배출가스의 정화를 목적으로 하는 감속시의 컷, 제 2는 기관의 파손방지를 목적으로 하는 고회전시의 컷이다.

1) 감속시 연료 컷

스로틀이 전폐상태이고 기관의 회전속도가 설정회전 이상이어서 연료의 공급을 필요로 하지않는 감속상태로 판정되었을 때에는 연료 컷을 한다. 연료 컷 때의 회전속도는 부하의 유무, 기관의 냉각수 온도변화에 따라 미세한 조정이 가능토록 하여 그 영역을 넓게 함으로써 연비의 개선을 도모할 수 있다.

그림 6-105는 기관 냉각수 온도에 대한 연료 컷의 설정 회전속도와 복귀 회전속도의 한 예를 나타낸 것이다. 복귀 회전속도란 차량의 경우 타행주행을 계속하고 있는 사이에 연료분사를 다시 개시하는 회전속도로 컷 회전속도보다 일정회전속도 내린 설정으로 하고 기관의 냉간시는 아이들 회전속도를 높은 회전속도로 설정한다. 이 때문에 아이들 상태에서 연료 컷으로 들어가지 않도록 냉각수 온도가 낮을수록 컷 회전속도는 높이고 있다.

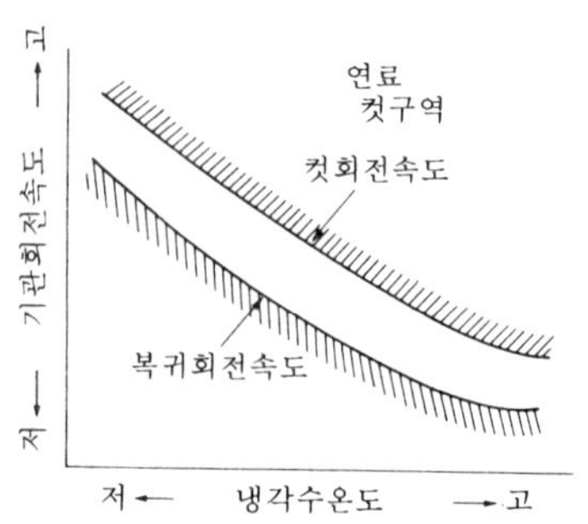

그림 6-105 연료 컷, 복귀회전속도 특성

그리고 연료 컷 중에 스로틀이 열려지는 경우는 즉시 분사를 재개한다.

2) 고회전시 연료 컷

기관의 회전속도가 레드 존(red zone) 이상으로 상승되는데 따른 기관의 파손을 방지하기 위하여 設定回轉速度(예를 들면 8000 rpm) 이상일 때에는 연료를 컷 시켜서 회전속도의 상승을 억제한다.

(10) 始動時 噴射時間

시동시의 판정은 스타터의 스위치 신호와 기관회전속도(예를 들면 400 rpm 이하)에 의하여 하게 된다. 시동시에는 흡입공기량이 적고 에어플로미터로 그 양을 정확하게 검출하기는 불가능하다. 따라서 시동 후 분사시간에서의 기본 분사시간에 상당하는 것은 시동시 분사시간에는 없다. 일반적으로 시동시 분사시간은 식 (6-47)로서 결정된다.

$$T_I = T_{THW} + T_V \cdots\cdots (6\text{-}47)$$

여기서 T_{THW} : 냉각수 온도에 따라 결정되는 시동시 분사시간〔ms〕

T_V : 무효 분사시간〔ms〕

T_{THW}의 한 예를 나타낸 것이 그림 6-106이고 기관이 차가울수록 벽에 부착된 가솔린의 기화가 어려워지므로 저온측의 분사량이 증가한다.

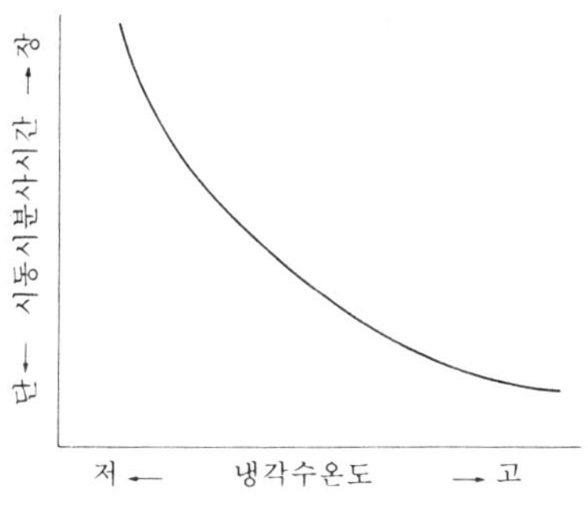

그림 6-106 시동시 분사시간 특성

(11) 아이들 回轉速度制御

가솔린기관은 운전자가 스로틀밸브를 조작, 기관에 흡입하는 공기량을 조절함으로써 출력을 제어한다. 아이들시 스로틀밸브는 전폐의 상태에 있고 밸브의 틈새와 스로틀밸브를 바이패스하는 아이들 어저스트 통로를 통과하는 공기가 기관에 공급되도록 되어 있다. 기관은 이 공기가 연소에 기여하여 발생하는 출력과 기관 자체의 마찰이 형평을 이루는 회전속도에서 일정의 속도로 회전하게 된다. 따라서 기관의 마찰이 오랫동안의 사용으로 經時變化하는 경우나 스로틀밸브의 틈새에 달라붙는 미세한 먼지 등으로 공기량이 변화하는 때에는 아이들 회전속도가 달라지게 된다. 만약 아이들 회전속도가 떨어지면 기관의 회전속도가 불안정하게 되고 진동이 발생되거나 발진시 기관이 정지(engine stall)를 일으키기 쉬워지고, 또 역으로 아이들 회전이 높아지게 되면 아이들 연비를 악화시키게 된다. 이와 같은 문제를 방지하기 위하여 바람직한 아이들 회전속도를 유지하는 기능을 가지도록 하는 것이 아이들 회전속도제어(ISC : Idle Speed Control)이다.

1) 아이들 회전속도의 변화

그림 6-107은 그 제어 블록도이고 기관의 실제 회전속도와 기관의 냉각수 온도, 차량의 경우는 에어 컨디셔너용의 압축기 부하, 자동변속기(토크 컨버터) 부하 등의 상태에 따라 결정되어지는 목표회전속도를 비교하여 그

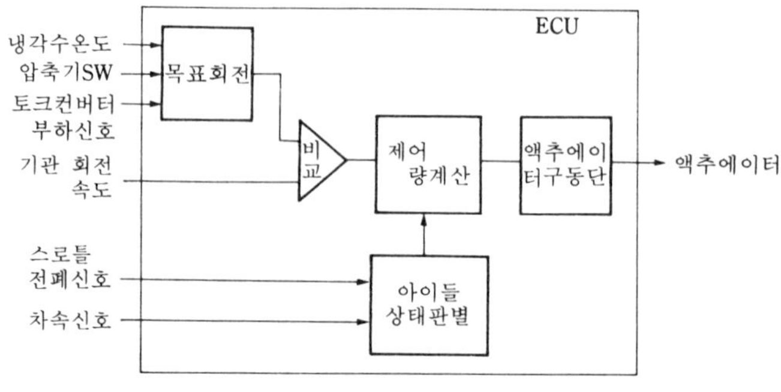

그림 6-107 ISC 제어 블록도

차이에 따라 목표회전속도가 되도록 제어량을 결정, 거기에 알맞은 공기량을 제어하는 액추에이터를 구동하여 기관의 회전속도를 피드백 제어하는 형태를 취하고 있다. 운전자가 가속페달을 조작하고 있는 주행 중에 아이들 회전속도의 피드백 제어를 하게 되면 가속페달조작에 의한 공기량 조절과 서로 간섭하게 되므로 스로틀의 전폐신호, 차속신호 등으로 아이들 상태를 검출하여 그때만 피드백 제어를 실시하도록 되어 있다.

이상은 ISC의 주된 목적과 그것을 실현하기 위한 기본구성에 대하여 설명하였다. 실제로는 이 밖에도 ISC를 채용함으로써 종래의 별개의 장치에 의하여 실현시키고 있는 기능을 종합하여 하게 되어서 흡기계를 보다 간소화시킬 수 있는 이점이 있고 이것을 목적으로 ISC를 채용하는 경우도 있다.

예를 들면 기관의 냉각수 온도가 낮을수록 목표회전속도를 높게 하여 페스트 아이들을 실현, 에어밸브를 폐지한 것도 많이 있으며 에어 컨디셔너용 압축기의 작동에 상응하여 목표회전속도를 높여서 아이들 업(idle up)을 실현하고 있는 것도 많다. 또한 스로틀밸브가 급하게 닫힐 때에는 일시적으로 공기를 증가시켜 대시 포트 기능을 가지도록 한 것도 있다.

2) ISC용 액추에이터

공기량을 제어하는 액추에이터는 크게 나누어서 그림 6-108에서와 같이 스로틀밸브의 全閉位置를 제어하는 스로틀밸브 直動方式의 것과 스로틀밸

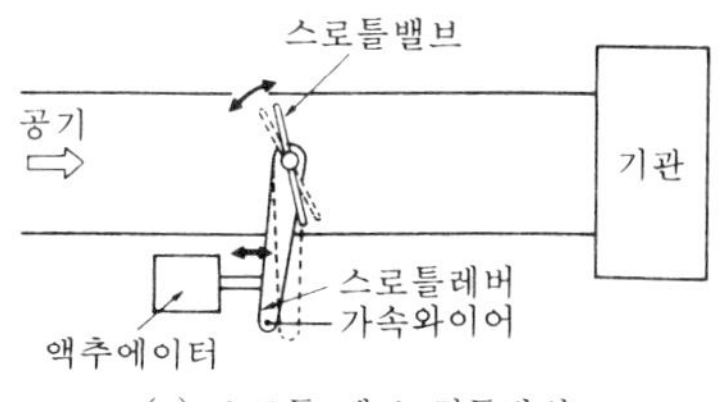

(a) 스로틀 밸브 직동방식

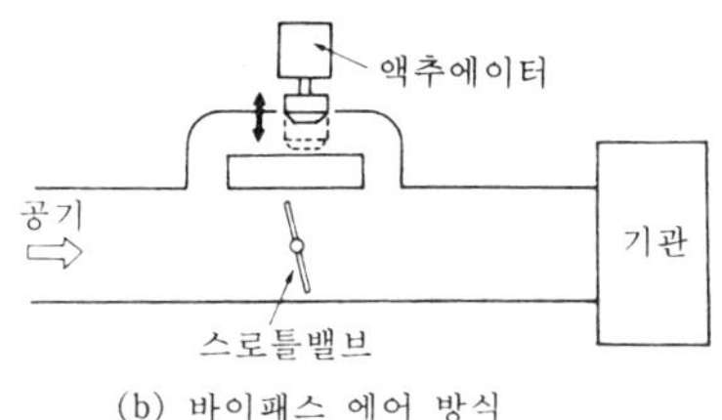

(b) 바이패스 에어 방식

그림 6-108 ISC 액추에이터에 의한 공기제어의 방식

브를 바이패스하는 공기유량을 제어하는 바이패스 에어방식이 있으며 어느 것이나 공기가 통과하는 통로면적을 조절하여 공기유량을 제어한다.

그림 6-108에 각각의 방식에 쓰이는 액추에이터를 분류하여 나타낸다. 스로틀밸브 직동방식은 스로틀밸브를 닫히는 방향으로 가하여지는 리턴 스프링의 힘에 이겨서 제어하게 되어 있고 비교적 외형이 큰 액추에이터로 되기 때문에 일부에서 사용되고 있을 뿐이며 대부분은 바이패스 에어방식을 사용하고 있다.

3) ISC 액추에이터의 작동

a) 모터 직동방식

그림 6-109는 SPI와 조합되어 장착된 스로틀밸브 직동방식 액추에이터의 예를 나타낸 것이다. 액추에이터는 스로틀레버의 전폐 스토퍼로 되어 있고 드라이브 샤프트를 출입시켜서 전폐 스토퍼의 위치를 조절하여 스로틀밸브의 통로면적을 조절한다. 액추에이터는 회전력을 발생하는 DC 모터, 회전력을 증대시키기 위한 감속기어, 회전변위를 드라이브 샤프트의 직선위치로 바꾸기 위한 피드 스크루 기구(feed screw mechanism)로 구성되어

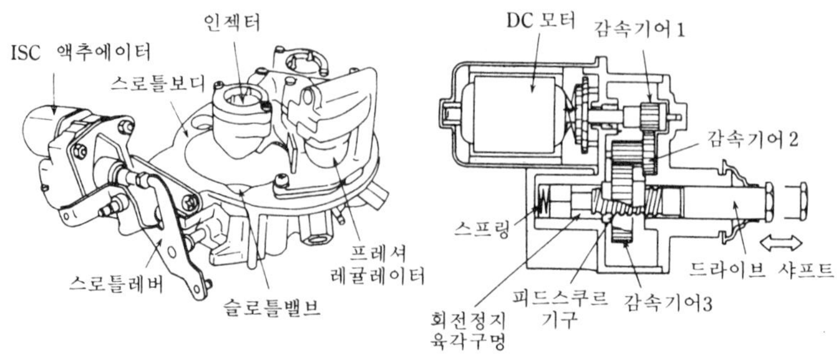

그림 6-109 스로틀밸브 직동식 액추에이터

있다. 이 방식의 것은 강대한 작동력을 가지고 있으며 제어위치의 안정성은 좋으나 감속기구에 의하여 변위속도가 떨어지므로 制御應答性은 그다지 좋지 못하다.

b) 바이패스방식

바이패스방식의 액추에이터는 스텝모터(step motor)식, 리니어 솔레노이드(linear solenoid)식, 로터리 솔레노이드식 등 여러 종류의 방식의 것들이 있다.

(i) 스텝모터 방식

그림 6-110은 스텝모터식 액추에이터를 나타낸 것이다. 永久磁石으로 된 로터, 스테이터 코일로 구성된 모터부, 회전운동을 밸브의 직선운동으로 바꾸는 피드 스크루 기구, 밸브부분 등으로 구성된다.

복수로 된 스테이터 코일에 흐르는 전류를 단계적으로 변환, 제어하는데 따라서 로터를 정방향, 또는 역방향의 어느 한쪽으로 회전시켜 밸브의 상

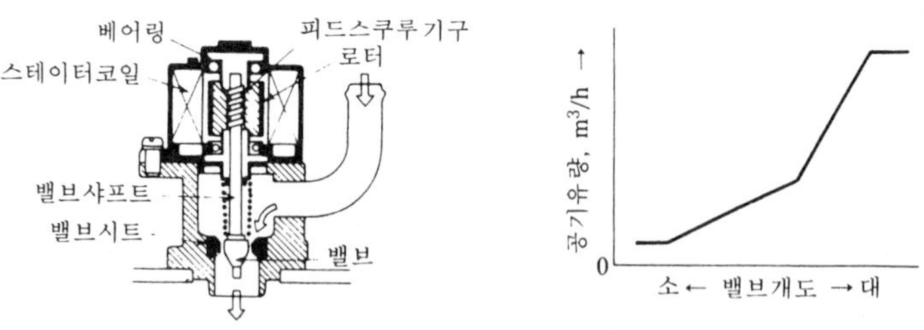

그림 6-110 스텝모터식 액추에이터

하운동에 의하여 공기가 통과하는 통로면적을 조절한다.

ECU는 기관의 시동시 밸브의 전개 또는 전폐의 상태로부터 제어를 개시하고 제어한 스텝수와 정방향, 역방향의 어느 한쪽으로 움직이었는가를 파악하여 최신의 밸브 위치를 항상 메모리에 기억시킬 수 있어서 제어를 정확하게 하기 쉽다. 또한 스텝마다에 順次制御에 의하여 변위시키기 때문에 應答速度에는 한계가 있다.

(ii) 솔레노이드 방식

그림 6-111은 솔레노이드식 액추에이터를 나타낸 것이다. 이 방식의 것은 솔레노이드 코일에 흐르는 電流値의 크기에 따라 생기는 電磁吸引力에 의하여 스프링과 힘이 평형을 이루는 위치까지 밸브를 변위시켜서 공기의 흐르는 통로면적을 조절하는 비례전자밸브이다. 리니어 솔레노이드식은 축방향의 변위로서 통로면적을 조절하는 것이고 로터리 솔레노이드식은 회전방향의 변위로 통로면적을 조절한다. 이 방식의 것은 응답속도가 가장

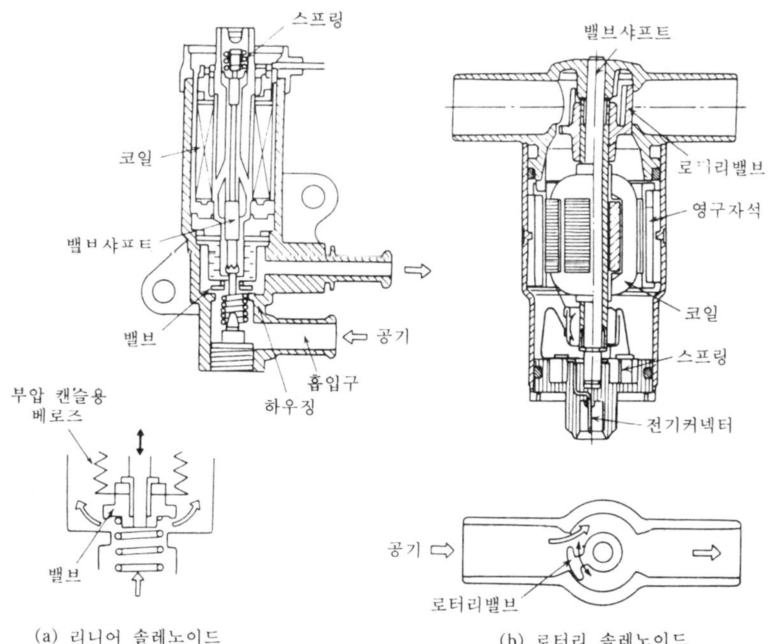

(a) 리니어 솔레노이드 (b) 로터리 솔레노이드

그림 6-111 솔레노이드식 액추에이터

빠른 반면 작동력이 약하다. 특히 리니어 솔레노이드식의 것은 밸브 상하류의 압력차에 의하여 생기는 힘으로 밸브 위치가 영향을 받지 않도록 負壓 취소용의 베로즈(bellows) 등으로 힘의 형평을 취하고 있다.

(12) EGR 制御

大氣汚染防止를 위하여 자동차 배출가스 중의 질소산화물(NOx)의 배출량이 규제되어 있다. 이 NOx는 실린더 내에서 연소할 때 고온하에서 N_2와 O_2가 반응하여 발생되며 연소온도가 높을수록 고농도의 NOx가 배출된다.

혼합기에 공기 중의 N_2에 비하여 열용량이 큰 CO_2 가스가 포함된 배출가스를 적절하게 혼입시키면 같은 발열량의 연소를 하여도 배출가스를 혼입시키지 않은 경우에 비하여 연소온도가 낮아지고 이로써 NOx의 생성이 제어될 수 있다. 그 때문에 배출가스 再循環(EGR : Exhaust Gas Recirculation)이 NOx 低減法으로서 쓰여지며 이것이 EGR 제어(EGR control)이다.

그리고 다른 한편으로는 EGR을 함으로써 혼합기의 착화성이나 기관의 출력이 저하되므로 NOx의 배출량이 많은 기관의 운전영역을 선정하여 적정량의 EGR을 할 것이 중요하다. EGR 제어량의 지표로서는 EGR율이 쓰여지고 다음과 같이 정의된다.

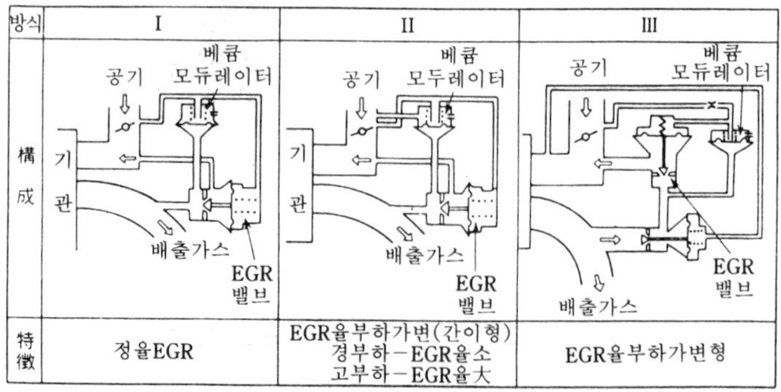

그림 6-112 각종 기계식 EGR 제어장치

$$\text{EGR 율} = \frac{\text{EGR 가스유량}}{\text{흡입공기량} + \text{EGR 가스유량}} \times 100[\%] \quad \cdots\cdots\cdots\cdots (6\text{-}48)$$

그림 6-112는 기계식 EGR 제어장치의 여러가지 방식을 나타낸 것이다. 어느 경우나 흡기관 부압 및 배기압력을 이용하는 뉴매틱제어(pneumatic control)이고 일반적으로 EGR 율 5~15[%]의 소량 EGR을 하는 경우에 쓰여진다. 기계식에서는 비교적 복잡한 제어가 가능한 EGR 率 負荷可變形을 사용하여도 제어 자유도에 한계가 있으므로 대량 EGR(EGR 율 15~25[%])를 하는 경우에는 전자제어식이 많이 쓰여지고 있다.

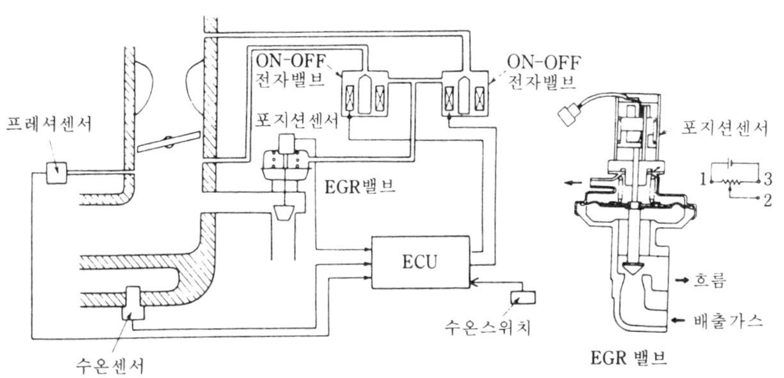

그림 6-113 전자제어식 EGR 시스템

그림 6-113은 전자제어식 EGR의 한 예를 나타낸 것이다. EGR 밸브는 밸브의 리프트 위치를 검출하는 포지션 센서를 구비하고 있어서 기관의 회전속도와 부하에 따라 미리 프로그램된 밸브 리프트 위치가 되도록 다이어프램실에 걸리는 부압을 ON-OFF 電磁밸브(solenoid valve)의 듀티(duty) 비를 달리하여 제어한다. 그리고 운전성과 배기계의 耐熱性面에서 아이들, 전부하역 고회전역에서는 스로틀밸브의 개도, 기관회전속도 등의 조건에 따라 전자밸브의 ON-OFF 제어에 의해 다이어프램실에 대기를 도입하여 EGR 밸브를 전폐로 하고 EGR을 컷시킨다. 그림 6-114는 전자 제어식 EGR 시스템으로서 제어하는 제어프로그램의 한 예와 그 시스템을

사용하였을 때의 NOx의 저감효과를 나타낸 것이다.

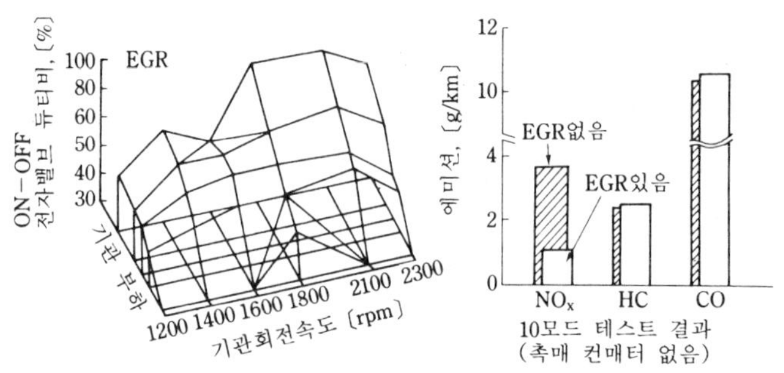

그림 6-114 EGR 제어특성과 NOx 저감효과

(13) 電子制御 시스템의 例

최근 가솔린기관에 실용화되고 있는 여러 종류의 전자제어 시스템 가운데 전자식 엔진 집중제어 시스템(ECCS : Electronic Concentrated Control System)은 마이크로 컴퓨터에 의하여 이루어지는 제어기구를 사용하여 다음의 각 항목에 대하여 집중적으로 제어하는 시스템이다.

ⓐ 공연비, ⓑ 점화시기, ⓒ 아이들 회전속도, ⓓ EGR(배기재순환), ⓔ 연료펌프의 ON/OFF, ⓕ 배기온도 경고등 그리고 배출가스의 정화장치로서는 3원촉매를 장착하고 이것을 작동시키기 위하여 공연비의 피드백 컨트롤을 하고 있다. 그림 6-115는 ECCS 시스템의 구성을 나타내는 그림이고, 그림 6-116은 그 컨트롤 유닛의 기능을 표시한 것이다.

1) 컨트롤 유닛의 작동

그림 6-116에서 위쪽에 열거되어 있는 센서로부터의 情報(입력신호)는 波形整形回路로서 잡음이 제거되고 레벨이 조절된 다음 I/O, LSI(Large Scale IC)로 입력된다. 그리고 I/O, LSI는 각 입력신호를 컴퓨터가 이해할 수 있는 2進數 신호로 변환한다. 흡입공기량 등의 아날로그 신호는 A/D 컨버터(아날로그/디지탈 변환회로)에 의하여 디지탈 신호로 변환된다.

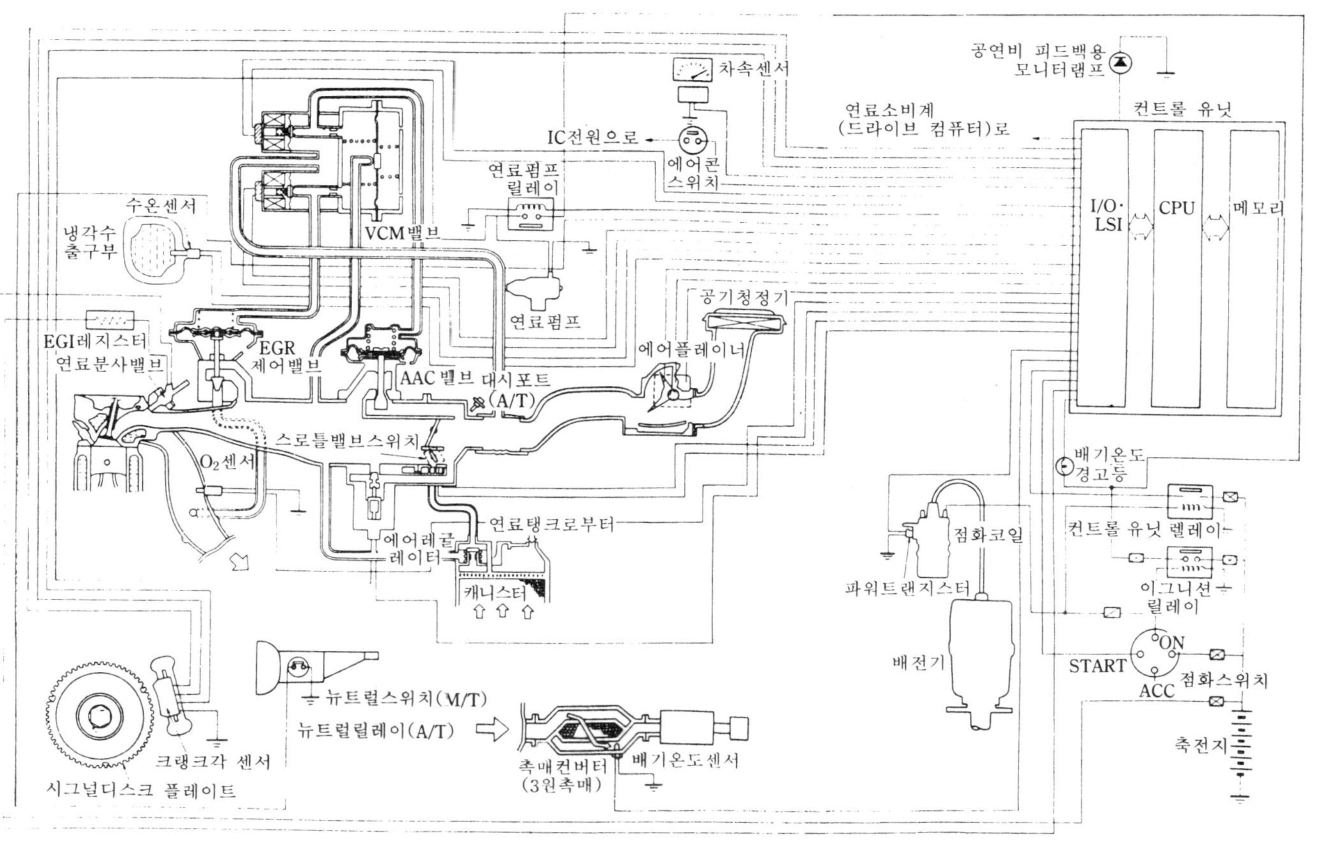

그림 6-115 ECCS 시스템

ROM(Read Only Memory)에는 中央處理裝置(CPU : Central Processing Unit)가 실행하는 연산처리 로직(logic), 실행순서의 프로그램 및 제어계산용의 데이터가 기억되어 있다. CPU는 ROM의 프로그램 및 데이터와 I/O, LSI로부터의 입력신호를 사용하여 제어에 필요한 출력신호를 계산한다. 입출력 데이터나 계산도중의 데이터는 일시적으로 RAM(Random Access Memory)에 기억되어 필요에 따라 읽어낸다.

출력신호는 CPU로부터 I/O, LSI로 보내지고 그 출력신호로 펄스 幅信號, 스위치 신호로 변환되어 구동회로로 電力增幅되어 전자 솔레노이드밸브,

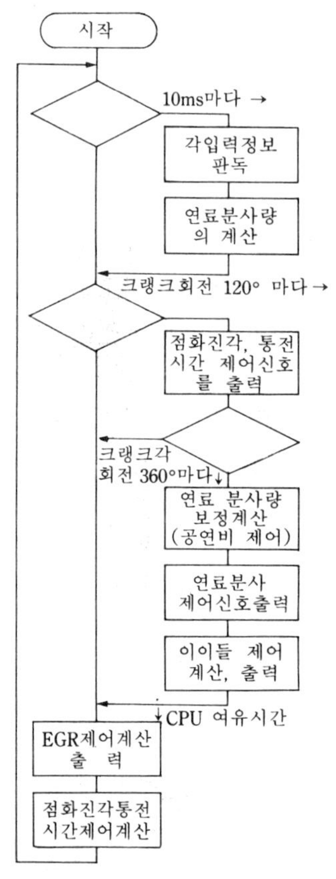

그림 6-116 ECCS의 컨트롤 유닛의 계산수순

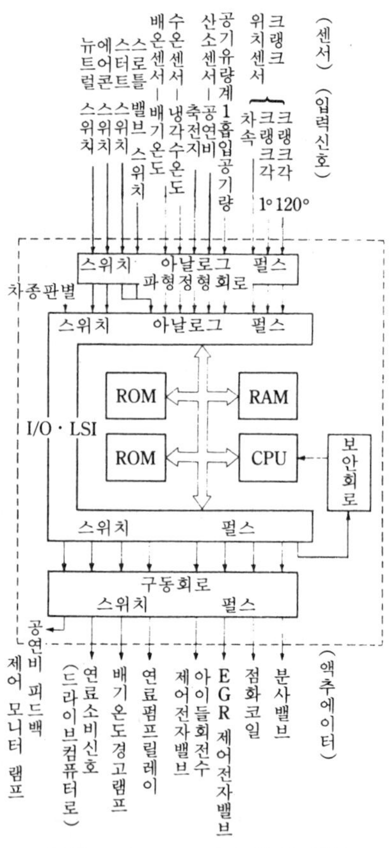

그림 6-117 ECCS의 컨트롤 유닛의 기능

릴레이, 램프 등의 액추에이터로 보내진다. CPU의 연산은 8비트($2^8=256$) 단위로 이루어진다.

이상의 제어동작 이외에 컨트롤 유닛의 ECCS 첵커로부터 自己診斷信號가 입력되면 자기자체로서 기능의 자체진단을 하는 自己診斷機能을 가지고 있으며 이밖에 보안회로가 있고 노이즈 등에 의하여 이상제어가 발생케 되면 즉시 이것을 검지하여 제어 프로그램을 정상상태로 되돌리는 기능을 갖추고 있다.

CPU는 1회에 계산을 한번밖에 할 수 없다. 실제로는 이들 계산이 그림 6-117에 나타내는 순차로, 그러나 대단히 신속하게 진행된다. 제일 먼저 우선적으로 최신의 정보에 의하여 연료분사량의 기본량을 10ms마다 定時 計算한다.

다음에 크랭크각 120° 마다 기관의 회전에 동기하여 점화시기와 통전시간의 제어신호를 출력한다. 그리고 난 다음에는 크랭크각 360° 마다 연료의 분사량 보정계산을 하고 계산결과의 燃料噴射制御信號를 출력한다. 그리고 아이들 제어신호를 계산, 계산결과를 출력한다. 남은 시간에는 EGR의 제어신호를 계산, 계산결과를 출력한다. 또 이어서 點火進角通電時間의 제어계산을 한다. 이 일련의 사항들은 그다지 급하게 계산하지 않아도 좋은 것들이며 전체 프로그램을 한번 실행하는데 필요로 하는 시간은 약 16.4〔ms〕이다.

2) 연료분사제어

앞에서 설명한 바와 같이 연료분사량은 분사밸브의 밸브열림시간, 즉 분사인젝터에 인가되는 전압 펄스의 펄스폭(시간)에 의하여 결정된다. 연료분사제어신호는 펄스폭 신호가 되고, 통상 분사펄스 T_o는 다음 식에 의하여 계산된다.

$$T_O = T_P\ \alpha(1+K_{TW}+K_{AS}+K_{AI}+K_{MR})\ K_{FC}+T_S$$

여기서 T_P : 기본 분사펄스

α : 공연비 피드백 보정

K_{TW} : 수온보정

K_{AS} : 시동, 시동 후 증량보정

K_{AI} : 아이들링 후 증량보정

K_{MR} : 공연비보정

K_{FC} : 컷 계수

T_S : 전압보정

기관의 1회전 때 마다 이와 같은 계산을 하고 분사펄스를 연산하여 구한 다음 그 계산 결과를 분사밸브에 보내고 있다(그림 6-117).

a) 기본 분사펄스 T_P

에어플로미터로 검출한 흡입공기량과 크랭크각 센서로 검출한 기관의 회전속도에 의하여 가장 기본적인 분사량 T_P가 결정되어진다.

$$1\text{실린더 } 1\text{회전마다의 분사량} = \frac{120\,G}{ZN}$$

여기서 G : 흡입공기량〔g/s〕

Z : 실린더 수

N : 기관회전속도〔rpm〕

b) 공연비 피드백 보정 α

ECCS는 3원촉매를 사용하고 있다. 3원촉매는 배출가스 중의 NOx, O_2를 산화제, CO, HC, H_2를 환원제로 하여 반응시켜서

O_2 NOx	+	CO HC H_2	→	N_2 CO_2 H_2O

와 같이 중화, 大氣汚染物質인 세 가지 성분을 한꺼번에 제거시키고자 한 것이다.

그러기 위하여는 그림 6-118에 나타내는 것과 같이 공연비가 이론공연비를 중심으로 하는 어느 좁은 범위(window) 내에 들어갈 수 있도록 연료분사량을 정확성 있게 제어하여야 하며, 에어플로미터로 계측한 흡입공기량의 신호만으로는 이와 같은 높은 정확성의 제어가 불가능하다. 그러므로

배기관에 부착되어 있는 O_2 센서로부터의 피드백 신호에 의하여 분사펄스를 보정한다(그림 6-119). O_2 센서로는 산화질코니움(ZrO_2)에 소량의 산화잇도리움(Y_2O_3)을 固溶시킨 시험관 모양으로 만들어진 固體電解質素子(질코니어관) 표면에 多孔質의 白金電極被膜을 입힌 것으로 안쪽에 대기, 바깥쪽에는 배출가스를 유도한다(그림 6-120).

온도가 고온으로 되면 산소가 이온화되면서 농도차에 의하여 고체전해질 속을 대기쪽으로부터 배출가스쪽으로 확산한다. 그 결과 소자는 일종의 濃淡電池가 되고 전력을 발생한다. 그런데 배출가스쪽에는 백금촉매의 작용으로 O_2는 CO, HC, H_2 등과 반응하여 平衡濃度에 달하게 되어(과농역에서는 O_2가 거의 탈락된다) 산소농도는 이론공연비를 경계로 하여 급변하게 되고 그 결과 O_2 센서로부터는 그림 6-121에서와 같이 이론공연비의 전후에서

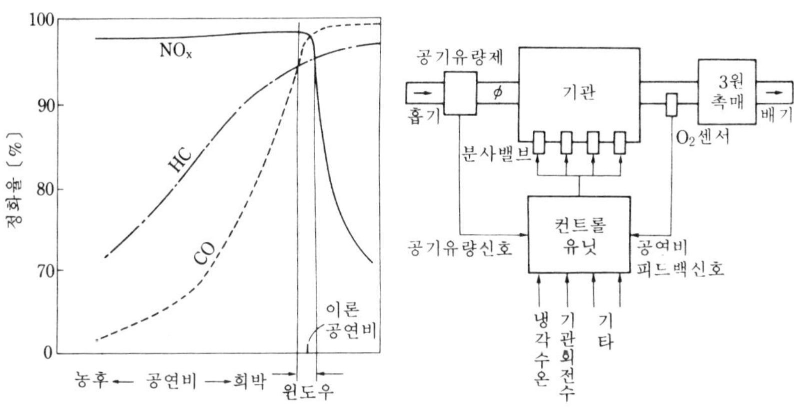

그림 6-118 3원촉매의 CO, HC, NO_x의 정화율

그림 6-119 ECCS 개념도

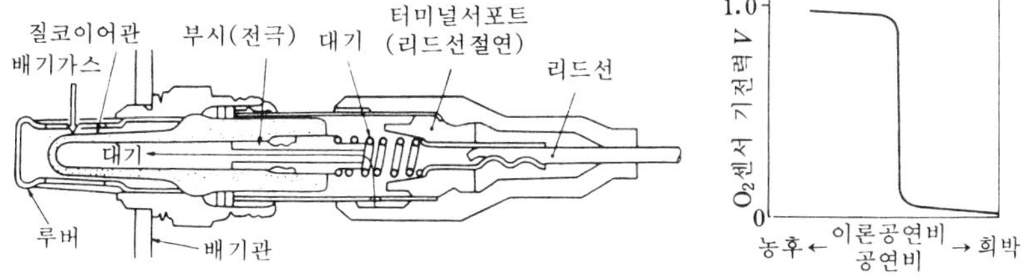

그림 6-120 산소 센서

그림 6-121 센서의 출력

계단모양으로 변화하는 신호가 발생한다. 이 신호를 사용하여 공연비의 피드백 제어를 하게 된다.

공연비와 O_2 센서 출력(전압)과 공연비 피드백 보정계수 α는 그림 6-122에 나타내는 것과 같은 평형의 관계를 유지한다.

지금, 만약 공연비가 농후한 쪽으로 치우친다고 하면 O_2센서의 신호는 거의 계단모양으로 뛰어 오른다. 이 신호를 받아 CPU는 α를 우선 P_R만큼 떨어뜨리고 I_R처럼 서서히 저하시킨다. 그 결과 연료분사량이 스로틀링 되므로 공연비는 비로소 이론공연비보다 희박하여지고 O_2 센서 신호는 때를 맞추어서 급락된다. O_2 센서 기전력의 중앙값을 슬라이스 레벨(slice level)이라 하고 이때 O_2 센서의 출력은 슬라이스 레벨에 비하여 부(−)가 된다. 이 신호를 받으면 CPU는 α를 우선 P_L만큼 급격히 높인 다음 I_L처럼 또한 서서히 높여 가고, 그 결과 연료분사량이 증가되어 공연비가 비로소 이론공연비보다 농후하게 되며 O_2 센서 신호는 또다시 뛰어오른다. 그렇게 하여 이 신호를 받으면 CPU는 다시 α를 내리는 등의 연속된 작동으로 공연비에는 끊임없는 네가티브피드백 제어가 이루어진다. 전체를 통하여 볼 때에는 혼합기가 농후할 때에는 공연비가 농후하게 되는 시간이 희박하게 되는 시간보다 길어지므로 O_2 센서의 전압이 슬라이스 레벨보다 커지는 시간이 많아져서 α는 작아지는 쪽으로 서서히 치우쳐 가게 된다. 이와같이 하여 공연비는 그림 6-122의 우측과 같이 이론공연비와의 전후에서 평형을 이루는 것이 된다.

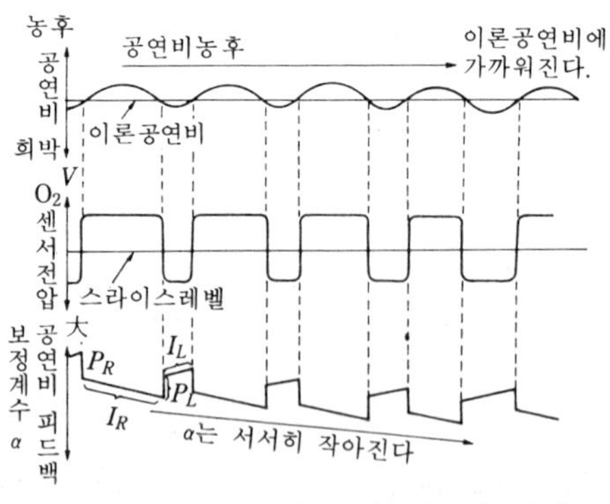

그림 6-122 공연비 피드백 제어

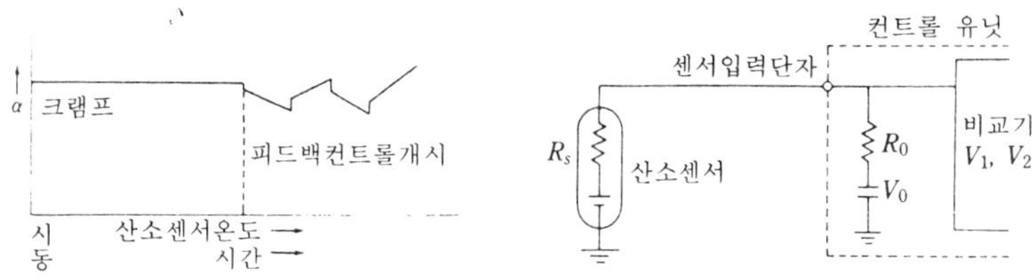

그림 6-123 O_2 센서신호의 조절　그림 6-124 O_2 센서신호의 조절(모식도) ②

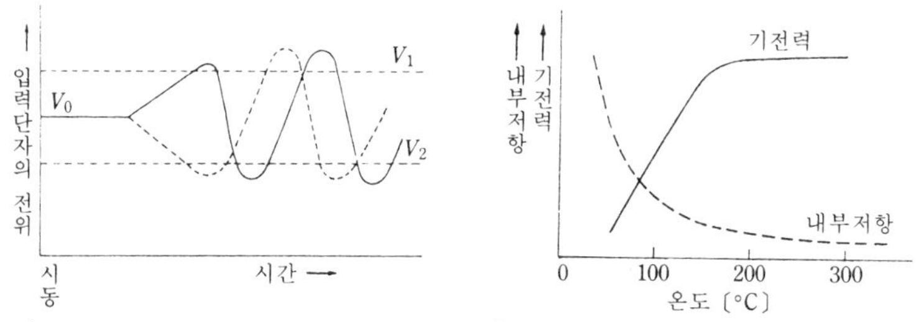

그림 6-125 O_2 센서신호의 조절(모식도) ①　그림 6-126 O_2 센서의 온도특성

이 공연비 피드백 제어는 O_2 센서의 온도가 충분히 높아진 뒤에 이루어진다. 온도가 낮은 동안은 O_2 센서의 기전력이 그림 6-123에서와 같이 낮아지므로 냉시동 후 O_2 센서가 더워질 때까지는 α는 피드백 제어 범위의 중앙값을 그대로 묶어두게 된다(그림 6-124).

O_2 센서가 피드백 제어를 개시하는 과정은 다음과 같다. 즉, 그림 6-125과 같이 O_2 센서에 병렬로 기준전압 V_o가 연결되어 있고 컨트롤 유닛 내에는 V_1(센서 최대 기전력의 2/3)과 V_2(최대 기전력의 1/3)가 설정되어 있으며 냉시동 직후에는 센서가 냉각된 상태이므로 R_o에 비하여 R_s인 쪽이 크고 따라서 입력단자의 電位는 센서 기전력의 영향을 그다지 받지 않고 거의 V_o가 된다.

센서가 점차 더워지면 R_s가 저하되고 입력단자의 전위는 센서의 기전력 영향을 받아서 공연비가 농후하면 V_1으로, 희박하면 V_2에 가까워진다. 그리고 센서 온도가 올라가게 되면 입력단자전위는 V_1 및 V_2 사이를 교차하게 되며 정규의 피드백 제어가 개시된다(그림 6-126).

c) 클램프 기구

다음과 같은 상태에서는 피드백 제어를 정지한다. 즉 $\alpha=1$(일정)에 정지

시킨다. 즉

(i) 냉각수 온도 < 10℃(운전성 안정을 위하여)

(ii) 연료 컷 상태 $K_{FC}=0$

(iii) 혼합비 리치(濃) 세트 K_{MR} = 최대 − 고부하, 고속역에서는 리치세트로 한다(출력 위주의 공연비 세트로 하기 위하여).

(iv) O_2 센서의 異常 ① − 어떤 원인으로 O_2 센서 신호가 리치(농후) 신호를 6.4 초 계속 하는 때(긴급 피난)

(v) O_2 센서의 異常 ② − 어떤 원인으로 O_2 센서 신호가 린(희박) 신호를 10 초 계속 하였을 때(긴급 피난)

(vi) 시동 후 기관이 50 회전하는 사이 — K_{AS} 의 보정에 따른다.

d) 기관의 상태에 따른 각종 보정

공기유량에 맞추어서 기본 분사량을 결정한다. 이것을 O_2 센서로부터의 피드백 제어에 의하여 정확히 이론공연비가 되도록 보정하는 것이 가솔린 분사전자제어의 기본동작이고 또한 기관의 상태에 따라 여러가지의 보정이 이루어지도록 되어 있다.

분사펄스의 식은

$$T_O = T_P \ \alpha(1+\underline{K_{TW}}+\underline{K_{AS}}+\underline{K_{AI}}+\underline{K_{MR}}) \ K_{FC}+T_S$$

이고 $T_P\alpha$가 지금까지 설명하여온 부분이다. 그리고 밑줄(under line)을 그은 부분은 기관의 상태에 따른 각종의 보정부분으로 이것들에 대하여 순서적으로 설명하면 다음과 같다.

(i) 수온증량보정 K_{TW}

그림 6-127 에 나타낸 것과 같이 저온시에는 연료를 증량한다. 이는 기관이 냉각되어 있을 때의 연소 불안정을 방지하기 위한 것이다. 그리고 수온이 10℃ 이상이면서 아이들 접점이 ON 으로 되어 있을 때(아이들링 때)에는 증량을 감량한다. 아이들 제어는 따로 아이들용 공기통로의 스로틀링 가감에 의하여 이루어지기 때문이다.

(ii) 시동 및 시동 후 증량보정 K_{AS}

점화스위치가 'START' 위치로 왔을 때 즉 시동시는 그림 6-128 의 증량이

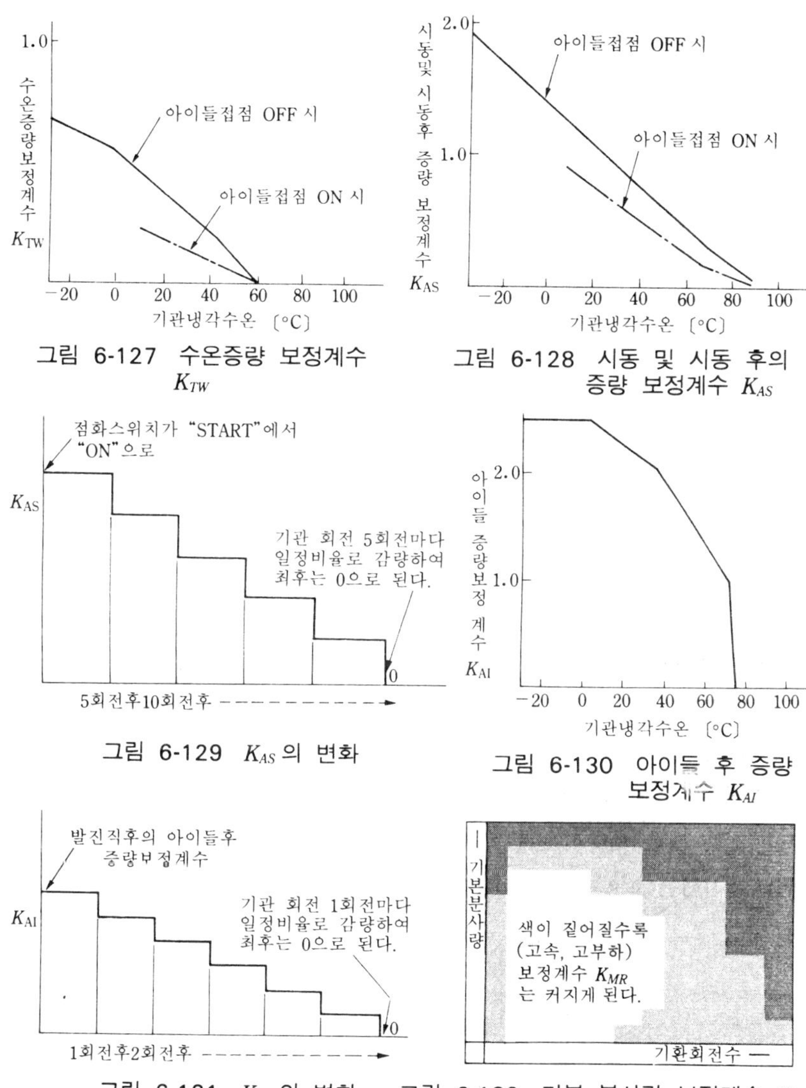

그림 6-127 수온증량 보정계수 K_{TW}

그림 6-128 시동 및 시동 후의 증량 보정계수 K_{AS}

그림 6-129 K_{AS} 의 변화

그림 6-130 아이들 후 증량 보정계수 K_{AI}

그림 6-131 K_{AI} 의 변화

그림 6-132 기본 분사량 보정계수 K_{MR}

이루어진다. 이 증량도 수온증량의 경우와 같이 수온이 10℃ 이상이고 아이들 접점 ON 인 때(아이들링 때)는 증량을 감량한다. 아이들 제어가 따로 이루어지기 때문이다. K_{AS} 는 점화스위치 'START' → 'ON' 으로 한 뒤 기관의 회전이 5 회전인 때마다 떨어지고(그림 6-129) 최후에는 0 으로 되는 과도적인 증량이다.

(iii) 아이들 후 증량보정 K_{AI}

이것도 과도적인 증량이다. 스로틀밸브의 아이들 접점이 OFF로 된 뒤(발진 직후)에 수온에 상응하여 과도적으로 증량(그림 6-130)한다. K_{AI}는 기관 1회전마다 저하되고 최후로 0이 된다(그림 6-131).

(iv) 혼합비 보정 K_{MR}

기관의 회전속도와 기본 분사량에 대응하는 혼합비 보정계수를 미리 ROM 메모리에 기억시켜 놓고 기관의 상태가 변화하는데 맞추어서 최적의 보정계수를 찾아내어 보정한다(그림 6-132).

고속, 고부하역에서는 혼합비를 약간 過濃(over rich)으로 하여 출력을 증대시키고자 하는 의도이다.

(v) 타행운전시의 연료 컷 K_{FC}

타행시는 $T_P \cdot \alpha \cdot$(1+각종의 증량계수)$\cdot K_{FC}$의 K_{FC}를 0으로 하여 연료를 컷한다. 이것은 연비의 절약과 촉매의 보호를 위하여 이루어지나 기관의 회전속도나 냉각수 온도가 낮을 때, 또 차속이 30〔km/h〕이하인 저속주행시에는 타행시의 연료 컷 조건을 표 6-7, 그림 6-133과 같이 제한하고 있다. 이는 타행시에 연료를 완전히 컷하게 되면 재가속시키고자 하여 연료를 재분사하였을 때 실린더 내에 연료가 충분히 공급되기까지에는 짧은 시간이나 약간 늦어지고 이로써 재가속이 둔화되기 때문이다. K_{FC}는 보통은 1, 연료 컷시에는 0으로 되는 보정계수이다.

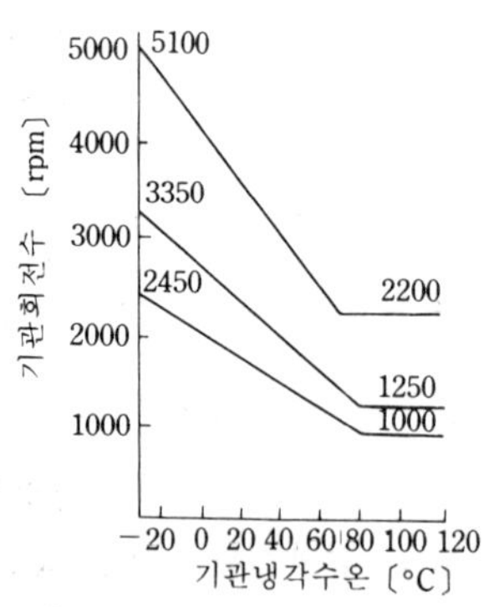

그림 6-133 연료 컷 조건의 제한

表 6-7 연료 컷 개시시기와 차량조건

연료 컷 개시시기	차 속 (km/h)	배기온도 경고등	기 관 냉각수온 (℃)	기어위치	기 관 회전수 (rpm)	변속종별
아이들접점 OFF→ON의 순간	30−70	−	−	−	Ⓑ 이상	자동변속
	30−70	−	−	4, 5속	Ⓑ 이상	수동변속
	30−70	−	65이하	1,2,3속	2000이상에서 Ⓑ 이상	수동변속
			65이상	1,2,3속	Ⓐ 이상	
	70이상	점등	−	−	−	−
아이들접점 OFF→0N 으로부터 30초후 (OFF→ON의 순간의 차속이 70km/h이상)	70이상	소등	−	−	−	−
	−	소등	−	−	Ⓐ 이상	−
아이들접점 ON인 체적	30이상	−	−	−	Ⓐ 이상	−

* 크랭크각 센서로부터의 기관 회전수와 차속에 의하여 변속기 위치 "1,2,3,속"이거나 그 이외 인가를 컨트롤 유닛 내에서 판별하고 있다.

e) 시동시의 분사

시동시에는 보통 때와는 전혀 틀리는 로직으로 분사량을 계산하고 있다. 즉 점화스위치 'START' 시에는 다음의 T_1, T_2 중 큰 쪽을 분사펄스로서 출력한다(그림 6-134, 6-135, 6-136).

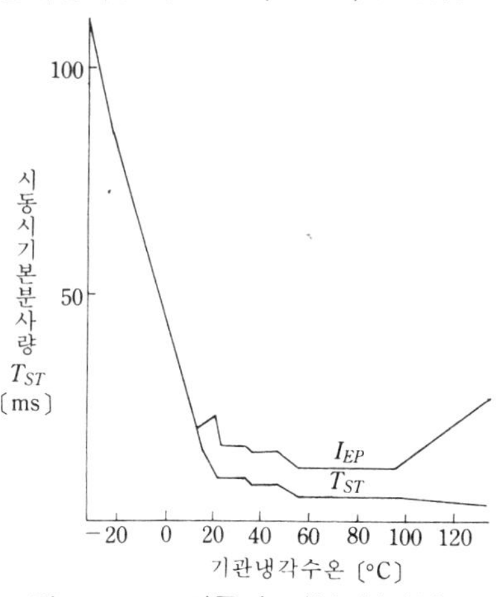

그림 6-134 시동시 기본 분사량 T_{ST}

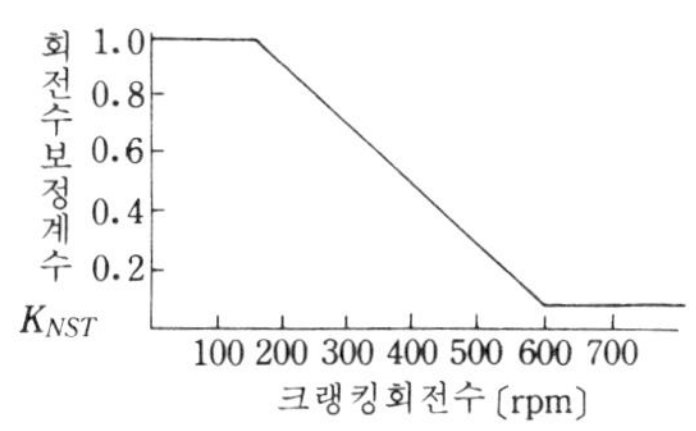

그림 6-135 회전수 보정계수 K_{NST}

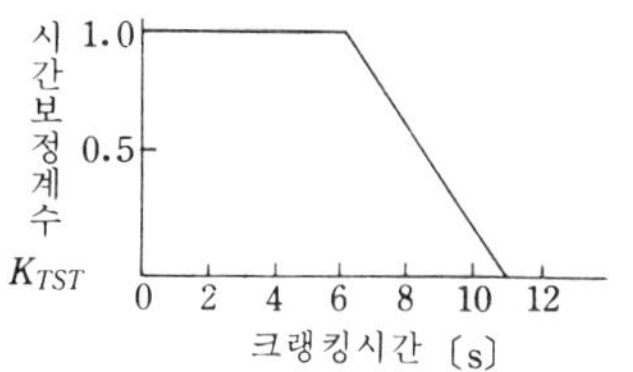

그림 6-136 시간보정계수 K_{TST}

$$T_1 = 1.3\,T_e + T_s \text{의 } T_e$$

$$T_2 = T_{ST}\,K_{NST}\,K_{TST}$$

여기서 T_e : 유효분사량, 일반분사펄스 T_o : $T_e + T_s$의 T_e

T_s : 전압보정

T_{ST} : 기본 분사펄스

K_{NST} : 회전속도보정계수

K_{TST} : 시간보정계수

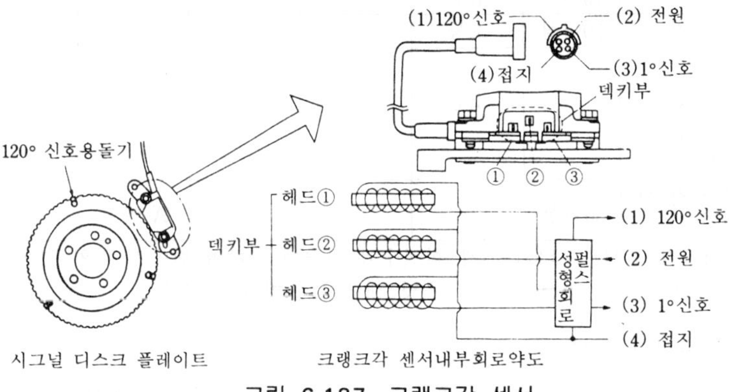

그림 6-137 크랭크각 센서

3) 점화시기 제어

a) 크랭크각 센서

점화시기제어와 그 밖의 제어를 위하여 크랭크각 센서(그림 6-137)가 쓰여지고 있다. 크랭크 풀리의 同軸에 부착된 시그널 디스크(signal disk)의 바깥둘레에는 4° 마다 90매의 齒가 끊겨져 있다. 그리고 120° 마다에는 3

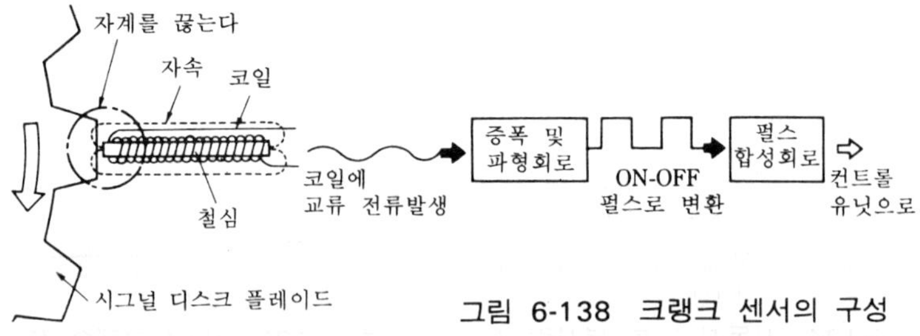

그림 6-138 크랭크 센서의 구성

곳의 突起가 붙어 있으며 크랭크각 센서의 덱(deck)부는 磁氣를 띤 철심에 코일을 감은 헤드 3개로 구성된다. 기관이 회전하게 되면 시그널 디스크 플레이트의 치 또는 돌기가 헤드에 발생되고 있는 磁界를 斷續하므로 헤드의 코일에는 교류전압이 발생한다. 이것을 波形成形하여 펄스신호로 변환, 컨트롤 유닛에 신호로서 보내고 있다(그림 6-138).

그림 6-137의 ①과 ③의 헤드가 기관의 속도산정 및 점화시기제어에 필요한 1° 신호를 검출한다. 헤드 ①과 ③은 서로 번갈아서 펄스를 발생하므로 4°의 회전으로 합계 2회 ON-OFF 펄스가 나온다. 그 결과 2°마다 ON-OFF 펄스가 나오는 것과 같아지는 것이 된다. 그리고 ON-OFF로서 2°이므로 ON-OFF 사이는 1°가 되며, 따라서 컨트롤 유닛에는 1°마다의 신호가 보내진다. 이것을 기관회전의 검출과 점화시기제어에 사용한다.

②의 헤드는 120° 건너 만큼의 돌기에 감응하여 피스턴의 기준위치를 검출한다(6실린더인 경우는 크랭크 핀 각도는 120° 이다). 헤드 ②는 각 피스턴이 상사점 전 70°에, 돌기에 마주치게 되면 120° 신호용 펄스를 발생하도록 세트되어 있으며 이것이 점화시기제어의 기준점이 된다.

b) 점화시기제어기구(그림 6-139)

기관이 회전하게 되면 크랭크각 센서로부터 120° 신호와 1° 신호가 컨트롤 유닛에 입력되며 컨트롤 유닛에서는 120° 신호보다 4° 늦어진 기준신호가 발생한다. 120° 신호는 압축상사점 전 70°에 세트되어 있으므로 이

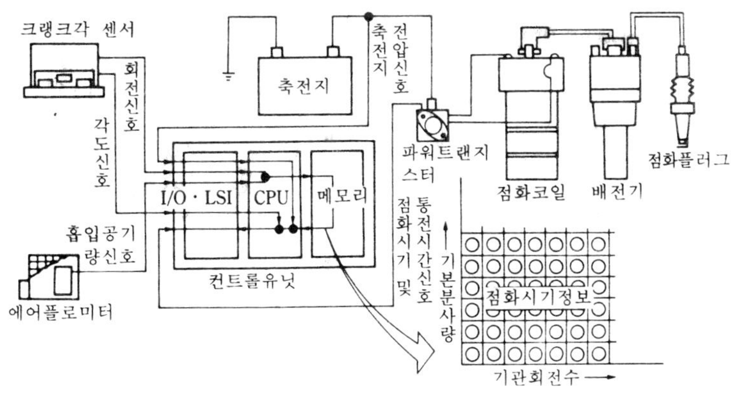

그림 6-139 점화시기제어 시스템

점화시기 제어기준신호는 상사점 전 70－4＝66°에서 발생하는 신호이고 점화시기의 제어는 모두 이 신호를 기준으로 하여 이루어진다.

컨트롤 유닛은 이 基準信號를 수신하게 되면 ROM 메모리 내에 기억되어 있는 點火時期値(그림 6-140과 같이 기관회전속도×기본 분사량에 대한 최적치가 기억되어 있다)를 선출하여 Z＝66°－최적 점화시기치를 계산한다. 기준신호 수신과 동시에 크랭크각 센서의 1° 신호를 카운트하기 시작하여 그 수가 Z로 되었을 때 점화코일의 1차전류가 차단되도록 파워 트랜지스터에 지시신호를 낸다. 종래의 기관인 경우는 배전기 내에 있는 브리커 접점이 하고 있던 것이다.

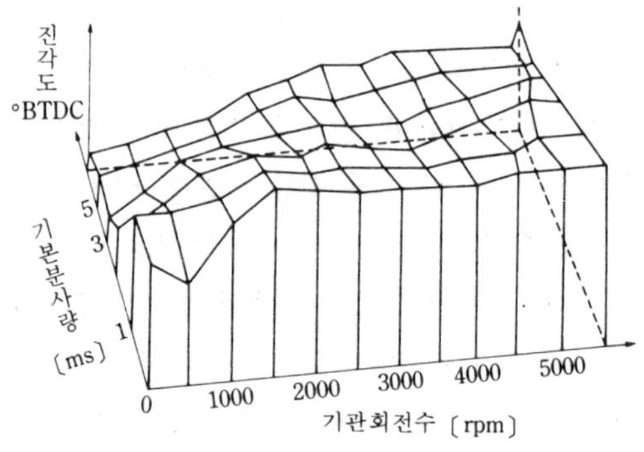

그림 6-140 기관의 다차원제어

파워 트랜지스터에 의하여 점화코일의 1차전류가 차단되므로 相互誘導作用에 의하여 높은 2차전압이 발생, 점화플러그에 스파크가 튄다.

그런데 컨트롤 유닛의 ROM 메모리에는 통전시간(점화코일 1차측 전류를 흐르게 하는 시간)의 값이 축전지전압에 대하여 그림 6-141에 나타낸 것과 같이 기억되어 있다. 통전시간은 磁界形成이라고 하는 형태로 점화코일의 자장에 점화에너지를 축적하는 시간이므로 축전지전압이 낮을수록 길게 잡아주어야 한다. 이 통전시간으로부터 通電角(점화코일의 1차 전류가 흐르고 있는 동안의 크랭크 각도)를 산출하여

1차전류차단각(비통전각)＝120°－통전각

만큼 점화코일 1차회로를 열어준다.

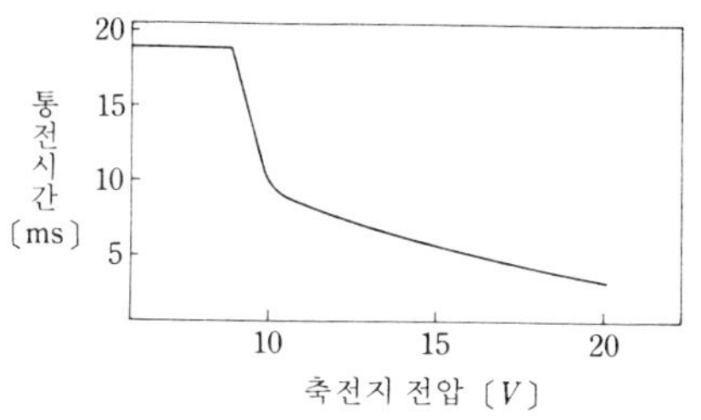

그림 6-141 축전지전압에 상응하는 통전시간

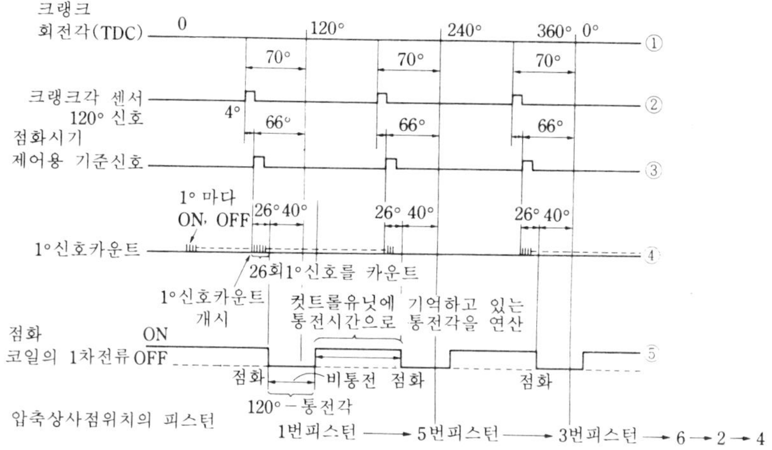

그림 6-142 점화시기제어의 개요

이상의 관계를 그림으로 그려 표시하면 그림 6-142와 같이 된다.

c) 크랭킹시의 점화시기제어

여기까지는 보통상태에 있어서의 점화시기제어의 로직이었으나 점화스위치를 'START' 위치로 돌려서 기관을 크랭킹하여 자폭시키고자 할 때의 점화친각은 이것과는 달리 그림 6-143과 같이 결정되어진다. 무엇보다도 빨리 착화하여 自走시킬 것이 필요하고 이를 위하여는 최적의 點火進角을, 냉각수온에 대하여 선택한다. 0℃ 이하인 저온에서는 특히 점화시기를 앞세우지 않으면 안 된다.

그리고 크랭킹 회전수가 100〔rpm〕이하의 극저속회전인 경우는 점화하고서부터 피스턴이 상사점에 달할 때까지의 시간이 일정하게 되도록 보정하고 있다.

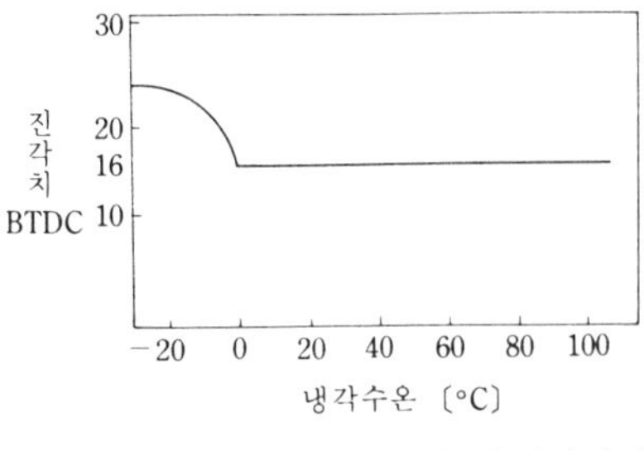

그림 6-143 크랭킹시의 점화시기치

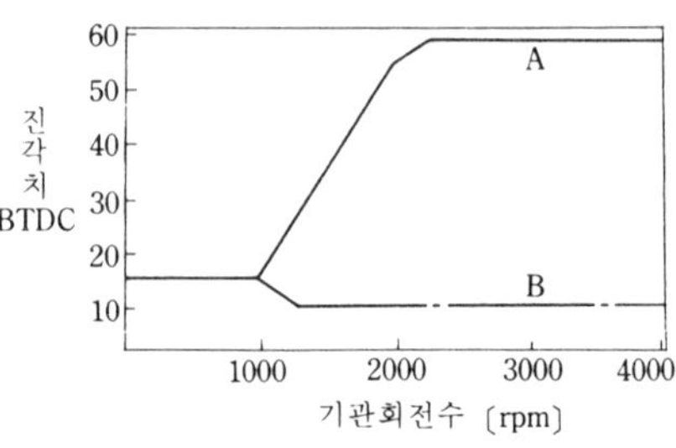

그림 6-144 아이들시, 타행운전시의 점화시기치

d) 아이들시와 타행운전시의 점화시기제어

스로틀밸브의 아이들 접점이 ON으로 될 때 즉 아이들시와 타행운전시에는 보통의 점화시기제어 로직을 사용하지 않고 그림 6-144에 나타내는 것과 같이 기관 회전속도에 대하여 점화시기를 설정하고 있다.

1000〔rpm〕이하는 아이들 설정으로서 BTDC 15°로서 일정하고 1000〔rpm〕이상일 때에는 냉각수온과 차속에 의하여 점화시기의 제어를 변화시킨다. 즉 냉각수온 <50〔℃〕이고 차속 <8〔km/h〕, 즉 냉각상태로서 서행하고 있을 때에는 그림 6-144의 B와 같이 점화시기를 늦추어서, 회전을 안정시키고 난기를 촉진한다. 그러나 냉각수온 >50〔℃〕 또는 차속 >8〔Km/h〕인 때에는 A와 같이 점화서기를 앞세워 흡기부압상승에 의한 着火遲延을 보상한다. 타행운전 중에도 혼합기는 되도록 실린더 내에서 연소시켜 배출가스 정화촉매를 보호할 것이 바람직하기 때문이다.

4) 아이들 회전속도제어

아이들링은 클러치를 끊었을 때 기관이 정지되지 않을 정도로 회전시켜 두는 상태이다. 흡입공기량은 스로틀링이 가장 큰 상태이고 연료분사량은 최소이다. 회전속도를 높이면 연소는 안정되나 연비가 나빠진다. 따라서, 운전성을 해치지 않은 최저의 회전속도로 유지하고자 하며, 따라서 그만큼 아이들링은 기관의 연소제어가 가장 어려운 상태라 할 수 있다.

보통의 기관 구동시의 흡입공기량은 운전자의 가속페달을 밟은 양에 따라 결정되어지고 연료분사장치는 그 공기량에 맞추어서 연료의 분사량을 가감하여 공연비를 조정한다. 그러나 아이들링시에는 운전자는 가속페달로부터 발을 뗀 상태이므로 이 최저의 공기량은 燃料噴射裝置가 결정하여야 한다. 또 이와 같은 미묘한 조정은 '사람'에게만 맡겨서는 안 되며 그 때문에 스로틀밸브를 바이패스하는 공기통로의 스로틀링을 가감하여 아이들 회전속도를 조절하는 아이들 回轉調節機構가 따로 설치되어 있다.

이와같이 하여 흡입공기량을 결정하면 연소 쪽은 이미 기술한바 있는 연료분사제어 시스템이 조절하게 되며 이 시스템은 기화기식의 패스트 아이들 기구에 상당한다. 즉 기화기의 슬로계에 상당하는 것을 이 연료분사제어 시스템이 포괄적으로 처리하게 되며, 따라서 아이들 회전속도제어 시스템은 연료분사량 결정의 기본이 되는 흡입공기량만을 제어하면 되는 셈이 된다.

아이들 回轉速度制御機構는 아이들용 공기통로의 스로틀링의 정도를 변화시키는 작동부와 이것을 제어하는 제어부로 되어 있으며 작동부는 통로를 스로틀링하는 AAC 밸브(Auxiliary Air Control valve)와 AAC 밸브로 보내는 부압을 제어하는 VCM 밸브(Vacuum Control Modulator valve)로 되어 있으며 제어부는 컨트롤 유닛 속에 들어 있다.

그림 6-145에서 스로틀 챔버 ①내의 바이패스 공기통로 ②의 스로틀링을 위한 AAC 밸브 ③의 揚程(lift)을 변화시킴으로써 아이들 회전속도를 조절하고 있다. AAC 밸브는 아래쪽으로 대기를, 위쪽에 VCM 밸브 ④로부터의

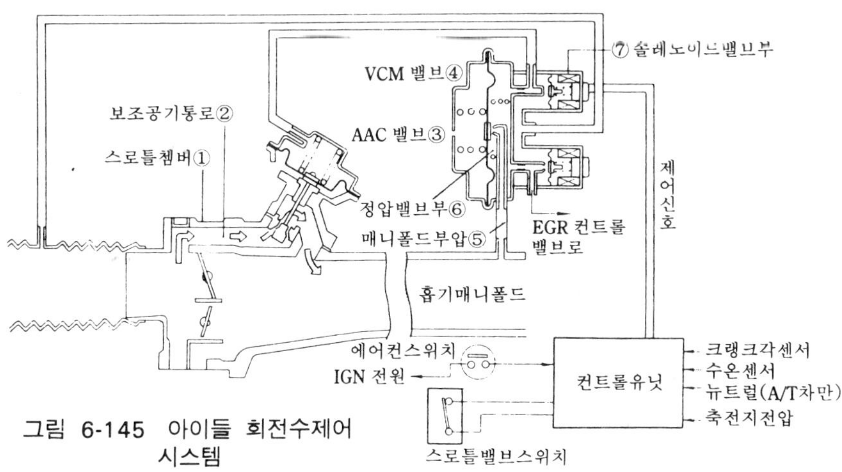

그림 6-145 아이들 회전수제어 시스템

제어부압이 작동하는 다이어프램밸브이고 제어부압이 높아질수록 이 밸브는 스로틀링 된다.

AAC 밸브의 제어부압을 제어하는 VCM 밸브는 컨트롤 유닛의 명령에 따라 제어되는 電子式負壓制御밸브이다.

VCM 밸브 ④는 부압을 −120〔mmHg〕일정으로 유지하는 定壓밸브부 ⑥과 솔레노이드밸브부 ⑦로 되어 있고 솔레노이드밸브부에는 EGR 제어용과 AAC 제어용의 솔레노이드가 함께 꾸며져 있다(그림 6-146). 먼저 정압밸브부에 대하여 설명하면 다음과 같다. 즉 다이어프램의 왼쪽에 작용하는 대기압과 오른쪽에 작용하는 흡기매니폴드 부압의 차압으로 개폐하는 다이어프램밸브로 매니폴드 부압이 −120〔mmHg〕이상으로 되면 닫히고 −120〔mmHg〕이하로 되면 열린다. 따라서 부압실의 압력은 기관의 매니폴드 부압이 −120〔mmHg〕이상으로 되어도 −120〔mmHg〕의 일정으로 유지된다.

솔레노이드밸브부의 출력부압은 솔레노이드에 가하여지는 펄스 전압의 듀티比(duty ratio) R_c에 의하여 조절된다. 듀티比는 펄스전압의 1 사이클에 있어서의 밸브열림시간의 비를 말하는 것이다.

ECCS 인 경우 솔레노이드밸브에 가하여지는 펄스전압의 주파수는 20 Hz, 주기는 51.2〔ms〕이다. 즉 솔레노이드밸브의 대기 도입구는 1초 사이에 20회의 빈도로 개폐된다. 이 펄스의 ON의 기간이 그림 6-147에서와 같이 주기의 60〔%〕를 차지하고 있을 때 듀티比는 60〔%〕이다. 듀티비를 증가시킬수록 대기의 도입이 증량되므로 AAC 밸브에 걸리는 압력은 높아지게 되고(부압이 낮아진다) 밸브 리프트는 증대되어 아이들용의 바이패스 공기량은 증가된다.

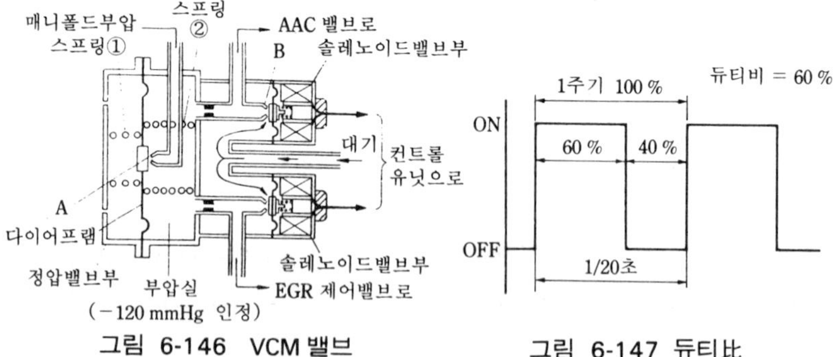

그림 6-146 VCM 밸브

그림 6-147 듀티比

듀티비 R_c 는 다음식으로 결정된다.

$$R_C = R_{TW} + R_{AT} + R_{DE} + R_{ST} + R_{AS}$$

여기서 R_{TW} : 기본 특성치(수온대응)

R_{AT} : 에어콘, 기어위치 보정

R_{DE} : 감속시 보정

R_{ST} : 발진시 보정

R_{AS} : 시동 후 보정

a) 기본 특성치 R_{TW}

냉각수온에 대응하여 그림 6-148과 같이 결정되어진다. 시동시에는 이 특성만으로 제어된다.

b) 에어콘, 기어위치보정 R_{AT}

에어콘 사용시는 기관부하가 증대되므로 거기에 해당하는 것만큼 혼합기의 흡입량을 증가시킨다. 그리고 AT 차(자동변속차)인 경우에는 뉴트럴(중립) 릴레이－OFF 인 때 즉 기관을 파워 트레인에 연결하였을 때에는 기관부하가 증대되므로 그것만큼 혼합기의 흡입량을 증가시킨다.

표 6-2 에 R_{AT} 의 값을 나타낸다.

表 6-8 R_{AT} 의 치

	에어콘	뉴트럴릴레이	R_{AT} (%)
수동변속	OFF	－	0
	ON	－	5
자동변속	OFF	ON	0
		OFF	1.5
	ON	ON	9
		OFF	10.5

c) 감속시 보정 R_{DE}

스로틀밸브 아이들 접점 ON, 차속 8 km/h 이상. *TM* 기어위치 '중립' 이외, 즉 惰行減速運轉으로 옮긴 때에는 기관의 회전속도에 대응하여 그림 6-149의 보정을 하고 그 뒤에는 기관의 각 3회전마다 내려서 최후에 0으로 한다.

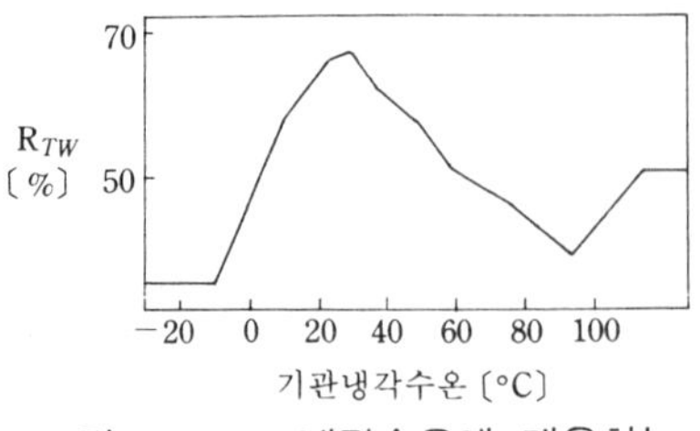

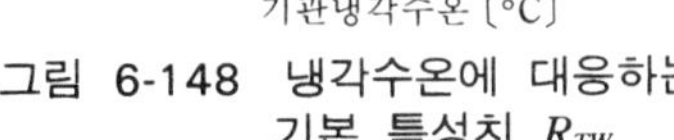

그림 6-148 냉각수온에 대응하는 기본 특성치 R_{TW}

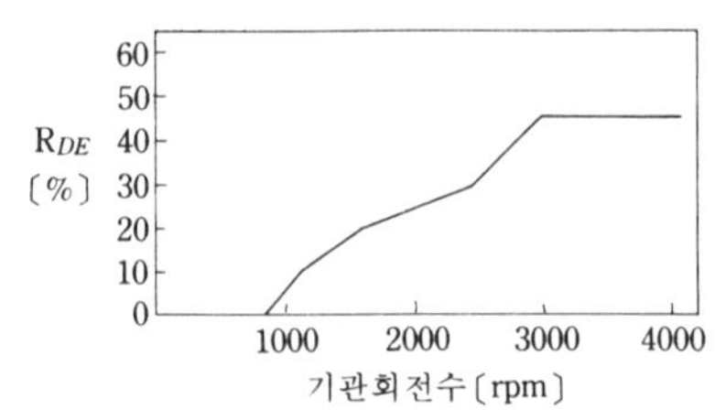

그림 6-149 감속시 보정계수 R_{DE}

이것은 고회전으로부터의 감속시에 아이들 공기를 급하게 차단하면 포트 내벽에 부착되어 있는 연료가 급증하는 흡기매니폴드 부압으로 인하여 급하게 증발, 연소실에서 연소하지 못한 체로 배출되어 촉매의 부하를 급격히 증대시킬 수 있어서 이에 대한 배려가 필요하기 때문이다(촉매소손의 염려가 있다).

d) 발진시 보정 R_{ST}

차속 8 km/h 이하, 스로틀밸브 아이들 접점 ON→OFF, 즉 발진시는 그림 6-150의 보정을 하고 그 다음에는 기관의 2회전마다 감소하여 최후에 0으로 한다. 이것은 클러치 접속시의 부하증량에 의한 기관의 정지를 방지하고 발진을 부드럽게 할 수 있도록 하기 위한 증량이다.

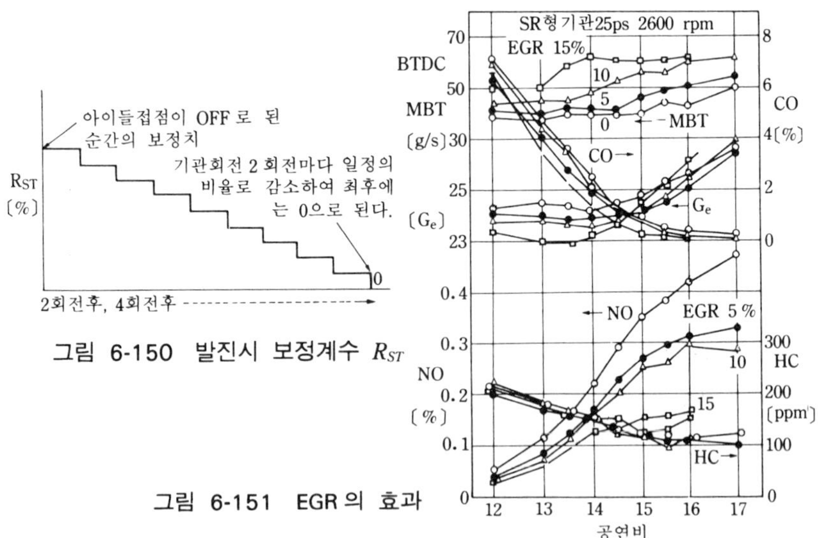

그림 6-150 발진시 보정계수 R_{ST}

그림 6-151 EGR의 효과

e) 시동 후 보정 R_{AS}

먼저 「燃料噴射制御」에서 설명한 「시동 및 시동 후 증량보정」의 보정계수 K_{AS}에 16 〔%〕를 곱한 값을 시동 직후(점화스위치 'START'→'ON')에 보정한다. 이것은 K_{AS}에 의한 연료증량에 대응하여 공기량도 증가시키고 시동 직후의 연소불안정 현상으로부터 오는 숨쉬기 현상을 없애고 크랭킹으로부터 원활한 자폭운전을 실현시키기 위한 제어이다.

5) EGR(배출가스 재순환) 제어

배출가스의 일부를 흡기쪽으로 되돌리면 혼합기의 열용량이 증가되므로 燃燒最高溫度가 내려가고 따라서 NOx의 발생이 억제된다. 이것이 EGR이라고 하는 NOx 제어법으로 널리 채용되고 있다.

그림 6-151은 等出力條件에서 EGR을 변화시켜서 NOx 배출농도와 공연비와의 관계를 조사한 실험의 결과이다.

점화시기는 최량 MBT가 되도록 조정되어 있으며 여기에서 G_e는 배출가스의 再循環量으로서 $G_e/(G_e+G_a)=0.05,\ 0.10,\ 0.15$에 대하여 측정한 것으로 EGR 15〔%〕일 때 NOx가 60〔%〕 감소되고 있다.

그러나 EGR을 증가시키면 연소가 불안정하게 되고 失火의 빈도가 많아지며 연비가 악화하고 HC의 배출량을 증가시키게 되는 경우도 있으므로 연소가 악화되는 상태에서는 EGR율을 감소하거나 혹은 완전히 컷시킬 것이 필요하다. EGR 제어 시스템이 하고 있는 제어는 주로 이 작업이다.

제어의 기구는 아이들 회전속도제어의 그것과 동일하다. 이 경우에는 EGR 통로를 스로틀링하는 EGR 제어밸브의 개도를 VCM 밸브로 만든 제어부압으로 조절한다. EGR 제어밸브는 아이들 회전속도제어인 경우의 AAC 밸브에 상당하고 구조도 같은 다이어프램밸브이다. 다만 개폐의 방향은 역이고 AAC 밸브가 올라가면 통로를 닫게 되나 EGR 제어밸브는 올라가면 통로를 열게 된다.

VCM 밸브의 정압밸브부는 아이들 회전속도 제어시스템과 공용으로 되어 있다. 제어부압은 솔레노이드밸브에 공급하는 전압 펄스의 듀티比에 의하여 결정되며 이 기구도 아이들 회전속도제어의 그것과 매우 동일하다(그림 6-152).

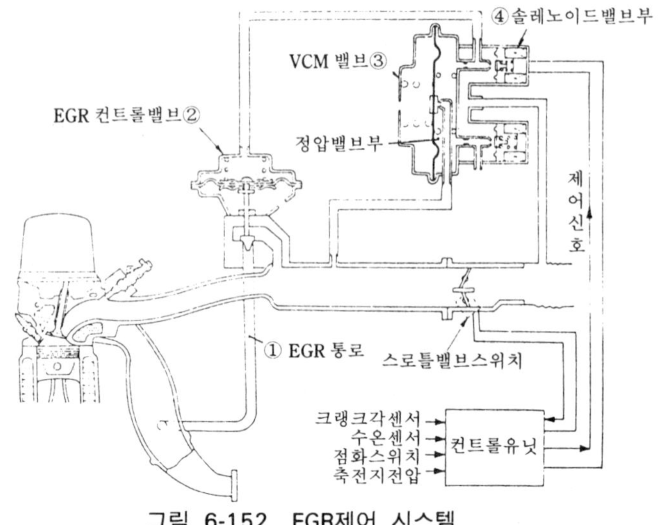

그림 6-152 EGR제어 시스템

EGR 제어 펄스의 듀티比 R_G 〔%〕는 다음 식에 의하여 결정된다.

$$R_G = (R_S + R_{CT} + R_V)\, K_{TW}$$

여기서 R_S : 기본 특성

R_{CT} : EGR 컷

R_V : 전압보정

K_{TW} : 수온보정

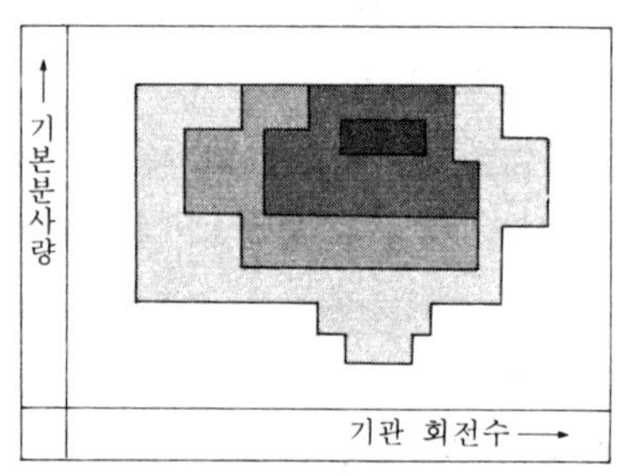

그림 6-153 기본 특성치 R_S

a) 기본 특성치 R_s

機關回轉速度와 基本噴射量에 대응하여 그림 6-153과 같이 설정되어 있다. 저회전역, 저부하(저분사량)역에서는 연소가 불안정하게 되는 경우가 많으므로 EGR율을 낮게 하고 또 고속, 고부하(고분사량)역에서는 출력 위주로 하기 때문에 EGR율을 또한 저하시키고 있다.

b) EGR 컷 R_{CT}

(i) 기관시동시(점화 스위치 'START')

(ii) 아이들시와 감속시(아이들 스위치 'ON')

(iii) 기관냉각수온 $< 35°C$

(iv) 기관냉각수온 $> 100°C$

인 때에는 $R_{CT} = 0$ 으로 한다. 특히 연소가 불안정한 때이다.

c) 전압보정 R_V

VCM 밸브의 솔레노이드밸브는 電磁코일에 인가되는 畜電池電壓에 의하여 영향을 받는다. 축전지전압이 내려갈수록 실질적인 듀티比는 저하되므로

- 기본 특성치 R_S : 5 % ≤ EGR_{SET} ≤ 90 % 일 때

$$R_V = 1.34 \times (13 - V_B)\ \%$$

- 기본 특성치 R_S : 90 % ≤ EGR_{SET} ≤ 5 % 일 때

$$R_V = 0\ \%$$

가 된다.

다만 V_B : 축전지전압(그림 6-154)

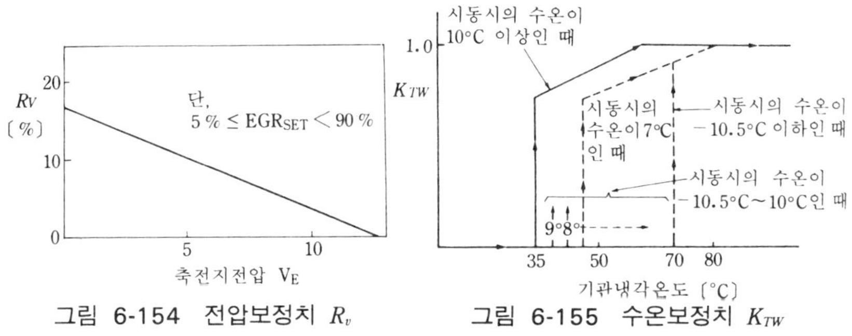

그림 6-154 전압보정치 R_v 　　　그림 6-155 수온보정치 K_{TW}

d) 수온보정 K_{TW}

기관이 냉각되어 있을 때에는 연소가 안정되지 못하므로 그림 6-155 와 같은 보정을 한다. $K_{TW} = 0$ 으로 하는 냉각수온은 시동시의 수온이 낮을수록 높게 취하고 있다.

e) OFF 아이들 보정

스로틀밸브 아이들 스위치가 ON → 0FF 로 되는 순간(가속 페달을 밟기 시작)에는 배출가스의 환류가 늦어지므로 ON → OFF 후 0.2 초 사이만 EGR 제어밸브에 최대제어부압이 작용하도록 하여 넓게 열려지도록 하고 있다.

6-4 디젤機關의 混合氣形成

디젤기관의 作動方式은 초대형 기관을 제외하면 대부분 4사이클기관이고 燃燒方式으로는 直接噴射式(直噴式 또는 DI 方式)과 副燃燒室式(IDI 方式)으로 크게 나누어지고 IDI 方式은 다시 豫燃燒室式과 渦流室式으로 분류되며, 표 6-9는 각 연소방식의 특징과 용도를 나타낸 것이다. 그리고 디젤기관의 燃料噴射裝置는 연료를 적정의 양과 시기에 연소실 내에 분사하여 연소를 위한 최량의 混合氣를 생성하는 역할을 한다. 혼합기의 질은 연소실 내 공기의 유동상태와 연료의 시간적, 공간적인 공급의 經過에 의하여 결정되어진다. 연료의 시간적인 공급의 경과는 시시각각의 분사량, 즉 분사율과 분사압력의 경과에 의하여 평가되며 연료의 공간적인 상태는 노즐로부터 시시각각 분사되는 燃料噴霧의 形狀과 粒度, 그리고 분포에 의하여 평가된다.

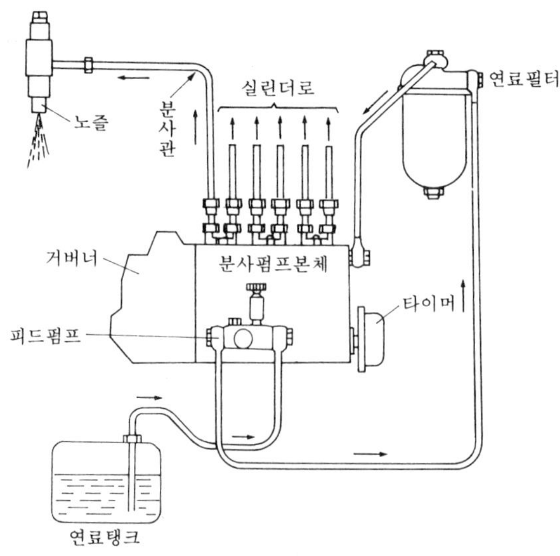

그림 6-156 燃料配管圖

表 6-9 디젤기관의 각종 연소방식의 비교
(자동차용 4사이클기관인 경우)

비교 항목	DI 方式	IDI 方式	
		豫燃燒室式	渦流室式
최소 연비율	대부분 160 gr/PSh 전후이다.	180 gr/PSh 전후 小形化하면 더욱 악화된다.	소형기관이 주류이고 190 gr/PSh 전후이다.
최고 평균 유효 압력	IDI 方式과 큰 차이가 없고 공기의 이용률은 IDI 方式보다 약간 낮다.	DI 方式과 큰 차이가 없고 小形인 경우는 渦流室인 쪽이 높은 편이다.	소형기관인 경우는 다른 기관에 비하여 높다.
최고 폭발 압력	8 MPa(無過給) 전후로 비교적 높다.	6 MPa(無過給) 전후로 가장 낮다.	고속, 고출력화 함으로써 높아지고 DI 方式 기관을 상회하는 경우도 있다.
연소 소음	大(M 燃燒 方式은 작다)	小	中(고속, 고출력화 할수록 커진다)
저온 시동성	보조수단이 없는 경우를 생각할 때는 가장 좋다. 한냉지에서는 본격적인 보조수단이 필요하다.	예열 플러그를 副燃燒室에 끼우면 한냉지일지라도 크게 문제되지 않는다.	좌와 같다.
배출 가스 특성	비교적 NO_x의 배출이 많다. 小形의 경우는 HC도 문제가 된다.	DI 방식보다 NO_x는 약간 적다.	좌와 같다.
압축비	14～17로 비교적 낮다.	17～22로 높다.	18～22로 높다.
분사계에 대한 요구도	분사계에 의하여 기관성능이 좌우되기 쉬워서 요구도가 높다.	요구도가 비교적 낮다.	좌와 같다.
용도	대, 중형기관, 최근에는 소형기관에도 보급되고 있다.	중, 소형기관	소형기관

(1) 噴射의 基本作動

연료가 연소실에서 분산되기까지의 경과는 처음 연료가 피드 홀(feed

hole)로부터 플런저室로 흡입된 다음, 플런저실에서 캠의 작동으로 상승되는 플런저에 의하여 압축, 딜리버리 밸브(delivery valve)를 거쳐서 분사관 내로 壓送된다. 이 때 플런저의 上昇速度는 1~4〔m/s〕로 대단히 빨라서 연료압력(燃壓)이 높아지게 되고 이 燃壓은 플런저쪽에서 音速으로 노즐쪽으로 전달된다. 노즐은 자동밸브이고 노즐 니들은 噴射壓力에 대항하는 스프링의 세트 壓力으로 시트部에 밀어 부쳐져 있어서 압력 상승이 계속 스프링 세트 荷重보다 燃壓쪽이 커지게 되면 노즐 니들이 상승, 연료가 분사되며 이때 높아진 압력(20~100〔MPa〕)에 의하여 연료는 噴霧를 형성할 수 있게 된다. 노즐 니들이 열릴 때의 압력을 노줄의 열림壓力이라고 하며 플런저가 일정의 스트로크를 상승하면 피드 홀과 플런저의 구멍(그림 6-157 에서 破線으로 표시)이 連通, 플런저室의 고압연료가 연료실로 유출하게 되면 플런저에 의한 압송이 끊기고 이어서 딜리버리 밸브의 下降으로 분사관 및 노즐쪽의 압력이 저하되므로 노즐 니들이 스프링의 힘으로 원위치로 되돌아가면서 연료의 분사는 종료된다.

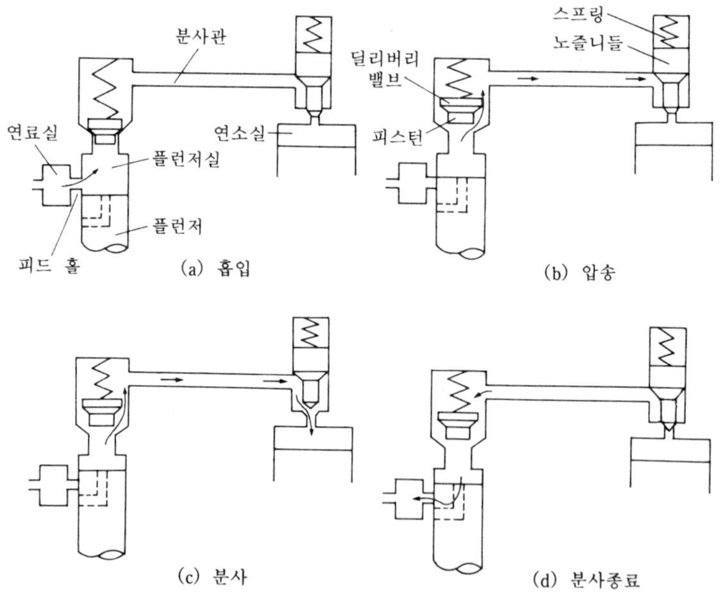

그림 6-157 噴射의 基本作動

플런저가 피드 홀을 닫았을 때(그림 6-157 (b))로부터 플런저에 破線으로 나타내는 구멍이 피드 홀과 連通하기(그림 6-157 (d))까지의 스트로크를 壓送 스트로크라고 한다.

(2) 噴射의 理論

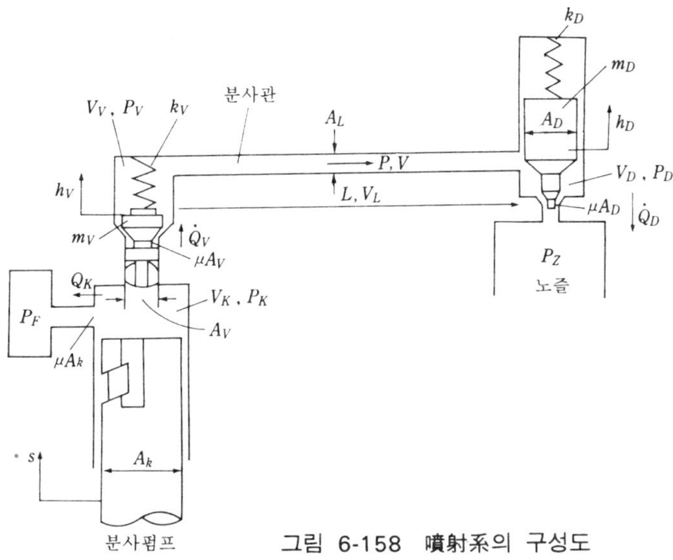

그림 6-158 噴射系의 구성도

V_v : 딜리버리 밸브室 체적〔cm^3〕

P_V : 딜리버리 밸브室 압력〔Pa〕

$\dot{Q}_V$: 플런저室로부터 딜리버리 밸브室로의 流量〔cm^3/s〕

Q_V : 플런저室로부터 딜리버리 밸브室로의 流出量〔cm^3〕

V_L : 분사관 내 체적〔cm^3〕

〔$=A_L \times L$〕

A_L : 噴射管內 斷面積〔cm^2〕

L : 噴射管의 길이〔cm〕

P : 噴射管內 壓力〔Pa〕

V_D : 노즐室 體積〔cm^3〕

P_D : 노즐室 壓力〔Pa〕

$\dot{Q}_D$: 노즐 噴孔으로부터의 噴射率〔cm^3/s〕

V : 딜리버리 밸브실로부터 노즐室까지의 全體積〔cm^3〕

〔$=V_v+V_L+V_D$〕

그림 6-158은 噴射系의 構成圖를 예로 나타낸 것이다. 플런저에 의하여 압송된 연료는 노즐에 의하여 분사되고 분사가 종료되면 분사관은 딜리버리 밸브와 분사·노즐의 니들에 의하여 밀폐되면서 분사관 내에는 연료에 의한 殘壓이 형성된다. 이 잔압은 시간적으로 변화하는 시시각각의 압력이 아니며 1회의 분사가 종료되어 압력 거동이 안정된 후의 靜的壓力이고 이 압력을 잔압 P_0라고 한다. 따라서, 분사가 종료된 후의 안정된 상태에서는 딜리버리室 압력 P_V와 분사관 내 압력 P, 노즐室 압력 P_D 사이에는 差가 없고 모두 잔압 P_0에 일치한다.

분사의 時間的 經過에 대하여 설명하기에 앞서 잔압에 대하여 생각하면 다음과 같다.

즉, 어느 잔압 하에서 다음의 압송이 이루어져서 연료가 노즐로부터 분사되면 그에 따라 다음의 잔압이 정하여지며 이와같이 연료의 압송과 분사의 결과 잔압은 차례로 정하여지게 된다. 지금 분사펌프의 회전속도, 壓送 스트로크가 일정한 경우를 생각하면 그 매회마다의 잔압이 같을 경우에는 노즐로부터의 분사량은 매회 동일하고 분사는 매회 안정된다. 그러나 逆으로 매회 잔압이 변화하는 경우는 분사량은 매회마다 변화하는 異常噴射가 된다. 그리고 회전속도를 일정하게 하고 壓送 스트로크를 변화시키는 경우는 지금까지의 딜리버리 밸브로부터의 壓送量과 噴射量과의 관계는 새로운 관계로 옮겨지므로 일반적으로 지금까지의 잔압과는 다른 잔압으로 안정된다. 이 경우와 같이 작동조건을 달리하였을 때에는 새로운 잔압으로서의 분사가 이루어진다. 당연히 이 몇 사이클을 하는 사이에는 噴射量도 잔압에 따라 달라진다.

이와 같은 잔압은 噴射系 전체에 관련되며 하나의 잔압을 初期條件으로 하여 그에 의하여 하나의 분사가 이루어지고 그 결과에 따라 그 다음의 잔압이 결정되어지며 이와 같은 뜻에서 분사의 시간적 경과를 생각하는 것은 바로 안정되어져야 할 잔압을 생각하는 것이 된다.

1) 每回의 잔압

지금 생각하는 분사가 회전속도, 壓送 스트로크 일정의 조건 하에서 n 回째인 것이라 하고 그 n 回째의 잔압을 $P_{0(n)}$라고 한다. 플런저가 딜리버리 밸브室에 압송한 연료의 양을 $Q_{V(n)}$, 노즐로부터 분사한 연료의 양, 즉 분사량을 $Q_{D(n)}$이라고 하면 이 n 回째의 분사가 종료된 후의 잔압, 즉 다음의 $n+1$ 회째의 잔압 $P_{0(n+1)}$과의 사이에는 다음과 같은 관계식이 성립한다.

$$V+\frac{V}{E}p_{0(n)}+Q_{V(n)}-Q_{D(n)}=V+\frac{V}{E}p_{0(n+1)} \quad \cdots\cdots (6\text{-}48)$$

E : 연료의 체적탄성계수〔Pa〕

$V+\frac{V}{E}P_{0(n)}$는 n 回째의 분사가 이루어지기 전에 噴射系內에 축적되어 있던 연료의 양이고, $V+\frac{V}{E}P_{0(n+1)}$는 n 回째의 분사 종료 후 噴射系內의 남은 연료의 양을 나타낸다.

식 (6-48)에서

$P_{0(n)}=P_{0(n+1)}$는 正常적인 噴射

$P_{0(n)}\neq P_{0(n+1)}$는 異常噴射이다.

正常噴射의 경우에는 식으로부터도 알 수 있는 바와같이 $Q_{V(n)}=Q_{D(n)}$ 이어야 하고 딜리버리 밸브室의 壓送量과 噴射量이 같으며, 따라서 噴射管내에 잔류하는 연료의 양이 일정하게 유지된다.

異常噴射의 경우에는 $Q_{V(n)}$과 $Q_{D(n)}$이 동일하지 않다. $Q_{V(n)}$보다도 $Q_{D(n)}$이 많으면 잔압 $P_{0(n+1)}$은 $P_{0(n)}$ 보다도 낮아지고, 역으로 $Q_{V(n)}$ 보다 $Q_{D(n)}$이 적으면 잔압 $P_{0(n+1)}$은 $P_{0(n)}$보다도 높아지게 된다.

2) 殘壓의 安定性

식 (6-48)을 기초로 잔압의 안정성에 대하여 설명하면 다음과 같다. 여

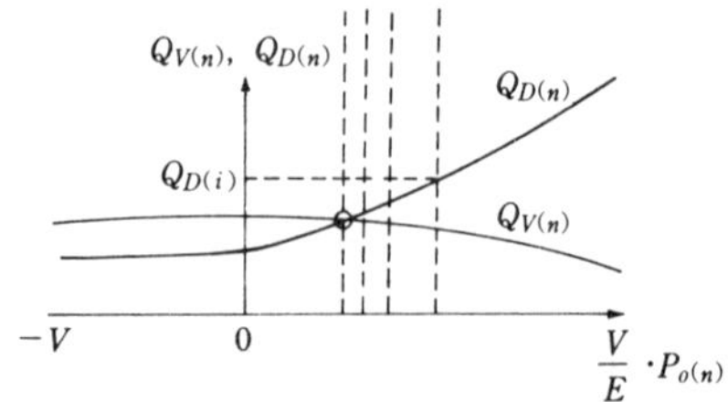

(a) 잔압과 압송량, 분사량의 관계

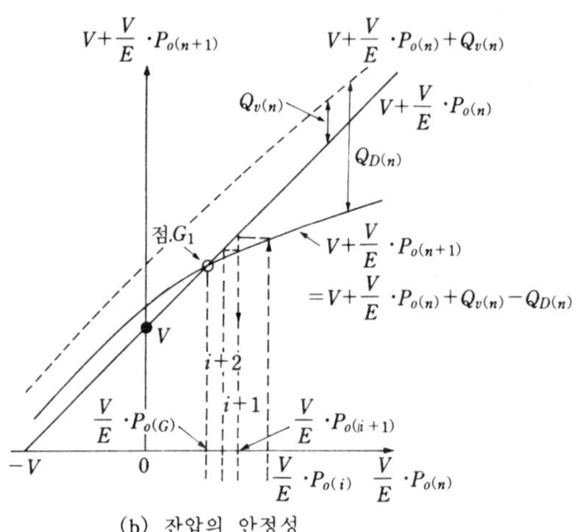

(b) 잔압의 안정성

그림 6-159 殘壓의 安定性

기서 안정성이란 분사가 正常噴射이건 혹은 異常噴射이건 어찌하여 그 곳에 정착되었는가에 대한 것으로 정상적인 분사는 잔압의 安定點이 단지 1개이고 異常噴射는 잔압의 安定點이 2개 이상 있는 경우이다.

그림 6-159는 식 (6-48)을 그림으로 고쳐서 나타낸 것이다. 그러나 모든 분사가 이와 같은 것이라고 하는 것은 아니며 安定點이 1개인 경우의 한 예를 나타내고 있다. 그림 6-159 (a)는 $(V/E)P_{0(n)}$, 즉 임의의 잔압 P_0에 대하여 壓送量 Q_V, 噴射量 Q_D가 그림과 같은 특성을 가지는 것으로 假定한 것이다. 이 가정을 근거로 식 (6-48)의 $V+(V/E)P_{0(n+1)}$을 구한 것이 그림 6-159 (b)이다. 지금 i회째의 噴射過程을 생각한다. 이 때의 잔압을 $P_{0(i)}$라고 하면 噴射量 Q_D는 그림 6-159 (a)의 曲線 Q_D에 의하여 $Q_{D(i)}$로 되고 분사관 내의 연료의 양 $V+(V/E)P_{0(i+1)}$은 곡선 $[V+(V/E)P_{0(n+1)}]$에 의하여 결정

된다. 그리고 잔압 P_0는 직선〔$V+(V/E)P_{0(n)}$〕에 의하여 $P_{0(i+1)}$이 되며 이하 순차적으로 $P_{0(i+2)}$,…로 진행, 최종적으로 點 G_1의 잔압 $P_{0(G)}$로 안정된다. 또 어떤 외적인 조건(外亂)에 의하여 점 G_1으로부터 떨어지는 일이 생긴다고 하여도 앞에서 설명한 바와같이 다시 G_1으로 되돌아간다고 하는 것을 쉽게 알 수 있다.

3) 噴射의 時間的 經過

이상의 설명은 잔압에 대하여 壓送量 Q_V, 噴射量 Q_D를 어느 특성이라고 가정한 경우이다. 실제의 壓送量 特性, 噴射量 特性을 구하려면 시시각각의 壓送量, 噴射量 特性, 즉 噴射率을 구하고 이것을 積算하여야 한다. 이 動的인 時間的 經過를 그림 6-158에 나타낸 噴射系 모델에 대하여 설명하면 다음과 같다. 분사의 時間的 經過는 분사관과 그 양쪽 끝 즉, 噴射펌프와 노즐에 의하여 정하여진다. 噴射펌프, 분사관, 노즐이 상호관련되어 하나의 분사가 이루어지고 분사관 내 현상, 그 다음 噴射펌프, 노즐 순으로 나누어 설명한다.

a) 噴射管內의 時間的 經過

분사관 내에 있어서의 연료의 압력과 속도에 관하여는 水管에 있어서의 非定常流動 연구에서 대표적으로 인용되는 波動方程式 식 (6-49), (6-50)이 적용된다.

$$\frac{\partial v}{\partial x}=-\frac{g}{\gamma a^2}\frac{\partial p}{\partial t} \cdots\cdots (6\text{-}49)$$

$$\frac{\partial v}{\partial t}+v\frac{\partial v}{\partial x}=-\frac{g}{\gamma}\frac{\partial p}{\partial x} \cdots\cdots (6\text{-}50)$$

여기서 v : 분사관 내의 연료속도〔cm/s〕

x : 분사관 축방향의 임의의 위치〔cm〕

t : 시간〔s〕

γ : 연료의 비중량〔kg/cm^3〕

g : 중력가속도〔cm/s^2〕

α: 음속〔cm/s〕

식 6-49는 그림 6-160에 나타내는 분사관의 δx間의 連續의 式, 식 (6-50)은 $A_L\ \delta x$의 燃料의 運動方程式이다.

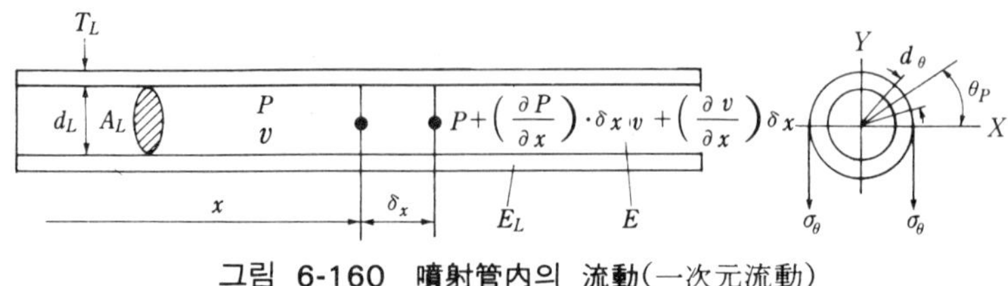

그림 6-160 噴射管內의 流動(一次元流動)

여기서 분사관 내 유동은 다음과 같이 가정, 식 (6-49), (6-50)을 유도한다.

- 유동은 1차원 비정상유동이다.
- 외력은 없는 것으로 한다.
- 완전유체, 즉 그림 6-160의 임의위치단면 x에서 시간 t에 있어서의 유속 v와 압력 p는 균일하다.

그리고 기호는 다음과 같이 정한다.

d_L : 분사관의 내경〔cm〕
T_L : 분사관의 살 두께〔cm〕
E_L : 분사관의 체적탄성계수〔Pa〕
σ_θ : 내압에 의하여 분사관에 발생하는 원주방향응력〔Pa〕

(i) 連續의 方程式의 誘導

시간 t에 있어서 x 단면에 있어서의 미소체적 $A_L\delta x$로의 유입과 유출에 대하여 생각한다.

x 위치 단면의 유속은 v, $x+\delta x$ 위치 단면에서는 $v+(\partial v/\partial x)\delta x$이므로 $A_L\delta x$로의 유입되는 유량〔cm^3/s〕는 다음 식이 된다.

$$A_L\left\{v-\left(v+\frac{\partial v}{\partial x}\delta x\right)\right\}=-\frac{\partial v}{\partial x}A_L\ \delta x \quad\cdots\cdots (6\text{-}51)$$

다음 분사관의 변형에 의한 $A_L\delta x$의 증가는 $\pi d_L(\delta d_L/2)\delta x$이고 δd_L은

應力과 變形의 관계로부터

$$\delta d_L = d_L \frac{\sigma_\theta}{E_L} \quad \cdots\cdots (6\text{-}52)$$

로 나타내어진다. 여기서 σ_θ는 $2\sigma_\theta \delta x$〔kg〕의 힘이, 분사관 半分의 Y 방향의 힘과 평형되어 있으므로

$$2T_L \sigma_\theta \delta x = \delta x \int_0^\pi \frac{d_L}{2} p \sin\theta_P \, d\theta = p d_L \delta x \quad \cdots\cdots (6\text{-}53)$$

p : 분사관 내 압력〔Pa〕

이것을 구하여

$$\sigma_\theta = \frac{p d_L}{2T_L} \quad \cdots\cdots (6\text{-}54)$$

가 된다. 이것은 內壓을 받는 살두께가 얇은 圓筒의 식이다. 이들의 관계로부터 δd_L을 고쳐쓰고 체적 $A_L \delta x$의 시간적인 증가비율을 구하면 다음 식이 된다.

$$\frac{d_L}{E_L T_L} \frac{\partial p}{\partial t} A_L \delta x \quad \cdots\cdots (6\text{-}55)$$

그리고 유체의 압축에 의한 연료체적의 감소를 생각하면 분사관 내의 압력 p에 의하여 $A_L \delta x$인 연료체적이 $\delta V = (p/E) A_L \delta x$만큼 감소한다.

따라서 이 연료의 시간적 감소비율은

$$\frac{1}{E} \frac{\partial p}{\partial t} A_L \delta x \quad \cdots\cdots (6\text{-}56)$$

이다. 連續의 條件으로부터

식 (6-51)+식 (6-55)+식 (6-56)=0

이것을 정리하여 $\partial v / \partial x$은 다음 식이 된다.

$$\frac{\partial v}{\partial x} = -\left(\frac{1}{E} + \frac{d_L}{E_L T_L}\right) \frac{\partial p}{\partial t} \quad \cdots\cdots (6\text{-}57)$$

여기서 분사관 내의 음속은 다음 식으로 나타내어 지므로

$$a=\sqrt{\frac{1}{\frac{\gamma}{g}}\frac{1}{\left(\frac{1}{E}+\frac{d_L}{E_L T_L}\right)}} \quad \cdots\cdots (6\text{-}58)$$

식 (6-58)을 식 (6-57)에 대입하면 식 (6-49)가 얻어진다. 연료의 체적 탄성계수 E, 음속 a는 그림 6-161에 나타내는 것과 같이 온도, 압력에 의하여 변하며, 또, 氣泡가 혼입하게 되면 이 값은 크게 저하되므로 주의가 필요하다.

(ii) 運動方程式의 誘導

1차원 비정상류의 속도 v는 x, t를 軸으로 하면 그림 6-162와 같이 된다. 시간 t에 있어서 임의의 위치단면 x에서의 연료속도 v는 점 ⓐ이다. δt 시간 후에는 연료는 $\delta x = v\,\delta t$로 이동하므로 속도는 점 ⓑ로 되고 t와 $t+\delta t$의 속도의 차는

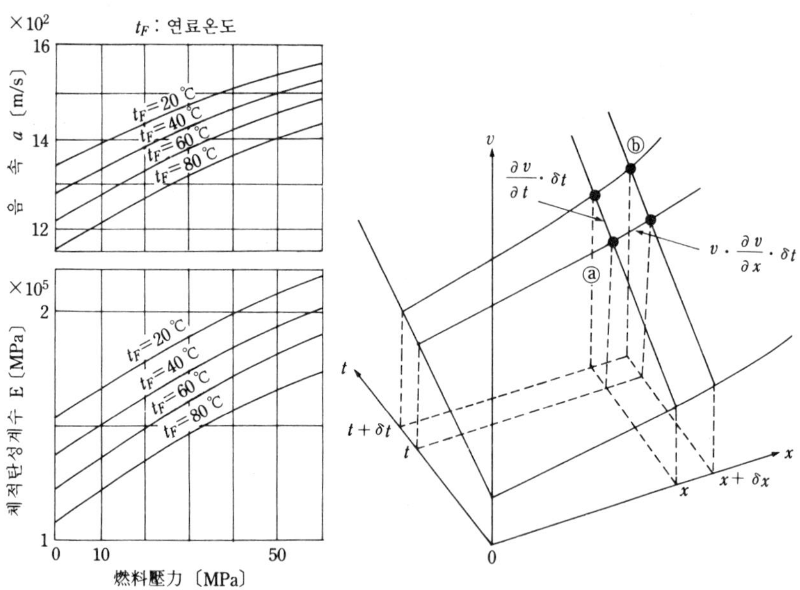

그림 6-161 디젤燃料의 體積彈性係數와 音速

그림 6-162 一次元 非正常流動의 流速

$$\delta v = \frac{\partial v}{\partial t}\delta t + \frac{\partial v}{\partial x} v\,\delta t \cdots\cdots (6\text{-}59)$$

따라서, 가속도는 다음의 식이 된다.

$$\frac{\delta v}{\delta t} = \frac{\partial v}{\partial t} + v\frac{\partial v}{\partial x} \cdots\cdots (6\text{-}60)$$

지금 생각하고 있는 연료의 질량은 $\frac{\gamma}{g}A_L\,\delta x$ 이므로 연료의 가지는 관성력은

$$\left(\frac{\gamma}{g}A_L\,\delta x\right)\left(\frac{\partial v}{\partial t} + v\frac{\partial v}{\partial x}\right) \cdots\cdots (6\text{-}61)$$

이다.

다음, 연료에 작용하는 압력은 斷面位置 x 에서 p, 斷面位置 $x+\delta x$ 에서는 $p+(\partial p/\partial x)\delta x$ 이므로

$$A_L\left\{p - \left(p + \frac{\partial p}{\partial x}\delta x\right)\right\} = -A_L\frac{\partial p}{\partial x}\delta x \cdots\cdots (6\text{-}62)$$

식 (6-61)과 식 (6-62)는 같으므로 運動方程式은 식 (6-50)이 된다. 식 (6-50)에서 $\partial v/\partial x$ 는 분사관의 저항계수이다.

분사펌프의 경우 분사관의 저항은 무시할 수는 없으며 분사관 저항에 대하여는 많은 연구가 이루어져 있고 또한 실험식이 구하여져 있다. 定常流이 지금까지의 연구결과에 대하여 설명하면(분사관의 저항에 대하여는 미소구간 내의 유동을 定常流動이라 보고 해석한다.) 管摩擦係數(無次元) λ 를 사용하면 식 (6-50)은 다음 식이 된다.

$$\frac{dp}{dx} = \lambda\frac{1}{d_L}\ \frac{\gamma}{2g}v^2 \cdots\cdots (6\text{-}63)$$

속도 v 로 유체를 유동시키는 데는 분사관의 내경 d_L 이 가늘수록, 속도 v 가 빠를수록 큰 압력저하가 따른다. 그리고 그 크기는 λ 에 따라 달라지게 되나 λ 는 분사관의 面粗度, 흐름의 방식 등에 따라서 달라진다.

層流이면 $\lambda = 64/R_e$ (Hagen-Poiseuille)

亂流이면 $\lambda = 0.316 \cdot R_e^{-1/4}$ (Blasius)

등이 대표적인 예이나 그 어느 것이나 매끄러운관에 적용하도록 되어 있다. 레이놀드數 R_e 는 ν를 動粘性係數로 하여

$$R_e=\frac{d_L v}{\nu} \qquad (6\text{-}64)$$

로 정의되어 流動方法을 분류하고 있다. 層流, 亂流는 대략 $R_e=2500$ 을 경계로 하고 분사의 경우에는 거의 亂流域이다.

運動方程式으로 되돌아가서 定常狀態를 생각하면 $(\partial v/\partial t)=0$ 이므로

$$v\frac{\partial v}{\partial x}=-\frac{g}{\gamma}\frac{\partial p}{\partial x} \qquad (6\text{-}65)$$

이 되고 이것과 식 (6-63)과를 對比하여 다음과 같이 정리될 수 있다.

$$\frac{\partial v}{\partial x}=-\lambda\frac{v}{2d_L} \qquad (6\text{-}66)$$

앞에서 설명한 대표적인 λ의 값을 써서 식 (6-66)을 구하면

層流인 경우는 $\frac{\partial v}{\partial x}=\frac{32}{d_L^2}\nu$ ……… (6-67)

亂流인 경우는 $\frac{\partial v}{\partial x}=0.158\frac{\nu^{0.25}}{d_L^{1.25}}v^{0.75}$ ……… (6-68)

최근의 분사계 시뮬레이션에서는 이상의 설명에서와 같이 $\partial v/\partial x$가 v에 비례하는 것으로 취급하는 예가 많다.

b) 噴射펌프內의 時間的 經過

그림 6-158에 나타낸 분사계 모델에서 噴射펌프 내의 압력거동을 설명하면 다음과 같다. 그리고 그림 6-158의 기호는 다음과 같이 정한다.

A_k : 플런저 단면적〔cm^2〕

s : 플런저 리프트〔cm〕

μA_k : 피드 홀 면적〔cm^2〕

p_F : 피드압〔Pa〕

V_K : 플런저실 체적〔cm^3〕

p_K : 플런저실 압력〔Pa〕

$\dot{Q}_K$: 피드 홀로부터의 유출 유량〔cm^3/s〕

A_V : 딜리버리밸브 컬러(릴리프밸브)의 단면적〔cm^2〕

μA_V : 딜리버리밸브의 유통면적〔cm^2〕

m_V : 딜리버리밸브의 질량〔$kg \cdot s^2/cm$〕

h_V : 딜리버리밸브의 리프트〔cm〕

k_V : 딜리버리밸브 스프링의 스프링 정수〔kg/cm〕

C_V : 딜리버리밸브의 감쇠계수〔$kg \cdot s^2/cm$〕

P_V : 딜리버리밸브 스프링의 초기 하중〔kg〕

k_{VS} : 딜리버리밸브 시트부 스프링 정수〔kg/cm〕

C_{VS} : 딜리버리밸브 시트부의 감쇠계수〔$kg \cdot s/cm$〕

플런저室에 있어서의 連續의 式

$$\frac{V_K}{E}\dot{p}_K = A_{KS} - \dot{Q}_{JK} - \dot{Q}_V(-A_V\dot{h}_V) \quad \cdots\cdots (6\text{-}69)$$

딜리버리밸브室에 있어서의 연속의 식

$$\frac{V_V}{E}\dot{p}_V = \dot{Q}_V - A_L v_V(A_V\dot{h}_V) \quad \cdots\cdots (60\text{-}70)$$

여기서 v_V는 딜리버리밸브실로부터 噴射管 내로의 유출속도〔cm/s〕이다. $A_V\dot{h}_V$가 유효한 것은 딜리버리밸브가 되빨아들이고 리프트가 되빨아들이기 스트로크 이내에 있는 경우이다.

딜리버리밸브의 運動方程式

$h_V > 0$:

$$m_V\ddot{h}_V + C_V\dot{h}_V + k_V h_V = A_V(p_K - p_V) - P_V \quad \cdots\cdots (6\text{-}71\text{-}1)$$

$h_V \leq 0$:

$$m_V\ddot{h}_V + C_V\dot{h}_V + k_V h_V + C_{VS}\dot{h}_V + k_{VS} h_V$$
$$= A_V(p_K - p_V) - P_V \quad \cdots\cdots (6\text{-}71\text{-}2)$$

식 (6-69), (6-70) 가운데의 $\dot{Q}_K$, $\dot{Q}_V$는

$$\dot{Q}_K = \mu A_K \sqrt{\frac{2g}{\gamma}(p_K - p_F)} \quad \cdots\cdots (6\text{-}72)$$

$$\dot{Q}_V = \mu A_V \sqrt{\frac{2g}{\gamma}(p_K - p_V)} \quad \cdots\cdots (6\text{-}73)$$

이다.

잔압의 항에서 설명한 Q_V는

$$Q_V = \int_{hv=0}^{0} \dot{Q}_V\, dt \quad \cdots\cdots (6\text{-}74)$$

c) 노즐 내에 있어서의 時間的 經過

그림 6-158의 기호는 다음과 같이 정한다.

m_D : 노즐 니들의 질량〔kg·s²/cm〕
h_D : 노즐 니들의 리프트〔cm〕
k_D : 노즐 스프링의 스프링 정수〔kg/cm〕
C_D : 노즐의 감쇠계수〔kg·s/cm〕
P_D : 노즐 스프링의 초기 하중〔kg〕
k_{DS} : 노즐 니들의 시트부 스프링 정수〔kg/cm〕
C_{DS} : 노즐 니들의 시트부 감쇠계수〔kg·s/cm〕
k_{DU} : 노즐 니들의 스톱퍼부 스프링 정수〔kg/cm〕
C_{DU} : 노즐 니들의 스톱퍼부 감쇠계수〔kg·s/cm〕
μA_D : 노즐 니들의 噴孔면적〔cm²〕
A_D : 노즐 니들 단면적〔cm²〕
A_{DZ} : 노즐 니들 受壓면적〔cm²〕
p_Z : 노즐 噴孔部 背壓〔Pa〕

노즐室에 있어서 連續의 式

$$\frac{V_D}{E}\dot{p}_D = A_L v_D - A_D \dot{h}_D - \dot{Q}_D \quad \cdots\cdots (6\text{-}75)$$

v_D : 노즐측의 噴射관 내 속도〔cm/s〕

노즐 니들의 運動方程式

여기서 노즐 니들의 스톱퍼까지의 리프트를 h_{DU} 라고 하면

$h_{DU} > h_D > 0$

$$m_D \ddot{h}_D + C_D \dot{h}_D + k_D h_D = A_{DZ} p_D - P_D \cdots\cdots (6\text{-}76\text{-}1)$$

$h_D \geq h_{DU}$

$$m_D \ddot{h}_D + C_D \dot{h}_D + k_D h_D + C_{DU} \dot{h}_D + k_{DU}(h_D - h_{DU})$$
$$= A_{DZ} p_D - P_D \cdots\cdots (6\text{-}76\text{-}2)$$

$h_D \leq 0$

$$m_D \ddot{h}_D + C_D \dot{h}_D + k_D h_D + C_{DS} \dot{h}_D + k_{DS} h_D$$
$$= A_{DZ} p_D - P_D \cdots\cdots (6\text{-}76\text{-}3)$$

여기서 분사율 $\dot{Q}_D$ 는

$$\dot{Q}_D = \mu A_D \sqrt{\frac{2g}{\gamma}(p_D - p_Z)} \cdots\cdots (6\text{-}77)$$

잔압의 항에서 설명한 Q_D 는

$$Q_D = \int_{hD=0}^{0} \dot{Q}_D \, dt \cdots\cdots (6\text{-}78)$$

4) 噴射管 내 非定常流動의 解法

이상으로 분사의 시간적 경과에 대한 기초식을 구하였다. 식 (6-70), (6-75)에는 v_V, v_D 가 있고 이것은 펌프끝단, 노즐끝단의 분사관 내의 속도이다. 먼저 구한 식 (6-49), (6-50)으로부터 v_V, v_D 를 구한다. 즉 분사관 내 파동방정식의 해법에 대하여는 Becchi, Melcher 등 여러 사람들이 발표하고 있다.

그림 6-163 에서 독립변수가 x, t 인 2 개로 종속변수가 θx 인 방정식 $\theta x(x, t)$를 생각한다. x 축에 대하여 θx 의 측정점을 x_0, x_1,$\cdots x_n$ 이라 하고 그 간격을 Δx 라 한다. 시간 t 에 있어서의 θx 의 값이 그림과 같다고 하면 $\theta x(x)$ 의 x_n 에 대한 편미분계수

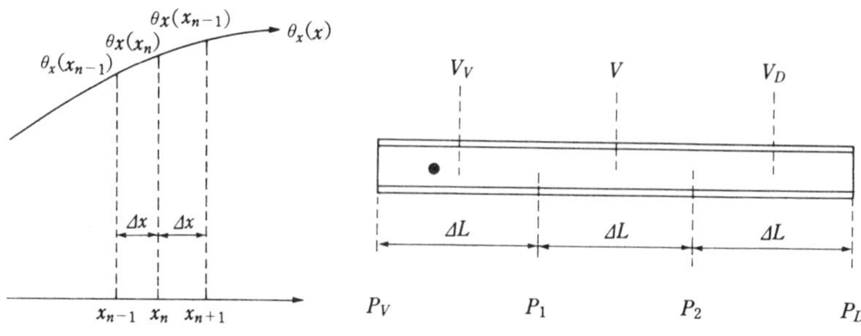

그림 6-163 時間 t 에서의 $\theta_x(x,\ t)$의 값

그림 6-164 파이프의 分割(測定點의 固定)

$$\left.\frac{\partial\theta_x}{\partial x}\right|_{x=xn}$$

은 그림으로부터 다음 식과 같이 된다.

$$\left.\frac{\partial\theta_x}{\partial x}\right|_{x=xn}=\frac{1}{2\,\Delta x}\ \{\theta_x(x_{n+1})-\theta_x(x_{n-1})\}\cdots\cdots\cdots\cdots\cdots\cdots\cdots\cdots\cdots \text{(6-79)}$$

이상과 같이 측정점을 x_0, $x_1, \cdots x_n$ 으로 고정하고 그 점에 있어서의 변화를 구하면 독립변수는 t 만으로 되고 解를 구할 수 있다. 이것을 波動方程式 (6-49), (6-50)에 적용하면 다음과 같이 된다. 그림 6-164 와 같이 측정점을 p, v 에 대하여 고정하여 생각할 때

여기서 식 (6-49)는

$$\frac{\partial p}{\partial t}=-K\frac{\partial v}{\partial x}$$

$$(K=\rho a^2)$$

식 (6-50)은

$$\frac{\partial v}{\partial t}=-\frac{1}{\rho}\frac{\partial p}{\partial x}-\ rv$$

r : 減衰係數

로서 생각한다.

식 (6-49)로부터

$$\dot{p}_1 = \frac{E}{\Delta L}(v_V - v) \quad \cdots\cdots (6\text{-}80)$$

$$\dot{p}_2 = \frac{E}{\Delta L}(v - v_D) \quad \cdots\cdots (6\text{-}81)$$

식 (6-50)으로부터

$$\dot{v}_V = \frac{1}{\Delta L\ \rho}(p_V - p_1) - r\ v_V \quad \cdots\cdots (6\text{-}82)$$

$$\dot{v} = \frac{1}{\Delta L\ \rho}(p_1 - p_2) - r\ v \quad \cdots\cdots (6\text{-}83)$$

$$\dot{v}_D = \frac{1}{\Delta L\ \rho}(p_2 - p_D) - r\ v_D \quad \cdots\cdots (6\text{-}84)$$

가 되고 모두 時間만의 함수로서 풀 수 있다. 측정점의 개수는 필요에 따라 많이 취할 수 있고 이상이 燃料噴射에 관한 理論이고 噴射를 이론적으로 생각할 때의 기본이 된다.

(3) 噴射特性

出力, 燃料消費率, 排出가스 등 기관의 성능은 噴射量 特性, 噴射時期 등에 영향을 많이 받는다.

1) 噴射量 特性(N-Q 特性)

분사량은 플런저의 압송 스트로크에 의하여 그 양이 조절된다. 압송 스트로크가 일정할 때의 회전속도에 대한 분사량의 특성을 N-Q 특성이라고

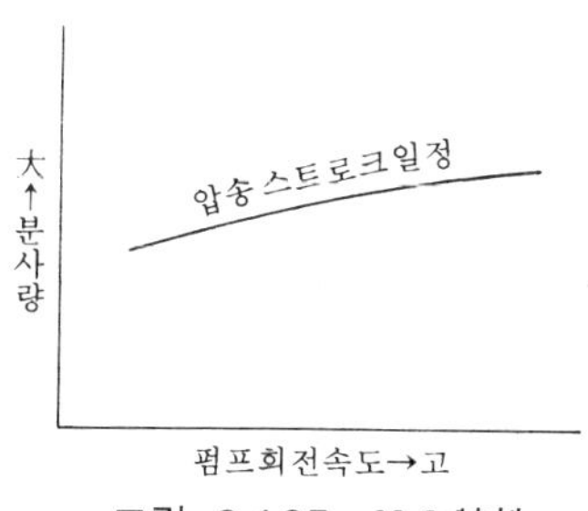

그림 6-165 N-Q 特性

하며 대부분의 펌프가 가지는 N-Q 특성은 그림 6-165에 나타내는 것과 같이 우측으로 올라가는 특성을 가지게 된다. 이 우측으로 올라가는 특성은 프리 플로(pre-flow) 또는 애프터 플로(after-flow)에 의하여 생기고, 또 압송 스트로크가 작아지게 되면 분사량을 안정되게 제어하기가 매우 어려운 영역이 있고 적인 분사량 제어가 가능한 한계량을 최소분사량이라고 한다.

a) 프리 플로

피드 홀이 닫히기 전에 연료가 壓送되는 현상이 프리 플로현상이다. 회전속도의 상승에 따라 플런저 壓送速度가 높아지고 피드 홀이 완전히 닫히기에 앞서 스로틀링 효과에 의하여 플런저실 내의 압력이 상승되기 시작한다.

b) 애프터 플로

스필(spill) 개시 후 피드 홀의 스로틀링 효과로 인하여 피드 홀이 열린

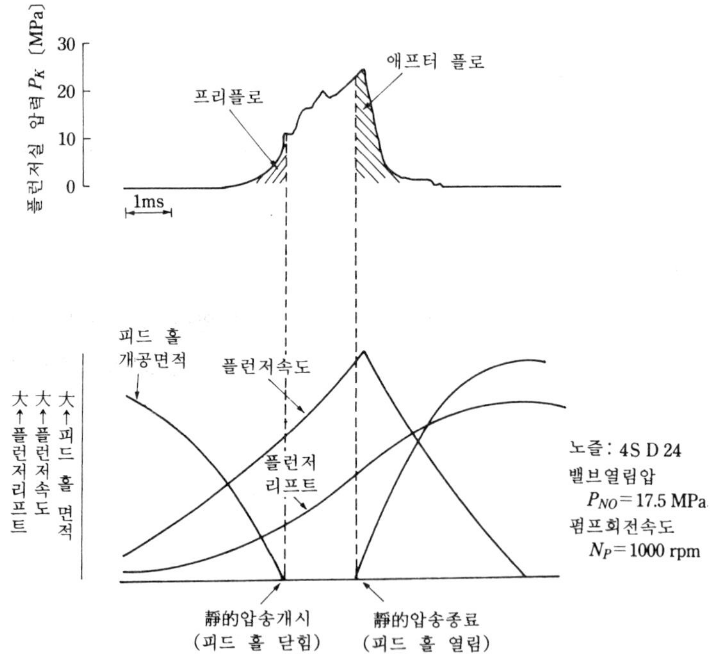

그림 6-166 플런저室壓力 p_K와 피드 홀의 開閉時期

직후는 압력이 바로 降下되지 않고 압송이 이어지는 현상이 애프터 플로 현상이다. 플런저의 속도상승에 따라 이 애프터 플로 양은 증가한다.

그림 6-166은 프리 플로, 애프터 플로의 시뮬레이션에 의하여 구한 결과를 나타낸 것으로 이 프리 플로, 애프터 플로 양은 주로 피드 홀의 크기, 形狀, 플런저의 徑, 플런저 速度 등에 따라서 달라진다. *N-Q* 특성은 이 밖에도 표 6-10에 의하여 표시된 要因에 의하여 영향을 받는다.

表 6-10 *N-Q* 特性에 影響을 주는 要因

要因			*N-Q* 特性
엘레멘트	피드 홀 徑, 個數	↗	우측으로 내려감
	플런저 徑	↗	우측으로 올라감
	플런저 速度	↗	우측으로 내려감
딜리리밸버브	밸브 열림압	↗	우측으로 올라감
	밸브 뒤빨아들이기 틈새	↗	우측으로 내려감(低速域)

↗增加

c) 最小噴射量

플런저 속도가 높을 때에는 플런저部 압력은 壓力波로서 노즐에 전달되므로 압력파의 계속 시간 즉, 압송 스트로크를 조절함으로써 분사량을 최대 분사로부터 無噴射까지 연속적으로 그 양을 조절할 수 있다. 그러나 플런저 속도가 낮고 압송 스트로크가 자을 경우에는 압력이 노즐밸브 열림압에 도달되지 못하여서 분사되지 않는다. 그리고 압송 스트로크를 증대시키면 1회 건너마다의 분사가 이루어지며 압송 스트로크가 더욱 증대되면 每回 같은 분사를 하게 되고, 정상적으로 분사가 이루어지는 분사량이 최소분사량이다. 플런저 속도가 낮고 靜的 壓縮으로 생각할 경우, 노즐밸브의 열림 압을 P_{NO}, 잔압을 P_0라고 하면 노즐을 여는 데는 다음 식의 Q_{Dm} 만큼의 연료가 압축되어야 한다.

$$Q_{Dm}=\frac{V}{E}(P_{N0}-P_0) \quad \cdots\cdots (6\text{-}85)$$

이것이 최소분사량의 指標이다.

2) 噴射時期

분사시기는 노즐로부터 연료가 분사되는 시기를 의미하나 플런저의 壓送開始로부터 분사까지에는 시간적인 遲延이 있다. 이것을 噴射遲延이라고 하며, 이 분사지연은 다음 2개로 나누어진다.

① 플런저의 압송 개시로부터 노즐에 압력파가 도달할 때까지의 시간

② 압력파가 노즐에 도달한 뒤, 압력이 노즐밸브의 열림압에 달하여 노즐니들이 상승되기 시작할 때까지의 시간

압력파의 전파속도는 音速 a이고 길이 L인 분사관을 1회 왕복하는데 요하는 시간은 $2L/a$이나 분사관 내에서 측정되는 압력파의 주기는 $2L/a$를 주기로 하여 변동하는 것은 아니며 $2L/a$보다도 약간 긴 주기로 된다. 압력의 변동 주기가 $2L/a$보다도 길어지는 이유는 분사관의 양단에 있는 체적 때문이다.

그림 6-167은 분사관 길이 $L=50$〔cm〕인 경우의 노즐室의 압력 P_D의 上昇經過를 P_D-P_0로 하여 계산한 것이다.

양끝단이 密閉端인 조건에서는 $2L/a \fallingdotseq 1$〔ms〕의 계단 모양으로 상승될 것이나 이 경우 양단에 있는 체적으로 인하여 약 2.5〔ms〕로 되어 있다. 또 2~2.5〔ms〕 부근에서는 압력의 상승율이 0 또는 負로 되어 있고 이 부분이 노즐밸브의 열림압에 일치하는 경우에는 분사시기가 약간의 잔압의 차에 의하여 달라지며, 빠른 분사와 늦은 분사를 비교할 때에는 분사량이 현저하게 달라져서 不整噴射의 원인이 되는 경우가 많다.

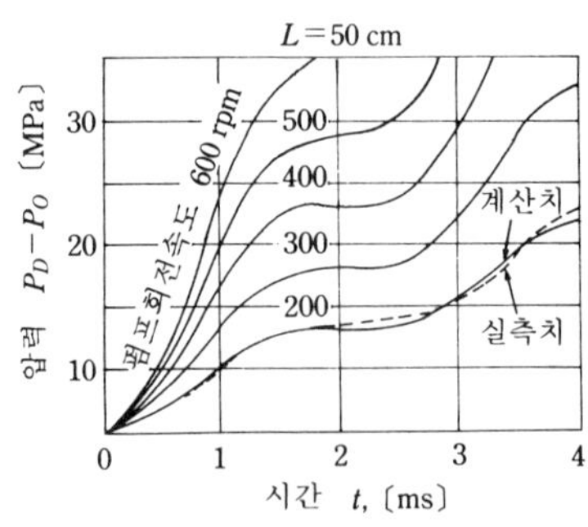

그림 6-167 噴射管內의 壓力上昇過程

분사지연은 표 6-11에 나타내는 것과 같이 분사관의 길이, 殘壓, 분사관 양끝단의 체적, 플런저의 압송속도, 노즐밸브의 열림압 등에 의하여 복잡하게 변화한다.

表 6-11 噴射遲延의 要因

要因		噴射遲延
噴射管 길이	↗	↗
殘 壓	↗	↘
딜리버리밸브室 體積	↗	↗
노즐室 體積	↗	↗
플런저 速度	↗	↘
플런저 徑	↗	↘
노즐밸브 열림壓	↗	↗

↗增加 ↘減少

예를 들면 플런저 徑을 크게 하면 압력파의 속도가 증가됨으로써 분사지연이 적어진다.

분사관 內徑을 작게 하거나 밸브 되빨아들임 양을 크게 하면 잔압이 대기압 이하로 되는 경우가 있다. 이때에는 연료 속에 氣泡가 발생, 체적탄성계수가 극단적으로 작아지게 되고 音速이 저하되므로 분사지연이 급격하게 증대된다.

3) 噴射率

노즐로부터 분사되는 분사량의 시간적 변화의 비율을 분사율($\dot{Q}_D$)이라 하고 다음의 식과 같이 정의된다.

$$\dot{Q}_D = \frac{dQ_D}{dt} \text{ [cm}^3\text{/s]} \cdots\cdots (6\text{-}86)$$

분사율은 분사펌프에서 발생된 압력이 분사관을 전파, 노즐로부터 분사되는 시간적인 분사량이므로 큰 의미로서의 분사율은 분사펌프에서 발생되는 압력 즉, 送油率에 1차적으로 지배된다.

송유율이 일정인 경우의 분사율은 그 영향을 받는 요인이 많으나 특히 노즐의 운동에 지배된다고 강조할 수 있다. 노즐의 운동 즉, 니들의 진동은

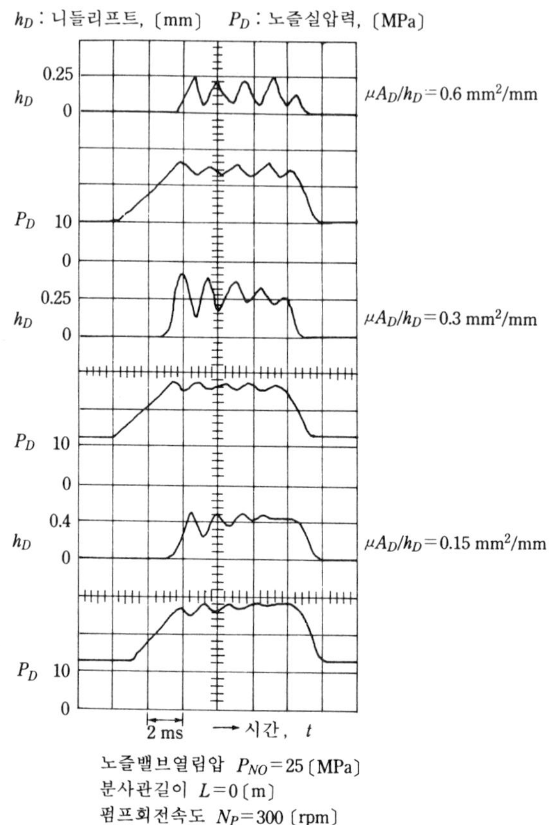

그림 6-168 噴孔面積特性과 노즐 니들의 運動

노즐 噴孔面積特性, 노즐밸브의 열림압 등의 영향을 받는다.

그림 6-168은 노즐 噴孔의 리프트에 대한 면적특성이 직선적으로 변화하는 3종의 노즐 $\mu A_D/h_D = 0.15$, 0.3, 0.6〔mm²/min〕에 대하여 노즐밸브의 열림압을 25〔MPa〕로서 일정하게 유지하고 그 운동의 양상을 측정한 것으로 니들의 振動은 그 噴孔面積特性에 의하여 크게 변화됨을 알 수 있다. 즉, $\mu A_D/h_D$이 큰 것 일수록 진동적이고 작은 것 일수록 減衰한다. 또 압력도 $\mu A_D/h_D$의 큰 것은 낮고 작은 것 일수록 높다. 그림 6-169는 $\mu A_D/h_D = 0.6$〔mm²/min〕로 고정하고 노즐밸브의 열림압을 바꾸어서 니들의 진동을 측정한 것으로 노즐밸브의 열림압이 높을 경우에는 보다 진동적이라고 할 수 있다.

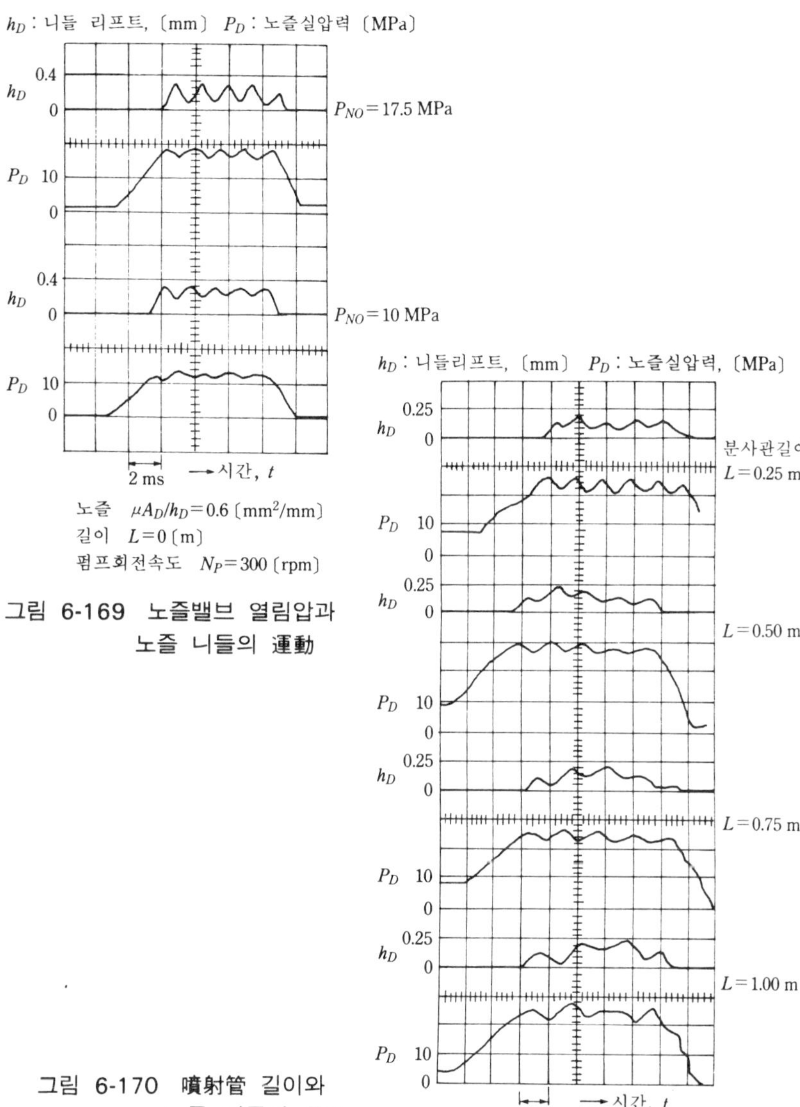

그림 6-169 노즐밸브 열림압과 노즐 니들의 運動

그림 6-170 噴射管 길이와 노즐 니들의 運動

그림 6-170 은 분사관 길이를 바꾸어서 노즐의 진동을 측정한 것이다. 분사관 길이가 노즐의 진동에 미치는 영향은 전혀 없지는 않으나 진동수 그 자체를 바꿀만큼의 큰 영향력을 가지는 것은 아니다.

분사의 끊김을 良否의 표현으로 하는 경우가 있으나 이것이 만약 니들의 진동의 양상을 나타낸다고 하면 끊김이 좋은 노즐은 噴孔面積特性이 큰 것이고 실린더의 피드 홀의 대소나 되빨아들임량 등과는 거의 관계가 없는 것으로 생각된다.

분사율을 달리할 목적으로 스로틀 노즐, 핀틀 노즐, 홀 노즐 등 그 분공면적특성을 적극적으로 변화시킨다는 것은 중요한 의미가 있다.

4) 噴射量 制御

분사펌프는 제어 랙(control rack)의 위치에 의하여 분사량을 변화시킬 수 있다. 분사량제어계는 기관의 출력을 제어하여 기관을 안정되게 회전시키고 또, 과회전 등을 방지하기 위하여는 다음의 2개의 기능이 완벽하게 수행되어야 한다.

① 기관의 회전속도를 검지하여 목표 설정 회전속도와의 차를 검출한다.

② 위에서의 속도의 차분에 상응하는 분사량제어를 하기 위한 작동력을 발생시킨다.

위에서의 기능을 갖춘 것이 거버너(governor)이고 그림 6-171에 나타낸 기관의 回轉速度制御 閉루프계를 구성한다. 거버너에 요구되는 기본 제어항목은 다음과 같다.

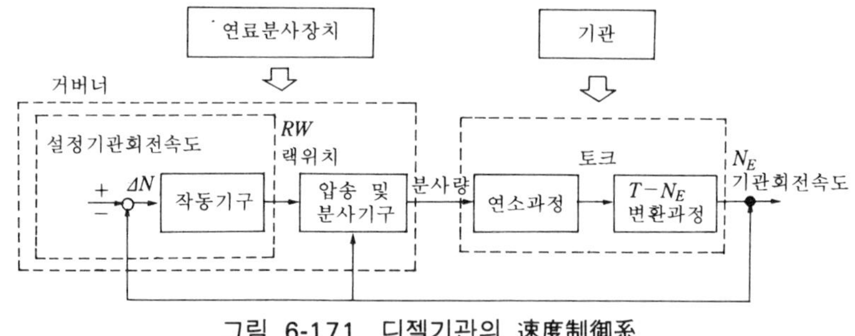

그림 6-171 디젤기관의 速度制御系

a) 基本制御項目

일반적으로 요구되는 基本制御項目은 그림 6-172에 나타낸 것과 같이 ① 고속제어, ② 저속제어, ③ 중간속제어, ④ 전부하 세트, ⑤ 기관정지의 5

항목이다.

(i) 高速制御

고속제어는 기관의 過回轉을 방지하기 위한 중요한 항목이다. 일반적으로는 定格回轉速度 N_{max}와 無負荷最高回轉速度 NMR(No Load Maximum Revolution)와에 의하여 정의되는 다음 식의 속도변동을 δ_N으로서 고속제어의 요구값을 定量化한다.

$$\delta_N[\%] = [(NMR - N_{max})/N_{max}] \times 100 \quad \cdots\cdots (6\text{-}87)$$

δ_N은 기관의 用途에 따라서 달라지고 一般建設機械用은 10[%], 自動車用은 5~10[%], 發電機用은 5[%] 이하가 많이 사용되고 있다.

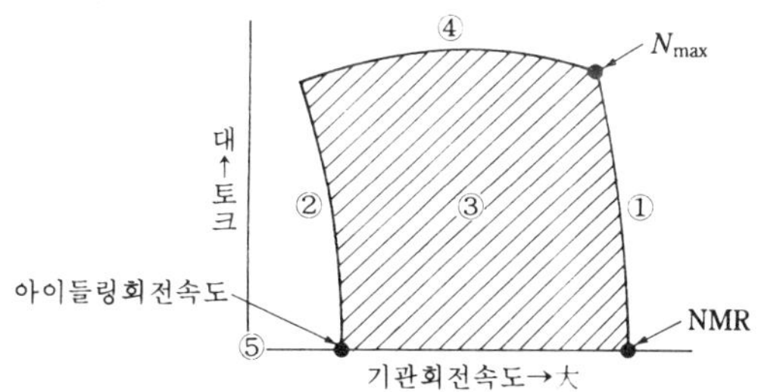

① 기관의 과회전방지－고속제어
② 안정된 아이들링회전을 얻는다－저속제어
③ 위 그림 사선 내에서 임의의 회전속도 또는 토크를 유지한다－중간속제어
④ 배기연한계 및 기관의 신뢰성－선부하세트
⑤ 기관을 정지시킨다－기관정지기능

그림 6-172 噴射量制御系의 基本機能

(ii) 低速制御

저속제어는 안정된 아이들링 회전속도를 얻기 위하여 필요한 것으로 이 제어가 충분하지 않으면 기관이 목표 회전속도로부터 주기적으로 이탈, 변화하는 등의 불안정한 현상을 발생시키는 경우가 있다.

(iii) 中間速制御

중간속제어는 주로 자동차용인 경우는 가속시의 느낌, 特裝車用인 때에는 작업시 속도변동률로서 요구된다.

(iv) 全負荷세트

전부하 세트는 排氣煙 한계 및 기관의 신뢰성 등으로부터 정해지며 기관성능을 결정한다.

(v) 기관정지

기관정지는 분사량을 0으로 함으로써 이루어지게 된다.

(4) 燃料噴射裝置의 機能

디젤기관은 연료가 연소실 내에 분사되어 공기와 혼합된 다음, 自己着火하게 되므로 기관의 성능을 최대한으로 발휘하게 되고 또한 안정된 운전을 확보하기 위하여는 연료분사펌프에 의한 적정한 분사량, 분사시기에 분사될 것과 분사 노즐에 의한 연소에 적합한 噴霧가 형성되어야 하며 그것들을 종합한 것이 표 6-12이다.

表 6-12 분사장치의 기능

항　　목	내　　　　용
噴射量調節	機關의 出力에 상응하는 燃料量을 각 실린더, 사이클마다에 안정적으로 噴射할 것
噴射時期調節	回轉速度, 負荷에 상응하는 最適燃燒를 얻기 위한 적정 噴射時期
噴霧形成	燃料를 微粒化하여 燃燒室의 구석구석까지 분포

1) 噴射量의 조절

기관의 운전이 안정되기 위하여는 그림 6-173 (a)에서와 같이 회전속도의 상승에 대하여 토크가 감소하는 특성이 필요하다. 기관은 요구되는 부하토크특성과 自體의 발생토크특성의 교차하는 회전속도에서 평형을 이루면서 회전한다. 그런데 이 상태에서 어떤 외적인 원인에 의하여

① 회전속도가 상승되면 발생토크가 감소되므로 負荷토크보다 떨어져서 회전속도가 저하된다.

② 회전속도가 저하되면 발생토크가 증대되므로 회전속도가 상승된다.

이와같이 항상 평형점으로 돌아가려는 작용에 의하여 기관은 안정된 회

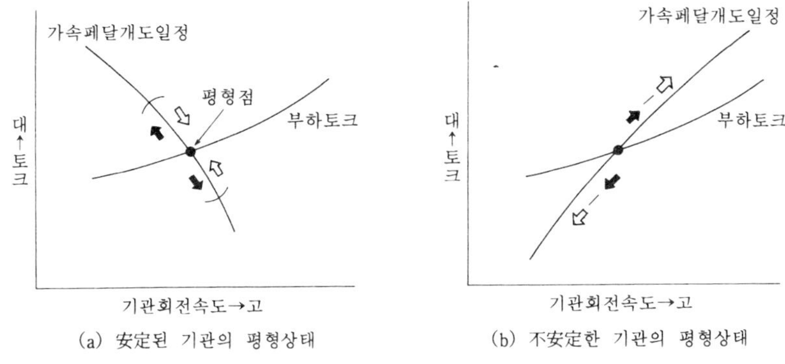

(a) 安定된 기관의 평형상태 (b) 不安定한 기관의 평형상태

그림 6-173 기관의 안정과 평형상태

전속도를 유지할 수 있게 된다. 그림 6-173 (b)에 나타낸 것과 같이 회전속도의 상승에 따라 토크가 증대하는 특성의 경우는 평형점으로부터 發散하려고 하기 때문에 안정된 회전속도로 운전을 할 수 없게 된다.

가솔린기관은 흡기 스로틀링에 의하여 흡입공기량이 조정되고 그에 따라 기관의 토크가 제어된다. 同一의 스로틀 開度(가속페달 開度)에 있어서의 토크특성은 회전속도가 상승되면 그에 따라 스로틀부에서의 流路抵抗이 증가, 흡입효율이 저하되므로 그림 6-174 (a)에 나타낸 것과 같이 안정된 운전을 계속하게 된다.

그러나 디젤기관의 흡입공기량은 회전속도나 부하에 관계없이 거의 같은 양이고 연료의 분사량으로 기관의 토크를 제어한다. 그러니 가속페달의 開

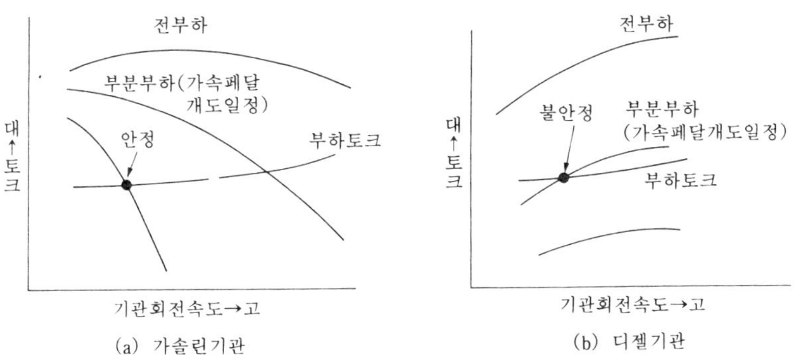

(a) 가솔린기관 (b) 디젤기관

그림 6-174 가솔린기관과 디젤기관의 制御

度가 일정의 경우일지라도 기관의 회전속도가 상승되면 분사량이 그에 따라서 증가되는 경향이 있어서 기관의 토크특성은 그림 6-174 (b)와 같이 회전속도가 안정되지 못하게 되므로 디젤기관의 경우는 회전속도의 상승에 따라 분사량을 감소시키는 기능이 필요하다.

2) 噴射時期의 조절

분사된 연료를 효율적으로 연소시키기 위하여는 흡입공기가 가장 고압으로 압축되는 TDC 부근에서 연료의 분사가 시작될 것이 필요하는 등 분사시기의 선택이 대단히 중요하다. 즉, 분사펌프에 의하여 압송된 연료는 분사관을 통하여 노즐로 보내지며, 따라서 압송의 개시시기와 노즐로부터의 분사시기에는 遲延이 생긴다. 그리고 분사펌프의 압송개시를 같은 시기로 하는 경우는 이 분사개시시기의 遲延角度가 회전속도의 상승에 따라 커진다. 따라서 분사 개시시기를 일정으로 하려면 회전속도의 상승에 따라 압송시기를 빠르게 하는 기능이 필요하게 된다.

3) 噴霧의 形成

디젤기관에서는 가솔린보다 기화되기 어려운 연료가 연소실 내로 분사되고 공기와· 혼합된 다음, 自己着火되기 때문에 착화성이 좋고 완전연소되기 쉬운 혼합기가 형성될 것이 중요하다. 착화성이 좋도록 하기 위하여는 연료입자를 微粒化하여 공기와의 접촉면적을 증가시킬 것이 필요하며, 또한 완전연소시키기 위하여는 연료입자는 연소 중 순차 새로운 공기와 접하지 않으면 안 된다. 그리고 연료입자가 정지되어 있으면 연소에 이용될 수 있는 공기는 그 입자 주변에 한정되므로 입자를 멀리까지 도달시켜 연소실의 구석구석까지 분포시킬 필요가 있다.

(5) 噴霧特性

디젤기관의 출력과 연료소비율은 노즐에서 연소실로 분사된 연료의 연소상태에 달려 있다. 좋은 연소를 얻기 위하여는 연료를 다음의 두 가지 요건이 만족될 수 있도록 연소실로 공급하여야 할 필요가 있다.

① 액체인 연료를 연소시키려면 증발시켜서 연료증기로 만들어야 하고 이 증발을 촉진시키기 위하여는 연료를 미립화하여 총표면적을 크게 하여 주위의 기체와의 熱 및 物質交換이 활발하도록 한다.

② 이 연료증기를 酸化劑(空氣)와 잘 혼합시켜 양호한 연소가 이루어지도록 하기 위해서는 燃料蒸氣가 연소실의 구석구석까지 도달되도록 한다.

앞의 것은 噴霧特性의 霧化, 뒤의 것은 분포 및 관통력의 문제이다.

1) 霧 化

연소실에 분사된 연료가 미립화하여 霧狀으로 되는 과정을 霧化, 이 霧狀의 분사연료를 噴霧라고 한다. 액체상태의 연료가 噴孔으로부터 그 점성과 압력에 의하여 원추형의 噴流로 되어 분출하게 되면 이 噴流는 분공으로부터 어느 정도의 거리를 나가는 사이에 미립화되어서 전체로서 볼 때 원추형의 분무가 생성된다. 연료를 미립화하는 방법은 여러가지가 있으나 분사에서 취급되는 분무는 壓力霧化方式에 의한 것으로 연료를 고압으로 분공을 통하여 그 전후의 압력차를 이용, 고속으로 분사시킴으로써 분류가 형성된다. 이 분류의 표면에는 관성력, 표면장력, 진동, 溶解氣泡 등에 의한 散亂現象이 생긴다. 이 초기 산난부분에 공기와의 마찰이 작용하면 가느다란 液柱와 얇은 液膜이 형성되고 이어서 破片으로 분열된다. 파편은 표면장력에 의하여 球狀의 油粒이 되고 油粒은 공기와의 충돌에 의한 剪斷力에 의해 미립화되므로 油粒은 표면장력보다도 큰 전단력을 낳게 하는 속도를 가지고 있는 한 분열이 반복되어 미세한 유립으로 된다. 따라서, 壓力霧化方式으로 양호한 무화를 얻기 위하여는 분류의 속도를 크게 즉, 연료를 되도록 고압으로 할 것이 바람직 하다.

霧化의 목적 가운데 하나는 연료의 표면적을 증대시키는 것으로 한 예를 들면 1〔cc〕의 체적을 가진 연료표면적을 보면 1개의 球인 경우는 지름이 약 12.4〔mm〕로 표면적이 약 484〔mm^2〕이다. 이것을 지름 40〔μm〕의 균일한 油粒으로 미립화시켰다고 하면 그 총표면적은 1.5×10^5〔mm^2〕개의 2.99×10^7 의 油粒群으로 되어 표면적은 310 배가 된다.

실제의 경우 噴霧油粒의 크기는 균일하지 않고 여러가지 크기로 되는

油粒群이며, 따라서 무화의 정도는 분무 중 유입의 평균적으로 나타내는 平均噴霧粒徑과 크기가 다른 유입이 각각 몇개씩 포함되었는가에 따라서 噴霧粒徑分布로 표시한다. 그리고 디젤기관에서 연료 측면에서는 미세한 유입은 증발속도가 빠르고, 이와 같은 분무는 분사 직후의 분공 가까이에 다량의 燃料蒸氣를 발생시켜서 이 고농도의 연료증기를 공기와 혼합하는 것은, 역으로 어렵고 오히려 혼합시간이 길어지며 그에 따라 연소도 길어져서 유리탄소(그을음)를 배출할 가능성이 생기게 된다. 또한 혼합이 빨리 이루어졌다고 하여도 착화 후 거의 한꺼번에 연소가 개시됨으로써 착화시에 압력이 급격하게 상승되어 최고압력이 높아지는데 따른 소음의 발생이 있게 된다. 따라서, 분무 가운데에는 어느 정도 입경이 큰 油粒도 포함되어 있는 편이 바람직한 것으로 되어 있다.

2) 噴霧形狀

a) 分 布

분사된 연료의 微粒化가 잘 되었다 하여도 연소실 내에서 혼합기가 형성될 때 油粒이 도달되지 않는 부분이 생기게 되면 그곳에 있는 공기는 燃燒에 전혀 이용되지 못한다. 또 역으로 유입이 밀집되어 있는 곳에서는 공기가 부족하여 불완전연소를 일으킨다. 따라서, 분무의 유입은 연소실에서 고르고 넓게 분포되어야 하고 이 분포는 주로 噴霧角에 의하여 결정되어진다.

b) 貫通力

분사된 油粒는 靜止된 체로 한곳에 머물러 있게 되면 연소가스에 쌓여서 연소가 진행되지 못하므로 연소가 종료될 때까지 이동을 계속할 수 있는 힘 즉, 貫通力을 가지고 있을 것이 필요하다. 그러나 작은 연소실의 경우 貫通力이 지나치게 강하게 되면 유입이 연소실 벽면에 부착, 불완전연소를 일으킨다. 그러므로 연소실의 형상, 渦流, 스쿼시의 强度에 알맞는 관통력이 필요하고 이 관통력은 분무의 도달거리에 따라 결정되어진다.

(6) 高壓, 高噴射率化의 課題

최근 상용차용 기관에는 直噴式이 많이 채용되고 있다. 분사펌프는 기관의 성능향상과 배출가스 저감을 위하여 분사압력을 높여서 분무를 미립화하고 분사시간을 단축하는 방향으로 나아가고 있다. 그러나 이에 따른 문제점도 많고, 그림 6-175 에 나타내는 것과 같이 분사특성에 관하여는 異常噴射特性, 2次噴射, 不整噴射 그리고 信賴性면에서는 캐비테이션 에로션(cavitation erosion) 등의 문제를 일으키기 쉬워진다.

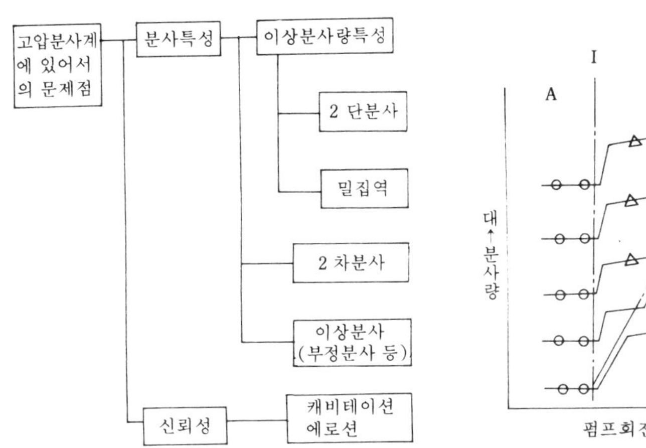

그림 6-175 高壓噴射系에 있어서 問題點

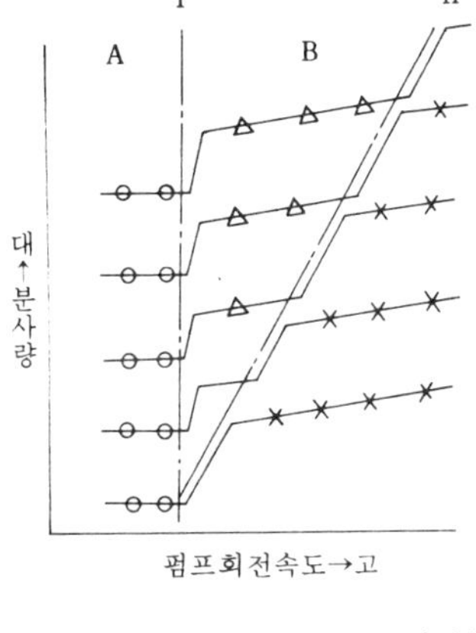

그림 6-176 異常噴射量特性(壓送 스트로크 一定인 경우)의 模式圖

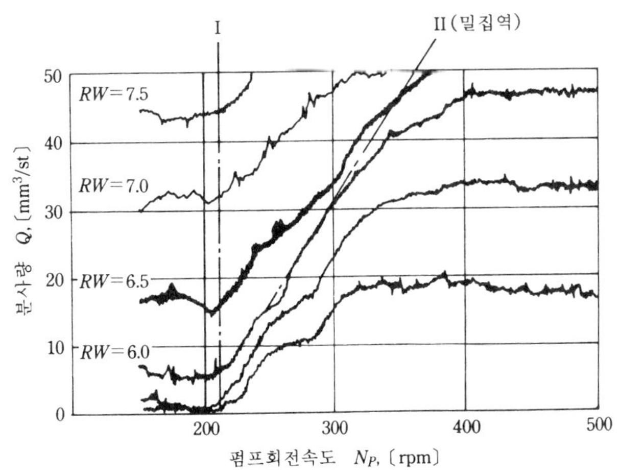

그림 6-177 異常噴射量特性(壓送 스트로크一定인 경우)

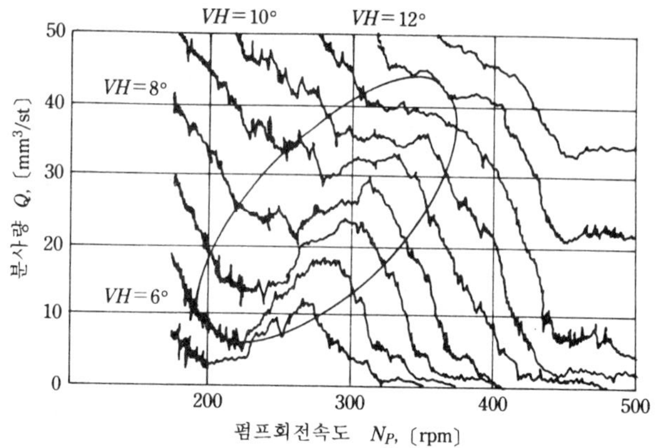

그림 6-178 異常噴射量特性(가속페달 開度一定인 경우)

1) 異常噴射量特性

a) 발생 원인

분사펌프가 분사압력이 고압화되면 압송 스트로크가 일정하여도 회전속도에 의하여 분사량이 급변하는 영역 즉, 그림 6-176 에서와 같이 噴射量急變領域 Ⅰ, Ⅱ 를 경계로 하여 A, B, C 영역이 있고 그림에서 분사량 급변영역 Ⅱ 를 특히 密集域이라고 한다. 그림 6-177, 6-178 은 분사량 특성을 실제로 측정한 결과를 나타낸 것으로 그림 6-177 은 압송 스트로크 일정, 그림 6-178 은 가속페달 開度 일정의 경우이다. 밀집역에서는 가속페달 開度 일정의 분사량 특성이 오른쪽으로 올라가기 때문에 제어가 불가능하다.

다음 A, B, C 영역의 발생 원인을 그림 6-179 로 설명하면 다음과 같다.

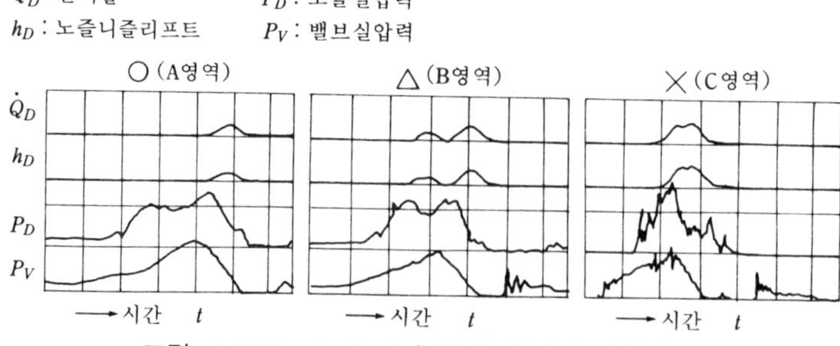

그림 6-179 A, B, C 領域에 있어서 噴射波形

A 영역의 분사는 그림 6-179 에서와 같이 노즐室 압력 p_D가 큰 폭으로 상승되나 그 제 1 단의 壓力波인 경우는 노즐밸브를 열 수 있는 압력에 달하지 않는 영역의 분사이다. B 영역은 제 1 단에서 노즐밸브가 열리나 밸브의 열림에 의하여 노즐쪽의 압력이 일단 낮아지게 되고, 그 뒤 다시 노즐밸브가 열리면서 연료가 분사되는 2 단분사의 영역이다. 분사를 2 회하게 되어 분사량은 영역 A 에서 B 사이에서 급증한다.

密集域의 펌프 회전속도가 되면 제 1 단의 압력파로 全噴射量를 1 회에 분사하여 그 결과 殘壓이 급격하게 낮아진다. 잔압이 급격하게 저하되면 노즐니들이 스톱퍼에 닿지 않는 영역, 즉 노즐니들이 자유로히 진동될 수 있는 경우에는 노즐니들이 노즐쪽의 압력상승 이상으로 오버슈트하고 노즐분공면적이 증가되므로 영역 B 로부터 C 사이에 분사량이 急增한다. 그 때문에 이와 같은 噴射量急變現象은 분공면적특성이 급하게 달라지는 경우에 일어나기 쉽다.

C 영역에서의 노즐니들은 스톱퍼에 닿아 있고 항상 노즐噴孔面積이 일정하게 되며, 회전속도의 증가와 함께 분사압력이 상승, 잔압도 서서히 증가한다.

b) 異常噴射量特性의 防止

異常噴射量特性을 實用域으로부터 이동시키는 방법과 발생시키지 않는 방법이 있다.

實用域으로부터 急變領域 I, II 를 이동시키는 방법으로서는 管內 壓力의 上昇經過에 영향을 주는 분사관의 길이, 徑, 딜리버리 밸브실 체적, 플런저 徑 등을 바꾸는 방법이다. 그리고 잔압의 고, 저에 의하여도 A, B, C 영역은 변화되므로 되빨아들이는 양을 변화시키는 방법도 있다. 만약 분사율 그 자체가 다소 달라지는 것을 허용한다면 노즐밸브의 열림압력과 또한 噴孔의 徑을 바꾸는 방법은 대단히 효과적이다.

다음 밀집역을 발생시키지 않는 방법으로서는 定殘壓밸브와 2 스프링 노즐 등이 있다.

정잔압밸브는 그림 6-180 의 구조에서와 같이 릴리프 밸브에 의하여 분사관 내의 압력 즉, 잔압을 언제나 일정하게 유지시키는 기능을 가지는

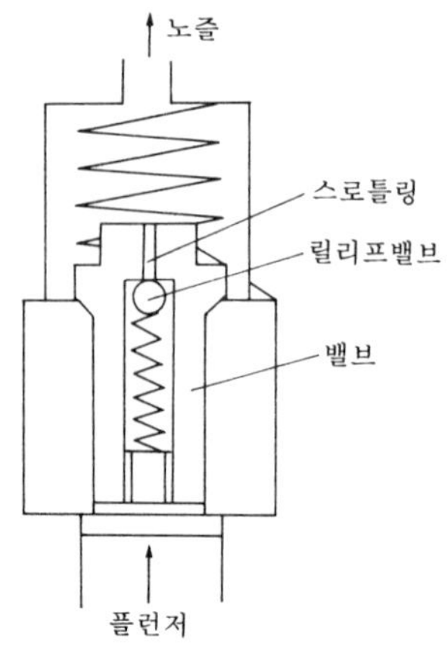

그림 6-180 定殘壓밸브

밸브이다. 잔압을 일정하게 유지시키므로 噴孔面積의 特性이 급변하는 노즐 즉, 不整噴射가 발생되기 쉬운 노즐 일지라도 분사량특성에 異常이 생기지 않게 한다.

그림 6-181 (a)는 이 밸브를 사용하는 경우의 분사량 특성을 나타낸 것이다. 2스프링 노즐은 그림 6-182의 구조에서 나타낸 것과 같이 리프트 l_D에서 스프링 2의 부착하중이 부가되므로 마치 리프트에 대한 噴孔面積 特性을 완화시키는 것과 같은 효과가 얻어진다.

그림 6-183 (a)는 이 2스프링 노즐을 사용하는 경우의 분사량 특성을 나타낸 것이다.

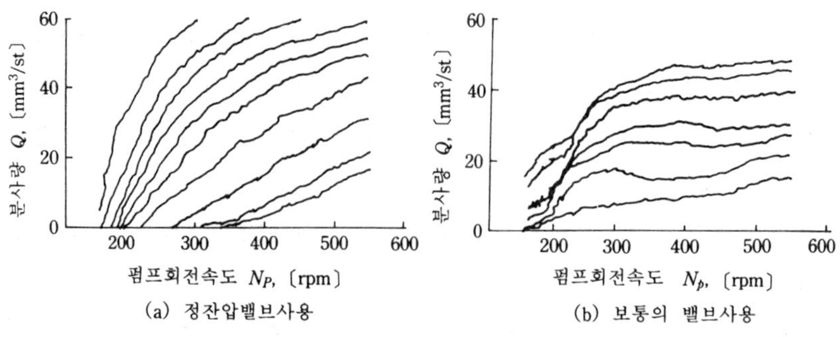

그림 6-181 噴射量特性

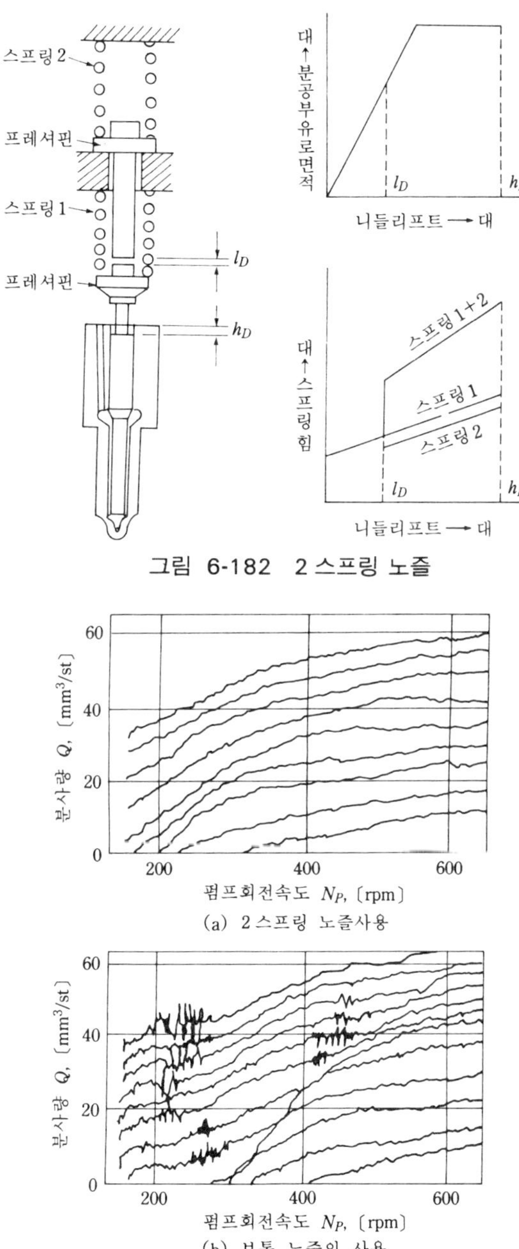

그림 6-182 2 스프링 노즐

(a) 2 스프링 노즐사용

(b) 보통 노즐의 사용

그림 6-183 噴射量特性

2) 2次噴射

主噴射가 종료된 후에 분사관 내의 압력이 다시 노즐밸브의 열림압력에 도달하여 생기는 분사를 2차분사라고 한다. 일반적으로 되빨아들이는 딜리버리 밸브를 사용하는 噴射系에서 볼 수 있으며 이는 주분사와는 명확하게 구별될 수 있는 後期 噴射이고 그 2차분사에서의 연료는 불완전연소하게 되며 스모크, HC가 증가되고 연료소비율도 악화된다. 2차분사의 발생은 최근에서와 같이 노즐 분공을 스로틀링, 고압분사를 얻고자 할 경우에는 원리적으로 피하기 어려운 문제이다. 분사관 내의 압력이 감쇠되면서 끝내에는 靜的殘壓으로 안정되나 이 감쇠되는 과정에서 노즐밸브의 열림압력보다도 높은 압력이 나타난다. 따라서 2차분사가 생기지 않도록 하기 위해서는 분사압력을 높게 하지 않는 즉, 노즐의 분공면적을 충분히 크게 취하거나 혹은 送油率을 낮게 억제하면 되나 그 어느 것이나 高噴射壓力化, 高噴射率化에는 역행한다. 고분사압력화, 고분사율화를 달성하고 또한 더구나 2차분사를 방지하는 방법으로서 그림 6-184에서와 같은 구조를 한 댐핑밸브가 사용되고 있으며, 이것은 분사관 내의 압력을 급격하게 감쇠시키는

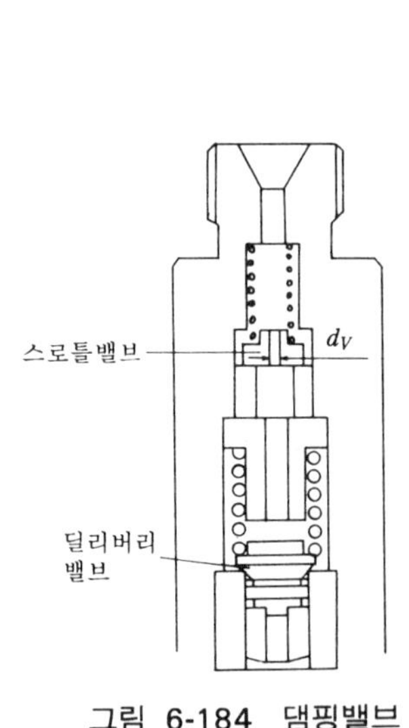

그림 6-184 댐핑밸브

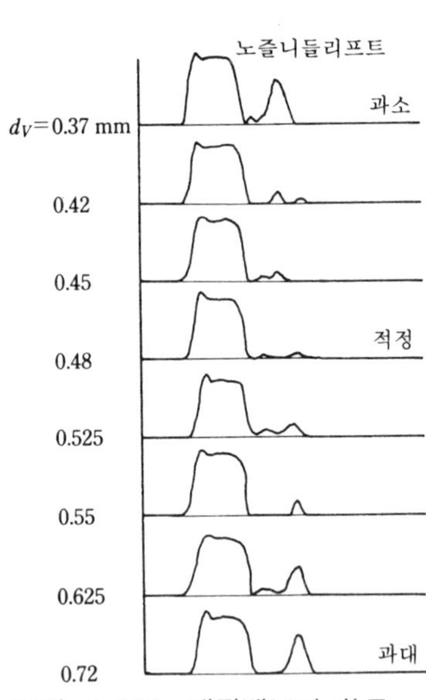

그림 6-185 댐핑밸브의 效果
(d_V는 스로틀링구멍徑)

기능이 있다. 분사종료 후에 스로틀링 작용을 하는 스로틀링 밸브가 딜리버리 밸브와 직렬로 설치되어 있어서 이 스로틀링밸브에 의하여 압력파를 감쇠시킨다. 그림 6-185 에 나타낸 것과 같이 스로틀링 구멍徑 d_V 를 적정한 값으로 함으로써 2 차분사를 방지할 수 있다. 그리고 앞에서 설명한 바 있는 定殘壓밸브도 같은 효과가 있다.

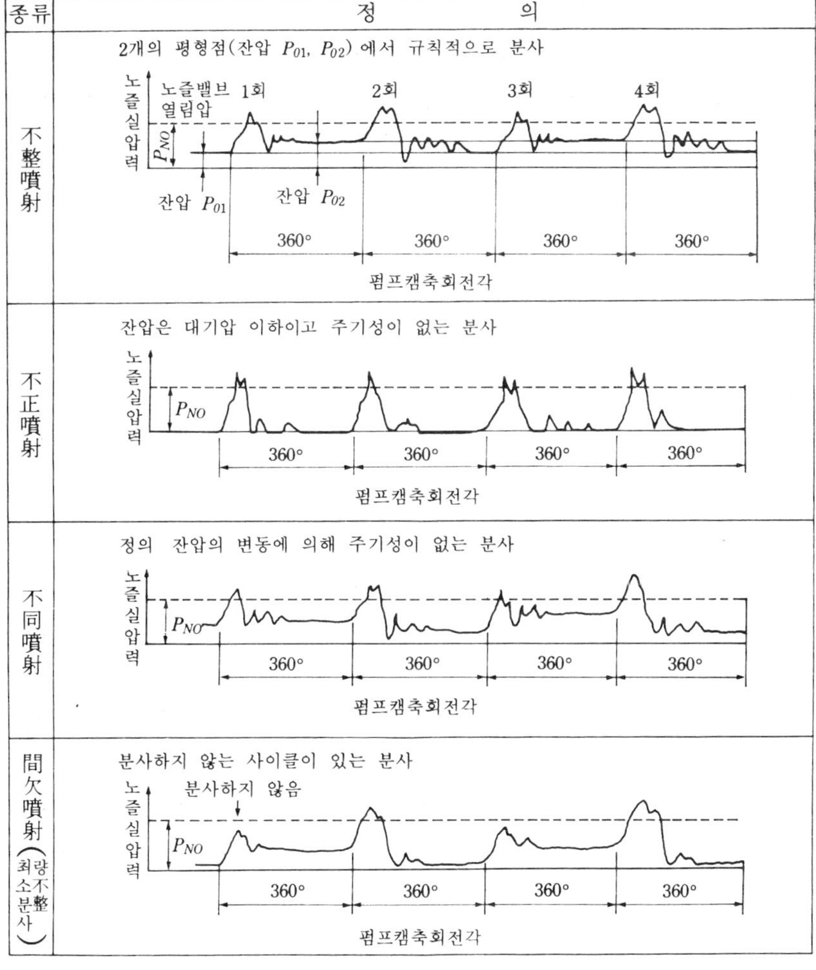

그림 6-186 異常噴射의 種類

3) 異常噴射

異常噴射는 每回의 잔압이 변화하여 분사량이 일정하지 않는 분사이다. 그림 6-186은 異常噴射의 종류를 나타낸 것이다.

不整噴射는 비교적 低回轉速度域에서 니들이 스톱퍼에 닿지않는 噴射領域에서 발생되기 쉽고 또 잔압이 낮고 분사가 매회 불안정하게 되는 不定噴射도 不整噴射領域에 가까운 회전속도역에서 발생되는 예가 많다. 고분사압력화, 고분사율화 되는데 따라 저회전속도역에서는 最小噴射量不整, 이어서 不整噴射, 그리고 약간 높은 회전속도역에서 不同噴射가 발생하고 고회전속도역에서는 2차 분사가 발생되기 쉽다. 이상분사는 잔압변동에 의하여 발생되므로 定殘壓밸브에 의하여 이것들 모두의 문제가 해결될 수 있다.

6-5 燃料噴射裝置

연료분사장치는 기관의 성능(出力, 排出가스, 騷音 등)을 최대한으로 발휘시키기 위하여 연료를 기관의 연소실 내에 적합한 시기에 적정량을 霧化狀態로 분사시키는 장치이다.

(1) 燃料噴射펌프

1) 列形噴射펌프

列形분사펌프는 디젤기관용 분사펌프의 대표적인 것으로 폭넓게 사용되고 있으며 중, 대형트럭, 建設機械用으로 많이 사용되고 있다. 이 펌프는 기관의 실린더 수와 같은 수의 플런저가 있어서 연료는 캠축 1회전으로 모든 실린더로의 壓送이 완료된다. 펌프 本體는 연료를 흡입, 압송하는 壓送機構部와 분사량을 조절하는 調節機構部로 되어 있고 이들 기구의 원리는 어느 형식의 분사펌프의 경우나 같다. 압송 기구부는 실린더 수와 같은 수의 펌프 엘레멘트, 태핏 등으로 구성되고 펌프 엘레멘트는 플런저, 실린더로 구성

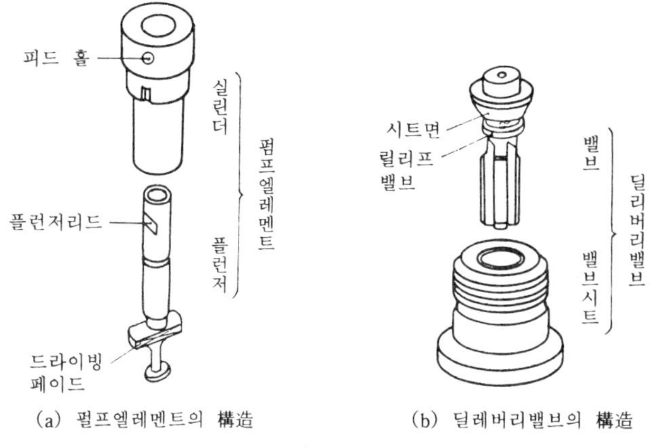

(a) 펄프엘레멘트의 構造　(b) 딜레버리밸브의 構造

그림 6-187

된다. 플런저가 캠에 의하여 태핏을 거쳐 분사 순서에 따라 순차 실린더 내를 왕복하면서 연료를 퓨얼 펌프로부터 흡입, 가압하고 가압된 연료는 실린더 윗쪽에 있는 딜리버리 밸브를 열고 분사관으로 압송된다. 딜리버리 밸브는 그림 6-187 (b)에서와 같이 밸브와 밸브 시트부로 구성되어 있고, 噴射量調節機構部는 주로 랙(control rack)과 슬리브(control sleeve)로 되어 있으며 랙은 거버너에 연결되어 있어 거버너에 의하여 제어된다. 연료는 그림 6-188 에서와 같이 플런저의 왕복운동에 의하여 압송되며, 먼저 플런저의 下死點에서 퓨얼 쳄버로부터 실린더에 마련되어 있는 피드 홀을 통하여 플런저室 내로 흡입된다. 캠의 회전으로 플런저가 상승, 플런저의 윗면이 피드 홀을 닫았을 때부터 연료의 압송이 시작되고, 플런저의 下死點으로부터 압송 개시까지의 스트로크를 프리스트로크라고 한다. 연료는 플런저의 상승에 의하여 가압되고 가압된 연료는 딜리버리밸브를 열고 분사관으로 압송된다. 더욱 플런저가 상승하여 플런저 리드와 피드 홀이 連通하게 되면 플런저室의 고압연료는 플런저 중앙의 구멍, 플런저 리드를 경유하여 피드 홀로부터 퓨얼 쳄버로 유출되고, 연료의 유출에 의하여 압력이 저하하여 연료는 無噴射로 된다.

a) 噴射量調節

분사량의 조절은 그림 6-189 에서와 같이 랙에 의하여 플런저의 드라이빙

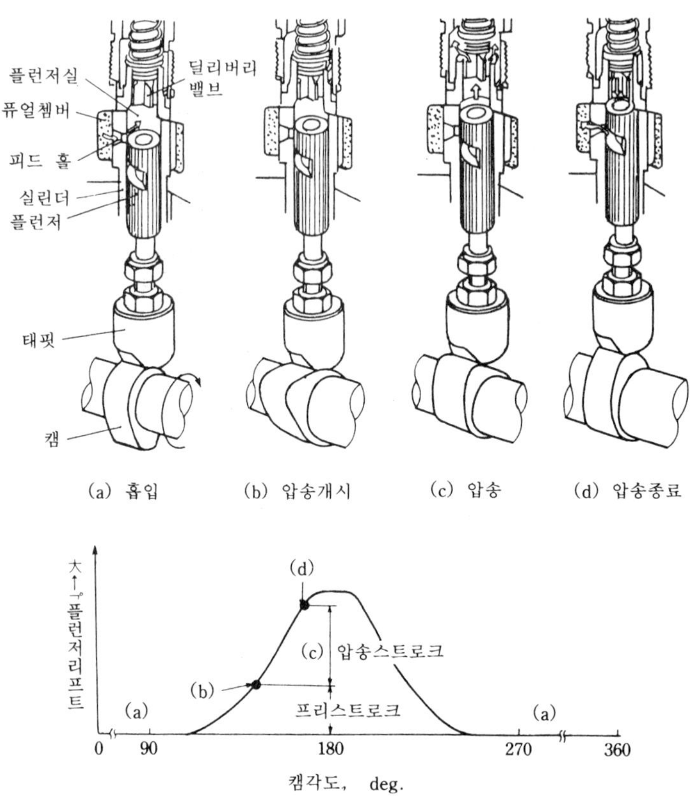

그림 6-188 펌프엘레멘트의 作動

페이스(driving face)와 물려져 있는 슬리브를 回動시켜 플런저의 압송 스트로크를 변화시켜서 하도록 되어 있다.

(i) 無噴射

압송을 시작하기 전에 피드 홀과 플런저 리드가 連通된다. 따라서 플런저室 내의 연료가 가압되지 않고 퓨얼 쳄버로 流出되므로 無噴射로 된다.

(ii) 분사량 조절

랙을 화살표방향으로 움직이면 슬리브와 일체로 되어 움직이는 드라이빙 페이스를 거쳐 플런저가 회동하여 피드 홀과 플런저 리드가 連通할 때까지 압송 스트로크 A가 얻어지고 압송 스트로크 A에 상당하는 연료가 압송된다. 플런저가 더욱 回動(그림 6-189 (c))하면 압송 스트로크가 증대되어 A′로

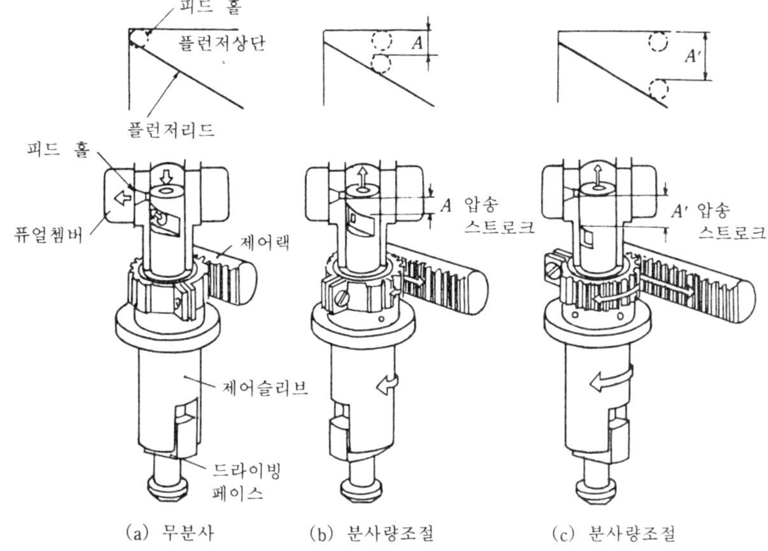

그림 6-189 噴射量調節作用

되고 분사량은 증가한다.

(iii) 플런저 리드에 의한 噴射時期調節

회전속도에 상응하여 분사개시의 시기를 조절하는 것은 뒤에 설명하는 타이머(injection timer)에 의하여 하게 되고 또한 負荷에 따른 분사개시의 시기를 조절하기 위한 특수 플런저를 사용하는 경우도 있다(그림 6-190).

標準 플런저의 경우는 플런저 윗면이 평면이어서 플런저를 회동시켜도 압송이 시작되는 것은 일정하다. 이에 대하여 특수 플런저는 플런저 리드

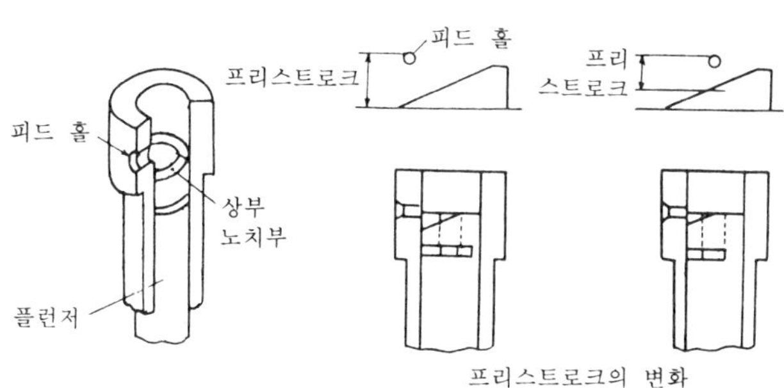

그림 6-190 特殊플런저

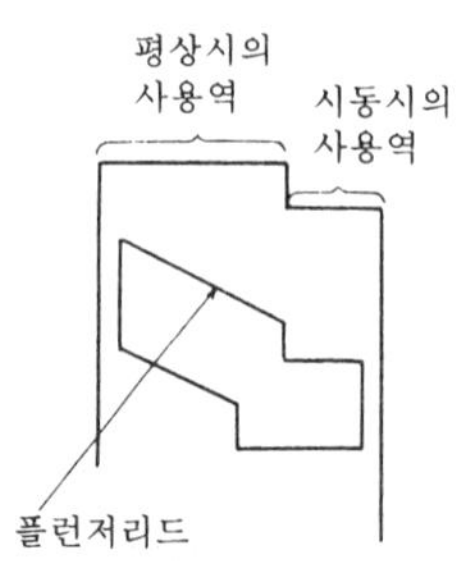

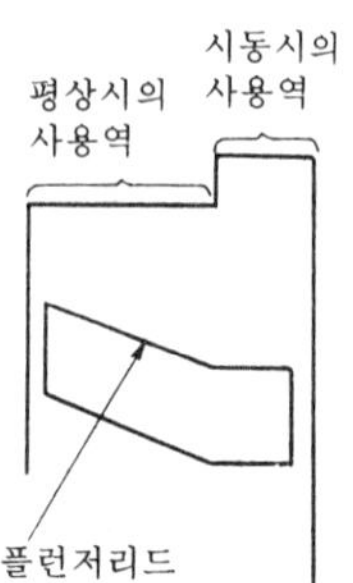

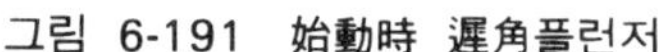
그림 6-191 始動時 遲角플런저 그림 6-192 始動時 進角플런저

외에 上部 리드(notch)가 있어 플런저의 회동에 따라 즉, 분사량에 상응하여 프리스트로크가 달라져서 압송의 개시를 조절할 수 있다.

上部 리드에는 그림 6-191과 그림 6-192에 나타낸 것과 같은 시동시에만 遲角 및 進角시키는 경우도 있다.

b) 딜리버리밸브

(i) 딜리버리밸브의 작동

그림 6-193에서와 같이 연료의 압송이 종료되고 딜리버리밸브가 하강될 때 릴리프 밸브(피스턴부)는 딜리버리밸브室과 플런저室을 차단, 그리고 시트面이 접할 때까지(되빨아들이기 스트로크) 하강된다. 따라서 딜리버리밸브室의 체적은 릴리프밸브의 단면적×되빨아들이기 스트로크에 상당하는 체적분(되빨아들이는 양)이 증가된다. 이 때문에 분사관 내의 압력은 급격하게 저하된다.

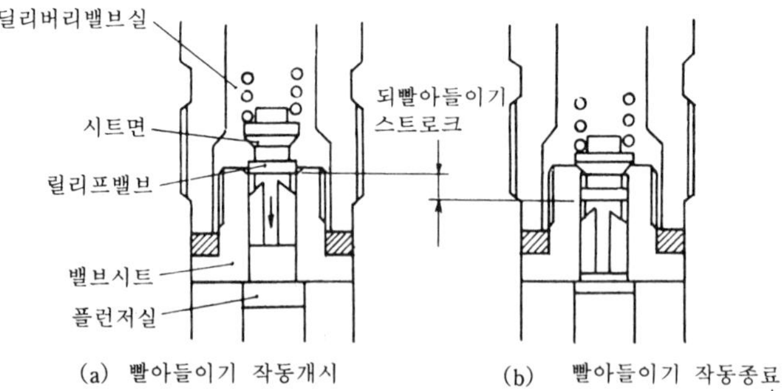

그림 6-193 딜리버리밸브의 뒤빨아들이기 작동

(ii) 딜리버리밸브의 종류

지금까지는 표준밸브의 구조와 작동을 설명한 것이고 여기서는 분사량 특성의 개량에 사용되고 있는 여러가지 종류의 밸브에 대하여 설명한다.

ⓐ 앵그라히밸브

앵그라히밸브(angleich valve)는 표준밸브와 비교하여 회전속도가 저하되는데 따라 되빨아들이는 양을 적게 하여 압송 스트로크가 일정할 때의 회전속도에 대한 분사량의 특성인 *N-Q* 특성을 개선한 것이다. 구조는 그림 6-194 (a)에서와 같이 표준밸브의 릴리프밸브部에 약간의 노치部를 추가한 것이다. 저회전속도역에서의 밸브 리프트는 노치部를 통하여 연료가 압송되므로 표준밸브보다도 리프트量이 작아진다. 따라서 되빨아들이는 양이

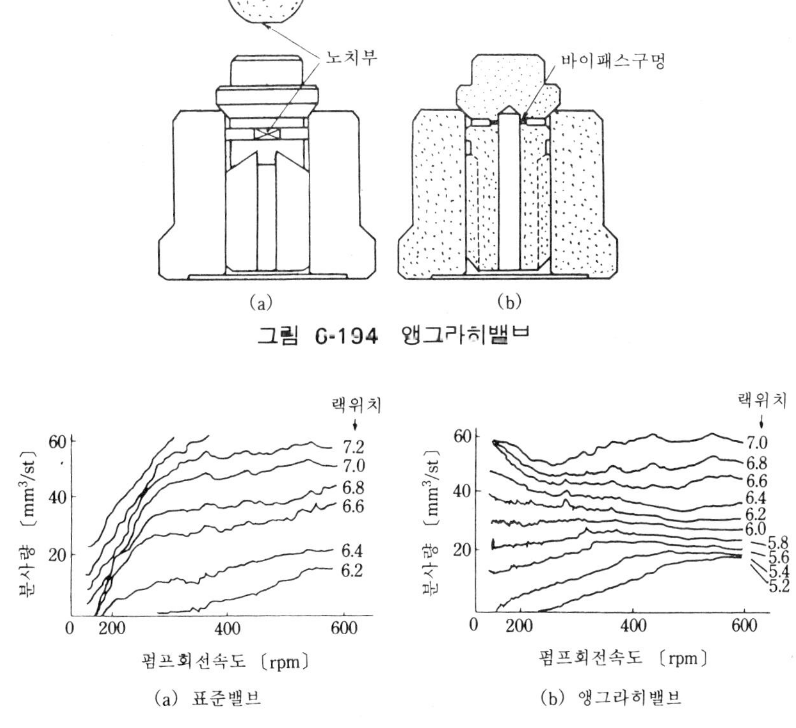

그림 6-194 앵그라히밸브

그림 6-195 噴射量特性의 比較

적어지게 되고 분사관 내의 잔압이 증가됨으로써 분사량이 증가, N-Q 특성이 개선된다. 고회전속도역에 있어서는 압송속도가 높아서 노치부의 효과가 없어지게 되며 표준밸브와 같은 N-Q 특성으로 된다.

그림 6-195는 표준밸브와 앵그라히밸브의 분사량 특성을 나타낸 것이다. 앵그라히밸브인 쪽이 저회전속도역에서 분사량이 증대하고 N-Q 특성이 개선되고 있다. 같은 목적으로 그림 6-194 (b)에서와 같이 노치部 대신 작은 바이패스 구멍을 마련한 구조의 밸브도 있다.

ⓑ 대시폿밸브

대시폿밸브(dash pot valve)는 初期噴射率을 낮게 하고 그 후에 급격하게 분사율을 높일 목적으로 만들어진 밸브이다. 그림 6-196에 나타낸것과 같이 밸브 아랫부분에 대시폿피스턴을 마련, 밸브 시트에 끼워지는 구조로 되어 있어서 대시폿스트로크가 종료하게 되면 受壓面積이 증가($\phi d_{VD} \rightarrow \phi D_V$)하고 밸브가 급격하게 상승한다. 또, 이 밸브는 밸브 스프링이 밸브의

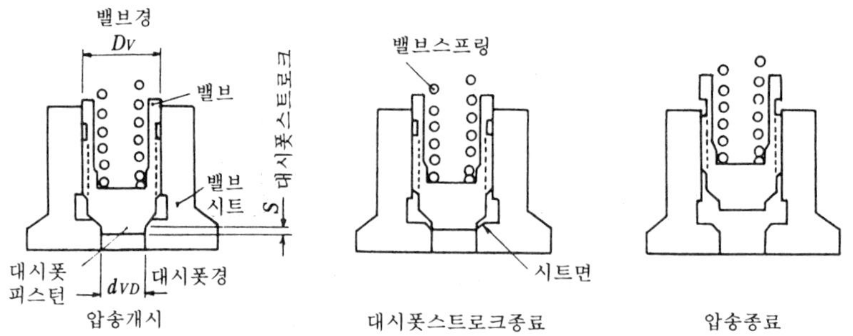

그림 6-196 대시폿 밸브

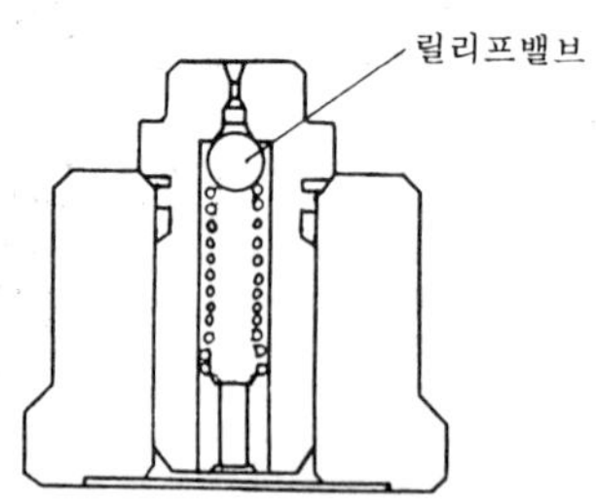

그림 6-197 定殘壓밸브

내부에 설치되어 있어서 대드 보륨(dead volume)를 작게 할 수 있고 높은 분사압력이 얻어진다.

ⓒ 定殘壓밸브

잔압변동에 의한 이상분사를 방지하기 위하여 항상 분사관 내의 잔압을 일정하게 하는 밸브로 그림 6-197 에서와 같이 밸브의 본체 내에 릴리프 밸브를 마련함으로써 분사관 내의 잔압을 일정하게 유지하며 잔압 레벨은 릴리프밸브의 밸프 열림압으로 설정한다.

(2) 거버너

거버너에는 기관의 회전속도를 검지하여 目標設定回轉速度와의 速度差分에 상응하는 분사량제어를 하기 위한 작동력을 발생시키는 기능이 필요하고 일반적인 作動源으로서는 負壓, 遠心力, 油壓이 이용된다.

한편, 기관이 요구하는 噴射量制御特性面에서 보면 중간속제어에 있어서 發電機, 建設機械 등은 기관의 負荷가 변화되어도 기관의 회전을 일정하게 유지시킬 필요가 있으므로 그림 6-198 에서 나타내는 제어 특성 중 전회전속도역에서 調速을 하는 올 스피드 특성이 필요하다. 기관은 용도에 따라서 여러가지 요구 특성이 있고 그들의 요구에 대응하기 위하여 표 6-13 에서 나타내는 것과 같은 거버너가 있다.

1) 올 스피드 거버너

올 스피드 거버너의 대표적인 거버너인 RSV 거버너(Bosch 식)와 R 801 (日本 電裝式)에 대하여 설명하면 다음과 같다.

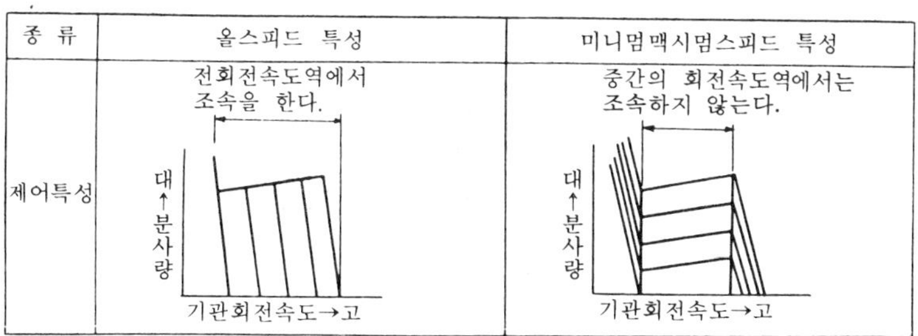

그림 6-198 制御特性

表 6-13 거버너의 種類와 特徵

種　類	作動源	制御特性	長　點	短　點	주된用途
뉴머틱 거버너	負　壓	올 스피드	구조간단	·흡기슬로트링을 하므로 吸氣效率惡化 ·制御特性이 空氣密度에 의하여 변화한다.	·산업기계
미캐니컬 거버너	遠心力	올 스피드	적응 범위가 넓다	링크機構가 複雜	·自動車 ·發電機 ·建設機械 ·船舶
		미니멈 맥시멈 스피드			·自動車
컴바인드 거버너	負壓+遠心力	올 스피드	뉴머틱 거버너에 比하여, 空氣密度에 의한 制御特性에의 影響작다	吸氣슬로틀링을 하기 때문에 吸氣效率惡化	·自動車
油　壓 거버너	油　壓	올 스피드	制御力大	·구조가 복잡하고 高價 ·制御特性이 油溫에 영향을 받기 쉽다.	·建設機械 ·發電機 ·船舶

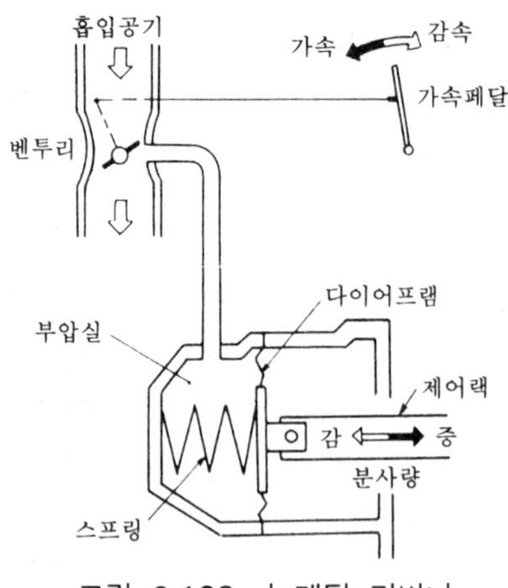

그림 6-199 뉴매틱 거버너

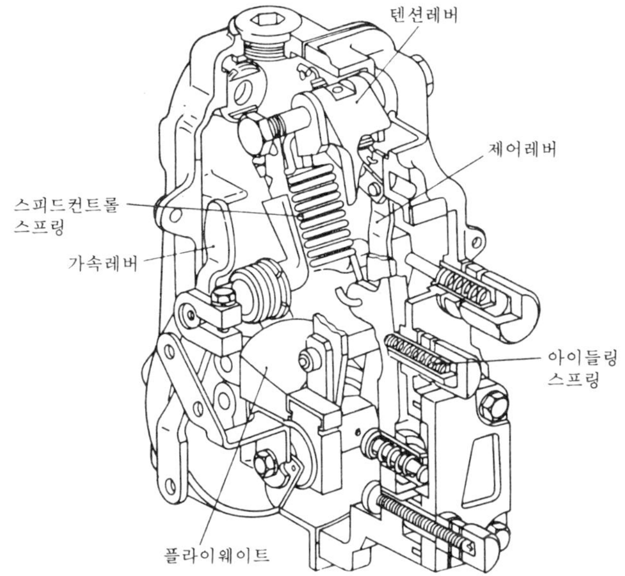

그림 6-200 RSV 거버너 斷面圖

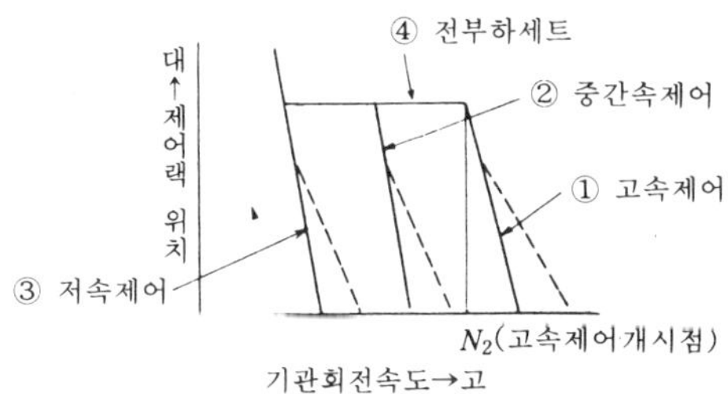

그림 6-201 RSV 거버너의 制御特性

a) RSV 거버너

RSV 거버너는 産業機械에 가장 많이 사용되고 있으며 그 단면은 그림 6-200과 같다. 이 거버너의 제어 특성은 그림 6-201에 나타내는 ① 고속제어 ② 중간속제어 ③ 저속제어 ④ 전부하 세트로 나누어 생각할 수 있다.

(i) 고속제어

그림 6-202는 고속제어시의 링크작동을 나타낸 것이다. 가속 레버가 全負荷位置이고 기관의 회전속도가 그림 6-201에서 나타내는 N_2 點(高速制御

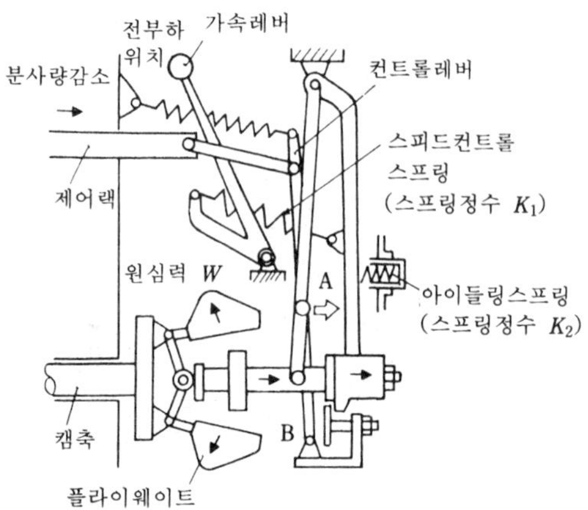

그림 6-202 RSV 거버너의 高速制御

開始點)으로 상승되면 플라이웨이트의 遠心力 W가 스피드 컨트롤 스프링의 세트 하중보다 커지게 되어 플라이웨이트는 外側으로 열린다. 이 작동에 의하여 A점이 우측으로 이동, 컨트롤 레버는 B점을 支點으로 우회전하여 제어 랙을 분사량의 감소방향으로 이동시킨다.

고속제어시의 속도 변동률은 플라이웨이트의 원심력 W와 스피드 컨트롤 스프링의 스프링 定數 K_1에 의하여 결정된다. 또 아이들링 스프링이 있는 경우는 그 스프링 定數 K_2가 K_1에 가하여지므로 제어 특성은 그림 6-201의 破線과 같이 된다.

(ii) 중간속제어

그림 6-201에서 나타내는 중간속제어는 가속 레버의 각도로 스피드 컨트롤 스프링의 세트 荷重을 변화시킬 수 있어서 희망하는 회전속도로 설정될 수 있다. 링크작동은 고속제어의 경우와 같다.

(iii) 저속제어

그림 6-203에서 저속제어시의 링크작동을 나타낸다. 가속 레버가 아이들링 위치의 경우, 스피드 컨트롤 스프링의 세트 하중은 작다. 따라서 플라이웨이트는 저회전속도일지라도 外側으로 열리고 A점을 우측으로 이동시켜 컨트롤 레버를 거쳐 제어 랙을 분사량의 감소방향으로 이동시킨다.

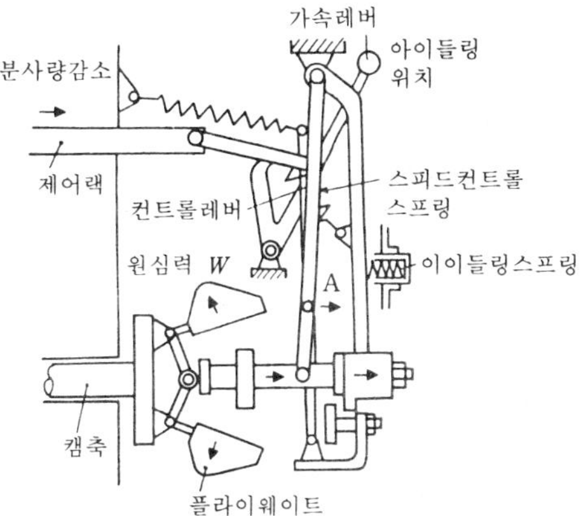

그림 6-203 RSV 거버너의 低速制御

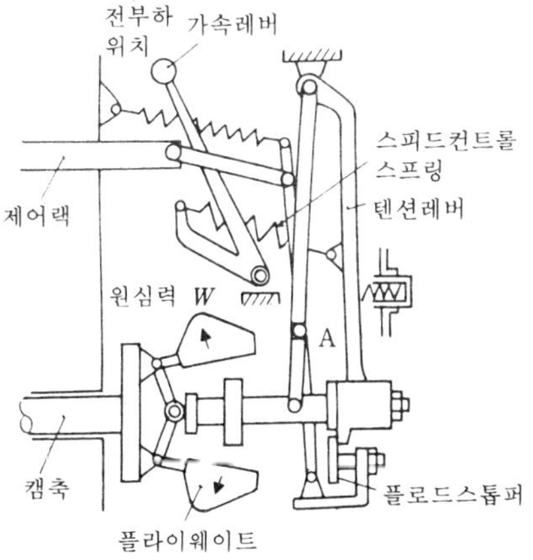

그림 6-204 RSV 거버너의 全負荷세트

(iv) 전부하 세트

가속 레버가 全負荷位置이고 기관의 회전속도가 고속제어 개시점에 달하고 있지 않을 경우, 그림 6-204에 나타내는 것과 같이 스피드 컨트롤 스프링의 세트 하중은 플라이웨이트의 원심력 W보다 크고 텐션 레버가 풀로드 스톱퍼에 밀어붙여져 있다. 따라서 A점은 定位置에 있고 제어 랙은 움직이지 않고 定位置를 유지한다.

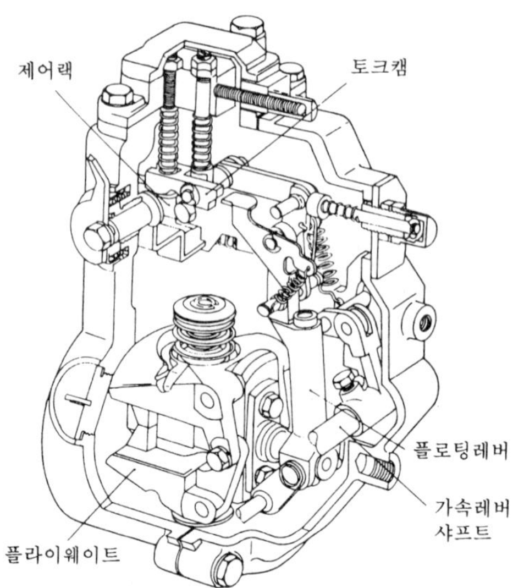

그림 6-205 R 801 거버너의 斷面圖

b) R 801 거버너

R 801 거버너는 自動車用으로 현재 많이 사용되고 있으며, 그림 6-205 는 그 단면을 나타낸 것이다.

최근 분사계의 고압분사화에 따라 우수한 動特性을 얻기 위하여 제어력이 큰 거버너가 요구되며, 한편 搭載面에서 소형화의 요구도 강하여 이 때문에 웨이트의 기계효율이 높은 거버너가 중요하다.

그리고 저회전속도역에서의 異常噴射量特性에 대응하기 위하여 고회전속도역과 저회전속도역에서의 레버比를 可變으로 하여 저회전속도역에서의 제어력 향상을 도모하는 기구를 갖출 필요가 있다.

한편, 기관의 고출력화에 따라 全負荷時의 토크 특성의 自由度向上이 요구되어 이것에 대응하기 위하여 全負荷時의 분사량제어의 自由度가 큰 거버너가 필요하게 되었다. 이상의 요구 특성을 만족시키기 위하여 개발된 것이 R 801 거버너이고, 다음은 그 특징에 대하여 설명한 것이다.

(i) 高效率 웨이트의 채용

R 801 거버너는 효율이 높은 플라이웨이트를 채용하고 있어서 動特性이

表 6-14 플라이웨이트의 形式과 效率

웨이트形式	構　造	效　率	特　徵	適用 거버너
볼 형		30%	・구조간단 ・안　가	컨바인드
RSV 형		25%	・구조간단 ・안　가	RSV R 721 RFD RLD 외
RQ 형		98%	・大　形 (外徑大) ・高　價	RQ RQR RQV 외
R 801 형		94%	・RQ 형에 比하여 構造 간단하다 ・약간 高價	R 801

$$效率 = \frac{\varDelta W - R_G}{\varDelta W} \times 100〔\%〕$$

$\varDelta W$: 回轉速度가 ±2〔%〕 變化되었을 때의 웨이트 推力變化量

R_G : 웨이트 內部摩擦力

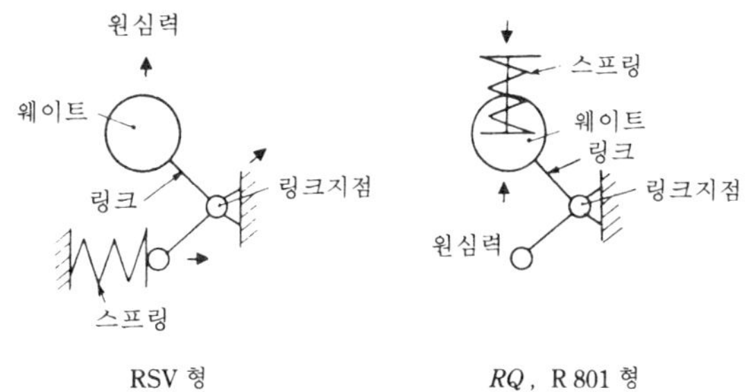

그림 6-206 RSV 형과 RQ, R 801 형과의 比較

우수하다. 플라이웨이트의 형식과 효율은 표 6-14 에 나타낸 것과 같다.

RQ, R 801 형은 그림 6-206 에 나타낸 것과 같이 플라이웨이트의 원심력을

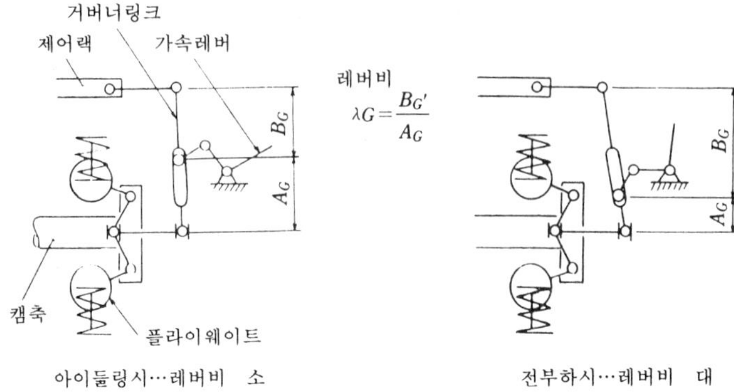

그림 6-207 링크레버比 可變機構

링크를 거치지 않고 직접 스프링으로 받고 있어서 링크 支點에서의 作用力이 작고 웨이트 내부 마찰력이 작아지기 때문에 효율이 높다.

(ii) 링크레버比 可變機構의 채용

거버너 링크의 레버比가 그림 6-207 에서와 같이 가속 레버의 위치에 따라 변화되고, 따라서 플라이웨이트의 원심력이 작은 아이들링시에 큰 제어력이 얻어진다. 제어 특성은 거버너 링크의 레버比가 가속 레버의 위치에 의하여 달라지므로 그림 6-208 에 나타낸 것과 같이 아이들링시에 완만하고, 회전 속도의 상승에 따라 급변하게 된다. 따라서, 가솔린車의 토크 커브에 가까운 특성으로 되어 있다.

(iii) 토크 캠의 채용

토크 캠의 채용에 의하여 全負荷時, 자유로운 분사량 특성이 얻어진다. 이 기구는 RLD 거버너 및 Bosch社의 RQV-K 거버너에도 채용되고 있다.

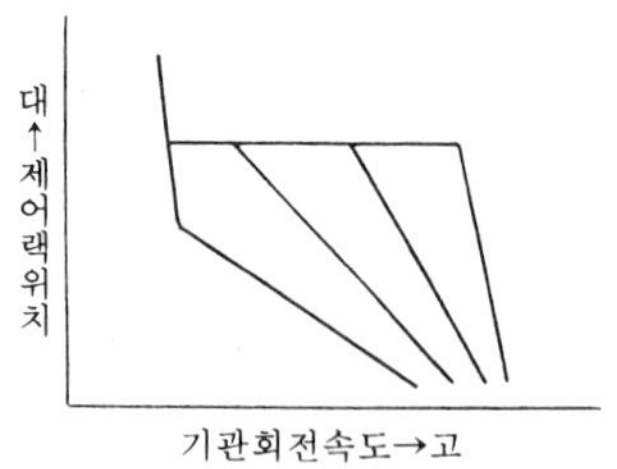

그림 6-208 R 801 거버너의 制御特性

c) 미니멈 맥시멈 스피드 거버너

R 721 거버너가 그 대표적인 예의 거버너이다. 이 거버너는 자동차용으로 쓰여지고 있고 그 斷面圖는 그림 6-209 와 같으며 제어 특성은 그림 6-210 에 나타낸 것과 같이 ① 고속제어, ② 저속제어만으로서 중간의 회전속도역에서는 제어를 하지 않는다.

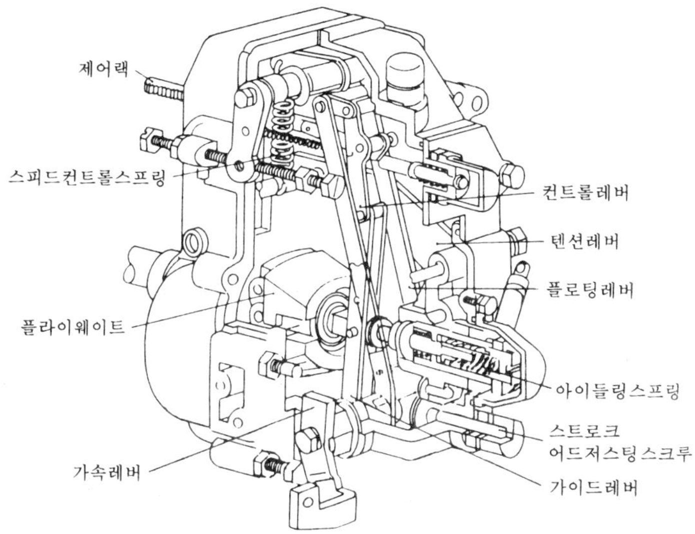

그림 6-209 R 721 거버너 斷面圖

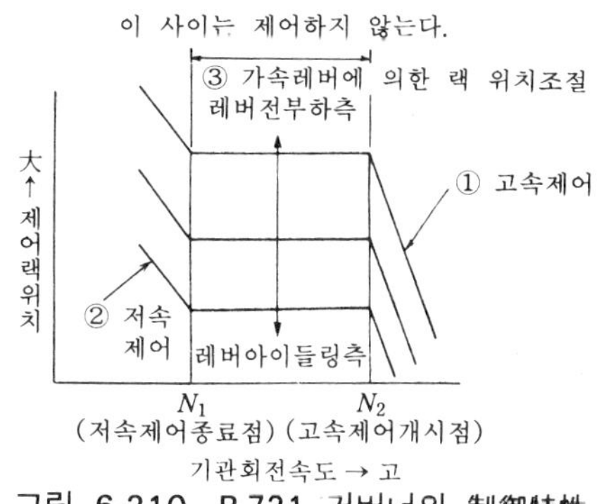

그림 6-210 R 721 거버너의 制御特性

(i) 고속제어

그림 6-211 에 고속제어시의 링크작동을 나타내어져 있다. 스피드 컨트롤

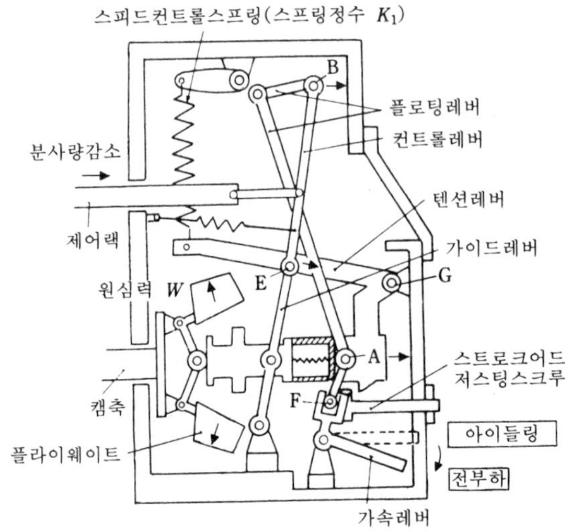

그림 6-211 R 721 거버너의 高速制御

스프링에는 일정의 세트 하중이 주어져 있고, 기관의 회전속도가 그림 6-210 에 나타내는 N_2 점(高速制御 開始點)으로 상승되면 플라이웨이트의 원심력이 스피드 컨트롤 스프링의 세트 하중보다 커지게 되어 플라이웨이트는 外側으로 열린다. 이 작동에 의하여 텐션 레버는 G 점을 支點으로 좌회전, 플로팅 레버의 支點 A를 우측으로 이동시킨다. 따라서, 플로팅 레버는 F 점을 支點으로 우회전, 컨트롤 레버 支點 B를 우측으로 이동시킨다. 한편 E 점도 플라이웨이트가 외측으로 열리는데 따라 우측으로 이동하기 때문에 컨트롤 레버가 우측으로 이동하고 제어 랙을 분사량 감소방향으로 이동시킨다. 고속제어시의 高速變動率은 플라이웨이트의 원심력 W와 스피드 컨트롤 스프링의 스프링 定數 K_1에 의하여 결정된다.

(ii) 저속제어

그림 6-212는 저속제어시의 링크작동을 나타낸 것이다. 저회전속도역에서는 플라이웨이트의 원심력 W와 아이들링 스프링의 하중이 평형을 이루는데 따라 저속제어가 이루어진다. 회전속도가 상승되면 원심력 W가 아이들링 스프링의 세트 하중보다 커지게 되고 플라이웨이트는 외측으로 열리며 가이드 레버가 C 점을 支點으로 우회전하며 E 점은 오른쪽으로 이동한다.

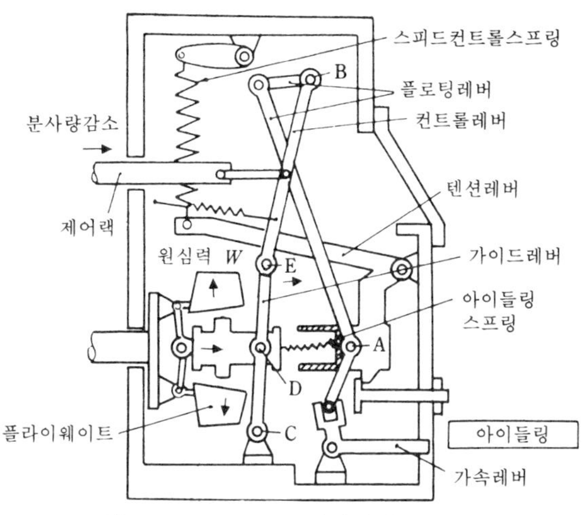

그림 6-212 R 721 거버너의 低速制御

이 작동에 의하여 컨트롤 레버가 B 점을 支點으로 좌회전하고 제어 랙을 분사량 감소방향으로 이동시킨다. 텐션 레버, 플로팅 레버는 스피드 컨트롤 스프링에 주어진 세트 하중에 의하여 定位置로 유지된다.

(iii) 中間의 回轉速度域(그림 6-210 에 표시된 $N_1 \sim N_2$ 사이)에서의 제어 랙 位置調節

이 회전속도역에서의 거버너는 調速을 하지 않고 운전자의 가속레버 操作에 의하여 제어 랙 위치의 조절을 한다. 스피드 컨트롤 스프링의 세트 하중은 플라이웨이트의 원심력보다 크고 텐션 레버를 스트로크 어느서스팅 스크루에 밀어붙쳐저 있다. 따라서 거버너의 각 링크는 定位置를 유지하고 제어 랙은 회전속도에 관계없이 움직이지 않는다. 제어 랙의 위치는 그림 6-213 에 나타내는 것과 같이 가속 레버에 의하여 거버너 링크의 支點을 움직임으로써 조절된다. 가속 레버를 아이들링 위치로부터 全負荷位置로 움직이면 F 점이 우측으로 이동하고, 플로팅 레버는 A 점을 支點으로 하여 좌회전 한다. 따라서, 컨트롤 레버는 E 점을 지점으로 하여 좌회전하고 제어 랙을 분사량 증가방향으로 이동시킨다. 가속 레비를 全負荷位置로부터 아이들링 위치로 움직이면 각 링크는 역방향으로 움직이고 제어 랙을 분사량 감소방향으로 이동시킨다.

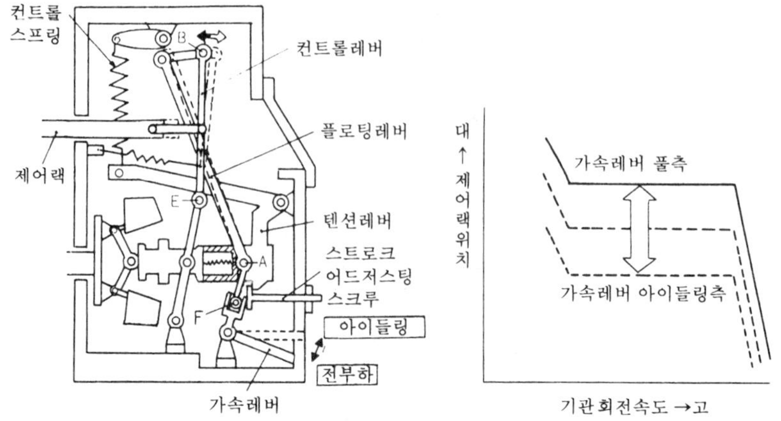

그림 6-213 가속 레버 操作에 의한 제어 랙 位置調節

2) 附加機能裝置

기관은 고온, 저온, 고지, 평지 등 여러가지 환경조건에서 사용된다. 그러므로 어떤 환경조건에서도 出力, 排出가스의 成分 등 기관의 성능을 항상, 최대한으로 발휘토록 하기 위한 기관의 요구하는 분사량 특성은 달라진다. 이들 여러가지 요구를 만족시키기 위하여는 基本制御特性을 환경조건에 따라 보상하여 항상 적절한 분사량을 공급할 附加的인 機能裝置가 거버너에 필요하며, 그림 6-214는 부가 기능의 예를 나타낸 것이다.

a) 過給壓補償裝置

디젤기관의 최대토크, 출력은 일반적으로 排氣黑煙의 發生限界 즉, 이론공연비에 가까운 분사량으로 결정되어진다. 출력을 향상시키기 위하여 터보차저를 장착, 흡입공기량을 증가시키는 경우, 이 흡입공기량의 증가(過給量)에 따라 항상 이론공연비에 가까운 분사량으로 보상하는 장치 즉, 過給壓補償裝置가 필요하다. 터보 차저의 과급량과 과급압(흡기매니폴드 압)이 비례하는 것을 이용, 과급압에 상응토록 분사량을 보상한다. 過給壓補償裝置의 작동원리는 그림 6-215에서와 같이 다이어프램에 의하여 過給壓室과 大氣壓室이 형성된다. 과급압이 상승되면 다이어프램은 스프링을 수축시키고 푸시 로드, 컨트롤 레버를 거쳐서 제어 랙을 분사량 증가방향으로 이동시

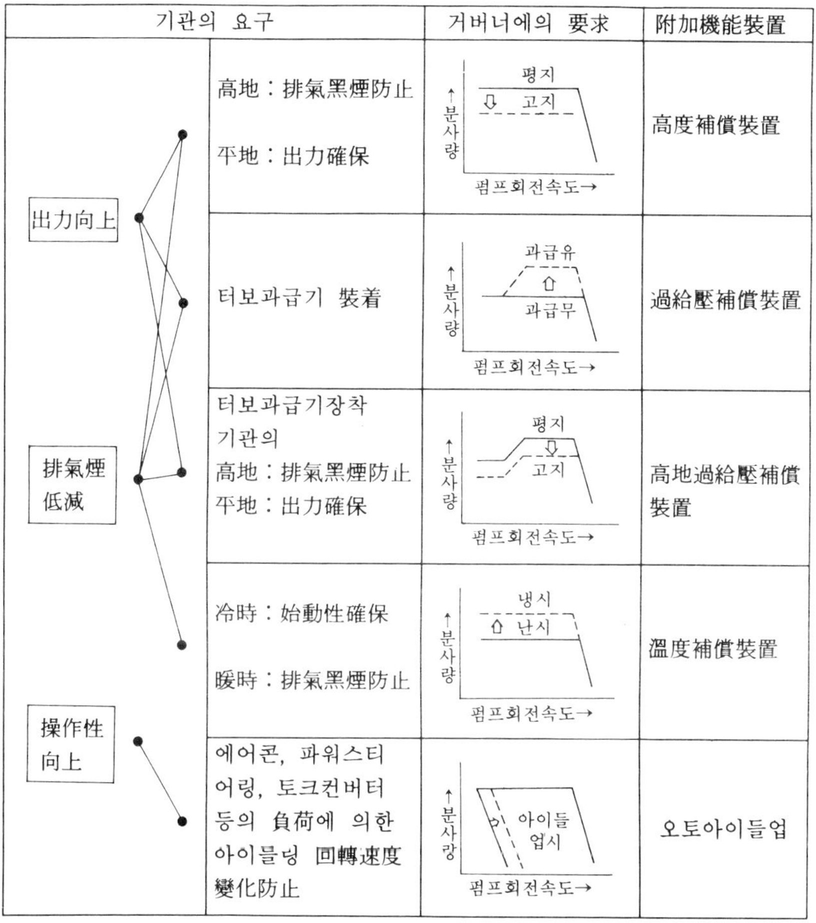

기관의 요구		거버너에의 要求	附加機能裝置
出力向上	高地：排氣黑煙防止 平地：出力確保	평지 / 고지 / 분사량↑ / 펌프회전속도→	高度補償裝置
排氣煙低減	터보과급기 裝着	과급유 / 과급무 / 분사량↑ / 펌프회전속도→	過給壓補償裝置
	터보과급기장착 기관의 高地：排氣黑煙防止 平地：出力確保	평지 / 고지 / 분사량↑ / 펌프회전속도→	高地過給壓補償裝置
操作性向上	冷時：始動性確保 暖時：排氣黑煙防止	냉시 / 난시 / 분사량↑ / 펌프회전속도→	溫度補償裝置
	에어콘, 파워스티어링, 토크컨버터 등의 負荷에 의한 아이들링 回轉速度 變化防止	아이들 업시 / 분사량↑ / 펌프회전속도→	오토아이들업

그림 6-214 거버너의 代表的 附加機能裝置

킨다. 일반적으로 과급압은 그림 6-216에서와 같은 특성이 되므로 噴射量 補償裝置도 그림에 나타낸 것과 같이 된다.

b) **高度補償裝置**

高地에서 사용하는 경우, 그림 6-217에 나타낸 것과 같이 공기의 밀도가 平地에 비하여 낮아지므로 평지와 같은 분사량을 기관에 분사하게 되면 공연비가 작아지게 되고 排氣煙이 발생하기 쉬워진다. 따라서 高度 즉, 공기

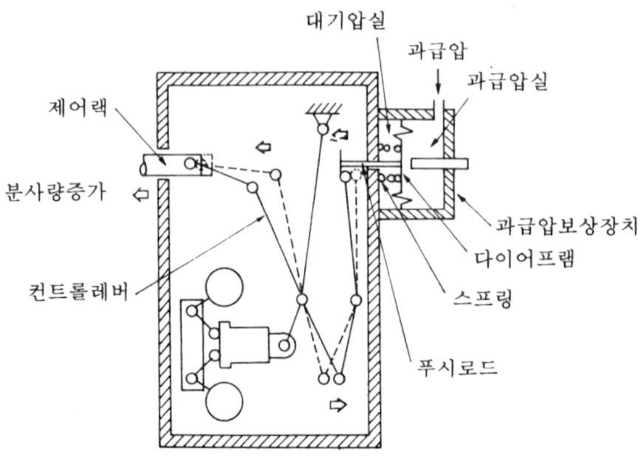

그림 6-215 過給壓補償裝置의 構造와 作動

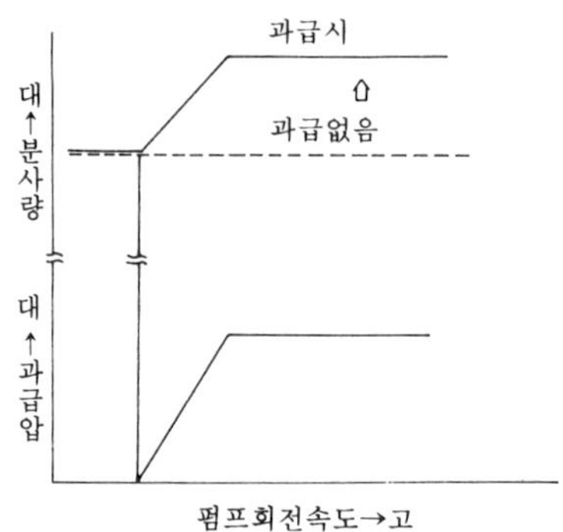

그림 6-216 過給壓補償裝置에 의한 噴射量補償特性

밀도에 알맞는 분사량의 보상이 필요하며 이것에 대응하는 것이 高度補償裝置이고 그 구조와 작동을 나타낸 것이 그림 6-218이다. 大氣壓室에 베로즈를 갖추어서 베로즈와 일체로 작동하는 푸시 로드 및 레버로 구성되어 있다. 내부가 眞空으로 되어 있는 베로즈는 그림 6-219에서와 같이 全長이 대기압에 상응하여 직선적으로 변화되므로 대기압 센서 및 액츄에이터로서 작동한다. 고지 즉, 대기압이 낮아지는데 따라 베로즈가 신장, 푸시 로드, 레버를 거쳐서 제어 랙을 분사량 감소방향으로 이동시켜 그림 6-220에 나타내는 補償特性을 얻게 된다.

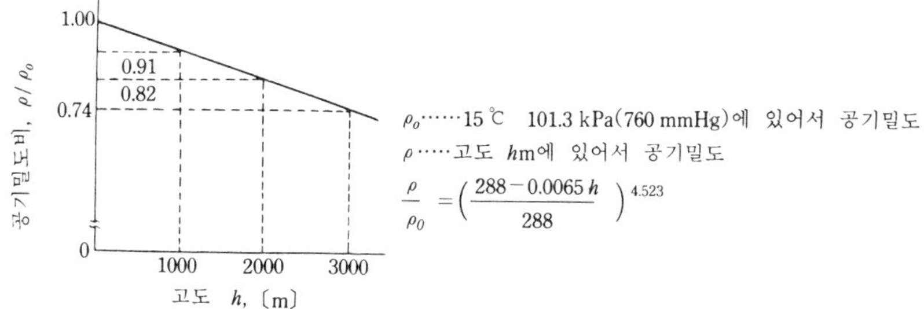

그림 6-217 高度와 空氣密度比

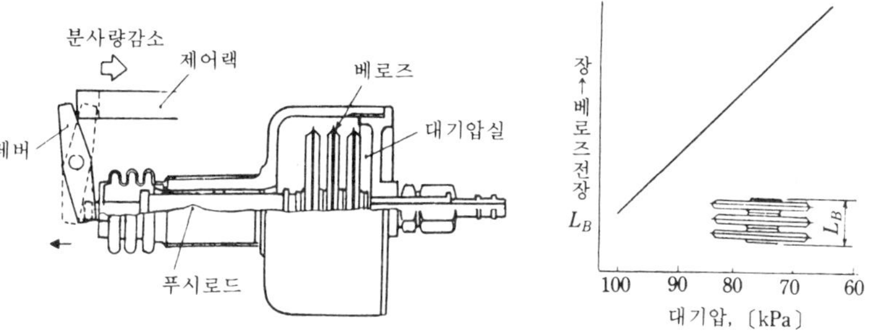

그림 6-218 高度補償裝置의 構造와 作動

그림 6-219 大氣壓에 의한 베로즈變化

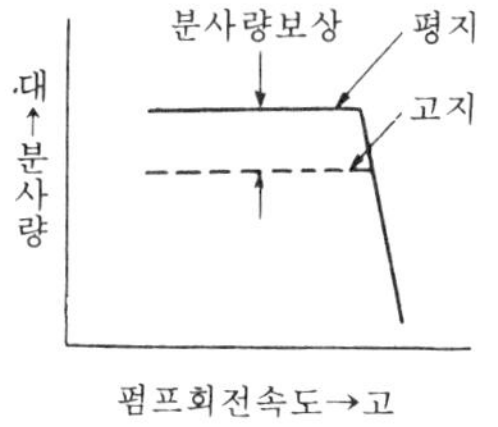

그림 6-220 高度補償裝置에 의한 噴射量補償特性

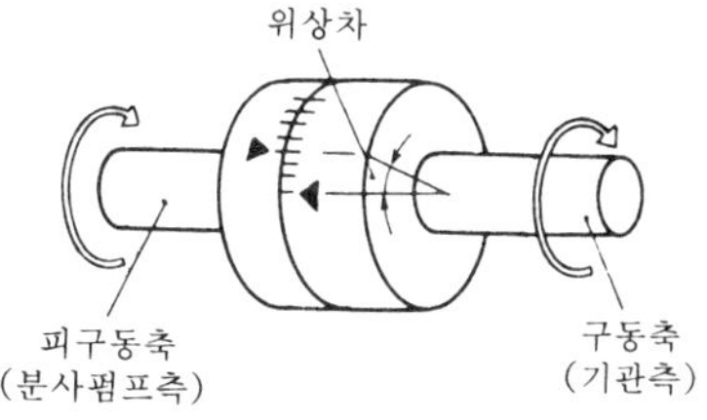

그림 6-221 타이머의 機能

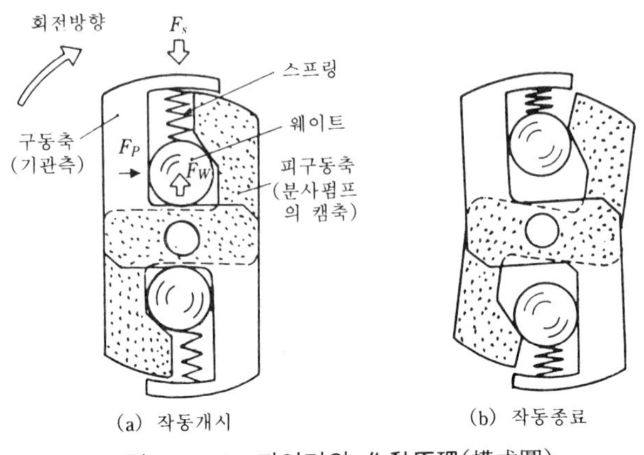

(a) 작동개시 (b) 작동종료

그림 6-222 타이머의 **作動原理**(模式圖)

(3) 타이머

타이머(timer)는 그림 6-221 에서와 같이 기관측의 驅動軸과 분사펌프측의 被驅動軸과의 회전방향에 位相差를 주어 분사펌프의 분사시기를 조절하는 작동을 하며, 그 작동원리는 다음과 같다. 즉,

① 타이머는 구동축과 피구동축 사이에 설치되고 그 내부에는 회전속도에 따라 원심력을 발생하는 웨이트와 웨이트의 움직임을 제어하는 스프링이 마련되어 있다. 그림 6-222 는 타이머의 작동원리를 나타낸 것으로, 기관으로부터 구동력 F_P 가 플라이웨이트를 거쳐서 피구동축(캠축)에 전달되고 위상차는 웨이트의 움직임에 의하여 얻어진다.

② 웨이트의 이동량은 웨이트에 발생하는 원심력 F_W, 스프링의 작용력 F_S 및 구동력 F_P 의 평형에 의하여 결정된다. 그리고 타이머는 웨이트의 작동방식, 구동방식 혹은 윤활방식에 따라 분류된다.

(i) 웨이트의 작동방식에 의한 분류

웨이트의 작동방식에는 그림 6-223 에서와 같이 스윙식과 偏心캠식이 있고 스윙식은 搖動하는 웨이트를 사용하고 있으며 구조가 간단하다. 이것에 대하여 편심캠식은 크기가 다른 2 개의 편심캠을 사용하며 구조는 복잡하나 여러가지 進角特性이 얻어지고, 또한 같은 크기를 기준으로 비교하면 許容驅動토크가 큰 특징이 있다.

作動方式	수윙式	偏心캠式
構造	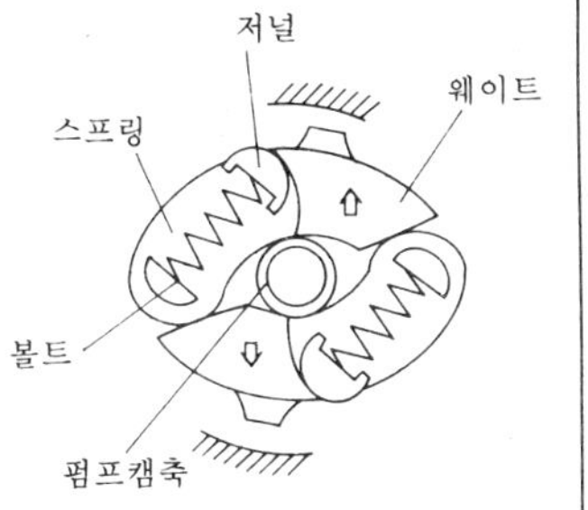 저널 스프링 웨이트 볼트 펌프캠축	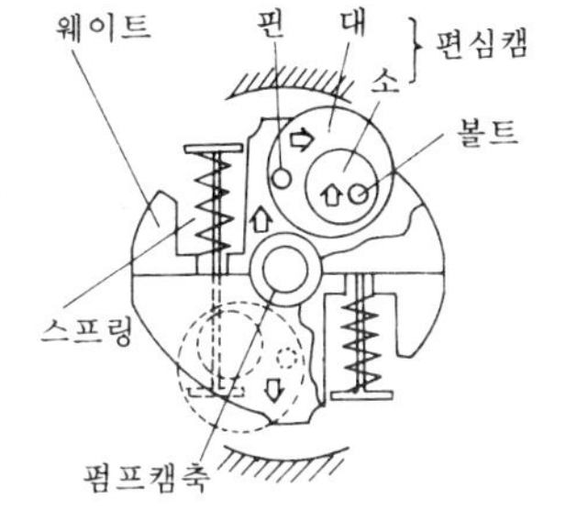 웨이트 핀 대 소 편심캠 볼트 스프링 펌프캠축
特徵	구조간단(部品點數小)	① 進角特性의, 自由度大 (·始動時進角 ·2段進角) ② 許容驅動토크大

그림 6-223 웨이트의 作動方式에 의한 分類

(ii) 구동방식에 의한 분류

구동방식에는 커플링 구동식과 기어 구동식이 있고 커플링 구동식은 기어 구동식에 비하여 축방향으로 스페이스를 필요로 하나 기관으로부터의 펌프 脫着이 쉽고, 이에 대하여 기어 구동식은 축방향의 스페이스를 작게 할 수 있어서 기관 전체의 輕量化를 도모할 수 있다.

(iii) 윤활방식에 의한 분류

윤활방식에는 强制潤滑式(開放形)과 自己潤滑式(密閉形)이 있으며 강제윤활식은 엔진 기어 케이스 내에 내장되어 엔진오일에 의하여 윤활된다. 이에 대하여 자기 윤활식은 타이머 케이스 내에 윤활유를 보유하고 있다.

1) 구조와 작동

타이머의 구조와 작동을 스윙식과 편심캠식에 대하여 설명하면 다음과 같다.

a) 스윙식 타이머

웨이트의 움직임을 프로필에 의하여 位相差로 바꾸어 놓은 것으로 그림 6-224와 같이 되어 있다. 플렌지는 圖示되어 있지 않으나 커프링을 거쳐

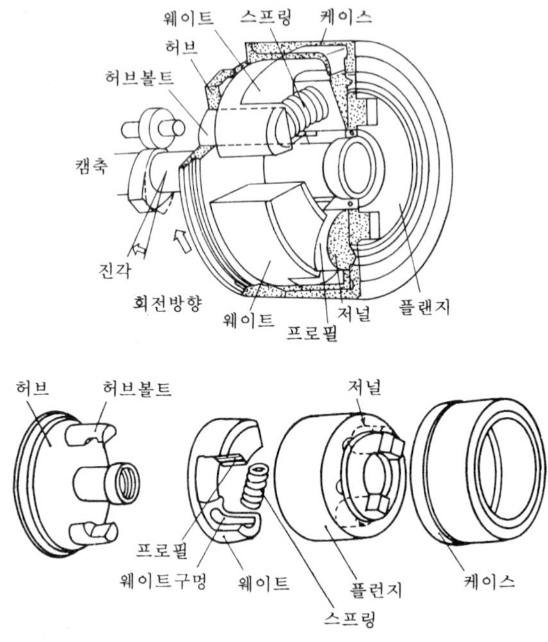

그림 6-224 스윙式 타이머

기관쪽의 구동축에 연결되어 있고 허브는 캠축에 너트로 고정되며, 웨이트는 웨이트 구멍이 허브 볼트에 끼워져서 搖動이 가능하도록 되어 있다. 저널과 웨이트의 프로필은 미끄럼 접촉하고 있고, 이 저널과 허브 볼트 사이에 스프링이 끼워져 있다. 따라서 기관쪽으로부터의 구동력은 커프링→플랜지→저어널→웨이트→허브 볼트→허브→캠축〔피구동축〕의 순으로 전달된다.

그림 6-225는 스윙식 타이머의 작동과 특성을 나타낸 것이다. 進角開始 때 즉, 회전속도가 $N_0 \sim N_1$ 사이에서는 웨이트의 원심력이 스프링의 세트 하중보다 작고 웨이트가 이동하지 않으므로 위상차는 생기지 않는다. 회전속도가 $N_1 \sim N_2$로 되면 웨이트의 원심력이 스프링 세트 하중보다 커지게 되어 웨이트가 퍼지면서 캠축은 θ_1 만큼 進角한다.

N_3 이상의 회전속도로 되면 웨이트가 스톱퍼에 닿게 되고 캠축은 θ_2 만큼 進角되며 그 이상은 進角하지 않는다.

b) 편심캠식 타이머

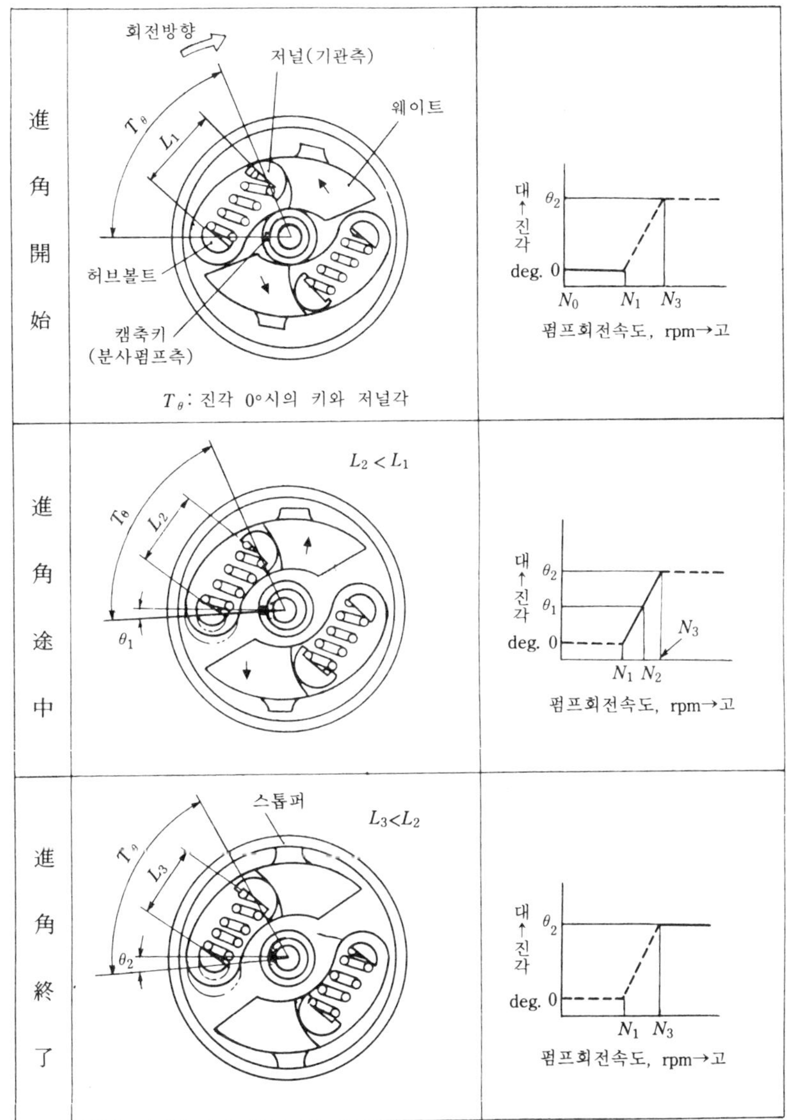

그림 6-225 스윙式 타이머의 作動과 特性

웨이트의 움직임을 편심캠 기구에 의하여 위상차로 바꾸어 놓은 것으로 그림 6-226이 그 구조를 나타낸 것이다. 플랜지는 圖示되지 않은 커플링을

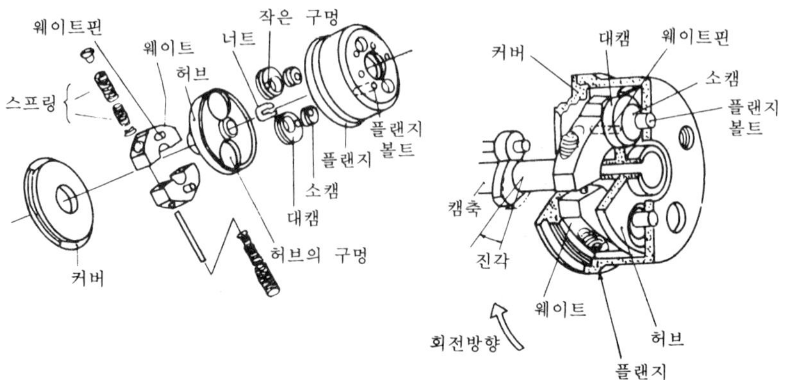

그림 6-226 偏心캠式 타이머

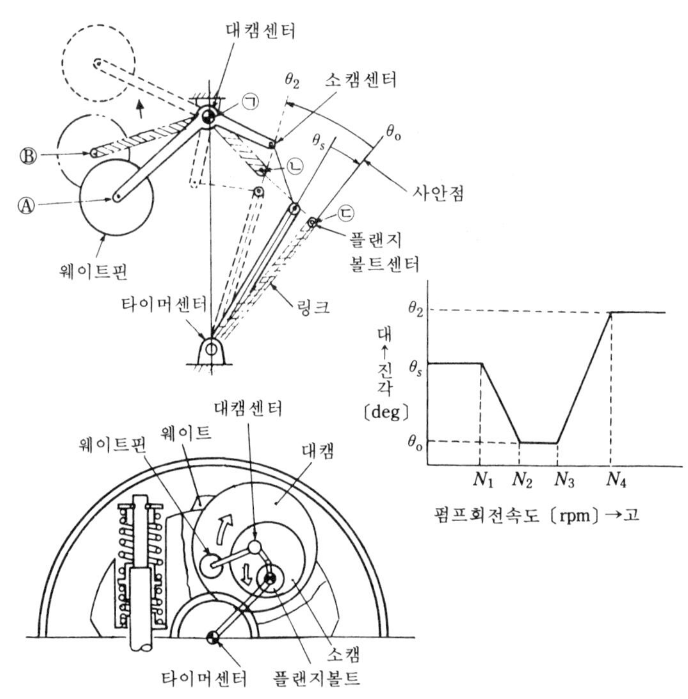

그림 6-227 始動時進角타이머의 作動과 特性

거쳐서 기관쪽의 구동축에 연결되어 있고 허브는 캠축에 너트로 고정되어 있다.

플랜지의 볼트에는 小캠이 끼워지고 허브의 구멍에는 大캠이 끼워져 있다. 大캠의 작은 구멍에는 웨이트 핀이 끼워지고 웨이트의 움직임에 의하여 편심된 두 개의 大, 小캠을 回動시켜 플랜지와 허브의 위상차를 변화시킨다. 따라서, 기관쪽으로부터의 구동력은 커프링→플랜지→플랜지의 볼트→小캠→大캠→허브→캠축의 순으로 전달된다.

시동시 진각기구를 가지는 편심캠식 타이머의 작동과 특성을 그림 6-227에 대하여 설명하면 다음과 같다.

시동시 進角은 3개의 링크의 回動過程에서 각 支點(㉠, ㉡, ㉢)이 직접 위에 나란한 θ_0(思案點이라 한다)를 통할 때 회동방향이 바뀌어지는 기구를 응용하고 있다. 회전속도가 $N_1 \rightarrow N_2$로 상승하면 웨이트가 열림으로써 웨이트 핀은 Ⓐ로부터 Ⓑ로 이동하고 캠축은 $\theta_s \rightarrow \theta_0$로 遲角한다. 회전속도가 $N_3 \rightarrow N_4$로 상승하게 되면 캠축은 $\theta_0 \rightarrow \theta_2$로 진각하며, $\theta_s \sim \theta_0$의 사이가 始動時 進角量으로 된다. 시동시진각은 시동성 향상, 아이들링시의 白煙低減을 목적으로 하여 채용되고 있으며 그 적용범위는 다음과 같다. 즉

① 허용 구동토크

② 진각특성(최대 진각량과 시동시 진각량)

③ 진각 개시 회전속도

④ 허용 최대회전속도

등에 의하여 결정된다.

분사펌프의 경우와 같이 타이머도 기관의 출력에 상응하여 각종 설정되어 있다.

(4) 캠 샤프트리스형 噴射펌프

캠 샤프트리스(cam shaftless)형 분사펌프는 列形 분사펌프로부터 燃料壓送機構만을 독립시킨 형식의 분사펌프이고 壓送部를 구동하는 캠축이나 기관의 회전속도를 제어하는 거버너 등은 기관에 내장되어 분사펌프로부터 분리 구성되어 있다. 이 분사펌프는 農業機械, 建設機械, 船舶用 기관에 사용되며 일반적으로 엔진블록과 일체구조인 펌프케이싱에 부착된다. 거버너는

기관의 내부에 컴펙트하게 구성되고 噴射時期의 制御를 위한 타이머를 필요로 하는 고속기관인 경우는 列形 분사펌프와 같이 분사펌프 구동용 캠축에 타이머를 장착하는 것도 있다.

(5) 分配形 噴射펌프

디젤기관의 승용차, 상업용차 등에 사용할 목적으로 소형, 경량, 고속화한 분사펌프로서 개발된 것이 이 분배형 분사펌프이고 그 특징은 다음과 같다.

列形 분사펌프는 기관의 실린더 수에 대응하는 複數의 플런저를 가지고 있어서 캠축 1회전으로 각 플런저마다 연료를 압송하는데 대하여 분배형 분사펌프는 실린더 수에 관계없이 1개 또는 2쌍 이하인 플런저로 연료를 순차 각 실린더에 분배, 압송한다. 따라서, 列形 분사펌프와 같이 실린더 수만큼의 플런저를 필요로 하지 않으며 소형, 경량화가 가능하여 소형 디젤기관에 널리 사용되고 있다. 일반적으로 분사펌프의 내부에 연료를 충만시키고 각 미끄럼운동부를 연료로 윤활하는 구조로 되어 있으므로 연료중의 遊離水를 분리하는 水分離器가 필요하고, 뿐만 아니라 조악연료(低粘度의 燈油 등)를 사용할 경우 펌프의 내구성에 문제가 생기기 쉽다.

1) 분 류

분배형 분사펌프는 어느 것이나 연료를 압송하는 플런저와 분배기구를 가지고 있으며

① 플런저를 작동시키는 캠 形式

② 분배기구形式

의 조합에 의하여 그림 6-228에서와 같은 5종의 기본구조가 일반적으로 알려져 있다. Bosch社의 VE형, UTC社의 100형, CAV社의 DPA형 분사펌프가 현재 생산되고 있는 대표적인 형식들이며, 이들 각 분사펌프는 분사량의 調量機構 등에 각각 그 특징이 있다.

2) 작 동

a) VE형 분사펌프

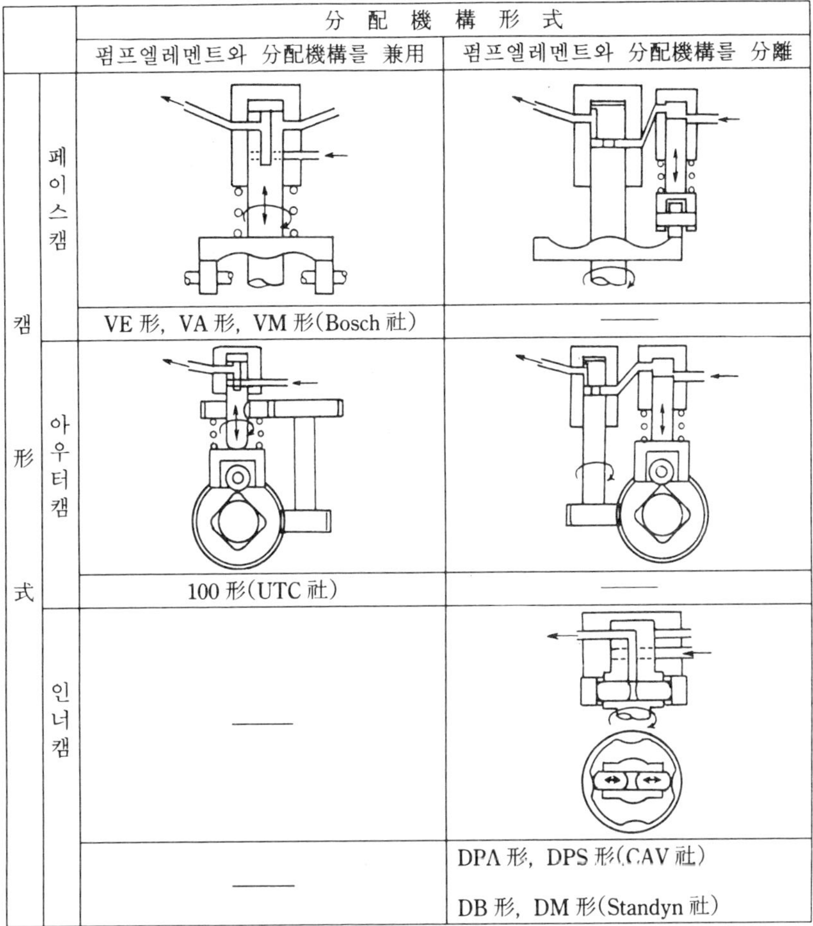

		分 配 機 構 形 式	
		펌프엘레멘트와 分配機構를 兼用	펌프엘레멘트와 分配機構를 分離
캠形式	페이스캠	VE形, VA形, VM形(Bosch社)	——
	아우터캠	100形(UTC社)	——
	인너캠	——	DPA形, DPS形(CAV社) DB形, DM形(Standyn社)

그림 6-228 分配形 噴射펌프의 構造別分類와 種類

현재 세계적으로 가장 많이 생산되고 있는 분배형 분사펌프로 여러가지의 附加機能을 장착하기 쉬워서 승용차 및 소형상용차용 디젤기관에 많이 채용되고 있다.

(i) 전체구성

그림 6-229는 VE형 분사펌프 시스템의 개략도이다. 연료로 분사펌프 내부를 윤활하게 되어 있으므로 水分離器(sedimenter), 연료필터가 필요하다.

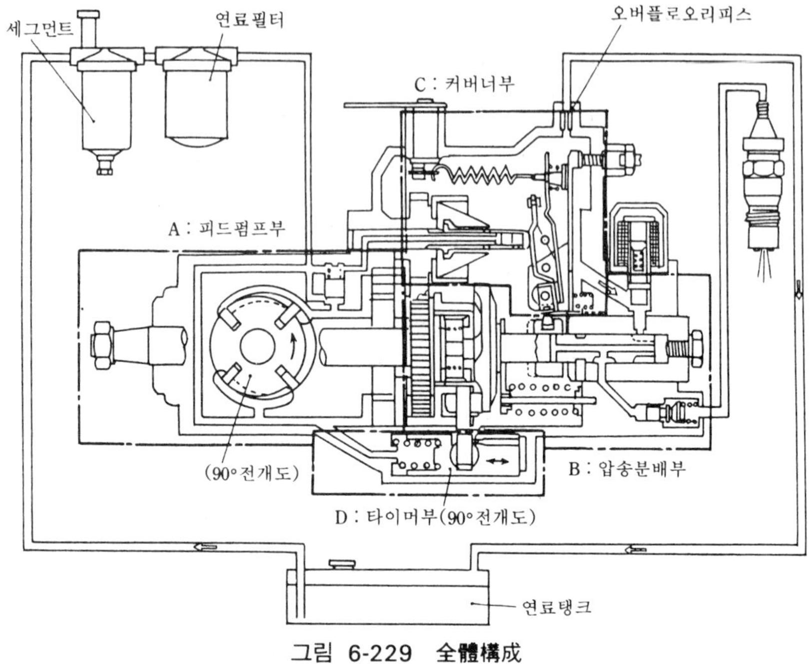

그림 6-229 全體構成

분사펌프의 내부를 크게 나누면

A : 연료의 피드펌프부

B : 연료의 고압화와 각 실린더로 압송하는 압송, 분배부

C : 분사량제어를 위한 거버너부

D : 분사시기를 제어하는 타이머부

등으로 구성되며 1개의 하우징 내부에 수납되어 있다. 또 분사펌프 내부의 연료는 온도가 상승되므로 연료의 일부를 오버플로 오리피스로부터 연료탱크로 되돌려서 냉각시킨다.

(ii) 연료의 흡입과 압송, 분배

그림 6-230에 페이스캠에 의한 壓送機構를 나타낸다. 연료는 드라이브 샤프트에 의하여 구동되는 베인식 피드 펌프로 연료탱크로부터 흡입되어 펌프실로 보내진다. 페이스캠, 플런저도 동시에 드라이브 샤프트에

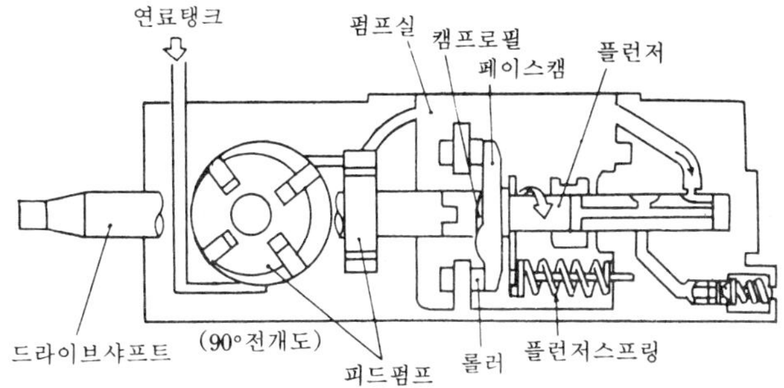

그림 6-230 페이스캠에 의한 壓送

의하여 구동되며, 플런저 스프링은 플런저와 페이스캠을 고정된 롤러에 밀어붙인다. 드라이브 샤프트가 회전하면 페이스캠의 캠 프로필에 따라 페이스캠 및 플런저가 상승되고 즉, 드라이브 샤프트의 회전운동에 대하여 페이스캠 및 플런저는 회전과 동시에 왕복운동(그림 6-230의 좌우방향)을 하게 되며 그 압송기구는 다음과 같다.

ⓐ 흡 입

그림 6-231에 나타낸 것과 같이 플런저에는 캠의 下降行程 때만 피드 홀과 연통하는 吸入溝와 上昇行程 때만 分配通路와 연통하는 分配溝가 있다.

그림 6-232 (a)에서와 같이 플런저가 하강행정 즉, 壓送室의 체적이 증가할 때에 피드 홀로부터 吸入溝를 거쳐서 연료가 펌프室로부터 壓送室로 흡입된다.

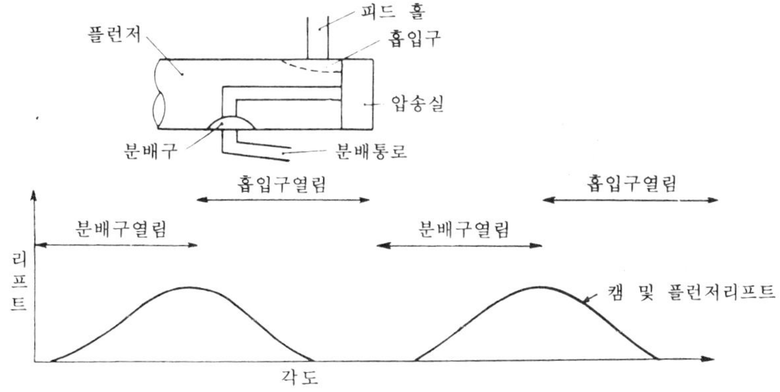

그림 6-231 캠 및 플런저리프트 線圖

ⓑ 압 송

그림 6-231에서와 같이 플런저가 점차 회전하면 피드 홀과 吸入溝의 연통이 차단되고 分配溝가 분배통로에 연통된다. 다시 플런저가 회전하면 페이스캠의 캠 프로필에 따라서 플런저가 상승하기 시작하고, 그림 6-232 (b)에 나타내는 것과 같이 연료의 압송이 시작된다.

ⓒ 압송終了

플런저가 다시 상승, 플런저의 스필 포트(spill port)가 펌프실 내로 개방

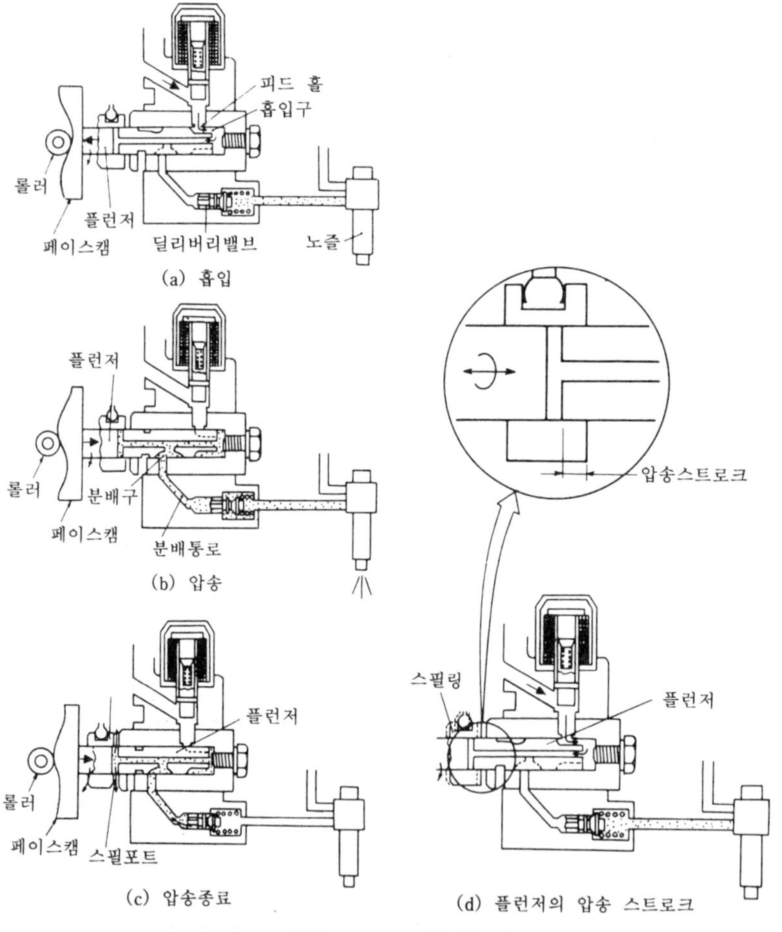

그림 6-232 壓送機構

되면 〔그림 6-232 (c)〕 압송실의 내부의 고압연료(보통 20～70 MPa)는 펌프室(보통 0.3～0.7 MPa)로 유출되어 압력이 저하, 연료의 압송이 종료된다. 그림 6-232 (d)에 나타나는 압송개시로부터 압송종료 때까지의 플런저 스트로크를 압송 스트로크라고 한다. 그리고 분배기구는 다음과 같다.

앞의 항에서는 1개의 실린더의 압송행정에 대한 설명이었으나 플런저의 1회전으로 연료를 각 실린더로 압송, 분배하기 때문에 그림 6-233에서와 같이 吸入溝는 기관의 실린더 수와 같은 수이고 1회전으로 실린더數回의 연료 흡입을 반복한다. 한편 페이스캠도 기관의 실린더수와 같은 수의 캠 돌출부(lobe)를 가지고 있고 1회전으로 플런저는 실린더수회의 압송을 반복한다. 마련되어 있는 1개의 分配溝로부터 연료는 순차 分配通路를 거쳐서 노즐로 압송된다.

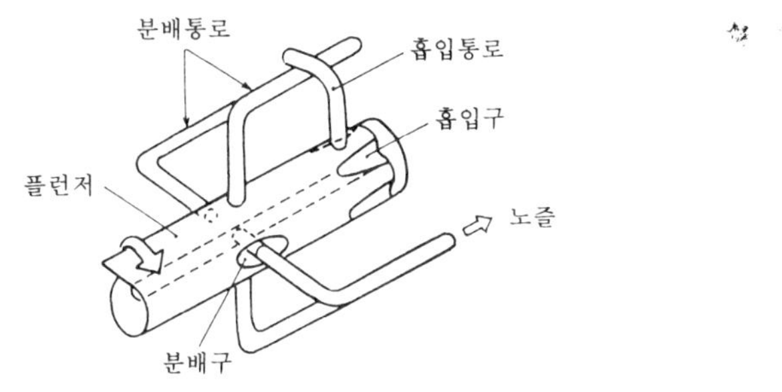

그림 6-233 플런저에 의한 燃料分配作動(4실린더)

(iii) 분사량제어

연료의 압송원리에 의하여 분사량∝플런저 단면적×압송 스트로크가 된다. 압송 스트로크는 그림 6-232 (d)에 나타내는 것과 같이 스필링 위치를 이동시켜서 변화시킬 수 있다. 즉, 스필링 위치를 왼쪽방향으로 이동시키면 압송 스트로크는 작아지게 되어 분사량이 감소하고 또한 역으로 오른쪽으로 이동하게 되면 압송 스트로크가 커져서 분사량이 증가한다. 이 스필링의 위치를 가속페달의 開度에 따라 변화시켜 분사량을 제어하는 기구가 거버너이다.

그림 6-234에 나타내는 것과 같이 펌프 상부에 원심식 거버너가 내장되어 있다. 거버너 기어와 일체로된 플라이웨이트 홀더는 거버너 샤프트 위에

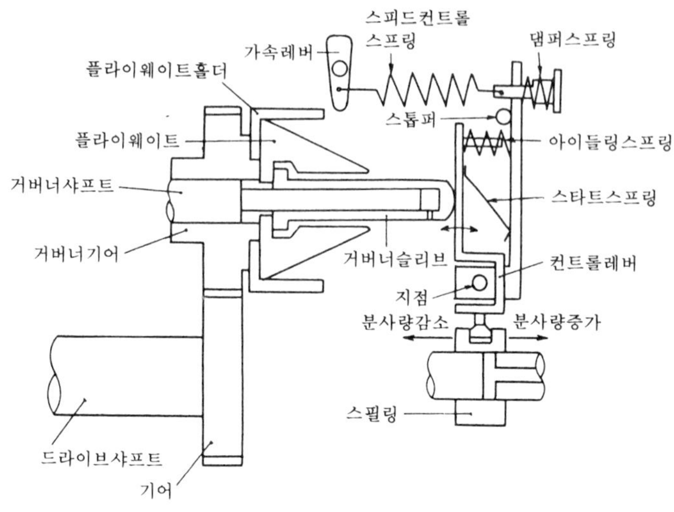

그림 6-234 거버너의 構造(模式圖)

부착되어 드라이브 샤프트에 끼워진 기어에 의하여 구동된다. 플라이웨이트 홀더 내에 配置된 플라이웨이트가 발생하는 원심력에 의하여 거버너 슬리브, 컨트롤레버를 거쳐 스필링이 움직이게 된다.

분사량을 결정하는 스필링 위치는 플라이웨이트의 원심력과 가속레버에 연동하는 각종 스프링의 하중과의 평형에 의하여 결정되고 기본적으로는 列形 분사펌프의 거버너와 같다.

(iv) 분사시기제어

분사시기는 플런저가 상승을 시작하는 점 즉, 壓送開始時期로 결정된다. 壓送開始時期는 페이스캠이 롤러 위를 상승하기 시작하는 점이므로 롤러의 위치를 변화시키면 그림 6-235와 같이 분사시기가 변화한다.

롤러 위치의 제어는 분사펌프 내에 내장된 油壓式 타이머로 하고, 그림 6-236에 나타내는 것과 같이 타이머 피스턴이 하우징 내에 드라이브 샤프트와 직각방향으로 조립되어 펌프室壓(펌프실 내 연료압)과 타이머 스프링 하중과의 평형에 의하여 하우징 내를 미끄럼운동을 한다. 타이머 피스턴의 움직임은 슬라이드 핀을 거쳐서 롤러를 유지하는 롤러링을 회전하는 움직임으로 바꾸어진다. 타이머 피스턴에 가해지는 펌프室壓은 그림 6-237에

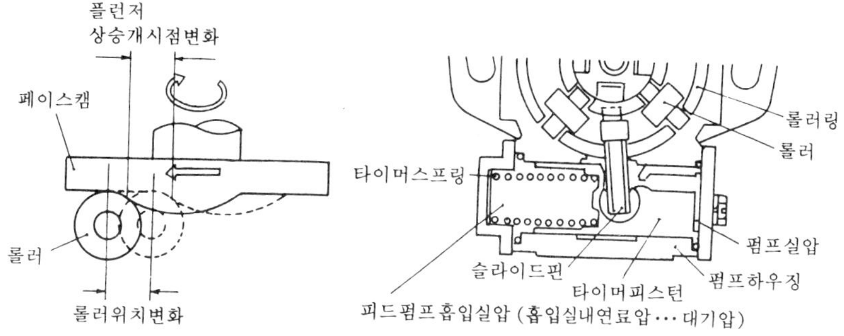

그림 6-235 噴射時期變化의 原理　그림 6-236 油壓式 타이머의 構造

나타내는 레귤레이팅 밸브로 압력이 조정되며, 펌프의 회전속도가 높아지고 피드 펌프 送油壓이 상승되면 스프링을 압축하여 피스턴을 밀어올려서 연료를 피드 펌프 吐出側으로부터 흡입측으로 바이패스시킴으로써 그림 6-238 에서와 같은 펌프 회전속도에 비례하는 펌프室壓이 얻어진다.

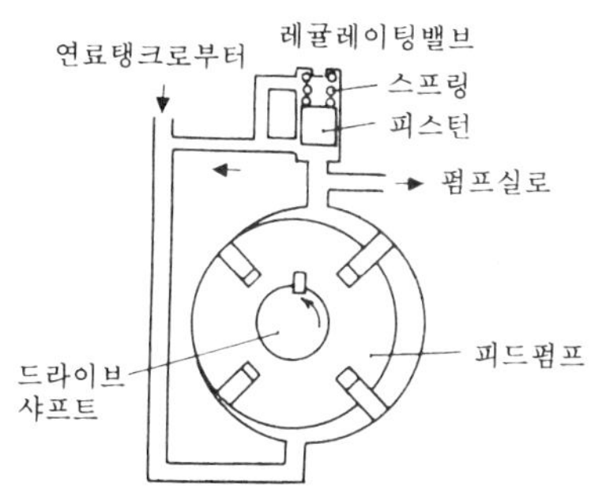

그림 6-237 레귤레이팅 밸브의 構造

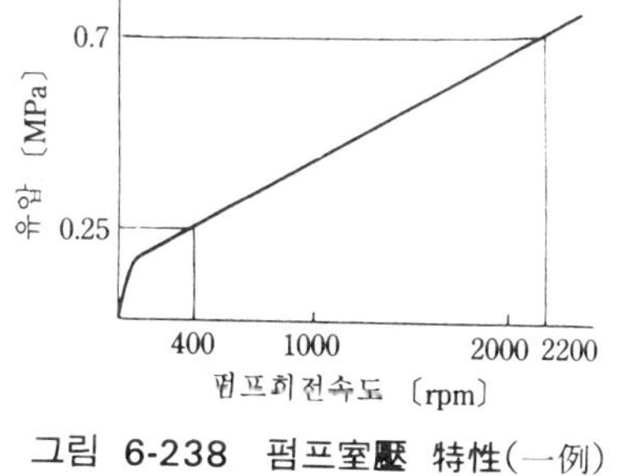

그림 6-238 펌프室壓 特性(一例)

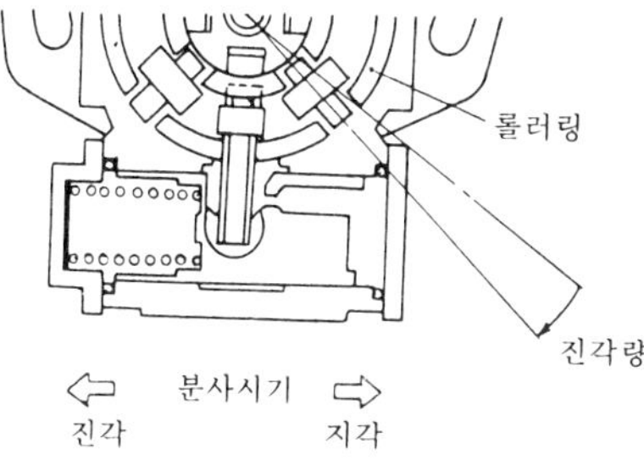

그림 6-239 油壓式 타이머의 作動

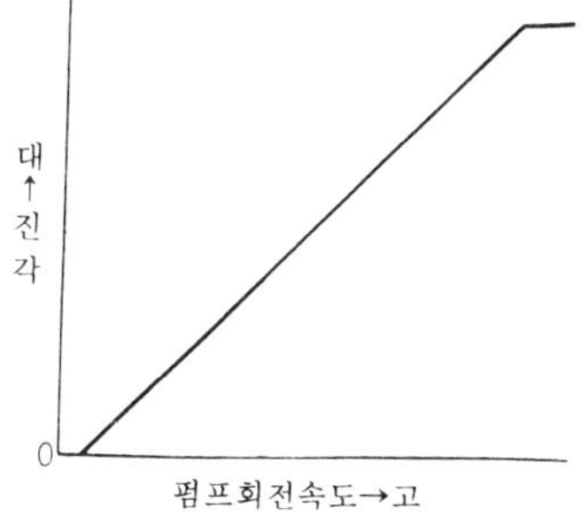

그림 6-240 타이머 進角特性

펌프 회전속도의 상승으로 펌프室壓이 높아지게 되면 그림 6-239에 나타내는 것과 같이 타이머 피스턴이 이동, 롤러링이 드라이브 샤프트 회전방향과 반대의 방향으로 回動되어 분사시기가 앞서게 된다.

타이머 進角特性은 회전속도에 비례하는 펌프室壓과 타이머 스프링 하중과의 평형에 의하여 결정되어지게 되므로 그림 6-240과 같이 된다.

(v) 적용범위

소형, 경량으로 고속까지 사용될 수 있는 VE형 분사펌프는 종래 사용되었던 列形 분사펌프의 대신으로 일부 기관에도 적용이 가능하나, 적용범위에는 한계가 있어서 最高噴射壓力, 最大噴射量, 最高回轉速度에 의하여 정하여 진다.

ⓐ 最高噴射壓力

분사압력의 적합성은 플런저徑과 캠 프로필의 選定에 따른다. 분사압력에 의한 플런저 先端으로의 작용하중을 캠면과 4개의 롤러 사이에서 받는 구조이므로 이 사이의 接觸面壓에 대한 信賴性이 기본적으로 VE형 분사펌프의 噴射壓力限界를 결정한다. 즉, 列形 분사펌프와 비교할 때 아래와 같은 3가지 항목이 주로 다른 점들이다.

① 4개의 롤러로 하중을 받으므로 1개 마다의 하중은 작다.

② 캠과 롤러 사이의 접촉은 그림 6-241에 나타내는 것과 같이 列形

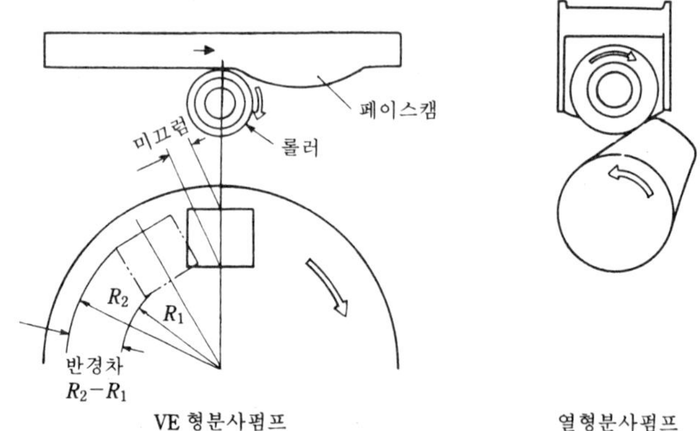

그림 6-241 페이스캠과 롤러의 接觸

분사펌프가 구름 접촉인데 대하여 VE형 분사펌프는 접촉부의 半徑差에 의한 周速의 相違에 의하여 구름 외에 미끄럼이 동반된다.

③ 접촉부 윤활방식이 열형 분사펌프의 오일윤활에 대하여 연료윤활이다.

①은 유리한 점이나 ②, ③은 허용 접촉면압의 저하를 가져오고 종합적으로 最高噴射壓力限界는 열형 분사펌프보다 낮다.

ⓑ 最高回轉速度

회전속도의 한계는 열형 분사펌프와 같이 플런저의 점핑(jumping) 한계와 열형 분사펌프에서는 비교적 문제로 되지 않는 燃料吸入限界에 의하여 결정된다.

① 점핑한계

점핑은 플런저나 캠 등 운동부재의 관성력이 플런저 스프링 하중보다 커지게 되면 발생한다. VE형 분사펌프는 플런저 스프링의 부착 스페이스를 넓게 잡고 스프링 하중을 크게 설정하여 점핑 개시 회전속도를 높이고 있다.

② 燃料吸入限界

열형 분사펌프는 캠축 1회전으로 플런저가 1회의 흡입을 하는데 대하여 VE형 분사펌프인 경우는 기관의 실린더수에 맞는 회수만큼 흡입을 하여야 한다. 따라서 흡입 시간이 짧아지므로 조건이 엄한 6실린더 펌프의 경우는 그림 6-242에 나타내는 것과 같이 피드 홀을 複數로 마련하여 대처하고 있다.

b) 100형 분사펌프

UTC社의 100형 분사펌프는 아우터 캠(outer cam) 압송방식의 분배형 분사펌프이다.

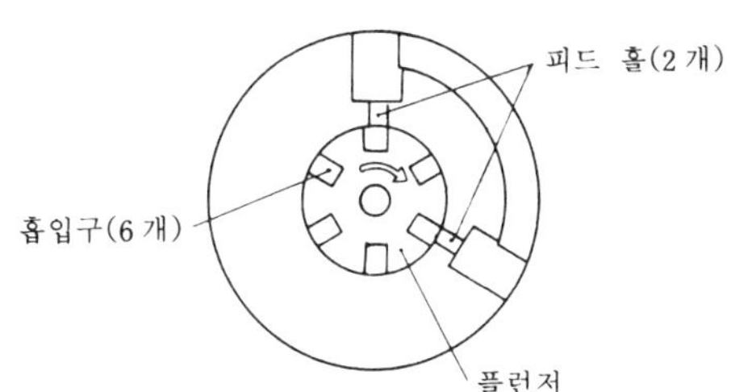

그림 6-242 6실린더 VE形 噴射펌프의 피드 홀

(i) 구조와 작동

구성은 그림 6-243에 나타내는 것과 같이 A : 압송, 분배부, B : 분사량 제어부, C : 분사시기제어부로 구성되어 있고 壓送分配方式, 噴射時期制御方

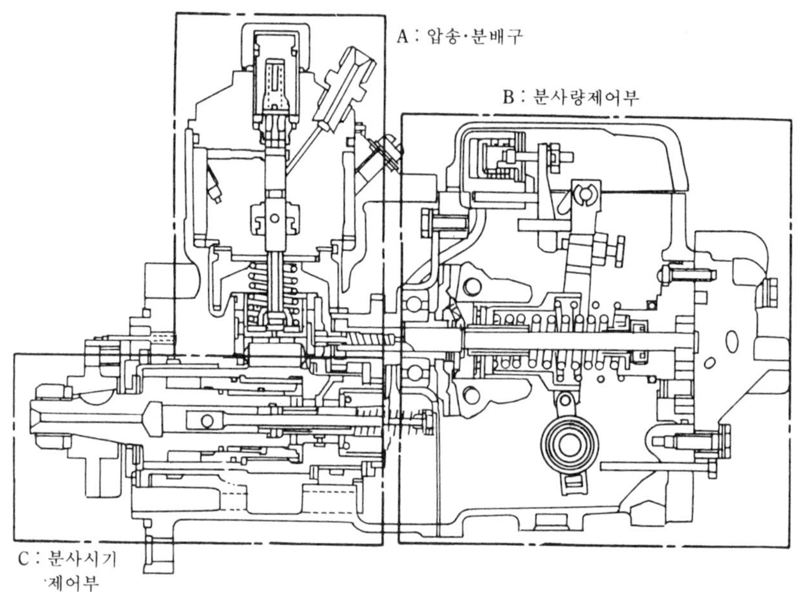

그림 6-243 100形 噴射펌프

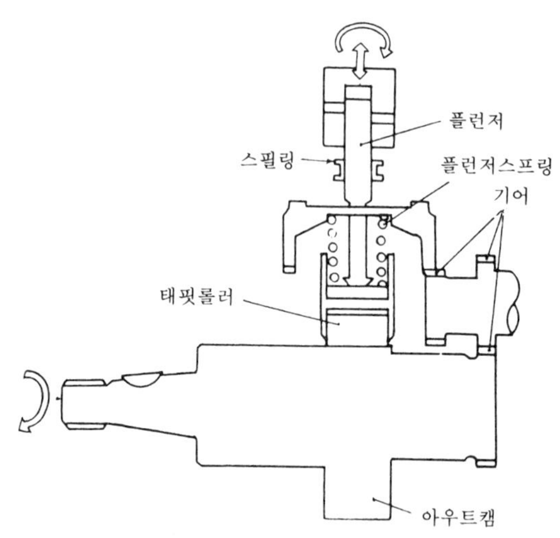

그림 6-244 壓送・分配原理

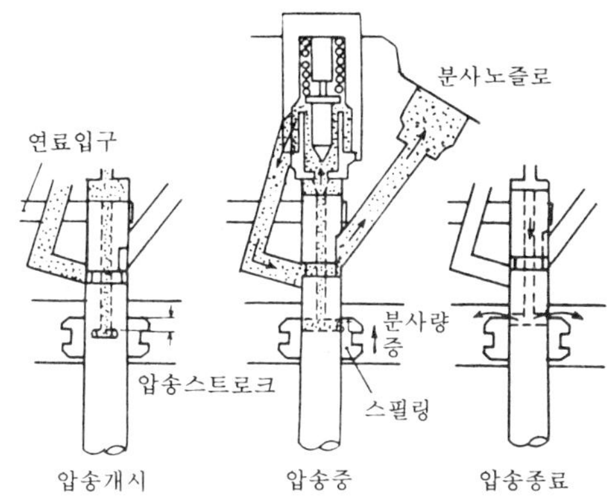

그림 6-245 100形 噴射펌프의 噴射量調節機構

式에 특징이 있다. 그리고 윤활방식도 다른 분배형 분사펌프와 달라서 열형 분사펌프에서 많이 볼 수 있는 엔진 오일윤활이다.

(ii) 압송, 분배

그림 6-244는 압송, 분배 원리를 나타낸 것이다. 연료의 壓送原理는 열형 분사펌프와 같고 아우터 캠에 의하여 1개의 플런저를 상하운동시켜서 하도록 되어 있다. 100형 분사펌프는 기관과 같은 회전속도로 구동되고 캠로베(cam lobe) 2개로 4실린더 4사이클기관에 대응하며, 연료의 분배는 기어를 거쳐서 플런저를 회전시킴으로써 이루어지고 플런저를 회전시켜 분배를 하는 기구의 원리는 VE형 분사펌프와 같다.

(iii) 분사량제어

분사량제어는 그림 6-245에서 처럼 VE형 분사펌프와 같이 스필링의 위치를 제어하여 압송 스트로크를 변화시켜서 한다.

(iv) 분사시기제어

각 부의 윤활을 엔진오일에 의하여 하고 있으며 분사시기의 제어에도 이 엔진오일압을 이용하고 있다. 그림 6-246은 噴射時期制御機構를 나타낸 것으로 구동축과 캠축 사이에 비틀림방향이 서로 역인 헬리컬 스플라인을 내외면에 가지는 미끄럼운동을 하는 슬라이더가 개제되어 있어서 이것이 엔진오일의 압력에 의하여 축방향으로 움직이면서 구동축과 캠축의 위상을 변화시킨다.

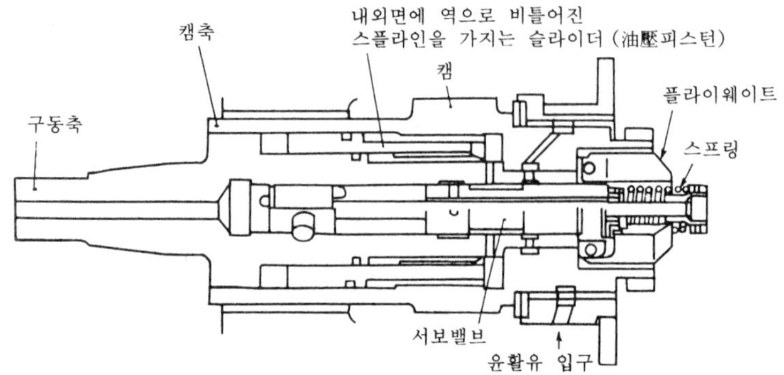

그림 6-246 100形 噴射펌프의 噴射時期調節機構

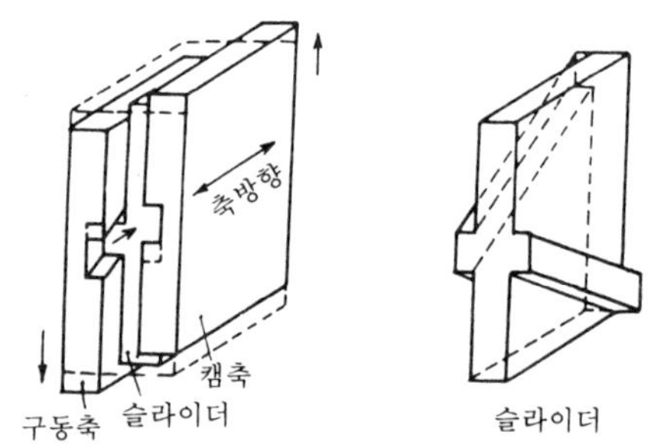

그림 6-247 噴射時期變化의 原理

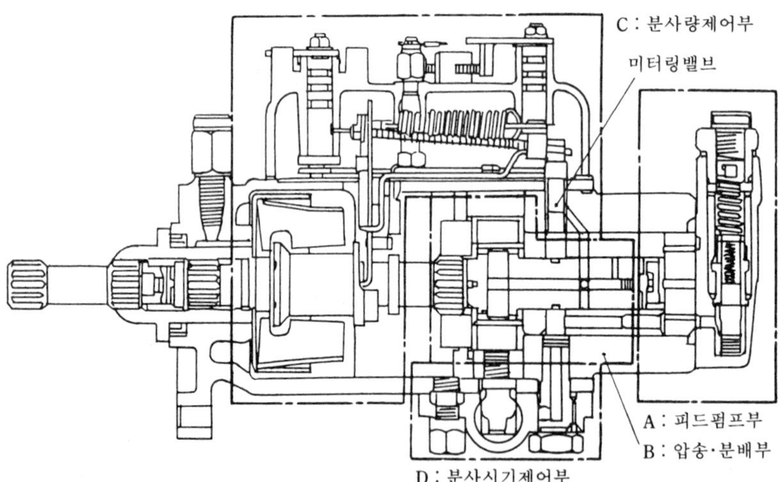

그림 6-248 DPA形 噴射펌프

그림 6-247은 분사시기 변화의 기구를 이해하기 쉽도록 하기 위하여 슬라이더(slider)를 원통이 아닌 평면으로 나타낸 것이다. 슬라이더가 그림의 축방향으로 움직이면 驅動軸과 캠축의 位相(원통인 경우는 角度)이 변화한다.

進角量의 제어는 플라이웨이트의 推力과 스프링 하중의 평형에 의하여 서보밸브위치를 결정하고 유압서보기구에 의하여 슬라이더의 위치를 제어하여 이루어지게 된다.

c) DPA형 분사펌프

CAV社의 DPA형 분사펌프는 인너 캠(inner cam) 압송방식의 분배형 분사펌프이고 그 구조와 작동은 다음과 같다.

시스템 구성은 VE형 분사펌프와 같고 분사펌프의 구성도 그림 6-248에 나타낸 것과 같이 A : 피드펌프部, B : 압송, 분배부, C : 분사량제어부, D : 분사시기제어부로 되어 있으나 압송, 분배방식, 분사량제어방식에 특징이 있다.

(i) 압송, 분배

그림 6-249는 압송, 분배의 원리를 알기 쉽도록 하기 위하여 그림 6-248의 B : 압송, 분배부를 模式化한 것이다. VE형 분사펌프, 100형 분사펌프는 1개의 플런저로 압송, 분배를 하는데 대하여 압송은 플런저로, 분배는 로터로 한다.

드라이브 샤프트에 의하여 구동되는 로터 내에 로터와 직각방향으로 서로 마주 보고 있는 플런저가 배치되고 인너 캠은 펌프 하우징에 固定되어 있다.

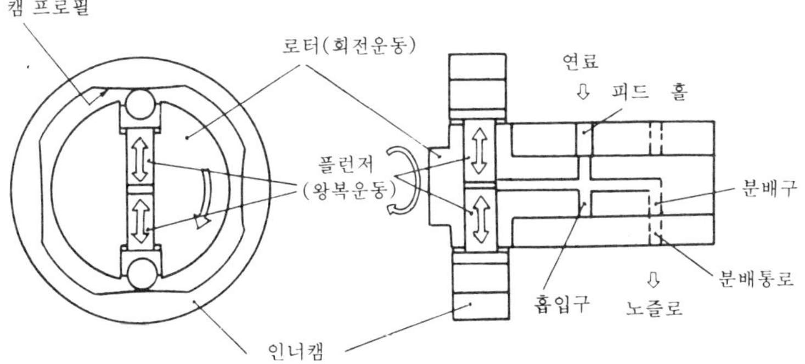

그림 6-249 壓送·分配部(模式圖)

로터의 회전에 의하여 캠 프로필 면에 따라 플런저는 왕복운동을 하면서 압송이 이루어진다.

연료의 각 실린더로의 분배는 로터의 회전으로 이루어지는 방법이고 원리는 VE형 분사펌프와 동일하다. 즉, 吸入溝는 실린더수와 같은 수이고 분배구는 1개이다.

(ii) 분사량제어

분사량의 제어방식은 열형 분사펌프나 VE형 분사펌프에서 쓰여지고 있는 익류조량방식과는 달리 입구 스로틀링에 의하여 연료량을 제어하는 방식이 사용되고 있다. 즉 열형이나 VE형에서는 壓送室이 연료로 채워져 있고 플런저의 上昇과 더불어 연료는 압송되며 분사량제어부재로 분사의 종료를 제어하고 있어서 그림 6-250에 나타내는 것과 같이 분사량을 변화시키면 압송의 종료시기가 변화된다. 이에 대하여 입구 스로틀링 제어식은 壓送室에 처음부터 제어된 양의 연료가 흡입되고 플런저가 상승하여 압송

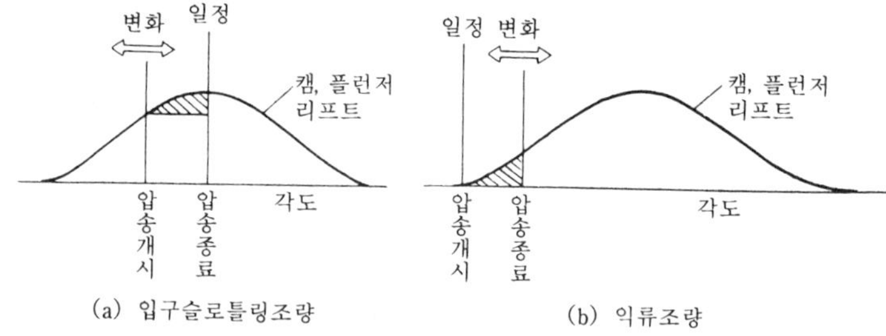

그림 6-250 입구스로틀링제어 방식과 溢流제어 방식

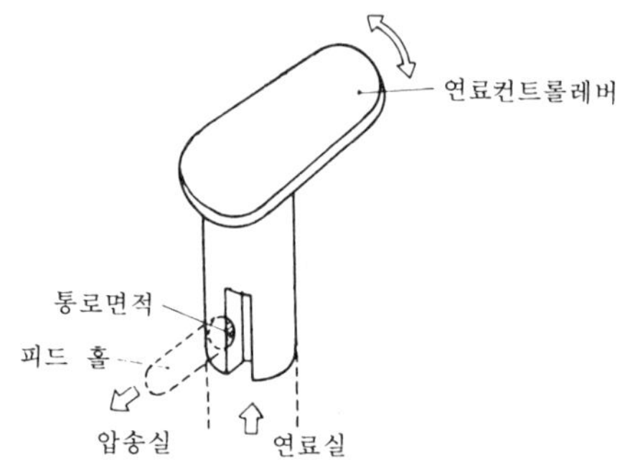

그림 6-251 미터링밸브

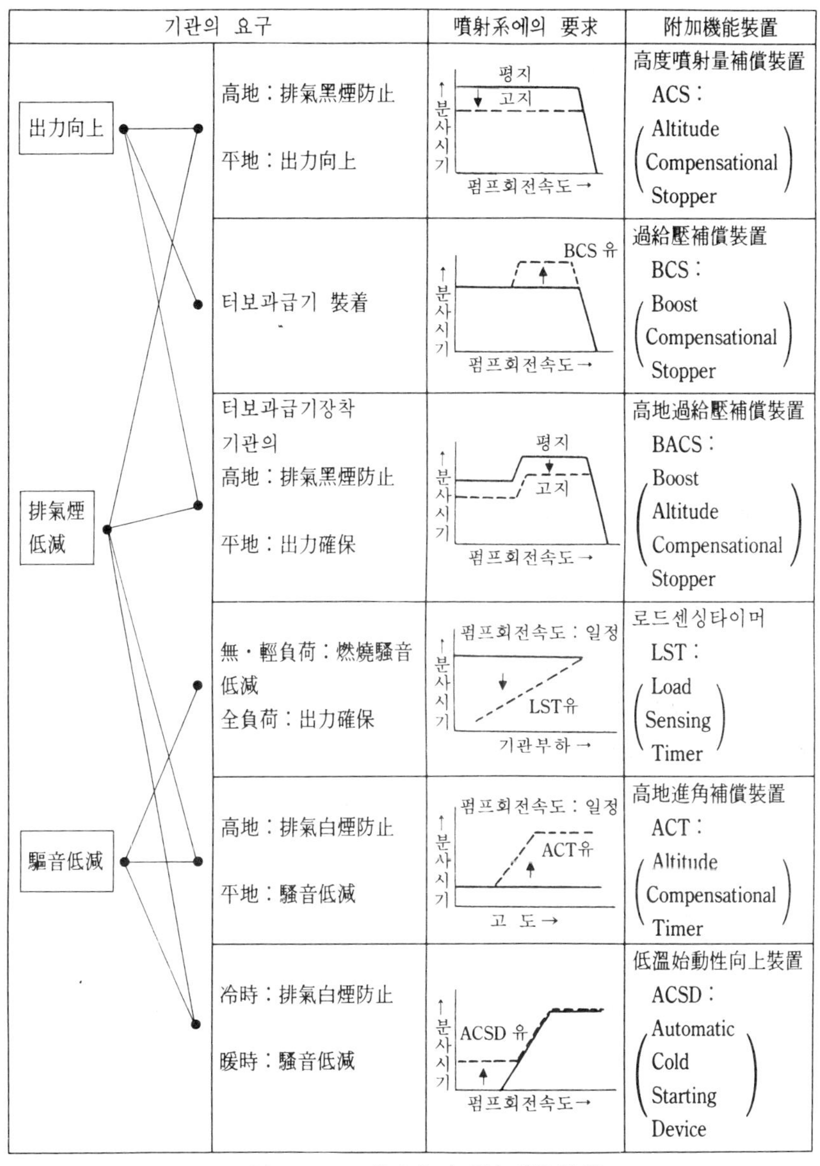

기관의 요구		噴射系에의 要求	附加機能裝置
出力向上	高地：排氣黑煙防止 平地：出力向上	평지 / 고지 ↑분사시기 펌프회전속도→	高度噴射量補償裝置 ACS： (Altitude Compensational Stopper)
	터보과급기 裝着	BCS 유 ↑분사시기 펌프회전속도→	過給壓補償裝置 BCS： (Boost Compensational Stopper)
排氣煙低減	터보과급기장착 기관의 高地：排氣黑煙防止 平地：出力確保	평지 / 고지 ↑분사시기 펌프회전속도→	高地過給壓補償裝置 BACS： (Boost Altitude Compensational Stopper)
	無・輕負荷：燃燒騷音低減 全負荷：出力確保	펌프회전속도：일정 LST유 ↑분사시기 기관부하 →	로드센싱타이머 LST： (Load Sensing Timer)
驅音低減	高地：排氣白煙防止 平地：騷音低減	펌프회전속도：일정 ACT유 ↑분사시기 고 도→	高地進角補償裝置 ACT： (Altitude Compensational Timer)
	冷時：排氣白煙防止 暖時：騷音低減	ACSD 유 ↑분사시기 펌프회전속도→	低溫始動性向上裝置 ACSD： (Automatic Cold Starting Device)

그림 6-252 代表的인 附加機能裝置

실이 연료로 채워진 다음부터 압송이 개시되어 플런저의 리프트 최대위치에서 압송이 끝나므로 분사량을 변화시키면 壓送開始가 변화한다. 따라서

이 방식으로는 壓送開始 즉, 분사시기는 분사량에 의하여 변화한다. 또 壓送後期의 플런저 속도는 열형이나 VE 형에서 쓰여지는 분사량제어방식에 비하여 낮은 것이 缺點이나 이 방식에서는 플런저 스프링을 사용하지 않아도 되는 이점이 있다. DPA 형 분사펌프의 경우는 그림 6-251 에 나타나는 미터링밸브에 의하여 壓送室로 흡입하는 연료량을 제어하고 있다. 즉, 미터링밸브를 回動시킴으로써 壓送室과 통하는 피드 홀과 연료실 간의 통로 면적을 변화시켜서 통과되는 연료량을 제어한다.

(iii) 분사시기제어

DPA 형 분사펌프의 噴射時期制御는 VE 형 분사펌프와 같은 유압식 타이머 기구에 의하여 타이머 피스턴으로 인너 캠을 回動시켜서 하게 된다.

(6) 附加機能裝置

열형 분사펌프에 대하여는 앞에서(그림 6-214) 설명한 바 있다. 그리고 분배형 분사펌프에 있어서도 출력, 排氣煙 등 기관의 성능을 어느 환경하에서나 항상 최대한으로 발휘될 수 있도록 하기 위하여 그림 6-252 에 나타낸 것과 같이 基本制御特性을 환경조건에 따라서 보상하는 附加機能裝置가 설치되어 있다. 이들 부가기능장치는 각 형식의 분사펌프마다 여러 형식의 것이 있으나 여기서는 VE 형 분사펌프에 대하여 설명한다.

1) 高度噴射量 補償裝置(ACS)

ACS 는 공기밀도비의 변화에 대응, 분사량을 보상하는 장치이다. 그림 6-253 에서 大氣壓室에 베로즈가 있어서 베로즈와 일체로 작동하는 데이퍼面을 가진 푸시 로드, 커넥팅 핀 및 컨트롤 암으로 구성되어 있다.

그림 6-254 에서와 같이 고지 즉, 대기압이 낮아지는데 따라 베로즈가 伸張, 푸시 로드의 데이퍼面의 작동으로 텐션레버를 거쳐 스필링을 분사량 감소의 방향으로 ΔS 만큼 움직인다. 噴射量 補償量 ΔQ 는 ΔS ×플런저 斷面積이 되고 그 보상 특성의 한 예를 나타낸 것이 그림 6-255 이다. 기관마다 달라지는 要求補償特性에 대하여는 푸시 로드의 테이퍼 각을 바꾸어서 적절하게 맞춘다.

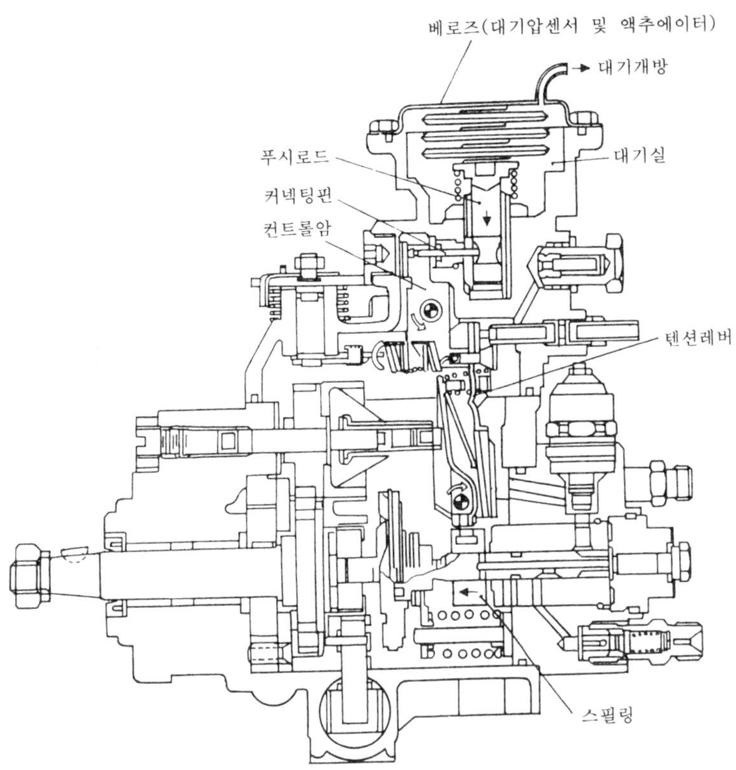

그림 6-253 ACS 붙이 VE形 噴射펌프

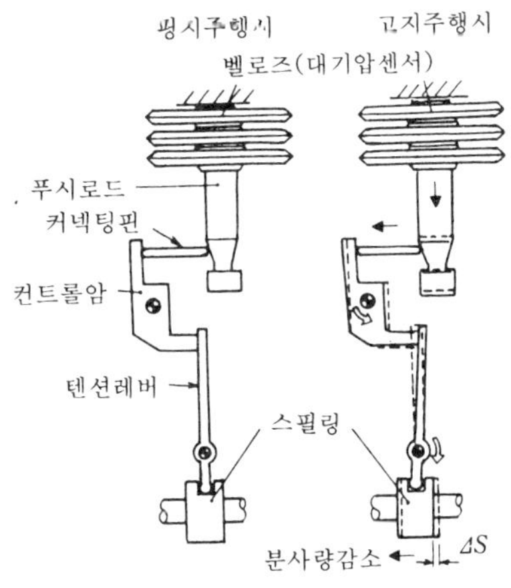

그림 6-254 ACS 作動圖

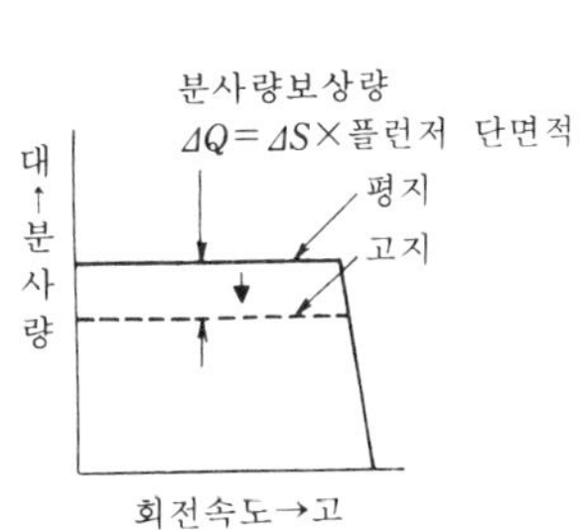

그림 6-255 ACS의 特性

2) 過給壓 補償裝置(BCS)

BCS는 기관에 탑재된 터보 차저의 過給量에 따라 분사량을 보상하는 장치이다.

구조는 ACS의 베로즈를 그림 6-256에서와 같이 다이어프램으로 변경한 것으로서 테이퍼면을 가진 푸시 로드로부터 스필링에 이르는 기본구조는

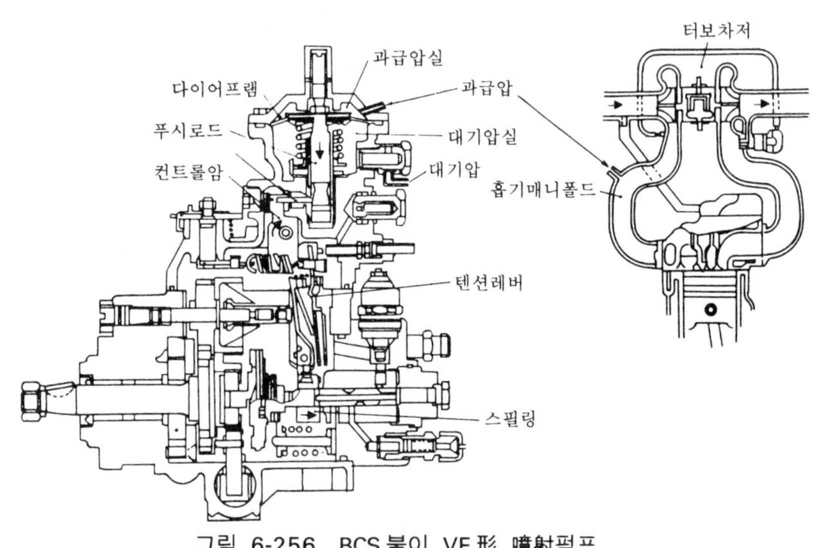

그림 6-256 BCS붙이 VE形 噴射펌프

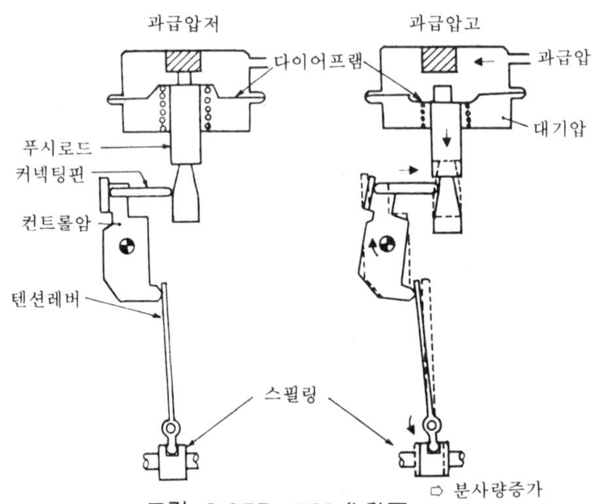

그림 6-257 BCS 作動圖

ACS 와 같다.

다이어프램에 의하여 過給壓室과 大氣壓室이 형성되고 그림 6-257 에 표시된 것과 같이 과급압이 상승되면 ACS 와는 역방향의 테이퍼면을 가진 푸시 로드가 아랫쪽으로 움직여서 스필링 위치를 분사량 증가의 방향으로 이동시킨다.

3) 高地過給壓補償裝置(BACS)

대기압은 고도가 높아짐에 따라 낮아진다. 터보 차저의 발생하는 과급압도 대기압의 低下에 따라 그림 6-258 에서 나타나는 것과 같이 낮아져서 과급압과 대기압과의 壓力差는 고도에 관계없이 거의 일정하다. BCS 는 이 압력차로 분사량을 보상하기 때문에 BCS 특성은 일정하여 고도에 대한 보상은 불가능하다.

터보 차저 부착기관의 高地에서의 배기흑연을 방지하기 위하여 고도에 따라서 분사량을 보상하는 장치가 BACS 이고 그림 6-259 가 그 구조를 나타낸 것이다.

과급압이 고도에 따라 변화하는 것을 이용하여 BCS 의 大氣壓室을 絶對壓(一定負壓)으로 유지하면 그림 6-260 에 표시된 것과 같이 고도에 따라서 달라지는 압력차가 얻어지고 補償特性은 그림 6-261 에서 나타내는 것과 같이 되며 즉, 過給壓補償特性과 高度補償特性이 동시에 얻어진다. 大氣壓室을 絶對壓으로 유지하는 장치가 그림 6-259 에 나타낸 定負壓밸브이다.

定負壓室은 배큠펌프 및 대기와 連通되어 있고 절대압센서인 베로즈로

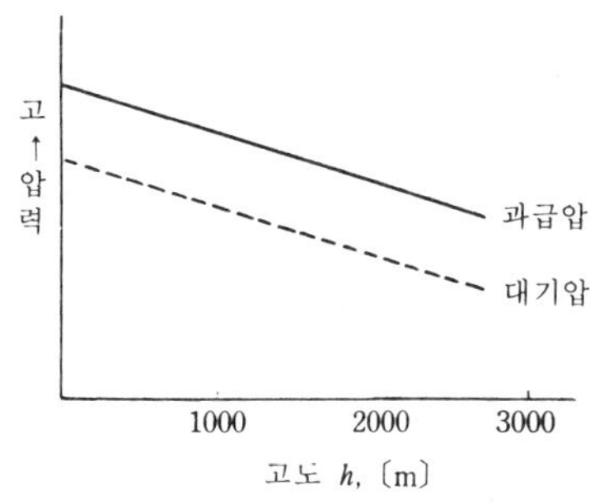

그림 6-258 高度와 壓力과의 關係

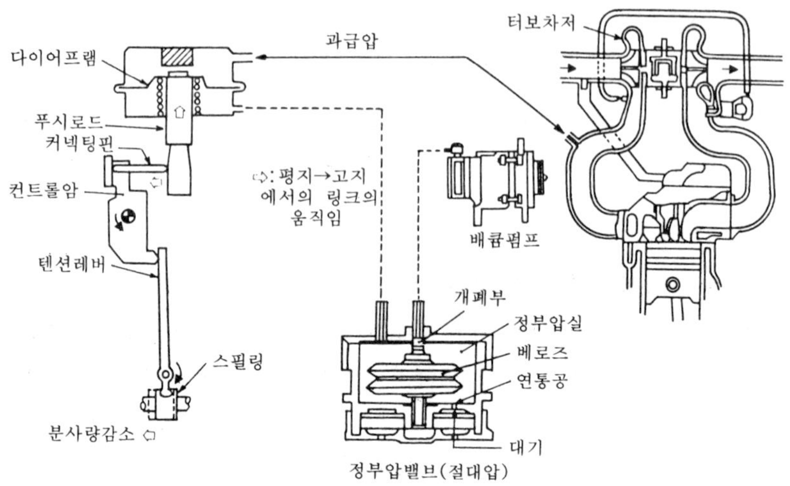

그림 6-259 BACS 붙이 VE形 噴射펌프

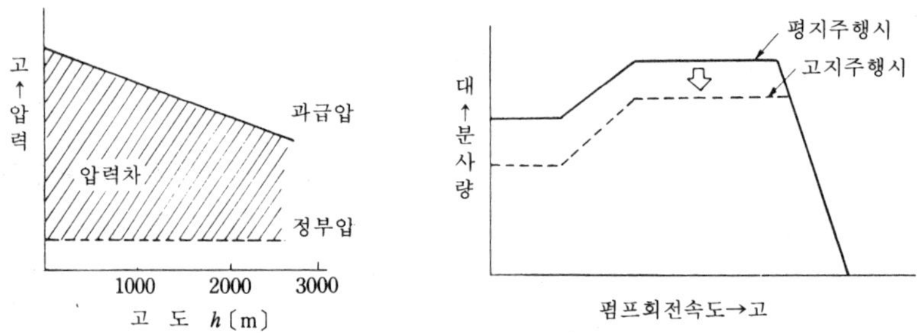

그림 6-260 高度와 過給壓의 關係

그림 6-261 BACS의 特性

배큠펌프와의 連通을 개폐하는 구조로 되어 있다.

定負壓室의 압력이 설정부압보다도 낮아지게 되면 베로즈는 늘어나고 배큠펌프와의 連通을 차단한다. 이 때문에 대기와의 連通孔으로부터 공기가 유입, 定負壓室의 압력이 상승되면서 설정부압보다 높아지게 되고 베로즈가 수축, 배큠펌프와 다시 연통하며 이 작동을 반복함으로써 일정부압을 유지한다. 분사펌프본체의 구조와 작동은 BCS와 같다.

4) 로드센싱 타이머(LST)

일반적으로 분사시기를 앞세우면 출력은 향상되나 소음은 악화된다. 차량으로부터의 요구로서 全負荷時는 出力, 輕, 無負荷時는 낮은 소음일 것이 중요하므로 그림 6-262 에서와 같은 噴射時期補償特性이 요구되어 이에 대응하는 LST 기능을 부가하고 있다. VE 형 분사펌프의 분사시기는 앞에서 설명한 것과 같이 타이머 피스턴의 위치로 제어한다.

그림 6-263 에서와 같이 타이머 피스턴의 위치는 타이머 스프링 하중과 펌프室壓의 평형으로 결정되고 펌프室壓을 높이면 분사시기는 앞서고 낮게 하면 분사시기는 늦어진다. LST 는 負荷 즉, 분사량에 따라 펌프室壓을 제어한다. 구조는 그림 6-264 에 나타낸 것과 같이 오리피스가 마련되어 있는 거버너 슬리브 및 吸入室과 連通하는 구멍을 가지는 거버너 샤프트로 되어 있고 거버너 슬리브는 텐션레버를 거쳐서 스필링과 일체로 움직인다. 스필링이 분사량 감소방향, 즉 거버너 슬리브가 그림의 오른쪽 방향으로 이동

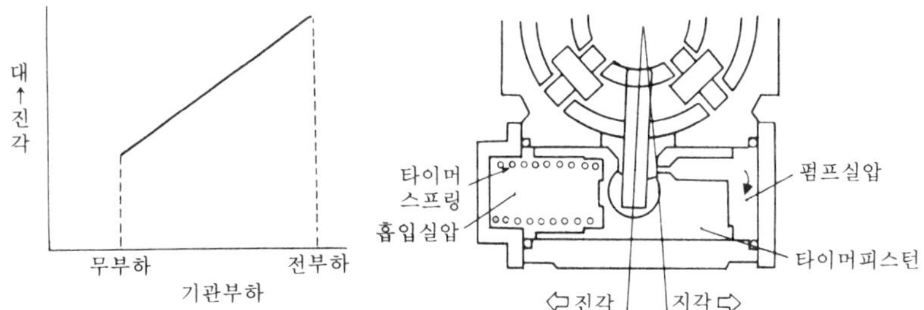

그림 6-262 기관負荷에 대한 噴射時期特性의 要求例

그림 6-263 타이머部(VE形 噴射펌프)

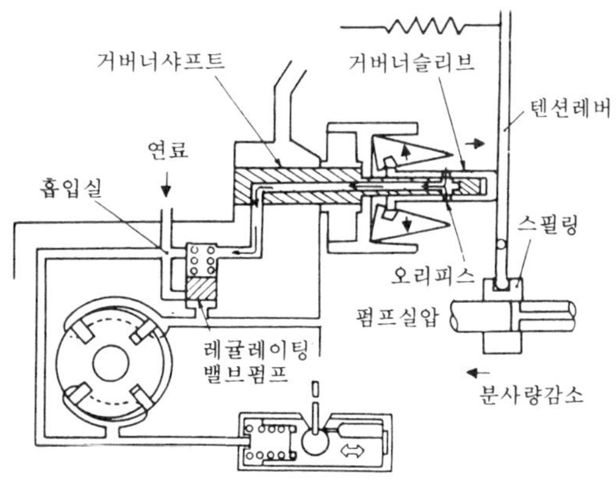

그림 6-264 LST 붙이 VE 形 噴射펌프

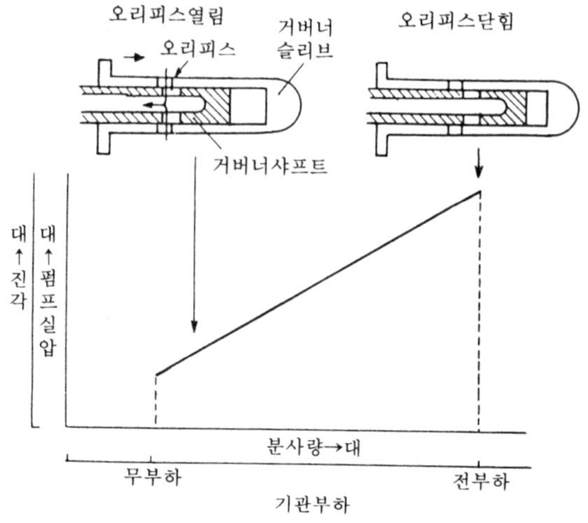

그림 6-265 LST의 特性

하면 그림 6-265에 나타낸 것과 같이 거버너 슬리브의 오리피스와 거버너 샤프트의 구멍이 連通하여 펌프실 내 연료의 일부가 흡입실 쪽으로 유출, 펌프실 압력이 저하되어 분사시기가 보상된다. 기관마다 달라지는 보상의 요구 특성에 대하여 오리피스徑의 선정으로 알맞게 맞출 수 있게 되어 있다.

5) 高地進角補償裝置(ACT)

ACT는 高地에서 공기밀도가 낮아져서 기관의 압출압력이 저하되는데 따른 燃燒의 惡化로 배출가스가 白煙으로 되는 것을 방지하기 위하여 高度에 상응하여 분사시기를 앞세우는 장치이다. 이 기구도 LST와 같이 펌프실의 압력을 변화시켜 분사시기의 보상을 한다. 그림 6-266에 나타난 것과 같이 타이머部에 펌프실과 흡입실을 連通하는 통로를 마련, 베로즈와 일체로 작동하는 푸시로드로 通路面積을 변화시켜 펌프실 압력을 제어하는 구조이다.

그림 6-267에 나타나는 것과 같이 평지에서 連通孔이 열려져 있고 고도가 높아짐에 따라 베로즈가 늘어나면서 푸시로드를 連通孔이 닫히는 방향으로 움직이게 하고 이에 따라 連通孔으로부터 유출되는 연료량이 감소, 펌프실 압력이 상승되면서 분사시기를 앞세우게 된다.

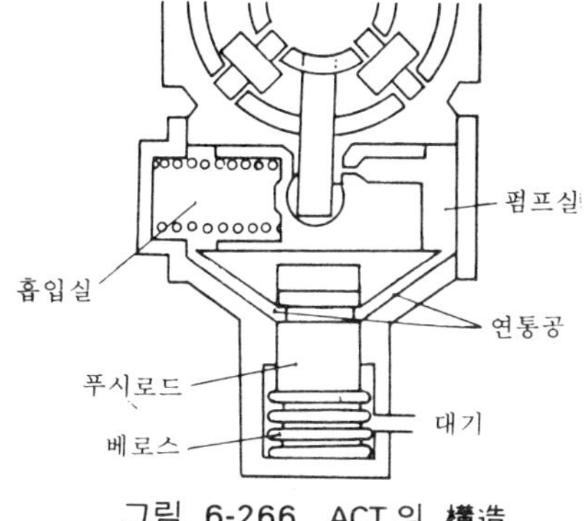

그림 6-266 ACT의 構造

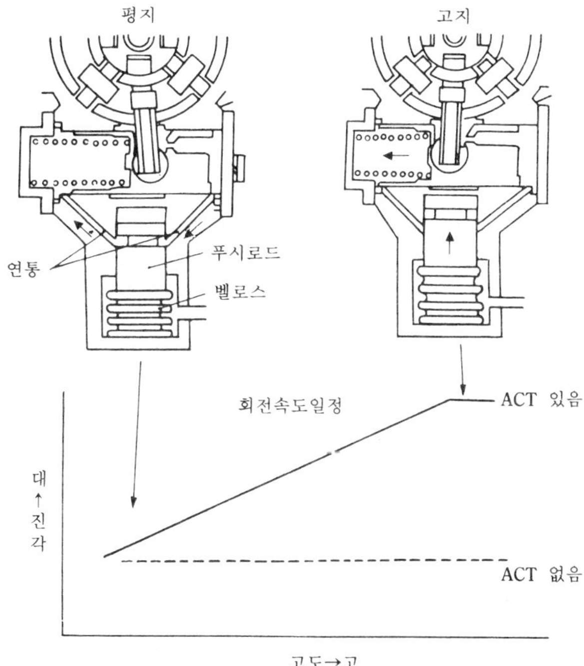

그림 6-267 ACT의 特性

6) 低溫始動性 向上裝置(ACSD)

ACSD는 한냉시 기관의 실린더벽 온도가 낮고 연소가 악화되는데 따른 白煙發生을 방지하기 위하여 한냉시에만 분사시기를 앞세우고 暖機 후에는 소음의 저감을 위하여 분사시기를 늦추는 장치이다. LST, ACT와는 달리 타이머 피스턴과 연동하는 롤러링 위치를 기관의 냉각수 온도에 따라 수축하는 서모왁스를 이용, 기계적으로 바꾸는 구조이다.

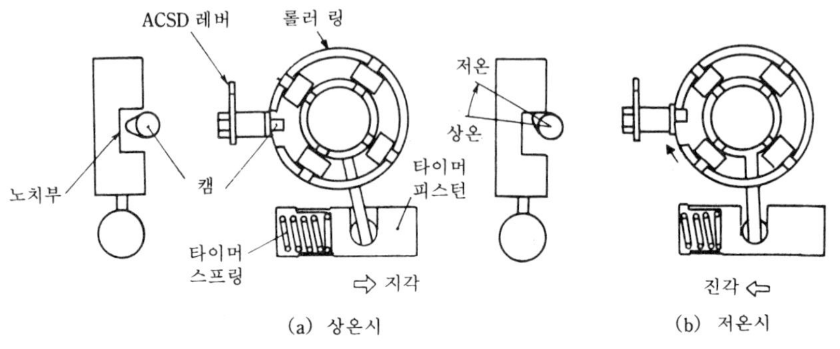

그림 6-268 ACSD 作動圖

그림 6-268 (a)에 나타내는 것과 같이 상온시에는 캠과 롤러링의 노치部가 떨어져 있고 타이머 피스턴은 最遲角(가장 분사시기가 늦다.)의 위치에 있다. 저온시는 ACSD 레버를 回動시켜 캠에 의하여 롤러링을 거쳐 타이머 피스턴을 進角方向으로 움직이며 이 進角作用은 그림 6-269에 나타내는 리턴 스프링의 힘으로 하게 된다. 기관의 냉각수를 순환시키고 있는 서모왁스가 리턴 스프링의 힘에 대항하고 있고 냉각수 온도가 상승하게 되면 서모왁스가 신장, ACSD 레버를 遲角하는 방향으로 回動시켜서 그림 6-270에서와

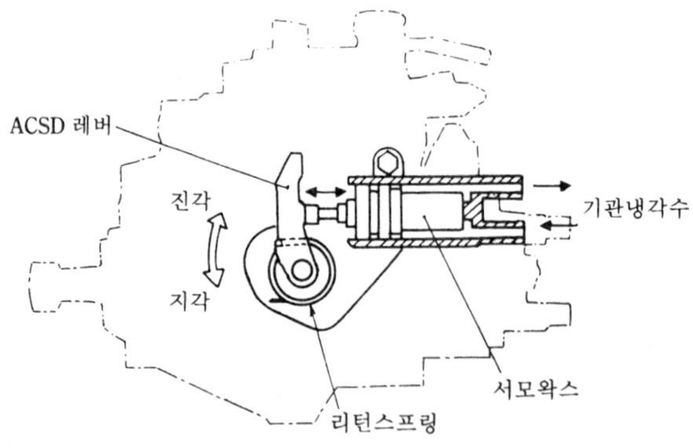

그림 6-269 ACSD의 構造

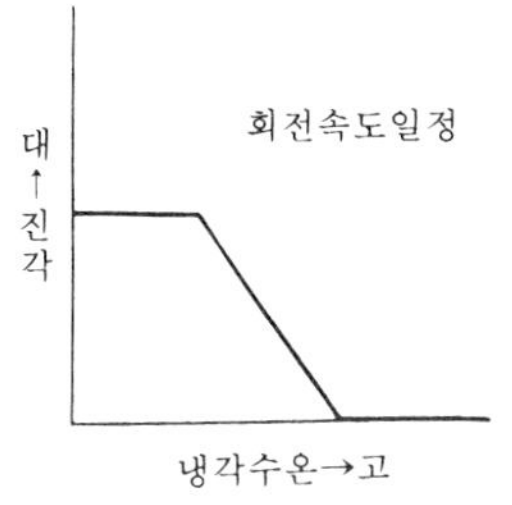

그림 6-270 冷却水溫과 噴射時期

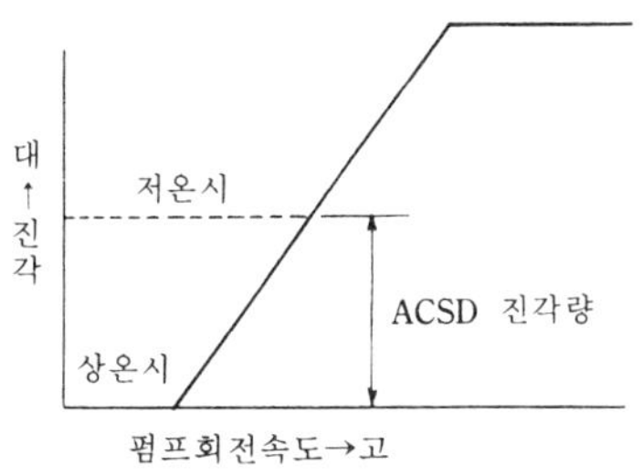

그림 6-271 펌프回轉速度와 噴射時期

같은 補償特性이 얻어진다. ACSD는 타이머 피스턴을 最遲角位置를 온도에 상응, 변화시키는 구조이므로 회전속도에 대한 분사시기 특성은 그림 6-271에 나타낸 것과 같이 된다.

(7) 燃料噴射노즐 및 노즐홀더

1) 燃料噴射노즐

노즐은 디젤기관의 각실린더헤드부에 부착되어 분사펌프에 의하여 高壓으로 가압된 연료를 着火, 燃燒가 얻어질 수 있도록 霧化시킴과 동시에 공기와 잘 혼합시키기 위하여 燃燒室의 크기, 形狀에 맞추어서 그 구석구석까지 도달되도록 하는 역할을 한다. 그리고 노즐은 연료의 霧化, 貫通 및 分布라고 하는 분무특성 외에 분사압력, 분사시기, 분사기간, 분사율 등 분사특성도 좌우하기 때문에 기관의 性能에 미치는 영향이 크고 대단히 중요하다.

그림 6-272는 노즐의 작동원리를 나타낸 것으로 노즐은 니들과 노즐보디의 2개 부품으로 구성되며, 니들은 스프링에 의하여 닫혀지도록 되어 있다.

분사펌프로부터 연료가 압송되면 노즐실압 P_D가 상승된다. 노즐실압이 밸브의 열림압력 P_{NO} 보다 높아지게 되면 니들이 리프트되어 노즐보디에 마련되어 있는 噴孔으로부터 연료가 안개 모양의 霧狀으로 분사된다. 분사펌프로부터 연료의 압송이 끝이고 노즐실압 P_D가 밸브의 닫힘압력 P_{NC} 보다 낮아지게 되면 니들이 下降하기 시작하여 着座함으로써 분사가 종료된다.

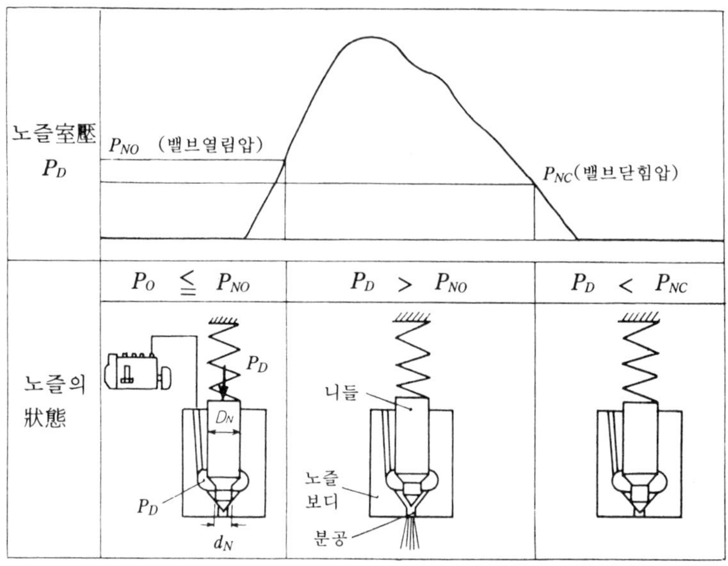

그림 6-272 作動原理

가이드徑을 D_N, 시드徑을 d_N, 스프링 荷重을 P_D 라고 하면 밸브의 열림압력 p_{NO} 및 닫힘압력 P_{NC} 는 다음과 같이 표시된다.

$$P_{NO}=\frac{P_D}{\pi(D_N^2-d_N^2)/4} \quad \cdots\cdots (6\text{-}85)$$

$$P_{NC}=\frac{P_D}{\pi(D_N^2)/4} \quad \cdots\cdots (6\text{-}86)$$

a) 種類와 特徵

(i) 노즐과 노즐홀더의 分類

노즐을 분류하면 다음과 같다.

- 노 즐
  - 홀 형
    - 單孔形
    - 多孔形
  - 핀 형
    - 핀틀形
    - 스로틀形

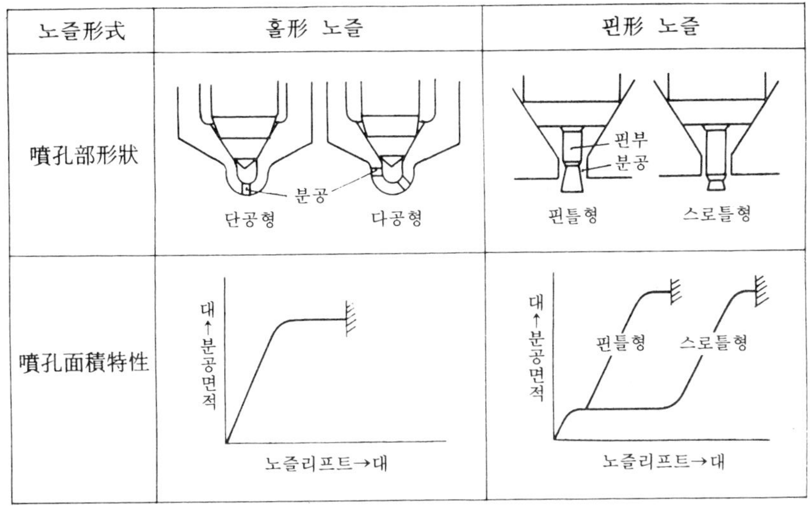

그림 7-273 노즐의 種類

홀형 노즐은 직접분사식 기관에 쓰여지는 것으로 보디의 끝 둥근부분에 噴孔이 마련되어 있어서 噴霧를 燃燒室에 적합한 방향을 향하고 넓은 범위에 걸쳐 분산시킬 수 있고 이에 대하여 핀形 노즐은 노즐보디에 마련되어 있는 噴孔에 니들 핀部가 끼워져 있어 니들이 리프트하게 되면 噴孔과 핀 사이의 環狀틈새로부터 중공의 원뿔모양으로 噴霧가 생긴다. 주로 副燃燒室식 기관과 같이 비교적 좁은 범위로 연료를 분사하는 경우에 쓰여진다. 그리고 핀 끝부분의 모양에 따라 噴霧角을 달리 할 수 있고, 또한 뒤에서 설명하는 바와같이 噴孔面積特性을 여러가지로 변환시킬 수 있다.

홀형, 핀형 노즐에는 S, P 사이즈가 있고 P 사이즈는 小形 기관용으로 개발된 小形 노즐이다.

2) 노즐홀더

a) 노즐홀더의 分類

노즐홀더는 기관에 부착되어 노즐을 지지, 연료를 노즐까지 유도하는 역할을 함과 동시에 노즐의 밸브열림압을 설정하는 일을 한다.

(i) 기관에 부착하는 방법에 따른 분류

ⓐ 플랜지에 의한 방식

ⓑ 실린더 스크루에 의한 방식

ⓒ 리테이닝 너트에 의한 방식

ⓐ는 노즐홀더와 일체 또는 분리된 플랜지에 의하여 부착되는 방식이고 ⓑ는 노즐홀더로부터 분리된 실린더 스크루에 의하여 부착되는 방식으로 ⓐ, ⓑ 모두 燃燒室에 대하여 噴孔의 위치를 결정하기가 용이하여 홀形 노즐에 많이 쓰여진다.

ⓒ는 噴孔의 위치를 결정할 필요가 없는 핀형 노즐에 널리 사용되며, 이 방식은 구조가 간단하고 소형화가 가능하다.

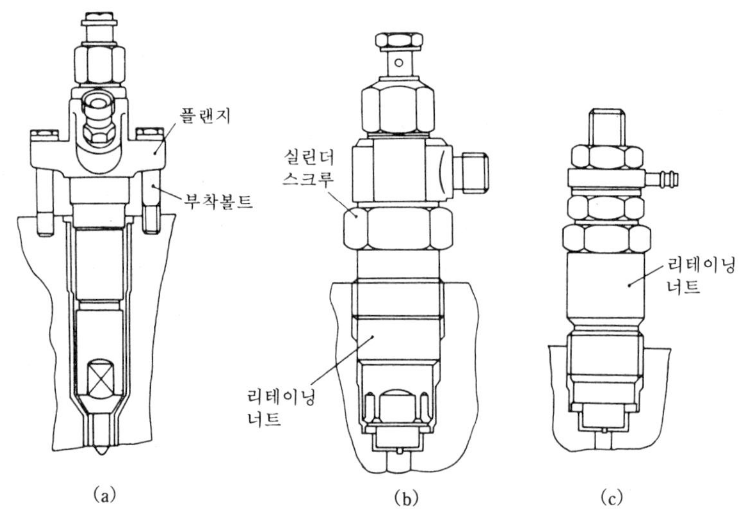

그림 6-274 노즐홀더의 種類

(ii) 밸브열림압력의 조정방식에 따른 分類

ⓐ 내부 調整式(어드저스팅심에 의한 방식)

ⓑ 외부 調整式(어드저스팅 스크루에 의한 방식)

이 있고 그림 6-275는 그 각각의 예를 나타낸 것이다.

b) 노즐 및 노즐홀더의 構造와 作動

그림 6-275는 노즐, 노즐홀더의 대표적인 구조이고 노즐은 노즐홀더에 리테이닝너트에 의하여 조립된다. 분사펌프로부터 압송된 연료는 홀더보디의

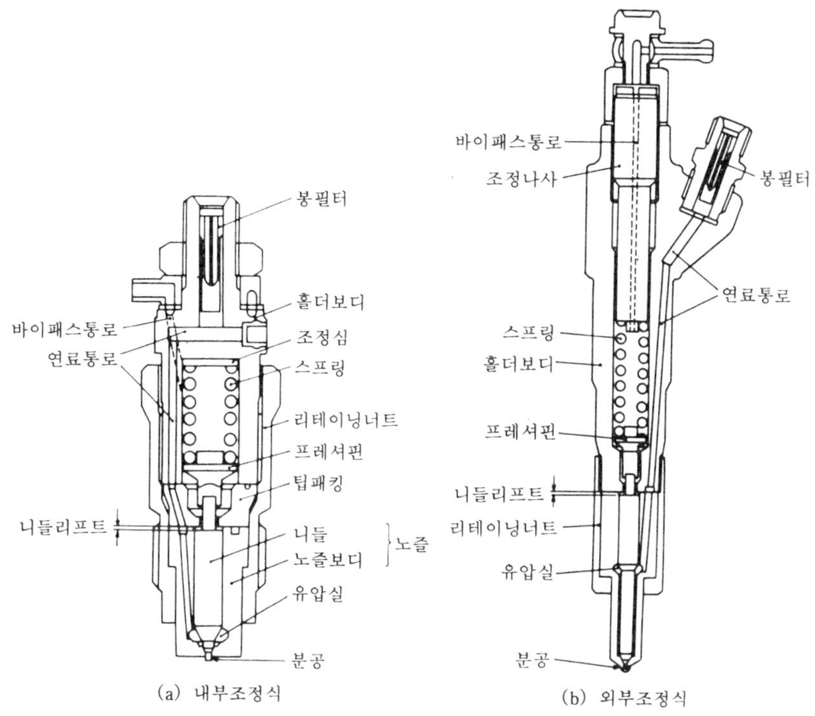

그림 6-275 노즐, 노즐홀더의 構造

연료 통로로부터 노즐보디의 기름이 모아지는 壓力室로 보내지고 압력이 밸브의 열림압력보다 높아지게 되면 니들이 리프트되어 噴孔으로부터 분사되고, 압력이 밸브의 열림압력보다 낮아지게 되면 니들이 着座되면서 분사가 종료된다. 노즐의 개폐시의 응답성은 니들, 프레셔 핀 및 스프링의 관성질량에 영향을 받으며, 일반적으로 관성질량의 경량화는 니들 着座音의 저감이나 분사기간의 단축에 효과가 있다.

(i) 밸브열림압력의 조정

그림 6-275 (a)에 나타낸 것과 같이 內部調整式인 경우는 밸브의 열림압력이 홀더보디와 스프링 사이에 삽입되는 조정심(adjusting shim)의 두께로 니들에 대한 荷重을 변화시켜 조정한다. 外部調整式의 밸브열림압력은 스프링을 지지하는 조정나사(adjusting screw)에 의하여 니들에 대한 荷重을 변화시켜서 조정한다.

(ii) 最大리프트量의 設定

니들의 最大리프트量은 니들과 팁패킹 또는 홀더보디와의 치수로 설정되며, 일반적으로 홀형 노즐의 最大리프트量은 0.2−0.4 mm, 핀형 노즐의 경우 0.4−1.0 mm 로 설정되어 있다.

c) 燃料의 여과

연료중에 섞여져 있는 불순물이나 혹은 분사관의 脫着 때 혼입된 불순물을 여과, 노즐의 손상을 방지하기 위하여 홀더보디의 분사관과의 이음부에는 일반적으로 막대형 봉필터(bar filter)가 장착된다. 봉필터는 필터의 外周面과 부착구멍 內周面과의 좁은 틈새를 연료가 통과하면서 불순물이 제거되도록 되어 있다.

d) 噴孔部의 색보룸

밸브가 닫힌뒤 시트부로부터 연소실에 이르는 통로 내에 고였던 연료가 연소실 내의 높은 온도, 압력변동 등에 의하여 유출하는 경우가 있고, 이

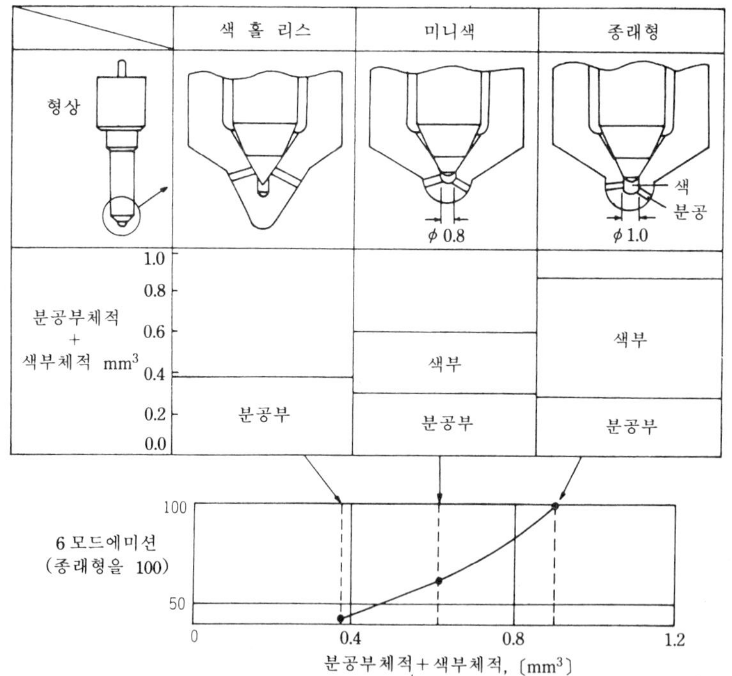

그림 6-276 색보룸低減手法과 그 效果

연료가 未燃燒가스로 되어 排出가스 중의 HC의 증가를 가져온다. 따라서 이 시트部로부터 분공부까지의 체적(sack volume)은 작게 할 필요가 있다.

그림 6-276은 색보륨 저감방법과 그 효과를 나타낸 것으로 미니색노즐(minisack nozzle)은 종래형에 비해서 색의 지름과 길이를 작게 하여 색보륨을 작게 하고 있다. 색 홀리스노즐은 VCO(Valve Covered Orifice)라고 불리우는 바와같이 니들이 噴孔入口을 닫는 구조로 되어 있다.

e) 니들리프트의 제어

앞에서 언급한 바와같이 고분사압화에 의한 不整噴射, 분무의 密集域의 개선을 위하여 2스프링 노즐을 사용하며 종래와 다른 점은 밸브의 열림압력과 니들리프트量을 2단계로 설정하고 있다.

일반적으로 그 1단계는 低速低負荷域에 알맞게, 그리고 2단계는 高速高負荷域에 적합하도록 밸브의 열림압력과 니들리프트량이 조절된다.

3) 노즐의 요구 特性과 분공면적 특성

노즐의 요구되는 특징으로는 霧化, 貫通, 分布이고 이들의 제 특성은 代用特性으로 표시된다. 그리고 噴孔面積特性은 니들의 리프트에 대한 噴孔面積의 변화를 나타내는 것으로 이것은 니들의 최대리프트量, 니들핀의 겹침치수, 노즐 보디의 噴孔과 니들핀 사이에서 만들어지는 틈새 등에 따라서 결정되며 기관의 性能을 좌우하는 중요한 특성으로서 噴孔流量特性이라고도 불리워진다. 그림 6-277은 각부치수와 噴孔面積의 관계를 나타낸 것이다.

a) 핀形 노즐

핀형 노즐은 노즐 보디의 噴孔에 니들핀部가 끼워져 있고 그 겹침치수에

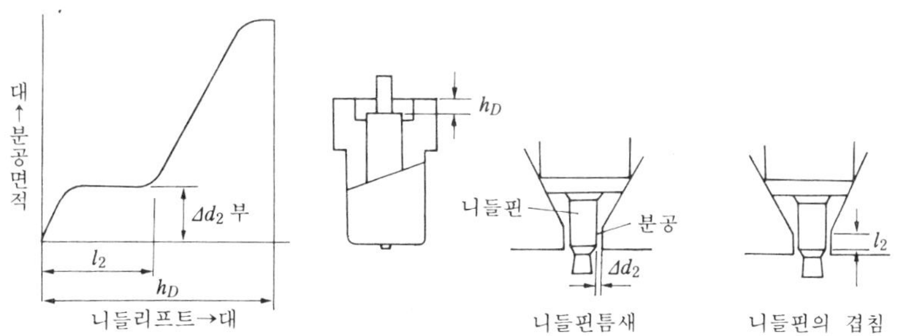

그림 6-277 各部치수와 噴孔面積의 關係

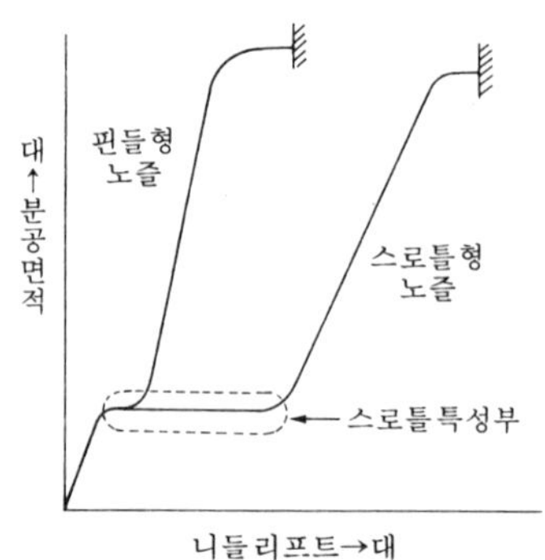

그림 6-278 핀형 노즐의 噴孔面積特性

의하여 噴孔面積特性이 달라진다.

일반적으로 겹침치수 l_2가 0.2－0.25〔mm〕이상인 것을 스로틀형 노즐이라 하고 0.2－0.25〔mm〕이하의 것을 핀들形 노즐이라 한다. 그림 6-278에서 나타난 것과 같이 각각 噴孔面積特性이 다르며 겹침치수 l_2의 期間을 스로틀特性(면적)이라고 한다.

b) 스로틀形 노즐

니들의 리프트量과 噴孔面積과의 관계를 나타낸 것이 그림 6-279이다.

① 니들이 리프트되기 시작하면 시트部에 틈새 Δd_1이 생긴다. 이 Δd_1은 噴孔과 니들핀部의 틈새 Δd_2보다 면적이 작으므로 噴孔面積은 Δd_1으로 결정된다.

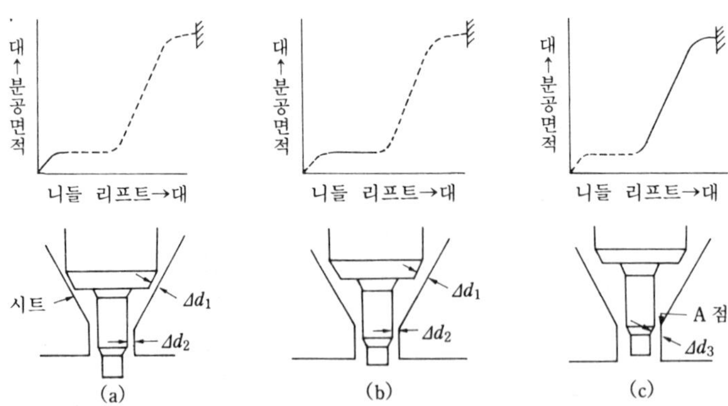

그림 6-279 스로틀形 노즐의 니들 리프트와 噴孔面積

② 니들이 리프트되고 Δd_1 이 Δd_2 보다 커지게 되면 噴孔面積은 Δd_2 에 의하여 결정되어진다. 니들핀部은 직선으로 되어 있기 때문에 니들핀 겹침치수 l_2 사이에서는 면적이 거의 변하지 않는다.

③ 니들핀部의 直線部分이 시트部의 A점을 지날 때까지 리프트되면 니들핀部의 빗면과 A점에 의하여 형성되는 틈새 Δd_3 에 의하여 噴孔面積이 결정된다.

이상과 같이 스로틀형 노즐의 경우에는 니들 리프트의 초기에 噴孔面積을 작게 하여 噴射量을 스로팅함으로써 燃燒壓力上昇이 비교적 완만하게 되어 디젤노크를 방지할 수 있다.

일반적으로 겹침지수 l_2 는 0.4－0.5〔mm〕로 사용되는 경우가 많으나 소음저감을 위하여 0.7〔mm〕정도로 하는 예도 있다. 스로틀형 노즐은 연소에 의하여 噴孔部에 카본이 부착, 스로틀면적을 작게 만든다. 이 때문에 初期

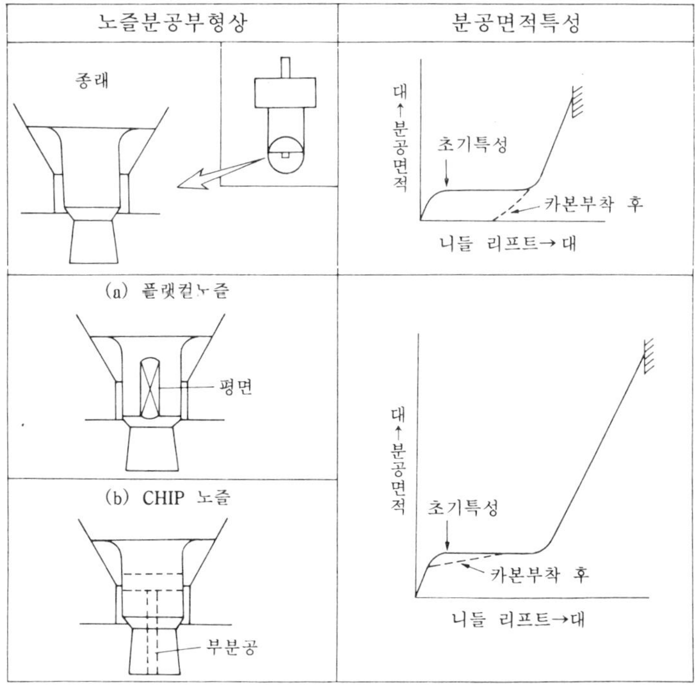

그림 6-280 노즐의 噴孔部形狀과 噴孔面積特性

噴射量이 필요 이상으로 스로틀링되어 着火가 불충분하게 되고 이것에 이어서 主噴射燃料가 급격하게 연소, 소음이 악화되는 경우가 있다. 스로틀面積의 감소를 방지하기 위하여 그림 6-280에 나타내는 플래트컽 노즐(flat cut nozzle)과 CHIP(Central Hole in Pintle)노즐이 있다. 플래트컽 노즐은 니들핀部에 평면을 마련, 燃料通路를 불균일하게 만들어서 난류현상을 낳게 하여 自己淨化作用을 촉진시키는데 따라서, 그리고 CHIP노즐은 핀 중심부의 副噴孔에 의하여 스로틀 特性이 유지되도록 한다.

c) 핀틀形 노즐

핀틀形 노즐의 噴孔面積特性은 스로틀 노즐의 핀 겹침치수 l_2을 작게 한 것과 같으며, 스로틀 期間이 짧고 主噴射燃料가 급격하게 연소하기 때문에 出力을 중시하는 기관에 쓰여진다.

d) 홀形 노즐

그림 6-281은 일반적인 홀형 노즐의 噴孔面積特性을 나타낸 것이다. 니들이 리프트하게 되면 틈새 Δd_4, Δd_5의 順으로 스로팅되어 최종적으로 噴孔徑에 의하여 최대면적이 결정된다. 噴孔入口部의 流量係數를 크게 하기 위하여 그림 6-282에 나타난 것과 같이 電解加工에 의하여 R면 모때기를 실시하는 예가 있고, 일반적으로 홀형 노즐의 噴孔徑 d_e는 0.2~0.5〔mm〕정도, 噴孔數는 4~5가 쓰여진다.

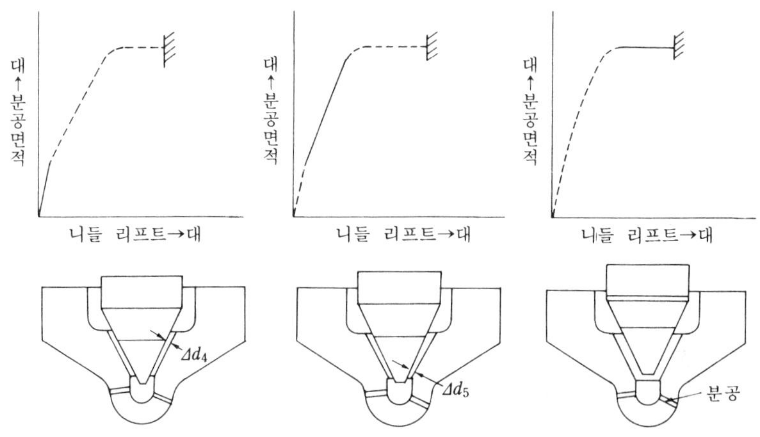

그림 6-281 홀형 노즐의 니들 리프트와 噴孔面積

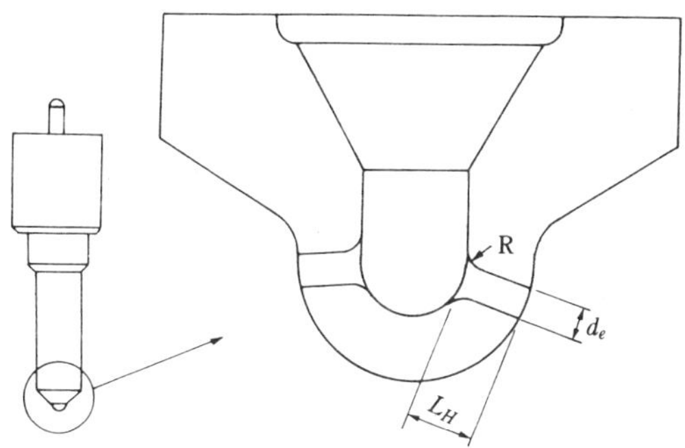

그림 6-282 噴孔入口部의 R 面모때기

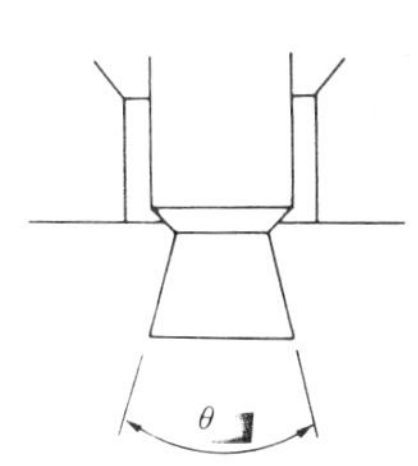

그림 6-283 핀끝 角度

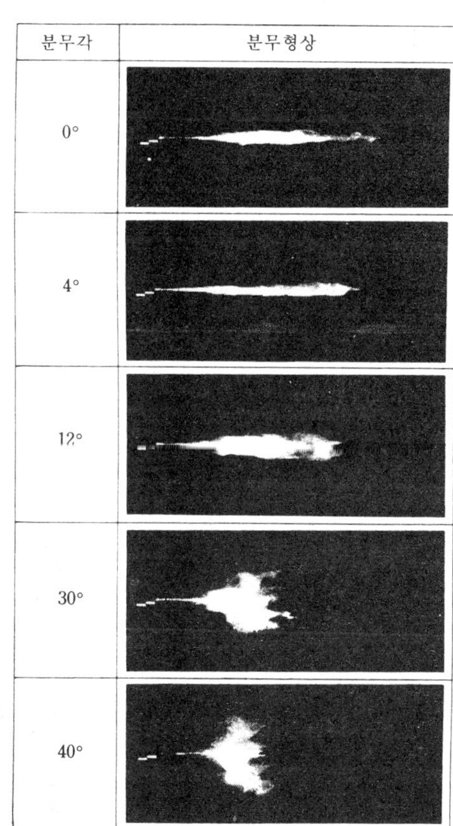

그림 6-284 핀형 노즐의 噴霧形狀

4) 噴霧形狀特性

연료를 무화하여 연료실에 분산시키는 노즐의 기능을 평가하는 특성이 분무형상 특성이고 噴霧角과 到達距離를 뜻한다. 핀형 노즐의 경우는 핀의 끝 角度 θ_{th}(그림 6-283 참조)를 달리함으로써 분무각을 변화시킬 수 있으며, 일반적으로 소음을 중시하는 경우에는 큰 噴霧角을, 그리고 出力을 중시하는 경우에는 0~4° 정도의 작은 噴霧角을 사용한다.

홀형 노즐은 연료를 직접분사식 기관의 연소실에 넓고 균일하게 분산시키기 위하여 多噴孔이 쓰여지나 색챔버(sack chamber) 내에서의 噴孔의 간섭이나 시트部 强度上의 制約으로 4~5 噴孔이 많다. 1개의 噴孔으로부터의 噴霧角을 크게 하고자 하는 경우는 噴孔徑 d_e와 噴孔길이 L_H의 比 L_H/d_e를 작게 하고 또한 到達距離(貫通力)를 중시하는 경우는 L_H/d_e를 크게 한다.

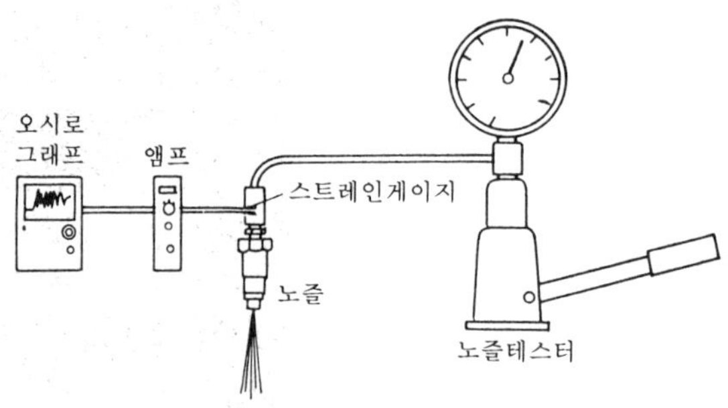

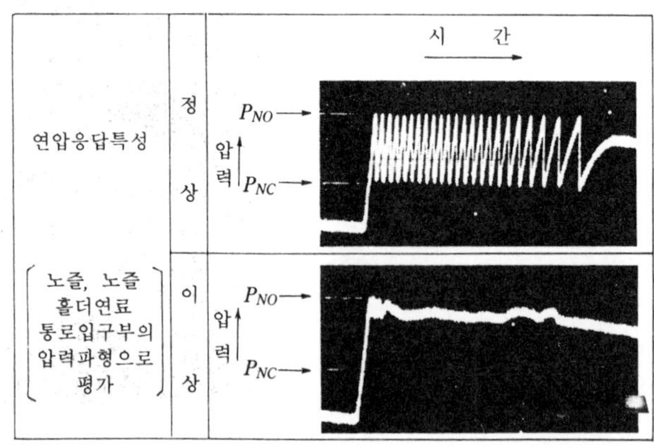

그림 6-285 노즐테스터에 의한 연압응답特性

a) 燃壓應答特性

노즐로부터 분사되는 연료를 양호한 霧化狀態로 만들기 위하여 노즐에는 燃料壓이 밸브의 열림압력에 달할 때까지는 油密을 확실하게 유지시킬 것과 그리고 밸브가 열린 뒤에는 연료압이 밸브의 닫힘압력보다 내려가서 신속하게 연료를 차단할 것이 요구된다. 노즐밸브의 開閉時의 응답성과 시트부의 油密性을 동시에 평가하는 特性으로서 그림 6-285에서와 같은 壓力變化에 대한 應答性인 연압응답특성이 있다. 이 特性은 노즐의 가이드徑, 시트徑 및 噴孔面積特性 등의 사양에 따라서 각각 달라진다.

b) 리케이지特性

니들 미끄럼運動部는 壓力을 유지시키기 위하여 작은 틈새와 높은 형상정밀도가 필요하다. 부착할 때의 변형이나 熱에 의한 변형을 고려하여 일반적으로 틈새는 直徑差로 2～4.5〔μm〕로 설정되어 있다.

노즐은 틈새와 형상정밀도의 代用特性으로서 리케이지(leakage)특성이 쓰여지며 리케이지特性은 규정의 空氣壓을 가하였을 때 미끄럼운동部를 통과하는 流量, 혹은 규정의 油壓을 가한 뒤 정하여진 油壓降下에 요하는 시간을 代用値로 사용한다.

(8) 유닛 인젝터

유닛 인젝터는 噴射管이 없고 噴射펌프와 노즐이 일체로 되어 있으며 기관의 각 실린더마다 실린더헤드에 부착된다. 이 유닛 인젝터는 1900년대 船舶用 기관에 실용화되었으나 自動車用으로서는 1930년 미국의 CUMMINS社가 최초로 생산을 개시하였다. 列形 噴射펌프와 비교할 때 噴射펌프와 노즐을 연결하는 噴射管이 없어서 데드보륨이 작아 高噴射壓의 발생이 용이하며, 그리고 通路의 길이가 짧아서 噴射펌프의 壓送으로부터 노즐에서의 噴射까지의 시간적인 지연이 짧고 또한 噴射管內의 殘壓, 反射波 등의 압력거동에 의한 이상분사가 잘 생기지 않는 특징이 있다. 다만, 기관의 탑재성이 列形 噴射펌프에 비하여 떨어지며, 현재 자동차용 기관에 채용하고 있는 것은 CUMMINS社와 GM社 뿐이다.

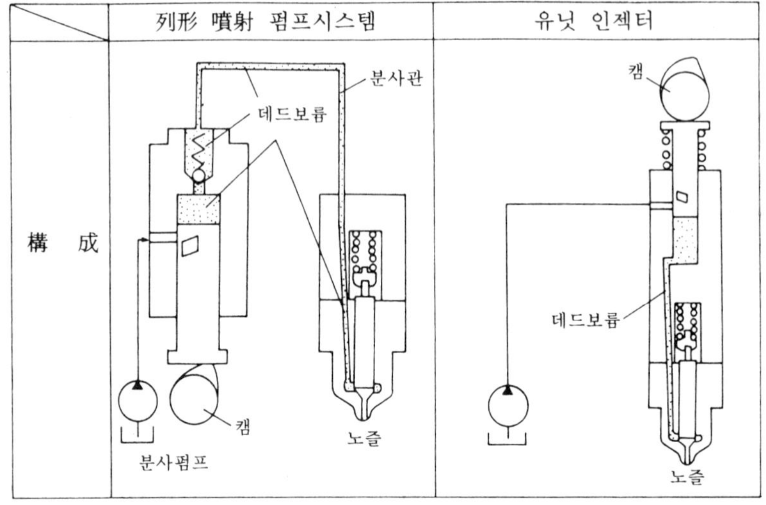

그림 6-286 유닛 인젝터와 列形 噴射펌프시스템의 構成

1) 分類와 特徵

유닛 인젝터는 그림 6-287에서와 같이 기계식인 캠 구동식과 유압식인 커먼 레일식으로 나누어져 있다.

a) 캠 구동식

캠 구동식은 엔진캠으로 플런저를 왕복구동하여 연료를 압송하는 방식으로 압송원리는 列形 噴射펌프와 같다. 그리고 常時 높은 압력을 축적할 필요가 있는 커먼레일식에 비하여 분사시에만 연료를 압송하는 구조이므로 구동토크가 낮은 것이 특징으로 들 수 있다.

b) 커먼레일식

커먼레일식의 압송원리는 20－30〔MPa〕정도의 비교적 높은 압력의 연료를 커먼레일에 축적하여 놓고 이 油壓과 增壓피스턴의 面積差를 이용하여 약 100〔MPa〕정도의 높은 압력으로 분사하는 방식이다. 이 방식은 蓄壓燃料의 압력이 회전속도에 의존하지 않고 일정하기 때문에 噴射壓도 회전속도와는 관계없이 일정하다. 그리고 인젝터 구동용의 캠을 필요로 하지 않아서 기관의 탑재가 캠 驅動式에 비하여 용이하다.

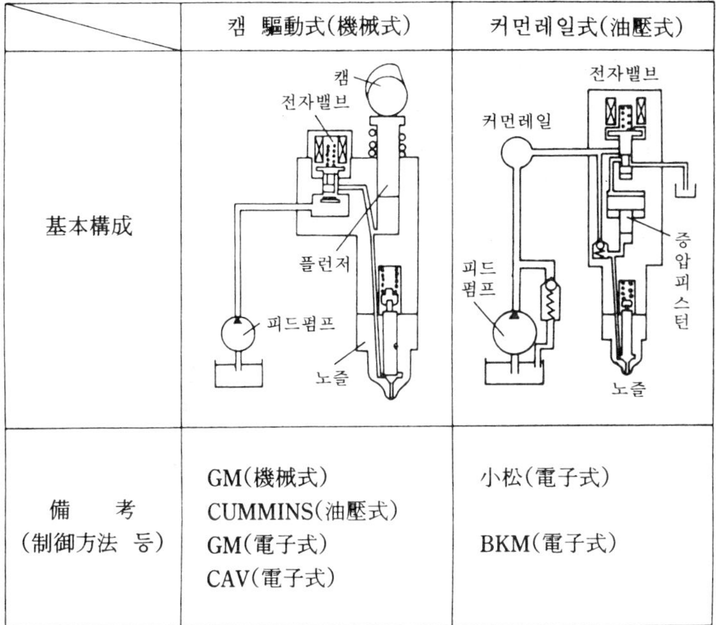

	캠 驅動式(機械式)	커먼레일式(油壓式)
基本構成		
備 考 (制御方法 등)	GM(機械式) CUMMINS(油壓式) GM(電子式) CAV(電子式)	小松(電子式) BKM(電子式)

그림 6-287 유닛 인젝터의 分類

2) 구조와 작동

a) 캠 구동식

그림 6-288은 현재 생산되고 있는 GM사의 유닛 인젝터의 모식도이고 그림 6-289는 타이밍 다이어그램이다. 플런저는 캠에 의하여 구동되어 연료를 압송하며 연료의 壓送이나 量의 조정원리는 列形 噴射펌프와 같다.

b) 커먼레일식

그림 6-290은 커먼레일식 유닛 인젝터의 보기를 나타낸 것이고, 그림 6-291은 그 타이밍 다이어그램을 나타낸 것으로 이 보기에서는 電磁밸브 2개로 增壓피스턴을 제어하도록 되어 있다. 연료는 增壓피스턴 아래의 壓送室로부터 電磁밸브 2로 양이 조절되어 보내어지고, 增壓피스턴은 보내지는 연료량에 상응하는 분만큼 밀려올려지고 정지한다. 다음 電磁밸브 1의 通電에 의하여 蓄壓燃料가 增壓피스턴의 상부로 유입, 增壓피스턴의 하강,

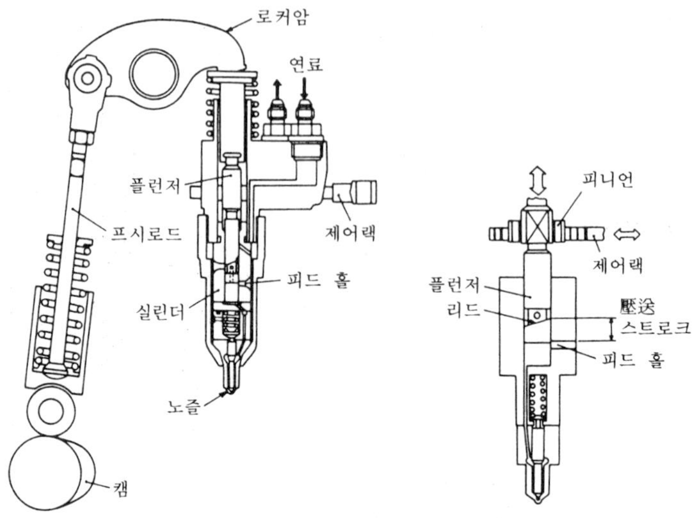

그림 6-288 캠 구동식 유닛 인젝터(GM)와 模式圖

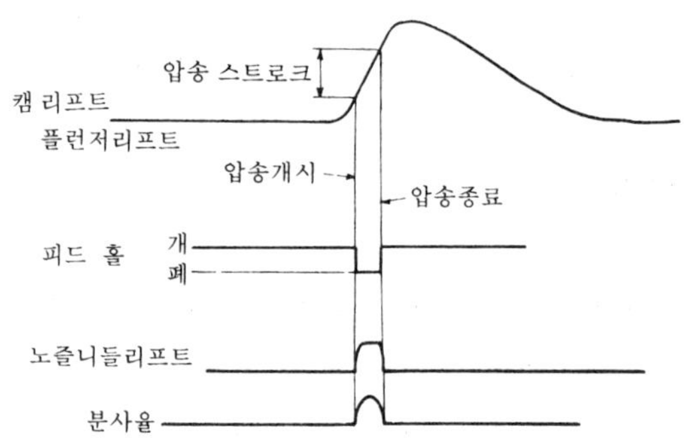

그림 6-289 타이밍 다이어그램

壓送室의 연료는 增壓피스턴의 면적비에 따라 증압되어 고압의 연료로서 노즐로부터 분사된다. 분사량은 電磁밸브 2의 通電時間으로, 噴射時期는 電磁밸브 1의 通電開始時期로 제어된다.

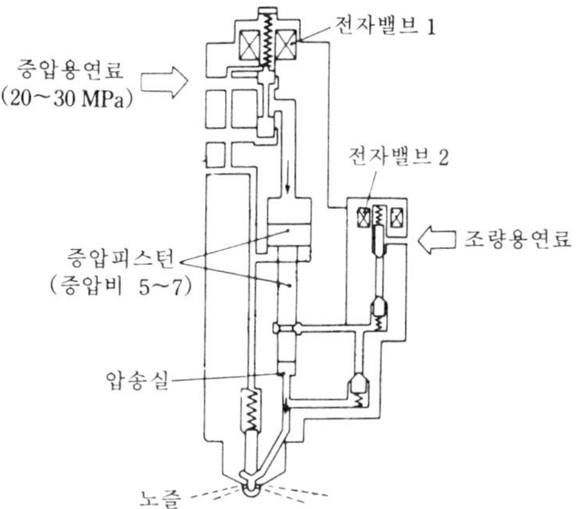

그림 6-290 증압 유닛 인젝터

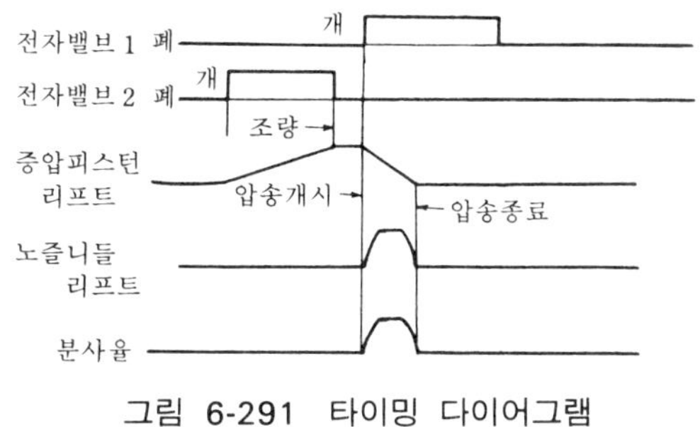

그림 6-291 타이밍 다이어그램

6-6 電子制御시스템

최근 기관에 대한 排出가스의 淨化, 低燃費, 出力向上의 사회적 요구가 점차 높아지면서 디젤기관용 噴射裝置에 있어서도 회전속도에 상응하는 분사량이나 분사시기의 제어 뿐 아니라 회전속도와 부하에 부합하는 복잡한 패턴제어 외에 냉각수 온도, 흡기관 압력, 운전상태 등에 따른 보상제어도 요구하게 되었고, 이들 요구에 대응하기 위하여는 기계적인 제어만으로는 한계가 있어서 電子制御의 도입이 필요하게 되었다.

自動車用 디젤기관에 대한 電子制御는 이미 1980년 초에 도입이 시작되었고 그 制御機能도 점차 확대되어 가는 추세에 있다.

(1) 電子制御시스템의 構成과 特徵

電子制御噴射裝置는 기계적 방식의 거버너와 타이머를 전기적인 제어기구로 바꾸어 놓은 것으로 연료의 압송기구는 기계적인 방식과 같으며 전자제어시스템의 구성을 列形 펌프를 예를 들어 설명하면 다음과 같다. 전자제어시스템 구성은 펌프본체, 센서, ECU, 액추에이터로 나누어진다. 센서는 기관, 차량의 상태 및 운전자의 가속페달조작량을 검출하여 ECU에 전달하며, 기본센서로서는 기관의 회전속도 센서, 제어랙 위치센서, 분사시기(진각)센서 및 가속페달의 개도센서 등이다. ECU는 센서로부터의 정보에 의하여 최적의 분사량과 분사시기를 연산, 각각을 제어하는 액추에이터에 지령한다. 그리고 기관의 제어 이외의 제어(예로서 변속기제어)를 하는 ECU와 데이터통신을 하여 상대쪽 시스템의 상황도 가미한 최적의 분사량 및 분사시기의 제어를 함과 동시에 상대쪽의 시스템이 필요로 하는 정보를 송신하는 기능을 가지는 경우도 있다. 액추에이터는 ECU로부터의 指令에

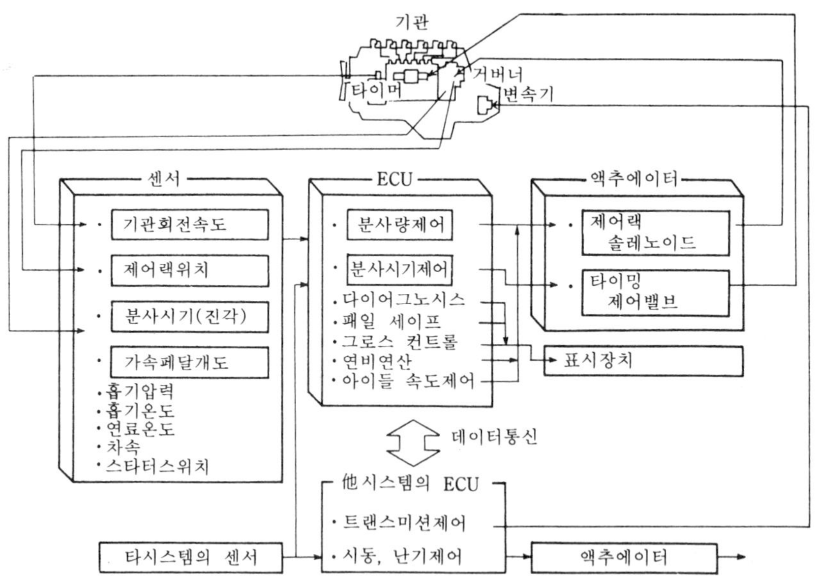

그림 6-292 전자제어 열형 분사시스템

의하여 분사량 및 분사시기를 조절하는 部材를 구동한다. 列形 분사펌프에 있어서는 분사량 조절 부재인 제어랙의 위치제어를 하는 거버너 액추에이터와 기관쪽의 구동축과 캠축과의 위상차를 제어하여 분사시기를 제어하는 타이머 액추에이터가 있다. 전자제어분사시스템은 기계적 제어시스템과 비교할 때 다음과 같은 특징이 있다.

① 기계적 시스템에 비하여 제어 자유도가 크다.

분사량제어를 보기로 들어서 그림 6-293에서 설명하면 다음과 같다.

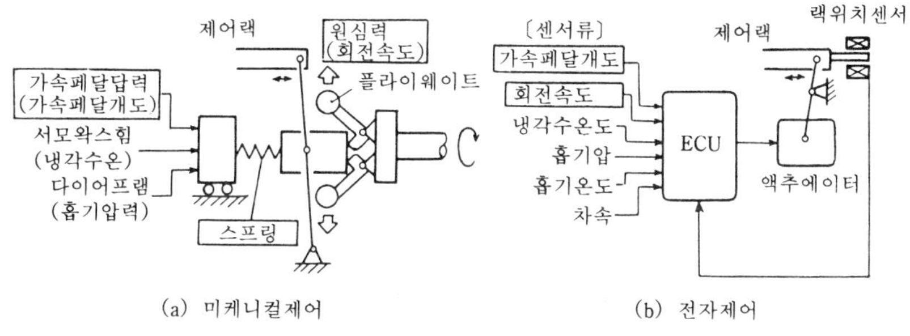

그림 6-293 분사량제어 시스템의 비교

기계적 제어시스템은 기본제어정보인 기관 회전속도와 가속페달 개도를 각각 플라이웨이트의 원심력과 스프링의 힘으로 바꾸어 놓은 다음 兩者의 힘의 평형에 의하여 제어랙의 위치를 제어하고 있다. 보상제어에 있어서는 보상제어 정보인 냉각수 온도나 흡기압력을 서모 왁스 및 다이어프램 등을 사용하여 힘으로 변환한 다음 링크 기구를 거쳐 스프링의 힘을 조절하여 힘의 평형되는 위치를 바꾸어 제어랙 위치를 보상제어하고 있다.

따라서 스프링 특성의 범위 내에서 제어패턴을 설정하게 되므로 자유도가 작고 또한 情報量이 많아지게 되면 링크가 복잡하게 되어 장치가 大形化되므로 기관의 탑재상의 이유로 검출하는 정보량이 제약을 받게 된다. 이에 대하여 전자제어분사시스템의 경우는 기관의 상태나 환경조건은 각종 센서로 검출되고 ECU는 기관의 상태에 가장 적합한 제어패턴으로 演算補償하여 액추에이터에 指令한다.

또 정보의 검출에는 기계적인 링크를 필요로 하지 않으므로 정보량에 제약이 없고 가장 적합한 정보를 가장 적합한 위치에서 검출할 수 있다.

② 制御對象量을 직접 검출, 피드백제어할 수 있어서 기계적인 마멸에 의한 經時變化의 보상과 制御精確度의 향상이 가능하다.

③ 서비스성, 安定性의 향상을 위한 자기고장 진단(self diagnosis)과 안전장치(fail safe)기능을 추가할 수 있다.

④ 데이터통신 기능의 추가로 토탈시스템 기능의 향상, 구성의 간소화가 가능하다.

(2) 電子制御시스템의 機能

전자제어화 함으로써 제어의 自由度가 대폭적으로 확대되고 표 6-15 에 나타난 바와 같이 많은 기능이 실현될 수 있다.

表 6-15 電子制御시스템의 機能

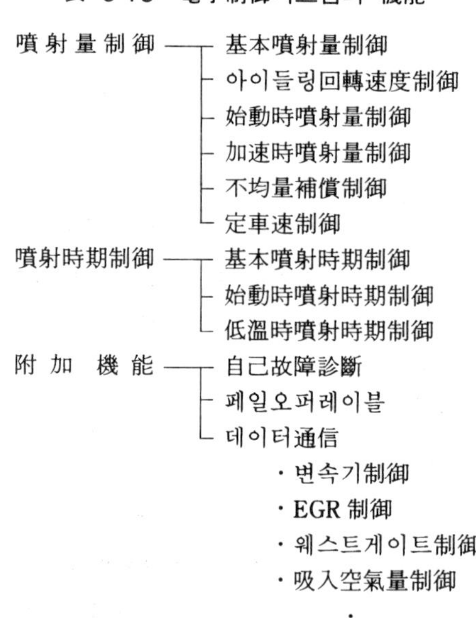

1) 噴射量制御

그림 6-294 는 전자제어분사시스템의 분사량제어방법을 나타낸 것이다.

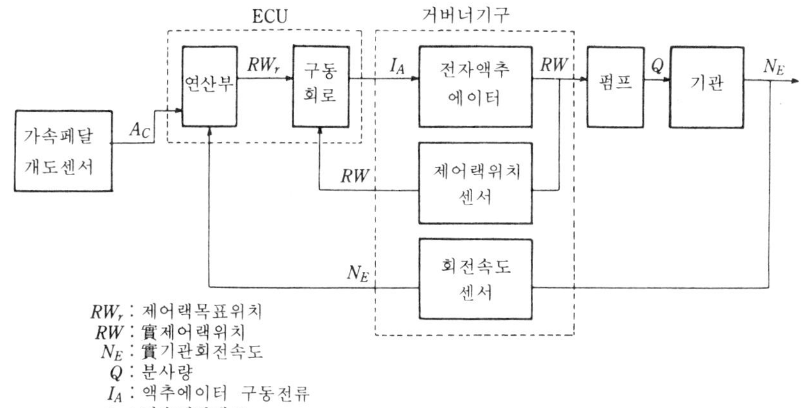

그림 6-294 噴射量制御의 블록도

ECU의 演算部는 각종 센서로부터의 정보에 따라 목표제어랙의 위치를 설정한다. 제어랙 위치의 목표값과 거버너 내에 장착되어 있는 제어랙 위치센서의 검출값이 구동회로에서 비교되어 그 差에 비례하여 거버너 액추에이터에 대한 구동전류가 출력된다. 액추에이터는 ECU로부터의 구동전류에 의하여 작동되고 제어랙을 움직여서 목표위치로 조절하며, ECU 演算部에서의 목표제어랙 위치설정의 과정을 나타낸 것이 그림 6-295이다. 전자제어분사시스템의 경우는 목표분사량 특성을 디지탈 값으로 맵化함으로써 사유로운 특성이 얻어진다.

a) 基本噴射量制御

기관의 사용목적에 따라 요구되는 토크특성이 달라진다고 하는 것은 앞에서 설명한 바 있다. 이 요구 토크특성을 달성하는 기능이 기본분사량제어이다.

그림 6-296은 그 대표적인 특성을 나타낸 것으로 특히 同時性(isochronous) 特性은 기관의 負荷에 관계없이 일정의 회전속도를 유지시킬 수 있어서 發電機 기관에 널리 쓰여지고 있다. 미케니칼시스템의 경우는 速度變動率이 약 3%가 한도이기 때문에 負荷變化에 대하여 회전속도의 변화가 생기나 전자제어분사시스템은 기관의 회전속도를 피드백 함으로써 일정의 회전속도를 유지시킨다.

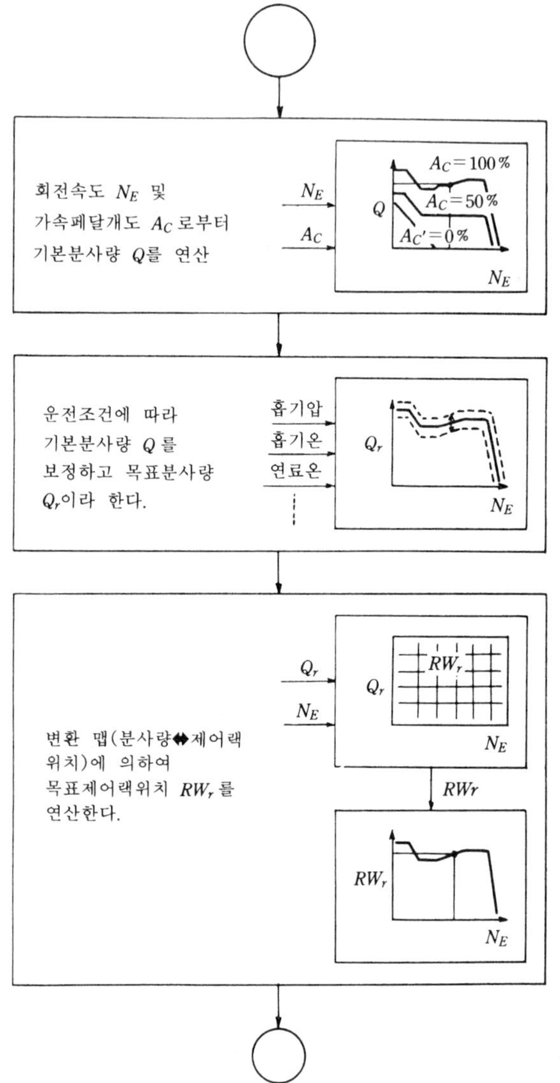

그림 6-295 目標제어랙 位置의 演算

b) 아이들링 回轉速度制御

아이들링의 경우는 기관의 발생토크와 기관자체의 마찰에 의한 負荷토크가 형평을 이루는 회전속도에서 안정된다. 예를 들면 그림 6-297 에서와

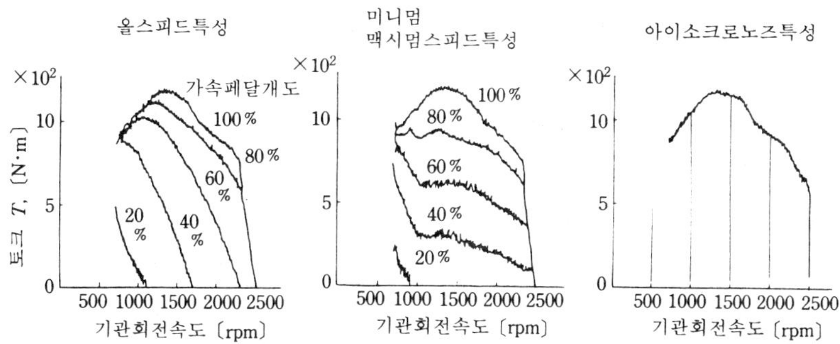

그림 6-296 基本噴射量制御特性

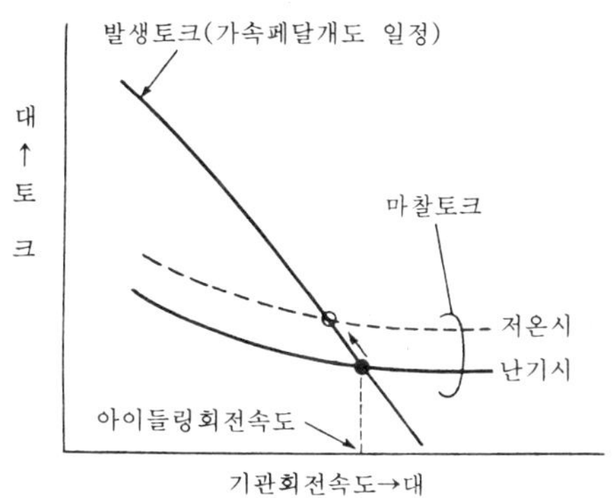

그림 6-297 아이들링 回轉速度의 평형

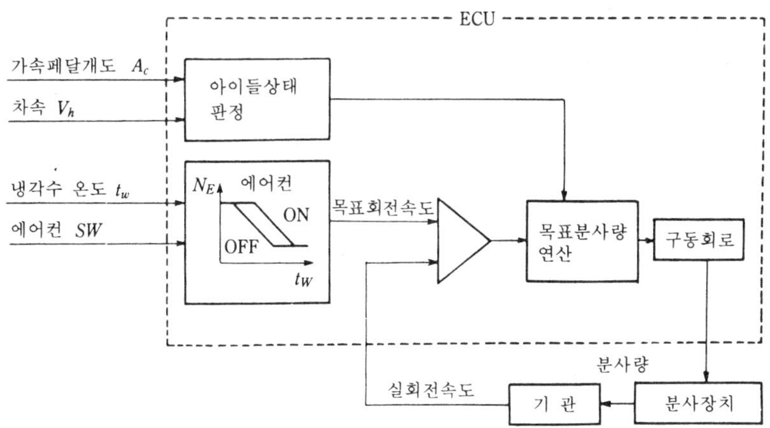

그림 6-298 아이들링 回轉速度制御

같이 低溫時에는 기관윤활유의 점도가 높아지게 되어 기관자체의 마찰토크 증대로 아이들링 회전속도가 낮아진다. 아이들링 회전속도가 저하되면 회전이 불안정하게 되고 運轉者에게 불쾌한 진동을 전달하거나 發進時 엔진스톱을 일으키기 쉽다. 또 역으로 아이들링 회전속도가 높을 경우는 기관의 소음, 연료소비율를 악화시킨다. 이것들을 보상하기 위하여 기관의 부하토크가 변화되어도 목표의 회전속도를 유지하는 데 필요한 분사량의 제어하는 기능이 아이들링 회전속도제어이다. 그림 6-298은 제어블록선도를 나타내는 것으로 기관의 실제회전속도와 기관의 냉각수 온도, 에어컨디셔너용 압축기 부하의 상태 등에 의하여 결정되어진 목표회전속도를 비교하고 그 차에 비례하는 목표회전속도가 되도록 분사량을 피드백제어 한다.

c) 始動時噴射量制御

기관의 始動은 일반적으로 초폭, 완폭의 단계를 거쳐 완료하게 되며, 이 완폭까지의 시간이 짧을수록 시동성이 좋고 응답성이 좋은 기관으로 판단된다. 특히 低溫時와 같이 기관의 마찰이 클 때에는 시동성이 악화되므로 이것을 개량하기 위해서는 기관의 마찰저항 이상의 발생토크가 얻어지도록

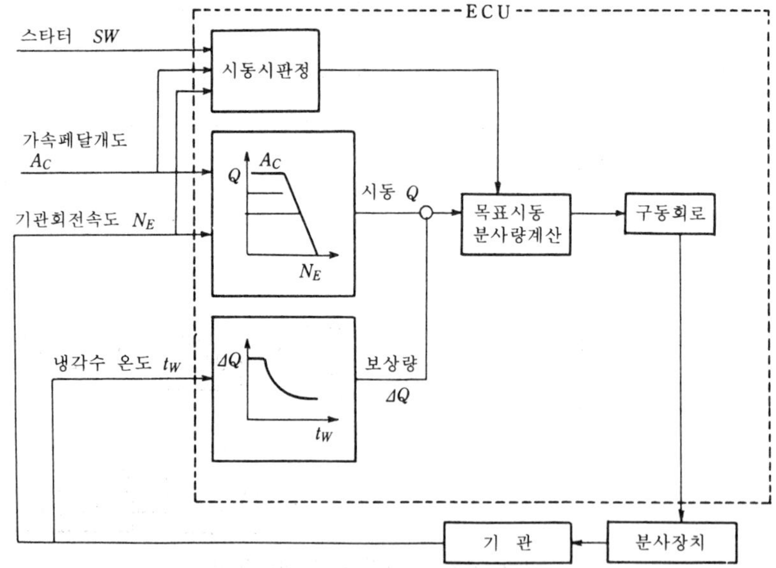

그림 6-299 始動時噴射量制御

분사량을 조정할 것이 필요하고 이와 같은 제어가 시동시 분사량제어이다. 미케니칼시스템인 경우도 이와 같은 제어는 실현될 수 있으나 온도나 고지 등 각각의 상태에 적합한 분사량제어는 어렵다. 그림 6-299는 그 제어블록선도를 나타낸 것으로 가속페달의 개도와 기관의 회전속도에 따라서 결정되는 기본분사량과 냉각수 온도 등에 의해서 시동시의 분사량을 제어한다.

d) 不均量補償制御

기관은 일반적으로 각 실린더 사이의 폭발력이 고르지 못하고 또 이로 인하여 회전속도의 변동이 생겨서 기관자체의 진동이 발생한다. 실린더 사이의 회전속도변동은 실린더 간의 분사량과 기관의 연소요인이 고르지 못하여 발생하고, 따라서 이와 같은 회전속도의 변동을 감소시키기 위하여 각 실린더마다의 회전속도변동을 검출, 平滑化될 수 있도록 각 실린더마다에 대하여 최적의 분사량을 각각 조정하는 기능이 불균량보상제어이다.

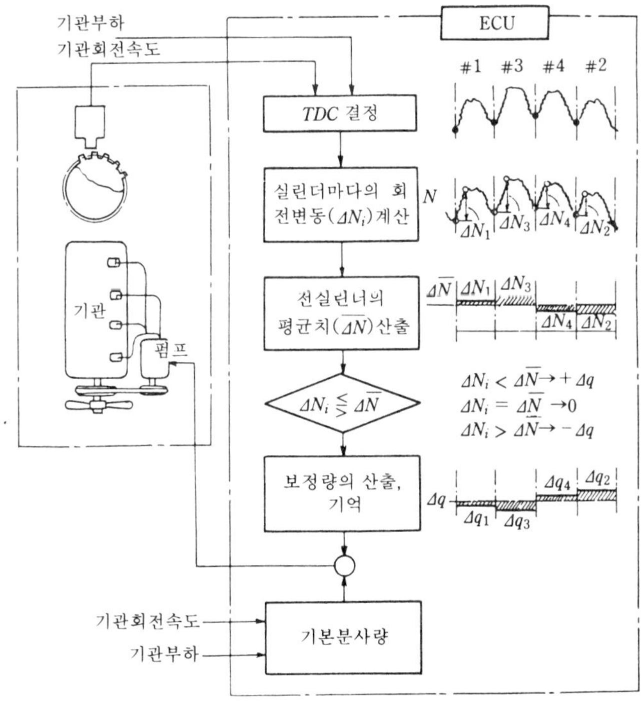

그림 6-300 不均量補償制御

그림 6-300은 그 제어선도이다. 기관의 각 실린더의 폭발마다의 회전속도변동을 검출하고 전체실린더의 회전속도변동에 대한 평균치를 비교, 그 비교 판정에 의하여 각 실린더에 대한 분사량을 보상한다.

e) 定車速制御

高速道路를 이용하는 長距離주행시 등 가속페달조작에 의한 車速維持는 운전자의 피로원인이 되기도 한다. 그러므로 운전자의 가속페달조작을 필요로 하지 않고 定速走行을 하도록 하는 것이 定車速制御이다.

운전자가 목표차속을 세트하게 되면 실제의 차속과 비교하여 그 差에 따라서 목표차속이 되도록 분사량을 제어하며, 이 제어는 운전자 대신 ECU가 분사량을 제어하기 때문에 프로그램에 의하여 제어의 개시와 해제를 확실하게 하고 있다. 즉 브레이크 등을 조작할 때는 해제된다.

2) 噴射時期制御

그림 6-301은 전자제어시스템에 있어서의 분사시기제어방법을 설명한 블록선도이다. 센서로부터의 정보에 의하여 ECU의 演算部에서 目標噴射時期가 결정되어진다. ECU는 타이머 액추에이터에 장착된 噴射時期檢出센서의 신호에 의하여 실제의 분사시기를 연산하고 目標値와 비교함으로써 구동회로를 제어한다. ECU로부터의 구동신호에 의하여 기관 또는 분사장치에

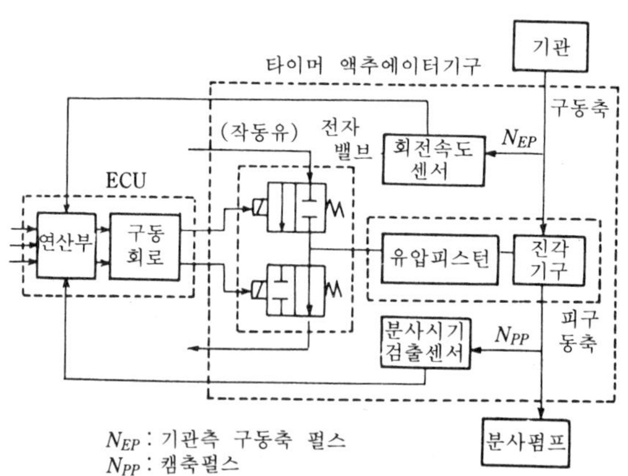

그림 6-301 噴射時期制御(1)

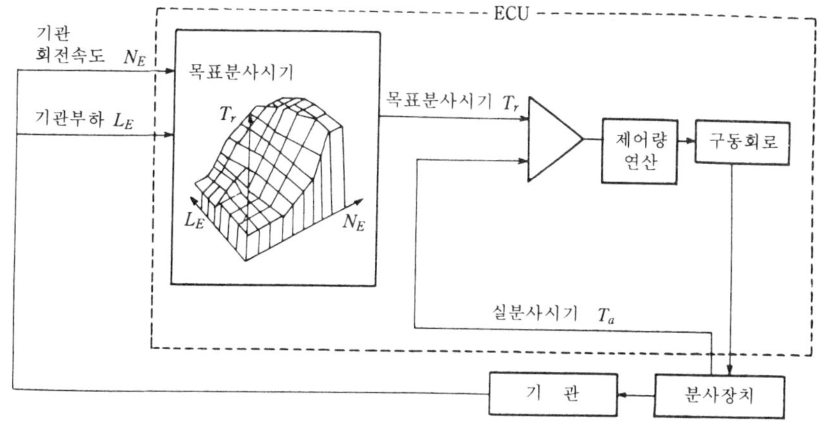

그림 6-302 噴射時期制御 (2)

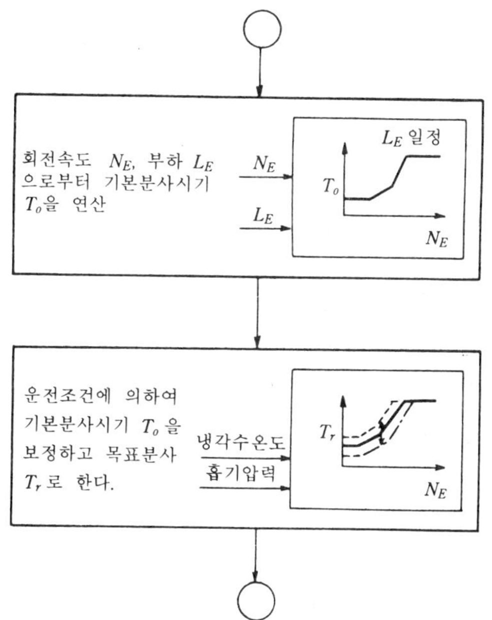

그림 6-303 最適噴射時期制御

장착된 電磁밸브는 타이머 액추에이터로의 작동유의 流入, 流出을 제어하고 타이머 액추에이터는 작동유의 제어에 의하여 분사시기를 目標値로 제어한다. 이와같이 ECU의 연산부에 목표분사시기 특성을 디지탈値로 맵化하는 것으로 자유롭게 분사시기의 특성이 실현될 수 있으며, 목표분사시기는 그림 6-302에 나타난 방법으로 演算된다.

그리고 기관의 최적연소를 실현하기 위하여는 분사시기를 운전 및 환경 상태에 따라서 조절할 필요가 있고 이 기능이 최적분사시기제어이다. 그림 6-303은 그 제어블록선도이고 ECU는 기관의 회전속도로 결정되는 기본 분사시기 특성을 기관의 부하, 냉각수 온도, 흡기압력 등에 의하여 보상하여 목표분사시기를 결정한다.

3) 機能의 擴大

전자제어분사시스템에는 앞에서 설명한 여러가지 필요한 기능 외에 故障診斷을 제공하는 기능인 전자제어시스템의 고장난 개소를 ECU가 감지, 발견하여 고장정보를 제공하는 기능과, 그리고 만약 고장이 발생되면 그 고장부분을 ECU가 안전한 쪽으로 제어하여 가까운 修理場所까지 운전할 수 있도록 하는 안선장치(fail safe) 등이 추가되어 있다.

(3) 電子制御噴射裝置의 構成과 作動

1) 전자제어 열형 분사펌프

列形 噴射펌프의 전자제어시스템은 ECU와 각종센서 외에 거버너 액추에이터에 의한 제어랙의 위치결정제어 및 타이머 액추에이터에 의한 기관쪽 구동축과 분사펌프 캠축 사이의 位相差 제어를 전기적으로 함으로써 분사량 및 분사시기의 제어를 하고 있다. 이 시스템 특유의 구성부품인 거버너 액추에이터 및 타이머 액추에이터의 작동은 다음과 같다.

a) 거버너 액추에이터

電子制御列形噴射펌프의 거버너 액추에이터는 미케니컬식 거버너의 플라이웨이트의 역할을 하는 것으로 원심력의 대신 電磁力 또는 電磁·油壓力을 이용하여 제어랙의 위치제어를 한다. 표 6-16은 전자제어분사장치의 대표적인 거버너 액추에이터의 형식을 나타낸 것이며, 그림 6-304는 리니어 솔레노이드 방식을 예를 들어 그 구조와 작동을 설명한 것이다.

表 6-16 代表的인 거버너 액추에이터의 形式

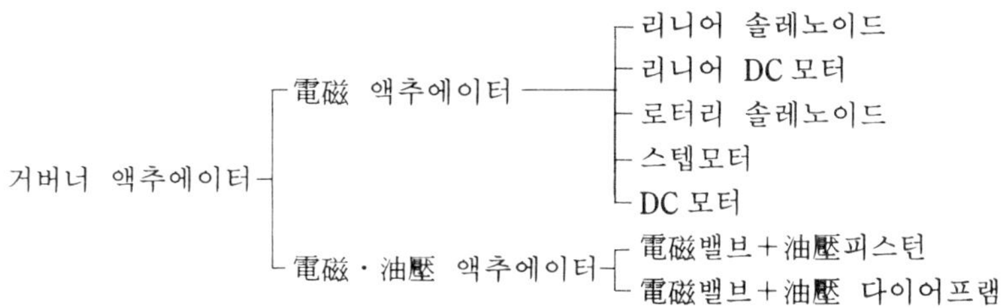

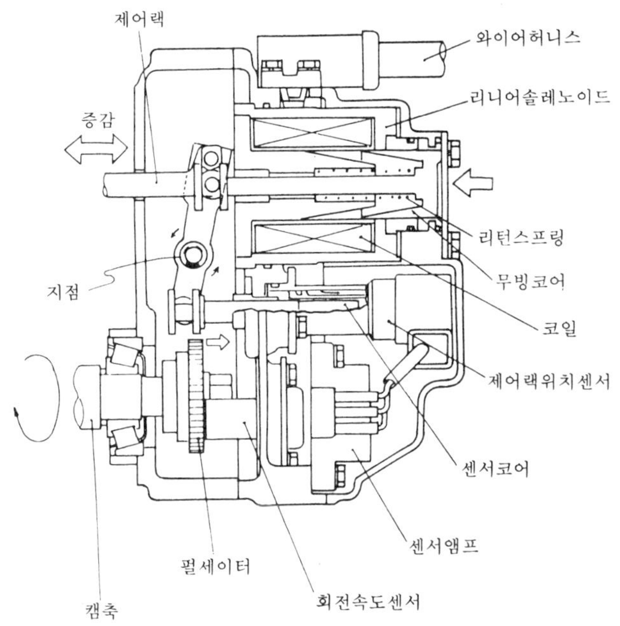

그림 6-304 거버너 액추에이터의 構造

리니어 솔레노이드 코일에 흐르는 전류가 증가하게 되면 무빙코어에 화살표방향의 흡입력이 작용, 리턴 스프링의 힘과 형평을 이루는 위치까지 무빙코어가 움직이고, 제어랙은 무빙코어와 직결되어 있으므로 무빙코어와 連動하여 분사량을 증가시킨다. 거버너 액추에이터와 동일의 케이싱 안에는 제어랙의 위치센서와 센서 앰프 및 회전속도 센서가 내장되어 있다.

b) 타이머 액추에이터

타이머 액추에이터는 기관쪽 구동축과 캠축 사이에 있어서 兩者의 位相을 조절하는 것으로 분사펌프의 구동토크를 전달할 필요가 있다. 그러므로 位相의 조절에도 큰 힘을 필요로 하여 油壓을 이용하여 제어되는 것이 많다. 進角機構의 대표적인 예로서는 편심캠방식과 헬리컬스프라인방식이 있고, 그림 6-305는 편심캠방식의 예를 든 것이다.

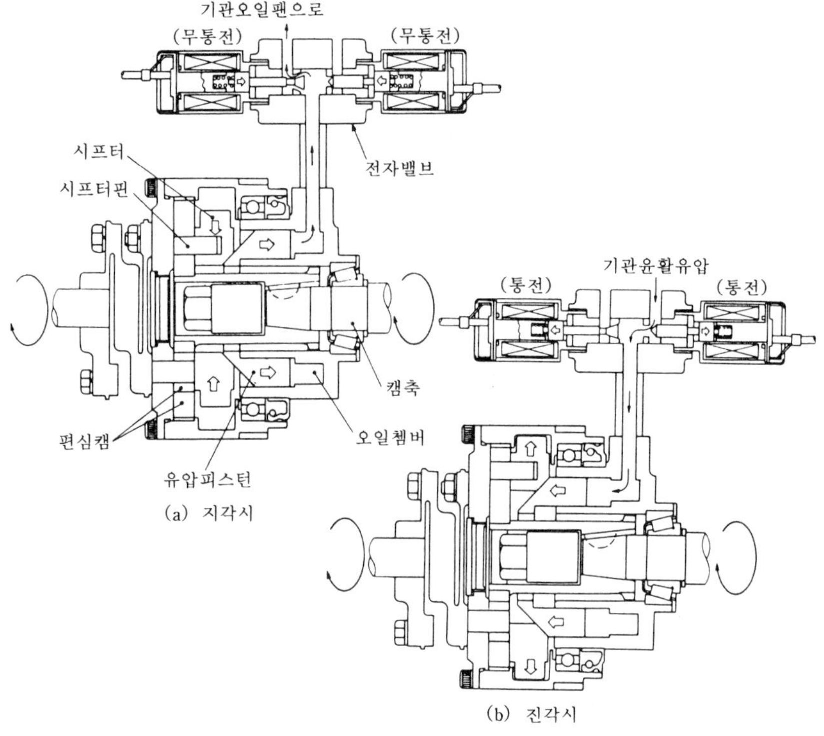

그림 6-305 타이머 액추에이터 작동도

전자밸브는 ECU에 의하여 구동되고 油壓피스턴에 작용하는 油壓을 제어하며, 油壓피스턴이 좌우방향으로 움직이면서 시프터를 상하방향으로 이동시킨다. 시프터의 움직임은 시프터핀을 거쳐 편심캠에 전달되고 편심캠을 回動시켜 앞에서 설명한 바 있는 편심캠기구에 의하여 기관쪽의 구동축과 캠축의 位相을 변화시킨다.

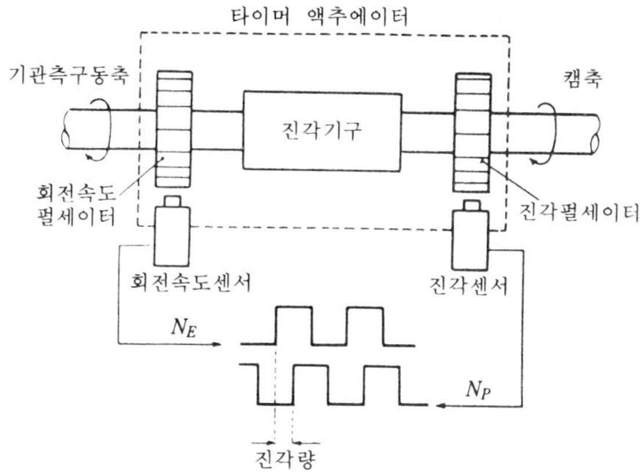

그림 6-306 位相差(進角量)의 檢出

다음 位相差(進角量)의 검출방법에 대하여는 그림 6-306에서 설명한다. 기관쪽의 구동축 및 캠축에는 각각 회전속도 및 進角 펄세이터(pulsator)가 장착되어 있어서 각각의 펄세이터에 對向하여 센서가 부착되어 있다. 이 양 센서로부터의 신호 N_E 및 N_P로부터 位相差가 검출된다.

2) 電子制御分配形 噴射펌프

電子制御分配形 噴射펌프시스템의 구성은 분사펌프를 제외하고 電子制御列形 噴射펌프시스템과 거의 다르지 않다. 電子制御分配形 噴射펌프는 그

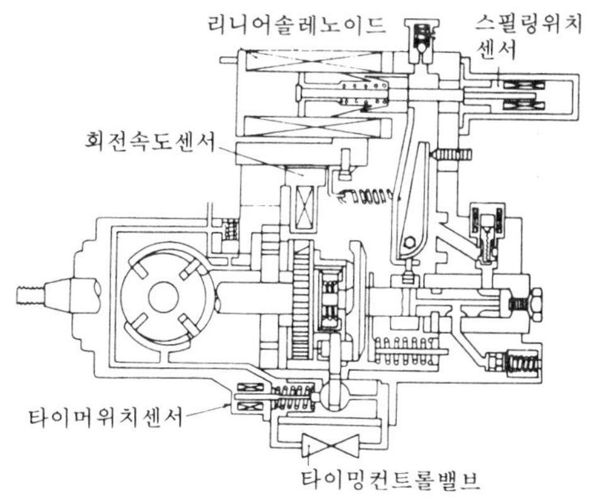

그림 6-307 位置制御方式 電子制御分配形噴射펌프

분사량, 분사시기제어방식의 다른점에 따라서

① 位置制御方式

② 時間制御方式

의 2종류로 크게 구분된다.

a) 位置制御方式 電子制御分配形 噴射펌프

디젤승용차용으로서 초기에 개발된 것으로 Bosch社, 디젤機器(株) 등에서 만들어지고 있으며, 그림 6-307은 일본 電裝(株)의 電子制御分配形 噴射펌프의 구조를 나타낸 것이다.

(i) 분사량제어

그림 6-308는 분사량제어방식의 대체적인 원리를 나타낸 것이다. ECU는 電子制御 列形 噴射펌프의 경우와 같이 기관의 운전상태에 알맞은 분사량을 演算하고 그 결과를 구동회로에 出力한다. 구동회로는 이 결과를 지령값으로 하여 액추에이터(리니어 솔레노이드)의 위치를 피드백하면서 출력을 제어한다. 이와같이 하여 앞서 설명한 것과 같이 VE형 噴射펌프의 스필링을 목표의 위치로 제어하여 분사량을 정한다.

(ii) 噴射時期制御

噴射時期制御方法은 앞에서 설명한 VE형 분사펌프의 타이머 피스턴의 펌프실과 흡입실을 連通하는 통로에 마련되어 있는 타이머 컨트롤밸브를

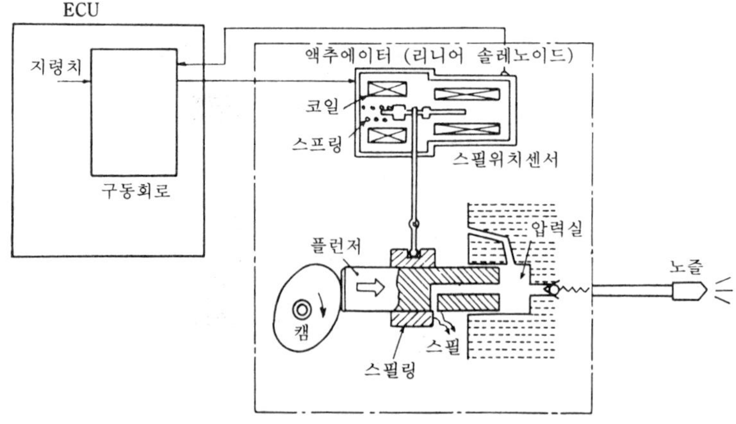

그림 6-308 噴射量制御의 模式圖

듀티比制御에 의해 開閉, 펌프실 압력을 변화시켜 분사시기를 제어한다. 그 제어방식은 타이머 피스턴의 위치를 센서에 의하여 검출하고 그 검출결과에 따라 피드백제어한다.

b) 時間制御方式 電子制御分配形 噴射펌프

마이크로컴퓨터는 내부에 반드시 시계(Clock)를 가지고 있고 시간제어방식인 편이 위치제어방식에 비하여 전자회로를 간소화할 수 있다. 또 위치센서는 필요로 하지 않으며 액추에이터로서 전자밸브를 사용하고 있어서 분사펌프가 소형화될 수 있다.

그림 6-309는 噴射量制御를 電磁스필밸브로, 분사시기의 피드백은 착화시기센서의 신호로 하고 있으며, 이 시스템의 분사량제어 원리를 나타낸 것이 그림 6-310이다.

(i) 분사량제어

구동축이 회전하면 플런저가 상승, 연료의 압송이 개시된다. 이때 구동축과 일체로 회전하는 欠齒部를 가진 펄세이터의 齒의 위치를 펌프각 센서에 의하여 검출한다. 닫혀져 있던 電磁스필밸브는 플런저의 상승개시인 결치부로부터 目標噴射量에 상당하는 스필각 θ_{sp}로 되면 ECU 신호에 의하여

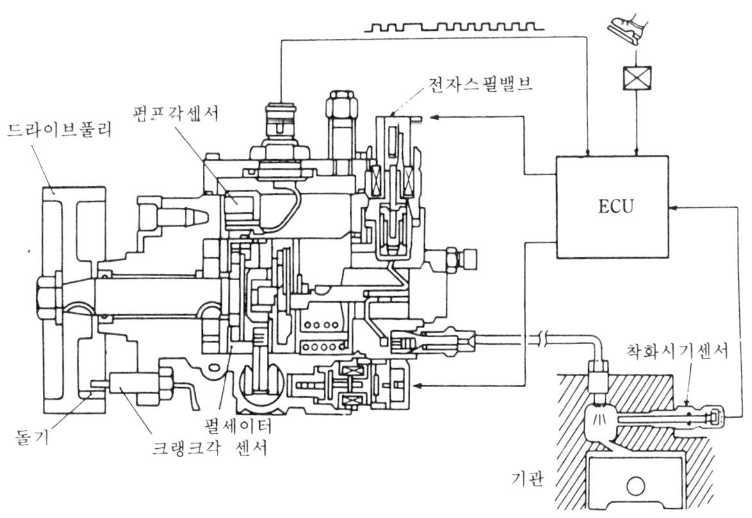

그림 6-309 時間制御方式 電子制御分配形 펌프시스템

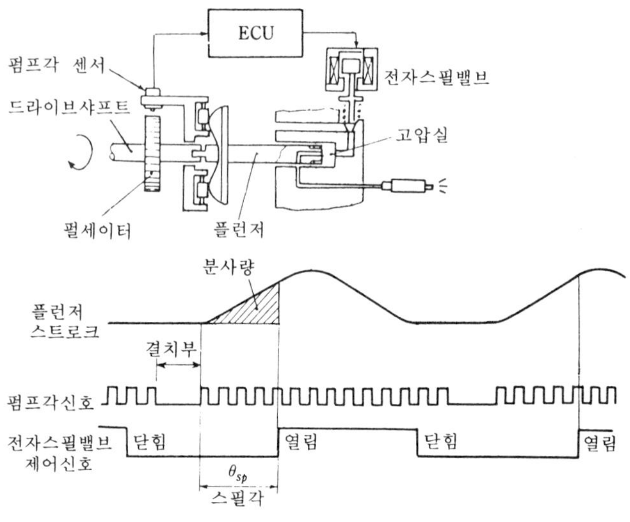

그림 6-310 噴射量制御原理

밸브가 열리고 연료의 압송이 종료된다. 스필각 θ_{sp} 는 ECU에 의하여 시간 환산되고 있다.

電磁스필밸브는 높은 압력에 견디고, 또한 높은 응답성과 대유량 특성을 실현하기 위하여 파일럿식 전자밸브가 채용되고 있으며, 그림 6-311은 電磁스필밸브의 구조를 나타낸 것이다. 電磁스필밸브는 小徑밸브시트를 가지는 파일럿밸브(電磁밸브)와 大徑밸브시트를 가진 메인밸브(自動밸브)로 구성되며 지름이 작은 파일럿밸브에 의하여 높은 압력에 견디고, 또한 고속 응답성을, 지름이 큰 메인밸브에 의하여 大流量 특성을 실현하고 있으며, 그 작동을 그림 6-312을 이용하여 설명하면 다음과 같다.

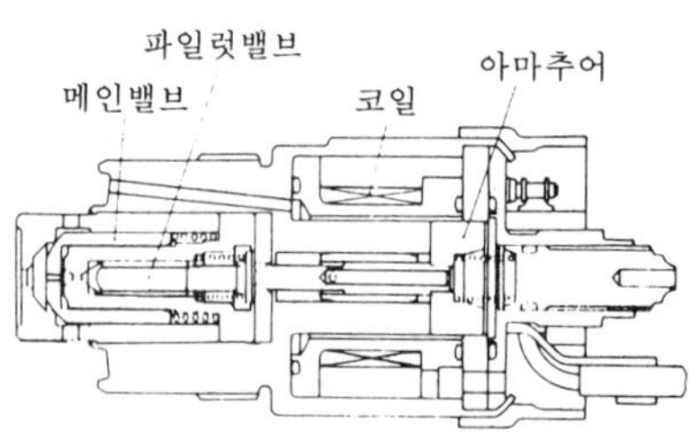

그림 6-311 電磁스필밸브의 구조

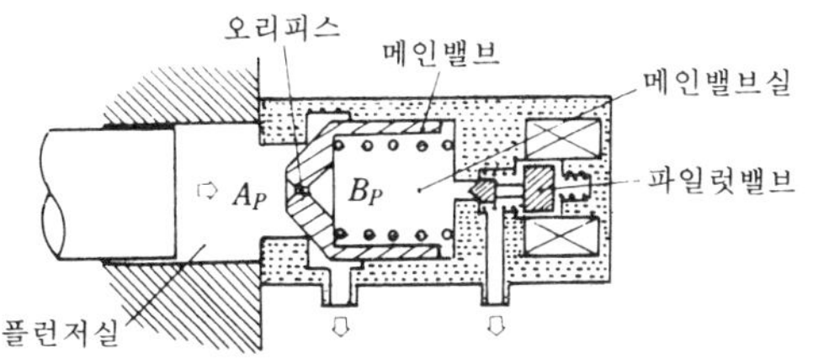

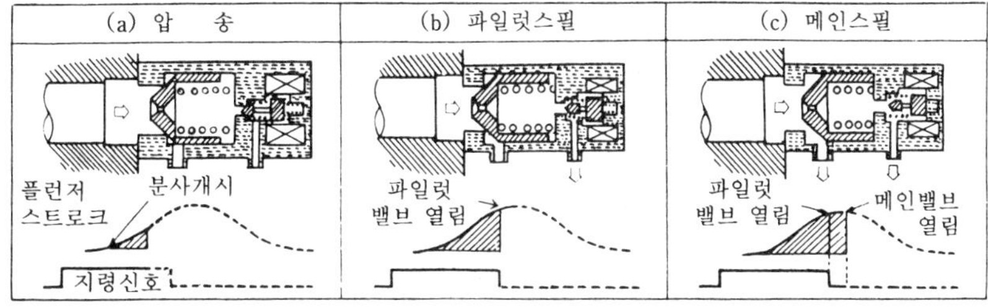

그림 6-312 電磁스필밸브의 作動原理

ⓐ 압 송

플런저실의 압력파가 오리피스를 통하여 메인밸브실로 전파되면서 메인밸브실 내의 압력이 상승된다. 메인밸브의 수압면적은 플런저실 측보다도 메인밸브실측인 편이 크기 때문에 수압력은 $A_P < B_P$ 로 되고 고압으로 되면 될수록 메인밸브는 시트에 밀어 부쳐져서 유밀을 보존한다. 메인밸브가 닫혀져 있는 동안은 노즐로 연료가 압송되고 있다.

ⓑ 파일럿 스필

ECU에 의하여 코일의 通電이 차단되면 연료압력과 스프링의 하중에 의하여 파일럿밸브가 열리고 메인밸브실의 연료가 저압의 펌프실로 유출, 메인밸브실의 압력이 저하된다.

ⓒ 메인 스필

壓力差에 의하여 메인밸브가 열리고 다량의 연료가 펌프실로 流出, 플런저실의 압력이 저하하여 압송이 종료된다.

파일럿밸브의 밸브열림시기, 즉 분사량을 결정하기 위한 펌프角 신호를 검출하는 펌프角 센서의 부착위치가 그림 6-313에 나타내어져 있다.

펌프각 센서는 롤러링 위에 부착되어 있으므로 분사시기제어를 위하여

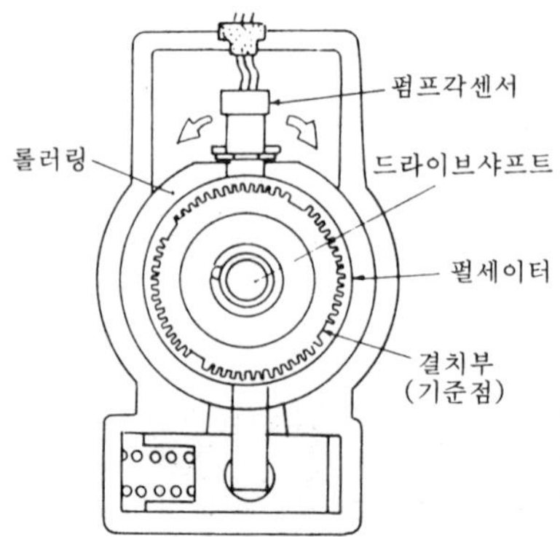

그림 6-313 펌프角 센서의 부착도

타이머를 작동시켜도 펌프각 센서는 롤러링과 함께 回動하므로 燃料壓送開始點으로부터 파일럿밸브의 열릴 때까지의 캠각도는 변화되지 않고 분사량은 분사시기와 독립적으로 제어될 수 있다.

(ii) 분사시기제어

그림 6-309에 표시된 드라이브 풀리의 突起위치를 크랭크각 센서에 의

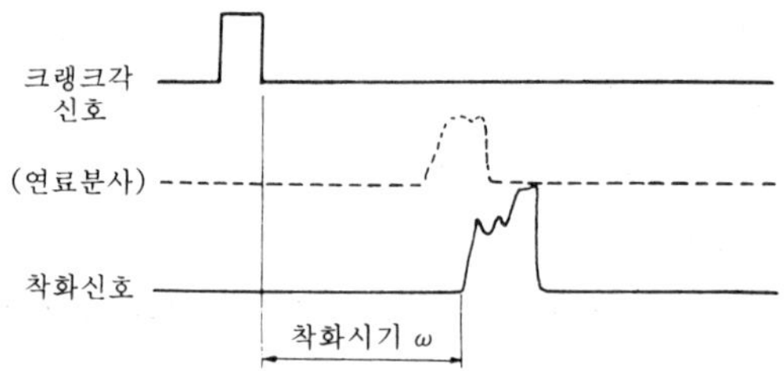

그림 6-314 着火時期의 檢出

하여 크랭크각도 위치로서 검출한다. ECU는 그림 6-314에서와 같은 크랭크角 신호와 착화시기센서에 의하여 검출된 착화신호의 위상차 ω를 시간 환산하여 目標値와 비교하고 目標着火時期가 되도록 타이밍컨트롤밸브를 제어한다. 기관의 연소실에 부착된 着火時期센서는 그림 6-315에 나타낸 것과 같은 구조로 되어 있고 기관의 燃燒光을 포토 트랜지스터(photo transistor)에 의하여 전기신호로 변환한다. 이와같이 着火時期를 피드백제어함으로써 燃料의 성상(세탄가 등), 대기압, 노즐밸브의 열림압력 등 변화의 영

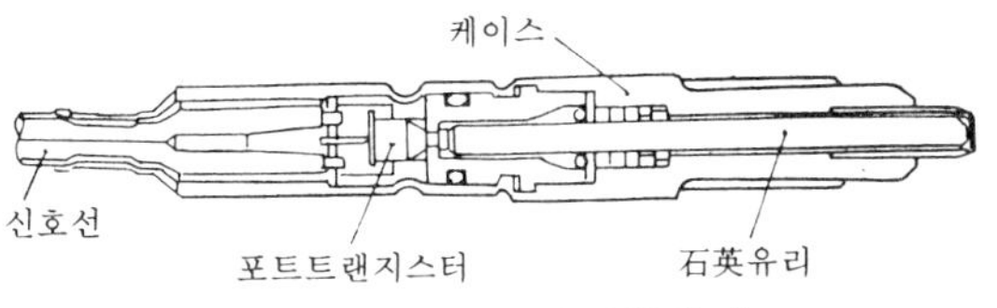

그림 6-315 着火時期센서

향을 보상할 수 있다.

着火時期센서 이외는 시간제어시스템용 분사시기센서로서 그림 6-316에서와 같은 노즐 니들의 상승을 검출하는 노즐 니들 리프트센서도 사용되고 있다.

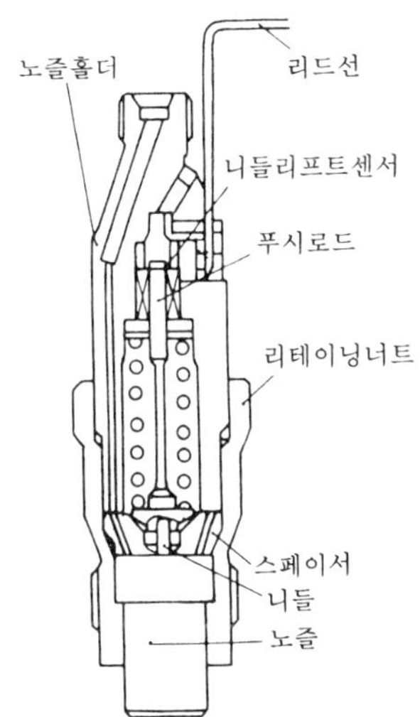

그림 6-316 노즐 니들 리프트센서(Bosch社)

第7章 燃料 및 燃燒

내연기관의 성능의 우열은 기관본체 구조의 良否, 연소실의 설계나 연료 공급계통의 적합여부에 따르는 것은 물론이며, 사용되는 燃料油의 性狀의 양부에 의하여 연소가 지배되므로, 이에 따라 기관의 성능은 달라지게 된다. 따라서, 기관에 적합한 연료를 선택하거나, 혹은 쓰이는 연료유의 성상에 맞도록 관계 장치를 개선하여서 완전연소를 시키고, 그것에 의하여 발생되는 열에너지를 허실됨이 없이 유효하게 기계적인 일로 전환시켜야 한다.

기관의 연소의 양부는 단지 기관의 성능만을 좌우하는 것이 아니며, 배출되는 가스 중에 함유되는 有害成分이나 배기흑연 등의 문제, 또한 연소 소음의 발생에 따른 環境公害와도 관련되며, 이들은 어느 것이나 후처리만으로는 충분한 해결이 될 수 없고, 어디까지나 그의 근원인 연소문제를 완전하게 해결하는 것이 가장 훌륭한 해결책으로 생각된다.

7-1 空 氣

연료는 산소가 있음으로써 비로소 연소될 수 있다. 그러므로 기관의 실린더 내에 흡입되는 新氣 중의 산소는 기관연소의 양부를 지배하는 중요한 성분이며, 더구나 可燃混合氣 중의 공기는 체적의 대부분을 차지하므로, 기관의 출력은 흡입공기량에 의하여 결정되고, 또한 연소에 관여하지 않는 질소, 그 밖의 不活性가스도 작동유체로서 중요한 성질을 가진다. 즉, 금속이나 오일의 산화를 억제함과 더불어 연소최고온도를 실용적인 값으로 제어한다.

(1) 空氣의 組成

건조공기의 조성은 표 7-1 에 나타난 바와 같이 대부분이 질소이고, 산소의 양은 중량비로 23.2〔%〕에 지나지 않는다. 일반적으로, 공기는 수증기를 함유하고 있으나 대단히 불안정한 상태에 있으며, 그 상한은 온도에 의하여 결정되는 포화증기압에 지배된다. 그리고 공기는 그 평균분자량이 28.97이고, 연소의 근사 계산으로는 산소와 질소만으로 좋으며, 비중량 γ*와 점도 μ는 다음 식으로 표시된다.

表 7-1 건조공기의 조성

성　　분	기　호	체　적〔%〕	중　량〔%〕
질　　소	N_2	78.03	75.47
산　　소	O_2	20.99	23.20
아　르　곤	Ar	0.933	1.280
탄　산　가　스	CO_2	0.030	0.046
수　　소	He	0.010	0.001
네　　온	Ne	0.001 8	0.001 2
헬　　륨	He	0.000 5	0.000 07
크　립　톤	Kr	0.000 1	0.000 3
크　세　논	Xe	0.000 009	0.000 04

$$\gamma = 1.2931 \frac{273}{T} \frac{P}{1.0332} \text{〔kgf/m}^3\text{〕} \quad \cdots\cdots (7\text{-}1)$$

$$\mu = 1.758 \times 10^{-6} \frac{380}{T+107} \left(\frac{T}{273}\right)^{3/2} \text{〔kgf·s/m}^2\text{〕} \quad \cdots\cdots (7\text{-}2)$$

동점성계수

$$\nu = \frac{\mu}{\rho} \text{〔m}^2\text{/s〕}$$

여기서 T=절대온도〔K〕, P=절대압력〔kgf/cm²〕, $\rho = \gamma / g$ 이다.

* t_0=O〔℃〕, P_0=1.0332〔kgf/cm²〕=760〔mmHg〕일 때의 공기의 비중량은 1.2931〔kgf/m³〕이다. 따라서,

$$\frac{\gamma}{\gamma_0}=\frac{P/RT}{P_0/RT_0}=\frac{T_0}{T}\frac{P}{P_0}$$

$$\therefore\ \gamma=\gamma_0\frac{T_0}{T}\frac{P}{P_0}=1.2931\frac{273}{T}\frac{P}{1.0332}\text{〔kgf/m}^3\text{〕}$$

(2) 大氣의 狀態

대기의 압력이나 온도는 장소(지상고도의 상이)에 따라, 또한 하루 가운데서도 그 시각에 따라서 변화한다. 이로 인하여, 공기의 밀도가 달라지고, 기관의 출력도 변화한다. 표 7-2에는 高度(altitude)가 달라지는 데 따른 대기의 압력, 온도 및 공기밀도의 변화를 나타낸다.

이와같이 대기의 상태가 달라지는 경우의 기관의 출력성능을 다른 기관과 공평하게 비교하는 것은 불가능하며, 이를 위하여 國際標準大氣(International Normal Atmosphere Standard, INA)로써 표준치가 결정되어 있다.

表 7-2 고도의 변화에 따른 대기의 압력, 온도 및 밀도의 변화

고 도 〔m〕	압 력 〔kgf/cm²〕 ⟦kPa⟧	온 도 〔℃〕	밀도〔kgf/m³〕, ⟦kg/m³⟧
−200	1.058 0 103.79	16.30	1.249 2
−100	1.045 5 102.56	15.65	1.237 3
0	1.033 2 101.17	15.00	1.225 5
100	1.021 1 100.17	14.35	1.213 8
200	1.009 0 98.98	13.70	1.202 1
500	0.973 4 95.49	11.75	1.167 7
1,000	0.916 4 89.90	8.50	1.112 1
1,500	0.862 5 84.61	5.25	1.058 2
2,000	0.810 6 79.52	2.04	1.006 8

3,000	0.714 8 70.12	−4.50	0.909 4
4,000	0.628 4 61.65	−11.00	0.819 4
6,000	0.481 0 47.19	−24.00	0.659 8
8,000	0.362 9 35.60	−37.00	0.525 2
10,000	0.269 4 26.43	−50.00	0.412 4

장소 : 해발(sea level) 0〔m〕
압력 : 760〔mmHg〕, 1.0332〔kgf/cm²〕, 101.3〚kPa〛
온도 : 15〔℃〕, 288.15〔K〕

그러나 각 나라에서는 이 국제표준 이외에 뒤에 설명하는 것과 같이 독자적으로 표준치를 정하고 있으며, 각각의 修正式을 써서 각자가 기관의 출력을 수정하고 있다.

7-2 燃料와 그 發熱量

기관을 논하려면 먼저 사용되는 연료의 性狀과 그 발열량을 알아야 할 필요가 있다. 만일, 부적당한 연료의 사용으로 예측한 발열량을 얻지 못할 때는 기관의 제성능을 얻지 못하고, 또한 고장을 유발할 염려마저 있다.

(1) 燃 料

내연기관의 燃料는 현재 거의 전부가 鑛油系의 炭化水素(hydrocarbon)로서, 表 7-3과 같이 피라핀系(脂肪族, C_nH_{2n+2}), 올레핀系(C_nH_{2n}), 나프텐系(C_nH_{2n}) 및 芳香族系(C_nH_{2n-6})의 4가지로 분류된다.

이들의 分子로부터 되는 石油原油(crude petroleum) 및 天然가스(natural gas)는 땅속으로부터 채취되고, 그 產地에 따라서 石油(petroleum)에 함유되는 각 分子의 비율은 다르며 燃料는 그 性狀으로부터 液體燃料(liquid fuel)와 가스燃料(gaseous fuel)의 2가지로 나누어진다. 스파크點火機關에는 가솔린,

表 7-3 炭化水素의 種類와 低發熱量

系 別	주된 種類			低發熱量 〔kcal/kgf〕 ⟦MJ/kg⟧
파라핀系 paraffin series (Paraffin Serie) (脂肪族) C_nH_{2n+2}	가스體(大氣溫度에서)	메 탄(methane)	CH_4	11910 49.90
		에 탄(ethane)	C_2H_6	11300 47.35
		프로판(propane)	C_3H_8	11050 46.30
		부 탄(butane)	C_4H_{10}	10900 45.67
	液體	펜 탄(pentane)	C_5H_{12}	10890 45.63
		헥 산(hexane)	C_6H_{14}	10690 44.79
		헵 탄(heptane)	C_7H_{16}	10720 44.92
		옥 탄(octane)	C_8H_{16}	10670 44.71
올레핀系 oreffin series (Oreffin Serie) (直鎖構造) C_nH_{2n}	에 텐(ethene)		C_2H_4	—
	프로펜(propene)		C_3H_6	—
나프텐系 naphthene series (Naphthene Serie) (環狀構造) C_nH_{2n}	사이클로헥산 (cyclohexane)		C_6H_{12}	10430 43.70
	헥사하이드로톨루엔 (hexahydrotoluene)		C_7H_{14}	10405 43.60
	헥사하이드로크실렌 (hexahydroxylene)		C_8H_{16}	10410 43.62
벤졸系 benzol series 芳香族 aromatic series (Aromatene Serie) C_nH_{2n-6}	벤 젠(benzene)		C_6H_6	9640 40.39
	톨루엔(toluene)		C_7H_8	9750 40.85
	크실렌(xylene)		C_8H_{10}	9890 41.44

燈油(kerosene), 液化石油가스(liquefied petroleum gas, LPG)를, 壓縮着火機關에는 輕油(gas oil), 重油(heavy oil)가 쓰여진다. 이들은 原油로부터 分溜에 의하여 精製되는 것으로서, 그 原油를 구성하고 있는 각종 元素의 비율은 표 7-4와 같다.

表 7-4 原油를 구성하는 元素

原　素	記號	比率〔Wt%〕
炭　素	C	84～87
水　素	H	11～14
黃	S	0～8
窒　素	N	0～1
酸　素	O	0～2

表 7-5 各燃料油의 沸點의 範圍

種　類	沸點과 그 範圍〔℃〕	
가　스	메 탄 −163	에 탄 −89
L P G	프로판 −42	부 탄 −1
가 솔 린	35～180	
燈　油	170～250	
輕　油	240～350	
殘 査 油	> 350	

表 7-6 內燃機關의 形式에 따른 使用燃料

內燃機關 形	式	주된用途	使用燃料
불꽃點火機關 (가솔린機關)		自　動　車	自動車가솔린, LPG
		航　空　機	航空機用가솔린
		農業 그 밖의 一般用	自動車用가솔린, 燈油
壓縮着火 機關 (디젤機關)	小, 中形, 高速	自動車, 鐵道	輕油
	小, 中形, 高速	農業, 一般用, 船用	輕油, A 重油
	中 形, 中 速	船, 發電	A 重油, B 重油
	大 形, 低 速	船, 發電	B 重油, C 重油
제트엔진 가스터빈		航空機	제트燃料
		自動車	제트燃料, 燈油, 輕油
		發電船	輕油, A·B·C 重油

1) 가솔린

a) 가솔린의 조성

시판되고 있는 가솔린은 C_4～C_{12} 가량인 범위의 200종류를 넘는 탄화수소로 되어 있고 약 30～220℃ 사이의 비점의 것이며 평균 조성은 거의 C_7H_{13}이다.

탄화수소의 성질은 탄소의 결합하는 방법에 다라 다르고 같은 계의 것일지라도 탄소 원자수나 그 구조의 모양에 따라서 성질이 달라지게 된다. 뒤에 설명하는 노킹에 대한 성질은 이와 같은 결합의 방법을 생각하면 쉽게 이해할 수 있다.

b) 가솔린의 규격

가솔린의 규격은 한국에서는 KS(Korea industrial Standard)에, 일본은 JIS, 미국에서는 ASTM(American Society of Testing Materials)에 규정되어 있다.

表 7-7 가솔린 규격의 예

시험항목 \ 종 류		1호	2호
옥탄가 (리서지법)		95 이상	85 이상
반 응		중 성	
증류성상 (감실량가산)	10% 유출온도 ℃	70 이하	
	50% 유출온도 ℃	125 이하	
	90% 유출온도 ℃	180 이하	
	97% 유출온도 ℃	205 이하	
	잔류량용량 %	2.0 이하	
동판부식 50℃ 3h		1 이하	
증기압[1] 37.8℃ $kgf/cm^2(kP_a)$		0.45~0.80(44.13~78.45)	
실재검[2] mg/100mg		5 이하	
4 에틸鉛[3] ml/l		0.3 이하	
가연된 것의 색[4]		오렌지색	

주) 1) 차거운 계절의 것의 증기압 상한은 0.95로 한다.
2) 미세의 것, 단, 5/100~20mg/100ml인 범위에 있는 것은 규정의 용제로 세정한 뒤 實在검(gum)이 5mg/100ml 이하이면 된다.
3) 4 에틸鉛 이외의 알킬연을 사용하여도 좋다. 그 사용량의 금속鉛으로서 4 에틸鉛중의 금속연 상당량까지로 한다.
4) 4 에틸鉛 및 그 밖의 알킬鉛에는 독성이 있으므로 착색에 의하여 鉛이 가하여 졌음을 나타내는 것이고 이것과 옥탄가와의 사이에는 직접적인 관계가 없다.

c) 가솔린의 성상

기관의 성능은 더욱더 향상되어 가고 사용조건 또한 가혹하여지고 있으므로 가솔린에 대한 요구와 기대는 보다 커져가고 있다.

자동차용 가솔린으로서 요구되는 조건은 다음과 같다.

① 시동성이 좋을 것

② 가속성이 좋을 것

③ 충분한 내노크성이 있을 것
④ 연소실, 흡기계 및 배기계 등이 연소퇴적물에 의한 오염이 적을 것
⑤ 윤활유의 희석오손이 적을 것
⑥ 베이퍼 록(vapor lock), 퍼코레이션(percolation)을 잘 일으키지 않을 것
⑦ 저장 중 변질되지 않을 것(저장 안정성)
⑧ 연료계 부품을 부식시키지 않을 것
⑨ 배출가스 청정화용 촉매의 성능을 해치는 성분을 포함하지 않을 것
⑩ 유해한 배출가스 성분의 증가 원인으로 되지 않을 것
⑪ 연료소비량이 적을 것
⑫ 취급상 유해하지 않을 것
⑬ 가격이 저렴할 것

다음은 기관성능에 관계되는 가솔린 성상에 대한 것들을 설명한 것이다.

(i) 비 중

① 비중(specific gravity)의 작은 가솔린은 일반적으로 저비점성분이 많고 저온 시동성이나 가속성이 좋다. 그러나 고온 재시동성은 나쁘고 연료소비량도 많아지는 경향이 있다.

② 비중이 큰 가솔린은 일반적으로 저비점성분이 적고 저온 시동성이나 난기성이 나쁘다. 그러나 고온 재시동성은 좋은 결과를 나타낸다.

(ii) 증류성상

蒸溜性狀(distillation)은 분류성상이라고도 하며 가솔린의 휘발성을 나타내는 것으로 10, 50% 유출온도란 증류하였을 때 각각 10, 50%의 가솔린이 유출되었을 때의 온도이다.

이 유출량에 대한 유출온도의 이은점을 蒸溜曲線(distillation curve)이라고 한다. 그림 7-1은 가솔린의 증류성상과 운전성의 관계를 종합한 것이다.

ⓐ 10% 유출온도

기관의 성능에 미치는 영향이 대단히 크고 이 온도가 낮으면 다음과 같이 된다.

① 저온 시동성이 좋다.
② 저온 시동시의 윤활유 희석이 적다.

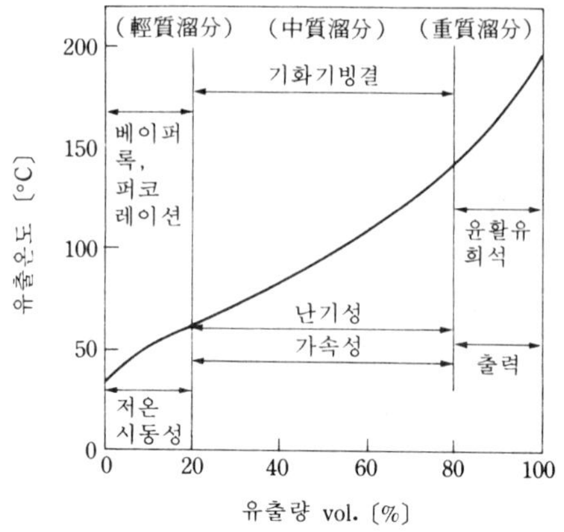

그림 7-1 가솔린의 증류성상과 운전성과의 관계

③ 하절기나 고온시에 베이퍼 록, 퍼컬레이션 등을 발생하기 쉽다.

④ 저온시의 HC, CO 배출량이 적다.

⑤ 이배퍼레이티브 에미션(evaporative emission)이 증가한다.

ⓑ 50% 유출온도

이 온도가 높으면 기관성능에 다음과 같은 영향을 미친다.

① 난기시간이 길어진다.

② 운전성이 악화된다. 가속시 기관의 회전상태가 고르지 못한 현상인 숨쉬기와 저중속회전으로부터 고속회전으로 옮겨가는 것이 순조롭지 못한, 즉 기관의 회전상태가 거칠은 서지(surgy)현상이 일어나기 쉽다.

③ 기화기 빙결을 잘 일으키지 않는다.

ⓒ 90% 유출온도

이 온도가 높으면 기관의 성능은 다음과 같이 된다.

① 윤활유를 희석시키기 쉽다.

② 전개운전시의 출력을 증가하는 경향이 있다.

(iii) 증기압(vapor pressure)

가솔린을 밀폐된 용기에 넣어두면 가솔린은 증발(기화)하고 그때의 압력이 가솔린의 온도에 대응하는 일정의 압력에 달하였을 때 증발은 멈춘다(이와 같은 현상은 가솔린 뿐 아니라 모든 액체가 같다). 이때의 기체의 압력은

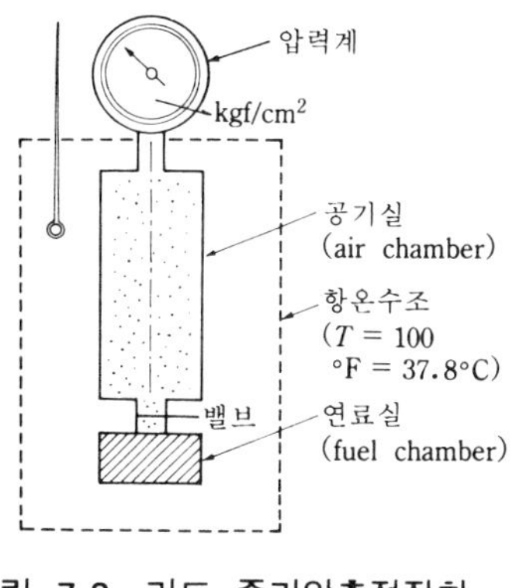

그림 7-2 리드 증기압측정장치

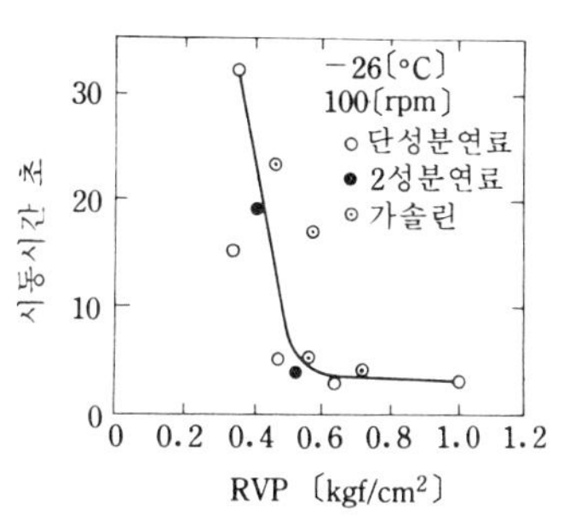

그림 7-3 증기압이 저온시동성에 미치는 영향

그 온도에 대한 최대의 증기압을 나타내며 이것을 그 과정에 있어서의 포화증기압이라고 한다. 가솔린의 포화증기압은 일반적으로 리드 증기압(Reid Vapor Pressure : RVP)라고 불리우는 37.8℃(100°F)인 때의 값이 쓰여진다. 리드 증기압의 측정장치는 그림 7-2와 같다.

리드 증기압이 낮으면 저온시동성이 나빠지고, 높으면 고온시에 베이퍼록이나 퍼컬레이션을 일으키기 쉬워지며, 또한 이배퍼레이티브 에미션의 증가를 초래한다.

또, 고온시의 운전성과의 상관관계를 알도록 하기 위하여 식 (7-3)에 나타나는 증류성상의 70℃에 있어서의 유출비율(E70)과 RVP를 사용한 베이퍼록 지수(VL index)도 쓰여진다.

$$\text{VL index} = \text{RVP} + 0.7 \times \text{E70} \qquad \cdots\cdots (7\text{-}3)$$

RVP : KPa로 환산한 리드 증기압

E70 : 70℃에 있어서의 유출비율 〔vol, %〕

그림 7-4는 구미 각국에서 쓰여지고 있는 자동차의 운전성(고온시의 시동성, 아이들 안정성, 가속성)을 섀시 다이너모(chassis dynomo)를 이용하여 시험한 결과로 시험한 차의 80〔%〕가 운전성의 기준을 만족하는 외기온도와 베이퍼 록 지수와의 관계를 나타내고 있다. 외기온도가 높아질수록 증기압이 낮고 유출온도의 높은 가솔린이 필요함을 알 수 있다.

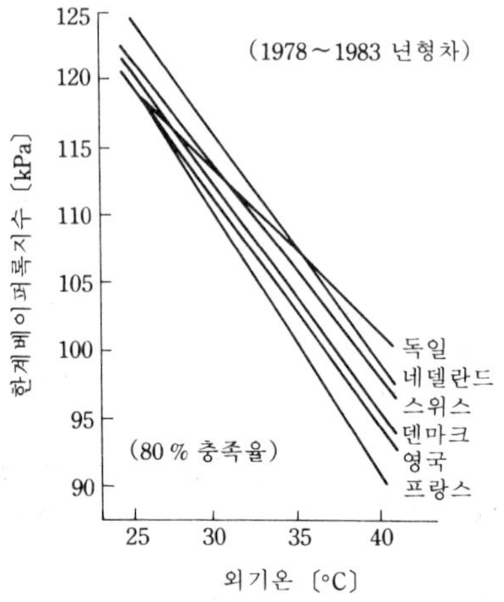

그림 7-4 사용과정차의 고온운전성 한계

이상과 같이 증기압과 앞에서 기술한 유출온도는 기관성능 및 운전성에 미치는 영향이 크다는 것을 알 수 있으며, 사용되는 기온에 상응하는 값의 연료를 선택할 필요가 있다. 따라서 기온이 높은 지역과 기온이 낮은 지역에서는 하절기용과 동절기용의 가솔린을 사용하는 것이 바람직하다.

(iv) 기화성(volatility)

흡기매니폴드 내에 흡입 또는 분사된 가솔린은 관내의 공기와 양호한 혼합을 함으로써 연소실 내에서 안정된 연소를 하게 된다. 그 때문에 기관의 성능을 생각할 때에는 가솔린의 기화의 빠르기를 무시하여서는 안 된다.

식 7-4는 기화의 빠르기를 나타낸 식이다.

$$t=\frac{H}{a}\log_e \frac{1}{1-\dfrac{x_0}{x_1}} \qquad \cdots\cdots (7\text{-}4)$$

여기서 t : 기체 압력이 x_1에 달할 때까지의 시간

H : 혼합기의 절대압력〔mmHg〕

(흡기부압이 −100〔mmHg〕인 경우이면 760−100=660〔mmHg〕로 나타 낸다.)

a : 정수

$\log_e \dfrac{1}{1-\dfrac{x_0}{x_1}}$: 기화시간 계수

x_0 : 어느 순간에 있어서의 기체압력〔mmHg〕

x_1 : 포화 증기압〔mmHg〕

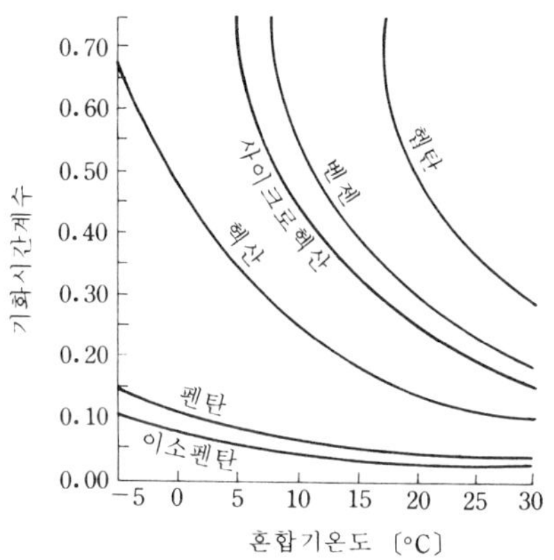

그림 7-5 가솔린성분의 기화시간계수

그림 7-5는 가솔린 중의 주된 성분이 기화를 끝내는데 요하는 시간의 비교를, 기화시간계수로서 나타낸 것이다. 예를 들면 온도 0℃의 헥산(hexane)과 헵탄(heptane)을 기화시키기 위하여는 21.5℃로 가열하여야 하고 15℃ 이하의 흡기매니폴드 내에서는 안전하게 기화될 수 없다. 이루부터 가솔린의 조성에 따라 기화속도가 어떻게 달라지느냐를 이해할 수 있다.

기화하는데 요하는 시간은 흡기압력의 2승에 비례한다(흡기의 절대압력이 높을수록 기화시간은 길다. 즉 기화되기 어렵다). 그러므로 스로틀 전개운전이나 급가속일 때의 기화의 지연에 의한 운전성의 악화가 발생되기 쉬워진다.

또, 가솔린이 기화할 때에는 열을 빼앗기기 때문에 주위를 냉각하게 된다. 이 열이 기화열이다. 기관의 출력은 열효율을 일정한 것으로 하면 흡입하는 혼합기의 질량에 비례한다. 가솔린의 기화열이 커지게 되면 흡입된 혼합기가 냉각되어 보다 많은 혼합기(질량)를 흡입할 수 있고 따라서 충전효율의 향상으로 기관의 출력이 증대된다.

(v) 옥탄가(octane number)

ⓐ 내노크성

기관의 압축비를 높이면 열효율이 좋아지게 되고 출력, 연소성능이 향상된다. 그러나 압축비가 높아지게 되면 이상연소(detonation)의 하나인 노킹이 발생하기 쉬워진다. 따라서 자동차용 가솔린은 되도록 노킹을 잘 일으키지 않는 것이 바람직하며 노킹을 일으키기 어려운 성질을 내노크성이라 하고 다음과 같이 나타내는 방법과 측정법이 있다.

㉠ 실험실 옥탄가(laboratory octane number)

① 리서치법(reserch method)

② 모터법(moter method)

㉡ 주행 옥탄가(road octane number)

① 수정 유니언 타운법(modified uniontown method)

② 수정 보더라인법(modified borderline method)

ⓑ 실험실 옥탄가

이 측정법은 대단히 노킹을 일으키기 쉬운 노멀 헵탄(normal heptane)과 노킹을 일으키기 어려운 이소옥탄과의 혼합물을 만들어서 이 혼합물과 피측정가솔린의 내노크성을 비교하여 옥탄가를 구한다. 이 혼합물을 正標準燃料(PRF : Primary Reference Fuel)이라 하고 옥탄가 100의 이소옥탄(iso octane)과 옥탄가 0의 노멀 헵탄의 혼합액 중의 이소옥탄의 체적비로 그 옥탄가를 나타낸다. 즉 이소옥탄 100%이면 옥탄가는 100, 이소옥탄 91%－노멀 9%의 정표준연료의 옥탄가는 91이 된다. 리서치법과 모터법은 어느 것이나 단실린더, 압축비의 변경이 가능한 시험용 기관(CFR 엔진)을 사용하여 정하여진 운전조건 하에서 측정을 한다(표 7-8). 일반적으로 리서치법 옥탄가(reserch octane number : RON, F-1 법이라고도 한다)는 자동차의 저속시에 있어서 가솔린의 내노크성을 나타내고 있다.

지금까지는 가솔린의 옥탄가라고 하면 일반적으로 RON을 가리키는 것이었으나 1970년 이후 미국에서는 앤티노크 인덱스(anti-knock index) : (RON＋MON)/2가 ASTM 규격으로서 채용되어 가솔린 스탠드의 표시에도 사용되고 있다.

表 7-8 CFR기관에 의한 옥탄가측정시의 운전조건

시험기관 : CFR 기관(압축비가변수냉 4사이클 단실린더), 압축비 : 4~18, 표준 실린더 내경 : 83〔mm〕, 행정 : 114〔mm〕, 배기량 : 612〔cc〕

시 험 조 건		리 서 치 법	모 터 법
기관 회전수	rpm	600± 6	900± 9
흡입공기온도	℃	기압보정온도*± 1.1	38± 14
흡입공기습도 gH$_2$O/kg 건조공기		3.56~7.12	←
혼합기온도	℃	—	149± 1.1
윤활유온도	℃	57± 8.5	←
윤활유압력	kgf/cm^2	1.8~2.1	←
냉각수온도	℃	100± 1.5	←
냉각수의 온도변화	℃	± 0.5 이내	←
점화시기	*BTDC	13.0	압축비에 따라 자동조정
점화플러그 틈새	mm	0.508± 0.127	←
연료공기비		최고노크강도로 조정	←

*기압보정온도는 기화기입구의 온도를 측정하여 표준대기압에 대한 보정을 한 온도.

또 RON과 MON과의 차를 센시티비티(sensitivity)라 부르고, 기관측에서 볼 때에는 저속으로부터 고속까지 충분한 내노크성을 확보하기 위하여도 작은 센시티비티의 가솔린이 바람직하다. 일반적으로는 파라핀계 탄화수소인 경우는 작고 오레핀계 및 아로마틱계 탄화수소인 경우에는 비교적 큰 값으로 되어 있다. 가솔린 중 주된 탄화수소의 RON과 MON의 값이 표 7-9 에 나타내어져 있다.

ⓒ 주행 옥탄가

가솔린을 실제 차에 사용하였을 때의 옥탄가로 이 경우는 반드시 실험실 옥탄가와 같은 연료일 수는 없다. 수정유니언타운법(modified uniontown method)은 배전기(distributer)의 초기 점화시기(idle시의 점화시기)를 변화시킴으로써 가속 중의 점화시기를 앞세워서 주행중의 노킹이 유발되도록 하여 가솔린의 옥탄가를 구하는 방법이고, 수정보더라인법(modified border-line method)은 가속시험 중 끊임없이 트레이스 노크(주의함으로써 노킹의 발생을 인정할 정도)가 되도록 점화시기를 제어하여 옥탄가를 구하는 방법이다. 어느 경우나 노킹 강도의 판정에 익숙된 훈련을 필요로 한다.

表 7-9 가솔린중의 주된 탄화수소의 옥탄가와 성상

		옥탄가		비중	비점 ℃	융점	굴절율	저발열량 cal/g
		리서치법	모터법	(20℃)	(760mmHg)	℃	(D^{20})	(액, 25℃)
노멀 파라핀 (C_nH_{2n+2})	팬탄	61.7	61.9	0.62624	36.074	−129.721	1.35748	10,752.0
	헥산	24.8	26.0	0.65937	68.740	−95.348	1.37486	10,780.0
	헵탄	0.0	0.0	0.68376	98.427	−90.610	1.38764	10,737.2
	옥탄	−18(1)	−16(1)	0.70252	125.665	−56.795	1.39743	10,705.0
이소 파라핀 (C_nH_{1n+1})	2−메틸부탄	92.3	90.3	0.61967	27.852	−159.900	1.35373	10,731.0
	2−메틸헥산	42.4	46.4	0.67859	90.052	−118.276	1.38485	10,637.0
	2, 4−지메틸헥산	65.2	69.9	0.70036	109.429	−	1.39534	10,603.0
	2, 2, 4−트리메틸팬탄	100.0	100.0	0.69192	99.238	−107.380	1.39145	10,598.6
나프텐계 (C_nH_{2n})	사이크로팬탄	101.3	85.0	0.74538	49.262	−93.879	1.40645	10,465.4
	메틸팬탄	91.3	80.0	0.74864	71.812	−142.455	1.40970	10,433.2
	사이크로헥산	83.0	77.2	0.77855	80.738	+6.554	1.42623	10,382.7
오레핀계 (C_nH_{2n})	1−펜텐	90.9	77.1	0.64050	29.968	−165.220	1.37148	10,755.0(2)
	4−메틸−1−펜텐	95.7	80.9	0.66420	53.880	−153.630	1.38280	10,687.8(2)
	2, 4, 4−트리메틸펜텐	106.0	86.5	0.71500	101.440	− 93.480	1.40860	−
아로마틱계 (C_nH_{2n-6})	벤젠	−	115.0	0.87901	80.100	+5.533	1.50112	9,594.7
	트리엔	120.0	103.5	0.86694	110.625	−94.991	1.49693	9,686.1
	O키시렌	−	100.9	0.88020	144.411	−25.182	1.50545	9,754.7
	m키시렌	117.4	115.0	0.86417	139.103	−47.872	1.49722	9,752.4
	p키시렌	116.4	109.6	0.86105	138.351	+13.263	1.49582	9,754.7
	에틸벤젠	107.4	97.9	0.86702	136.186	−94.975	1.49588	9,781.7
	이소프로필 벤젠	113.1	99.3	0.86179	152.392	−96.035	1.91450	9,846.4

(주) 1) 혼합 옥탄가, 2) 가스의 값

2) 탄화수소의 화학구조와 내노크성

가솔린은 수많은 탄화수소의 혼합물이나 탄화수소의 화학구조와 내노크성과의 사이에는 다음과 같은 알기 쉬운 경향이 있다.

① 直鎖狀의 鎖(탄소)가 긴 것일수록 일반적으로 노킹을 일으키기 쉽다.

② 樹枝狀으로 되면 노킹이 잘 일어나지 않는다. 그러나 직쇄상인 부분이 있으면 그것이 길수록 노킹의 유발이 쉬워진다.

③ 二重結合이 있는 것은 비교적 노킹이 잘 일어나지 않으나 이중결합이 있어도 직쇄상인 부분이 길수록 노킹이 쉽게 일어난다.

④ 環狀인 것은 노킹이 잘 일어나지 않고 오각형인 것은 육각형의 것보다 노킹의 유발이 쉽지 않다.

a) 옥탄가 요구치(ONR : octane number requirement)

기관이 노킹을 일으키는 표준연료의 최고 옥탄가를 그 기관(또는 차)의 옥탄가 요구치 혹은 요구 옥탄가라고 한다.

옥탄가 요구치는 압축비, 공연비, 점화시기 등 기관측의 조건이나 연료조성, 기상조건 등에 영향을 받게 되므로 기관(또는 차종)의 종류에 따라 달라지는 것은 물론이나 동일기종(또는 차종)일지라도 제각기 달라지는 것이 보통이다.

(i) 운전조건의 옥탄가 요구치에 미치는 영향

대체로 다음과 같은 경우에 요구치는 높아진다.

① 출력 공연비 부근(그림 7-6).

② 흡기온도가 높다(그림 7-7).

③ 냉각수 온도가 높다(그림 7-8).

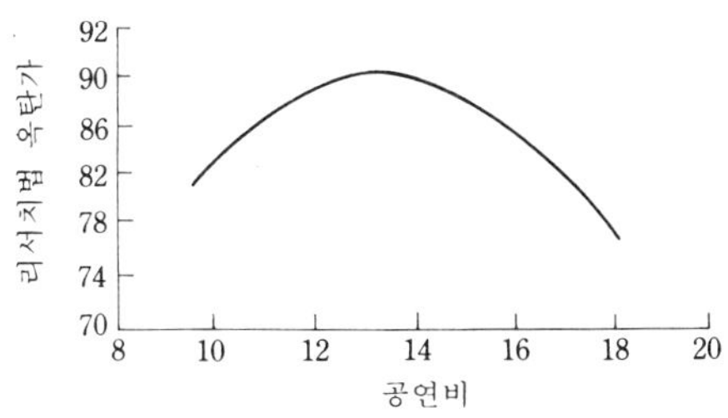

그림 7-6 공연비가 옥탄가 요구치에 미치는 영향

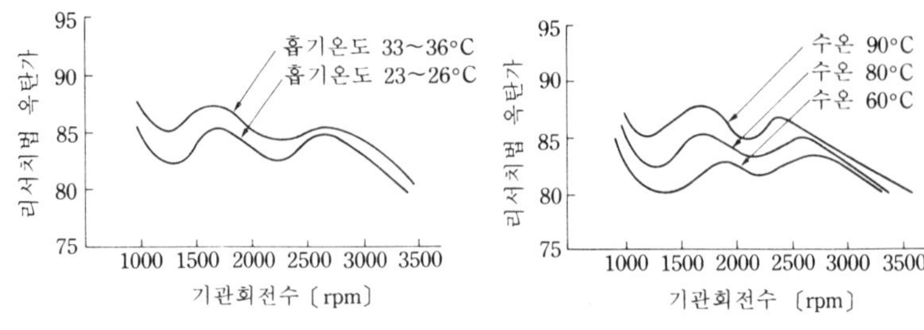

그림 7-7 흡기온도가 옥탄가 요구치에 미치는 영향

그림 7-8 냉각수 온도가 옥탄가 요구치에 미치는 영향

(ii) 옥탄가 요구치 증가(Octane Requirement Increase : ORI)

옥탄가 요구치는 자동차의 경우 주행거리와 함께 증가하는 경향이 있고 옥탄가 요구치 혹은 요구 옥탄가 증가라고 한다. 그 주된 원인으로서는 연소실에 부착되는 카본의 퇴적(deposit)으로 생각하고 있으며 퇴적물에 의한 체적효과(압축비를 높인다), 열적효과(단열성이나 내열성)나 촉매효과에 의하여 노킹하기 쉬워지는 것으로 알려져 있다.

ⓐ 엔티노크제(옥탄가 향상제)

가솔린에 혼합하였을 때의 옥탄가 향상효과가 큰(혼합 옥탄가가 높은) 물질로서 현재 엔티노크제로서 쓰여지고 있는 것으로는 메탄올, 에탄올, TBA(tert－butyl alcohol), MTBE(methyl-tert-butyl ethyl) 등의 함산소화합물과 그 혼합물이다.

ⓑ 하이 옥탄 가솔린(프레미엄 가솔린)

이전에는 가솔린 基材에 옥탄가 향상제인 4알킬鉛을 혼입한 有鉛 하이 옥탄이었다. 그러나 배출가스의 규제에 의하여 청정화의 목적으로 촉매장치가 도입되었기 때문에 승용차용 가솔린은 무연으로 되었고 그 뒤는 기관이 고성능화됨에 따라 무연으로 옥탄가가 높은 가솔린이 등장하게 되었다.

이 무연 고옥탄가 가솔린을 설명하기에 앞서 정제공정이 달라지는데 따른 가솔린의 종류에 대하여 그림 7-9를 참고로 하여 설명하면 다음과 같다.

(iii) 직류 가솔린(straightrun gasoline)

원유의 常壓蒸溜에 의하여 얻어지는 가솔린으로서 양적으로 적고 (원유의 10~20%) 옥탄가도 낮다(그림 7-9의 A경로).

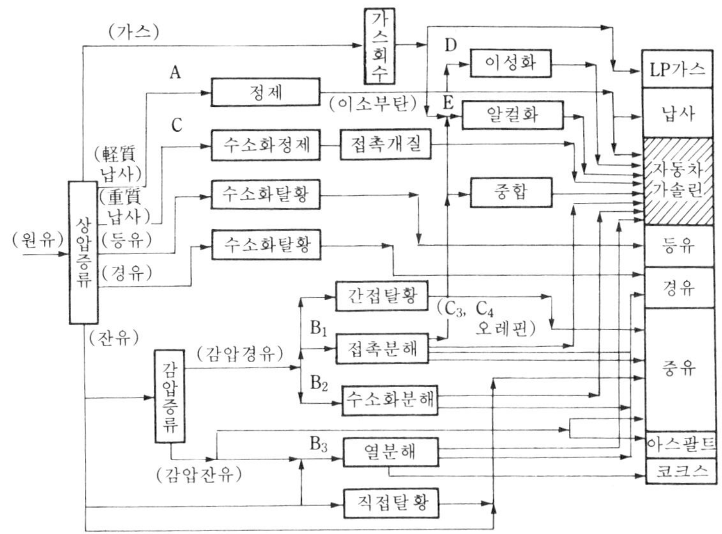

그림 7-9 석유정제공정의 개략

(iv) 분해 가솔린(cracked gasoline)

원유 중의 重質炭化成分을 고온의 조건하에서 처리하여 탄소 수가 적은 성분으로 轉化하여 얻어지는 가솔린이다(그림 7-9의 B_1, B_2, B_3 결합).

(v) 개질 가솔린(reformed gasoline)

옥탄가의 낮은 重質 가솔린인 直溜납사를 열 혹은 촉매를 써서 반응시켜 탄화수소의 구조를 달라지게 함으로써 얻어지는 고옥탄가 가솔린이다(그림 7-9의 C경로).

(vi) 異性化 가솔린(isomerated gasoline)

輕質납사 溜分의 直鎖(노멀) C_4~C_6 파라핀계 탄화수소를 촉매를 써서 옥탄가의 높은 직쇄(iso) 파라핀으로 전환하여 얻어지는 가솔린이다. 경질납사 유분은 원래 옥탄가가 중질납사에 비하여 높으나 이성화에 의하여 10 전후까지 향상된다(그림 7-9의 D경로).

(vii) 알킬화 가솔린(alkylate gasoline)

이소브탄 등의 이소 파라핀계 탄화수소에 프로피렌, 브티렌 등의 오레핀계 탄화수소를 알킬基(파라핀계 탄화수소에서 수소 1원자를 제외시킨 나머지의 원자단)로서 반응시켜 이소옥탄을 주성분으로 하는 옥탄가의 높은 이소파라핀을 얻는 것이다(그림 7-9의 E경로).

表 7-10 정제법에 의한 가솔린 성상의 차이(대표예)

	옥 탄 가		탄화수소조성 vol.〔%〕		
	리서치법	모 터 법	파라핀계	오레핀계	아로마틱계
직류 가솔린	68	65	97	0	3
열분해 가솔린	87	74	43	55	2
접촉분해 가솔린	90	78	32	33	35
수소화분해 가솔린	90	85	100	0	0
접촉개질 가솔린	95	85	45	0	55
알킬화 가솔린	97	94	100	0	0
중합 가솔린	94	81	1	98	1
이성화 가솔린	89	87	100	0	0

표 7-10은 각각의 가솔린의 옥탄가와 탄화수소의 조성을 종합하여 나타낸 것이다. 무연 레귤러 가솔린은 직류 가솔린, 분해 가솔린, 개질 가솔린을 주된 基材로 하여 이것들을 혼합하여 만들어지며 옥탄가는 RON 90 전후, MON 80 전후이다. 이중의 改質 가솔린 單體는 고옥탄가이나 아로마틱이 다량으로 포함되어 있어서 청정성(인젝터의 막힘, 점화플러그의 오손)에서 문제가 되기쉽고 이 양을 증량시켜 옥탄가를 높이는 것은 불가능하다.

따라서 무연 고옥탄 가솔린은 이성화 가솔린 또는 알킬화 가솔린 (현재로는 그 어느 한쪽)을 기재에 배합함으로써 RON 98～99, MON 86～88이라고 하는 높은 옥탄가의 가솔린을 얻고 있다.

b) 액화 석유가스 (LPG)

가솔린 제조시 부산물로서 석유원유로부터 채취되는 탄화수소이고 (상온에서 가스 상태) 약간의 가압으로 쉽게 액화되는 석유가스를 액화 석유가스 LPG(Liquified Petroleum Gas)라고 한다. 이 LPG가 되는 탄화수소는 프로판, 프로필렌, 브탄, 브텐 등이며 현재 시판되고 있는 것은 이것들의 혼합물이다.

LPG는 가정용 연료로서 많이 쓰여지고 있으나 점차 공업용의 수요가 증가되고 있으며, 자동차용 연료로서의 이용은 1910년 미국에서 액화프로판이 사용되었던 것이 시작이고 그 뒤에는 미국에서 한 때 증가되었으나

LPG의 증발기나 압력조절기 등의 제작이 어렵고, 또한 특히 장거리를 운전할 때 보급이 쉽지 않는 등하여 가솔린이 출현되면서 거의 쓰여지지 않게 되었으나, 최근 또다시 그 이용이 증가되고 있다. 한국을 비롯한 유럽이나 일본 등지에서도 자동차나 그 밖의 내연기관용 연료로서 많이 사용되고 있다.

(i) LPG의 특징

LPG는 자동차용 연료로서 다음과 같은 몇가지 좋은 점이 있다.

① 옥탄가가 대단히 높다(모터법으로 프로판은 100, 브탄은 92). 고압축비의 기관에 적합하여 연비를 저감시킬 수 있다.

② LPG 자체는 기화성이 좋다(삼중점은 프로판 −40℃, 브탄은 0℃).

③ 윤활유의 희석이나 오염이 거의 없어서 오일은 청정분산제의 첨가된 것 (MS 급) 등을 사용한 예가 드물다.

④ 가솔린 연료와 같이 황화합물이나 4에틸 鉛 등에 의한 기관의 부식이나 오손의 염려가 없으므로 그만큼 기관의 수명이 연장된다. 특히 점화플러그의 수명이 길어지는 것으로 되어 있다.

表 7-11 각종석유 조성 예 단위 : 용량〔%〕

	유 정	열 분 석	상압증류	접촉분류	접촉개질
메탄	65.99	35	0.5	5.9	10.7
에탄	9.36	20	3.0	5.0	16.3
에틸렌	−	3	−	3.2	−
프로판	3.86	15	30.0	9.2	26.1
프로필렌	−	7	−	16.6	−
노발브탄	17.3 (노발브탄·이소브탄)	8	23.6	3.9	19.6
이소브탄		2	11.0	21.0	12.2
노말브틸렌	−	7 (노말브틸렌·이소브틸렌)	−	16.3	−
이소브틸렌	−		−	8.7	−
펜탄	17.5	−	21.6	−	−
탄산가스*	15.89	−	−	9.7	7.6
수소	−	3	−	−	7.0
황화수소	−	−	0.3	0.5	−

*는 불연성 가스

반면 다음과 같은 단점이 있다.

① LPG의 보급에 문제가 있다.

② 소형으로서 성능이 좋은 증발기와 압력조절기가 필요하나 그 제작이 어렵다. LPG에 따라서는 잔류유분이 있으므로 이것이 때로는 증발기의 작동을 불량하게 만든다.

③ 그 밖에 체적당의 열량이 적으므로 기관의 출력문제나 현재로서는 LPG의 수송비가 높아서 보급기지로부터 거리가 먼 지역일 경우는 단가가 높아지는 등의 어려운 점이 있다.

(ii) LPG의 제법

현제 시판되고 있는 LPG가스의 원료는 구미지역에서는 유전가스가 많으나 한국이나 일본 등에서는 정유공장의 정유과정에서 나오는 가스가 많다.

ⓐ 유전가스로부터의 제법

유전에서 석유를 채취할 때 석유와 섞여서 분출되고 염수와 함께 나오는 습성의 가스를 원유와 석유가스로 분리, 이것을 압축, 수냉시킨 뒤 나프타(naphtha)를 작용시켜서 메탄이나 에탄과 같은 건성가스를 제거시키고 LPG 흡수유를 다시 압축(10~20 〔kgf/cm^2〕)시킨 뒤 수냉하여 브탄이나 프로판가스를 액화시킨다.

ⓑ 정유과정의 가스로부터의 제법

정유공장에서 각종의 석유제품을 만드는 여러 공정 가운데 발생하는 석유가스를 정유공정가스라고 한다. 이것을 크게 나누면 표 7-12에 나타내는 것과 같다. 이로부터 LPG를 만드는 데는 이들 가스를 적당히 배합하여 먼저 3~4 〔kgf/cm^2〕로 압축, 수냉 후 吸收油와 교류시켜서 액화석유가스분을 이것에 흡수시킨다.

이 흡수유를 가열, 압축, 증류하여 앞에서 기술한 것과 같이 메탄, 에탄 등의 건성가스를 제거함과 동시에 프로판, 프로필렌溜分(P-P Fraction) 및 브탄, 브틸렌유분(B-B Fraction)을 각각 분리, 채취한다.

분리된 이들 가스를 다시 가성소다액으로 세척, 황화수소를 제외시킨 다음 건조 탈수하여 다시 압축 액화시킨다.

표 7-12 정유과정 생성가스의 분류

명 칭	구 분	성 질
증류가스	원유를 증류하여 직류 가솔린을 만들 때 부산물로서 생성되는 가스이다. 보통 원유인 경우 처리되는 양의 평균 0.3% 정도가 생산된다.	(1) 포화탄화수소만으로서 불포화분은 없다. (2) 황분이 적고 있어도 쉽게 제거시킬 수 있다. (3) 따라서 부식성이 없는 양질의 가스이다.
열분해 가스	열분해 가솔린을 만들 때 부산물로서 생성되는 가스이다. 처리원료의 10~20%가 생성되며 잔사유를 건유하여 석유 코크스를 제조하는 경우나 찌꺼기가 포함된 중유를 가볍게 열분석하여 점도 및 융점을 저하시킬 때의 장치로부터 발생하는 가스도 분해가스라고 한다.	(1) 불포화탄화수소분이 많고 그 重縮合에 의한 타르(tar) 모양의 물질이 생성되기 쉽다. (2) 황 화합물이 많고 다른 가스에 비하여 제거시키기 어렵다. (3) 조성이 복잡하여 분해, 정제가 어렵다.
접촉분해 가스	접촉분해 가솔린을 제조할 때 부산물로서 생성된다. 즉 천연 또는 인조 백로를 주체로 하는 촉매상에서 燈, 軽油를 접촉적으로 열분해하면 발생한다. 처리량에 대하여 평균 15% 정도가 생성된다. 현재 정유공정가스의 대부분은 이 계통에 속해져 있다.	(1) 비교적 불포화 성분 및 이소 브탄이 풍부하다. (2) 황은 주로 황화수소로 되어 제거하기 쉽다.
접촉개질 가스	개질 가솔린을 제조할 때 부산물로서 생성된다. 즉 중질 가솔린을 촉매하에 접촉개질하여 고옥탄가 가솔린을 만들 때 발생한다. 원료 중질 가솔린에 대하여 5~11% 발생한다. 현재의 정유공정 가스 중 접촉분해 가솔린 다음으로 생산이 많고 LPG 원료로 되어 있다.	(1) 가스는 대부분 포화가스 뿐이다. (2) 가스 중의 황은 황화수소로 되어서 제거하기 쉽다.

(iii) LPG의 종류와 특징

LPG는 표 7-13과 같이 5종으로 분류한다. 현재 시판되고 있는 LPG의 거의가 P-P 및 B-B 유분의 혼합물로서 규격의 2호 또는 3호에 상당하여

표 7-13 LPG KS 규격

종류	일반명칭	조 성 개 요	성 상					
			잔류분 용량〔%〕	95%증발온도〔℃〕	불포화분 가스 용량〔%〕	증기압 37.3〔℃〕〔kg/cm²〕	황분 중량〔%〕	수 분
1호	1호 프로판	프로판을 주체로 하는 것	≤ 2	−	≤ 2	≤ 14	≤ 0.02	인정하지 않는다.
2호	2호 프로판	프로판 및 프로필렌을 주체로 하는 것	≤ 2	−	−	≤ 15	≤ 0.02	인정하지 않는다.
3호	3호 프로판	프로판 및 프로필렌 함유량이 부탄 및 부티렌의 함유량이 많은 것	−	≤ 2*	−	> 9 ≤ 9	≤ 0.02	−
4호	4호 프로판	프로판 및 프로필렌의 함유량이 적은 것	−	≤ 2	−	> 5 ≤ 9	≤ 0.02	−
5호		부탄 및 프로필렌을 주체로 하는 것	−	≤ 2	−	≤ 5	≤ 0.02	−

비고 : 메탄, 에탄 및 에틸렌의 함유량은 사용목적에 지장을 주는 한도를 초과하여서는 안된다.

주 : * 3호 95〔%〕 증발온도, −2〔℃〕 이하

표 7-14 석유가스의 성질

명 칭	상석유			액 화 석 유					
	*						i	n	i
분 자 식	CH_4	C_2H_6	C_2H_4	C_2H_8	C_2H_6	C_4H_{10}	C_4H_{10}	C_4H_8	C_4H_6
비 점									
가스밀도 kgf/cm²	−161.5	−88.6	−103.7	−42.07	−47.7	−0.50	−11.73	−6.26	−6.90
(0℃ 760mmHg)	0.7168	1.3562	1.2604	2.020	1.915	2.598	2.527	2.503	2.368
가스비중 공기=1 0℃	0.554	1.049	0.975	1.562	0.481	2.009	2.067	1.936	2.421
가스비열 (C_p)	0.527	0.422	0.374	0.404	0.368	0.407	0.404	0.371	0.386
가스비열 (C_v)	0.407	0.356	0.307	0.359	0.321	0.373	0.370	0.336	0.350
액밀도 kgf/l 0℃	−	−	−	0.528	0.546	0.601	0.581	0.619	−
액밀도 kgf/l 20℃	0.424	0.341	−	0.501	0.514	0.579	0.557	0.595	0.594
증기압 kgf/cm² 0℃	−	24	40	4.7	5.7	1.03	1.60	−	1.3
증기압 kgf/cm² 20℃	−	37	60	8.0	9.8	2.00	2.95	−	2.5
증발열량 kcal/kgf	13.265	12.399	12.022	12.034	11.692	11.832	11.997	11.577	11.505
증발열량 kcal/m²	8.700	15.240	13.780	21.690	22.110	23.110	28.030	26.480	26.308
진발열량 kcal/kgf	11.954	11.350	11.272	11.079	10.942	10.926	10.892	10.286	10.755
진발열량 kcal/m³	7.840	13.950	12.930	19.970	18.820	25.960	25.880	24.830	24.660
연 소 범 위 (공기중)	5.0 ~15.0	3.22 ~12.45	2.57 ~28.6	2.37 ~9.50	2.02 ~11.10	1.86 ~8.41	1.80 ~8.44	1.70 ~9.00	− −
완전연소용공기 m³/m³	9.55	16.70	14.32	23.86	21.84	31.03	31.03	28.58	28.58
완전연소용공기 kgf/kgf	17.24	16.13	14.80	15.71	14.80	15.49	15.49	14.80	14.80
착화온도(공기중) (℃)	632	472	490	481	458	441	544	443	−

(비고) *메탄올 LPG는 아니나 고압가스 150〔kg/cm²〕로서 자동차연료로 쓰이고 있는 것으로 병기한다.
시판의 LPG는 프로판 고브탄 혼합물로 이 표에 나타내는 성상과는 다른 것이다.

표 7-15 대체연료의 제특성

브렌칭재	분 자 식	원료, 제법	비 중 〔15/4℃〕	비 점 〔℃〕	인화점 〔℃〕	착화점 〔℃〕	발열량 〔kcal/g〕	기화잠열 〔cal/g〕	이론공 연비 〔－〕	옥 탄 가	
										RON 〔－〕	MON 〔－〕
에탄올	C_2H_5OH	식물의 발효, 고구마, 옥수수등	0.794	78	13	423	6.4	204	9.0	111	92
메탄올	CH_3OH	천연가스, 석탄	0.796	65	11	470	4.8	263	6.45	112	91
TBA	$CH_3-C(CH_3)_2-OH$	이소부틸렌+ 수증기	0.791	84	11	478	8.5	128	11.2	113	110
MTBE	$CH_3-C(CH_3)_2-CH_3$	메탄올+ 이소부틸렌	0.744	55	−28	460	8.3	76.4	11.2	117	101
TAME	$C_2H_5-C(CH_3)_2-O-CH_3$	메탄올+ 이소아민	0.775	86.4				78.0	12.2	112	99
가솔린	C_4～C_{12}의 탄화수소혼합물	원유의 정제	0.72～0.78	27～225	-43	257	10.5	80	14.7	83～102	73～92

그 혼합비율은 일정하지 않다. 그리고 LPG를 구성하고 있는 각종 탄화수소 단체의 성상은 표 7-10에 나타낸 것과 같다.

c) 대체연료

탄산가스에 의한 지구 온난화현상으로 자동차의 연료소비율을 저감시키기 위한 노력은 물론, 원유 이외의 에너지자원으로부터 연료를 얻고자 하는 노력이 세계 각국에서 더욱 활발하게 이루어지고 있다. 그 경향은 우리나라와 같이 공업원료를 수입하고 그 제품을 수출하고 있는 무역국보다 공업원료나 자원을 수출하고 공업제품을 수입하고 있는 자원국이 자기 나라의 천연가스, 석탄, 목재, 곡물, 폐기물 등을 가스화, 알코올발효, 변질화, 그 밖에 합성연료화하는 예가 많다. 이들 연료로서의 제성상은 표 7-15와 같다.

(i) 에탄올

브라질 및 미국 등의 농업주에서 감자, 옥수수, 고구마를 발효시켜서 얻어지는 에탄올을 가솔린에 10～20〔%〕 혼합하고 있다. 옥탄가가 2～3 정도 향상되며 경질류분이 증가되므로 베이퍼록 등 운전상태에 관한 유의가 필요하다.

(ii) 메탄올

천연가스의 改質化 또는 석탄의 가스화에 의하여 생성된 수소, 일산화탄소로부터 메탄올을 합성하고, 이것을 가솔린에 혼합하는 것으로서, 輕質溜分이 그림 7-10과 같이 많아지고, 베이퍼록 경향은 에탄올보다 강해지며,

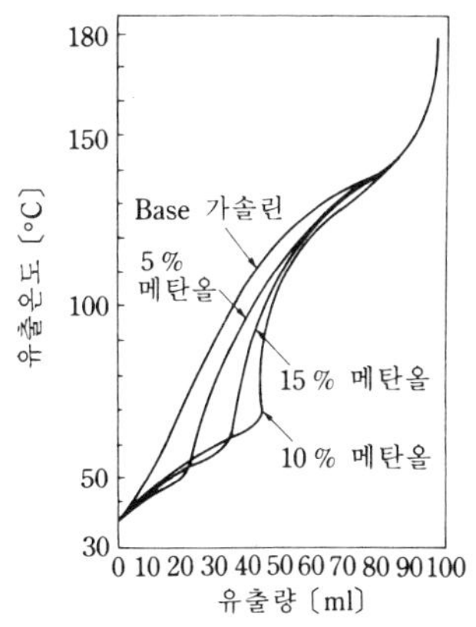

그림 7-10 메탄올혼합가솔린 증류성상 (ASTM D 86)

더구나 알코올의 吸濕特性에 의한 수분의 흡수는 이층분리의 본질적인 결함이 있고 배출가스오염에 주는 영향은 일반적으로 HC, CO가 감소되나, NO_x, 알데히드류, 증발에 의한 것은 증가하는 경향에 있다. 또, 연료계의 재료에 대한 부식, 용해 등의 배려가 필요하고, 가솔린에 비하여서 이론공연비가 작아서 기관의 공연비를 다시 조정할 필요가 있다.

(iii) MTBE (Methyl Tert Buthyl Ether)

메탄올을 그대로 가솔린에 혼합하면 앞에서와 같은 결점이 있으므로 이를 개선할 목적으로 메탄올과 이소부틸렌으로부터 합성한 연료이다. 옥탄가가 대단히 높고, 옥탄가를 기준으로 할 때 가격면에서도 경합될 수 있어서 미국이나 유럽 등지에서 사용되고 있으며, 가솔린의 무연화와 더불어 시장성은 더욱 높아질 것으로 생각된다.

(iv) TBA (Tert Buthyl Alcohol)

석유정제의 부산물인 이소부틸렌으로부터 합성되는 것으로, 석유의 대체연료는 아니나 옥탄가가 높아서 부산물의 이용으로 일부 쓰여지고 있다.

(v) 합성가솔린

그 밖에 메탄올로부터 가솔린을 합성하는 모빌법이나 석탄의 가스화로부터 Fisher-Toropsh 법에 의하여 가솔린류를 합성하는 SASOL 등이 있다.

d) 등 유

등유는 농업이나 공업용 소형 석유기관(kerosene engine)의 연료로서, 옛날부터 쓰여지고 있다. 최근에는 연료경제의 견지에서 일부의 고속디젤기관에 사용되며, 그 밖에 등화나 세정용으로도 널리 사용되고 있다.

e) 경 유

경유는 주로 소형고속디젤기관에 사용되며, 이 연료에 요구되는 성상은 다음과 같다.

① 착화성이 양호할 것

② 휘발성이 좋아서 90〔℃〕, 유출온도는 300~350〔℃〕 이하일 것

③ 무화를 완전히 하기 위하여 30〔℃〕에서의 동점도는 5~6〔cSt〕, $(5\sim6)\times10^{-6}$ 〚m^2/s〛 이하일 것

④ 15/4〔℃〕에서의 비중은 약 0.830을 유지할 것 (15/4〔℃〕에서의 비중이란

물 4〔℃〕의 밀도에 대한 경유 15〔℃〕의 밀도의 비)

표 7-16은 경유의 규격 예이고, 고속디젤기관에는 1, 2호 경유가 사용되며, 특히 한냉지나 극한지대에서는 3호나 특 3호가 사용된다.

표 7-16 경유의 규격 예

구분	반응	인화점〔℃〕	90〔%〕유출온도〔℃〕	유동점〔℃〕	10〔%〕잔류의 잔류탄소분〔%〕	세탄가	동 점 도〔cSt/30℃〕⟦m^2s⟧	유황분〔%〕
1호	중성	>50	< 350	<−5	< 0.15	>50	>2.7 >2.7×10^{-6}	<1.20
2호	중성	>50	< 350	<−10	< 0.15	>45	>2.5 >2.5×10^{-6}	<1.20
3호	중성	>50	< 350	<−20	< 0.15	>40	>2.0 >2.0×10^{-6}	<1.10
특 3호	중성	>50	< 350	<−30	< 0.15	>42	>1.8 >1.8×10^{-6}	<1.00

(i) 착화성

고속디젤기관의 성능을 좌우하는 중요한 성질은 경유의 착화성(ignitability)이며 이 착화성의 양부는 착화지연(ignition delay)을 지배하게 된다. 경유의 착화성을 표시하는 데는 세탄가(cetane number, CN)가 쓰여지고 세탄가의 측정에는 가솔린의 옥탄가를 측정할 때의 경우와 같이 CFR기관이 사용되며 이 기관은 압축비를 6으로부터 28까지 조정이 가능한 와류실식 단실린더 디젤기관으로서, 회전속도는 항상 $n=900\pm9$〔rpm〕 일정으로 유지하고, 냉각수온도는 100± 2〔℃〕, 오일온도는 57± 8〔℃〕, 흡기온도는 65± 0.5〔℃〕, 분사압력은 105± 3.5〔kgf/cm²〕, 10.3± 0.34⟦MPa⟧, 분사개시는 BTDC 13〔deg〕로 유지시키면서 시험하도록 되어 있다.

연료의 착화지연을 비교할 때에는 연료의 분사와 착화시기가 네온 램프로 검출되므로, 분사시기를 크랭크각 BTDC 13〔deg〕에 설정하고 압축비를 변화시켜서 착화시기를 구한다.

시험에는 비교연료로서 $CN=5$만큼씩 다른 2개의 혼합표준연료를 사용하고, 압축비 조절 핸들에 부착되어 있는 마이크로미터의 지시치를 읽어서 기록한 다음, 다음 식으로부터 시료의 CN을 구한다.

$$CN=\frac{(a_1-a_2)(n_2-n_3)}{n_2-n_1}+a_2 \quad \cdots\cdots (7\text{-}5)$$

여기서 a_1=혼합표준연료(1)의 CN

a_2=혼합표준연료(2)의 CN

n_1=혼합표준연료(1)의 마이크로미터 지시치

n_2=혼합표준연료(2)의 마이크로미터 지시치

n_3=시료의 마이크로미터 지시치

표준연료에는 착화성이 높은 n-세탄(normal cetane) $C_{16}H_{34}$과 착화성이 낮은 α-메틸나프탈렌(α-methyl naphthalene) $C_{11}H_{10}$과를 혼합한 연료가 쓰여진다. 또한, 세탄보다 착화성이 낮은 세텐(cetene) $C_{16}H_{32}$를 대신 쓰는 경우도 있으며, 이 때에는 세탄가(cetane number, CN')라 하고 이들 양자 사이에는 그림 7-11과 같은 관계가 있다.

연료의 CN을 CFR 기관을 사용하지 않고 착화성을 구하는 방법으로서, 디젤지수(diesel index, DI)를 다음 식으로부터 구하고, 그림 7-12로부터 다시 CN을 구하는 방법도 있다.

$$DI=\frac{AG}{100} \quad \cdots\cdots (7\text{-}6)$$

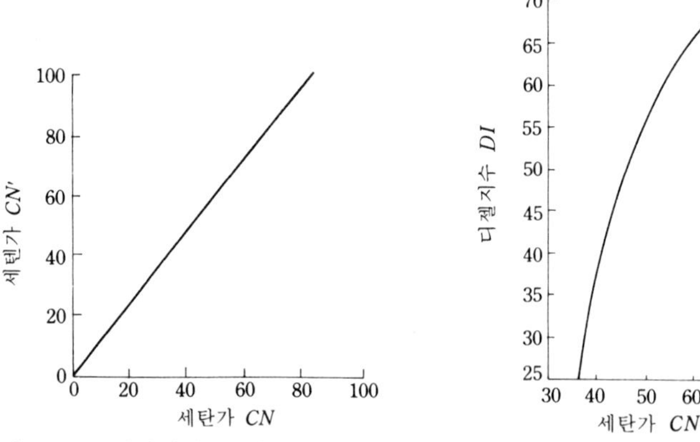

그림 7-11 세탄가와 세텐가의 관계　그림 7-12 세탄가와 디젤지수의 관계

여기서 A = 아닐린점〔℃〕(아닐린점은 等積의 시료와 물을 함유하지 않은 純 아닐린(aniline, $C_6H_5NH_2$)이 용해하는 온도를 °F로 표시한 값)

G = API비중

= (141.5/16〔℃〕의 비중) − 131.5

디젤지수 DI가 클수록 착화성은 높은 것이 된다. 그리고 이렇게 하여 정해진 세탄가는 일단 연료의 자연착화성을 지시하는 것은 되나, 실제로는 이것만으로 연료의 착화성을 완전하게 표시하였다고 할 수 없다. 예를 들면, 같은 세탄가의 연료일지라도 기화성이 달라지게 되면 착화지연은 상이하게 되는 모순이 있다. 착화지연은 온도의 함수이기도 하며, 일반적으로 고온에서는 착화성이 좋아지고, 어떤 연료와도 그다지 차이가 없어진다. 예를 들면, 고과급 디젤기관에서는 세탄가가 낮은 연료일지라도 착화성은 좋아진다. 일반적으로, 옥탄가가 높은 연료는 세탄가가 낮고, 세탄가가 낮은 연료는 옥탄가가 높으며, 이들 사이에는 서로 역수의 관계가 성립한다. 따라서, 가솔린기관에 부적당한 연료는 디젤기관에 적합하다고 할 수 있다.

고속디젤기관용으로서는 착화지연이 작은 연료일수록 성능이 좋아진다는 것은 앞에서 설명한 것과 같으며, 착화성이 낮은 연료에 착화향상제를 소량 혼입하면 CN이 개선된다. 향상제로서는 초산에틸, 초산부틸 등의 초산알킬(alkyl nitrate)이나 니트로글리세린 등의 니트로화합물(nitro compounds) 등이 쓰여진다.

(ii) 휘발성

경유의 비점범위는 200∼320〔℃〕로서, 등유에 비하여 전체적으로 높다. 일반적으로 디젤기관의 경우, 연료를 고온, 고압의 공기 중에 분사하여 착화연소시키므로 휘발성은 혼합기 생성에 무관한 것처럼 생각되나, 고속디젤기관에서는 저온시동이나 경부하운전시 등과 같은 연소환경이 불리한 경우에는 휘발성의 양, 불량이 기관성능에 미치는 영향이 크다. 또, 연료 중 고비점류분의 존재는 분사노즐에 카본의 부착이나 흑연의 발생, 또는 경부하운전상태에서 타알狀 물질 등을 발생할 염려가 있으므로, 90〔%〕 유출온도는 350〔℃〕 이하가 바람직하다.

(iii) 점 도

경유의 점도는 무화에 가장 큰 영향을 미치게 되므로 중요한 성상이 된다. 이 점도가 지나치게 높으면 연료분무류중의 평균입경이 크고, 따라서 입경의 분포폭이 넓어져서 연소가 불량해지며 고속기관의 경우 점도는 3～6〔cSt〕, (3～6)×10^{-6} ⟦m^2/s⟧/0～30〔℃〕 가량이 가장 적당한 것으로 되어 있다. 만약 점도가 지나치게 낮으면 윤활성의 부족으로 연료분사펌프의 플런저와 배럴의 이상마멸이나 분사노즐의 니들밸브가 고착되어서 부정분사에 의한 기관출력이 저하되는 원인이 된다.

(iv) 비 중

연료의 소비량은 일반적으로 중량기준으로 측정되며, 그 양의 다소는 기관의 성능에 영향을 미치게 된다. 연료의 비중은 점도나 비점이 높아질수록 큰 경향이 있다. 또 경유의 조성은 파라핀계 탄화수소보다 방향족탄화수소가 많이 함유되어 있으며, 이들의 비중이 각각 다른 경유를 써서 실험한 결과로는 비중이 작아지는 것이 연비의 증가를 가져오고 최고출력을 떨어지게 하는 결과로 되는 것이 확인되고 있다.

(v) 유황분

경유 중에 함유되는 유황분(sulfur content)의 비율은 원유의 산지에 따라 크게 달라진다. 연료 중의 유황분은 연소에 의하여 산화되어서 SO_2로 되고, 그 일부는 팽창행정에서 SO_3로 된다. 또 연소가스의 노점(dew point)의 상승으로 실린더 내의 벽면에 응축된 황산(H_2SO_4)은 피스턴이나 그 밖의 금속을 부식시키는 원인으로 된다. 이와같이 황의 존재는 고속기관에서의 열부하에 의한 재질의 손상보다도 이로 인하여 발생되는 황산에 의한 영향이 크다는 것이 많은 경험으로 알려져 있다. 또, 연소에 의하여 발생된 카본이 원인으로 마찰면이 마멸되는 것보다 황산에 의하여 생성된 황산철로 마멸되는 편이 큰 것으로 되어 있다.

f) 중 유

중유에는 몇 가지의 종류가 있으며, 소형기관으로부터 대형기관에 이르기까지 모든 디젤기관용 연료로서 널리 사용된다. 중유는 경유에 비하여 인화점과 동점도가 높다. 또, 유황분의 규제 외에 수분과 회분 등도 규제하도록 되어 있으며, 표 7-17에서 A 중유는 농경, 어선용 소형기관 및 중속선박용 주기관이나 보조기관(발전기, 압축기용)에, B 중유는 중형선박용 주기관에, C 중유는 대형선박용 기관에 사용된다.

표 7-17 중유의 규격 예

구 분	관용명	반응	인화점 〔℃〕	동점〔cSt/50℃〕 도 〚m^2/s〛	유동점 〔℃〕	잔 류 탄소분 〔%〕	수분 〔%〕	회분 〔%〕	유황분 〔%〕	주된 용도
1종2호	A중유	중성	>60	<20 <20×10^{-6}	<5	<4	<0.3	<0.05	<2.0	소형내 연기관
2 종	B중유	중성	>60	<50 <50×15^{-6}	<10	<8	<0.4	<0.05	<3.0	내 연 기 관
3종2호	C중유	중성	>70	50~150 $50\times10_{-6}$ 150×10^{-6}	–	–	<0.5	<0.1	<3.5	대형내 연기관
3종4호	C중유	중성	>70	<400 <400×10^{-6}	–	–	<2.3	–	–	일반용

(i) 착화성

중유에도 경유와 같이 양호한 착화성이 요구된다. 중유의 세탄가는 원유의 산지에 따라 크게 달라지며, 파라핀계의 중유는 높고, 방향족계는 낮으며 일반적으로, 중유의 세탄가는 30~45의 범위이다.

(ii) 휘발성

중유 중에서도 C 중유는 특히 비휘발성 성분의 함유량이 많고 휘발성이 나쁘다. C 중유의 평균비점은 약 450〔℃〕이고 고비점류분의 존재는 분사노즐에 카본을 부착시키고, 연소 불량에 의한 흑연발생의 원인으로 된다. 또, 연소실 주변이나 피스턴에 타알狀 물질이 부착되는 결과로 피스턴 링이 고착되는 원인으로 된다.

(iii) 회 분

경유 중의 회분은 미량으로서 거의 문제되지 않으나, 중유, 특히 고점도 중유(C 중유) 중의 회분은 0.02~0.03〔%〕로 많고, A 중유에서는 약 0.01〔%〕로서 적다. 이 회분의 존재는 펌프 플런저나 분사노즐의 니들밸브, 실린더 및 피스턴 등이 마멸되는 원인으로 되어서 바람직하지 못하다.

(iv) 유황분

유황분은 회분과 함께 원산지에 따라서 함유량은 크게 달라지며 그 함유량은 A 중유에서는 약 1.0〔%〕, C 중유는 2.5~4.0〔%〕로서 많다. 유황분의 영향은 경유와 같으나, 고유황분의 중유를 사용하는 대형저속기관에서는 유황에 의한 마멸을 방지하는 대책이 여러 가지 마련되고 있다. 그 중에서도 알칼리가가 높은 실린더유를 사용하는 것이 가장 효과가 있는 것으로 되어 있다.

(2) 發熱量과 그 測定

연료의 발열량(calorific value)이란, 단위량(〔kgf〕, ⟦kg⟧, ⟦Nm^3⟧, 〔kmol〕)의 연료가 온도 T〔℃〕에서 연소하기 시작하여 그 연소가스의 온도가 최초의 온도 T로 냉각될 때까지 유리하는 열량을 말한다. 일반적으로, 연소의 열량은 연소가 일어나는 조건, 즉 정압연소 혹은 정적연소인가에 따라서 달라지며, 온도에 의해서도 영향을 받는다.

연료 중의 H_2는 연소하여 H_2O로 되나, 이것을 응축시키는가의 여부에 따라서 발열량은 다르다. H_2O를 응축시켰을 경우의 발열량을 고발열량(higher calorific value) H_h라 하고, 응축시키지 않았을 경우를 저발열량(lower calorific value) H_l이라 한다. 지금 1〔kgf〕, ⟦kg⟧의 연료에 의하여 생기는 H_2O를 w〔kgf〕, ⟦kg⟧라고 하면, 증발열에 상당하는 열량은 약 $600w$〔kcal〕, $2.51w$〔MJ〕가 되므로, H_h는 H_l보다 그만큼 높은 값이 된다.

연료는 복잡한 탄화수소 HC의 화합물이지만, 그의 원소 분석을 알면, 각 원소의 발열량으로부터 그 연료의 개략적인 발열량의 계산이 가능하다. 지금 1〔kgf〕, ⟦kg⟧의 연료 중에 함유되는 C, H, O, S, H_2O의 양을 각각 c, h, o, s, w〔kgf〕, ⟦kg⟧이라고 하면, 그 발열량 H_l과 H_h는 다음 식으로부터 구하여진다.

$$H_h = 8100c + 29000\left\{h - \left(\frac{o}{8}\right)\right\} + 2200s - 600w \text{ 〔kcal/kgf〕} \cdots\cdots\cdots (7\text{-}7)$$

$$H_l' = H_l \times 0.00419 \text{ ⟦MJ/kg⟧} \cdots\cdots (7\text{-}7')$$

한편 수소 1〔kgf〕, ⟦kg⟧이 연소하면 9〔kgf〕, ⟦kg⟧의 물이 되므로, 그의 응축에 의한 발열량은 600×9=5400〔kcal〕, 22.6⟦MJ⟧로 되고, 고발열량은 다음 식과 같이 된다.

$$H_h = 8100c + 34400\left\{h - \left(\frac{o}{8}\right)\right\} + 2200\,s \text{〔kcal/kgf〕} \cdots\cdots\cdots\cdots\cdots (7\text{-}8)$$

$$H_h' = H_h \times 0.00419 \text{⟦MJ/kg⟧} \cdots\cdots\cdots\cdots\cdots\cdots\cdots\cdots\cdots\cdots (7\text{-}8')$$

기관의 배출가스 온도는 가솔린기관에서 700～800〔℃〕, 디젤기관일 경우는 550～650〔℃〕가 되고, 수분은 증기의 상태로 배기밸브로부터 방출되므로 H_l 밖에는 이용되지 못한다.

연료의 발열량을 실험적으로 구하려면 그림 7-13에 나타낸 바와 같은 봄베열량계(bombe calorimeter)가 사용된다. (a)는 열량계의 전체도, (b)는 봄베의 상세도이다. 열량을 측정하고자 하는 연료시료를 캡슐에 넣어서 계량〔gf〕, ⟦g⟧한 다음, 鋼製耐壓봄베 내의 백금도가니(crucible)에 올려 놓고 봉입한 뒤, 봄베에 25～35〔at〕, 2.45～2.94⟦MPa⟧의 산소를 충전한다. 다음에 이것을 (a)와 같이 内筒水槽 내에 넣고, 수조 내를 교반하면서 전류를 통하여 점화한다. 발생된 열은 봄베를 통하여 수조 내의 물에 전달되고, 그

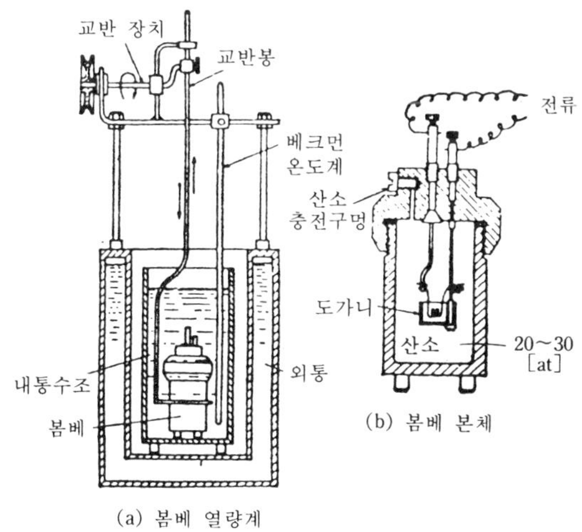

그림 7-13 연료의 열량측정장치

온도를 1/100 눈금의 베크먼온도계(Beckmann thermometer)로써 측정한다. 수조 내의 물의 중량에 온도상승을 곱한 값은 연료의 연소에 의하여 물에 전달된 열의 총량에 상당하고, 이것을 시료의 중량으로 제하면 열량이 구해진다. 표 7-18은 각종 연료의 H_l 값을 나타낸 것이다.

표 7-18 각종연료의 저발열량

연료의 종류	비 중	저 발 열 량		이 론 공기량
		〔kcal/kgf〕 ⟦MJ/kg⟧	〔kcal/Nm^3〕 ⟦MJ/Nm^3⟧	⟦kg/kg⟧
가솔린	0.70∼0.75	10 800 45.3	935 3.92	14.9
등 유	0.80∼0.84	10 500 44.0	928 3.89	14.6
경 유	0.82∼0.88	10 400 43.6	927 3.88	14.5
중 유	0.88∼1.05	10 100 42.3	918 3.85	14.2

7-3 燃燒反應과 生成物

(1) 燃燒反應

연료는 어느 온도나 압력하에서 일정한 비율의 산소와 접촉하면, 연료중의 C, H 혹은 S 등이 산화하고 반응열을 내는데, 이것이 연소이다. 내연기관에서는 공기 중의 산소를 이용함으로써 연소가 진행되고, 공기 중에는 체적비로 21〔%〕의 산소와 78〔%〕의 질소 및 약 1〔%〕의 아르곤, CO_2, 그 밖의 가스가 함유되어 있으며, 일반적으로 N_2를 주체로 하는 불활성가스를 79〔%〕로 생각하여도 좋다. 즉, 질량비는 다음과 같다.

체적비 $N_2=79$〔%〕, $O_2=21$〔%〕

질량비 $N_2=76.7$〔%〕, $O_2=23.3$〔%〕

탄소 C는 충분한 산소가 공급되면 연소 후 탄산가스 CO_2로 되나, 산소가 부족한 상태에서는 일산화탄소 CO를 생성한다. 연소생성물 중에 CO 등의 가연성분을 아직 남기고 있는 경우를 不完全燃燒(incomplete combustion), 가연성분이 남아 있지 않을 경우를 完全燃燒(complete combustion)라고 한다. 불완전연소의 경우는 다시 산소를 공급하여서 반응시키면 완전연소되고, CO는 CO_2로 된다.

기관에 사용되는 연료는 표 7-3에서와 같이 C와 H의 화합물이나, 연료에 따라서는 미량의 S도 포함되어 있어서 연소의 반응식은 다음과 같이 표시된다.

탄소 C의 완전연소

$$C+O_2=CO_2+97200\ \text{[kcal]},\ 407\ [\![\text{MJ}]\!] \qquad (1)$$

탄소 C의 불완전연소

$$C+\frac{1}{2}O_2=CO+29620\ \text{[kcal]},\ 124\ [\![\text{MJ}]\!] \qquad (2)$$

일산화탄소 CO의 연소

$$CO+\frac{1}{2}O_2=CO_2+67580\ \text{[kcal]},\ 283\ [\![\text{MJ}]\!] \qquad (3)$$

수소 H_2의 연소(고발열량)

$$H_2+\frac{1}{2}O_2=H_2O(\text{물})+68500\ \text{[kcal]},\ 287\ [\![\text{MJ}]\!] \qquad (4)$$

수소 H_2의 연소(저발열량)

$$H_3+\frac{1}{2}O_2=H_2O(\text{증기})+57750\ \text{[kcal]},\ 242\ [\![\text{MJ}]\!] \qquad (5)$$

유황 S의 연소

$$S+O_2=SO_2+70860\text{[kcal]},\ 297\ [\![\text{MJ}]\!] \qquad (6)$$

…(7-9)

또, 파라핀계의 메탄($n=1$) CH_4, 에탄($n=2$) C_2H_6 및 올레핀계의 에틸렌($n=2$) C_2H_4의 연소반응식은 다음 식으로 표시된다.

메탄

$$CH_4+2O_2=CO_2+2H_2O(\text{물})+212400\ \text{[kcal]},\ 890\ [\![\text{MJ}]\!]$$

에탄

$$C_2H_6+3\frac{1}{2}O_2=2CO_2+3H_2O(\text{물})+372900\text{[kcal]},1562\ [\![\text{MJ}]\!] \qquad (7\text{-}10)$$

에틸렌

$$C_2H_4+3O_2=2CO_2+2H_2O(물)+346200 \text{〔kcal〕}, 1450 [\![MJ]\!]$$

그리고 일반적으로 탄화수소의 연소는 다음 식으로 표시한다.

$$C_nH_m+\left\{n+\left(\frac{m}{4}\right)\right\}O_2=nCO_2+\left(\frac{m}{2}\right)H_2O \cdots\cdots\cdots\cdots\cdots\cdots \text{(7-11)}$$

(2) 燃燒에 필요한 空氣量

연료 1〔kgf〕, ⟦kg⟧ 중에 함유되어 있는 C, H, O, S의 양을 각각 c, h, o, s〔kgf〕, ⟦kg⟧라고 하면, 1〔kgf〕의 연료를 완전히 연소시키는 데 필요로 하는 最小酸素重量은 식 7-9 로부터 다음과 같이 구하여진다.

$$O_{2(min)}=\left\{\left(\frac{8}{3}\right)c+8h+s-o\right\} \text{〔kgf/kgf〕}, [\![kg/kg]\!] \cdots\cdots\cdots\cdots \text{(7-12)}$$

윗식에서 o를 뺀 것은 연료 중의 산소는 다른 원자와 결합되어 있기 때문이다. O_2의 1〔kmol〕은 32〔kgf〕, ⟦kg⟧, 22.41〔Nm^3〕이므로, 윗식을 체적으로 표시하면

$$O_{2(min)}=\frac{22.41}{32}\left\{\left(\frac{8}{3}\right)c+8h+s-o\right\} \text{〔}N\text{m}_3\text{/kgf〕}, [\![N\text{m}_3\text{/kg}]\!] \cdots \text{(7-13)}$$

이 된다.

여기서 〔Nm^3〕의 N은 기체의 표준상태(1 기압, 101.3⟦kPa⟧, O〔℃〕)에서의 체적을 표시하는 기호이다.

연소는 공기의 조성이 산소와 질소로 되어 있다고 생각하면 중량비율로 O_2： 23.2〔%〕, N_2： 76.8〔%〕, 또 체적비율은 O_2： 21〔%〕, N_2： 79〔%〕이므로 1〔kgf〕, ⟦kg⟧의 연료를 완전히 연소시키는 데 필요로 하는 理論空氣量은 다음 식으로 표시된다.

$$\text{중량 } Low=\frac{O_{2(min)}}{0.232}$$

$$=4.31\left\{\left(\frac{8}{3}\right)c+8h+s-o\right\} \text{〔kgf/kgf〕}, [\![kg/kg]\!] \cdots\cdots \text{(7-14)}$$

체적 $Lov = \dfrac{O_{2(min)}}{0.21}$

$$= 3.33 \left\{ \left(\frac{8}{3} \right) c + 8h + s - o \right\} \text{〔}Nm^3/kgf\text{〕}, \text{〚}Nm_3/kg\text{〛} \cdots (7\text{-}15)$$

가솔린의 평균 조성을 $c=0.856$, $h=0.144$, 디젤유의 평균 조성을 $c=0.875$, $h=0.125$ 라고 하면 윗식으로부터 이론공기량은 다음과 같이 된다.

가솔린	14.80 〔kgf/kgf〕, 〚kg/kg〛
	11.44 〔Nm^3/kgf〕, 〚Nm^3/kg〛
디젤유	14.37 〔kgf/kgf〕, 〚kg/kg〛
	11.10 〔Nm_3/kgf〕, 〚Nm^3/kg〛

(3) 燃燒溫度와 熱解離

1) 연소온도

연소에 의하여 발생된 열량은 연소생성물의 온도상승, 연소 중 외부에 대하여 하는 일, 외부로의 열방산 등에 소비된다. 지금 정적하에서 연소가 이루어질 경우를 생각하면, 이 때의 연소온도 $T_{3(V)}$는 다음 식으로 구하여 진다.

$$T_{3(V)} = T_2 + \frac{1}{c_{vm}} \frac{H_l}{1+\lambda L_0} (1-\xi) \text{〔K〕} \cdots\cdots (7\text{-}16)$$

여기서 c_{vm}=연료가스의 平均定積比熱 〔kcal/kgf·K〕, 〚KJ/(kg · K)〛

$L_0 = G_0/\lambda B$, G_0=공기중량 〔kgf〕, 〚kg〛

λ=공기과잉률, B=연료중량 〔kgf〕, 〚kg〛

ξ=잔류가스의 비율$=G_R/(G_0+B+G_R)$

G_R=잔류가스량 〔kgf〕, 〚kg〛

또, 정압연소인 경우의 연소온도 $T_{3(P)}$는 평균정적비열을 c_{pm} 이라고 하면, 위에서와 같이 하여 다음 식으로부터 구하여진다.

$$T_{3(P)} = T_2 + \frac{1}{c_{pm}} \frac{H_l}{1+\lambda L_0} (1-\xi) \text{〔K〕} \cdots\cdots (7\text{-}17)$$

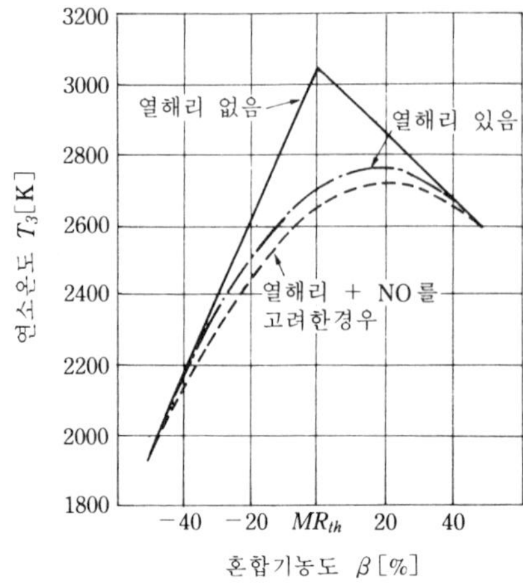

β=혼합기농도(연료비, 당량비)$=\frac{1}{\lambda}$
λ=공기과잉률(공기비)
$(MR)_{th}$=이론혼합비(이론공연비)

그림 7-14 혼합기농도와 연소온도

따라서, 연소온도는 λ와 ξ에 관계되어서 변화된다. 그리고 실제의 연소에 의하여 달성되는 최고온도는 그 때의 연소상태, 벽면으로부터의 열손실 및 연소생성물의 열해리 등으로 약간 낮아진다. 1400℃ 이상의 고온에서는 연소생성물이 열해리되고, 이 해리열을 흡수하기 때문에 연소온도가 낮아지는 것이다. 그림 7-14는 혼합기농도와 연소온도와의 관계를 나타낸 것으로서, 그림 중 실선은 열해리를 고려하지 않은 경우로서 이론혼합비 $(MR)_{th}$인 곳에서 최고온도로 되어 있다.

2) 열해리

연소반응은 앞에서 설명한 바와같이, 산화를 향하여 한쪽 방향으로만 진행되는 것이 아니고 연소가스의 온도가 1500~1700[℃] 이상으로 되면 이미 결합되어 있는 CO_2의 일부가 다시 CO와 O_2의 분자로 나누어지거나 H_2O의 일부가 H_2와 O_2의 분자로 떨어지거나 한다. 이와같이 보통의 연소와는 역방향으로 진행되는 반응을 열해리(thermal dissociation)라고 하며 그리고 열해리는 다음과 같은 이유에서 생긴다.

가스는 고온으로 됨에 따라 기체분자의 병진, 회전운동 및 분자를 구성하는 원자간의 진동이 격심해지고, 회전운동에 따라 원심력, 진동 등으로서의 관성력 및 분자끼리의 충돌에 의한 충격력 등으로 기체분자는 원자에까지 분해하는 현상이 생긴다. 이것이 해리이고, 이들 해리된 원자는 충돌에 의하여 다시 처음의 분자로 결합하는 것도 있으나, 그 때의 온도에 상당하는 어느 비율은 언제나 해리된 상태로 있게 된다. 해리된 분자는 온도가 저하됨에 따라 다시 산화되어서 열을 발생하게 되나, 이 때의 발열은 대부분의 경우 팽창행정의 말기에서 생기므로 일에 대한 기여도가 적고 제동열효율을 떨어지게 한다. 이 경우의 연소방정식은 식 7-9의 (3)과 (5)로부터 다음 식과 같이 표시된다.

$$CO_2 - CO + \frac{1}{2}O_2 - 67580 \text{〔kcal〕}, \ -283 [\![MJ]\!] \cdots\cdots (7\text{-}18)$$

$$H_2O(\text{蒸氣}) = H_2 + \frac{1}{2}O_2 - 57750 \text{〔kcal〕}, \ -242 [\![MJ]\!] \cdots\cdots (7\text{-}19)$$

윗식에서 CO_2의 熱解離에서는 解離熱 67580〔kcal〕, 283⟦MJ⟧을, 또 H_2O〔蒸氣〕의 **熱解離**에서는 **解離熱** 57750〔kcal〕, 242⟦MJ⟧을 각각 흡수하는 것이 되므로, 解離가 일어나면 그 정도에 따라서 燃燒의 最高溫度는 理論値보다 그만큼 낮아진다.

그림에서 一點鎖線은 熱解離를 고려한 경우로, 最高點은 $(MR)_{th}$보다 濃厚한 쪽으로 이동되어 있다. 디젤기관에서는 空氣比(空氣過剩率) λ가 經濟出力일 때에는 1.4~2.4, 最大出力에서는 1.2~1.8로 되어 있어서 熱解離의 영향은 적은 것으로 보아도 좋다.

그리고 실린더 내에서는 NO의 발생이 있고, 다음 식과 같은 반응을 하게 되어서 燃燒溫度는 더욱 저하되어서 그림 중의 點線과 같이 된다.

$$\frac{1}{2}N_2 + \frac{1}{2}O_2 = NO - 21530 \text{〔kcal〕}, \ -90 [\![MJ]\!] \cdots\cdots (7\text{-}20)$$

3) 燃燒의 樣相

기관의 연소에서 발생하는 樣相(mode)에는 火炎傳播(flame propagation), 自己發火 또는 着火(self-ignition or spontaneous ignition) 및 擴散燃燒(diffusive combustion) 등이 있다. 가솔린기관의 正常燃燒는 대부분이 火炎傳播에 의한 연소이고, 디젤기관의 연소는 混合가스의 부분적인 自己着火에서 출발하여 火炎傳播로 옮겨지고, 油粒表面의 擴散에 의한 연소로 생각되어진다.

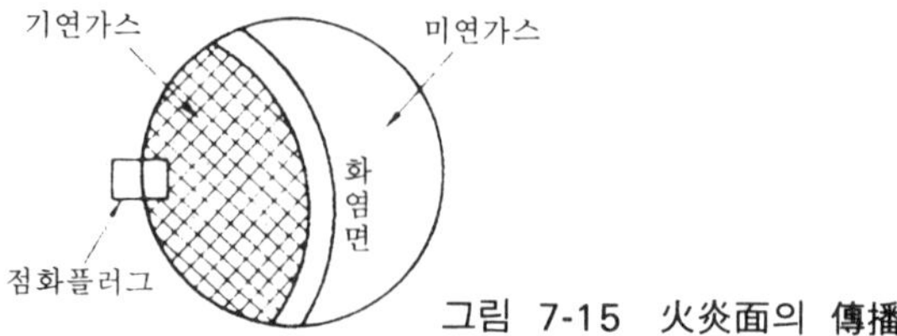

그림 7-15 火炎面의 傳播

a) 火炎傳播

混合氣의 일부가 電氣스파크 등에 의한 가열로 發火溫度(ignition temperature)에 도달하면 酸化反應이 급격하게 일어나서 火炎核(flame core or nucleus)이 발생하고, 이것에 의하여 火炎面(flame front)이 형성되어 火炎이 未燃燒混合氣 속을 火炎速度(flame velocity)로 진행하여 燃燒가 이루어진다. 이 때의 불꽃의 속도가 정상이면 正常燃燒(normal combustion)가 일어나고 정상적이 아니면 이상연소(abnormal combustion)가 발생한다.

b) 自己發火

온도가 균일한 혼합기의 경우는 어느 온도에 도달하였을 때 급격한 화학반응이 진행되어서 발열하고, 자기발화에 의하여 연소가 완료된다. 이와 같은 발열에 의한 착화현상을 열착화(thermal ignition) 또는 열폭발(thermal explosion)이라고 한다.

c) 擴散燃燒

가연성의 가스나 혹은 연료유증기가 공기와 혼합되면서 연소할 때에는 혼합속도와 반응속도가 서로 평행을 유지하면서 예혼합층으로부터 확산에 의하여 연소가 이루어지며, 그의 예혼합연소에 이어서 확산연소가 이루어지는 것이 된다.

7-4 가솔린機關에서의 燃燒

가솔린기관의 정상연소는 점화점(spark plug의 위치)으로부터 화염전파(flame propergation)에 의하여 이루어지며 혼합기가 한순간에 모두 연소해 버리는 것이 아니고 화염의 전파에는 수 ms(고속)~수 10ms(저속) 정도의

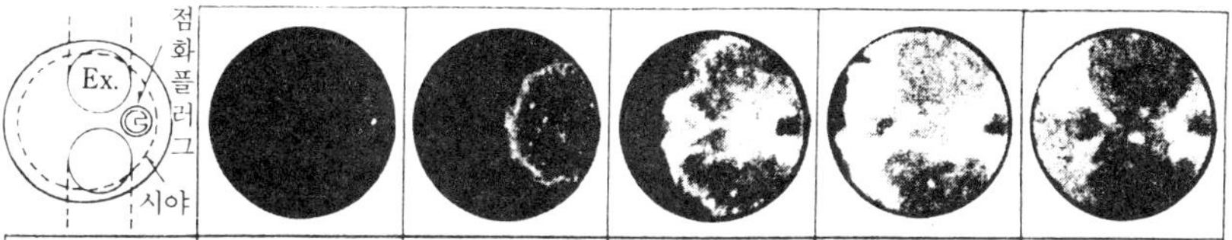

점화플러그 Ex. G 시야					
점화로부터의 시간 ms	1.7	3 0	4.3	5.6	6.9
크랭크각도 °ATDC	−15	−4	7	18	29

그림 7-16 연소실 내의 화염전파

시간이 걸린다. 그림 7-16은 이론공연비로 40km/h 정상주행시에 상당하는 기관의 회전속도, 부하조건에 있어서의 화염전파의 양상을 고속도촬영한 경우의 한 보기이다.

점화플러그를 중심으로 확산되어가는 밝은 부분이 기연부, 어두운 부분이 미연부이고 경계부의 특히 밝은 부분이 화염면(flame front)이다.

이 화염의 전파되어 나가는 빠르기, 즉 연소실벽에 대한 화염면의 이동속도를 화염속도(flame velocity)라고 한다. 그림 7-17에서 각 둥근모양 사이의 화염면의 이동거리를 이동에 필요한 시간으로 나누어서 계산된 속도가 화염속도이다. 이에 대하여 연소속도(burning velocity)란 미연혼합기에 대한 화염면의 진입속도를 말한다. 예를 들면 가스버너의 화염이 안정된 길이로 연소하고 있는 경우는 화염속도와 가스의 분출속도가 화염면에서 평형을 이루기 때문이고 연소속도=화염면의 가스속도라고 할 수 있다.

연소속도는 혼합기의 조성, 농도, 온도, 압력, 난류레벨, 강도 등이 주어지면 획일적으로 결정되어지는 값이다.

기관에서 측정이 가능한 화염속도는 이 연소속도에 연소실 내의 渦流〔흡입시에 생성되는 선회와류를 스월(swirl), 압축 상사점 부근에서 연소실벽과 피스턴 윗면과의 압축에 의하여 생성되는 와류를 스쿼시(squish)라고 한다.〕나 연소가스 팽창에 의한 가스의 이동속도를 가한 것이다. 화염속도의 시간적 변화는 연소가스의 팽창에 의한 영향이 크고 전파시간의 최초와 최후가 0이고 중간에서 최대로 되는 포물선 모양의 속도변화로 된다.

실린더 내의 연소의 현상에는 혼합기에 스파크 점화된 후에 화염이 전파하여 전체 혼합기가 연소하는 것, 즉 정상연소 외에 스파크가 튀어도 화염전파가 일어나지 않는 실화(misfire)나 노킹(knocking), 조기점화(preignition) 등이 있으며 또 실린더 밖에서의 연소로서는 백파이어(backfire)나 애프터번(afterburn) 등이 있다.

실린더 내의 연소에 들어가기 앞서 먼저 연소를 이해하는 기초가 되는 가연혼합기의 점화, 착화나 연소에 대하여 간단히 설명한 다음 이어서 실제의 실린더 내의 연소, 노킹, 조기점화 등에 대하여 기술한다.

(1) 混合氣의 點火와 燃燒

1) 점화와 연소가 가능한 공연비

혼합기의 점화, 연소의 가능한 범위는 비교적 좁으며 또한, 그 범위는 연료의 종류에 따라서도 다르다. 공연비가 노후하거나 희박하여도 점화하지 않는 한계를 연소한계라 하고, 이 한계는 온도상승과 함께 넓어진다.

그림 7-17 에서 보는 바와같이 압력에 대하여는 일반적으로 압력의 저하와 더불어 가연범위는 좁아진다. 그리고 그림 7-17 의 연소한계는 충분히 큰 점화에너지로서 측정한 것이나 혼합기의 온도, 압력이 일정하여도 점화에너지가 작아지게 되면 가연범위는 좁아진다. 그림 7-18 은 그 한 예를 나타낸 것으로 U자형 곡선의 안쪽이 가연범위이다.

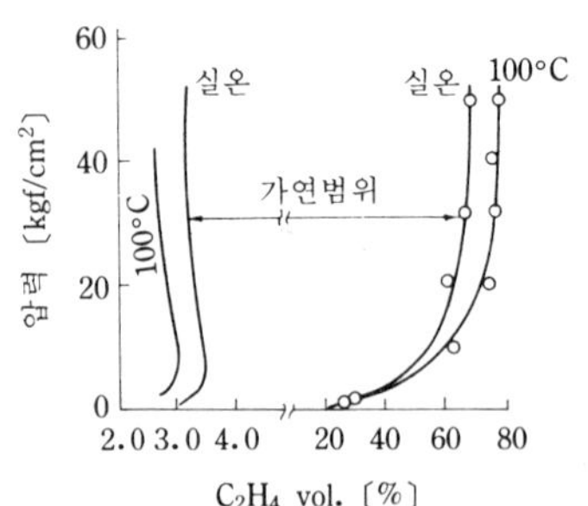

그림 7-17 에틸렌공기계의 연소한계에 대한 압력과 온도의 영향

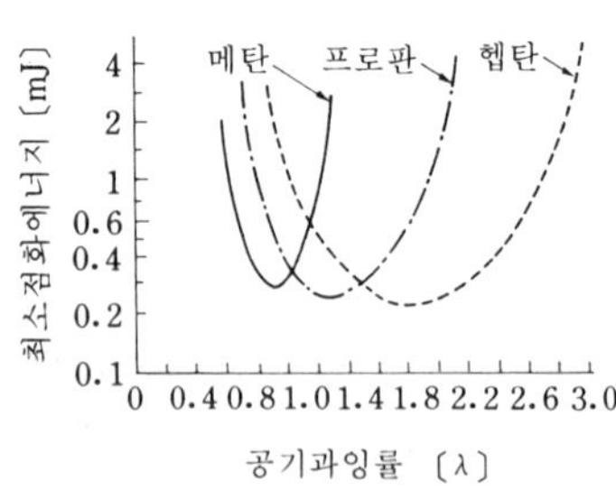

그림 7-18 여러가지 연료의 점화성

2) 혼합기의 점화(착화)

혼합기에 점화하는 방법은

① 전기 스파크에 의한 점화

② 화염에 의한 점화

③ 고온물체의 熱面에 의한 점화

④ 혼합기의 압축점화

등이 있다.

실제의 기관에서는 이것들이 독립적으로 존재하는 것이 아니고 몇 개가 서로 섞이면서 연소가 이루어지게 된다. 그러나 때로는 각각이 주역으로 되어서 점화, 연소현상을 나타내는 경우도 있다.

정상적인 연소는 스파크점화와 화염 전파이고 노킹은 연소실 내 末端未然가스(end gas)의 압축점화에 의하여 생기고 조기점화는 스파크점화 이전에 생기는 열면점화이다.

a) 스파크점화(spark ignition)

스파크점화는 혼합기 중에 전기 스파크를 튀게 하여 점화하는 것이다. 일반적으로 점화란 스스로 화염의 전파가 가능한 작은 화염의 핵을 만드는 것으로 스파크가 튀면 최초에 전극 틈새의 중앙부 가까이에 작은 화염핵이 생성되어 점차 커져서 마침내 화염이 전체적으로 퍼진다.

b) 혼합기의 압축점화(compression ignition)

가연혼합기를 압축 등에 의하여 전체를 어느 한도 이상의 온도로 높이면 혼합기는 자기 스스로 발화한다. 이와 같은 발화를 자발화 또는 自然發火라 하고,. 압축으로 인한 고온에 의한 자발화를 壓縮點火라고 한다. 이 경우 그 온도에 달함과 동시에 점화하는 것은 아니고 지연기간을 거친 뒤에 점화한다.

스파크점화나 열면점화 등 외부의 에너지에 의하여 발생하는 화염에 비하여 압축점화는 인접하는 혼합기로의 에너지 전달이 빠르고, 또 인접혼합기도 반응이 진행되어 있으므로 약간의 자극으로 화염으로 되기 때문에 화염의 전파속도는 대단히 빨라진다.

c) 혼합기의 열면점화

혼합기가 점화플러그나 배기밸브 등 고온의 표면에 의하여 가열되어 점화하는 것을 열면점화라 하며, 점화된 뒤는 스파크점화의 경우와 같이 보통의 화염속도로 연소가 진행된다.

(2) 正常燃燒

실제의 스파크점화기관의 실린더 내에서의 정상연소는 쉽게 설명하여 화염이 열전달 혹은 확산에 의하여 순차 인접분자로 전달된다. 즉, 온도파에 의하여 전파되는 경우로 화염이 매초 수미터 내지 수십미터의 속도로 전파하여 혼합기 전체가 연소하는 것이다.

그러나 정상적인 화염 전파가 끝나기 전에 말단의 혼합기가 압축점화하는 경우가 있고 이것이 노킹이다. 또, 연소실의 일부가 고온으로 되어 이 부분에서 혼합기가 가열되어 자연발화하게 되면 표면점화로 되고 그 점화의 시기가 스파크의 점화시기보다 빠르면 조기점화로 된다.

1) 연소과정

흡입된 혼합기는 압축행정에서 압축열을 받아 400℃정도(압축비 등에 따라서 다소 다르다)로 가열되어 氣化한다. 그러나 기화에 이어서 완만한 산화를 일으켜서 과산화물, 알데히드 등이 생성되고 이 과정에서 약간의 열을 발생한다. 이들의 분해 생성물을 포함하는 혼합기는 점화되기 쉽도록 되어 있으나 전기스파크로 점화하여도 바로는 스스로 전파될 만큼의 화염은 발생되지 않고 점화 후 약간의 지연을 거친 다음부터 화염이 발생된다. 이 지연을 점화지연(Ignition-delay, 발화지연이라고도 한다)이라고 한다. 그림 7-19는 연소과정 중 실린더 내의 압력변화를 나타낸 것으로 이것은 다음의 2개의 단계로 나누어서 생각할 수 있다.

제1기 (점화지연): 점화된 작은 부분의 혼합기가 연소하여 확대된 다음 자기 스스로 전파할 만큼의 화염핵이 형성되는 기간으로서 이 기간은 연료의 성질, 공연비, 온도, 압력 등에 관계된다. 열의 발생이 미미하므로 이 시기에는 압력의 상승은 확인할 수 없고 이 기간을 압력상승지연 혹은 열발생지연이라고도 한다.

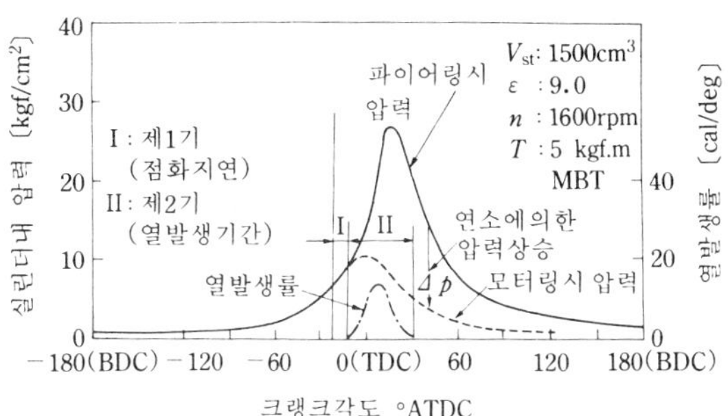

그림 7-19 실린더 내 압력과 열발생률

제 2 기 (열발생기간) : 여기에 이르러서 비로소 압력상승이 나타난다. 압력최대인 곳에서 발생열량과 평형하게 되지만 연소는 아직 완료되지 않으며 열의 발생은 팽창행정까지 이어진다. 일반적으로 가솔린기관에 있어서의 열발생기간은 크랭크각도로 40∼60°이고 열발생 패턴은 그림 7-19 에 나타내는 것과 같은 끝이 둥근모양을 한 2등변 3각형의 형상에 가깝다.

열효율이 최대로 되는 점화시기(MBT)에 있어서 실린더 내의 압력은 상사점 후 15∼20℃A에서 최대가 되고, 이 때 열발생의 피크위치는 상사점 후 5∼10℃A가 된다.

그림 7-20 는 MBT 점화시기에 있어서의 연소실 내의 화염전파양상을 나타낸 것이다.

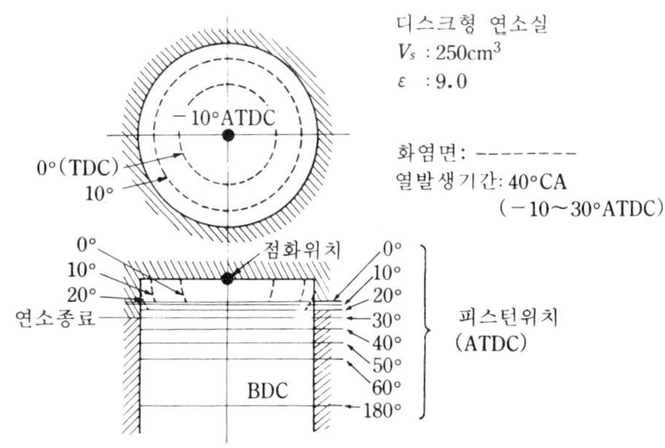

그림 7-20 크랭크각도에 의한 화염면과 피스턴 위치의 변화

2) 연소에 영향을 미치는 인자

정상연소시에 있어서 그림 7-19의 점화지연은 공연비의 영향을 주로 받으며 농후, 희박 공연비에서는 커진다. 기관의 성능을 지배하는 것은 열발생기간(연소기간)이고 일반적으로 연소기간을 짧게 할수록 열효율의 향상과 연소 안정성의 개선(사이클변동의 저감)이 얻어지게 된다. 이 연소기간에 영향을 미치는 인자는 그림 7-21과 같이 분류된다.

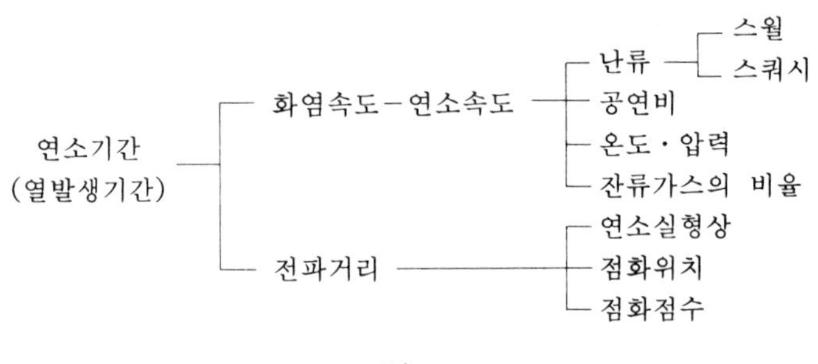

그림 7-21

a) 난류의 영향

연소의 속도, 즉 기관연소인 경우 앞에서 기술한 화염속도는 무엇보다도 그 때의 혼합기의 난류현상의 강도에 의한 영향이 크다. 실린더 내의 난류현상은 흡입시에 생기는 스월, 피스턴에 의한 압축시에 생기는 스퀴시, 그리고 그림 4-17에서 보여주는 바와 같이 연소가 진행되는 동안 미연소가스에 강한 난류를 생기게 하는 것 등이다. 기관의 회전속도가 증대하게 되면 난류의 강도가 커지게 되고 따라서 연소에 요하는 시간이 단축된다(그림 7-22).

이것이 기관을 고속으로 운전할 수 있는 이유이다. 그러나 점화지연기간은 그다지 변화되지 않으며 회전속도를 증가시키면 크랭크각으로는 그 기간이 길어지므로 기관의 회전속도 증가와 함께 점화시기를 빠르게 할 필요가 있다.

b) 공연비

空燃比에 의하여 연소속도는 달라진다. 일반적으로 최대 출력공연비(A/F=

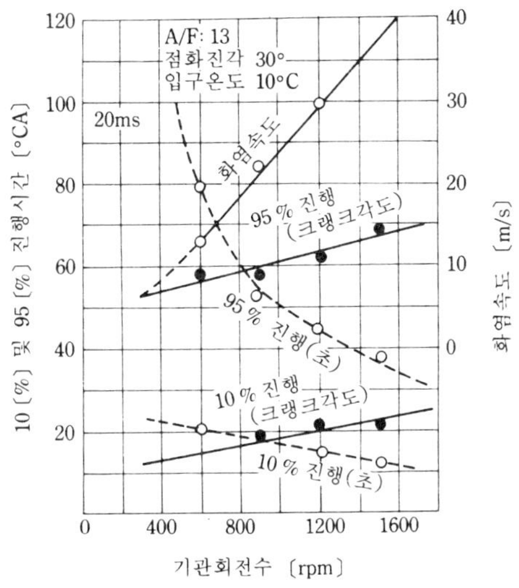

그림 7-22 화염속도에 미치는 회전수의 영향

12~13) 부근에서 연소온도가 최고로 되고 연소속도도 최대가 된다.

c) 온도, 압력

그림 7-23은 혼합기의 온도가 연소속도에 미치는 영향을 나타낸 것이다. 그림에서와 같이 혼합기의 온도의 상승과 함께 반응속도는 증가되고 따라서 연소속도는 빨라진다. 그리고 압력의 영향은 연료에 따라서 다르나 보통의 가솔린인 경우는 압력의 상승과 더불어 연소속도는 증대하는 것으로 되어 있다.

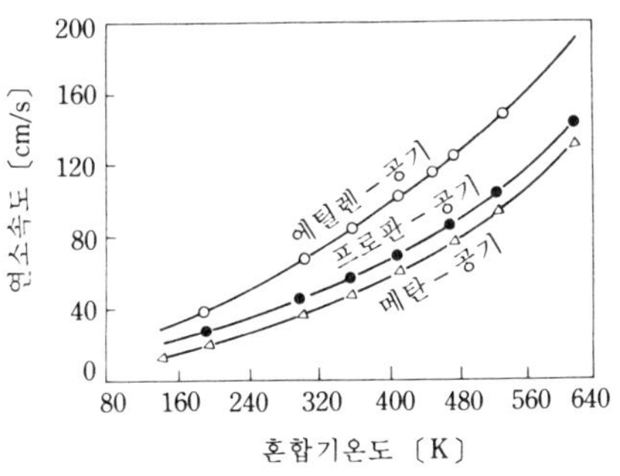

그림 7-23 최대연소속도에 대한 혼합기온도의 영향

d) 잔류가스의 비율

흡기부압이 큰 저부하운전시는 燃燒速度가 늦어진다. 이것은 잔류가스의 비율이 커지게 되고 연소온도가 낮아지기 때문이다. 이 연소의 지연을 보정하기 위하여 그림 4-19에서와 같이 흡기부압이 커지는 것과 함께 점화시기를 앞세울 필요가 있다.

e) 연소실형상과 점화위치(수)

火炎의 전파거리를 단축하여 연소기간을 짧게 하려면 컴팩트한 연소실+중심점화, 또는 다점점화가 유리하다. 구체적으로 롱스트로크화하여 실린더 헤드, 피스턴의 양측 모두 반구형에 가깝도록 하고 그 중심에 점화위치를 설치하게 되면 화염거리를 최소화할 수 있다. 실제적으로는 점화위치로부터 떨어지는 주변부를 스퀴시역으로 하여 연소실체적을 점화플러그 주위에 모으는 레이아웃(layout)이 많이 취해지고 있으며, 그림 7-24는 실제의 쐐기형(wedge type) 연소실과 2점점화의 반구형 연소실의 예이다.

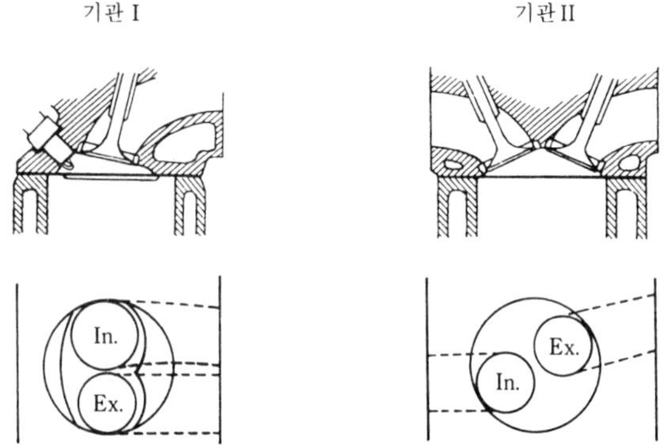

그림 7-24 실제의 연소실형상, 점화위치의 예

(3) 異常燃燒

1) 노 크

a) 노크의 현상과 발생기구

자동차를 톱기어(top gear)의 위치에서 저속주행의 상태로부터 급가속을 하는 경우 등에 기관으로부터 까르락, 까르락하는 일종의 소음을 발생하는 때가 있다. 이것을 노크 또는 노킹이라 한다.

노크는 혼합기의 화염전파의 말단부(end gas)가 거의 한순간에 연소하는 "자발화"에 기인하고 이때 연소실 내의 큰 압력불평형에 의하여 발생된 압력파가 연소실벽을 가진하여 노크음을 발생하는 것으로 되어 있다.

점화플러그로부터 확산되는 화염면은 旣燃部의 팽창에 의하여 未燃部를 압축해가면서 진행하기 때문에 그림 7-25 에서 보여주는 바와같이 미연부의 온도, 압력은 상승되고 알데히드나 과산화물 등의 중간생성물이 화염의 도달하기 이전에 생성된다.

그리고 그때의 온도, 압력의 시간적 이력이 연료에 의하여 결정되어지는 어느 한계(과산화물농도의 한계)를 초과하면 자발화에 이르게 되며 따라서 노크의 강도는 자발화하는 미연가스의 양에 따르게 된다.

노크음의 기본주파수는 실린더 내경과 가스온도에 따라 주로 결정되며 실린더 내경 80 mm 전후인 기관에서는 7 KHz 전후이고 하나의 노크로서

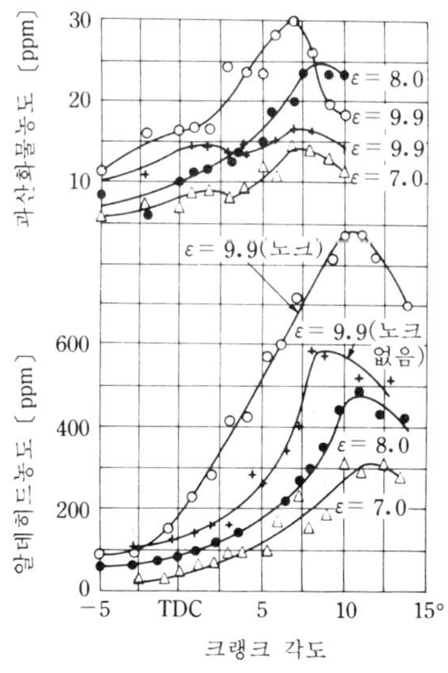

그림 7-25 상사점부근의 과산화물 및 알데히드 농도
(연료 : 옥탄, +표지 4에틸 鉛)

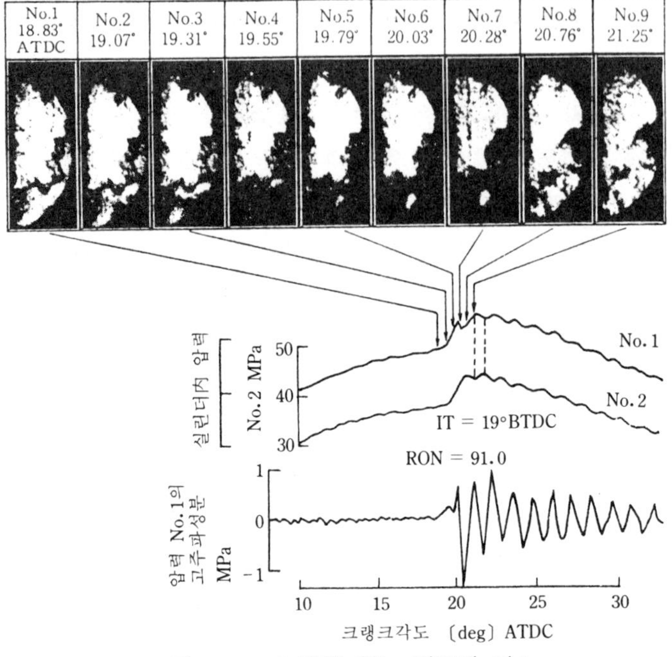

그림 7-26 노킹이 있는 경우의 연소

볼 때에는 상사점 근방의 발생직후가 압력진폭이 가장 크고 또한 주파수도 높다. 그림 7-26 에서와 같이 피스턴의 하강, 즉 가스의 팽창과 함께 온도가 저하되므로 이에 따라 주파수도 낮아진다.

b) 노크에 의한 장해

다실린더의 자동차용 기관에서는 사이클마다 공연비, 난류현상의 레벨이 다르고 실린더간에는 압축비나 연소실의 냉각상태가 또한 다르므로 세심하게 살펴볼 때에는 실린더마다, 또 사이클마다 연소상태는 모두 다르다. 노크에 관하여도 그 양상이 같으며 보통 운전석에서 들릴정도의 노크강도로는 전사이클이 노크를 발생하고 있다고 할 수 없으며 전체에서 보면 사이클의 일부에서 발생되고 있는 것에 지나지 않는다. 이와 같은 상태에서는 소리만이 문제이고 다른 장해는 일어나지 않는다. 역으로 1000～1500rpm정도의 저회전역에서는 일반적으로 가벼운 노크가 발생되는 편이 되지 않는 경우 보다 출력이 커서 연료소비율도 좋아진다.

이것은 연비와 출력향상을 위하여 저회전역에서는 MBT가 노크발생 개시점화시기보다 앞선 쪽에 있는 듯한 압축비를 일반적으로 선정하기 때문이다. 그 결과 점화시기를 늦추어서 노크가 발생되지 않는 경우 보다 노크를 가볍게 발생할 때까지 점화시기를 앞세운(MBT에 근접시킨다) 편이 출력, 연비가 모두 좋아지는 셈이 된다.

그러나 강한 노크는 압력상승률, 최고압력을 증대시키고 가스의 진동으로 연소실벽과 피스턴으로의 열전달을 좋게 하기 때문에 피스턴이나 피스턴 링의 소손, 융착, 개스킷의 파괴, 심하면 메탈 베어링의 이상마모 등의 장해를 불러 일으키는 경우가 있다.

c) 노크의 억제법

노크가 발생되는지의 여부는 앞에서 설명한 바와 같이 말단가스의 온도, 압력의 시간이력에 의하여 결정되고 또한 그 한계는 연료에 따라서 다르다. 따라서 노크의 억제방법은 다음의 두 가지로 나누어진다.

(i) 내노크성의 높은 연료의 사용

연료의 내노크성은 옥탄가로 표시되며 시판의 보통가솔린은 약 90～91, 고옥탄 가솔린은 98 전후이다. 옥탄가가 7 정도 상승하게 되면 기관의 압축비는 약 1 정도 크게 할 수 있다. 옥탄가의 높은 알코올을 가솔린에 혼합하여도 연료의 옥탄가는 상승된다.

(ii) 말단가스의 온도, 압력을 저하시키고 또한 연소기간을 단축한다.

이것을 실현하는 구체적인 방법으로서는 먼저 설계면에서

① 압축비를 내린다.

② 연소실 형상, 점화장치의 최적화에 의하여 화염의 전파거리를 단축한다.

③ 말단가스 위치를 배기밸브로부터 떨어지도록 한다.

④ 스궈시, 스월 등의 난류현상의 증대로 화염속도를 높이고 연소시간을 단축한다.

등이 있다.

그림 7-27은 ②, ④에 의하여 과거보다 압축비를 1～2 정도 향상시킨 것으로 보고되어 있는 연소실의 형상을 나타낸 것으로 모두 스궈시 면적이 큰 것이 특징이다.

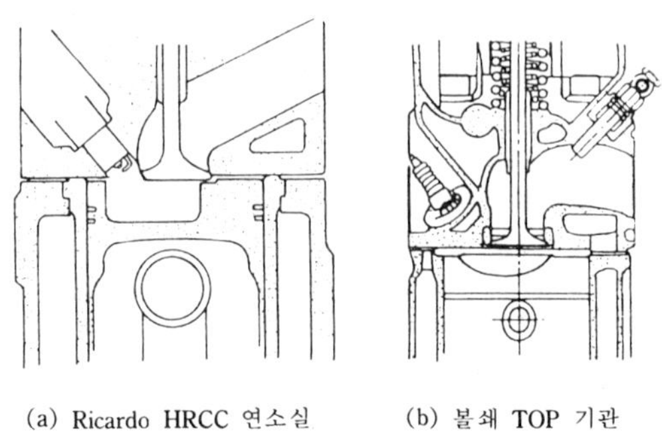

(a) Ricardo HRCC 연소실　　(b) 볼쇄 TOP 기관

그림 7-27 고압축비 가솔린기관의 연소실 예

제원이 정하여진 기관의 노크를 운전조건으로 억제하는 방법으로서는 다음과 같은 것들이 있다.

① 점화시기를 늦춘다(어느 점화시기에서 가벼운 노크상태에 있게 되면 크랭크각도로 2~3° 늦추어지게 함으로써 노크는 소멸된다). 현재로는 이 방법이 노크제어장치에 의하여 자동제어되도록 되어 있다.

② 회전속도를 높인다.

③ 냉각수 온도를 저하시킨다.

④ 흡기온도를 저하시킨다.

2) 표면점화에 의한 이상연소

연소실의 점화플러그, 배기밸브, 堆積物(deposit) 등의 고온부에 의하여 스파크점화에 의한 정상적인 화염전파에 앞서 화염이 발생하는 것을 표면점화라고 한다. 발생한 화염은 노크와는 다르며 일반적으로 정상적인 속도로 전파된다. 표면점화가 점화시기보다 앞서 일어나는 경우를 早期點火, 뒤에 일어나는 경우를 遲延點火(post ignition)라고 한다.

조기점화의 원인은 주로 점화플러그 중심전극의 碍子部이고 점화플러그의 열가가 지나치게 낮거나 점화시기가 너무 앞서 있게 되면 중고속의 고부하에서 발생하기 쉽다. 조기점화는 점화시기를 과도하게 앞세운 것과 같은 상태로 되어서 발생실린더에서는 출력이 격감되거나 역전력이 작동하는 경우도 있으므로 토크변동이나 출력의 저하를 초래하게 된다. 뿐만 아니라 연소실 각부의 열부하도 급증하기 때문에 피스턴의 융착이나 플러그전극이 타서 녹아버리는 등의 이상현상을 초래한다.

이와 같은 고속고부하에 있어서의 조기점화는 적정의 점화시기와 알맞은 열가의 점화플러그를 선택함으로써 발생을 방지할 수 있다.

3) 역화, 후연

지금까지 설명한 정상연소, 노크, 표면점화 등은 모두 연소실 내에서의 연소이나 연소실 밖에서 즉, 흡기계나 배기계에서도 연소가 발생하는 경우가 있다. 전자를 逆火(back fire), 후자를 後燃(after burning)이라고 한다.

a) 역 화

흡기매니폴드 내의 혼합기가 밸브오버랩 때 연소실로부터 역으로 블로아웃되는 화염 또는 고온의 기연가스에 의하여 연소하는 것이고 혼합기가 대단히 희박하여 연소가 지연되는 경우나 밸브타이밍의 조정이 잘못되었을 때 생기기 쉽다.

b) 후 연

後燃이란 역으로 배기계 내에서 발생하는 연소이다. 연소실로부터 실화에 의하여 배출된 미연혼합기가 그 다음의 연소사이클에서 연소된 배기에 의하여 점화, 연소하는 것이며 후연이 발생되는 것은 감속시에 그것도 감속직후에 발생되기 쉽다. 이와 같은 조건에서는 스로틀밸브의 급폐에 의하여 흡기량이 대단히 적고 연소실 내의 잔류가스의 비율이 크기 때문에 가연한계를 초과하여 실화하는 사이클이 많아지게 되는 때 등이다.

한번 실화하면 다음의 사이클의 잔류가스 중에는 미연혼합기가 포함되게 되므로 기연가스비율이 감소하여 연소하기 쉬워진다. 이와 같은 현상이 번갈아가며 일어나거나 또는 수사이클 건너서 연소와 실화사이클(중간의 부분연소사이클도 있다)이 반복되어서 실화사이클의 미연혼합기가 배기계에서 가연혼합기로 되는 경우 연소사이클의 배기가 점화원으로 되어 후연이 발생된다.

감속직후는 발달된 흡기부압에 의하여 관벽에 부착된 액상연료가 급속하게 기화하여 혼합기는 농후한계를 초과하여 실화하기에 이른다. 이 미연의 농후 혼합기는 배기계에서 희석되어 가연혼합기로 되고 앞에서 기술한 바와 같은 정상감속의 경우와 비교하여 연소하는 연료량이 많기 때문에 후연의 정도는 커진다.

이상의 설명으로 분명한 바와 같이 후연을 방지하는 데는 배기 중에 미연혼합기를 배출시키지 않으면 되므로 이를 위하여는 연소실 내에서 완전히 연소시키거나 연료공급을 중지하면 된다. 이를 위한 구체적인 방법으로서는 감속시에 스로틀밸브가 서서히 닫힐 수 있도록 하는 대시포트나 바이패스 통로로부터 흡기를 공급하여 실화시키지 않는 장치 등이 쓰여지고 있다. 고속회전에서의 감속상태에서 엔진브레이크가 작동할 수 있을 정도의 스로틀밸브 개도에서는 全사이클을 연소시키기에는 곤란하므로 연료공급을 중지시키는 연료 컷 장치가 널리 쓰여지고 있다. 이것은 미연혼합기가 촉매장치 내에서 연소하여 촉매가 소손하는 것을 방지하는 것이 주된 목적이나 후연의 발생도 완전히 중지시킬 수 있다.

(4) 稀薄燃燒

일반적으로 이론공연비보다 공기의 과잉상태에서의 혼합기를 연소시키는 것이 넓은 뜻으로의 희박연소(lean burn)이다. 연소는 혼합기가 희박하여 질수록 어려우며 또한 최고 연소압력이 낮아져서 토크도 떨어지게 된다.

그러나 자동차의 기관과 같이 그 운전영역의 폭이 넓어서 최대 일을 할 수 있는 쪽으로 공연비를 설정, 기관이 능력을 발휘할 수 있도록 할 경우에는 비교적 많은 운전영역을 차지하는 저부하역에서의 연료, 즉 일의 허실이 커지게 된다. 특히 전체운전영역 가운데 부분부하운전역에서는 공급되는 연료량에 대하여 보다 많은 공기를 흡입토록 하면 기관의 작동 사이클의 수행에서 상대적으로 펌프 손실이 적어지고 작동유체의 온도가 낮아져서 연소실주변으로부터의 방열량 감소에 따른 열손실의 저감 등으로 기관자체의 熱精算(heat balance)이 개선되어서 연비가 향상된다. 그런 뜻에서 희박연소기관에 대한' 정의와 연비향상의 이론적인 배경을 종합하면 그림

이론공연비보다 극히 회박한 혼합기로 운전될 수 있다.

↓

공연비 22~23 전후의 최희박영역에서 각종 모드 시험의 속도영역주행이 가능하다.

린 센서가 갖추어져 있고 이의 작동에 의하여 공연비의 피드백 제어가 가능하다.

(a) 희박연소의 정의

다량의 공기흡입으로 펌프손실이 저감된다.

+

연소온도가 낮아서 실린더벽 등으로부터의 열손실이 감소된다.

+

연소온도가 낮은데 따른 열해리의 저하와 공연비의 증대로 인하여 배기손실이 감소된다.

(b) 희박연소에 의한 연비향상

그림 7-28 희박연소의 정의와 연비향상

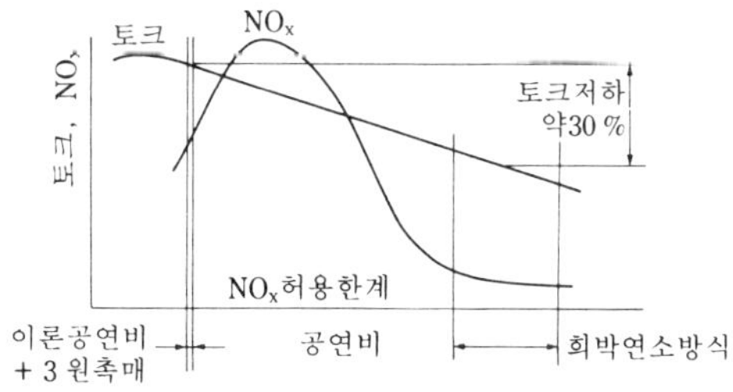

그림 7-29 공연비와 토크

7-28과 같이 표시될 수 있다.

그러나 희박연소는 기관의 전운전영역에서 가능한 것은 아니며 또한 토크가 낮고 배기량이 커짐으로써 마찰손실이 증대되는 등의 문제 이외에 최대의 장해는 연소시 발생되는 NO_x이다. 현재의 촉매기술로는 과잉의 산소분위기 속에서 NO_x를 환원하는 것은 곤란하므로 기본이 되는 배기량을 억제함으로써 규제치를 달성하는 방법에 의존해야 한다. 다음 그림 7-30은 희박연소의 성립을 위한 요건들을 나타낸 것이다.

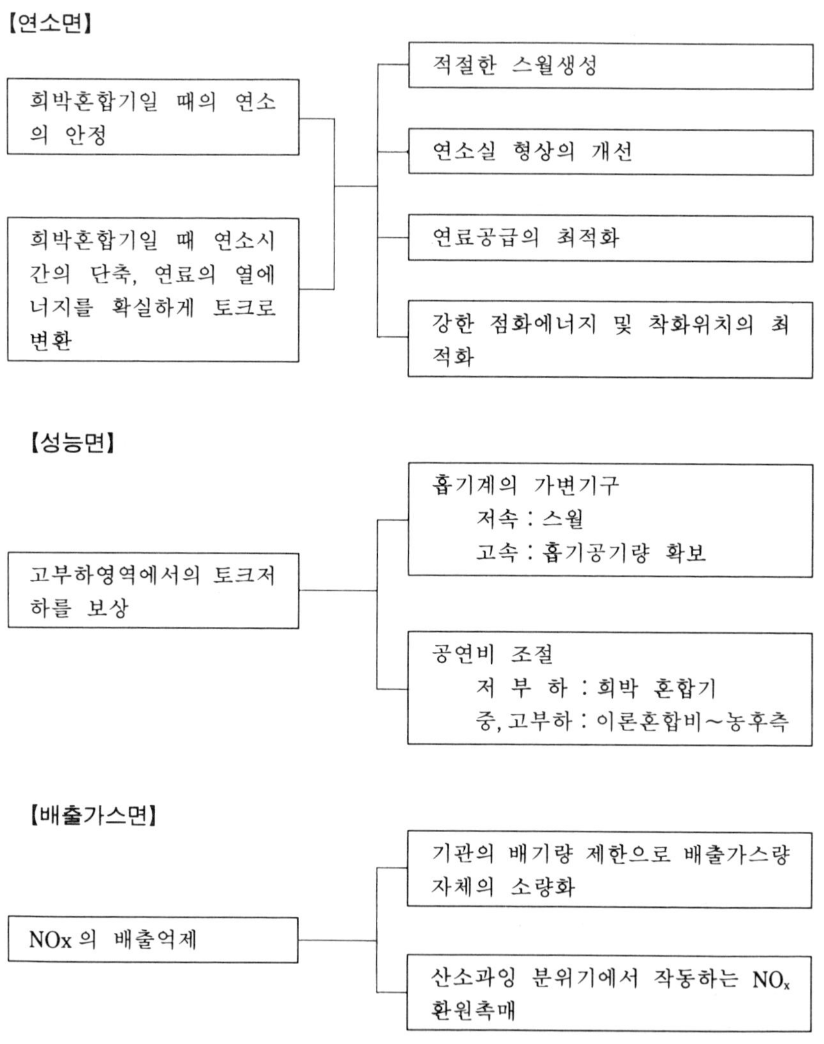

그림 7-30 희박연소 성립의 요건

1) 스월제어시스템 방식에 의한 희박연소

흡기에 강한 스월을 생성시켜서 압축말 연소실 내에 난류현상이 계속되도록 하여 착화와 연소의 도모를 촉진한다. 인 라인(in line) 배치의 2밸브인 경우 흡기포트 내에 아래방향으로 향하는 격벽을 설치하여 저속일 때는 한쪽 통로를 닫아서 스월을 생성토록 하고 중고속역에서는 스월 컨트롤 밸브(SCV : swirl control valve)를 열어서 유로면적을 확대시킨다. 그리고 흡입, 압축된 혼합기에 착화가 확실하게 되도록 하기 위하여 고점화시스템을 채용한다.

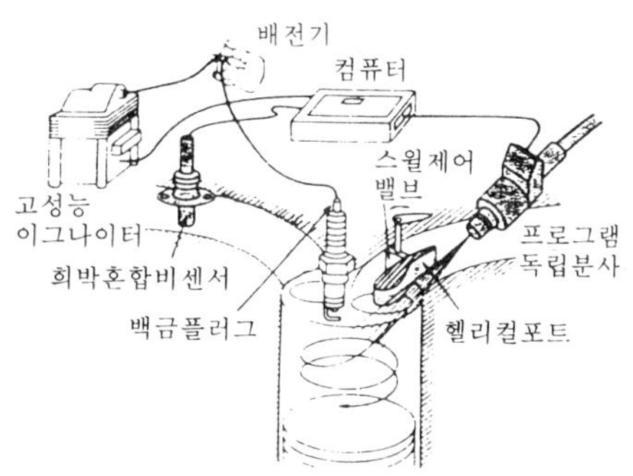

그림 7-31 회박연소의 구성

a) 스월제어(SCV) 시스템

4각형 단면의 흡기포트를 2개로 나누는 격벽을 설치, 기관의 회전속도가 어느 회전속도(약 2800 rpm) 이하인 저속역에서는 실린더의 안쪽으로 치우쳐 있는 통로를 닫아서 흡기가 바깥쪽의 통로로부터 유입되면서 실린더 내벽에 따라 스월을 그리는 모양으로 만든다. 이것이 가로방향의 스월인 橫渦流이고 또 한편으로 피스턴이 하강되면서 유입되는 흡기가 입체적으로는 나선(helical)형으로 된 스월을 생성하도록 하며, 이때 기관의 크랭크 축 1 회전에 대하여 스월이 몇 회전하느냐 하는 것을 "스월비"(swirl ratio)라고 한다. 그리고 SCV는 중고속역 뿐 아니라 저속, 전부하역(WOT : 스로틀 전개)에서도 열리게 되나 흡기의 흐름이 저해되어 스월의 형성과 흡기효율과의 양립은 대단히 어렵다.

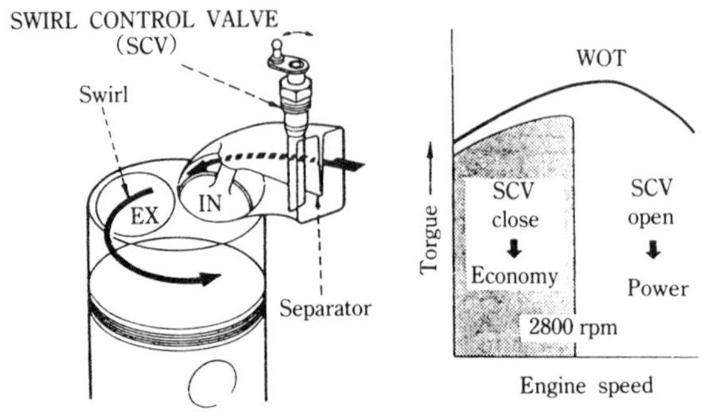

그림 7-32 스월제어 시스템

b) 全域空燃比의 제어를 위한 空燃比 센서

희박연소기관에서 연비를 최대한으로 향상시키기 위하여는 희박공연비영역을 극력 확대시킬 필요가 있다. 희박공연비에서 고부하시의 이론공연비를 이행할 때 목표공연비를 서서히 변화시키면 도중 중간적인 공연비일 때에는 NO_x의 배출량이 많아진다. 따라서 목표공연비 설정에 중간적인 공연비를 부여하는 것은 불가하고 또한 희박공연비영역으로부터 이론공연비영역으로의 변환이 순간적으로 이루어지게 되면 공연비의 차가 지나치게 커서 이로부터 운전자는 파워쇼크(power shock)를 느끼게 된다. 그러므로 이들 燃費, NO_x, 運轉性을 각각 만족시키기 위하여는 응답성과 제어 정확도가 높은 공연비제어가 필요하게 된다.

위에서 설명한 바와같이 희박연소에서 공연비의 정확도 높은 제어를 위하여 채용되는 것이 LAF(Linear Air Fuel) 센서이고 이를 채용함으로써 희박공연비영역을 확대시킬 수 있고, 또한 파워쇼크를 느끼지 않는 공연비제어를 실현시킬 수 있게 된다.

그림 7-33은 LAF 센서의 원리도와 작동원리를 나타낸 것이며 측정의 원리는 다음과 같다. 질코니어(Z_rO_2)고체 전해질이 산소(O_2)를 선택적으로 투과하는 성질을 응용한 것으로 산소 기준실과의 비교에 의하여 확산실 내의 공연비를 항상 이론공연비가 되도록 제어하는 전류 I_P에 의하여 공연비를 알 수 있도록 하고 있다. 즉 희박상태일 때에는 질코니어 고체전해질에 정(+)의 전류 I_P를 흐르게 함으로써 확산실 내의 산소를 확산실 내로 받

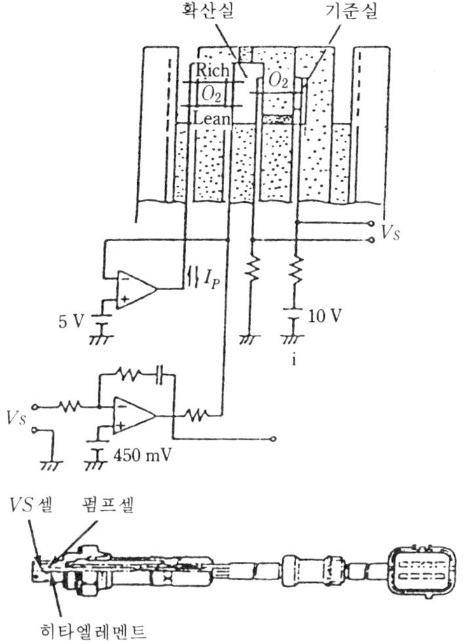

그림 7-33 LAF 센서 외관도와 작동원리

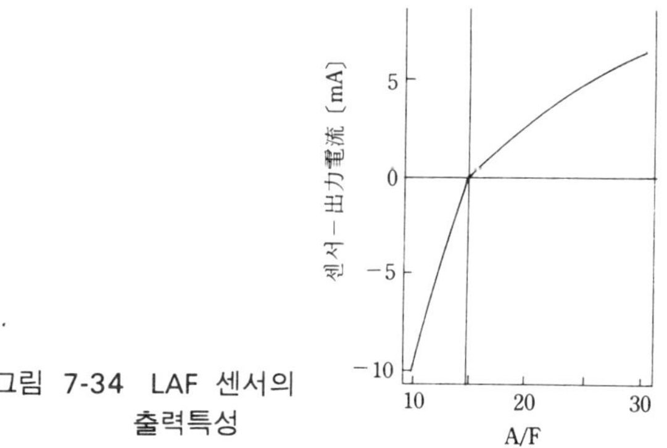

그림 7-34 LAF 센서의 출력특성

아들이며 이때의 산소는 외측전극에 있어서 일산화탄소(CO) 및 이산화탄소(CO_2)를 환원하여 얻는다. 그림 7-34는 LAF 센서의 특성을 나타낸 것으로 공연비 10으로부터 30까지의 넓은 범위에서 그 변화를 直線性으로 얻고 있다. 그림 7-35는 공연비 제어 시스템의 개요를 나타낸 것이다. LAF 센서

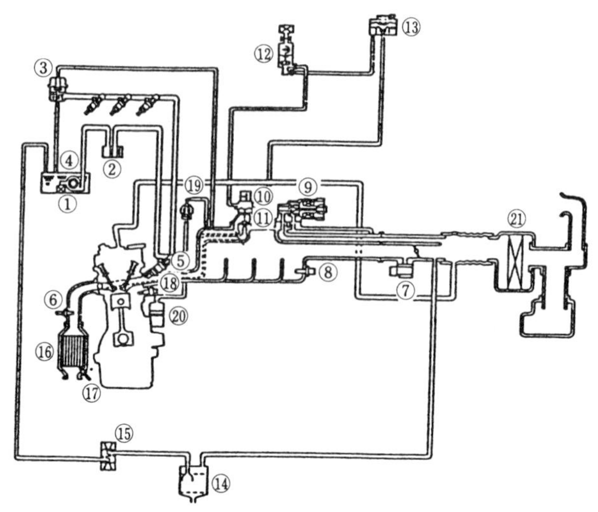

① 연료펌프 ② 연료필터 ③ 프레셔 레귤레이터 ④ 연료탱크
⑤ 연료인젝터 ⑥ LAF 센서 ⑦ 흡기압 센서 ⑧ 흡기온 센서
⑨ EACD(Electronic Air Control Valve) ⑩ EGR 리프트 센서
⑪ EGR 밸브 ⑫ EGR 제어밸브 ⑬ CVC(Constant Vacuum Control Valve)
⑭ canister ⑮ 2웨이밸브 ⑯ 촉매컨버터

그림 7-35 공연비제어 시스템의 개요

로부터 공연비 검출신호가 ECU에 내장되어 있는 LAF 센서 컨트롤 유닛에 보내어지고 또 ECU로부터는 기관 회전속도, 스로틀 개도, 차속, 흡기온도 및 VTEC 제어의 유압스위치 등과 함께 전자제어 연료분사 유닛群 PGM-FI ECU(Programmed Fuel Injection Electronic Control Unit)로 보내어진다. PGM-FI는 이들의 공연비제어 정보를 근거로 조건에 부합되는 공연비 프로그램을 선택, 목표 분사량 신호를 인젝터에 보내어서 연료제어를 한다. 이와 같은 공연비제어 시스템에 의하여 뒤의 그림 7-41에 나타내는 것과 같이 기관 회전으로 매 1회전마다의 공연비를 제어할 수 있고 희박연소 및 대량 EGR 하에서의 연소 안정성의 향상을 비롯하여 연비, NO_x, 운전성을 각각을 높은 레벨에서 만족시킬 수 있다.

c) 흡기 2밸브에 의한 스월 생성구조

협각 4밸브 헤드인 경우 흡기포트를 2개로 분기한 다음 이것을 잘 이

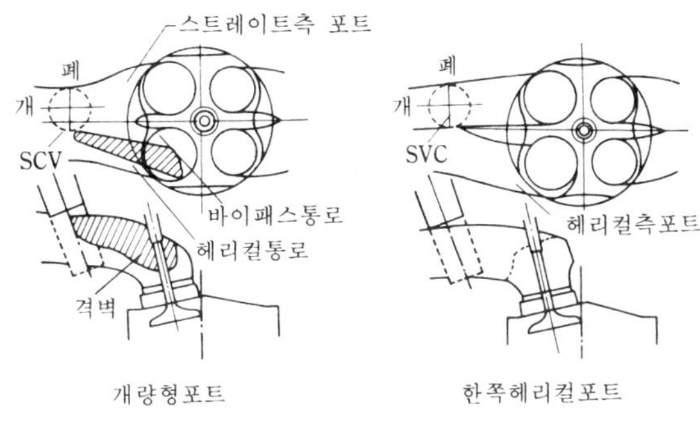

그림 7-36 흡기포트의 형상

용하면 희박연소를 하는 저속, 경부하역에서는 흡기에 강한 渦流現象이 생성되도록 하고 중고속역에 들어가면 충분한 흡기량을 확보할 수 있다고 하는 생각에서 비롯된 구조이다. 그림 7-36에서와 같이 한쪽 흡기포트 중앙부에 격벽을 새운다음, 강한 스월을 필요로 하는 영역에서는 그 바깥쪽으로만 혼합기가 유입되도록 반대쪽 유로를 SCV를 조작하여 닫는다. 그리고 격벽은 포트 위쪽으로 치우쳐서 붙어 있어서 그 밑부분은 공간으로 되어 있으며 바깥쪽 헤리컬 통로를 통하여 유입되는 흡기가 실린더 내로 들어가게 되면 안쪽 둘레를 따라 선회하면서 강한 스월을 생성하게 되고 이때 밑부분으로부터도 기류가 그림의 바이패스 통로를 통하여 유입될 뿐 아니라 SCV로 닫혀진 쪽의 흡기포트, 밸브에도 다소의 흡기가 유입된다. 중고속역에서 SCV를 열면 스월 생성용으로 마련되이 있는 격벽에 의한 통로저항이나 흡입효율의 저하는 무시할 수 없으나 다른 한쪽의 포트가 개방되어 있어서 1밸브, 포트에 헤리컬 포트와 SCV를 조합시킨 구형에 비하여 흡입능력은 대폭적으로 향상된다. 그리고 헤리컬 포트의 주통로 상부를 좁게 하여 유로의 단면적을 작게 하면 흡기량이 적을 때의 유속이 높아져서 스월비는 1.6에서 2.2로 커지게 되고 그만큼 스월현상이 강화된다.

2) 成層給氣에 의한 희박연소

a) 연료분사시기 선택방식

기본적으로 분사가 종료되는 시기에 흡기밸브가 열리도록 분사량(펄스

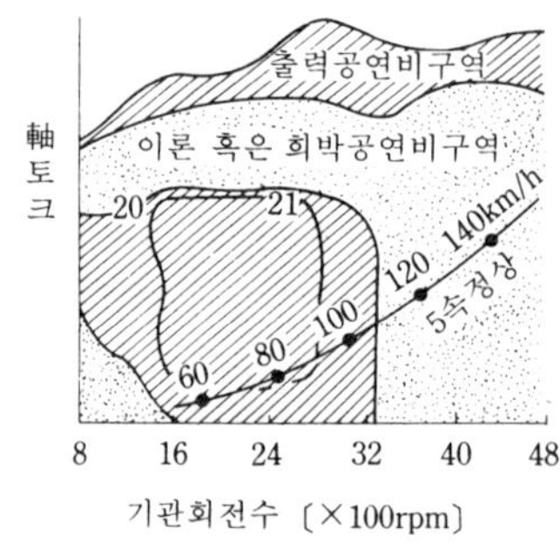

그림 7-37 공연비와 토크

길이) 및 분사개시시기를 제어한다. 그러나 成層給氣가 극단적으로 이루어지게 되면 공연비가 부분적으로 근소하기는 하지만 알맞지 않게 되는 경우가 있어서 NO_x의 생성이 많아지게 되는 경우가 생길 가능성이 있다. 그러므로 기관에 따라서는 연료의 공급시기를 제어하여 실린더 내 혼합기의 성층화를 적극화하지 않는 경우도 있다. 그림 7-37은 기관의 토크와 공연비와의 관계를 나타낸 것이다.

그림에서와 같이 차속 60～110〔km/h〕부근의 정상주행이 공연비 20～21의 초희박연소로서 가능하며 그 영역이 넓고 또한 완만한 가속 정도이면 희박연소로 감내할 수 있음을 뜻한다. 그림에서 그 바깥쪽은 희박연소에서 이론공연비연소로 서서히 변화되나 NO_x와의 관계와 겸하여 함께 생각할 때에는 이 영역은 이론공연비로 되지 않을 수 없으며, 또 고부하역에서는 12～13의 농후 공연비의 영역이 넓어진다. 그리고 희박공연비로부터 이론공연비로의 이행시에는 토크충격(torque shock)을 억제하기 위하여 점화시기를 늦추는 제어를 한다.

b) 가변밸브 타이밍 및 리프트 방식

과거의 CVCC(Compound Vortex Controlled Combustion) 기관은 희박한 혼합기를 천천히 연소시킴으로써 연소온도를 낮게 하여 NO_x를 비롯한 규제성분의 생성을 억제한다는 개념에서 비롯된 것이다. 희박한 혼합기를 확실하게 연소시키기 위해서는 副室에는 농후한 혼합기를 공급하여 화염핵을 만들고 그 부실과 주연소실의 공연비는 최근 확인된 바에 따르면 부실이 6, 주연소실이 20으로서 전체로 16.5 정도 이었으므로 확실한 희박연소이었다. 그러나 부실로부터의 주연소실로의 화염통로부분의 손실이 있는 등 전체로서의 효율저하는 디젤기관의 副室式과 直噴式의 차와 같았으나 희박한 혼합기를 어떻게 연소시키는 가에 대한 발상의 흐름을 가져오게 한 기관임에는 틀림없다. 그 뒤 각 실린더가 2개의 흡기밸브를 가졌을 때 그 가운데 한쪽을 휴지시키고 다른 한쪽만으로 흡기하여 스월을 생성, 희박연소를 가능하도록 한 시스템이 1.5l인 기관에 채용되었으며 이것이 가변밸브 시기 및 리프트(VTEC-E： Variable Valve Timing Lift Electronic Control-E) 형식으로서 이 형식은 주흡기 캠과 접하는 롤러 로커암에 밸브 휴지용 변환기구가 마련되어 있다. 그리고 이 기구는 유압의 작용으로 핀이 운동 중의 로커암을 결합과 개방을 하도록 한 CVCC 기관의 원조인 HONDA가 성립시킨 희박연소 시스템으로 연소실의 혼합기에 난류현상을 가지도록 하는 흡기계 설계에도 이 기구가 응용된다. 즉 로커암의 결합을 풀어서 한쪽 흡기밸브를 休止시키고 다른 한쪽의 흡기포트 및 밸브에서만 혼합기가 유입되도록 하여 스월을 생성토록 하고, 그리고 흡기가 유입되는 동안 어느 순간에서의 연료분사시기를 적절하게 설정함으로써 압축, 점화시 점화플러그의 전극 부근에 농후한 혼합기가 모아지도록 하여 착화, 연소를 촉진시킨다. 그림 7-38은 밸브 휴지에 의한 와류생성과 VTEC-E 기구를 나타낸

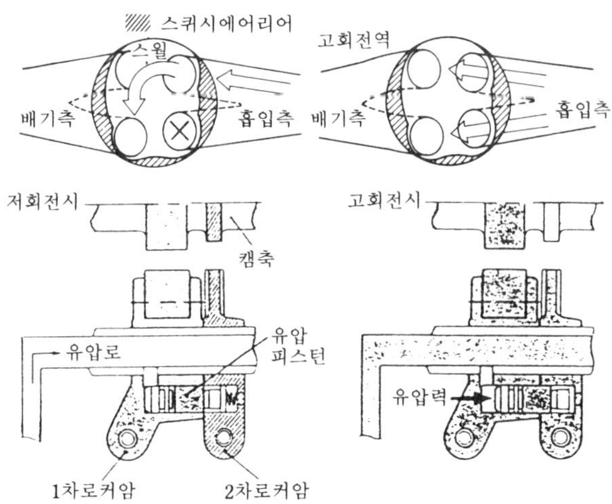

그림 7-38 밸브 휴지에 의한 스월생성과 밸브변환기구

것이고, 그림 7-39는 VTEC-E의 밸브 타이밍을 예시한 것으로서 밸브리프트량과 휴지밸브측에도 약간(약 0.6mm)의 리프트가 있어서 이를 통하여도 적은 양의 혼합기가 실린더 내로 유입되어 저속저부하시는 희박연소가 이루어지고 회전속도가 상승, (2200~3100 rpm 부근) 어느 경계에서는 유압에 의하여 2개의 흡기밸브가 모두 작동상태에 들어가도록 되어 있다.

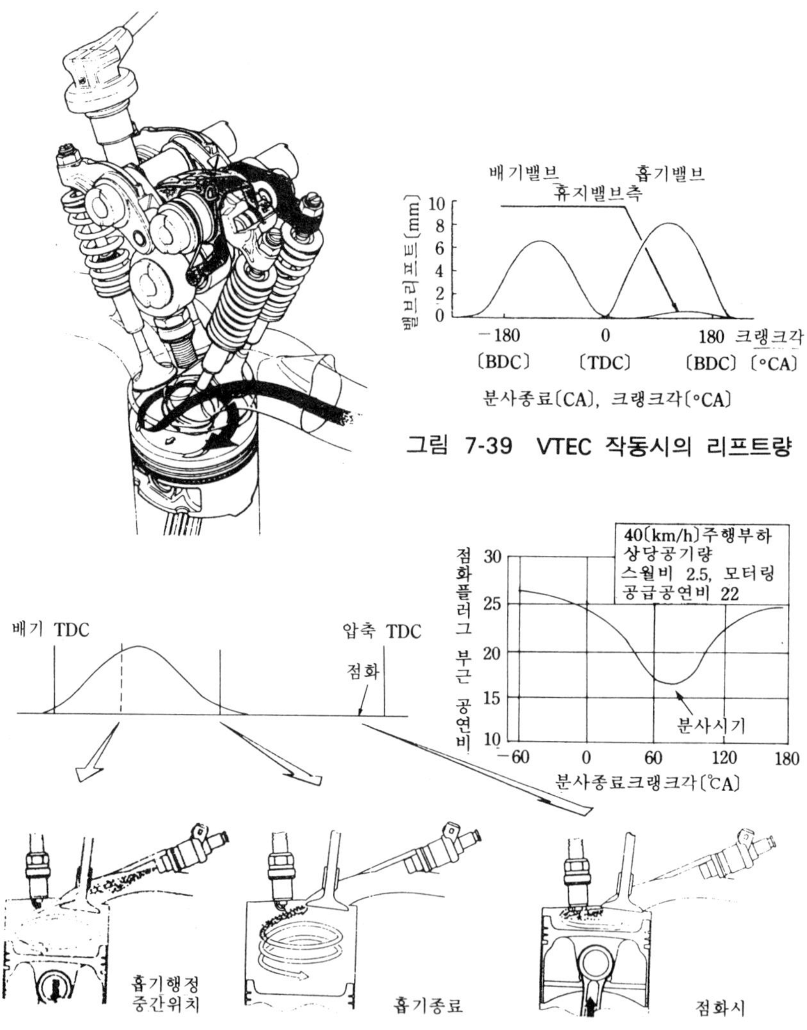

그림 7-39 VTEC 작동시의 리프트량

그림 7-40 연료분사시기와 점화플러그 부근 공연비

(i) 연료분사 타이밍과 점화플러그 부근의 공연비

나선형의 와류를 그리면서 실린더 내로 유입되는 흡기에 대하여 가솔린의 분사가 닿는 곳에 따라 압축말 연소실 내 공연비의 분포는 달라지게 된다. 그러므로 점화플러그의 가까이에 농후한 혼합기가 모이도록 하여 착화하기 쉽도록 하는 것도 성층급기의 한 방법이다. 다음 그림 7-40은 연소실 내의 혼합기 유동과 분사시기를 나타낸 것이고, 이 분사시기는 변동될 수 있고 부분적인 공연비와 연소온도 등에 의하여 NO_x 생성량이 증가될 가능성이 있다고 하는 것은 앞에서 설명한 바와 같다.

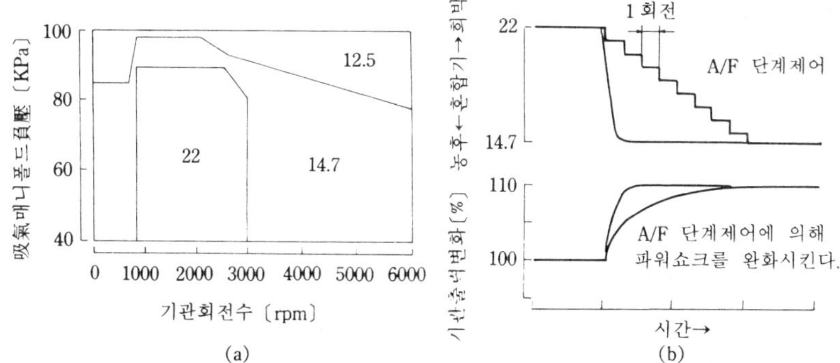

그림 7-41 공연비제어 맵과 회박→농후 변화시의 공연비제어

(ii) 희박→농후시의 공연비제어

그림 7-41 (a)는 기본적인 공연비의 제어 패턴을 나타낸 것이다. 이 그림의 종축은 흡기관 부압, 즉 부하에 대응한다. 초희박상태로 운전되는 것은 극저속으로부터 3000 rpm까지의 부하가 크지않는 영역에 한정된다. 아이들링에서 중고속의 통상 부하영역은 이론공연비, 발진이나, 고부하역은 출력공연비인 12.5가 된다. 그리고 희박→이론공연비가 순간적으로 이행하게 되면 토크충격이 생기기 때문에 기관의 회전 1 rpm 마다 단계적으로 변화시키는 제어방식을 취하고 있으며, 그림 7-41 (b)는 그 제어양상을 나타낸 것이다.

c) MVV 방식

흡기포트의 단면형상은 원이거나 거기에 가까웁고 밸브, 밸브시트가 원이면 거기로부터 포트로 이어지는 것이 일반적이다. 그러나 그렇게 되면 그림 7-42 (a)에서 보는 것과 같이 밸브의 아랫부분에서 흡기의 흐름이 급하게 휘어지면서 밸브의 우산모양으로된 부분이 마스크의 역할을 하여 장해가 되어 흐름이 나빠지고 이것이 문제로 된다. 이의 개선을 목적으로 밸브 스템과 가이드가 통하는 부분에서 포트의 실효면적이 감소되고 또한 이곳에서 흡기의 흐름이 좌우로 분기되는 것에 착안하여 그림 (b)에서와 같이 이 부분의 포트 단면을 넓히고 또한 그 부분을 위쪽으로 옮겨서 밸브의 윗부분에서 흡기가 많이 흐르게 하는 형상으로 만든다. 그렇게 한 결과 밸브 시트부에서는 원으로 시작하는 포트 단면이 점차 역삼각형으로 되고 밸브 스템부에 와서는 좌우로 넓어지는 입체형으로 된다. 이 2개로 분기된 포트를 통하여 흡입되는 공기는 각각 세로방향으로 강한 에너지를 가지게 되며 따라서 실린더 내에서 세로방향의 旋回流, 즉 텀블(tumble)을 생성하게 된다. 이것이 縱渦와 층상혼합기에 의한 희박연소기관인 MVV(Mitsubishi Vertical Vortex Engine)이다.

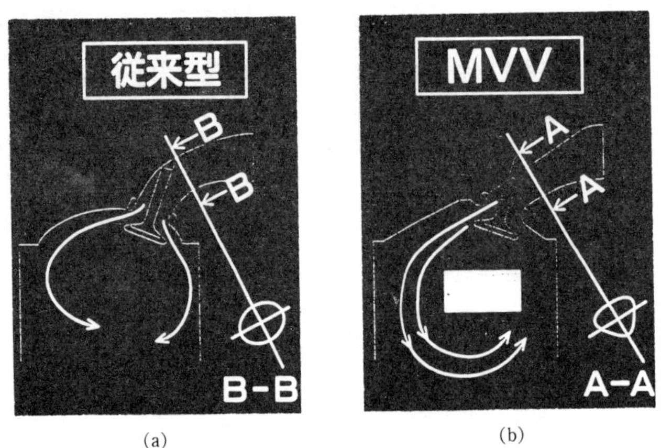

(a) (b)

그림 7-42 MVV형과 종래형의 비교

(i) 포트의 분기와 연료분사와의 관계

2개의 흡기밸브 포트를 가지는 경우, 실린더 입구 가까이에서 분기되는 경우에는 중앙에 연료 인젝터 노즐을 설치하여 좌우의 포트에 균등하게

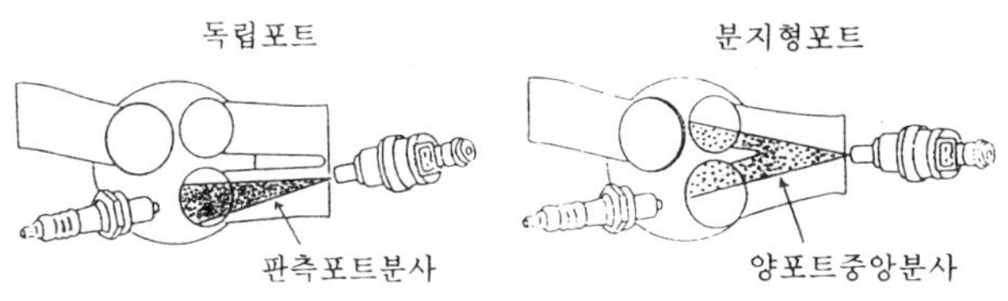

그림 7-43 포트별 연료분사식

혼합기를 공급하는 것이 정석이다. 지금은 2공식 인젝터를 사용하는 경우도 많아지고 있다(그림 7-43).

(ii) 2連텀블 층상흡기방식

분기된 흡기포트로부터 유입되면서 나란하게 생성되는 텀블의 한쪽에만 인젝터를 설치하는 것으로 한쪽은 혼합기, 다른 한쪽은 공기가 흡입되면서 세로 방향의 선회류를 병렬로 생성시키며 이때 피스턴이 상승, 압축되어도 이 텀블과 혼합기, 공기의 분포는 그대로 유지된다(그림 7-44 (a)). 그리고 일반적인 원형단면의 2포트, 대칭배치인 경우일 때에는 그림 7-44 (b)에서와 같이 실린더 내에 유입된 혼합기가 규칙적이 아니고 고속역에서는 직선형의 유입형태를 가지나 중, 저속역에서는 연소실 내 혼합기가 적극적인 유동현상을 가지게 되어 안정된 연소가 실현될 수 있게 된다. 이렇게 함으로써 2연텀블 층상급기에 의한 희박공연비의 연소개선과 또한 흡기포트의 형상 결정에 따라서는 운전영역에서의 흡기효율과 연소효율을 향상시킬 수 있다.

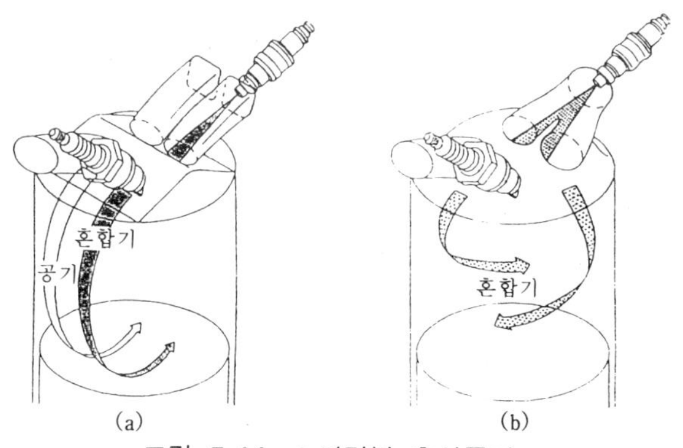

그림 7-44 2연텀블 층상급기

(5) 燃燒의 改善과 燃燒效率

1) 연소의 개선

연소실에서 혼합기가 연소하여 발생된 열이 피스턴을 내려미는 힘으로 되면서 크랭크축으로 전달된다. 실제적인 열의 발생은 한 순간에 일어나는 것이 아니고 어느 일정의 시간을 필요로 하며 크랭크축으로 40~60° CA 사이가 통상적이다. 그런데 연소시간이 길어지게 되면 다음과 같은 이유로 발생된 에너지가 크랭크축에 유효하게 전달되지 못하게 된다.

즉 이상적으로는 피스턴이 상사점을 지나서 막 내려가려고 하는 순간에 최대의 힘이 가하여 짐으로써 유효한 작용력이 되는데 대하여, 연소가 늦어지게 되면 피스턴이 상사점에 도달되거나 그 직전에 연소가 진행, 압축행정에서 부(−)의 일을 하는 것이 된다. 이것이 압축시에 팽창작용을 하려는 역방향의 힘으로 작용하여 그에 해당되는 크기만큼의 일이 허실된다. 따라서, 연소속도가 빠르면 그와 같은 손실을 방지할 수 있다.

① 연소속도를 증대시키려면 공기와 연료의 혼합이 무엇보다 이상적으로 이루어져야 한다. 구체적으로는 연료의 무화촉진(정확히는 미립화)이 효과적이다. 인젝터에서 분사된 연료가 흡기포트 벽에 부착되지 않도록 분사방향을 흡기밸브쪽으로 정확하게 향하도록 하거나 4 밸브기관인 경우는 2 방향 인젝터를 채용하는 방법도 유효한 수단이다.

② 연소실에 흡입된 혼합기를 교반혼합시키는 것이 연소속도를 증대시키는데 효과적이다. 점화플러그 전극부에서 착화된 불씨를 미연부와 교반에 의하여 고루 혼합시키는 것으로서 흡기포트로부터 연소실로 들어가는 과정에서 이루어지는 스월과 연소실로 들어가는 유속을 이용, 흡입 후 선회류를 일으키도록 하는 것 등이 대단히 중요하다. 2 밸브기관인 경우는 보어에 대하여 포트를 한쪽으로 치우치게 오프셋(offset)시킨 경우가 많아서 가로방향의 스월을 생성토록 하기가 쉬우나, 4 밸브기관에 대하여는 포트가 직선형(streight port)인 경우가 많아서 가로방향의 스월은 거의 기대할 수 없게 된다. 그 때문에 세로방향의 스월(tumble)이 발생토록 한 기관이 많다.

③ 다른 한 방법으로는 연소실에 흡입된 혼합기를 피스턴의 압축행정에서

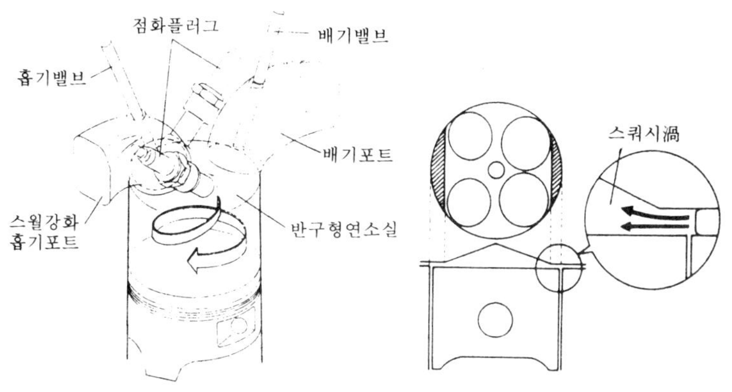

그림 7-45 스월과 스쿼시 효과

교반에 의하여 혼입시키는 방법인 스쿼시(squish)에 의하여 연소속도를 높이는 것이다. 이것은 연소실과 피스턴 사이에서 좁혀지는 부분이 압축상사점에서 혼합기를 밀어냄으로써 가스의 유동을 발생시킨다.

2) 연소효율의 개선

연소실에 공기와 함께 흡입되는 연료는 완전하게 미립화되어 있는 것이 아니고 포트 벽면을 타고 들어오는 일부의 양도 있어서 혼합기로서 형성되는 연료의 양은 실제 연소실에 들어간 양보다 적다. 이 포트 벽면을 타고 들어오는 연료는 피스턴이나 연소실의 표면에 부착, 연소가 끝난 뒤에 천천히 후연의 형태로 타게 되어서 크랭크축을 회전시키는데 도움을 주는 것은 못되고 HC로서 배출되는 유해성분으로 된다. 이 양을 감소시키기 위하여는 消炎層(quenching zone)을 감소시키는 것이 유효하며 구체적으로는 피스턴의 톱 랜드 틈새를 줄이거나 헤드 개스킷을 얇게 하는 등하여 클레비스 볼륨(clevice volume)을 감소시키는 것이 효과적이다.

7-5 點火系

점화계(ignition system)는 연소실 내의 공기와 연료의 압축 혼합기에 점화시키는 장치로서 電裝品 가운데에서도 기관성능에 미치는 영향이 대단히 큰 중요한 시스템이다. 또 예를 들어서 失火(misfire)에 의한 미연가스가 촉매 내에서 반응하여 이상온도상승이 일어나는 경우는 촉매가 소손하게 된다. 이를 방지하는 등 안정된 배기성능을 얻기 위하여도 정밀하고 내구성이 높은 점화계가 요구된다.

점화방식은 일반적으로는 고전압 스파크점화이고 원리는 전기회로의 과도현상을 이용해 약 10～35〔KV〕의 고전압을 발생시켜 이것을 각 연소실마다 끼워져 있는 점화플러그의 전극 사이에 인가하여 스파크 방전에 의한 에너지로 혼합기에 점화시키도록 되어 있다. 여기서는 자동차 등에 널리 쓰여지고 있는 축전지식 점화법에 대하여 기술한다. 왕복동식기관인 경우는 크랭크축 소정의 각도위치에서 점화되어야 하고 그 점화시기의 제어에 대하여는 특히 마이크로 컴퓨터를 이용하는 방식에 대하여 상세히 설명한다.

(1) 構造와 機能

그림 7-46 에서와 같이 점화계는 高電壓發生部(점화코일, 전류 단속부), 點火時機制御部, 配電部(distributor, high tention cable), 점화플러그 등으로 구성되어 있다.

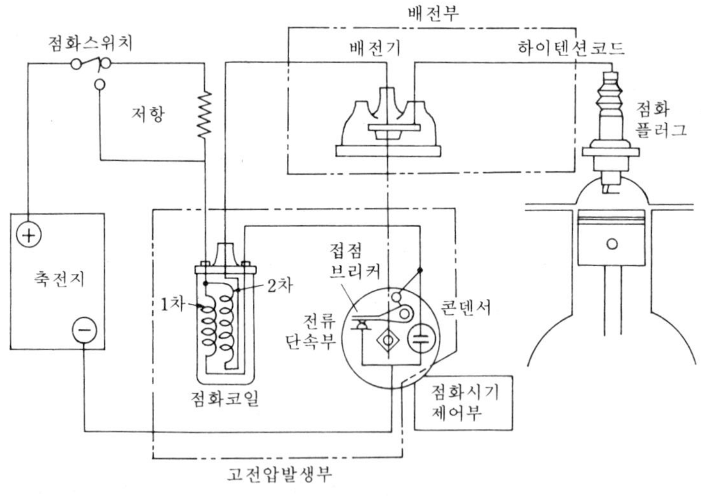

그림 7-46 점화계의 구성

1) 고전압발생부

a) 고전압발생의 원리

고전압발생부에서는 점화코일의 1차측 코일에 電源(battery)으로부터 전류를 흐르게 하여 에너지를 축적시킨 뒤 1차전류를 차단하여 2차코일의 2차측에 고전압을 발생시킨다.

1차측 코일에 전류가 흐르게 되면 옴(Ohm)의 법칙과 自己誘導作用에 의하여 다음의 식이 성립된다(그림 7-47 참조).

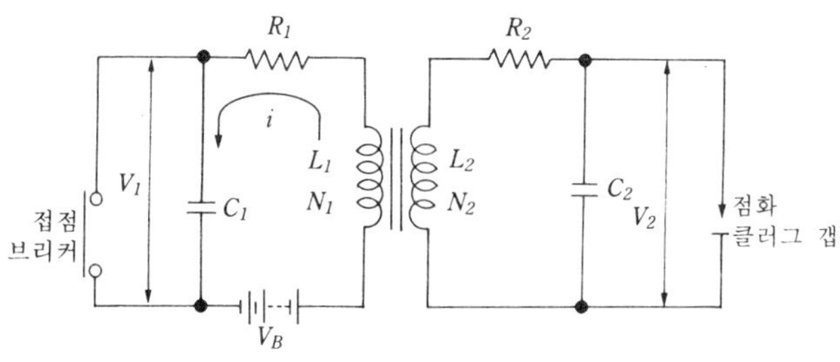

그림 7-47 점화계의 등가회로

$$R_1 i + L_1 \frac{di}{dt} = V_B \quad \cdots\cdots (7\text{-}21)$$

여기서 R_1: 1차측 코일의 저항

L_1: 1차측 코일의 인덕턴스

V_B: 전원 전압

i: 1차측 코일의 전류

t: 코일 통전개시로부터의 시간

이 미분방정식을 풀면

$$i = \frac{V_B}{R_1} \cdot \left(1 - e^{-\frac{R_1}{L_1}t}\right) \quad \cdots\cdots (7\text{-}22)$$

로 되고 통전을 개시한 순간은 0(zero)이고 그 뒤 지수함수적으로 커지게 되며 최종적으로 V_B / R_1으로 된다(그림 7-48). 따라서, 그림 7-46의 전류단속부에서의 접점(contect break arm and pint)이 닫혀져 있는 시간(식 7-22의

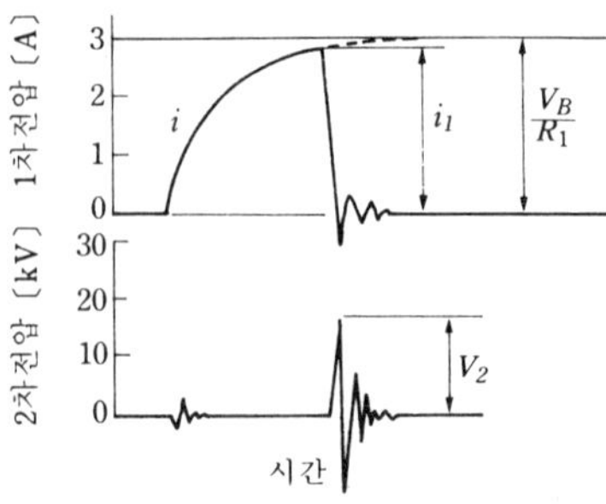

그림 7-48 점화계의 전원전압파형

t: 회전수와 드웰각(dwell angle)에 의하여 정하여 진다)이 짧으면 전류의 흐름이 커지지 못하여 2차측 코일에 발생하는 전압은 저하된다.

전류단속부에서의 접점이 열리면 1차전류는 급격하게 차단되고 코일의 1차측에 역기전력을 발생시키고 코일의 2차측에는 이 기전력이 권수배가 되어 고전압을 발생한다. 1차전류 차단 직전의 코일 축적에너지 W는 다음 식으로 주어진다.

$$W = L_1 \frac{i_1^2}{2} \quad \cdots\cdots (7\text{-}23)$$

여기서 i_1=1차측차단전류 (식 7-22에서 주어짐)

2차전압과의 관계는 코일의 에너지 변환효율을 100%라고 하면 다음의 식으로 주어진다.

$$L_1 \cdot \frac{i_1^2}{2} = C_1 \frac{V_1^2}{2} + C_2 \frac{V_2^2}{2} \quad \cdots\cdots (7\text{-}24)$$

여기서 C_1, C_2: 1차, 2차 靜電容量

V_1, V_2: 1차, 2차코일에 유기되는 최대전압

코일의 1차, 2차 卷數를 N_1, N_2라고 하면

$$V_1 = \frac{N_1}{N_2} V_2$$

이므로 식 (7-23)을 V_2에 대하여 정리하면

$$V_2=i_1\sqrt{\frac{L_1}{C_1(N_1/N_2)^2+C_2}} \cdots\cdots (7\text{-}23)$$

b) 점화코일

점화코일(ignition coil)은 開磁路鐵心形과 閉磁路鐵心形으로 나누어진다. 그림 7-49에 나타낸 것이 그 구조이고 개자로철심형 점화코일은 1차코일에 전류가 흘러서 철심이 磁化되었을 때 磁束(magnetie flux)이 개회로로 되어 있다. 자속은 外裝鐵心(yoke)을 통하여 외부로 누설되지 않도록 되어 있으나 실제로는 고압단자(2차 단자) 등을 통하여 공중을 통과하게 되어 자속이 감소한다. 그것에 대하여 폐자로철심형 점화코일은 자속통로를 철심에 의하여 폐회로로 되어 자속의 누설이 적도록 되어 있다. 자속통로를 폐회로로 하기 위하여서는 철심량이 많아지나 1차코일에 사용하는 동선의 양을 줄일 수 있어서 소형, 경량화가 가능하다.

개자로철심형 점화코일의 경우는 철심을 수납한 절연된 통에 외경 0.1 mm 정도의 선이 수만회 감겨져 있고 각층 사이에는 절연지가 삽입되어 층간 절연의 역할을 하고 있으며 이것이 2차코일이다.

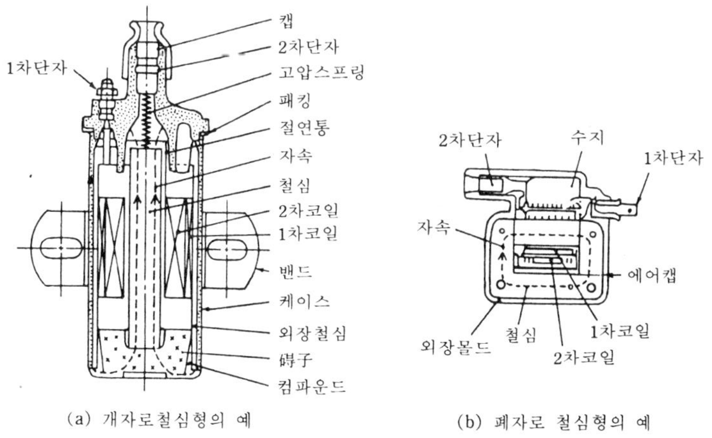

(a) 개자로철심형의 예　　(b) 폐자로 철심형의 예

그림 7-49 점화코일의 구조

2 차코일 위에 두꺼운 절연지를 감고 그 위에 직경 0.5~1.0 mm 가량의 선을 수백회 감아서 이것이 1 차코일이 된다. 1 차코일을 바깥쪽으로 감은 것은 2 차코일의 절연 때문인 것과 1 차코일에 발생하는 열을 외부로 발산시키기 위한 것이다.

폐자로철심형 점화코일인 경우는 철심 위에 먼저 1 차코일이 감겨지고 그 외주에 2 차코일이 감겨져 있다. 절연성은 에폭시(epoxy) 수지 등 熱 硬化性 樹脂를 함침시켜서 확보하고 있다.

c) 전류단속부

(i) 기계식 점화시스템

전류단속부는 기계접점식과 트랜지스터식의 2 종류로 크게 나눌 수 있다. 앞의 것은 기계식으로 접점이 직접 1 차코일을 단속시키도록 하는 방식이고 뒤의 것은 파워 트랜지스터(power transistor)를 사용, 전기식으로 1 차코일을 단속하는 방식이다.

기계접점식의 전류단속부를 가진 점화시스템은 그림 7-46 에 나타내는 配電器(distributor)에 내장되어 있는 단속기가 캠에 의하여 기계적으로 개폐되어 1 차전류를 단속한다. 배전기는 기능별로 배전부, 전류단속부, 점화시기 제어부로 구성되어 있으며 기계적으로 구동되는 구조로 되어 있고 단속기는 콘택트 암(contact arm), 콘택트 포인트(contact point), 콘덴서(condenser)로 되어 있다.

캠이 회전하여 콘택트 암의 돌기가 캠의 로브(lobe)에 올라 탔을 때 접점이 열리면서 1 차전류를 차단한다. 접점은 개폐의 빈도가 높은 것과 스파크 방전에 대한 내구성 등의 요구에서 일반적으로 純텅스텐(tungsten)이 쓰여진다. 캠으로 콘택트 암을 밀어올려서 접점이 가장 크게 열린 상태에서의 틈새(point gap)은 지나치게 넓거나 좁아서도 안되며, 접점이 닫혀진 상태로부터 열릴 때까지의 캠회전각도가 드웰각(dwell angle)이고 접점 틈새가 크고 작은데 따라 그 각도의 크기는 달라진다. 접점 틈새가 크면 드웰각이 작아지게 되고 실화하기 쉬워진다. 또 역으로 접점 틈새가 작으면 드웰각은 커지나 접점에 불꽃이 생겨서 접점의 소손을 발생하는 경우가 있다. 이 불꽃은 접점이 열리고 1 차전류를 차단하였을 때 1 차코일의 자기

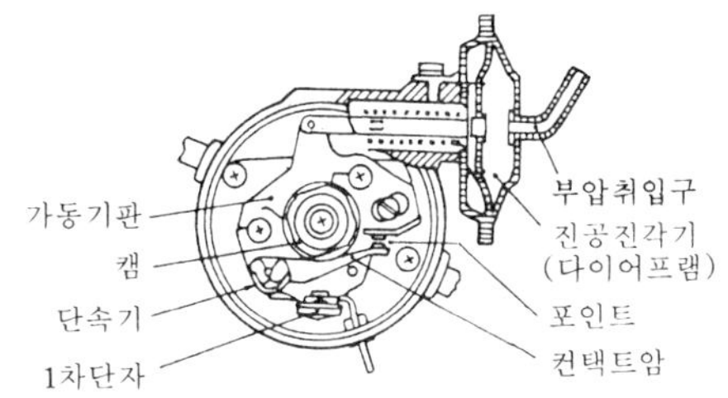

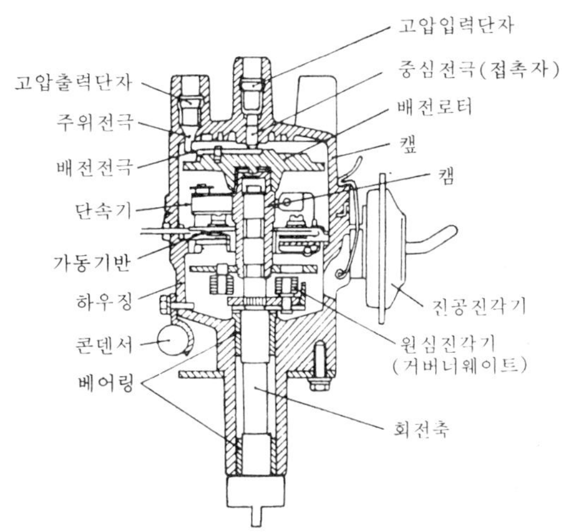

그림 7-50 배전기의 구조

유도작용에 의하여 발생하는 1자선뮤에 의한 깃이고 이 전기에너지를 흡수하기 위하여 접점에 병렬로 콘덴서를 접속시킨다.

(ii) 전자식 점화시스템

앞에서 기술한 기계식의 접점을 전기식의 스위치로 바꾸어 놓은 것이 트랜지스터 점화시스템이다. 원리는 설정점화시기에 맞추어서 신호발생기(signal generator, 전자 픽업 등)로 발생시킨 신호를 트랜지스터 회로에 입력시키고 최종단출력의 파워트랜지스터의 스위칭에 의하여 점화코일의 1차전류의 단속을 한다. 점화시기는 회로측에서 치밀하게 설정될 수 있으므로 기계 접점식에 비하여 기관의 성능향상이 가능하게 된다. 신호발생기의 종류로는 電磁發電方式, 電磁發振方式, 포토 트랜지스터(photo transistor)식,

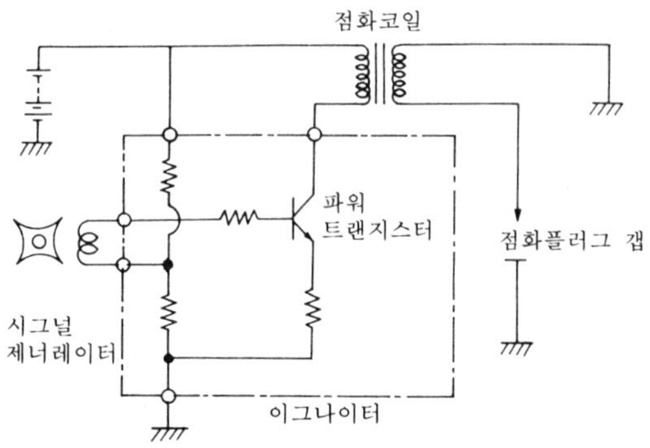

그림 7-51 트랜지스터식 점화시스템의 구성

磁氣感應方式 등의 여러 방법이 있다. 트랜지스터식 점화시스템은 기계 접점식이 가진 흠점(접점의 소손이나 채터링(chattering) 현상 등)을 거의 100% 해결하고 있고 고회전까지 높은 전압이 발생될 수 있으며 점화시기도 정확하게 제어될 수 있다.

2) 점화시기제어부

점화시기란 점화플러그에 스파크를 튀게 하는 타이밍을 지칭하는 것으로서 기관이 최대한으로 성능을 발휘될 수 있도록 설정되어야 한다. 연소행정의 착화지연과 화염전파속도는 흡입공기의 충전효과나 공연비 등에 의하여 달라지게 되며 따라서 점화시기는 기본적으로는 기관의 회전속도와 흡기부압의 함수이다.

점화시기 제어방식에는 機械式 進角方式과 電子式 進角方式이 있으며 앞의 것은 배전기에 내장된 원심진각기구와 진공진각기구로 구성된다. 뒤의 것의 대표적인 것으로는 마이크로 컴퓨터를 사용한 것이 있으며 상세한 것은 뒤에 기술한다.

3) 배전부

2차코일에서 발생한 고전압은 각 실린더의 점화플러그에 점화 순서대로 되도록 손실없이 배전되어야 할 것이 중요하며, 그 배전 시스템은 기계식과 전자식으로 크게 나누어진다.

a) 기계식 배전시스템

그림 7-50은 기계식 배전기의 예를 나타낸 것이다. 회전축은 크랭크축의 1/2의 속도로 회전하고 크랭크축의 2회전으로 1회식 각 실린더의 점화플러그에 배전되며 회전축의 상단에 이를 위한 배전로터가 끼워져 있다. 점화코일로부터의 高壓線(high tention cord)은 캡 중앙부 고압입력단자에 끼워지고 카본 브러쉬로 된 중심전극을 거쳐 배전로터 위의 배전 전극회로 중심부에 접속된다. 캡에 마련되어 있는 주위 전극과 배전 전극과의 사이에는 약 0.7 mm의 틈새가 있어서 이 틈새를 거쳐서 고전압은 고압출력단자로 분배된다. 고압출력단자와 점화플러그의 사이는 고압선에 의하여 접속되어 있다.

이상 기술한 기계식 배전시스템은 각 전극간의 내전압을 높이기 위하여 본체를 크게 할 필요가 있고 또 배전기 내에서의 방전에 의한 전파잡음의 발생이나 각부의 靜電容量을 충전하기 위한 에너지의 손실을 발생하는 약점이 있다. 뒤에 기술하는 것과 같이 이들 약점을 해결하는 배전기가 없는(distributor less) 전자식 배전시스템이 실용화되고 있다.

b) DLI 시스템

(i) DLI 시스템의 개요

일반적인 점화장치에서는 그림 7-52에서와 같이 1개의 점화코일에서 고전압을 발생, 각 실린더의 점화플러그에 그 고전압을 순서있게 분배하기 위하여 배전기의 상부에 있는 캡과 로터로 교통정리를 함으로써 필요한

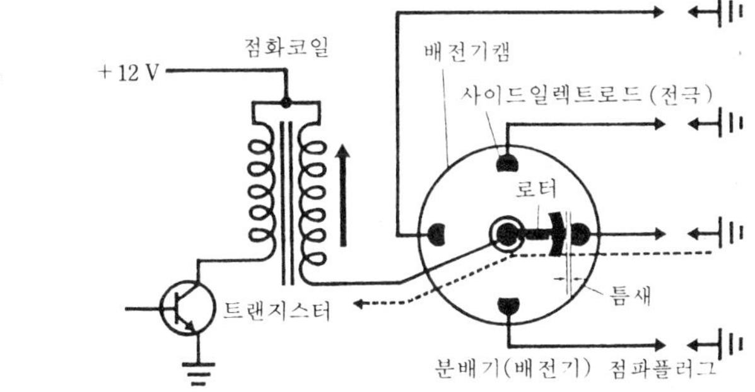

그림 7-52 배전기식 배전시스템의 고전압 분배(4실린더용)

시기, 필요한 실린더에 스파크를 튀게 하고 있다.

DLI(Distributor Less Ignition) 시스템은 배전기의 캡과 로터가 없고 그림 7-53과 같이 2실린더에 1개의 점화코일에 의하여 배기행정 중인 실린더와 압축(점화)행정의 실린더를 동시에(직렬로) 점화시키는 것으로 배전기가 없는 점화장치이다. 일반적인 배전기는 점화시기를 검출, 그 신호를 발생시키는 부분과 고전압을 분배하는 부분으로 나누어진다. 이 가운데에서 고전압의 분배를 DLI 시스템은 폐지하고 있으므로 점화시기신호를 만드는 캠포지션 센서가 필요하게 된다.

DLI가 아닌 배전기의 고전압 분배부분은 그림 7-52에서와 같이 로터와 캡의 각 사이드 일랙트로드(고압전극부분) 사이에 틈새가 있어 고전압전류는 이 틈새부분에서 방전, 고압전선을 거쳐서 각 실린더의 점화플러그에 분배된다. 이 경우 로터와 각 사이드 일렉트로드 사이에서 튀는 스파크는 라디오나 각종 무선기의 잡음원이 되나 DLI인 경우는 이와 같은 배전부분이

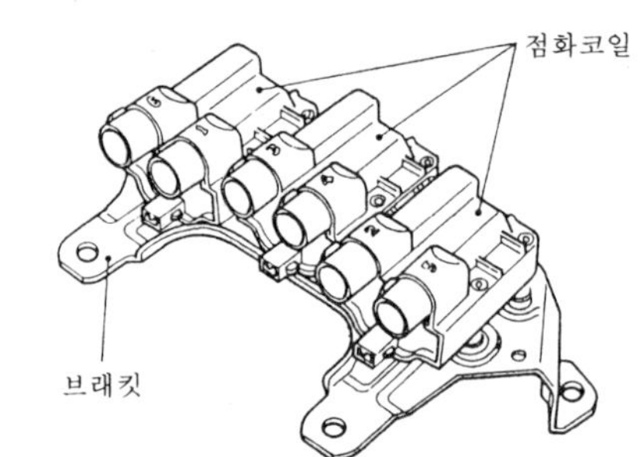

그림 7-53 DLI용 전화코일(예)

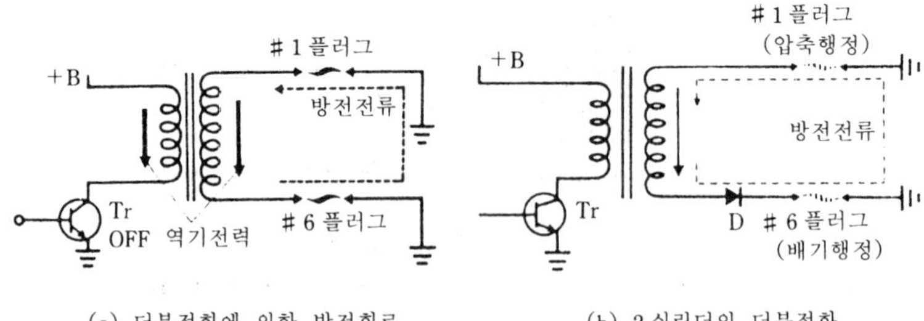

그림 7-54

없으므로 배전기 캡 내부로부터의 잡음은 전혀 없게 되어 잡음에 대하여는 대단히 유리하다.

점화성능에 대하여는 定電流制御式을 사용하고 있어서 저속으로부터 고속에 이르기까지 거의 발생전압이 일정하여 착화성능에 여유가 있다. 여기서는 일본 TOYODA에서 쓰여지고 있는 日本電裝製의 DLI를 예로 들어서 그 시스템을 설명한다.

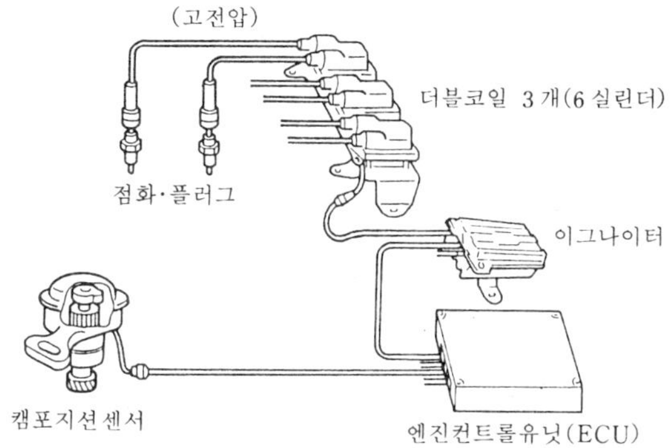

그림 7-55 DLI의 구성부품

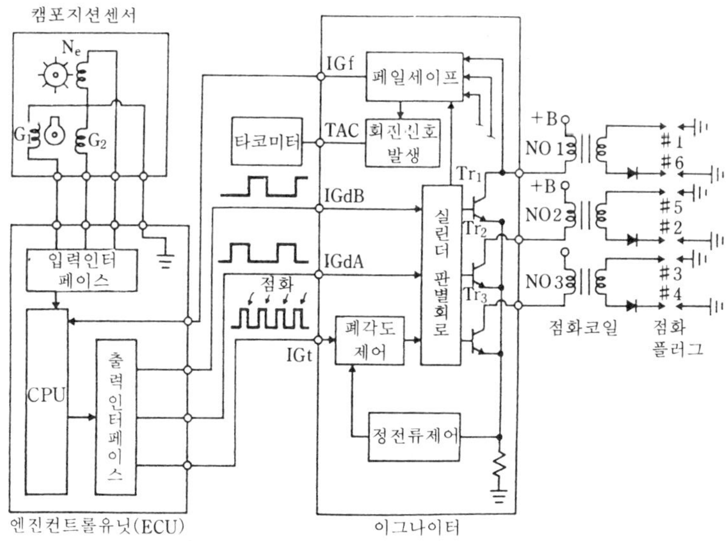

그림 7-56 DLI 시스템의 블록선도

(ii) 캠 포지션 센서

그림 7-57 에서와 같이 G_1 픽업, G_2 픽업, N_e 픽업의 3개의 픽업코일로 되어 있고 실린더 判別과 크랭크각도를 검출, 점화시기의 이니시얼 세트(initial set) 위치를 결정한다.

① G_1 신호(제6실린더 판별, 점화 리세트(reset)신호)

이 신호에 의하여 제6실린더가 압축행정에 있고 상사점에 가까워져 있음을 검출한다. 신호의 발생원리는 일반적인 풀 트랜지스터 점화장치의 신호발생기와 유사하다. 즉 그림 7-58 에서와 같이 영구자석을 철판 2장을 샌드위치로 하여 마주보게 한 다음 한쪽 철심에 픽업코일(그림에서 G_1)이 감겨져 있다. 따라서 영구자석으로부터 나오는 모든 磁束은 이 픽업코일 속을 통하게 된다. 한편, G_1, G_2 의 타이밍 로터가 픽업코일의 철심과의 사이에서 磁路를 만들고 타이밍 로터의 돌기부가 가까워졌다, 멀어졌다 하는데 따라 철심과의 에어갭이 변화한다. 자속은 공기 중보다 鐵의 속을 통과하기 쉽고 공기 중은 磁氣抵抗이 크며 磁氣의 통과가 어렵다.

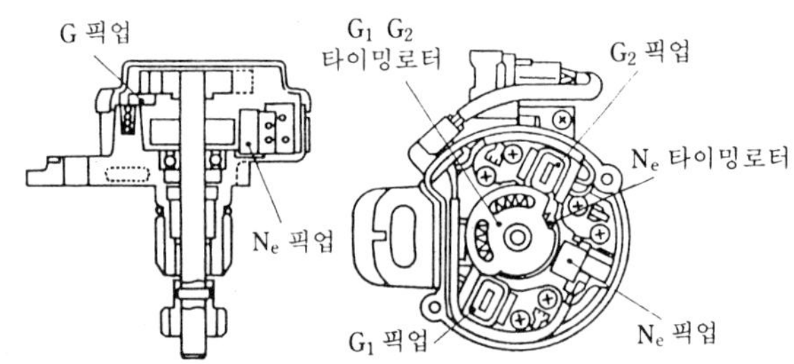

그림 7-57 캠포지션 센서

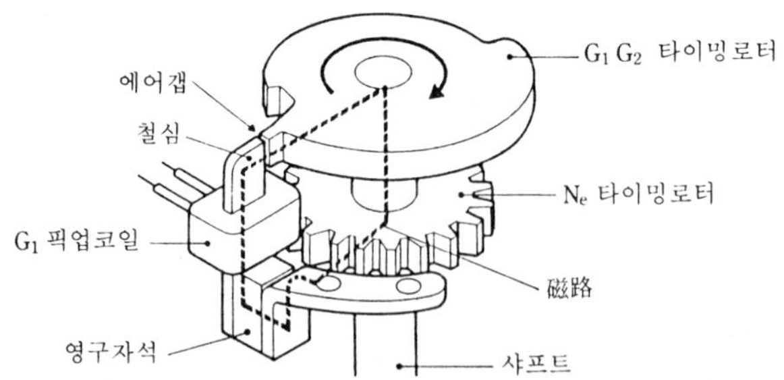

그림 7-58 캠포지션 센서의 磁路

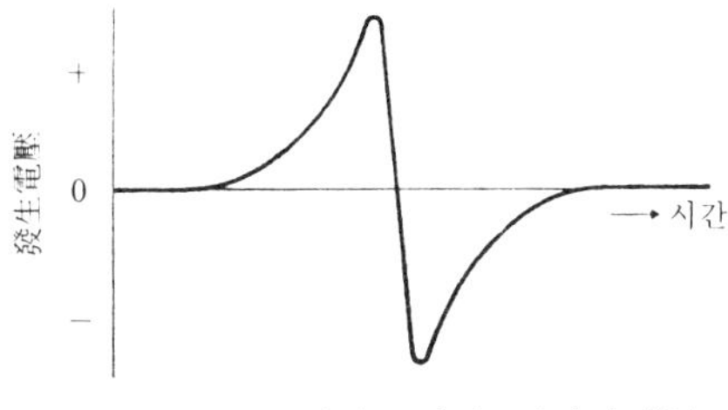

그림 7-59 픽업코일의 기전력파형

영구자석의 起磁力이 일정하고 자속경로의 자기저항이 변화하면 그 자기저항에 따라서 磁束量이 변화하게 되며 이 자속은 픽업코일의 속을 통하기 때문에 픽업코일에 자속의 변화가 부여되고 따라서 픽업코일에는 起電力이 발생한다. 기전력(발생전압)의 波形은 그림 7-59 와 같이 일반적인 풀 트랜지스터 점화와 거의 동일하다. 이와같이 하여 G_1 픽업코일은 기전력을 발생하고 그 기전력은 캠포지션 센서의 로터가 1 회전에 1 회(기관회전으로는 2 회전에 1 회), 제 6 실린더가 압축행정의 상사점에 가까워진 시기에 발생하게 된다. 이 G_1 신호가 발생하면 제 6 실린더에 점화시킬 준비가 완료된 것이고 그 직후에 발생하는 N_e 신호에 의하여 제 6 실린더의 점화시기(이니시얼 세트위치에 상당)가 결정된다.

② G_2 신호(제 1 실린더 판별, 점화 리세트 신호)

이 신호는 제 1 실린더가 압축행정에 있고 상사점에 가까워지고 있음을 검출한다. G_1 신호와는 캠포지션 센서의 로터각도로 꼭 180° 반대의 위치(기관회전으로는 1 회전 360° 틀리는 위치)에 있고 기전력 신호는 G_1 신호와 같은 모양의 波形인 기전력 신호를 발생한다. 이 G_2 신호가 발생하면 제 1 실린더에 점화할 준비가 완료되고 그 직후 바로 이어서 발생하는 N_e 신호에 의하여 제 1 실린더의 점화시기(이니시얼 세트 위치에 상당)가 결정된다.

③ N_e 신호(크랭크각도 신호, 이니시얼 점화시기)

N_e 타이밍 로터는 24 枚의 齒를 가지고 있으므로 N_e 픽업코일에는 로터 1 회전에 24 회의 기전력을 발생한다. 이 기전력은 G_1, G_2 신호와 같은 모양의 電壓波形을 발생, 로터각도로 15°, 기관각도로 매 30°마다 정확한 크랭크 각도를 검출한다. 이 신호는 점화시의 기준신호가 되는 외에 전자제어 연료분사의 기관회전신호로도 쓰여진다.

(iii) 點火時期

기관의 이니시얼 세트 점화시기(暖機時·아이들링 때의 점화시기)는 다음과 같이 하여 결정된다.

G_1 또는 G_2 신호가 발생하면 제6실린더 혹은 제1실린더인가를 판별할 수 있으므로 이 신호에 의하여 어느 실린더의 점화플러그에 점화시킬 것인가가 결정되고 점화의 준비를 완료한다. 이 G_1 또는 G_2 신호의 바로 뒤를 이어서 발생하는 N_e 신호가 제6 또는 제1실린더의 점화시기 신호로 된다. 이 때문에 예를 들어서 시동시 크랭킹을 하는 경우 만약 G_1 신호가 발생하는 시기를 지나서 크랭킹이 개시되었을 때에는 다음의 G_2 신호가 올 때까지는 어느 실린더에 점화할 것인가 분명하지 않으므로 점화를 하지 못하게 된다. 그렇게 하여 다음의 신호가 발생되고서부터 점화하여야 할 실린더가 판별되고 실제의 점화가 이루어지게 된다.

G_1 또는 G_2 신호가 발생되면 그것을 신호로 하여 3회분의 점화신호는 N_e 신호로 결정되고 N_e 신호의 4회에 1회씩의 비율(24齒/6실린더)로 점화신호가 발생, 언제나 G 신호가 출발점(리세트)으로 되어서 그 후의 3회분을 N_e 신호를 기준으로 하여 점화신호가 만들어지는 셈이 된다. 이니시얼 세트 이외의 기관의 점화시기 진각은 전자진각방식으로 되어 있고 엔진

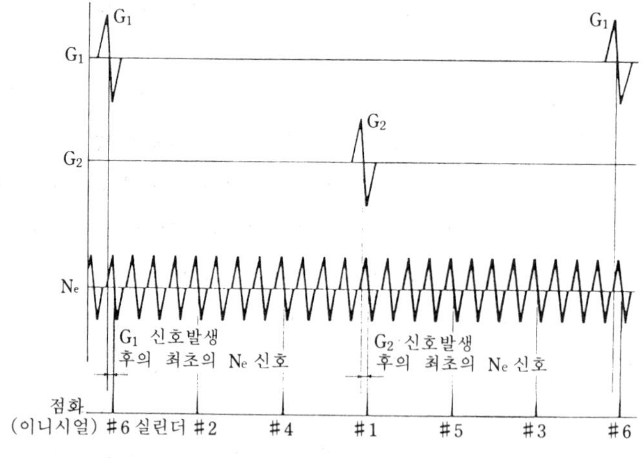

그림 7-60 G_1, G_2, N_e 신호의 관계

콘트롤 컴퓨터에서 결정되고 그 점화신호가 점화코일의 1차 코일 진류를 제어하는 이그나이터에 入力되어서 실제의 점화를 하게 된다. 엔진 콘트롤 컴퓨터에는 미리 기관의 여러 상태에 상응하는 최적의 점화시기가 기억되고 있고 각 센서로부터 보내어지는 그때의 기관의 회전속도, 수온, 부압, 스로틀 포지션 등의 신호데이터로부터 그 時點에서의 최적 점화시기를 기억속으로부터 선택하여 결정한 다음 이그나이터에 점화를 지시한다. 이와 같은 전자진각시스템은 일반적인 배전기에서 하고 있는 기계적인 거버너(회전속도신호)와 진공진각장치(부압신호)에 의한 진각과 같은 직선적인 제어와는 달리 지극히 정확도가 높은 제어가 가능하다. 그리고 노크 컨트롤 시스템을 추가하게 되면 기관의 노킹이 일어나는 점화시기를 노크센서로 검출, 노킹을 일으키고 일으키지 않는 접경에 언제나 점화시기를 세트할 수 있으므로 기관의 효율은 더욱 높아질 수 있다.

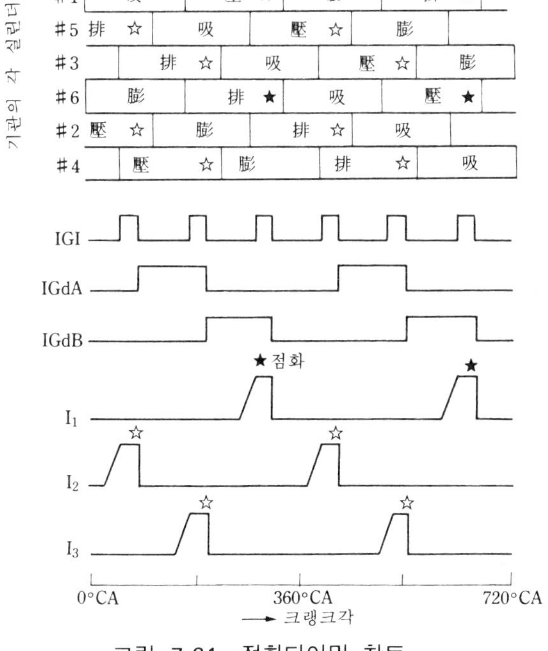

그림 7-61 점화타이밍 차트

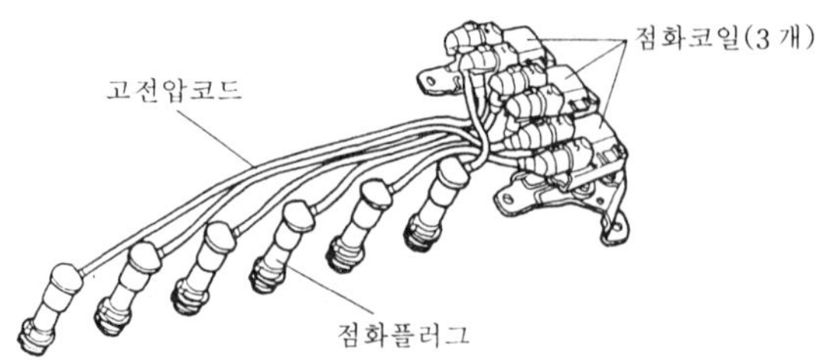

그림 7-62 점화코일과 플러그의 접속

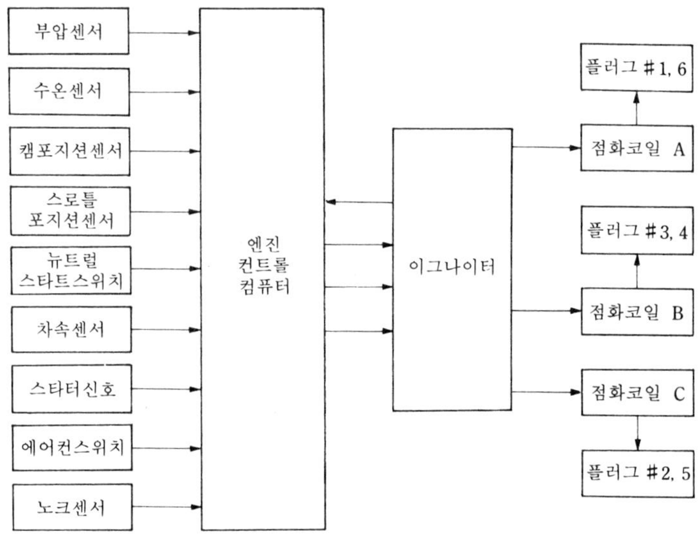

그림 7-63 전자진각 시스템 블록선도

(iv) 더블점화방식

점화코일은 閉磁路形을 채용하고 또한 1개의 코일로 2실린더분의 점화를 하는 더블코일방식을 채용함으로써 소형, 경량화가 가능하다.

2실린더의 조합은 6실린더의 경우를 예로 들면 다음과 같다.

더블 점화시의 실린더조합

제1실린더＝제6실린더

제2실린더＝제5실린더

제3실린더＝제4실린더

이 실린더의 조합은 예를 들어서 제1실린더가 압축(점화)행정에 있을 때에는 제6실린더는 반드시 배기행정이고, 역으로 제6실린더가 압축(점화)행정일 때에는 반드시 제1실린더는 배기행정이라고 하는 관계로 되어 있다.

이 경우 압축행정에 있는 실린더는 내부압력이 높으므로 電壓을 가하여도 방전이 어려우나 배기행정에 있는 실린더는 대기압에 가까운 압력이어서 전압이 가해지면 쉽게 방전한다. 압력이 높으면 방전이 어려워지는 이유는 공기의 분자밀도가 높고 점화플러그의 전극 틈새에 있는 기체분자의 수가 많아진다. 따라서 이 전극 사이를 電子가 電壓에 의하여 加速되어 각각의 공기분자와 충돌하여 공기분자의 속에서 電子가 이온화하는 데는 1개의 공기분자와 충돌, 電子의 속도가 떨어지면서부터 다음 공기분자와 충돌할 때까지에는 분자의 밀도가 높으면 가속하는 거리가 작아지므로 電子의 가속이 충분히 이루어지지 못하여 속도가 떨어지게 된다. 따라서, 보다 높은 전압을 가하여 加速하는 힘을 크게 하지 않으면 공기분자를 차례로 이온化해 나갈 수 있는 능력이 쇠진되기 때문에 壓力이 높은 氣體에서는 높은 壓力을 加하지 않으면 放電이 되지 않는 이유가 된다.

따라서, 배기행정에 있는 실린더인 경우는 대기 중에서 스파크를 튀게 하는 것과 같으며 大氣중에서는 플러그의 갭이 1〔mm〕인 때 약 2,000〔V〕정도의

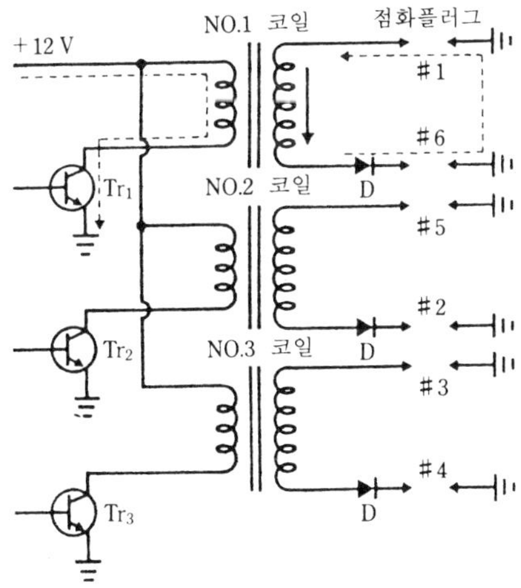

그림 7-64 더블점화방식의 3개의 점화코일

낮은 전압으로 스파크 방전이 가능하여 압축행정인 플러그와 비하면 放電에 대한 저항이 거의 없는 것이 된다. 이와 같은 점에서 압축행정에 있는 플러그와 배기행정에 있는 플러그에 직렬로 앞의 그림 7-54 (b)에서와 같이 고전압을 가하면 배기행정에 있는 플러그는 거의 저항이 없는 것이 되므로 대부분의 전압이 압축행정쪽에 있는 플러그에 加하여지게 되어 일반적인 점화계에서 1개의 플러그에 스파크를 튀도록 하는 경우에 비하여 그 放電電壓에는 큰 차가 없다. 2륜차의 2실린더기관의 경우는 오래전부터 이 더블 점화방식을 사용하고 있어서 배전기가 없고 1개의 점화코일로서 2실린더분의 점화를 하고 있다.

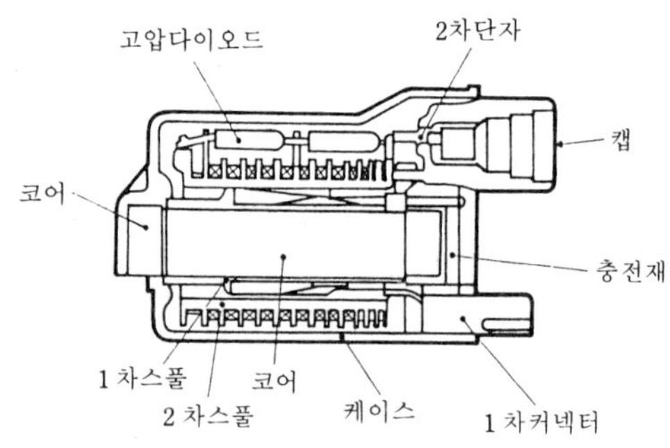

그림 7-65 점화코일의 구조

c) 고전압 배전

고전압 전선은 저압전자배전 시스템 이외의 방식인 경우는 점화코일에서 발생된 2차전압을 되도록 손실없이 점화플러그까지 배송하기 위한 선으로 이 코드가 길면 2차전압이 떨어지고 물방울이나 먼지가 부착하게 되면 정전용량이 증가, 2차전압이 더욱 떨어진다. 자동차용으로는 抵抗들이의 것이 쓰여진다.

d) 점화플러그

점화플러그는 실린더 헤드에 끼워지며 絶緣體에 의하여 단자의 고전압을 외부로 누설시키는 일 없이 중심전극으로 유도하여 측방전극과의 사이에서 방전하게 되면 이 전기 스파크에 의하여 혼합기에 점화된다. 점화플러그는 기관의 연소 사이클마다 상온에 가까운 흡입 혼합기로부터 2000〔℃〕 이상의 연소온도까지 단시간에 변화하는 가혹한 환경에 접하게 된다. 또한 30〔KV〕까지 달하는 고전압이 인가되는 등 엄한 환경조건에 견디어야 하는 구조로 만들어져야 한다. 이와 같은 구조적 신뢰성을 만족시키기 위하여는 전기절연성, 열적 및 기계적 강도, 화학적인 안정 등이 요구되고 있다.

점화플러그는 이들의 특성을 평가하기 위한 실험항목이 규격에 의하여 정하여져 있고 또한 좋은 스파크를 튀도록 하기 위하여는 다음과 같은 기본적인 특성이 요구된다.

(i) 耐 프리이그니션性

프리이그니션(pre-ignition)이란 점화플러그의 스파크로 점화되기 이전의 과열된 부분에서 熱面點火를 일으키는 것을 말한다. 이 열면점화는 플러그 중심전극의 절연체 끝부분이 열면으로 되어 발생하는 경우가 가장 많다. 점화플러그의 냉각성을 나타내는 파라미터인 "熱價(heating value)"는 내 프리이그니션성을 나타내는 하나의 지표이다.

(ii) 耐 汚損性

점화플러그의 오손에는 ① 전극부에 카본이나 액상의 연료가 부착, 절연저항이 떨어져서 스파크가 불가능하게 되는 그을음에 의한 오손과, ② 가연가솔린을 사용하는 경우에는 鉛化合物이 절연체에 부착, 어느 온도에서 급격하게 전도성을 띠게 되는 鉛汚損과, ③ 연소실 오일성분의 타고 남은 찌꺼기가 끝부분에 부착하여 점화플러그의 열가를 떨어뜨리는 디포지트 등이 있다. 점화플러그의 성능을 해치는 주된 원인은 그을음 오손이고 내 프리이그니션성과 상반되는 관계에 있으며 카본의 온도가 높아지면 연소하여 없어지게 되므로 점화플러그는 自己淨化作用을 가지고 있다 할 수 있다.

(iii) 飛火性能

스파크 방전하는 전압 V_s(방전 전압)은 점화플러그의 갭(gap)의 크기, 공기밀도, 점화플러그의 전극형태, 전압파형, 전극온도, 혼합기의 종류의 함수이다. 방전전압은 갭의 크기와 공기밀도에 거의 비례하고 전극의 온도가 높아지게 되면 급격하게 저하된다. 전극형상은 그 끝이 예리할수록 전계가 집중하게 되므로 방전이 쉬워지게 된다. 혼합기의 공연비(A/F)가 커질수록 방전전압은 높아지나 역으로 지나치게 작아도 전극온도가 내려가서 높아지며, A/F=11 정도가 가장 작은 값이다. 그밖에 점화플러그는 플러그의 고전압 단자로부터의 코드 쇠붙이가 연결되는 부위로부터 절연체 표면에 스파크 방전이 일어나는 경우가 있고(flashover 현상), 이 현상이 발생하면 갭부에서 스파크가 일어나지 않는다.

(iv) 點火性能

스파크가 튀어도 반드시 점화되지 않는 경우가 있다. 점화되기 쉬운 혼합기의 상태에 있어야 하고 스파크가 점화를 일으킬 만큼 에너지를 가질 것이 필요하다. 갭 사이에 스파크가 튀면 放電路 중의 혼합기에 화학반응이 일어나고 발열하여 주위의 혼합기에 전열, 스스로 화염전파될 수 있는 화염핵이 형성된다. 전극에 의한 消炎作用을 작게 하기 위하여는 스파크 갭을 크게 하고 전극을 작게 하여 점화핵과의 접촉면적을 작게 할 것이 필요하다.

(v) 壽命(내구성)

구조적 신뢰성이 기본이고 또한 전기의 소모가 적어야 할 것이 중요하다. 이를 위하여 최근에는 점화플러그의 전극에는 백금을 사용하는 것이 많다.

이상을 종합하여 점화플러그의 구비하여야 할 조건을 도시하면 그림 7-66과 같이 된다.

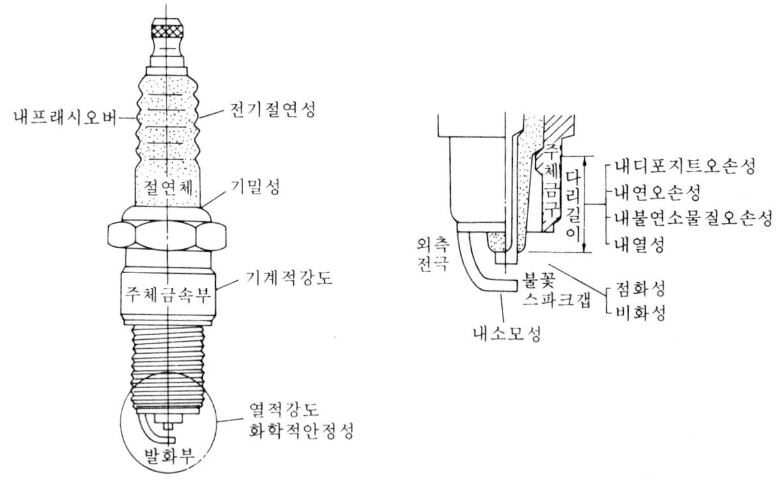

그림 7-66 점화플러그의 구비할 조건

앞에서 설명한 것과 같이 점화플러그의 기능을 충분히 발휘하기 위하여는 선단부분이 어느 온도범위로 유지되어야 할 것이 필요하다. 따라서 그림 7-67은 점화플러그의 열의 흐름과 온도를 나타낸 것으로 이에 따라 冷形(cold type)과 熱形(hot type)으로 구분되며 그 정도를 나타내는 것이 熱價이다. 이 열가는 점화플러그의 여러 성능을 측정하는 제1의 기본이 되는 것으로 그 값들에 따라 점화플러그의 호환성을 알 수 있다. 그림 7-67에서 알 수 있는 것과 같이 연소가스에 직접 닿게 되는 선단부를 통하여 전달되는 열은 중심전극과 절연체를 통하여 방열되며 점화플러그의 열가는 그림 7-68에서처럼 절연체의 길이와 가스체적공간에 따라서 달라진다.

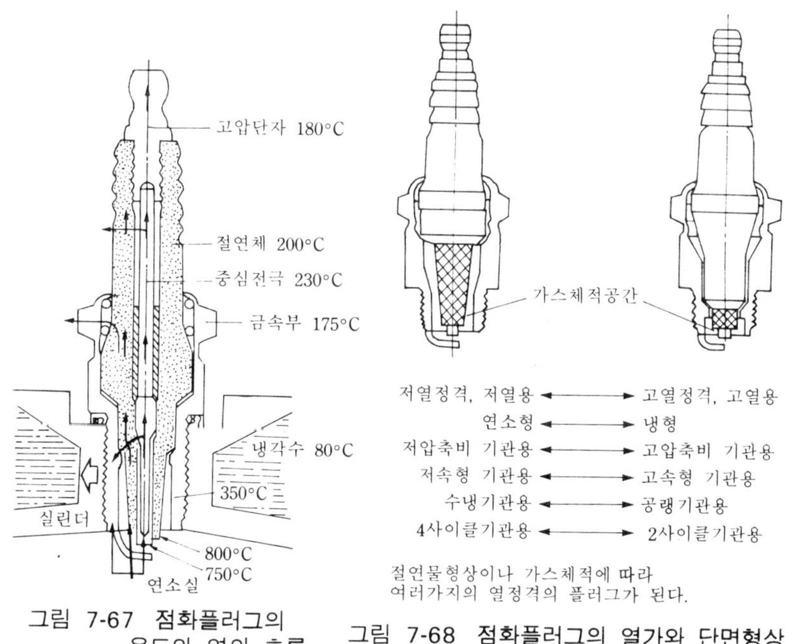

그림 7-67 점화플러그의 온도와 열의 흐름

그림 7-68 점화플러그의 열가와 단면형상

(2) 點火時期制御

기관의 성능을 제어하는데 있어서 점화시기는 혼합비와 함께 가장 기본적인 제어항목이고 이것의 制御精度에 따라 출력이나 연비에 영향을 미치는 것 이외에 최악의 경우에는 기관을 파손시키는 때도 있다.

기관의 회전속도가 낮을 때에는 연소속도가 늦고 또한 회전속도가 높아질수록 연소속도는 빨라지게 되며 이것은 기관의 회전이 낮을 때에는 연소실 내의 가스 유동이 늦고 회전이 높아짐에 따라 가스의 유동속도도 빨라지기 때문이다. 그러나 기관의 회전속도가 상승되는 것 만큼 이에 비례하여 연소속도는 빨라지지 않으므로 기관의 회전속도가 높아질수록 크랭크각으로 보다 앞서서 점화하지 않으면 연소압을 유효하게 출력으로 전환시키지 못하게 된다. 한편 흡입공기량이 적으면 흡기매니폴드로부터 연소실로 들어가는 혼합기의 유속이 떨어지며 따라서 가스 유동도 늦어지게 됨으로써 연소속도 또한 늦어지게 된다. 즉 흡입공기량이 감소되는데 따라 그만큼 점화시기는 앞세워야 되며 이것이 점화시기제어이다.

점화시기제어는 그동안 배전기(distributor)를 사용한 기계식 제어가 이루어져 왔으나 1980년 경부터 연료공급과 함께 전자제어식이 사용되기 시작하여 대부분의 기관이 이 방식을 채용하고 있다.

1) 기계식 제어와 전자식 제어

종래의 배전기에 의한 기계식 점화시기 제어의 경우에는 기관의 회전속도가 높아지게 되면 이에 따라 점화시기를 앞세우는 원심진각기구와 흡기관 부압에 상응하여 점화시기를 앞세우는 진공진각기구의 두 가지로 제어하였다. 원심진각기구는 원심추(governor weight)의 원심력과 그것을 지지하는 스프링의 장력이 형평을 이루는 점이 회전상승에 따라 달라지는 것을 이용하고 있으며 진공진각기구는 다이어프램에 흡기관 부압을 도입, 그것이 다이어프램에 부착되어 있는 스프링의 장력과 형평을 이루는 점이 흡기관 부압과 더불어 변화되는 것을 이용하고 있다. 그러나 어느 경우도 스프링의 반력을 이용한 기계식 제어이어서 기관이 요구하는 최적의 점화시기를 얻기는 매우 어렵다. 예를 들면 원심진각의 경우 기관이 요구하는 進角特性은 단조롭게 진각하는 것는 아니고 저속회전으로부터 기관의 회전속도가 상승을 계속하면 기관에 따라서 다르나 최대의 토크를 발생하는 회전속도(4000 rpm 정도) 부근에서 일단 멈춘다음 그 뒤에 다시 진각을 하는 특성이 있다.

그러나 원심진각으로는 그 특성은 낼 수 없으므로 그에 해당하는 최대 토크발생 당시(4000 rpm)의 회전속도 이하인 본래 앞세워진 점화시기를 늦추는 것으로서 대처하고 있는 것이 그동안의 상황이었으나 이와 같은 결점을 극복한 것이 전자식 제어이다.

전자식 제어의 경우는 그 기관이 요구하는 점화시기를 기관의 회전속도와 흡기관 부압에 의하여 최적의 상태가 되도록 마련한 점화시기 맵 (ignition timing map)을 엔진 컨트롤 모듈(engine control module) 내의 ROM (호출전용 IC 팁)에 기억시켜 놓고 그 데이터를 호출, 사용함으로써 항상 최적의 점화시기를 부여할 수 있다. 또 기관의 냉각수 온도가 변화하면 그것에 따라 점화시기도 달라지도록 하고 있으며 예를 들어서 수온이 올라가면 기관의 요구 점화시기는 늦추어지므로 그것에 상응하여 퇴각시킨다. 이것을 보다 최적으로 제어하기 위한 시스템이 노크 제어 시스템이다. 기관은 실린더 간에 압축비, 혼합비, 냉각의 정도 등의 차이를 가지므로 또 사용하고 있는 동안의 경시변화도 발생되며 여름과 겨울, 비가 오거나 갠 날 등 기후 차이에 의하여 요구 점화시기는 변화한다. 이와 같은 여러가지 작은 요인 모두에 대응되도록 한 것이 이 시스템이다.

a) 점화시기와 연소과정

점화시기는 연소과정의 기점이다. 실린더 내에 흡입된 혼합기가 압축되어 압축열에 의하여 약 400℃ 정도로 되었을 때 연료는 기화를 시작하고 동시에 완만한 분해나 산화를 일으켜서 착화하기 쉬운 상태로 된다. 이때 전기

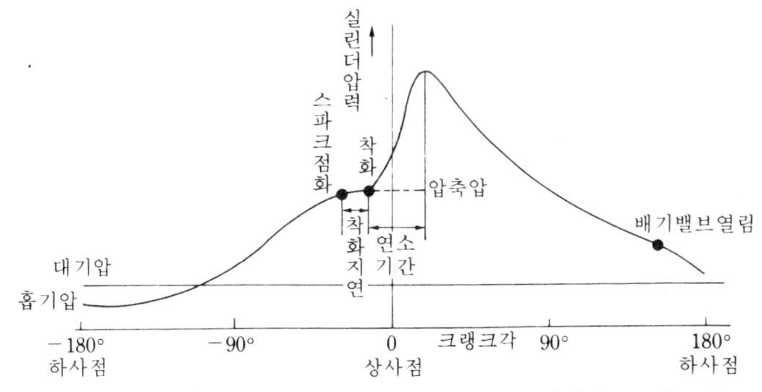

그림 7-69 4사이클기관의 실린더 압력과 크랭크각

스파크를 튀게 하면 그 열에 의하여 점화플러그의 전극 틈새 주위의 혼합기에 화염핵이 형성된다.

그런데 앞의 연소의 장에서 기술한 바와 같이 이 화염핵이 화염면으로 되어서 화염의 전파에 이르기까지에는 어느 한도의 시간이 필요하며 이로부터 압축도상에서 압력의 상승이 인정될 때까지의 기간이 착화지연(ignition deley)이다(그림 7-69 참조).

화염전파가 시작되면 압력이 상승되고 이것이 피크에 달할 때에는 화염이 연소실 내에 완전히 확산되어 활발한 연쇄반응적 연소가 이루어지며 이것이 끝나면서 뒤에는 완만한 후연의 상태가 계속된다.

(i) 최적의 점화시기

최적의 점화시기는 피스턴이 상사점에 있을 때 화염의 확산이 연소실의 약 1/2 정도까지 진행되도록 결정하면 적당하며, 이렇게 하면 최고압력은 TDC 후 10～20°에서 얻어지게 된다. 점화시기가 지나치게 빠르면 혼합기의 압력이 아직 충분히 상승되지 못하였으므로 착화지연이 길어지게 되고 또한 역으로 너무 늦어지면 혼합기의 渦流現象 등 연소실 내에서의 유동이 감소되어서 화염의 전파속도가 둔화된다. 그리고 점화가 빠르게 되면 압축일이 커지고 또한 연소가스의 실린더 내에서의 체류시간이 길어져서 열손실이 증대되고, 뿐만 아니라 최고압력과 연소가스의 최고온도가 높아져서 NO_x의 생성량이 증가된다. 역으로 점화가 늦으면 연소가 완만하여 팽창행정에까지 이어지므로 等積度의 저하와 後燃의 증가로 배기온도가 높아진다.

이와같이 점화시기가 지나치게 빠르거나 늦으면 기관의 성능에 미치는 영향은 좋지 못하다.

(ii) 등적도

앞에서 정의한 바와같이 가솔린기관인 경우 이론적으로 열효율은 定積燃燒 즉 상사점에서 연소가 모두 완료되었을 때 열효율은 최대가 된다. 그러나 실제인 경우는 어느 만큼의 연소기간이 필요하고 이 연소기간이 길어지게 되면 연소가 전체적으로 상사점으로부터 떨어져서 완료하게 되며 그렇게 되면 뒤에 연소하는 혼합기일수록 팽창률이 떨어지므로 전체로서는 효율이 낮아진다. 이 연소의 지연에 의한 효율의 저하를 나타내는 지표로서 등적도가 정의되어 있다.

b) 노킹과 점화시기

점화시기는 노킹에도 관계가 크다. 노킹 센서 시스템은 뒤에 설명하는 바와 같이 노킹이 일어나면 점화시기를 늦추어서 이것을 억제시켜주는 역할을 하는 시스템이다.

노킹은 높은 연소음에 의하여 감지될 수 있으며 이것은 연소실 내의 말단가스(end gas)가 압축착화하여 급격한 연소를 하기 때문에 일어나는 異常燃燒이다.

다른 한편으로는 노킹이 약간 일어날 정도인 편이 등적도가 좋아지고 팽창일이 허실없이 이루어지게 되어서 출력이나 효율이 향상된다. 그러나 그 도가 지나치게 되면 여러가지 장해가 일어난다. 즉 노킹이 격심하게 일어나면 앞에서 기술한 것과 같이 말단가스가 한순간에 연소하게 되어 압력과 온도가 급상승되고 이때 고주파의 압력파가 연소실 벽의 경계층(방열막의 역활을 한다)을 파괴, 방열량의 증가로 각부의 온도가 상승된다. 그 결과 피스턴의 융착, 피스턴 링의 스틱, 베어링의 파손, 밸브의 소손 등이 일어나고 방열증가에 의하여 출력도 떨어진다. 점화시기를 지나치게 앞세우면 상사점 부근에서의 압력상승이 증대되고 이로서 말단가스의 압축압력이 높아지게 되어서 노킹이 촉진된다. 그리고 역으로 점화시기를 늦추는 것은 노킹 회피에 가장 빠른 효과를 얻을 수 있는 수단이 된다.

c) NO_x, HC와 점화시기

NO_x의 배출량은 그림 7-70에서와 같이 점화시기에 따라 크게 달라지게 된다. 이것은 점화시기가 늦어질수록 연소가스의 최고온도가 낮아지기 때문이고 고온영역에서는 수십도의 온도차가 NO_x 생성에 미치는 영향이 크다. 점화시기를 늦추게 되면 HC의 배출량도 저감되며 이것은 연소가스의 유효팽창률은 떨어지나 팽창후기의 가스온도가 높아지기 때문이며, 연소의 종료 후 팽창후기 실린더 벽면에 미연소의 혼합기가 소염경계층에 접하는 온도가 높아지게 되며 경계층 내에서의 후연이 진행되기 때문이다. 이것은 이때 미연혼합기가 실린더 벽면으로부터 박리되면서 배기중 연소로 이어지게 되는 것으로 생각된다.

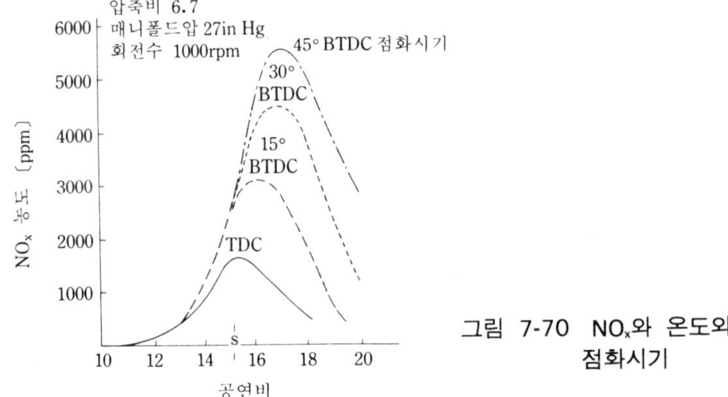

그림 7-70 NO_x와 온도와 점화시기

그러나 점화시기의 지연은 사이클 등적도를 저하시키므로 출력과 열효율을 저하시키게 되어 어느 한도가 있으며 가솔린기관에는 연비성능의 향상과 노킹의 방지를 위하여 점화시기를 자동적으로 조정하도록 되어 있다.

2) 회전속도 변화에 대한 점화진각

앞에서의 그림 4-19는 점화시기와 기관 축 토크의 관계를 나타낸 것으로서 기관의 최대 토크를 얻은 최소점화시기를 MBT(Minimum advance for Best Torque)라고 한다. 흡입공기량의 증대와 더불어 연소 속도는 빨라지고 MBT는 遲角側(압축 상사점에 보다 근접되는 시기)으로 변화한다. 한편 스

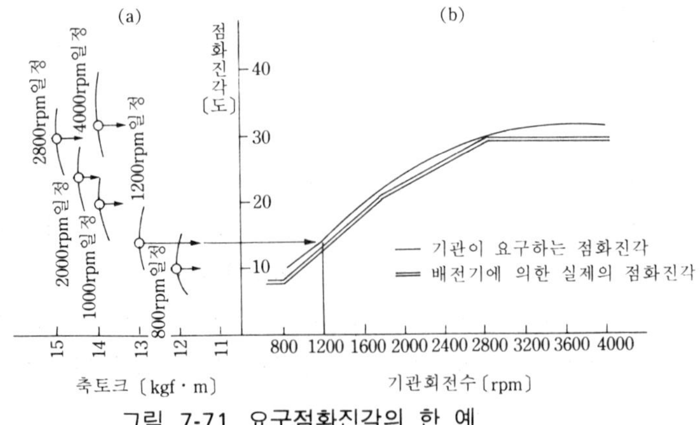

그림 7-71 요구점화진각의 한 예

로틀 전개시의 MBT는 그림 7-71 (a)에 나타내는 것과 같이 기관의 회전속도 상승과 함께 진각하는 (압축 상사점으로부터 더욱 떨어지는 시기) 경향을 갖는다.

3) 회전속도의 변화와 점화시기의 변동

앞에서 기술한 것과 같이 기관의 연소실 내에서 혼합기가 연소(폭발)하여 그 최대폭발압력은 피스턴의 사상점 후 약 10°의 위치에 오도록 하여야 하며 그렇게 되도록 하기 위하여는 가장 먼저 생각하여야 할 것이 기관의 회전속도 변화에 의한 영향이다.

점화플러그에 스파크가 튀어 혼합기가 착화되는 경우는 풀 트랜지스터 점화인 때에는 최종 트랜지스터가 OFF로 되고서부터 점화플러그에 불꽃이 튈 때까지에는 점화코일이나 고전압 코드 등에 눈에 보이지 않는 漂遊容量(부유용량), 즉 콘덴서 성분이 자연적으로 생기게 되어 이 콘덴서에 충전되고서 점화코일의 2차전압이 솟아오르게 되고 그 전압이 점화플러그에 가하여지게 되며 그 시간이 약 0.05〔ms〕정도이고 그 만큼의 시간이 경과되어야 플러그에 스파크가 튀게 된다. 그런 다음 스파크에 의하여 혼합기에 화염핵의 형성, 이 화염핵의 인접 가솔린 분자의 활성화와 성장을 거쳐서 화염으로서 확대되는 착화지연기를 거친 뒤에 비로소 최대폭발압력에 도달된다. 이 화염전파시간은 실린더 내의 壓縮壓力(스로틀밸브 개도)이나 혼합기의 渦流狀況(회전속도) 등에 따라 크게 영향을 받으나 대체로 착화지연시간은 일정하다. 지금 예를 들어서 점화신호로서 트랜지스터가 OFF로 되고서 연소실 내의 압력이 최대폭발압력에 달할 때까지의 시간, 즉 착화지연기+화염전파기 모두를 합하여 3.0〔ms〕(3/1000초)가 된다고 가정하면 이 3.0〔ms〕를 기관이 750〔rpm〕으로 회전하고 있을 때를 크랭크 회전각으로 환산하면

$$\frac{750\,[\mathrm{rpm}]}{60\,[\mathrm{s}]}=12.5[\mathrm{rps}] \rightarrow 1\text{ 회전에는 } 1/12.5=0.08(\text{초/회})$$

가 되어 1회전하는 데는 80〔ms〕가 걸리고 이 1회전 즉 80〔ms〕중의 3.0〔ms〕분이므로 이것을 크랭크 각도로 고치면

$$\frac{3\,[\mathrm{ms}]}{80\,[\mathrm{ms}]}\times 360° = 13.5°$$

가 되어서 3.0〔ms〕동안에 크랭크 각도로 볼 때에 13.5° 움직이는 것이 된다. 따라서 750〔rpm〕으로 기관이 회전하고 있을 때에는 상사점 후 10°의 위치에서 최대폭발압력이 되도록 하기 위하여서는 그보다 13.5° 앞선 즉 상사점 전 3.5°의 위치에서 풀 트랜지스터 점화시스템의 트랜지스터를 OFF로 하여 점화플러그에 스파크를 튀기도록 하는 점화신호를 보내지 않으면 안된다.

위와 같이 하여 3000〔rpm〕인 때를 계산하면 다음과 같이 된다.

$$\frac{3000\,[\mathrm{rpm}]}{60\,[\mathrm{s}]} = 50\,[\mathrm{rps}] \rightarrow 1\text{ 회전에는 } 1/50 = 0.02(\text{초/회})$$

가 되고 20 ms로 크랭크축은 1회전이 되므로 3.0 ms으로는

$$\frac{3.0\,[\mathrm{ms}]}{20\,[\mathrm{ms}]}\times 360° = 54°$$

가 되어 상사점 후 10°인 위치에서 피크 압력이 되기 위하여는 그보다 54° 앞선 즉, 상사점 전 44°인 위치에서 점화신호를 발하지 않으면 안된다.

이와같이 생각하면 점화신호를 발하고서부터 최대폭발압력에 달할 때까지의 시간이 가령 3.0 ms로 변화되지 않는 것으로 가정한다면 기관의 회전속도에 비례하여 점화시기를 빠르게 하는 결과로 보았을 때 계산상으로는

750〔rpm〕→ 상사점 전 3.5°에서 점화신호
3000〔rpm〕→ 상사점 전 44°에서 점화신호
6000〔rpm〕→ 상사점 전 98°에서 점화신호

와같이 점화신호의 발생하는 시기를 빠르게 하지 않으면 상사점 후 약 10°의 위치에서 최대폭발압력이 얻어지는 것을 지킬 수 없게 되어 기관이 정상으로 회전하지 않게 된다.

그러나 실제로는 기관의 회전속도가 상승됨에 따라 혼합기의 流入勢가 커지게 되기 때문에 연소실 내에서의 유속 즉 渦流狀況이 좋아져서 착화 후의 화염속도인 화염전파속도가 빨라져서 점화신호로부터 최대폭발압력에

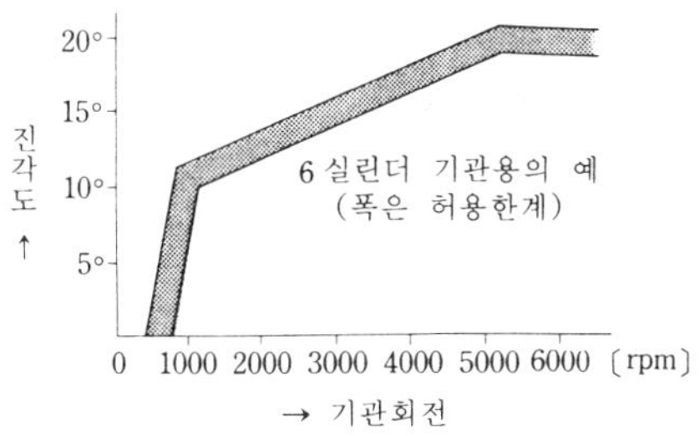

그림 7-72 기관회전에 대한 점화진각특성의 한 예

달하는 시간 (앞의 예로서는 3.0 ms)이 짧아지게 된다. 이 때문에 기관의 회전속도에 비례하여 점화시기를 반드시 획일적으로 빨라지게 하는 것은 아니고 실제로는 그림 7-72에서와 같이 기관의 회전속도와 함께 점화시기의 빨라지는 정도는 적어지게 되며 어느 일정회전속도 이상에서는 그 현상이 서로 상쇄되기 때문에 점화시기도 일정하게 된다.

이와 같은 이유에서 기관의 회전속도의 상승과 함께 점화시기를 빠르게 하는 장치가 필요하게 되며 그것이 進角裝置이다.

4) 부하변동에 대한 진각장치

a) 부하변동과 점화시기제어의 필요성

부하가 증대되면 1 실린더 1 회전당의 흡입 혼합기의 양이 증대된다. 예를 들면 자동차의 경우 40〔Km/h〕의 일정속도로 주행중인 차가 고갯길을 오를 때 부하가 증대되면 기관의 회전속도가 떨어지고 차의 속도도 떨어진다. 이때 운전자는 가속페달을 밟아서 차속을 원래대로 돌아가도록 조작한다. 즉 기관의 부하가 증대되면 스로틀밸브를 더 크게 열어서 흡입 혼합기의 양을 증가, 기관의 출력을 높인다. 그리고 내리막 길이 되면 부하가 작아지기 때문에 차속이 역으로 증대된다. 이 때에는 스로틀밸브의 개도를 작게 하여 혼합기의 양을 감소시켜서 기관의 출력을 저하시킨다.

이와같이 운전자는 일정의 속도로 차를 주행시키고자 할 때에는 가속페달에 의하여 부하가 커지게 되면 스로틀밸브를 열고 부하가 작아지게 되면 스로틀밸브를 닫는 조작으로 기관의 출력을 제어한다.

그리고 스로틀밸브의 개도가 동일할 경우 기관의 회전속도가 1000〔rpm〕인 때와 6000〔rpm〕인 때에는 1000〔rpm〕인 쪽이 부하가 크며, 이것은 부하가 크기 때문에 저속 1000〔rpm〕으로 회전할 수 밖에 없게 되기 때문이다. 이와같이 부하가 커지게 되면 커질수록 그것에 상응하여 스로틀밸브를 열게 되므로 1실린더 1회전당의 혼합기 양은 많이 흡입되어 피스턴의 압축행정에서의 실린더 내의 압력은 높아진다.

실린더 내에서 혼합기가 연소할 때에는 압력이 높을수록 혼합기의 밀도가 높아지기 때문에 단위체적(〔1 cm^3〕)당의 연소열에너지는 커진다고 하는 것은 실린더 내에서 점화플러그에 의하여 착화된 열에너지가 인접된 혼합기 사이에 옮겨가면서 연소함으로써 화염전파속도는 높은 압력으로 압축된 혼합기인 편이 당연히 빠르다. 그것은 높은 열에너지가 인접 혼합기를 활성화하는 힘이 보다 강하기 때문이다.

고부하인 때에는 실린더 내 1회당의 흡입 혼합기 양이 많아지고 그 연소시에는 화염전파속도가 빨라지게 되면 최대폭발압력에 달할 때까지의 시간도 짧아지기 때문에 그림 7-74에서와 같이 점화플러그에서의 점화시기를 부하(실린더 내 압력의 변화)에 따라 변화시켜야 한다. 그것은 폭발(연소)하였을 때의 최대폭발압력이 피스턴의 상사점 후 10°인 위치에서 얻어지도록 하기 위한 것이고 만약 점화시기가 늦어지게 되면 출력이 저하되고 또 지나치게 빠르면 노킹을 일으키는 원인이 된다.

점화시기를 제어하는 데는 그림 7-75에서와 같이 스로틀밸브 부근에 어드밴스 포트(advance port)를 마련, 이 위치에서 부압을 검지한다. 이 위치는 스로틀밸브의 全閉時(아이들링)에는 대기압이 가하여지고 스로틀밸브가 약간이라도 열리게 되면 흡기매니폴드 내의 압력(부압)이 측정될 수 있는 위치이다. 이 어드밴스 포트를 통하여 흡기매니폴드 내의 부압상태를 측정, 부압이 높을 때(기관의 회전속도가 높음에도 스로틀밸브의 개도가 작을 때=경부하시)에는 점화시기를 앞세우고 부압이 낮은 즉, 대기압에 가까울 때(기관의 회전속도가 낮음에도 스로틀밸브의 개도가 클 때=중부하시)에는 점화시기를 늦추어지도록 하는 장치를 설치한다.

흡기매니폴드 내의 부압이 높을 때에는 실린더 내에 들어오는 혼합기의

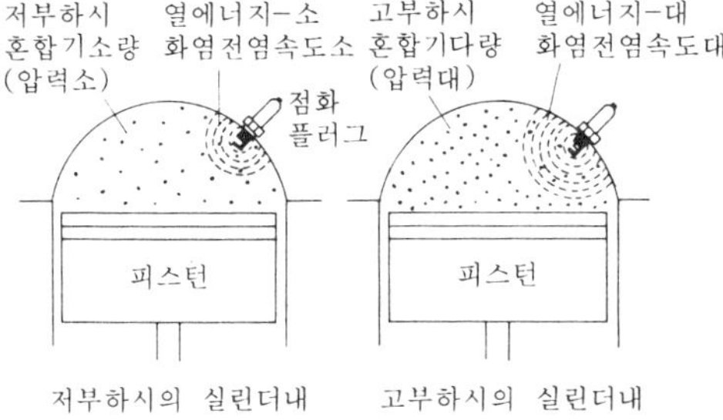

그림 7-73 저부하시와 고부하시의 화염전파속도의 차이

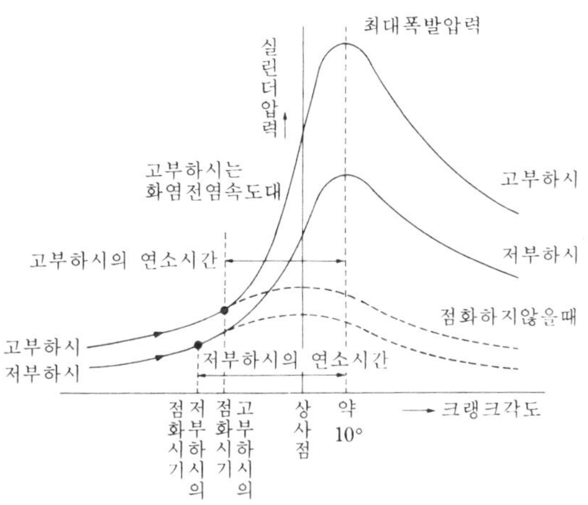

그림 7-74 저부하시와 고부하시의 점화시기의 차이

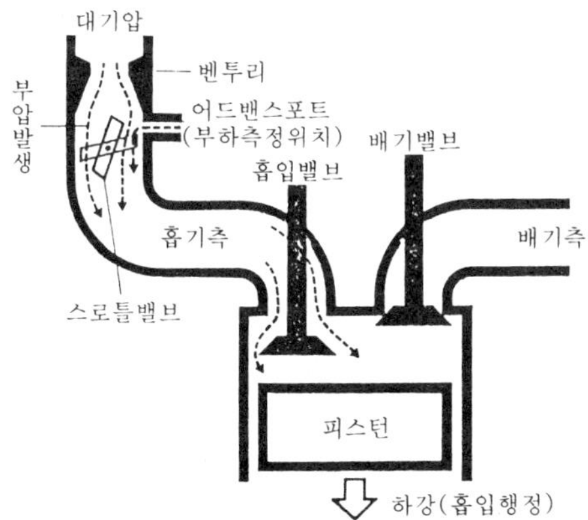

그림 7-75 스로틀밸브의 어드밴스포트와 부압의 발생

양이 적어지고, 따라서 다음의 압축행정에서 압축하여도 실린더 내의 압력이 그다지 높아지지 않아서 착화하고서부터의 화염전파속도도 늦어서 그만큼 빨리 점화플러그에 점화하지 않으면 최대폭발압력이 상사점 후 약 10°에서 얻어지지 않게 된다.

그림 7-76은 흡기매니폴드 負壓에 대한 점화시기 특성의 한 예를 나타낸 것이다. 부압이 높으면 높아질수록 화염전파속도가 늦어지기 때문에 그것에 해당되는 양만큼 점화시기를 앞세워야 할 것이다. 그러나 이 그림에서와 같이 최초에는 부압이 증대됨에 따라 進角度도 그것에 따라 점차로 커지게 되나 그 경향이 갈수록 둔해지고 −400〔mmHg〕부근에서부터는 진각을 하지않고 일정(포화)하게 되어 있다. 이 현상은 기관의 회전속도에 대한 進角特性의 飽和現象과 잘 맞는다고 할 수 있고 이것은 부압이 대단히 높아지는 경우인 상태를 생각하면 기관의 회전속도가 대단히 빠르고(혼합기의 흡입력이 강하다), 그러나 스로틀밸브가 그다지 열려있지 않는(혼합기의 공급되는 양이 적다)다 라고 하는 상태의 조합으로 고속회전시에 일어나는 현상이다. 이 상태는 혼합기의 흡입되는 속도가 빨라지고 실린더 내로 들어가고서부터의 氣流도 빨라지게 되어서 渦流狀況이 좋아져서 착화된 후의 火炎傳播速度가 빠르고 즉 연소시간이 짧아짐을 뜻한다.

즉 부압이 점차 높아짐에 따라 한편에서는 渦流狀態가 좋아지게 되고 화염전파속도를 증대시키는 요인이 커짐으로써 무제한으로 점화시기를 빨리하지 않아도 되며 끝내에는 포화되는 특성으로 이어짐을 뜻하는 것이다.

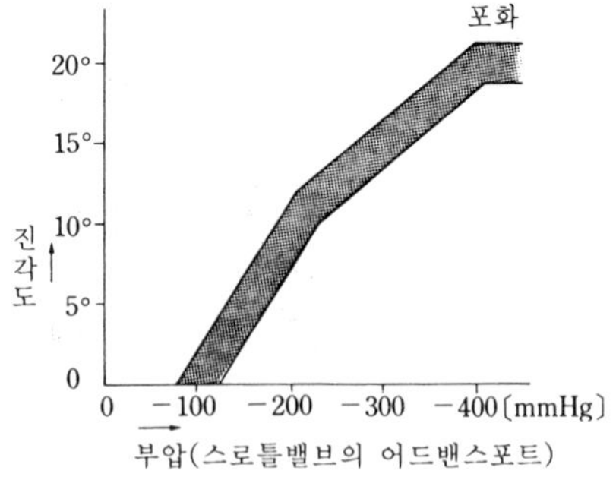

그림 7-76 부압(부하량에 관계)에 대한 진각특성의 한 예

b) 진공진각장치(풀 트랜지스터식)

기관의 부하가 작을 때에는 점화시기를 앞세우고 부하가 클 때에는 점화시기를 늦추는 장치가 眞空進角裝置이다.

기관의 부하가 크고 작은 것은 기관의 스로틀밸브 부근(흡기매니폴드)의 압력상태를 보면 잘 알 수 있다. 이 압력이 낮으면(부압이 크면) 스로틀밸브의 개도가 작은데 비하여 기관의 회전속도가 높고 이 상태는 기관에 그다지 부하가 걸리지 않고 있다는 것이 된다.

따라서 이 때문에 부압이 클 때에는 점화시기를 빠르게 하여야 하고 이 진공진각장치는 그 부압을 검출, 점화시기를 제어하는 장치이다.

그림 7-77은 그 구조의 한 예를 나타낸 것이다. 시그널 제너레이터(signal generator)는 자석, 철심, 자기회로용기판(base plate), 픽업코일, 그것에 시그널로터(거버너 샤프트와 일체)로 구성되어 있다. 시그널 제너레이터의 픽업코일 쪽은 배큠 어드밴서에 연결되어 있고 진공이 커졌을 때 픽업코일 쪽을 기관의 회전방향으로 이동시킬 수 있는 구조로 되어 있다.

그림 7-78은 시그널 제너레이터부를 위쪽에서 본 그림으로서 아이들링시 진각작용을 하고 있지않는 상태이다. 아이들링시는 스로틀밸브가 닫혀져 있고 부압검출을 위한 어드밴스 포트는 스로틀밸브의 바로 위쪽에 위치하고 있으므로 이 상태에서 어드밴스 포트에는 대기압이 가하여 지게 되고 배큠 어드밴스의 다이어프램은 스프링의 힘으로 우측으로 밀려져 있다. 이때 픽

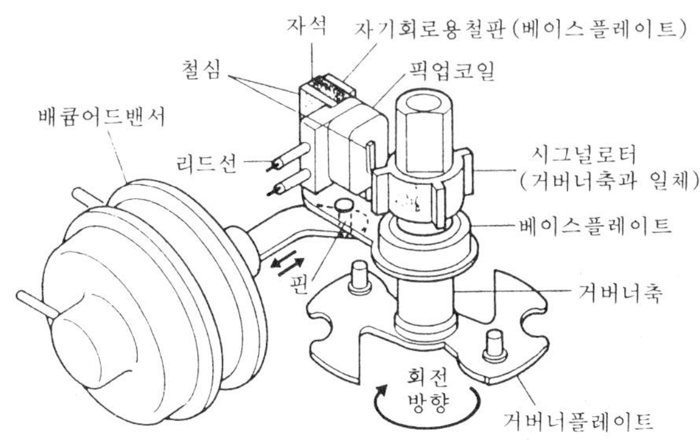

그림 7-77 부하변동에 대한 진각장치(배큠진각장치) 구조의 예

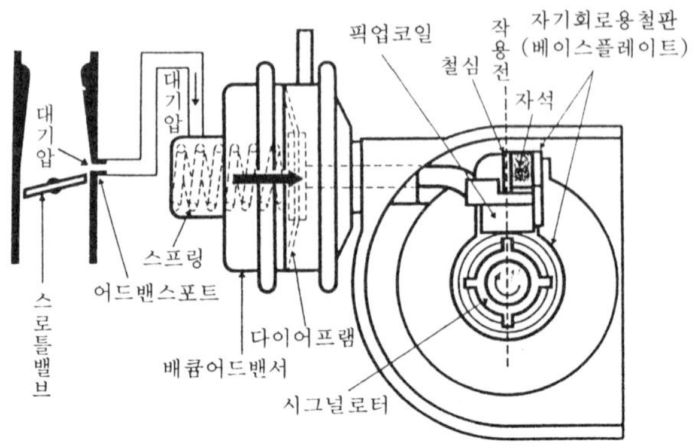

그림 7-78 아이들링시의 위치(진각작용 전)

업코일의 위치는 진각 0°인 위치(초기점화시기 설정위치)로 된다.

다음에 가속페달을 밟아서 스로틀밸브가 1/2 정도 열린 상태에 대하여 생각한다. 즉, 이때 만약 아이들링 회전 정도의 저속으로 기관이 회전한다면 기관에 작용하는 부하가 대단히 큰 상태가 된다. 스로틀밸브로 통하는 혼합기의 유속은 늦고 어드밴스 포트의 부압은 그다지 커지지 않으며 배큠 어드밴스의 작용도 크지 않다. 그러나 스로틀밸브가 열림으로서 실린더 내 혼합기의 양이 많아지게 되고 따라서 폭발력은 커진다. 그렇게 되면 기관의 회전이 대단히 고속으로 되면서 회전은 무부하 또는 경부하상태로 되고 따라서 스로틀밸브 부근의 흡기유속이 빨라져서 그림 7-79와 같이 어드밴스 포트의 부압이 대단히 커지게 된다. 이 때문에 배큠 어드밴스 속의 다이어프램의 좌측이 진공에 가까운 상태의 부압으로 되고 우측은 대기압이 되기 때문에 대기압에 의하여 스프링의 힘에 이겨서 다이어프램을 좌측으로 이동시키는 힘이 생긴다.

다이어프램이 좌측으로 이동하면 픽업코일이 시그널 로터의 회전방향으로 회전하여 그 이동된 회전각도 만큼 픽업코일에 발생하는 기전력이 빨라지기 때문에 점화시기는 앞서게 된다.

픽업코일의 속을 통하는 자속은 그림 7-80에서 알 수 있는 것과 같이 자석→철심→시그널 로터→거버너 샤프트→베이스 플레이트→자석의 순으로 자기회로를 구성, 통과하고 있다. 이 자기회로는 모두 철로 되어 있어서 철의

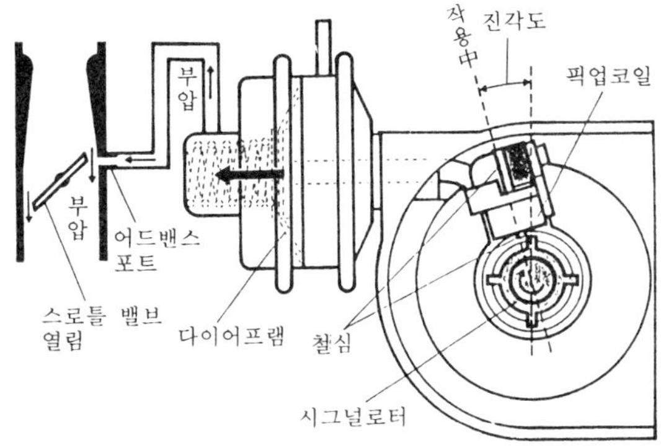

그림 7-79 경부하 고회전시의 위치(진각작용 중)

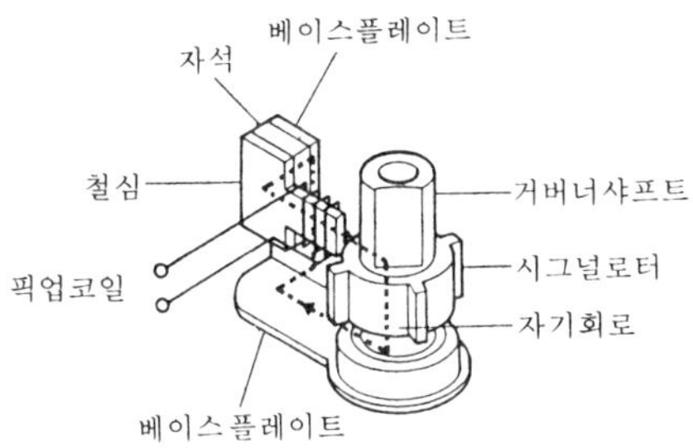

그림 7-80 픽업코일의 자기회로

속은 공기중 보다 자속이 약 1만배 정도 통과하기 쉽기 때문에 역으로 공기 중은 큰 자기저항이 되고 공기 중을 통하는 틈새(air gap)에 의하여 자기 회로를 통하는 자속량은 크게 변화한다. 시그널 로터에는 기관의 실린더수와 같은 수의 齒(tooth)가 만들어져 있어서 그림 7-81과 같이 시그널 로터의 회전에 의하여 픽업코일 속의 철심과 로터의 치가 가까워지거나 멀어지거나 하고 거기에 따라서 픽업코일 속을 통하는 자속량은 그림 7-81과 같이 변화된다.

픽업코일은 자속의 변화가 주어지면 반드시 기전력 즉 전압을 발생하며 그 전압의 크기 e는

$$e = -N\frac{d\phi}{dt}\,[\mathrm{V}] \quad \cdots\cdots (7\text{-}24)$$

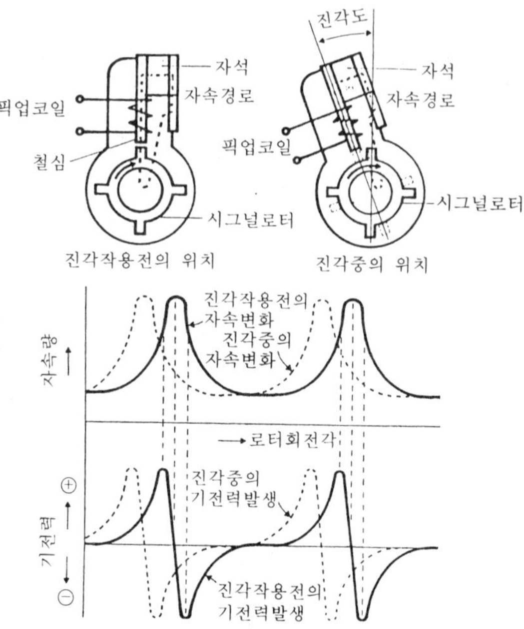

그림 7-81 진각시 픽업코일의 발생전압(기전력)

여기서 N: 코일의 권수

ϕ: 자속량

t: 시간

$d\phi/dt$: 자속량의 시간에 대한 변화율

가 되는 것으로 자속량의 변화율에 비례하는 크기가 된다. 즉 자속변화가 클때 큰 전압을 발생한다. 그리고 같은 변화일지라도 자속이 증가하고 있을 때와 감소하고 있을 때는 역극성의 전압이 발생된다. 또 기관의 회전속도가 커지게 되면 로터의 회전속도도 빨라지게 되므로 자속량의 변화도 커지게 되고 따라서 발생전압은 전체적으로 커진다.

그림 7-81은 어느 회전에 있어서의 픽업코일 속의 磁束量變化와 그것에 대한 起電力의 변화를 나타낸 한 예이다. 픽업코일이 로터의 회전방향으로 이동하게 되면 자속의 변화는 그 이동 회전각 만큼 빨리 나타나므로 픽업코일의 기전력도 빨리 발생한다.

점화시기는 이 기전력을 신호로 하여 점화코일에 높은 전압을 발생시키므로 기전력이 빨리 발생한다고 하는 것은 점화시기가 빨라진다고 하는 것이 된다.

5) 점화시기의 제어(마이컴 방식)

앞에서 기술한 것과 같이 기관의 출력은 밸브개폐시기와 점화시기를 기관의 회전속도 등 운전조건에 알맞도록 최적치로 제어함으로써 크게 향상될 수 있다. 흡・배기밸브를 움직이는 밸브작동기구는 언제나 큰 부가적 관성에 이겨서 일을 하고 있어서 쉽게 그 개폐시기를 가변형으로 하기는 어렵다.

그러나 점화시기 쪽은 자유롭게 변화시킬 수 있으며 점화시기에도 앞에서 기술한 것과 같은 기관의 운전조건에 따른 최적치가 존재하여 기관의 회전속도나 부하에 따라 달라진다. 그 시기가 지나치게 빠르면 압축행정 말기의 저항일이 커지게 되고 또한 지나치게 늦어지게 되면 연소행정 중에 팽창이 진행하게 되어 연소 후기에 연소하는 가스부분의 팽창률이 저하될 뿐 아니라 배기온도가 높아지고 팽창일이 감소된다.

점화장치는 이상 설명한 바와 같이 연소에 의하여 발생되는 압력이 피스턴을 내려미는 힘으로써 효율적으로 작동될 수 있기 위하여 최적의 크랭크 위치에서 충분한 에너지의 스파크가 튀기도록 하는 것이 중요하다. 따라서 기관의 운정상태에 따라 제어가 필요한 것은 1차코일 전류의 통전시간(통전시간제어)과 1차코일 전류의 차단 타이밍, 즉 1차코일 전류를 차단함으로써 2차코일에 고전압이 발생토록 하여 점화플러그에 스파크를 튀게 하는 타이밍의 제어(점화시기제어)인 2개가 있다.

a) 통전시간제어

그림 7-82에서와 같이 1차코일 전류는 통전시기로부터 지수함수적으로 증가 한다. 1차전류의 차단시 발생하는 고전압은 이 1차전류치의 크기에 따라 결정되어지므로 전류가 포화될 때까지 통전하는 것이 좋으나 오랜시간 코일에 전류를 흐르게 하면 발열에 의한 에너지의 손실과 열에 의한 해를 입는 것이 문제로 되어서 이 양쪽을 고려한 최적의 통전시간으로 제어한다. 그리고 축전지 전압에 따라 1차코일의 전류는 증가되는 비율이 달라지므로

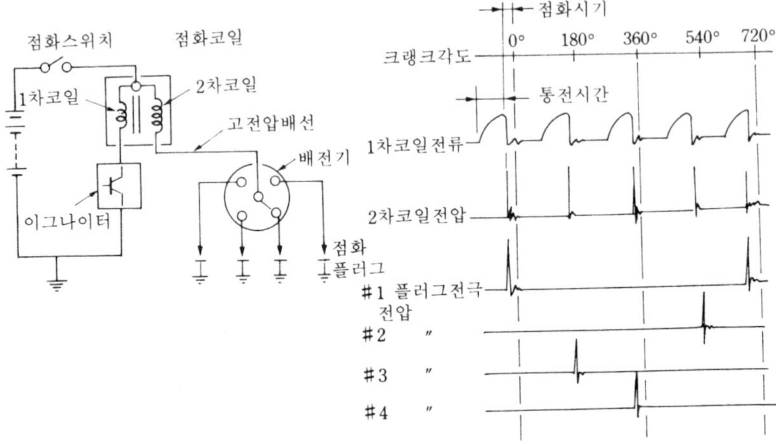

그림 7-82 점화장치의 구성과 동작

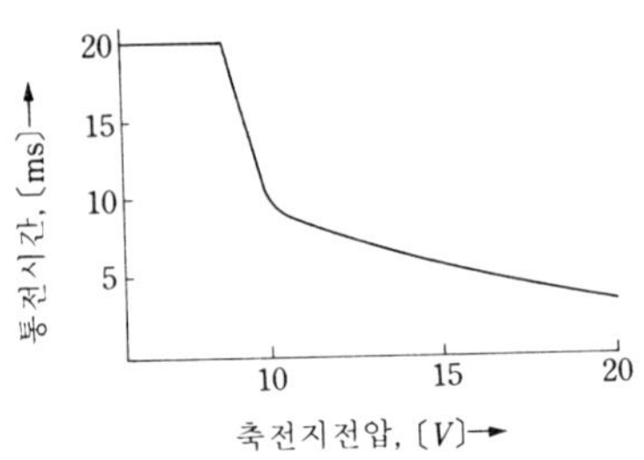

그림 7-83 점화통전시간의 전압보정 프로그램 예

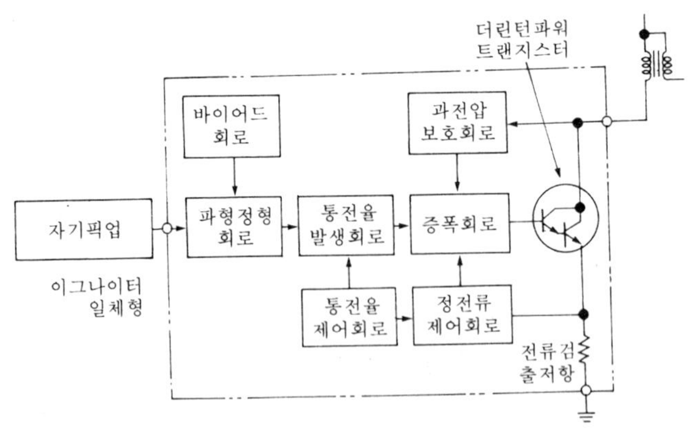

그림 7-84 정전류제어회로 붙이 이그나이터의 예

축전지 전압에 상응하여 통전시간을 보정할 것이 필요하다.

그림 7-83은 점화통전시간의 전압보정 프로그램의 예를 나타낸 것이고 그림 7-84는 정전류보정회로가 부착된 이그나이터의 예를 나타낸 것이다.

즉 그림에서와 같이 고성능의 점화장치인 경우는 앞에서 기술한 고전압의 발생과 더불어 발열의 발생이 없도록 하는 등 두 가지의 문제를 함께 해결하기 위하여 정전류제어를 추가하여 단시간에 큰 전류를 흐르도록 한 것이다.

b) 점화시기와 실린더 내 압력

열에너지를 기관출력으로서 가장 효율적으로 전환시키기 위하여는 앞에서 설명한 바와 같이 연소에 의하여 얻어지는 최대압력을 상사점보다 약간 늦추어진 위치에 오도록 할 것이 바람직하며, 그림 7-85는 기관의 점화시기와 실리더 내 압력과의 관계를 나타낸 것이다. A는 연소가 이루어지지 않는 경우로서 상사점을 중심으로 좌우대칭으로 된다. 그리고 B, C, D는 각각 점화시기를 달리하였을 때의 연소압력의 파형들이다.

점화시기 ⓒ인 경우가 상사점보다 약간 늦어진 위치에서 최대압력이 나타나는 것을 표시하고 있으며 이때가 사선부분으로 표시되는 연소압력에 의하여 이루어지는 일이 가장 크다는 것을 알 수 있다. 점화시기 Ⓑ의 경

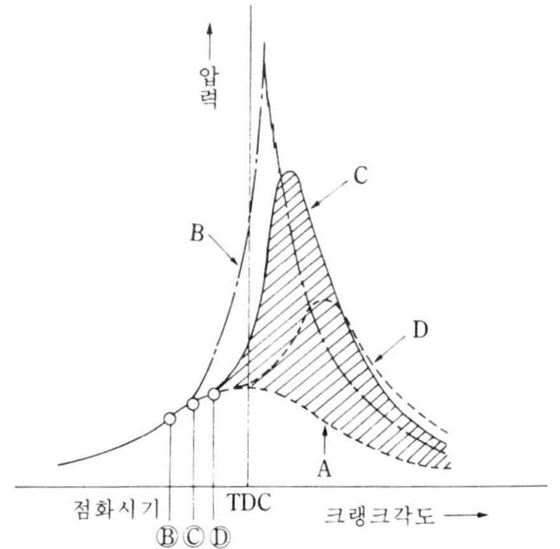

그림 7-85 점화시기와 실린더 내 압력

우는 최대압력은 가장 높으나 파형이 톱니모양으로서 노킹이 발생되고 있음을 알 수 있다.

c) 기계식 점화진각장치

電子制御點火進角시스템이 보급되기 전에는 기계식 점화진각장치가 사용되어 왔다.

그림 7-86은 그 구성과 點火時期制御性能을 나타낸다. 배전기에 내장된 원심추(fly weight)로 구성된 원심진각장치와 흡입관 부압에 의하여 작동하는 부압진각장치에 의하여 점화시기를 제어하는 것으로서 기구상 그림에서와 같이 단순한 진각성능 밖에는 실현할 수 없다.

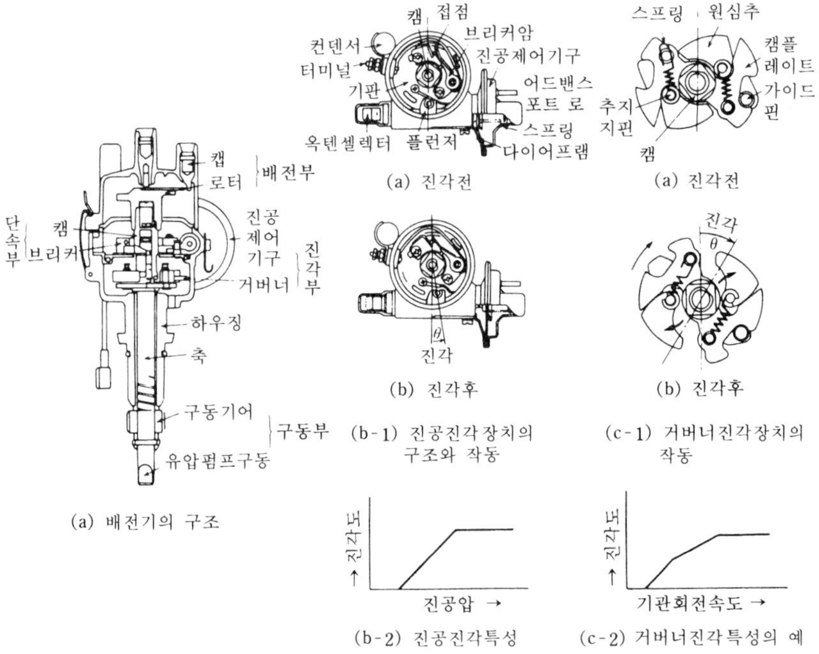

그림 7-86 기계식 점화진각장치

d) 전자제어점화진각시스템

한편 전자제어점화진각시스템인 경우는 그림 7-87에 나타낸 것과 같이 마이크로 컴퓨터가 내장되어 있는 ECU에 의하여 1차코일에 흐르는 전류의 통전개시 및 차단(점화시기)를 제어한다. 기관의 회전속도, 흡입공기량(기관의 부하)에 상응하는 그림과 같은 복잡한 점화시기 프로그램의 작성이 가능하고 또한 기관의 냉각수 온도 등에 상응하는 복잡한 보정도 가능하다. 따라서, 전자제어의 채용으로 단순한 점화시기 특성 밖에 실현시키지 못하였던 종래의 기계식 점화장치에 비하여 기관의 출력은 2~5% 정도 향상될 수 있고, 뿐만 아니라 연비향상, 배출가스의 대책상에서도 점화시기의 프로그램에 자유도가 있어서 유리하다. 점화시기는 1°CA (CA : Crank Angle) 오더(Order)의 정밀도로 제어될 것이 유리하다. 1°CA는 기관의 회전속도가

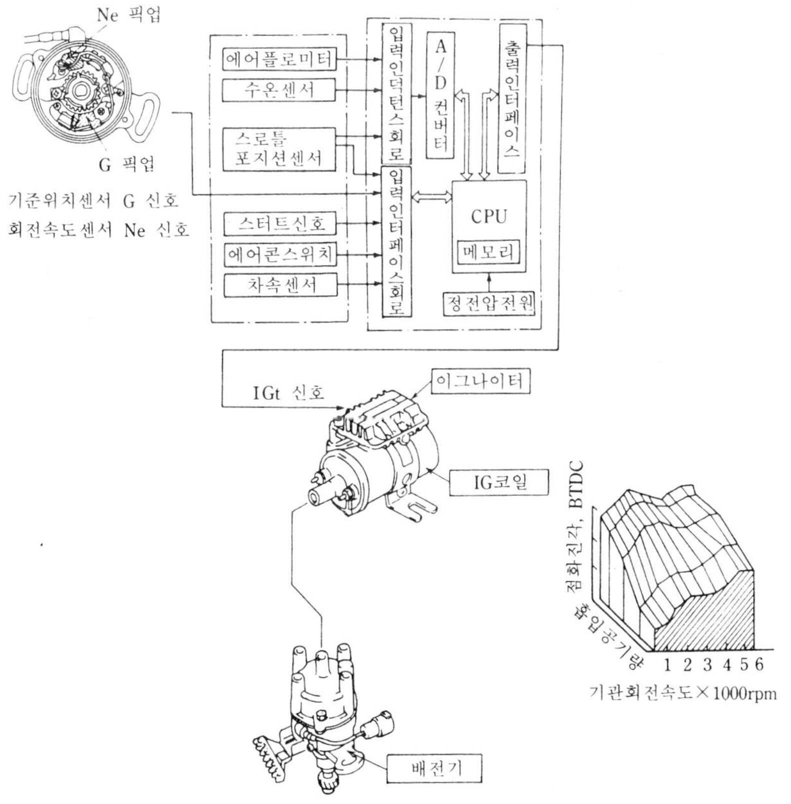

그림 7-87 전자제어점화시스템

6000〔rpm〕일 때 이것을 시간으로 환산하면 약 30〔μs〕로 지극히 짧은 시간이다. 이와 같은 타이밍을 정확하게 제어하기 위하여는 크랭크 위치를 정확히 검출하는 크랭크 위치센서와 마이크로 컴퓨터 내에서 고속으로 작동하는 고속카운터, 그리고 그것들을 조화롭게 이용하는 제어방법이 필요하며 즉 기관마다 그것에 특색이 있는 크랭크 위치센서를 사용, 그에 대응하는 특

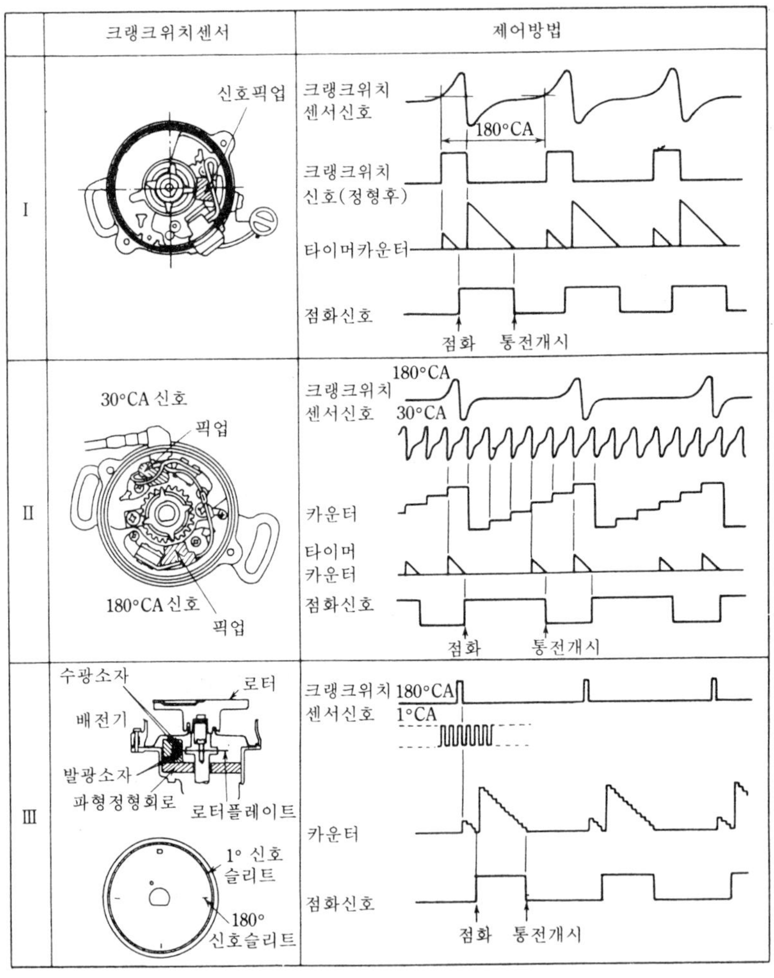

그림 7-88 크랭크 위치센서와 점화시기제어의 각종방식

색있는 제어방법을 제각기 채용하고 있다.

마이크로 컴퓨터에 의한 점화시기의 제어방법에는 사용하는 크랭크 위치센서의 종류에 따라서 크게 3가지 방법이 있다. 그림 7-88은 3가지의 제어방법과 각각의 제어방법에 쓰여지는 크랭크 위치센서를 나타낸 것이다.

방식 I은 기관의 실린더 간격(4실린더인 경우는 180°CA)마다 신호를 발생하는 크랭크각 위치센서를 사용, 크랭크 위치 신호발생의 시각을 기준으로 하여 미리 프로그램되어 있는 통전시간, 점화시기로부터 통전개시시각과 차단시간을 계산에 의하여 구한 다음 마이크로 컴퓨터 내의 고속 타이머 카운터로 제어한다. 3개의 타입 가운데에서는 가장 간편한 구성으로 실현이 가능하나 실린더 간격이 시간마다 변화하는 기관의 급가속 등 과도상태에서의 제어 정확도가 약간 떨어진다.

방식 II는 실린더 간격의 180°CA 신호와 30°CA 신호를 발생하는 크랭크 위치센서를 사용한다. 180°CA 신호로 통전개시시기, 점화시기직전의 30°CA 신호를 찾아낸 다음 그 30°CA 신호로부터 통전개시시각, 차단시각까지를 고속 타이머 카운터로 제어한다.

방식 III은 실린더 신호와 1°CA 신호를 발생하는 크랭크 위치센서를 사용한다. 실린더 신호를 기준으로 1°CA 신호마다 카운트 다운하여 소정의 크랭크 각도에서 통전 개시, 차단신호를 발생시킨다.

방식 II, III은 과도시의 제어 정밀도는 좋으나 크랭크 위치센서는 그 구성이 복잡하게 된다.

(3) 노크制御

노킹이 발생되면 연소가스의 진동에 의하여 가스막이 파열되고 이로 인하여 열류현상이 좋아져서 열손실이 커지는 것 외에 그와 같은 상태가 계속되면 점화플러그의 전극이나 피스턴의 과열, 소손 등을 낳게 되며 심하면 기관을 파손하기에 이르게 된다.

따라서 노킹은 기관으로서는 피해야 할 가장 유해한 현상의 하나이다. 그림 7-89에 나타낸 것과 같이 노킹과 점화시기는 밀접한 관계가 있어서 점화시기를 빠르게 하면 그림에서 점화시기 Ⓑ에서와 같이 燃燒最大壓力은 높아지나 노킹이 발생된다.

그림 7-89는 노킹과 점화시기 및 기관토크와의 관계를 나타낸 것이다.

기관으로부터 최대토크를 얻는 點火時期(Minimum Spark Advance for Best Torque : MBT)는 노킹을 발생하기 시작하는 점화시기(노킹한계)의 앞뒤에 근접되어 있으므로 점화시기를 설정할 때에는 노킹한계로부터의 여유를 가질 필요가 있다. 노크제어시스템이 없는 경우는 이 여유를 확보하기 위하여 최대토크를 발생하는 점화시기로부터 遲角시킨 위치로 맞추게 되어서 그 만큼 토크가 저하된다. 노크한계를 노크센서로 검출할 수 있다면 노크영역 아주 가까이까지 근접된 상태까지 점화시기를 앞세울 수 있어서 그 만큼 기관의 출력을 보다 유효하게 얻어낼 수 있다. 특히 터보차저 등의 과급기가 부착된 기관인 경우는 과급기에 의하여 단열압축된 공기를 연소에 사용하기 때문에 노킹이 발생될 가능성이 높아지므로 노크제어시스템을 채용하는 경우가 많다.

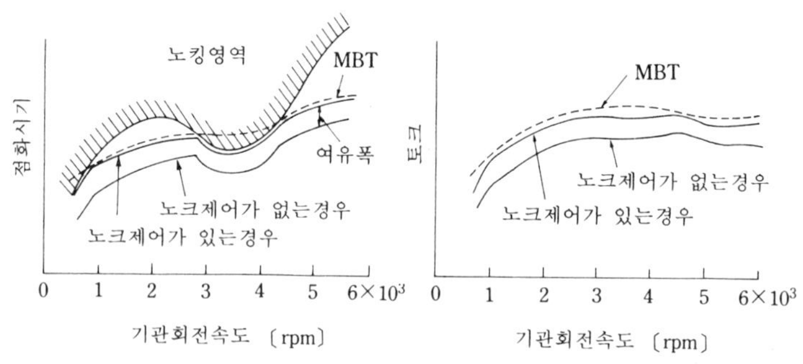

그림 7-89 점화시기와 노킹의 관계

노킹의 검출에는 노크센서를 사용한다. 노크센서는 실린더블록에 부착되는 것이 많고 실린더블록에 전달되는 노크에 의한 진동을 피에조(piezo) 壓電效果를 이용한 센서에 의하여 전기신호로 변환한다. 이 종류의 노크센서에는 공진형과 비공진형의 2종류가 있으며 공진형센서는 노크진동과 거의 같은 공진주파수를 가진 진동자와 振動子의 振動壓을 감지하여 전기신호로 변환하는 壓電素子로 구성되어 있다. 그리고 非共振形노크센서는 노크진동을 직접 압전소자로 검출하는 것이다. 이 밖에 점화플러그가 가까워지는 와셔부에 압전소자를 끼워 넣어서 연소압력이 점화플러그를 밀어올리는 힘을 검지하여 연소압력의 상태로부터 노킹을 검출하는 것도 있다.

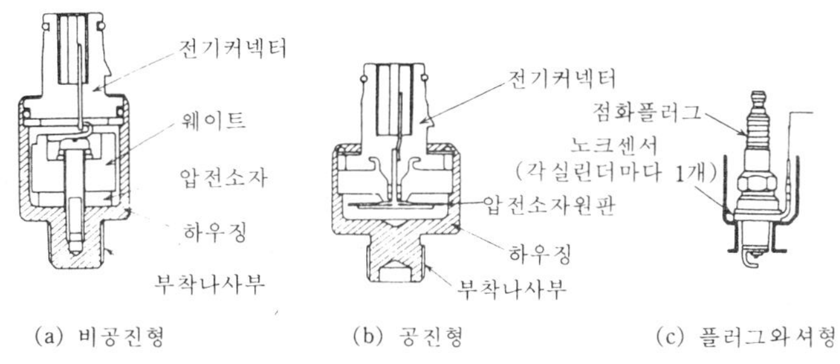

그림 7-90 각종 노크센서

그림 7-91은 공진형노크센서의 出力波形을 나타낸 것으로 노킹이 발생되면 연소기간의 출력진폭이 커지게 되므로 이 기간동안의 출력파형을 필터처리하여 그 값의 크기에 따라서 노킹의 유무를 판정한다.

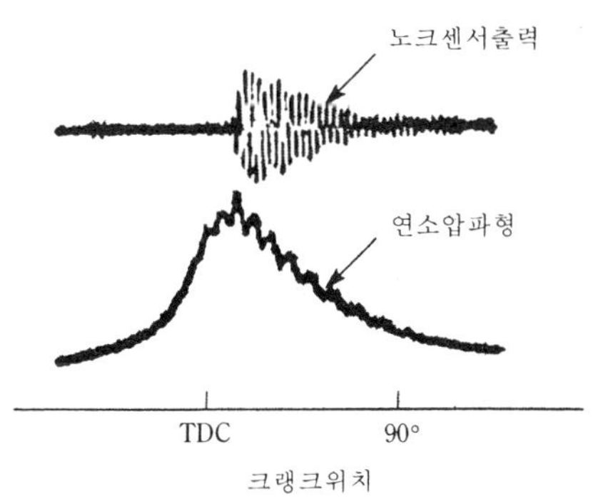

그림 7-91 노크센서의 출력파형

그림 7-92는 노킹센서의 출력신호를 필터처리하여 노킹의 유무를 판정하는 처리회로의 예를 블록도로 나타낸 것이다.

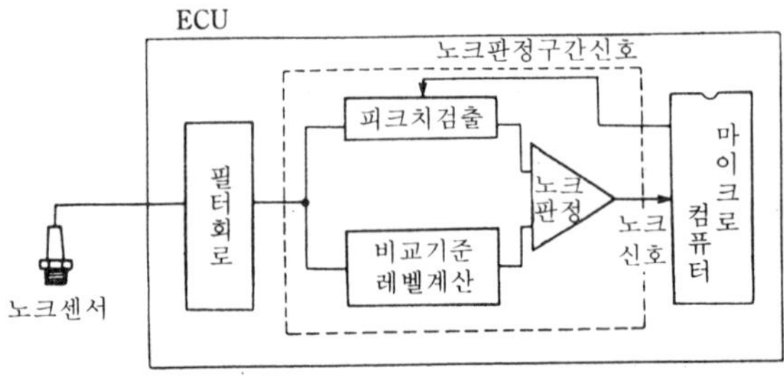

그림 7-92 노크제어의 입력처리회로 예

그림 7-93은 노크제어처리의 타이밍차트를 나타낸 것으로 노킹은 연소기간에서만 발생하므로 노이즈(nose)에 의한 誤檢出을 피하기 위하여 노크판정기간에 한하여 판정처리를 하게 된다.

마이크로 컴퓨터 프로그램에 의한 노크제어는 노킹을 검출하였을 때에는 즉시 점화시기를 진각쪽으로, 그리고 노킹이 없는 상태에서는 서서히 진각하는 피드백 제어의 형태를 취하며 점화시기제어에 부가적으로 추가되어 있는 것도 있다.

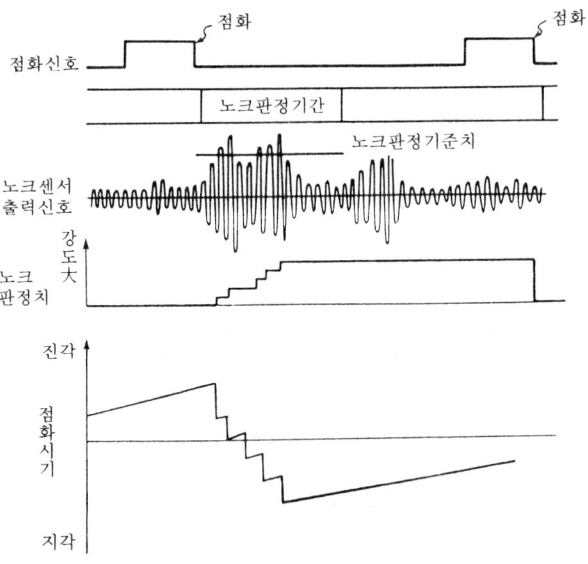

그림 7-93 노크제어처리 타이밍차트

(4) 노크制御시스템의 將來

노크제어시스템은 노킹을 감지하는 노크 센서와 엔진 컨트롤 모듈로 성립된다. 노크 센서는 연소실에서 발생된 노크 진동을 실린더 블록 표면을 통하여 얻은 공진형이 현재 주류로 되어 있으며 노크 센서로 감지하는 노킹은 실린더 모두에서 감지될 수 있는 것이 바람직하다. 어느 실린더가 가장 노킹을 일으키기 쉬운가에 대하여는 기관마다, 그리고 기상조건에 따라 달라지기 때문이며 따라서 1개의 노크 센서로는 충분하지 않아서 2개 이상을 사용하는 경우도 있다. 직렬 6실린더기관 등인 경우는 앞의 3실린더와 뒤쪽의 3실린더에 각각 1개씩의 노크 센서를 설치하는 예가 많다. 그리고 철에 비하여 알루미늄은 진동의 감쇠가 커서 알루미늄 실린더 블록의 기관인 경우는 노킹의 진동을 노크 센서를 통하여 그 정보를 얻기가 매우 어렵다. 그 때문에 각 실린더와 노크 센서 사이에 리브를 붙이는 등하여 노킹의 진동이 전달되기 쉽도록 하고 있는 예도 있으며 각 실린더에 각각 노크 센서를 설치하여 노킹을 개별적으로 판정하고 각 실린더 별로 노크 제어를 하는 시스템도 일부 기종에 쓰여지고 있다. 이것은 각 실린더의 점화 플러그의 와셔부에 壓電素子를 끼워서 실린더마다의 연소압력을 검출하는 방법으로 노킹이 발생되었을 때에는 연소압이 높아지는 것으로 판정한다. 노킹이 발생되는 것은 각각의 실린더의 압축 상사점 전후이므로 크랭크각에 대한 노킹의 발생시기를 모니터하는 것으로 어느 실린더에서 노킹이 발생되고 있는가를 알 수 있으며 이렇게 함으로써 실린더별로의 노크제어가 가능하다. 그러나 그것은 약간의 어려운 문제가 뒤따르며 고속회전일 때에는

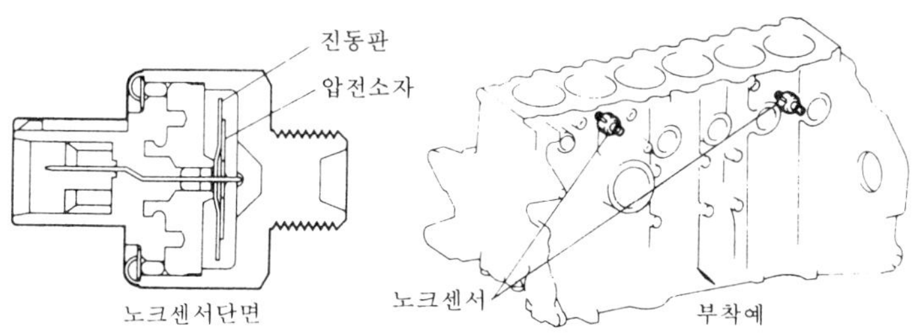

그림 7-94 노크제어 시스템

개폐하는 흡·배기밸브의 밸브 시트에 着座時 시트부에 세차게 밸브가 닿으면서 진동을 발생하고 그 진동이 주파수적으로 노킹과 유사하며 특히 고속회전에서는 양자의 판별이 어렵게 되는 점이다. 예를 들어서 직렬 4 실린더일 경우는 #1 실린더의 배기밸브의 착좌와 #2 실린더의 노킹 발생의 타이밍이 거의 일치하는 때 등으로 현재로서는 6000〔rpm〕이상의 고속회전에서의 노킹제어는 되지 않고 있다. 그리고 기관에 따라서는 그 이하의 회전속도, 예로서 4000〔rpm〕까지 밖의 노킹을 판정할 수 없는 것도 있다.

이와 같은 경우에 쓰여지는 수법이 學習制御이다. 일반적으로 저회전역에서 노킹이 발생되기 쉬우면 고회전역에서도 그 경향이 같아진다. 예를 들면 냉각수 온도가 상승되면 저회전역이나 高回轉域 공히 노킹이 발생되기 쉬워진다. 이 때문에 低回轉域일 때 기준점화시기에 대하여 어느만큼 進角 또는 遲角될 수 있는가를 기억시켜 놓고 그 분만큼 고회전역 측의 점화시기를 진각 또는 지각시켜주면 된다.

노크제어를 하는 방법으로서 지각만을 하는 방법과 진각과 지각의 양쪽을 제어하는 방법이 있다. 지각만을 하는 방법은 기관을 보호하는 차원에서 의미가 강하나 양쪽을 제어하는 것은 성능을 적극적으로 향상시키고자 하는 경우이다. 터보 과급기관에서는 사용하는 가솔린(프레미엄 또는 레귤러가솔린)을 판정하여 점화시기와 과급압을 같이 바꾸는 방법도 채용되고 있다. 그리고 최적제어를 목표로 하는 제어로서 MBT 제어가 개발되어 있고 MBT 제어는 노크제어는 아니나 목적은 거의 같다.

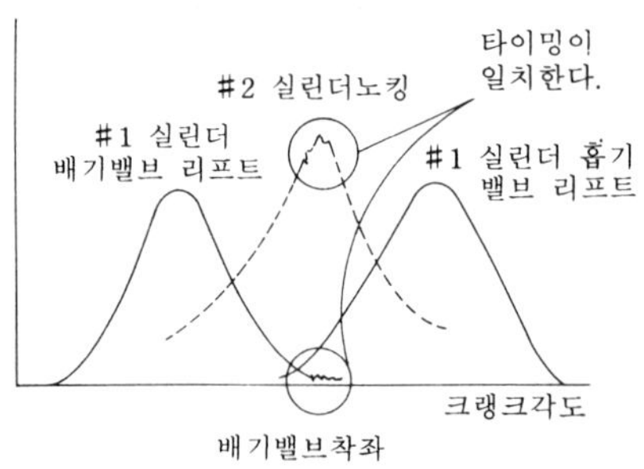

그림 7-95 밸브착좌와 노킹

1) 진각제어만인 때의 경우

터보 과급기관 등에서 노킹에 의한 기관의 파손을 방지할 것을 주목적으로 하며 헤비 노크(heavy knock)가 발생되었을 때 지각시키거나 기관에 따라서는 엔진 컨트롤 모듈의 메모리에는 그 기관이 약간의 노킹을 발생하는 트레이스 노크 점화시기에 대하여 3~5°의 여유를 가지도록 한(지각시킨) 점화특성을 기억시켜 놓는 예도 있어서 보통의 사용상태에서는 노크제어가 작동되지 않고 품질이 나쁜 가솔린을 사용하는 경우나 과급압이 지나치게 높아지게 되는 때 등 위급사항을 대비하여 마련한 시스템이다. 노크제어 도입의 초기에 쓰여졌던 시스템으로 현재에는 그다지 쓰여지지 않고 있다.

2) 진각, 지각제어인 경우

그 기관이 가진 성능을 충분히 발휘시킬 수 있는 것을 목적으로 하는 시스템이다. 노크에 대하여는 트레이스 노크(trace knock)를 감지, 제어할 만큼의 정밀도가 요구된다. 다만 기관의 전회전역에서 노킹을 감지, 제어할 필요는 없으며 엔진 컨트롤 모듈의 메모리에는 그 기관의 트레이스 노크 점화시기를 기억시켜 놓는다. 트레이스 노크 점화시기는 그 기관의 설계 압축비일 때 표준 흡입공기 온도, 냉각수 온도, 가솔린의 옥탄가 등에 따라 실제의 기관운전시에는 그들 변수가 항상 변화되고 따라서 요구점화시기도 변동된다. 그 요구점화시기에 따라서 거기에 알맞은 트레이스 노크 점화시기가 될 수 있도록 점화시기를 제어하는 셈이다.

앞에서 기술한 것과 같은 이유로 고속회전역의 노크제어가 반드시 가능

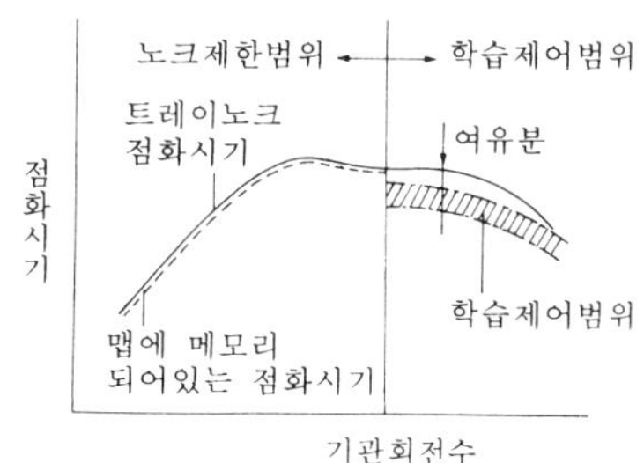

그림 7-96 점화시기의 학습제어

하다고는 할 수 없으며 그 경우에 쓰여지는 방법이 학습제어이다. 엔진 컨트롤 모듈의 메모리에는 노크제어 가능의 회전역은 트레이스 노크 점화시기가 기억되어 있고 그 이상의 회전역의 경우 트레이스 노크 점화시기에 대하여 3~5°의 여유를 가지는 늦추어진 점화시기를 기억시킨다. 노크제어가 가능한 영역에서 현재의 기관, 환경조건에서의 트레이스 노크 점화시기가 노크제어의 결과(예를 들어서 엔진 컨트롤 모듈의 메모리에 기억되어 있는 점화시기에 대하여 2° 가량 앞세워져 있거나 3° 정도 늦추어져 있는 등)를 알 수 있으므로 그에 해당되는 분만큼 고회전역의 점화시기도 메모리에 기억시킨 점화시기보다 앞세우거나 또는 늦추어 준다. 이렇게 함으로써 실제 고회전역의 경우에도 노크를 제어하는 효과와 같은 결과가 얻어진다. 다만 안정성을 고려한 여유를 감안하여 노크제어영역에서의 어드밴스 폭에 대하여 반분에 해당되는 만큼의 점화시기를 앞세우거나(노크제어영역에서 4° 어드밴스 되어도 고회전에서는 2° 밖에 어드밴스 시키지 않는다.) 어드밴스 폭의 제한을 설정(예를 들어서 4°까지)하는 등하여 시스템이 잘못 작동하여도 기관이 파손에 이르지 않도록 배려되어 있다. 그리고 노크제어를 하는 부하의 영역에 대하여는 다음과 같이 생각할 수 있다.

기관은 어느 負荷領域에서나 점화시기를 앞세운다고 하여 출력이나 연비가 좋아지는 것은 아니다. 앞에서 기술한 바와같이 어느 기관 회전속도, 부하일 때의 출력 및 열효율이 최대로 되는 점화시기가 존재하고 이 점화시기가 MBT 이며, 점화시기는 이 MBT 보다 앞세워지거나 늦추어져도 출력,

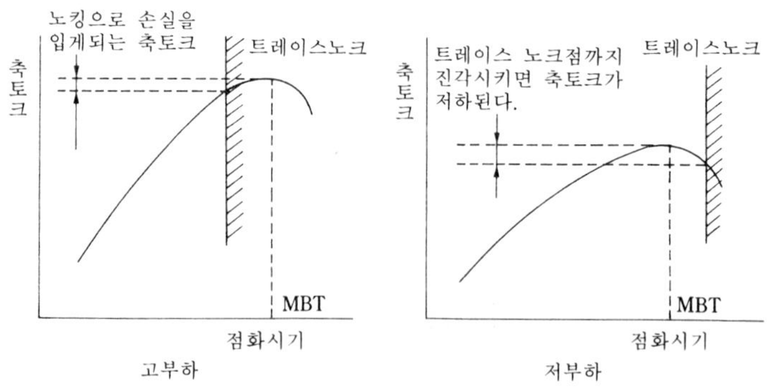

그림 7-97 트레이스 노크 점화시기와 MBT의 관계

열효율은 나빠진다. 고부하영역에서는 이 MBT 점화시기가 트레이스 노크 점화시기보다 앞세워져 있거나 거의 같은 정도인 곳에 있으므로 트레이스 노크 점화시기를 선정하면 노킹이 유발되지 않는 범위에서 출력이나 연비가 가장 좋다. 그런데 저부하영역에서는 MBT 점화시기에 대하여 상당히 앞세워진 곳에 트레이스 노크 점화시기가 존재하기 때문에 노크를 제어하게 되면 오히려 출력과 연비가 나빠지게 되어서 그 때문에 어느 부하 이상에 한하여 노크제어를 하도록 하고 있다. 그리고 그 이하의 부하영역인 경우는 엔진 컨트롤 모듈의 메모리에 기억되어 있는 MBT 점화시기로 운전하도록 한다. 보통 노크를 제어하는 부하영역은 NA 기관이면 매니폴드 부압 −100〔mmHg〕이하, 터보기관은 0〔mmHg〕부스트 이상(과급역) 정도인 경우가 많다.

3) MBT 제어

進角, 遲角制御에서 기술한 바와 같이 트레이스 노크 점화시기가 MBT 점화시기 보다도 앞서있는 경우에는 노크제어를 하여도 출력이나 연비가 최량으로는 되지 않는다. NA 기관에 프레미엄 가솔린을 사용하는 경우는 노킹에 대하여 여유가 있으므로 이렇게 되기 쉬우며 이와 같은 경우에는 특히 효과가 있는 것이 MBT 제어이다. 그뿐 아니라 진실의 요구 점화시기에 맞도록 하기 위하여는 MBT 제어가 좋으므로 이와 같은 의미에서 가장 바람직한 점화시기제어 시스템이라고 할 수 있다. MBT 제어의 원리는「연소실 내의 最大燃燒壓力을 부여하는 크랭크각(θp_{max})은 기관의 회전속도, 부하, 냉각수 온도, 연소상태 등에 따라 달라지지 않고 거의 일정하다」라고 하는 사실을 이용하여 θp_{max}을 이용, 목표치가 되도록 점화시기를 제어한다. θp_{max}는 기관에 따라 다소 다르나 거의 압축 상사점 후 15° 부근이다.

7-6 디젤機關의 燃燒

(1) 燃 燒

디젤기관의 경우는 대기압의 공기를 스로틀링 없이 실린더 내에 흡입한다. 따라서 흡입공기량은 항상 일정하며, 부하의 크고 작은 데 따른 출력제어는 실린더 내에 분사하는 연료의 분사량에 의하여 이루어진다. 그러므로 디젤 기관은 스로틀밸브 개도 대신 연료분사기간 중 연료의 공급량을 가감하여 출력조정을 하며 가솔린기관의 점화시기에 상당하는 것이 연료분사 개시 시기이다.

디젤기관의 압축비는 16~23：1 로 가솔린기관보다 훨씬 높아서 압축 행정의 말기에는 압축된 공기의 압력과 온도가 약 40 기압, 700℃ 정도로 높아지게 된다. 연료(경유)의 자연발화온도가 200~300℃ 가량이므로 여기에 연료를 안개 모양의 霧狀으로 분사하면 자연발화가 일어난다.

1) 착화지연기

연료는 상사점 조금 전에 100~400 기압의 높은 분사압력으로 분사밸브를 통하여 압축공기 중에 분사되며 平均 粒徑 10~100〔μm〕의 분무상태로 공급된다. 분사가 개시되고서부터 자연발화가 일어나서 연소가 시작, 실린더 내 압력이 높아지기 시작할 때까지는 1~6〔ms〕의 시간이 걸리며 이것이 착화지연기(ignition delay period)이고 연소의 준비기간이다. 분사된 무수의 연료 미립자는 각각 압축공기에 의하여 가열, 표면으로부터 기화되어 연료

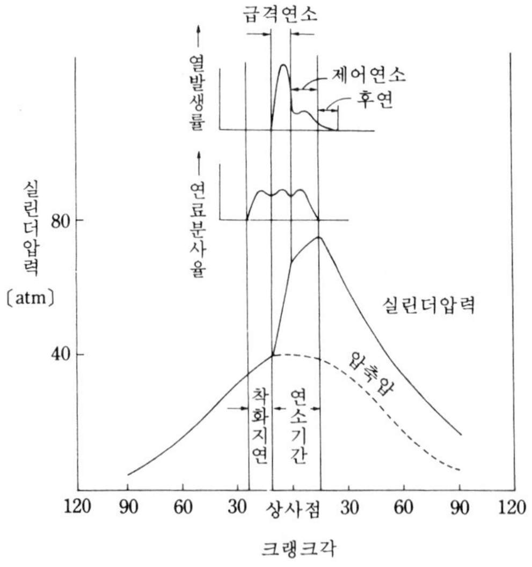

그림 7-98 디젤기관의 압력파형

증기와 공기가 혼합되면서 혼합기층을 형성한다(여기까지는 물리적인 지연이다).

2) 급격연소기

이렇게 하여 만들어진 혼합기층 가운데 혼합비의 형성이 적절한 곳에서부터 공기 중의 산소와 연료증기의 산화반응이 진행, 반응열에 의하여 온도가 상승되어 자연발화가 일어나며(이 기간이 화학적 지연이다) 그와 같은 과정을 거쳐 불씨가 만들어지고, 그 때까지 실린더 내에 분사되었던 연료가 연쇄반응적으로 급격하게 연소하여 압력이 급상승한다. 이 때의 압력상승률 dp/dt 는 착화지연기간에 분사된 연료의 양이 많을수록 커지며, 이 dp/dt 가 크면 충격적인 연소를 하게 되며 이 때가 급격연소기(rapid combustion period)이다.

3) 제어연소기

일단 착화하여 화염이 실린더 내에 확산되면 고온이 되므로 그 뒤에 분사되는 연료는 분사와 동시에 기화하여 연소한다. 즉 이 기간에는 연료의 분사율이 그대로 연소비율을 결정하므로 제어연소기(controlled combustion period)라고 부른다.

4) 후 연

연료분사는 팽창행정의 상사점 후 20~30° 에서 완료되며 이렇게 하여 연료의 분사가 종료되어도 잠시 동안은 실린더 내의 여기 저기서 채 연소되지 못한 연료가 연소를 계속하며, 이것이 후연(after burning period)이고, 그것이 끊이면 단순한 단열팽창으로 된다. 그림 7-98는 이들 관계를 압력선도, 연료분사율 및 열발생률의 경과를 나타낸 것이다.

(2) 燃燒形態

디젤기관의 배출가스를 생각할 때에는 먼저 그 연소형태를 이해하여야 한다. 앞에서 설명한 바와 같이 디젤기관의 연소는 고압축으로 온도가 높아진 공기 중에 분사된 연료의 液滴群의 연소이다. 그러므로 여기서는 1개의 연료액적이 연소하는 과정에 대하여 설명한다. 연료액적은 주위 공기로부터의 흡열에 의하여 온도가 상승되고 표면으로부터 증발, 공기 중에 확산되어 가고, 액적인 쪽은 점차 수축되어 작아지며, 이렇게 하여 액적의 주위는 공기와 연료증기의 혼합기로 둘러싸이는 상태가 된다. 그림 7-99는 확산의 과정을 도식적으로 나타낸 것이다. 액적의 기화가 진행됨에 따라 액적은 점차 작아지게 되고 공기 중의 연료 증기 분압은 $p_1 \rightarrow p_2 \rightarrow p_3$와 같이 높아지면서 확산층을 넓혀가며, 한편 온도는 $t_1 \rightarrow t_2 \rightarrow t_3$와 같이 변화하며 온도구배는 차차로 완만하게 된다. 연료의 농도는 액적 표면으로부터 떨어질수록 낮고 온도는 역으로 액적 표면으로부터 멀어질수록 높다. 그것이 그림에서 나타내는 것과 같이 $p_1 \rightarrow p_2 \rightarrow p_3$, $t_1 \rightarrow t_2 \rightarrow t_3$로 변화되어가기 때문에 확산의 어느 시기에 온도가 충분히 높고 또한 혼합비가 이론 혼합비에 가까운, 즉 어느 산화반응조건이 좋은 점에서 화염발생 직전의 반응이 일어나면서 t_3 곡선에 나타나는 것과 같은 온도상승의 돌기가 생기고, 이 부분이 자연발화온도에 도달, 발화한다.

일단 발화가 일어나면 가솔린기관의 연소과정에서와 같이 화염이 혼합기층 내를 전달, 그 반응열로 연료액적의 증발을 촉진시킨다. 확산층의 바깥쪽은 희박한 혼합기이고 안쪽은 과농의 혼합기이므로 액적 반경방향의

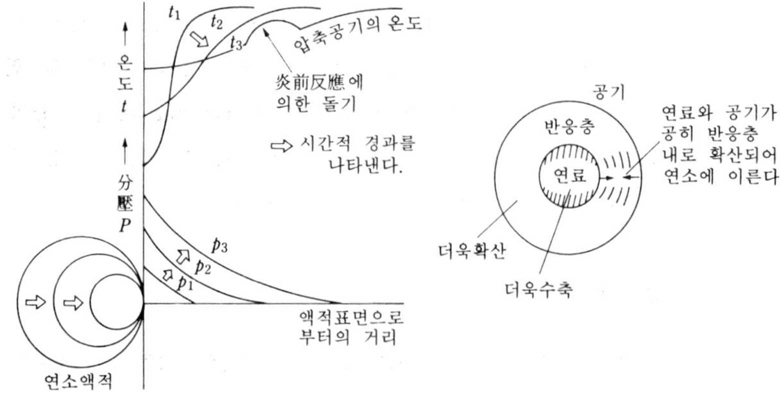

그림 7-99 디젤기관의 연소기구　　　그림 7-100 연료액적의 모양

연소는 가연혼합비 범위 내에서 멈추고 球面方向으로의 연소는 무한히 진행되므로 결국 액적은 반응층(연소가스)에 의하여 둘러싸이는 상태가 된다. 그 뒤에는 바깥쪽으로부터 안쪽을 향하여 확산되어가는 공기와 안쪽에서 바깥쪽으로 확산되는 연료가 반응층 내에서 서로 반응, 연소하게 되며 이 상태에서 액적은 점차 축소되고 끝내는 소멸된다. 그림 7-100은 그와 같은 양상을 도식화하여 나타낸 것이다.

지금까지 연료액적의 연소가 靜的으로 이루어지는 것으로 가정하여 해석하였으나 실제로 액적은 공기 중을 비산하고 또한 공기는 스월이나 스쿼시로 인하여 유동하는 상태에 놓이게 되며, 또한 발화 후는 화염의 압력이 높아지고 팽창으로 인하여 가스의 유동은 더욱 격심하여진다. 그러므로 정적인 연소의 경우보다 확산작용이 더욱 크고 이것이 연소의 확대에 큰 영향을 주게 된다. 가솔린기관의 경우에는 液相의 상태에서 공기와 혼합되는 연료는 충분한 시간적인 여유가 있어서 기화되고 균일혼합상태에 도달하나 디젤기관의 경우는 연소실 내에서 연료가 액상인 채로 갑작스럽게 분사되어 증발, 확산되면서 연소하는 것이므로 시간적인 여유가 적고 이것이 디젤 스모크를 발생하는 원인이 된다.

(3) 디젤노크

디젤기관의 경우에는 착화지연이 길수록 자연착화 이전에 분사되는 연료량이 증가되고 급격연소 때의 압력상승이 커진다. 그리고 디젤기관은 압축비가 커서 이것만으로도 40기압정도 되고 거기에 급격연소를 하게 되면 최고 80기압에 이른다. 소음, 진동의 면에서 볼 때에 연소가 되도록 완만하게 이루어질 것이 이상적이나 착화지연이 길어질수록 압력상승률이 커지게 되고 기관은 그 충격력으로 진동이 격심해지고, 소음의 발생이 심해진다. 압력상승률 $dp/d\theta$(θ : 크랭크각)가 5~6기압/°를 넘으면 금속성의 노크음이 발생되며 이것이 디젤노크이다. 디젤노크를 방지하기 위하여는 착화지연을 되도록 짧게 하여야 하고 그러기 위하여는 발화성이 좋은 연료, 즉 세탄가가 높은 연료를 사용하여야 한다. 그리고 기관의 구조면에서 디젤노크를 경감시키는 조건은 표 7-19에 나타나는 것과 같이 가솔린기관의 노크를 저감시키는 조건과는 역의 관계가 있다.

表 7-19 노크를 경감시키는 조건

기 관	가 솔 린	디 젤
압축 압력	저	고
흡기 압력	저	고
흡기 온도	저	고
실린더벽 온도	저	고
회전 속도	고	저
연료의 착화온도	고	저
연료의 착화지연	장	단
실린더 체적	소	대

(4) 디젤기관의 연소실

앞에서 기술한 디젤기관의 연소형태로 미루어 볼 때 디젤기관의 경우에는 연료와 공기의 혼합을 촉진시켜 주도록 하는 것이 가장 중요하고 혼합이 잘 될수록 착화지연이 짧아져서 급격연소 부분이 감소, 압력상승률이 낮아져서 노킹을 방지할 수 있으며 또한 과희박으로 연소하는 부분이 증가되어 CO, HC, NO_x의 발생량도 적어지게 된다. 디젤기관에는 표 7-20과 같은 연소실 형식이 있으며 이 형식들은 연료－공기 혼합의 보조역할을 고려한 것으로서 그 가운데에서 예연소실식이나 와류실식은 공기유동이 격심하여 방열손실이 크다. 따라서 대형기관에는 직접분사식이 채용되고 승용차용으로 쓰여지고 있는 소배기량 디젤기관에는 아직 부실식이 쓰여지는 예가 많다.

표 7-20

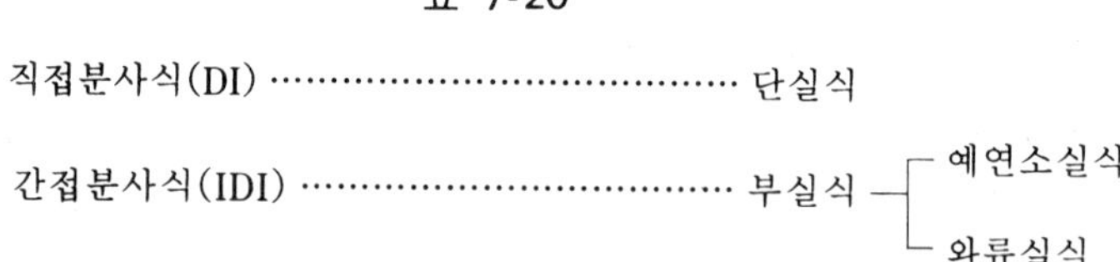

1) 直接噴射式

직접분사식은 그림 7-101과 같은 형식들이다.

이 직접분사식은 연료분사밸브의 분사만에 의하여 혼합기를 형성하고자 하는 방식이며, 따라서 분사밸브가 실린더 중심에 위치하고 다수의 작은 구멍을 통하여 연료를 고압으로 실린더 내에 균일하게 분사함과 동시에 연료의 미립화를 도모하는데 주안점을 두고 있는 형식이다. 그러나 이것만으로는 혼합효과가 충분하지 않으므로 흡입공기에 유동을 주기 위한 그림 7-102 와 같은 흡입시의 스월과 그림 7-103 과 같은 스쿼시 효과를 이용하고 있다.

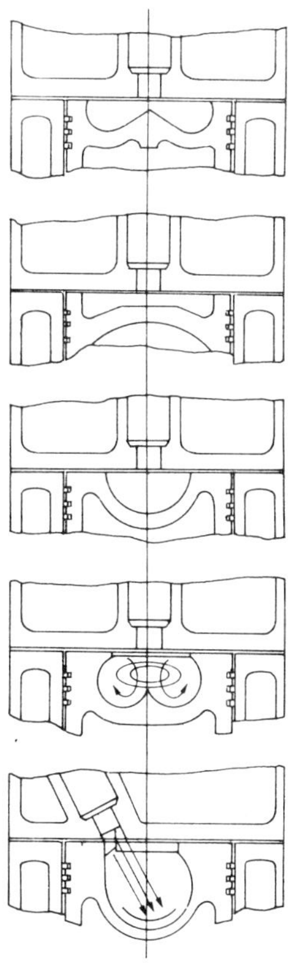

그림 7-101 직접분사식 연소실

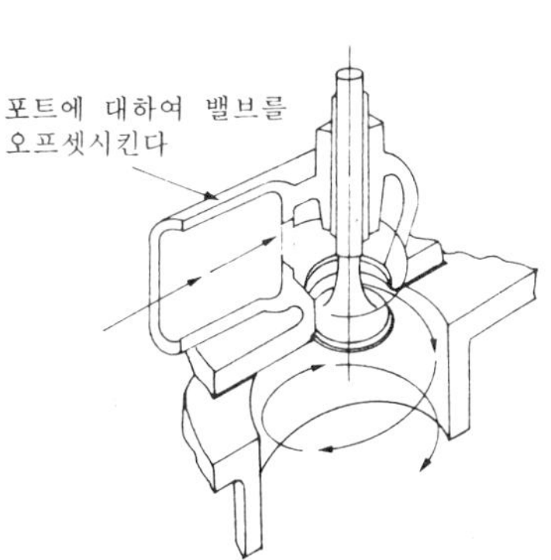

그림 7-102 스월(흡입 渦流)

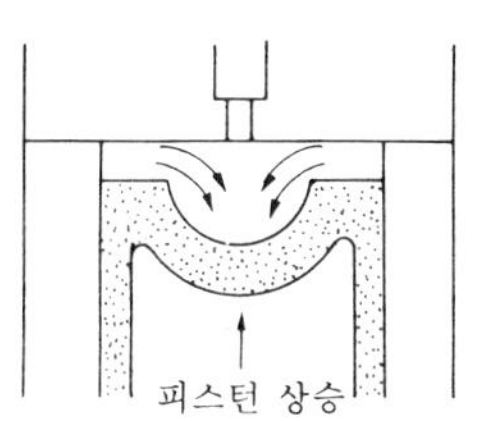

그림 7-103 스쿼시(압축 渦流)

2) 豫燃燒室式

예연소실식은 그림 7-104와 같이 실린더 헤드에 전체 틈새 체적 30~40%에 해당하는 부실(예연소실)을 마련하고 연료를 이 속에 분사한다. 이렇게 하여 그 일부를 연소시키고 압력과 온도가 상승된 가스를 예연소실의 분구를 통하여 고속으로 분출(이것이 연소와류), 주연소실 내에서 공기와 연료를 강제적으로 혼합시키면서 연소가 이루어지도록 하는 방식이다. 이 형식의 경우는 분무의 형성이 그다지 중요하지 않으므로(그것은 연소와류가 하여 준다) 분사압력이 낮고 분구도 1개로서 충분하다. 그러나 착화가 어려워서 시동시에는 예열 플러그(glow plug)를 사용하여야 한다.

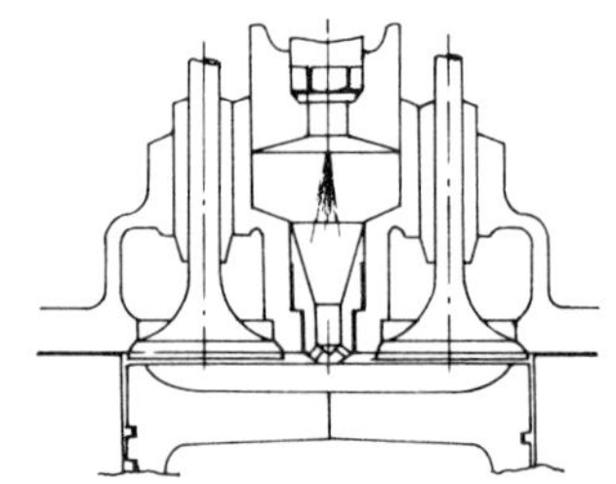

그림 7-104 예연소실식 연소실

3) 와류실식

와류실식은 그림 7-105와 같이 실린더 헤드에 전체 틈새 체적의 70~80%의 와류실이 마련되어 있는 철저한 부실식이다. 이 경우에도 압축행정 때

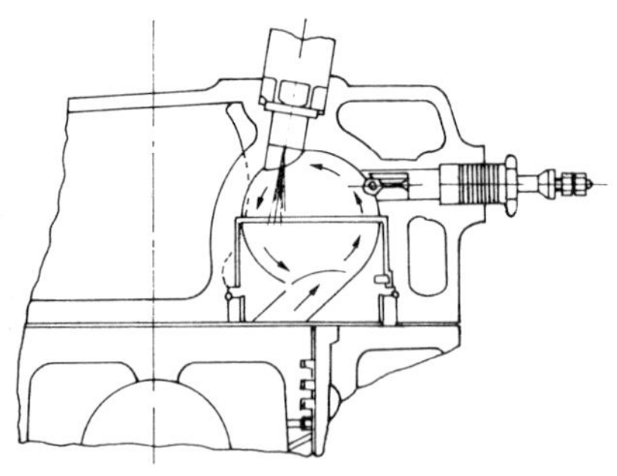

그림 7-105 와류실식 연소실

와류실에 유입하는 공기의 와류 속에 연료를 분사하여 이 와류의 혼합효과를 이용한다. 따라서 부실의 분구를 극도로 스로틀링할 필요는 없으며 분구의 단면적은 예연소실의 그것이 피스턴 면적의 0.3~0.6〔%〕인데 대하여 와류실식의 그것은 피스턴 면적의 2~3.5〔%〕이다.

7-7 排出가스

(1) 가솔린機關의 排出가스

여기서 설명하는 배출가스란 기관으로부터 연소된 뒤 배기관으로부터 배출되는 가스(emission 혹은 exhaust emission)이다.

1) 배출가스 성분

배출가스 성분은 가솔린의 성분인 탄소(C) 및 수소(H)와 공기 중의 성분인 산소(O_2) 및 질소(N_2)이고 고온, 고압하에서의 연소반응에 의하여 생성되는 주된 배출가스 성분은 이산화탄소(CO_2), 일산화탄소(CO), 물(H_2O),

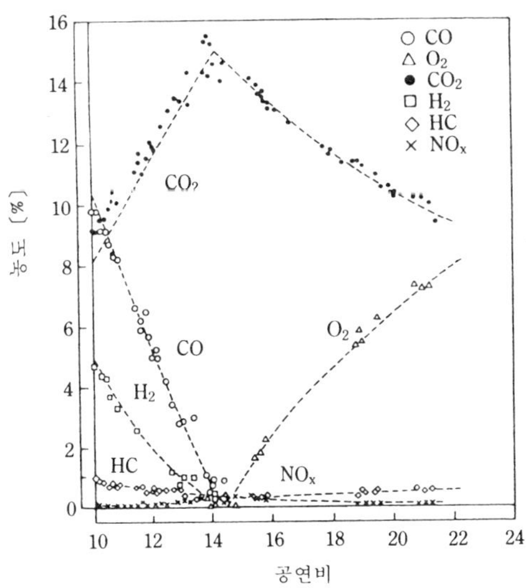

그림 7-106 배출가스 성분

산소(O_2), 수소(H_2) 및 탄소(N_2)이나 미량성분으로서 질소산화물(NO_x) 및 미연소의 성분인 탄화수소(HC)로 되어 있고 이들 성분은 연소할 때의 공기와 가솔린과의 중량비(공연비)에 영향을 받게 된다. 공연비와 배기가스 성분의 측정예를 나타낸 것이 그림 7-106 이다.

이들의 성분 중 미량성분인 HC, NO_x 이외는 뒤에 설명하는 식 7-25 에 의하여 계산할 수 있고 실험치와 거의 일치한다.

2) 배출가스 성분량의 표시방법

배출가스 성분량은 체적비(몰비) 또는 중량으로 표시하고 체적비를 사용하는 경우 그 농도레벨에 의하여 %(10^{-2})나 ppm(10^{-6})이 쓰여진다. 단, HC의 다종의 분자가 혼재하기 때문에 HC농도의 표시법에는 $ppmC_1$, $ppmC_2$, $ppmC_6$, $ppmC_n$로 구별한다. 이 C_n의 n은 기준으로 한 HC의 탄소수를 표시하고 있으며 $ppmC_6$ 은 hexan(C_6) 환산의 HC의 농도를 나타내는 것으로 $ppmC_1$의 6분의 1의 값이 된다(예 : $ppmC_6 = 6ppmC_1$). 단지 ppm이라고 쓰여져 있을 때는 $ppmC_1$으로 생각하면 된다.

表 7-20 배출가스 성분의 표시법

농도표시	
계산식 / 단위	성분농도 $= \dfrac{\text{체적중의 성분체적}}{\text{체적}}$
%	성분농도 $\times 10^2$
ppm	성분농도 $\times 10^6$
ppb	성분농도 $\times 10^9$
중량표시	
계산식 / 단위	중량 = 성분농도 × 체적 × 밀도*
g	g = 성분농도 × 배기량(l) × 밀도(g/l)
g/km g/mile	g/km, g/mile $= \dfrac{g}{\text{주행거리 (km, mile)}}$
g/min	g/min = 성분농도 × 배기량(l/min) × 밀도(g/l)

*각성분밀도 : 760 〔mmHg〕, 20℃에 있어서 $\dfrac{\text{각분자량 (g)}}{\text{1몰 체적 } (l)}$

단, HC 분자량 : $C_1H_{1.85}$라 한다. NO_x분자량 : NO_2라 한다.

표 7-20 은 배출농도와 중량의 표시방법을 종합한 것이다.

3) 배출가스 중의 유해성분

배출가스 성분 중의 환경에 대하여 직접 또는 간접적으로 영향을 미치는 성분은 일산화탄소(CO), 탄화수소(HC) 및 질소산화물(NO 및 NO_2 등 총칭하여 NO_x라고 한다)이다.

직접 인체에 영향을 미치는 성분은 CO, NO_x이고 CO는 혈색소(hemoglobin)와의 결합력이 산소의 300배나 되어 호흡기 중 극히 적은 양의 호흡으로도 CO-헤모그로빈으로 되어 대사기능에 좋지 못한 영향을 미친다. NO_x도 연속하여 호흡하는 시간과 농도에 따라서 중추신경기능, 호흡기계에의 장해 등이 생긴다.

간접적으로 영향을 미치는 성분은 HC와 NO_x이고, 이들 성분은 대기 중에 확산되면 강한 태양광선에 의하여 여러가지의 화학반응이 생기면서 광화학스모그를 생성한다. 이 광화학스모그는 오존, 알데히드, 니트로의 화합물로 되면서 피부나 점막, 눈을 자극하는 원인으로 된다.

4) 유해성분의 생성기구

그림 7-107에서 나타내는 것과 같이 CO, HC, NO_x의 배출특성은 공연비의 영향을 강하게 받으며, 각각의 성분이 생성되기까지에 대하여 설명하면 다음과 같다.

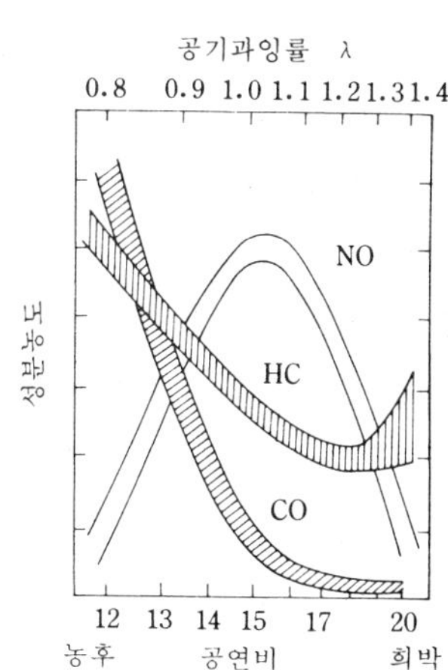

그림 7-107 공연비에 의한 HC, CO, NO 배출특성

a) CO의 생성

CO는 연소반응도중의 복잡한 소반응을 거쳐서 얻어지는 가솔린과 공기의 연소반응식 7-25에 따라서 배출된다.

$$C_nH_m + \lambda(n+m/4)(O_2+\gamma N_2)$$
$$\rightarrow a\,CO_2 + bCO + cH_2O + dH_2 + eO_2 + fN_2 \cdots\cdots\cdots\cdots (7\text{-}25)$$

여기서 C_nH_m : 가솔린의 평균조성

m/n을 H/C비라 하고 보통 n=1이라고 놓은 H/C비를 써서 계산한다.

λ : 공기과잉률 $\left(\frac{\text{실제의 공연비}}{\text{이론 공연비}}\right)$

γ : 공기중의 질소/산소농도비 (3.76)

$a \sim f$: 각반응성분의 몰수

$\lambda \geq 1$ 일때 $b=d=0$

$\lambda < 1$ 일때 $e=0$ 이고 $k=\frac{bc}{ad}$ 라 하고

k는 水性가스 반응의 평형정수(보통 3.4)

식 7-25로부터 이론공연비보다도 희박측($\lambda \geq 1$)에서는 생성되지 않고 농후한 쪽($\lambda < 1$)에서 대부분 생성된다. 실제의 기관으로부터의 배출농도도 대부분이 $\lambda < 1$에서 배출되며(그림 7-107). 따라서 CO 생성은 공연비(혹은 공기과잉률)에 의하여 획일적으로 정해지는 것으로 생각하여도 좋으나 $\lambda > 1$에서도 약간은 배출된다. 이것은 局所에 $\lambda < 1$인 부분이 존재하는 것과 배기행정 중 불완전연소하여 생성되는 것으로 생각할 수 있다.

b) HC의 생성

배출가스 중의 HC, 즉 미연소의 연료성분은 기관의 공연비에 대하여 그림 7-107에서와 같은 배출특성을 나타낸다. HC는 어떤 운전조건에서도 배출되며 앞에서 기술한 CO와 같이 연소반응식에 의하여 계산하기는 곤란하다.

HC의 생성은 다음의 (i), (ii)와 같이 연소실 내의 혼합기가 완전히 연소하지 않는 경우와 연소한 경우로 나누어서 생각할 필요가 있다.

(i) 불완전연소에 의하여 배출되는 HC

연소실 내의 혼합기(공기, 연료, 잔류가스)가 연소하기 어려운 조건, 예를 들면 가속상태에서 잔류가스가 많은 경우나 희박공연비인 경우 등에서는 실화(점화되어도 연소에 이르지 못하는 misfire)나 부분연소(혼합기가 전부 연소하기 이전에 消炎된다) 등이 생겨서 다량으로 HC가 배출된다. 그림 7-107의 희박공연비에 있어서의 HC의 배출농도의 증가는 이와 같은 불완전연소에 의한 것이다.

(ii) 완전연소에 의하여 배출되는 HC

이 경우에 배출되는 HC는 연소실벽면 가까이에 있는 혼합기, 피스턴의 톱랜드의 틈새 및 피스턴의 가장 상부에 있는 톱링(top ring) 둘레의 틈새 등에 존재하는 혼합기인 것으로 생각되어지고 있다.

화염에 차가운 철판을 근접시키면 철판의 표면 가까이에서 消炎(quenching)되는 현상이 있다. 이 현상이 연소실에서도 일어나고 있으며 연소실벽면에 0.1〔mm〕정도의 극히 엷은 미연혼합기가 남아 있다가 배기행정 중에 배출된다. 또 화염은 좁은 틈새에서 소염되는 성질이 있어 피스턴과 실린더와의 틈새나 톱링과 피스턴의 링홈과의 사이 등에 들어간 혼합기는 연소하지 않은채 배출되며 이 때문에 기관의 운전조건에 따르지 않고 HC가 배출하게 된다. 이 HC생성에 대하여는 투명한 연소실을 사용한 실험에 의하여 명확하게 설명되고 있다.

그림 7-108은 투명 연소실에서의 고속 사진을 도식화한 것으로 ①은 연

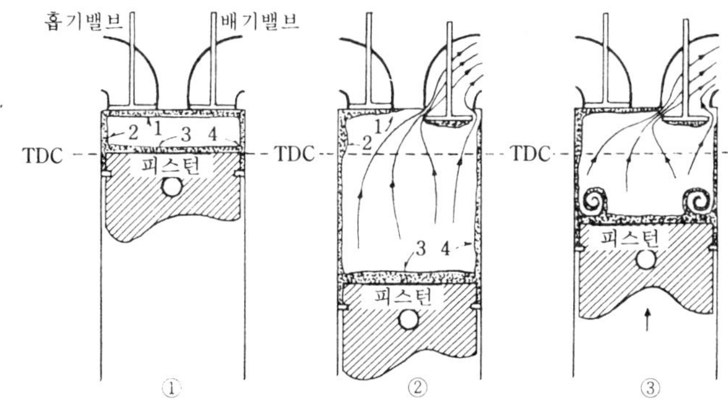

그림 7-108 연소실 내의 소염층의 거동

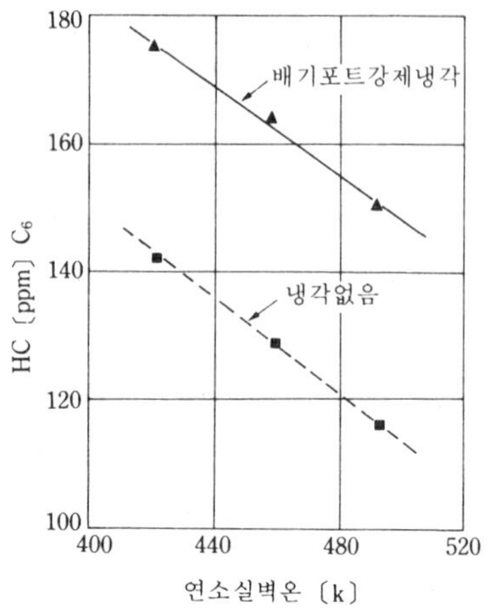

그림 7-109 배기포트에 있어서의 HC 배출특성

소가 진행된 상태를 나타내고 소염층이 연소실전면에 존재한다(1~4). ②에서 연소가 종료에 가까워지고 배기밸브가 열리기 시작, 연소가스와 함께 배기밸브 둘레의 소염층과 더불어 주연소가스가 배출(blow down)된다.

③에서 피스턴이 상사점에 근접되어 배기행정말기에 실린더 벽에 부착된 소염층이 박리되어 배출가스 중에 HC가 배출된다.

이 연소실벽면의 소염층 두께는 벽면온도에 따라 영향을 받는다. 그림 7-109에 나타나는 바와 같이 연소실벽온이 높을수록 소염층 두께가 엷어지며 배출가스 중의 HC농도가 감소되고 또 HC농도는 배기포트에 있어서도 고온이면 산화반응에 의하여 감소됨을 알 수 있다.

c) NO_x의 생성

기관의 연소실에서 생성되는 것은 거의 NO이므로 NO에 대하여 생각한다. NO는 연소에 의한 고온, 고압하에서 N_2와 O_2가 반응하여 생성되며 그 반응의 素反應과 生成因子에 대하여 기술하면 다음과 같이 설명할 수 있다.

(i) 생성반응

연소실 내의 연소반응으로 NO가 생성하는 경우의 소반응식은 擴大 Zel'dovich 기구라 불리우는 다음의 3식에 의하여 대표된다.

$$O + N_2 \rightleftharpoons NO + N \quad \cdots\cdots (7\text{-}26)$$

$$N + O_2 \rightleftharpoons NO + O \quad \cdots\cdots (7\text{-}27)$$

$$N + OH \rightleftharpoons NO + H \quad \cdots\cdots (7\text{-}28)$$

이 소반응을 기본으로 하여 연소실 내에서의 NO 생성량은 시뮬레이션에 의하여 예측될 수 있으며 그림 7-110에 한 예를 나타내는 것과 같이 예측계산결과와 실측결과와는 잘 일치하고 있다.

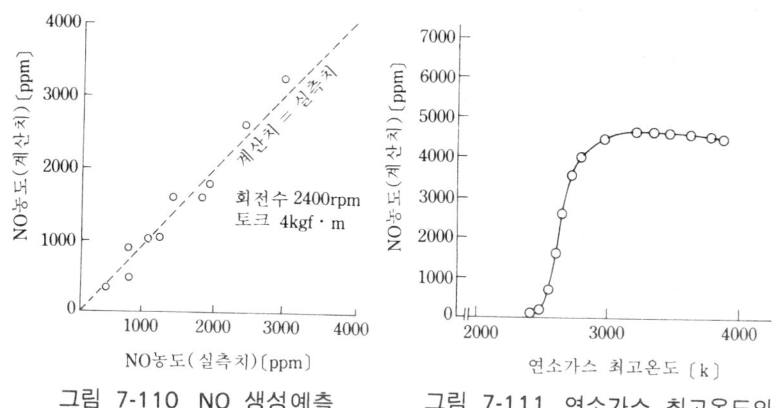

그림 7-110 NO 생성예측 계산결과와 실측치

그림 7-111 연소가스 최고온도와 NO 생성농도(계산결과)

(ii) 생성인자

NO 생성을 지배하는 큰 인자는 O_2농도 및 연소가스 최고온도임이 NO 생성 시뮬레이션의 결과로부터 명확해지고 있다(그림 7-111).

이 그림으로부터 연소가스 온도가 2500〔K〕부근에서부터 NO 생성이 시작되어 100〔K〕의 온도상승에 의하여 NO가 1000~2000〔ppm〕까지 증가되고 있다. 이로부터 발열량이 일정하면 연소가 빠르고 열손실이 적을수록 연소가스 최고온도가 높아지므로 NO 배출농도가 증대됨을 알 수 있고 역으로 잔류가스 등에 의하여 연소가 늦어지게 되면 NO는 저감된다.

5) 유해성분과 배출특성

다음 기관의 제원이나 그 운전조건이 HC, CO 및 NO_x의 배출특성에 미치는 영향을 생각하면 다음과 같다. 단, CO 배출특성은 앞에서 기술한 것과

이와같이 NO 배출량이 최대로 되는 공연비는 기관의 연소상태가 가장 좋은 때임을 나타내고 있다.

그림 7-112에서 알 수 있는 것과 같이 NO가 최대치를 나타내는 공연비보다도 희박한 쪽에서 운전하는 편이 CO, HC, NO_x, 연료소비율 공히 유리하다. 그러나 공연비를 크게 희박쪽으로 하게 되면 연소가 불안정하게 되고 HC의 증가나 연료소비율도 악화된다.

(ii) 점화시기

그림 7-113은 점화시기와 HC, NO 및 연료소비율의 관계를 나타낸 것이다. 공연비의 일정한 조건하에서 HC, NO 공히 점화시기를 늦추는데 따라 저감되나 연료소비율은 극단적으로 악화된다. HC의 감소되는 주요인은 점화시기를 늦춤으로써 배기온도가 상승하고 배기행정 중의 연소실 내 및 배기포트에서의 HC의 산화반응이 촉진되게 된다.

또, NO의 감소되는 원인은 점화시기에 의한 연소가스 최고온도의 계산결과(그림 7-114)에서 나타내는 것과 같이 점화시기가 늦추어지는데 따라 직선적으로 연소가스 온도가 저하되기 때문이다.

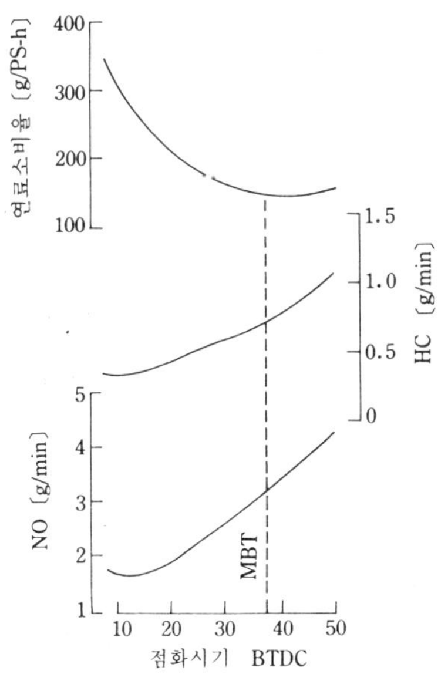

그림 7-113 점화시기에 의한 HC, NO 배출특성

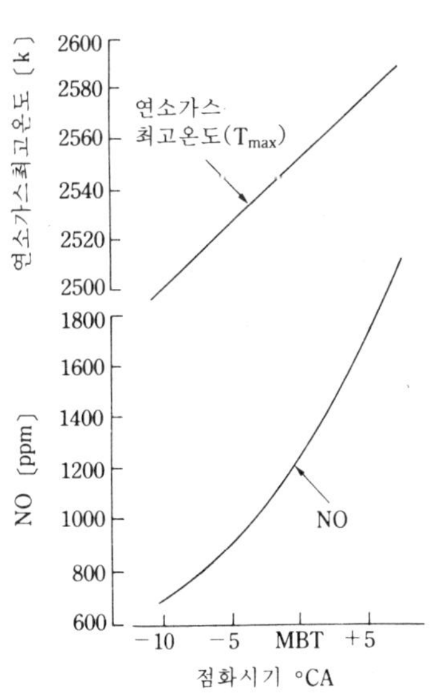

그림 7-114 점화시기에 의한 연소가스 최고온도 특성

b) 기관의 제원과 배출특성

기관의 제원 가운데 배출가스에 관계가 깊은 것은 행정체적, 행정내경(*l/d*)비, 연소실형상, 압축비, 피스턴 톱랜드 둘레의 치수, 밸브 타이밍 및 배기계이다.

이들의 영향을 검토하는데 있어서는 다음의 ①과 ②가 기본으로 된다.

① HC의 배출량은 상사점에 있어서 연소실 내의 표면적/체적(S/V)비가 클수록, 그리고 피스턴 톱랜드 둘레의 치수에 따라 틈새에 머무는 혼합기가 많을수록, 배기계에서의 산화가 적을수록 커지게 된다.

② NO 배출량은 연소에 의한 열손실이 적을수록 그리고 잔류가스가 적을수록 커지게 된다.

(i) 행정체적의 영향

상사형의 연소실을 놓고 생각할 때 행정체적이 증대되면 S/V비가 작아지기 때문에 HC의 배출량은 감소하고 NO_x는 증가한다.

(ii) 행정/내경비의 영향

연소실의 S/V비는 연소실이 상사한 형상인 경우는 장행정(*l/d* 가 커진다)일수록 작아지므로 HC 의 배출량은 감소하고 열손실이 작아지게 되기 때문에 NO 는 약간 증가하는 경향이 있다. 압축비를 일정하게 하여 *l/d* 비를 달리하면서 실험한 결과가 그림 7-115에 표시되어 있다.

(iii) 압축비

일반적으로 압축비를 높히면 S/V비가 증가되므로 HC 배출량은 증가한다. NO 배출량은 S/V비 증가에 따른 감소분과 압축비가 높아지기 때문에 연소온도가 상승하는 증가분이 있고 그 경향이 명확하게 되지 않는다. 그림 7-116은 피스턴형상에 따라 압축비를 변화시킨 경우의 실험결과에 의한 이들의 경향을 확인한 것이다.

(iv) 연소실형상

연소실의 형상과 점화플러그 위치는 연소속도에 미치는 영향이 크다. S/V비를 일정하게 하고 연소속도가 달라지게 되면 NO 배출량은 대폭적으로 변화한다. 연소속도가 빨라지게 되면 연소온도가 높아지기 때문에 NO 배출량은 증가한다.

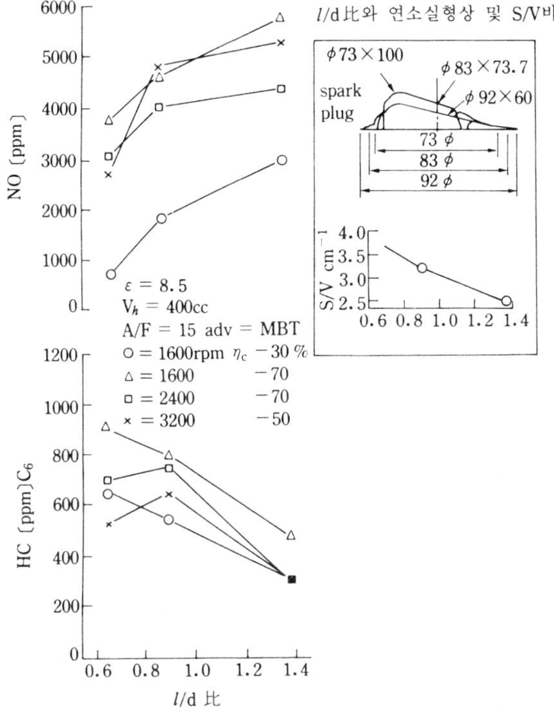

그림 7-115 스트로크 보어(l/d) 비에 의한 HC, NO 배출특성

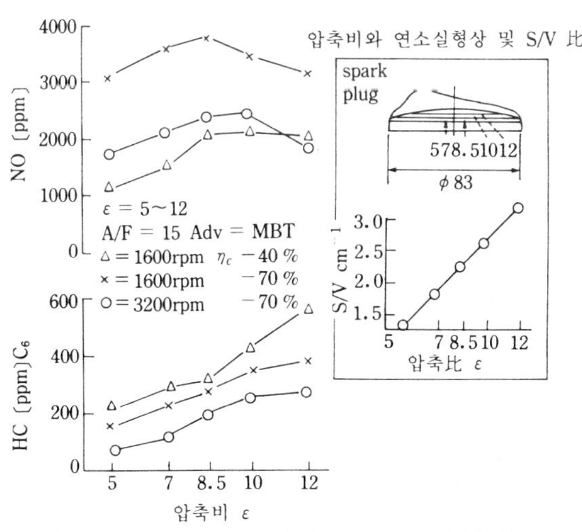

그림 7-116 압축비에 의한 HC, NO 배출특성

S/V비를 일정하게 한 조건으로 연소실이 컴팩트한 웨지형이나 볼인피스턴형인 경우은 연소속도가 빠르므로 NO 배출량이 증가하는 경향이 있고 점화플러그의 위치가 한쪽으로 편재되는데 따라서 NO 배출량이 저하한다.

(v) 밸브타이밍

HC는 연소도중에 배출가스를 배출하게 되는 배기밸브의 조기열림의 상태에서는 증가한다. NO는 잔류가스가 변화하는 흡기밸브의 열림, 배기밸브의 닫힘의 타이밍, 즉 오버랩의 영향을 받으며 흡기밸브의 빠른 열림과 배기밸브의 늦게 닫힘에 의하여 저감된다. 이 원인은 앞에서 설명한 바와 같이 잔류가스의 증가가 연소가스의 온도를 저하시키기 때문이다.

(vi) 피스턴 톱랜드 둘레의 치수

피스턴 톱랜드와 실린더와의 틈새와 피스턴링의 홈에 들어간 혼합기는 연소할 때 화염이 도달되기 어려우므로 HC 배출량에 영향을 미친다. 그림 7-117은 톱랜드 클리어런스와 배출 HC 특성에 대한 실험결과로서 이에 따르면 클리어런스의 증대와 더불어 여기에 들어가는 혼합기가 많아져서 HC 배출량은 증가되고 또한 클리어런스가 커지게 되면(0.18 mm 이상) 화염이 틈새 안에 도달되어 HC는 급격히 감소하는 상황을 나타내고 있다.

(vii) 배기계

배기계에 의하여 영향을 받는 것은 HC이다. 점화시기의 영향의 항에서 기술한 바와같이 HC는 배기계에서 산화되며 HC산화는 고온일수록 진전되어

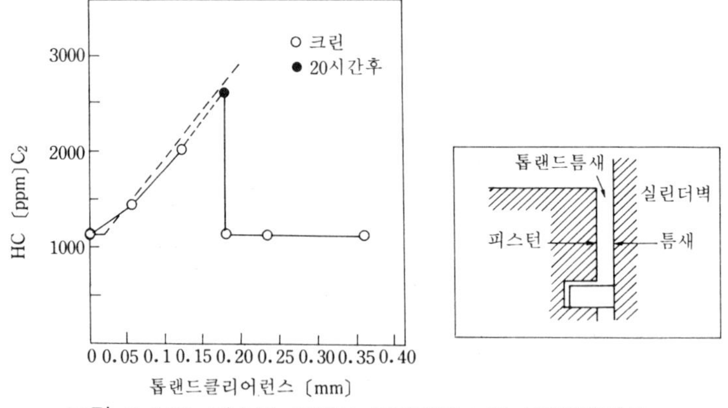

그림 7-117 피스턴 톱랜드 클리어런스와 HC배출특성

서 적극적으로 보온하는 배기포트라이너(exhaust port liner) 등의 예도 있다.

c) 연소특성과 배출특성

가솔린 조성은 파라핀계, 오레핀계, 아로마틱계로 대별된다. 각 조성 그룹별로 연소에 있어서의 거동도 비슷할 뿐 아니라 배출특성도 이 대별된 조성별로 생각하면 된다.

(i) 각성분 배출량에 미치는 영향

파라핀 100%(iso-octane), 아로마틱 100%(toluene) 및 아로마틱 함유율을 달리한 무연가솔린을 사용한 시험의 결과 얻어진 경향은 다음과 같다.

① HC 배출량은 성상과 관계가 보이지 않는다.

② NO 배출량은 아로마틱의 증가와 더불어 증가하는 경향을 가진다.

(ii) 배출 HC의 조성에 미치는 영향

배출 HC의 조성에 의하여 광화학적인 스모그를 생성하는 光化學反應性이

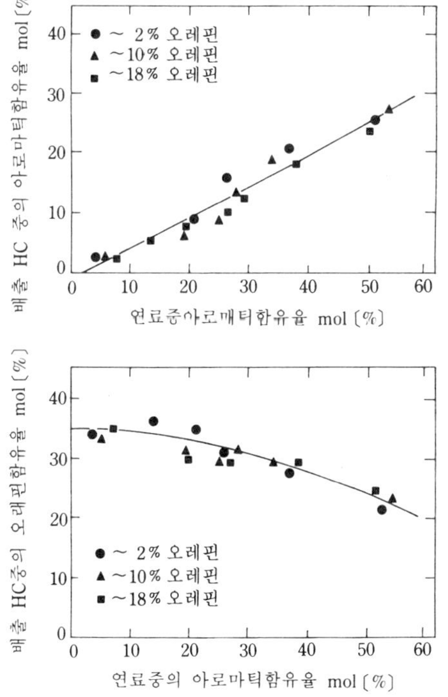

그림 7-118 연료조성에 의한 배출 HC 조성에의 영향

현저하게 달라지게 된다. 광화학적 스모그에 대한 반응성은 오레핀>아로마틱>파라핀의 순으로 크고 반응기여율은 10 : 2.5 : 1로 보고되고 있다. 또 메탄(파라핀)은 광화학반응에 기여하지 않는 것으로 하여 배출 HC로부터 제외한 규제치도 정해져 있다.

연료조성과 배출 HC 조성과의 관계는 그림 7-118에 나타내는 바와 같이 배출 HC 중의 아로마틱 함유율은 연료 중의 아로마틱과 거의 비례되는 관계에 있다. 그리고 배기 중의 오레핀 함유율은 연료 중의 아로마틱 함유율에 관계가 희박하며 파라핀에 미치는 영향이 강하고 또 아로마틱이 증가하면 약간 감소하는 경향이 있다. 실험 등에서는 연료의 HC 조성 등에도 주의할 필요가 있다.

d) 환경조건과 배출특성

기관이 대기로부터 실린더 내로 흡입하는 대기의 상태(습도, 기압, 온도)도 배출특성에 영향을 미친다.

(i) 대기습도의 영향

습도는 NO_x에 대한 영향이 특히 크기 때문에 배출가스 규제법(시험법)에 있어서 습도보정계수를 사용하도록 되어 있다. 대기습도가 배출가스 특성에 미치는 영향은 다음의 2가지로 생각할 수 있다.

① 습도변화에 의하여 공연비가 변화한다.

② 대기습도에 의하여 연소실 내 가스의 열용량을 증가시키므로 최고연소가스 온도를 저하시킨다.

공연비는 대기 중의 습도에 의하여 식 7-29에 따라 변화한다.

$$\text{공연비} = \frac{V_a}{vB}(1 - H_m) \quad \cdots\cdots (7\text{-}29)$$

여기서 V_a : 기관의 흡입공기량 〔m^3/h〕

v : 공기 비체적 〔m^3/kgf〕

B : 연료소비량 〔kgf/h〕

H_m : 절대습도 〔kgf/kgf〕

또 연소가스 온도에 대하여는 대기습도가 높아지게 되면 수분이 연소실

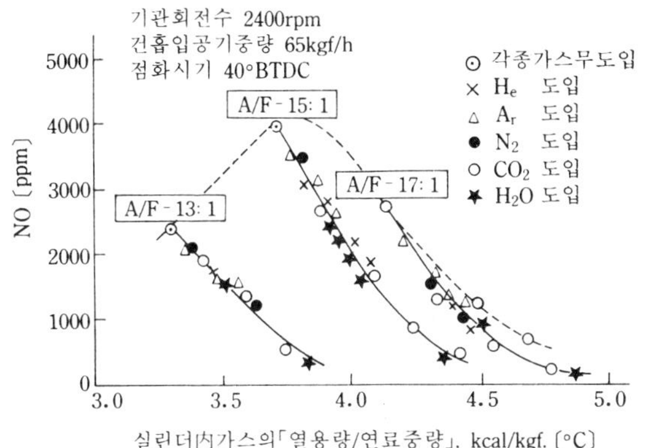

그림 7-119 실린더 내 가스 열용량에 의한 NO 배출특성

내에서 열을 빼앗기 때문에 최고연소가스 온도가 저하되어 NO 배출량이 저감된다. 수분 뿐 아니라 연소에 관여하지 않는 성분이 연소실에 도입되면 그 도입된 가스량에 따라 NO 배출농도가 저하한다. 이것은 그림 7-119 에 나타내는 연소가스의 열용량에 의한 NO 배출량의 영향임을 알 수 있다.

(ii) 대기압, 기온의 영향

대기압, 기온에 의하여 공기의 밀도가 변화하여 공연비가 달라진다. 높은 산에 올라가게 되면 출력의 부족현상을 느끼는 경우가 있는데 그것은 공기밀도가 작아지는 것과 거기에 공연비가 과농의 상태로 되는데 따른 것이다.

공연비의 변화는 식 7-30 에 따른다.

$$(MR) = (MR)_0 \times \sqrt{\frac{p}{p_o} \frac{T_o}{T}} \cdots\cdots (7\text{-}30)$$

여기서 (MR) : 대기압 P (mmHg)에 있어서의 공연비

(MR)$_0$: 표준대기압 (760 mmHg)에 있어서의 공연비

p : 대기압 (mmHg)

p_o : 표준대기압 (760 mmHg)

T : 흡기온도 (K)

T_o : 표준온도 (K)

그러므로 고지대에서 사용되는 차량에는 大氣壓補正裝置가 사용되며 그리고 앞에서 설명한 피드백 식의 공연비제어를 하는 기관에서는 대기압의 영향을 받지 않는다.

6) 배출가스의 청정화시스템

지금까지 기술하여온 유해성분(CO, HC, NO_x)의 배출특성을 바탕으로 출력, 연비, 운전성을 해치지 않는 한계까지 기관의 개선에 의한 淸淨化의 연구개발이 이루어진 뒤에도 보다 청정화를 하기 위한 청정화시스템에는 촉매가 부가되어 있다.

a) 촉 매

촉매(catalyst)는 배출가스를 통과시켜 촉매자신은 변화되지 않고 HC, CO, NO_x의 변화와 환원반응을 촉진시키는 것으로 酸化觸媒(oxidation catalyst, HC/CO catalyst 라고도 한다)와 三元觸媒(three way catalyst)의 2가지 형태가 있다.

(i) 觸媒의 担體와 형상

担體(substrate)는 촉매작용을 가진 활성성분을 보존 유지하는 역할과 활성을 향상시키는 효과를 가지고 있으며 모양에 따라 모놀리스형(monolity type)과 펠릿형(pellet type)으로 나눌 수 있고 그 중 대부분은 모놀리스형을 사용하고 있다. 모놀리스형은 단면이 원형의 것과 타원형이 있고 셀의 모

表 7-17 모놀리스형과 펠릿형 촉매의 비교

비 교 항 목	모놀리스형 촉매	펠릿형 촉매
웝 업 성	◎	△ 열용량이 크다
내 피 독 성	○ 입구부에 피독집중	△ 전체가 균일하게 피독
활성의 내열성	○	○
내 프 릭 션 성	◎	△
담체의 내열성	○ 기관 실화시 용융	○ 수축이 발생
내 열 충 격 성	○	◎
배 압	◎	△
탑 재 성	◎	△ 수평탑재 필요
경 량 화	◎	△ 용기중량이 크다
제 조 코 스 트	△ 촉매코스트가 크다	△ 용기코스트가 높다

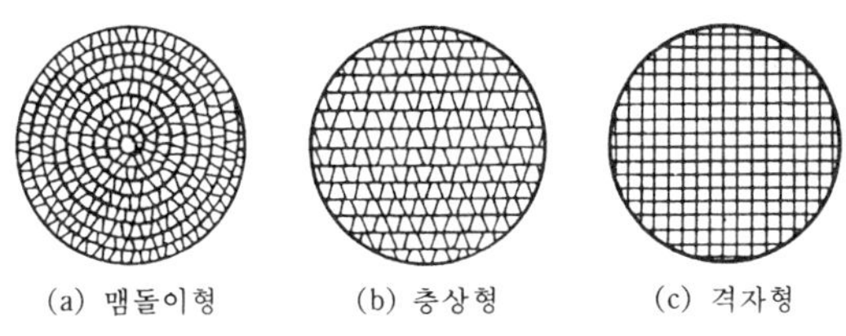

(a) 맴돌이형　(b) 층상형　(c) 격자형

그림 7-120 모놀리스형 단체의 종류

양이나 개수/평방인치로 나타내어지는 셀밀도, 셀벽두께 등에 따라 많은 종류로 나누어진다.

현재 쓰여지고 있는 모놀리스 촉매의 셀밀도는 차체의 바닥밑에 촉매를 장착하는 예인 경우는 400 셀/평방인치가, 그리고 촉매가 빨리 더워지도록 하기 위하는 등의 이유로 배기매니폴드 내장형인 촉매의 경우는 배압이 높아지지 않도록 하기 위하여 300 셀/평방인치의 것이 일반적으로 사용된다.

(ii) 活性成分

산화촉매에는 백금(Pt), 파라듐(Pd)이나 Pt-Pd의 혼합이 많이 쓰여지고 있다. Pt와 Pd는 HC, CO에 대하여 거의 동등한 산화성능을 가지고 있으나 Pt는 내피독성, Pd는 내열성이 우수한 특징이 있다.

3원촉매에는 Pt-로듐(Rh)이나 Pt-Pd-Rh계가 일반적이다. Rh는 NO_x의 저감이나 농후공연비에서의 HC, CO의 산화성이 우수하여 삼원촉매에 불가결한 귀금속이라 할 수 있다. 그러나 Rh는 광산의 재광비율(mine mixture)이 Pt의 19~20분의 1로서 낮으므로 Rh/Pt 비를 낮추는 것이 하나의 기술과제로 되어 있다.

(iii) 촉매성능의 표시방법

촉매성능은 다음의 식 7-31에 의하여 HC, CO, NO_x 각각의 轉化率(conversion efficiency, 전환율이라고도 한다)로 나타내어진다.

$$\text{전화율}(\%) = \left(1 - \frac{\text{촉매 출구 농도}}{\text{촉매 입구 농도}}\right) \times 100 \quad \cdots\cdots (7\text{-}31)$$

촉매전화율의 측정은 기관시험대(engine test bench)에서의 정상평가나 차량에 장착한 상태에서 하게 되며 차량에서의 시험, 특히 모드시험에서는 촉매장치의 부착 여부의 조건을 따로따로 하여야 한다. 보통 촉매입구조건에 상당하는 촉매가 없는 상태에서 하는 계측에는 배압변화에 의한 EGR율변화 등의 기관성능의 변화를 방지하기 위하여 더미촉매(dummy catalyst)라고 불리우는 供試觸媒와 동일형상의 擔體를 사용하게 되나 擔體만 가지고도 배출가스를 저감시키는 경우가 있으므로 세심한 주의를 할 필요가 있다.

촉매의 전화율은 식 7-32에 나타내는 공간속도 SV가 낮을수록 반응가스가 촉매 내에 머무는 시간이 길어지기 때문에, 그리고 입구온도가 높거나 배출가스 농도가 큰쪽에서 높은 값을 나타낸다.

$$\text{공간속도 SV } (h^{-1}) = \frac{\text{촉매 통과 배출가스량 } [l/h]}{\text{촉매체적} [l]} \quad \cdots\cdots (7\text{-}32)$$

산화촉매는 산소과잉분위기에서 HC와 CO를 산화하여 H_2O와 CO_2로 변환하는 작용을 한다. 산화촉매의 정상성능은 그림 7-121에 나타나는 S자특성으로 표시되며 전화율이 50[%]의 온도를 활성개시온도(light on temperature)라고 하고 저온활성의 비교에, 또 300[℃]나 400[℃]의 전화율을 난기후의 활성의 비교에 잘 쓰여진다. 촉매의 온도는 펠릿형인 경우는 가스가 컨버터 내에서 유동하여 거의 균일한 값이 되나 모놀리스형인 경우는 앞쪽 단면으로부터 길이방향으로 3분의 2가량의 중심부에서 최고로 된다. 그림 7-121에서와 같이 같은 입구온도일지라도 CO와 HC의 전화율의 차가 있는 것이 보통이고 HC가운데에도 오레핀계와 아로마틱계의 성분은 파라핀계에 비하여 산화되기 쉽다. 또 촉매성능이 열화하게 되면 S자 커부는 오른쪽 아래

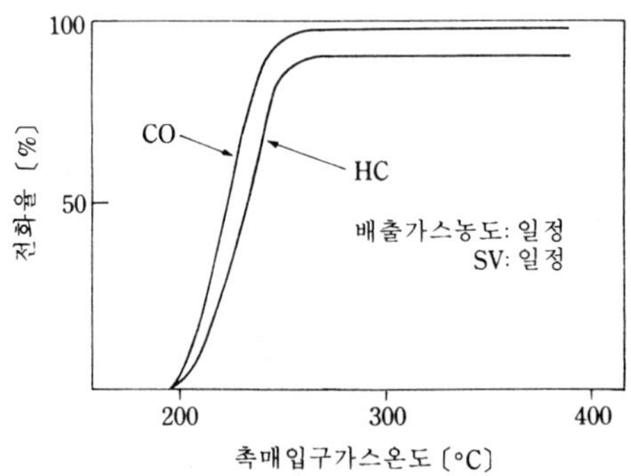

그림 7-121 산화촉매의 S자특성

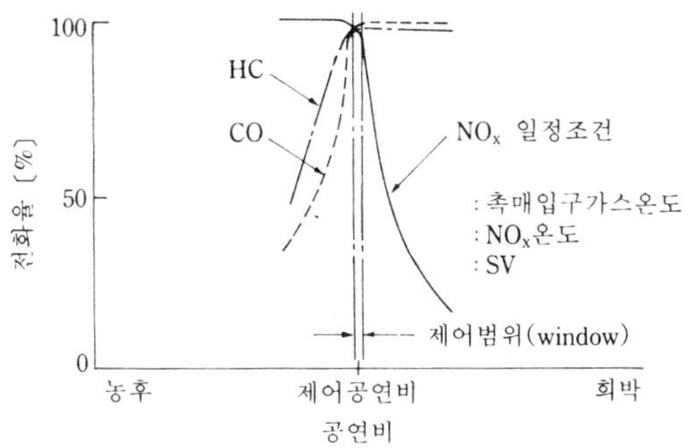

그림 7-122 3원촉매의 공연비특성

방향으로 치우쳐진다.

3원촉매는 1개의 촉매에 의하여 이론공연비 부근에서 HC, CO의 CO_2, H_2O로의 산화와 NO_x의 N_2로의 환원을 동시에 하는 것으로서 이미 설명한 공연비 피드백제어와의 병용에 의하여 $\lambda=1$을 중심으로 하는 좁은 범위(window)에서 사용된다. 촉매성능는 $\lambda=1$에 있어서 S자특성에 더하여 그림 7-122에서와 같이 공연비 혹은 공기과잉률 λ를 횡축으로 취한 그래프로 나타내어지며 전화율은 NO_x-HC의 교점 혹은 NO_x-CO의 교점을 써서 표시한다.

(iv) 성능의 열화

촉매성능의 열화를 갖어오게 하는 원인은 균열이나 마멸 등 물리적 열화, 열에 의한 활성표면적의 감소 및 가솔린이나 오일속의 납(Pb), 인(P), 황(S) 등에 의한 피독(poisoning)의 3가지로 나누어진다.

담체의 개량, 앞에서 기술한 금속첨가에 의한 내열성향상, 기관의 배출가스 온도 제어 등의 노력으로 물리적, 열적인 열화는 최소한으로 억제하고 있으나 Pb나 P에 의한 피독열화가 문제로 된다.

(v) 촉매의 위치

1978년 당시의 촉매는 대부분이 차량의 차체 바닥 아래에 장착되어 있었으나 연비향상을 위하여 배출가스의 온도가 낮아진 것과 촉매의 조기난기 혹은 고전화율의 요구 등의 이유에 의하여 배기매니폴드 내에 장착하는 내장형 촉매의 채용이 증가되고 있다.

b) 3원촉매시스템

그림 7-123은 삼원촉매를 사용한 배기정화시스템의 예를 나타낸 것으로 주된 구성요소에 대하여 설명하면 다음과 같다.

(i) 공연비 피드백제어

電子制御燃料噴射裝置나 電子制御氣化器를 사용하는 경우 O_2 센서에 의하여 검출한 배출가스 중의 산소농도로부터 공연비를 판단하여 연료공급량을 이론공연비가 되도록 제어하는 시스템(그림 7-123)으로 3원촉매와 조합하여 넓이 쓰여지고 있다.

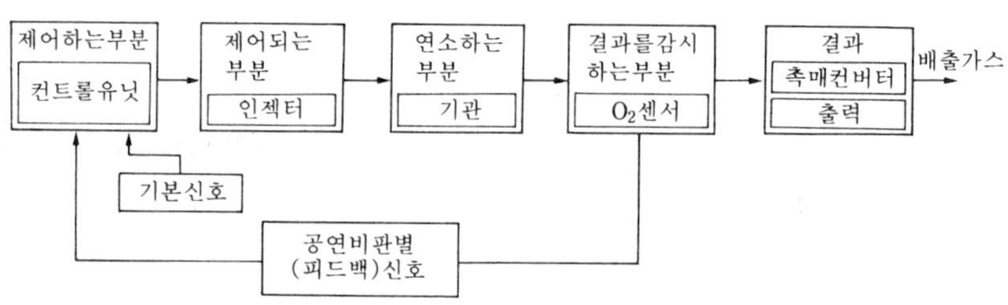

그림 7-123 전자식 피드백제어의 블록도

(ii) O_2 센서

앞에서 기술한 공연비 피드백제어에 없어서는 안 될 것이 O_2 센서이고 질코리어(ZrO_2)형에 대하여 설명하면 다음과 같다.

질코리어형(그림 7-124)은 질코리어관의 외측(배기가스)과 내측(대기)에 O_2의 농도차가 있으면 질코리어관을 산화이온이 통과하여 기전력이 생기는 특성을 이용하고 다시 질코리어관의 양면에 Pt를 코팅함으로써 전극의 역할에 더하여 촉매작용($CO+1/2O_2 \rightarrow CO_2$)을 하도록 하여 충분한 기전력과

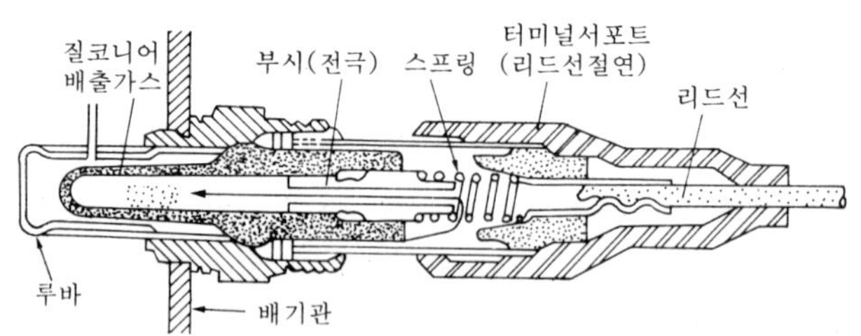

그림 7-124 질코니어형 O_2 센서의 구조도

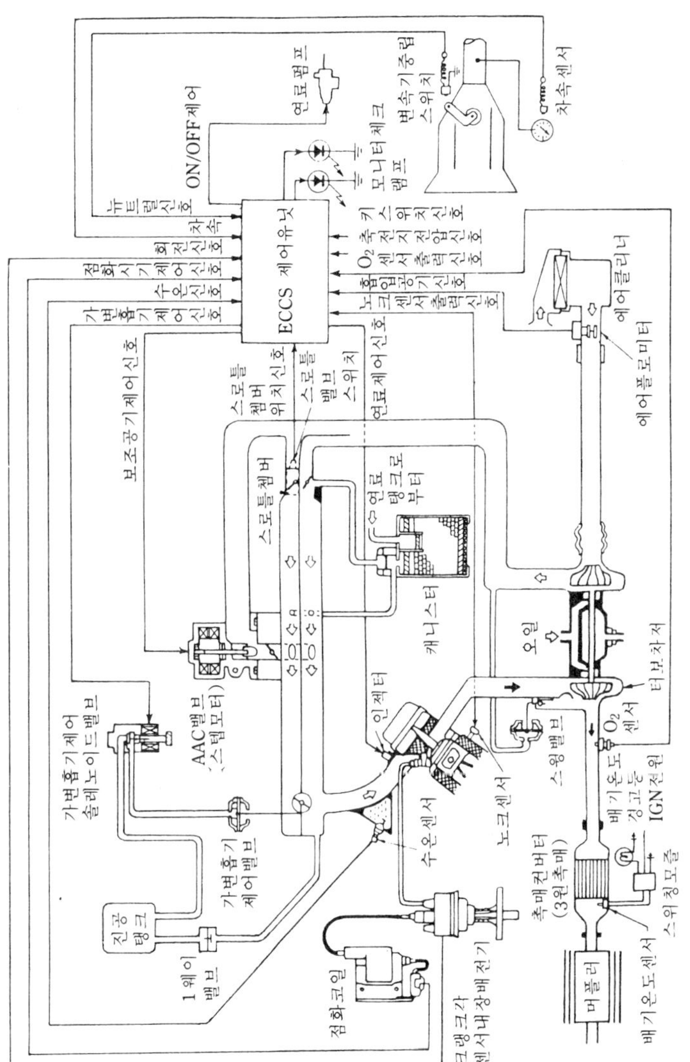

그림 7-125 전자제어식 공연비 피드백 제어의 예

공연비에 대하여 기전력이 급변하는 특성이 얻어질 수 있도록 된 것이다. 그림 7-126에 나타내는 공연비에 대한 기전력특성을 설명하면 이론공연비보다 농후한 쪽에서는 센서표면에 잔류하는 O_2가 CO와 반응하여 표면의 O_2 농도가 ZERO로 되기 때문에 관내의 대기(O_2=21%)와의 O_2 농도비가 커서 1 Volt 전후의 기전력을 발생하고, 역으로 희박한 쪽에서는 배기 중의 산소농도가 높기 때문에 관내외의 O_2 농도비가 작아서 거의 전압을 발생하지 않는다.

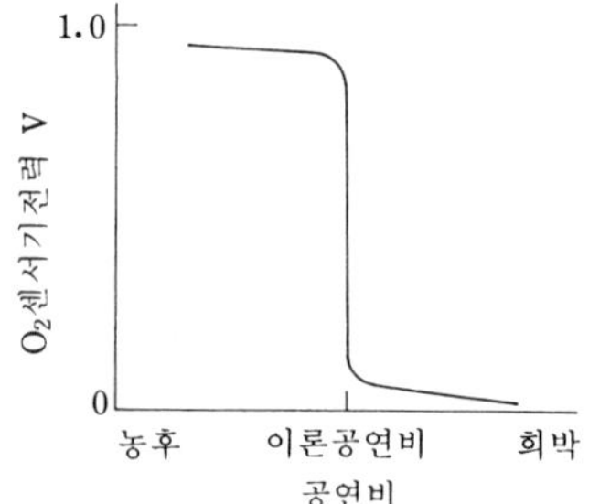

그림 7-126 질코리어형 O_2 센서의 기전력특성

마침 중간에 해당하는 이론공연비($\lambda=1$) 부근에서는 O_2 농도비가 급격하게 변화하여 그림 7-126에서와 같이 기전력이 급변하는 까닭이 된다. 즉, 이 기전력으로부터 공연비가 농후한 쪽에 있는 것으로 판단하면 희박하게, 또 $\lambda=1$보다 희박한 것으로 판단되면 농후하게 되도록 전자제어하는 것이 피드백제어이다. 이 제어에 의하여 앞에서 기술한 3원촉매의 작동하는 이론공연비부근으로 공연비가 설정됨으로써 촉매의 작동을 최대한으로 활용할 수 있다. 그러나 이 3원촉매 시스템을 작용시킬 경우에는 기관의 연비가 가장 좋은 점에서 작동되는 것은 아니며 이 때문에 배출가스의 청정화와 출력, 연비, 운전성의 연계관계에 대한 기술개발은 현재도 진행되고 있다.

c) 블로바이 가스, 가솔린 증발가스의 방출방지

그 밖의 배출가스 대책으로서 ① 블로바이 가스(blow by gas)와 ② 가솔린 증발가스(evapolative emission)가 있다. 블로바이 가스는 기관의 압축으로부터 팽창행정에 걸쳐서 피스턴링부로부터 크랭크 케이스로 누출된 가스로서 고농도의 HC를 포함하고 있다. 이 때문에 전량을 흡입공기와 함께 재연소시키는 클로즈드 시스템(closed system)으로 되어 있어 대기로 방출되지 않도록 되어 있다. 가솔린 증발가스는 연료성분의 저비점성분이고 대부분이 연료탱크의 대기개방부로부터 직접 방출된다. 이 때문에 그림 7-125에 나타낸 바와같이 연료탱크의 대기개방부를 일단 차콜캐니스터(charcoal canister)라고 불리우는 활성탄이 들어 있는 용기에 증발가스를 흡착시킨다. 이 흡착된 가솔린증기는 기관이 운전됨으로써 흡기측에 혼합기로서 흡입되어 차콜코니스터의 재생(purge라고 한다)을 도모하여 가솔린 증발가스에 의한 대기오염을 방지하고 있다.

그리고 블로바이 가스 환원 시스템은 기관의 블로바이 가스에 의한 윤활유의 열화를 방지하기 위한 벤틸레이션 시스템(ventilation system)과 블로바이 가스 중의 오일 미스트를 회수하여 윤활유의 소비를 억제하기 위한 오일 세퍼레이션 시스템(oil separation system)으로 나누어서 생각할 수 있다.

(i) 벤틸레이션 시스템

피스턴링을 통하여 누설된 블로바이 가스 중의 물, NO_x, 미연 가솔린, HC 등은 엔진 오일에 혼입되어 이를 열화시키므로 이것을 방지하기 위하여 새로운 공기를 기관의 내부에 도입, 블로바이 가스를 기관 내부로부터 흡기쪽으로 추출하는 시스템이다. 블로바이 가스는 기관 내부에 머물게 한 체 그대로 두면 엔진 오일을 열화시킬 뿐 아니라 슬러지(sludge)로 응고되어 오일 스트레이너나 급유통로를 막아서 최악의 경우에는 기관의 융착에 이르게 된다.

블로바이 가스의 환수처리는 먼저 스로틀밸브 상류로부터 신기를 로커 커버를 통하여 기관 내에 도입시킨다. 신기는 로커 커버로부터 크랭크 케이스를 통하여 PCV(positive crank case ventilation) 밸브에 의해 유량이 제한되어 흡기쪽으로 흐르고 블로바이 가스는 이 신기의 흐름에 편승하여 배출되며 이상이 일반적인 부분부하영역에서의 블로바이 가스 거동이다. 한편 전개영역에서는 블로바이 가스 양이 PVC 밸브의 유량을 윗놀게 되어 처리가 불가하고 이 때에는 로커 커버로부터 블로바이 가스가 신기 쪽으로 넘치게 되며 이것이 스로틀 챔버로부터 직접 연소실로 들어가서 연소하게 된다.

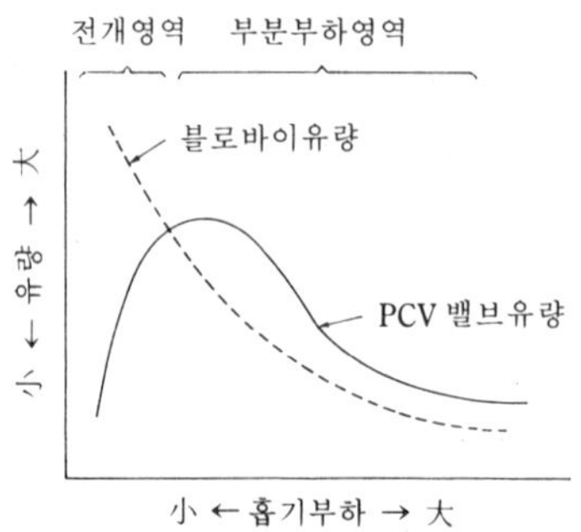

그림 7-127 블로바이 가스량과
PCV 밸브 유량과의 관계

PVC 밸브는 흡기 쪽에 블로바이 가스와 함께 신기를 흡입하는 양을 규제하는 밸브로써 부분부하운전시에는 스로틀밸브의 하류가 부압으로 되어 크랭크케이스나 로커 암 커버로부터 블로바이 가스를 빨아낼 수 있으나 전개영역에서 부압이 작아져서 흡기량이 감소되는데 반하여 블로바이 가스량은 증가되므로 미처 처리하지 못하게 된다.

(ii) 오일세퍼레이션 시스템

블로바이 가스 중에는 많은 양의 오일 미스트가 포함되어 있고 그것을 그대로 흡기에 되돌리면 오일소비의 증대 뿐 아니라 흡기계가 오일로 젖어버리게 된다. 그렇게 되면 보조공기통로가 폐쇄되어 아이들링상태가 불량해지거나 연료 인젝터가 막히어 운전성이 악화되고 뿐만 아니라 오일이 연소하게 되면 배기성능이 나빠지므로 로커 카바나 크랭크 케이스의 오일 세퍼레이터(steel net 등)로 오일 미스트와 블로바이 가스를 분리시켜 오일을 기관쪽으로 되돌리는 것이 오일 세퍼레이터 시스템이다.

(2) 디젤기관의 排出가스

1) 일산화탄소

디젤기관은 공기과잉률이 1.2~10 의 희박역에서 운전되므로 CO 배출량은 극히 적다.

2) 탄화수소

연료가 실린더 내에 분사되고 또 연소되므로 실린더 벽에 혼합기의 소염층(quenching layer)이 형성되는 경우는 없으며, 따라서 일반적으로 HC 의 배출량은 적다. 그러나 연료가 실린더 벽면에 분사되어 연소가 정지되었을 때나 혹은 연료가 극히 희박한 부분에서 소염을 일으킬 때 등은 HC 가 증가되는 경우가 있다. 그리고 분사밸브의 후적(after drop)도 HC 의 배출 원인이 된다.

3) 질소산화물

혼합기 전체로서는 공기가 과잉상태이나 최초부터 연소가 이루어져서 고온에 달하는 것은 확산하는 분무 가운데에서도 이론공연비에 가까운 곳이므로 의외로 NO_x 발생량이 많다. 연료 분사시기는 NO 배출량에 미치는 영향이 비교적 현저하며 그림 7-128 에 나타내고 있는 것과 같이 분사시기를 앞세울수록 연소말기에 O_2 와 N_2 가 고온에 접하는 시간이 길어지므로 NO 의 배출량이 증가된다.

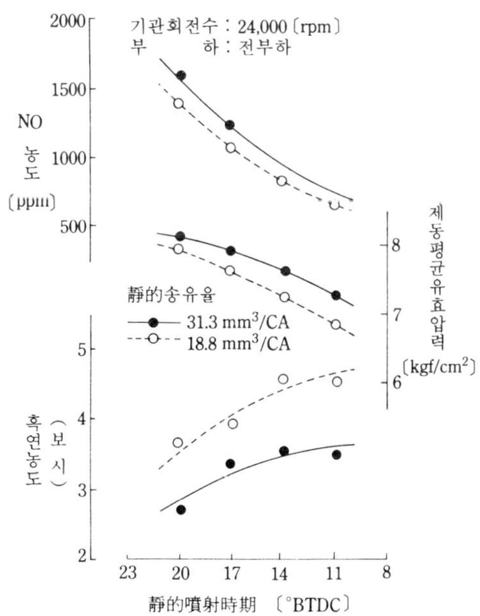

그림 7-128 NO_x 에 대한 분사율의 영향(직접분사식)

4) 스모크

스모크의 생성 원인으로서는 다음과 같은 것을 생각할 수 있다.

① 제어연소 중 연료액적이 기연의 고온가스 중에 분사되나 이 때는 산소가 부족하며 연료분사 중 수소원자는 산소와의 결합력이 강하여 우선적으로 산화되고 탄소가 미연인 체로 남게 되어 이것이 팽창 때 온도의 저하와 더불어 응집하여 그을음이 된다.

② 농후 혼합기의 화염이 차가운 실린더벽에 접촉, 불완전연소에 의하여 남게 되는 탄소 등으로 생각할 수 있다. 디젤기관의 경우는 일반적으로 연료분사시기를 늦출수록 NO의 배출량은 감소되나 스모크는 증가되는 경향이 있다(그림 7-128).

第8章　機關의 構造 및 機能

기관은 기관의 본체계, 흡·배기계, 윤활계, 냉각계, 연료공급계, 점화, 시동, 배전계 등으로 나누어진다.

8-1　機關本體系

여기서는 기관의 외관을 구성하는 본체구조계(실린더 블록, 실린더 헤드, 연소실), 가스교환을 제어하는 밸브작동계(흡·배기밸브, 캠축), 그리고 일을 전달하는 주운동계(피스턴, 커넥팅 로드→크랭크축)에 대하여 설명한다.

(1) 本體構造系

본체의 구조부인 실린더 블록 및 실린더 헤드는 이 2개의 부품으로 연소실을 구성함과 동시에 뒤에 설명하는 밸브작동계, 주운동계의 지지체 겸 안내의 역할을 하며 또한 윤활계 및 냉각계의 윤활유 및 냉각수의 통로를 구성하고 있다. 따라서 다음과 같은 성능이 요구된다.

① 기계적, 열적인 부하에 충분히 견딜 수 있는 강성과 강도

② 양호한 냉각성

③ 내마멸, 내부식성

그리고 기관의 대부분을 차지하므로 경량이면서 컴팩트할 것이 중요하다.

1) 실린더 블록 및 라이너

실린더 부분은 실린더 라이너가 실린더 블록과 일체로 성형되는 라이너

레스(lineless)형과 따로 만들어진 라이너를 압입하는 형의 2종류가 있다. 실린더 라이너와 실린더 블록이 일체형으로 된 쪽이 컴팩트하나 반면 라이너가 실린더 본체와 동일의 재질이어서 내마멸성이나 내부식성에서 우수한 재질을 선택할 수 없는 결점이 있다.

현재 많이 쓰여지고 있는 주철 블록의 경우는 라이너레스이고 알루미늄 블록에는 주철 라이너가 끼워지는 것이 주류이다. 그러나 일부에는 경량, 컴펙트화를 위하여 알루미늄 블록에도 라이너레스의 것이 출현되고 있다.

실린더 라이너가 별개로 되어 있는 경우에는 라이너의 지지방법에 따라서 냉각수에 직접 접하지 않는 드라이 라이너(dry liner)와 냉각수와 접하는 웨트 라이너(wet liner)로 나누어진다. 그리고 실린더 라이너는 알루미늄 합금으로 만들어지는 피스턴과의 내융착성이 좋은 주철제가 일반적으로 많이 쓰여지고 있고 또한 라이너를 사용하는 때에는 실린더 본체를 경량화하기 위하여 알루미늄으로 만드는 경우는 주철제의 라이너를 미리 만든

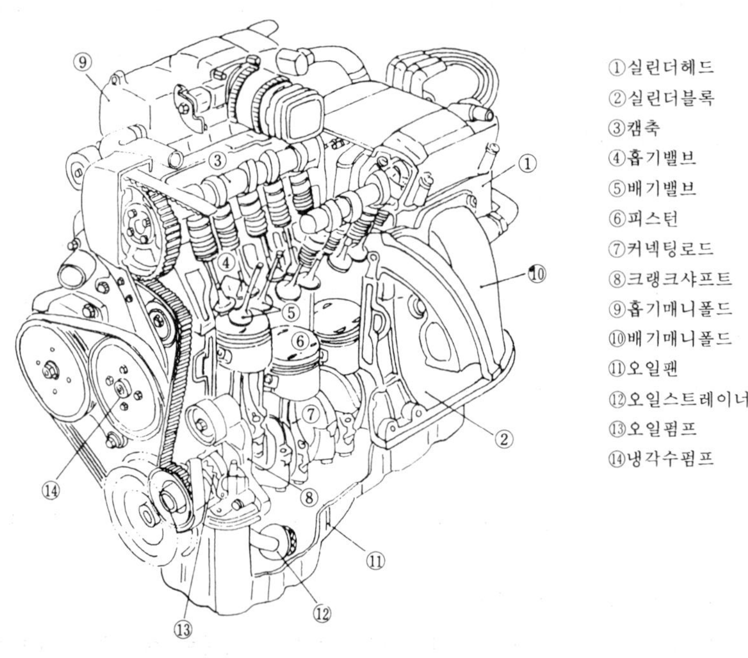

그림 8-1 기관의 구성과 주요부품명칭(수냉직렬 4실린더기관)

다음 실린더 블록의 주조시 동시 주입하거나 블록 주조 후 가공한 다음 이를 뒤에 삽입하는 방법이 있다.

또 최근에는 보다 경량화하는 방법으로 실린더 라이너의 알루미늄화도 개발되고 있으며 이 경우에는 내마멸성이나 내융착성의 확보를 위하여 실리콘(Si)이 많이 함유된 알루미늄(Al) 합금재를 사용한다. 이 알루미늄 합금재는 재료비가 많이 들뿐 아니라 경도가 높아서 가공성이 대단히 나쁘고 또한 라이너레스로서 실린더 블록 일체를 만들게 되면 재료비와 생산성면에서 실린더 자체의 원가가 높아진다. 그러나 라이너레스이어서 경량화와 실린더간의 치수가 좁혀지는 등 컴팩트화가 가능하다. 알루미늄 실린더의 경우에는 알루미늄 피스턴을 그대로 사용하게 되면 서로 溶着하는 등 하므로 피스턴에 철도금을 하거나 또는 알루미늄 실린더에 몰리브덴(molybdenum) 등을 溶射하여 실린더 표면을 多孔質로 만드는 것으로 대응한다.

실린더 라이너와 피스턴 틈새는 쌍방의 재질에 따라 다르나 일반적으로 주철에 비하여 알루미늄은 열팽창이 약 2배이므로 실린더가 라이너레스인 주철의 경우는 운전시 상온인 때에 비하여 그 틈새가 작아지게 되어 상온에서 실린더와 피스턴 사이에 30~40 μm 정도의 틈새를 둔다. 그리고 실린더 블록과 라이너가 공히 알루미늄인 경우는 열팽창의 차이가 거의 없어서 틈새는 10 μm 정도면 되고 특별한 경우로서 실린더 라이너가 알루미늄이고 실린더 블록이 주철인 경우는 라이너의 팽창을 실린더 블록이 저지하므로 20 μm 정도의 중간적인 값을 가지도록 한다.

a) 물 재킷

물 재킷(water jacket)은 주조시 코어에 의하여 형성된다. 실린더 형식 가운데 톱 덱(top deck)면이 덮혀있는 형을 클로스 덱(close deck), 실린더

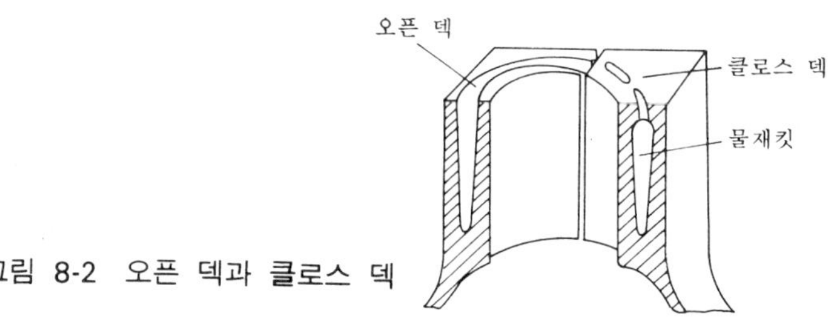

그림 8-2 오픈 덱과 클로스 덱

보어 둘레가 톱 덱과 떨어져 있는 형이 오픈 덱(open deck) 형이다. 크로스 덱 형은 종래부터 주철제 실린더 블록에서 가장 많이 쓰여지는 것으로 톱 덱이 실린더와 결합되어 있어서 실린더 보어의 변형이 적고 피스턴의 융착이나 오일 소비면에서 유리하며 덱면의 강성이 높아서 실린더 헤드 개스킷의 밀폐성이 우수하다.

그런데 최근에는 오픈 덱 형이 많이 사용되고 있다. 실린더 블록을 알루미늄으로 성형하는 경우 오픈 덱 형은 PDC(Pressue Die Casting)공법의 사용이 가능하고 코어를 사용하는 중력주조방식(주철제는 이 방식을 사용한다)에 비하여 생산성이 높을 뿐 아니라 금형성형이어서 성형 후 살두께를 얇게 할 수 있어서 경량화에도 도움이 된다.

각 실린더 사이에 물 재킷이 있는 것이 풀 재킷형, 보어 사이에 냉각수가 들어가지 않도록 된 것이 밀접(siamese)형이다. 기관의 경량, 컴팩트화에는 보어 사이에 틈새를 좁게 할 수 있는 밀접형이 유리하므로 최근에는 이 형이 많이 채용되고 있다. 그러나 보어 사이가 냉각되지 않아 보어의 변형과 피스턴의 융착 등의 염려가 있으므로 그의 대응책으로 보어 사이를 드릴을 사용하여 가공하거나 어퍼 덱 상면으로부터 슬릿(slit) 가공을 한다. 냉각수가 통하게 되면 냉각이 고르게 이루어질 수 있도록 배려를 하며 물 재킷의 깊이는 경량화와 연비향상을 고려하여 스트로크 길이의 70~80〔%〕 정도로 축소시킨 예도 있다.

b) 저널 베어링

한편 저널 베어링은 연소에 의하여 발생된 힘이 피스턴의 상하방향의 운동을 통하여 크랭크축에 전달, 회전운동으로 변환될 때 이 축이 받는 힘을 지지하는 역할을 한다. 피스턴으로부터 받은 폭발력은 커넥팅 로드를 거쳐서 크랭크축 대단부(main journal)를 내려미는 힘으로 작용하며 축은 실린더 블록의 저널 베어링과 그 캡 및 볼트에 의하여 지지되므로 양쪽 지지보와 같이 휜다. 그렇게 되면 실린더 블록의 베어링 캡이 기울어지게 되고 이것이 起振力이 되어 실린더 블록을 진동시킴으로써 본체소음, 진동의 원인이 된다. 따라서, 고출력의 기관인 경우는 이것을 억제하기 위하여는 베어링 캡의 지지탄성을 높여야 하고 그 구체적인 방법에는 다음과 같은 것 들이 있다.

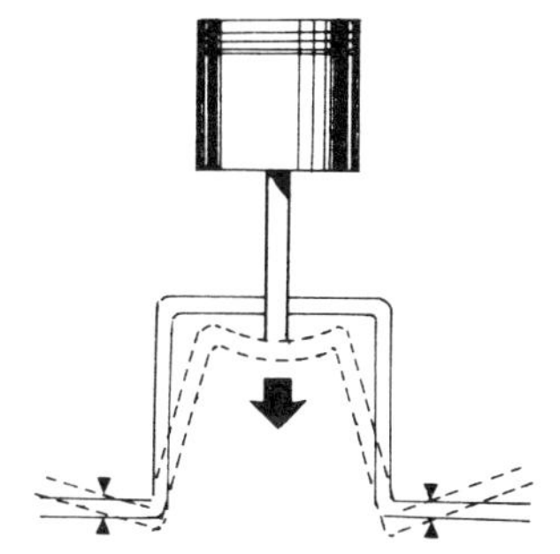

그림 8-3 크랭크축 휨에 의한 베어링 캡의 변형

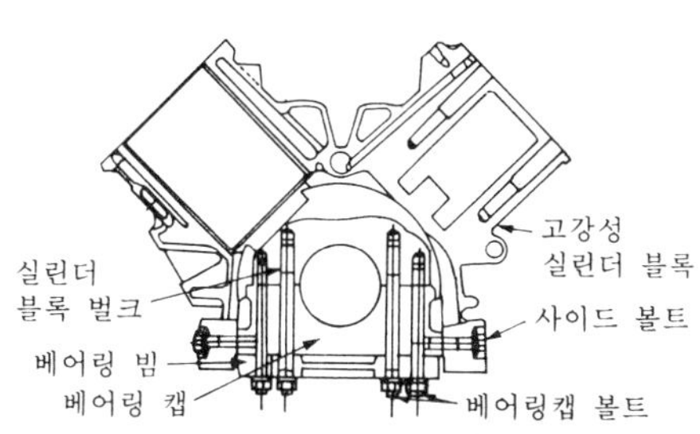

그림 8-4 사이드 볼트 붙이 베어링 캡의 구조

① 실린더 블록 로어 덱과 베어링 캡을 이어주는 벌크 헤드(bulk head)의 강화

② 베어링 캡의 변형을 억제하는 사이드 볼트의 추가

③ 베어링 캡 사이를 연결하는 베어링 빔의 채용

④ 베어링 캡과 오일팬 레일이 일체로 된 래더 빔(ladder beam)의 채용

2) 실린더 헤드

기관에서 실린더 헤드는 출력을 낼 수 있는 잠재능력을 결정하는 요소부품이다. 그 구성요소로서는 연소실, 흡·배기밸브 가이드 보스(valve guide boss), 흡·배기 포트, 물 재킷, 캠 저널, 밸브 리프트 가이드(直動式), 로커암 부착부(스윙 암 식), 로커축 부착부(로커축 식) 등이다. 배출가스 성분의 청

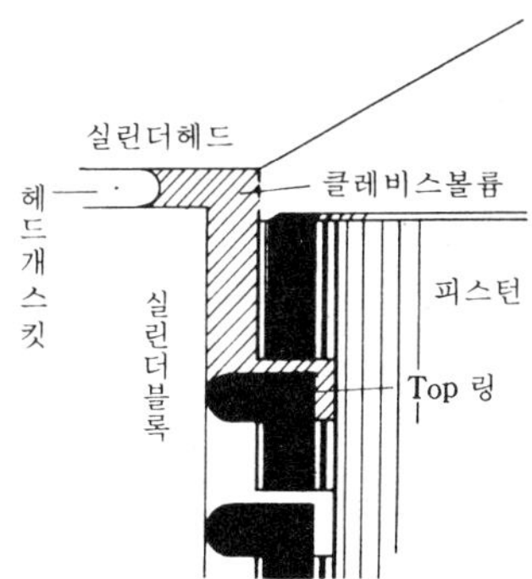

그림 8-5 연소실의 클레비스 볼륨

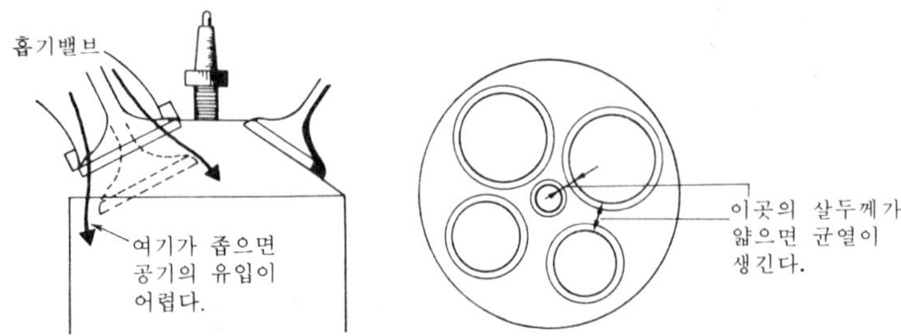

그림 8-6 흡기의 초킹 현상 그림 8-7 열응력에 의한 연료실의 균열

정화에서 실린더 헤드 가운데 연소실과 특히 관계가 깊은 것은 주로 HC의 배출이고 HC는 연료가 연소실 틈새로 들어가서 연소에 관여되지 않는 체 열에 의하여 분해되거나 그대로 연소되지 못한 체 배출되는 것이 발생원인이다. 그 때문에 보어와 피스턴 사이, 실린더 헤드 개스킷 부분 등으로 이루어지는 틈새 체적인 클레비스 볼륨(clevice volume)을 두께가 0.3~0.7〔mm〕인 메탈 개스킷의 사용 등으로 극력 감소시킬 것이 중요하다. 특히 저온에서의 HC 배출량은 연소실의 S/V 비가 큰 영향력을 가지며 이 때문에 상대적으로 S/V 비가 커지기 쉬운 단행정기관이나 고압축비기관은 저온시 HC의 배출량이 많아지는 경향이 있다. 실제의 연소실 설계에 있어서는 밸브의 우산모양 부분의 경과 그것에 따른 밸브 시트 경, 밸브 협각, 구석진 부분의 R, 스쿼시 에어리어 등이 고려 대상이다. 출력을 중시할 때에는 밸브의 우산모양 부분의 경을 되도록 크게 하는 것이 좋으나 지나치게 크게 하여 보어 경에 지나치게 근접하게 되면 리프트시 초킹 현상이 일어나서 공기의 흡입이 어려워진다. 그리고 밸브 시트 사이와 점화플러그와의 틈새를 좁히면 열응력으로 연소실의 균열이 생기기 쉬워진다.

4밸브기관은 밸브의 협각을 그다지 넓게 하지 않아도 충분한 흡입공기량이 확보될 수 있으므로 컴팩트한 연소실, 작은 실린더 헤드를 만드는 관점에서 최근에는 밸브 협각을 넓어도 50°, 좁은 것은 25° 이하로 하는 등, 좁게 하는 것이 보통이다.

연소실의 구석진 부분의 R이나 스쿼시 에어리어 등은 밸브 협각이나 압축비가 결정되어지면 자동적으로 정해지나 성능면의 요구를 고려하여야 한다. 앞에서 기술한 바와 같이 S/V 비를 작게 하기 위해서는 구석진 부분의 R은 되도록 크게 잡은 편이 좋으나 스퀴시 에어리어는 가스의 유동을 좋게 하여 노킹의 발생을 억제하는 역할을 가지고 있어서 이와 같은 관점에서는 되도록 스퀴시 에어리어가 큰 것이 좋으나 반면에 S/V 비가 악화된다.

이 밖에 연소실의 설계에서 요점은 각 실린더 사이의 압축비가 동일하게 되도록 하는 것이다. 즉 연소실 체적이 같아지도록 할 것이 중요하며 압축비가 불균일 하게 되면 압축비의 가장 큰 실린더에 의하여 점화시기가 제어되므로 압축비가 낮은 실린더는 그 점화시기의 경우 노킹에는 여유를 가지나 그 분만큼 출력시에는 억제를 당하게 된다.

a) 흡·배기 포트 밸브 가이드 보스

또한 흡·배기 포트, 블록 가이드 보스에서 흡기포트는 연소실에 흡입공기를 도입하는 최후의 부분이고 그 포트의 형상은 출력, 연비성능에 미치는 영향이 크다. 출력면에서 볼 때에는 되도록 구부러진 곳이 적은 직선형 포트일 것이 좋고 연비면이나 배기성능면에서는 가스유동이 활발한 스월 포트가 바람직하다. 연료 인젝터의 부착 위치는 되도록 연료가 흡기밸브에 직접 닿을 수 있는 위치이어야 하며 또한 밸브 시트와 포트와의 사이에 턱이 있으면 흡기저항이 증대되어 출력이 떨어지게 된다. 흡기 포트는 주물로 만들어지므로 1~1.5mm 정도의 치수차는 피할 수 없으나 치수에 차이가 있어도 밸브 시트와의 턱이 지지않는 설계로 하여야 하며 그리고 냉각수에 의하여 흡기가 지나치게 더워지는 것은 출력면에서 바람직하지 못하다.

배기 포트는 흡기 포트에 비하여 성능에 대한 형상의 영향이 적다. 흡기 포트의 경우는 흡기저항을 작게 하기 위하여 밸브 가이드 보스가 포트 쪽

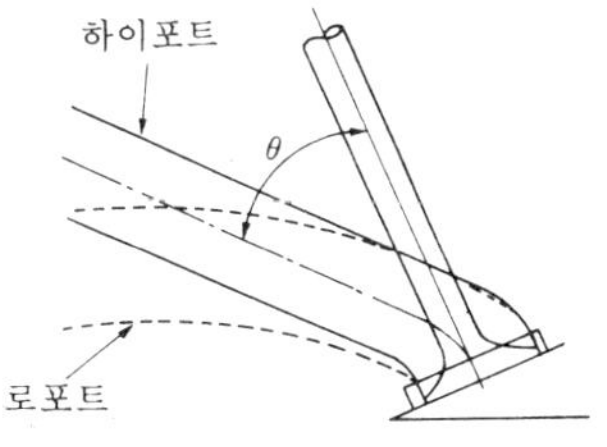

그림 8-8 흡기 포트의 직선화

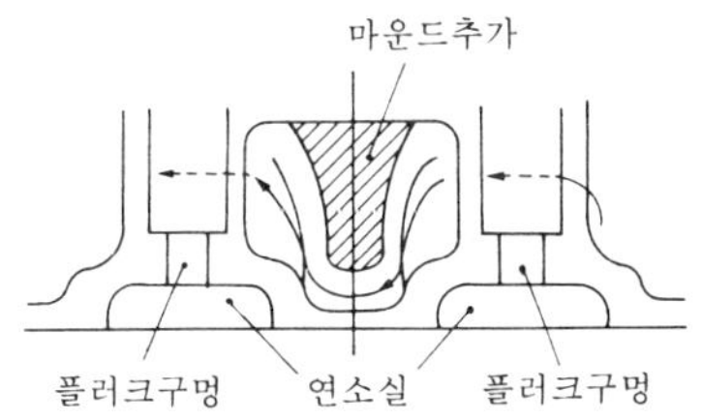

그림 8-9 물 재킷의 유속 향상의 예

으로 크게 노출되지 않도록 하나 배기 포트인 경우는 배기밸브의 냉각이 중요하므로 밸브 가이드 보스를 포트에 노출시키고 있다.

한편 물 재킷에 대하여는 연소에 의하여 발생된 열을 흡수, 과열로 인한 파손을 방지하는 것과 연소실 내를 적정온도로 냉각하여 흡입공기의 온도상승을 억제한다. 그리고 더워진 냉각수를 이용, 히터의 효용을 높이는 등 하는 뜻에서 물 재킷의 적절한 크기는 매우 중요하나 냉각수의 양은 되도록 적은 것이 난기에도 좋고 중량도 가벼워진다. 물 재킷의 설계는 냉각을 필요로 하는 부분에 충분한 유속으로 냉각수가 유동될 것이 중요하고 냉각수량이 많아도 냉각시키고자 하는 부분, 예를 들어서 배기밸브 시트의 뒤쪽, 둘레에서의 유동이 나쁘면 노크특성이 나빠지는 등의 문제를 일으키게 된다.

b) 연소실

연소실의 형상은 기관의 성능을 결정하는 중요한 설계요소이다. 이 형상은 기관의 설정목표성능에 기본을 두어서 뒤에 기술하는 바와같이 다음과 같은 요인에 의하여 결정된다.

① 열효율의 향상 : 압축비, S/V 비, 연소속도(가스유동, 점화플러그 위치, 개수)

② 체적효율의 향상 : 흡기 포트의 형상, 밸브의 수

③ 노킹의 제어 : 압축비, 화염전파거리, 가스유동, 배기밸브의 냉각

④ 유해배출가스 성분의 제어 : 연소속도, 소염역

현재 쓰여지고 있는 형상은 쐐기형, 반구형, 다구형 그리고 펜트루프형이다.

(i) 쐐기형 연소실

흡·배기 포트가 한쪽편으로 집중된 배치(카운터 폴로 배치)로 되어 있고 엔진 레이아웃 상에서 볼 때 흡·배기계가 설치되는 반대쪽에 오일필터, 점화플러그, 補機 등을 배치함으로써 이들의 정비성을 향상시킬 수 있는 이점이 있다. 단, 점화플러그가 연소실이 한쪽구석에 있어서 반구형연소실(semi spherical combustion chamber)에 비하여 화염전파거리가 길어지게 되고 따라서 연소시간이 길어지므로 스쿼시(실리더 헤드의 면과 피스턴 헤

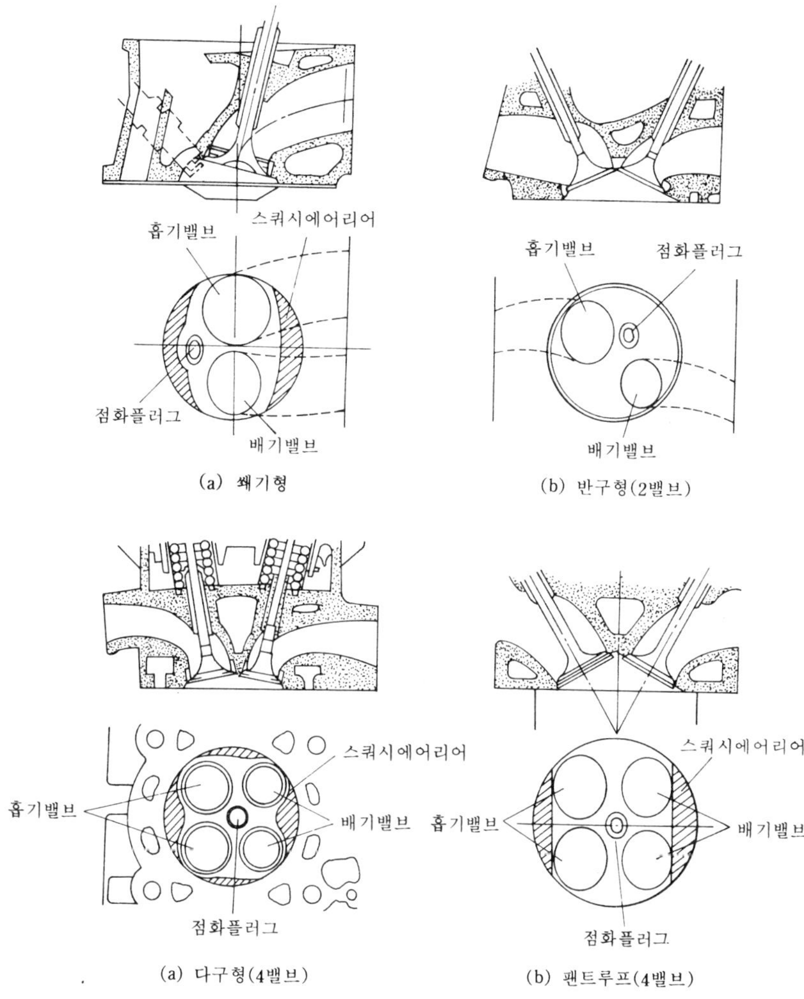

그림 8-10 연소실 형상

드면이 지나치게 좁아져서 거의 평행하게 대면하게 되는 영역) 등의 이유로 연소속도를 높이는 연구가 필요하게 된다. 또, 多밸브화가 어려운 등 고속기관에는 적합하지 못한 점이 있다.

(ii) 반구형 연소실

흡·배기 포트를 기관의 중심선에 대하여 반분하여 위치(크로스플로 배치)

할 수 있어서 흡·배기밸브의 경을 비교적 크게 할 수 있고 따라서 고출력이 얻어짐과 동시에 점화플러그가 대체로 연소실의 중심에 위치할 수 있어서 연소시간의 단축이 가능하여 연비면에서 유리하다.

(iii) 다구형 연소실

기본적인 반구형 연소실형상에 흡기밸브, 배기밸브, 점화플러그 등을 별개의 구형으로 형성한 것이다. 스쿼시 에어리어를 만들 수 있어서 반구형 연소실에 비하여 가스유동을 향상시키기 쉬운 것이 특히 장점이다. 단, 반구형에 비하여 S/V비는 약간 증가한다.

(iv) 펜트루프형 연소실(pent roof type combustion chamber)

연소실이 평면으로 구성되어 있고 4밸브 배치, 점화플러그의 중앙배치 및 스쿼시 에어리어의 형성에 적합하도록 만들어진 연소실이다. 그리고 형상의 자세한 부분에 관한 설계는 각 메이커마다 독자성을 가지고 있다.

(2) 밸브作動機構系

밸브작동기구계는 흡기밸브, 배기밸브, 이들 밸브를 항상 닫여진 상태로 유지시키기 위한 밸브 스프링, 그리고 밸브의 개폐를 제어하기 위한 캠축으로 구성되어 있다.

현재 일반적으로 되어 있는 OHC(over head camshaf)기구인 경우는 캠축과 밸브 사이에 로커암이 존재하는 로커암형과 캠축이 밸브를 직접 구동하는 직동형이 있다. 로커암형은 로커암의 레버비(로커암비라고도 하며 그림(8-11) (a)의 a/b가 된다)에 의하여 밸브 리프트를 크게 취할 수 있다. 한편 직동식은 밸브 리프트와 캠 리프트가 같고 밸브 리프트를 크게 하는 점에서는 로커암형에 비하여 불리하다. 그러나 로커암이 없어서 밸브작동계의 관성중량을 작게 할 수 있고 또한 고강성화를 도모할 수 있으므로 밸브작동의 바운스나 점프 등 이상현상이 고속측에서 다소 피할 수 있어서 보다 기관의 고속화가 가능한 이점이 있다.

밸브는 흡기행정에서 혼합기를 흡입하고 배기행정에서 기연가스를 배출하므로 연소실에 부착되어 있는 두껑의 역할을 하게 되어서 다음과 같은

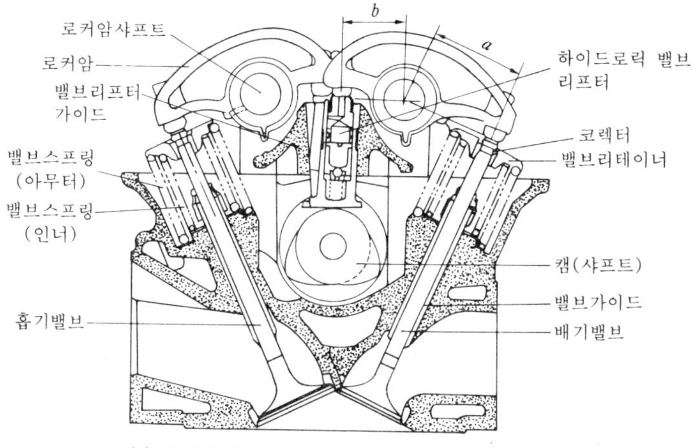

(a) 로커암 형(싱글오버헤드캠샤프트: SOHC)

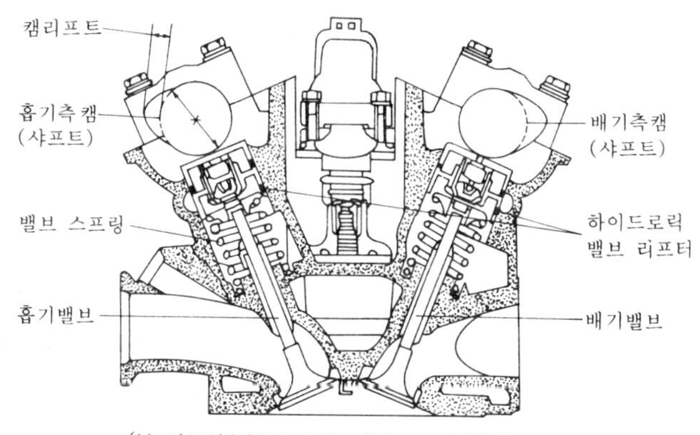

(b) 직동형(더블오버헤드캠샤프트: DOHC)

그림 8-11 밸브작동계의 구성(OHC의 경우)

것들이 요구된다.

① 닫혀져 있을 때 가스의 누설이 없을 것

② 열렸을 때의 흡·배기저항이 작을 것

③ 고온에 견딜 것(고온의 연소가스에 항상 접하게 되고 특히 배기밸브는 800℃ 이상의 가스가 주위를 흐른다)

캠축은 밸브를 개폐시기에 맞추어서 정확한 타이밍으로 개폐시켜야 하는 역할을 가지며 크랭크축의 회전수의 1/2로 회전하면서 캠의 작동에 의하여

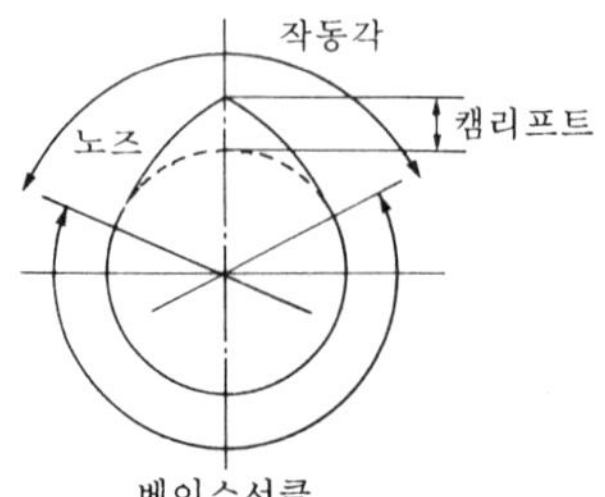

그림 8-12 캠 프로필

밸브에 왕복운동을 시키게 된다. 따라서 충분한 강도와 내구성이 요구되며 더구나 근래까지는 흡·배기밸브의 수가 2밸브(1흡기밸브, 1배기밸브)가 주류이었던 것이 기관의 보다 고출력의 요구에 따라 고속회전화가 필요하게 되었고 운동부분의 관성력의 저감과 충전효율의 향상에 유리한 3밸브(2흡기밸브, 1배기밸브), 4밸브(2흡기밸브, 2배기밸브)가 일반화되고 있다.

또한 캠 로브(lobe or nose)나 흡기매니폴드의 형상은 기관의 출력성능을 좌우하는 중요한 부분이다. 작동각과 리프트가 이 캠 프로필을 결정하는 2대요소이고 일반적으로 작동각을 넓게 하면 출력은 증대되나 저속에서의 토크가 낮아지고 아이들링이 불안정하게 된다. 또한 작동각을 변화시키지 않고 리프트를 크게 하면 출력은 증대되나 가속도가 커져서 밸브 서지(surge)가 일어나기 쉬워서 고속회전이 어려워 기관의 최고회전속도가 억제된다. 그리고 가속도를 일정한 것으로 생각하는 때에는 작동각이 클수록 리프트도 크게 취할 수 있으며 새로이 개발된 凹형 캠은 종래의 캠 로브 온둘레가 凸형상인데 대하여 일부분이 凹형상으로 되어 있는 캠이다. 이것은 좁은 작동각과 높은 리프트의 양립을 도모하고자 한 것으로 가속도가 크며 이렇게 함으로써 고출력과 아이들 안정의 상반되는 요건을 양립시킨다. 다만 이 凹형 캠에 상대되는 쪽의 추종을 위하여 롤러 로커암을 채용하고 있다.

(3) 主運動系

주운동계는 가스의 압력을 받아서 실린더 내를 왕복운동하는 피스턴과 피스턴의 일을 회전운동으로서 얻어내는 크랭크축과 피스턴과 크랭크축을 연결하는 커넥팅 로드 등으로 구성된다.

1) 피스턴

피스턴부는 피스턴 본체와 그 실(seal) 기능을 확보, 향상시키기 위한 피스턴 링, 그리고 커넥팅 로드와 피스턴의 운동을 자유롭게 하면서 이어질 수 있도록한 피스턴 핀으로 되어 있다(그림 8-13).

피스턴부의 역할은 연소실의 일부를 구성함과 동시에 고온, 고압의 연소가스의 압력을 받으면서 실린더 내을 원활하게 왕복운동을 하여야 하며 그러기 위해서는

① 고온강도를 충분히 가지고 있을 것

② 실린더와 피스턴과의 열팽창특성을 알맞게 설정하여 실린더와 피스턴과의 틈새를 적정치로 유지할 것

③ 피스턴, 피스턴 링의 윤활유막형성과 내마모성이 좋을 것

④ 경량으로서 마멸손실이 적고 양호한 열전도율을 가질 것

등 많은 요구가 충족되어야 한다.

피스턴 본체는 연소압력을 받는 크라운부, 피스턴 링이 끼워지는 랜드(Land)부, 측압을 받으면서 왕복운동의 가이드역할을 함과 동시에 실린더 쪽으로 열을 방산하는 스커트부, 피스턴 핀을 지지하는 핀보스부로 되어 있다(그림 8-14).

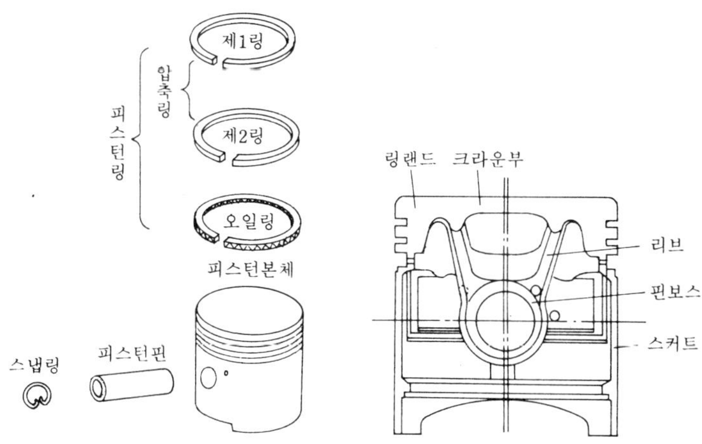

그림 8-13 피스턴 어셈부리의 구성 그림 8-14 피스턴 본체각부의 명칭

피스턴의 재료로서는 고온강도가 높고 열팽창이 작으며 경량으로 열전도성이 좋고 내마멸성이 우수할 것 등이 필요하며, 따라서 이상과 같은 조건들을 충족시킬 수 있는 알루미늄 합금이 쓰여지고 있다.

그리고 피스턴이 실린더 내를 상하운동 할 때에는 그 운동에 의하여 생기는 상하방향의 관성력이 발생되고 이것을 커넥팅 로드 및 크랭크축이 지지하여야 한다. 피스턴을 가볍게 만들면 그것에 상응하여 커넥팅 로드나 크랭크축도 경량화 할 수 있고 운동부분 전체를 경량으로 만들 수 있으며, 또한 운동부분이 가벼우면 그 정도에 따라 진동도 억제될 수 있어서 피스턴의 경량화는 그 기관의 우수성을 나타내는 척도일 뿐 아니라 그 기관의 기술수준을 나타낸다. 피스턴의 열에 대한 대책은 열의 방열통로가 피스턴 링이 중심이 되므로 그 주변을 충분히 냉각시켜야 하고 그러기 위하여는 고회전, 고출력의 기관인 경우는 오일 제트로 연소실의 뒤쪽이 되는 부분(피스턴 크라운부 안쪽)에 오일을 분사하는 방법을 취하는 예도 있으며, 그것의 적극적인 방법으로는 오일통로인 쿨링 채널(cooling channel)을 피스턴 단면 톱 링 뒤쪽에 마련하여 그곳에 오일 제트를 이용, 오일을 분사하여 냉각한다.

2) 피스턴 링

피스턴 링에는 압축 링과 오일 링이 있고 보통 1개의 피스턴에 대하여 압축 링은 2개 오일 링은 1개가 쓰여진다.

※ 압축 링의 기능은

① 피스턴과 실린더와의 틈새를 막아서 압축가스, 고압연소가스가 연소실로부터 크랭크케이스로 불로바이가스로서 누설되는 것을 방지한다.

② 피스턴이 받은 열을 실린더 벽으로 전달, 방열작용을 한다.

등이 있고 오일 링은 실린더 벽면의 윤활유막 형성의 제어를 감당하고 있다(그림 8-15). 최근에는 제 1압축 링이 가진 가스 실(seal) 기능 및 오일 링이 가진 윤활제어기능을 향상시켜 제 2압축 링을 제거하는 노력(마찰손실의 저감)이 이루어져가고 있으며 기관에 따라서는 이미 실용화하기 시작하고 있다.

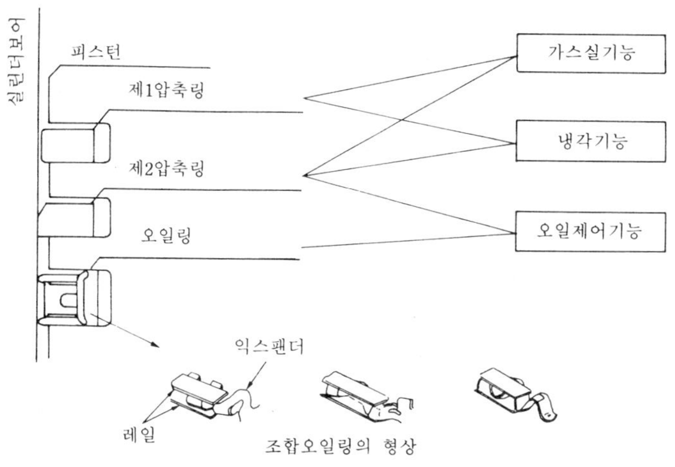

그림 8-15 피스턴 링의 기능

피스턴 링은 실린더 벽에 밀착되어야 하고 실린더에 조립되어 있을 때에는 바깥쪽으로 퍼지는 장력이 생기도록 만들어져 있다. 또, 피스턴 링은 내마멸성이 좋아서 실린더 벽을 마멸시키지 않을 것, 열전도성이 좋을 것, 열팽창이 적으며, 친화성이 좋고, 내부식성에 뛰어날 것 등이 요구되므로 현재는 주철, 강 등의 재료에 표면처리를 하여 쓰여지고 있다.

3) 커넥팅 로드, 크랭크축, 플라이 휠, 베어링

다음, 커넥팅 로드, 크랭크축, 플라이 휠 및 베어링에 대하여 설명하면 다음과 같다(그림 8-16).

a) 커넥팅 로드

커넥팅 로드는 피스턴과 크랭크축을 연결하는 부품으로 보통은 대단부(big end)를 로드부와 캡부의 두 쪽으로 분할하여 볼트로 체결하는 구조로 되어 있다. 커넥팅 로드는 가스압력에 의한 압축력, 관성력에 의한 인장력, 그리고 회전운동에 의한 휨의 힘을 번갈아가며 또는 동시에 받는다. 그리고 응답성의 요구를 동시에 만족시키기 위하여는 충분한 강성과 강도 및 경량화가 요구된다.

커넥팅 로드의 소단부와 대단부의 각각의 중심을 이어주는 거리를 중심간

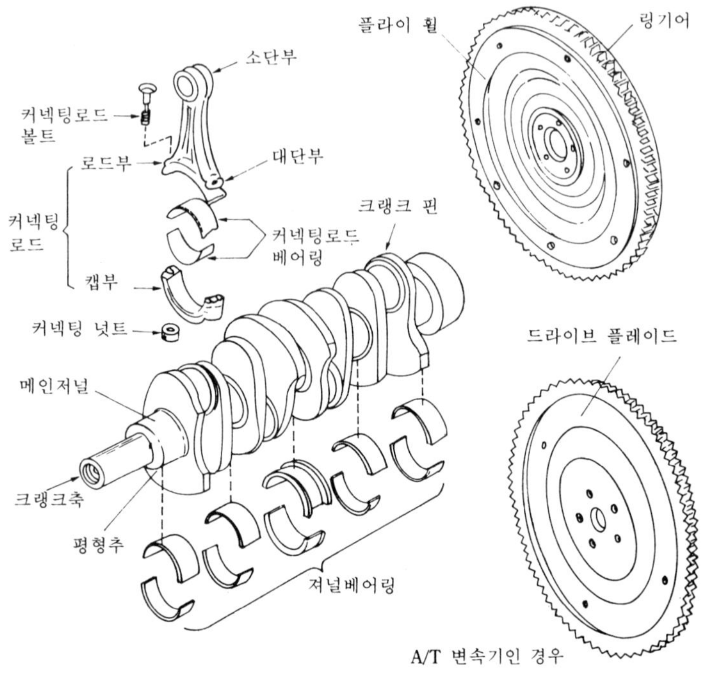

그림 8-16 크랭크축부의 구성

거리(center distance)라고 하며 이 중심간 거리가 짧으면 기관의 전고를 낮출 수 있다. 그러나 지나치게 짧으면 피스턴이 하사점에 왔을 때 피스턴의 스커트부와 크랭크축의 카운터 웨이트부가 서로 간섭하게 되므로 커넥팅 로드의 중심간 거리는 행정에 대하여 일정 이상의 값으로 되어 있다.

커넥팅 로드의 중심간 거리를 L, 스트로크를 l 라고 하면 $\lambda=L/l$ 의 값은 보통 1.5 이상으로 하고 있으며 특히 60° V6 기관의 경우는 좌우 보어끼리의 간섭이나 카운터 웨이트 (R)를 크게 하기 위하여 L/l 이 2 정도의 값을 취하는 경우가 많다. 이 λ의 값은 이미 설정한 치수 외에 기관의 성능에도 중요한 관계를 가진다. λ의 값이 작으면 즉 l 에 대하여 L 이 작으면 왕복운동에 대한 커넥팅 로드의 옆방향 흔들림이 커지게 된다. 이것은 상하운동하고 있는 피스턴의 힘을 크랭크축의 회전력으로서 전환시키지 못하고 피스턴이 실린더 보어를 옆방향으로 미는 힘으로 되어버리는 비율이 커지게

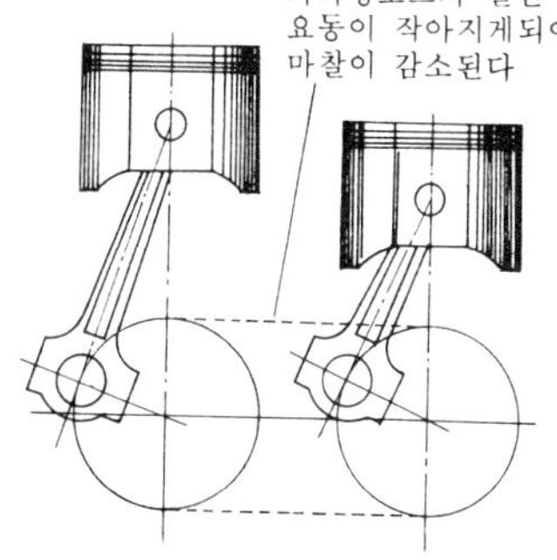

그림 8-17 커넥팅 로드의 중심간 거리와 측압과의 관계

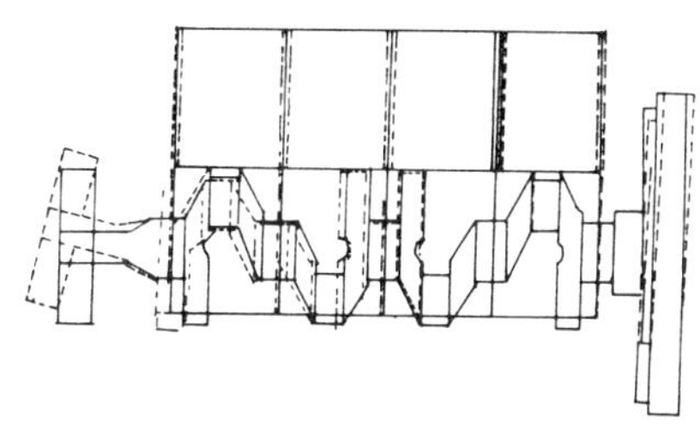

그림 8-18 크랭크축 휨 진동에 의한 소음발생 기구

된다. 즉 폭발에 의하여 발생된 에너지의 효율적인 이용의 불가와 마찰손실의 증대를 가져올 뿐 아니라 옆방향이 진동을 증대시킨다. 따라서 커넥팅 로드의 길이를 지나치게 짧게 하는 것은 득이 되지 않으며 특히 그에 따른 좋지 않은 영향은 고회전에서 현저하게 나타나므로 고회전형 기관을 설계할 때에는 주의가 필요하다.

b) 크랭크축

크랭크축은 기관으로부터 출력을 얻어내는 부분이며 기관의 운전 중 크랭크축에는 가스압력 및 왕복운동부의 관성력의 변동 토크가 가하여진다. 그리고 크랭크축계의 비틀림과 휨 방향의 고유진동수가 같아지게 되면 공진하여 각각 비틀림 진동(torsional vibration), 휨 진동(bending vibration)이 발생하고, 이 진동은 기관의 소음원으로 되며 공진점에서 연속하여 사용하면 내구성을 잃게 되는 경우도 있다. 이것을 최소한으로 줄이기 위하여 각실린더의 연소하는 순서를 가장 좋은 순서로 취함과 동시에 크랭크축 각부의 치수와 형태, 저널(메인 베어링)수, 평형추(balanceing weight) 등을 최적화하여 고강도성이 얻어지도록 하고 있다.

크랭크축을 설계할 때에는 카운터 웨이터의 배치와 또한 부착하는 방법이 중요하다. 그리고 카운터 웨이트는 부채꼴 모양이고 크랭크축에 부착되는 근원부분은 가늘고 선단으로 갈수록 두꺼워지는 것이 많으며 그렇게 하면 회전운동을 하는 평형추로서의 효율이 좋기 때문이다.

그리고 크랭크축의 강도의 관점에서 볼 때에는 저널 경과 핀의 경은 되도록 크며 각 저널과 핀 사이의 너비는 좁은 편이 좋다. 그러나 마찰손실을 고려할 때에는 역으로 경은 작은 쪽이 유리하고 이는 경을 작게 하면 베어링과의 상대속도(주속)가 늦어지기 때문이다.

저널 경이나 핀의 경이 작으면 크랭크축 전체의 비틀림 강성이나 굽힘 강성이 떨어지고 운전시 크랭크축의 회전이 조용하지 못하게 된다. 이는 크랭크축이 비틀림에 의하여 변형된 상태에서 회전하게 되면 크랭크 풀리나 플라이 휠도 일정속도로 회전하지 못하여 속도에 변화가 생기고 이렇게 되면 베어링과의 접촉불량에 의한 베어링의 편마멸이나 융착을 일으키는 외에 마찰저항의 증가로 축출력이나 연비면에서 바람직하지 못하다. 또한 크랭크축의 변형은 실린더 블록에 진동이 전달되어 블록의 표면으로부터 방사음으로서 발생되거나 플라이 휠 면의 흔들림 진동으로 되어 기관에 기진력으로 작용한다. 이와 같은 문제점을 억제하기 위하여는 크랭크축의 강성을 확보할 것이 중요하며 즉 저널 경과 핀의 경을 크게 하고 너비를 좁게 함으로써 강성을 높일 수 있다.

c) 플라이 휠

실린더의 수가 많아짐으로써 기관의 회전은 원활하게 되나 앞에서 기술한 바와 같이 크랭크축의 출력점에서의 토크가 변동된다. 플라이 휠은 이 토크의 변동을 적게 하기 위하여 에너지를 일시 축적하거나 방출하는 등 하기 위한 원판이고, 그 관성모멘트는 4 실린더기관인 경우는 크랭크축계의 약 3 배 정도의 크기를 취한다.

d) 베어링

커넥팅 로드와 크랭크축부의 회전 미끄럼운동면에는 베어링이 끼워진다. 자동차용 기관에는 거의 미끄럼베어링으로 축과 베어링의 틈새(직경 틈새로서 30~40μm)에 형성된 윤활유의 유막압력에 의하여 부하를 지지하고 또한 마찰저항을 극력 작게 하는 역할을 하도록 하고 있다. 그리고 저널 베어링의 1 개(그림 8-16에서는 3 번째)는 크랭크축의 스라스트(축방향의 힘)을 받는 구조로 되어 있다.

(4) 개스킷, 실

이상 설명한 기관본체의 구성부품은 상호 볼트와 너트 또는 스크루 등에 의하여 결합된다. 그리고 기관의 작동유체인 가스, 오일, 물의 유로는 부품 사이가 이상적인 결합이 아니므로 그 누출을 방지하기 위하여 맞춤면에 개스킷(gasket) 또는 실(seal)이 들어간다(그림 8-19).

특히 실린더 헤드개스킷에는 성상이 다른 위에서 기술한 세 가지의 유체(표 8-1)를 근접된 위치에서 동시에 실링하여야 하므로 많은 기술적 어려움이 뒤따른다.

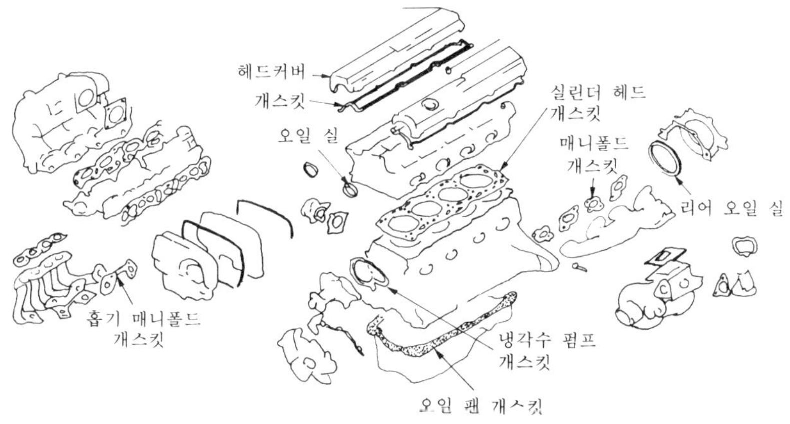

그림 8-19 기관에 쓰여지고 있는 개스킷, 실

表 8-1 각 유체의 성상

	연소가스	냉각수	윤활유
온 도 ℃	200~300	80~110	~130
압 력 kgf/cm^2	100~200	2	10
점 도 kgf·s/m^2	(2~3)×10^{-6}	3×10^{-4}	6×10^{-3}

8-2 吸·排氣系

흡기계란 에어클리너, 스로틀 챔버 혹은 기화기, 흡기매니폴드, 실린더의 흡기 포트 및 흡기밸브 등 실린더로 혼합기를 공급하는데 관계되는 부품으로 구성된다.

그리고 배기계는 배기밸브, 배기 포트, 배기매니폴드, 배기관 등 실린더로부터 연소가스를 배출하는 부품으로 구성되며 터보차저는 흡기 및 배기계에 관계되는 부품이다.

(1) 吸氣系

흡기계는 에어클리어 바로 앞의 외기도입 덕트(duct)로부터 에어클리너, 에어 덕트, 스로틀 쳄버, 인테이크 코렉터, 흡기매니폴드, 흡기 포트, 흡기밸브, 연소실에 이르기까지의 부분으로 구성된다.

흡기계 전체의 시스템에서 볼 때 중요한 것은 공기의 흐름이 좋으면서 흡기맥동이나 관성과급을 잘 이용함으로써 기관의 넓은 회전속도 범위에서

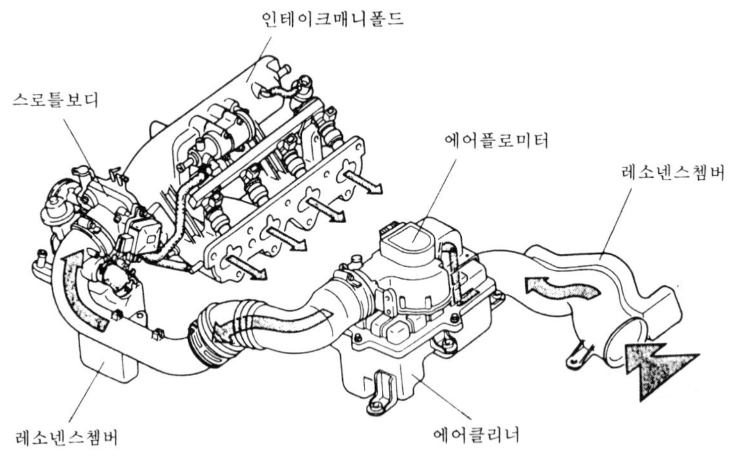

그림 8-20 흡기계 시스템

높은 충전효율을 얻는데 있다. 따라서 필요한 곳 이외에는 흡기통로의 단면적 변화가 없고 구부러지는 곳이 적으며 그곳에서의 R이 되도록 클 것이 바람직하다. 그리고 에어크리너나 인테이크 코렉터 등 체적이 큰 부분의 출입구는 縮流에 따른 손실이 적어지도록 하여야 하고 각 실린더간의 공기유량의 균등분배로 실린더 사이에서의 공기량의 차이를 최소한으로 할 것이 중요하다.

1) 외기도입 덕트

외기도입 덕트의 역할은 비나 눈 등이 흡입되지 않도록 하기 위하여 동압을 받는 곳은 피하고 되도록 차가운 외기를 도입할 것과 흡기맥동에 의한 흡기소음을 저감시키는 데 있다. 공기가 기관본체나 배기매니폴드에 의하여 더워진 상태에서 기관에 도입되면 충전효율의 저하에 따른 출력의 저하를 가져오게 되며 차량의 경우 특히 더운 여름철 에어콘이 작동되고 있는 상태에서 아이들링 방치 후의 발진이나 또는 정체현상이 심한 시가지 운전인 경우는 흡기온도가 80℃를 넘는 때도 있어서 공기밀도에 의한 영향만으로도 약 15%(공기온도 30℃인 때에 비하여)의 출력저하를 가져온다. 그리고 흡기온도가 높아지면 노킹 발생을 억제하기 위하여 점화시기를 늦추거나 그 밖에 에어콘을 작동시키는 등 하여 겨울철에 주행하는 경우에 비하여 20〔%〕 이상의 토크가 저하된다.

그리고 기관은 간헐흡입으로 그에 따른 흡기맥동과 그로 인한 소음의 발생은 피할 수 없다. 이 흡기맥동을 억제하는 것도 외기도입 덕트의 큰 역할이며 되도록 흡기손실을 적게 하고 소음효과를 크게 하기 위하여 부착된 것이 레저네이터(resonator)이다.

2) 에어클리너

에어클리너는 그 내부에 기관출력에 알맞는 용량의 클리너 엘리먼트가 내장되어 있어서 흡입공기를 정화하고 흡기소음을 저감시키는 역할을 한다. 그리고 L-제트로닉형의 연료분사 시스템에는 흡입공기량의 계량에 에어플로미터가 쓰여지고 설치장소가 에어클리너 후류이어서 클리너에 직접 부착되는 경우가 많고 그 부착방법에 따라서는 유선이 균일하게 되지 않아서 유량을 정확히 계산하지 못하는 경우가 있다.

3) 스로틀 첨버

스로틀 첨버는 각 실린더에 흡입되는 공기량을 제어하는 역할을 하며 스로틀밸브의 직경은 그 기관의 출력에 상응하는 최대통과공기량에 의하여 결정되어서 출력이 커지면 그에 따라 밸브 徑도 그만큼 커져야 하고 그렇지 않으면 통기저항이 커지게 된다. 그러나 지나치게 크면 적은 공기량영역에서의 스로틀 제어성이 나빠지므로 통기저항과 스로틀 제어성을 양립시키기 위하여 2개의 밸브를 가진 스로틀 첨버를 채용하는 경우도 있다. 즉, 소공기량영역에서는 한쪽의 스로틀밸브만을 개폐하고 대공기량영역이 될 때 비로소 다른 한쪽의 밸브도 개폐하는 형이며 이 2밸브형은 1차밸브와 2차밸브의 연계가 순조롭게 되기 어려운 점이 있다.

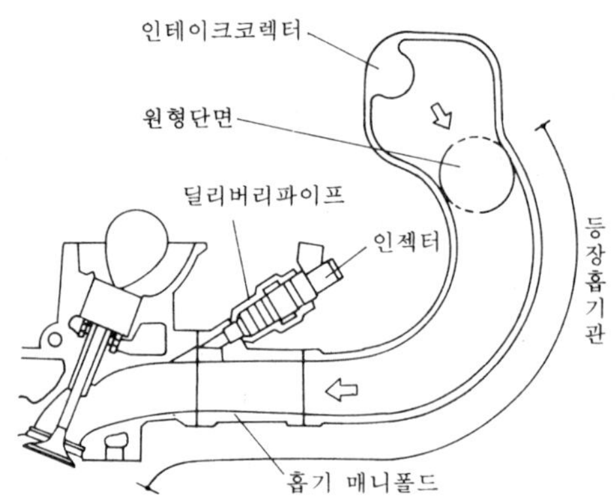

그림 8-21 흡기매니폴드, 코렉터

4) 인테이크 코렉터

인테이크 코렉터는 서지 탱크라고도 하며 각 실린더로 들어가는 흡기플랜지(flange)가 여기에 집합된다. 인테이크 코렉터의 체적은 기관의 출력특성, 즉 토크 커브에 크게 관여되며 코렉터의 체적이 작으면 각 실린더의 흡기행정 때 발생되는 맥동을 감쇠시킬 수 없어서 그 실린더의 다음 흡기행정이나 다른 실린더의 흡기행정에 영향을 미친다. 그러나 고속에서는 역으로 충전효율을 저하시키는 작용을 하게 되므로 고속에서의 보다 큰 출력을 얻기 위하여는 코렉터의 체적을 크게 할 필요가 있다. 스로틀 챔버로부터 코렉터로의 입구, 코렉터로부터 흡기플랜지로의 출구형상은 큰 R을 붙여서 확대손실과 축류손실을 억제함으로써 출력이 저하되는 것을 효과적으로 방지할 수 있다.

그리고 인테이크 코렉터에는 補助空氣制御用의 에어 레귤레이터나 블로바이 가스유량제어에 쓰이는 PCV 밸브, 스로틀 챔버 등이 부착되어 있으며 각각에는 동결방지를 위한 온수통로가 마련되어 있다. 운전중은 이 온수에 인테이크 코렉터가 더워지면 흡입공기를 더웁게 하는 것이 되어 충전효율을 저하시키는 결과가 되므로 온수의 유량을 극력 줄이거나 한곳에 모아서 효율적으로 가온시키는 것이 좋으며 기관에 따라서는 아이들링 중이나 주행중에 관계없이 인테이크 코렉터가 흡입공기에 의하여 충분히 냉각됨으로써 출력저하가 방지되도록 배려한 것도 있다.

5) 인테이크 플렌지

인테이크 플렌지는 인테이크 코렉터로부터 실린더 헤드의 흡기포트 입구까지의 부분이고 이것을 구체적으로 형성하는 것이 흡기매니폴드이다. 실린더 헤드의 흡기밸브 중심으로부터 인테이크 코렉터 입구까지의 길이가 흡기관 길이이고 이 길이와 단면적이 기관의 충전효율 즉 토크특성을 기본적으로 결정하며 충전효율이 최대로 되는 기관의 회전수를 吸氣慣性의 同調回轉數라 한다. 이 동조회전수는 흡기관의 단면적에 비례하고 흡기관 길이 및 기관의 단실린더당의 흡기량의 평방근에 반비례한다. 즉 흡기관의 단면적이 클수록 그리고 그 길이가 짧을수록 동조회전수는 높아지게 되며, 또 같은 단면적과 길이이면 단실린더당의 배기량이 작은 기관일수록 동조회전수가 높아지고 동일의 동조회전수 일지라도 흡기관의 단면적이 큰 편이 동조회전의 피크(peak)가 둔하게 되며, 또한 그보다 높은 회전수일 때의 충전효율의 떨어지는 경향은 작아진다. 동조회전수를 낮게 하기 위하여 흡기관의 단면적을 지나치게 작게 하면 흡기통로의 유동저항이 증대, 고속에서 충전효율이 떨어지는 율이 현저하게 된다. 흡기관의 설계는 인테이크 코렉터의 출구로부터 실린더 흡기포트 입구까지 동일의 단면적으로 하는 것보다도 입구를 향하여 서서히 좁혀가는 편이 동조회전의 피크가 변화되지 않고 고속에서 토크가 낮아지는 율을 적게 할 수 있다.

6) 인테이크 포트

흡기관 내 실린더 헤드 부분(실린더 헤드 입구로부터 연소실 입구의 스로틀부 까지)이 인테이크 포트이다. 설계할 때 유의하여야 할 것은 통로에 손실의 원인을 제공할 만한 부분이 없어야 한다. 그러나 연료 인젝터의 노즐이 돌출되고 밸브 가이드가 끼워져야 하는 등, 그로 인한 통로의 凹凸이나 통로면적의 급변화가 만들어지기 쉽고 또 3밸브나 4밸브기관인 경우는 인테이크 플랜지까지는 하나이나 인테이크 포트 안에서 2개로 分岐되기 때문에 이 분기부분에서의 통로 단면적의 변화를 매끄럽게 하여야 할 필요가 있다.

최근 흡기관의 설계기법으로 인테이크 포트의 어느 한 부분에 스로틀링부를 만들어 흡기의 유속을 높여서 연소실로 들어가는 흡기에 운동에너지를 부여하는 방법을 취함으로써 연소실 내의 가스유동을 촉진시켜서 연소의 개선을 도모하고 또한 인젝터로부터 분사되는 연료의 무화를 향상시키는데 도움이 되도록 하고 있다. 최근에는 많은 기관에 이 기법이 채용되고 있으며 이것이 AD(Aero Dynamic) 포트이다.

그리고 밸브나 밸브 가이드의 흡기 통로상에서의 장해를 줄이기 위하여

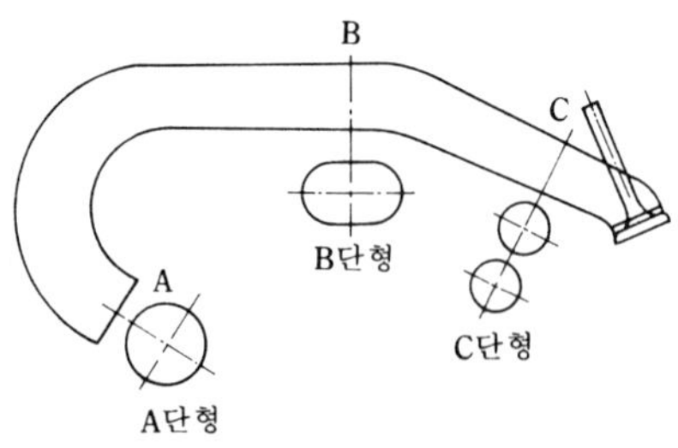

그림 8-22 에어로 다이나믹 포트

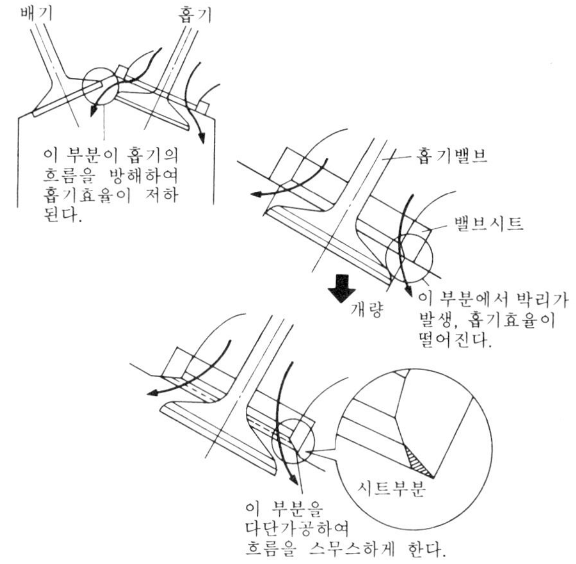

그림 8-23 흡기포트의 개량 예

밸브스템의 徑을 가늘게 하는 경향이 있다. 2밸브기관인 경우, 8mm에서 7mm로, 4밸브기관은 7mm에서 6mm 또는 5.5mm까지 細徑化하고 있으며 밸브 가이드의 길이도 종래는 70~80mm이었던 것이 현재의 설계로는 50mm 정도까지 짧게 하여 거의 포트 안에서의 돌출을 피하고 있다.

밸브 페이싱(valve facing) 면과 밸브 시트인 밸브 착좌면의 형상은 이 부분이 전흡기통로 가운데에서 가장 압력손실이 큰 부분이어서 대단히 중요하며 다른 부분을 아무리 주의 깊게 설계하여도 이 부분이 잘못되면 그 의미가 없어지게 되어 이 부분의 설계에서 특히 주의 할 점은 다음과 같다.

① 밸브 리프트가 작은 곳(밸브의 직경에 대하여 리프트가 1/10 이하인 부분)에서의 통로면적을 크게 한다.

② 밸브 리프트가 큰 곳(밸브의 직경에 대하여 리프트가 1/5 이상인 부분)에서의 흡기통로의 급격한 변화를 억제하여 흐름에서 박리현상이 일어나지 않도록 한다.

③ 밸브 시트 면에서의 초킹(chocking) 현상의 발생을 방지한다.

초킹이란 최소단면적부에서 유속이 음속에 도달되는 현상으로 이 현상이 발생하게 되면 충전효율의 저하가 일어난다. 따라서 흡기의 유속이 지나치게 커지지 않도록 밸브 리프트를 확보함으로써 이 현상은 방지될 수 있다.

7) 연소실

흡기포트로부터 연소실로 들어가는 부분의 형상도 중요하며 잘못되면 통기저항을 커지게 만든다. 이 부분의 설계에서 주의를 요하는 부분은 다음과 같다.

① 흡기밸브의 뒷쪽, 즉 우산모양인 부분이 연소실까지 나오지 않도록 한다. 즉 연소실 벽면과 흡기밸브의 이 부분의 면이 같아지지 않도록 함으로써 이 부분에서 흡기의 흐름에 방해를 받지 않게 된다.

② 흡기밸브를 실린더 보어의 가장자리 가까이까지 지나치게 나오지 않도록 한다. 흡기밸브가 열렸을 때 흡기가 보어 벽면에 방해를 받아 유입되기 어렵기 때문에 밸브 徑을 작게 할지라도 틈새를 커지게 하는 편이 흡입공기량이 증가되는 경우가 많다.

8) 터보 과급기관의 흡기계

앞의 흡기계 설계에서 설명한 것은 터보기관의 경우도 공통적이나 터보기관 특유의 부분에 대한 설계상 유의할 점은 다음과 같다.

① 터보 과급기의 흡기압축기 입구의 흡입저항을 저하시킨다. 보통의 경우는 에어클리너로부터 공기가 흡입되고 만약 이 부분에서의 저항이 커지게 되면 과급의 기본이 되는 공기의 공급부족현상이 발생하게 된다.

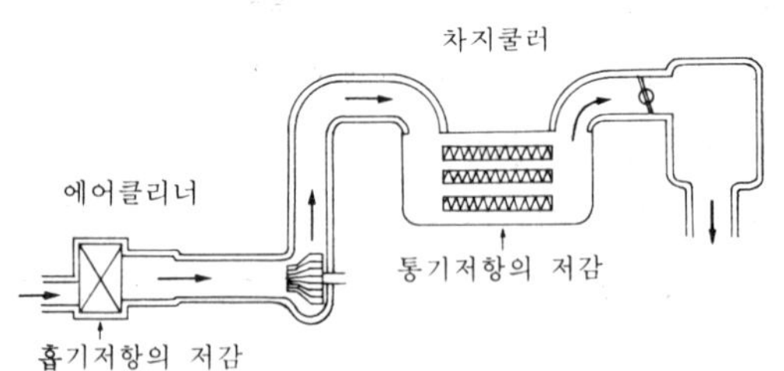

그림 8-24 터보자저 기관의 흡기계

② 중간 냉각기의 통기저항을 저하시킨다. 이 부분의 통기저항은 보통 50 mmHg 내지 100mmHg이고 이 값이 커지게 되면 결국 과급압을 낮추는 결과가 되어 과급기는 여분의 일을 하는 것이 되며, 이렇게 되면 연비가 악화된다.

9) 흡기제어

a) 가변흡기 시스템

(i) 흡기관 및 코렉터의 가변화

기관은 흡기밸브가 排氣上死點 전에 열리고 下死點 후에 닫히는 간헐 흡기이므로 흡기관 내에 맥동이 생기고 이 맥동이 吸氣慣性效果로서 正壓의 최고치인 피크(peak)를 가진다. 이 피크를 이루는 기관 회전속도는 흡기관의 길이, 단면적의 크기 즉 굵이에 관계되며 이 正壓이 피크를 나타내는 곳에서 충전효율은 최대가 된다. 따라서 이 정압의 피크를 나타내는 기관의 회전속도를 변화시키면 넓은 회전속도 범위에서 높은 출력을 얻을 수 있다. 그리고 다른 실린더의 맥동을 그 실린더의 흡기행정에서 받는 영향을 맥

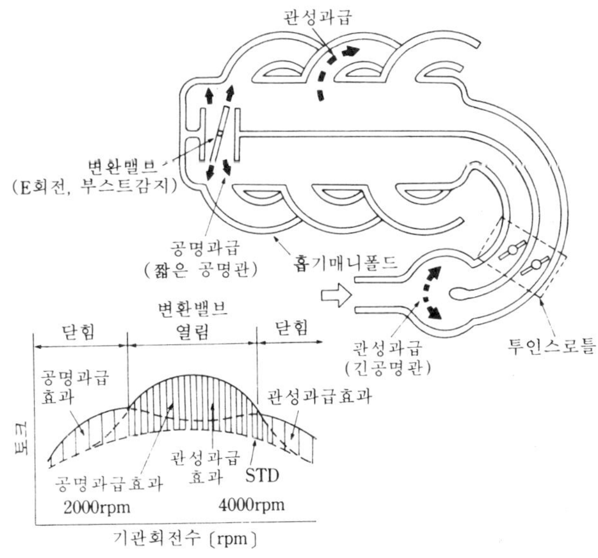

그림 8-25 가변흡기 시스템의 예

동효과라고 하며 인테이크 코렉터의 체적이 작을수록 영향이 커지게 되고 이 맥동효과를 잘 이용하면 충전효율을 높일 수 있다.

가변흡기 시스템은 흡기관의 길이나 인테이크 코렉터의 체적을 변화시켜서 실린더 내로 흡입되는 공기량을 증가시킴으로써 출력의 향상을 도모하고자 한 것이다. 구체적으로는 저·중속 토크와 고속시의 출력 증대를 양립시키기 위한 시스템으로 가변방법은 플랜지 길이나 인테이크 코렉터의 체적을 변화제어한다. 기관에 따라서 현재로는 2~3 단계로 변화시키고 있으나 앞으로는 연속적인 가변이 실현될 것으로 생각된다.

(ii) 밸브 타이밍의 가변화

可變밸브타이밍시스템은 넓은 회전속도역에서 흡배기효율을 보다 높임으로써 고출력을 얻고자 한 것이다. 공기에도 관성이 있으므로 저회전역과 고회전역에서는 요구되는 밸브 타이밍이 달라지게 된다. 저회전역에서는 흡기밸브를 상사점 전에 열고 하사점 부근에서 닫으면 되나 고회전역에서는 늦게 닫히도록 하지 않으면 관성으로 인하여 밸브의 움직임에 추종하지 못하는 공기를 충분히 실린더 내로 흡입시킬 수 없게 된다. 가변밸브타이밍은 이와 같은 요구에 상응토록 한 것으로 현재 채용되고 있는 시스템은 흡기측 밸브타이밍의 제어이다. 캠축의 작동각은 일정하고 아이들시는 흡기밸브의 열림시기를 늦추어서 밸브 오버랩을 작게 하여 아이들 안정을 도모한다. 저속고부하역에서는 흡기밸브의 닫힘시기를 빠르게 하여(열림시기도 빨라진다) 저·중속역에서의 충전효율의 향상을 도모하고 또한 고속역에서는 흡기밸브의 닫힘시기를 늦추어서(열림시기도 늦추어 진다) 고회전에

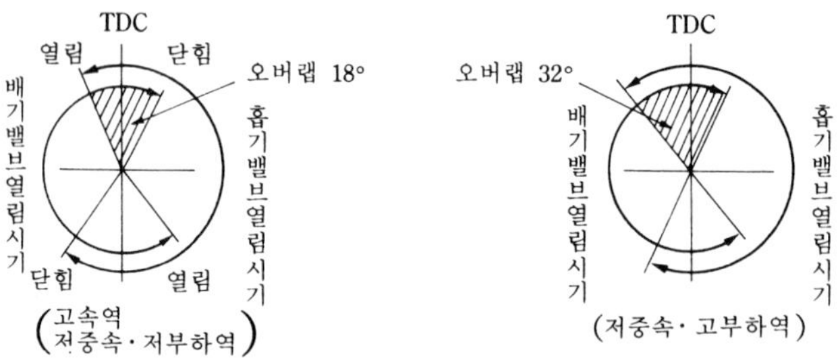

그림 8-26 가변밸브 타이밍의 예

서의 충전효율 향상을 도모한다.

현재로는 이와같이 흡기밸브 타이밍의 변환제어만을 주로 하고 있으나 장래에는 연속가변, 배기밸브 타이밍 제어도 함께 함으로써 토크나 출력의 증대를 도모하게 될 것이다.

(2) 排氣系

1) 배기매니폴드

배기계는 실린더 내에 남게 되는 가스량을 적게 하거나 적극적인 관성효과의 이용으로 흡기의 공급을 돕는 등 출력향상에 기여하게 되어 있어서 가볍게 보아서는 안 된다.

배기 포트에 대하여는 다음과 같은 점이 요구된다.

① 가스가 유출할 때의 저항이 작을 것(터보차저붙이 4 밸브기관에서는 배기밸브의 열리는 직후 배기 포트에 있어서의 최대가스유속은 330~370〔m/s〕정도가 된다.)

② 밸브시트, 밸브가이드가 잘 냉각될 것

③ 냉각계로의 방열을 적게 하기 위하여 포트는 되도록 짧을 것

배기매니폴드는 저항을 작게 하기 위하여 단면적과 구부러짐이 적정하여야 하고 또 點火順序의 인접된 실린더 사이의 압력파의 간섭, 즉 서로의 압력파에 의한 영향이 같은 시기에 일어나는 것을 피하기 위하여 각 실린더로부터의 플랜지를 독립적으로 한다. 그리고 길이를 길게 하는 한편 그 집합부에서는 배기맥동을 이용하여, 즉 합류하는 압력파의 크고 작은 부분이 동기될 수 있도록 하여 배기효율을 높이고 있다. 그러나 이것도 엔진 룸의 레이아웃이나 새시와의 간섭 등 제약조건, 또는 촉매와의 관계에 의하여 여러가지의 형상으로 되어 있다(그림 8-27).

또 열팽창에 의한 균열, 파손 등의 고장을 피하기 위하여 팽창, 압축에 의한 응력이 집중되지 않는 형상으로 되고 체결볼트의 구멍을 약간 크게 하여 신축을 흡수할 수 있도록 하는 등이 필요하다.

또한, 연소실, 배기밸브, 배기 포트는 통기저항의 관점에서 볼 때 흡기쪽과

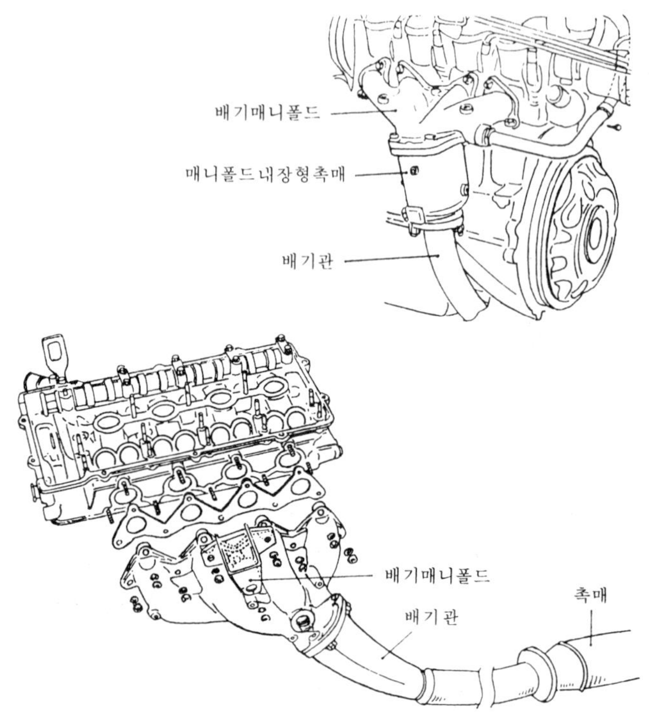

그림 8-27 배기매니폴드의 형상 예

다를 것이 없다. 그러나 흡기계와 달라서 배출가스는 높은 압력에 의하여 배출되므로 출력에 미치는 영향은 작으며 배기매니폴드 설계의 요점은 배출가스가 순조롭게 배출되어야 할 것으로서 각 실린더의 배출가스가 매니폴드 내에서 서로 부딪히거나 합쳐지는 것은 배압이 높아져서 연소실의 잔류가스량이 증가되므로 각 실린더의 배출가스는 서로 방해를 받지 않으면서 배출될 것이 중요하다.

그리고 연소실 내의 잔류가스를 적극적으로 배출시키는 방법에는 배기관성효과를 이용하는 방법이 있다. 이것은 흡기관성효과와 같은 생각으로 배기밸브가 열리는 타이밍에 그 앞 폭발의 反射負壓을 동조시켜 잔류가스를 掃氣하는 것으로 잔류가스가 1〔%〕 감소하게 되면 흡기의 충전효과는 3〔%〕

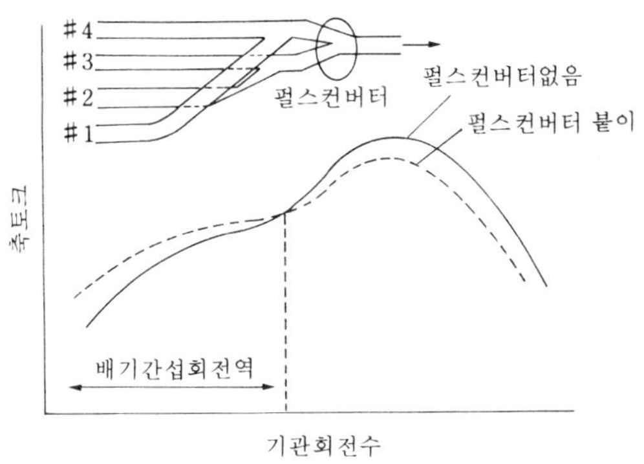

그림 8-28 펄스컨버터에 의한 출력향상

정도가 높아지게 된다. 다만 이 배기관성효과를 낳게 하기 위해서는 각 실린더의 배기밸브로부터 집합부까지의 길이를 같은 길이로 하는 것이 효과가 있으며, 그리고 배출가스의 합류부는 반사파를 낼 수 있도록 스로틀링부를 두어야 하고(합류부의 단면적은 각 실린더의 배기관 단면적의 80〔%〕까지 스로틀링 시킨다.) 이 부분를 펄스 컨버터라고 한다. 이 펄스 컨버터를 이용하게 되면 2000〔rpm〕정도까지의 저속 토크가 3~5〔%〕정도 향상되나 역으로 4000〔rpm〕이상의 고속인 때에는 컨버터가 배기로의 통기저항으로 되어서 출력이 오히려 떨어지는 경우도 있다.

2) 촉 매

배출가스의 온도가 낮으면 촉매의 배출가스 淨化性能이 떨어진다고 하는 것은 앞에서 기술한 바 있다. 高速燃費를 개선하기 위하여는 고속, 고부하의 혼합비를 희박하게 하여야 하고 이는 배출가스의 정화성능과는 서로간의 수용이 어려운 요구이다. 이들의 양립을 도모하려고 할 때에는 앞에서 설명한 것 처럼 매니폴드 촉매와 바닥밑 촉매의 양쪽을 사용하여야 하며 그 목적은 매니폴드 촉매로는 냉각시동 후 배출가스의 정화성능을 보완하고 바닥밑 촉매로는 그 열화성능을 보완하고자 하는데 있다.

촉매의 担體는 당초 알루미늄을 입자상태로 만들어진 펠릿(pellet)형이 사용되었으나 최근에는 통기저항이 우수한 허니콤(honeycomb)형이 대부분

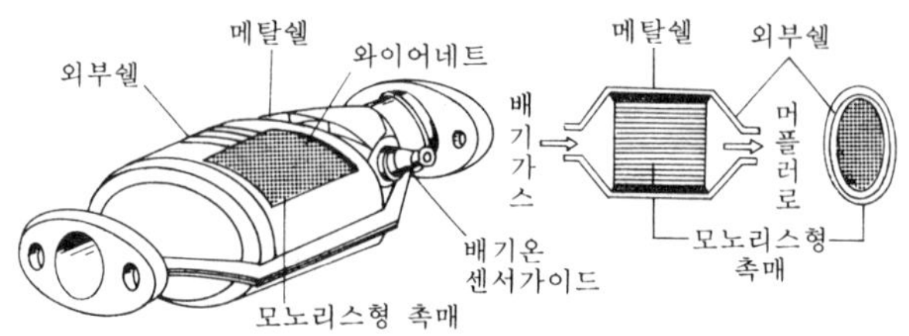

그림 8-29 바닥밑 메탈 촉매

을 차지하고 있다. 재료는 알루미늄이 주류이나 통기저항과 내열성에서 유리한 스테인레스재를 사용한 메탈형도 사용하기 시작하고 있으며 앞으로는 기관 전체로서의 효율향상을 추구하는 추세이어서 메탈 촉매가 주류를 이루게 될 것이다.

3) 소음기

消音器는 배압을 높이지 않고 출력의 손실이 없이 배출가스의 소음을 하는 것이 가장 이상적이며 구조는 내부를 2개 이상의 별실로 구분하고 그 속을 迷路狀態로 만들어서 배출가스가 통과되도록 함으로써 소음하는 형과 스트레이트 머플러의 2종류가 있다. 일반적으로 많이 쓰여지고 있는 것이 앞의 것으로 특징으로서는 소음특성은 좋으나 배기저항이 커서 출력 손실이 크다. 스트레이트 머플러는 스트레이트 튜브의 도중에 다수의 작은 구멍을 뚫은 다음 그 둘레를 글라스 울(glass wool) 등의 소음재를 채운 상자형으로 되어 있어서 구조적으로 통기저항이 작고 출력성능면을 중시하는 경우에 유리하나 소음성능은 떨어진다. 특히 저속인 때의 잡음이 큰 것이 결점이다.

4) 터보 과급

터보 과급 시스템은 배출가스의 에너지를 이용하여 과급하는 것이므로 배출가스의 에너지 즉 그 온도가 높을수록 효율적이다. 그러나 이론열효율을 악화시킬 정도로 배출가스의 온도를 높게 하는 것은 합리적이 아니나 배기밸브, 배기매니폴드, 터빈 하우징, 터빈 로터 등의 내열한도를 감안하여 출력혼합비 이상의 농후 혼합기로 연소하는 예가 많다. 그리고 종래의 재료로는 배기온도를 900〔℃〕이하로 하여 내구성을 보증하였으나 최근에는 나트륨 봉입의 배기밸브, 스테인레스 배기매니폴드, 세라믹 터빈 로터 등, 내열성능이 높은 재료를 사용, 배기온도 950〔℃〕까지 보증하게 되었다.

터보 과급기를 사용하는 경우의 압축비와 과급압, 점화시기, 배기온도와의 사이에는 다음의 관계가 있다. 앞에서 기술한 것과 같이 노킹에 관계가 있는 것은 실압축비이다. 실압축비는 겉보기 압축비와 과급압을 높이면 그것에 상응하여 높아지므로 노킹을 일으키기 쉬워지며 노킹을 어느 레벨로 억제하고자 할 때에는 압축비를 내리거나 과급압을 낮게 하여야 한다. 이것이 과급에 의한 성능향상의 경계점이고 터보의 효과가 있기 전의 토크, 연비 또는 최고출력의 선택점이 되는 셈이다. 어느 것도 희생되어서는 안될 때에는 노킹이 발생되지 않는 방책을 생각하여야 하며 그 하나가 연소실 주변 냉각성의 개선이다. 그러나 연소실 벽온을 10〔℃〕가량 낮게 함으로써 점화시기가 1° 정도 개선되는 것으로 볼 때에는 노킹을 대폭적으로 개선하기는 불가능하다. 그리고 다른 하나는 내폭성이 높은 프레미엄 가솔린을 사용하는 것으로 최근 터보기관이 장착된 경우는 거의 이것을 사용하고 있으며 점화시기는 5° 이상, 출력으로는 10〔%〕이상의 증대효과가 있다. 실제 일반적인 기관의 경우는 터보 과급을 하지않은 영역(non turbo zone)의 토크와 연비에 따라서 압축비를 결정한다(대체로 8.5 정도가 많고 특별한 기관의 경우는 9.5의 예도 있다). 그 다음은 그 기관으로서 사용가능의 최고배기온도까지 점화시기를 늦출 수 있는 과급압을 결정한다. 즉 가장 연비와 출력이 좋은 점화시기인 MBT에 대하여 노크 존(knock zone)은 점화시기의 늦추어진 쪽에 있고 또한 실제로 사용하는 점화시기는 그보다 더 늦추어서 사용하며 그로 인하여 출력은 당연히 떨어진다. 점화시기를 늦추게 되면 배기온도가 상승되므로 그것을 억제하기 위하여는 혼합기를 농후한 쪽으로 사용한다.

(3) 排出가스 對策 시스템

현재의 배출가스 대책 시스템은 3원촉매와 EGR시스템이 기본으로 되어 있다. EGR시스템은 연소온도를 저하시켜서 NO_x의 배출량을 감소시킴과 동시에 燃費向上을 도모한다. 그리고 3원촉매는 NO_x, HC, CO를 동시에 저감하는 촉매로 그 전제로서 이론혼합비, 즉 공기와 연료가 과, 부족없이 연소가 이루어질 것과 배출가스 온도가 어느정도 높을 것이 필요하다. 연소가 언제나 이론혼합비로 이루어지도록 하기 위하여 배기매니폴드의 각 실린더의 배출가스가 집합되는 부분에 O_2 센서를 부착, 혼합비를 감지하여 피드백제어를 하고 있다. 여기서는 배출가스 대책 시스템의 주요부품인 O_2 센서, 촉매, EGR 시스템에 대하여 기술한다.

a) O_2 센서 환원 분위기

O_2 센서는 산화 분위기를 출력특성이 급변하는 성질을 이용하여 λ를 제어한다. λ=1이면 이론혼합비임을 나타내고 λ가 1이상으로 되면 희박, 1이하가 될 때에는 농후함을 나타내는 지표이다. 앞에서 기술한 바와 같이 O_2 센서의 素子는 어느 온도 이상으로 되지 않으면 피드백제어를 개시할 수 없으므로 시동 후 잠시 동안은 배출가스의 성능이 악화되는 경우가 있다.

이와 같은 문제에 대처하기 위하여 지금은 히터 붙이의 것이 개발되어 있으며 구조적으로 질코니어 O_2 센서에는 히터가 부착되지 않는다.

O_2 센서는 각 실린더의 평균산소농도를 측정하지 않으면 정확한 λ 제어가 이루어질 수 없으므로 부착위치 즉 배기매니폴드의 전실린더의 배출가스가 집합하는 부분에 하지 않으면 안된다. 듀얼 타입(dual type)의 배기매니폴드인 경우는 양쪽으로부터의 배출가스가 접촉될 수 있도록 하여 대처하고 있으며 배기밸브로부터 O_2 센서까지의 거리는 너무 떨어지게 되면 배출가스의 온도가 지나치게 내려가서 λ 제어의 제어주기가 길어지게 되어 제어성이 나빠지므로 약 700〔mm〕 이하로 하고 있다.

현재로는 O_2 센서에 의하여 이론혼합비 제어를 하고 있으나 연비를 더욱 향상토록 하기 위하여는 희박연소로 할 필요가 있고 λ=1보다 희박한 영역에서 피드백제어를 하려면 O_2 센서로는 무리이며 이를 위하여 개발된 것이 LAF 센서이고 이것에 의하여 처음부터 매칭시킨 혼합비로의 全域制御가 가능하여 실용화되고 있다.

b) 촉 매

일반적으로 촉매입구의 배출가스의 온도가 낮거나 전환효율을 높이고자 하면 촉매용기를 크게 하거나 귀금속의 함유량을 증가시킬 필요가 있다. 따라서 촉매는 되도록 기관에 가까운 위치에 설치하고 또 촉매입구의 배출가스의 상태를 그 작용에 알맞도록 할 것이 중요하다.

현재로는 촉매가 무연가솔린영역에만 사용하는 것으로도 알 수 있는 바와 같이 촉매는 납에 약하다. 납에 被毒되면 촉매작용의 능력을 잃게 되며 귀금속의 함유량을 증가시키면 鉛被毒에 다소 강하여지나 문제가 해결되는 것은 아니다. 이 때문에 배기규제를 강화하기 위하여는 가솔린의 무연화는 절대 필수적이다.

c) EGR 시스템

시스템을 구성하고 있는 것은 EGR 밸브와 그 제어를 위한 액추에이터, 컨트롤 시스템 등이며 EGR량의 제어는 흡기부압이나 背壓으로 제어하는 방식이 많이 쓰여지고 있다. 최근에는 저부하영역에서의 NO_x 배출량과 운전성의 양립을 도모한 보다 정밀도 높은 제어를 위하여 듀티(duty) 제어를 하는 전자제어방식이 개발되어 있다. EGR은 NO_x 배출량이 많은 가속시나 정속운전시 중점적으로 하고 있으며 아이들시는 안정도을 위하여, 그리고 전개시는 출력의 확보를 위하여 EGR을 하지 않는다.

8-3 潤滑系

기관의 윤활은 윤활부분의

① 마찰(friction)과 마모(wear, abrasion)의 저감

② 냉각

③ 충격압력의 분산, 흡수

④ 녹(rust) 및 부식발생의 방지

⑤ 청정

을 하며 이것들은 기관의 성능 및 내구성(수명)을 보전하는 기본적인 기능의 하나이다. 윤활계는 윤활유를 기관의 각 윤활부로 적정하게 공급하기 위한 시스템으로서 윤활유는 오일펌프에 의하여 압송되는 강제급유식이 일반적이다.

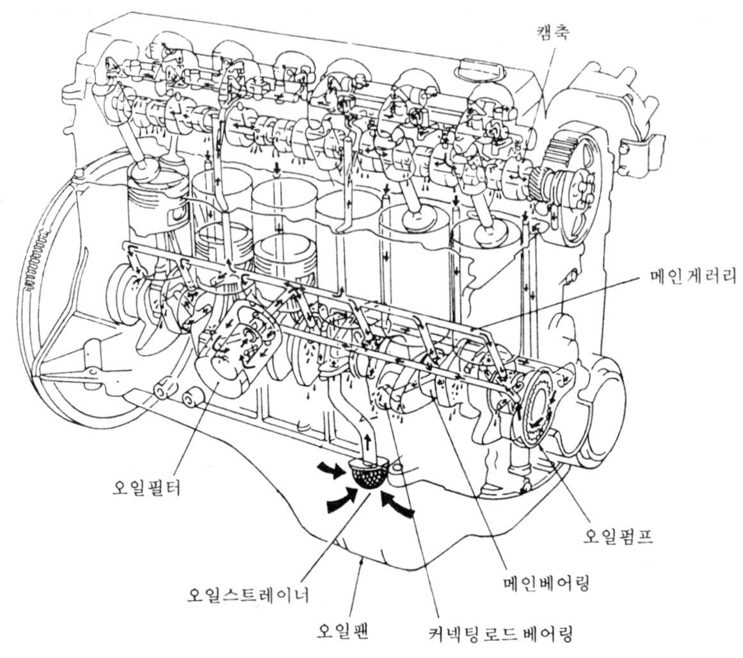
캠축
메인게러리
오일필터
오일펌프
메인베어링
오일스트레이너
오일팬
커넥팅로드베어링

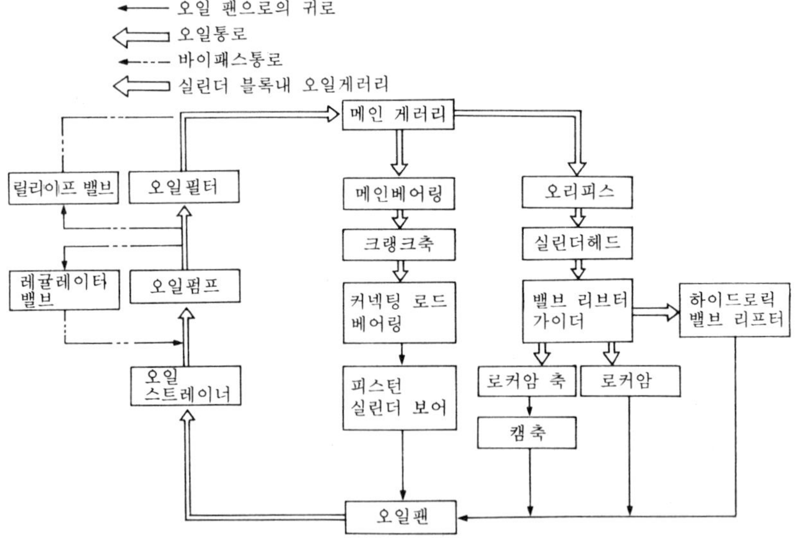
오일 팬으로의 귀로
오일통로
바이패스통로
실린더 블록내 오일게러리
메인 게러리
릴리이프 밸브
오일필터
메인베어링
오리피스
크랭크축
실린더헤드
레귤레이터 밸브
오일펌프
커넥팅 로드 베어링
밸브 리브터 가이더
하이드로릭 밸브 리프터
오일 스트레이너
피스턴 실린더 보어
로커암 축
로커암
캠축
오일팬

그림 8-30 윤활계통도

윤활유의 흐름에 따라 주요부품에 대하여 설명하면 다음과 같다. 오일팬은 오일의 저장기능을 가지며 이를 기관의 각부로 공급한다. 그리고 윤활이 끝난 오일은 여기에 다시 되돌아오며 이 때의 오일은 베어링이나 피스턴부 등 미끄럼운동부분에서 발생하는 열이나 연소의 복사열 그리고 피스턴의 냉각으로 상당히 고온으로 되어 있어 이것을 방열에 의하여 온도를 저하시켜서 오일의 열화를 억제하는 기능의 대부분을 오일팬이 감당하고 있다. 윤활유의 양은 다음과 같은 이유로 기관의 운전에 의하여 점차 감소되어 간다.

① 피스턴 윤활을 위한 오일의 일부가 연소가스에 닿게 되어 기화되거나 연소하여 외부로 배출된다.

② 밸브가이드와 밸브스템의 틈새로부터 흡기매니폴드 내로 누출되어 연소실에서 연소된 다음 외부로 배출된다.

③ 크랭크케이스 내로 누설되는 연소가스의 소기(벤티레이션)때 혼입되어 있던 오일미스트가 흡기매니폴드로 되돌아가서 연소실을 경유하여 외부로 배출된다.

④ 개스킷이나 오일실로부터 누출된다.

이와 같은 소모가 지나치게 진행되어 기관의 윤활유의 부족현상이 생기지 않도록 주의하여야 하며 펌프 입구에는 윤활유 속에 비교적 큰 이물질을 제거하고 오일을 오일펌프로 보내기 위한 금속망으로 된 오일 스트레이너가 설치되어 있다.

윤활유를 기관의 각부에 압송하기 위한 오일펌프의 종류로서는 ① 트로코이드 펌프, ② 외접기어 펌프, ③ 내접기어 펌프(그림 8-31) 등이 있고 기관

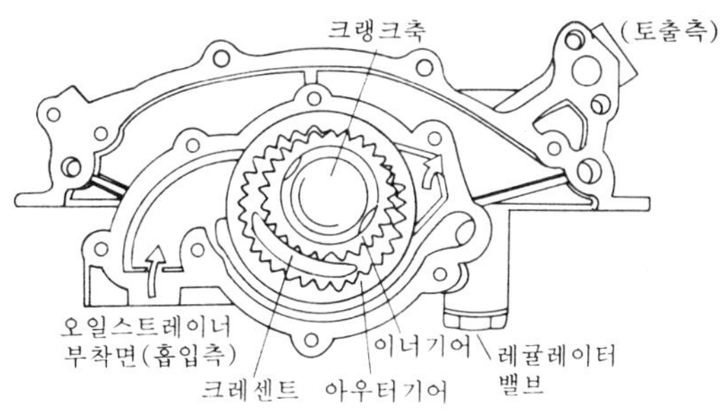

그림 8-31 내접기어식 오일펌프(인버류트 치형)

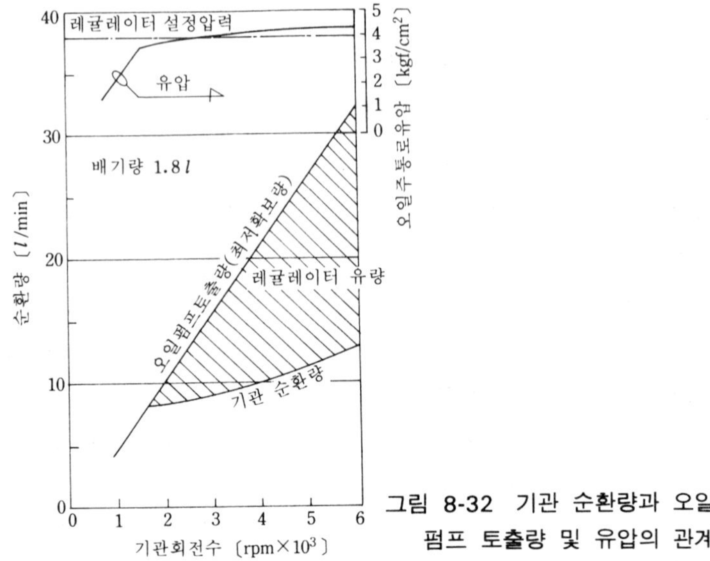

그림 8-32 기관 순환량과 오일 펌프 토출량 및 유압의 관계

전체의 구조상 제약이나 요구성능에 따라 그 종류가 선택된다. 그리고 펌프용량(토출량)은 기관이 노후되어 각부의 틈새가 커졌을 경우나 고온유로 사용되는 경우 등을 고려하여 필요한 순환량의 2배 정도의 여유를 가지도록 설계된다(그림 8-32).

그러나 이 토출량의 전량을 상시 공급하면 보통 때는 유압이 필요 이상으로 상승하여 기관 각 윤활부에서의 오일 누출이나 파손을 초래하는 경우가 있다. 특히 저온시동시에는 오일의 점도가 크기 때문에 유압이 비정상으로 높아지게 되고 오일펌프의 부하가 증대되어 구동기어 등의 파손이나 마모손실을 일으킨다. 이를 위하여 오일펌프의 토출구에 오일 프레셔레귤레이터가 설치되어서 어떤 사용조건에도 적정한 유압이 유지되어서 문제가 발생되지 않도록 하고 있다.

기관의 운전에 의하여 윤활유에는

① 흡기계로부터 들어오는 먼지, 연소생성물

② 오일의 열화분해에 의한 불용성물질

③ 마모손실 또는 그로 인하여 생긴 금속분말

등이 혼입된다. 그러나 기관의 마모손실이나 융착 등을 방지하기 위하여는

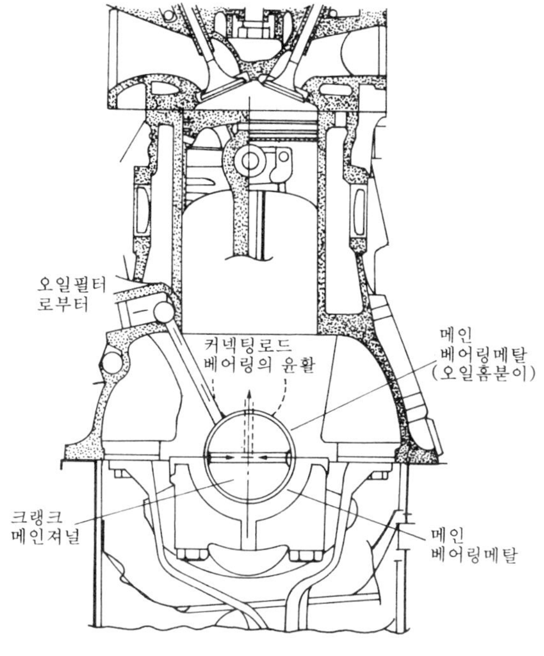

그림 8-33 메인베어링의 윤활

이것들을 제거하여야 하며 이 때문에 설치된 것이 濾過裝置인 오일필터이고 여과재로는 여지 및 여지에 樹脂를 含浸補强시킨 것이 일반적이다.

필터 엘리먼트는 충분한 여과면적을 가지도록 되어 있으나 엘리먼트가 완전히 막혔을 때에는 기관 각 윤활부에 오일이 공급되지 않게 되므로 안전을 위한 밸브로서 필터 엘리먼트의 전후의 압력차가 약 1.0 〔kgf/cm^2〕 이상으로 되면 릴리프 밸브(relief valve)가 열려져서 오일이 필터를 거치지 않도록 되어 있다. 또 기관을 정지시켰을 때 필터 내의 오일이 빠져나가서 시동 직후에 오일필터를 채울 때까지 오일이 기관에 공급되지 않는 일이 없도록 드레인 백 방지밸브를 설치하여 항상 필터 내에 오일이 채워져 있도록 되어 있다.

오일필터를 통과한 오일은 크랭크축의 메인베어링, 밸브작동기구 등에 공급되어 이들 부분의 윤활을 하게 된다. 그리고 메인베어링부에 공급된 오일은 크랭크핀을 윤활하고 미스트의 상태로 된 오일이 실린더벽을 윤활

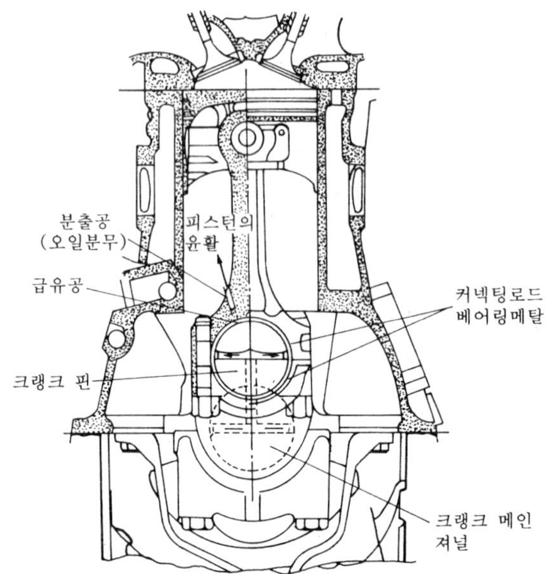

그림 8-34 커넥팅 로드 베어링 및 피스턴의 윤활

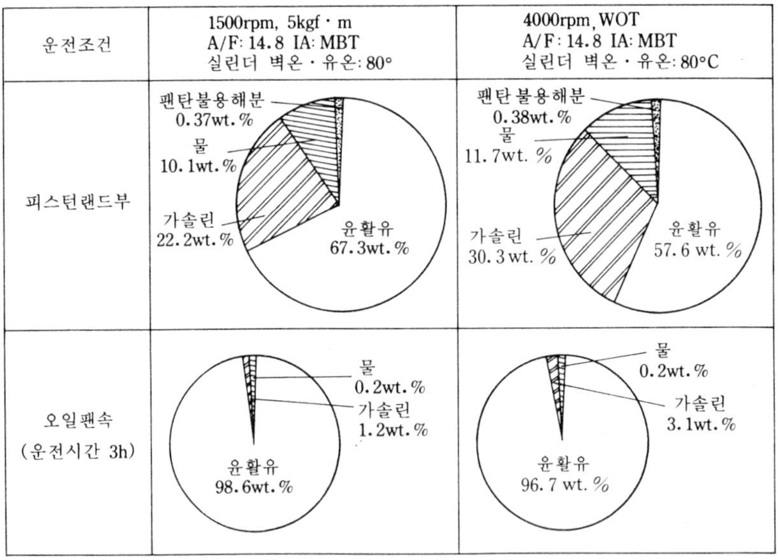

운전조건	1500rpm, 5kgf · m A/F: 14.8 IA: MBT 실린더 벽온 · 유온: 80°	4000rpm, WOT A/F: 14.8 IA: MBT 실린더 벽온 · 유온: 80°C
피스턴랜드부	팬탄불용해분 0.37wt.% 물 10.1wt.% 가솔린 22.2wt.% 윤활유 67.3wt.%	팬탄불용해분 0.38wt.% 물 11.7wt.% 가솔린 30.3wt.% 윤활유 57.6wt.%
오일팬속 (운전시간 3h)	물 0.2wt.% 가솔린 1.2wt.% 윤활유 98.6wt.%	물 0.2wt.% 가솔린 3.1wt.% 윤활유 96.7wt.%

그림 8-35 피스턴랜드부와 오일팬 속의 윤활유, 가솔린, 물의 성분비율의 비교
(직렬 4 실린더 기화기사양의 예)

함과 동시에 피스턴을 냉각한다(그림 8-34).

그러나 실린더벽은 연소가스에 닿게 되므로 고온으로 되어 있다. 또, 실린더벽과 피스턴랜드부 사이에 존재하는 윤활유의 비율을 보면 그 30～40%는 물과 가솔린이고 나머지가 윤활유이어서 윤활의 면에서 생각할 때에는 대단히 가혹한 상태로 되어 있다(그림 8-35). 그러므로 피스턴, 피스턴링 및 실린더벽의 내마찰손실성과 유막형성에 대하여 고도의 기술이 필요하다.

8-4 冷却系

(1) 冷却系의 構成

기관은 연료를 연소실 내에서 연소시켜서 발생되는 열에너지를 기계에너지로 변환시키는 기능이 요구되고 또한 이것을 만족시키기 위하여는 냉각계가 필요하다. 이것은 앞의 윤활계와 함께 기관의 성능을 유지시키는 2개의 기둥이라 할 수 있다.

냉각계통은 熱交換器인 라디에이터 및 냉각팬, 냉각수를 순환시키는 물펌프, 온도제어를 하는 서모스탯과 실린더블록 및 실린더 헤드 내의 물재킷 등으로 구성되어 있다(그림 8-36).

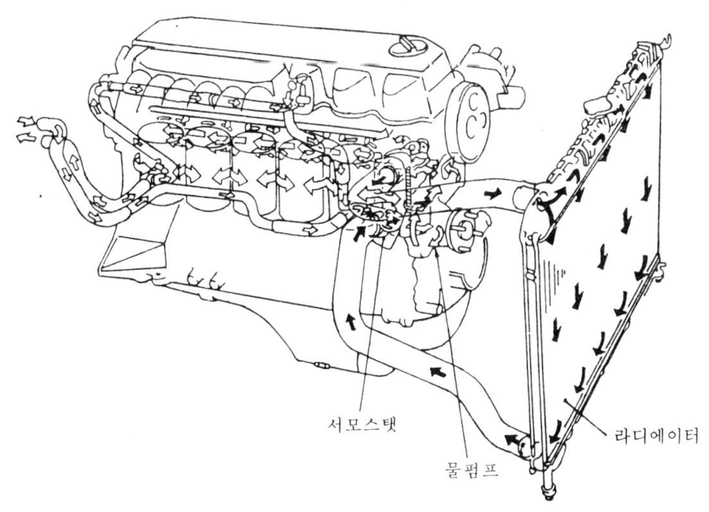

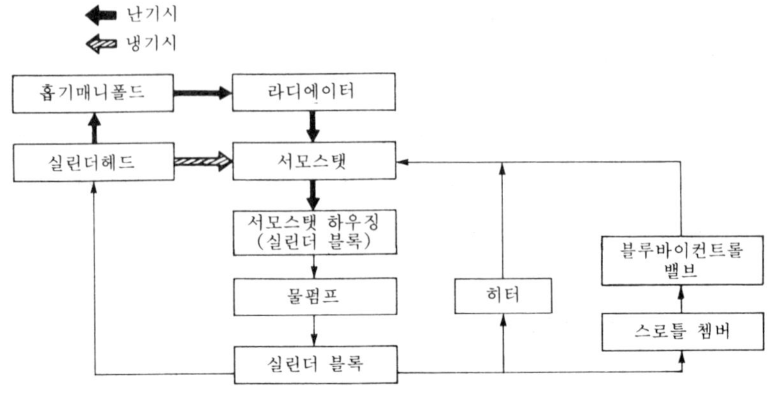

그림 8-36 냉각계통도

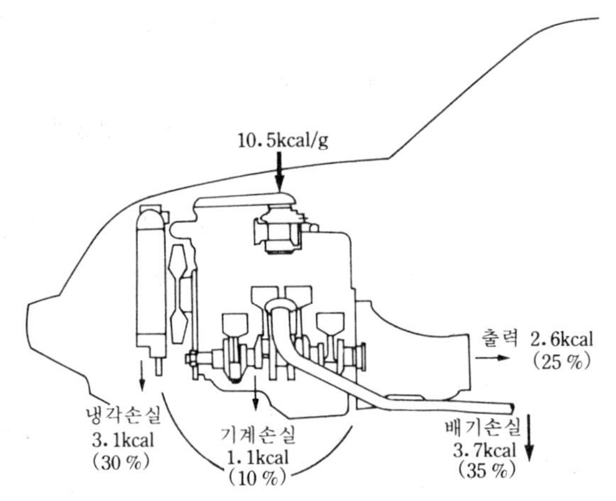

그림 8-37 열정산도(부분부하주행시)

기관의 성능을 확보하기 위하여 공급되는 연료가 가진 열량의 약 30〔%〕가 최종적으로는 냉각계로 흐른다.

즉 현재의 市街地走行의 연비가 10〔km/l〕전후라고 생각하면 1〔km〕당 220~250 kcal(20℃인 물 약 3l를 비등 직전의 100℃인 탕으로 만드는 열량)이라고 하는 큰 열량을 냉각계를 통하여 방열함으로써 기관의 고른 운전상태가 유지될 수 있다. 그리고 고속·고부하시에는 보다 많은 양의 냉각방열이 필요하게 된다(그림 8-37).

자동차용 기관의 냉각방식을 볼 때에는 가솔린의 연소 및 마찰에 의한 열을 기관구조체의 금속면으로부터 냉각공기에 직접 방출하는 냉각식과 일단 금속면으로부터 물에 전달하고 다시 그 물의 열을 라디에이터의 금속벽을 거쳐서 외기로 방출시키는 수냉식이 있다. 그러나 자동차에는 기관의 고성능화와 정숙성을 가지게 하는 동시에 냉각특성과 소음특성이 우수한 수냉식이 일반적으로 쓰여지고 있다. 연소가스에 직접 닿게 되는 연소실주변인 실린더 헤드, 실린더 블록, 피스턴, 흡·배기밸브 등은 냉각이 불충분한 상태에서는 각 부품의 재료강도의 저하, 변형 및 미끄럼운동부분에서의 융착을 일으키거나 노킹과 같은 이상연소를 일으킨다(그림 8-38).

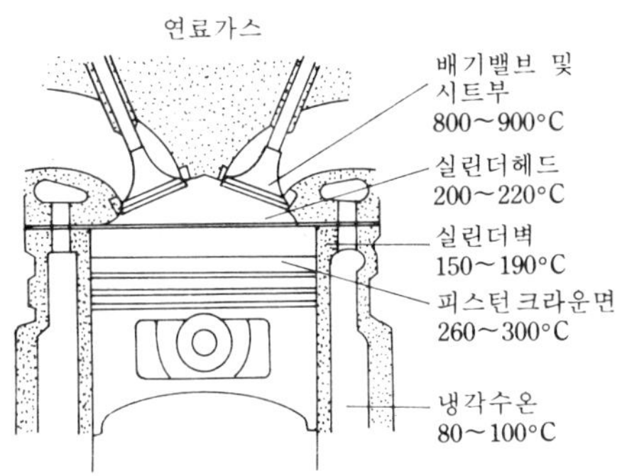

그림 8-38 연소실주변의 허용 최고온도

또 과도한 냉각상태에서는 기관의 연소가 불안정하게 됨과 함께 열효율의 저하를 초래한다. 특히 연소실의 過冷却狀態에서는 연소가스 중에 증가된 미연소 가솔린과 물이 실린더벽의 오일에 다량으로 혼입되기 때문에 실린더벽의 윤활은 가혹한 상태로 되면서 기관의 수명을 단축시키게 된다.

냉각수로서는 일반적으로 수도물이 쓰여지나 물의 단점인 동결시의 체적팽창으로 인한 라디에이터나 물재킷의 파손될 염려가 있다는 점이다.

이것을 방지하기 위하여 에틸렌그리콜을 주성분으로한 부동액(금속을 부식시키므로 사용기간은 겨울에만 사용한다) 또는 부동액에 다시 방청제 등을 혼입한 롱 라이프 쿠란트(long life coolant：LLC： 연간을 통하여 사용할 수 있다)의 첨가가 이루어지고 있다. 혼입의 비율은 일반적으로 약 30〔%〕, 한

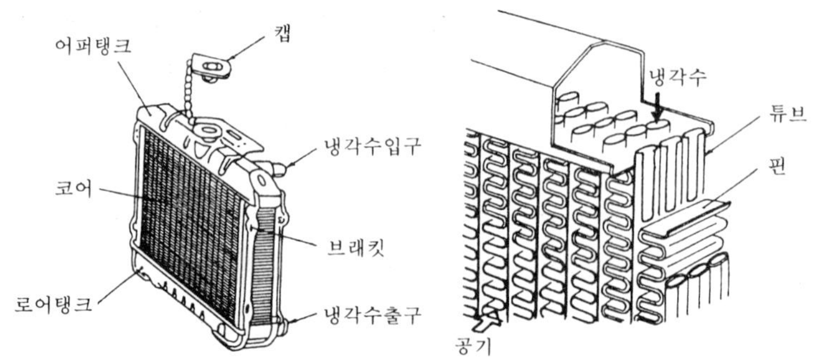

그림 8-39 라디에이터

그림 8-40 라디에이터 코어부의 내부구조(튜브, 콜게이트핀형)

냉지에서는 40~50〔%〕 정도이다.

라디에이터는 기관의 물재킷을 통과하는 사이에 기관의 열을 흡수하여 온도가 상승된 물을 냉각시키기 위한 열교환기로 심장부인 코어는 어퍼탱크(옆으로 흐르는 형인 경우는 인탱크)의 물을 로어탱크(옆으로 흐르는 형인 경우는 아웃탱크)를 향하여 흐르도록 하기 위한 수관과 핀(fin)으로 구성된다(그림 8-39), (그림 8-40).

고속·고부하시의 방열량 증대 때의 냉각성능을 확보하기 위한 라디에이터의 캡(cap)에는 압력조정밸브가 마련되어 있어서 냉각수 순환계의 내압을 0.9〔kgf/cm^2〕(게이지압) 정도로 유지하여 냉각수의 비등점을 120〔℃〕까지 높여서 냉각효율을 향상시키고 동시에 오버히트가 잘 일어나지 않도록 한다. 그리고 기관이 정지하였을 때 코어 안이 부압으로 되는 경우 이에 의하여 찌그러지는 일이 없도록 외기를 도입하는 기구로 되어 있다.

물펌프는 크랭크축으로부터 벨트 등에 의하여 구동되는 베인형 원심식 펌프로서 냉각수를 기관 내 및 라디에이터~기관 내를 순환시킨다.

그리고 냉각수 통로에는 冬期 등 냉각수 온도를 짧은 시간 안에 높혀서 저속(중속 포함)에 있어서도 80〔℃〕 정도 이상의 온도를 유지하여 좋은 연소상태를 얻기 위한 서모스탯밸브가 설치되어 있다. 수온이 낮을 때에는 밸브를 닫아서 라디에이터로 냉각수가 순환되지 않고 바이패스통로를 통하여 기관 내를 순환하도록 하며 순환되는 물의 온도가 높아졌을 때 비로소 밸

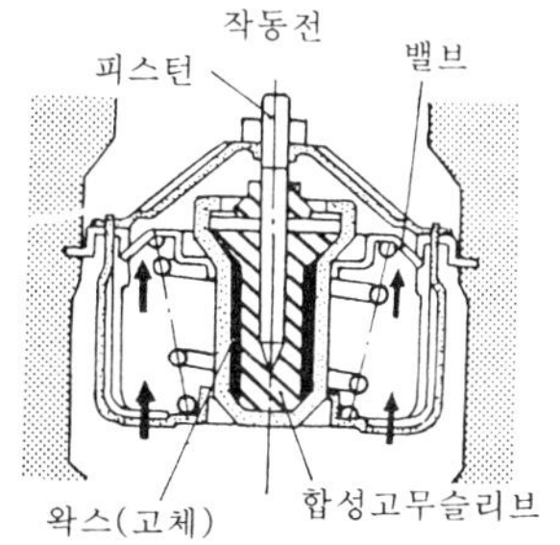

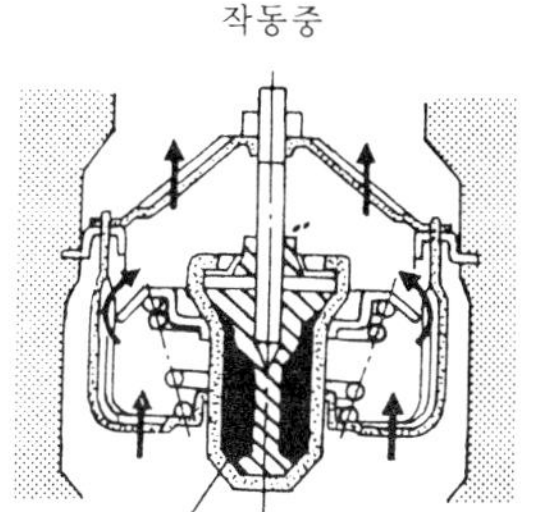

그림 8-41 왁스식 서모스탯

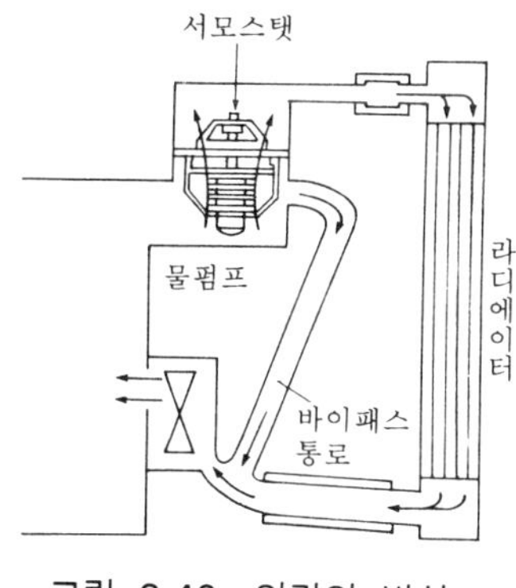

그림 8-42 인라인 방식

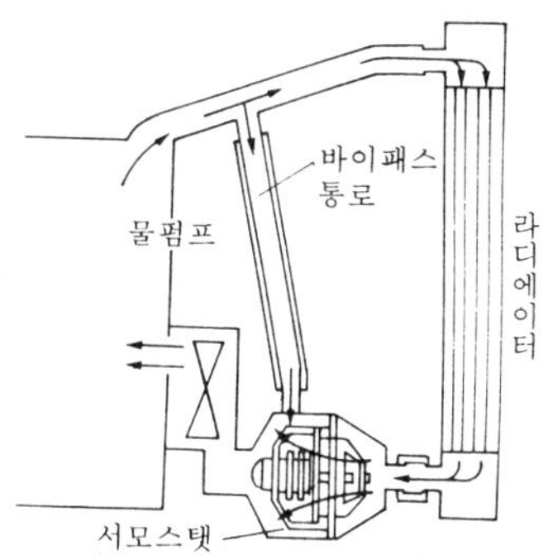

그림 8-43 보통 바이패스 방식

브가 열려서 냉각수가 라디에이터를 순환하도록 한다. 서모스탯은 내부에 봉입된 왁스가 온도변화에 따라 팽창, 수축하여 이 왁스부에 연결된 밸브를 개폐하는 기구로 되어 있다(그림 8-41).

냉각수의 순환경로에 있어서의 서모스탯의 설치장소에는 2가지의 방식이 있다.

① 出口溫度制御方式(그림 8-42) : 서모스탯이 냉각수의 출구에 설치되어 있다(인라인 방식).

② 入口水溫制御方式(그림 8-43) : 서모스탯이 라디에이터와 물펌프의 사이에 설치되어 있다(보통의 바이패스 방식).

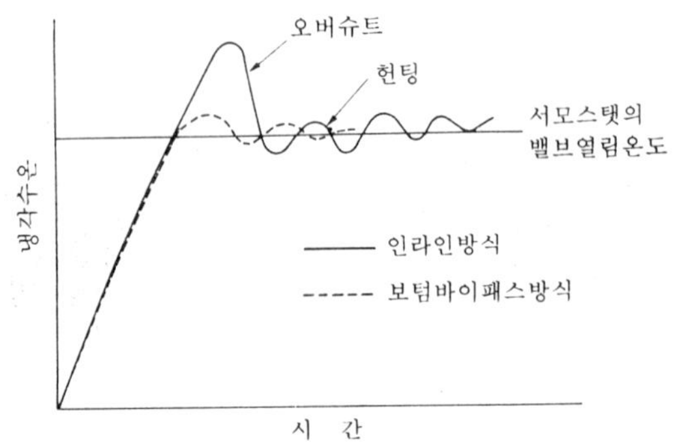

그림 8-44 서모스탯의 오버슈트 및 헌팅현상

일반적으로 출구수온제어방식이 많이 쓰여지고 있으나 입구수온제어방식에는 다음과 같은 이점이 있어서 채용하는 기종이 증가되는 추세에 있다.

① 난기의 도중 수온이 서모스탯밸브의 열리는 온도 이상으로 상승되는 오버슈트 현상을 작게 할 수 있다.

② 서모스탯이 민감하게 작동하게 되기 때문에 난기의 도중에 수온이 서모스탯밸브의 열리는 온도가까이에서의 亂調(hunting) 현상이 작고 기관내의 온도가 안정된다(그림 8-44).

차량의 경우 라디에이터의 냉각수단으로서 走行風과 함께 중요한 역할을 하는 것이 냉각팬(cooling fan)이다. 송풍효율의 향상과 驅動損失 및 送風音의 저감이 중요한 과제이며 냉각팬에는 크랭크축으로부터의 밸트구동과 독립된 전동기를 이용한 모터구동이 있다.

(2) 冷却系와 機關의 性能

기관에서 냉각 시스템의 역할은 다음의 2가지 항목으로 집약된다.

① 기관의 냉각 : 연소에 의한 열로 인해 기관이 융착되는 것을 방지한다는 뜻 이외에 흡입되는 공기온도, 배출가스 온도, 연소상태에 영향을 미치는데 따른 출력, 연비, 배기성능, 즉 기관의 전반에 걸친 성능을 결정하는 중요한 역할을 가진다.

② 내열성의 확보 : 환경조건이나 차량의 경우 주행조건에 관계없이 냉각

시스템이 정상적으로 작동될 수 있도록 냉각수의 온도가 허용온도 이하(보통 110℃ 이하)로 유지되어야 한다.

(3) 流動方式과 溫度制御

1) 냉각수의 흐름방법

기관의 내부를 냉각하는 방법에는 세로방향의 흐름(縱流形)과 가로방향의 흐름(橫流形)의 2방식으로 크게 나누어진다. 종류형이란 기관의 각 실린더를 순차적으로 냉각시켜 가는 방법이고 여기에 대하여 냉각수를 가로방향으로 흐르도록 하여 각 실린더를 균일하게 냉각시키는 방법이 횡유형이다.

a) 종류형

많은 기관이 이 방법을 채용하고 있다. 종류형의 특징은 같은 물펌프 용량일 경우 횡류형보다 유속이 빠르고 효율적으로 냉각을 할 수 있다. 다만 각 실린더를 순차적으로 냉각시킴으로써 각 실린더를 균일하게 냉각하는 것이 어렵고 특히 직렬 6실린더기관의 경우는 #1과 #6을 동일온도로 유지하기는 매우 어려우며 실린더 보어의 앞뒤쪽 온도가 좌우방향에 비하여 높아지는 경우가 있다.

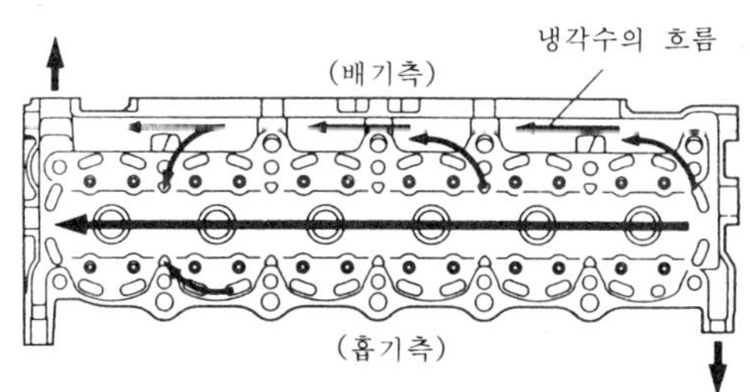

그림 8-45 종류형 냉각방식

b) 횡류형

횡류형의 특징은 실린더 블록 등에 물통로가 마련되어 있으며 냉각수는 실린더를 횡단하여 흐르도록 되어 있다. 동일의 물펌프 용량일 경우 종류형보다 각 실린더를 냉각할 때의 유속이 낮아서 냉각능력이 떨어지나 각 실린더의 각 부분을 균등하게 냉각시킬 수 있는 특징이 있다.

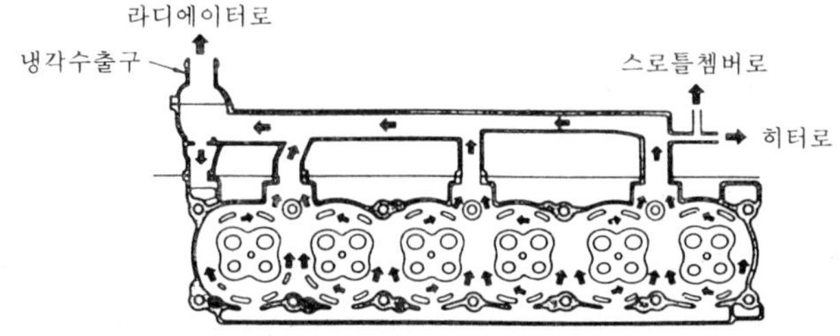

그림 8-46 횡류형 냉각방식

	냉각수의 흐름	비 고
I	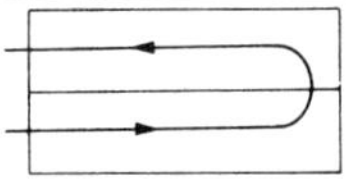 ① 종유동 U턴플로방식	•보어간의 유량이 적어서 보어벽온이 불균일하게 되기 쉽다.
II	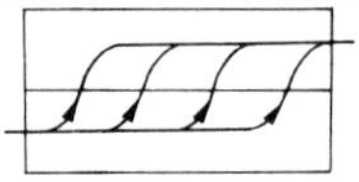 ② 종유도 크로스플로방식	•기관내에서의 유통저항이 적다. 실린더간의 온도 불균일이 커진다.
III	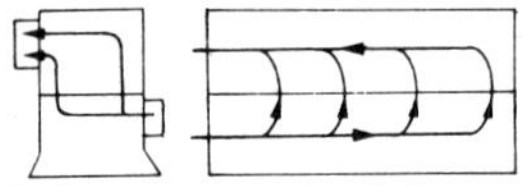 ③ 횡유동 크로스플로방식	•보어벽온의 불균일 및 실린더간의 온도불균일을 최소로 할 수 있다. •통수저항을 작게할 수 있다. •독립보어로 되어서 기관의 온길이가 길어진다.
IV	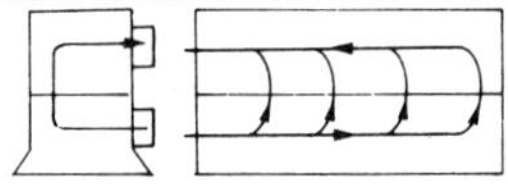 ④ 횡유동 크로스플로방식	•보어벽온과 실린더간의 온도불균일을 최소화 할 수 있다. •통수저항을 비교적 적게할 수 있다. •독립보어로 되어서 기관의 온길이가 길어진다

그림 8-47 냉각수 흐름방식의 비교

2) 냉각수 온도제어

냉각계의 온도제어는 기관의 입구에서 온도를 조절하는 입구제어와 기관의 출구에서 하는 출구제어의 2종류가 있다. 기관의 입구에서 온도를 제어하는 쪽이 기관 내부의 발열량에 관계없이 냉각수의 온도를 일정하게 유지시키기 쉽고 수온의 안정도가 좋다. 그러나 입구제어인 경우는 물펌프의 흡입저항을 저하시키지 않으면 캐비테이션(cavitation)을 발생하므로 서모스탯을 대형화할 필요가 있고 또한 서모스탯이 장해가 되어 냉각수의 보충등이 어려운 결점이 있다. 이에 대하여 출구제어는 제어성이 나빠지기 쉽고 기관 내부의 급격한 온도상승에 대하여 서모스탯의 작동이 추종하지 못하여 과열에 이르는 경우가 있게 된다. 시스템의 신뢰성 면에서는 입구제어가 좋으며 간편하고 주수나 보수성의 측면에서는 출구제어인 편이 유리하다.

입구제어나 출구제어의 경우 목표로 하는 냉각수의 온도는 80〔℃〕 부근으로 하는 것이 일반적이며 기관에 따라서는 연비향상과 히터의 성능향상을 위하여 90〔℃〕 부근까지 높게 유지시키는 경우도 있다.

(4) 冷却의 역할

기관의 냉각역할은 다음의 3가지 항목이다.

① 연소실의 냉각 : 연소실의 온도를 출력, 연비, 배기성능의 관점에서 최적의 온도로 유지시킨다.

② 내구, 신뢰성의 확보 : 기관 각부의 과열을 방지하여 부품의 내구성, 신뢰성을 확보한다.

③ 윤활유의 냉각 : 기관 각부를 윤활, 냉각으로 더워진 윤활유를 냉각하여 윤활유의 열화, 윤활성능의 저하를 방지한다.

1) 냉각수 온도와 기관성능과의 관계

냉각수 온도는 기관의 성능에 미치는 영향이 크고 제어가 이상적으로 이루어질 때에는 출력과 연비의 성능을 양립시킬 수 있으며 냉각수 온도가 기관의 성능에 미치는 영향은 다음과 같다.

a) 출력성능

냉각수 온도는 출력에 대하여 노크특성과 체적효율을 통하여 영향을 미친다.

노크특성은 냉각수 온도가 낮을수록 향상, 즉 점화시기를 進角시킬 수 있고 이것은 냉각수 온도가 낮을수록 연소실 벽온이 내려가서 未燃가스의 자기점화율이 저하되기 때문이다. 그런데 이것은 실린더 헤드의 온도에는

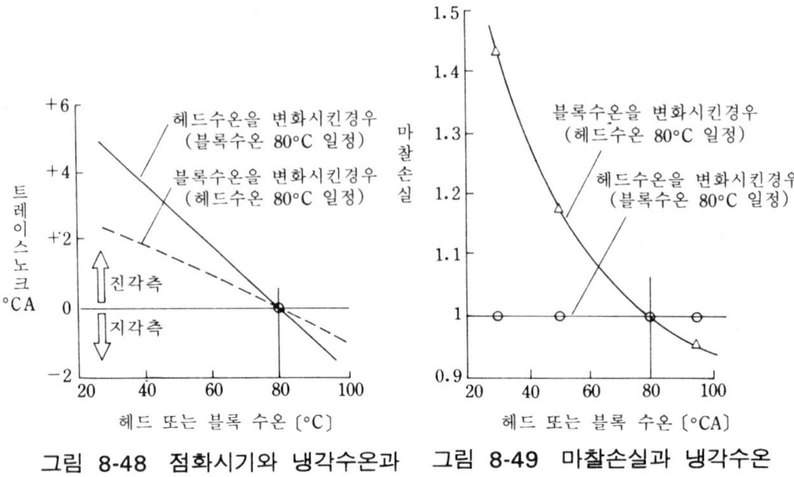

그림 8-48 점화시기와 냉각수온과의 관계

그림 8-49 마찰손실과 냉각수온의 관계

민감하나 실린더 블록의 보어 온도에는 둔감하므로 노크특성을 개선하기 위하여는 실린더 헤드를 집중적으로 냉각시켜야 한다.

흡입공기의 밀도는 온도에 반비례하므로 냉각수 온도가 낮을수록 연소실 내의 온도가 내려가서 체적효율이 향상된다. 특히 스로틀 챔버나 인테이크 코렉터 등이 냉각수에 의하여 더워지거나 흡기포트가 온수에 의하여 가열되었을 때는 그 영향이 더욱 커진다.

b) 연비성능

냉각수 온도가 연비에 미치는 영향은 냉각손실과 마찰손실과의 관계이다. 냉각손실은 냉각수에 버려지는 열량이 냉각수 온도가 낮을수록 커진다. 또한 마찰손실은 냉각수의 온도가 낮을수록 윤활유의 점성이 높아지게 되고 이에 따라 마찰손실은 커진다. 이 마찰손실과 냉각수 온도와의 관계는 앞에서 기술한 노크특성과는 반대로 실린더 헤드의 온도에는 둔감하나 실린더 블록의 온도에는 민감하다.

2) 내구, 신뢰성의 확보

미연가스에 직접 접하는 연소실 주변의 부품 즉 실린더 헤드, 실린더 블록, 피스턴, 피스턴링, 흡·배기밸브 등은 냉각이 충분하지 않는 상태에서는 소손되는 외에 부품의 재료강도의 저하에 따른 파손, 이상마멸, 변형, 미끄럼 운동부분의 융착 등이 발생된다. 또 역으로 온도가 지나치게 낮아지면 연소가스 중의 미연가솔린이나 수증기가 실린더 내로 흡입됨으로써 윤활불량이나 부식 등을 발생시킨다. 이와같이 좋지못한 것들이 발생되지 않도록 냉각수 온도는 80〔℃〕 부근으로 유지시킬 필요가 있다.

3) 윤활유의 냉각

윤활유는 피스턴, 메인 베어링, 커넥팅 로드 베어링, 밸브 작동기구 등에 공급되어 각 부를 윤활함과 동시에 부품의 냉각을 하게 된다. 그런데 이렇게 하여 더워진 윤활유를 그대로 두면 유온이 상승하여 윤활성능이 떨어지게 되므로 이를 막기위하여 주통로나 실린더 헤드에서 냉각수와의 열교환에 의하여 냉각이 이루어지도록 하고 있다.

(5) 앞으로의 冷却方式

실린더 헤드를 집중적으로 냉각하고 실린더 블록은 그다지 냉각되지 않도록 하면 출력성능과 연비성능을 향상시킬 수 있다. 또 출력을 증대시키고자 할 때에는 냉각수 온도를 내리고, 연비를 향상토록 하려면 냉각수 온도를 높이면 된다. 앞의 경우의 결과를 응용한 것이 2系統冷却이고 뒤의 경우를 생각하여 응용한 것이 可變冷却水溫度制御이다.

1) 2계통제어

실린더 헤드와 실린더 블록을 별개의 라디에이터, 냉각수 펌프를 사용하여 냉각하는 방법이다. 당연히 실린더 헤드쪽의 온도를 낮게, 실린더 블록쪽의 온도를 높게 제어한다. 이 2계통냉각을 할 경우에는 연비를 희생하지 않고도 토크를 5~10〔%〕 정도 향상시킬 수 있으나 실제로는 라디에이터나 냉각수 펌프의 2원화가 어렵고 현실적이 되지 못한다. 그러므로 보다 소극적이고 현실적인 방법으로서 실린더 헤드에만 냉각수가 흐르도록 하고 실린더 블록은 실린더 헤드와 자연대류만에 의존하는 방법을 생각할 수 있으며 기관에 따라서는 실린더 헤드만은 수냉으로, 실린더 블록은 공랭으로 하는 2계통냉각의 예도 있다.

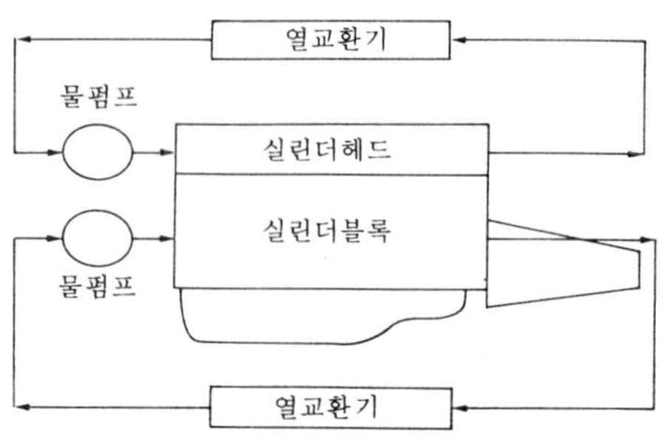

그림 8-50 2계통냉각 시스템

2) 가변냉각수 온도제어

서모스탯의 밸브가 열리는 온도를 기관의 부하에 따라 가변토록한 것으로 경부하인 때에는 밸브의 열림온도를 높게 하여 냉각수 온도를 높게 유지시킴으로써 연비가 향상되도록 하고 고부하일 때에는 서모스탯의 밸브 열림온도를 낮추어서 냉각수 온도를 저하시켜 노크특성과 체적효율의 향상을 도모하여 출력을 보다 증대토록 한 것이다.

이 가변냉각수제어는 서모스탯의 구조와 제어방법 그리고 응답성이 그 과제가 된다. 이 가변 서모스탯이 실용화되면 겨울철에는 온도의 설정을 높게 하여 히터의 난방효과를 좋게 하고 여름철에는 온도설정을 낮게 하여 출력으로 돌리는 것도 가능하게 될 것이다.

第9章 傳熱 및 冷却

내연기관에서의 傳熱現象은 각 사이클마다 일정체적인 연소실 내에서 생성된 작동유체가 팽창하면서 일을 할 때, 연소실을 구성하는 여러 요소의 각 부위, 즉 피스턴 크라운부, 실린더 헤드의 내면, 흡·배기밸브의 헤드부, 실린더 상부 내벽 등의 사이에서 연소에 의하여 발생되는 열의 수수에 관한 현상이다. 이 체적형 열기관에서의 전열현상은 내연식 유동형 열기관, 즉 가스터빈기관에서 발생하는 정상 전열현상과는 달리 열역학적 사이클에 따라 주기적으로 변동하는 현상이어서 비정상 전열현상이라고 할 수 있다.

왕복기관의 연소실을 형성하는 주변 벽 내에서의 고체의 熱傳導(heat conduction)에 대하여는 그 동안 많은 연구가 이루어져서 그 현상이 상세히 해명되고 있으나, 연소실 내에서의 작동유체에 의한 전열현상, 즉 熱傳達(heat transfer)에 관한 연구는 적은 편이다. 그리고 연소실 내에서 열의 발생이 없는 단순한 압축이나 팽창의 반복에 의한 금속 벽으로의 전열문제에 대하여는 Pfriem 이나 Elser 등의 연구가, 또한 최근에는 French, Woschni, Pflaum 등에 의하여 기관의 연소실 내부에서 주기적으로 발생되는 열에 의한 전열문제에 관한 상세한 연구가 발표되어 있다.

기관에서의 전열문제에 관한 여러 현상은 앞에서 기술한 것과 같이 연소실 내에서 연료가 폭발적으로 연소하는데 따라 발생되는 열에너지에 의한 것으로 그 부하의 크기에 따라서는 열충격으로 되어 연소실을 형성하는 각 부위에 주는 피해는 대단히 커질 수 있다. 따라서, 기관 각 수열부의 열분포를 상세히 조사하고 반복하여 작용하는 熱負荷(heat or thermal load)에 의하여 생기는 熱疲勞(heat or thermal fatigue)로부터 열에 의한 파손을 방지하여야 하며, 각 부의 온도를 상세히 측정하고 그 수열상황을 파악, 이를 완화시키기 위한 효과적인 대책을 세워야 한다.

9-1 燃燒室주변에서의 傳熱問題의 槪念

일반적으로, 기관의 전열문제는 대단히 복잡하다. 각각의 연소 형식에 따라서, 그리고 연소실 자체의 구조가 다르고, 또한 실린더 헤드와 같은 복잡한 형상을 하고 있는 것에서는 전열면적과 온도와의 사이에 시간적인 변화의 일정성이 없다. 뿐만 아니라, 유동상태에 있는 연소가스의 조성도 통일되어 있지 않아서 지금까지 밝혀지지 않은 전열현상이 많다. 연소실 내에 공급된 연료가 폭발적으로 연소하면 발생된 열량 Q(가스의 온도, t_g)에 접촉되는 연소실 주변의 벽의 온도는 급격하게 상승되며, 이 발생된 열에너지가 피스턴 헤드부에 작용함으로써 기관의 출력이 얻어진다. 따라서, 연소실 주변의 벽으로부터 방열되는 열량이 적을수록 많은 열에너지가 유효일로 전환하는 것이 된다. 그러나 연소실 주변을 구성하는 재료에는 耐熱限界가 있으므로 방열에 대하여 재료를 지켜야 한다.

지금 이 放熱量(heat release or heat dissipation)을 Q_r 이라 하고, 연소 중의 어느 미소시간 $\Delta\tau$를 생각하여 그 사이를 정상상태에 있다고 하면, Q_r 은 그림 9-1 에 나타낸 바와 같이 연소실을 둘러싸는 벽의 어느 부분으로부터도 같은 양만큼의 열량이 통과하는 것이 된다. 이 열에 접촉되는 벽의 온도를 t_{w1}, 면적을 A〔m^2〕라고 하면, 방열량 Q_r 은 다음 식으로 표시된다.

$$Q_r = \alpha_g A(t_g - t_{w1})\,\Delta\tau \quad \text{〔kcal〕} \cdots\cdots (9\text{-}1)$$

여기서 α_g=연소실 내의 가스의 熱傳達率(heat transfer coefficient)〔kcal/(m^2 h ℃)〕

SI 로는 α_g 대신 α_g'〚W/(m^2·K)〛를 써서 다음과 같이 Q_r'가 얻어진다.

$$Q_r' = \alpha_g' A(t_g - t_{w1})\,\Delta\tau \quad 〚\text{J}〛 \cdots\cdots (9\text{-}1')$$

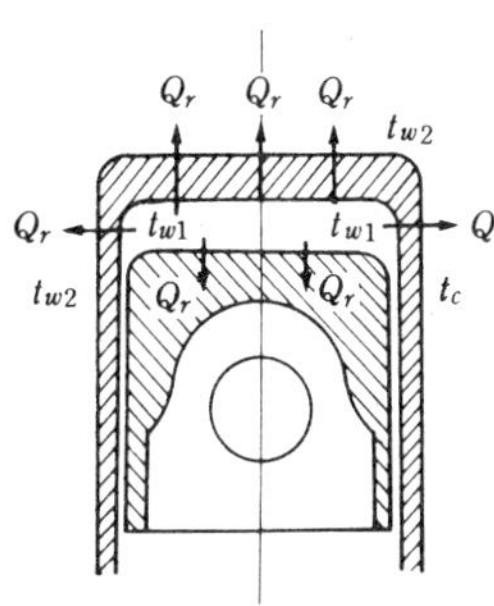

그림 9-1 연소실로부터의 방열

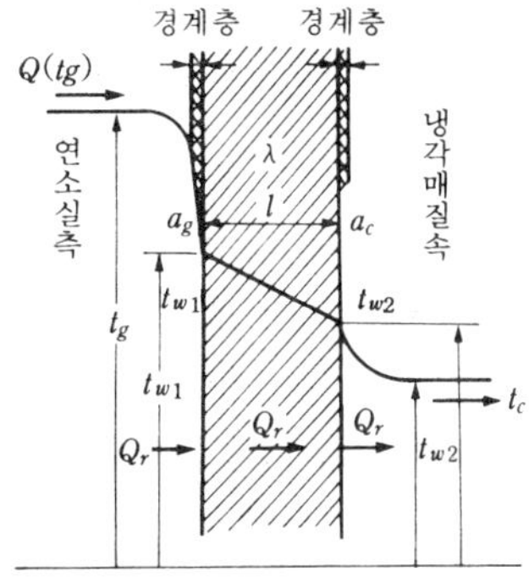

그림 9-2 방열량의 통로

지금 연소실 벽의 어느 한 부분을 생각하고(그림 9-2), 벽의 두께를 l〔m〕, 熱傳導率〔thermal conductivity〕을 λ〔kcal/(m·h·℃)〕, 冷却媒質〔cooling medium or coolant〕측의 벽의 온도를 t_{w2} 라고 하면, Q_r 은 다음 식으로 표시된다.

$$Q_r=\lambda\ A(t_{w1}-t_{w2})\ \frac{\Delta\tau}{l}\ \text{〔kcal〕} \cdots\cdots (9\text{-}2)$$

SI 로는 λ' ⟦W/(m·h·K)⟧ 로부터 Q_r'가 얻어진다.

$$Q_r'=\lambda'\ A(t_{w1}-t_{w2})\ \frac{\Delta\tau}{l}\ [\![\text{J}]\!] \cdots\cdots (9\text{-}2')$$

다음 냉각매질측에서의 열전달률을 α_c, 온도를 t_c 라고 하면, 식 (9-1)과 같이 Q_r 은 다음 식으로 된다.

$$Q_r=\alpha_c A(t_{w2}-t_c)\ \Delta\tau\ \text{〔kcal〕} \cdots\cdots (9\text{-}3)$$

SI 로는 α_c 대신 α_c' 를 써서 Q_r' 는 다음 식으로 나타낼 수 있다.

$$Q_r'=\alpha_c' A(t_{w2}-t_c)\ \Delta\tau\ [\![\text{J}]\!] \cdots\cdots (9\text{-}3')$$

따라서, Q_r 은 熱通過率(heat transmission coefficient)을 K〔kcal/(m²·h·℃)〕라고 하면 다음 식으로 표시된다.

$$Q_r=K A(t_g-t_c)\ \Delta\tau\ \text{〔kcal〕} \cdots\cdots (9\text{-}4)$$

SI로는 윗식의 K 대신에 K' 〚W/(m²·K)〛를 써서 Q_r' 〚J〛가 구하여진다.

이상, 식 (9-1)～(9-4)에서 Q_r은 α_g, λ, α_c, K에 비례하여 변화되므로, Q_r의 양을 되도록 적게 하여 열에너지를 유효하게 이용하기 위해서는 α_g를 작게, t_{w1}을 크게 하여 내부 열에너지의 유출을 억제하고, 또 λ가 큰 재료를 써서 열의 이동을 양호하게 하는 것이다. 또, 열을 조급하게 냉각매질에 유도, α_c를 크게 하여 t_{w2}를 내려서 냉각효과를 높이고, t_c를 크게 하여서 Q_r을 작게 하는 것이 바람직하다.

9-2 機關內部의 傳熱現象

기관 내부의 전열현상에 대하여는 그 동안 많은 연구가 발표되어 왔다. 여기서는 Pflaum의 열전달론에 대하여 설명한다.

운전중 기관에서의 연소가스에 의한 열부하는 앞에서 기술한 바와 같이 작동가스의 온도와 압력에 따라서 변화한다. 지금 작동과정의 각 순간순간에 전달되는 열량을 시각 0으로부터 τ_0까지 집적하고, τ_0로 제해서 구한 時間平均熱量 Q_m은 平均熱負荷를 q_m, 受熱面積을 A라고 할 때, 다음 식으로 나타낼 수 있다.

$$Q_m = q_m A = \frac{1}{\tau_0}\int_0^{\tau_0} \alpha_g A(t_g - t_w)d\tau \text{ 〔kcal/h〕} \quad \cdots\cdots (9\text{-}5)$$

SI로는 SI단위에 따라서 구한 식 (9-1′)에서 Q_m'〘J/h〙가 구하여진다. 그리고 다음의 식 (9-6), (9-7)도 같다.

그러나 작동중인 기관에서는 연소실 주변 가운데 피스턴과 실린더 헤드는 모두 수열면적이 일정하나, 실린더의 수열면적은 피스턴의 운동과 더불어서 변화한다. 따라서, 식 (9-5)의 실린더벽 온도 t_w의 값은 어느 부하에 대하여 실린더벽에 여러 개의 열전대를 부착, 온도 분포를 측정하여 평균온도 t_w를 구하고, 또 가스온도 t_g는 압력－시간 또는 압력－체적선도 및 일반가스의 관계식으로부터 얻어진 데이타와 열해리를 고려에 넣은 열선도로부터 구하여야 한다.

지금 실린더 헤드(D)와 피스턴(K)에 대한 平均傳熱量을 $Q_{m(DK)}$, 실린더에 대한 평균전열량을 $Q_{m(Z)}$ 라 하고, 식 (9-5)를 다시 써서 다음 식이 얻어진다.

실린더 헤드와 피스턴(DK)에 대하여

$$Q_{m(DK)} = q_{m(DK)} A_{(DK)}$$

$$= \frac{1}{\tau_0} \int_0^{\tau_0} \alpha_g A_{(DK)} (t_g - t_{w(DK)}) \; d\tau \; \text{〔kcal/h〕} \cdots\cdots\cdots\cdots\cdots\cdots\cdots \text{(9-6)}$$

여기서 $A_{(DK)} = A_1 + A_2 + \cdots + A_n$ = 수열면적의 총합

$A_1,\ A_2, \cdots,\ A_n$ = 적당하게 분할한 연소실벽의 개개의 면적

$t_1,\ t_2, \cdots,\ t_n = A_1,\ A_2, \cdots,\ A_n$에 대응하는 대표온도

$$t_{w(DK)} = \frac{t_1 A_1 + t_2 A_2 + \cdots + t_n A_n}{A_1 + A_2 + \cdots + A_n} \;\text{〔℃〕}$$

실린더(Z)에 대하여

$$Q_{m(Z)} = q_{m(Z)} A_{(Zm)}$$

$$= \frac{1}{\tau_0 A_{(zm)}} \int_0^{\tau_0} \alpha_g A_{(Z)} (t_g - t_{w(Zm)}) d\tau \; \text{〔kcal/h〕} \cdots\cdots\cdots\cdots\cdots\cdots \text{(9-7)}$$

여기서 $A_{(Zm)} = \pi d(l_0 + l_m)$

$$l_m = \left\{1 + \frac{1}{8L}\right\} \frac{l}{2}$$

l_0 = 압축체적의 상당높이

L = 커넥팅 로드의 길이

먼저 실험 결과로부터 실린더 축방향의 溫度分布曲線도 그림 9-3 (a)의 $t_Z = f_1(l_0 + l)$로부터 각 피스턴행정의 평균온도 $t_{Zmn} = f_2(l_0 + l)$을 구한다. 다시 시간 τ, 또는 크랭크각 θ의 함수를 변환한 $t_{Zm} = f_3(\tau) = f_4(\theta)$와 곡선도 (b)를 구하여 실린더 전체면의 시간평균치 t_{Zmn}을 구한다.

이상으로부터 Pflaum은 뒤에 설명하는 Eicherberg의 α_g의 식을 써서 계산에 의하여 傳熱量 $Q_{m(Rech)}$를 구하고, 한편 냉각수온의 측정으로부터 실험

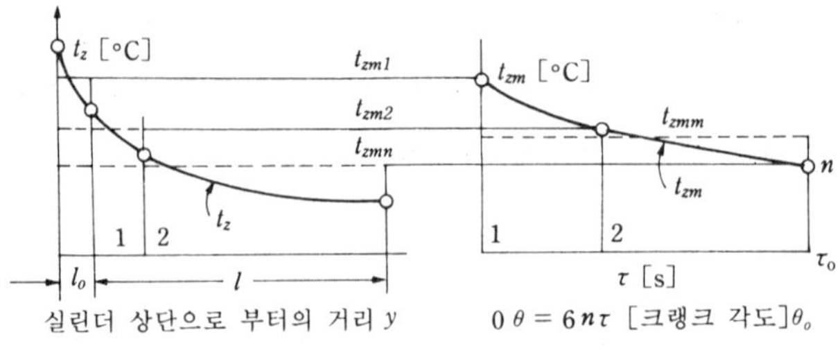

그림 9-3 실린더 축방향의 온도분포 t_Z로부터 t_{Zm}과 t_{Zmm}의 구하는 법

적으로 구한 전열량 $Q_{m(\mathrm{Mess})}$과를 비교하여 다음 식에 나타내는 바와 같이 계수 K를 구하여 수정하고 있다.

$$K_{(\mathrm{DK})} \text{ 또는 } K_{(Z)} = \frac{Q_{m(\mathrm{Mess})}}{Q_{m(\mathrm{Rech})}} \gtrless 1 \quad \cdots\cdots (9\text{-}8)$$

한편, Pflaum은 그들의 연구 결과로부터, 피스턴의 平均速度 u_m은 Q_m에 큰 영향을 미치는 것을 고려하고, Eicherberg의 실험 결과와 비교하여 속도를 고려한 수정계수 K_{um}을 다음 식과 같이 설정하고 있다.

$$K_{um} = \frac{f(u_m)_{\mathrm{Ei}}}{f(u_m)_{\mathrm{Pf}}} = 1.22 \quad \cdots\cdots (9\text{-}9)$$

여기서 $f(u_m)_{\mathrm{Ei}} = 2.1(u_m)^{1/3}$, $f(u_m)_{\mathrm{Pf}} = 3.00 \pm 2.57[1 - exp^{(\pm 1.5 - 0.416um)}]$식 중의 정부호는 $u_m \geqq 3.6$[m/s], 負荷號는 $u_m \leqq 3.6$ [m/s]로 한다. 그림 9-4는 u_m과

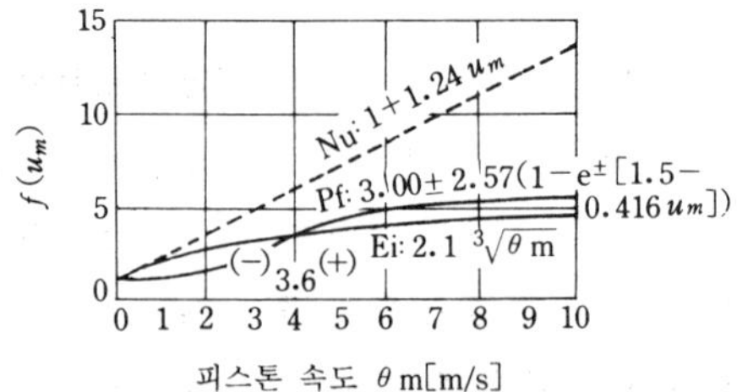

그림 9-4 평균피스턴속도 u_m과 $f(u_m)$과의 관계

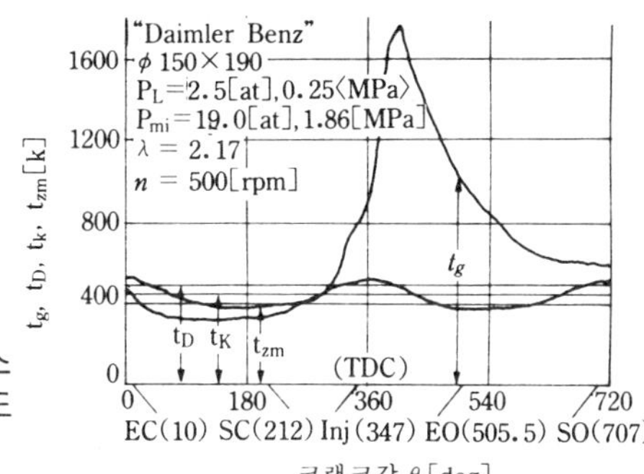

그림 9-5 1사이클 중의 가스 온도 t_g와 연소실벽 온도 t_D, t_K 및 t_{Zm}의 변화

$f(u_m)$의 관계이다. 따라서, 수정식은 식 (9-8)과 (9-9)를 곱한 값 $\overset{*}{K}$가 쓰여져서 다음 식으로 표시된다.

$$\overset{*}{K}_{(DK)} \approx K_{(DK)} K_{um} = 1.10 + 0.366 \times \frac{(p_L - p_0)}{p_0} \quad \cdots\cdots (9\text{-}10)$$

$$\overset{*}{K}_{(Z)} \approx K_{(Z)} K_{um} = 0.36 + 0.12 \times \frac{(p_L - p_0)}{p_0} \quad \cdots\cdots (9\text{-}11)$$

여기서 p_L : 과급압력, p_0 : 대기압력

그림 9-5는 Daimler Benz(φ150×190), 과급압 p_L=2.5〔atm〕, 0.25〖MPa〗 기관에 대하여 실험에 의하여 구한 1사이클 중의 가스온도 t_g와 연소실벽 온도 t_D, t_K 및 t_{Zm}의 변화로서, t_D와 t_K는 일정하나 t_{Zm}은 일정하게 되지 않음을 알 수 있다.

9-3 熱傳達率

기관의 전열현상을 해석하는 데는 열전달률 α_g를 알아야 한다. 그러나 α_g는 시간적으로 변화하므로 정확하게 구하기는 매우 곤란하며, 다음과 같은 방법으로 구한다. 연소실벽 가까이에 벽의 깊이 방향(두께 방향)에 적당히 떨어진 2점을 택하여 기관의 운전시 이 2점의 온도를 열전대로 측정하고 온도차의 時間變化曲線을 작성한 다음 非定常熱傳導理論에 의한 계산으로

부터 내면열부하 q〔kcal/(m^2·h)〕, 〚W/m^2〛를 구하고 한편, 연소실내 벽면상의 온도 t_{w1}과 지압선도를 기초로 하여 내부 가스온도 t_g를 구하면, 다음 식

$$\alpha_g = \frac{q}{(t_g - t_{w1})} \text{〔kcal/m}^2\cdot\text{h}\cdot℃\text{〕, 〚W/m}^2\cdot\text{K〛} \cdots\cdots (9\text{-}12)$$

로부터 α_g가 구해진다.

그러나 이 작업은 매우 번잡하여서, 일반적으로 Nusselt나 Eicherberg 등에 의하여 발표된 다음 5가지의 실험식이 이용되고 있다.

① Nusselt(1923) $\alpha_{g(\mathrm{Nu})} = 0.99(p^2 T)^{1/3}\ (1 + 1.24\, u_m)$ ………… (9-13)

② Eicherberg(1939) $\alpha_{g(\mathrm{Ei})} = (p\, T)^{1/2}\ 2.1\ (u_m)^{1/3}$ ………… (9-14)

③ Pflaum(1951) $\alpha_{g(\mathrm{pf})} = \overset{*}{K}_{(\mathrm{DK\,Z})}\ (p\, T)^{1/2}\ f\,(u_m)_{\mathrm{pf}}$ ………… (9-15)

Pflaum은 실린더 내 표면에는 열전달률의 낮은 유막이 존재하고, 또 벽 표면은 매끄러워서 放射熱(radiation heat)이 적어, 실린더의 열전달률 $\alpha_{g(z)}$는 작고, 피스턴이나 헤드의 열전달률 $\alpha_{g(\mathrm{DK})}$에 대한 비는 다음의 관계에 있는 것으로 발표하고 있다.

$$\frac{\alpha_{g(\mathrm{z})}}{\alpha_{g(\mathrm{DK})}} = \frac{K_{(\mathrm{z})}}{K_{(\mathrm{DK})}} = 0.33 \cdots\cdots (9\text{-}16)$$

④ Zapf(1968) $\alpha_{g(\mathrm{za})} = 460\, d^{-0.22}\ (u_m\ p)^{0.78}\ T^{-0.52}$ ………… (9-17)

⑤ Woschni(1970) $\alpha_{g(\mathrm{wo})} = Cd^{-0.214}\ (u_m\ p)^{0.78}\ T^{-0.525}$ ………… (9-18)

Woschni의 식과 Zapf의 식 중 d, $(u_m\ p)$ 및 T의 지수는 거의 같으며, 정수 460 대신에 C로 한 것이 다르다. 이 정수 C는 유사한 많은 기관에 대하여 실험하고, 그 결과로서 결정하여야 할 것으로서, List는 이 식을 이용하여 열부하의 계산을 시도하고 있다.

이상과 같이, α_g에 대한 실험식이 여러가지 있으며, 이들을 비교 검토하기 위하여 크랭크각 θ에 대한 변화를 하나의 선도로써 종합한 것이 그림 9-6이고 이들 각 α_g 곡선 상호간에는 다소의 차이가 있음을 볼 수 있다. 현재 어느 식이 가장 타당한 것인가는 아직 명확하지 않아서 단정할 수 없으나

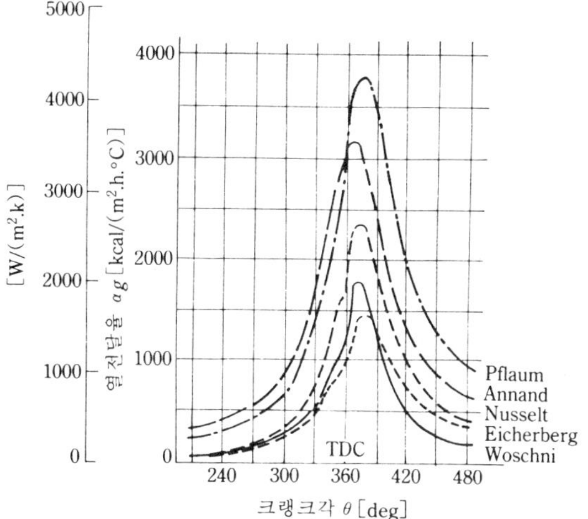

그림 9-6 평균국소열전달률 제식의 비교

여러가지 검토의 결과를 총합하여 현단계에서는 Pflaum 의 식 (9-15)이 가장 신뢰할 수 있는 것으로 되어 있다.

9-4 局所熱流束과 受熱部의 溫度

수열부의 벽면이 받는 열량을 열부하 또는 熱流束(heat flux) 혹은 열류밀도(heat density) 〔kcal/(m²·h)〕, 〚W/m²〛라고 한다. 기관의 연소실 내에서 발생한 고온의 연소가스에 닿는 수열부의 국소를 통하여 냉각매질측으로 단위시간, 단위면적을 통해서 전달되는 열류의 양 q 를 局所熱流束(local heat flux)이라 하고, 熱應力(thermal stress)을 규제하는 것이다.

(1) 局所熱流束

연소실 내에 발생하는 總熱流量 Q〔kcal/h〕는 기관에 공급되어서 연소한 연료량의 n 승에 비례하는 것으로 되어 있고, Alcock 등이 가솔린기관과 디젤기관에 대하여 실험한 결과에서는 n 의 값은 거의 0.6～0.8 의 범위에 있는 것으로 발표하고 있다. 특히 디젤기관에 대하여는 $n \fallingdotseq 0.75$ 정도로 총 열유량 Q를 다음 식으로 표시하고 있다.

$$Q=(\text{연소한 연료량})^{0.75}\times\text{정수} \quad \cdots\cdots (9\text{-}19)$$

또, l/d이 근사할 경우의 작동유체에 대한 노출면적은 피스턴면적에 비례하는 것으로 하여, 국소열부하, 즉 국소열유속 q는 다음 식으로 표시된다.

$$q=\left(\frac{\text{연소한 연료량}}{\text{시간}\times\text{피스턴면적}}\right)^{0.75}\times\text{정수} \quad \cdots\cdots (9\text{-}20)$$

위의 식으로부터

$$\text{정수}=\frac{\text{국소열유속 } q}{\left(\dfrac{\text{연소한 연료량}}{\text{시간}\times\text{피스턴면적}}\right)^{0.75}}$$

$$=\text{열유속계수}(HFF)\ [\text{kcal}/(\text{m}^2\cdot\text{h})],\times 1.163\ [\![\text{W}/\text{m}^2]\!] \cdots (9\text{-}21)$$

윗식은 熱流束係數(heat flux factor, *HFF*)라 하고, 국소열유속을 표시하는 하나의 지표로서 쓰여진다. 그 뒤, Alcock의 연구에 助力한 French는 Taylor의 협력을 얻어서 많은 기관에 대하여 열부하를 측정하고, 국소열유속을 다음 식과 같이 표시하였다.

국소열유속 q

$$=\left(\frac{\text{전연료량/단위시간}}{\text{피스턴면적}}\right)^{a}\times\left(\frac{1}{\text{흡입공기밀도비}}\right)^{b}\times HFF \cdots\cdots (9\text{-}22)$$

여기서 $a=0.8$, $b=0.3$

그림 9-7은 피스턴 헤드 및 실린더의 熱流束係數의 변화를 표시한다. 그림에서 명확하게 알 수 있는 바와같이, 피스턴의 열유속계수는 헤드보다 빨리 상승하기 시작하고 CL로부터 70〔%〕부근에서 최고로 되고, 그 이후 저하되기 시작한다. 이것에 대하여 헤드의 열유속계수는 피스턴보다 늦어져서 상승하고 CL로부터 50〔%〕부근에서 피스턴과 같은 정도로 되며, 그것보다 약간 저하된 채 그 이후는 거의 일정한 값을 나타내고 있다.

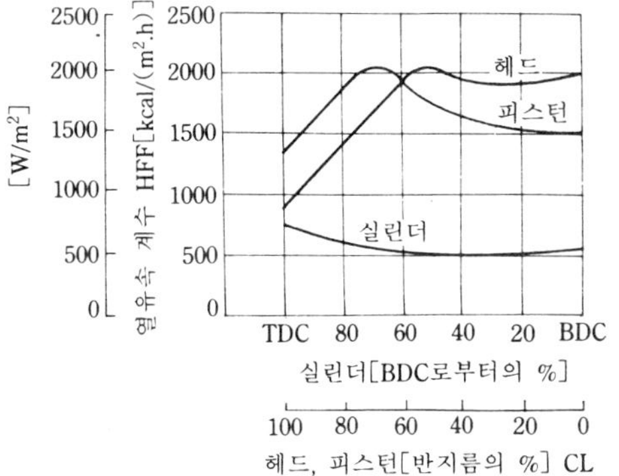

그림 9-7 열유속계수 *HFF*

한편, 실린더의 열유속계수는 TDC에서 최고를 나타내고, 이후 점차 저하되어서 BDC로부터 40〔%〕 부근부터 거의 일정으로 되어 있다. 다음은 많은 차량용 디젤기관에 대하여 실험한 결과에 따라 4사이클기관의 피스턴 열부하를 나타내는 식을 표시한 것이다.

$$q = u_m \times 60 \times p_{me} \times \left(\frac{1}{427}\right)\left(\frac{1}{4}\right)\left(\frac{1}{\eta_e}\right)$$

$$= u_m\ p_{me}\ \left(\frac{1}{10}\right)\left(\frac{0.35}{\eta_e}\right)\ \text{〔kcal/(cm}^2\cdot\text{min)〕} \quad \cdots\cdots\cdots (9\text{-}23)$$

지금 $\eta_e = 35$〔%〕라고 하면, 다음 식과 같이 간단하게 표시된다.

$$q = u_m\ p_{me}\ \left(\frac{1}{10}\right)\text{〔kcal/(cm}^2\cdot\text{min)〕} \quad \cdots\cdots\cdots (9\text{-}24)$$

그림 9-8은 q와 $u_m\ p_{me}$의 관계를 $\eta_e = 30,\ 35,\ 40$〔%〕에 대하여 나타낸 것이다. 실린더 헤드는 일반적으로 복잡한 형상으로 되어 있고, 각 기관에서의 연소방식이나 냉각방식이 달라져서 작동유체로부터의 熱負荷는 실린더 헤드 受熱面의 각 장소에 따라 다르다.

그림 9-9는 Le Feuvre 등이 2밸브식 헤드를 가진 직접분사 디젤기관에 대하여 실험으로 구한 연소실(중앙부에 피스턴 크라운의 연소실이 있다.)의 위치를 끼고 있는 對稱點 1, 2에서의 표면온도로부터 계산에 의하여 구한

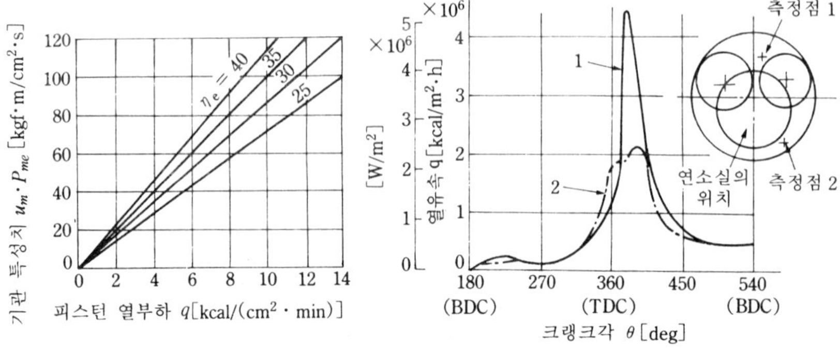

그림 9-8 피스톤 열부하와 $u_m p_{me}$

그림 9-9 직접분사디젤기관 실린더 헤드의 국소열유속

국소열유속 q 이다. 그림으로부터 흡/배브리지(bridge)에 가까운 점 1이 최고의 값을 나타내고, 배기밸브로부터 떨어진 점 2에서는 낮으며, 약 1/2의 값으로서, 양자 모두 크랭크각 380～385〔deg〕 부근에서 최고치를 나타내고 있음을 알 수 있다.

(2) 受熱部의 溫度

피스톤이나 실린더 헤드의 수열부의 온도를 측정하는 데는 열전대나 경도－온도곡선을 이미 알고 있는 測溫플러그(templug)가 쓰여진다. 또, 흡·배기밸브나 밸브 시트 및 분사밸브의 노즐 등의 온도를 측정할 때에는 측온재료가 이용된다.

1) 피스톤의 온도

연료의 연소에 의하여 발생된 열량 중 피스톤 몸통 내에서 흐르는 열류는 그림 9-10에 나타낸 바와같이 되는 것으로 추정된다. 傳熱量 Q_r의 약 80〔%〕에 상당하는 Q_{r1}은 피스톤 링으로부터 실린더로, 다른 Q_{r2}는 피스톤 스커트로부터 실린더로, 나머지의 일부 Q_{r3}는 피스톤의 裏面에서 飛散되는 윤활유나 크랭크실 내의 가스로 전달되는 것으로 알려져 있다. 이 밖에 피스톤 보스로부터의 熱流는 피스톤 핀에서 커넥팅 로드로 흐르는 것이 된다.

피스턴의 온도분포는 분사밸브나 부연소실이 실린더의 중심선상에 설치되어 있을 경우에는 당연히 피스턴 중심선에 대하여 대칭으로 되고, 중심선을 비켜서 있으면 복잡한 溫度分布를 나타낸다.

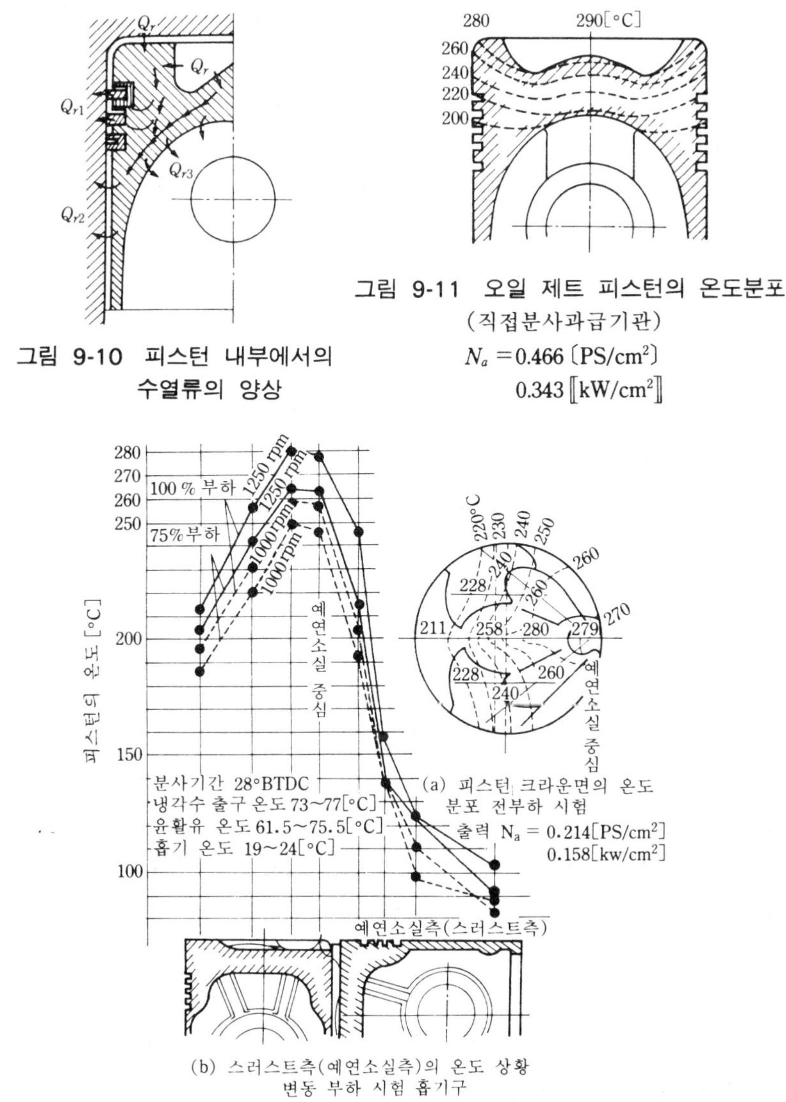

그림 9-10 피스턴 내부에서의 수열류의 양상

그림 9-11 오일 제트 피스턴의 온도분포 (직접분사과급기관) $N_a = 0.466$ 〔PS/cm²〕 0.343 ⟦kW/cm²⟧

그림 9-12 피스턴 표면의 온도분포 4－φ130×160 예연소실기관

그림 9-11은 피스턴 면적마력 N_a =0.466〔PS/cm²〕, 0.343⟦kW/cm²⟧의 直接噴射過給機關의 예로서, 중심온도는 약 290〔℃〕로 비교적 순탄한 온도분포로 되어 있다.

그림 9-12는 출력 N_a =0.214〔PS/cm²〕, 0.158⟦kW/cm²⟧의 예연소실기관의 예이고, (a)는 100〔%〕 부하 때의 피스턴 크라운면의 온도분포를 나타낸다. 副室로부터의 분류가 충돌하는 부분이 최고 280〔℃〕, 그 연장선상의 끝부분이 최저 211〔℃〕로 되어 있다. (b)는 변동부하시의 실린더 중심과 예연소실 중심이 이어지는 선상 및 스러스트측 선상의 온도변화를 나타낸다.

2) 실린더 헤드의 온도

실린더 헤드의 형상은 일반적으로 복잡하여서 각 부위에 따라서 국소열유속의 값이 크게 달라진다는 것은 앞에서 설명하였다(그림 9-9). 어느 기관의 경우에 있어서나 공통적이라고 할 수 있는 경향은 다음과 같다.

① 2밸브식 헤드에서는 흡/배기브리지의 온도가 최고로 된다.

② 4밸브식 헤드에서는 배/배브리지의 온도가 최고이고, 흡/배브리지의 온도가 그 다음으로 높다.

③ 배기밸브 입구 둘레의 온도가 흡기밸브 입구 둘레의 온도보다도 높다.

④ 부연소실기관의 경우는 주연소실로의 연락구로부터의 고열분류의 영향을 받는 부분의 온도는 높다.

그림 9-13은 앞에서의 豫燃燒室機關의 헤드受熱面의 온도분포를 나타낸다. 흡/배브리지의 온도가 435〔℃〕로 높고, 그 밖의 부분도 일반적으로 높은 값으로 되어 있다. 이 헤드는 브리지부에 균열이 발생하였으나, 브리지부 "A"의 살두께를 작게 하고 냉각수의 흐름을 개선하고부터 온도는 357〔℃〕까지 저하시킬 수 있었던 하나의 예이다. 그림 9-14는 4사이클 디젤기관에 대하여 출력 N_a =0.184〔PS/cm²〕, 0.135⟦kW/cm²⟧일 때 측정한 흡/배브리지 및 흡·배기밸브 입구벽의 온도로서 회전속도와 분사량에 대한 변화이다. 그림 9-15는 French 등이 4사이클 4밸브식 디젤기관(ϕ216×240)에 대하여 p_{me}를 4종류 14, 21, 28, 35〔kgf/cm²〕, 1.37, 2.06, 2.75, 3.43⟦MPa⟧로 변화시킨 경우 각 브리지부의 온도를 측정한 결과이다. 이 때의 운전 조건은 수온

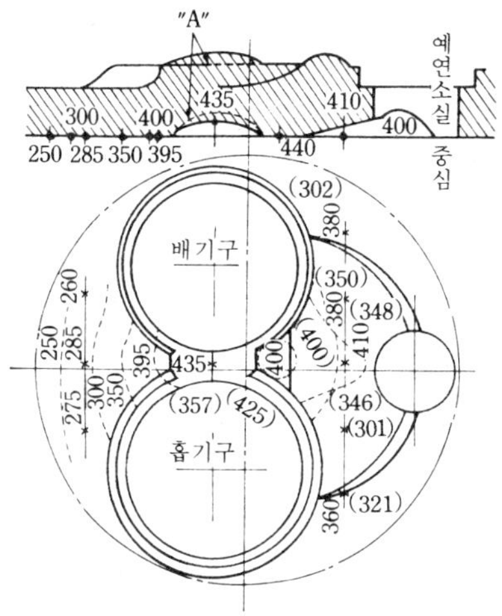

그림 9-13 예연소실기관 헤드의 온도분포〔℃〕－그림 9-12와 동일기관, "A" 개조부, ( )안 수자는 개조 후

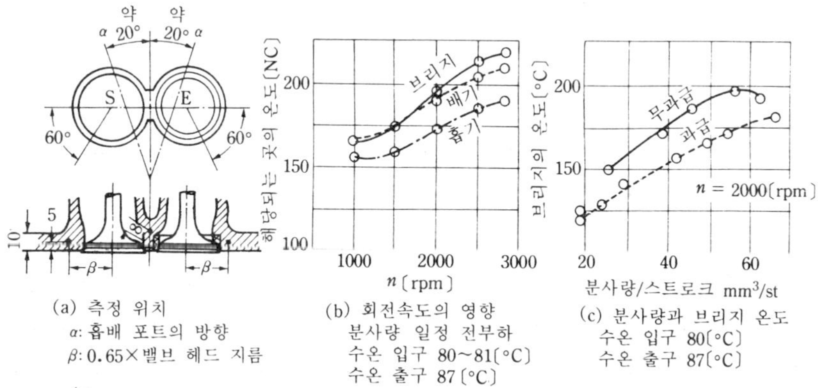

그림 9-14 수냉디젤기관 헤드의 온도
출력 N_a＝0.184〔PS/cm²〕, 0.135〚kW/cm²〛

78～82〔℃〕, 水流量 54〔l/ps·h〕, 73.4〚l/kW·h〛 오일 出口溫度 82～84〔℃〕, 循環油量 11000〔l/h〕로 되어 있다.

헤드의 브리지부 균열의 주원인은 주조시의 殘留應力이 남아 있기 때문인 것으로 생각되며, 균열의 방지대책의 하나로서 먼저 주조 후의 후처리를 충분히 하는 것은 물론, 살두께의 칫수를 급격하게 변화시키지 않고 주조에

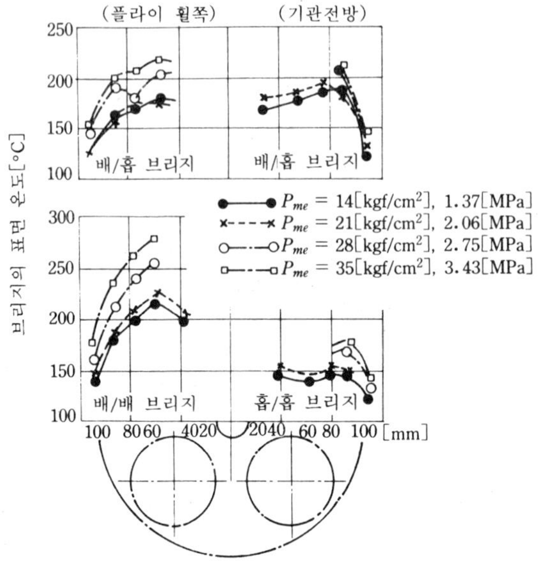

그림 9-15 p_{me}의 밸브 포트간 브리지 온도에 미치는 영향(ϕ216×240 기관)

적합한 형상으로 하는 외에, 기계적 강도의 허용범위 내에서 살두께를 얇게 할 것과, 冷却媒質의 유속과 유량을 증가시키고, 브리지부의 온도를 낮게 하는 등이 중요한 것으로 생각된다. 일반적으로, 브리지부에 있어서의 열응력과 주조물의 잔유응력과의 合成應力은 14~16〔kgf/cm²〕, 1.37~1.57 〚MPa〛에 달하는 것으로 되어 있고 따라서, 최고온도를 어느 정도로 억제하여야 되는가에 대하여는 여러가지의 의견이 나와 있다. 예를 들면, Ricardo는 <375〔℃〕, Cummins는 <380〔℃〕, AVL은 <400〔℃〕로, 모두 다르며 이것은 사용기관의 강도에 따라서도 달라질 수 있으나, 특수주철을 사용할 경우는 370~380〔℃〕 정도로 하면 안심할 수 있을 것이다.

3) 배기밸브의 온도

배기밸브의 헤드부는 기관의 수열부 가운데서 가장 높은 온도에 닿는 부분으로, 혼합가스의 爆發燃燒時의 고열을 받는 외에 배기행정 중 배출가스에 둘러싸여져 있어서 열을 받게 된다. 그리고 구조상으로도 방열이 극히 어렵고, 따라서 피스턴, 실린더 헤드, 그 밖의 受熱部와 비교하여 熱負荷가 크고, 고장이 많은 부품이다. 그림 9-16 (a)는 Radford 등의 실험(기관의 출력불명)에 의한 배기밸브의 온도분포이다. 그림으로부터 열부하가 가장 큰 것은 밸브 헤드의 중앙부이고, 열유선은 주로 밸브 시트를 향하고 있음을 알 수 있다. (b)는 밸브 스템에 직각인 헤드 하부단면 1, 2, 3에서의 온도를 실측한 값과 계산으로 구한 값과를 비교한 그림으로서 잘 일치되는 것으로 발표되었으나, 그 계산기초에 대한 설명은 없다.

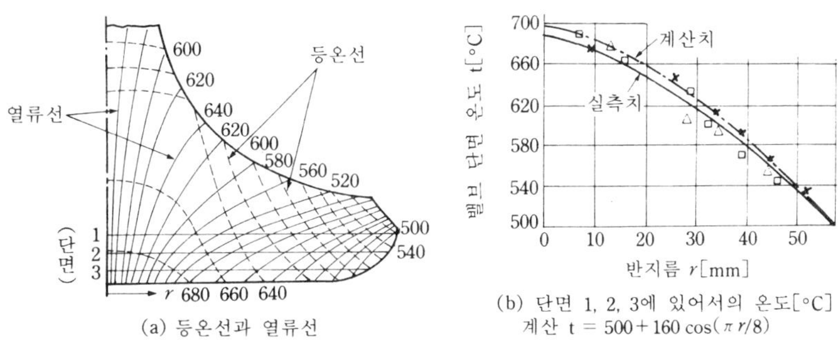

(a) 등온선과 열류선

(b) 단면 1, 2, 3에 있어서의 온도[°C]
계산 t = 500 + 160 cos(πr/8)

그림 9-16 배기밸브의 온도분포

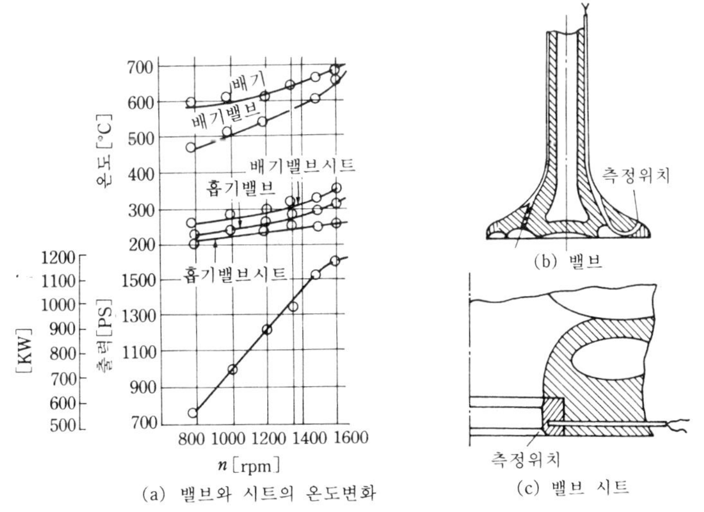

(a) 밸브와 시트의 온도변화

(c) 밸브 시트

그림 9-17 밸브 및 밸브 시트의 온도

V16 − ϕ190 × 230, N_e = 0.353〔PS/cm^2〕, 0.260〚kW/cm^2〛

그림 9-17 (a)는 Steinbrenner 등이 4사이클 과급디젤기관(V16－ϕ190×230)에 대하여 출력 N_a=0.353〔PS/cm^2〕, 0.260⟦kW/cm^2⟧로 실험하였을 때 흡·배기밸브와 밸브 시트의 온도와 회전속도의 관계를 구한 그림이고, (b)와 (c)는 그 측정위치이다. 배기밸브는 內部冷却을 하고 있으나, 1500〔rpm〕 부근부터 배기밸브온도가 급격하게 상승됨을 볼 수 있다.

4) 분사 노즐의 온도

분사 노즐은 배기밸브와 함께 항상 연소열에 닿아서 가혹한 조건하에서 작동하게 되어서 과대한 열부하를 받는다. 그림 9-18은 測溫材料를 써서 운전조건을 여러가지로 바꾸었을 때의 결과를 나타낸 것으로서, (a)는 핀틀 노즐, (b)는 홀 노즐의 예이다. 노즐의 온도에 영향을 미치는 요인은 연소실에의 부착방법, 노즐 개스킷의 재료와 구조 등 외에, 연소가스의 온도와 압력 및 피스턴 속도의 함수인 연소가스와 노즐선단과의 사이의 熱傳達率 α_{gn}과 기관의 負荷와 회전속도의 함수인 노즐 내면과 연료와의 사이의 열전달률 α_{nf}에 관계가 있음을 강조한다. 그리고 정상 2차원열전도의 식을 써서 逐次解法에 의한 계산과 실측 결과가 잘 일치하는 것으로 발표되어 있다.

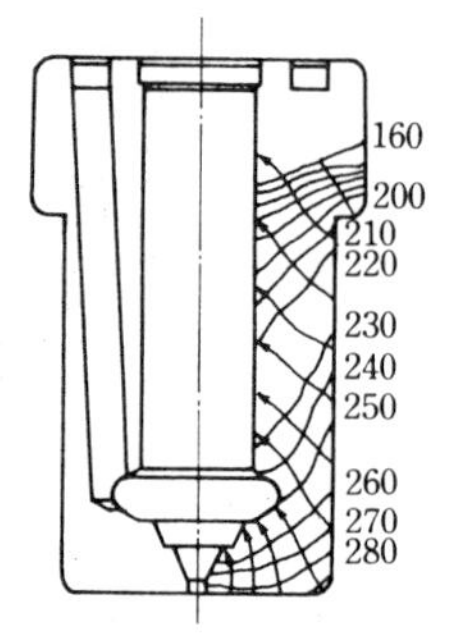

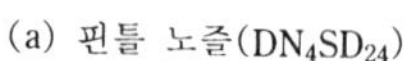
(a) 핀틀 노즐(DN_4SD_{24})

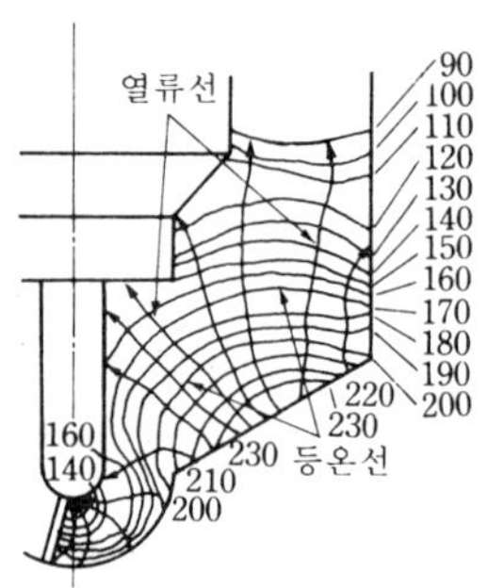

(b) 홀 노즐

p_{me} = 6.9[kgf/cm^2], 0.68[MPa], n = 2200[rmp]
u_m = 9.5[m/s], 냉각수 출구 온도 = 80[°C]

그림 9-18 분사 밸브의 온도〔℃〕

9-5 熱限界, 熱疲勞 및 熱破壞

기관에서의 각 受熱部品은 사이클마다 반복되는 열응력을 받음으로써 열피로가 발생하고, 그 결과 수열부품은 끝내 열파괴를 일으키게 된다. 또 한편 열에 의한 윤활유의 劣化를 촉진하고, 미끄럼운동 부분의 융착현상을 유발하는 외에 열에 의한 부식이 발생하게 된다. 이것들은 뒤에 설명하는 냉각능력이 熱負荷의 증가에 대하여 따라가지 못하여 그 결과 사용재료의 내열한도를 넘어 버리기 때문이다.

(1) 熱限界

熱工學을 연구하는 학자 가운데는 열한계를 열이동현상이 주역으로 되는 傳熱的 熱限界와 열응력이 주역으로 되는 材料力學的 熱限界로 분류하여 설명하고 있다. 앞의 것에 대하여 수냉기관에서는 냉각수의 번아웃(burnout) 열부하를 q_{Bo}라 하고, 공랭기관에서는 냉각핀의 냉각한계를 q_{Bf}라 하여서, 오늘날까지 많은 연구결과로부터 다음의 값이 표시되어 있다.

$$\left.\begin{aligned} q_{Bo} &= (1.2\sim1.8)10^6\ \text{〔kcal/(m}^2\cdot\text{h)〕},\ \times 1.163\ [\![\text{W/m}^2]\!] \\ q_{Bf} &= (0.8\sim1.0)10^6\ \text{〔kcal/(m}^2\cdot\text{h)〕},\ \times 1.163\ [\![\text{W/m}^2]\!] \end{aligned}\right\} \cdots\cdots\cdots \ (9\text{-}25)$$

또 뒤의 것에 속하는 열한계를 q_{lm}라 하고, 다음 식으로 표시하고 있다.

$$q_{lm} = C\left(1-\frac{1}{m}\right)\sigma_{lm}{}^2\ \frac{\lambda}{p}\ d\,E\,\beta\ \text{〔kcal/(m}^2\cdot\text{h)〕},\times 1.163\ [\![\text{W/m}^2]\!] \cdots\cdots \ (9\text{-}26)$$

여기서 C=정수(연성재료=4, 취성재료=1), m=포와송비

σ_{lm}=크리프를 고려한 벽재의 허용열응력, λ=재질의 열전도율

p=용기(실린더) 내외의 최고압력차, d=실린더 내경

E=종탄성계수, β=열팽창계수

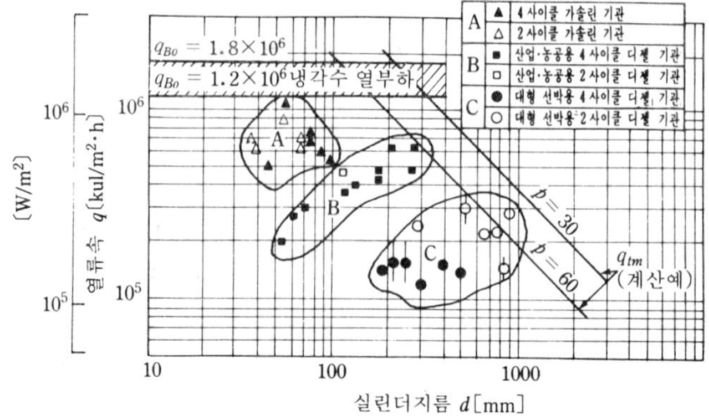

그림 9-19 기관의 벽면열한계 예

그림 9-19는 각종 기관에 대하여 조사한 壁面熱流束熱限界 q_{Bo} 와 q_{lm} 과의 관계를 나타낸 것이다. A그룹은 d 는 작으나 熱流束이 커서 최고로 $q=1.1\times10^6$ 에 달하고 있다. 이 대책으로서는 냉각수의 유속을 빠르게 하고, 또 유수 내의 기포를 제거하는 것이나, 지나치게 냉각되면 q_{lm} 의 한계에 가까워져서 열응력이 과대하게 될 염려가 있어서 바람직하지 못한 것으로 되어 있다. 한편, d 가 큰 C그룹은 열유속은 작으나 일부 q_{lm} 의 한계를 넘고 있다. 그 결과로서, 현재 대형기관에서는 피스턴 헤드부나 헤드의 배/배브리지, 그 밖에도 열에 의한 균열이 발생되는 경우가 많다. 이 대책으로서는 σ_{lm} 의 높은 延性材料를 선택하고, 또 λ 가 높고 거기에 β 와 E 가 작은 재료를 사용하지 않으면 안 된다. 그리고 B그룹은 A와 C의 중간 위치에 있어서 현재로서는 문제가 없는 것으로 되어 있다.

(2) 熱疲勞와 熱破壞

연소실 주변의 각 부품은 주기적으로 고열을 받아서 온도가 변화하므로 팽창 및 수축현상이 발생한다. 이들 부품들 사이에는 서로가 구속되어 있어서 각 부품 사이에는 열응력의 작용으로 변형을 일으키게 되며, 이것이 반복되어서 끝내는 재료가 파손되고 이 현상이 열피로에 의한 열파괴이다. 이와 같은 열응력에 의한 파괴에는 앞에서 기술한 바와 같이, 반드시 구속이라고 하는 조건이 따르게 되며, 연소실 주변의 부품의 경우도 거의 局部加熱로 인한 자기 구속에 의하여 일어나는 熱疲勞破壞로 생각된다.

열피로에 의한 파괴의 구체적인 예로서, 그림 9-20의 피스턴 크라운부의 균열과 소손, 그림 9-21의 헤드수열부의 균열, 그림 9-22의 예연소실 분공 사이의 소손과 균열, 그림 9-23의 배기밸브 헤드부의 열파괴와 균열 등을 들 수 있다.

이들 부품의 열피로에 의한 파괴에 대한 防止對策으로서는 다음의 항목들이 생각된다.

① 局部加熱을 극력 피하고 되도록 온도분포를 균일하게 하여 각부의 단면치수의 급격한 변화나 살이 두꺼운 부분이 없도록 한다.

② 局部冷却을 강화한다.

③ 熱傳導가 좋은 재료를 사용한다.

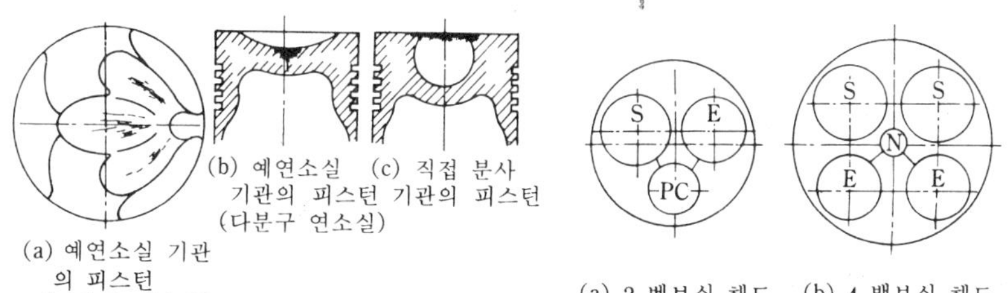

그림 9-20 피스턴 크라운부의 열피로에 의한 균열과 소손의 예

그림 9-21 실린더 헤드의 열피로에 의한 균열의 예

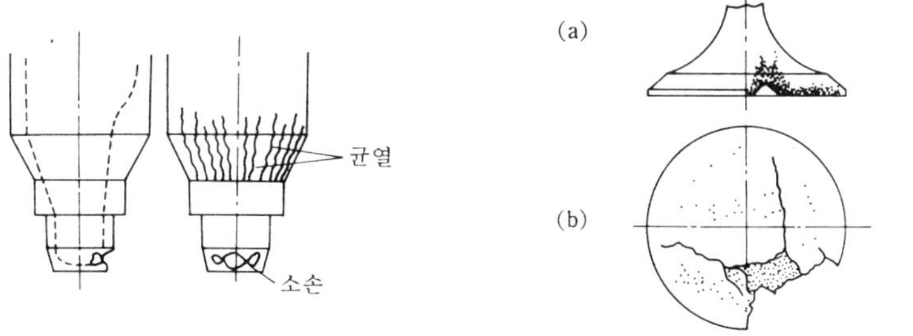

그림 9-22 예연소실 끝의 열피로에 의한 균열과 소손의 예

그림 9-23 배기밸브의 열피로에 의한 열파괴와 균열의 예

④ 耐熱疲勞性이 좋은 재료를 사용한다.

⑤ 高溫降伏點이 높은 재료를 사용한다.

그리고 불가피할 때에는 일정기간을 정해서 부품을 교환할 것 등이다.

9-6 放熱量과 放熱率

기관의 연소실로부터 외부로 방열되는 열량은 기관의 운전조건이 일정할 경우는 最高爆發壓力時의 온도 T_{max}에 비례한다고 할 수 있다. 또, 吸氣壓力과 온도가 달라지면 연소시간에 변화가 일어나고 열전달률이 달라져서 방열량에도 영향을 미치는 것이 된다. 특히 가솔린기관에서는 공연비, 압축비, 회전속도 및 점화시기의 변화로도 방열량은 달라진다. 한편, 디젤기관에서는 흡입공기의 운동, 燃料噴射時期 및 噴射率의 변화에 의하여 방열량이 변화된다.

(1) 放熱量曲線과 放熱率曲線

기관으로부터의 방열량을 도시하는 데는 크랭크각에 대한 累積放熱量(cumulative heat release) 및 放熱率(rate of heat release)의 변화를 나타내는 곡선이 쓰여진다. 그림 9-24는 Grigg 등이 디젤기관에 대하여 실험한 결과로,

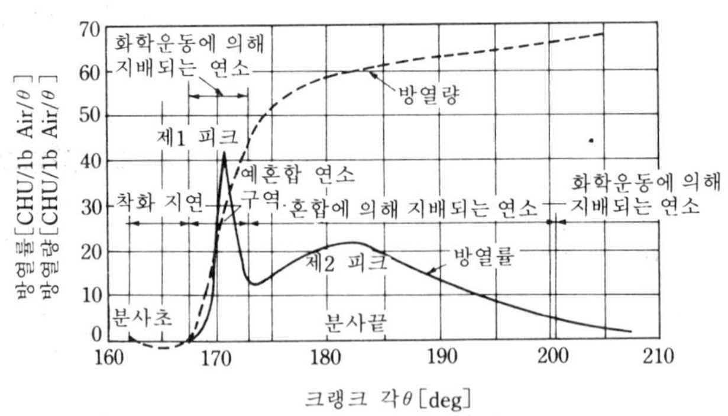

그림 9-24 방열량과 방열률의 전형적 형상

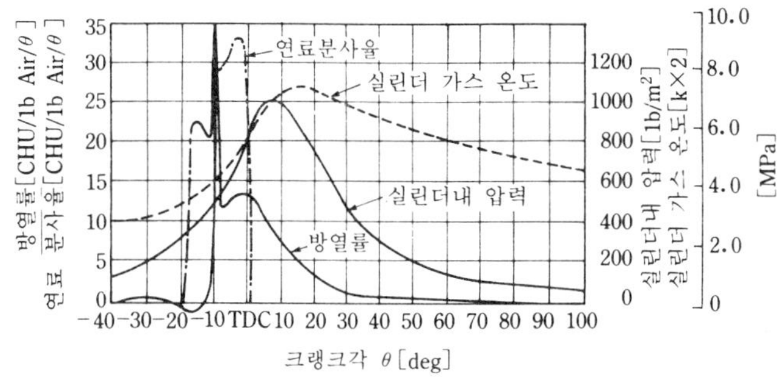

그림 9-25 실린더 내 압력, 가스온도, 연료분사율 및 방열률의 곡선

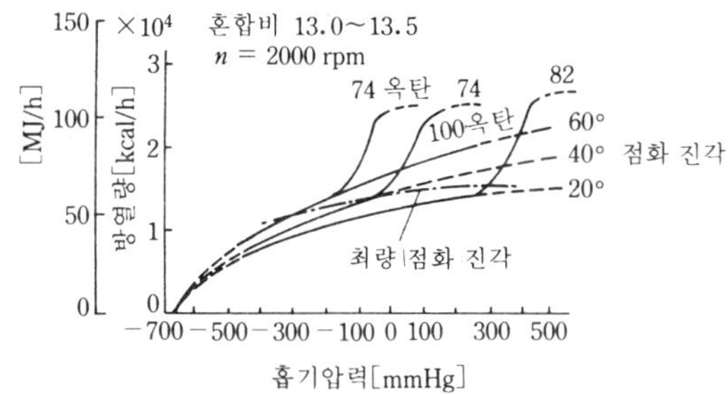

그림 9-26 방열량과 점화진각(ϕ160×160, 가솔린기관)

방열량과 방열률곡선의 전형적인 형상이며, 그림 9-25는 Austen 등이 직접 분사 디젤기관(ϕ 114.3×139.7)에 대해 실험한 결과이고 운전조건은 표준티이밍, $n=1000$〔rpm〕, $p_{me}=6.33$〔kgf/cm²〕, 0.62〚MPa〛로 되어 있다. 그리고 Austen 등의 실험 결과에 따르면 누적방열량에는 하중, 따라서 p_{me}가 크게 영향을 미치고, 분사시기는 약간의 영향이 있으나, 회전속도는 그다지 큰 영향이 없으며, 또 방열률에는 하중과 분사시기의 영향이 크나, 회전속도는 전혀 영향이 없는 것으로 발표하고 있다. 그림 9-24, 9-25에서 CHU는 1〔lb〕의 물을 온도 1〔℃〕 높이는 데 필요로 하는 열량이다.

그림 9-26은 水冷가솔린機關(ϕ160×160)에 대하여 3종류의 옥탄가(74, 82, 100)의 연료를 써서 점화진각을 3종 20, 40, 60〔deg〕로 변화시키면서 실험한 결과로, 吸氣壓力과 放熱量과의 관계를 나타낸다.

(2) 피스턴으로부터의 放熱

기관 전체로서의 방열은 그림 9-24, 9-25에 나타낸 바와 같이 하게 되나, 피스턴 헤드부나 스커트부에 유입된 열량은 그림 9-10, 9-27에서와 같이 전달될 것으로 생각된다. 피스턴 체내에 유입된 열류의 주체는 피스턴 링 쪽을 향하고 있고, 나머지는 피스턴 스커트로 흘러서 실린더로 전열될 것으로 생각된다. 그림 9-28은 공랭가솔린기관(ϕ70×65)으로서, 기관의 회전속도 n=3500〔rpm〕에 대하여 한 실험결과이다. 이에 따르면, 전부하시 3500〔rpm〕에서 피스턴 링으로부터의 방열량은 全放熱量의 81〔%〕, 1500〔rpm〕에서는 68〔%〕로 되어 있다. 또, 스커트부로부터 실린더로의 방열은 3500〔rpm〕에서는 15〔%〕인 데 대하여, 1500〔rpm〕에서는 역으로 26〔%〕로 증가되고 있음을 알 수 있다. 이 실험으로부터 피스턴 링에 의한 방열량을 더욱 증가시키기 위해서는 링의 위치를 위쪽으로 치우치게 하고, 링의 수를 늘리면 될 것이나, 링 자체의 열부하가 크고 내열성이 문제로 되어서 融着破損의 염려가 있고, 뿐만 아니라 p_{mf}의 증가를 가져오는 것이 된다. 이 융착의 대책으로는 평면링 대신 윤활편에서 설명하는 키스턴 링(Keystone ring)의 채용이 바람직할 것으로 생각된다.

스커트부로부터 放熱比率이 적은 이유로서는 스커트와 실린더 내벽과의 사이에는 약간의 틈새가 있고, 거기에는 열전도율이 금속에 비하여 극히 작은 유막이 개재되어 있기 때문이다. 따라서, 스커트부를 열의 흐름이 좋은

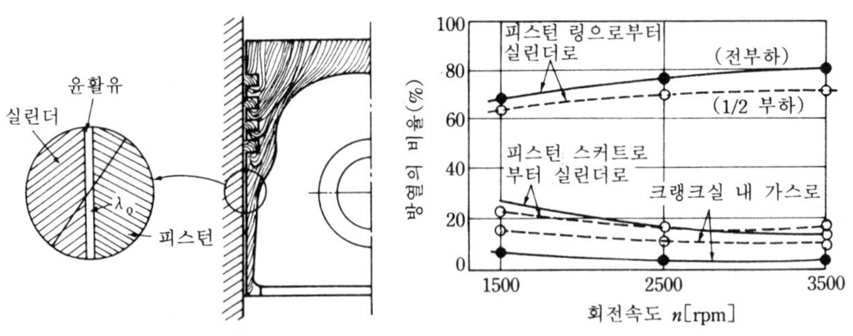

그림 9-27 피스턴으로부터의 열류선

그림 9-28 피스턴으로부터의 방열의 비율

熱流(heat flow)형으로 하여도 효과는 기대되지 않는다. 최근 고속기관에서는 p_{mf}를 극력 감소시키기 위하여 링의 수를 적게 하는 경향이 있고, 따라서 방열량의 감소를 보충하기 위하여 피스턴을 오일로 냉각하는 방법 등이 강구되고 있다.

9-7 機關의 冷却

연료를 연소실 내에서 연소시켜서 발생한 열에너지는 앞에서의 熱精算에서 설명한 바와 같이 여러 가지의 열손실이 있어서 유효한 기계적인 일로 전환되는 열량은 적다. 열의 손실 중에서도 연소실 주위의 냉각을 위한 손실열량과 배기관으로부터 배출되는 열량이 더욱 크다. 기관의 냉각작용은 냉각매질인 氣體(공기) 또는 液體(청수, 해수) 등의 전열현상에 의하여 이루어지며 따라서, 이에 관한 현상을 보다 명확하게 해석하여 합리적인 냉각을 함으로써 냉각에 의한 열의 손실을 보다 적게 하여 유효일의 증가를 도모하지 않으면 안 된다.

(1) 機關冷却의 基礎事項

기관의 냉각방식에는 水冷(water cooling)式과 空冷(air cooling)式이 있다. 일반적으로 陸上에서 널리 채용되고 있는 수냉식에는 냉각매질로서 청수가

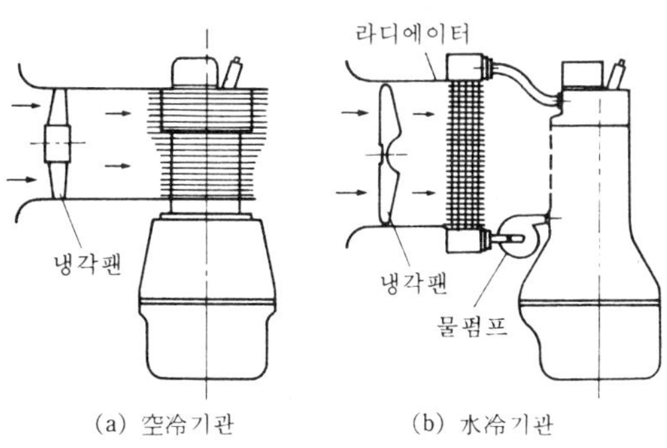

그림 9-29 기관냉각방식의 비교(요령도)

쓰여지고, 熱交換器(heat exchanger)로서 라디에이터(radiator)를 사용하여, 공기에 의하여 열을 대기중에 방산시키고 있다. 따라서, 수냉식도 결국은 냉각수를 공기로 냉각시키므로 넓은 의미로는 공랭식이라고도 할 수 있다. 그림 9-29는 기관의 냉각방식을 비교한 것이고 다만, 선박용 기관 중에는 냉각수의 방열을 공기 대신 海水를 쓰는 방식과, 냉각수에 직접 해수를 써서 기관을 냉각하는 방식도 있다.

1) 냉각매질

물이나 공기를 써서 실린더나 헤드로부터 열을 운반할 때 물 또는 공기의 어느 쪽의 매질을 사용하는 편이 유리한가는, 이들 매질의 物性値를 비교 검토하여 냉각효율의 우열을 결정하고, 또한 냉각장치로서 필요한 부품(물펌프, 라디에이터, 냉각팬, 구동장치 등)의 원가면도 계산에 넣어서 선정하여야 한다. 표 9-1은 물과 공기의 물성치를 나타낸 것으로, 표로부터 공기의 열전도율 λ는 물의 약 1/23, 溫度傳導率(열확산율 또는 온도전파율, thermal diffusivility) a는 약 1/160, 또 1〔℃〕만큼 가열된 1〔m³〕의 물은 1〔m³〕인 공기의 4000배의 열을 방출하는 것이 되어서, 동일치수의 기관일 경우 공랭식은 수냉식에 비하여 보다 많은 공기량을 실린더에 보내야 한다는 것을 알 수 있다. 따라서, 冷却媒質로서의 공기는 물에 비하여 불리하다. 여기의 온도

表 9-1 물과 공기의 물성치

물질	t 〔℃〕	〔kgf/m³〕 ρ 〚kg/m³〛	λ (kcal/(m·h·℃)) λ' 〚W/(m·K)〛	c_p 〔kcal/(kgf·℃)〕 c_p' 〚kJ/(kg·K)〛	c_v 〔kcal/*(m³·℃)〕 c_v' 〚kJ/(m³·K)〛	$\nu\times10^{-4}$ 〔m²/s〕	$a\times10^{-2}$ 〔m²/h〕
물	20	998.2	0.511 0.594	0.999 4.18	–	0.0101	0.0512
	80	971.8	0.578 0.672	1.003 4.20	974.92 4084	0.00368	0.0593
공기	20	1.166	0.0221 0.026	0.240 1.00	–	0.156	7.89
	80	0.968	0.0260 0.030	0.241 1.01	0.241 1.01	0.217	11.10

* 표는 Mackerle, J.: Luftgekühlte Fahrzeugmotoren

전도율 a는 다음과 같은 의미를 갖는다. 즉 a는 $a=\lambda/(c_p\gamma)$ 〔m²/h〕, 〚m²/s〛로 표시되고, 그 특성은 전열능력, 즉 열전도율 λ에 비례하고, 그 물체의 蓄熱能力, 다시 말하면 體積熱容量 $c_p\gamma$에 반비례하여서 a의 값이 클수록 온도 변화가 빠르게 된다. 즉, 정상열전도에서 열전도율 λ가 가지는 의미와 같은 뜻을 비정상열전도에서 가지게 된다.

2) 헤드와 실린더의 적정온도

헤드와 실린더의 온도분포는 그것에 사용되고 있는 金屬材料의 종류나 형상 및 냉각방식 등에 따라서 달라지는 것은 물론이고, 기관 운전시의 여러가지 조건, 즉 대기, 회전속도와 負荷의 크기 등의 조건에 따라서도 크게 달라진다. 또, 헤드나 실린더의 온도는 곳에 따라서 달라지므로, 어느 특정의 위치를 정하고 그곳에서의 온도를 측정하여 부하의 관리를 할 것이 필요하다. 그 때, 사용되는 재료나 윤활유의 耐熱許容溫度 등을 고려하고, 適正溫度 이내로 억제될 수 있도록 냉각장치를 조절하지 않으면 안 된다. 이에 적당한 측정위치로서는 실린더 헤드의 경우는 흡/배 또는 배/배브리지부의 表面溫度를, 또 실린더에 대하여는 피스턴이 상사점의 위치에 있을 때 제1 압축링 부근에서의 실린더 내 표면온도를 측정하면 된다.

表 9-2 헤드와 실린더의 온도〔℃〕

사 용 재 질		헤 드		실 린 더	
		범 위	적 정	범 위	적 정
수 냉	주 철	330～380	350	180～220	200
공 랭	알루미늄	240～280	260	130～170	150
	주 철	270～330	300	160～200	180

1. 헤드는 흡/배브리지 표면온도
2. 실린더는 피스턴 상사점에서의 제1압력링 부근의 내표면온도
3. 기관출력 수냉기관…N_a ≒ 0.23〔PS/cm²〕, 0.17〚kW/cm²〛
   공랭기관…N_a ≒ 0.19〔PS/cm²〕, 0.14〚kW/cm²〛

표 9-2는 헤드와 실린더의 適正溫度로 생각되는 한 예를 표시한 것이다. 그리고 이들 온도의 측정은 수냉기관에서는 쉽지 않으나, 미리 외부에서

쉽게 측정할 수 있는 앞에서의 測定位置에 가까운 대표 위치를 설정하여 두어야 하며, 표 9-3은 공랭기관의 경우이고, 비교적 간단히 실험할 수 있다.

表 9-3 공랭디젤기관의 헤드와 실린더의 실용온도〔℃〕

사 용 재 질		헤 드		실 린 더	
		범 위	적 정	범 위	적 정
알루미늄	200～250	230	100～130	120	
주 철	220～280	250	120～160	140	

1. 헤드의 온도는 배기포트의 아래쪽 냉각핀의 베이스에서 측정한 온도
2. 실린더의 온도는 피스턴 상사점에서 제1압축링 부근에 해당되는 냉각핀 베이스에서의 온도
3. 기관출력 N_a ≒ 0.19〔PS/cm²〕, 0.14⟦kW/cm²⟧

3) 냉각손실열량

연소실 내에서 발생되는 총열량에 대한 열정산은 앞에서 설명되었으며, 일반적으로 冷却系統에 의하여 손실되는 열량의 비율은 가솔린기관에서는 총발생열량의 20～40〔%〕, 디젤기관에서는 25～30〔%〕이다. 지금 두 기관에서의 冷却損失熱量을 각각 Q_{cG}, Q_{cD}, 燃料消費率을 b_e〔gf/PSh〕라고 하면 다음 식으로 표시된다.

$$\left.\begin{aligned} Q_{cG} &= (0.20\sim0.40)\, b_e N_e H_l \times 10^{-3} \text{〔kcal/h〕}, \times 4.19 \text{⟦KJ/h⟧} \\ Q_{cD} &= (0.25\sim0.30)\, b_e N_e H_l \times 10^{-3} \text{〔kcal/h〕}, \times 4.19 \text{⟦KJ/h⟧} \end{aligned}\right\} \cdots (9\text{-}27)$$

Mackerle은 냉각방식이 다른 많은 가솔린기관과 디젤기관(표 9-4)에 대하여 熱負荷, 연소실 표면적 및 냉각열량 등의 特性値를 구하고(표 9-5), 냉각장치에 의하여 방열되는 열량 Q_c의 계산식으로써 다음 식을 제안하고 있다.

$$Q_{cG} = 0.0949\, z\, d^{1.73}\, l^{0.575}\, n^{0.71} \left(1 + 1.5\frac{l}{d}\right) (\varepsilon - 1)^{-0.286}$$

$$\text{〔kcal/h〕}, \quad \times 4.19 \text{⟦kJ/h⟧} \cdots\cdots (9\text{-}28)$$

$$Q_{cD} = 0.0637\, z\, d^{1.73}\, l^{0.575}\, n^{0.71} \left(1 + 1.5\frac{l}{d}\right)$$

〔kcal/h〕, ×4.19 ⟦kJ/h⟧ ································· (9-29)

여기서 d=실린더직경〔cm〕, l=피스턴행정〔cm〕

n=회전속도〔rpm〕, z=실린더수, ε =압축비

또한 Mackerle 은 많은 기관에 대하여 한 실험결과로부터 연소실 표면에의 熱負荷는 약 400000〔kcal/(m^2·h)〕, 465.2⟦kW/m^2⟧에 달하고, 실린더 벽이나 배기 덕트(duct) 표면에의 열부하는 125000〔kcal/(m^2·h)〕, 145.4⟦kW/m^2⟧ 이하인 것으로 설명하고 있다.

表 9-4 대표적 기관의 제원과 그의 특성치(1)

기 관 명		실린더치수 $Z-d\times l$〔mm〕	단실린더 체 적 V_h〔l〕	단실린더출력 〔PS〕 ⟦kW⟧	출력/회전속도 〔PS/rpm〕 ⟦kW/rpm⟧
수냉식	Ferrari V 12 〔가솔린〕	V12－80×74.5	0.38	27.5 20.2	330/6200 243/6200
	Maybach MD650 〔디 젤〕	V12－180×200	5.38	100 73.6	1200/1600 883/1600
공랭식	Tatra T603 〔가솔린〕	V8－75×72	0.32	12.5 9.2	100/4800 73.6/4800
	Tatra 108 〔디 젤〕	V8－110×130	1.23	15.6 11.5	125/2000 92/2000

(Mackerle, J.)

表 9-5 대표적 기관의 제원과 그의 특성치(2)

기 관 명		비출력 〔PS/L〕 ⟦kW/L⟧	평균유효압력 〔kgf/cm^2〕 ⟦MPa⟧	열 부 하 〔kcal/(m^2·h)〕 ⟦kW/m^2⟧	연소실 표면적 A_B〔cm^2〕	냉각열 〔kcal/h〕 ⟦MJ/h⟧
수냉식	Ferrari V 12 (가솔린)	73.5 54.1	10.7 1.05	546000 635	194	10420 44
	Maybach MD650 (디 젤)	18.6 13.7	10.6 1.04	339000 394	1119	37920 159
공랭식	Tatra T 603 (가솔린)	39.4 29.0	7.4 0.73	274000 319	173	4750 20
	Tatra 108 (디 젤)	12.7 9.3	5.7 0.55	143000 166	414	5915 25

(Mackerle, J.)

4) 냉각면적

앞에서 설명한 냉각되어지는 열량의 방산에 관여되는 冷却面積의 크기는 기관의 종류, 연소실의 형상, 실린더 헤드의 구조, 피스턴 행정의 장단, 평균유효압력, 회전속도, 냉각방식과 그 용량 및 사용재료의 耐熱能力의 정도 등에 따라서 결정되어진다.

a) 수열면적

연소열이 작용하는 受熱面積은 9-2에서 설명한 바와 같이, 피스턴 헤드부와 헤드 내면과 같이 항시 변화하지 않는 면적과, 실린더와 같이 피스턴의 이동에 따라 변화하는 부분이 있다. Mackerle은 이 변화하는 실린더 내벽면적의 유효부를 피스턴 行程의 1/2까지로 하여 受熱內表面積 A_B〔cm^2〕를 다음 식으로 표시하고 있다.

$$A_B=2\left(\frac{\pi d^2}{4}\right)+\pi d\frac{l}{2}\ 〔cm^2〕 \cdots\cdots (9\text{-}30)$$

앞에서 표 9-5 중의 A_B는 이 식으로 구한 값이다.

b) 방열면적

수냉, 공랭의 어느 기관에서나 앞에서의 受熱面積 A_B에 전달되는 열유속은 벽을 통과하여 冷却媒質에 전달된다. 이 때 수냉기관에서는 먼저 냉각수에 전달되고, 이어서 열교환기를 통하여 공기중에 방열, 발산된다. 한편, 공랭기관에서는 실린더 배럴 외표면에 마련된 냉각핀(cooling fin) 표면으로부터 직접 공기 중에 방열된다. 따라서, 냉각에 소요되는 放熱面積으로서는 수냉기관에서는 냉각수에 직접 닿는 헤드 연소실의 외주와 실린더 외측면으로 되어서, 식 (9-30)으로 표시되는 면적 A_B의 몇 〔%〕만큼의 증가에 지나지 않는다. 한편, 공랭기관에서는 A_B에 대한 외측면 외에, 그 면에 마련된 많은 냉각핀의 전표면적이 추가되며, 이 방열면적의 대소는 기관의 냉각에 큰 역할을 하는 것이 된다.

수냉기관의 냉각수가 보통의 유속 0.5～1.0〔m/s〕 정도로 흐르고 있을 때, 물의 熱傳達率 α는 5000～6000〔kcal/(m^2·h·℃)〕, 5.82～6.98⟦kW/(m^2·k)⟧ 정도이나, 공랭기관의 冷却空氣가 풍속 18～22〔m/s〕 정도로 보내진다고 할

때 공기의 열전달률 α는 100~200〔kcal/(m²·h·℃)〕, 0.12~0.23〚kW/(m²·K)〛 가량이다. 따라서, 공기의 열전달률 α를 평균할 때 물의 약 1/37이 되므로 공랭식에서는 냉각면적을 되도록 많이 설치해야 할 필요가 있다.

Yacledge는 공랭식 실린더에 대하여 그 체적당의 所要放熱面積 A_L〔cm²〕의 계산식으로 다음 식을 제안하고 있다.

$$A_L = C\left(N_L\, d\sqrt{\frac{l}{d}}\right)^2 \ [\mathrm{cm^2}/l] \quad \cdots\cdots (9\text{-}31)$$

여기서 C=계수=0.1~0.3……고속차량용기관, 고성능공랭디젤기관
=0.3~0.7……일반동력용기관, 보통성능공랭디젤기관
$N_L = N_e/V_h$=실린더 체적당 출력〔PS/l〕,×0.736〚kW/l〛

表 9-6 계수 C의 값

기관형식명칭	d〔cm〕	l〔cm〕	N_L〔PS/l〕 N_L'〚kW/l〛	A_L〔cm²/l〕	C
Deutz FL 614	11	14	16.5,12.1	4740	0.113
Enfield AVA 1	8.5	10	13.2, 9.7	3000	0.202
Hatz E 80	8	10	12.0, 8.8	8000	0.695
고마스 6T 120	12	13	16.4,12.1	8370	0.199
Petter AVA 1	8	11	8.2, 6.0	2000	0.338
Stihl 131 A	9	12	15.8,11.6	7720	0.290
러시아 AB-13	9	11.5	9.6,7.1	6580	0.690
Warchalowski SV 2	8	9	14.0,10.3	5600	0.396

$A_L=C(N_L\cdot d\sqrt{l/d})^2$, A_L…실린더 체적당의 냉각면적, N_L…리터마력$=N_L=N_e/V_h$

表 9-7 냉각-수열 면적비

기 관 명	d〔mm〕	l〔mm〕	전면적 A_c〔cm²〕		면적비
			내부 A_{ci}	외부 A_{co}	A_{co}/A_{ci}
Napier (水)	108	88.9	334	2930	8.8
Franklin (空)	117.5	101.6	404	6950	17.2
Wright (空)	155.6	174.6	807	23900	29.6

(Mackerle, J.)

표 9-6은 실제기관에 대하여 계수 C의 값을 구한 결과로서, $C < 0.3$인 기관은 강력한 冷却裝置를 갖추고 있으나, $C \fallingdotseq 0.7$의 Hatz E 80과 러시아 AB－13은 어느 것이나 보통의 냉각방식을 채용하고 있는 기관이다. 표 9-7은 공랭가솔린기관에 대하여 헤드와 실린더 내외의 면적비를, 또 표 9-8은 헤드와 실린더로 나눈 냉각면적을 나타낸 것이다.

表 9-8 냉각면적의 분포

기 관 명	실린더 체 적 V_h〔CC〕	헤드냉각면적 A_{ch}〔cm²〕		실린더냉각 면적 A_{cb}〔cm²〕		전 체 A_c〔cm²〕 ($A_{cb}+A_{ch}$)	면적비 A_{ch}/A_{cb}	면적－체적비 A_c/V_k	면적－출력비 A_c/〔HP〕 ⟦kW⟧
		전체	핀	전체	핀				
Napier (水)	814	3670	3340	2070	1740	5740	1.77	7.05	355,476
Franklin (空)	1102	4330	3760	2600	2220	6930	1.67	6.29	280,375
Wright (空)	3320	－	15500	8450	8450	23950	1.83	7.19	180, 24

(Macherle, J.)

(2) 실린더의 傳熱過程

기관의 실린더나 헤드로부터 냉각매질로의 전열과정은 그것을 구성하는 材質 자체로부터 각각의 냉각방식에 따라서 열은 매질에 의하여 외부의 저온부로 운반된다.

1) 열전달에 관한 알루미늄 대 주철

기관에 쓰여지고 있는 재질의 傳熱性能은 그것들의 熱的特性에 의하여 결정된다. 표 9-9는 알루미늄의 대표인 실루민(Si＝12.5, Cu＝1.0)과 주철(C＝4)의 열적특성을 나타낸 것이다. 표로부터 주철의 비열 c는 알루미늄의 약 50〔%〕, 열전달률 λ는 불과 38〔%〕, 온도전도율 a는 0.3〔%〕로 되어 있어서, 열적성질로서 주철은 알루미늄보다 약간 떨어진다는 것을 알 수 있다.

Moore 등이 자동차용 수냉가솔린기관(V8－ϕ101.6×82.6, 270〔PS〕, 199⟦kW⟧)의 헤드를 알루미늄과 주철로 제작하여 연소실 주변과 베어링 및

表 9-9 알루미늄과 주철의 열적특성치

재 질	γ 〔kgf/m³〕 ρ ⟦kg/m³⟧	c〔kcal/(kgf·℃)〕 c' ⟦kJ/(kg·K)⟧	λ〔kcal/(m·h·℃)〕 λ' ⟦W/(m·K)⟧	a〔m²/h〕
알루미늄	2660	0.207 0.87	118 137	0.21
주 철	7270	0.10 0.42	45 52	0.061

알루미늄(실루민) Si=12.5, Cu=1.0, 주철 C=4

냉각수의 온도 등을 연속 기록하면서 走行試驗한 결과에 따르면 차속 50～130〔km/h〕로 주행 중 연소실벽 온도는 알루미늄이 158〔℃〕, 주철의 경우는 217〔℃〕이고, 베어링온도는 알루미늄기관이 주철기관보다 11～16〔℃〕 낮은 값을 나타낸 것으로 보고되고 있다.

또, 그림 9-30에 표시된 측정법으로 배기밸브 시트 부근의 熱流束을 측정한 결과 양 기관이 모두 같고, 車速 48〔km/h〕에서는 67000〔kcal/m²〕,

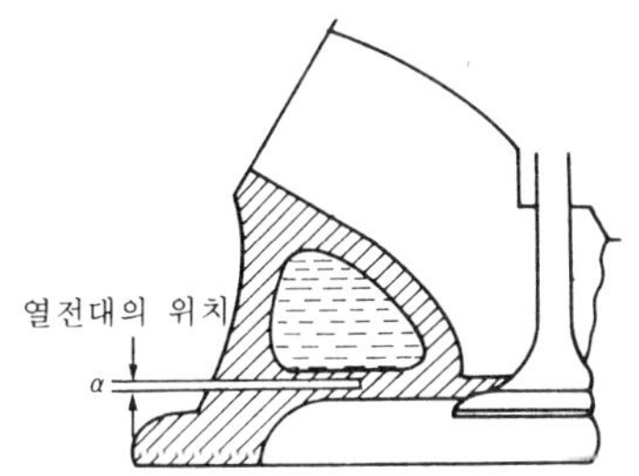

그림 9-30 열유속의 측정

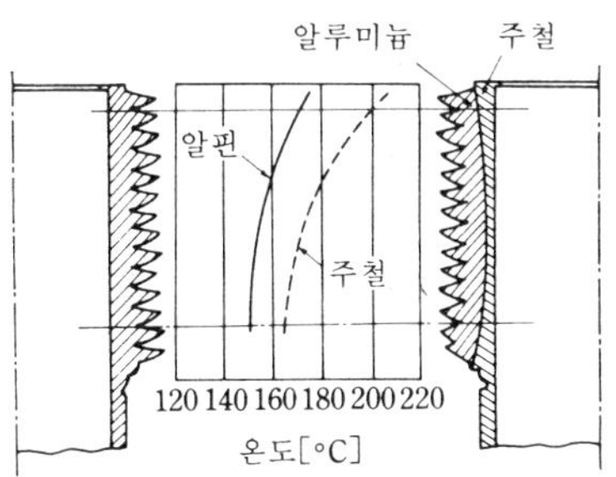

(a) 주철 실린더 (b) 온도의 비교 (c) 알핀 실린더

그림 9-31 주철실린더와 알핀 실린더의 온도비교
Güldner 디젤기관 출력 8.5〔PS〕, 6.3⟦kW⟧/2000〔rpm〕

280〚MJ/m²〛, 130〔km/h〕에서는 187000〔kcal/m²〕, 783〚MJ/m²〛이며 이 때의 연소실벽 부근에서의 냉각수의 유속은 0.315〔m/s〕이었던 것으로 보고되어 있다.

極小形 空冷機關의 실린더에는 일반적으로 주철이 쓰여지나, 특히 냉각 효과를 얻기 위하여 냉각핀의 부분을 그림 9-31 (b)에 나타낸 바와 같은 알루미주철로 한 실린더가 사용된다. 이 실린더는 알핀 프로세스(alfine process)에 의하여 주조되어 있으며, 금속조직적으로 알루미늄과 주철이 용착되어 있어서 열전도가 좋은 것으로 되어 있다. (c)의 배럴벽온의 비교에서 제1과 제2핀의 베이스에서의 벽온은 알핀 배럴쪽이 약 30〔℃〕 낮은 것을 알 수 있다.

2) 연소실벽의 전열

연소실 내에서 폭발 연소하여 발생된 연소가스의 온도는 가솔린기관에서는 약 2000〔℃〕, 디젤기관에서는 약 2200〔℃〕 정도로, 유효일의 行程末頃인 후기의 가스온도는 가솔린기관에서 약 700〔℃〕, 디젤기관의 경우는 500~600〔℃〕로 되어서 실린더 밖으로 배출된다. 연소실 내에서 발생된 대부분의 열량은 주로 피스턴 헤드부에 전달되나, 발생열의 어느 양은 연소실 주위의 벽에 전도, 對流 및 輻射 등에 의하여 전달되어 열손실로 된다. 지금, 수냉기관의 연소실벽의 내외에 있어서의 전열 양상을 미시적으로 나타내면 그림 9-32와 같이 된다. 연소가스측의 내벽에서 헤드에는 카본이, 그리고

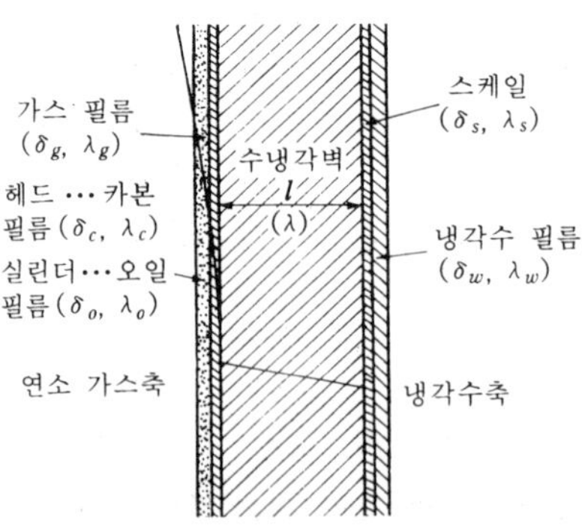

그림 9-32 수 냉각벽을 통한 열통과와 온도구배

실린더에는 유막이 형성되어 있고, 그 내측에는 거의 움직이지 않는 연소가스가 존재하고 있는 것으로 생각된다. 또, 벽의 외측에는 스케일(scale)이 부착되고, 다시 그의 바깥쪽에는 유동하지 않는 냉각수의 막이 존재하고 있다. 이와 같은 상태하에서 연소가스의 열은 벽의 안쪽으로부터 바깥쪽으로 통과한다.

지금 헤드와 실린더의 벽두께를 각각 l_D, l_Z, 熱傳導率을 λ_D, λ_Z, 通過面積을 A 라고 하면, 통과될 열량 Q_c는 식 (9-4)로부터 $\Delta\tau=1$ 이라고 할 때, 다음 식으로 된다.

$$Q_c=KA\,(t_g-t_c)\ \text{〔kcal〕},\ [\![\text{kJ}]\!]$$

이 벽의 내측에서의 가스, 카본, 유막의 두께 및 외측에서의 스케일, 冷却水膜의 두께를 각각 δ_g, δ_c, δ_o, δ_s, δ_w, 이것들에 대응하는 열전도율은 λ_g, λ_c, λ_o, λ_s, λ_w 라고 하면 全熱通過抵抗 r는 다음 식으로 표시된다.

$$r=\frac{1}{\alpha_g}+\frac{l}{\lambda}+\Sigma\frac{\delta}{\lambda}+\frac{1}{\alpha_w} \quad \cdots\cdots (9\text{-}32)$$

따라서, $\Sigma(\delta/\lambda)$는 다음 식으로 고쳐 쓸 수 있다.

$$\left.\begin{aligned}&\text{헤드의 경우} \quad \Sigma\frac{\delta}{\lambda}=\frac{\delta_g}{\lambda_g}+\frac{\delta_c}{\lambda_c}+\frac{\delta_s}{\lambda_o}+\frac{\delta_w}{\lambda_w}\\&\text{실린더의 경우} \quad \Sigma\frac{\delta}{\lambda}=\frac{\delta_g}{\lambda_g}+\frac{\delta_o}{\lambda_o}+\frac{\delta_s}{\lambda_s}+\frac{\delta_w}{\lambda_w}\end{aligned}\right\} \quad \cdots\cdots (9\text{-}33)$$

열통과율 K는 다음 식으로 된다.

$$\left.\begin{aligned}&\text{헤드의 경우} \quad K_D=\frac{1}{r_D}=\frac{1}{\left(\dfrac{1}{\alpha_g}+\dfrac{l_D}{\lambda_D}+\Sigma\dfrac{\delta}{\lambda}+\dfrac{1}{\alpha_w}\right)}\\&\text{실린더의 경우} \quad K_D=\frac{1}{r_Z}=\frac{1}{\left(\dfrac{1}{\alpha_g}+\dfrac{l_Z}{\lambda_Z}+\Sigma\dfrac{\delta}{\lambda}+\dfrac{1}{\alpha_w}\right)}\end{aligned}\right\} \quad \cdots (9\text{-}34)$$

3) 냉각핀 부착벽으로부터의 전열

공랭기관의 경우는 연소실 주변, 즉 헤드나 실린더벽의 외부로의 放熱을 위한 많은 냉각편을 마련하고, 이들 핀의 주위에 공기를 흐르게 하여 기관의 冷却을 한다. 이 경우의 열전달은 연소실벽을 통한 熱通過, 핀 내의 열전도 및 핀으로부터 공기로의 순서로 열전달이 이루어진다.

a) 벽을 통한 열통과

열이 두께 l 인 벽의 내부로부터 외부의 공기로 전달될 때 벽의 外周面積을 A_a, 冷却空氣溫度를 t_a, 熱傳達率을 α_a 라고 하면, 수냉각의 경우와 같이 冷却熱量 Q_c 는 다음 식으로 표시된다.

$$Q_c = KA_a(t_g - t_a) \text{〔kcal/h〕, 〚kJ/h〛} \quad \cdots\cdots (9\text{-}35)$$

여기서

$$K = \text{열통과율} = \frac{1}{\left(\dfrac{1}{\alpha_g} + \dfrac{l}{\lambda} + \dfrac{1}{\alpha_a}\right)} \quad \cdots\cdots (9\text{-}36)$$

윗식으로부터

$$\frac{Q_c}{K} = A_a(t_g - t_a) = Q_c\left(\frac{1}{\alpha_g} + \frac{l}{\lambda} + \frac{1}{\alpha_a}\right)$$

$$\therefore \frac{Q_c}{\alpha_g} + Q_c\frac{l}{\lambda} + \frac{Q_c}{\alpha_a} = A_a\left[(t_g - t_1) + (t_1 - t_2) + (t_2 - t_a)\right] \quad \cdots\cdots (9\text{-}37)$$

여기서 t_1 = 내벽의 온도, t_2 = 외벽의 온도

따라서, 윗식으로부터 벽을 통한 열 통과현상은 다음의 3단계로 나누어진다.

① 온도 t_g 인 연소가스로부터 온도 t_1 인 벽의 내면으로의 열전달

② 두께 l 인 벽의 내외의 온도차 $t_1 - t_2$ 에서의 열전도

③ 온도 t_2 인 벽의 외면으로부터 t_a 의 냉각공기로의 열전달

이 양상을 도식으로 표현한 것이 그림 9-33이다. 이 3단계 중 ②에서의 벽내외의 온도차 $t_1 - t_2$ 는 熱負荷 Q_c 가 주어지면 使用材料의 λ 와 두께 l 로부터 식 (9-37)을 써서 다음 식으로 구하여진다.

$$t_1-t_2=\frac{Q_c}{A_a}\ \frac{l}{\lambda}\ [℃] \cdots\cdots (9\text{-}38)$$

③에서의 온도차(t_2-t_a)는 냉각핀의 재질, 형상, 풍량, 풍압 등 냉각장치의 冷却能力에 의하여 결정되어진다.

지금, 가솔린기관(V_h=0.75〔l〕, ε=5.5)의 헤드(알루미늄, l=0.05〔m〕)와 실린더(주철, l=0.007〔m〕)에 대하여 식 (9-38)을 써서 t_1-t_2의 값을 구한 결과를 표 9-10에 표시하며, 표 중에서 Q_c는 平均熱負荷이다. 표로부터 벽의 양측의 온도차가 같은 정도로 되기 위하여서는 헤드의 벽두께는 실린더의 약 2배로 됨을 알 수 있다.

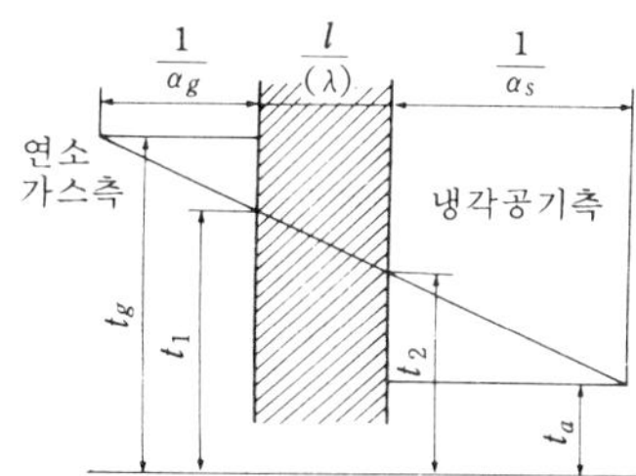

그림 9-33 공기냉각벽을 통한 열통과의 도식표현

表 9-10 헤드와 실린더의 열부하와 벽의 두께

실 린 더	l 〔m〕	λ〔kcal/(m·h·℃)〕 λ′〚W/(m·K)〛	Q_c〔kcal/(m₂·h·℃)〕 Q_c'〚kW/(m₂·K)〛	t_1-t_2 〔℃〕
헤 드 (알루미늄)	0.015	133 155	200000 233	22.6
배 럴 (주 철)	0.007	42 49	138000 160	23

b) 냉각핀 내의 열전도

냉각핀으로부터 방열되는 열량 Q_f는 핀의 表面積을 A_f, 平均溫度를 t_f, 핀으로부터 공기로의 열전달률을 α_f라고 하면, 다음 식으로부터 구해진다.

$$Q_f=\alpha_f\ A_f\,(t_f-t_a)\ [\text{kcal/h}],\quad 〚\text{kJ/h}〛 \cdots\cdots (9\text{-}39)$$

α_f를 구하기 위하여 많은 학자들이 핀붙임 圓柱管을 사용하여 연구한 실험식을 발표하고 있으며, 그 대표적인 것으로 다음의 3개를 들 수 있다.

$$\left.\begin{array}{lll} \text{① Nusselt} & \alpha_{f(\mathrm{Nu})}=0.0346\dfrac{\lambda}{d}\left(\dfrac{z}{d}\right)^{-0.05}\left(\dfrac{wd}{a}\right)^{0.79} \\ \text{② Jeschke} & \alpha_{f(\mathrm{Je})}=\left(0.0392+0.139\dfrac{d}{D}\right)\dfrac{\lambda}{d}\left(\dfrac{wd}{a}\right)^{0.76} \\ \text{③ KrauBold} & \alpha_{f(\mathrm{Kr})}=0.024\dfrac{\lambda}{d}\left(\dfrac{wd}{\nu}\right)^{0.8}\left(\dfrac{\nu}{a}\right)^{0.37} \end{array}\right\} \quad \cdots\cdots (9\text{-}40)$$

여기서 d=원주관의 직경〔m〕,

λ=공기의 열전달률=0.0213〔kcal/(m·h·℃)〕, 0.0248〚W/(m·〔K〕)〛

z=측정점까지의 거리

w=핀틈새를 통과하는 공기의 평균속도〔m/s〕

D=핀의 평균직경〔m〕, $\nu=\dfrac{\mu}{\rho}$=동점성계수,

μ=점성계수, ρ=공기밀도

$a=\dfrac{\lambda}{c_p\,\gamma}$=온도전달률〔m²/h〕,

γ=공기의 비중량〔kgf/m³〕

(i) 핀의 형상

핀의 形狀을 구하기 위한 環狀핀의 열전달에 관한 기초이론에는 많은 연구결과가 발표되어 있으나, 여기서는 간단한 理想핀의 단면형상의 계산에 대하여 설명한다. 먼저 다음과 같은 가정을 설정한다.

① 핀의 높이에 직각방향의 온도분포는 일정한 것으로 한다.

② 핀의 표면으로부터의 방열량은 표면과 주위의 공기와의 온도차에 정비례한다.

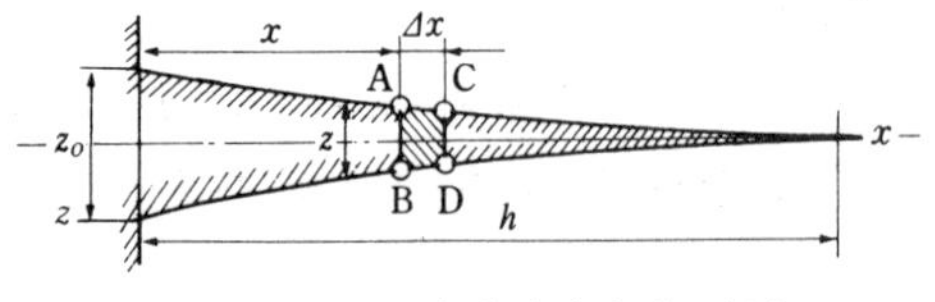

그림 9-34 이상냉각핀의 단면

그림 9-34에서 임의의 단면 AB의 온도를 θ라고 하면, 표면 $\overline{AC}$와 $\overline{BD}$로부터 單位時間에 손실되는 열량은 $2\alpha_f \cdot \theta \cdot \Delta x$로 된다. 여기서 θ는 핀과 冷却空氣와의 온도차를 나타내는 것으로 한다. 이 열량은 단위시간에 단면 AB$=z$로부터 유입되는 열량과 단면 CD로부터 유출되는 열량과의 차와 같아진다. 지금 핀의 열전도율을 λ_f라고 하면

$$\text{AB로부터 流入되는 열량} = \lambda_f z \left(\frac{d\theta}{d\chi} \right) \cdots\cdots (9\text{-}41)$$

$$\text{CD로부터 유출되는 열량} = \lambda_f \left(z + \frac{dz}{dx} \Delta x \right) \left(\frac{d\theta}{dx} + \frac{d^2\theta}{dx^2} \Delta x \right) \cdots (9\text{-}42)$$

로 된다.

위의 2식의 차는 $2\alpha_f \cdot \theta \cdot \Delta x$와 같아질 것이므로 $(\Delta x)^2$의 항을 생략하고, 다음 식

$$2\alpha_f \theta = \lambda_f \left(z \frac{d^2\theta}{dx^2} + \frac{dz}{dx} \frac{d\theta}{dx} \right) \cdots\cdots (9\text{-}43)$$

가 얻어진다. 핀 베이스의 온도를 θ_0, 溫度降下係數를 ε이라 하면, 핀의 높이 방향에 따라서의 온도분포는 다음 식으로 주어진다

$$\theta = \theta_0 (1 - \varepsilon x) \cdots\cdots (9\text{-}44)$$

따라서

$$\frac{d\theta}{dx} = -\varepsilon \theta_0 \qquad \therefore \frac{d^2\theta}{dx^2} = 0 \cdots\cdots (9\text{-}45)$$

그러므로 위의 두 식을 써서 식 (9-43)을 고쳐 쓰면

$$2\alpha_f \theta_0 (1 - \varepsilon x) = -\lambda_f \varepsilon \theta_0 \frac{dz}{dx}$$

$$\therefore \frac{dz}{dx} = -\frac{2\alpha_f}{\lambda_f \varepsilon} (1 - \varepsilon x)$$

$$\therefore z = -\frac{2\alpha_f}{\lambda_f \varepsilon} \left(x - \frac{\varepsilon x^2}{2} \right) + C \cdots\cdots (9\text{-}46)$$

으로 된다. 여기서 C=정수

지금 핀 베이스 두께를 z_0 라고 하면, $x=0$ 일 때 $z=z_0$ 로 되고, 앞의 식은 다음 식과 같이 고쳐 쓸 수 있다.

$$z=\frac{\alpha_f x^2}{\lambda_f}-\frac{2\alpha_f x}{\lambda_f \varepsilon}+z_0 \quad \cdots\cdots (9\text{-}47)$$

$x=h$ 인 곳에서 $z=0$ 이라고 하면, 위의 식은 다시 다음 식과 같이 된다.

$$\frac{2\alpha_f h}{\lambda_f \varepsilon}=\frac{\alpha_f h^2}{\lambda_f}+z_0 \quad \therefore \varepsilon=\frac{2}{h+\left\{\frac{\lambda_f}{\alpha_f h}\right\}z_0} \quad \cdots\cdots (9\text{-}48)$$

식 (9-44)에서 $x=h$, 즉 핀의 頂點에서 $\theta=0$ 이라고 하면

$$\varepsilon=\frac{1}{h} \quad \cdots\cdots (9\text{-}49)$$

따라서, 위의 식과 식 (9-48)로부터 h 를 구하면 다음 식이 얻어진다.

$$h=\sqrt{\lambda_f \frac{z_0}{\alpha_f}} \quad \cdots\cdots (9\text{-}50)$$

위의 식은 핀의 높이의 極限이고, 이론상 이것 이상은 필요없는 것이 된다.

지금 주철제 실린더를 생각하고 핀의 형상을 구한다. 定數를 다음과 같이 정하여 핀의 형상을 구한다.

$h=2.5$〔cm〕, $z_0=0.4$〔cm〕, 공기속도 $v=200$〔km/h〕$=55.6$〔m/s〕

$\lambda_f=50$〔kcal/(m·h·℃)〕, 58.2⟦W/(m·K)⟧=0.139〔cal/(cm·s·℃)〕,

$\alpha_f=176$〔kcal/(m²·h·℃)〕, 204.7⟦W/(m²·K)⟧=0.0049〔cal/(cm²·s·℃)〕

식 (9-48)로부터

$$\varepsilon=0.28$$

식 (9-47)로부터

$$z=0.0352x^2+0.252x+0.4 \quad \cdots\cdots (9\text{-}51)$$

식 (9-51)로부터 각 x 의 값에 대하여 z 를 구하면 그림 9-35와 같은 理想핀의 斷面形狀이 구하여진다. 이와 같은 形狀으로는 현실적으로 주조나

기계가공이 곤란하여서, 실제로는 끝이 잘린 삼각형(사다리꼴)이나 또는 矩形斷面形狀의 핀이 사용되고 있다.

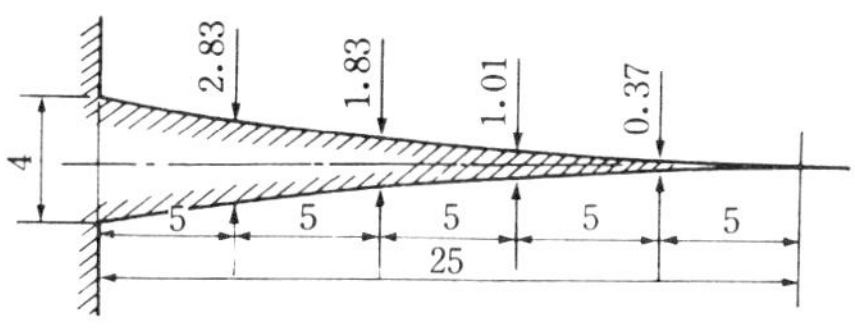

그림 9-35 이상냉각핀의 단면치수

(ii) 핀 틈새에서의 공기의 흐름

핀과 핀과의 사이의 最小틈새의 치수는 각 기관의 冷却條件, 즉 풍속, 풍압 및 유량 등에 따라서 결정되나, 중요한 조건으로서는 냉각을 위한 바람의 흐름이 핀 베이스까지 도달되어야 하는 것이며 그림 9-36은 틈새(interstice or spacing of fins)가 다른 핀 사이의 공기속도의 분포상황을 나타낸 것이다. 이 그림은 풍속 v_s〔m/s〕이 낮고, 또 카울링(cowling)을 설치하지 않은 경우의 실험결과로서, 이와 같은 狀況下(오토바이와 같은 냉각핀이 없는 경우)에서는 핀의 틈새 사이의 치수는 8~12〔mm〕 정도가 적당한 것으로 되어 있다. 그러나 핀의 틈새가 좁은 경우에는 강력한 풍압이 요구되나, 이 경우는 핀의 표면에서의 경계층의 두께가 문제로 제기된다. 또, 카울링이 있는 경우는 그림 9-37 에서와 같은 2重旋回彎曲流(double vortex curved flow)가 생기는 것으로 되어 있다.

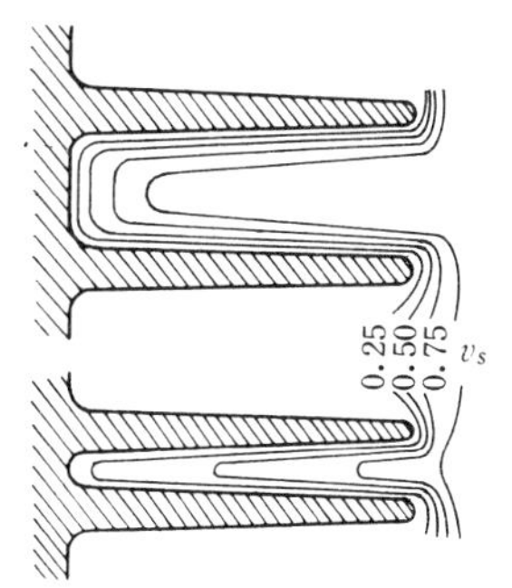

그림 9-36 핀 틈새 사이의 공기속도 분포 v_s=공기속도〔m/s〕

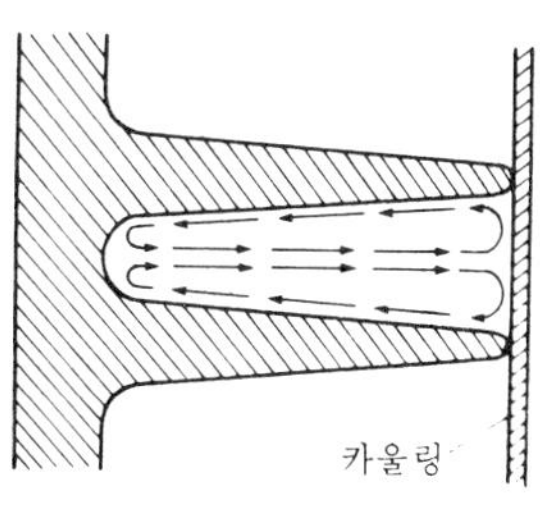

그림 9-37 2중선회만곡류

(3) 機關의 冷却系統

기관을 냉각하는 데는 水冷, 空冷의 2방식이 채용되고 있으나, 앞에서 설명한 바와 같이 어느 경우나 각각 특징이 있어서 우열을 정하기는 어렵다. 다만 공랭식의 경우, 좋은 점은 많으나, 그 특성으로 소형기관이나 또는 특수용도기관에 한하여 이용되고 있고, 전반적으로는 水冷式이 많이 채용되고 있다.

1) 수냉식 기관의 냉각

a) 냉각수의 순환

일반 소형기관이나 陸上定置用 기관에서는 냉각수를 순환시키는 데 물펌프를 사용하지 않고 熱사이펀(thermosyphon)의 원리를 응용한 自然循環方式(natural circulation system)이 쓰여지고 있고, 그 밖의 기관에서는 물펌프를 이용하는 强制循環方式(forced circulation system)이 많다. 그림 9-38은 선박용 기관의 냉각수 순환계통의 예로서, 강제순환방식이 채용되고 있는 경우이다. 냉각수펌프로부터 물은 실린더의 아래 부분으로 유입하고 실린더와 헤드를 냉각시킨 다음 集合管에 모여져서 서머스탯(수온조절기, thermostat)을 통하여 海水를 이용한 열교환기에 들어간 다음 윤활유 냉각기를 거쳐서 물펌프로 유입된다. 실린더를 나온 냉각수의 온도가 낮을 경

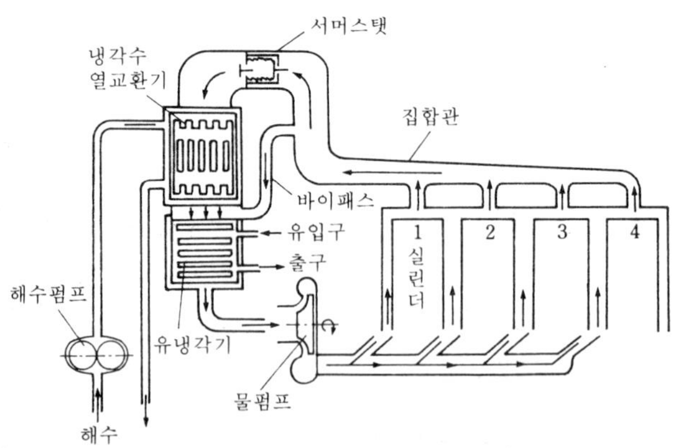

그림 9-38 선박용 기관의 냉각수 순환계통

우에는 열교환기에 들어가지 않고 바이패스되어서 바로 윤활유 냉각기로 들어간다.

기관에 따라서는 동절기에 흡기나 혼합기를 덥게 하기 위하여 흡기매니폴드의 외주에 冷却溫水를 순환시키거나 또는 배기관을 냉각시키기 위하여 2중구조로 하여 냉각수를 순환시키는 예도 있다.

b) 물펌프

물펌프의 형식은 거의가 원심펌프식이며, 소형기관에서는 플런저식 펌프가 쓰여지고 있는 예도 있다. 중·대형기관에서는 기관에 직결된 往復펌프 혹은 回轉펌프 외에 독립된 電動遠心펌프도 사용된다. 펌프의 용량은 일반차량용기관에서는 50~60〔l/(PS·h)〕, 67.9~81.5〚l/(kW·h)〛 정도가 보통이고, 특수기관에서는 배 가까운 양의 80~100〔a17l/(PS·h)〕, 108~136〚l/(kW·h)〛도 있으며, 또 매분당 500~550〔l/min〕, 실린더체적당 20~30〔l/min〕가량으로 되어 있다. 또, 선박용 기관의 물펌프에는 逆轉이 가능한 구조가 채용되는 예도 있다.

c) 열교환기(방열기)

熱交換器는 高溫流體와 低溫流體와의 사이에서 열교환을 한다. 이 때, 유체에는 액체와 액체의 경우와, 액체와 기체의 경우가 있으며, 액체의 수송은 펌프로, 기체는 송풍팬으로 한다. 어느 경우나 열교환기의 素材는 열전도가 좋은 물질이 쓰여지며, 열의 이동을 용이하게 하는 전열식 열교환기이다.

d) 피스턴의 냉각

往復機關에서 피스턴은 열적으로 가장 가혹한 조건하에서 작동되고, 이를 위하여 피스턴은 그 내부에서 윤활유에 의하여 냉각되고 그림 9-39는 냉각방식이 각각 다른 5종류의 피스턴의 熱負荷를 나타낸 것이다. A는 無冷却, B는 커넥팅 로드 小端部로부터의 噴出오일에 의하여 냉각되며, C는 크랭크케이스에 마련된 오일 파이프로부터의 오일에 의한 냉각, D(a)는 피스턴 크라운에 오일 포킷이 마련되어 있는 세이커형(shaker type) 냉각, D(b)는 피스턴 크라운에 오일 파이프를 매몰한 냉각, E(a), (b)는 공히 커넥팅 로드로부터 피스턴 핀을 거쳐서 크라운에 마련된 오일 포킷에 오일이 공급

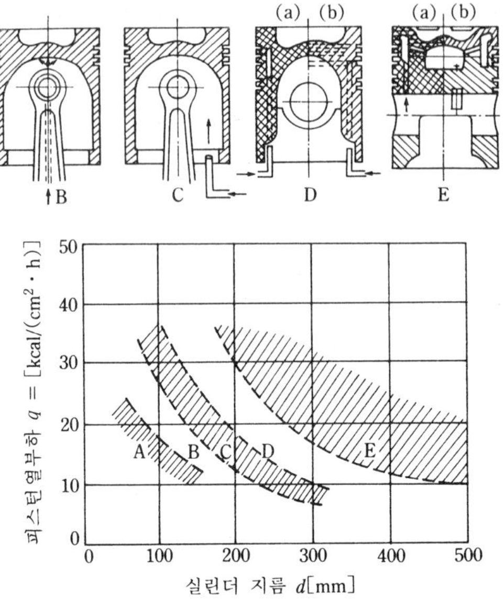

그림 9-39 피스턴냉각과 열부하

되는 세이커형의 냉각이다. 피스턴열부하의 그림에서 A, B, C는 소형기관, D, E는 중·대형기관에 해당하는 것이다.

2) 공랭기관의 냉각

a) 냉각공기의 순환계통

공랭기관의 냉각법에는 自然冷却法과 强制冷却法이 있다. 앞의 것은 오토바이나 스쿠터기관과 같은 極小形機關의 냉각법으로, 정지되어 있는 外氣 속을 기관이 이동함으로써 냉각핀으로부터 열을 외기로 방출하는 데 대하여, 뒤의 것은 定置工業用, 자동차용, 특수차량용 등의 소형기관의 냉각법으로, 송풍팬에 의해 공기를 적극적인 방법으로 실린더에 압송하는 냉각법이다.

그림 9-40은 Deutz V8 기관의 空氣冷却循環系統의 예이다. 그림에서 크랭크축으로부터 유체커플링을 거쳐서 구동되는 송풍팬은 외주의 공기를 빨아들여서 실린더 V 열의 중앙으로부터 양측 실린더에 冷却空氣를 송풍하여 냉각한다. 실린더를 냉각한 공기는 大氣로 방출되나, 그의 일부는 서

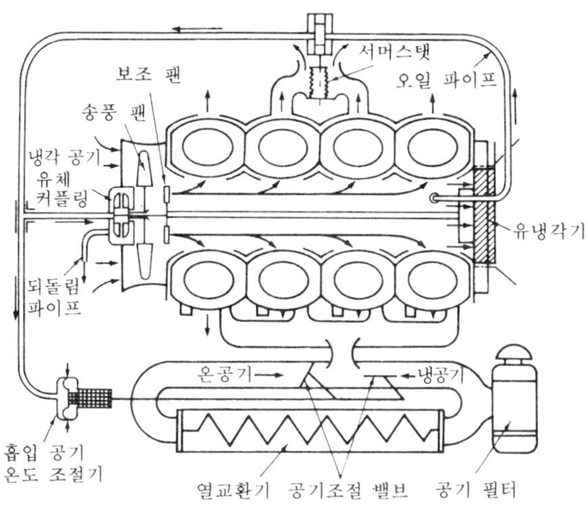

그림 9-40 V8 차량기관의 냉각공기 순환계통 Deutz F 8 L 714 기관

머스탯으로 유도되며 서머스탯은 실린더를 냉각시키고 나오는 공기의 온도를 감지하여서 유체커플링으로 흐르는 오일의 유량을 조절하고, 이로써 송풍팬의 회전속도를 제어한다. 또, 오일의 일부는 吸入空氣·溫度調節器에도 유도되어서 空氣制御밸브를 작동시켜 열교환기를 통하여 실린더로 흡입되는 新氣의 온도를 조절한다. 그리고 윤활유의 냉각기를 필요로 하는 경우는 그림의 가상선으로 표시된 곳에 부착한다.

b) 송풍팬과 그 구동장치

냉각팬에는 軸流와 輻流의 두 형식이 있다. 일반적으로, 효율이 좋은 축류팬이 많으나, 극소형기관에서는 플라이휠과 일체구조이거나 또는 부착식의 폭류팬이 사용되고 있다. 팬의 구동방식으로서는 직접 또는 간접으로 구동하는 기계식과 그림 9-40에서와 같은 유체식이 있고 기계식의 경우는 반드시 완충 스프링이나 고무 등을 써서 충격으로부터 팬을 보호하고 있다.

c) 냉각공기의 유도

공랭기관에서 가장 중요한 사항은 각 실린더 배럴과 헤드에 균등하게 공기를 보내야 하는 것이다. 그러기 위하여 냉각의 最適位置에 송풍팬을 부착하고, 또 실린더 주위에는 공기를 유도하기에 유효한 카울링을 설치하여 실린더 온둘레에서의 온도차를 적게 함으로써 피스턴의 融着을 방지한다. 또, 실린더마다의 均等冷却을 위하여 실린더의 위쪽에는 案內板(guide plate)을, 아래쪽에는 妨害板(buffle plate)을 부착한다.

第10章 機關의 潤滑

내연기관에는 크랭크 기구와 밸브 작동기구 등, 그 밖에도 많은 운동부분이 있고, 그 상호간에는 摩擦現象(friction phenomena)이 있게 마련이다. 往復피스턴과 실린더와의 사이의 문지름摩擦(rubbing friction)과 미끄럼摩擦(sliding friction), 피스턴 핀과 보스 및 커넥팅 로드 소단부 베어링과의 사이나, 밸브 로커암軸과 베어링과의 사이의 搖動摩擦(swinging friction), 또 크랭크축 및 캠축 등 많은 回轉軸類와 각각의 베어링과의 사이의 회전마찰, 밸브 로커 암의 양단부와 밸브 스템단부 및 푸시 로드단부와의 사이의 極壓摩擦(extreme pressure friction), 태핏과 캠과의 사이의 아브래시브마찰(abrasive friction), 밸브 헤드부와 밸브 시트와의 사이의 衝擊摩擦(shock friction), 기어의 물림 부분에서 일어나는 미끄럼과 문지름의 합성으로 되는 마찰 등, 그 마찰현상들은 실로 다양하다. 이들 마찰부는 어떤 방법으로든 마찰손실이 감소되어야 하고 이로써 기계효율을 향상시킴과 동시에 융착현상을 방지하기 위하여 윤활제가 공급되어야 한다.

앞에서 설명한 바와 같이, 내연기관의 윤활은 다른 기구에 비하여 단순하지 않으며, 더구나 다음과 같은 내연기관만이 가지고 있는 특수성이 있다.

① 복잡한 운동이 격한 속도로 반복된다.

② 소형, 경량으로 고출력을 목적으로 하여 마찰면에 작용되는 하중이 크다.

③ 마찰면의 온도가 높아서 윤활유나 재료의 내열성에 따라서 出力性能이 제한된다.

④ 실린더에 많은 양의 오일이 공급되면 그 소비가 과다하게 된다.

⑤ 온도의 분포가 고르지 않아서 熱應力 등으로 변형 등 여러가지 장해를 일으킨다.

⑥ 연소가스는 고온일 뿐 아니라 마찰면에 대하여 有害한 성분을 함유하고 있다.

10-1 潤滑槪論

기관의 윤활을 논하기에 앞서, 기관에 가장 많이 쓰여지고 있는 평베어링(plane bearing)에 대하여 윤활의 개요를 설명한다.

(1) 潤滑의 3가지 形態

오일에 의하여 윤활되고 있는 축과 베어링 사이는 보통 潤滑油膜(lubricating oil film)을 거쳐서 접촉하게 되며, 그 유막의 상태가 변화하는데 따라서 液體潤滑(fluid lubrication or hydrodynamic lubrication), 境界潤滑(boundary lubrication), 固體潤滑(solid lubrication)이라 하고, 각각의 윤활유막을 유체윤활막, 경계윤활막, 고체윤활막이라고 한다.

1) 유체윤활

마찰상태에 있는 고체 Ⅰ, Ⅱ의 2면 사이(그림 10-1)에 流體(액체 또는 기체)가 개재될 때 마찰력 F는 미끄럼 속도 u와 면적 A에 비례하고, 유체(유막)의 두께 h에 반비례하게 되며, 다음 식으로 표시된다.

$$F=\mu A \frac{u}{h} \qquad (10\text{-}1)$$

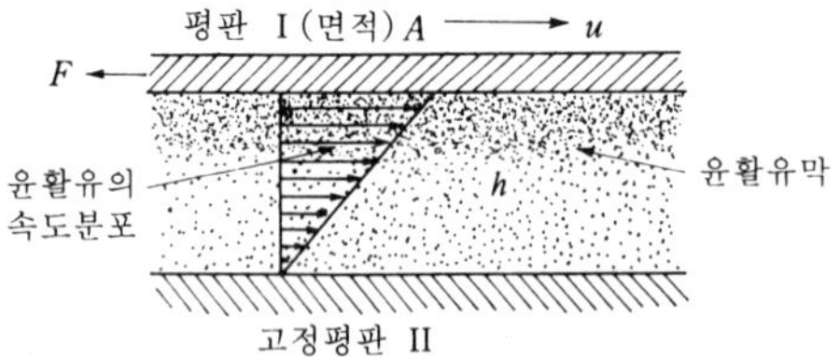

그림 10-1 2면 사이에 개재하는 유막의 거동

윗식은 뉴턴의 流體摩擦法則(Newton's law of liquid friction)으로서 알려져 있다. 식 중 $\frac{u}{h}$ 는 오일의 剪斷速度(속도구배)를 나타낸다.

그림 10-2 (a)는 고체 I, II의 상대하는 면 사이에 존재하는 틈새(parallel gap)의 윤활유막의 상태를 확대한 모형도이다. 각각의 고체표면에는 미세한 오일分子(탄화수소분자)에 의한 경계층이 형성되어서 兩境界層의 사이에는 유동상태의 오일이 개재하게 된다. 이 상태에서는 마찰면이 완전히 떨어져 있게 되어서 마찰저항이 적고, 따라서 마멸이나 융착의 위험이 없으며, 流體潤滑의 상태에 있다고 할 수 있어서, 이와 같은 상태를 完全潤滑이라고 한다.

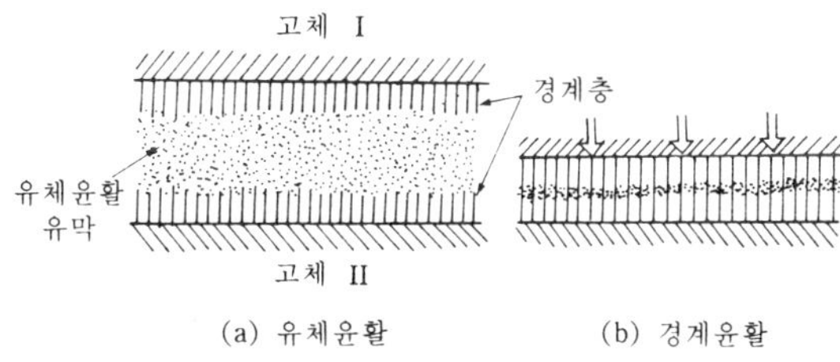

그림 10-2 고체면간의 윤활유 모형도

2) 경계윤활

流體潤滑狀態에 있는 流體油膜은 상대되는 고체에 작용하는 荷重(압력)이 증대되면 유체윤활유막은 압축되어서 (b)의 상태로 된다. 이 때, 고체면에 형성되어 있는 경계층은 사용하는 오일의 유성의 정도에 따라서 고체면에 강력하게 흡착되어 윤활유막이 없어도 고체끼리는 직접 접촉되지 않아서 마찰이나 마멸을 방지할 수 있다. 이 같은 윤활상태를 境界潤滑이라고 한다. 이 상태는 쿨롱의 摩擦法則(Coulomb's law of friction)에 따르는 것으로, 마찰력 F는 하중 P에 비례하고, 고체의 면적 A나 미끄럼속도 u와는 무관하며, f를 비례정수라고 하면 마찰력 F는 다음 식으로 된다.

$$F=f\,P \quad \cdots\cdots (10\text{-}2)$$

이 f는 摩擦係數(coefficient of friction)로서, 오일의 점도보다도 物理化學的 성질이나 고체마찰면의 상태에 따라서 변화한다. 이 경계윤활의 상태는 경계조건이 변하는 데 따라 고체끼리의 마찰로 되어서 융착의 원인이 될 위엄이 있는 불안정한 윤활상태이다. 유체마찰을 完全潤滑이라고 하는 데 대하여 이 경계윤활을 不完全潤滑이라고 한다.

3) 고체윤활

固體潤滑은 윤활제로서 특수한 고체물질, 예를 들면 흑연 등을 마찰표면에 塗布하여서 사용하는 경우의 윤활상태이다. '2) 境界潤滑'과 같은 경계윤활막이 없어져서 고체끼리 직접적으로 접촉하는 것이 아니고, 얇은 금속막이 윤활막을 형성하는 것으로서, 일종의 마찰이 적은 乾燥潤滑이라고 불리는 상태로서, 이 경우도 쿨롱의 마찰법칙에 따른다.

(2) 混合潤滑

모든 기계를 구성하고 있는 軸과 베어링의 접촉면은 보기에는 완전한 평면으로 보이나, 이것을 미시적으로 관찰하면 그림 10-3 에서와 같이 무수한 불규칙적인 凹凸로 되어 있다. 따라서, 윤활의 세 형태가 각각 단독으로 존재하는 것이 아니고 혼합된 형태의 윤활이 이루어지는 것으로 생각된다. 그림 중 1과 7은 고체가 직접 접촉하고, 2, 4 및 6은 流體潤滑이, 또 3과 5는 境界潤滑이 이루어지는 것으로 보여진다. 따라서, 1과 7 사이에서는 경계막이 박리되어서 건조마찰이 발생되고 있는 것으로 보여지며, 결국에는 마찰열로 인하여 融着現象이 일어날 위험이 있다.

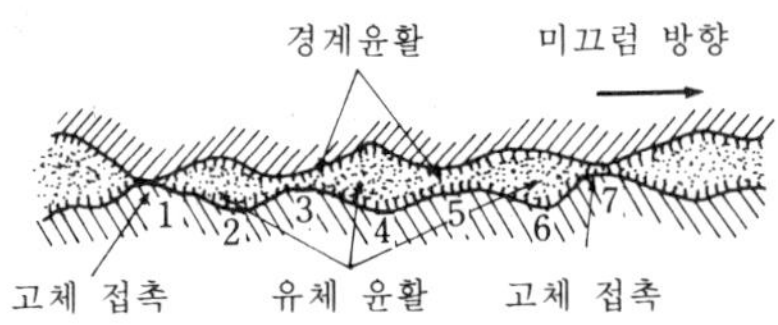

그림 10-3 혼합윤활 모형도

(3) 平베어링 潤滑

베어링에 관한 粘性流體의 이론은 Reynolds 와 Sommerfeld 에 의하여 상세하게 설명되고 있고, 여기서는 극히 간단하게 평베어링의 潤滑概要를 기

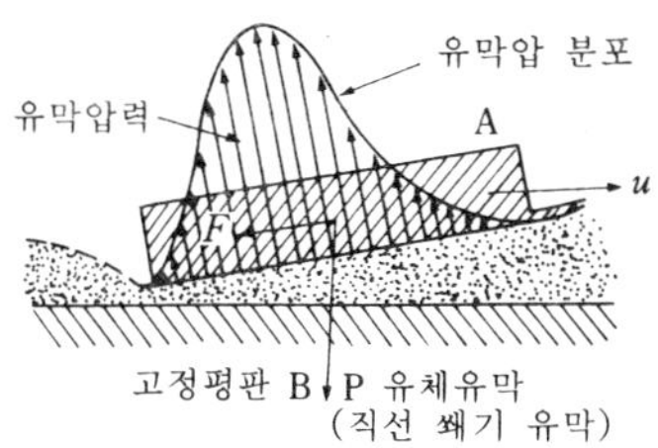

그림 10-4 미끄럼평판의 유막의 거동

술한다.

지금 평베어링의 유막의 거동을 생각하기에 앞서, 그림 10-4 에서 지면에 수직방향으로 펼쳐져 있는 평판 A가 荷重 P를 받으면서 화살표 방향으로 속도 u로서 미끄럼운동을 하고 있는 상태를 생각한다. 이와 같은 상태에서는 A는 油膜의 쐐기 작용(wedge action)에 의하여 떠 있는 상태가 되고, 流體摩擦力 F가 발생되며 이 유막내 마찰력의 발생은 이상적인 윤활상태라고 할 수 있다. 그러나 이와 같은 상태일지라도 하중 P의 증가나 속도 u가 저하됨에 따라서 쐐기형의 유막은 얇아지고 境界潤滑狀態를 거쳐 끝내는 고체끼리의 마찰로 되어서 융착현상을 유발하게 된다.

平베어링(plane bearing)은 미끄럼 베어링(sliding bearing) 또는 저널 베어링(journal bearing)이라고 하며, 기관에는 크랭크축 베어링에서부터 수많이 쓰여지고 있다. 지금 그림에서 평판 A를 둘러싸는 것과 같이 固定平板 B를 둥글게 하고 A를 역방향으로 회전시키면 A는 軸, B는 베어링으로 되어서 그림 10-5 에 표시한 평베어링의 상태로 된다. 그림 10-6은 축이 회전중일 때 油膜部分을 확대한 것으로서, 그림으로부터 볼 수 있는 바와 같이

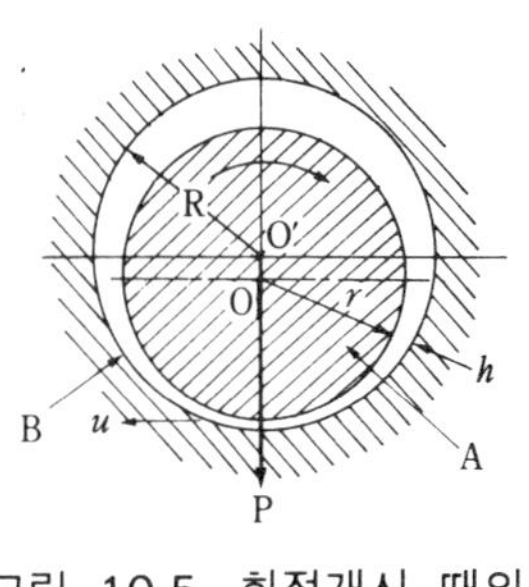

그림 10-5 회전개시 때의 축과 베어링

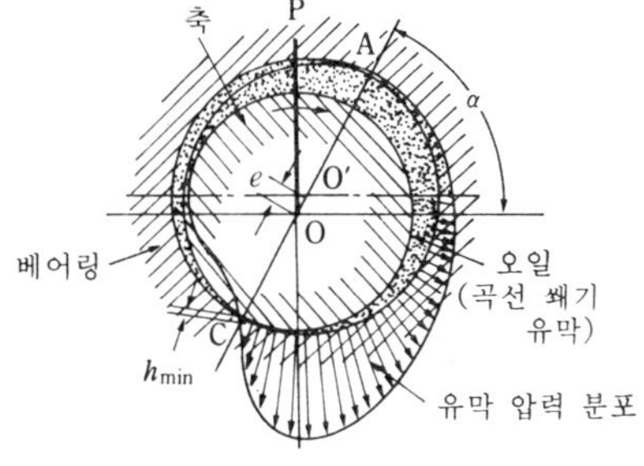

그림 10-6 평베어링의 윤활유막의 거동

평베어링의 경우 유막은 그림 10-4의 직선쐐기 형태로부터 곡선쐐기 형태로 변형된다. 축이 회전함에 따라서 오일은 화살표 방향으로 끌려들어가서 軸은 떠 있는 상태가 되고 완전한 流體潤滑의 상태가 된다. 이 경우 축과 베어링의 중심 O와 O′를 맺는 직선의 경사각 α는 축에 걸리는 荷重이나 회전속도의 크기에 따라서 변화한다. 따라서 유막의 압력분포는 그림과 같은 형태로 된다. 그림 중 最小油膜두께 h_{min}은 베어링의 용도나 사용되는 오일의 油性의 정도에 따라서 또한 달라진다. 일반적으로, 기관의 메인 베어링의 경우는 축의 외경과 베어링 내경과의 차를 약 1/1000 정도로 하고 있다.

지금 완전한 流體潤滑의 상태에 있는 베어링(그림 10-6)에서 剪斷應力 τ는 粘性係數를 μ, 축의 미끄럼속도를 u, 축과 베어링면과의 틈새를 h라고 할 때, 뒤에 설명하는 점성의 관계식인 식 (10-9)로부터 다음 식이 얻어진다.

$$\tau = \mu \frac{u}{h} \qquad (10\text{-}3)$$

軸에 걸리는 荷重을 P, 축의 반경을 r, 길이(지면에 직각방향)를 l이라고 하면, 베어링의 平均壓力 p_m은

$$p_m = \frac{P}{2r\,l} \qquad (10\text{-}4)$$

로 되고, τ와 摩擦係數 f와의 관계는 다음 식으로 표시된다.

$$f = \frac{\tau}{p_m} \qquad (10\text{-}5)$$

식 (10-5)에 τ를 대입하면 다음 식이 얻어진다.

$$f = \frac{\mu\, u}{p_m\, h} = 2\pi r\,\mu \frac{n}{p_m\, h} = \mu\left(\frac{n}{p_m}\right)\left(\frac{\pi\, d}{h}\right) \qquad (10\text{-}6)$$

여기서 $d = 2r$ = 축의 직경, n = 회전속도

지금 $\pi d/h$ = 일정이라고 하면, 윗식은

$$f \propto \mu\left(\frac{n}{p_m}\right) \qquad (10\text{-}7)$$

으로 되어서, f는 $\mu(n/p_m)$의 변화에 따라서 직선적으로 변화한다.

그러나 流體潤滑狀態에 있는 베어링의 실험결과에서는 축에 걸리는 베어링압력 p_m 의 증가에 따라서 유막은 얇아지고 유막층 내의 摩擦抵抗은 감소하여 f는 식 (10-7)에 따르지 않고 그림 10-7 에 나타낸 바와 같은 곡선을 그린다. 즉, f는 AB 곡선에 따라서 감소하고, 점 B 에서 유막의 유출에 의한 f의 저하되는 비율은 적어져서 점 M 에서 최저 $f_{\min}$으로 된다. 그 이후 f는 급증되는 경향을 나타내며, 점 C 에서는 드디어 融着現象을 일으킨다. 따라서, A-B-M 사이에는 境界+流體의 潤滑, M-C 사이는 固體+境界의 潤滑의 상태에 있는 것으로 생각된다. 그리고 이론적으로는 하중 p_m 의 증가와 축의 회전속도 n 의 감소에 따라서, 점 B 로부터 점선에 따라서 f는 감소되어 끝내는 0 으로 된다. 이 A-B-M-C 의 변화되는 현상은 결국 축과 베어링의 양미끄럼면이 완전한 이상적인 형상이 아니기 때문에 윤활의 여러가지 조건이 달라지는 데 따라서 유막의 연속성을 유지하지 못하고 미끄럼면의 국소에 固體接觸됨으로써 유막이 破斷되고, 그 결과 流體潤滑로부터 境界潤滑로, 다시 고체끼리의 局所乾燥摩擦을 거쳐서 융착현상에 이르게 되는 것으로 생각된다.

윤활에 대한 연구로 유명한 Sommerfeld 는 베어링 성능을 결정하는 데 다음 식으로 제시하고 있다.

$$S=\left(\frac{r}{C_r}\right)^2 \frac{\mu n}{p_m} \quad \cdots\cdots (10\text{-}8)$$

여기서 C_r=반경틈새$=R-r$

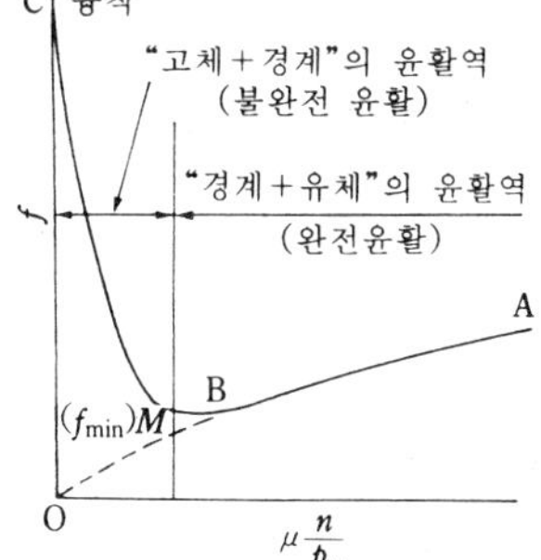

그림 10-7 저널 베어링의 윤활마찰특성곡선

이 S를 섬머펠드변수(Sommerfeld variable)라 하며, 이 값은 저널 베어링을 설계할 때 중요한 無次元數이다.

베어링値數, 회전속도, 하중 및 사용되는 오일 등은 달라져도, S의 값이 같으면 축은 同一偏心位置에서 회전하고, 이 때의 摩擦係數는 같아진다. 그리고 S와 $f(r/c_r)$의 관계는 그림 10-7과 유사한 형상으로, $S_{min} \fallingdotseq 0.013$ 이상에서는 유체윤활로 볼 수 있다. 표 10-1은 베어링 재료에 대한 S_{min}의 값이다.

表 10-1 베어링 재료와 S_{min}

베어링 재료	S_{min}
Sn 계 화이트 메틸	0.05
Pb 계 화이트 메틸	0.025
Cd 합금	0.009
Cu-Pb 합금	0.009
Ag-Pb-In 합금	0.005

10-2 潤滑劑

潤滑劑(lubricant)는 기관 각부의 마찰면에 注油 또는 塗布되어서 마찰저항을 경감시키고 融着을 방지하는 주목적 뿐 아니라, 마찰열을 放散시키는 냉각작용, 압력의 누설을 막는 밀봉작용, 외부로부터 침입하는 먼지, 카본, 슬러지(sludge) 등을 씻어 내리는 洗淨分散作用 및 녹의 발생을 방지하는 防錆作用도 겸하게 된다.

(1) 潤滑劑의 分類

윤활제는 그 성상에 따라서 일반적으로 液體, 半固體 및 固體로 크게 나누어진다.

1) 액체윤활제

이것이 내연기관에 쓰여지는 대부분을 차지하는 윤활유이고, 이는 석유계의 윤활제이다. 이 밖에도 植物油로 된 脂肪油나 석유계와 지방유와의 混合油 및 合成油 등이 있다.

2) 반고체윤활제

보통의 상태에서는 유동하지 않으나, 온도나 剪斷力이 가해지면 유동하는 윤활제로서, 그리스(grease)라고 한다. 이 종류의 윤활제는 구름 베어링 등에 봉입되어서 쓰여지고, 베어링으로부터의 누출이 적기 때문에 극히 편리하다.

3) 고체윤활제

주로 물체의 표면에 塗布하여 윤활막을 만들어서 摩擦作用의 경감을 위하여 쓰여지는 윤활제이다. 기계의 구조 등으로 달리 윤활제를 사용할 수 없는 곳, 예를 들면 물펌프의 스러스트 베어링부 등에 쓰여지며, 대표적인 것으로서 黑鉛 등이 있다.

(2) 潤滑油의 作用

윤활유는 기관의 윤활을 담당하여 기관의 性能 및 耐久性(수명)에 대하여 미치는 영향력이 대단히 크다.

기관의 윤활을 하여야 할 주요한 곳들은 ① 실린더 라이너와 피스턴, 피스턴링부, ② 크랭크축의 베어링부, ③ 밸브 작동기구이다. 윤활유는 이들 부분에 공급되어서 일반적으로 생각하는 摩擦損失이나 마모의 저감은 물론, 그 밖에 냉각, 衝擊壓力의 분산과 흡수 및 防錆과 防蝕·淸淨 등의 여러 작용을 동시에 하여야 하는 사명이 부과되어 있다.

1) 마찰손실과 마모의 저감

기관의 윤활부의 미끄럼운동 사이에 유막을 형성시켜 그림 10-8(c)에 나타낸 流體潤滑狀態下에 있게 하여 유체마찰로서 마찰력, 마모를 저감시킨다.

여기에 油膜形成의 기구에 대하여 개략적인 것을 설명하면 다음과 같다. 앞에서 설명한 윤활에서의 油膜이란 그 내부에서 유압이 발생되고 그 압

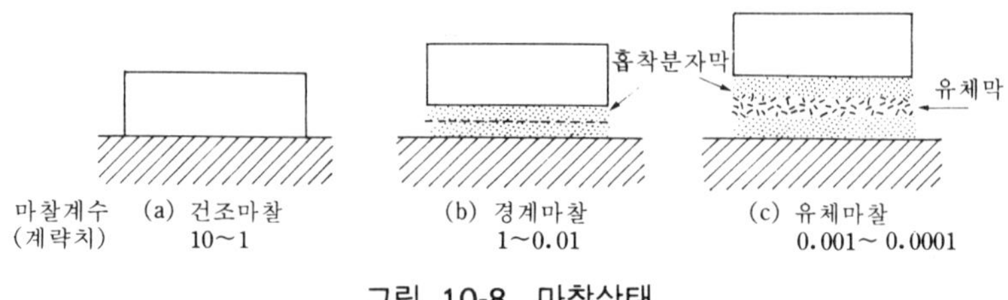

그림 10-8 마찰상태

력에 의하여 미끄럼운동을 하는 면 사이에 작용하고 있는 荷重을 지지하는 것을 지칭한다. 유막형성(유압발생)의 주요한 기구로서는 다음의 두 가지 작용이 있다.

a) 쐐기막 작용(wedge action)

그림 10-9 (a)에 나타내는 것과 같이 두 개의 미끄럼운동면이 油路를 좁게 하는 것과 같은 상대위치에서 미끄럼속도 U로 이동하고 있는 경우에 유압이 발생한다.

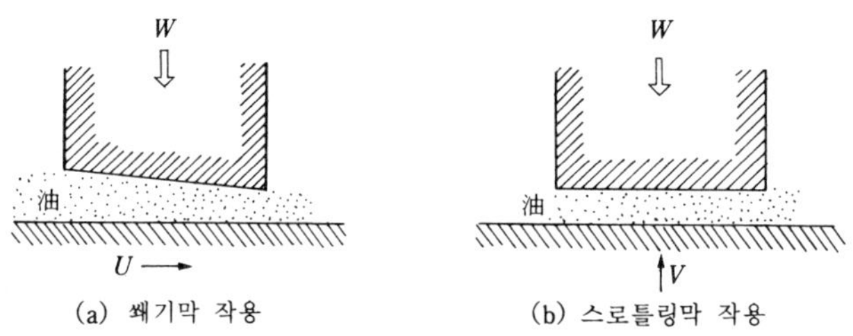

그림 10-9 유막형성(유압발생기구)

b) 스퀴즈 작용(squeeze action)

그림 10-9 (b)에서와 같이 두 개의 면이 속도 V로 접근하고 있는 경우에 油壓이 발생한다.

이들 작용을 기관의 축과 베어링 사이 및 피스턴링과 실린더 사이에 대하여 생각하면 다음과 같다.

軸과 베어링은 직경으로 40μm 정도의 差(이 차가 유막의 틈새가 된다)가 있고 하중 W를 받으면 베어링 中心 O와 축의 중심 O′는 偏心으로 된다(그림 10-10 (a)). 그로 인하여 축과 베어링의 관계는 그림 10-9 (a))에 나

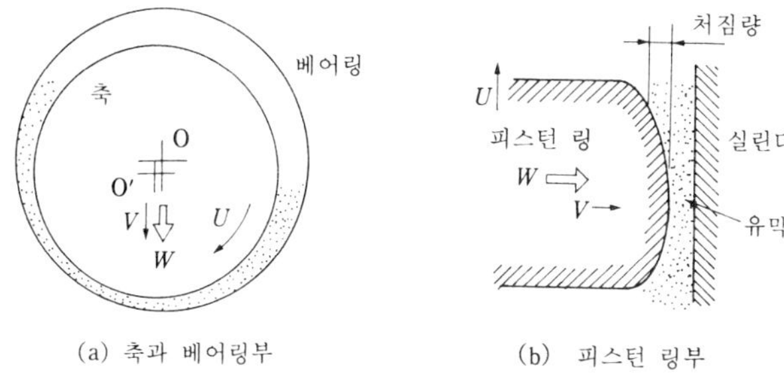

(a) 축과 베어링부 (b) 피스턴 링부

그림 10-10 기관에 있어서의 유막형성의 예

타내는 傾斜面과 平面이 미끄럼운동을 하는 경우와 같게 되고 쐐기막 작용으로 유압이 발생, 荷重 W을 지지하게 된다. 그리고 하중 W가 변동되면 축과 베어링은 속도 V로 접근하여 스퀴즈 작용(壓搾膜作用)으로 유압이 발생된다.

피스턴링은 만들어질 당시부터 단면의 양단에 4~10 μm 정도의 모서리지는 부분이 있어 사용될 때 親和에 의하여 이것이 油膜形成에 도움을 주도록 되어 있다. 그로 인하여 피스턴링과 실린더 사이의 미끄럼운동은 그림 10-9(a)와 같은 형식으로 되어 쐐기막 작용으로 유압이 발생하여 피스턴링의 張力과 가스압력에 의한 하중을 지지한다. 그리고 가스압력이 변동되면 피스턴링과 실린더의 틈새는 변화하고 스퀴즈 작용에 의한 油壓이 발생한다.

이와같이 기관의 각 미끄럼운동부에서는 쐐기막 작용과 스퀴즈 작용에 의한 압착막 작용의 조합에 의하여 유막이 형성되어 하중을 지지하고 있다.

2) 냉 각

미끄럼운동부에서 발생하는 摩擦熱과 放熱되어 오는 연소열을 흡수하여 그 미끄럼운동부의 온도상승을 제어한다.

3) 충격압력의 분산과 흡수

실린더 내에서 混合氣가 연소하게 되면 순간적으로 수십기압의 壓力이 발생되고 이 衝擊壓力이 먼저 피스턴에 작용하면 커넥팅 로드를 거쳐서 크랭크축에 전달된다. 이 때 각 베어링부에 채워져 있는 윤활유는 이 충격압력을 오일 전체로 분산, 흡수시켜서 局部的인 압력의 증대를 경감시킨다. 그리고 금속끼리의 접촉에 의하여 발생하는 打音에 기인하는 機關騷音의 방지를 위한 역할도 겸하고 있다.

4) 방청 및 방식

기관 내에는 燃燒生成物인 수분, 아황산가스 또는 오일의 산화에 의하여 생기는 石油酸 등이 존재하고 이것들이 금속에 작용하게 되면 녹이 발생, 腐蝕을 일으키게 되어 윤활유는 금속표면을 보호하여 이들 성분이 작용하는 것을 방지한다. 녹은 기관을 오랜기간동안 운전을 정지시켰을 때나 특히 겨울철과 같은 기온이 낮은 경우는 주로 수분에 의하여 발생되기 쉽다.

부식은 운전 중의 열이나 블로바이가스, 수분에 의하여 산화된 산화유, 연료의 산화생성물 등에 의하여 일어나며 부식을 방지하려면 酸化防止劑의 첨가가 효과적이다. 보통 시판되고 있는 윤활유는 이와 같은 첨가제가 配合되어 있다.

5) 청 정

윤활유는 기관 내를 순환하여 吸入空氣와 함께 흡입된 가는 모래나 먼지, 연소생성물인 그을름, 윤활유의 열분해에 의한 카본 및 磨耗金屬粉 등 윤활부에 침입하는 여러가지의 異物質을 씻어낸다. 이들 이물질은 윤활유와 함께 윤활유가 고이는 오일팬으로 운반되어 비중이 무거운 것은 오일팬의 밑바닥에 침전되고, 가벼운 것은 오일 중에 떠 있어서 오일펌프에 의하여 빨려올라가게 되나 각 윤활부로 공급되기 전에 통과하는 오일필터에 의하여 濾過 제거된다.

(3) 機關潤滑油의 分類와 規格

자동차용 기관윤활유의 분류와 규격에 대하여는 우리나라에서는 KS에 규정되어 있으나 일반적으로는 SAE(Society of Automotive Engineers) 점도분류 및 SAE 서비스 분류가 널리 쓰이고 있다. 표 10-2는 내연기관용 윤활유의 분류 예를, 그리고 표 10-3, 표 10-4에는 그 가운데의 가솔린기관용 윤활유에 관한 규격의 예를 나타낸 것이고, 또 표 10-5에는 SAE 粘度分類를 한 것이다.

表 10-2 내연기관용 윤활유의 분류

종류		호수	용　　도
陸用內燃機關用潤滑油	1종	1, 2, 3, 4, 5	주로 輕荷重時에 사용되고 특히 슬러지 生成 등의 문제가 되지 않는 가솔린기관에 사용된다.
	2종	1특, 2, 2, 3, 4, 5	酸化防止劑를 첨가한 오일로서 中荷重下에 사용되며 유온이 높고 슬러지의 생성 및 베어링의 부식에 문제가 될 수 있는 가솔린기관에 쓰여진다.
	2종	1특, 2, 2, 3, 4, 5	酸化防止劑 및 洗淨劑를 첨가한 오일로서 사용상태에 따라서 다음과 같이 다시 세분된다. 1) 주로 고하중하에 사용하고 더구나 운전조건, 기관의 구조 및 연료의 性狀에 의한 슬러지의 생성, 摩擦損失, 베어링의 腐蝕 등이 문제로 되는 가솔린기관에 쓰인다. 2) 주로 기관의 구조 및 연료의 性狀에 의한 마찰손실, 腐蝕, 슬러지의 생성 등이 문제로 되지 않는 디젤기관에 쓰인다. 3) 주로 고하중하에서 사용하고 또한 운전조건 및 기관의 구조에 의한 슬러지의 생성 등이 문제가 되는 디젤기관에 쓰인다. 4) 주로 하중이 대단히 높은 상태에서 사용하고 또한 운전조건, 기관의 구조 및 연료의 성상에 의한 슬러지의 생성, 마찰손실, 베어링의 부식 등이 큰 디젤기관에 쓰인다.

1) 가솔린기관용 오일

가솔린기관에 사용되는 오일은 디젤기관의 경우보다 베어링 압력이 낮아서 디젤기관용 오일에 비하여 거의 문제가 없다.

表 10-3 육상용 2종의 규격 예

항목 \ 호	인화점 ℃	저온겉보기 점도 (−18℃), P(Pa·s)	동 점 도 (100℃), cSt(mm²/s)	점도지수	유동점 ℃	산화안정도(165.5℃.24h) 점도비	산화안정도(165.5℃.24h) 전산가의 증가 mg KOH g
1 호	170 이상	25.0(2.50)이하	−	75 이상	−25 이하	3.0 이하	3.0 이하
특 2 호	180 이상	100.0(10.00)이하			−22.5 이하	2.0 이하	
2 호	180 이상		5.6 이상 9.3 미만		−12.5 이하		
3 호	190 이상		9.3 이상 12.5 미만	70 이상	−10 이하		
4 호	195 이상		12.5 이상 16.3 미만		−7.5 이하		
5 호	200 이상		16.3 이상 21.9 미만		−5 이하		

表 10-4 육상용 3종의 규격 예

항목 \ 호	인화점 ℃	저온겉보기 점도 (−18℃), P(Pa·s)	동 점 도 (100℃), cSt(mm²/s)	점도지수	유동점 ℃	기관시험[1]
1 호	170 이상	25.0(2.50)이하	−	85 이상	−25 이하	기 록
특 2 호	180 이상	100.0(10.00)이하			−22.5 이하	
2 호	180 이상	−	5.6 이상 9.3 미만		−12.5 이하	
3 호	190 이상		9.3 이상 12.5 미만		−10 이하	
4 호	195 이상		12.5 이상 16.3 미만		−7.5 이하	
5 호	200 이상		16.3 이상 21.9 미만		−5 이하	

(주) 1) 3종에는 표 10-2 에 나타내는 여러 종류의 용도가 있다. 각각의 사용구분에 적합한 기관시험의 실시, 시험방법, 합격기준 및 그밖의 세목은 인도당사자간의 협정에 따른다.

2) 디젤기관용 오일

디젤기관에 쓰여지는 오일은 일반적으로 가솔린기관의 경우보다 사용조건이 가혹하여서 특히 사용 환경에 가장 적합한 粘度를 가진 오일을 선택하여야 하며, 멀티그레이드 오일이 많이 사용된다. 표 10-6 은 디젤기관용 SAE 오일의 규격이고, 미국육군에서는 표 10-8 에 표시된 것과 같이 특별하게 MIL 規格을 制定하고 있다.

그림 10-11 은 外氣溫度에 대한 適正粘度의 예를 SAE 規格으로 나타낸다.

表 10-5 기관윤활유의 SAE 점도분류

SAE 점도분류	CCS 최고점도		포터라인 펌핑 최고온도 ℃	안정유동점 ℃(최고)	동점도 cSt 100℃	
	온도 ℃	점도 cP			최 저	최 고
0 W	−30	3250	−35	−	3.8	−
5 W	−25	3500	−30	−35	3.8	−
10 W	−20	3500	−25	−30	4.1	−
15 W	−15	3500	−20	−	5.6	−
20 W	−10	4500	−15	−	5.6	−
25 W	− 5	6000	−10	−	9.3	−
25	−	−	−	−	5.6	9.3 미만
30	−	−	−	−	9.3	12.5 미만
40	−	−	−	−	12.5	16.3 미만
50	−	−	−	−	16.3	21.9 미만
시험방법	ASTM D 2602의 개정		ASTM D 3829 CEC L-32-T-82	ASTM D 97	ASTM D 445	

表 10-6 디젤기관용 오일의 품질분류(SAE)

SAE 신분류	API 구분류	내 용	용 도	적 요
CA	DG	적절한 부하와 온도로써 운전되고, 황분이 적은 양질경유를 사용하며, 침적물이나 마멸의 문제가 없는 경우	정부하, 상온, 연속운전의 버스, 트럭	MIL-L-2104A
CB	DM	침적물, 마멸이 일어나는 경향이 있는, 보통 시판되는 연료를 사용하고, 비교적 나쁜 조건에서 운전되는 경우	시동, 정지가 많은 버스, 트럭	Supplement 1
CC				MIL-L-2104B MIL-L-64152
CD	DS	대단히 가혹한 운전조건으로 고온, 고부하로 사용되며, 황분이 많은 연료를 사용하고, 침적물, 마멸, 부식대책을 필요로 하는 과급기 부착기관 등의 경우	고부하, 시동정지가 많은 버스, 트럭, 토목공사, 건설기계의 차량 등	MIL-L-45199B Series 3 MIL-L-2104C CB, CC 보다도 윤활상의 요구가 심함

SAE J 183에 의함.

表 10-7 디젤기관용 오일

명 칭	SAE 점도	적 요
하이디젤 S-3	10W 20W/20 30 40 50	대형건설, 토목기계, 장거리수송 트럭, 버스용 초고성능 디젤기관 오일(MIL-L-2104 C 합격품)

表 10-8 디젤기관용 오일의 MIL 규격

분 류	MIL 규격	대 상 기 관
CA	MIL-L-2104A	가혹도가 낮은 디젤기관
CB	Supplement 1	일반디젤기관
CC	MIL-L-2104B	다목적 디젤기관
CD	MIL-L-45199B(Series 3)	가장 가혹한 건설기계용 기관

MIL 규격은 미국육군규격이다.

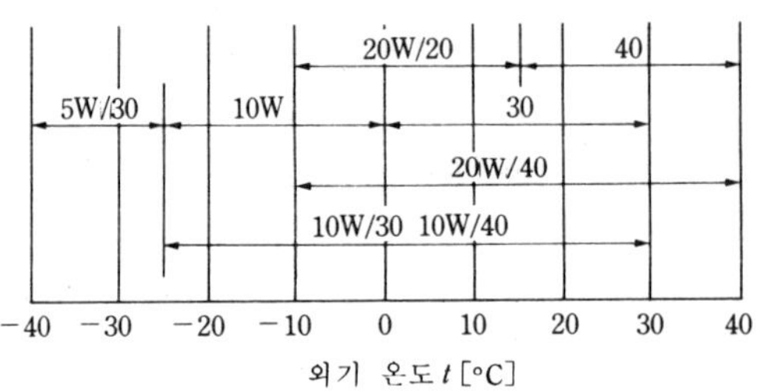

그림 10-11 외기온도와 적정오일의 SAE 점도

(4) 오일에 요구되는 性狀

일반적으로 오일에 요구되는 바람직한 性狀으로서는 다음의 3가지를 들 수 있다.

① 우수한 油性(oiliness)을 가질 것

② 적정한 粘度(viscosity) 特性을 가질 것

③ 酸化에 대한 安定性(stability)이 우수할 것

1) 유 성

潤滑作用이 이루어지고 있는 부분에서는 그 마찰면에 油膜(oil film)이 밀착되어 그 금속면에서 떨어지지 않고 境界膜(boundary layer)을 형성, 축에 작용하는 하중에 대하여 충분히 견딜 수 있는 내압력을 가지는 성질이 요구되며 이 오일의 흡착성을 油性이라고 한다. 그러기 위해서는 금속면과 오일이 서로 親和力(affinity)을 가지고 절대로 떨어지지 않을 것이 필요하다. 일반적으로, 오일은 無極性(nonpolarity)의 탄화수소로 되어 있어서, 極基의 分子 OH, COOH, Cl 또는 S 등을 첨가하여 유성의 향상을 도모하고 있다. 따라서, 油性이란 윤활유의 유막유지력의 우열을 정하는 물리·화학적 성질을 의미하며, 동·식물유의 유성은 광물유에 비해 높다.

특히 자동차용 기관의 성능은 터보차저 및 흡배기밸브의 다밸브화에 의하여 향상되어 가고 있으며 그것에 따라 윤활조건도 가혹하게 되어 윤활유에 대한 要求性能도 높아져 가고 있다.

자동차용 윤활유로서 요구되는 조건에는 다음과 같은 것들이 있다.

① 寒冷時일지라도 始動性이 좋을 것

② 고온에서도 유막의 유지가 좋을 것

③ 기관각부의 금속을 부식시키지 않을 것

④ 熱에 의한 炭化가 적을 것

⑤ 슬러지, 락카, 와니스 등의 생성을 방지하여 기관각부를 汚損시키지 않을 것

⑥ 消費量이 적을 것

⑦ 저장중에 변화되거나 변질되지 않을 것

2) 점 도(점도계수)

오일의 성질은 粘度에 따라서 크게 지배되는 것으로, 점도가 높은 오일일수록 큰 負荷에 견딜 수 있다. 그러나 한편으로는 摩擦抵抗이 커지므로 필요에 따라 기관의 성능에 가장 적합한 점도를 가진 오일을 사용하여야 한다. 점도는 사용 온도에 따른 변화가 커서 온도에 의한 점도의 변화가 적은 성질의 오일을 선택하지 않으면 안 된다.

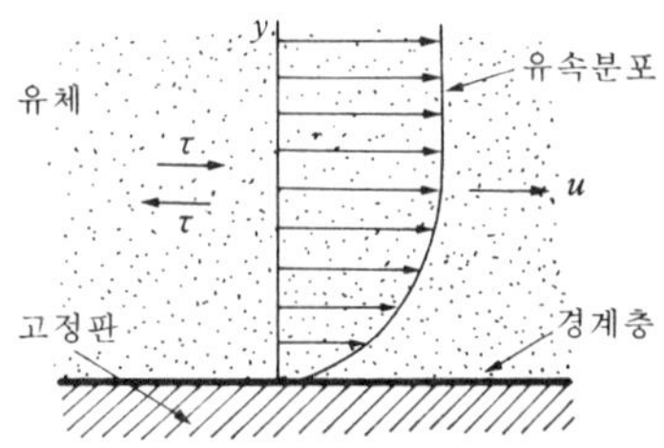

그림 10-12 고체표면상의 유체의 거동

그림 10-12에 나타낸 바와 같이, 固定平板의 표면 위를 유체가 속도 u 로 유동하고 있을 때, 판의 표면에는 境界層이 형성되어서 속도는 $u=0$으로 되고, 표면에 직각인 방향, 즉 y 방향으로 가는 데 따라 유체의 마찰저항은 감소되고 속도는 빨라진다. 이때, 유체 내부의 剪斷應力 τ 는 포이세우리의 법칙(Poiseuille's law)에 따라서 du/dy 에 비례하고, 다음 식으로 된다.

$$\tau = \mu \frac{du}{dy} \quad \cdots\cdots (10\text{-}9)$$

여기서 비례정수 μ 는 유체의 物性値로 粘度(viscosity) 또는 粘度係數(coefficient of viscosity)라 하고, 다음의 단위가 쓰여진다.

CGS 단위 푸아즈(poise)〔P〕, $1〔P〕=\left(\frac{1\ \text{dyn/cm}^2}{(\text{cm/s})/\text{cm}}\right)=1〔\text{dyne}\cdot\text{s/cm}^2〕$
$=1〔\text{gf}/(\text{cm}\cdot\text{s})〕=10^{-1}⟦\text{Pa}\cdot\text{s}⟧$

센티푸아즈(centipoise) 1〔cP〕
$=\text{P}\times10^{-2}=10^{-3}⟦\text{Pa}\cdot\text{s}⟧$ (20〔℃〕인 물의 粘度 ≒ 1〔cP〕)

工學單位〔kgf·s/m²〕, $1〔\text{kgf}\cdot\text{s/m}^2〕=9.81⟦\text{Pa}\cdot\text{s}⟧$

SI 단위 파스칼초(Pascal second)⟦Pa·s⟧, $\mu⟦\text{Pa}\cdot\text{a}⟧$
$=\nu⟦\text{m}^2/\text{s}⟧\times\rho⟦\text{kg/m}^3⟧$

앞에서 설명한 바 있는 레이놀드수에 쓰여지는 動粘度(kinematic viscosity) 또는 動粘度係數($\nu=\mu/\rho=\mu g/\gamma$)도 온도에 따라서 변화한다. 단위에는 다음과 같은 것이 있다.

工學單位 스토크스(Stokes)〔St〕

$1[St] = 1[cm^2/s] = 10^{-4} [\![m^2/s]\!]$

센티스토크스(centistokes)

$1[cSt] = [St]10^{-2} = 10^{-6} [\![m^2/s]\!]$

SI 單位　$[\![m^2/s]\!]$

實用單位　엥글라도(Engler degree) [E]

레드우드초(Redwood second) [R″]

세이볼트초(Saybolt second) [S″]

전단응력은 즉 마찰력이므로 低溫始動性의 향상 및 마찰손실의 저감을 위하여는 점도가 작은 것이 좋다. 그러나 그림 10-13에 나타낸 것과 같이 윤활유의 점도는 온도의 상승으로 한 자리 또는 두 자리의 단위로 현저하게 낮아진다.

그러므로 저온시동성을 고려하여 예를 들면 SAE粘度分類의 10W 油를 선정하는 경우 난기 후는 점도가 지나치게 낮아져서 유막을 유지하기 어렵고 境界摩擦의 발생 또는 융착이 발생할 가능성이 생기게 된다(그림 10-13). 점도는 윤활유의 선정에 있어서 가장 주의하여야 할 하나로 되어 있다.

온도에 의한 오일의 粘度變化의 정도를 나타내는 데는 가끔 粘度指數 *VI* (visosity index)가 쓰인다. *VI*는 1929년에 Dean, Davis 및 Lapeyrouse 등에

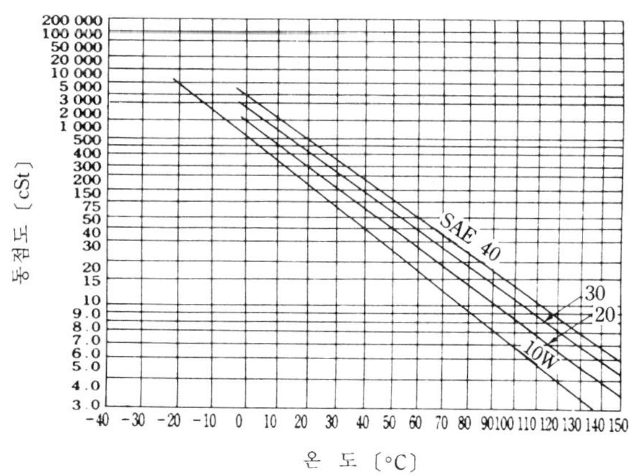

그림 10-13 온도와 점도와의 관계(대표 예)

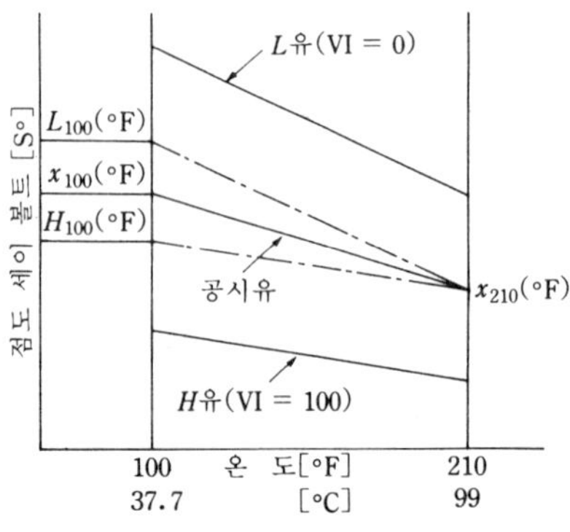

그림 10-14 *VI*의 구하는 법

의하여 고안되어진 오일의 온도에 대한 우열을 나타내는 편의상의 指標이다. 지금 供試오일의 100〔°F〕, 37.7〔℃〕와 210〔°F〕, 99〔℃〕에 있어서의 粘度〔S″〕를 각각 $x_{100\,(°F)}$, $x_{210\,(°F)}$라고 한다(그림 10-14). 지금 標準오일로서 온도에 의한 점도변화(경사)가 적은 Pennsylvania系오일(H유)을 선정하여 그의 *VI*를 100으로 하고, 한편 점도변화가 많은 Gulf Coast系 오일(L油)의 *VI*를 0으로 한다. 210〔°F〕에서 공시오일과 같은 粘度, 즉 $x_{210\,(°F)}$의 점도를 가진 *VI*=0의 오일과 *VI*=100의 오일의 100〔°F〕에 있어서의 점도를 각각 $L_{100\,(°F)}$와 $H_{100\,(°F)}$라고 하면 *VI*는 다음 식으로 구하여진다.

$$VI=\frac{\left(\dfrac{L_{100\,(°F)}}{x_{210\,(°F)}}\right)-\left(\dfrac{x_{100\,(°F)}}{x_{210\,(°F)}}\right)}{\left(\dfrac{L_{100\,(°F)}}{x_{210\,(°F)}}\right)-\left(\dfrac{H_{100\,(°F)}}{x_{210\,(°F)}}\right)}\times 100$$

$$=\frac{L_{100\,(°F)}-x_{100\,(°F)}}{L_{100\,(°F)}-H_{100\,(°F)}}\times 100 \quad \cdots\cdots\cdots (10\text{-}10)$$

*VI*는 윗식에서 나타내는 바와 같이, 온도 37.7〔℃〕, 100〔°F〕와 99〔℃〕, 210〔°F〕와의 粘度變化에 대하여 비교한 것으로, 온도의 변화에 대하여 점도의 변화가 적은 오일일수록 바람직한 것이 된다.

實用오일에 있어서 *VI*값은 넓은 범위에 걸쳐 있으나, 기관용 오일로서는 80~120 정도이다.

다만, 일반적인 製造方法으로서는 指數向上에 한계가 있고 보통은 粘度

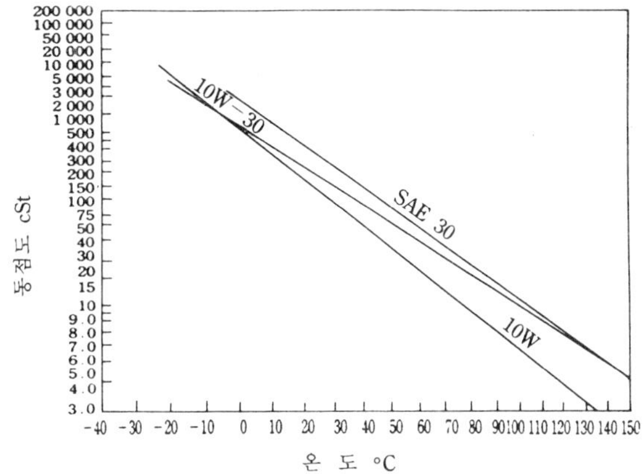

그림 10-15 온도와 점도와의 관계(멀티그레이드유의 한 예)

向上劑에 의하여 조정되어지고 있으며, 이것은 멀티그레이드油(multi grade oil)라고 한다. 멀티그레이드유란 그 오일의 粘度値를 SAE 점도번호(표 10-5)에 끼워 넣었을 때 저온측과 고온측의 2점의 규정치에 합치하는 것으로 그림 10-15의 粘度-溫度圖에 나타낸 10W-30 및 5W-30 등이 현재 널리 쓰여지고 있다. 한편 이것에 대하여 10W, SAE 30 등을 싱글그레이드油(single grade oil)라고 한다.

멀티그레이드유는 저온시동성을 고려하는 경우는 10W油가 좋으나 난기 후 유막의 維持保護性, 윤활유의 소비를 고려하는 때에는 SAE 30油가 좋

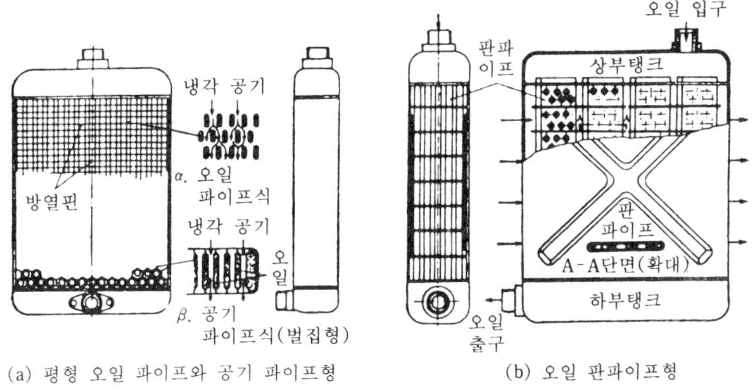

(a) 평형 오일 파이프와 공기 파이프형 (b) 오일 판파이프형

그림 10-16 공랭식 유냉각기

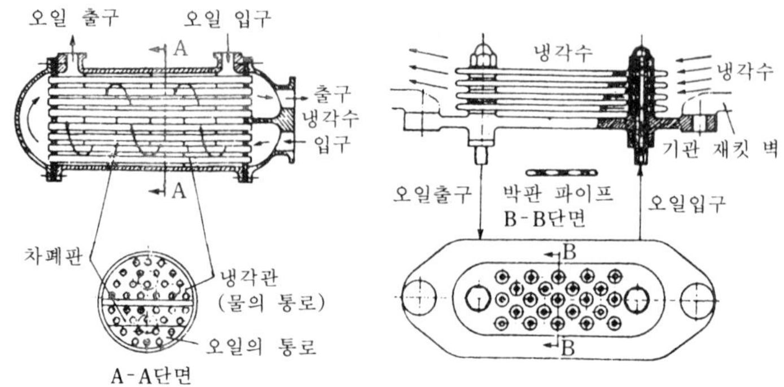

(a) 수조형(청소 또는 해수사용)　　(b) 박판 파이프형(기관 재킷에 부착)

그림 10-17 수냉식 유냉각기

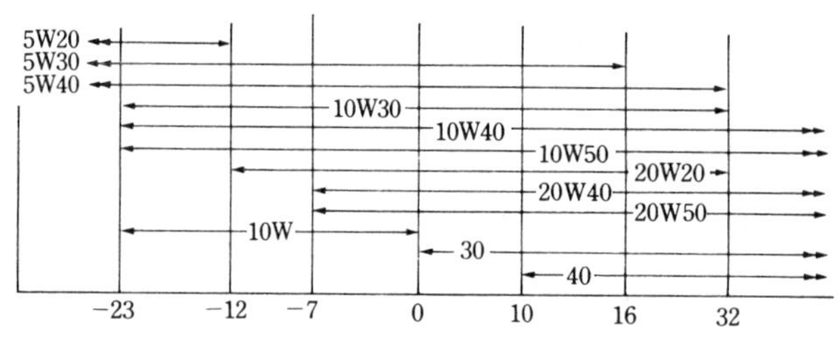

그림 10-18 점도추장온도범위

다고 하는 요구에서 생겨난 것으로 저온으로부터 고온까지의 넓은 조건에 있어서 양호한 윤활성의 유지가 가능하게 되어 그림 10-18에 나타내는 것과 같이 연간을 통하여 1종류의 윤활유로 潤滑目的을 달성할 수 있는 이점이 있다.

멀티그레이드油는 바탕이 되는 오일인 基油에 저온점도가 낮으면서 점도지수가 높고, 酸化安定性이 좋으며 더구나 첨가제의 용해성의 좋은 것을 사용하고 이것에 剪斷安定性의 우수한 점도 指數向上劑와 각종 첨가제를 배합하여 만들어진다. 멀티그레이드油는 저온점도를 싱글그레이드油와 비교할 때 낮아질 수 있어서 저온시동성이 좋고 아이들링 및 寒冷地에 있어서 연료소비가 개선되는 이점이 있다.

3) 유동점

윤활유의 耐寒性을 나타내는 것으로 윤활유는 그 製造工程에서 찌거기를 제거시키고 있으나 잔류하는 것이 있어서 온도가 낮아지는데 따라 析出, 오일이 白濁으로 되고(그 온도를 흐림점이라고 한다) 그리고서 凝固(그 점을 「응고점」이라 한다)된다. 流動點(pour point)이란 응고점의 하나 앞에서(2.5℃)의 測定點의 온도를 말하고 윤활유가 응고하게 되면 기관의 시동시 크랭킹에 큰 힘을 필요로 하는 한편, 각 미끄럼운동부로의 윤활유의 공급이 어려워져서 융착 등의 문제가 발생하게 되므로 유동점은 낮을 것이 바람직하다.

4) 안정성

오일은 사용 중 압력이나 온도의 영향을 받고, 또 혼합기, 연소생성물 등과 직접적으로 접촉하여서 劣化(deterioration)가 일어나기 쉽다. 이 열화의 주된 원인으로는 오일이 산화하여서 일어나는 화학적인 변화로 생각되며, 또한 불순물의 혼입에 의한 슬러지의 생성에 의한 것으로, 이 劣化度가 적은 오일일수록 안정성이 좋은 것이 된다.

이상 설명한 것 외에, 오일의 성상으로서 측정에 의하여 검토되는 것에 比重(specific gravity), 引火點(flash point), 燃燒點(fire point), 流動點(pour point), 炭化性(carbonization) 등이 있다. 이들 중 유동성은 극한지에 있어서 기관의 시동에 큰 영향을 미치는 것이다.

(5) 添加劑

첨가제(additives)란 윤활유 基油에 소량을 첨가시킴으로써 윤활유에 요구되는 여러가지 성능을 충분히 만족시킬 수 있도록 물리적 및 화학적 성질을 개선할 목적으로 첨가시키는 化學物質을 말하며 주된 것들에 대한 성능은 다음과 같다.

1) 산화방지제(antioxidant)

윤활유가 금속과 공존하면서 고온에서 공기나 연소가스와 접촉하게 되면 일부가 산화되어 고무 검(gum)상의 슬러지(고분자 수지상 화합물)나 酸化物質을 생성한다. 이것들은 윤활유의 수명을 단축시키고 기관의 정상운전에 지장을 가져오게 하므로 이를 방지할 목적으로 첨가된다.

2) 점도지수 향상제(viscosity index improver)

앞에서 기술한 바 있는 것과 같이 멀티그레이드油의 제조에 사용된다. 이것은 高分子量의 화합물로서 저온에서는 오일 속에 실(系) 뭉치 모양의 상태로 존재하고 있으나 온도가 상승하여 용해성이 증가되면 포리머分子가 伸長, 펴져서 부풀어진 상태로 되어 增粘效果를 나타내며 온도의 상승에 대한 점도의 저하되는 정도를 작게 만든다. 단, 기계적 전단력을 받으면 포리머가 분단되어 장기적으로는 점차로 점도가 낮아지면서 向上效果를 잃게 된다.

3) 유동점 강하제(pour point depressant)

윤활유 유막의 結晶表面에 보호막을 만들어 결정의 성장을 방해하여 유동점을 저하시킨다.

4) 청정 분산제(detergent dispersant)

淸淨 分散劑는 윤활유 중에 생성하는 슬러지 등의 沈積防止와 酸化物質의 중화 역할을 하는 첨가제로서 작용기구로서 ① 分散作用 ② 可溶化作用 ③ 中和作用을 한다.

5) 부식 방지제(anti-corrosives, corrosion inhibitor)

베어링金屬(동-연합금 등의 비철금속)의 부식을 방지하기 위하여 첨가하는 것으로 오일 속에 생성되는 산화물질의 不活性化, 과산화물의 생성억제 및 베어링금속과 반응하여 표면에 耐蝕性의 보호막을 형성하는 작용이 있다.

6) 방청제(rust inhibitor)

산화물질 및 물의 존재에 의한 철이나 동의 부식을 방지하기 위하여 첨가된다. 작용으로서는

① 첨가제 분자가 금속표면에 부착하여 물과 산소의 침입을 방지한다.

② 오일 속에 있는 水滴이 첨가제의 可溶化作用에 의하여 금속이 직접 접촉하는 것을 방지한다.

③ 금속면에 부착한 수적이 첨가제의 작용으로 오일과 置換된다.

7) 극압제(extreme pressure additives)

윤활부의 負荷壓力이 대단히 높으면 유막이 파단되어 마모, 융착, 손상 등이 발생되기 쉬워진다. 極壓劑는 이와 같은 극압조건에 있어서의 마찰면에서 어느 종류의 化學反應을 일으켜서 생성되는 피막에 의하여 금속면의 직접접촉을 막아서 융착을 방지하는 작용을 한다.

8) 유성제(oilness agent)

油性劑는 윤활부의 금속표면에 물리적으로 吸着膜을 만들어서 윤활성을 향상시켜 마찰이나 마모를 감소시킨다.

9) 소포제(anti-foamer)

윤활유가 순환작용을 하거나 또는 교반작용을 하게 되면 공기가 오일 속에 혼입되어 거품을 낳게 된다. 이 거품은 유막의 파단을 일으키기 쉽게 되므로 消泡劑는 이 거품이 생기지 않도록 하는 작용을 한다.

(6) 潤滑油의 劣化와 機關의 汚損

윤활유가 열화하게 되면 기관의 각부가 汚損된다. 윤활유의 劣化原因을 크게 나누면 다음의 3가지가 된다.

① 윤활유 자체의 산화에 의한 열화, 변질

② 외부로부터의 異物質(먼지, 금속분말, 연료 및 연소생성물 등)의 혼입에 의한 열화, 변질

③ 첨가제의 소모

이들의 원인에 의한 열화의 진행상황이나 정도에는 윤활유의 品質(基油와 첨가제와의 조합), 기관의 형식, 재질, 운전조건, 연료의 품질, 보수관리 등이

크게 관계된다. 그리고 윤활유의 열화를 그대로 방치하여 두면 다음과 같은 현상이 기관 내에 나타난다.

1) 침적물

저속에서의 發進, 정지를 반복하는 운전시에서는 연료의 不完全 燃燒物을 주원인으로 하는 灰黑色의 슬러지(sludge)가 크랭크실, 오일링, 오일스트레이너 등에 堆積된다. 특히 저온시에는 연료의 불완전연소시 발생하는 질소산화물, 탄화수소가 오일 속에 혼입하여 不熔解分이 생성하고 이것에 연소수분이 작용하여 마요네스(mayonnaise)상의 슬러지가 생성된다. 그런데 이들은 표면에 고착하고 있지 않으므로 닦아낼 수 있다. 한편 고온, 고부하 조건에서는 윤활유의 酸化生成物을 주원인으로 하는 다갈색 또는 흑색의 닦아지지 않는 樹脂狀의 랙커(lacquer)가 링의 홈, 피스턴 스커트 및 고온의 금속면에 퇴적된다. 분산제, 청정제는 슬러지, 바니스의 생성을 방지하기 위하여 첨가되며 이들 첨가제의 소모에 의하여 沈積物의 생성은 증대된다. 그리고 윤활유의 열화의 유무와는 별개로 연소 또는 열에 의하여 생성된 카본물질은 다음과 같은 문제를 야기시킨다.

① 밸브의 스틱

② 밸브와 밸브사이트 사이에 끼어서 실(seal)의 불량과 밸브의 冷却惡化

③ 인젝터의 막힘

④ 옥탄가 要求値의 증대

단, 윤활유의(연소 등에 의하여 기관으로부터 배출된다) 소비량은 연료의 500～1000분의 1이 되고 위에서 기술된 현상은 연료 중의 炭化水素에 의한 영향도 크다.

2) 부 식

베어링 金屬(동-연합금)의 腐蝕은 윤활유의 酸化를 주원인으로 하여 발생하고 피스턴의 부식 및 피스턴링, 실린더의 부식마모는 연소생성물의 물이나 水溶性酸의 혼입이 주된 원인으로 되어서 발생한다. 산화방지제, 부식방지제는 앞의 것을 방지하기 위하여, 그리고 청정제, 방청제는 뒤의 것을 방지하기 위하여 첨가되고 있다.

3) 마 모

원인으로서는

① 固體異物質(먼지. 금속분말, 그을음 등)의 혼입에 의한 것

② 연료의 혼입에 의해 점도가 저하되어 유막의 파단으로 일어나는 것

③ 極壓劑, 油性劑의 소모에 의한 것

등이 있다. 그러므로 이 현상은 최종적으로는 링의 固着, 피스턴의 融着, 오일통로의 폐쇄, 베어링금속의 부식, 금속부분의 녹 등을 발생시켜서 중대한 기관의 고장을 초래한다.

10-3 機關各部의 潤滑

앞에서 기술한 바와 같이, 내연기관은 많은 운동부분으로 되어 있고, 각각 최적의 트라이볼로지가 실현되어야 한다. 기관의 고장 발생의 원인 중 가장 많은 비율을 차지하는 것은 윤활에 관계되는 경우로, 潤滑管理(planned lubrication)가 완전하면 그만큼 고장률도 적어질 것이다.

(1) 主要運動部의 潤滑

往復機關의 주요운동부, 즉 피스턴, 압축 및 오일 링, 피스턴 핀, 커넥팅 로드, 크랭크축 등 어느 것이나 流體潤滑을 필요로 한다.

1) 왕복피스턴, 링 및 핀의 윤활

왕복기관에서는 링이 링 홈에 끼워진 피스턴이 실린더 내를 往復運動하게 된다. 이들 운동을 상세히 관찰하면 극히 복잡한 거동을 하고 있으며, 따라서 이들의 작동을 지장없이 원할하게 하기 위한 윤활작용도 또한 복잡하게 된다.

a) 피스턴과 링의 윤활

4사이클기관에서 下降行程 중의 피스턴 링은 그림 10-19와 같이 홈(groove)의 윗면에 밀착되어서〔그림 (a), (b)〕 하강한다. 이 때, 크랭크 핀

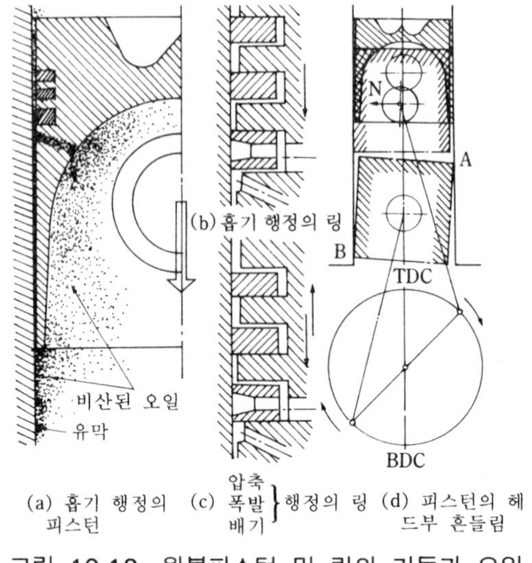

그림 10-19 왕복피스턴 및 링의 거동과 오일

베어링의 양단으로부터 원심력에 의하여 비산되는 오일(splash oil)과 크랭크실 내에 충만된 오일 미스트의 존재로 실린더 내벽은 油膜으로 충분히 덮여져서 피스턴과 실린더의 사이에는 비교적 潤滑狀態가 양호한 것으로 생각된다. 그러나 압축링과 실린더 내벽과의 사이에는 사용되는 링의 종류(그림 10-20)에 따라서는 실린더 내벽과의 접촉되는 면의 형상이 복잡하게 되고, 일반적으로 심한 境界潤滑의 상태에 있는 것으로 생각되며 따라서 링의 摩擦抵抗이 크고, 기관의 기계손실의 주원인이 된다. 한편, 오일 링은 실린더 내벽에 부착되어 있는 오일을 긁어 내려서 피스턴 헤드부로 올라가는 오일을 제어하는 역할을 하게 되며, 이 링은 오일에 젖어 있을 기회가 많아서 문제가 적다.

그림 10-19 (d)에서 피스턴이 BDC로부터 壓縮行程으로 옮겨지면 피스턴 헤드부의 흔들림 현상을 일으켜서 헤드부의 점 A와 스커트부의 점 B가 실린더 내벽에 닿게 되며, 한편 링은 壓縮壓力의 영향으로 홈의 아랫면에 밀어붙여진다〔그림 (c)〕. 또, 爆發行程에서는 강력한 압력에 의하여 피스턴이 측압 N을 받아서 피스턴의 측면은 실린더 내벽에 압착된 채로 팽창행정에 들어간다. 배기행정에서는 링이 홈의 아랫면에 압착된 상태이므로

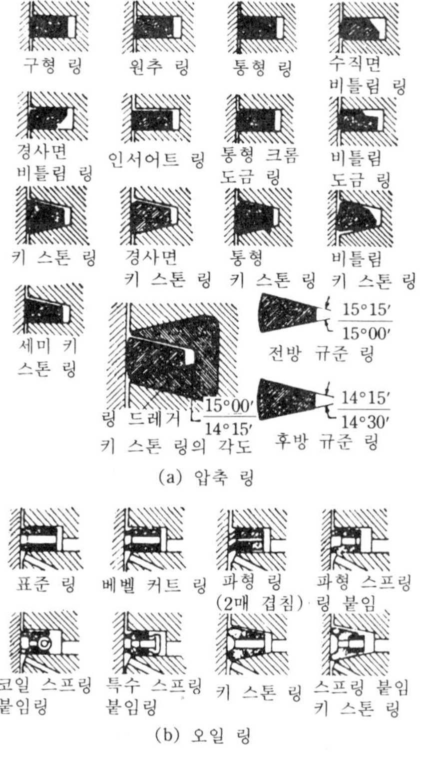

그림 10-20 각종형상의 피스턴 링

가스의 누설 등은 거의 문제가 없다. 그러나 기관의 운선에는 여러가시의 원인으로 피스턴의 融着이나 링의 固着 등 사고가 발생되는 일이 많다.

그림 10-21은 압축링의 오일이 올라오는 현상을 설명하기 위한 그림이다. 이 현상은 링으로부터의 壓力漏洩現象과 더불어 대책을 요하는 중요한 것으로서, 주된 요인으로서는 링의 단면과 절단부의 형상, 링의 장력, 링과

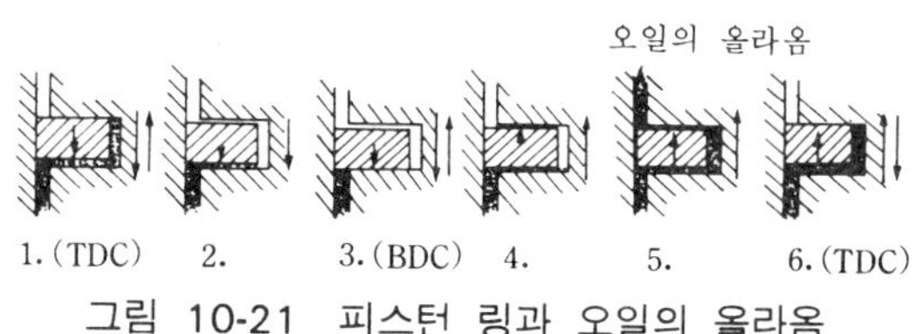

그림 10-21 피스턴 링과 오일의 올라옴

홈과의 틈새 등으로 생각되며, 링 플러터(ring flutter)를 일으키지 않을 것이 중요하다.

b) 피스턴 핀의 윤활

피스턴 핀은 그 양단을 피스턴 보스에, 중앙부는 커넥팅 로드의 小端部에 지지되어서 자유롭게 움직일 수 있는 全浮動式(full floating type)이 많이 채용되고 있다. 또, 핀을 소단부에 고정하고 피스턴 보스만이 베어링으로 된 半浮動式(semifloating type)이 채용되는 경우도 있고 이들 베어링부에서의 핀은 搖動運動을 할 뿐 회전은 하지 않으며, 여기서의 윤활은 크랭크 핀 베어링, 즉 커넥팅 로드 小端部의 베어링의 양단으로부터 飛散되는 오일로써 하게 된다. 高負荷機關 등에서는 그림 10-22에서와 같이 커넥팅 로드 본체에 뚫려 있는 작은 구멍을 통하여 크랭크 저널로부터의 壓力油를 분출시켜서 핀의 중앙부로부터 윤활하도록 한다. 또, 고속, 高過給機關에서는 실린더 하부에 오일 제트(oil zet)를 마련하고, 主給油管으로부터의 압력유를 분출시켜서 피스턴의 냉각을 겸하여 핀 보스 부근에 비산시켜서 급유하는 경우가 있다.

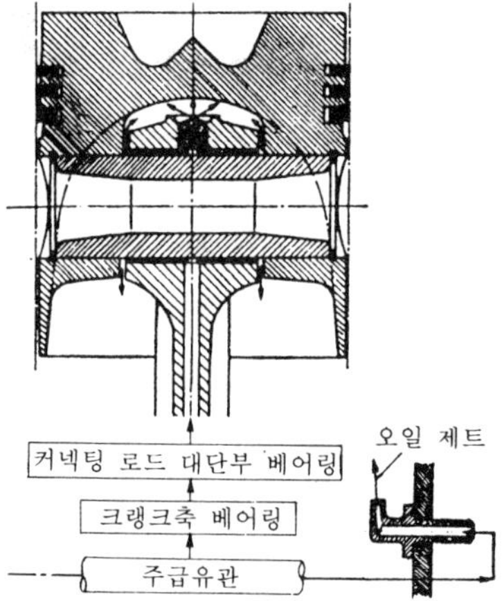

그림 10-22 피스턴 및 보스의 윤활과 피스턴의 냉각

2) 크랭크 저널과 핀의 윤활

往復機關의 크랭크축의 저널이나 핀은 모두 저널 베어링에 압송되는 오

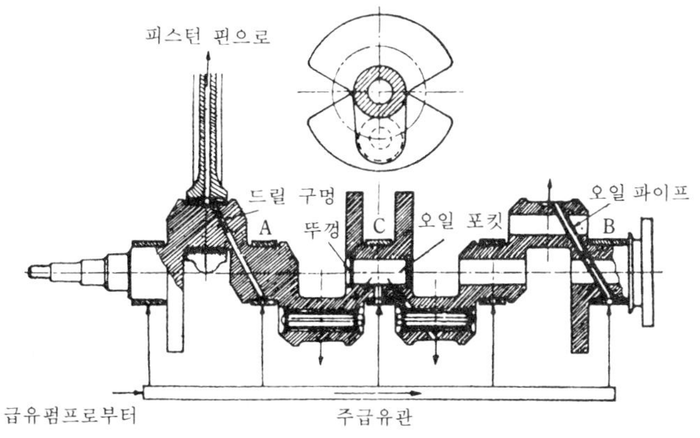

그림 10-23 크랭크축의 윤활(크랭크 베어링으로부터 크랭크 핀 베어링으로의 A, B, C 세 방법의 오일 동로를 나타낸다.)

일에 의하여 강제적으로 윤활된다. 그림 10-23은 主給油管으로부터의 오일이 각 저널 베어링을 통하여 각 핀으로 급유되는 3가지의 각기 다른 A, B, C의 방법이다. A에서는 크랭크축에 직접 加工한 드릴 구멍을 통하여, B는 重量輕減을 위하여 저널과 핀을 중공으로 한 것으로서, 저널 베어링으로부터의 오일은 끼워넣은 파이프를 통하여 급유되며, 중앙의 C에서는 B와 같은 형태이나, 中空部의 양쪽 끝에 뚜껑이 있어서 굵은 파이프를 끼워 넣은 핀부로는 드릴 구멍으로 연결되어서 오일이 급유된다. 저널과 핀부를 중공으로 하는 것이 바람직하여서 B의 방법이 일반적으로 많이 채용되고 있다.

이들 베어링에서의 윤활은 적정하게 설계되어 있으면 正常運轉下에서는 거의 문제가 없다. 다만, 적합하지 못한 오일의 사용이나 오일 필터의 機能不良 및 油溫의 異常上昇 등에 의한 변질 등을 미연에 방지하는 것이 절대로 필요하다.

(2) 軸 및 베어링의 磨滅과 그 防止對策

앞에서 설명한 바와 같이, 베어링의 윤활이 流體潤滑의 상태에 있으면 별다른 문제가 없으나, 하중의 급증이나 유압의 저하 등으로 境界潤滑로 이행되면 윤활상태가 불안정하게 되고, 거기에 오일의 劣化가 겹치게 되면 축과 베어링의 마멸이나 融着現象을 촉진시키게 된다.

1) 축과 베어링의 마멸

기관의 축이나 베어링의 마멸에는 侵蝕磨滅(erosive wear), 腐蝕磨滅(corrosive wear), 아브래시브磨滅(abrasive wear), 凝着磨滅(adhesive wear)이 있다. 침식마멸은 윤활 불량인 경우에 2개의 고체면끼리의 마찰에 의하여 발생하는 것이고, 부식마멸은 화학적인 마멸로서 연소생성물에 의하여 일어나는 化學腐蝕磨滅이다. 또, 아브래시브마멸은 기관 내에 흡입된 공기 중의 모래, 먼지 등에 의한 기계적인 작용에 의한 마멸이며, 응착마멸은 미끄럼면에 부분적인 용착이 발생하여 스커팅(scutting)을 일으키는 마멸이다. 이들 마멸을 촉진시키는 因子로서는 다음과 같은 것들을 들 수 있다.

① 연료 중의 黃分의 과다
② 윤활유 중 알칼리價의 과소
③ 냉각수 온도의 저하, 즉 실린더 온도의 저하
④ 吸入空氣 및 윤활유의 여과 기능 불량

2) 마멸의 방지대책

기관의 축 및 베어링의 磨滅對策으로서 다음 항목들을 생각할 수 있다.

① 吸入空氣 및 윤활유 여과기의 필터를 定期的으로 점검, 정비한다.
② 기관에 적당한 윤활유를 적정 온도에서 사용한다.
③ 윤활관리를 철저하게 한다.

만약, 베어링 메탈의 플레이크(flake)나 粉末의 존재가 발견되면 원인을 조사하고, 필요하다고 느껴지면 즉시 기관을 분해 점검하여 적당한 처치를 하여야 한다.

10-4 오일의 消費와 交換

기관의 오일소비는 기관의 구조나 오일循環方式, 그 밖에 기관의 사용조건, 운전장소의 환경상태, 사용하는 연료나 오일성능 등이 복잡하게 얽혀져서 이를 지배하는 것으로 생각된다.

그러나 오일소비의 직접적인 원인은 실린더 內面과 피스턴 外面의 다듬질

정도, 링의 형상과 개수 및 장력 등에 의한 영향이 크고, 각 베어링에 의한 영향은 작은 것으로 되어 있다. 또, 오일은 사용시간의 경과와 더불어 劣化가 진행되고 潤滑작용이 떨어지므로, 오일을 어느 정도까지 사용하고 새로운 윤활유와 교환할 것인가에 대한 한도는 쉽게 규제하기 어렵다. 따라서, 각각의 기관에 대하여 정해진 조건하에서 실험을 하고, 또 다른 기관과도 비교하여 타당하다고 생각되는 값을 구하여야 한다.

(1) 오일의 消費基準

일반적으로 오일消費基準은 단독으로 정하기 어려우므로 오일의 潤滑性能에 가장 큰 영향을 주는 기관의 출력으로부터 매시, 매출력당의 연료소비량, 즉 燃料消費率 b_e〔gf/(PS·h)〕, 〚g/(MW·s)〛에 관련지어서 규제하는 경우가 많다. 지금 오일消費率 $\ddot{o}_e$ 〔gf/(PS·h)〕, 〚g/(MW·s)〛의 b_e에 대한 비를 λ라고 하면 b_e를 알면 $\ddot{o}_e$는 $\lambda \cdot b_e$로 구해진다. λ의 값은 기관에 따라서 차이가 있으나, 가솔린기관에서는 0.1~0.15〔%〕, 디젤기관에서는 0.3~0.6〔%〕 정도이다. λ의 값은 물론 기관의 사용시간의 경과와 더불어 변화한다. 일반적으로, 建設機關用 디젤기관의 경우는 臺上試驗에서 종래 $\lambda < 1.0$〔%〕를 지표로 하고 있었으나, 현재는 기술의 진전으로 3000〔h〕까지 < 0.4〔%〕, 5000〔h〕까지는 < 0.6〔%〕를 지표로 하고 있다. 같은 건설기계용 기관으로서 CAT社에서는 더욱 적어져서 $\lambda = 0.2 \sim 0.3$〔%〕까지 오일의 소비를 저감시키고 있으며, 또한 같은 디젤기관에서도 대형선박용 기관에서는 λ의 값이 더욱 작아서 0.1〔%〕 정도로 되어 있다.

(2) 오일의 交換規準

기관에 사용 중인 오일은 시간과 더불어 변질하고 劣化되므로, 적당한 시기에 새로운 윤활유와 교환하여야 하며 이것은 기관의 성능을 정상으로 유지하고, 또한 수명을 연장시키는 데 절대로 필요한 요건이다. 오일의 交換規準을 어떻게 제정할 것인가는 각각의 기관에 따라서 달라지나, 그 때 검토되어야 할 공통적인 항목으로서는 다음의 3가지를 들 수 있다.

① 기관을 가혹한 상태로 운전하는 시간의 비율

② 사용 오일에 함유되는 첨가제의 종류와 양

③ 사용 燃料油의 황 함유량

이상을 고려에 넣어서 오일의 交換時期를 정하면 된다.

일반적으로, 기관 메이커의 오일交換規準은 단지 사용운전시간, 또는 차량의 경우 주행거리에 따라서 정해지고 있으나, 위의 세 가지 항목과 가혹운전시간을 고려에 넣어서 지정의 오일交換時期를 앞당기게 하는 것이 바람직하다. 또, 사용 오일은 되도록 기관 메이커가 지정하는 것을 사용하는 것을 잊어서는 안 된다.

10-5 潤滑시스템과 機關性能

윤활시스템은 윤활유의 供給과 回收시스템으로 나누어서 생각할 수 있다.

(1) 潤滑油供給시스템

오일 스트레이너로부터 흡입된 오일은 오일펌프에 의하여 오일필터의 주통로인 메인 갤러리(main gallery)로 보내져서 이곳으로부터 메인 베어링→커넥팅 로드 베어링→피스턴→실린더 보어로, 그리고 다른 한편으로는 실린더 헤드→밸브 작동 부품으로 보내어져서 각 부를 윤활하는 시스템이다. 각 부의 필요한 油壓이나 流量에 상응하여 오일통로의 內徑이나 유량이 제어되고 이에 따라 오리피스의 徑이 결정된다.

(2) 潤滑油回收시스템

기관 각 부에 보내어져서 潤滑作用을 끝마친 오일을 오일 팬으로 되돌리는 시스템으로 피스턴, 커넥팅 로드, 크랭크 축을 윤활한 오일은 크랭크 케이스로부터 직접 오일 팬으로, 밸브 작동 부품을 윤활한 오일은 실린더 헤드로부터 실린더 블록의 오일 되돌림 구멍을 통하여 오일 팬으로 회수된다. 실린더 헤드 쪽으로 올라간 오일은 冷却水와의 열교환을 위하여 실린더 헤드에 잠시 동안 머물게 할 필요가 있으나 되돌림이 나쁘면 오일 팬 내의 오일량이 부족하게 되고 오일 스트레이너로부터 공기를 흡입하여 유압이 떨어지거나 오일의 끊어짐을 일으키는 원인이 된다. 그리고 실린더 헤드에 고여진 오일은 블로바이가스에 의하여 吸氣系로 흡입되는 현상을 일으키기 쉽다. 운전상태에서는 좌우나 전후의 G를 받으므로 그 상태에서 더구나 高回轉까지 공기의 흡입이나 오일의 뿜어내는 일이 없도록 설계되어야 한다.

1) 윤활한계

油溫의 한계온도는 메인 게러리에서 130~135[℃]이나 이것은 주로 베어링 메탈의 온도한계에 의하여 결정되고, 베어링 메탈 온도가 150~160[℃]를 넘게 되면 용융되므로 이것을 방지하기 위하여 유온의 한계를 정하고 있다. 이 밖에도 油壓을 사용하는 라쉬 어드저스터의 油壓確保, 오일의 劣化防止 등의 면에서도 유온이 높아지는 것은 문제가 된다. 한편 유온이 높아지면 오일의 점성이 낮아지기 때문에 어느 정도까지는 유온을 높여서 사용하면 마찰이 감소되어 연비가 좋아진다. 이 때문에 보통 운전 때에도 유온을 120[℃]정도 높여서 사용하는 것도 실용화되고 있다.

2) 산포방식

散布方式에는 濕式(wet stray type)과 乾式(dry spray type)이 있다. 습식은 회수된 오일을 오일 팬에 일단 머물게 하는 방식으로 지금까지는 이 방식이 채용되고 있다. 이에 대하여 건식은 기관을 윤활한 오일을 별도의 펌프를 이용, 다른 오일 탱크로 보낸 다음, 그 곳에서 혼입된 공기와 분리시켜서 기관으로 되돌아가게 한다. 이 방식은 오일의 회수가 고회전까지 확실하게 될 수 있고 前後나 左右의 G가 가하여져도 공기가 흡입되는 일이 없으며 또한 오일의 교반저항으로 인한 出力의 손실도 발생되지 않는다. 그러나 乾式散布方式은 이와같이 우수한 성능을 가지는 반면 시스템 자체가 복잡하여 누유의 염려가 있다. 최근에는 오일 팬 내에 오일 回收用 펌프를 설치한 反乾式散布方式이 등장되어서 기관의 경사도가 커져도 윤활을 확실하게 할 수 있어서 앞으로는 기관의 성능이 보다 향상됨에 따라 潤滑系에 대한 요구도 이에 상응되어야 할 것이므로 건식산포방식까지는 가지 않아도 반건식산포방식은 증가될 추세이다.

第11章 機關主要部의 運動

내연기관의 主要運動部는 왕복기관의 경우 피스턴－커넥팅 로드－크랭크 축의 기구이다.

이들 운동부분은 어느 것이나 質量을 가지고 있고, 慣性力(inertia force)이나 遠心力(centrifugal force)이 작용하여서, 이들 힘의 平衡(balancing)이 不良할 때에는 운전중에 진동을 발생하게 되어서 고장을 유발할 염려가 있다.

최근, 기관은 보다 高速化의 추세에 있고, 이에 따라 기관의 運動學(kinematics)은 이 고속화에 있어서 가장 중요한 부문이다.

11-1 往復機關의 運動

피스턴－커넥팅 로드－크랭크 기구는 그림 11-1에서와 같은 크랭크축 회전 피스턴 往復機構로서 크랭크 케이스에 고정된 실린더 내를 피스턴이 왕복운동을 하고, 동력은 회전하는 크랭크축으로부터 얻어지게 된다.

(1) 피스턴, 커넥팅 로드 및 크랭크의 運動

1) 피스턴의 운동

그림 11-2에서 A를 피스턴 핀 중심, B를 크랭크 핀 중심, O를 크랭크축 중심이라 하면, 壓縮末에 점 A_1에 있었던 피스턴 핀 A와 점 B_1(TDC)에

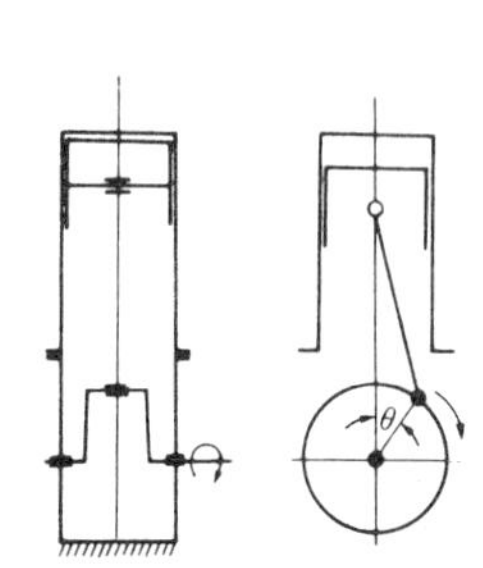

그림 11-1 왕복 피스턴 기구

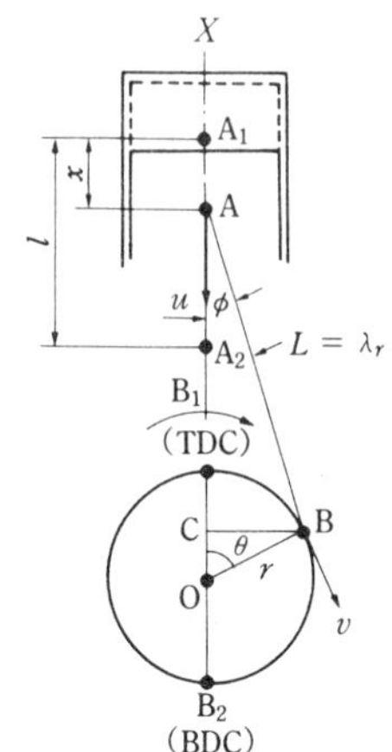

그림 11-2 피스턴-커넥팅 로드-크랭크 기구의 운동

있었던 크랭크 핀 B는 피스턴이 1行程한 뒤에 A는 A_2로, B는 B_2(BDC)로 이동하며, $\overline{A_1A_2}=l$(行程)이 된다.

지금, 커넥팅 로드의 길이를 $\overline{AB}=L$, 크랭크 암 $\overline{OB}$의 길이를 r, L과 r의 비를 λ라고 하면

$$\lambda=\frac{L}{r} \qquad \therefore L=\lambda r \cdots\cdots (11\text{-}1)$$

이고, λ의 값은 보통 3~5의 범위에 있으며, 특히 高速機關에서는 $\lambda\fallingdotseq 3$으로 되어 있다. 그리고 λ에 대하여는 r 대신 l을 쓰는 경우도 있으며, 이 때에는 $\lambda_0=L/l$로 되어서 λ와 λ_0와의 관계는 $\lambda=2\lambda_0$로 된다.

a) 피스턴의 변위

피스턴 變位(displacement) x는 그림 11-2로부터 다음 식으로 구하여진다.

$$\begin{aligned} x &=\overline{OA_1}-\overline{OA}=L+r-(r\cos\theta+L\cos\phi) \\ &=\lambda r+r-r\cos\theta-\lambda r\cos\phi \\ &=\lambda r(1-\cos\phi)+r(1-\cos\theta) \\ &=r\{(1-\cos\theta)+\lambda(1-\cos\phi)\} \text{ [m]} \cdots\cdots (11\text{-}2) \end{aligned}$$

한편,

$$\overline{\mathrm{BC}} = L \sin\phi = r \sin\theta$$

$$\therefore \sin\phi = \frac{1}{\lambda}\sin\theta$$

또

$$\sin^2\phi + \cos^2\phi = 1 \quad \therefore \cos\phi = \sqrt{1-\sin^2\phi} = \sqrt{1-\frac{(\sin^2\theta)}{\lambda^2}}$$

따라서, 식 (11-2)는 다음과 같이 고쳐 쓸 수 있다.

$$x = r\left[(1-\cos\theta) + \lambda\left\{1-\sqrt{1-\frac{(\sin^2\theta)}{\lambda^2}}\right\}\right] \text{〔m〕} \cdots\cdots (11\text{-}3)$$

윗식을 級數 展開하면

$$x = r\left\{(1-\cos\theta) - \sum_{n=0}^{\infty} A_{2n}\cos 2n\theta\right\} \text{〔m〕} \cdots\cdots (11\text{-}4)$$

로 된다. 여기서

$$\left.\begin{aligned} A_0 &= -\frac{1}{4\lambda} - \frac{1}{64\lambda^3} - \frac{1}{256\lambda^5} - \cdots \\ A_2 &= \frac{1}{4\lambda} + \frac{1}{16\lambda^3} + \frac{15}{512\lambda^5} + \cdots\cdots \\ A_4 &= -\frac{1}{64\lambda^3} - \frac{5}{256\lambda^5} - \cdots\cdots\cdots \end{aligned}\right\} \cdots\cdots (11\text{-}5)$$

지금, $1/\lambda$ 의 高次의 項을 생략하여 一次의 항만을 취하면 근사식이 얻어진다.

$$x \fallingdotseq r\left\{(1-\cos\theta) + \frac{1}{4\lambda}(1-\cos 2\theta)\right\} \cdots\cdots (11\text{-}6)$$

지금, 식 (11-6)에 대하여는 $\cos\phi = \sqrt{1-(\sin^2\theta)/\lambda^2}$ 의 우변에 무시될 정도의 작은 값 $\sin^4\theta/4\lambda^4$ 를 더하면

$$\cos\phi = \sqrt{1-\frac{\sin^2\theta}{\lambda^2}+\frac{\sin^4\theta}{4\lambda^4}} = 1-\frac{\sin^2\theta}{2\lambda^2} = 1-\frac{1-\cos 2\theta}{4\lambda^2}$$

따라서, 식 (11-2)는

$$x \fallingdotseq r\left\{(1-\cos\theta)+\lambda\left(1-1+\frac{1-\cos 2\theta}{4\lambda^2}\right)\right\}$$

$$=r\left\{(1-\cos\theta)+\frac{1}{4\lambda}(1-\cos 2\theta)\right\}$$

로 되고, 식 (11-6)이 얻어지며 윗식을 변형하면 다음 식이 된다.

$$x \fallingdotseq r\left\{(1-\cos\theta)+\frac{1}{2\lambda}\sin^2\theta\right\} \text{ [m]} \quad \cdots\cdots (11\text{-}7)$$

피스턴 變位 x와 行程 l과의 비는 식 (11-6)과 식 (11-7)로부터 다음 식으로 구하여진다.

$$\left.\begin{aligned} \frac{x}{l}&=\frac{1}{2}\left\{(1-\cos\theta)+\frac{1}{4\lambda}(1-\cos 2\theta)\right\} \\ \frac{x}{l}&=\frac{1}{2}\left\{(1-\cos\theta)+\frac{1}{2\lambda}\sin^2\theta\right\} \end{aligned}\right\} \cdots\cdots (11\text{-}8)$$

그림 11-3에 피스턴 變位 x의 크랭크각 θ에 대한 변화를 나타낸다.

b) 피스턴의 속도

피스턴 速度(piston speed or velocity) u는 피스턴 변위의 시간에 대한 변화이므로, 식 (11-4)를 시간 t에 대하여 微分하여 구하여진다.

지금 角速度(angular velocity)를 ω라고 하면, u는 다음 식으로 표시된다.

$$u=\dot{x}=\frac{dx}{dt}=\frac{dx}{d\theta}\frac{d\theta}{dt}=\frac{dx}{d\theta}\omega$$

$$=r\omega\left(\sin\theta+\sum_{n=0}^{\infty}B_{2n}\sin 2\theta\right) \cdots\cdots (11\text{-}9)$$

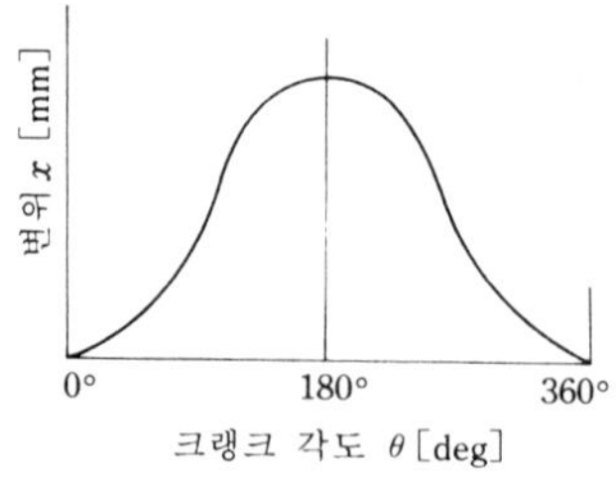

그림 11-3 피스턴의 변위

여기서 $B_{2n}=2nA_{2n}$ 이므로, 식 (11-5)로부터 $B_0=0$, $B_2=2A_2$, $B_4=4A_4$ 로 된다.

지금, $1/\lambda$ 의 高次項을 생략하면 근사적으로 다음 식이 얻어진다.

$$u=r\omega\left(\sin\theta+\frac{\sin 2\theta}{2\lambda}\right) \text{〔m/s〕} \cdots\cdots (11\text{-}10)$$

여기서 $\dfrac{d\theta}{dt}=\omega=\dfrac{2\pi n}{60}=\dfrac{\pi n}{30}$

$$=0.10472\,n=104.72\frac{n}{1000} \text{〔rad/s〕} \cdots\cdots (11\text{-}11)$$

피스턴 速度는 TDC ($\theta=0$〔deg〕)와 BDC($\theta=180$〔deg〕)에서는 $u=0$ 으로 되고, 그 도중에서 最大値에 달한다. 속도가 최대로 되는 θ 의 값은 식 (11-10)을 미분하여 0 으로 놓아서 구하여진다. 즉,

$$\frac{du}{d\theta}=r\omega\left(\cos\theta+\frac{\cos 2\theta}{\lambda}\right)=0$$

$$\therefore \cos 2\theta=-\lambda\cos\theta \cdots\cdots (11\text{-}12)$$

또는

$$\lambda=-\frac{\cos 2\theta}{\cos\theta} \cdots\cdots (11\text{-}13)$$

식 (11-12)를 변형하여

$$2\cos^2\theta+\lambda\cos\theta-1=0$$

$$\therefore \cos\theta=\frac{-\lambda+\sqrt{\lambda^2+8}}{4} \cdots\cdots (11\text{-}14)$$

θ 의 값은 윗식으로부터 구하여지나, λ 의 값에 따라서 달라진다.

대체로 $\theta \fallingdotseq 76$〔deg〕의 각도에서 크랭크 암과 커넥팅 로드가 이루는 각은 거의 直角으로 된다. $\tan\theta=L/r=\lambda$ 로부터도 θ 의 값은 구하여진다.

u 의 最大値 u_{max} 는 다음 식으로부터 구하여진다.

$$u_{max} \fallingdotseq r\omega\sqrt{1+\left(\frac{1}{\lambda^2}\right)} \cdots\cdots (11\text{-}15)$$

지금, $\lambda=3.0$ 이라고 하면 $u_{max}=r\omega\times1.054$, $\lambda=4.0$ 일 때에는 $u_{max}=r\omega\times 1.031$ 로 된다. $r\omega$ 는 뒤에 설명하는 크랭크 핀의 周速度이므로, 피스턴의 最高速度는 크랭크 핀 주속도보다 3.1~5.4〔%〕 크다.

식 (11-10)에서 ω 를 일정으로 하면 u 는 $\{\sin\theta+(\sin 2\theta)/2\lambda\}$의 函數로 된다. 따라서,

$$\sin\theta+\frac{\sin 2\theta}{2\lambda}=f_u \quad\cdots\cdots\cdots (11\text{-}16)$$

로 하여 식 (11-10)은 다음 식과 같이 나타내어진다.

$$u=r\omega f_u \quad\cdots\cdots\cdots (11\text{-}17)$$

이 f_u 를 速度係數(coefficient of velocity)라고 한다.

그림 11-4는 크랭크각 θ 에 대한 피스턴 속도 u 의 변화를 나타낸 것이다.

피스턴의 平均速度 u_m 은 다음 식으로 된다.

$$u_m=\frac{2ln}{60}=\frac{ln}{30}=\frac{2r\omega}{\pi}\text{〔m/s〕} \quad\cdots\cdots\cdots (11\text{-}18)$$

따라서, 식 (11-10)과 윗식으로부터 u 와 u_m 과의 비는 다음 식으로 된다.

$$\frac{u}{u_m}=\frac{\pi}{2}\left(\sin\theta+\frac{\sin 2\theta}{2\lambda}\right) \quad\cdots\cdots\cdots (11\text{-}19)$$

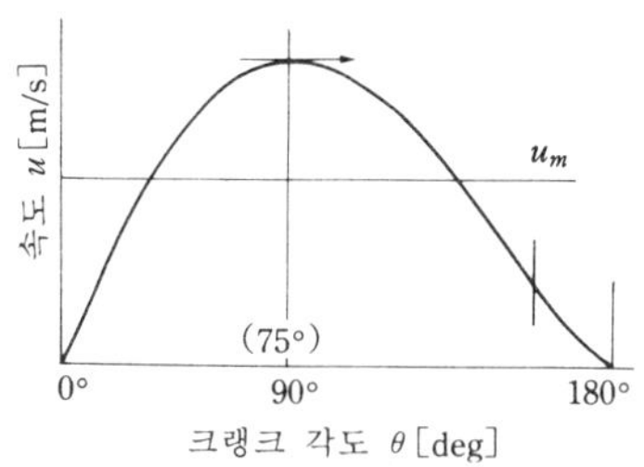

그림 11-4 피스턴의 속도

c) 피스턴의 가속도

피스턴 加速度(piston acceleration) α는 식 (11-9)를 다시 시간 t 로 微分하면 된다.

즉,

$$\alpha = \dot{u} = \frac{du}{dt} = \frac{du}{d\theta}\ \frac{d\theta}{dt} = \frac{du}{d\theta}\,\omega = \frac{d^2x}{d\theta^2}\,\omega^2$$

$$= r\,\omega^2 \left(\cos\theta + \sum_{n=0}^{\infty} C_{2n} \cos 2n\,\theta\right) \cdots\cdots\cdots (11\text{-}20)$$

여기서 $C_{2n} = 2n\ B_{2n}$ 이므로 $C_0 = 0,\ C_2 = 4B_2,\ C_4 = 4B_4$ 로 된다.

지금, $1/\lambda$ 의 高次의 項을 생략하면 근사적으로 다음 식이 얻어진다.

$$\alpha \fallingdotseq r\,\omega^2 \left(\cos\theta + \frac{\cos 2\theta}{\lambda}\right) \quad [\text{m/s}^2] \cdots\cdots\cdots (11\text{-}21)$$

지금, $\cos\theta + (\cos 2\theta)/\lambda$ 를 f_a 라고 하면, 윗식은 다음과 같이 고쳐 쓸 수 있다.

$$\alpha = r\,\omega^2 f_a \cdots\cdots\cdots (11\text{-}22)$$

이 f_a 를 加速度係數(coefficient of acceleration)라고 한다.

피스턴 가속도의 最大値 또는 最小値는 $d\alpha/d\theta = 0$ 로 하여 구하여진다.

식 (11-21)을 미분하여 0 으로 놓으면

$$\sin\theta + \left(\frac{2}{\lambda}\right) \sin 2\theta = 0$$

$$\therefore\ \sin\theta \left\{1 + \left(\frac{4}{\lambda}\right) \cos\theta\right\} = 0$$

따라서 $\sin\theta = 0$, 그러므로 $\theta = 0$ 또는 $\theta = \pi$

또 $\cos\theta = -\dfrac{\lambda}{4}$, 그러므로

$$\theta = 0 \text{ 일 때} \quad \alpha_{\theta=0} = r\,\omega^2 \left\{1 + \left(\frac{1}{\lambda}\right)\right\}$$

$$\theta = \pi \text{ 일 때} \quad \alpha_{\theta=\pi} = -r\,\omega^2 \left\{1 - \left(\frac{1}{\lambda}\right)\right\}$$

다음에 $\cos\theta = -\lambda/4$ 인 때는 $\cos\theta > -1$ 이므로 $\lambda \leqq 4$ 일 때에만 성립하고, $\lambda > 4$ 인 때는 성립하지 않으므로, 식 (11-21)로부터 다음 식이 얻어진다.

$$\alpha_{\min} = -r\,\omega^2 \frac{(8 + \lambda^2)}{8\lambda} \cdots\cdots\cdots (11\text{-}23)$$

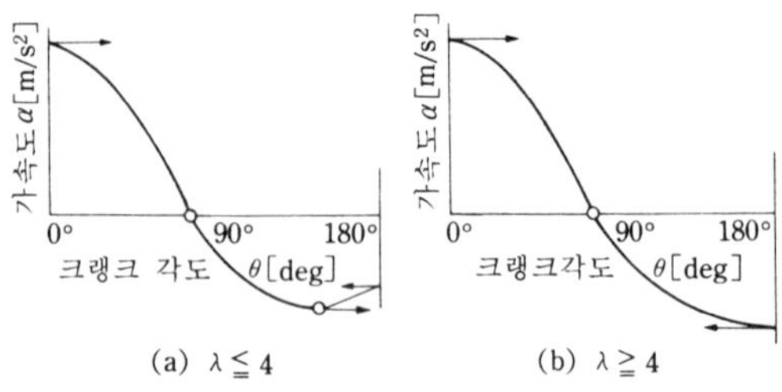

그림 11-5 피스턴의 가속도

한편, $\alpha=0$ 인 점에서는 $\alpha=\dfrac{du}{dt}=\omega\left(\dfrac{du}{d\theta}\right)=0$,

따라서 $\dfrac{du}{d\theta}=0$ 이므로, u_{max} 의 점에 상당한다.

그림 11-5는 피스턴 加速度曲線의 예로서, (a)는 $\lambda \leqq 4$의 경우, (b)는 $\lambda \geqq 4$ 인 경우를 나타낸다. (a)에는 α_{min} 이 있으나, (b)에는 없다.

2) 커넥팅 로드의 운동

커넥팅 로드의 小端部(small end) A는 그림 11-2에 나타낸 것과 같이 피스턴과 함께 실린더 軸線 OX에 따라 왕복운동하는 데 대하여, 大端部(big end) B는 크랭크 핀과 함께 크랭크축 중심 O의 주위를 圓運動한다.

따라서, 커넥팅 로드와 실린더 軸線과 이루는 각 ϕ는 크랭크 회전에 의하여 변하고, 커넥팅 로드 AB는 A를 지점으로 오르내리면서 振子運動(pendulum motion)을 한다.

a) 커넥팅 로드의 각변위

그림 11-2로부터

$$\sin\phi=\frac{\overline{BC}}{L}=\frac{r\sin\theta}{\lambda r}=\frac{\sin\theta}{\lambda}$$

$$\therefore\ \phi=\sin^{-1}\left(\frac{\sin\theta}{\lambda}\right)\quad\cdots\cdots (11\text{-}24)$$

$\theta=0$ 에서는 $\phi=0$, $\theta=\dfrac{\pi}{2}$ 에서는 $\phi=\phi_{max}$, $\theta=\pi$ 에서는 $\phi=0$

b) 커넥팅 로드의 각속도

커넥팅 로드의 角速度 β는 $\dfrac{d\phi}{dt}$ 로부터 구하여진다.

즉,

$$\beta=\dot{\phi}=\frac{d\phi}{dt} \quad \cdots\cdots (11\text{-}25)$$

그림 11-2로부터

$$\overline{BC}=r\sin\theta=\lambda r\sin\phi \qquad \therefore \sin\phi=\frac{(\sin\theta)}{\lambda} \quad \cdots\cdots (11\text{-}26)$$

윗식의 양변을 t로 微分하면

$$\cos\phi\frac{d\phi}{dt}=\frac{1}{\lambda}\cos\theta\frac{d\theta}{dt}$$

$$\therefore \frac{\beta}{\omega}=\frac{1}{\lambda}\frac{\cos\theta}{\cos\phi} \quad \cdots\cdots (11\text{-}27)$$

한편, $\sin^2\phi+\cos^2\phi=1$, 따라서 식 (11-26)으로부터

$$\frac{\sin^2\phi}{\lambda^2}+\cos^2\phi=1$$

$$\therefore \cos^2\phi=1-\frac{\sin^2\theta}{\lambda^2}=\frac{1}{\lambda^2}(\lambda^2-\sin^2\theta)$$

$$\therefore \cos\phi=\frac{1}{\lambda}\sqrt{\lambda^2-\sin^2\theta} \quad \cdots\cdots (11\text{-}28)$$

식 (11-27)에 $\cos\phi$를 대입하면

$$\beta=\omega\frac{\cos\theta}{\sqrt{\lambda^2-\sin^2\theta}} \text{ [rad/s]} \quad \cdots\cdots (11\text{-}29)$$

따라서, $\theta=0$ 에서는 $\beta_{max}=\frac{\omega}{\lambda}$, $\theta=\frac{\pi}{2}$ 에서는 $\beta=0$

$\theta=\pi$ 에서는 $\beta=\frac{\omega}{\lambda}$ 로 된다.

c) 커넥팅 로드의 각가속도

커넥팅 로드의 角加速度는 $\frac{d\beta}{dt}$ 로부터 구하여지며, 다음 식으로 된다.

$$\psi=\ddot{\phi}=\frac{d\beta}{dt}=\frac{d\beta}{d\theta}\frac{d\theta}{dt}=\frac{d\beta}{d\theta}\omega$$

식 (11-29)로부터

$$\psi=\frac{-\omega^2(\lambda^2-1)\sin\theta}{(\lambda^2-\sin^2\theta)^{\frac{3}{2}}} \quad \text{[rad/s}^2\text{]} \cdots\cdots\cdots\cdots (11\text{-}30)$$

따라서, $\theta=0$ 에서는 $\psi=0$, $\theta=\frac{\pi}{2}$ 에서는 $\psi_{max}=\frac{-\omega^2}{\sqrt{\lambda^2-1}}$

$\theta=\pi$ 에서는 $\psi=0$

d) 특수커넥팅 로드의 운동

V 형기관에서는 그림 11-6 (a)에 나타낸 바와 같이, 좌우 실린더의 중심을 앞뒤로 치우치게 하여 보통의 커넥팅 로드를 나란히 한 並置形(side by side type)이나, (b)와 같이 실린더 중심은 치우치지 않도록 하고 특수한 모양으로 된 포크형(fork type) 등이 쓰여지며, 이들의 운동은 앞에서 설명한 것과 같다.

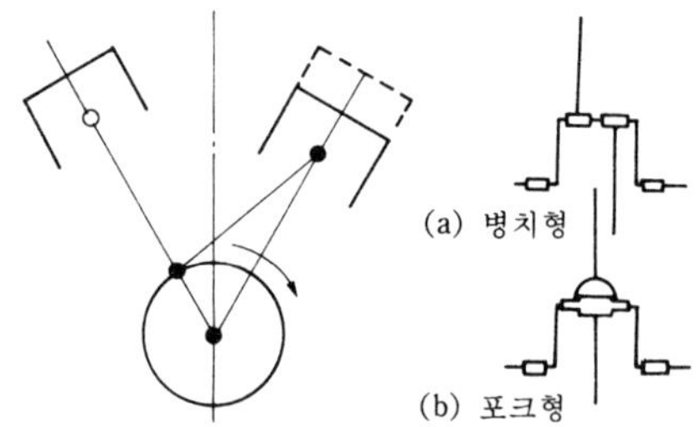

그림 11-6 V형기관 커넥팅 로드의 배열

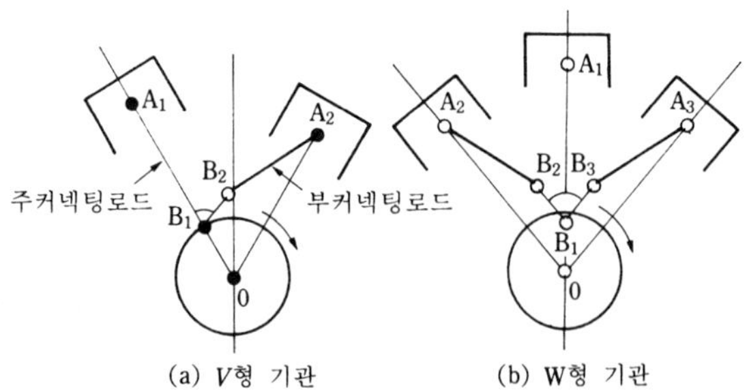

그림 11-7 주·부 커넥팅 로드의 배열

그림 11-7 (a)의 V 형機關이나 (b)의 W 形機關 등에는 주로 主·副 커넥팅 로드로 되어 있고, 주커넥팅 로드(master connecting rod)는 앞에서 설명한 것과 같은 운동을 하게 되나, 부커넥팅 로드(auxiliary connecting rod)는 그 大端部에 상당하는 단부가 주커넥팅 로드의 대단부에 마련된 리스트 핀(wrist pin) B_2〔그림(a)〕에 부착되어 있는 관계로부터 複傾斜〔double obliquity〕하는 것이 된다. 따라서, 크랭크 핀 B_1이 圓運動을 하는 데 대하여 리스트 핀 B_2는 楕圓에 가까운 운동을 하고, 부커넥팅 로드의 小端部 A_2의 行程은 주커넥팅 로드의 A_1과 다르다. 따라서, 주·부 커넥팅 로드의 경우는 壓縮比가 동일하지 않게 되거나, 上死點 위치가 달라지는 등, 또한 주커넥팅 로드의 강도 등이 문제로 된다.

3) 크랭크축의 운동

크랭크 핀은 軸中心 O의 주위를 $\overline{OB}=r$을 回轉半徑으로 하여 圓運動을 한다(그림 11-2).

이 때, 핀 중심 B의 周速度 v는 다음 식으로 구하여진다.

$$v=r\omega=\frac{\pi n}{30}r \quad \cdots\cdots (11\text{-}31)$$

따라서, 피스턴 速度 u와 크랭크 핀 周速度 v와의 比는 식 (11-10)과 식 (11-31)로부터 다음과 같이 얻어진다.

$$\frac{u}{v}=\sin\theta+\frac{(\sin 2\theta)}{2\lambda} \quad \cdots\cdots (11\text{-}32)$$

지금, 피스턴 行程을 l〔cm〕라 하면, 식 (11-31)로부터 v는 다음 식으로 표시된다.

$$v=\frac{\omega l}{200}=\frac{\pi n l}{6000} \text{〔m/s〕} \quad \cdots\cdots (11\text{-}33)$$

점 B에서의 遠心力 F_c는 다음 식과 같이 표시된다.

$$F_c=-mr\omega^2 \quad \cdots\cdots (11\text{-}34)$$

여기서 m= 점 B에 집중된 回轉質量

(2) 運動部分의 慣性力

기관의 主要運動部는 각각 운동에 동반하는 加速度가 있고, 그 가속도를 낳게 하는 힘에 반항하는 힘, 즉 慣性力(inertia force)을 가지는 것이 된다.

이 관성력은 가속도의 방향과 역방향으로 작용하게 되어서, 負의 부호가 붙는다.

1) 피스턴의 관성력

피스턴 핀과 링을 포함한 피스턴의 總質量을 m_p 〔kgf·s²/m〕, 〚kg〛라고 하면 慣性力 F_p는 식 (11-21)을 써서 다음 식으로 표시된다.

$$F_p = -m_p\,\alpha = -m_p\,r\,\omega^2\left(\cos\theta + \frac{\cos 2\theta}{\lambda}\right) \text{〔kgf〕, 〚N〛} \qquad \cdots(11\text{-}35)$$

윗식의 $\cos\theta$ 의 項만을 생각한 경우의 F_p를 1次慣性力, $\cos 2\theta$ 를 포함해서 생각한 경우의 F_p를 2次慣性力이라고 한다.

2) 커넥팅 로드의 관성력

커넥팅 로드의 兩端은 앞에서 설명한 것과 같이, 각각 다른 운동을 하므로 커넥팅 로드의 운동은 복잡하다.

그러므로 커넥팅 로드를 둘로 분할하고, 각각 피스턴과 크랭크 핀의 운동에 관련된 力學系로 생각하여 계산한다.

이와같이, 생각하는 법을 커넥팅 로드의 等價(또는 相當) 力學系(equivalent dynamic system of connecting rod)라고 한다.

지금, 그림 11-8에서 커넥팅 로드의 全質量을 m_r, 소단과 대단부에 집중되는 것으로 보아지는 질량을 각각 m_{ra}, m_{rb}라 하고, 重心(center of gravity) G로부터 小端部 中心點 A 및 大端部 中心點 B까지의 거리를 각각 a, b라고 하면, 점 A와 B의 주위의 관성 모멘트(moment of inertia)는 같고, 또 중심 G의 주위의 관성 모멘트도 같다고 하는 다음의 관계식

$$a\,m_r = L\,m_{rb},\quad b\,m_r = L\,m_{ra} \cdots\cdots (11\text{-}36)$$

$$a\,m_{ra} = b\,m_{rb} \cdots\cdots (11\text{-}37)$$

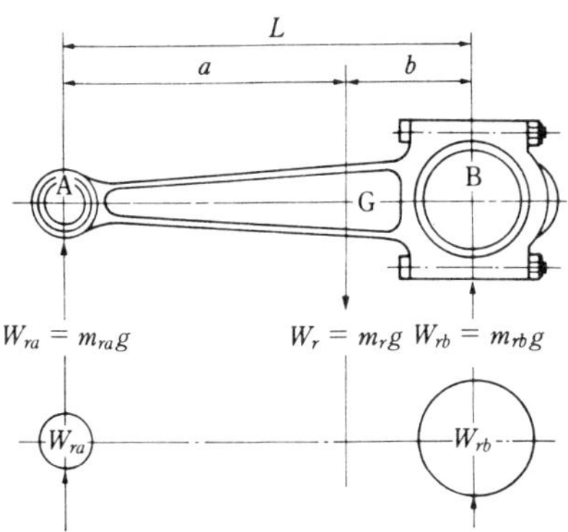

그림 11-8 커넥팅 로드의 중심과 상당질량을 구하는 방법

로부터 다음 식이 얻어진다.

$$m_{ra} = m_r \frac{b}{L} \quad m_{rb} = m_r \frac{a}{L} \quad \cdots\cdots (11\text{-}38)$$

또한, m_{ra}, m_{rb}, a, b의 사이에는 다음의 관계가 있다.

$$m_r = m_{ra} + m_{rb}, \quad L = a + b \cdots\cdots (11\text{-}39)$$

커넥팅 로드의 重心位置 및 m_{ra}와 m_{rb}를 실측하는 데는 그림 11-8에서와 같이 커넥팅 로드를 수평으로 하여 그 양단을 臺저울로 지지한 다음 각각의 重量을 측정하면 식 (11-36) 또는 식 (11-37)로부터 a와 b가 구하여진다.

이상과 같이, 커넥팅 로드의 慣性力은 단독으로 구하지 않고, 그 全質量 m_r 중 m_{ra}는 피스턴 핀에, m_{rb}는 크랭크 핀에 가하여 각각의 慣性力에 포함시켜서 계산하게 된다.

3) 크랭크의 관성력

그림 11-9에서 크랭크 핀의 질량을 m_{cp}라 하면, 遠心力 F_{cp}는 다음 식으로 표시된다.

$$F_{cp} = -m_{cp}\,\omega^2 r \cdots\cdots (11\text{-}40)$$

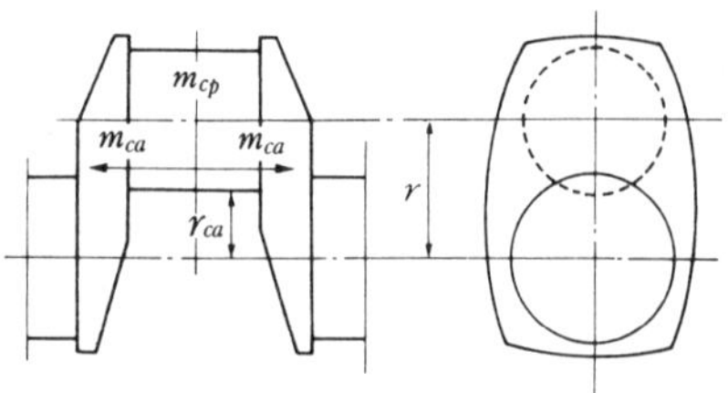

그림 11-9 크랭크 핀과 크랭크 암

크랭크 암의 한쪽만의 질량을 m_{ca}, 回轉半徑(radius of rotation)을 r_{ca} 라고 하면, 크랭크축 중심 O에 대한 遠心力 F_{ca}는 다음 식으로 나타내어진다.

$$F_{ca} = -2\,m_{ca}\,\omega^2\,r_{ca} \quad \cdots\cdots (11\text{-}41)$$

따라서, 크랭크 전체의 慣性力 F_c는 다음 식과 같이 된다.

$$F_c = F_{cp} + F_{ca} = -\omega^2\,(m_{cp}\,r + 2\,m_{ca}\,r_{ca}) \quad \cdots\cdots (11\text{-}42)$$

지금, 크랭크축의 等價質量(equivalent mass)을 m_{eq} 라고 하면, 다음 식과 같이 된다.

$$m_{eq}\,r = m_{cp}\,r + 2\,m_{ca}\,r_{ca} \quad \cdots\cdots (11\text{-}43)$$

따라서, F_c는 다음 식으로 표시된다.

$$F_c = -m_{eq}\,\omega^2\,r \quad \cdots\cdots (11\text{-}44)$$

(3) 機關의 平衡

기관의 운전으로 발생되는 왕복 또는 회전하는 運動部의 관성력은 기관 전체의 不平衡力(unbalanced force)으로 되어서 작용하는 외에, 가스壓力의 不均衡(unbalance)이나 뒤에 설명하는 크랭크축의 굽힘振動(bending vibration)과 비틀림振動(torsional vibration) 등의 여러가지 불평형력을 발생시킨다. 이들 불평형력을 제거시키는 것이 기관의 운전상 가장 중요하며, 특히 高速機關에서는 완전한 평형이 요구된다.

1) 단실린더기관의 평형

單실린더機關은 그대로의 상태로는 往復質量이나 回轉質量이 모두 평형되어 있지 않다.

회전질량에 대하여는 크랭크 핀의 반대측에 平衡錘(balance weight or counter weight)를 부착시키면 될 것이나, 왕복질량을 평형시키기는 불가능하다.

그러나 往復慣性力에 따른 振動을 경감시키는 하나의 수단으로서 오버밸런싱(과분평형, over balancing)법이 채용되고 있다. 실린더의 體積이 큰 기관이나, 單실린더 高速實驗研究機關에서는 특별한 平衡裝置가 채용되고 있다.

a) 회전질량의 평형

크랭크 핀과 함께 회전하는 질량 m_o에 따른 遠心力은 慣性力으로서 작용하므로, 이 평형에는 그림 11-10에 나타낸 것과 같은 평형추가 쓰여진다. 이 때, (a)와 같이 크랭크 암의 한쪽에만 錘를 부착시켜도 좋으나 불평형 모멘트(偶力 : unbalanced moment or couple)가 남게 되므로, (b)와 같이 양쪽의 암에 부착하는 것이 좋다.

質量 m_o는 다음 식으로부터 구하여진다.

$$m_o = m_{cp} + 2\, m_{ca} + m_{rb} \qquad \cdots\cdots (11\text{-}45)$$

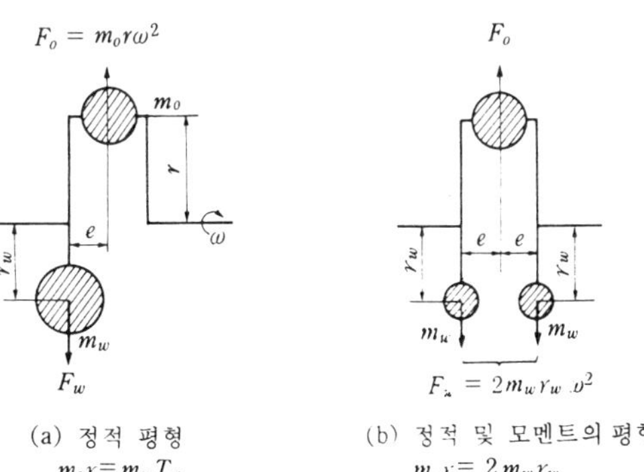

(a) 정적 평형 $m_o r = m_w r_w$

(b) 정적 및 모멘트의 평형 $m_o r = 2\, m_w r_w$

그림 11-10 회전질량의 평형

따라서, m_o 에 의한 遠心力 F_o 는 다음 식으로 표시된다.

$$F_o = m_o r \omega^2 \quad \cdots\cdots (11\text{-}46)$$

지금, 平衡錘의 질량을 m_w 라고 하면, 回轉質量과 평형되기 위한 조건은 다음 식으로 된다.

$$m_o r = 2 m_w r_w \quad \therefore\ m_w = \frac{1}{2} m_o \frac{r}{r_w} \quad \cdots\cdots (11\text{-}47)$$

b) 왕복질량의 평형과 과분평형

往復直線運動을 하는 質量 m_e 에는 피스턴의 질량 m_p 외에 커넥팅 로드 소단부의 질량 m_{ra} 를 포함하는 것이 되므로 질량으로서는 $m_e = m_p + m_{ra}$ 로 된다.

이 慣性力은 식 (11-35)의 m_p 대신 m_e 를 써서 다음 식으로 표시되고, 불평형력으로 남는다.

$$F_e = -m_e \alpha = -m_e r \omega^2 \left(\cos\theta + \frac{\cos 2\theta}{\lambda}\right) \quad \cdots\cdots (11\text{-}48)$$

윗식으로 표시되는 不平衡力을 벡터로 나타내 보면 그림 11-11과 같이 된다.

(a)에서 1차벡터는 $-m_e r \omega^2$ 에 비례하는 길이를 가지며, 크랭크 회전속도로 크랭크 암과 동일 방향에 있다. 따라서, 그 실린더 軸線으로의 分力 $-m_e r \omega^2 \cos\theta$ 가 1次慣性力이다. (b)에서 2차벡터는 $-m_e r \omega^2/\lambda$ 에 비례하는 길이로서, 크랭크 회전속도의 2배의 2θ 로 크랭크와 동일 방향으로 회전하며, 그 실린더 축선으로의 분력 $-m_e r \omega^2 (\cos 2\theta)/\lambda$ 가 2次 慣性力으로 된다.

이 1차, 2차관성력을 평형시키는 방법은 없으나, 過分平衡法을 써서 F_e 를 경감할 수가 있다.

이 방법은 回轉質量을 평형시키기 위하여 부착하는 錘 m_w 를 과분하게 하는 것으로, $m_w r_w > m_o r$ 과 같이 관성력에 의하여 발생하는 振動의 성질을 변화시키는 방법이다. 그림 11-12에서 平衡錘를 부착할 경우에 m_e, m_o 및

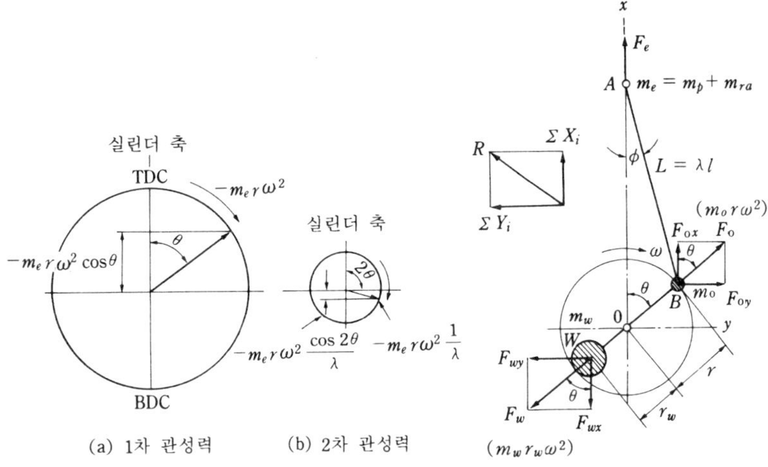

그림 11-11 단실린더기관에 작동하는 1, 2 차관성력 벡터

그림 11-12 단실린더기관의 평형(오버 밸런싱)

m_w 에 의한 관성력의 x, y 축 방향의 총합을 ΣX_i, ΣY_i 라고 하면, 각각 다음과 같은 식으로 된다.

$$\begin{aligned}\Sigma X_i &= F_e + F_{ox} - F_{wx}\\ &= m_e r\,\omega^2\left(\cos\theta + \frac{\cos 2\theta}{\lambda}\right) + m_o r\,\omega^2\cos\theta - m_w r_w\,\omega^2\cos\theta\\ &= \{(m_e+m_o)r - m_w r_w\}\,\omega^2\cos\theta + \frac{m_e r\,\omega^2}{\lambda}\cos 2\theta \quad\cdots\cdots\cdots\cdots (11\text{-}49)\end{aligned}$$

$$\begin{aligned}\Sigma Y_i &= F_{oy} - F_{wy}\\ &= m_o r\,\omega^2\sin\theta - m_w r_w\,\omega^2\sin\theta\\ &= (m_o r - m_w r_w)\,\omega^2\sin\theta \quad\cdots\cdots\cdots\cdots (11\text{-}50)\end{aligned}$$

지금, 식 (11-49)의 2項을 생략하여 1項만을 고려하고, 식 (11-49)와 식 (11-50)을 변형하면 다음 식이 얻어진다.

$$\begin{aligned}\Sigma X_i &= \{(m_e+m_o)r - m_w r_w\}\,\omega^2\cos\theta\\ &= \left(\frac{m_e+m_o}{m_w} - \frac{r_w}{r}\right) m_w r\,\omega^2\cos\theta \quad\cdots\cdots\cdots\cdots (11\text{-}51)\end{aligned}$$

$$\Sigma Y_i = \left(\frac{m_o}{m_w} - \frac{r_w}{r}\right) m_w r\,\omega^2\sin\theta \quad\cdots\cdots\cdots\cdots (11\text{-}52)$$

따라서, 기관에 작용하는 合成慣性力 R 은 $R=\sqrt{(\Sigma X_i)^2+(\Sigma Y_i)^2}$ 으로 되고, X 방향의 관성력은 감소하나, 그 대신 Y 방향의 성분이 남고, R 은 ω 와 逆方向(그림 11-12)으로 작용하는 것이 된다.

이 평형 방법은 오토바이나 스쿠터와 같은 소형 單실린더機關에 채용되며, 길이 방향의 振動을 적게 하고, 세로 방향의 진동으로 바꾸어 놓음으로써 승차감을 좋도록 하는 데 유효하다.

Lägel 은 往復質量의 관성력의 1 차와 2 차를 생각할 때 관성력과 過分平衡錘 W 의 원심력과의 合成力 R 을 최소로 하기 위한 W 를 구하는 데 다음 식을 제시하고 있다.

$$W=(0.50+0.36\lambda)\frac{r}{r_w}\left\{W_p+W_r\left(1-\frac{a}{L}\right)\right\} \cdots\cdots\cdots\cdots\cdots\cdots\cdots\cdots (11\text{-}53)$$

여기서 $W_p=m_p g=$ 피스턴의 중량, $W_r=m_r g=$ 커넥팅 로드의 重量

c) 평형장치

현재 채용되고 있는 平衡裝置(balancer)는 어느 것이나 往復質量에 의한 관성력의 1 차 또는 2 차성분까지를 평형시키는 것으로서, 平衡錘를 부착하는 軸의 數에 따라서 1 軸平衡裝置, 2 軸平衡裝置 및 4 軸平衡裝置 등이 있다. 어느 것이나 기관 전체의 치수, 형상 및 중량이 증가하는 것이 되고, 제조원가가 높아지는 것은 피할 수 없으나, 진동이 없는 조용한 운전을 하는 것이 가능하게 된다.

(i) 1 軸平衡裝置

그림 11-13에 나타낸 평형장치는 크랭크축과 평행이고, 等速逆回轉하는 축을 설치하여 1 次慣性力을 평형시키는 장치이다. 回轉質量을 평형시키기 위한 平衡錘 m_{wa} 를 $m_o+m_e/2$ 라 하고, 새로이 설치하는 평형추 m_{wb} 를 $m_e/2$ 라고 하면, ΣX_i 와 ΣY_i 는 다음 식과 같이 된다.

$$\begin{aligned}\Sigma X_i &= m_e r\omega^2\cos\theta+m_o r\omega^2\cos\theta-m_{wa} r\omega^2\cos\theta\\ &\quad -m_{wb} r\omega^2\cos\theta\\ &=\{m_e+m_o-(m_{wa}+m_{wb})\}r\omega^2\cos\theta \cdots\cdots\cdots\cdots\cdots\cdots\cdots\cdots (11\text{-}54)\end{aligned}$$

$$\Sigma Y_i=m_o r\omega^2\sin\theta+m_{wb} r\omega^2\sin\theta$$

$$-m_{wa}\, r\, \omega^2 \sin\theta$$

$$=(m_o+m_{wb}-m_{wa})\, r\, \omega^2 \sin\theta \quad \cdots\cdots (11\text{-}55)$$

식 (11-54), 식 (11-55)에 $m_{wa}=m_o+m_e/2$, $m_{wb}=m_e/2$를 대입하면

$$\Sigma X_i=\left\{m_e+m_o-\left(m_o+\frac{1}{2}m_e+\frac{1}{2}m_e\right)\right\} r\, \omega^2 \cos\theta=0 \quad \cdots\cdots (11\text{-}56)$$

$$\Sigma Y_i=\left\{m_o+\frac{1}{2}m_e-\left(m_o+\frac{1}{2}m_o\right)\right\} r\, \omega^2 \sin\theta=0 \quad \cdots\cdots (11\text{-}57)$$

로 되고, 1次成分은 완전히 평형됨을 알 수 있다.

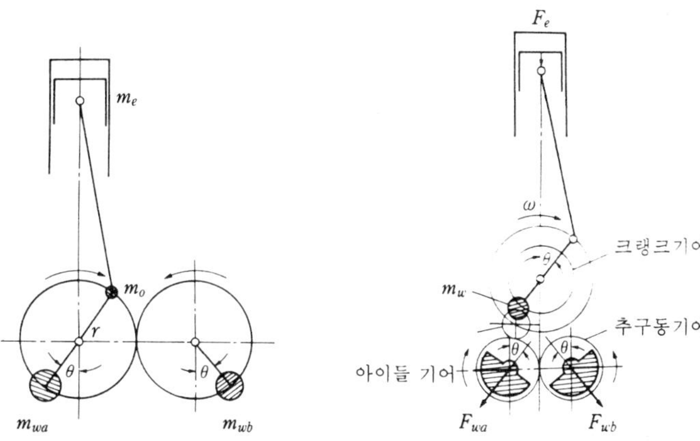

그림 11-13 단실린더기관의 1축평형장치

그림 11-14 단실린더기관의 2축평형장치

(ii) 2軸平衡裝置

그림 11-14에 나타낸 평형장치는 앞에서의 1축평형장치의 결점인 크랭크축 둘레의 偶力을 없도록 한 것이다. 그림은 아이들 기어를 사용한 예로서, 回轉速度는 크랭크축과 같고, 평형추 m_{wa}, m_{wb}의 위치는 피스턴의 上死點 위치에서 반대측에 오도록 부착된다. 지금, 평형추의 질량에 의한 遠心力을 각각 F_{wa}, F_{wb}라고 하면, 다음의 관계가 성립한다.

$$F_{wa}\sin\theta=F_{wb}\sin\theta \quad \cdots\cdots (11\text{-}58)$$

$$F_e=F_{wa}\cos\theta+F_{wb}\cos\theta \quad \cdots\cdots (11\text{-}59)$$

(iii) 4軸平衡裝置

1차, 2차관성력을 평형시키기 위하여서는 4축장치가 쓰여진다. 그림 11-15는 연구용 대형 단실린더기관(ϕ 160×190)에 실시한 장치의 예이다. 그림 중 1次平衡錘의 질량 m_{wa}는 크랭크축과 동일한 회전속도로, 2次平衡錘의 질량 m_{wb}는 크랭크축의 2배의 회전속도로 크랭크축으로부터 아이들기어를 거쳐서 구동된다.

지금 r_a, r_b를 질량 m_{wa}, m_{wb}의 중심과 각각의 回轉軸心까지의 거리라고 하면, ΣX_i, ΣY_i는 다음 식과 같이 된다.

$$\Sigma X_i = m_e r\,\omega^2 \left\{\cos\theta + \frac{(\cos 2\theta)}{\lambda}\right\}$$
$$-2\,m_{wa} r_a\,\omega^2 \cos\theta - 2\,m_{wb} r_b\,\omega^2 \cos 2\theta$$
$$=(m_e r - 2\,m_{wa} r_a)\,\omega^2 \cos\theta$$
$$+\left\{\left(\frac{m_e}{\lambda}\right) r - 2\,m_{wb} r_b\right\}\omega^2 \cos 2\theta \quad \cdots\cdots (11\text{-}60)$$

$$\Sigma Y_i = m_{wa} r_a\,\omega^2 \sin\theta - m_{wa} r_a\,\omega^2 \sin\theta$$
$$+ m_{wb} r_b\,\omega^2 \sin 2\theta - m_{wb} r_b\,\omega^2 \sin 2\theta = 0 \quad \cdots\cdots (11\text{-}61)$$

윗식으로부터 Y축방향은 평형된다. 한편, X축방향을 평형시키기 위하여

$$m_e r = 2\,m_{wa} r_a \qquad \frac{m_e r}{\lambda} = 2\,m_{wb} r_b \quad \cdots\cdots (11\text{-}62)$$

라 놓으면, 식 (11-60)도 0으로 되어서 완전하게 평형시킬 수 있다.

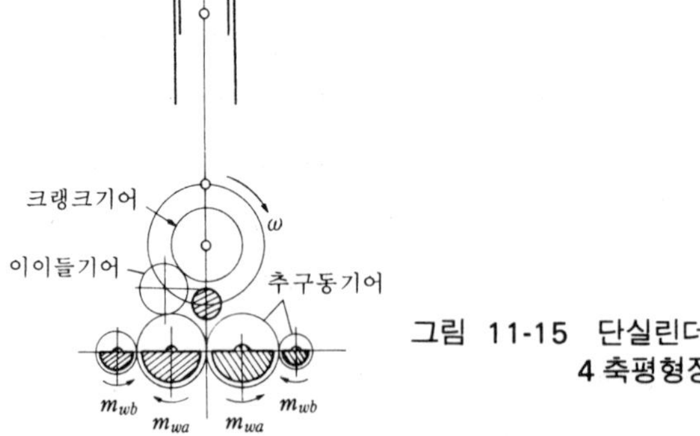

그림 11-15 단실린더기관의 4축평형장치

2) 다실린더기관의 평형

다실린더기관이 평형되기 위해서는 그림 11-16에 나타낸 크랭크축에 直角인 기준면($x-y$)과 座標軸 x·y·z를 想定하여 다음에 나타낸 2개의 조건을 만족하지 않으면 안 된다.

A. 回轉質量의 慣性力 F_{oi}와 往復質量의 1차, 2차관성력 $F_{e\,\mathrm{I}\,i}$, $F_{e\,\mathrm{II}\,i}$를 $x-y$면 위에 투영하고 그 벡터의 합이 0일 것

$$\left.\begin{aligned}
&\sum_{i}^{N} F_{oi}=\sum_{i}^{N} m_{oi}\, r\, \omega^{2}=0 \\
&\sum_{i}^{N} F_{e\,\mathrm{I}\,i}=\sum_{i}^{N} m_{ei}\, r\, \omega^{2} \cos \theta=0 \\
&\sum_{i}^{N} F_{e\,\mathrm{II}\,i}=\sum_{i}^{N} m_{ei}\, r\, \omega^{2} \frac{(\cos 2\theta)}{\lambda}=0
\end{aligned}\right\} \cdots\cdots (11\text{-}63)$$

이 평형을 靜的平衡(static balancing)이라고 한다.

B. 각 실린더 중심으로부터 설정한 基準面까지의 거리를 l_i라고 하였을 때, 回轉質量의 관성모멘트 M_{oi}의 벡터의 합과 1차, 2차왕복질량의 관성모멘트 $M_{e\,\mathrm{I}\,i}$, $M_{e\,\mathrm{II}\,i}$의 벡터의 합이 0일 것

$$\left.\begin{aligned}
&\sum_{i}^{N} M_{oi}=\sum_{i}^{N} F_{oi}\, l_i=\sum_{i}^{N} m_{oi}\, r\, \omega^{2} l_i=0 \\
&\sum_{l}^{N} M_{e\,\mathrm{I}\,i}=\sum_{i}^{N} F_{e\,\mathrm{I}\,i}\, l_i=\sum_{i}^{N} m_{ei}\, r\, \omega^{2} \cos \theta=0 \\
&\sum_{i}^{N} M_{e\,\mathrm{II}\,i}=\sum_{i}^{N} F_{e\,\mathrm{II}\,i}\, l_i=\sum_{i}^{N} m_{ei}\, r\, \omega^{2} \frac{(\cos 2\theta)}{\lambda}=0
\end{aligned}\right\} \cdots\cdots (11\text{-}64)$$

이 평형을 動的平衡(dynamic balancing)이라고 한다.

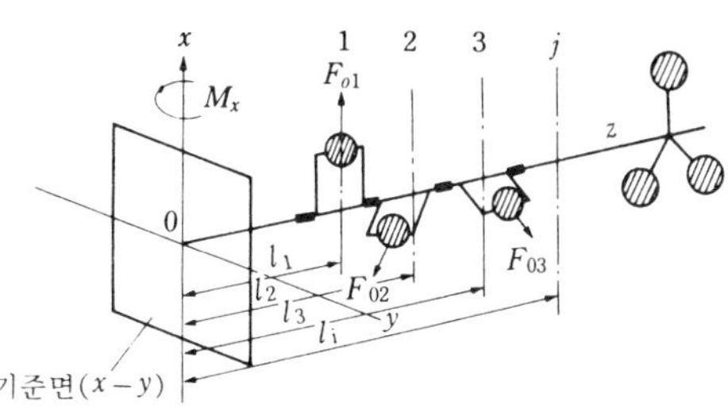

그림 11-16 기준면과 좌표축 x, y

따라서, 기관의 평형을 검토하는 데는 다음의 순서로 음미하지 않으면 안 된다.

가) 回轉質量의 平衡 { ① 회전질량의 관성력(정적)의 평형 / ② 회전질량의 관성모멘트(동적)의 평형 }

나) 往復質量의 平衡 { ① 1차, 2차왕복질량의 관성력(정적)의 평형 / ② 1차, 2차왕복질량의 관성모멘트(동적)의 평형 }

이하, 4사이클 직렬 3, 4, 6실린더기관에 대하여 평형을 조사한다.

a) 3실린더기관의 평형

그림 11-17 (a)에 나타낸 직렬, 等크랭크角의 기관에서 각 크랭크 상호간의 각을 α라고 하면, $\alpha=2\pi/3=120$〔deg〕로 된다.

(i) 회전질량의 평형

ⓐ 관성력의 평형

각 실린더 모두 r, $\lambda=L/r$, m_r은 같으므로 m_o는 같고, x, y축 방향의 慣性力의 合 $\sum_i^N F_{oxi}$와 $\sum_i^N F_{oyi}$는 다음 식으로 표시된다.

$$\left.\begin{aligned}\sum_i^N F_{oxi}&=m_o r\omega^2\left(\cos 0+\cos\frac{2\pi}{3}+\cos\frac{4\pi}{3}\right)\\&=m_o r\omega^2\left(1-\frac{1}{2}-\frac{1}{2}\right)=0\\\sum_i^N F_{oyi}&=m_o r\omega^2\left(\sin 0+\sin\frac{2\pi}{3}+\sin\frac{4\pi}{3}\right)\\&=m_o r\omega^2\left(0+\frac{\sqrt{3}}{2}-\frac{\sqrt{3}}{2}\right)=0\end{aligned}\right\}\cdots\cdots(11\text{-}65)$$

따라서, 평형되어 있다.

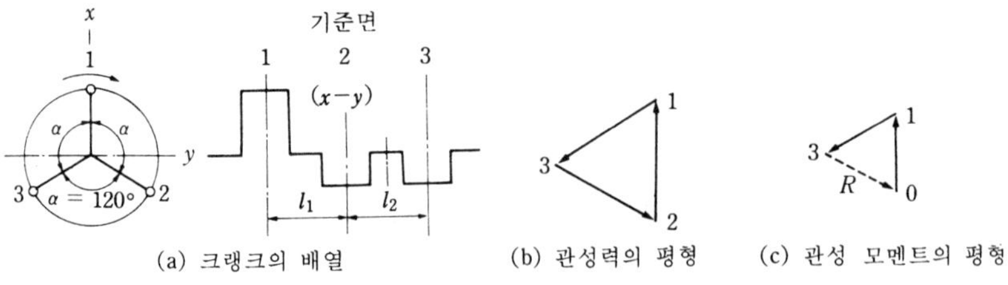

(a) 크랭크의 배열 (b) 관성력의 평형 (c) 관성 모멘트의 평형

그림 11-17 직렬 3실린더기관의 회전질량의 평형

한편, 慣性力의 벡터는 크랭크 암의 방향에 있으므로 벡터의 그림은 (b)와 같이 닫혀지며 평형되어 있다.

ⓑ 관성모멘트의 평형

제 2 실린더 중심에 基準面을 정하면 제 1, 제 3 실린더의 기준면으로부터의 거리는 $l_1=l_3=l$ 로서 같고, 기준면의 左를 正, 右를 負라고 하면 모멘트는 다음 식으로 표시된다.

$$\left.\begin{aligned}\sum_i^N M_{oxi} &= -m_o r\omega^2\left(l_1\sin 0 - l_3\sin\frac{4\pi}{3}\right)\\ &= -m_o r\omega^2 l\frac{\sqrt{3}}{2}\\ \sum_i^N M_{oyi} &= m_o r\omega^2\left(l_1\cos 0 - l_3\cos\frac{4\pi}{3}\right)\\ &= m_o r\omega^2 l\frac{3}{2}\end{aligned}\right\} \cdots\cdots (11\text{-}66)$$

$$\begin{aligned}\therefore \Sigma M_o &= \sqrt{(\Sigma M_{ox})^2+(\Sigma M_{oy})^2}\\ &= m_o r\omega^2 l\sqrt{\frac{12}{4}}\\ &= \sqrt{3}\, m_o r\omega^2 l\\ &= \text{불평형 모멘트} \quad \cdots\cdots (11\text{-}67)\end{aligned}$$

모멘트의 벡터는 기준면으로부터 각 실린더 중심까지의 거리에 비례하고, 크랭크 암의 방향에 있으므로, (c)에 나타낸 R 이 不平衡 모멘트로 된다.

(ii) 왕복질량의 평형

ⓐ 1 차, 2 차관성력의 평형

그림 11-18 (a)에서 제 1 실린더의 크랭크가 각 θ_1 만큼 앞섰을 때 제 2, 제 3 실린더의 크랭크는 각각 $\theta_2=\theta_1+\alpha$, $\theta_3=\theta_1+2\alpha$ 만큼 앞선다. 따라서, 全慣性力의 합은 다음 식으로 표시된다.

$$\begin{aligned}\sum_i^N F_{ei} = F_{e\,\mathrm{I}\,i}+F_{e\,\mathrm{II}\,i} = -m_e r\omega^2 [&\{\cos\theta_1+\cos(\theta_1+\alpha)+\cos(\theta_1+2\alpha)\}\\ &+\frac{1}{\lambda}\{\cos 2\theta_1+\cos(2\theta_1+2\alpha)+\cos(2\theta_1+4\alpha)\}] \cdots\cdots (11\text{-}68)\end{aligned}$$

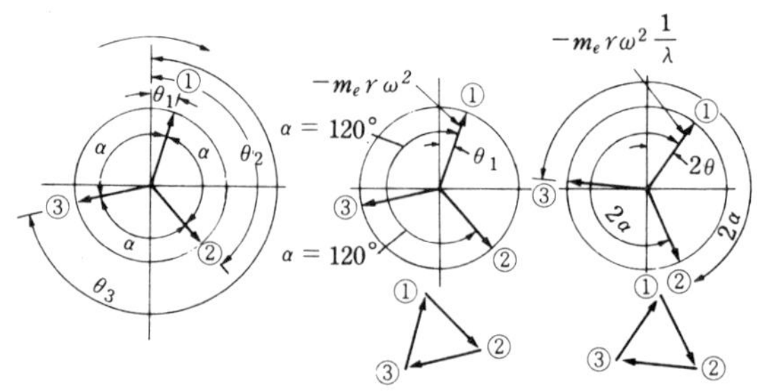

(a) 각 실린더의 크랭크 각 (b) 1차 관성력 (c) 2차 관성력

그림 11-18 직렬 3실린더기관의 왕복관성력의 평형

윗식의 1차, 2차벡터는 (b), (c)에 나타낸 것과 같이 닫혀지므로 평형되어 있다.

ⓓ 1차, 2차관성모멘트의 평형

基準面을 제1실린더軸 중심에 정하고, 제2, 제3실린더軸까지의 거리를 각각 l, $2l$이라고 하면, 관성모멘트는 다음 식으로 표시된다.

$$\begin{aligned}\Sigma M_{e\,\mathrm{I}} &= -m_e r\omega^2(l\cos\theta_2 + 2l\cos\theta_3)\\ &= -m_e r\omega^2\{l\cos(\theta_1+120°) + 2l\cos(\theta_1+240°)\} \quad\cdots\cdots (11\text{-}69)\end{aligned}$$

$$\begin{aligned}\Sigma M_{e\,\mathrm{II}} &= -m_e r\omega^2\left(\frac{1}{\lambda}\right)\{l\cos(2\theta_1+240°)\\ &\quad +2l\cos(2\theta_1+480°)\} \quad\cdots\cdots (11\text{-}70)\end{aligned}$$

위의 두 식에 대한 벡터는 그림 11-19에 나타낸 것과 같이 되고, 합성 모멘트는 다음 식으로 된다.

$$\left.\begin{aligned}M_{e\,\mathrm{I}} &= -\sqrt{3}\,m_e r\omega^2 l\\ M_{e\,\mathrm{II}} &= -\sqrt{3}\,m_e r\omega^2\frac{l}{\lambda}\end{aligned}\right\}\quad\cdots\cdots (11\text{-}71)$$

따라서, 실린더軸 x 방향의 실제의 모멘트는 다음의 식

$$\left.\begin{aligned}M_{ex\,\mathrm{I}} &= -\sqrt{3}\,m_e r\omega^2 l\cos(\theta_1+210°)\\ M_{ex\,\mathrm{II}} &= -\sqrt{3}\,m_e r\omega^2\left(\frac{l}{\lambda}\right)\cos(\theta_1+150°)\end{aligned}\right\}\quad\cdots\cdots (11\text{-}72)$$

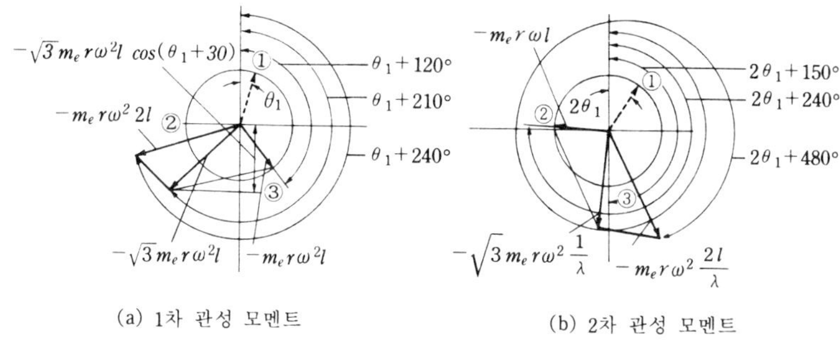

그림 11-19 직렬 3 실린더기관의 왕복관성모멘트의 평형

로 표시되고, 不平衡모멘트로서 남는다.

이상의 방법은 모든 직렬기관에 응용된다. 不平衡모멘트를 없도록 하기 위해서는 짝수크랭크로 하고, 축에 직각면에 대하여 對稱配置가 되지 않으면 안 된다.

b) 4 실린더기관의 평형

4 실린더기관은 6 실린더기관에 비하여 실린더數가 적어서 경제적으로 유리하여 가솔린기관에는 많이 채용되고 있으나, 디젤기관에서는 振動이 있어서 일반적으로 바람직하지 못한 것으로 되어 있다. 그것은 앞에서 기술한 결론으로부터 크랭크는 짝수이고 대칭배치이기 때문에 回轉質量은 평형을 이루게 되나, 往復慣性力과 모멘트가 남게 되어서 진동의 원인이 되기 때문이다. 그러나 여러 가지의 平衡裝置가 생각되고서부터 널리 사용되고 있다.

(i) 回轉質量의 平衡

ⓐ 관성력의 평형

그림 11-20 (a)에 나타내는 크랭크의 배열에서 회전질량 m_o에 의한 慣性力(遠心力) $F_o=m_o r\omega^2$는 각 실린더 모두가 같고 방향은 서로 반대이며, (b)에 나타낸 벡터의 합은 $\sum_i^N F_{oi}=0$으로 되어서 평형된다.

다만, 저널 베어링의 片磨滅을 방지하기 위하여 각 실린더마다에 平衡錘를 부착하는 경우가 있다.

ⓑ 관성모멘트의 평형

기준면을 기관의 중앙 베어링 중심에 정하고, 각 실린더軸까지의 거리를

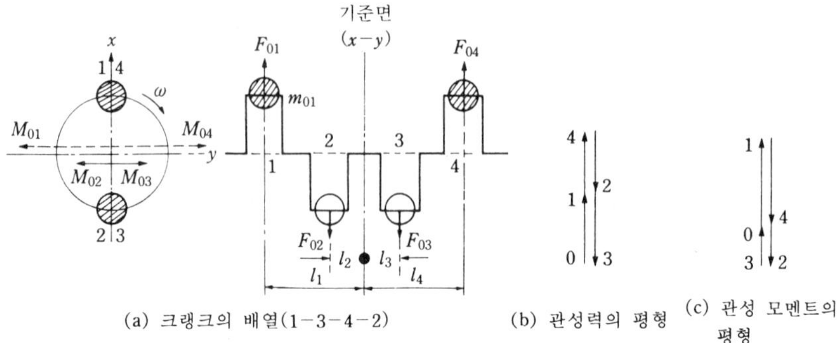

(a) 크랭크의 배열(1−3−4−2) (b) 관성력의 평형 (c) 관성 모멘트의 평형

그림 11-20 4실린더기관의 회전질량의 평형

l_1, l_2, l_3, l_4라고 하면 관성모멘트의 합은 다음 식으로 표시되고 0으로 된다.

$$\sum_i^N M_{oi} = \sum_i^N F_{oi} l_i = F_{o1} l_1 + F_{o2} l_2 - F_{o3} l_3 - F_{o4} l_4 = 0 \quad \cdots\cdots (11\text{-}73)$$

관성모멘트는 y축 방향에 향하며, $M_{o1} = -M_{o4}$, $M_{o2} = -M_{o3}$이고, 벡터의 길이는 基準面으로부터의 거리에 비례하므로 (a)의 좌측에 나타낸 것과 같이 된다.

모멘트의 벡터 그림은 모멘트가 크랭크 암 방향에 작용하는 것으로 하여, (c)에 나타낸 것과 같이 벡터는 닫히고, 관성모멘트는 평형이 된다.

(ii) 往復質量의 平衡

ⓐ 1차, 2차관성력의 평형

1次慣性力의 평형은 앞에서 기술한 회전질량 m_o 대신 m_e를 바꾸어 놓으면 되므로, 벡터 그림은 그림 (b)와 같이 $F_{e1} = 0$으로 된다. 2次慣性力의 평형은 그림 11-21 (a)의 假想크랭크를 생각하면 관성력 벡터는 (b)와 같이 되어서 다음의 식

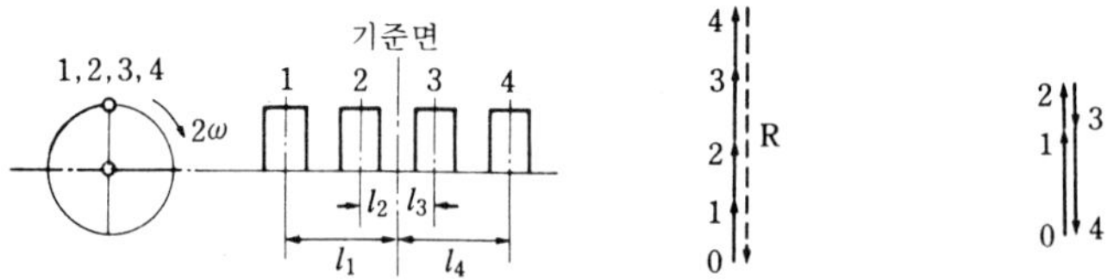

(a) 가상 크랭크 배치 (1−3−4−2) (b) 관성력의 불평형 (c) 관성 모멘트의 평형

그림 11-21 4실린더기관의 왕복질량의 2차평형

$$R=F_{e\,\mathrm{II}}=4A_2 m_e r\omega^2\cos 2\theta \quad \cdots\cdots \quad (11\text{-}74)$$

가 不平衡力으로서 남는다. 식 중 A_2는 하모닉係數이다.

ⓑ 1차, 2차관성모멘트의 평형

왕복질량의 관성모멘트는 중앙 베어링 중심을 기준면으로 하였을 경우, 회전질량의 경우와 같이 左右對稱이므로 $\Sigma M_{e\,\mathrm{I}}=0$, $\Sigma M_{e\,\mathrm{II}}=0$으로 된다.

(iii) 平衡裝置

4실린더기관은 왕복질량에 의한 2차관성력 $F_{e\,\mathrm{II}}$가 남고, 上下振動의 원인으로 되어 있다. 또, 일반적으로 고려되지 않는 경우가 많으나, 크랭크축 주위에 발생하는 피스턴 속도의 변화에 따르는 진동 모멘트 M_z 및 폭발에 의한 크랭크축 주위의 불평형 모멘트 M_{comb}도 있으므로, 진동을 문제로 하는 승용차용 기관 등에서는 여러 가지의 특수한 平衡裝置가 개발되어 있다.

그림 11-22는 2개의 대표적인 平衡裝置를 나타낸 것이다. (a)는 건설기계용 4실린더기관에 실용화되고 있는 장치로서, 식 (11-74)의 2次不平衡力 $F_{e\,\mathrm{II}}$를 평형시키는 장치이다.

그림 (b)는 平衡錘의 부착 위치가 (a)와 다르다. 이 장치에 의하여 다음의 식

$$\left.\begin{aligned} M_z &= 4B_2 m_e r\omega^2\sin 2\theta \\ M_{comb} &= -\pi d^2 r(a_2\sin 2\theta + b_2\cos 2\theta) \end{aligned}\right\} \quad \cdots\cdots \quad (11\text{-}75)$$

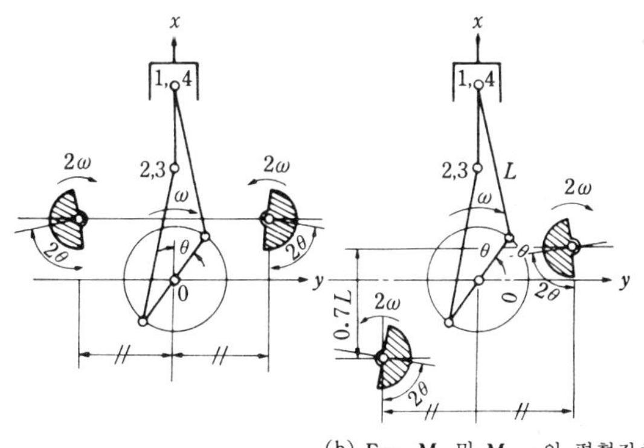

(a) Fe_{II}의 평형장치 (b) Fe_{II}, M_z 및 M_{comb}의 평형장치 (이상평형장치)

그림 11-22 4실린더기관의 2차평형장치

도 消去可能하고, 이상적인 평형장치라고 설명하고 있다. 여기서, a_2, b_2는 폭발에 의한 起振토크의 하모닉係數이다.

c) 6 실린더기관의 평형

6 실린더기관의 크랭크 배치는 $\alpha=120°$이다. 그러나 앞에서의 3 실린더기관과는 달라서, 짝수 크랭크이므로 기관의 평형상태는 대단히 좋고, 모든 관성력과 모멘트는 평형되어서 振動이 없다. 다음의 벡터 그림에 의하여 평형상태를 보면 다음과 같다.

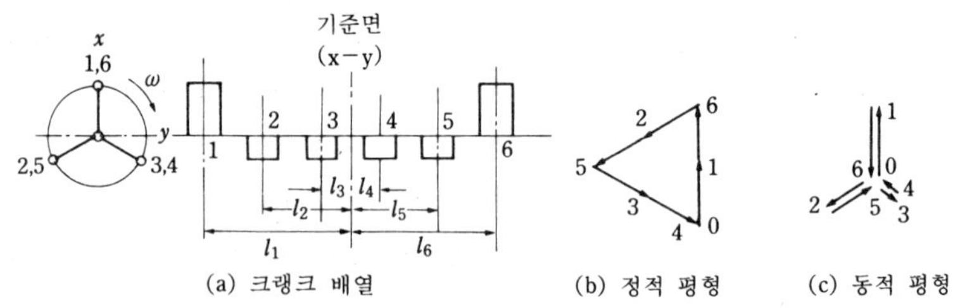

그림 11-23 6 실린더기관의 회전질량의 평형

(i) 回轉質量의 平衡

ⓐ 관성력의 평형

그림 11-23 (a)에 나타낸 크랭크 배열의 6 실린더기관에 대하여 생각하면, 回轉質量 m_o에 의한 慣性力 F_o는 각 실린더가 모두 같으므로 그 벡터의 합은 (b)에 나타낸 것과 같이 닫혀지고, 평형이 이루어진다.

ⓑ 관성모멘트의 평형

중앙 베어링 중심에 설정한 基準面 $x-y$에 대한 慣性모멘트의 벡터 합은 (c)에 나타나 있는 것과 같이 닫혀지고 평형된다.

(ii) 往復質量의 平衡

ⓒ 1 차관성력과 관성모멘트의 평형

1 차관성력의 합 $\Sigma F_{e\,\text{II}}=\Sigma m_e r\,\omega^2\cos\theta$ 와 모멘트의 합 $M_{e1}=\Sigma m_e r\,\omega^2\cos\theta$ l은 앞에서 설명한 m_o 대신 m_e를 바꾸어 넣어서 얻어지고, 그림 11-23에 나타낸 것과 같이 벡터가 닫혀지고 완전히 평형된다.

ⓑ 2 차관성력과 관성모멘트의 평형

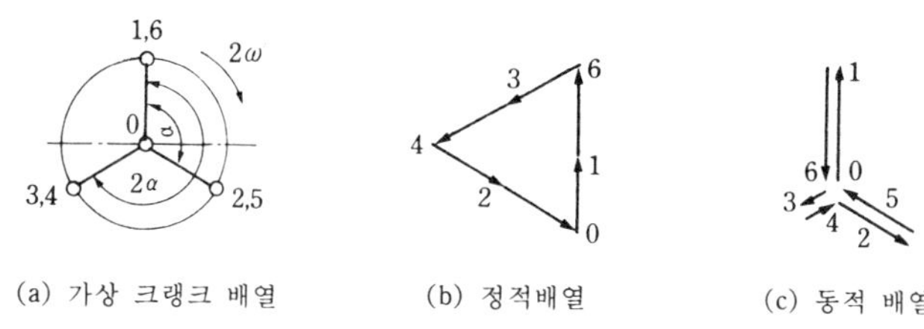

(a) 가상 크랭크 배열 (b) 정적배열 (c) 동적 배열

그림 11-24 6실린더기관의 왕복질량의 평형

2차관성력은 4실린더의 경우와 같이 2차의 假想크랭크配置圖 그림 11-24 (a)에서와 같이 되며, 1차인 경우의 실린더 2, 5와 3, 4가 바꾸어 들어가는 것뿐, 慣性力과 모멘트의 벡터 그림은 (b), (c)와 같이 되어서 완전히 평형된다.

d) 그 밖의 다실린더기관의 평형

오늘날, 실용화되고 있는 기관의 실린더數에는

4사이클	直列形	2, 3, 4, 5, 6, 7, 8
	V형(실린더각 60°, 90°)	2, 4, 6, 8, 12, 16
	W형(실린더각 60°)	12
	水平對向形(실린더각 180°)	2, 4, 6, 8, 12
2사이클	直列形	2, 3, 4, 5, 6, 7, 8
	V형(실린더각 60°, 90°)	4, 12
	W형(실린더각 60°)	12
	水平對向形(실린더각 180°)	2, 6, 12

가 있고, 이들 기관에 대한 回轉質量의 관성력과 모멘트와의 평형은 특별한 경우를 제외하고 平衡錘로써 평형시킬 수 있으며, 往復質量의 관성력과 모멘트와의 평형만을 생각하면 된다.

直列機關에 대하여는 앞에서 기술한 것을 응용하고, V형, W형 및 水平對向形에서는 각각의 실린더列의 실린더軸에 대하여 直列形의 경우와 같이 생각하여 그 결과를 합성하면 된다.

(4) 토크의 變動과 플라이휠의 作用

연료의 爆發燃燒에 의하여 발생한 가스壓力은 피스턴 크라운에 작용하고, 커넥팅 로드를 거쳐서 크랭크축을 회전하여 토크를 발생시키게 되나, 동시에 피스턴에는 앞에서 설명한 바와 같은 往復部分의 관성력에 의한 힘도 작용한다.

이것들은 크랭크축의 回轉角 θ 에 의하여 항상 변화하므로 토크도 그것에 상응하여 변동한다. 이 토크 변동을 되도록 적게 하기 위하여 플라이휠이 장착된다.

1) 운동부에 작용하는 힘

피스턴에 작용하는 爆發力을 F_g, 往復部分의 慣性에 의한 힘을 F_i 라고 하면, 피스턴에 가해지는 힘은 그의 합이 되고, 다음 식으로 표시된다.

$$F=F_g+F_i=p_g\,\frac{\pi}{4}d^2-m_e r\,\omega^2\left(\cos\theta+\frac{\cos 2\theta}{\lambda}\right)\cdots\cdots\cdots\cdots\cdots(11\text{-}76)$$

여기서 p_g=가스壓力, $m_e=m_p+m_{ra}$

이 힘 F 는 그림 11-25에 표시된 것과 같이, 실린더軸 선상에서 중심점 O를 향하여 작용한다.

F 의 실린더軸에 직각의 分力을 F_s, 커넥팅 로드의 길이 방향에 작용하는 분력을 F_r 라고 하면, 각각 다음 식으로 표시된다.

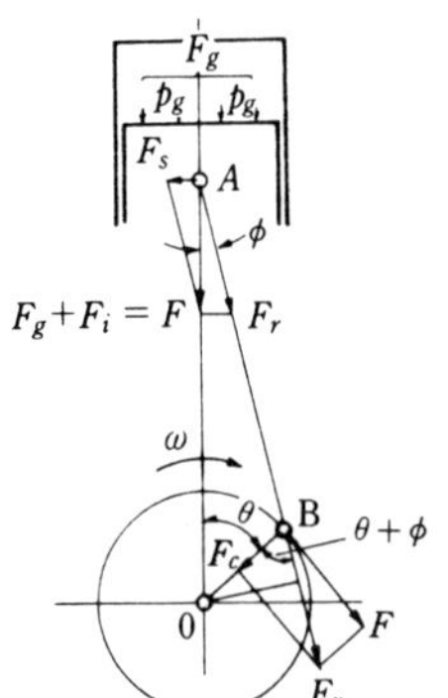

그림 11-25 운동부에 작용하는 힘
(피스턴에 작용하는 힘의 행방)

$$F_s = F\tan\phi \quad \cdots\cdots (11\text{-}77)$$

$$F_r = \frac{F}{\cos\phi} = F\sec\phi \quad \cdots\cdots (11\text{-}78)$$

F_s는 피스턴 側面을 실린더 내벽에 밀어붙이는 힘으로서 피스턴 側壓(side thrust)이라고 하며, 그의 大小는 피스턴과 실린더 내면과의 마찰의 정도를 지배하는 것으로서, 피스턴의 融着과 磨滅의 방지를 위한 윤활 문제에도 관계되는 압력이다. F_r은 커넥팅 로드의 軸線에 따라서 작용하는 힘이며, 그 작용점을 크랭크핀의 점 B로 옮기고, 크랭크축 중심점 O에 향하는 分力을 F_c, 점 B에서의 接線分力을 F_t라고 하면, 각각 다음 식으로 표시된다.

$$F_c = F_r\cos(\theta+\phi) \quad \cdots\cdots (11\text{-}79)$$

$$F_t = F_r\sin(\theta+\phi) \quad \cdots\cdots (11\text{-}80)$$

F_c는 크랭크 저널 베어링에서 받아지며, F_t는 크랭크축을 회전시키는 힘으로 된다.

2) 토크와 토크의 변동

F_t와 크랭크 半徑 r과의 곱한 값 $F_t r$, 또는 O로부터 F_r에 내린 垂線 $\overline{OC}$와 F_r과의 곱한 값 $F_r\overline{OC}$가 크랭크각 θ에서의 토크 T이고, 다음 식으로 표시된다.

$$T = F_t r = F_r\overline{OC} = F_r r\sin(\theta+\phi)$$

$$= rF\frac{\sin(\theta+\phi)}{\cos\phi} \quad \cdots\cdots (11\text{-}81)$$

따라서,

$$T = r\left\{p_g\frac{\pi}{4}d^2 - m_e r\omega^2\left(\cos\theta + \frac{\cos 2\theta}{\lambda}\right)\right\}\frac{\sin(\theta+\phi)}{\cos\phi} \cdots\cdots (11\text{-}82)$$

그림 11-26은 단실린더기관의 토크변동을 나타내는 曲線의 예이다. 그림으로부터 平均토크는 대단히 낮은 것임을 알 수 있다.

多실린더機關에서는 각 실린더의 토크曲線이 겹치게 되므로 토크변동은 그림 11-27에서 보는 바와 같이 적다. 또, 평균토크도 실린더數의 증가와

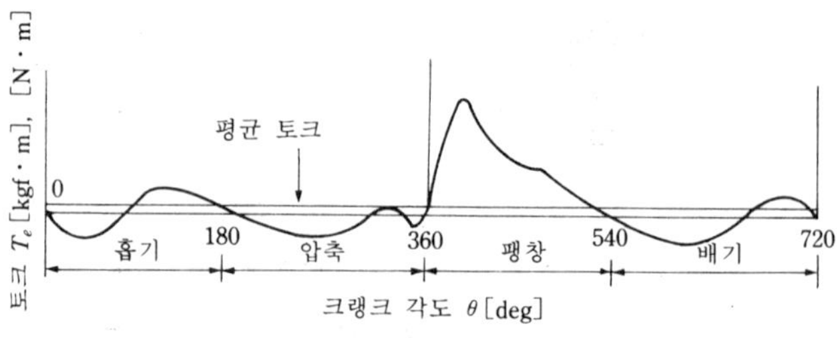

그림 11-26 단실린더기관의 토크곡선

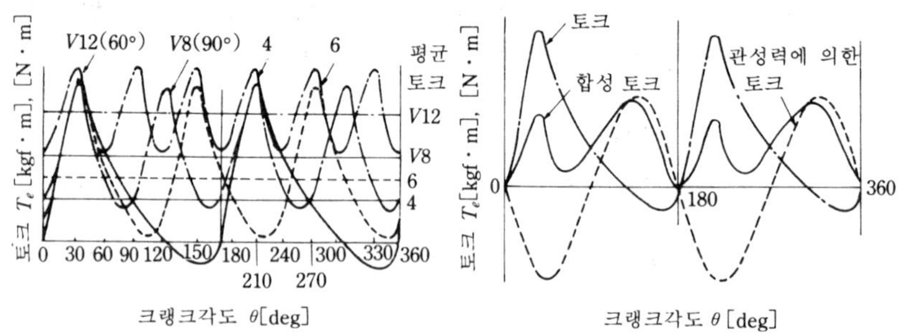

그림 11-27 다실린더기관의 토크변동곡선

그림 11-28 관성력을 생각한 합성토크 곡선(4실린더기관의 예)

더불어 향상되고 있다. 그림 11-28은 4실린더기관에 대하여 관성력에 의한 토크를 고려에 넣은 경우의 合成토크 변동의 예이다.

3) 플라이휠의 작용

기관이 외부에 대하여 일을 할 때 크랭크축에 平均토크가 발생하고, 외부의 抵抗토크와 평형되므로, 그 토크변동을 되도록 적게 할 필요가 있다. 그러기 위하여 크랭크축 끝에 적당한 크기의 質量을 가진 回轉體, 즉 플라이휠을 부착하여 토크의 均等化를 도모하고 있다. 플라이휠의 회전속도는 기관의 瞬間토크가 평균토크보다 클 때에는 가속되어서 상승되나, 작을 때는 하강한다. 따라서, 1사이클 중 最大角速度 ω_{max}와 最小角速度 ω_{min}과의 차가 작을수록 좋은 것이 된다.

지금, 이 회전체의 회전축에 대한 極質量慣性모멘트(polar mass moment

of inertia)를 I〔kgf·cm·s^2〕, ⟦kg·m^2⟧라고 하면, ω_{max}와 ω_{min}에 있어서의 회전체의 보유하는 운동에너지의 差 ΔE는 다음 식으로 표시된다.

$$\Delta E=\frac{1}{2}I(\omega_{max}^2-\omega_{min}^2)$$
$$=I\frac{1}{2}(\omega_{max}+\omega_{min})(\omega_{max}-\omega_{min})$$
$$=I\omega_m^2\delta \quad \cdots\cdots (11\text{-}83)$$

여기서 $\omega_m=(\omega_{max}+\omega_{min})/2$=平均角速度

$\delta=(\omega_{max}-\omega_{min})/\omega_m$=速度變動率(coefficient of speed fluctuation)

δ의 값은 기관을 동력원으로서 사용할 때 그 용도에 따라서 달라지며, 일반 工作機械의 동력용에서는 1/30～1/50, 발전기 구동용에서는 1/150～1/250 정도이다.

플라이휠의 크기는 회전속도를 일정하게 유지시키기 위해서나 始動을 용이하게 하기 위해서도 되도록 直徑이 클 것이 바람직하다.

회전질량이 커지게 되면 急加速이나 감속시에 應答性(response)이 악화되는 결점이 있고, 또한 기관 전체의 중량이 증가된다.

플라이휠의 크기를 결정하는 데는 다음 식이 쓰여진다.

$$GD_G^2=C\frac{N_e}{(\delta n^3)} \text{〔kgf m}^2\text{〕} \quad \cdots\cdots (11\text{-}84)$$

여기서 G=플라이휠의 림(輪周, rim)의 중량〔kgf〕

D_G=림 重心의 직경〔m〕

N_e=軸馬力〔PS〕, n〔rpm〕

C=定數(표 11-1)

表 11-1 정수 C의 값(Sass)

실린더數	1	2	3	4	5	6
4사이클기관	51×10^6	21×10^6	1.25×10^6	2.7×10^6	4.8×10^6	1.6×10^6
2사이클기관	21×10^6	9.6×10^6	9.6×10^6	1.8×10^6	0.7×10^6	0.41×10^6

SI 로는 G' ⟦kg⟧, Ne' ⟦W⟧ 라고 하면, 식 (11-84)는 다음과 같이 된다.

$$G' D_G^2 = C' \frac{N_e'}{(\delta n^3)} \ [\![\mathrm{kg \cdot m^2}]\!] \cdots\cdots (11\text{-}84')$$

또한, GD_G^2 은 그림 11-29 로부터 다음 식을 써서 계산하고, 諸元이 정해진다.

$$G D_G^2 = \pi B \gamma \frac{(D_o^4 - D_i^4)}{8} \cdots\cdots (11\text{-}85)$$

여기서, γ = 재료의 비중량 〔kgf/m³〕

SI 로는 γ 의 대신에 밀도 ρ ⟦$\mathrm{kg \cdot m^{-3}}$⟧을 쓰면, 식 (11-85)는 다음 식으로 된다.

$$G' D_G^2 = \pi B \rho \frac{(D_o^4 - D_i^4)}{8} \cdots\cdots (11\text{-}85')$$

플라이휠의 容量은 표 11-1에 표시된 것과 같이, 실린더數가 적을수록 크게 할 필요가 있고, 림 周速은 40～50〔m/s〕 정도가 보통이며, 材質에는 주철이 쓰여지고, 60〔m/s〕를 초과할 경우는 鋼이 쓰여진다.

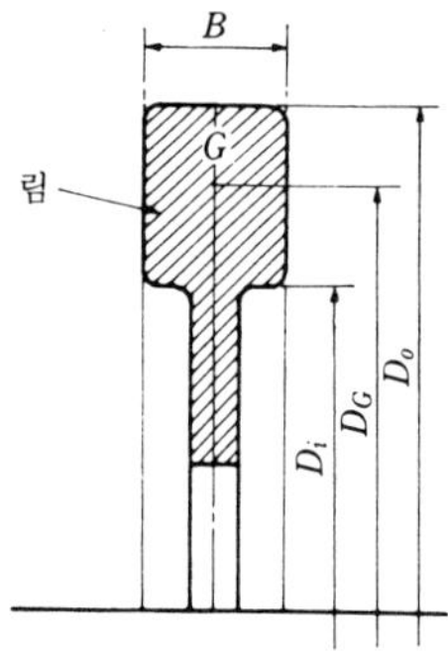

그림 11-29 플라이휠

(5) 크랭크軸의 비틀림振動

왕복기관에서는 각 사이클 중에 가스압력의 변화나 운동부분의 관성력의 변동에 따라 앞에서 설명한 것과 같이 토크가 변화하고, 크랭크축은 굽힘

진동이나 비틀림진동을 유발한다.

만약, 이 振動의 周期(period of vibration)가 크랭크축의 固有振動數(natural frequency)에 가까워지거나 또는 일치하여 共振(resonance)의 상태로 되는 경우에는 그대로 운전을 계속하게 되면 진동이 심해지고, 傳動齒車裝置로부터의 騷音發生의 원인으로 되는 외에, 크랭크축은 피로에 의하여 折斷하게 되며, 기관의 파괴를 가져오게 된다. 이의 방지대책으로서는 먼저 주어진 기관의 軸系의 固有振動數를 알고, 그 진동수 부근에서의 운전은 극력 피하지 않으면 안 된다.

크랭크축계의 비틀림진동의 계산에는 Geiger, Holzer, Timoschenko, Wilson, Carter, Turpin, Seelmann 등 많은 학자가 각각 특징이 있는 계산방법을 발표하고 있다.

여기서는 극히 간단한 계산의 요령을 설명한다.

1) 비틀림진동의 기초

그림 11-30은 비틀림振動을 발생시키는 가장 간단한 振動系의 예로서, 直徑 d 인 丸棒의 一端을 벽에 고정하고, 他端에 질량을 가진 원판을 부착한 장치이다. 지금, 원판을 축의 저항에 이겨서 각도 θ 〔deg〕만큼 비튼 다음에 놓으면, 원판은 棒의 彈性에 의하여 비틀림을 처음의 상태로 되돌리려고 하는 逆의 비틀림이 작용하고, 반대측에 $-\theta$ 〔deg〕만큼 비틀려져서 비틀림진동을 일으킨다.

만약, 이 振動系에 減衰(damping) 작용이 없다고 하면, 원판은 최초에 주어진 각도 θ 를 유지하여서 永久振動을 계속한다. 이와 같은 진동을 1

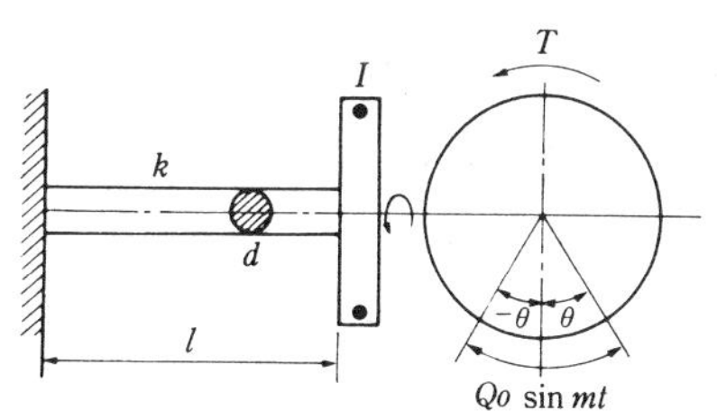

그림 11-30 단순한 비틀림진동

自由度(one degree of freedom)의 진동 또는 自由振動(free or natural vibration)이라고 한다.

a) 점성감쇠가 있는 자유비틀림진동

앞에서 기술한 비틀림振動에서는 감쇠가 없는 것으로 하였으나, 실제로 棒에는 비틀림角度에 비례하는 粘性摩擦에 의한 감쇠력(viscous damping force)이 작용한다. 지금, 비례상수를 k 라고 하면 원상태로 되돌리려고 하는 토크는 $-k\theta$ 이다. 이 k 를 스프링常數(spring constant)라고 한다.

봉의 질량을 생략하고, 원판의 極質量慣性모멘트를 I, 시간을 t 라고 하면, 운동방정식은 다음 식과 같이 표시된다.

$$I\frac{d^2\theta}{dt^2}+C\frac{d\theta}{dt}+k\theta=0 \quad \cdots\cdots (11\text{-}86)$$

식 중 제 1 항은 慣性토크, 제 2 항은 粘性摩擦토크, C 는 비례상수이다.

윗식을 변형하여 다음 식이 얻어진다.

$$\frac{d^2\theta}{dt^2}+\frac{C}{I}\frac{d\theta}{dt}+\frac{k}{I}\theta=0$$

지금 $C/I=2n$, $k/I=p^2$ 로 하여 윗식을 변형하면 다음 식이 얻어진다.

$$\frac{d^2\theta}{dt^2}+2n\frac{d\theta}{dt}+p^2\theta=0 \quad \cdots\cdots (11\text{-}87)$$

윗식의 解는 $t=0$ 인 때의 비틀림振幅을 A_0 라고 하면 다음과 같은 식으로 된다.

$$\theta=A_0e^{-nt}\sin(\sqrt{p^2-n^2}\,t+\varepsilon) \quad \cdots\cdots (11\text{-}88)$$

그림 11-31은 윗식에 나타나는 正弦波振動을 도시한 것으로서, $\sqrt{p^2-n^2}$ 은 진동의 각속도, $1/n$ 은 減衰率(modulus of decay), A_0 와 ε 은 초기조건으로 정해지는 상수이다. 그리고 θ 는 점점 감쇠하는 것을 나타내고 있다.

지금, 周期를 τ, 振動數를 f 라고 하면, τ 와 f 는 다음 식으로 표시한다.

$$\tau=\frac{2\pi}{\sqrt{p^2-n^2}} \text{ [s/cycle]} \quad \cdots\cdots (11\text{-}89)$$

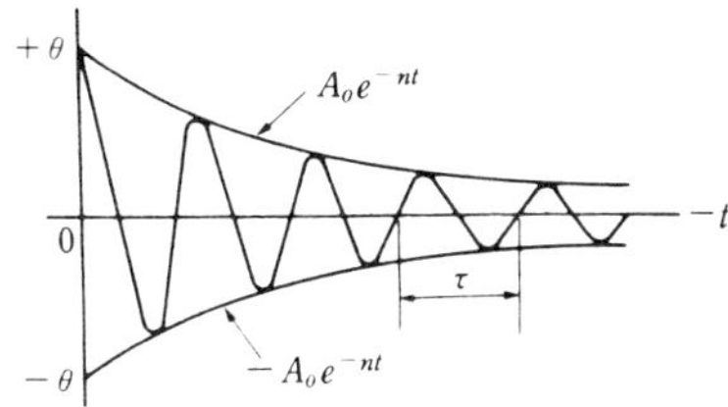

그림 11-31 감쇠를 동반하는 자유진동

$$f=\frac{1}{\tau}=\frac{1}{2\pi}\sqrt{p^2-n^2}=\frac{1}{2\pi}\sqrt{\frac{k}{I}-\left(\frac{C}{2I}\right)^2}\ \text{〔cycle/s〕} \cdots\cdots\cdots (11\text{-}90)$$

만약, 감쇠가 없으면 $C=0$, $n=0$ 으로 된다.

b) 점성감쇠가 있는 강제비틀림진동

그림 11-30에서 원판에 외부로부터 주기적인 强制토크 $Q_0 \sin mt$ 를 가하였을 때의 運動方程式은 식 (11-86)으로부터 다음 식이 된다.

$$I\frac{d^2\theta}{dt^2}+C\frac{d\theta}{dt}+k\theta=Q_0 \sin mt \cdots\cdots (11\text{-}91)$$

식 (11-87)에서와 같이 하여 윗식을 고쳐서 쓰면 다음 식이 얻어진다.

$$\frac{d^2\theta}{dt^2}+2n\frac{d\theta}{dt}+p^2\theta=q \sin mt \cdots\cdots (11\text{-}92)$$

여기서 $q-Q_0/I$ 이다. 윗식의 해는 다음 식으로 표시된다.

$$Q=A_0e^{-nt}\sin(\sqrt{p^2-n^2}\,t+\varepsilon)$$
$$+\frac{q}{\sqrt{(p^2-m^2)^2+4m^2n^2}}\sin(mt-\delta) \cdots\cdots (11\text{-}93)$$

여기에 $\delta=\tan^{-1}\{2mn/(p^2-m^2)\}$ 이다.

윗식의 제 1 항은 식 (11-88)과 같으며, 自由振動인 경우의 진폭을 나타내며, $t=\infty$ 에서는 소멸하고, 제 2 항의 强制振動項만이 남는다. 제 2 항을 θ_0 라고 하면 다음 식으로 된다.

$$\theta_0=\frac{q}{\sqrt{(p^2-m^2)^2+4m^2n^2}}\sin(mt-\delta)$$

$$=\frac{\dfrac{q}{p^2}}{\sqrt{\left\{1-\left(\dfrac{m}{p}\right)^2\right\}^2+\left(\dfrac{m}{p}\right)^2\left(\dfrac{2n}{p}\right)^2}}$$

$$=\frac{\dfrac{q}{p^2}}{\sqrt{(1-x^2)^2+x^2\gamma^2}} \quad \cdots\cdots (11\text{-}94)$$

여기서 $x=m/p$, $\gamma=2n/p$ 이다.

지금 外部토크 Q_0 가 靜的으로 작용하였을 때, 즉 $x=0$, 따라서 $m=0$ 인 때의 비틀림角을 θ_{st} 라고 하면 다음 식이 얻어진다.

$$\theta_{st}=\frac{q}{p^2}=\frac{Q_0}{k} \quad \cdots\cdots (11\text{-}95)$$

θ_0 와 θ_{st} 와의 비를 λ 라고 하면 다음 식이 얻어진다.

$$\lambda=\frac{\theta_0}{\theta_{st}}=\frac{1}{\sqrt{(1-x^2)^2+x^2\gamma^2}} \quad \cdots\cdots (11\text{-}96)$$

이 λ 를 倍增率(magnification factor)이라고 한다. 그림 11-32는 $x=m/p$ 와 λ 와의 관계로서, $x=1$ 이라고 하면 $m=p$ 로 되고, 軸系의 固有振動의 周期와

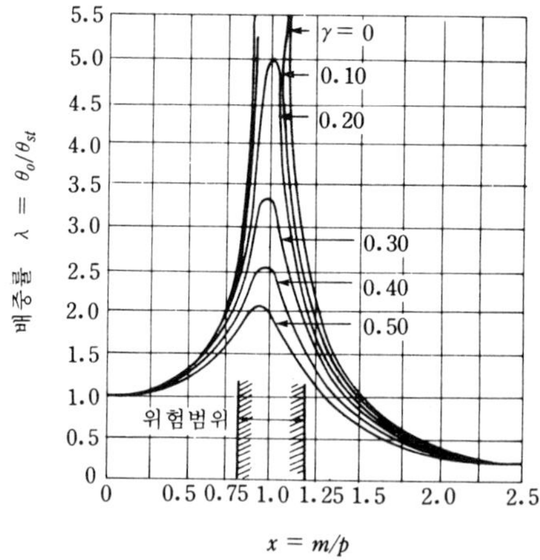

그림 11-32 배증률 θ_0/θ_{st} 와 m/p 의 관계

외부로부터 가해지는 토크의 주기가 일치하는 경우에 共振하여 비틀림진폭은 ∞으로 된다.

그림 중 특히 $x \fallingdotseq 0.8 \sim 1.2$의 범위를 危險範圍(danger zone)라고 부른다. 진동계에 댐핑을 동반하는 경우는 다음 식

$$\gamma = \frac{2n}{p} = \frac{C}{I}\sqrt{\frac{I}{k}} = \frac{C}{\sqrt{Ik}} \cdots\cdots\cdots\cdots \quad (11\text{-}97)$$

에서 C가 크고, 따라서 $\sqrt{Ik}$가 작을수록 γ가 커지게 되고 진폭은 감소한다.

2) 크랭크축의 등가진동계

앞에서 설명한 바와 같이, 기관의 크랭크축은 각 실린더의 폭발에 의해 周期的, 强制的으로 비틀림 힘이 작용하므로 비틀림振動은 피할 수 없다. 특히, 다실린더기관으로서 프로펠러軸이 직결되어 있는 선박용 기관의 경우와 같이 긴 軸系에서는 비틀림진동이 발생하는 경우가 많다. 기관을 설계할 때에는 계산에 의하여 고유진동수이나 진폭을 구하고, 또 실제기관에 대하여는 가이거 振動計(Geiger's torsional vibration tester)를 써서 실험적으로 固有振動數와 振幅을 측정한다.

기관의 크랭크축은 折曲된 형상을 하고 있고, 또 크랭크 핀에는 回轉質量이나 往復質量이 부수되어 있어서, 그대로의 상태로서는 固有振動數의 계산은 대단히 어렵다. 그러므로 실제 크랭크축과 동일 스프링상수를 가진 일정직경의 길이—等價길이(equivalent length)—를 가진 축과 각 크랭크 핀부에 부수하는 질량이나 플라이휠, 프로펠러 등은 실물과 같은 極質量慣性모멘트를 가진 균일한 두께의 원판—等價圓板(equivalent disc)—으로 환산한 振動系로 하여 계산한다. 이와 같은 이상적 비틀림진동계를 等價振動系(equivalent dynamical system)라고 한다.

a) 등가길이

직경을 d [cm], 〚m〛, 길이를 l [cm], 〚m〛, 橫彈性係數(modulus of transverse elasticity or shear modulus)를 G [kgf/cm^2], 〚Pa〛, 축의 極斷面 2차모멘트(polar moment of inertia of area)를 J [cm^4] 라고 하면, 축의 비틀림 위험도, 즉 회전스프링정수 k는 다음 식으로 된다.

$$k=\frac{GJ}{l}=\frac{G}{l}\frac{\pi d^4}{32}\text{〔kgf cm/rad〕,} \quad \text{〚N·m/rad〛} \cdots\cdots (11\text{-}98)$$

이 軸과 동일의 비틀림 위험도를 가진 直徑 D〔cm〕의 축으로 바꾸어 놓았을 경우의 길이, 즉 等價길이를 L〔cm〕, 換算軸의 횡탄성계수 G_{rd}, 극단면 2차모멘트를 J_{rd}라고 하면 k는 다음 식으로 표시된다.

$$k=\frac{GJ}{l}=\frac{G_{rd}\,J_{rd}}{L} \cdots\cdots (11\text{-}99)$$

따라서, L은 다음 식과 같이 표시된다.

$$L=\frac{G_{rd}}{G}l\,\frac{J_{rd}}{J}=K\,\frac{D^4}{d^4}l \cdots\cdots (11\text{-}100)$$

여기서, $k=G_{rd}/G$, G_{rd}를 鍛造鋼으로 한 경우의 K 및 다른 재질의 G의 값을 표 11-2에 표시한다.

윗식에서 나타내는 길이 L을 생각하면 축 d와 D의 비틀림각과 토크의 관계는 전혀 동일하게 된다. 실제의 계산을 할 때에는 다음 식이 쓰여진다.

$$G_{rd}\,J_{rd}=10^{10}\text{〔kgf·cm}^2\text{〕,} \quad \text{〚kg·m}^2\text{〛} \cdots\cdots (11\text{-}101)$$

지금, G_{rd}에 표 11-2의 단조강을 채용하면 윗식으로부터 다음과 같이 D가 구하여진다.

$$J_{rd}=\frac{10^{10}}{G_{rd}}=\frac{10^{10}}{8.3\times10^5}=\frac{10^5}{8.3}=12048 \fallingdotseq 12050$$

$$=\frac{\pi}{32}D^4\ \text{〔cm}^4\text{〕} \cdots\cdots (11\text{-}102)$$

表 11-2 사용재질의 G와 K의 치

재 질	G〔kgf/cm²〕, G'〚GPa〛		$K=G_{rd}/G$
단 조 강	8.3×10^5,	81	1.000
Ni−Cr 강	8.5×10^5,	83.4	0.976
주 철	4.84×10^5,	47.5	1.715
청 동	4.15×10^5,	40.7	2.000
황 동	3.50×10^5,	34.3	2.37

$$\therefore\ D=\sqrt[4]{\frac{J_{rd}}{\pi}32}=18.72 ≒ 18.7\,〔cm〕(實軸) \cdots\cdots (11\text{-}103)$$

즉, 환산축의 직경은 18.7〔cm〕이고, 이것에 토크를 가했을 때 크랭크축의 비틀림각 θ 와 동일하게 되는 길이, 즉 등가길이를 구하는 것이 된다.

(i) 等價길이의 計算法(Timoschenko)

그림 11-33에 나타내는 크랭크축(中空)을 예로 하여 각부의 極斷面 2차 모멘트 J를 구하면 다음 식과 같이 된다.

$$\left.\begin{aligned} &\text{크랭크 핀部} \quad J_{cp}=\frac{\pi}{32}(d_{cp}{}^4-d_{cpo}{}^4)\\ &\text{저널部} \quad J_j=\frac{\pi}{32}(d_j^4-d_{jo}{}^4)\\ &\text{크랭크 암부} \quad J_{ca}=\frac{tb^3}{12}\end{aligned}\right\} \cdots\cdots (11\text{-}104)$$

지금, 간단하게 크랭크축의 양단을 자유라고 하면, 토크 T에 대한 비틀림각 θ는 다음 식으로 구하여진다.

$$\theta=\left(\frac{\overset{*}{l}_{ap}}{CJ_{cp}}+\frac{\overset{*}{l}_j}{CJ_j}+\frac{2_r}{EJ_{ca}}\right)T \cdots\cdots (11\text{-}105)$$

여기서, G=축의 橫彈性係數$=8.3\times10^5$〔kgf/cm²〕, 81⟦GPa⟧, E=축의 縱彈性係數(modulus of longitudinal elasticity or Young's modulus)

$=2.1\times10^6$〔kgf/cm²〕, 206⟦GPa⟧, r=크랭크 半徑〔cm〕

$\overset{*}{l}_{cp}$=크랭크 핀의 유효길이$=l_{cp}+0.9t$〔cm〕

$\overset{*}{l}_j$=크랭크 저널의 유효길이$=l_j+0.9t$〔cm〕

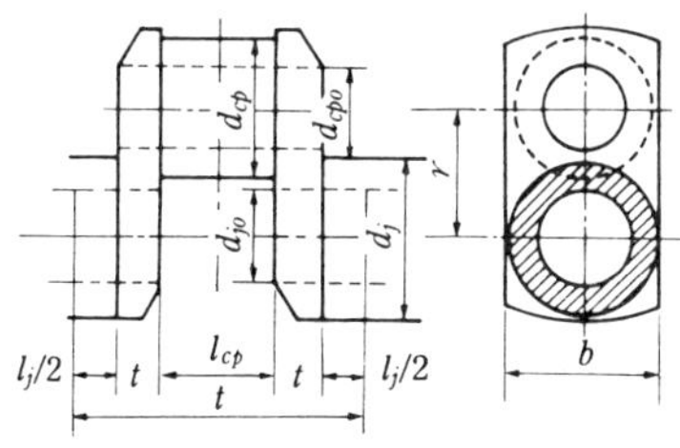

그림 11-33 크랭크축

上記의 G 와 길이 L 인 棒에 T 가 작용하였을 때의 비틀림각 θ 는 다음 식으로 된다.

$$\theta=\frac{LT}{(GJ_{rd})} \cdots\cdots (11\text{-}106)$$

식 (11-105)와 식 (11-106)으로부터 L 이 얻어진다.

$$L=GJ_{rd}\left(\frac{\overset{*}{l}_{cp}}{GJ_{cp}}+\frac{\overset{*}{l}_{j}}{GJ_{j}}+\frac{2_{r}}{EJ_{ca}}\right)$$

$$=\frac{J_{rd}}{J_j}\left(\overset{*}{l}_j+\overset{*}{l}_{cp}\frac{J_j}{J_{cp}}+2r\frac{G}{E}\frac{J_j}{J_{ca}}\right)$$

$$=\frac{J_{rd}}{J_j}\left\{(l_j+0.9t)+(l_{cp}+0.9t)\frac{J_j}{J_{cp}}+0.79r\frac{J_j}{J_{ca}}\right\} \cdots\cdots (11\text{-}107)$$

지금, 편리하게 하기 위하여 저널부와 同一極斷面 2차모멘트 J_j 로써 같은 치수를 가진 축으로 바꾸어 놓으면 $J_j=J_{rd}$ 로 된다. 그 때의 等價길이를 l_0 라고 하면, 윗식은 다음 식과 같이 고쳐 쓸 수 있다.

$$l_0=(l_j+0.9t)+(l_{cp}+0.9t)\frac{J_j}{J_{cp}}+0.79r\frac{J_i}{J_{cp}} \cdots\cdots (11\text{-}108)$$

이상은 크랭크축의 양단을 자유로 하는 경우이지만, 만약 양단을 구속한 경우에는 대단히 복잡한 식이 되므로 실험에 의하여 구하지 않으면 안된다.

그러나 앞에서 설명한 많은 학자들에 의하여 다음과 같은 l_0 를 구하는 실험식이 발표되어 있다.

(ii) 等價길이의 實驗式

아래에 설명하는 식은 어느 것이나 저널과 동일한 直徑의 軸으로 환산한 등가길이이다.

① Geiger 의 실험식

$$l_0=(l_j+0.4t)+(l_{cp}+0.4t)\frac{J_j}{J_{cp}}+0.773(r-zd_j)\frac{J_j}{J_{ca}} \cdots\cdots (11\text{-}109)$$

여기서 $b/d_j=1.6\sim1.63$, $r/d_j=1.2\sim0.92$ 의 경우 $z=0$

$b/d_j=1.49$, $r/d_j=0.84$ 의 경우 $z=0.4$

② Timoschenko 의 실험식

$$l_0=(l_j+0.9\,t)+(l_{cp}+0.9\,t)\frac{J_j}{J_{cp}}+\frac{2.48}{\pi}r\frac{J_j}{J_{ca}} \quad \cdots\cdots\cdots\cdots (11\text{-}110)$$

③ Wilson 의 실험식

$$l_0=(l_j+0.4d_j)+(l_{cp}+0.4\,d_{cp})\frac{J_j}{J_{ca}}+0.85\frac{J_j}{J_{ca}}\{r-0.2(d_j+d_{cp})\} \cdots (11\text{-}111)$$

이들 외에 Carter, Seelmann, Turpin 등의 많은 식이 있으나, 이들의 식으로부터 구한 l_0와 크랭크의 실제 길이 l과의 비는 $l_0/l=0.992\sim1.165$로 되어 있으므로, 근사적으로는 $l_0 \fallingdotseq l$로 하여 等價길이 L은 다음 식을 써서 계산할 수 있다.

$$L=\frac{J_{rd}}{J_j}l_0=\frac{12050}{J_j}l$$

$$=\frac{18.7^4}{d_j^4-j_{jo}^4}\,l\ \text{〔cm〕} \cdots\cdots\cdots\cdots (11\text{-}112)$$

(iii) 크랭크軸 이외의 軸部의 換算

크랭크축계에는 크랭크축부 이외에 키이 홈붙이축, 테이퍼축, 턱붙이축, 플랜지 커플링 등이 있으므로, 이들에 대하여도 등가길이를 구하여야 한다.

그림 11-34에 이들 축부의 형상을 나타낸다. 極斷面 2차모멘트 J를 구할 때의 d_0는 그림 (a)에서는 기이 홈 이레의 치수를, (b)에서는 平均直徑이 쓰여진다.

또, (c)에서는 필렛(우부, fillet)部가 크게 영향이 되므로, 지름이 작은 d_1을 지름이 큰 d_2 쪽으로 Δl 만큼 연장하여 그것만큼 d_2가 짧아진 형상으로

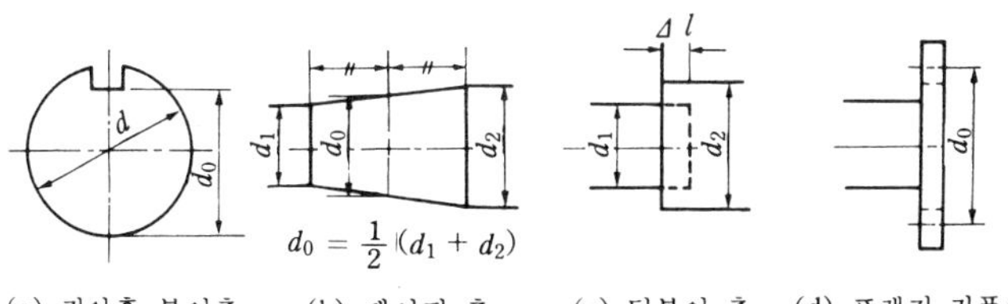

그림 11-34 크랭크축 이외의 축부의 환산

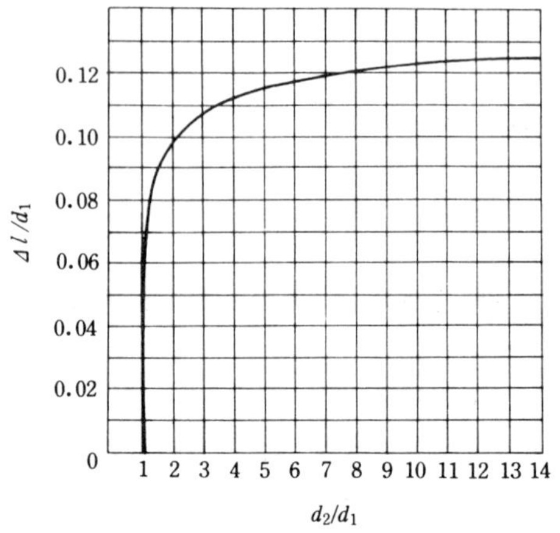

그림 11-35 턱붙이축의 필렛의 영향

취급하고, (d)에서는 죔 볼트의 피치서클원경이 쓰여진다.

$\Delta l/d_1$과 d_2/d_1의 관계를 그림 11-35에 나타낸다.

b) 등가원판

구하고자 하는 等價圓板의 두께를 b 〔cm〕, 비중량을 γ 〔kgf/cm³〕 라고 하면, 극질량 관성모멘트 I 〔kgf·cm·s²〕 와 극단면 2 차모멘트 J 〔cm⁴〕 와의 사이에는 다음의 관계가 있다.

$$I=\frac{\gamma}{g}bJ \text{ 〔kgf·cm·s}^2\text{〕} \cdots\cdots (11\text{-}113)$$

SI 로는 원판의 두께 b' 〔m〕, 밀도 ρ 〚kg/m³〛, 극단면 2 차모멘트 J' 〚m⁴〛 라고 하면, I' 는 다음 식으로 표시된다.

$$I'=\rho b' J' \text{ 〚kg·m}^2\text{〛} \cdots\cdots (11\text{-}113')$$

(i) 往復質量의 等價圓版

왕복질량의 운동에너지 $\overset{*}{E}$ 〔kgf·cm〕, 〚J〛는 왕복질량 $m_e(=m_p+m_{ra})$ 를 써서 다음 식으로 구하여진다.

$$\overset{*}{E}=\frac{1}{2}m_e u^2=\frac{1}{2}m_e(r\omega)^2\left(\sin\theta+\frac{\sin 2\theta}{2\lambda}\right)^2 \text{ 〔kgf·cm〕, 〚J〛} \cdots\cdots (11\text{-}114)$$

$\overset{*}{E}$의 平均値 $\overset{*}{E}_m$은 다음 식으로 표시된다.

$$\overset{*}{E}_m = \frac{1}{2\pi}\int_0^{2\pi} E\,d\theta = \frac{1}{2\pi}\int_0^{2\pi}\frac{1}{2}m_e(r\omega)^2\left(\sin\theta + \frac{\sin 2\theta}{2\lambda}\right)^2 d\theta$$

$$= \frac{m_e}{4\pi}(r\omega)^2\int_0^{2\pi}\left\{\sin^2\theta + \frac{1}{\lambda}\sin\theta\sin 2\theta + \frac{1}{4\lambda^2}\sin^2(2\theta)\right\}d\theta$$

$$= \frac{m_e}{4\pi}(r\omega)^2\left(\pi + \frac{1}{4\lambda^2}\pi\right)$$

$$= \frac{1}{4}m_e\left(1+\frac{1}{4\lambda^2}\right)(r\omega)^2 \quad \cdots\cdots (11\text{-}115)$$

지금, 크랭크半徑 r인 곳에 質量 m이 있어서 ω로 회전하고, $\overset{*}{E}_m$과 같은 에너지를 낸다고 하면

$$\frac{1}{2}mr^2\omega^2 = \frac{1}{4}m_e\left(1+\frac{1}{4\lambda^2}\right)r^2\omega^2$$

이 성립하고, m은 다음 식으로 된다.

$$m = \frac{1}{2}m_e\left(1+\frac{1}{4\lambda^2}\right) \quad \cdots\cdots (11\text{-}116)$$

따라서, 質量 m이 크랭크 핀에 대하여 회전하는 것으로 생각하여 I가 구하여진다.

$$I - mr^2 = \frac{m_e}{2}\left(1 \mid \frac{1}{4\lambda^2}\right)r^2 \text{〔kgf·cm·s}^2\text{〕, 〚kg·m}^2\text{〛} \quad \cdots\cdots (11\text{-}117)$$

(ii) 回轉質量의 等價圓板

① 회전질량 $m_o(=m_{cp}+2m_{ca}+m_{rb})$가 크랭크 핀 중심에 있어서 ω로 회전하므로 I_o는 다음 식으로 표시된다.

$$I_o = m_o r^2 \text{〔kgf·cm·s}^2\text{〕, 〚kg·m〛} \quad \cdots\cdots (11\text{-}118)$$

② 크랭크 핀에 대하여는 그림 11-33으로부터 I_{cp}는 다음과 같은 식으로 된다.

$$I_{cp} = m_{cp}\left(\frac{d_{cp}^2 + d_{cpo}^2}{8} + r^2\right) \text{〔kgf·cm·s}^2\text{〕, 〚kg·m}^2\text{〛} \quad \cdots\cdots (11\text{-}119)$$

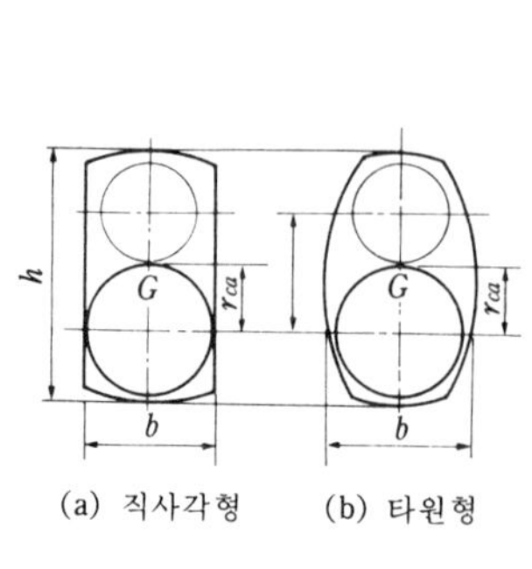

(a) 직사각형 (b) 타원형

그림 11-36 크랭크 암의 환산

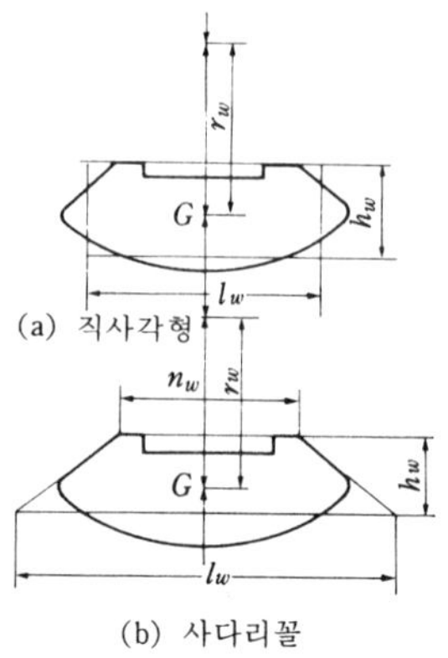

(a) 직사각형

(b) 사다리꼴

그림 11-37 평형추의 환산

③ 크랭크 암에 대하여는 그림 11-36으로부터 I_{ca}는 다음과 같은 식으로 된다.

$$\left.\begin{array}{ll}\text{직사각형} & I_{ca}=m_{ca}\left(r_{ca}{}^{2}+\dfrac{b^{2}+h^{2}}{12}\right)\\ \text{타원형} & I_{ca}=m_{ca}\left(r_{ca}{}^{2}+\dfrac{b^{2}+h^{2}}{16}\right)\\ & \text{〔kgf·cm·s}^{2}\text{〕, 〚kg·m}^{2}\text{〛}\end{array}\right\}\cdots\cdots (11\text{-}120)$$

④ 平衡錘에 대하여는 그림 11-37로부터 I_w는 다음 식으로 된다.

$$\text{직사각형} \quad I_{w}=m_{w}\left(r_{w}{}^{2}+\frac{l_{w}{}^{2}+h_{w}{}^{2}}{12}\right)$$

$$\text{사다리꼴} \quad I_{w}=m_{w}\left\{\frac{l_{w}{}^{2}+n_{w}{}^{2}}{24}+\frac{h_{w}{}^{2}}{18}\ \frac{l_{w}{}^{2}+4l_{w}\ n_{w}+n_{w}{}^{2}}{(l_{w}+n_{w})^{2}}+r_{w}{}^{2}\right\}$$

$$\text{〔kgf·cm·s}^{2}\text{〕, 〚kg·m}^{2}\text{〛} \cdots\cdots (11\text{-}121)$$

따라서, 1 개의 크랭크에 대하여는 ①~④까지를 합하여 다음 식의 값으로 된다.

$$\Sigma I=I_{o}+I_{cp}+2(I_{ca}+I_{w}) \cdots\cdots (11\text{-}122)$$

⑤ 플라이휠, 클러치 등에 대하여 I_f는 다음 식으로 구하여진다.

$$I_f = (D_o^4 - D_i^4)\,\pi B \gamma \frac{32}{g} \quad [\mathrm{kgf \cdot cm \cdot s^2}],\ [\![\mathrm{kg \cdot m^2}]\!] \cdots\cdots\cdots\cdots\cdots (11\text{-}123)$$

또한, 形狀이 복잡한 크랭크 암, 平衡錘, 프로펠러 등의 I를 정확하게 구하는 데는 圖式解法이 쓰여진다.

3) 크랭크축의 자연진동수

a) 주기방정식에 의한 해법

앞에서 기술한 2)로써 구한 각 크랭크, 플라이휠, 프로펠러 등의 等價圓板으로부터 그림 11-38에 나타낸 것과 같이, 등가길이 L을 간격으로 하여 부착된 크랭크축, 즉 等價振動系가 이룩된다. 그림 중 I_1, I_2, I_3,$\cdots I_n$은 등가원판의 극질량 관성모멘트, L_1, L_2, L_3,$\cdots L_{n-1}$은 등가길이, θ_1, θ_2, θ_3,$\cdots$,θ_n은 등가원판의 비틀림각, k_1, k_2, k_3,$\cdots$,k_{n-1}은 스프링常數이다.

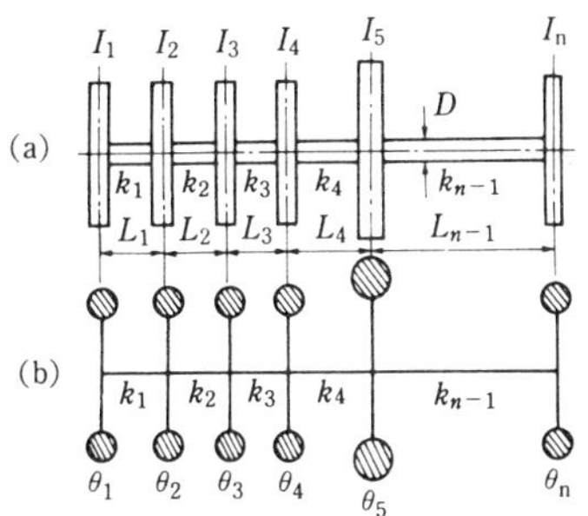

그림 11-38 크랭크축의 등가비틀림진동의 표현

圓板 I_1은 圓板 I_2에 대하여, $\theta_1-\theta_2$ 만큼 비틀려지므로, I_1과 I_2가 이어지는 축의 復元토크(restoring torque) $-k_1(\theta_1-\theta_2)$와 관성토크와의 평형을 생각하여 自由振動의 방정식은 다음 식으로 표시된다(복원토크는 θ를 감소시키는 방향으로 작용하므로 부의 값으로 된다).

$$I_1 \frac{d^2\theta_1}{dt^2} = -k_1(\theta_1-\theta_2) \quad \therefore\ I_1 \frac{d^2\theta_1}{dt^2} + k_1(\theta_1-\theta_2) = 0 \ \cdots\cdots (11\text{-}124)$$

같이 하여 I_2에 대하여는 좌우의 축으로부터 $k_1(\theta_1-\theta_2)$와 $-k_2(\theta_2-\theta_3)$의 복원토크를 받으므로 運動方程式은 다음 식과 같이 된다.

$$
\left.\begin{aligned}
&I_2\frac{d^2\theta_1}{dt^2}-k_1(\theta_1-\theta_2)+k_2(\theta_2-\theta_3)=0\\
&I_3\frac{d^2\theta_3}{dt^2}-k_2(\theta_2-\theta_3)+k_3(\theta_3-\theta_4)=0\\
&\cdots\cdots\cdots\cdots\cdots\cdots\\
&I_n\frac{d^2\theta_n}{dt^2}-k_{n-1}(\theta_{n-1}-\theta_n)=0
\end{aligned}\right\}\cdots\cdots\cdots\cdots\cdots(11\text{-}125)
$$

같이 하여

지금, 각 等價圓板이 최대의 비틀림振幅角 $\phi_1, \phi_2, \phi_3, \cdots, \phi_n$ 로 다음 식

$$
\left.\begin{aligned}
&\theta_1=\phi_1\sin(\omega t+\varepsilon)\\
&\theta_2=\phi_2\sin(\omega t+\varepsilon)\\
&\theta_3=\phi_3\sin(\omega t+\varepsilon)\\
&\cdots\cdots\cdots\\
&\theta_n=\phi_n\sin(\omega t+\varepsilon)
\end{aligned}\right\}\cdots\cdots\cdots\cdots\cdots(11\text{-}126)
$$

으로 나타내는 正弦비틀림振動을 하고 있는 것으로 하여 식 (11-124)와 식 (11-125)에 대입하면 다음 식이 얻어진다.

$$
\left.\begin{aligned}
&(I_1\omega^2-k_1)\ \phi_1+k_1\phi_2=0\\
&k_1\phi_1+(I_2\omega^2-k_1-k_2)\ \phi_2+k_2\phi_3=0\\
&k_2\phi_2+(I_3\omega^2-k_2-k_3)\ \phi_3+k_3\phi_4=0\\
&\cdots\cdots\cdots\cdots\cdots\cdots\\
&k_{n-1}\ \phi_{n-1}+(I_n\omega^2-k_{n-1})\ \phi_n=0
\end{aligned}\right\}\cdots\cdots\cdots\cdots\cdots(11\text{-}127)
$$

윗식을 加算하면 다음 식이 얻어진다.

$$
I_1\phi_1\omega^2+I_2\phi_2\omega^2+I_3\phi_3\omega^2+\cdots\cdots+I_n\phi_n\omega^2=0\cdots\cdots\cdots\cdots\cdots(11\text{-}128)
$$

일반적으로

$$
\sum_{n=1}^{n}I_n\phi_n=0\cdots\cdots\cdots\cdots\cdots(11\text{-}129)
$$

식 (11-128)과 식 (11-129)는 각 等價圓板의 I와 그 비틀림각의 振幅 ϕ 와의 곱한 값의 총합이 0 임을 나타낸다.

지금, ϕ_1, ϕ_2, $\phi_3,\cdots,\phi_n$ 을 소거하면 ω^2 에 대한 $(n-1)$차의 방정식이 얻어지고, ω 는 $(n-1)$개의 근을 가지는 것이 된다. 따라서, $(n-1)$개의 양식(mode)을 가진 비틀림 自然振動의 각속도가 얻어지고, 周期와 自然振動數가 구하여진다.

(i) 2質量系의 固有振動數

식 (11-127)을 써서 그림 11-39로부터 다음 식이 얻어진다.

$$\left.\begin{aligned}(I_1\omega^2-k_1)\ \phi_1+k_1\phi_2&=0\\ k_1\phi_1+(I_2\omega^2-k_1)\ \phi_2&=0\end{aligned}\right\}\quad\cdots\cdots(11\text{-}130)$$

윗식으로부터 ϕ_1, ϕ_2 를 소거하면 ω 가 구하여진다.

$$\left.\begin{aligned}\omega&=\sqrt{k_1\left(\frac{1}{I_1}+\frac{1}{I_2}\right)}=\sqrt{\frac{k_1\ (I_1+I_2)}{I_1I_2}}\\ f&=\frac{\omega}{2\pi}=\frac{1}{2\pi}\sqrt{\frac{k_1(I_1+I_2)}{I_1I_2}}\end{aligned}\right\}\quad\cdots\cdots(11\text{-}131)$$

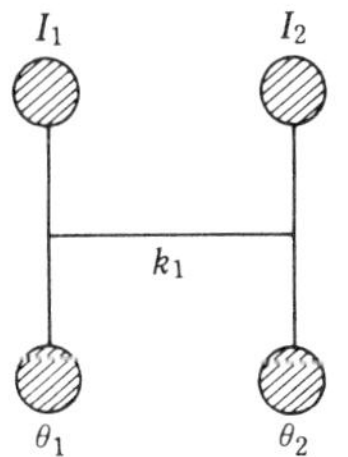

그림 11-39 2질량계

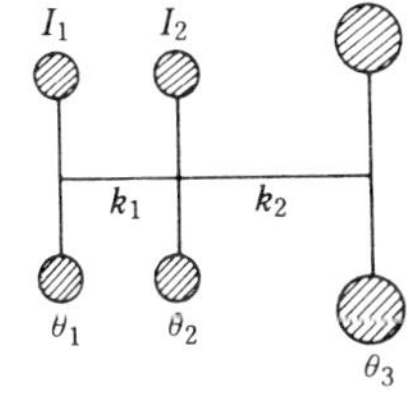

그림 11-40 3질량계

(ii) 3質量系의 固有振動數

식 (11-127)을 써서 그림 11-40으로부터 다음 식이 얻어진다.

$$\left.\begin{aligned}(I_1\omega^2-k_1)\ \phi_1+k_1\phi_2&=0\\ k_1\phi_1+(I_2\omega^2-k_1-k_2)\ \phi_2+k_2\phi_3&=0\\ k_2\phi_2+(I_3\omega^2-k_2)\ \phi_3&=0\end{aligned}\right\}\quad\cdots\cdots(11\text{-}132)$$

윗식으로부터 ϕ_1, ϕ_2, ϕ_3 를 소거하면 다음 식이 얻어진다.

$$\frac{I_1 I_2 I_3}{k_1 k_2}\omega^4 - \left(\frac{I_1 I_2 + I_1 I_3}{k_1} + \frac{I_2 I_3 + I_1 I_3}{k_2}\right)\omega^2$$
$$+ (I_1 + I_2 + I_3) = 0 \quad \cdots\cdots (11\text{-}133)$$

윗식은 ω^2에 대한 2차방정식이고, 이를 풀어서 ω_1, ω_2가 구하여진다.

(iii) 4 질량계의 고유진동수

식 (11-127)을 써서 다음 식이 얻어진다.

$$\left.\begin{aligned} &(I_1\omega^2 - k_1)\ \phi_1 + k_1\ \phi_2 = 0 \\ &k_1\phi_1 + (I_2\omega^2 - k_1 - k_2)\ \phi_2 + k_2\phi_3 = 0 \\ &k_2\phi_2 + (I_3\omega^2 - k_2 - k_3)\ \phi_3 + k_3\phi_4 = 0 \\ &k_3\phi_3 + (I_4\omega^2 - k_3)\ \phi_4 = 0 \end{aligned}\right\} \quad \cdots\cdots (11\text{-}134)$$

지금 $\omega^2 = x$로 하여 ϕ_1, ϕ_2, ϕ_3, ϕ_4를 소거하면 다음 식이 된다.

$$x^3 - x^2\left(\frac{k_1}{I_1} + \frac{k_3}{I_4} + \frac{k_1 + k_2}{I_2} + \frac{k_2 + k_3}{I_3}\right) + x\left(\frac{k_1 k_2}{I_1 I_2} + \frac{k_1 k_2 + k_1 k_3}{I_1\ I_3}\right.$$
$$\left. + \frac{k_1 k_4}{I_1 I_4} + \frac{k_1 k_2 + k_1 k_3 + k_2\ k_3}{I_2 I_3} + \frac{k_1 k_3 + k_2 k_3}{I_2 I_4} + \frac{k_2 k_3}{I_3 I_4}\right)$$
$$-k_1 k_2 k_3\left(\frac{1}{I_1 I_2 I_3} + \frac{1}{I_1 I_2 I_4} + \frac{1}{I_1 I_3 I_4}\right.$$
$$\left. + \frac{1}{I_2 I_3 I_4}\right) = 0 \quad \cdots\cdots (11\text{-}135)$$

윗식은 x에 대한 3차방정식이므로 3개의 自然振動數가 얻어진다.

b) 추차근사법에 의한 해법

질량수가 적은 진동계에서는 이상 설명한 周期方程式을 사용하면 되지만, 多質量系로 되면 식 (11-127)로부터 직접 풀리고 대단히 어려워진다. 그러므로, 여러 가지의 逐次近似解法(successive approximation method)이 발표되어 있다. 그 중에서 널리 쓰여지고 있는 Holzer의 逐次解法(Holzer's successive method)에 대하여 설명한다.

식 (11-127)은 다음 식과 같이 변형한다.

$$\left.\begin{aligned}\phi_2 &= \phi_1 - \frac{\omega^2}{k_1} I_1 \phi_1 \\ \phi_3 &= \phi_2 - \frac{\omega^2}{k_2}(I_1\phi_1 + I_2\phi_2) \\ \phi_4 &= \phi_3 - \frac{\omega^2}{k_3}(I_1\phi_1 + I_2\phi_2 + I_3\phi_3) \\ &\cdots\cdots\cdots\cdots\cdots \\ \phi_n &= \phi_{n-1} - \frac{\omega^2}{k_{n-1}}(I_1\phi_1 + I_2\phi + \cdots\cdots + I_{n-1}\phi_{n-1})\end{aligned}\right\} \cdots\cdots\cdots\cdots (11\text{-}136)$$

먼저, ω^2에 개략적인 값을 붙여서 제 1 번째의 質量의 變位 ϕ_1에 임의의 값, 예를 들면 $\phi_1 = a_1 = 1$〔rad〕이라고 가정하여 ϕ_2를 계산하여 a_2를 구한다. 다음에 그 값을 다음의 식에 넣어서 ϕ_3를 계산하여 a_3를 구한다. 이와 같이 하여 식 (11-128)과 같이 다음 식

$$I_1 a_1 \omega^2 + I_2 a_2 \omega^2 + \cdots\cdots + I_n a_n \omega^2 = 0 \cdots\cdots\cdots\cdots (11\text{-}137)$$

가 만족되면 앞에서 가정한 ω의 값은 바른 것이 된다. 만약 만족하지 않으면 ω의 값을 조금 바꾸어 윗식이 만족될 때까지 반복하여 계산한다.

4) 진동의 억제

모든 기관은 비틀림진동에 대하여 신중한 고려를 하여 설계, 제작되고 있으나, 사용되는 回轉速度範圍의 변경이나 그 밖의 원인에 의한 진동의 발생 등을 억제하기 위하여 비틀림振動댐퍼(torsional vibration damper)를 크랭크축단에 부착한다. 이 댐퍼의 종류에는 動댐퍼(dynamic damper), 摩擦댐퍼(friction damper) 및 粘性댐퍼(viscous damper) 등이 있으며, 그리고 점성댐퍼에는 고무댐퍼(rubber damper), 오일댐퍼(oil damper), 고무오일댐퍼(rubber oil damper or rubber viscous damper) 등이 있다.

a) 동댐퍼

(i) 댐퍼의 理論

그림 11-41에서, 앞에서 설명한 2 질량진동계에 스프링 정수 $\overset{*}{k}$의 축을 이어서 極慣性모멘트 $\overset{*}{I}$를 부가하고, 起振토크 $Q \sin mt$를 가하면 운동방정식은 식 (11-124)와 (11-125)로부터 다음 식으로 표시된다.

$$\left.\begin{aligned} & I_1 \frac{d^2\theta_1}{dt^2} + k(\theta_1 - \theta_2) = 0 \\ & I_2 \frac{d^2\theta_2}{dt^2} - k(\theta_1 - \theta_2) + \overset{*}{k}(\theta_2 - \overset{*}{\theta}) = Q \sin mt \\ & \overset{*}{I} \frac{d^2\overset{*}{\theta}}{dt^2} - \overset{*}{k}(\theta_2 - \overset{*}{\theta}) = 0 \end{aligned}\right\} \cdots\cdots\cdots\cdots\cdots (11\text{-}138)$$

윗식의 特別解는 다음 식으로 된다.

$$\left.\begin{aligned} & \theta_1 = -\frac{1}{D} k(-m^2 \overset{*}{I} + \overset{*}{k}) Q \sin mt \\ & \theta_2 = \frac{1}{D} (-m^2 I_1 + k)(-m^2 \overset{*}{I} + \overset{*}{k}) Q \sin mt \\ & \overset{*}{\theta} = -\frac{1}{D} \overset{*}{k}(-m^2 I_1 + k) Q \sin mt \end{aligned}\right\} \cdots\cdots\cdots\cdots\cdots (11\text{-}139)$$

여기서, $D = (-m^2 I_1 + k)(-m^2 I_2 + k + \overset{*}{k})(-m^2 \overset{*}{I} + \overset{*}{k}) - \overset{*}{k}{}^2(-m^2 I_1 + k)$
$- k^2(-m^2 \overset{*}{I} + \overset{*}{k})$

지금 부가된 진동체의 진동수와 起振토크 $Q \sin mt$ 의 진동수가 같을 경우에는

$$\frac{\overset{*}{k}}{\overset{*}{I}} = m^2 \qquad \therefore \sqrt{\frac{\overset{*}{k}}{\overset{*}{I}}} = m \cdots\cdots\cdots\cdots\cdots\cdots\cdots\cdots\cdots\cdots\cdots (11\text{-}140)$$

의 관계가 있다고 하면, 식 (11-139)로부터 θ_1, θ_2, $\overset{*}{\theta}$는 다음 식으로 된다.

$$\theta_1 = \theta_2 = 0, \quad \overset{*}{\theta} = -\frac{Q}{\overset{*}{k}} \sin mt \cdots\cdots\cdots\cdots\cdots\cdots\cdots\cdots\cdots\cdots (11\text{-}141)$$

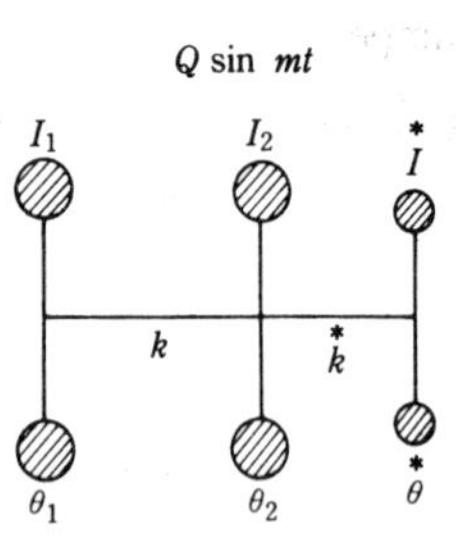

그림 11-41 2질량계의 동댐퍼

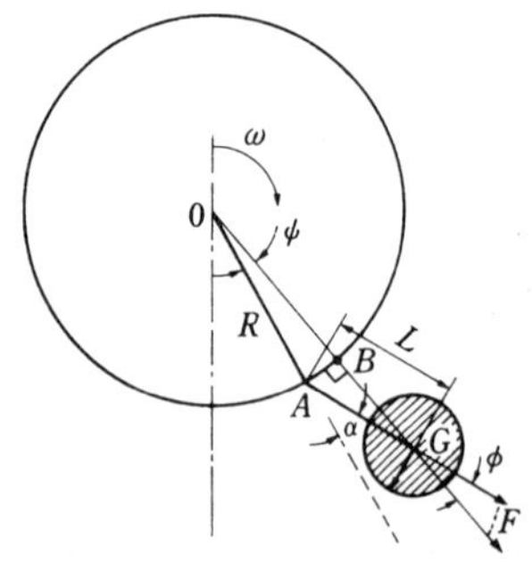

그림 11-42 테일러 댐퍼의 원리

따라서, 부가된 錘는 共振을 일으키나, 원래의 系는 공진하지 않고 그친다. 이 원리를 응용하여 MIT(Massachusetts Institute of Technology)의 Taylor는 動振子댐퍼(dynamic pendulum damper)를 개발하여 星形航空用 機關에 부착하여 실용화하였다.

(ii) 테일러의 댐퍼

그림 11-42에서 O를 크랭크 중심으로 하고, 크랭크 암 $\overline{OA}=R$의 점 A에 길이 $\overline{AG}=L$의 棒으로 錘 G(질량 M)를 매달면, 추는 점 A를 중심으로 하여 진동하면서 회전하는 것이 된다. 점 A에 대한 遠心力 F의 모멘트는 $\overline{AB}\,F=FL\sin\phi$ 이고, 運動方程式은 다음 식으로 표시된다.

$$I\frac{d^2\alpha}{dt^2}+FL\sin\phi=0 \cdots\cdots (11\text{-}142)$$

한편

$$F=M\omega^2(R\cos\phi+L\cos\phi)\fallingdotseq M\omega^2(R+L)$$

$$R\sin\psi=L\sin\phi \qquad \therefore R\psi\fallingdotseq L\phi \qquad \psi=\frac{L\phi}{R}$$

그림으로부터

$$\alpha=\psi+\phi=\frac{L\phi}{R}+\phi=\frac{L+R}{R}\phi$$

식 (11-142)는 다음 식으로 다시 쓸 수 있다.

$$I\frac{d^2\alpha}{dt}+M\omega^2RL\alpha=0 \cdots\cdots (11\text{-}143)$$

윗식의 해는 다음 식으로 된다.

$$\alpha=\alpha_0\sin(pt+\varepsilon),\ p=\omega\sqrt{MR\frac{L}{I}} \cdots\cdots (11\text{-}144)$$

따라서, 이 錘의 周期가 구하여지므로, 외부로부터 가해지는 起振토크의 주기에 맞추어 놓으면 추는 共振하므로 크랭크축의 비틀림진동은 방지된다.

그림 11-43은 그림 11-42를 실용화한 것으로, 암의 점 A는 직경 D인 구멍의 中心點, G는 추의 직경 d의 중심, $\overline{OA}=R$, $\overline{AG}=\frac{(D-d)}{2}=L$, 점 A

를 중심으로 하여 $\overline{AG}$를 반경으로 한 振動方程式은 식 (11-142)로 표시된다.

따라서, 質量 M인 錘에 의한 A의 주위에 발생하는 極質量 慣性모멘트는 $I=M(L^2+k^2)$, 따라서 p와 f는 다음 식으로 된다.

$$p=\omega\sqrt{\frac{MRL}{I}}=\omega\sqrt{\frac{MRL}{M(L^2+k^2)}}=\omega\sqrt{\frac{RL}{L^2+k^2}}$$

$$=\omega\sqrt{\frac{\frac{R}{L}}{1+\left(\frac{k}{L}\right)^2}} \quad\cdots\cdots (11\text{-}145)$$

$$f=\frac{p}{2\pi}=\frac{\omega}{2\pi}\sqrt{\frac{\frac{R}{L}}{1+\left(\frac{k}{L}\right)^2}} \quad\cdots\cdots (11\text{-}146)$$

추의 중심 G의 주위의 極質量 慣性모멘트 I_0는 다음과 같은 식으로 표시된다.

$$I_0=Mk^2=M\frac{d^2}{8} \quad\cdots\cdots (11\text{-}147)$$

여기서, k =추의 회전반경$=d/(2\sqrt{2})$

그림 11-44는 平衡錘를 2개의 핀으로 크랭크 암에 틈새(gap or clearance)를 가지도록 하여 부착시킨 振子댐퍼의 예이다. (a), (b)에서는 $L=\frac{(D-d)}{2}$, (c)에서는 $L=D-d$로 되어 있다.

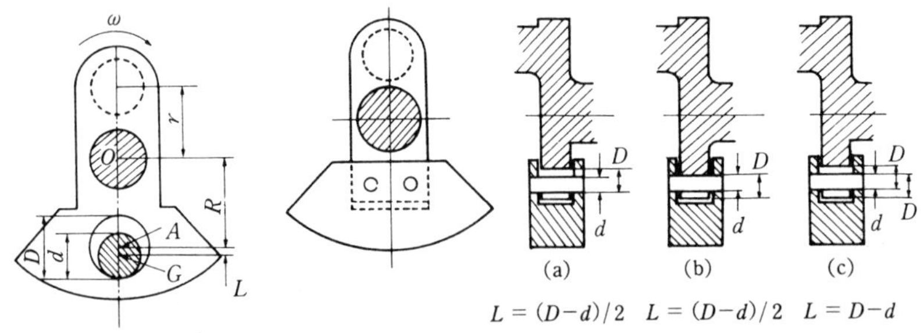

그림 11-43 롤러식 댐퍼

그림 11-44 진자식 동댐퍼

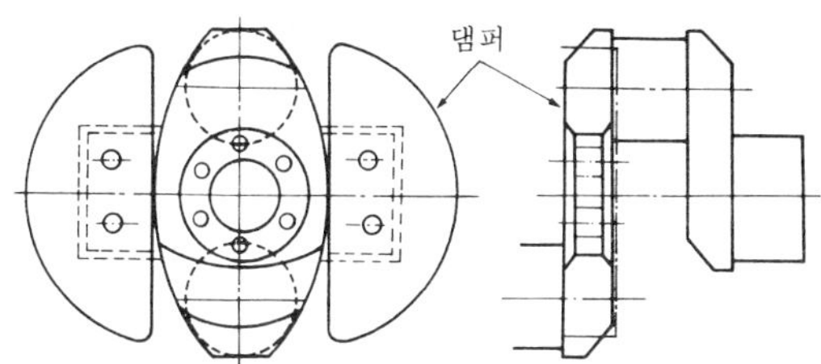

그림 11-45 텔레다인 콘티넨탈 기관의 댐퍼

그림 11-45는 크랭크 암의 양측에 2개의 平衡錘를 부착시킨 예로서, 동 기관에서는 4크랭크 중 두 곳의 암에 부착되어 있다.

b) 마찰댐퍼

摩擦댐퍼는 크랭크축의 自由端에 摩擦라이닝(friction lining)을 거쳐서 可動質量圓板을 부착하고, 스프링을 누르는 구조이다. 만약, 비틀림진동이 일어나면 가동원판이 움직이게 되어, 그 때의 마찰에 의하여 에너지를 흡수하는 형식이다. 이 형식에서는 스프링의 조절이 어렵고, 또 조절이 나쁘면 큰 振幅을 나타내는 경우가 있어서 일반적이 아니다.

c) 점성댐퍼

고무 댐퍼는 그림 11-46 (a)에 나타낸 것과 같이 크랭크軸端에 부착된 원판에 環狀彈性體를 고무로 입힌 것이고, 오일 댐퍼는 (b)에서와 같이 環狀彈性體를 환상실 내에 약간의 틈새를 가지도록 하여 밀봉하고, 그 틈새에 고점도 오일을 충전시킨 것이다. 이 오일에는 실리콘 오일(silicon oil)이 쓰여지고 있어서 실리콘 오일 댐퍼라고도 한다. (c)는 (a)와 (b)의 특징을

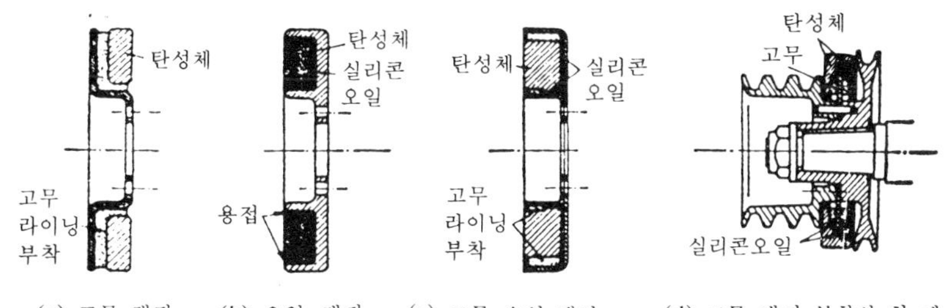

그림 11-46 점성댐퍼

살린 복합된 형식의 고무 오일 댐퍼의 예이다.

(d)는 새로이 개발된 실리콘 고무 댐퍼를 크랭크軸端에 부착시킨 그림이며, 이 댐퍼는 종래의 결점을 크게 개량한 점이 특이하다. 그림 11-47 (a)는 고무 댐퍼를 Ford V－8 기관에, 또 (b)는 V－12 디젤기관에 부착시켜서 실험한 결과로, 댐퍼의 유무에 따른 크랭크축 앞쪽끝단의 振幅을 비교한 것이다.

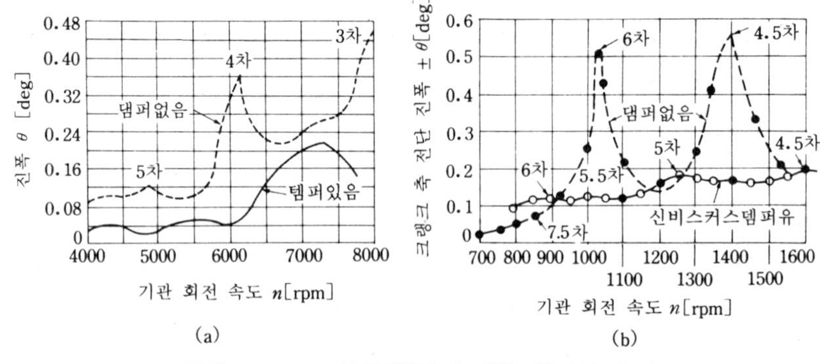

그림 11-47 비틀림진동에 대한 댐퍼의 효과

第12章　機關의 始動, 運轉試驗 및 騷音

내연기관은 자기 스스로의 힘으로 시동이 되지 못하므로 시동을 시키기 위해서는 出力軸을 외부로부터 어떠한 방법이든 회전시켜 주지 않으면 안 된다. 기관의 시동, 특히 저온에서의 시동에 가장 큰 영향을 미치는 因子는 환경의 온도이다.

일반적으로, 가솔린기관은 壓縮比가 낮고 불꽃점화이어서 寒冷時 이외는 시동에 대한 곤란이 없다. 그러나 디젤기관은 압축비가 높고 自己着火이므로 저온 때의 시동에는 여러가지 문제가 있다.

기관의 低溫始動(cold starting or cold weather starting)은 여러가지의 조건이 복잡하게 얽혀져서 단순하지 않다. 그러나 기관을 사용하려면 우선 시동되지 않으면 안 되고 기관의 시동, 특히 저온시동에는 오늘날까지 많은 연구와 실험 결과가 나와 있으며, 이를 기초로 하여 가솔린기관의 시동보다도 주로 디젤기관의 저온시농에 대하여 기술한다.

12-1　機關始動의 基礎

寒冷時 대기 중에서는 기관 전체의 온도가 낮아지며, 특히 실린더벽의 온도는 시동할 때 低溫大氣를 흡입하게 되고, 또 물재킷 내의 冷却媒質에도 영향을 받아서 보다 저온상태로 된다. 그리고 연료가 실린더 내에 분사되면 실린더벽의 온도는 더욱 내려가서 壓縮溫度의 상승은 기대할 수 없다. 한편, 저온에 의하여 오일의 流動性은 악화되고, 粘性抵抗의 증대로 기관의 回轉

抵抗은 더욱 커지게 된다. 따라서, 회전속도의 상승은 바랄 수 없게 되고, 着火에 필요한 압축온도에 달하지 못하여서 始動性은 나빠지며 또, 저온에 대해서는 시동장치의 성능이 저하되고, 기관을 회전시키는 능력이 떨어지게 된다.

일반적으로 空氣溫度 −5∼−10〔℃〕 정도까지는 특별한 低溫始動補助手段(cold starting aids)을 쓰지 않아도 시동이 가능한 것으로 되어 있다. 그러나 −15∼−25〔℃〕 이하의 저온대기 중에서는 여러 가지의 보조 수단을 적절히 사용하여야 한다.

디젤기관의 시동성을 좌우하는 중요한 因子로서는 연소실의 형식을 들 수 있다. 이것은 연소실의 表面積/體積比의 관계가 壓縮溫度를 지배하고, 따라서 착화능력을 규제하기 때문이다. 일반적으로, 저온시에는 直接噴射機關(DI)과 副室式 噴射機關(IDI)과의 사이에는 시동성에 약간의 차이가 있다.

이상으로부터 기관을 보다 쉽게 시동시키기 위해서 많은 기관에 대하여

① 外氣溫度에 대한 기관회전속도와 압축온도와의 관계

② 사용 오일의 粘度와 기관의 마찰저항 및 크랭킹 토크와의 관계

③ 회전속도와 착화에 필요한 온도와의 관계

④ 압축온도와 着火遲延과의 관계

등 많은 자료를 집약하는 데 따라서 요구되는 압축온도를 얻기 위한 회전속도를 내는 데 필요로 하는 요건, 즉 사용 오일의 점도, 始動裝置(starting apparatus) 및 極寒地에서의 시동에 적합한 보조장치 등이 결정될 수 있다.

(1) 回轉速度와 壓縮溫度

기관의 壓縮末 溫度는 흡기밸브의 닫히는 시기(SVC)를 고려에 넣은 기관 고유의 압축비, 즉 有效壓縮比와 연소실 주변의 열전달이나 회전속도 및 압축사이클의 수 등에 따라서 결정되어지는 외에, 연소실의 형식에 따라서도 달라진다. 그림 12-1은 Biddulph 등이 직접분사기관과 부실식 분사기관에 대하여 壓縮溫度와 大氣溫度와의 비 T_c/T_0 와 대기온도 t_0 와의 관계를 기관의 회전속도의 함수로써 나타낸 것이다. 그림에서 명확하게 알 수 있는 바와

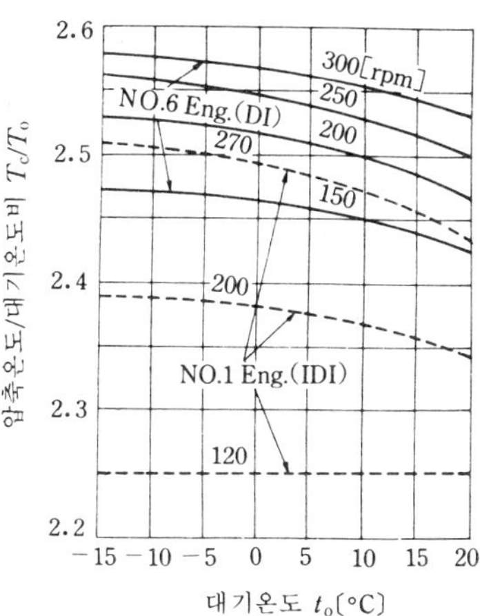

그림 12-1 크랭크 회전속도의 대기온도와 압축온도에 미치는 영향
No. 1 Eng. (IDI)······ 4−ϕ 84.1×101.6〔mm〕
No. 6 Eng. (DI)······ 6−ϕ 99.8×115.3〔mm〕

같이, 각 회전속도는 공히 대기온도의 저하와 더불어 T_c/T_0가 상승되고 또 직접분사기관의 T_c/T_0값은 부실식 분사기관의 그것보다 높은 값을 나타내고 있다.

그림 12-2는 Biddulph 등이 많은 디젤기관에 대하여 기관을 시동할 때 분사된 연료량과 압축온도의 상승과의 관계를 실험하여 얻은 결과이다. 全負荷 때의 燃料〔$(MR) \fallingdotseq 18$, $(MR)_{th}$의 80〔%〕〕를 분사하였을 경우와 過

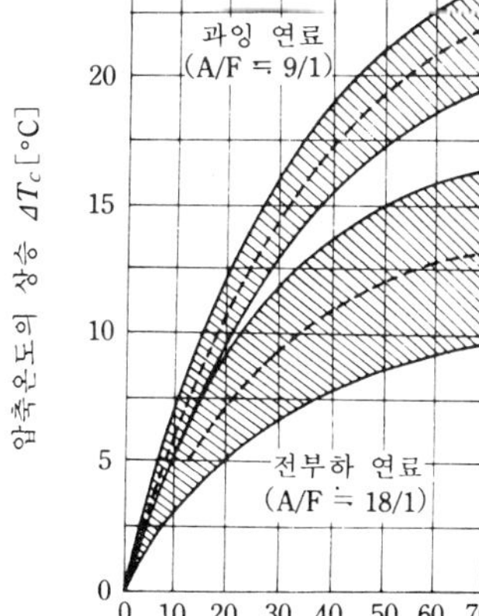

그림 12-2 연료분사시에 있어서 압축사이클수와 압축온도 상승의 관계

剩燃料〔$(MR) \fallingdotseq 9$, $(MR)_{th}$ 의 160〔%〕〕를 분사한 경우에 대한 압축사이클수와 압축온도 증가의 상황을 나타내고 있다.

(2) 오일粘度, 摩擦抵抗 및 크랭킹 토크

기관의 出力軸을 냉각된 상태에서 회전하여서 시동시키려면 기관을 구성하고 있는 각 회전부와 미끄럼운동부의 摩擦抵抗에 이길 수 있는 회전력을 외부로부터 가하지 않으면 안 된다. 기관의 마찰저항은 기관의 실린더數, 베어링數와 그 축과의 틈새, 피스턴 링의 數 등에 따라서 달라진다. 이들 사이에는 어느 경우나 오일이 개재되어 있으므로, 시동 때의 大氣溫度에 따라서 그 오일의 점도는 영향을 미치게 되고, 마찰저항을 지배하는 것이 된다.

각 기관은 일반적으로 그 구조가 유사하므로, 만약 같은 종류의 오일이 쓰여지고 있으면 여러가지의 대기온도에서 기관을 회전시켰을 때의 마찰저항의 값은 대체로 비슷한 경향을 나타내게 된다. 그림 12-3은 Meyer 등이 사이클수와 실린더수가 다른 5종류의 기관에 極地오일(arctic oil) "MIL-O-10295"를 사용하고, 極低溫 때에 크랭크축을 200〔rpm〕으로 회전하기 시작

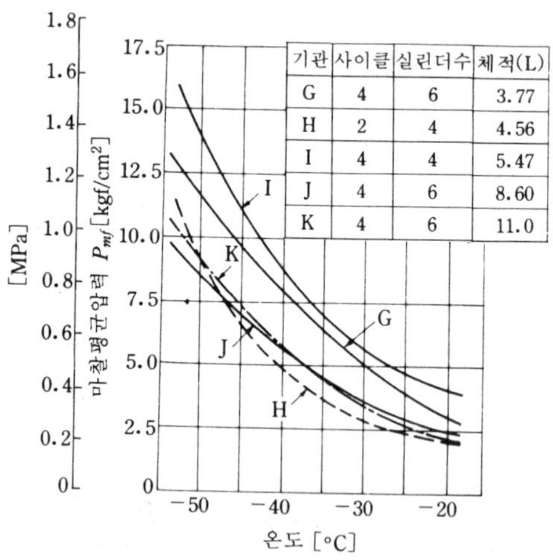

기관	사이클	실린더수	체적(L)
G	4	6	3.77
H	2	4	4.56
I	4	4	5.47
J	4	6	8.60
K	4	6	11.0

그림 12-3 마찰평균압력에 미치는 온도의 영향(사용 윤활유 : 극지오일)

하고서부터 8초 후에 측정한 p_{mf}의 변화이다. 이 그림에서 기관 H, J, K는 유사한 결과를 나타내고 있으나, 기관 G와 I는 약간 다른 결과가 얻어지고 있고 어느 경우나 온도의 저하와 더불어 p_{mf}의 급상승을 나타내고 있다.

그림 12-4는 Triebnigg가 여러가지의 기관에 대하여 回轉抵抗 p_{mf}와 오일粘度(앵글러度〔E〕)와의 관계를 조사한 결과로서, 측정점은 거의 一直線上에 있어서 각 기관이 모두 동일한 저항의 경향을 나타내고 있음을 알 수 있다. 표 12-1은 그림 12-4로부터 구한 오일의 점도와 回轉抵抗値이다.

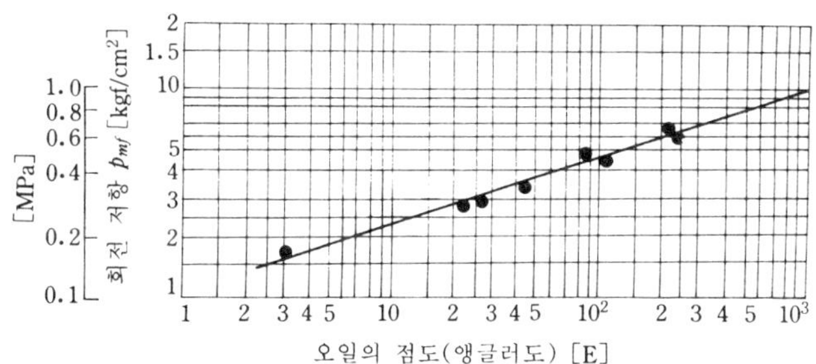

그림 12-4 오일의 점도와 회전저항 P_{mf}

表 12-1 오일의 점도와 회전저항

온 도〔℃〕	오일의 점도 앵글러도〔E〕	회전저항〔kgf/cm²〕, 〚MPa〛	
		감 압 없 음	감 압 있 음
0	250	5.8, 0.57	3.8, 0.37
10	100	4.5, 0.44	2.9, 0.28
20	45	3.5, 0.34	2.3, 0.23
30	26	3.0, 0.29	1.95, 0.19

1. 그림 12-4로부터 구한 회전저항치이다.
2. "감압 있음"의 값은 "없음"의 치의 약 65〔%〕이다.

그림 12-5는 앞에서의 Meyer 등이 기관 K, H에 極地오일, 기관 L에는 極地오일과 高粘度오일(High-Viscosity oil or Hi-Vis-O)을 써서 실험한 결과로, 오일의 動粘度에 대한 크랭킹 토크 T〔kgf·m〕, 〚N·m〛와 動粘性係數 ν〔cSt〕, 〚m^2/s〛의 관계이며, 세 기관이 모두 같은 경향을 나타내고 있다. 이로부터 토크와 점도 사이에는 다음과 같은 관계식이 성립하게 된다.

기관	사이클	실린더수	체적〔L〕
H	2	4	4.56
K	4	6	11.0
L	4	1	1.37

동점성 계 수	cSt (m²/s)	1050 0.001 05	6000 0.005	20000 0.02	100000 0.1
극지 오일	°C	−17.8	−31.6	−40	−47.2
고점도 오일	°C	16.1	−2.2	−13.3	−23.3

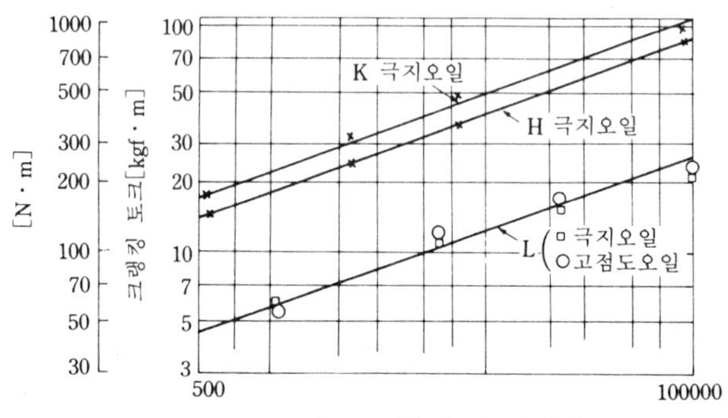

그림 12-5 오일의 동점성계수와 크랭킹 토크의 관계

$$T_2 = T_1 \left(\frac{\nu_2}{\nu_1}\right)^n \quad \cdots\cdots \quad (12\text{-}1)$$

여기서 指數 n 은 동점도 500~100000〔cSt〕, 0.0005~0.1〚m^2/s〛의 사이에서는 거의 1/3 이며, 따라서 동점도 ν_2 의 오일을 사용하였을 때의 토크 T_2 의 값은 이미 그 값을 알고 있는 粘度 ν_1 을 사용한 때의 토크 T_1 이 구해져 있으면 ν_2 를 측정하여 윗식으로부터 구할 수 있다.

일반적으로, 低溫始動 때 크랭크축을 외부로부터 회전시키면 油膜의 온도는 摩擦熱로 인하여 상승한다. 그 결과, 회전을 계속하면 당연히 크랭킹 토크는 저하되며, 그 경향은 저온 때일수록 커짐을 그림 12-6 으로부터 알 수 있다.

이상 설명한 바와 같이, 사용하는 오일의 점도가 크랭킹 토크를 크게 지배하므로, 시동을 용이하게 하려면 점도가 낮은 오일을 사용하는 것이 가장 효과적인 수단이라 할 수 있다. Selby 는 자동차용 고압축비 V 8 가솔린 기관에 대하여 低溫始動試驗을 하여 회전속도와 오일粘度係數〔cP〕, 〚Pa·s〛와의 관계에 대하여 그림 12-7에 나타낸 결과를 얻었다. 이 결과로부터 低溫始動에서는 오일의 점도가 적당하게 낮으면 크랭킹 속도는 늦어도 시

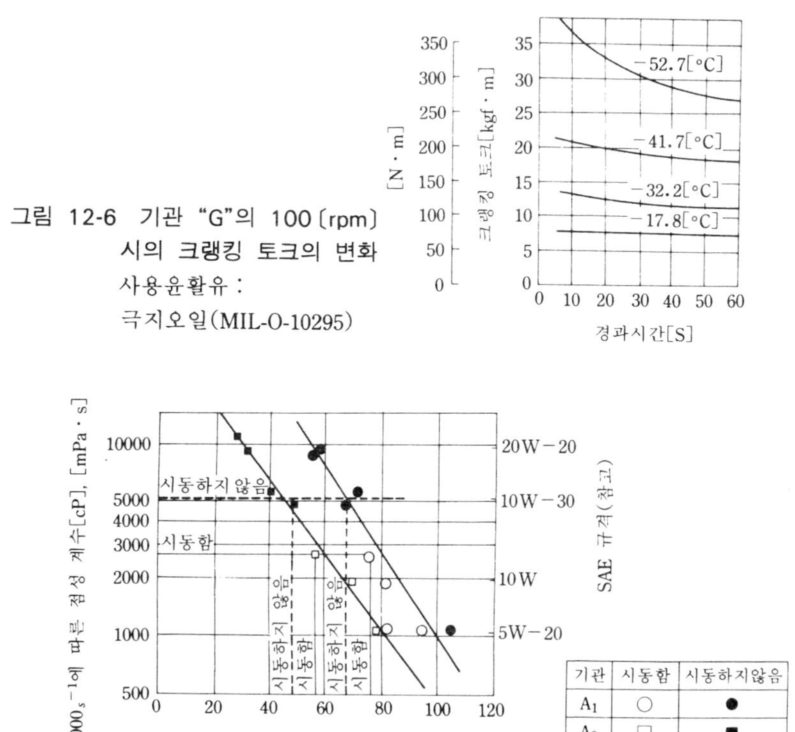

그림 12-6 기관 "G"의 100〔rpm〕 시의 크랭킹 토크의 변화
사용윤활유 : 극지오일(MIL-O-10295)

그림 12-7 오일의 점성계수와 크랭크축 회전속도(가솔린기관)

동되나, 만약 점도가 높으면 크랭킹 속도가 높아도 회전이 계속되지 못하고 시동되지 않는다. 따라서, 저온시동에서는 크랭킹 속도를 높이기 위하여 始動裝置의 용량만을 크게 하는 것은 좋은 방법이 아니며, 따라서 시동성을 촉진하는 것은 高크랭킹速度가 아니고 低오일粘度임을 강조하고 있다.

그러나 한편으로는 오일점도의 선택은 시동 때만을 생각하는 것이 아니고, 시동 후 정상운전시에 지장을 받지 않을 정도로 하여야 한다는 주장도 있다. 즉, Selby의 說과 같이 저시동성은 향상되나, 일단 시동되어서 正常運轉狀態에 들어갔을 경우, 특히 디젤기관에서는 低粘度 오일의 油性이 문제로 되어서 베어링 融着 등의 염려가 있다. 따라서, 시동성을 향상시키는 방법으로서는 저점도의 오일에만 의존할 것이 아니라, 기관 전체를 덥게 하고 각 베어링부에 응고되어 있는 오일에 流動性을 부여하는 것이 가장 좋으며, 뒤에서 설명할 시동에 대한 보조수단을 적절하게 사용하는 것이 가장 바람직하다.

(3) 回轉速度와 着火에 필요한 溫度

크랭크축을 회전하여 着火에 필요한 회전속도가 얻어지고, 연료를 착화시킬 수 있는 충분한 壓縮溫度에 도달되었을 경우, 初爆이 얻어지는 것은 그 때의 연료분사의 양과 타이밍, 그리고 혼합기의 상태이다. 일반적으로, 直接噴射機關은 시동이 양호한 것으로 되어 있으나, 회전속도의 상승비율에 대하여 압축온도의 상승비율이 낮고, 시동은 오히려 副室式 噴射機關보다도 나쁘다. 그 이유는 크랭킹의 상태에서는 吸入空氣의 운동상태가 활발하지 못하고, 따라서 공기와 연료분무가 연소하기 쉬운 혼합기로 되지 못하기 때문이다. 그림 12-8은 Biddulph 등이 7 대의 기관에 대하여 실험한 결과의 平均値를 나타낸 線圖이다.

이 실험에서는 직접분사기관에는 주로 過剩燃料를, 또 부실식 분사기관에서는 全負荷 때의 연료가 분사된다.

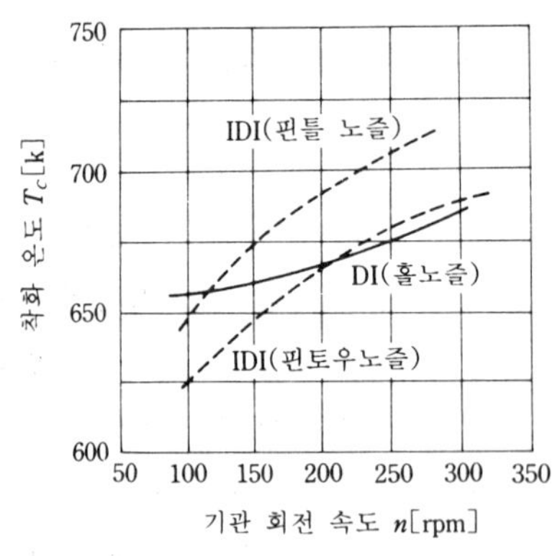

그림 12-8 기관회전속도와 착화온도

(4) 壓縮溫度와 着火遲延

압축온도와 착화지연은 밀접한 관계가 있어서 각 기관에 따른 구조, 특히 피스턴 링의 數, 張力 및 斷面形狀, 噴射系 등에 따라서 약간의 차이가 있는 것으로 보여진다.

1) 압축온도와 피스턴 링 블로바이현상

디젤 사이클의 이론적인 압축온도는 $T_2 = T_1\ \varepsilon^{k-1}$ 로서 구해지나, 실제로는 링으로부터의 가스漏出現象이 있어서 이론과 같은 온도는 얻어지지 않는다. 기관의 정상운전에서는 壓縮과 爆發行程에서 링은 그림 12-9 (a) ①에 나타낸 바와 같이, 피스턴 링의 홈 아랫면에 링이 壓着되나, 링과 실린더 벽면과의 사이 및 링과 홈의 아랫면과의 사이의 틈새로부터 약간의 가스누출이 있다. 또, 배기행정으로부터 흡기행정으로 옮겨지는 上死點 부근에서는 그림 (a) ②에서와 같이 링이 홈의 윗면으로 이동될 때 또한 가스누출이 발생한다. 이것이 바로 정상적인 가스의 누출이다.

지금 그림 (a) ①에서 가스의 壓力을 P, 피스턴 링의 背壓을 Q, 피스턴 링의 張力을 T, 피스턴 링과 실린더의 내벽 사이의 틈새로부터 Q에 對向하여 작용하는 가스의 압력 R, 링의 慣性力을 I, 摩擦係數를 f라고 하면, 爆發 때에는 다음의 관계가 있다.

$$P > I + f(T + Q - R) \qquad (12\text{-}2)$$

만약, 기관의 회전속도가 급상승하여 I가 커지게 되면 링은 홈의 위쪽으로 이동하고, 압력은 다음 식과 같은 관계로 된다.

$$P < I + f(T + Q - R) \qquad (12\text{-}3)$$

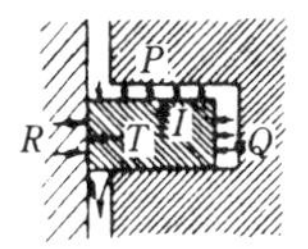

① 링 측면, 하면 에서의 가스 누출

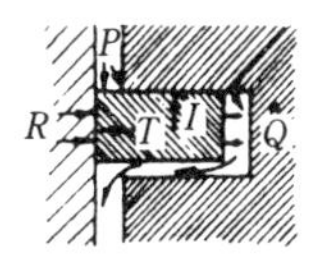

② 흡·배기 상사점 에서의 가스 누출

(a) 정상 가스 누출

(b) 이상 가스 누출

그림 12-9 가스누출, 블로바이현상

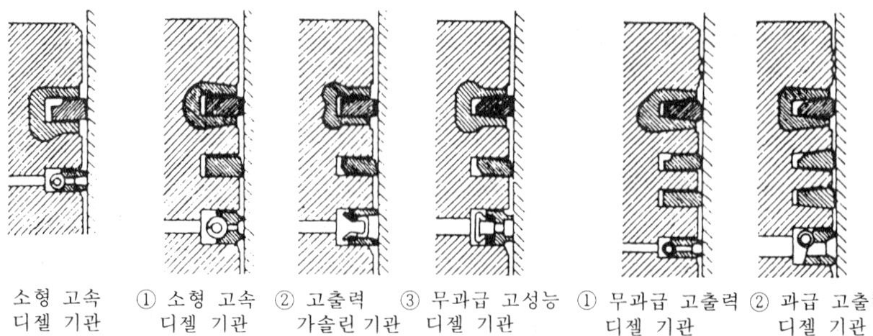

그림 12-10 피스턴 링의 조합 예

이 때, 背壓 Q는 팽장하여(압력저하) $\overset{*}{Q}$로 되고 다음 식이 성립한다.

$$R > \overset{*}{Q} + T \quad \cdots\cdots (12\text{-}4)$$

윗식과 같은 상태로 되면, 가스壓力은 링을 $\overset{*}{Q}$의 방향으로 밀어서 링의 측면과 실린더 내벽과의 사이에 틈새가 생겨서 그림 (b)의 상태로 되고, 강렬한 가스의 블로바이현상을 일으킨다. 링으로부터의 가스누출을 방지하는 데는 링과 실린더 내벽과의 접촉을 좋게 할 것과, T를 크게 하고 R을 작게 하는 것이다.

최근 壓縮링의 斷面形狀은 앞에 설명한 바와 같이, 壓縮漏出對策과 링의 固着을 방지하는 여러가지 형상이 쓰여진다. 또 위에서의 摩擦損失도 고려에 넣어서 링의 종류와 링의 조합이 결정된다. 그림 12-10은 여러가지 종류의 링의 조합하는 예를 나타낸 것이다.

2) 착화지연

기관의 着火遲延은 壓縮溫度에 따르는 것은 물론 使用燃料의 세탄價(CN)의 高低에 따라서도 크게 지배된다. 이 밖에 장착되어 있는 분사밸브의 구조, 분사의 타이밍과 압력, 연소실 내에서의 燃料噴霧와 공기의 적절한 운동에 의한 混合氣生成의 상태 등에 따라서도 달라진다. 따라서, 각 기관에는 각각 독자적인 着火遲延時間〔ms〕이 있다.

그림 12-11는 Biddulph 등이 실험한 결과로, 착화지연에 대한 압축온도의

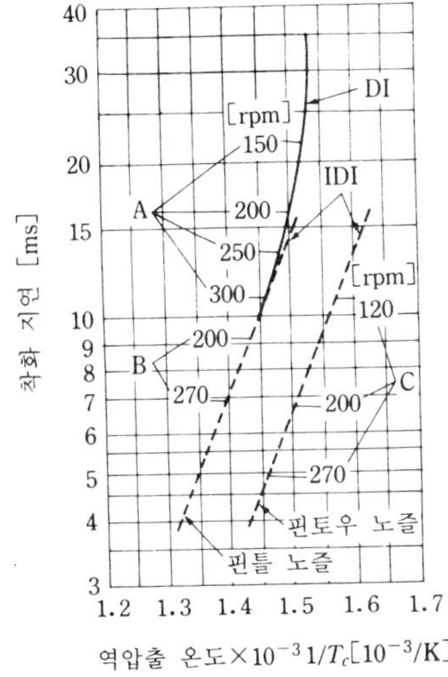

	분사(deg)	착화(deg)
A	13(BTDC)	7(ATDC)
B	8(BTDC)	3(ATDC)
C	8(BTDC)	0(TDC)

역압축온도$\times 10^{-3}$	
$\frac{1}{750}=0.0013$	1.3
$\frac{1}{650}=0.0015$	1.5
$\frac{1}{600}=0.0017$	1.7

그림 12-11 착화지연에 미치는 압축온도의 영향
연료 : DR 159

영향을 나타낸 것이다. 그림에서 알 수 있는 것은 직접분사기관이나 부실식 분사기관이 모두 $1/T_c$이 작을수록, 즉 壓縮溫度가 높을수록, 또 회전속도가 빠를수록 착화지연은 짧아진다.

12-2 始動法

기관을 시동시키는 가장 간단한 방법은 人力으로 하는 시동법, 즉 手動始動(hand starting)法이다. 그러나 이 방법은 動力源인 인간의 낼 수 있는 파워의 크기와 기관을 회전시키는 개인의 技法의 차이에 따라서 달라진다. 즉, 회전핸들을 돌릴 때의 요령이 문제로 된다. 또, 手動으로 할 수 있는 기관의 실린더 體積의 크기에도 제한이 있는 등 결점이 따른다.

이 밖에 현재 소형기관에 널리 채용되고 있는 방법으로서는 電池를 電源으로 하는 起動電動機(starting motor or cell motor)에 의한 시동법이 있고, 특별한 예로서는 寒冷地에서 사용되는 건설기계용 디젤기관의 시동에 쓰이는 始動機關(소형 가솔린기관)에 의한 시동법, 그리고 대·중형기관에는 거의 압축공기에 의한 始動法(compressed air starting)이 채용되고 있다.

(1) 手動에 의한 始動

手動에 의하여 크랭크축을 회전하여 기관을 시동시키기 위한 주된 조건은 기관의 摩擦抵抗이 적고 회전에너지를 축적하는 플라이휠의 極質量慣性모멘트 $I_0 = mr^2$ 이 클 것, 着火遲延을 단축하는 분사계를 가질 것, 세탄價의 높은 연료를 사용할 것 등이다. 수동으로 시동할 수 있는 기관은 연소실의 형식에도 따르게 되나, 실린더直徑 70~85〔mm〕 이하의 1~2 실린더로서 出力은 10~15〔PS〕, 7.4~11〚kW〛까지의 기관으로 한정된다. 그러나 이것도 常溫에서이고, 低溫으로 되면 수동으로 시동이 가능한 범위는 물론 대폭적으로 제한되며, 대체로 수동에 의한 시동은 大氣溫度 10〔℃〕 이상에서 가능한 것으로 되어 있다.

(2) 起動電動機에 의한 始動

이 始動法은 현재 가솔린기관은 물론 그 밖의 많은 기관의 시동에 채용되고 있으며, 가장 안정되고 편리한 시동방법이다. 이 시동장치의 주체는 直流直卷 모터로 그 軸 끝에 피니언이 부착되어서 기관의 플라이휠에 열박음되어 있는 링 기어와 물려서 작동된다. 그리고 피니언이 링 기어에 물릴 때 피니언의 이동방식에 따라서 다음의 4종류로 분류된다.

① 電機子移動式(armature sliding type)

② 피니언押入式(pinion shift type or pedal engage type)

③ 스크루式(screw type or bendix type)

④ 스크루압입式(screw shift type)

①은 電機子를 電氣的으로 링 기어를 향하여 이동시켜서 피니언을 물리게 하는 방식, ②는 페달을 밟으면 피니언이 기계적으로 직선 스플라인 위를 미끄러지면서 링 기어와 물리는 방식, 그리고 ③은 나사 스플라인 위를 피니언이 이동하는 방식이며, ④는 ②의 직선 스플라인 대신 나사 스플라인을 써서 피니언을 밀어넣는 방식이다.

기관을 시동시키기 위한 始動馬力, 즉 起動電動機의 出力 N_M〔PS〕은 회전모멘트 T_M〔kgf·m〕과 시동에 필요한 회전속도 n_M〔rpm〕으로부터 다음 식과 같이 구한다.

$$N_M = T_M \frac{n_M}{716.2} \text{〔PS〕} \quad \cdots\cdots (12\text{-}5)$$

SI로는 出力을 N_M' 〚kW〛, 토크를 T_M' 〚N·m〛, n_M' 〚s^{-1}〛라고 하면 다음 식과 같이 된다.

$$N_M' = 2\pi T_M' n_M' = T_M' \frac{n_M'}{0.159} \text{〚W〛} \quad \cdots\cdots (12\text{-}5')$$

그러나 이와같이 하여 구한 機關始動馬力은 하나의 參考値로 생각하고 여러가지의 환경조건하에서 始動試驗을 실시한 다음 필요한 동력을 다시 구해야 한다. 그 시험의 내용으로서는 着火試驗, 시동가능의 最低回轉速度試驗, 시동가능의 오일最高粘度試驗, 축전지의 용량 및 전압의 限界値把握試驗 등이 있다. 실제 문제로서 이들의 시험을 실시하기는 어렵고, 설비가 필요하므로, 많은 데이터를 총합하여 정리되어 있는 실린더 체적에 대한 기동전동기의 標準出力 N_M으로부터 선택하면 된다. 표 12-2는 가솔린기관과 디젤기관에 대한 ΣV_h〔L〕와 N_M〔PS〕, 〚kW〛의 표준이다.

그림 12-12는 8〔PS〕, 5.9〚kW〛 起動電動機의 特性曲線이다. 축전지 용량 150, 105, 90〔A·h〕인 3종류에 대하여 전류의 세기 〔A〕에 대한 出力 N_M〔PS〕, 〚kW〛, 토크 T_M〔kgf·m〕, 〚N·m〛, 回轉速度 n_M〔rpm〕 및 電壓 〔V〕를 나타내고 있다. 지금 시동회전모멘트 50〔kgf·m〕, 490〚W·m〛를 필요로 하는

表 12-2 실린더 체적과 기동전동기 마력

(a) 가솔린기관

실린더체적 ΣV_h〔L〕	기동전동기출력 〔PS〕, 〚kW〛
0.5∼1	0.4, 0.29
1∼1.5	0.6, 0.44
1.6∼2	0.8, 0.59
<3	1.0, 0.74

(b) 디젤기관(감압장치부)

실린더체적 ΣV_h〔L〕	기동전동기출력 〔PS〕, 〚kW〛
0.5<	1.0, 0.74
1∼2.0	1.8, 1.32
2∼2.5	3.0, 2.21
4∼7	4.0, 2.94
7∼11	6.0, 4.42

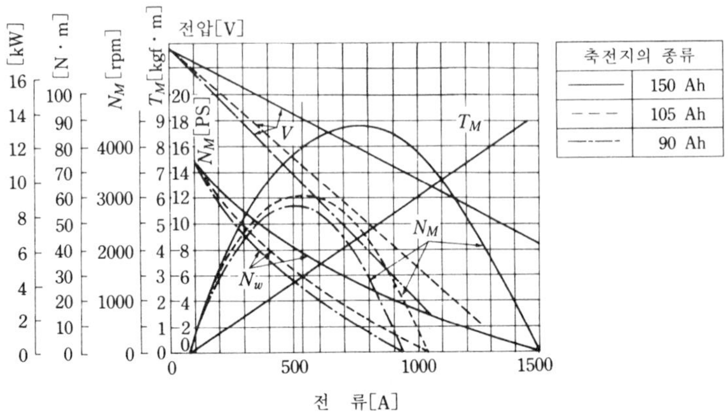

그림 12-12 8〔PS〕 기동전동기의 특성곡선

기관이 150〔A·h〕의 축전지를 사용한다고 하면, 그림에서 電流 〔A〕=530〔A〕, 回轉모멘트 T_M =3.0〔kgf·m〕, 29.4〚N·m〛, 회전속도 n_M=1800〔rpm〕이다. 따라서, 회전모멘트비 50/3.0=16.7 로부터 크랭크축에 대한 회전속도는 1800/16.7=107.8 (rpm) 이 얻어지고, 기관의 始動回轉速度로서 가능할 것으로 생각된다.

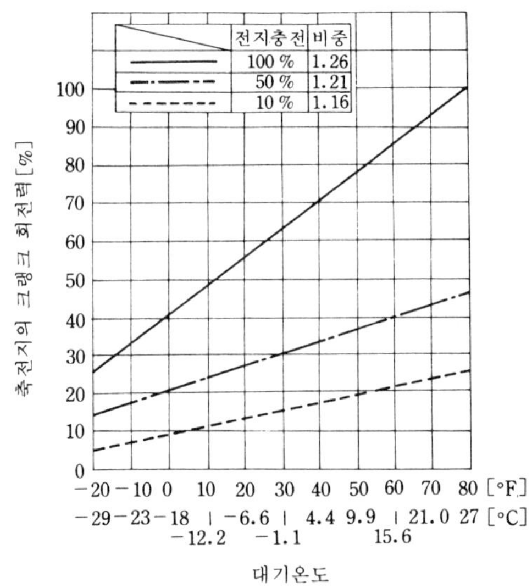

그림 12-13 축전지의 크랭크 회전력에 미치는 대기온도의 영향

기동전동기의 電源인 축전지는 化學反應速度가 온도에 따라서 영향을 받게 되고, 저온에서는 성능이 현저하게 저하된다. 그림 12-13은 大機溫度와 蓄電池의 크랭크 回轉力과의 관계를 나타낸 것이다. 예를 들어, 100〔%〕 충전된 축전지는 27〔℃〕에서 100〔%〕의 회전력이, −18〔℃〕에서는 40〔%〕로 떨어지는 데 대하여, 50〔%〕 충전된 축전지는 27〔℃〕에서 46〔%〕의 회전력이 20〔%〕로 저하됨을 알 수 있다. 따라서, 寒冷地에서는 축전지를 보온하는 외에 加溫하여야 할 필요도 있게 된다. 가온은 豫熱裝置 등을 사용하여 축전지를 상자 속에 넣고 온풍을 공급하는 蓄電池 加溫〔battery box heating〕方式이 채용된다.

(3) 壓縮空氣에 의한 始動

이 시동법은 30～50〔kgf/cm^2〕, 2.9～4.9〚MPa〛 정도의 압축공기를 시동시키고자 하는 기관의 폭발행정 직전의 상태에서 실린더 헤드에 부착된 시동용 첵밸브(그림 12-14)를 통하여 연소실 내에 도입시키고, 이로써 피스턴을 내리밀어서 크랭크축을 돌려서 시동시킨다. 압축공기를 팽창행정이 시작되는 실린더의 첵밸브로 도입하는 방식에는 각 실린더마다 마련되어 있는 캠축에 의하여 작동되는 시동밸브(그림 12-15)를 이용하거나, 또는 각 실린더용의 시동밸브를 일체로 집약한 空氣分配밸브(air distributing valve)(그림 12-16)를 통하게 된다. 어느 경우나 압축공기는 봄베(bomb)로부터 유출된다.

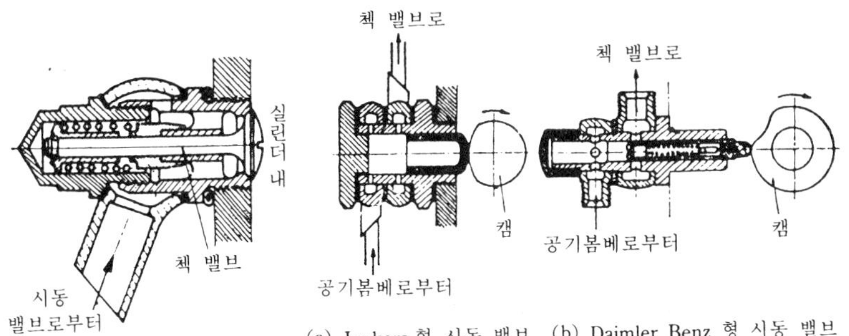

(a) Junkers형 시동 밸브 (b) Daimler Benz 형 시동 밸브

그림 12-14 첵밸브

그림 12-15 시동밸브

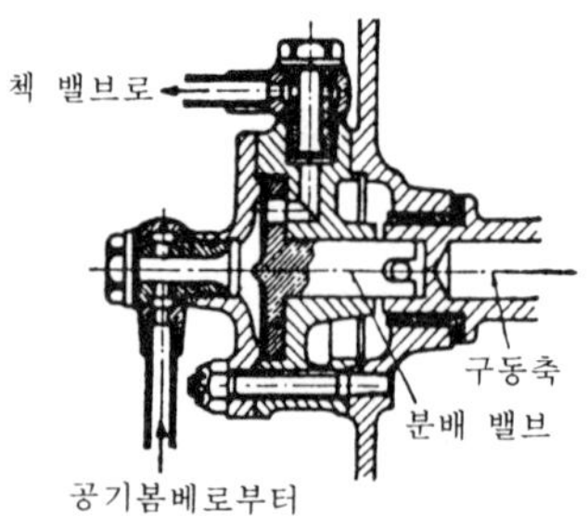

그림 12-16 공기분배밸브

이 시동 방식은 압축기와 봄베를 필요로 하는 결점이 있으나, 대형차량용 기관이나 선박용 기관에도 일반적으로 널리 채용되고 있다. 이 시동법에서 주의할 것은 壓縮空氣가 실린더 내에 유입되면 공기의 팽창으로 실린더 내의 온도가 떨어지게 되고, 실린더벽이 냉각되어서 최초의 시동에 실패하면 계속적으로 하는 시동은 어렵게 된다.

(4) 始動機關에 의한 始動

이 시동법은 독립된 單실린더 또는 2실린더의 가솔린기관을 主機關의 옆에 설치하여 시동기관을 手動 또는 기동전동기로 시동시킨 다음, 그 동력을 앞에서의 起動電動機의 경우와 같은 요령으로 이용하여 시동시킨다.

(5) 그 밖의 始動法

이상 설명한 시동법 외에 시동시킬 때는 가솔린기관으로써 시동시키고, 시동 후 디젤기관으로 변환하는 방법, 화약의 폭발에 의한 가스壓力을 特別裝置의 피스턴에 받고 그 軸方向의 운동을 이용하여 驅動軸을 회전시켜 그 축단을 크랭크축에 물리게 하여 시동시키는 카트리지始動機(cartridge starter)에 의한 방법, 유압펌프로 봄베에 축적된 油壓을 써서 간단한 작동 레버로 기동전동기와 같이 油壓모터를 회전시켜서 시동하는 油壓始動機(hydrostarter)에 의한 방법 등이 있다.

12-3 始動을 용이하게 하는 補助手段

기관을 시동시킬 때, 특히 寒冷地 또는 極寒地에서는 1종류의 시동방법에 기대하는 것만으로는 시동이 매우 곤란하게 되는 경우가 많다. 그러므로 시동을 용이하게 하는 보조수단이 필요하며, 현재 쓰여지고 있는 보조수단으로는 다음과 같은 것들이 있다.

① 실린더 내의 減壓
② 흡입공기의 豫熱
③ 연소의 촉진
④ 冷却水와 潤滑油의 예열
⑤ 기관전체의 예열

(1) 실린더 내의 減壓

壓縮壓力을 감압하여 回轉抵抗을 경감시켜서 크랭크축의 회전을 용이하게 하는 減壓裝置(decompression equipment)가 있다. 이 장치는 압축행정에서 흡·배기밸브의 어느 한쪽이 열리도록 하고, 크랭크축을 회전하여 충분히 가속된 다음 밸브를 원위치로 복귀시키고 回轉部의 慣性力에 의하여 크랭

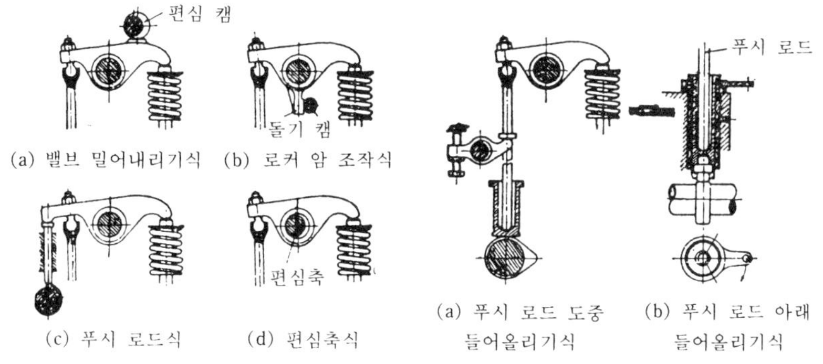

(a) 밸브 밀어내리기식 (b) 로커 암 조작식
(c) 푸시 로드식 (d) 편심축식

그림 12-17 감압장치 (A)－로커 암식

(a) 푸시 로드 도중 들어올리기식 (b) 푸시 로드 아래 들어올리기식

그림 12-18 감압장치 (B)－푸시 로드식

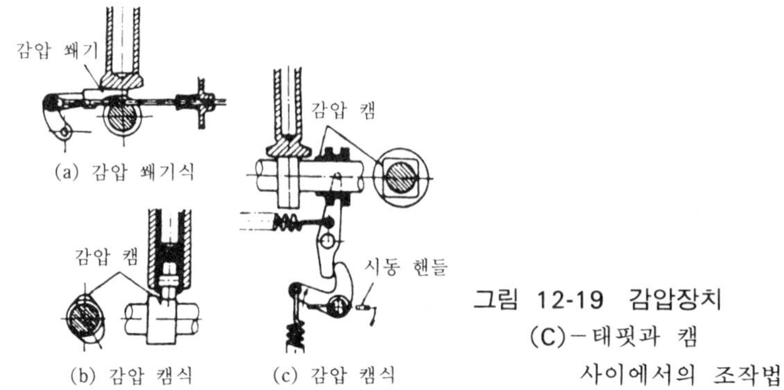

그림 12-19 감압장치
(C)-태핏과 캠
사이에서의 조작법

크축의 회전이 계속되도록 하여 着火에까지 이어지도록 한다. 밸브를 여는 방법으로서 그림 12-17, 12-18, 12-19와 같은 것이 있다.

(2) 吸氣의 豫熱

시동 때 연료의 着火條件을 유리하도록 하기 위하여 吸氣管 내의 공기 또는 연소실 내의 공기를 예열한다. 예열방법으로는 다음과 같은 것들이 있다.

① 空氣吸入時의 直接加熱

② 흡기관 내에서의 空氣加熱

③ 연소실 내에서의 직접가열

1) 흡입시의 직접가열

에어클리너를 떼어 낸 다음 흡기관의 端部를 토치 램프(torch lamp)로 공기를 직접 가열하거나, 또는 加熱空氣(火炎)를 흡입시키는 방법 등이다. 이 방법은 원시적인 방법이지만, 高溫壓縮空氣를 얻는 데 유효하고 편리한 수단이다.

2) 흡기관 내에서의 가열

그림 12-20 (a)는 흡기관의 도중에 電熱코일이 장착된 加熱플랜지를 부착하고 吸入空氣가 그곳을 통과할 때 가열된 코일에 접촉되어서 가열되는

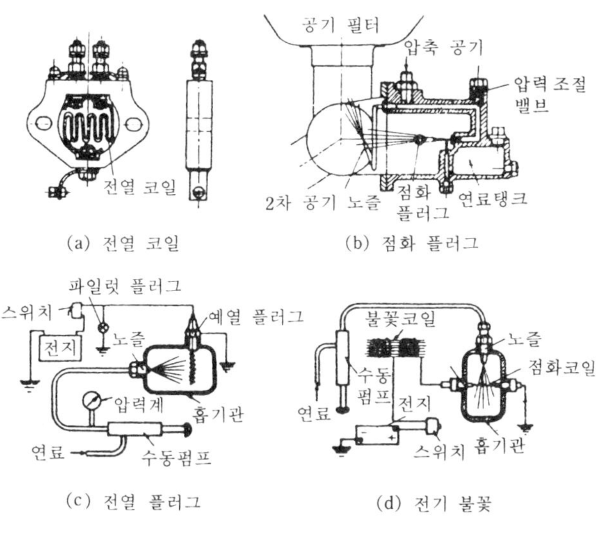

그림 12-20 흡기관 내에서의 가열수단

방식, (b)는 에어클리너의 바로 아래에 마련된 소형연료탱크로부터 압축공기에 의한 噴霧器의 원리를 써서 연료를 霧狀으로 분사하여 점화플러그로 착화, 연소시켜 공기와 함께 흡입시키는 방식, (c)는 흡기관 내에 설치된 노즐로부터 手動펌프를 써서 豫熱플러그를 향해서 연료를 무상으로 분사하여 연소시켜서 흡입하는 방식, (d)는 흡기관 내에 마련된 전극 사이에 點火코일로부터 스파크를 발생시키고, 그곳을 향하여 수동펌프로부터 노즐을 통하여 연료를 분사하여 연소시켜서 흡입하도록 하는 방식이다. 이들 방식은 간단하고 유효하므로 널리 이용되고 있다.

3) 연소실 내에서의 가열

주로 副燃燒室 내에 豫熱플러그(glow plug or heat plug)를 끼우고 기관을 시동하기 수분 전에 미리 코일에 전류를 통하여 赤熱狀態로 만들어서 실 내의 공기를 가열하는 방법이다. 그림 12-21 (a)는 코일식, (b), (c)는 실드(sealed)식이다. 코일식은 직접 연료가 코일에 닿아서 燒損切斷되는 예가 많아서, 현재는 실드식이 많이 쓰여지고 있다.

副室式 디젤기관에는 거의 豫熱플러그가 채용되고 있으며, 플러그에 통

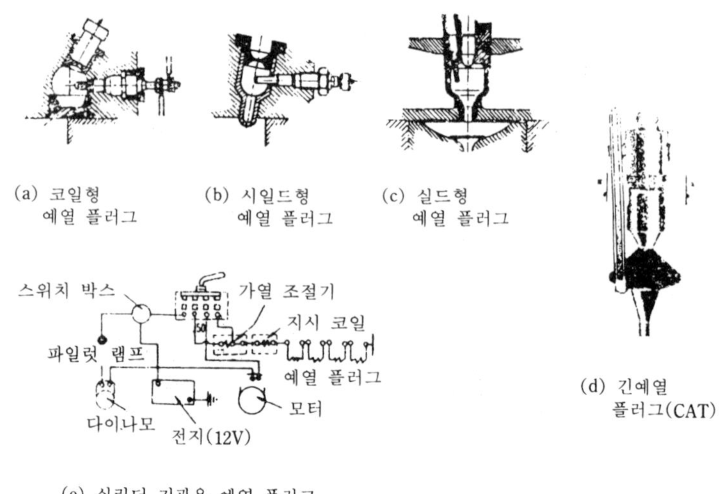

그림 12-21 연소실 내에서의 가열

전되는 시간은 보통 대기온도 0~15〔℃〕에서 약 1〔min〕, 0~−15〔℃〕에서는 약 2〔min〕, < −15〔℃〕일 경우는 약 3〔min〕 정도이다.

(3) 燃燒의 促進

기관의 시동 때 실린더 내에서 연료의 연소를 촉진시키기 위한 수단은 여러가지가 있으나, 오늘날 널리 채용되고 있는 촉진방법은 다음과 같다.

① 燃料의 加熱

② 噴射量 및 噴射壓力의 증가

③ 燃燒促進劑의 공급

1) 연료의 가열

기관을 시동할 때 燃料를 加熱하여 증발하도록 한 다음, 그 가스를 흡기관에 공급, 공기와 함께 실린더 내로 흡입시켜서 분사되는 연료의 着火를 촉진하는 것은 효과적이고 그림 12-22 (a)는 始動用 燃料蒸發裝置의 한

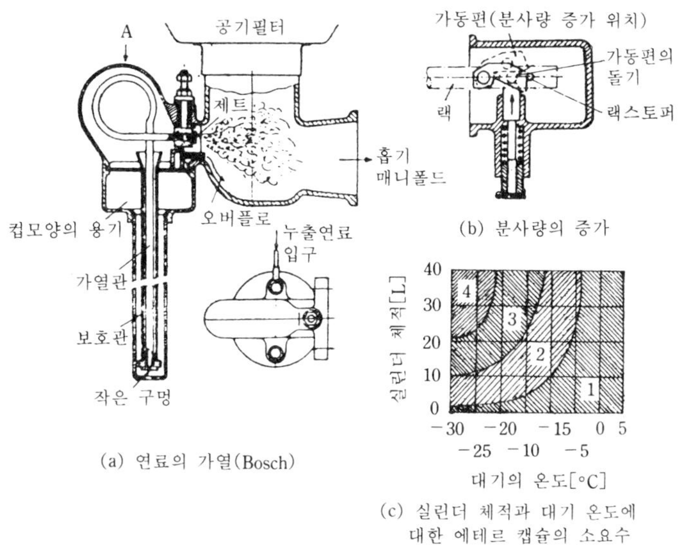

(a) 연료의 가열(Bosch)

(b) 분사량의 증가

(c) 실린더 체적과 대기 온도에 대한 에테르 캡슐의 소요수

그림 12-22 연소의 촉진

예이다. 이 장치는 흡기관에 부착되어 있고, 컵 모양의 용기와 그 아랫부분은 긴 管으로 되어 있다. 기관의 운전 중 噴射밸브로부터의 누출되는 연료를 이 컵 용기 내에 마련되어 있는 加熱管(전열선이 들어 있음) 아래의 작은 구멍으로부터 유입되는 연료를 가열한다. 시동 때 吸入負壓으로 제트를 통하여 가스狀의 연료가 흡입되어서 분사되는 연료의 着火燃燒를 쉽게 하는 장치이다.

일반적으로, 연료는 大氣溫度 −10∼−15〔℃〕 이하로 되면 함유되어 있는 파라핀이 析出되어서 유동성이 극히 나빠지므로 연료의 加溫을 필요로 하게 된다. 또한 極寒地에서는 특별한 규격으로 된 極地燃料(arctic fuel)가 사용된다.

2) 분사량 및 분사압력의 증가

기관의 시동 때 크랭크축의 회전속도는 80∼120〔rpm〕 정도로서 낮고, 따라서 연료의 噴射量이 적으며, 噴射壓力도 낮다. 그러므로 噴霧의 상태가 현저하게 나쁘며, 착화가 곤란하다. 그림 12-22 (b)는 분사량의 증대를 위한 예이다. 이것은 시동 때 분사펌프의 最大噴射量을 규제하는 燃料制御랙의 스토퍼로 되어 있는 可動片을 푸시 로드로 밀어올리는 데 따라서 분사량이 증대된다.

3) 연소촉진제의 공급

기관의 시동 때 흡기관 내에 에테르(ether), 石油 및 가스油를 혼합시킨 액을 手動펌프로 분사하면 混合液 중의 기름은 각각의 특성을 발휘하고 연소를 촉진시켜서 착화, 시동되도록 한다.

특히 에테르의 着火溫度는 燃料油보다도 낮아서 약 180〔℃〕인 것을 이용하여 에테르만을 유효하게 사용하는 기관도 있다. 이 기관에서는 에테르 증발용기를 흡기관에 부착시켜 놓고 시동 때 일정량의 에테르가 들어 있는 캡슐을 찢어서 容器에 봉입시킨 다음 20～30〔s〕 경과 후 시동시키는 예도 있다.

에테르와 공기와의 混合比率은 0.018～0.035의 범위에 있어서 그 이상의 과잉에테르는 연료의 연소에 도움을 주지 못한다. 그림 12-22 (c)는 Kilty 등의 연구 결과로, 실린더체적과 大氣溫度에 대한 사용 캡슐의 수를 나타내고 있다.

(4) 冷却水와 潤滑油의 豫熱

1) 냉각수의 예열

寒冷地에서 사용하는 수냉기관은 냉각수가 凍結되는 것을 방지하기 위하여 不凍液(anti-freezing solution)이 쓰여지고, 이 부동액으로서 가장 널리 사용되고 있는 것 중의 하나가 에틸렌글리콜(ethylene glycol)이다. 이 水溶液(aqueous solution)을 사용할 때에는 대기온도에 따라서 물과의 混合比率을 달리하고 있다. 그리고 이 混合液의 氷點(freezing point)은 체적비율로 25〔%〕액이면 －12〔℃〕, 50〔%〕액은 약 －35〔℃〕, 60〔%〕액일 경우는 약 －60〔℃〕 정도이다.

한냉지에서는 冷却媒質을 가열하며, 여기에 쓰이는 熱源으로서는 연료

(프로판, 가솔린, 경유 등) 및 전기 등이고, 전기 히터가 편리하여서 일반적으로 널리 사용되고 있다. 히터의 종류에는 沈設形(immersion type)과 탱크형(tank type)이 있다. 앞의 것은 실린더 블록 내 냉각매질의 통로 내에 부착되고, 뒤의 것은 기관과는 별개로 물탱크를 만들어서 그 속에 電氣抵抗器를 넣은 것이다. 물론 이들 히터의 용량은 기관의 크기에 따라서 정하여지나, 최초의 1〔h〕로 냉각매질의 온도를 약 40〔℃〕 정도 높일 수 있는 것이 바람직하다.

2) 윤활유의 예열

低溫에서는 사용 오일의 粘度가 증가되어서 기관 크랭크축의 회전토크가 크므로 반드시 오일을 가열하여 粘度抵抗을 저하시켜야 할 경우가 있다. 이를 위하여, 오일탱크 또는 오일팬 내에 전기식 오일 히터(lube-oil heater)를 넣어서 사용하는 예가 있고, 이 때에는 오일이 물에 비하여 熱傳導가 대단히 나빠서 對流를 이용하여 가열할 필요가 있다.

오일의 경우, 豫熱에 시간이 걸리나 최초의 1〔h〕로 오일의 온도가 약 15〔℃〕 정도 상승되도록 하는 電熱器의 용량이 바람직한 것으로 되어 있다. 표 12-3은 CAT社에서 장려하고 있는 대기온도의 넓은 변화범위에 적합한 오일의 粘度規格을 나타낸 것이다.

表 12-3 대기온도의 변화범위에 적합한 오일

대기온도〔℃〕	SAE 규격
30 ～ 5	SAE 30
20 ～ −20	SAE 10W
−5 ～ −40	SAE 5W/20
−5 ～ −55	SPC

CAT 추장

(5) 機關의 豫熱

寒冷地에서의 機關始動은 앞에서 설명한 것과 같이 여러가지의 보조수단이 쓰여지고 있으나, 이로써도 시동시키는 데 곤란할 때가 많다. 이와 같은 경우는 기관의 각 베어링 등 回轉部나, 그 밖의 摩擦部의 오일粘度가 높아서 금속면에 단단하게 달라붙게 되고, 또한 크랭크실이나 오일팬 내 오일의 流動性이 떨어진 상태이기 때문이다.

뿐만 아니라, 起動電動機를 사용할 때 그 전원인 축전지의 기능도 떨어지게 된다. 따라서 이와 같은 경우, 기관의 시동에 있어서 가장 바람직한 수단은 기관 전체를 덥게 하는 것이다. 始動機關이 달려 있는 경우는 시동기관의 냉각수를 주기관에 유입시켜서 주기관을 덥게 할 수 있고, 또 空冷機關의 경우는 空氣加熱器를 이용하여 더운공기를 기관 전체에 보내어 加溫시킬 수도 있다.

바이엘社(W. Baier Co.)는 이에 관한 여러가지의 豫熱裝置를 제작하고 있으며, 그림 12-23 (a)는 그 한 예인 Webasto Air Conditioner라고 하는

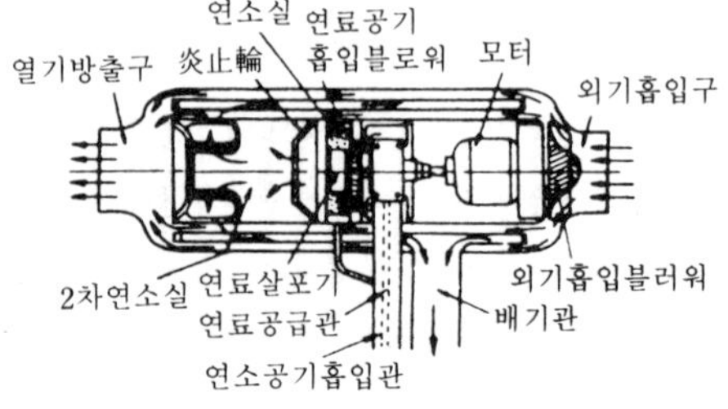

(a) Baier 예연장치 "Webasto"

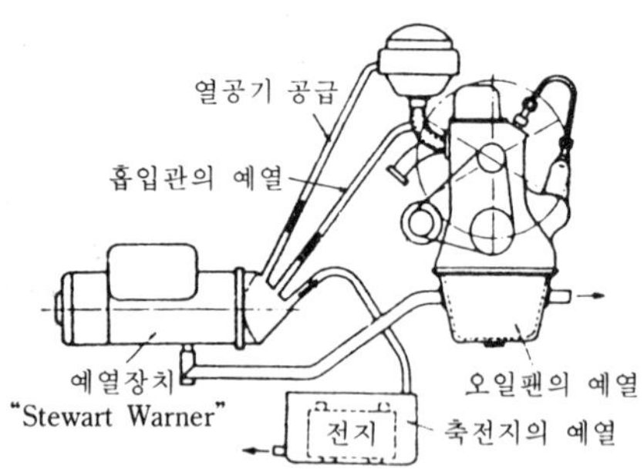

(b) 기관 및 축전지의 예열의 예
Stewart Warner or "South Wind"

그림 12-23 기관의 예열

表 12-4 한냉지에서의 기관시동요령

<table>
<tr><th rowspan="2">대기온도 〔°C〕</th><th rowspan="2">대상기관</th><th rowspan="2">시 동 요 령</th><th colspan="5">시동을 용이하게 하는 보조수단</th></tr>
<tr><th>흡기의 예열</th><th colspan="2">연소의 촉진</th><th>냉각수와 오일의 가열</th><th>기관전체의 가열</th></tr>
<tr><td>0~ −10</td><td>起動電動機附機關</td><td>標準電池(100% 충전)를 써서 기동전동기로 시동시킨다.</td><td>토치 램프로 흡기를 가열한다.</td><td colspan="2">시동곤란시는 에테르 캡슐 1개를 사용한다.</td><td>不必要</td><td>不必要</td></tr>
<tr><td rowspan="2">−10~ −25</td><td>기동전동기부기관</td><td>耐寒축전지(100% 충전)를 써서 기동전동기로 시동시킨다.</td><td>同上</td><td rowspan="2">연료를 가열한다</td><td>상황에 따라 에테르 캡슐을 1~3 사용한다.</td><td>필요에 따라 냉각수, 오일을 공히 가열한다.</td><td>바람직하다.</td></tr>
<tr><td>시동기관부기관</td><td>수동 또는 표준전지(100% 충전)를 써서 시동기관을 기동전동기로 시동시키고서 주기관를 시동시킨다.</td><td>시동기관의 배기를 이용하여 흡기를 가열한다.</td><td>시동기관과 주기관 공히 에테르 캡슐을 사용한다.</td><td>시동기관의 냉각수를 주기관에 순환시켜 오일을 가열한다.</td><td>바람직하다. 시동기관을 덥게 한다.</td></tr>
<tr><td rowspan="2">−25~ −40</td><td>기동전동기부기관</td><td>내한전지(100% 충전)를 써서 기동전동기로 시동시킨다.</td><td rowspan="2">豫熱裝置를 써서 흡기를 가열한다.</td><td rowspan="2">연료를 가열한다</td><td rowspan="2">에테르 캡슐을 사용함과 동시에 연료분사량을 증가한다.</td><td rowspan="2">강력한 전열기를 사용하여 냉각수와 오일을 가열한다.</td><td rowspan="2">예열장치를 써서 기관전체와 전지를 덥게 한다.</td></tr>
<tr><td>始動機關附機關</td><td>내한전지(100% 충전)를 써서 시동기관을 기동전동기로 시동시키고서 주기관을 시동시킨다.</td></tr>
<tr><td>−40~ −50</td><td>시동기관부기관</td><td>시동기관에 극지용가솔린을 사용하고 내한전지(100% 충전)를 써서 기동전동기로 시동시키고 주기관을 시동시킨다.</td><td>동상</td><td colspan="2">동상</td><td>동상</td><td>동상</td></tr>
</table>

1. 副燃燒室機關은 예열플러그부로 한다.
2. 주기관은 모두 실린더 내 감압장치부로 한다.
3. 연료와 오일은 각각의 대기온도에 적합한 것을 사용하는 것으로 한다.

예열장치의 구조도이다. 이것은 연료가 燃料供給管으로부터 燃料散布器를 통하여 연소실에 보내져서 연소되고, 電氣모터로 구동되는 송풍기에 의하여 그림의 우측으로부터 들어오는 외기를 연소실의 內外部에서 가열하여 溫風으로 만든 다음 좌측으로 送出한다. 그림 (b)는 豫熱裝置의 온풍을 써서 기관 본체 및 축전지를 가열하는 요령도이다. Stewart Warner 社가 南風(south wind)이란 명칭으로 개발한 것으로, 더운공기를 흡기관의 내외와 축전지에 보내고, 다른 한편으로는 연소기로부터의 배출가스를 하부 크랭크실(오일 팬)의 외부에 보내서 윤활유를 덥게 한다.

(6) 寒冷地에서의 始動要領

기관을 한냉지에서 시동시킬 때 이상 설명한 여러가지의 시동을 위한 補助手段을 어떻게 적절하게 선택하는가에 대하여는 각각의 당사자가 지금까지의 경험으로 판단할 것이다. 표 12-4는 한냉지에서의 機關始動要領을 정리한 것이며, 참고가 될 것으로 생각한다. 최후로 가장 중요한 것은 한냉지에서는 기관을 대기중에 방치하지 않아야 하며, 반드시 충분히 씌워서 保溫하는 것을 잊어서는 안 된다.

12-4 運轉試驗과 騷音問題

앞의 장에서 설명한 기관성능의 良否를 판정하는 것은 기관의 종류에 따라서 각 나라마다 정해진 內燃機關 性能試驗方法(표 12-5)에 따라서 운전한 결과로부터 구한다. 예를 들어서 우리나라는 KS, 미국은 SAE, 일본은 JIS, 독일은 DIN, 영국은 BS 등에 따라서 운전시험을 하여, 기관의 성능을 구하고, 또한 규격이 없는 나라에서는 國際燃燒機關會議 CIMAC(Congrès International des Machines à Combustion) 또는 ISO 에서 정한 규격이 쓰여진다.

기관이 정해진 방법에 따라서 시험하여 구해진 성능이 실제 사용에서 여러가지의 大氣環境條件이나 負荷條件下에서 동일한 성능으로 지장없이 장기간 견딜 수 있는가의 여부는 기관을 구성하고 있는 각부의 耐久性의

表 12-5 각종 기관의 성능시험규격 예

번호	성 능 시 험 명 칭
1	소형육용 내연기관 시험방법
2	정속회전 디젤기관 성능시험방법
3	자동차용 공랭가솔린기관 성능시험방법
4	자동차용 가솔린기관 성능시험방법
5	자동차용 디젤기관 성능시험방법
6	건설기계용 디젤기관 성능시험방법
7	철도차량용 디젤기관 시험방법
8	선용내연주기관 육상시험방법

優劣에 따르는 것이 된다. 그리고 사용 중의 고장발생의 원인이 규정된 운전조건 내에 있는 것이면, 그 기관의 信頼性은 바람직하지 못한 것이 된다.

기관을 운전하면 각 구성부의 운동으로 여러가지 騷音(noise)을 발생하게 되며, 이것들은 모두 환경파괴의 원인으로 된다. 최근에는 이 소음문제도 배출가스에 의한 공해문제와 더불어 크게 취급되고 있으며, 그에 대한 대책 또한 취급되고 있다.

12-5 運轉試驗과 出力

기관의 성능을 구할 때에는 기관을 運轉臺에 설치하고 규정된 試驗規格에 따라 운전하게 된다. 그러나 기관의 성능은 시험할 때의 大氣狀態의 영향에 따라서 달라져서, 기대하는 만큼의 標準出力이 얻어지는가에 대한 여부를 알 수 없으며, 또한 다른 기관과의 비교도 불가능하여서 形式認定 등이 어렵게 된다. 그리고 현실문제로서 標準大氣狀態(standard ambient condition)下의 시험은 더욱 불가능하여, 이를 위하여 따로 규정된 出力 修正式을 써서 출력의 수정을 하고 있다.

(1) 運轉試驗

기관을 臺上에서 운전하여 성능을 측정할 때 구해지는 것은 出力性能 외에 기계효율, 열효율, 연료와 윤활유의 消費量 및 始動性(startability) 등이며, 기관의 軸出力測定에는 動力計(dynamometer)가 사용된다. 기계효율은 指壓器를 써서 얻어진 지압선도로부터 도시일을 구하고, 이를 실제일과 비교계산하여 구한다. 또, 연료의 消費率(be)과 사용 연료의 發熱量(H_l)을 측정함으로써 열효율이, 윤활유의 보급량으로부터는 이의 소비율이 구하여진다. 시동성에 대하여는 저온실험실 내에서의 室溫, 水溫, 油溫 및 축전지 용량 등의 조건들을 바꾸어서 시동시험을 하여서 구한다.

1) 동력계

기관을 臺上에서 시험할 때 사용되는 동력계에는 가장 간단한 기계식 동력계로부터 水動力計, 電氣動力計 등이 있다.

a) 기계식 동력계

이 동력계는 마찰을 이용한 것으로서, 로프 브레이크(rope brake)와 프로니 브레이크(prony brake)가 있다. 앞의 것은 크랭크축 끝에 연결된 드럼에 슈(shoe)로 안내된 2개의 로프를 그림 12-24와 같이 감은 것이다. 이 로프의 하단에는 分銅을, 상단에는 스프링 저울을 부착하고, 회전방향은 분동을 들어올리는 방향으로 한다. 드럼의 회전속도를 n〔rpm〕이라고 하면 機關出力 N_e은 다음 식으로 구해진다.

$$\left.\begin{aligned} N_e &= 1.396\times10^{-3}R(P_1-P_2)\ n\ \text{〔PS〕} \\ &= 1.027\times10^{-3}R(P_1-P_2)\ n\ [\![\text{kW}]\!] \end{aligned}\right\} \cdots\cdots (12\text{-}6)$$

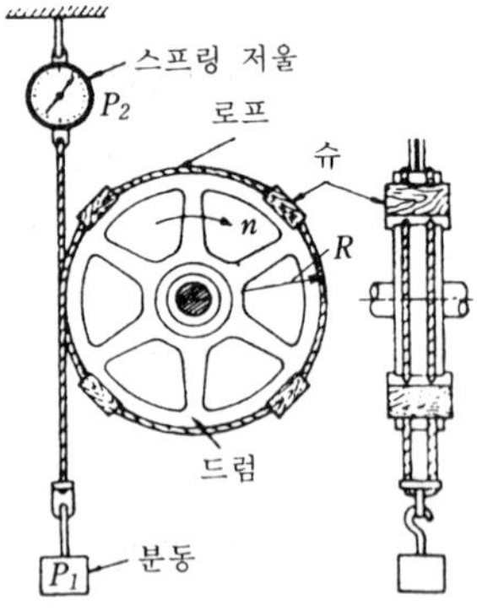

그림 12-24 로프 동력계

여기서 R=(드럼의 반경)+(로프의 반경) 〔m〕

P_1 =분동의 무게〔kgf〕

P_2 =스프링 저울의 지침〔kgf〕

SI로는 P_1', P_2' ⟦N⟧, n' ⟦s^{-1}⟧를 쓰면 출력 N_e' ⟦kW⟧는 다음 식으로 구하여진다.

이하 식 (12-7), (12-10), (12-11)도 같다.

$$N_e' = 2\pi R(P_1' - P_2')\, n' \ [\![\mathrm{kW}]\!] \quad \cdots\cdots (12\text{-}6')$$

이 동력계는 주로 20~30〔PS〕, 15~22⟦kW⟧급 이하인 小形機關의 동력을 측정하는 데 쓰여진다.

뒤의 것은 로프 대신 2개의 단단한 나무조각으로 된 블록 슈(block shoe)를 써서 그림 12-25에서와 같이 위아래로 죄고, 上方슈에 부착된 암의 끝에서 발생되는 힘을 스프링 저울로 측정한다.

회전방향은 스프링 저울을 내리미는 쪽으로 하게 되며, 암의 길이를 l〔m〕라고 할 때 N_e는 다음 식으로 구하여진다.

$$\left.\begin{aligned} N_e &= 1.396 \times 10^{-3}\, l\,(P - P_0)n \ 〔\mathrm{PS}〕 \\ &= 1.207 \times 10^{-3}\, l\,(P - P_0)n \ [\![\mathrm{kW}]\!] \end{aligned}\right\} \quad \cdots\cdots (12\text{-}7)$$

여기서 P_0 =정지하였을 때의 平衡力〔kgf〕

P=측정 때 스프링 저울의 指針〔kgf〕

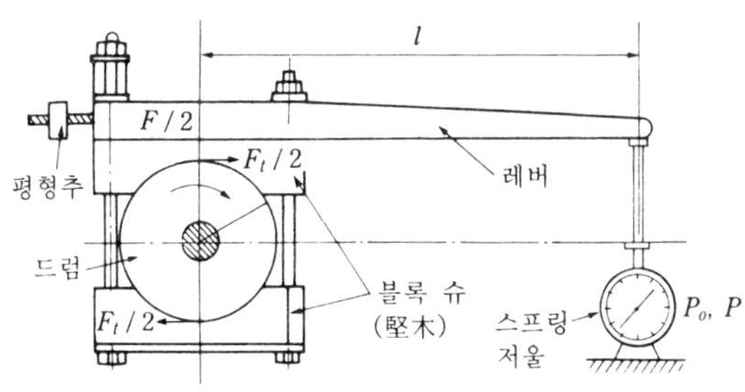

그림 12-25 프로니 동력계

그리고 드럼과 슈 사이의 摩擦係數를 f 라고 하면, 마찰력 F_t 는 다음 식으로 표시된다.

$$F_t = f F \text{〔kgf〕} \quad \cdots\cdots (12\text{-}8)$$

여기서, F=드럼을 죄는 힘〔kgf〕

따라서, 드럼의 半徑을 R 이라고 하면, 그 때의 일 W 는 다음 식으로 된다.

$$W = 2\pi R F_t n \frac{1}{60} \text{〔kgf·m/s〕} \quad \cdots\cdots (12\text{-}9)$$

SI 로는 F_t' 〚N〛, n' 〚s^{-1}〛로 할 때, 매초마다의 일 〚N·m〛은 다음 식으로 구하여진다.

$$W' = 2\pi R F_t' n' \text{〔N·m/s〕} \quad \cdots\cdots (12\text{-}9')$$

이 動力計는 50～60〔PS〕, 37～44〚kW〛 정도까지의 저속인 소형기관의 動力測定에 사용되나, 이는 前近代的인 방법이고, 현재는 사용되지 않고 있다.

b) 수동력계

이 동력계는 케이싱 내에 충만된 물 속에서 로터를 회전시켜 그 때 발생되는 유체의 摩擦抵抗을 이용하는 동력계로, 융커스(Junkers)式, 푸르드(Heenan & Froude)式 등이 있으며, 출력은 앞에서의 식 (12-6)과 같은 요령에 의하여 구한다.

c) 전기동력계

이 동력계에는 發電機式 電氣動力計와 渦電流式 電氣動力計가 있으며, 어느 것이나 기관의 동력을 에너지로 변환시켜서 흡수하는 동력계이다. 앞의 것은 발전된 전력을 달리 유효하게 이용하는 방식이고, 뒤의 것은 직접 로터 또는 케이싱 내의 渦電流(eddy current)를 거쳐서 열로 전환하는 방식이다.

발전기식 동력계의 특징은 電力을 가하여 전동기로서의 사용이 가능하여 吸收動力計인 동시에 發生動力計로서도 유용하다는 것이다. 따라서, 기관을 시동할 때에는 시동기로 되고, 기관의 길들이기 운전이나 摩擦馬力의 측정 때에는 동력원으로서도 사용될 수 있다. 다만, 이 동력계는 高價이고 회전질량이 커서, 대마력, 고속회전의 기관에 사용하기 어려운 등의 결점이 있다.

渦電流式 動力計는 閉回路磁束의 속에서 齒形의 노치를 가진 誘導子를 회전시켜서 와전류를 발생시키고, 그 저항에 의하여 동력을 측정하는 것이다. 이 형식의 동력계에서는 발생하는 열을 처리하는 데 어려운 점이 있으나, 냉각방식의 개선으로 大馬力의 흡수, 高速回轉 및 遠隔制御가 가능하게 되어서, 이용범위가 넓다. 발전기식 동력계에 비하여 가격이 저렴하나, 동력원으로서 사용하지 못하는 것이 결점이다.

지금 정지상태에서의 스프링 저울 指針을 0이 되도록 평형시켜 놓고, 시험측정 때의 저울 지침을 P, 동력계 중심으로부터 저울의 중심까지의 거리를 l〔m〕라고 하면, 기관의 출력 N_e는 다음 식으로 구하여진다.

$$\left.\begin{aligned} N_e &= 1.396\times 10^{-3}\, l\, P\, n \text{〔PS〕} \\ N_e &= 1.027\times 10^{-3}\, l\, P\, n \text{〚kW〛} \end{aligned}\right\} \cdots\cdots (12\text{-}10)$$

2) 지압기 (燃燒解析裝置)

기관을 운전하여 설계대로 출력이 얻어지는가의 여부와 기관에 이상이 생겼을 경우의 원인 등을 알기 위하여서는 먼저 主燃燒室 또는 副燃燒室 내의 壓力變化를 조사하여 그 원인에 대처할 필요가 있다. 이와 같은 목적으로 指壓器 또는 연소해석장치를 사용해서 얻어진 지압선도를 해석하여 다음과 같은 사항들을 검토한다.

① 기관손실마력과 기계효율

② 연소압력의 상승률

③ 연소가스 온도와 열발생률

④ 연소의 안정성과 異常의 정도

지압기에는 여러가지 종류의 것들이 있으며, 오늘날 일반적으로 쓰여지고 있는 것은 스트레인 게이지(strain gauge)式 인디케이터와 水晶의 피에조효과(piezo effect)를 이용한 피에조壓電式 인디케이터 및 이미 알고 있는 압력과 실린더 내의 압력을 평형시켜 가면서 점의 집합으로 線圖를 구성시키는 壓力平衡式 환보로(Fanborough) 인디케이터가 있다.

a) 抵抗線 스트레인 게이지식 인디케이터

이 인디케이터는 가스압력을 받는 受壓膜의 변형을 스트레인 게이지가 부착되어 있는 스트레인 실린더에서 받고(그림 12-26), 그로부터 얻어지는 출력의 변화를 기록시키는 것으로서, 압력의 변동이 빠른 현상을 알아내는 데·적합하게 되어 있다. 指壓器의 스트레인 실린더 주위는 충분히 냉각되어 있으나, 게이지를 구성하는 抵抗線이 온도의 영향으로 電氣抵抗의 변화가 일어나서 0점의 변화, 즉 드리프트(drift) 현상이 있으나, 溫度補償回路가 마련되는 등의 대책이 강구되어 있다.

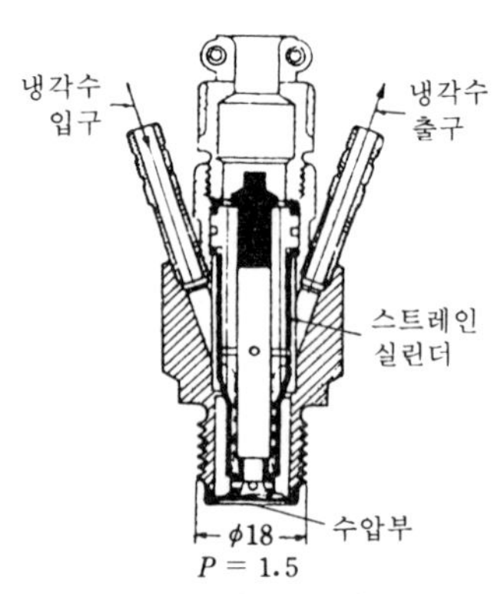

그림 12-26 저항선 스트레인 게이지식 인디케이터

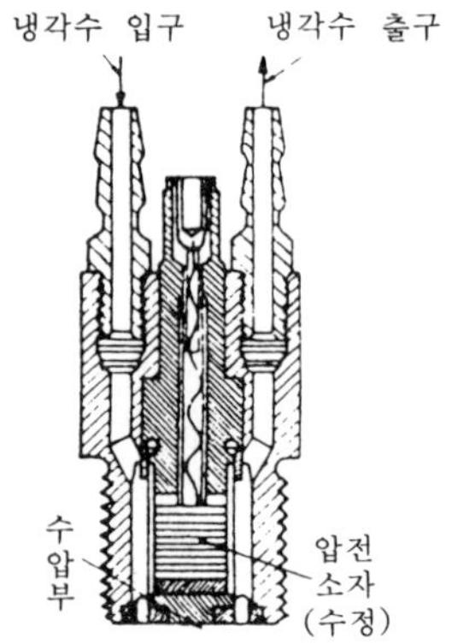

그림 12-27 피에조압전식 인디케이터(AVL)

b) 피에조壓電式 인디케이터

이 인디케이터는 强誘電體의 壓電效果(피에조효과)를 응용한 것으로 일반적으로 수정이 쓰여진다. 水晶의 결정체로부터 壓電素子를 끊어 낼 때 x축에 수직으로 끊은 x커트 素子가 쓰여지고, 이것을 겹친 直列組合方式이 채용되고 있으며, 그림 12-27은 AVL 인디케이터의 한 예이다.

c) 壓力平衡式 환보로 인디케이터

이 인디케이터는 오래 전에 개발되었으며, 오늘날에도 유효하게 쓰여지고 있다. 그림 12-28에서 가스압력을 받는 受壓板에서 그 한 면은 실린더 내의 가스압력을, 다른 한 면(背面)은 구하고자 하는 압력과 같은 平衡空氣壓力을 받는다. 이들 압력의 평형이 깨지면 2개의 厚板格子에 끼워진 受壓板(박판

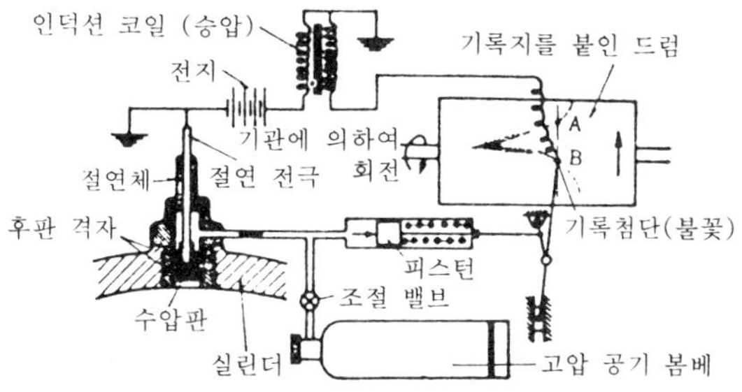

그림 12-28 압력평형 환보로 인디케이터

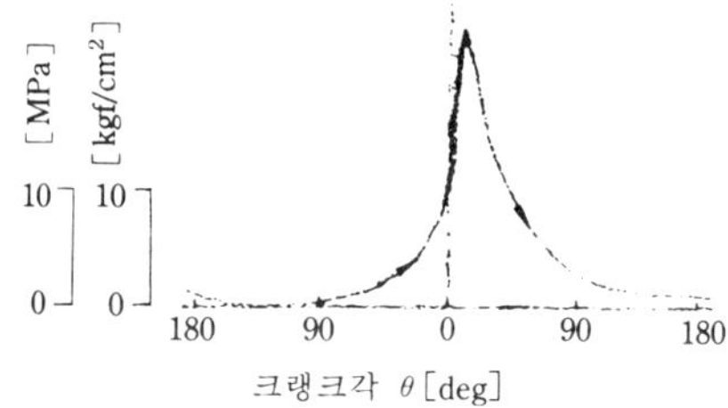

그림 12-29 환보로 인디케이터 선도

평형밸브)은 위 또는 아래로 움직여서 전기회로가 개폐하게 된다. 그 때, 회로 중의 인덕션 코일(induction coil)의 작용으로 고압이 발생하고, 압력 지시침과 기록지(카본지)를 감은 드럼과의 사이에 불꽃이 튀므로 평형공기 압력을 조금씩 변화시켜서 연속적으로 기관의 爆發壓力變化의 기록이 그려진다.

이 인디케이터의 특징은 기관이 고속일 때의 압력변화를 측정할 수 있고, 또 약한 평형스프링을 써서 라이트 스프링 인디케이터 線圖의 작성이 가능하여서 低壓部의 壓力解析에 유용하게 이용되는 指壓器이다. 이 지압기로 얻어지는 선도는 그림 12-29에서와 같이, 점의 집합으로서 많은 사이클의 평균적인 선도로 되므로, 각 사이클이 불안정하면 폭이 넓은 선도로 되기 때문에 기관의 安定性을 판단할 때 매우 편리하다.

(2) 出力修正

기관을 운전시험할 때 대기의 상태, 기압, 온도, 습도 등이 달라짐에 따라 출력은 크게 영향을 받게 되므로, 각 나라마다 자기 나라에 맞는 標準大

氣狀態를 정하여 出力修正式을 제정하고 있다. 그러나 수정식을 써서 구한 修正出力(corrected power)이 반드시 정확한 것은 아니다.

1) 기관출력에 미치는 대기상태의 영향

a) 가솔린기관의 경우

가솔린기관에서는 기화기식인 경우 흡기관을 통하여 흡입되는 混合氣의 空燃比는 그때의 운전상태에 따라 거의 일정하게 유지되는 것으로 생각된다. 따라서, 대기의 상태가 달라져도 그 상태에 따른 吸入空氣의 질량에 상응하여 燃料流量도 변화되어지므로, 대기의 상태가 변화되는 대로 기관의 출력도 따라서 달라지게 표출되어 출력의 수정은 쉽게 될 수 있다.

b) 디젤기관의 경우

디젤기관의 경우에는 燃料流量이 흡입공기량과는 무관하게 자유로이 바뀔 수 있어서, 空燃比는 대단히 넓은 범위에 걸쳐서 변화되면서 운전하는 것이 된다. 일반적으로, 디젤기관의 部分負荷運轉에서는 항상 공기과잉의 상태에서 운전되므로 대기상태의 변화에 따라 공기의 밀도가 달라져도 분사되는 연료유량이 달라지지 않는다면 출력은 거의 변화하지 않는다. 그러나 최대 또는 過負荷運轉으로 空氣過剩率이 1 부근까지 가까워질 경우는 공기밀도의 감소에 따라서 공연비는 작아지게 되고 연료의 과잉상태로 되어서 排氣色이 나빠지는 결과로 된다. 그러므로 스모크의 농도를 규정한계 이내로 할 경우에는 출력이 저하되므로, 出力의 修正은 복잡하게 된다.

2) 표준대기상태

세계 각국에서 出力修正을 위한 標準大氣狀態의 규격은 통일된 것이 없으며, 대표적인 대기의 표준상태의 규격은 표 12-6과 같다. 氣壓에 대하여 KS는 高度 0〔m〕에 있어서의 기압만으로 되어 있으나, DIN과 CIMAC는 0〔m〕와 305〔m〕, 1000〔ft〕에 있어서의 기압의 2종류를, SAE와 BS는 152〔m〕, 500〔ft〕에서의 기압만을 규정하고 있다. 또, 온도에 대하여는 거의 20～30〔℃〕가 선택되고, 습도는 SAE의 31〔%〕이외에 50～65%로 되어 있다.

表 12-6 표준대기상태

항목 / 규격명		기 압 〔mmHg〕 ⟦kPa⟧	고 도 〔m〕 〔ft〕	기온 〔℃〕 (℉)	습도 〔%〕	수증기분압 〔mmHg〕 ⟦kP⟧	건 공 기 밀 도 〔kgf/m³〕 ⟦kg/m³⟧	적 요 (제정 또는 개정)
KS		760 / 101.3	0	20	65		0.874	KS R1001. 1967 (制) R1002.
DIN	A	736 / 98.1	305 / 1000	20	60		0.845	1953 (制)
	B	760 / 101.3	0					
SAE		747 / 99.6	152 / 500	29.4 (85)		9.65 / 1.29	0.832	SAE J245,270 1962 (改)
BS		749 / 99.9	152 / 500	29.4 (85)		15 / 2.0	0.829	1959 (改)
CIMAC	A	736 / 98.1	305	20	60		0.845	1961(制)
	B	760 / 101.3	0	30			0.835	
ISO		750 / 100	−	27	60		−	TC/70 提案

3) 출력의 수정식

기관 출력의 修正方法으로서 KS, JIS, SAE, DIN, BS 등 각국의 규격 이외에 CIMAC, ISO 등의 규격이 제안되어 있으나, 여기서는 KS와 SAE의 수정방법에 대해서만 설명한다.

a) KS의 수정방법

KS에서는 機關全體機種에 통일된 수정법은 아직 결정되어 있지 않다. 그러나 앞으로는 표준대기조건 및 출력수정법이 통일되어야 할 것이다.

(i) 자동차용 空冷 및 水冷 가솔린기관의 出力修正

이들 기관의 수정에 대하여는 각각 KS R 1001, R 1002의 규격이 적용된다. 지금 圖示出力을 N_i, 摩擦出力을 N_f라고 하면, 修正出力 N_{e0}는 다음 식으로 구하여진다.

$$N_{e0} = \frac{p_0 - p_{w0}}{p - p_w}\left(\frac{273+t}{273+t_0}\right)^{0.5} N_i - N_f \quad \cdots\cdots (12\text{-}11)$$

여기서, p_0 =표준대기압=1〔atm〕=760〔mmHg〕=101.3⟦kPa⟧

p_{w0} =표준대기 중의 수증기분압(φ_0 =표준상대습도=65〔%〕)

p, p_w =측정시의 대기압과 수증기분압

t_0 =표준대기온도=20〔℃〕

t=측정시의 대기온도〔℃〕

그리고 N_f의 측정에는 모터링법이 쓰여진다.

(ii) 小形陸上用 기관, 自動車用 디젤기관 및 建設機械용 디젤기관의 出力修正

이들 기관에 대하여는 KS R 1003 등의 규격이 적용된다. 지금 측정시의 출력을 N_e 라고 하면 수정출력 N_{e0} 는 다음 식으로 구해진다.

$$N_{e0} = \frac{p_0 - p_{w0}}{p - p_w} \left(\frac{273+t}{273+t_0}\right)^{0.5} N_e \quad \cdots\cdots (12\text{-}12)$$

標準大氣條件은 KS R 1003 의 경우 t_0 =15〔℃〕, 상대습도 φ_0 =0 을 쓰고, 그 밖의 것은 KS R 1002 의 경우와 같다.

그리고 건설기계용 디젤기관에는 過給機關이 많고, 또한 그 사용조건도 無過給機關과는 다르므로, 각 기관제작회사는 식 (12-12) 외에 독자적인 修正式을 정하여 사용하고 있으며, 다음 식은 그 한 예이다.

$$\left.\begin{aligned} &\text{無過給機關} \quad N_{e0} = \frac{p_0 - 0.378\,p_{w0}}{p - 0.378\,p_w} \left(\frac{273+t}{273+20}\right)^{0.5} N_e \\ &\text{터보過給機關} \quad N_{e0} = \left(\frac{p - 0.378\,p_{w0}}{p - 0.378\,p_w}\right)^{0.74} \left(\frac{273+t}{273+20}\right)^{0.74} N_e \end{aligned}\right\} \cdots (12\text{-}13)$$

애프터 쿨러 붙임 터보과급기관 $N_{e0} = N_e$ (無修正)

b) SAE 의 출력수정방법

(i) 가솔린기관의 出力修正

이 기관에 대하여는 SAE J 245 규격이 적용된다. 大氣條件의 변화가 적으면서, 회전속도 n 과 공기과잉률 λ 가 일정할 때 N_i 는 供給空氣量에 비례하므로, 측정 때 대기중의 水蒸氣分壓을 P_d 라고 하면 수정계수 C_G 는 다음 식으로 표시된다.

$$C_G = \left(\frac{p_{d0}}{p_d}\right)\left(\frac{T}{T_0}\right)^{0.5} \cdots\cdots (12\text{-}14)$$

따라서, 수정출력 N_{e0}는 다음 식으로 구하여진다.

$$N_{e0} = N_i C_G - N_f \cdots\cdots (12\text{-}15)$$

여기서 $p_{d0}=29.00$〔inHg〕, 98⟦kPa⟧, $t_0=85$〔°F〕, 29.4〔℃〕

또 N_f를 구하기 위하여 η_m을 추정하는 식 외에 η_m을 p_e와 n으로부터 구하는 표도 주어지고 있다.

이 수정식의 적용범위는 $p_0=28\sim30$〔inHg〕, 95~101⟦kPa⟧, $t=60\sim110$〔°F〕, 15.5~43.3〔℃〕이다.

(ii) 디젤기관의 출력수정

디젤기관은 가솔린기관과 달라서 燃料供給量은 吸入空氣量과 관계없이 분사펌프의 제어랙을 가감하는 데 따라서 달라지게 되어서, 대기조건의 변화와 공기과잉률 λ가 자동적으로 일정하게 되지는 않는다. 디젤기관의 수정계수 C_D와 기계효율 η_m은 다음 식으로 표시된다.

$$\left.\begin{aligned} C_D &= \left(\frac{p_{d0}}{p_d}\right)\left(\frac{T}{T_0}\right)^{0.7} \\ \eta_m &= \frac{100}{\left\{1+\left(6.89\,\dfrac{Z}{p_e}\right)\right\}}\ [\%] \\ Z &= 20.1893\sim3.75948\,\frac{n}{1000}+3.33129\left(\frac{n}{1000}\right)^2 \end{aligned}\right\} \cdots\cdots (12\text{-}16)$$

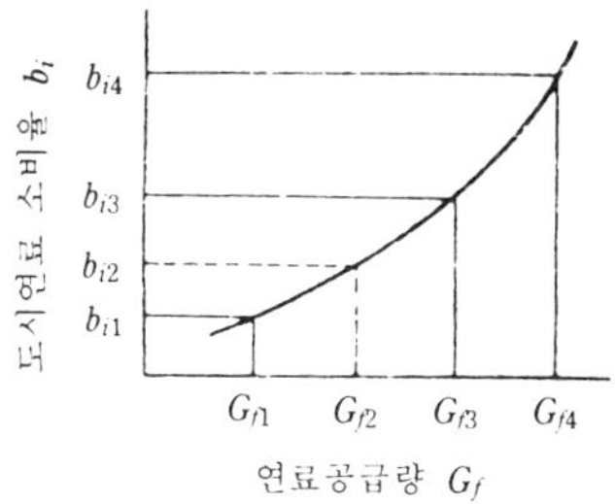

그림 12-30 G_f-b_i 곡선

여기서 p_e는 〚kPa〛, n은 〔rpm〕이다.

수정식을 구하려면 먼저 標準大氣條件下에서 燃料重量 G_{fr}를 공급하여 정규의 출력을 낼 때의 圖示燃料消費率 b_{i0}를 구하지 않으면 안 된다. 그러므로 실험에 의하여 그림 12-34와 같은 연료공급량－도시연료소비율 G_f-b_i 곡선을 구한다. G_{fr}을 C_D로 수정한 값 G_{fr}/C_D을 G_f라고 하면, 그림 12-30으로부터 G_f에 대한 b_{i0}가 구하여진다. 따라서, 수정식은 다음 식과 같이 된다.

$$\left.\begin{aligned} &\text{무과급기관} \quad N_{e0}=\left(\frac{G_{fr}}{b_{i0}}\right)-N_f \\ &\text{터보과급기관} \quad N_{e0}=\left(\frac{G_{fr}}{b_{i0}}\right)\left(\frac{\eta_m}{100}\right) \end{aligned}\right\} \cdots\cdots\cdots\cdots (12\text{-}17)$$

그리고 標準大氣條件과 適用範圍는 앞의 J 245와 같다.

12-6 耐久性과 信賴性

사용자(user)가 기관을 사용하면서 먼저 문제로 삼는 것은 耐久性과 信賴性이고 出力性能이 아무리 우수하여도 고장이 계속 발생하여 큰 사고를 일으켜서는 안 된다. 기관은 그 사용하는 방법에도 따르게 되지만, 장기간에 걸쳐서 충분히 기능을 발휘하려면 내구성이 있어야 하며, 또한 신뢰성이 높은 기관이어야 한다. 따라서, 내구성을 생각할 경우에는 신뢰성을 도외시할 수 없으며, 또 신뢰성이 없이는 내구성이 있을 수 없다.

최근 信賴性工學(reliability engineering)이 발전되고, 또한 이 분야는 기계의 내구성, 신뢰성을 얻기 위하여 統計的인 수법을 기반으로 하는 확률에 관한 綜合技術의 工學이다.

(1) 耐久性

기관에 대한 내구성의 정의를 다음과 같이 정하고 있다. "기관을 구성하고 있는 각부의 疲勞나 磨滅에 따르는 사고나 고장이 없고, 어느 정도의 무리한 운전이나 정해진 기간에 걸쳐서 충분히 기능을 발휘하는 성질이다." 이와 같이 강인하고 오랫동안 견딜 수 있는 내구성을 가지는 기관을 만들기 위하여는 기관의 設計나 加工에 있어서 끊임없는 노력이 필요하다. 이와 같은 것은 세심한 주의를 기울인 설계와 品質管理(QC, quality control)가 충분히 이루어지는 製造工程을 거치게 되면, 미리 想定된 내구성을 발휘할 수 있을 것으로 생각된다. 한편, 사용자측으로서는 기관의 취급에 있어서 내구성에 미치는 영향에 대하여 충분히 고려되어야 한다. 즉, 기관은 각각 取扱說明書가 있어서 그것에 따라서 취급하고 운전 및 정비하도록 지시되어 있다. 내구성에 가장 큰 영향을 미치는 因子는 무엇보다 潤滑管理의 우열과 사용의 苛酷度이다. 윤활관리에 대하여는 기관 메이커의 지정하는 윤활유를 사용하고, 교환기준을 잘 지키며, 또 운전도 정해진 가혹도의 한도를 지키는 것이다.

일반적으로, 기관에 발생하는 고장은 사용자측의 이상 운전에 의한 熱負荷와 潤滑油管理의 不適正에 기인되는 경우가 많다. 열부하의 過大로 인한 故障個所는 연소실 주변, 특히 헤드의 排/排 및 吸/排브리지, 피스턴 헤드부, 예연소실이나 渦流室의 噴孔 주변, 점화플러그, 밸브 및 밸브 시트 등이고, 윤활유에 의한 고장개소는 피스턴, 피스턴 링 및 실린더와 베어링類 등이다. 메이커측이 하는 대상에서의 장시간 耐久運轉은 각각의 기관의 실제사용 환경조건을 재현하려 하고 있으나, 그것으로도 예기하지 못한 원인으로 고장이 발생하는 경우도 있다.

(2) 信賴性

신뢰성의 그 語源 'reliability'에는 抽象概念으로서의 能力(ability)을 나타내는 신뢰성과 수량적으로 確實性(probability)을 나타내는 信賴度가 있다. 그러므로 신뢰도는 "기계가 어느 정도 신뢰될 수 있는가"를 나타내는 척도이다. 또한, 기관에 대한 신뢰성의 정의는 다음과 같이 표시된다. "기관이 정해진 환경조건하에서 쉽게 시동되고, 기관의 각 機器나 部品이 온당하게 취급됨으로써 정해진 성능을 발휘하고 정해진 기간 중 무사고로 가동될 수 있는 확실성"이다.

기관은 많은 機器나 部品의 집합체이고, 기관을 설계하여 제작하는 과정으로부터 기관을 운전하여 일에 사용하는 데까지 인간과 기계는 밀접한 관계에 있으므로, 기관은 사람과 물체로 된 조직, 즉 시스템(system)으로 생각할 수 있다. 따라서, 기관의 신뢰성을 논할 때에는 결국 人間－機械系로 되는 시스템의 신뢰성을 논하여야만 될 것이다.

기관에는 고장이 있게 마련이나, 그 고장으로 인하여 기기나 부품이 기대되는 만큼의 성능을 발휘하지 못하면 기관은 운전 불가능으로 된다. 인간이 하는 일에는 절대로 잘못이 없다고는 할 수 없으며, 특히 기관과 같이 많은 精密部品으로 구성되는 복잡한 기계에는 고장도 많다. Lux에 따르면 "고장의 대부분은 인간의 잘못에 의한 것이다."라고 기술하고 있다. 그 잘못에는 製作者側에서는 볼트의 죔이나 오일 구멍의 가공 잘못, 패킹류의 넣는 것을 잊어버리는 가벼운 실수로부터 중요한 곳에 사용할 부품의 熱處理나 조립의 불량 등의 중요한 잘못도 있다. 또 한편 使用者側에는 오일의 보급이나 교환시기의 잘못, 냉각수를 넣지 않고 운전하거나 寒冷時 機關始動 직후의 暖氣運轉을 하지 않고 그대로 最高回轉速度로 더구나 全負荷運轉을 하는 등의 무모한 사용으로 기관 각부의 마멸을 촉진시키고, 결국은 어디인가의 고장을 일으켜서 기관의 수명을 단축시키게 된다.

1) 신뢰도와 고장률

信賴度와 故障率(failure rate)은 어느 것이나 시간 t의 함수로 생각하여 앞의 것을 $R(t)$, 뒤의 것을 $\lambda(t)$로 표시한다. $R(t)$는 어느 소정의 시각까지 이상 없이 남아나는 부품의 個數 $N(t)$의 全體數(로트 또는 모집단) N_o에 대한 비율로 정의하고 다음 식으로 표시한다.

$$R(t)=\frac{N(t)}{N_o} \quad \cdots\cdots (12\text{-}18)$$

뒤의 것 $\lambda(t)$는 어느 소정의 시간 t에 있어서 고장의 확률의 確率密度函數 $f(t)$와 그 시각에 있어서 $R(t)$와의 比率로 정의하고, 다음 식으로 표시한다.

$$\lambda(t)=\frac{f(t)}{R(t)} \qquad \therefore\ f(t)=\lambda(t)R(t) \quad \cdots\cdots\cdots\cdots\cdots\cdots \ (12\text{-}19)$$

그림 12-31은 No.1, No.2 두 대의 기관에 대하여 故障數 Z, 故障率 $\lambda(t)$ 및 신뢰도 $R(t)$가 시간이 경과됨에 따라서 어떤 변화를 나타내는가를 표시한 예이다. 일반적으로, 기계의 고장발생수 Z를 사용시간 t에 대해서 나타내면 그림 중 Z 曲線과 같이 되는 것으로 알려져 있다. 使用初期의 O－P 사이는 설계나 제조상의 단순한 잘못으로 여러가지의 고장이 다발하는 기간으로서, 이 기간을 初期故障期(initial failure period)라고 한다. $\alpha-\beta$ 선을 지나면 고장이 줄고 평탄한 곡선을 따르는 안정된 기간으로 되며, 이 기간을 偶發故障期(chance failure period)라고 한다. 다음에 $\gamma-\delta$ 선을 지나면 기계의 회전부분이나 미끄럼운동부분의 마멸이 허용치 이상으로 진행되어서 고장이 多發하게 되고 Q－R 線과 같이 되며, 끝내는 기계 자체의 수명이 다한 상태로 되며, 이 기간을 磨滅故障期(wear-out failure period)라고 한다.

다음 이 고장수를 단위시간당으로 고쳐 표시한 고장(발생)률 곡선으로 하면 그림 중 $\lambda(t)$ 곡선으로 된다. 이 고장률은 그 모양에 따라서 船底形曲線(bathtub curve)이라고 불리어지고 이 곡선의 B－C 사이의 고장률은 거의 일정하며, 안정된 운전이 가능한 기간이다.

또, 故障率曲線 $\lambda(t)$에 대응하는 信頼度曲線 $R(t)$는 E－F－G－H, E′－F′－G′－H′의 형상을 나타내게 된다. 그림 중 실선 No. 1 기관은 점선 No. 2

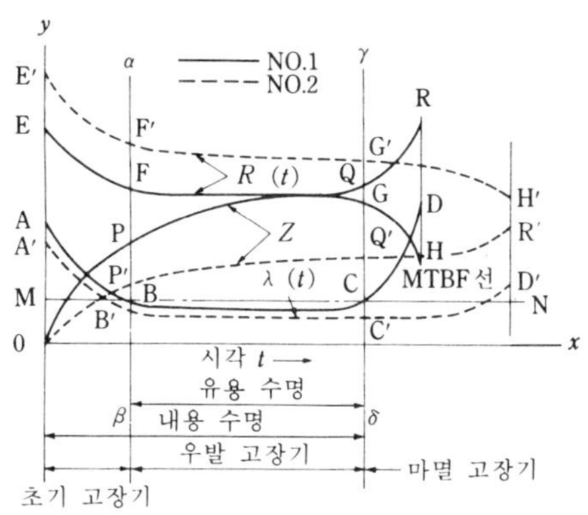

그림 12-31 고장수 Z, 고장률 $\lambda(t)$ 및 신뢰도 $R(t)$ 곡선의 예

기관보다도 고장률이 높고, 따라서 신뢰성이 없는 기관이라고 할 수 있다.

또한 그림 중 $\alpha-\beta$ 선과 $\gamma-\delta$ 선 사이가 바로 기관의 有用壽命(useful longevity)이고, $0-y$ 선과 $\gamma-\delta$ 선 사이가 耐用壽命(endurable longevity)이다. 그리고 M－N 선은 사용자측의 요구하는 평균수명선으로서 MTBF線(mean time between failure line)이라고 하며, 각 부품이 고장을 일으킬 때까지의 無事故時間, 즉 고장 없이 작동되고 있는 시간의 平均値로서, 다음 식으로 표시된다.

$$\text{MTBF}=\int_0^{\infty} t f(t)\,dt \quad \cdots\cdots (12\text{-}20)$$

2) 신뢰성의 향상

앞에서 기술한 바와 같이, 기관은 人間－機械系로 된 하나의 시스템이므로, 기관의 신뢰성을 향상시키려면 사용하는 측의 신뢰성도 포함하는 動作信賴度(operational reliability)를 향상시키지 않으면 안 된다. 이 동작신뢰도는 기관을 설계하고 생산에 이를 때까지의 관계되는 신뢰도, 즉 固有信賴度 R_I(inherent reliability)와 생산 후 사용자측의 保守(maintenance)와 操作(operation)의 능력 등에 관계되는 신뢰도, 즉 使用信賴度 R_U(use reliability)로 되어 있어서, 이들 사이에는 다음 식과 같은 관계가 있다.

$$R \fallingdotseq R_I R_U$$

따라서, R의 향상을 위하여서는 R_I과 R_U의 양쪽 모두의 향상을 도모하여야 한다. 또 R_I는 다음 식으로 나타내는 것과 같이, 기관을 형성하는 각 부품의 신뢰도의 곱한 값으로 되므로, 물론 각 부품의 신뢰도를 또한 향상시키지 않으면 안 된다.

$$R_I=R_{I1}\ R_{I2}\ R_{I3}\cdots\cdots R_{In} \quad \cdots\cdots (12\text{-}21)$$

3) 신뢰성과 경제성

기관의 信賴性을 높이는 것은 물론 중요하나, 이를 위하여 기관에 요구되는 품질에 관한, 예를 들면 加速性, 토크 라이즈, 연비율 등의 특성을 어느

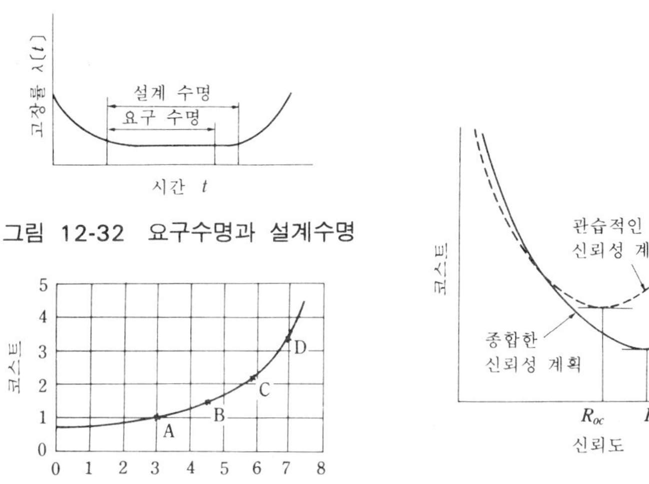

그림 12-32 요구수명과 설계수명

그림 12-33 신뢰도와 경제성(코스트)

그림 12-34 신뢰도의 향상과 코스트

정도까지 만족시킬 것인가, 또 자동화를 어느 정도까지 할 것인가에 따라서 그림 12-32에 나타낸 것과 같이, 要求壽命을 상회하는 設計壽命을 고려에 넣어서 신뢰성 설계를 할 필요가 있다. 그러나 신뢰성을 높게 하기 위해서는 연구에 막대한 경비나 노력을 필요로 하게 된다. 또, 뒤에 설명하는 여러 가지의 많은 신뢰성 시험을 실시하는 관계로, 기관의 製作原價가 상승된다. 예를 들면, 그림 12-33에서 점 A의 신뢰성은 3에서 끊기는 데 대하여, 점 B, C 또는 D와 같은 높은 신뢰성을 요구하게 되면 점 B는 A보다 신뢰성은 1.5로 되나 코스트는 1.4배로, C에서는 신뢰성은 A의 2배로 되나 코스트는 2.3배로, 또한 D의 경우는 신뢰성은 2.4배로 되고 코스트는 3.5배로 되어서 신뢰성의 증가에 대하여 코스트는 급증하는 결과로 된다. 그러나 역으로, 신뢰성이 낮은 기관을 제작하면 기업의 신용을 잃게 되고, 그 명예회복을 위하여 막대한 비용이 소모되어야 한다. 그림 12-34은 총합한 信賴性 計畫(integrated reliability program)에 의하여 이루어진 신뢰도 R_{OI}는 관습적인 信賴性 計畫(conventional reliability program)에 의한 신뢰도 R_{oc} 보다도 높고, 더구나 코스트는 저감되어 있음을 나타내고 있다.

4) 신뢰성 시험

앞에서 기술된 運轉試驗은 보편적인 性能試驗인 데 대하여, 여기서 설명할 시험은 기관의 신뢰도를 확인하고, 또한 내구성을 조사하기 위한 일련의 信賴性 試驗으로서, 다음은 일반차량이나 정치용 기관에 대한 시험이다.

a) **部品試驗**(component test)

이 시험은 기관의 각 부품 個別에 대한 고장률이나 수명을 구하기 위하여 臺上에서 하는 시험이다. 특히 설계를 변경하였을 때에는 반드시 하지 않으면 안 되며 그 시험결과는 즉시 設計部門으로 되돌려져서(feed-back) 문제가 있으면 대책이 세워져야 한다.

b) **시뮬레이션 試驗**(simulation test)

기관을 차량 또는 장치에 탑재하고 현장시험을 하기 이전에 臺上에서 하는 시험이다. 이 시험에서는 사용상태를 시뮬레이트한 프로그램制御(program control)로써 운전시험을 하게 된다.

c) **加速磨滅試驗**(accelerated wear test)

마멸되는 운동부분의 수명에 대하여 시간을 단축시켜서 하는 시험으로 다음의 것들이 포함된다.

① 연마시험(abrasive wear test)

② 부식시험(corrosive wear test)

③ 국소마멸시험(scuffing wear test)

研磨試驗은 흡입공기에 직접 먼지를 自動供給裝置(automatic dust feeder)로 보내거나, 또는 오일 속에 먼지를 혼입시키는 등의 방법으로 마찰부분의 수명을 구하는 시험이다. 腐蝕試驗은 실린더의 냉각수 온도를 예로 들어서 50〔℃〕, 120〔°F〕를 유지하고, 황(S)을 1〔%〕 정도 함유한 연료를 사용하여 운전하고, 실린더와 피스턴 링에 대하여 부식의 정도를 조사하는 시험이다. 局所磨滅試驗은 엄밀한 의미로서의 마멸시험은 아니나, 실린더와 링을 여러가지 다른 材質로 조합시켜서 운전하고, 금속끼리의 緊密接觸(intimate contact)으로 기인하여 긁히는 현상을 조사하는 시험이다.

d) **環境試驗**(environmental test)

환경조건, 즉 대기의 온도, 습도, 기압을 여러가지로 변화시키며, 먼지,

염분의 양을 바꾸어 가면서 하는 시험으로, 기관의 稼動能力이나 수명을 알아내기 위한 시험이다.

e) **現場試驗**(field test)

시험을 할 기관을 장비한 차량 또는 장치를 실제 사용할 장소에서 실제로 가동시켜서 자신을 가지도록 하기 위한 시험이다.

f) **强制加速試驗**(forced accelerated test)

완성된 기관에 대하여 하는 시험으로, 정상적인 사용조건의 시험에서는 시간과 비용이 들게 되므로, 過荷重, 過回轉速度, 높은 온도나 습도하에서 짧은 시간 내에 시험결과를 얻기 위한 시험이다.

이상과 같은 시험 외에 始動試驗(−30～50〔℃〕)이 있고, 또 공해관계에서는 排出가스試驗, 振動試驗, 騷音試驗 등이 있다.

12-7 騷音問題

기관을 운전하면 정도는 다르나 반드시 소음이 발생한다. 이 소음이 공해문제로 대두되면서, 각 기관 메이커들은 設計段階에서부터 세심한 주의를 기울이고, 또 工作精密度를 향상시키는 등으로 소음발생의 방지를 위하여 노력하고 있다. 그러나 여기에는 한도가 있어서 소음을 아주 없애도록 하는 것은 불가능하다. 이 騷音公害를 방지하려면, 먼저 이들 소음이 발생하는 音源이 어디인가를 상세히 추적하고, 全發生騷音에 대한 영향도가 높은 발생원으로부터 해결하여야 한다.

(1) 騷音레벨의 現狀

Priede는 자동차용 가솔린기관에 대하여 騷音特性을 구하고, 機關回轉速度 n〔rpm〕과 음압레벨(sound pressure level, SPL)의 관계를 그림 12-35에 나타낸 것과 같이 종합하고 있다.

그림에서 가솔린기관의 소음은 低速領域에서는 디젤기관에 비하여 극히 조용하나, 高速領域에서는 양자가 거의 변함없다는 것을 알 수 있다. 또

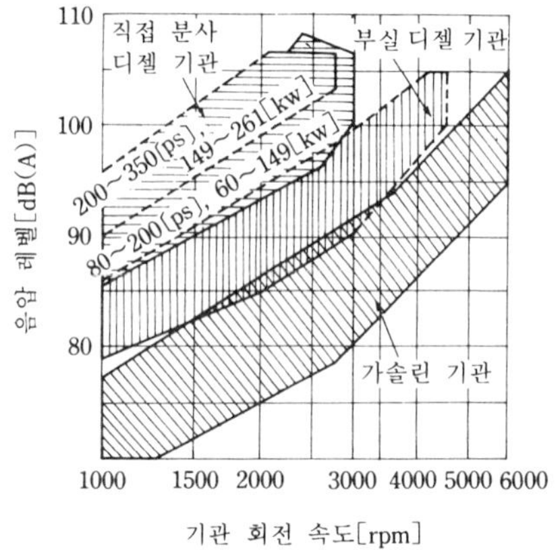

그림 12-35 자동차용 기관의 소음레벨

최근에 Priede 등은 많은 실험 결과로부터 定格出力 때의 소음레벨을 산출하는 實驗式을 다음과 같이 제시하고 있다.

4사이클무과급 직접분사디젤기관	$\text{dB(A)} = 30\log_{10} n + 50\log_{10} d - 102$ …… (12-22)
4사이클과급 직접분사디젤기관	$\text{dB(A)} = 40\log_{10} n + 50\log_{10} d - 137$ …… (12-23)
4사이클 부실디젤기관	$\text{dB(A)} = 43\log_{10} n + 60\log_{10} d - 174.5$ … (12-24)

여기서 n=機關回轉速度〔rpm〕

d=실린더 直徑〔mm〕

그리고 이들 식의 정확도는 ±1〔dB(A)〕로 되어 있어서 비교적 信賴性이 있는 값을 얻을 수 있는 것으로 생각된다. Priede에 의하면 현재 기관의 소음은 20년 전의 同一出力의 기관보다도 약 10〔dB(A)〕만큼 성가시게 된 것으로 기술하고 있고 이것은 設計나 工作技術이 떨어진 때문이 아니고, p_{me}의 向上과 n의 증가에서 비롯되는 결과로 생각된다.

(2) 騷音의 種類와 發生源

기관의 운전시에 발생하는 소음의 종류를 특징에 따라서 분류하면 다음의 4가지로 크게 나누어진다.

① 流體騷音

② 燃燒騷音

③ 機械騷音

④ 放射騷音

流體騷音은 유체의 운동에 의하여 발생하는 소음으로, 공기필터를 가진 吸氣管系와 消音器(silencer)를 부착한 排氣管系의 내부에서 공기(혼합기)나 배출가스의 유동에 의하여 발생하는 소음 및 실린더 냉각팬 또는 放熱器 냉각팬에 의하여 발생하는 소음 등이 포함된다. 燃燒騷音은 연소실 내에서 연료가 폭발연소할 때 발생하는 소음이며, 機械騷音은 연소와 더불어 유발

表 12-7 기계소음의 분류

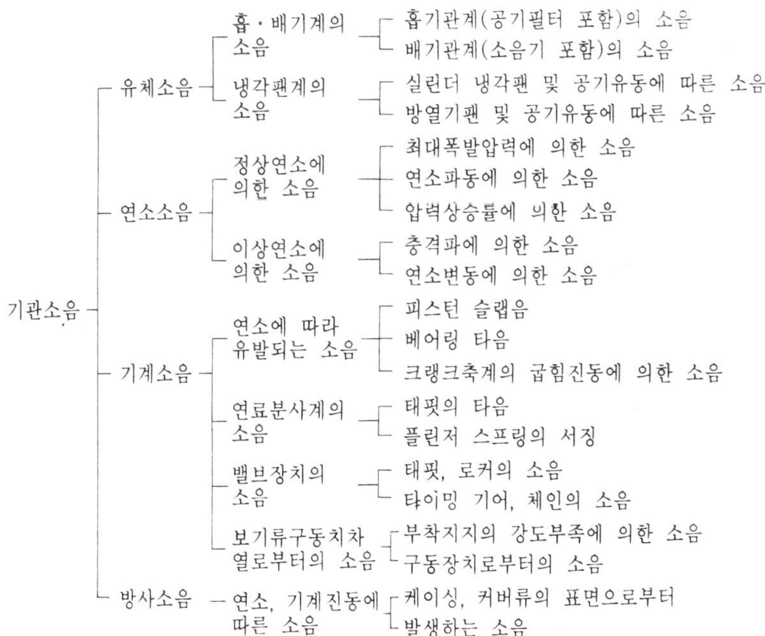

되는 기계소음과 연료분사계의 소음 및 밸브 작동 기구의 소음, 그리고 補機類 驅動裝置의 소음과 각부의 진동에 의하여 발생하는 소음 등이 여기에 포함된다. 그리고 放射騷音은 기관의 케이싱이나 커버류의 표면으로부터 방사되는 소음이고 이상의 여러가지 소음을 정리한 것이 표 12-7이다.

1) 유체소음과 그 발생원

a) 흡·배기관계의 소음

吸氣管系에서는 空氣필터를, 排氣管系에서는 消音器를 제거하면 양계는 모두 관내를 空氣(혼합기) 또는 배출가스가 유동할 때 소음이 발생되는 현상은 유사한 것으로 볼 수 있다.

(i) 吸氣管系에 대하여

흡기관계에 대한 소음은 공기필터와 흡기매니폴드를 하나의 系로 보았을 때의 음향특성이 문제가 된다. 일반적으로, 이 계의 騷音發生은 앞에서 기술한 것과 같이 高速運轉 때이고, 吸氣騷音 特性은 공기필터에 의한 영향보다도 흡기매니폴드의 치수와 형상에 의한 영향력이 큰 것으로 되어 있다. 이 점에 특히 유의하여 매니폴드에 의한 騷音防止對策이 세워져야 한다.

(ii) 排氣管系에 대하여

배기관계에서는 가스가 高溫이고 速度를 가지고 유동하므로 흡기관계보다 높은 소음을 발생한다고 보아야 한다. 그러나 배기관의 끝에는 消音器가 장착되어서 이 소음기의 성능이 좋으면 어느 정도의 소음은 지워질 수 있다. 그러나 기관의 가속시에 발생하는 소음은 연소에 따른 振動消音의 영향을 받게 된다. 배기관의 끝에 부착되는 소음기는 효율이 좋고 더구나 용량이 큰 것이 바람직하다.

b) 冷却팬의 騷音

실린더 냉각팬이나 방열기 냉각팬으로부터 발생되는 소음은 공기 중에서 회전하는 팬로터의 날개에 의하여 空氣流를 끊을 때 발생되는 압력변동에 기인하는 空氣力學的 騷音이 주체이다. 그 밖에 실린더 냉각팬에서는 냉각핀과 카울링과 사이를 공기가 통과할 때, 또 放熱器에서는 파이프와 핀과의 틈새를 공기가 통과할 때 발생하는 流體通過音, 즉 亂音 또는 渦流音

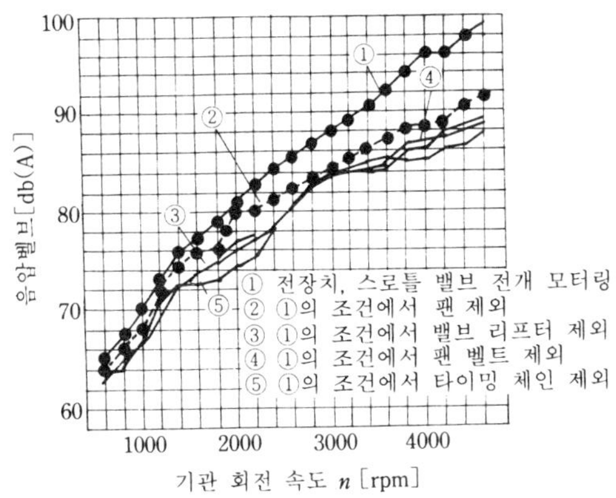

그림 12-36 자동차용 가솔린기관의 소음시험

등이다. 그 밖에 案內덕트 등의 진동에 의한 共鳴音 등도 생각된다. 이 밖에도 팬의 구동을 위한 밸브나 베어링, 방열기팬 날개의 진동 등에 의한 機械騷音도 있으나, 이것들은 그다지 문제가 되지 않는다. 그림 12-36은 자동차용 가솔린기관에 대하여 스로틀밸브 전개의 상태로 모터링하여 부속부품을 점차 떼어 내면서 소음을 측정한 예이고, 그림에서 2000〔rpm〕 이상에서 냉각팬의 소음이 대단히 크다는 것을 알 수 있으며 또한, 흡·배기관계의 소음도 비교적 있는 것으로 되어 있다.

2) 연소소음과 그 발생원

연료의 연소에 의하여 발생되는 소음은 가솔린기관에서는 그다지 문제로 되지 않으나, 디젤기관에서는 燃燒狀態가 가솔린기관과 달라서 爆發壓力이 높기 때문에 燃燒騷音도 크며, 문제로 대두된다. 일반적으로, 연소를 正常燃燒와 異常燃燒로 크게 나누고 있으나, 어느 연소상태에서도 機械音을 유발하게 된다. 따라서, 연소소음을 측정할 경우는 흡·배기음, 팬 및 補機類를 분리시킨 상태로 모터링시 및 着火運轉時, 연소에 관한 여러가지 요인을 변경하면서 그 때 발생하는 소음을 측정하여 연소소음을 구하고, 얻어진 결과를 해석하는 것이 필요하다.

기관의 연소와 소음에 대하여는 많은 연구결과가 발표되어 있으나,

Priede에 의하면, 디젤기관의 연소소음은 실린더 내에서 발생하는 燃燒壓力의 스펙트럼(spectrum)과 대단히 밀접한 관계를 가지는 것으로서, 그 압력스펙트럼의 高周波成分은 압력상승률 $dp/d\theta$에 관계되고, 또 低周波成分은 최고압력치 p_{max}에 의하여 정하여지는 것으로 발표하고 있다. 또한, 디젤기관의 실린더 내 압력레벨은 가솔린기관의 그것과 비교할 경우 주파수 약 0.8〔kHz〕 이상에서 현저하게 커져서 명백하게 소음이 달라지는 것으로 설명하고 있다.

이상으로부터 연소소음의 발생기구로 생각되는 것은 혼합가스의 연소상태에 의한 熱發生率 dQ/dt에 따라서 유발되는 壓力上昇率 $dp/d\theta$나, 최고압력치 p_{max}에 의한 연소실 주변의 共振騷音이 주체로 되어서 피스턴이 심하게 흔들릴 때 발생되는 음과 실린더 본체나 그 밖의 보기류 등의 진동에

表 12-8 협의의 기관소음의 분류

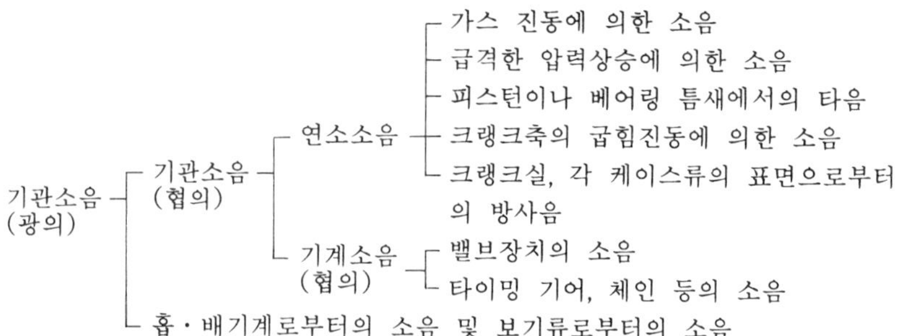

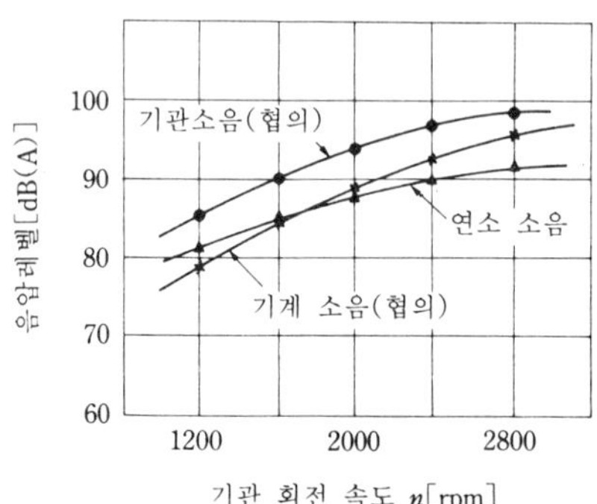

그림 12-37 협의의 기관소음의 분류

의한 기계소음 등이 이에 부수된다. 그러나 순수한 연소소음과 기계소음과를 분리시키기는 매우 어렵고 표 12-8에서와 같이, 기관의 소음을 분류하여 실험한 결과, 기관의 회전속도에 대한 연소소음과 기계소음의 音壓레벨 변화는 그림 12-37로부터 燃燒騷音이 고속 때에는 비교적 낮고 저속 때에 높은 데 대하여, 機械騷音(협의)은 고속 때에 높고 저속 때에 낮은 값을 나타내며, 1600〔rpm〕 부근에서 양자는 거의 같은 값으로 됨을 알 수 있다.

3) 기계소음과 그 발생원

機械騷音에는 표 12-8에서와 같이 연소에 따라 유발되어서 발생하는 소음, 燃料噴射系로부터의 소음, 밸브작동기구로부터의 소음 및 齒車列, 벨트나 체언, 보기류 등으로부터 발생하는 소음 등이 포함된다.

a) 燃燒에 따라서 유발되는 소음

연소에 따라 발생하는 소음 중에는 먼저 피스턴音이 있다. 이 打音은 앞에서 기술한 바와 같이, 피스턴의 상사점 부근에서 爆發壓力이 피스턴 헤드부에 작용할 때 피스턴의 측면이 실린더벽에 충격적으로 부딪히게 되어서 발생하는 音이다. 이와 같은 폭발압력에 의한 타음은 크랭크축의 저널 및 핀의 베어링, 피스턴 핀 베어링 등에서도 발생될 것으로 생각할 수 있다. 그리고 크랭크 케이스나 그 밖의 케이스류, 커버류의 振動에 의한 소음 등도 모두가 연소에 따라서 발생되는 소음이다.

b) 燃料噴射系로부터의 騷音

분사펌프 본체로부터 발생하는 소음은 噴射壓力의 抵抗에 이겨서 플런저를 밀어올릴 때 태핏에 작용하는 캠축의 굽힘진동, 플런저 스프링의 서징, 플런저 래그(leg)부와 태핏과의 타음, 딜리버리 밸브의 시트와의 접촉음 등이 생각된다. 그러나 이들을 수용하는 펌프 보디의 材質이 알루미늄鑄物인가 또는 鑄鐵인가에 따라서 보디 내부로부터 발생하는 소음이 외부로 전달될 때의 크기나 방법이 달라지고, 뒤의 것은 앞의 것보다 좋아서 약 3~5〔dB(A)〕 정도 낮다는 것이 실험 결과로 밝혀지고 있다. 분사펌프 본체로부터 발생하는 소음은 機械騷音 가운데서 영향도가 낮은 것은 명백하나, 펌프 본체를 기관에 부착시키는 방법에 剛性이 없게 되면 펌프의 진동이 바로 크랭크 케이스를 진동시켜서 소음을 유발시키게 된다.

c) 밸브裝置로부터의 騷音

캠으로부터 시작하여 태핏, 푸시 로드, 로커 암을 거쳐서 밸브에 이르기까지의 일련의 밸브장치는 소음을 발생시키는 많은 부분들을 가지고 있다. 특히 高速運轉 때에는 밸브가 점프(jumping)나 바운스(bounce) 현상을, 또 밸브 스프링은 서징현상을 일으켜서 이들 진동에 기인하는 소음이 발생하게 된다.

d) 補機類, 齒車列로부터의 騷音

기관 본체에는 오일이나 연료의 필터, 시동기, 발전기, 압축기 등 많은 보기류가 부착되어 있다. 이들의 부착방법이 적당하지 못하고 강성이 부족하게 되면, 기관의 운전시에 진동을 일으켜서 소음의 원인으로 되는 경우가 많다. 또, 일련의 驅動齒車列이나 체인으로부터 발생하는 소음도 문제가 된다.

4) 방사소음과 그 발생원

流體騷音이나 燃燒騷音, 또 機械振動 등이 원인으로 기관 각부의 케이스나 커버류의 외부표면으로부터 放射騷音이 발생한다. 이 소음의 원인은 주로 케이스나 커버류의 材質, 形狀 및 부착방법이 부적당할 때 기인하는 것은 명백하다.

(3) 騷音의 規制

기관으로부터 발생하는 소음도 앞에서의 연소에 따른 배출가스나 스모크 등의 環境公害規制와 더불어 점차 규제되어 가고 있다. 기관의 경우, 사용목적에 따라서 발생되는 소음의 정도도 다르므로, 기관을 장비한 차량 또는 장치 전체의 소음에 대한 규제가 정해져 있다. 표 12-9는 각종 차량에 대한 規制例이고, 표 12-10과 표 12-11은 가장 소음이 격심한 건설기계에 대한 미국과 독일의 騷音規制例를 나타낸 것이다. 또, 미국과 독일은 모두 운전자의 귀 밑에서의 소음을 90〔dB(A)〕 이하로 정하고 있다.

表 12-9 각종 차량의 가속주행시 소음저감 규제 예

차 종			소 음〔dB(A)〕
승용차(정원 < 10인)			81
버 스 트 럭	GVW > 3.5〔t〕	PS>200, kW>147	86
		PS<200, kw<147	86
	GVW < 3.5〔t〕		81
경자동차, 오토바이			78
원동기부착자동차 < 125〔cc〕			75

1. GVW는 전차량 중량
2. 가속주행 요령과 측정지점은 아래 그림과 같다.

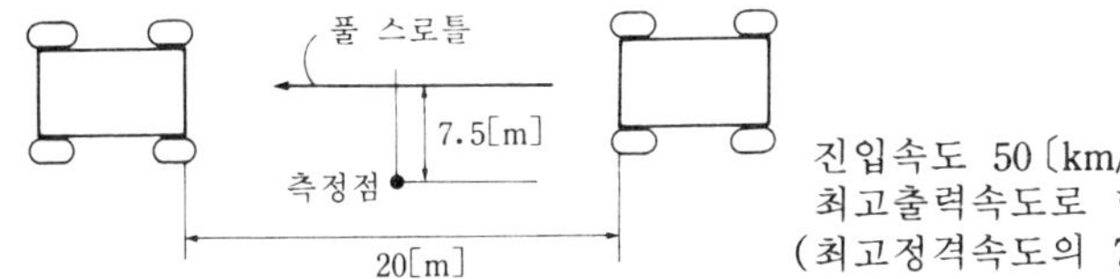

진입속도 50〔km/h〕 또는 최고출력속도로 한다.
(최고정격속도의 75〔%〕)

表 12-10 건설차량의 소음규제 예

차 종	기관출력〔HP〕, ⟦kW⟧	소 음〔dB(A)〕	
그롤러 트랙터	20~199, 15~146 200~450, 147~330	77 83	74 80
휠 트랙터	20~249, 15~183 250~500, 184~368	79 84	76 80

측정조건 : 1. 기관은 무부하, 최고 회전속도로 한다
2. 측정위치는 차체에 직각(90°), 15〔m〕의 거리 4점으로 한다.

表 12-11 건설차량의 소음규제 예

차 종	기관출력〔PS〕, ⟦kW⟧	소 음〔dB(A)〕
불 도 저	<150,110 >150,110	82 85
쇼벨도저	<150,110 >150,110	81 84

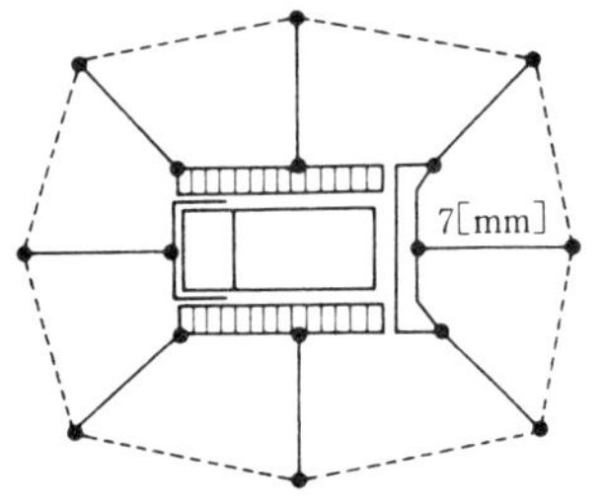

측정조건 :
1. 기관은 하이아이들링으로 한다.
2. 측정위치는 차체의 외주 7〔m〕의 거리 8점으로 한다(그림 참조).

(4) 騷音의 對策

기관으로부터 발생하는 소음을 저감시키기 위해서는 앞에서 설명한 바와 같이, 먼저 기관을 운전하면서 어디에서 어떤 음이 발생하고 있는가를 상세하게 조사하여 音源의 발생처와 종류를 탐구하고, 각각의 소음을 저감시키는 대책을 세워야 한다. 그러기 위해서는 다음과 같은 여러가지의 실험이 필요하다.

① 全負荷運轉, 無負荷運轉, 모터링 등을 실시하고, 燃燒音과 機械音과를 선별한다.

② 연소실 내에서의 압력변화의 경과를 측정하고, 동시에 周波數 分析을 하여 연소에 의하여 발생하는 壓力上昇率 $dp/d\theta$ 에 따른 燃燒衝擊音의 주파수 스펙트럼을 구해서 해석한다.

③ 機關各部의 表面(실린더 블록 외벽, 로커 암 커버, 오일 팬 외면)으로부터의 放射音特性値를 측정한다.

④ 全發生騷音에 대한 영향도가 높은 機械音源을 탐구하기 위하여 모터링을 하면서 기계외부에 부착되어 있는 補機類를 순차적으로 떼어내면서 소음의 크기를 조사한다.

⑤ 기관을 구성하고 있는 내부의 각 부품을 순차적으로 떼어 내서 위에서와 같은 요령으로 소음을 조사한다.

이상의 실험으로 얻어진 데이터에 따라 각각의 騷音低減의 대책을 세우게 된다.

1) 유체소음의 저감대책

流體騷音은 吸·排氣系 騷音과 냉각팬의 소음이나, 흡·배기계의 경우는 주기적으로 흡·배기가 반복되는 데 따라서 吸·排氣口로부터 방사되는 소음이다. 따라서, 이 소음의 基本周波數는 燃燒爆發回數임을 고려하고 음향관계와 같게 취급할 필요가 있다. 그러나 일반적으로, 흡·배기 소음기의 용량, 구조를 실험적으로 변경하면서 음향의 감쇠대책이 이미 취해져 있다. 또, 냉각팬의 경우는 空氣力學的인 소음(회전음, 와류음)과 기계소음과의 複合騷音이다.

앞의 것에 대해서는 팬의 날개수와 회전속도의 곱한 값이 基本周波數임을 고려에 넣어서 대책을 세운다. 일반적으로, 날개의 형상에도 따르게 되나, 그 外徑値數를 작게 하고 날개수를 증가시켜서 회전속도를 내리는 것은 소음대책상 극히 유효하다. 또, 팬에 대하여 유효한 시라우드(shroud)를 설치하거나 팬 뒤쪽의 장해물을 제거하는 등의 처치도 필요한 것으로 생각된다. 이 경우의 기계소음으로서는 날개의 진동, 구동 V 벨트의 진동 등도 있으나, 이것들은 그다지 문제가 되지 않는다.

2) 연소소음의 저감대책

실험적으로 얻어진 周波數 分析結果를 기초로 하여 燃料噴射系와 연소실 形狀의 개선으로 p_{max} 를 극력 저하시키고, $dp/d\theta$ 를 낮게 함과 동시에 연소실 주변의 벽의 剛性을 증가할 필요가 있다.

3) 기계소음의 저감대책

밸브裝置로부터의 소음을 저감시키기 위해서는 밸브기구를 구성하고 있는 각 부품의 固有振動數를 높일 것, 캠輪廓(profile)을 변경하여 폴리다인 캠(polydyne cam) 등을 채용할 것, 가능하면 밸브 푸시 로드 형식을 OHC(over head cam) 형식으로 설계변경하는 것 등이 騷音低減에 효과가 있다는 것은 잘 알려져 있다. 또, 분사펌프 보디의 材質을 알루미늄으로부터 주철로 바꾸고, 캠윤곽을 偏心캠으로 변경시키는 등도 유효하나, 燃料噴射性能에 관계되므로 주의할 필요가 있다.

4) 방사소음의 저감대책

기관의 外表面 각부로부터의 振動減衰效果(damping effect), 즉 발생소음에 대한 吸音效果나 遮音效果의 현저한 점성이 있는 彈性物質을 바르거나 또는 보강판을 부가하면 좋으나, 근본적인 대책으로서는 벽의 살을 두껍게 하거나 립(rip)에 의한 補强, 재질의 변경 등도 실시하면 유효할 것이다.

또, 補機類의 附着手段을 재검토하여 강성을 증가시키고 耐共振性을 도모하는 것이 필요하다.

5) 인클로저 대책

이상의 여러가지 대책을 실시하여도 예정의 騷音低減目標에 도달하지 못할 때에는 소음발생원을 부분적으로 둘러싸는 部分包圍(partial enclosure)나 기관 전부를 둘러싸는 全體包圍(total enclosure)에 의한 차음대책이 필요하며 이것에 대하여 실시한 Thien 등의 연구결과가 발표되어 있다. 이에 따르면, 얇은 보통의 軟鋼板으로 기관의 外周를 약간의 틈새를 두고 둘러싸고, 기관에는 이를 탄성적으로 지지하도록 하는 것이다. 이 包圍板의 이음매로부터 音이 새어나오지 않을 때에는 遮音效果가 대단히 좋은 것으로 보고되고 있다. 그러나 이 대책에서의 문제는 연료나 오일의 누설 점검이나 각부의 정비에 능률적이 못되고, 또 취급도 불편한 점 등이다. 최근 영국 등에서는 全體包圍用으로서 얇은 鉛板을 끼워 넣는 파이버 글라스 보강의 폴리에스테르樹脂로 강화시킨 폴리우레탄 發泡體(두께 50〔mm〕)가 쓰여지고 있다. 이 遮音體는 樹脂로 보강한 폴리에스테르를 안쪽으로 하여 組立하는 것으로, 폴리우레탄 발포체는 吸音效果가 우수한 것으로 되어 있다. 그리고 이 차음체는 패널 조립식으로 되어 있어서 떼어 내기가 쉽고, 점검, 보수하기에도 비교적 편리하다.

附錄(Ⅰ) 運轉現象과 機關의 使用方法

Ⅰ-1 運轉現象과 機關의 使用方法

(1) 氣象條件과 運轉現象

여러가지로 相異한 기상조건하에서의 기관(차)의 운전현상을 생각하기에 앞서 기관에 쓰여지는 연료인 가솔린의 특성을 보면 다음과 같다. 앞에서 설명한 바와 같이 가솔린은 200종류가 넘는 탄화수소로 되어 있고 그 沸點은 30～200℃ 의 범위에 미치고 있으며 또한 溜出溫度는 거의 30～200℃ 의 넓은 범위로 되어 있다.

한편, 기관(자동차)의 사용되는 환경은 外氣溫度로 볼 때 －20～－30℃ 에서 더울 때는 거의 30℃ 를 넘는다. 그리고 아주 뜨거운 여름철의 중반에서 停滯狀態가 심한 경우의 走行時에는 엔진룸 안이 100℃를 넘는 가혹한 조건하에 놓이게 된다. 따라서, 유출온도의 낮은 成分, 즉 가벼운 성분은 고온조건하에서 氣化되어 베이퍼록을 일으키기 때문에 여러가지의 운전성능상 지장을 일으키는 원인이 된다. 그리고 무거운쪽의 성분은 기관이 냉각되어 있을 때에는 가솔린의 氣化比率이 적어지기 때문에 또, 이로 인한 운전성능상의 좋지못한 현상을 불러일으키는 원인이 된다. 따라서, 실제 기관의 경우는 기술적으로 여러가지 대책을 강구하여 실용적으로 사용될 때 지장이 일어나지 않도록 할 것이 중요하다.

그밖에 가혹한 온도조건의 엔진룸 안에는 수많은 부품이 채워져 있고 예를 들면 상시 化學反應이 일어나고 있는 축전지 등도 그 영향을 받아

특성이 劣化하여 기관이 運轉不能의 상태로 되는 경우마저 생기게 된다.

다음은 기관에 일어나기 쉬운 몇가지 현상에 대하여 그 性能評價方法과 그 현상이 일어나는 원인이 어디에 있는가에 대하여 설명한다.

(2) 겨울철의 運轉現象

機關(차)의 運轉性能(driveability)의 평가와 현상을 느끼는 방법은 근원적으로 사람의 감각에 따르는 경우가 많으므로 그 느끼는 법이나 정도도 여러가지로 달라지게 된다.

그러나 가솔린의 性狀을 바꾸고자 할 때나 기관의 매칭을 하는 경우 등 개선하기 전의 성능과 개선한 뒤에 얼마만큼의 효과가 있었는가를 평가하는 데는 어느 정도까지 수치로 나타낼 수 있도록 하는 評價方法이 필요하다.

1) 운전성능 평가법

미국의 자동차메이커와 석유메이커가 공동으로 개발한 운전성능 평가법인 드라이버비리티 디메리트(driveability demerit) 指數算出法에 대하여 설명하면 다음과 같다. 이는 각종의 운전현상의 평가를 디메리트 指數(부조화 점수)로 나타내고자 하는 것으로서 표 I-1과 같다. 표의 세로방향에는 운전현상의 不調和 項目을, 가로방향에는 부조화의 크기와 그 현상이 일어남

表 I-1 드라이버비리티 디메리트 지수산출법

항 목		부조화의 크기(demerit)			중요도계수
		소	중	대	WF
시동	타임	시동시행회수×시간(초)−2.0			1
	엔진스톨	6			3
주행	엔젠스톨	6			7
	헤지테이션	1	3	6	4
	스탬풀	1	3	6	4
	백파이어	1	2	3	4
	서지	1	2	3	3
	스트레티니스	1	2	3	3
	아이들라프니스	1	2	3	1
운전성 부조화 점수=〔부조화의 크기〕×〔중요도 계수의 합계〕					

으로써 기관에 주는 영향의 크기를 표시하는, 즉 영향의 중요도를 나타내는 重要度係數(weighting effector : WF)를 나타내고 있다. 그리고 표의 아래에는 부조화의 合計點數를 산출하는 식이 있어서 그 기관(차)의 시동으로부터 난기운전 과정의 부조화 정도를 점수로 표시하도록 되어 있다.

실제의 평가를 정하여진 시동과 주행의 난기주행 스케줄에 따라 훈련된 테스트 드라이버에 의하여 그림 I-1과 같은 스케줄에 따라 시험이 이루어진다. 여기서 산출된 합계점수가 적을수록 運轉性能이 좋고, 不調和現象이 적게 일어난다는 것이 된다.

표 가운데 사용되고 있는 운전성 부조화현상에 관한 용어는 다음과 같다. 기관시동 후의 暖機性(warming up) 혹은 暖機走行 중 등에서 조작에 잘못이 없음에도 불구하고 기관이 한 순간 정지하는 것을 엔진 스톨(engine stall)이라고 한다. 또한 난기주행 중 등에 停車狀態로부터 발진하거나 교차점

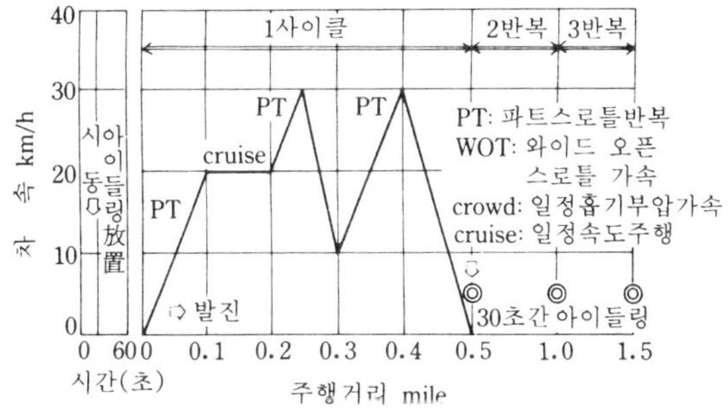

(a) 시동, 난기주행스케줄(1~3 사이클)

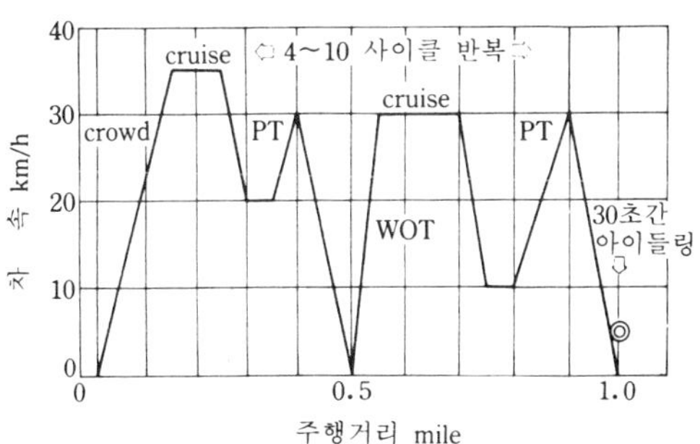

(b) 시동, 난기주행스케줄(4~10 사이클)

그림 I-1 난기주행 스케줄 (1~10 사이클)

안을 회전하기 위하여 徐行으로부터 加速運轉하고자 할 때 가속페달을 밟았음에도 불구하고 그 직후 한 때 가속이 되지 못하여 차속이 이에 따르지 않게 되거나 가속된 직후 차에 대하여 크게 감속감을 느끼게 하는 기관의 회전상태가 고르지 못한 숨쉬기 현상 등에 의하여 차의 方向轉換에 지장을 갖어오게 하는 경우가 있다. 이와 같은 현상들에 대하여는 앞의 것을 헤지테이션(hesitation), 뒤의 것을 스텀블(stumble)이라고 한다. 어느 경우나 混合氣가 한 순간 희박하여져서 불완전한 연소의 상태가 계속적으로 몇번 일어나기 때문에 발생하는 현상이다.

그리고 위에서와 동일의 暖機走行時에 가속페달을 急全開하였을 때에도 역시 混合氣의 과희박으로 인하여 다음의 사이클의 흡·배기밸브 오버랩 때 흡기매니폴드 내에서 逆火를 일으키게 하고 정상적인 연소를 할 수 없게 만들어 出力의 저하와 그것이 원인으로 되어 숨쉬기 현상을 느끼게 하며 때로는 그 폭발음이 차의 운전석까지 들려오는 현상을 나타내는 경우가 있고 이것이 앞에서 설명한 바 있는 백 파이어(back fire)이다.

서지(surge)현상은 일정의 속도로 차가 주행하거나 가속페달을 천천히 밟을 때 차가 앞뒤로 약간씩 요동하는 상태를 가리킨다. 混合氣의 농도 혹은 점화시기의 잘못된 설정 등에 의하여 燃燒狀態가 안정되지 않음으로써 토크의 변동이 거칠게 되고 그것이 구동계와 변속기를 포함한 클러치 등 조종계의 固有振動數와 同期하여 일어나는 경우의 현상으로서 그 진동은 매초 10사이클 이하인 저주파의 것이다.

스트레치네스(strechiness)현상은 근본적으로 기관의 기본적인 메칭 단계에서 스로틀밸브의 개도에 대한 토크의 증대되는 방법이 線形的이 되지 못하도록 설정된 경우에 느끼는 토크의 不連續感을 지칭한 것으로 혼합기가 순간적으로 적당하지 못하게 되기 때문으로 일어나는 현상은 아니다.

아이들 라프니스(idle roughness)란 기관의 거친 아이들링 상태를 말한다. 혼합기가 지나치게 희박하거나 반대로 너무 농후하여 연소한계에 가까운 조건에 있으면서 가끔 발생하는 失火에 의하여 기관이 불규칙적으로 요동, 그 진동이 변속기의 레버를 거치거나 혹은 기관의 마운팅으로부터 운전석의 바닥과 시트 혹은 조향 핸들을 거쳐서 사람에게까지 전달되는 振動現象을 가리킨다. 진동레벨은 높으나 규칙적인 것과는 구별되며 운전자에 불쾌감과 동시에 불안감을 준다.

표 가운데 不調和의 크기가 小, 中, 大로 나타내어져 있다. 小는 전문적으로 훈련된 전문 운전자가 느낄 수 있는 정도를 가리키고, 大는 청각이 둔한 할머니와 같은 운전자일지라도 쉽게 알 수 있는 정도를 지칭하며, 中은 자동차의 운전을 좋아하는 사람정도이면 대체로 느끼는 정도을 말한다.

2) 평가결과의 한 보기

다음에 나타내는 보기는 미국의 배출가스 규제가 聯邦(49주) 및 캘리포니아주에서 한 단계 강화된 1975년 모델용 試驗車를 앞에서 기술한 運轉性能評價法을 사용, 평가한 결과이다. 75년 모델은 70년에 성립시킨 미국 배출가스 규제 마스키법(내용이 지나치게 엄하여 기술적인 대응이 어려워서 연기와 일부 완화가 이루어져 왔다)으로의 옮겨져 가고 있는 과정의 것으로 그 가운데에서도 캘리포니아주의 것은 자동차용 촉매를 처음으로 필요로 하는 레벨의 것으로 당시의 走行水準으로 그 배출가스 성능과 운전성능을 양립시키기에는 대단한 어려움이 따른다. 시험차는 75년 모델이 5대로 그 가운데 캘리포니아 사양이 3대, 49주 대응형이 2대로서 전자에 대한 배출가스규제 레벨은 후자에 비하여 한 단계 엄한 것이다. 운전성능의 相對比較車로서 일본車 74년 모델을 2대, 미국車 2대를 준비하고 테스트의 리스트를 표 I-2의 좌측에 나타내었다. No.3과 No.7은 EGI(Eletronic Gasoline Injection) 사양, 그 밖의 것은 기화기 사양이다.

평가자에는 차의 운전성능을 평가하는 기술자와 기관의 개발기술자가 4인, 운전성능평가를 직접 업무로 하지 않는 車體나 電裝品을 담당하는 기술자 5인이 선발되었다. 평가결과 가운데에는 전자를 프로 드라이버, 후자를 엔지니어가 한 것으로 기입되어 있다.

표 I-2는 기관이 완전히 暖機된 상태에서 프로 드라이버와 엔지니어가 실시한 평가의 결과를 나타낸 것이다.

표 I-2에서 왼쪽 난의 반에는 테스트 드라이버 4인에 의한 평가의 補正平均値를 나타내고 또한 오른쪽 난에는 각각의 평가자에 의한 평가점의

表 I-2 시험차운전성능평가결과(난기상태)

프로드라이버(4인)에 의한 평가				프로드라이버와 일반 엔지니어에 의한 평가			
No.	차량	부조화점	부조화항목	0	10점	20	30 40
1	'75-C-1	10*점	SU	EE PP	P		
2	'75-C-2	21	HE, SU, STR	EEE	PP P		P
3	'75-C-3	21	HE, STU	E EEP P	P	P E E	P
4	'75-F-4	14*	HE	EEE P	P E P		
5	'75-F-5	10*	HE, SU	E P	P E		
6	'74-1	25*	HE	E P		E PP	
7	'74-2	18*	HE, SU	EE P	E P P		
8	美國차-1	21	HE, IR	E P	P	P	P E
9	美國차-2	17	HE, STU	EE PP	E P	P	

F : Federal(49주 사양)
C : California 사양
*4인의 프로드라이버의 보정평균치
(1인의 평가강도율을 써서 보정)

HE : Hestitation
STU : Stumble
SU : Surge
STR : Stretchiness

I.R : Idle roughness
E : 엔지니어
P : 프로드라이버

차이나는 값을 나타낸다. 오른쪽 그래프에 따르면 프로 드라이버의 평가점에도 약간의 들쑥 날쑥한 차이나는 값이 있고 또 엔지니어 가운데는 부조화를 거의 느끼지 못한 레벨의 사람도 있음을 알 수 있다. 이와같이 사람에 따라 평가치는 같지 않으나 표 I-2의 왼쪽으로부터 개발도상인 75년 모델의 실력을 시판차와 비교하여 수치로 바꾸어서 평가할 수 있다. 그림 I-2는 0∼-20℃인 外氣條件下에서 하룻밤 사이를 방치한 차에 대하여 기관의 시동으로부터 시작하여 주행스케줄(그림 I-2)에 따라 10사이클의 주행을 하였을 때 그 동안 발생되는 운전성능상의 부조화 항목과 그 크기를 시시각각으로 평가하여 指數算出法(표 I-1)으로 정리한 결과를 나타낸 것이다(그림 I-2). 74년 모델차의 디메리트 지수가 100 이하이므로 75년 모델의 시험차의 목표 레벨을 100 이하라고 하면 각각의 차량에서 개선의 여지가 있음을 알 수 있다.

예를 들면 '75-C-1車는 -20℃ 부근의 세팅에서는 좋으나 0℃에 가까운 곳이 적절하지 못하다.

그리고 '75-C-2차는 -10℃ 가까이에서 위아래로 데이터가 고르지 않는 특징을 파악할 수 있다. 디메리트 指數의 높은 차인 경우는 기관시동 후의

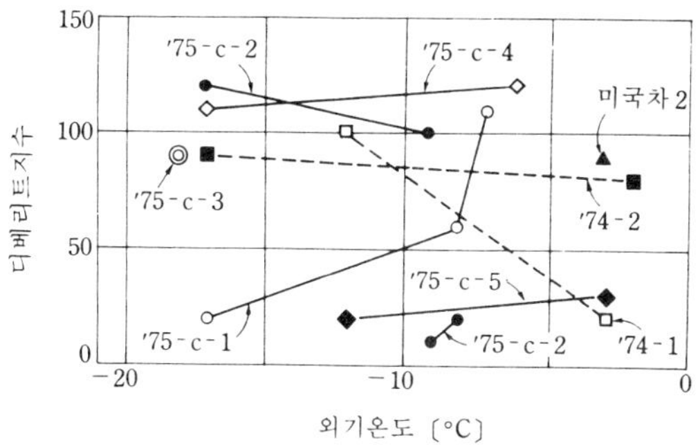

그림 I-2 시험차 운전성능평가결과(시동, 난기주행)

엔진 스톨 혹은 走行에 들어가서부터의 엔진 스톨이 디메리트지수와 중요도 指數(WF)의 크기의 영향에서 문제로서 현저하게 표출되는 결과로 나타나 있다.

이 실험에서는 不特定의 다수 市販 가솔린을 사용하였기 때문에 가솔린의 性狀이 달라짐에 따른 運轉性能이 달라지게 되는 요인도 포함되어 있다(가솔린의 성상과 운전성에 대하여는 앞에서 설명한 바 있다).

디메리트 指數가 가장 낮은 '75-C-5 車만이 M/T 사양인데 대하여 그 외의 것은 모두 A/T 사양이고 난기과정에서의 오토메틱車 특유인 "D" 렌지에서의 아이들링 지속의 어려움을 나타내고 있다. "N" 렌지에 비하여 부하가 약간 걸려있어 회전을 저하시키기 때문이다. 이 문제의 해결에는 그뒤 자동적으로 회전속도가 일정의 값이 되도록 하는 改善策이 취하여 졌다.

이상은 車의 운전성능을 수치로 바꾸어서 평가를 하도록 시도한 하나의 보기이다.

3) 부조화현상의 발생기구

여기서는 드라이버비리티 디메리트(driveability demerit) 指數算出方法인 곳에서 논의된 바 있는 부조화 항목(표 I-1) 가운데 스텀블(stumble), 헤지테이션(hesitation) 그리고 엔진 스톨(engine stall) 등 중에서도 그다지 알려져 있지 않는 아이싱(icing)에 이한 스톨현상에 대하여 그 발생되는 이유에 관하여 설명한다.

a) 스텀불, 헤지테이션

운전자가 가속페달을 밟았을 때 기관의 擧動은 기관과 기관의 출력을 흡수하는 電氣動力計를 접속하는 軸(propeller shaft) 부위에 토크미터를 부착, 여러가지의 가속조건을 정확성 있게 재현하여 그때마다 발생되는 출력의 상태를 조사함으로써 알 수 있다.

그림 I-3은 氣化器의 스로틀밸브를 조절, 차속 20〔km/h〕상당의 기관회전속도로 하고 이 상태로부터 스로틀밸브를 3초가량에 걸쳐서 全開하여 가속을 시켜서 그 때의 축토크를 펜레코더에 기록한 결과이다.

계측계에는 하이컽 필터를 넣어서 연소가 정상적인 상태로 연속되고 있을

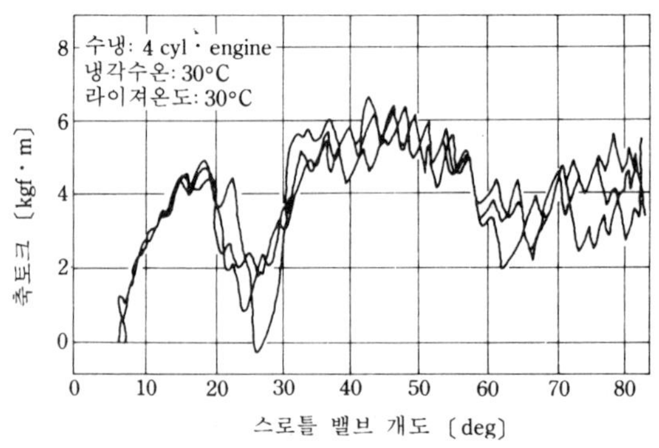

(a) 20〔km/h〕로부터의 중가속 (숨쉬기 있음)

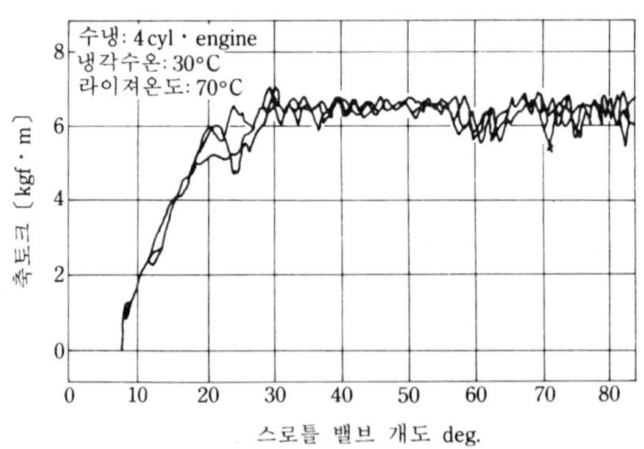

(b) 20〔km/h〕로부터의 중가속 (숨쉬기 없음)

그림 I-3 가속시의 숨쉬기 현상

때 발생하는 주파수의 높은 토크변동은 減衰되어 기록되고 수사이클 계속적으로 失火가 발생, 토크가 크게 떨어지는 양상은 감쇠되지 않은체 기록되도록 되어 있다. 그림의 상단에 不調和現象의 하나인 숨쉬기(idle roughness의 일종)를 발생한 경우－그림의 (a), 하단에 숨쉬기를 발생하지 않은 때의 양상－그림 (b)를 나타낸다.

(a)의 스로틀밸브 개도 20～30°에서 발생되고 있는 토크 커브의 저하는 실제 차의 운전시 저속으로부터 가속할 때 가속페달을 밟은 직후에 느끼는 숨쉬기현상에 대응하고 있으며 이것이 스텀블(stumble)에 상당하는 것이다. 그리고 스로틀밸브 개도 60～70°에서 발생되고 있는 완만한 토크 커브의 저하는 페달을 밟고 나갈 때 순발력이 모자라는 어떤 가속력의 부족감을 느끼도록 하는 것이다. 이에 대하여 (b)는 연소가 거의 정상적으로 이어져서 숨쉬기현상이나 加速不良을 느끼지 못하는 레벨의 것이며 그림에는 각각 3회의 가속시험결과가 동일의 기록지 상에 겹쳐서 기록되어 있어 現象의 再現性이 있음을 알 수 있다.

그리고 위에서 나타내고 있는 것과 같은 숨쉬기현상이나 가속불량이 발생하는 원인을 氣化器 사양인 경우에 대하여는 다음과 같이 생각할 수 있다.

일반적으로 쓰여지고 있는 고정벤투리식 기화기에 있어서는 燃料谿를 크게 나누어서 메인계, 슬로계, 파워계, 가속계, 초크계로 성립되어 있고 거기에 넓은 범위의 운전영역을 감당할 목적으로 1次(primary)와 2次(secondary)의 2系統을 가지고 있다.

기관이 더워진 상태에서 출력성능, 연료 경제성, 배출가스성능, 운전성능에 대하여 충분히 적합하게 대처될 수 있는 氣化器 일지라도 기관이 低溫下에 놓이게 되고 또한 加減速과 같은 과도적인 운전상태가 주어졌을 때 연료의 기화성, 공기와의 비중의 差 등이 원인으로 되어서 기관이 요구하는 混合氣의 공급이 적절하게 이루어지지 못하는 경우가 있다. 물론 氣化器에는 기관이 냉각상태에 있을 때 작동하는 초크계가 있어 요구에 맞추어서 농후한 혼합기를 공급하도록 되어 있고, 이 경우 실제로 공급되는 연료의 양은 증가되고 있으나 燃燒에 유효하게 기여하는 연료는 그 氣化成分에 해당되는 분 뿐이 되고 연소에 직접적으로 관여하는 空燃比로서는 난기상태의 초크계를 작동시키지 않았을 때의 공연비와 그다지 달라지는 것은 아니다.

이와같이 기관이 냉각된 상태에서 과도상태의 운전조건하에 놓이게 되면 기화기의 燃料系統의 구성으로부터 오는 아래와 같은 특성이 두드러지게 나타나게 된다.

① 슬로~메인계의 이음(연계)이 불량하게 되고 또한 일시적으로 混合氣가 過稀薄(over lean)상태로 된다.

② 가속펌프로부터 분출된 연료가 유효하게 이용되지 못하기 때문에 일시적으로 혼합기가 과희박상태로 된다.

③ 1차와 2차의 連繼不良에 의한 혼합기의 過稀薄化

즉 위에서 기술한 바와 같은 본질적인 특성에 더하여 흡기매니폴드 내의 壁流(wall flow)化의 비율이 증가되고 따라서 氣化成分의 비율이 감소되기 때문에 연소실에 공급되는 혼합기의 과희박에 한층더 박차를 가하는 것이 된다. 그림 I-3 (a)의 스로틀밸브 개도 20~30°에서 발생하고 있는 토크의 돌발적인 저하는 위에서 기술한 가운데 ①, ②가, 그리고 60~70°의 토크 저하는 ③이 주원인이 된다. 이상은 기화기의 연료 미터링(metering)의 기본구성의 영향으로부터 오는 기관의 過渡性能의 악화를 설명한 것이다. 그러나 실제로 그림 I-3인 경우의 (a)와 (b)에서는 기화기는 모두 동일의 것이고 기관의 운전조건, 이 경우는 어느 부분의 溫度條件을 달리하였을 경우이고, 즉 (a)는 난기도중, (b)는 난기 후의 온도조건이다.

가솔린기관에서는 暖機運轉을 빠르게 하여 각 실린더로의 혼합기의 분배를 고르게 함으로써 양호한 운전성능을 얻기 위하여는 흡기매니폴드의 가열로 그 열을 이용, 혼합기를 더웁게 하는 것이 유효하다. 흡기매니폴드를 가열하는 방법으로서는 기관의 형상, 구조에 따라서 다르나 배출가스나 혹은 온수를 이용하여 가열하는 방식이 실용화되고 있다.

기관이 냉각되어 있는 상태에서는 흡기매니폴드 내의 혼합기는 일부의 가솔린만이 기화될 정도로서 나머지 대부분의 가솔린은 粒子狀態로 기류속에 浮遊하는 상태에 있거나 관벽을 따라 흐르고 있는 상태에 있다. 흡기매니폴드 내에서는 가솔린의 기화가 吸氣負壓에 의하여 달라지게 되며, 즉 저부하로 운전되고 있을 경우는 흡기매니폴드 내의 부압이 높으므로

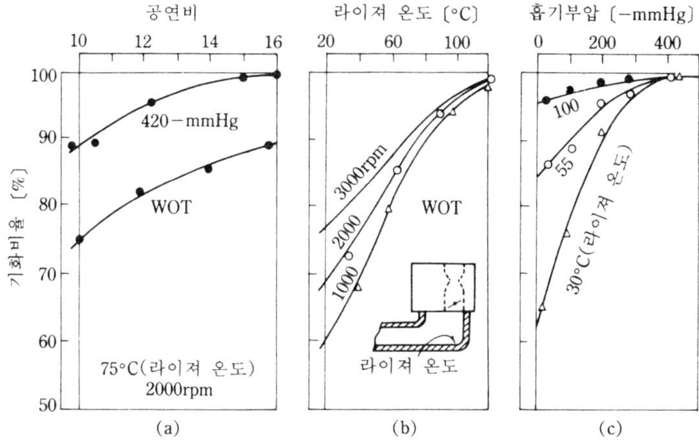

그림 I-4 흡기매니폴드 내에서의 가솔린의 기화비율

氣化(evaporation)가 촉진되나 이에 반하여 高負荷, 低速運轉에서는 吸氣負壓이 극단적으로 낮아지므로 가솔린은 기화되기 어려워진다. 그림 I-4는 기관의 정상운전상태에서의 흡기매니폴드 내에서의 가솔린의 氣化比率을 측정한 데이터를 나타낸 것이다.

여기에 나타내져 있는 氣化比率이란 흡기매니폴드의 後流에서 실린더 헤드로의 접속부에 가까운 위치에서 완전하게 기화된 가솔린과 10μm 전후의 크기로 매니폴드 내의 氣流 중을 부유하고 있는 입자상태인 가솔린을 동시에 채취하여 전체 공급량과의 비율로 나타낸 것이다. 이 측정결과에 따르면 高負荷보다 低負荷運轉條件이 그림 I-4(a), (c), 기관 회전속도가 높은 쪽이 그림 I-4 (b), 그리고 라이저(riser) 온도가 높은 쪽이 그림 I-4(b), (c) 기화비율의 높다는 것을 나타내고 있다.

한편 기관의 過渡運轉狀態에서는 예를 들어 低速走行狀態로부터 가속페달을 밟아서 가속하는 때 기화기 사양인 경우에는 연료계 가운데 슬로계의 비율이 높고, 메인계는 비율이 낮으며 가속에 의하여 메인계가 증가되는 상태에 있다. 그 메인계의 벤투리부의 공기의 유속이 충분히 크지 않음으로써 메인 노즐로부터 분출하기 시작하는 연료는 液狀이고 더구나 방울져 떨어지는 滴下狀態에 있으며 충분한 微粒化가 이루어져 있지 못하다. 또 가속 노즐로부터 분사되는 연료도 粒子狀態로 액체인 그대로이므로 흡기매니폴드의 안에서의 氣流 속에 부유하게 되어 연료의 효과적인 수송은 기대하기 어렵다. 이와 같은 때 흡기매니폴드의 가열은 유효하게 작용하여 가솔린의 기화를 촉진, 기화기의 연료계통 사이의 연계를 도와주게 된다.

여기서 다시 그림 I-3에 되돌아가서 그림의 왼쪽 위에 있는 라이저 溫度項目 중 (a)는 30℃, (b)는 70℃이다. 이 실험에서는 라이저 온도의 운전성능에 미치는 영향을 명확하게 하기 위하여 냉각수 온도는 40℃로 동일하게 하고 있다. 라이저란 기화기 사양이나 SPI의 스로틀 보디가 부착되어 있는 바로 아래의 내벽부분을 말한다. 計量되어 분출되는 연료가 기류와 함께 강하되면서 라이저부에 충돌, 경유한 다음 흡기매니폴드의 分岐部로 분배되어지며 이 부위를 핫스포트(hot spot)라고도 한다. 그림은 이 흡기매니폴드 내의 라이저부 온도의 중요성을 나타내는 것이 되고, 그림 I-5는 라이저부의 온도가 가솔린 성상과의 관계에서 운전성능에 어떻게 영향을 미치는가를 조사한 결과이다.

앞에서 설명한 것과 같이 臺上實驗에서의 과도운전실험에서 蒸溜狀態(distillation)을 대폭적으로 변화시킨 시험용 가솔린을 사용, 가속실험을 하여 숨쉬기의 크기를, 토크의 변화량과 車의 等價 慣性質量으로부터 차의 전후 방향의 가속도로 환산하여 나타낸 것이다. 供試 가솔린의 증류성상(그림 I-6)과의 관계를 비교하여 보았을 때 유출비율로서 30~40〔%〕에 대한 유출

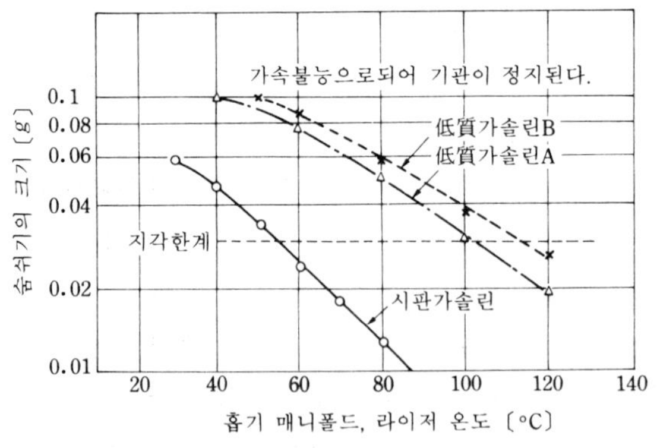

그림 I-5 라이저온도와 숨쉬기의 크기－가솔린 성상에 의한 변화

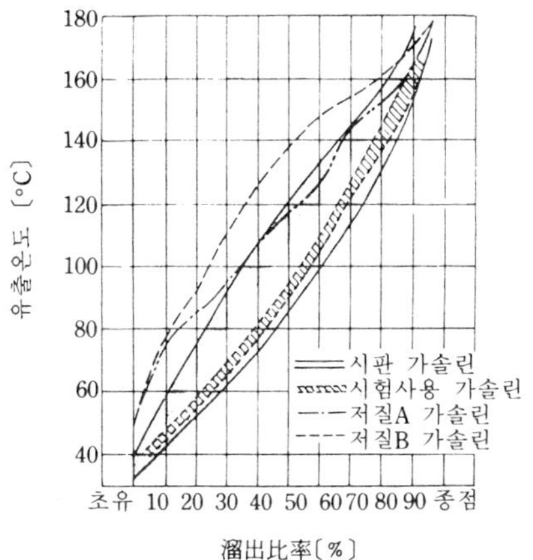

그림 I-6 실험에 사용한 가솔린의 증류성상

온도와 그림 I-5의 사람이 운전석에 있으면서 느끼는 전후방향의 가속도의 知覺限界레벨이 나타내는 흡기매니폴드의 라이저온도 사이에 거의 상관관계를 나타내고 있음을 알 수 있다.

이것을 다른 쪽에서 보면 가솔린의 性狀이 일정한 경우는 라이저온도의 높은 쪽이, 또 라이저온도가 일정의 경우는 溜出溫度의 낮은 성분을 많이 함유하는 가솔린 쪽이 운전성능이 좋다고 하는 것을 나타내는 것이 된다.

이상 氣化器 사양의 기관인 경우를 중심으로 추울 때 기관의 暖機課程에서 숨쉬기나 加速不良이 어떻게 하여 일어나는지를, 또 그들의 현상을 일으키지 않도록 하기 위한 기관으로서 갖추어야 할 조건 등에 대하여 설명하였다. 다음 EGI 사양인 기관에 있어서는 吸入空氣量을 계량하여 소정의 空燃比가 되도록 연료량을 정밀하게 계산한 다음 연소실의 입구인 흡기포트에 가장 가까운 거리로부터 연료를 분사하므로 기화기나 SPI 사양과 같이 燃料供給裝置와 연소실 사이에 용량이 큰 흡기매니폴드가 있어서 그 속에서의 연료와 공기의 비중이 다름으로써 생기는 연료의 수송지연과 같은 큰 지연요소는 없다. 그러면서도 EGI 사양 일지라도 인젝터(injector)로부터 분사되어 100～200 μm 정도인 粒徑으로 분열, 원추상태로 퍼진 가솔린은 그 중심부가 연소실에서 고온에 접해져 있는 흡기밸브 뒷쪽의 우산모양을 한 부분에 충돌하고 주변부는 기관의 냉각수에 의하여 덥혀져 있는 흡기포트의 벽에 접촉하여 加熱, 기화가 촉진된다. 이는 기화기 사양인 경우의 흡기매니폴드 라이저부에 의한 氣化促進과 같은 효과를 가지게 한다. 따라서, 기관의 시동 직후에 흡기밸브와 흡기포트 벽의 온도가 아직 낮고 기화촉진 기능이 충분하지 못한 사이거나 가솔린의 조성에 따라서는 그 일부가 고온의 흡기밸브 뒷면 우산모양으로 된 부분에 접촉하여 일부 쩌지는 상태로 되어서 그 부분에 디포지트(deposit)로서 퇴적되고 그 결과 가솔린의 氣化促進效果가 떨어지는 경우에는 EGI 사양일지라도 기화기 사양과 같이 스텀블(stumble)을 일으키는 경우가 있을 수 있다.

물론 EGI 사양에 있어서도 기관의 냉각수 온도나 吸入空氣의 온도의 계측된 값을 사용하여 기관의 저온시에 가솔린의 기화율이 낮아지는 분만큼 연료량을 보정하여 주는 것은 물론이다. 단, 기관의 過渡狀態에서는 空氣流量計에서 계량된 공기량과 실제로 실린더에 흡입되는 공기량이 그 중간에 어느 체적을 가진 흡기매니폴드가 있기 때문에 달라지는 경우가 있고, 또 일정의 공기량으로 주행하고 있을 때 가속페달을 밟아서 가속하는 때에는 計量과 計算에는 약간의 차이이기는 하지만 시간이 걸리므로 過渡運轉時의 空燃比가 적절치 못하게 되는 때가 있으며, 가속페달을 밟았을 때 한순간 주춤거린 다음 토크가 되살아나는 경우가 있다. 기화기 사양에 있어서도 차의 감속상태에서는 燃料經濟性과 배출가스의 淸淨化의 목적으로 때에 따라서 연료의 공급을 컷(cut)시키고 있으므로 그 사이에 흡기매니폴드 내에 벽류로서 잔류하고 있던 가솔린이 高吸氣負壓下에 기화하여 소비되어 버리기 때문에 비교적 오랫동안의 감속상태가 있은 후의 加速時에는 토크의 회복이 한순간 늦어지는 일이 있다. 이와 같은 종류의 현상을 헤지테이션(hesitaion)이라고 한다.

b) 기화기의 결빙에 의한 엔진스톨

氣化器의 結氷(icing)은 기화기 내부에서 吸入混合氣가 스로틀링된 부분을 통과할 때 팽창에 의한 냉각과 가솔린의 氣化熱에 의한 冷却에 의하여 흡기중의 수분을 결빙시키는 현상을 말한다(그림 I-7). 결빙을 일으키는 곳은 스로틀밸브와 벤투리의 부분이며 앞의 것은 아이들링 때 생기고 뒤의 것은 흡입공기량이 클 때이며, 따라서 全開出力運轉에 가까울 때 생기는 것이 일반적 현상이다.

기화기의 결빙은 운전조건 외에 기관 또는 기화기의 구조나 사용하는 가솔린에 따라서 달라지게 되며 흡기온도 +10℃ 이하, 습도 80% 이상의 상태에 있으면 일단, 발생의 가능성이 있는 것으로 생각하여도 좋다. 기화기를 사용하여 실험한 결과에 따르면 吸入空氣溫度 약 50℃ 인 때 국부적인 溫度降下는 21℃ 이었으며, 그림 I-8 은 공기온도와 습도 및 결빙과의 관계를

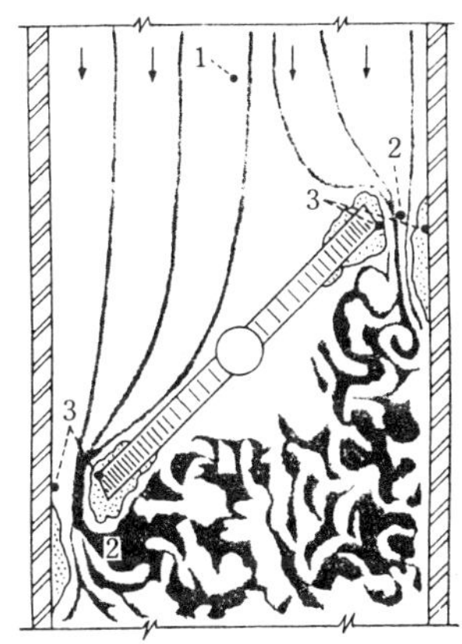

그림 I-7 스로틀밸브부의 공기의 흐름과 아이들링의 설명

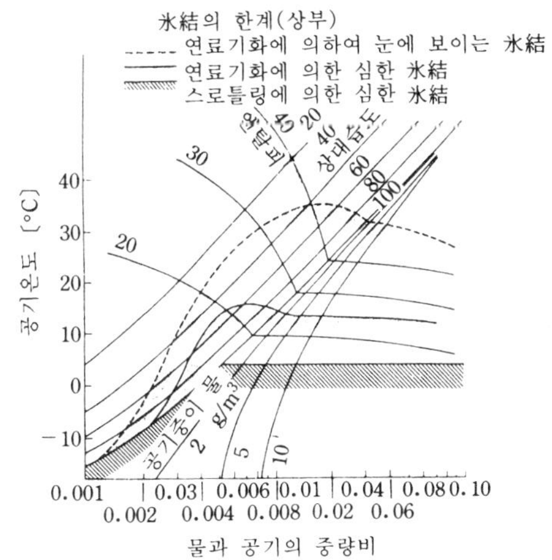

그림 I-8 공기온도, 습도와 아이싱과의 관계

나타낸 것이다.

實車走行 중의 트라블로서는 寒冷時나 이른 봄철 약간의 기온이 떨어진 때의 降雨時期에 기관시동 후 아이들링이나 기관각부가 충분히 더워지기에 앞서 교차로 등에서 신호대기 때 정차 중의 아이들링시에 생긴다. 結氷이 일어나면 아이들링상태가 점차 원활하지 못하게 되고 또한 아이들링속도가 떨어져서 끝내는 기관이 정지되기에 이른다. 기관이 정지하게 되면 결빙은 바로 녹아버리고 기온이나 습도 등의 조건이 달라지게 되었을 때에는 반드시 재현되는 것은 아니므로 느끼지 못한체 지나쳐버리는 경우가 많다.

結氷은 사용하는 가솔린에 의한 영향이 커서, 氣化性(volatility)이 좋은 가솔린을 사용할수록 결빙을 일으키기 쉽다.

結氷을 방지하는데는 기화기를 가열하는 것이 유효하나 퍼컬레이션(percolation)을 일으킬 염려가 있으므로 일반적으로 氣化器는 과열되지 않도록 하는 편이 좋다. 따라서, 흡기매니폴드로부터의 傳熱을 적절히 이용하여 기화기의 스로틀챔버를 더웁게 하거나 추울 때만 배기매니폴드의 주변으로부터 더워진 공기를 유도하여 흡입공기의 온도를 높이는 등하여 결빙을 방지하는 방법 등이 취해지고 있다.

EGI 사양에서도 스로틀챔버에 기관의 냉각수를 유도, 가열하여 上流로부터 오는 新氣 중에 흡입되어 있는 블로바이가스 중의 수분이 스로틀링되는 곳에서 아이싱이 일어나지 않도록 하고 있다.

(3) 여름철의 運轉現象

車가 지극히 더운 환경에 놓이게 되면 앞에서의 추울 때와는 또 다른 원인으로 여러가지의 不調和現象을 일으킨다. 현상 그 자체는 엔진스톨이나 加速不良 등 공연비가 적절하지 못한 상태로 되기 때문에 일으키게 되며 추울 때와 기관이 나타내는 거동은 유사하다. 이것들 부조화의 현상을 해석, 대책을 세우기 위하여는 현지에서의 차의 운전상태에 관한 기초 데이터를 취하고 거기에 알맞는 환경조건과 운전조건을 자유로히 설정될 수 있는 섀시다이나모미터 상에서 재현하는 방법이 실행되고 있다.

1) 운전성능 평가법

耐熱評價試驗法으로서는 극히 뜨거운 여름철에 비교적 고도가 큰 산에 오르는 登坂道路 주행을 한다. 이때 주의할 것은 公道에서의 專門的인 評價走行은 바람직하지 않으므로 같은 도로이거나 그것에 유사한 도로에서 얻어지는 外氣溫度, 日照條件, 鋪裝道路로부터의 복사열, 그것에 도로구배 등의 조건에서 정하여지는 변속기어의 위치, 기관의 회전속도, 부하조건을 참고로 하여 그림 I-9의 예와 같은 평가를 한다. 그림에 의하면 외기온도 30℃에서 6분간의 登坂走行, 일시정차하여 8분간의 아이들링, 재차 6분간의 등판주행, 14분간의 정차 중의 아이들링과 34분의 모이등판주행으로 되어 있다. 이 34분의 모이주행을 하고 그동안 시시각각으로 기관이 나타내는 不調和現象을 기록한다.

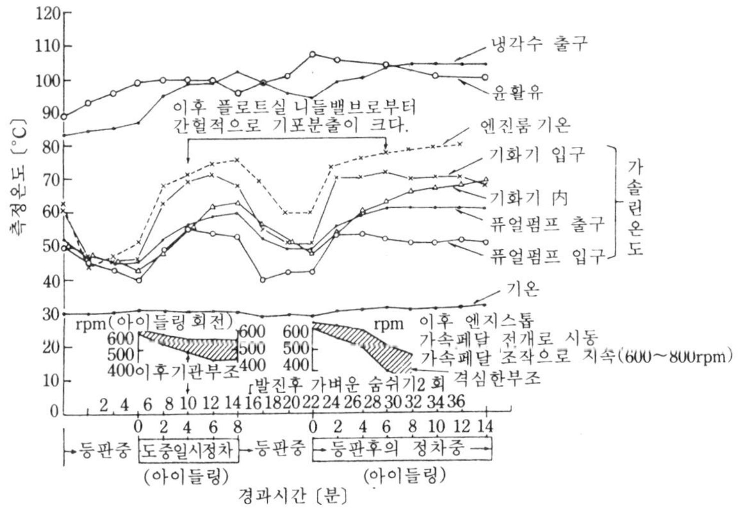

그림 I-9 내열성평가와 평가 예

2) 평가결과의 한 예

그림 I-9에서 볼 수 있는 것과 같이 엔진룸 내의 공기, 가솔린, 기관의 냉각수(출구) 등의 온도는 주행중 보다도 停車 직후부터 상승하기 시작하여 수분동안은 상승이 계속된다. 이것은 정차에 의하여 車速과 冷却팬에 의한

空冷의 효과가 감소되고 또한 기관의 냉각수의 순환량이 감소되거나 거의 정체되므로 기관의 고온부로부터의 열을 받기 쉬워지기 때문이다. 거기에 더하여 고온으로 되어 있는 鋪裝路面으로부터의 열이나 直射日光에 의하여 고온으로 되어 있는 후드(hood)로부터의 열을 받아서 엔진룸 내 각부의 온도는 더욱 상승되기 때문이다. 그리고 고온으로 된 연료계의 내부에 있는 가솔린의 유속은 停車 아이들링시에는 보다 떨어지므로 점점 가열되기 쉬워지며, 가솔린의 온도가 점차 높아지게 되고 재차 발진하게 되면 그림에서와 같이 기관의 冷却水出口溫度를 포함, 각부의 온도는 낮아진다. 이것은 앞에서 기술한 정차에 의한 냉각상의 악조건이 해소되기 때문이며, 그림 I-9의 시험은 기화기 사양인 차의 경우이고 그림의 내용을 잘 보면 아이들링이 지속되는 동안 기관의 회전속도가 저하되어 不調和現象을 일으키거나 엔진스톨의 발생 혹은 재시동과 그 뒤의 아이들 지속이 운전자의 조작에 의하여 이루어지고 있음을 알 수 있다. 또 재발진 후 가벼운 숨쉬기(스텀블)을 발생시키거나 또는 그림에는 나타내어져 있지 않으나 이어서 고속회전까지 가속을 시키게 되면 그 도중에 가속이 어려워지게 되는 경우도 있다.

이와 같은 不調和現象은 여름철 해수욕장의 주변도로에서 정체로 인한 느린 속도로 주행할 때 등에서 경험할 수 있다.

EGI 사양의 車에 있어서도 登坂이나 혹은 느리게 주행한 뒤의 재시동시는 크랭킹을 하여도 바로 시동되지 않는 경우가 있다.

다음은 부조화의 대표적인 현상인 베이퍼 로크(vapor lock)와 퍼컬레이션(percolation)에 관한 설명이다.

a) 베이퍼 로크

베이퍼 로크는 엔진룸 내 燃料系의 부품이나 연료파이프 내에서 가열에 의해 발생된 가솔린의 베이퍼에 의하여 연료계의 일부가 폐쇄되어서 연료의 부족으로 기관을 不調和하게 만드는 현상인 엔진스톨, 재시동곤란, 가속곤란 등을 말한다.

베이퍼 로크는 베이퍼의 발생정도와 베이퍼의 處理能力에 의하여 現象의 정도가 결정되며, 즉 가솔린이 고온이고 저압으로 되어 있을수록, 또 가솔린의 性狀에 따라 베이퍼의 발생정도가 결정된다. 베이퍼 처리능력은 연료펌프 또는 기화기 등 연료계의 부품에 의하여 달라지게 되나 그 부분의 처리능력을 초과하는 베이퍼가 통과 또는 발생되면 베이퍼 로크를 일으키게 된다. 연료계 가운데에서 특히 연료여과기나 연료펌프의 입구쪽(흡입쪽)은 가솔린의 압력이 낮고 또한 고온의 위치에 배치되어 있는 경우가 많으므로 베이퍼의 발생되기 쉬운 부분으로 되어 있다. 그리고 연료펌프의 흡입쪽에 급하게 구부러지는 부분이 있거나 스로틀링되는 등하여 通路抵抗의 큰 부분이 있으면 한층 가솔린은 베이퍼를 발생하기 쉬워진다.

EGI 사양에서는 연료펌프로부터 기관의 흡기매니폴드부에 부착되어 있는 電磁솔레노이드밸브식의 인젝터까지의 연료계는 燃壓을 2.5〔kgf/cm²〕정도로 설정하여 베이퍼의 발생을 억제하도록 하고 있다. 그러나 登坂이나 혹은 느린 주행을 한뒤 기관을 정지시키고 난 잠시뒤 인젝터 가까이의 연료온도가 100〔℃〕를 넘는 상태로 되어 있으면 재시동의 크랭킹으로 인젝터의 밸브가 열렸을 때 밸브 근방의 연압이 순간적으로 대기압에 가까워지므로 그 순간에 베이퍼가 격심하게 발생, 인젝터 내의 가솔린이 베이퍼의 상태로 되어버린다. 그렇게 하여 그 현상이 계속되기 때문에 인젝터의 개폐시간으로 計量되는 연료의 양이 극단으로 감소해버리게 되므로 크랭킹을 계속하여도 쉽게 기관의 시동이 되지 않는 경우가 있다.

최근의 자동차용 기관은 高壓縮比化와 고속화에 의한 출력의 향상을 도모하여 왔기 때문에 熱負荷가 증가되어 있고 엔진룸 내의 부품이 密集化와 겹쳐서 기관 전체의 열적인 환경은 한단계 더 어려운 상태로 놓여지게 되었다. 또 사용되어지고 있는 가솔린도 기화성이 좋은 증기압의 높은, 가벼운 가솔린이 많이 쓰여지게 되었다. 따라서, 이상과 같은 열적인 불이익을 방지하기 위하여 위에서 기술한 불이익을 하나하나에 대한 요인을 규명, 기관의 본체, 각 부품, 연료계의 배치, 엔진룸 내의 통풍 등 세부적인 것에 이르기까지 설계상의 배려와 연구가 이루어지고 있다.

b) 퍼컬레이션

대단히 더울 때 등판도중 정차하였을 때나 혼잡한 市街地에서 發進과 停車의 빈도가 많은 경우의 정차 중에 기관의 아이들링 상태가 원활하지 못하게 되고, 때로는 기관이 정지하여 재시동을 하려고 하여도 가속페달을 완전히 밟지 않으면 시동이 되지 않을 때 등이 있다.

이것은 연료계 내에서 가열로 인하여 발생된 가솔린의 베이퍼 때문에 기화기로부터 필요한 양 이상의 가솔린이 흡기매니폴드 내로 밀려들어오거나 때로는 분출되면서 混合氣가 過濃(over rich)의 상태가 되어 기관의 운전상태를 원활치 못하게 하거나 재시동을 어렵게 하는 것으로 이 현상을 퍼컬레이션이라고 한다. 연료계 내의 가솔린은 주행중은 순환량이 많고 고온부분에 오랫동안 체류하고 있는 일이 없어서 과열되는 일이 적고, 氣化器와 흡기매니폴드는 가솔린의 기화열에 의하여 끊임없이 冷却을 계속하고 있다. 그러나 정차하게 되면 車速이나 팬(fan)에 의한 冷却, 가솔린의 기화에 의한 冷却作用이 거의 없어지게 될 뿐아니라 기관의 冷却水의 순환도 멈추어져서 수온이 상승되고 기관 내부의 열이나 배기계의 열이 엔진룸 내에 방열되면서 룸 안에 각부의 온도를 상승시킨다. 따라서 이때의 엔진룸 내의 연료계는 기관으로부터의 傳導熱, 輻射熱과 아래로부터의 열기,즉 對流熱에 접하게 되고 거기에 연료의 흐름이 거의 정지되므로 시간이 경과됨에 따라 연료계 내의 가솔린 온도가 상승되면서 베이퍼 로크를 발생하게 된다.

이와같이 하여 발생된 베이퍼의 압력에 의하여 베이퍼와 함께 액체상태의 가솔린이 기화기로부터 흡기매니폴드 내로 유출, 혼합기가 過濃으로 되어서 기관의 운전상태를 고르지 못하게 만들 뿐아니라 때로는 엔진스톨을 일으킨다. 기화기 사양의 퍼컬레이션 발생의 기구는 크게 다음의 3개로 나눌 수 있다.

(i) 플로트실의 넘침

氣化器 바로 앞의 연료계 일부가 과열되어 그곳에서 베이퍼가 발생, 베이퍼의 압력과 기화기의 니들밸브를 누르고 있는 힘과의 평형이 깨어지게

그림 I-10 퍼컬레이션 발생기구의 설명

되면 니들밸브를 거쳐 液狀燃料가(대부분의 경우는 베이퍼와 함께) 기화기 플로트실에 공급되면서 그 油面을 높이게 된다. 유면의 상승에 따라 증가된 니들밸브의 닫힘 힘에 대하여 발생하는 베이퍼의 압력이 높아지게 되면 끝내는 오버플로가 되어 연료는 베이퍼와 함께 넘치게 된다.

(ii) 플로트실 내의 통기불량

연료계 내에서 발생된 베이퍼는 그 체적에 상당하는 가솔린을 플로트실로 밀어낸다. 그런데 니들밸브를 통하여 플로트실에 들어간 베이퍼는 大氣壓에 가까운 압력이 되므로 갑작스럽게 팽창한다. 이들 베이퍼가 외부로 충분히 빠져나갈 수 있는 通氣孔(air vent hole)을 가지지 않으면 플로트실 내의 압력이 상승하여 유면을 밀어내려 기화기의 燃料通路로부터 液狀의 가솔린을 유출시키게 된다.

(iii) 기화기 내부의 氣泡에 의한 펌프작용

기화기의 플로트실로부터 메인노즐로 면하는 燃料通路의 내부에서 가솔린의 베이퍼가 발생하게 되면 플로트실 내의 가솔린을 기포의 펌프작용으로 외부로 유출시키게 된다. 이상과 같은 여러가지 다른 모양인 상태의 퍼컬레이션을 방지하기 위하여 앞에서의 베이퍼 로크인 곳에서 기술한 바 있는 諸熱的인 대책 외에 氣化器入口 부근에 分岐管을 설치하여 잉여분의 가솔린을 가솔린탱크 쪽으로 환류시켜서 아이들링시에 연료파이프를 흐르는 가솔린의 양을 증가시켜 고온의 엔진룸 내에서의 가솔린의 온도상승을 억제하고 이와 동시에 차 안에서는 비교적 온도환경이 좋은 가솔린탱크 쪽으로 뒤돌려서 系 全體의 온도상승을 낮게 억제시키도록 하고 있다. 본질적으로는 전혀 다른 현상이나 트라블이 발생하는 상태(증상)가 유사하여서

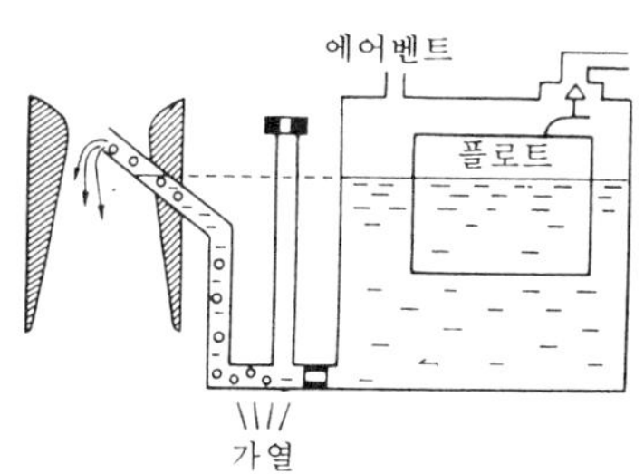

그림 I-11 메인노즐 기포펌프의 설명

각각 단독의 트라블로 발생하는 것보다 여러가지 복합적으로 유발하는 경우가 많으므로 일반적으로 퍼컬레이션을 베이퍼 로크와 혼동하고 있는 일이 많다.

최후로 兩者의 원리적인 차이점을 정리 종합하면 베이퍼 로크는 과열에 의하여 발생된 가솔린의 베이퍼로 인하여 연료펌프 등의 燃料供給의 정상적인 기능의 저해로 가솔린이 부족하게 되는 것, 즉 베이퍼 로크는 연료가 부족하거나 또는 혼합기가 過稀薄으로 되는 현상을 말한다.

퍼컬레이션은 과열에 의하여 발생한 가솔린의 베이퍼 때문에 연소실 내의 액상 가솔린의 일부가 베이퍼와 함께 흡기매니폴드 내로 밀려나오는 것으로 베이퍼 로크인 때와는 역으로 퍼컬레이션은 혼합기가 過濃의 상태로 되는 현상이다.

I-2 機關에 기인하는 車輛의 振動現象

차량의 基本性能 중 중요한 것 중에서 기관이 加振源으로 되어 발생하는 振動, 소음 가운데 아래의 항목에 대하여 그 현상과 대책을 중심으로 설명하면 다음과 같다.

① 아이들 振動

② 서지

③ 덜걱거리는 진동(가속 혹은 감속 때)

④ 판별하기 어려운 압박 잡음

(1) 振動, 騷音의 基礎知識

상세한 설명에 들어가기에 앞서 여기서 취급하게 되는 진동, 소음에 대한 기초적인 지식을 설명한다.

차의 진동, 소음은 복잡하여 그 근원적인 것에 대하여 알기 어려울 것으로 쉽게 생각할 수 있으나 현상의 대부분은 몇 개의 기초적인 설명으로 그것이 가능하다. 즉 그림 I-12에 나타내는 매스(질량)와 스프링의 조합으로 이루어지는 계에 의하여 그 원리적인 설명을 할 수 있다.

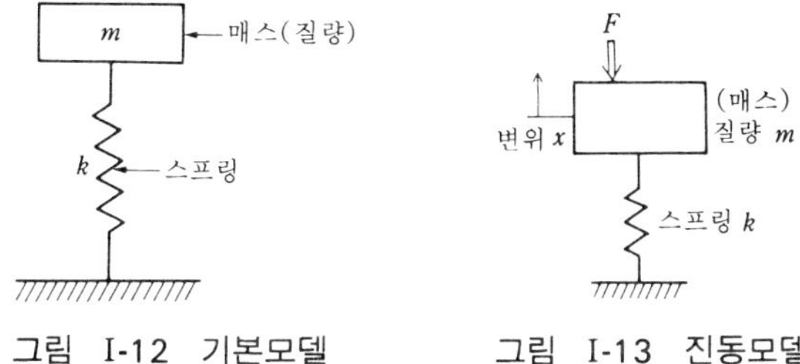

그림 I-12 기본모델　　　그림 I-13 진동모델

1) 매스－스프링모델

그림 I-13의 모델에 正弦波의 加振力을 가하였을 때 매스의 진동변위 x는 다음과 같이 나타내어질 수 있다.

$$x=\frac{1}{k}\ \frac{1}{1-\frac{\omega^2 m}{k}}\ F \quad \cdots\cdots (\text{I-1})$$

여기서 F : 가진력

m : 매스

k : 스프링 정수

$\omega = 2\pi f$ ……………… (I-2)

f : 주파수

여기서 식 (I-1)의 우변의 分母가 0으로 될 때 x는 無限大로 되고 이것을 共振이라고 한다.

즉,

$$1-\frac{\omega^2 m}{k}=0$$

를 풀면

$$\omega_0=\sqrt{\frac{k}{m}}, \qquad f_0=\frac{1}{2\pi}\sqrt{\frac{k}{m}} \quad \cdots\cdots (\text{I-3})$$

이 f_0를 共振周波數라고 한다. 이어서 주파수 f와 f_0의 관계에 대하여 설명한다. 주파수가 충분히 낮을 때, 즉 $f \ll f_0$인 때에는

$$\frac{\omega^2 m}{k} \ll 1$$

이므로

$$1-\frac{\omega^2 m}{k} \fallingdotseq 1$$

이 되고 식 (Ⅰ-1)은

$$X=\frac{F}{k}$$

로 된다.

즉 周波數가 매스-스프링系의 共振周波數 보다도 충분히 낮을 때에는 그 계는 스프링만으로 보인다. 즉, 매스는 없는 것과 같아지는 것이 된다.

역으로 周波數가 충분히 높을 때에는 매스만으로 보이고 이것을 정리하면 그림 Ⅰ-14에 나타내는 관계로 된다.

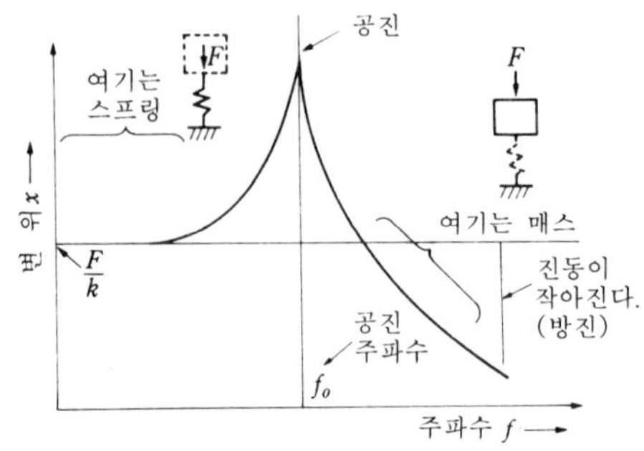

그림 Ⅰ-14 주파수와 변위의 관계

2) 진동과 음과의 관계

물체의 振動에 의하여 공기에 壓力變動이 생겨서 音이 된다. 이 의미로서는 진동을 전달하는 매체가 고체 또는 공기인가에 대한 차이가 있을 뿐 진동과 음은 同列의 것이다.

3) 진동, 소음레벨의 표현방법

사람의 감각이 對數特性的으로 되어 있기 때문에 振動, 騷音은 보통 데

시벨(dB)로 표시한다.

振動의 경우 기준으로 하는 레벨 x_0에 대하여 계측된 레벨 x의 비의 代數로 표현하는 것으로 一次元의 物理量(힘, 속도, 가속도 등)에 대하여는 다음의 식 (I-4)로서 계산된다.

$$[\mathrm{dB}]\ 치=20\ \log\frac{x}{x_0} \quad \cdots\cdots (\text{I-4})$$

音의 경우 音波는 공기의 密度變化의 波(疎密度)이다. 이 압력변화의 實效値를 音壓이라고 하고, 음압레벨은 基準音壓에 대한 비를 대수로 나타내어 데시벨로서 표현된다.

$$音壓레벨\quad [\mathrm{dB}]=20\ \log\frac{P}{P_0}$$

여기서 P: 測定된 音壓

P_0: 基準의 音壓(2×10^{-7} g/cm^2)

4) 진동·소음의 周波數域

자동차의 振動·騷音現象의 주파수 범위는 3 Hz 로부터 약 5 KHz 로 대단히 넓으며 그 가운데 진동으로서 느껴지는 것이 3~300 Hz, 音으로서 느껴지는 것은 20 Hz~20 KHz 이다. 지금부터 설명하는 진동·소음의 주파수역은 아이들 진동이 20~30 Hz, 고속일 때의 분명치 않은 잡음이 100~200 Hz 이다.

이상으로 진동·소음에 관한 기초적인 지식에 대하여 개략적으로 이해되었을 것으로 생각된다.

(2) 아이들 振動

누구나 경험한 바 있는 것과 같이 新車일 때에는 느끼지 못하였던 것이 2년 정도 경과하게 되면 자기 스스로 차를 운전하고 있을 때 여러가지의 音이나 振動을 느끼게 된다. 그 가운데 신호를 기다리거나 정체 중의 아이들링 상태에서 변속기의 시프트레버나 핸들이 작은 폭으로 흔들리게 되는 일이 있다. 따라서 통근 때나 정체로 인하여 서행하는 경우에는 아이들의 빈도가 높으므로 앞에서의 현상으로 인하여 기관을 정지시키고자 느낄 때가 있다. 이것이 아이들 振動이다.

1) 발생기구

이것은 기관의 폭발에 의한 토크의 변동이 起振力이고 4 실린더인 경우는 기관회전 2차 성분, 6 실린더에서는 3차의 振動이 발생한다. 그리고 기관의 아이들 안정성이 나쁘면 간헐적으로 진동이 발생한다. 그 진동이 엔진 마운팅을 통하여 전달되어 스티어링振動, 시프트노브振動 등으로 되어 체감하게 된다.

2) 저감방법

低減策으로서는

① 기관의 起振力을 저하시킨다.

② 기관기진력의 차체로의 전달률을 낮춘다.

③ 기관으로부터의 기진력이 전달되어도 차체가 진동되지 않도록 한다.

등이 있으나, 여기서는 ②의 車體傳達率을 저하시키는 경우를 예를 들어서 설명한다.

기관의 起振力 F_0는 그림 I-15와 같이 주로 엔진마운팅으로부터 차체에 入力된다. 엔진마운팅의 스프링과 엔진(+T/M)의 질량에 의하여 결정되는 共振周波數와 아이들링 회전수의 주파수는 그림 I-16의 관계에 있으며, 따라서 엔진마운트의 스프링 정수를 저하시키게 되면 그림 가운데에서 破線과

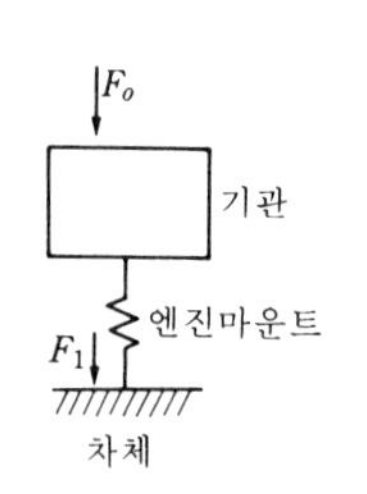

그림 I-15 기관가진력의 입력경로

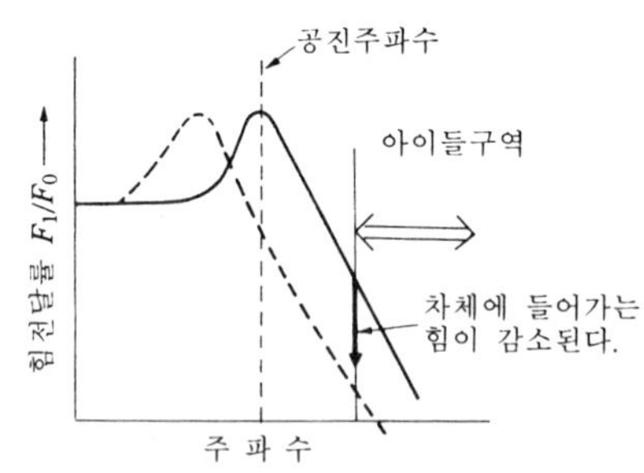

그림 I-16 아이들 진동저감방법의 설명

같이 매스-스프링系의 共振周波數가 낮아져서 防振效果가 커지면서 아이들 진동은 저감된다.

한편 엔진마운트의 스프링 정수는 기관의 흔들림(engine shake)과의 관계가 있으므로 그들의 영향을 감안하여 결정하여야 한다. 이와 같은 振動對策은 복잡하게 서로 얼켜있어서 이들 여러 성능에 미치는 영향도 함께 고려하여 이루어져야 한다.

(3) 서 지

그림 I-17에 나타내는 것과 같이 스로틀開度는 일정하게 유지시키고 있음에도 불구하고 기관의 출력이 週期的 혹은 不規則的으로 달라지면서 그에 따라 車速이 변동되는 것을 말한다.

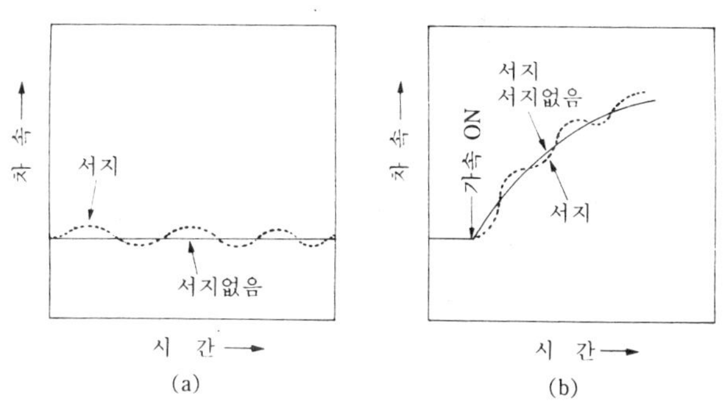

그림 I-17 서지의 예의 설명

1) 발생기구

기관의 출력변동에 따라 구동계의 비틀림振動이 일어나서 이것이 차량의 전후 방향의 低周波振動으로서 나타나는 현상으로 이 현상은 정상주행시나 또는 가감속시에도 생긴다. 그림 I-17 (a)는 正常走行時의, (b)은 加速時의 서지현상을 나타낸 것이다.

그림 I-18에서와 같이 서지는 간헐적으로 발생하는 연소의 불안정으로 생기는 圖示平均有效壓力의 저하가 그 원인이고 매 사이클마다 발생하는

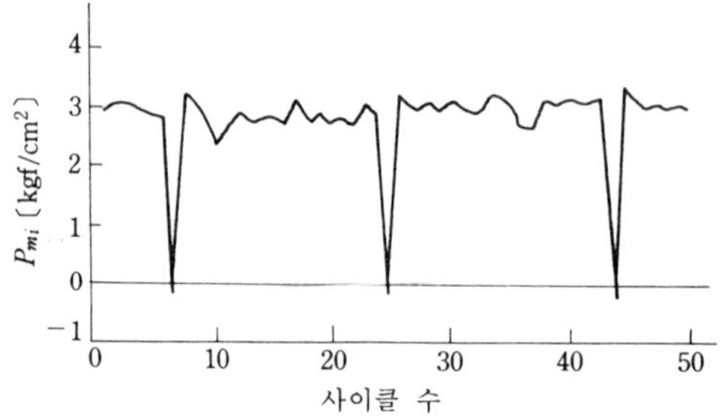

그림 I-18 사이클 마다의 도시평균유효압 p_{mi}

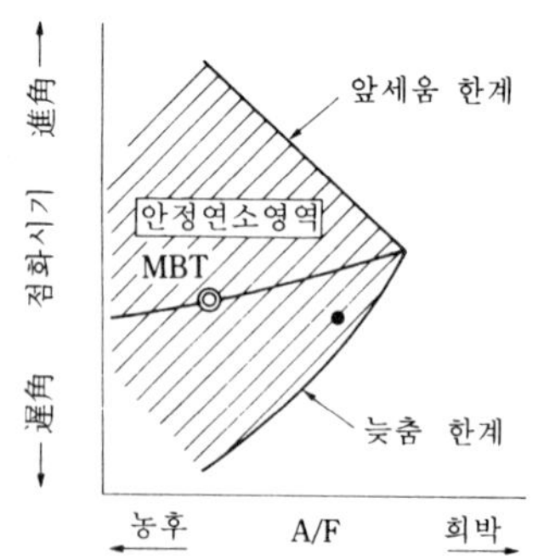

그림 I-19 안정연소영역과 안정한계의 설명

것이 아니며 서지의 주파수는 10 Hz 이하인 것으로 알려져 있다.

그림 I-19는 部分負荷運轉域에서 점화시기, A/F 와 安定燃燒領域의 관계를 나타낸 것이다.

보통의 설정점은 ◎표로 나타내어져 있으나 현재 主流를 이루고 있는 三元觸媒시스템인 경우는 A/F가 안정한계로부터 충분히 떨어진 위치에 설정되어 있기 때문에 정상일 때에는 서지 현상이 발생하지 않는다. 그러나 稀薄燃燒시스템인 경우는 NOx 와의 관계로 ● 표와 같이 安定限界에 가깝도록 설정하기 때문에 A/F가 늦춤한계를 넘어 희박하게 되면 연소가 불안정하게 되어 서지의 원인이 된다. 限界라인으로부터 불안정연소영역 쪽으로 떨어질수록 서지의 정도는 강하게 된다.

구동계의 비틀림振動의 固有振動數는 10 Hz 이하이고 이것이 진동의 주성분으로 되어 있으나 이 주파수역은 사람이 가장 민감하게 느끼는 진동의 주파수역과 겹치기 때문에 약간의 진동일지라도 불쾌한 느낌을 승차한 사람에게 준다. 따라서 미국 등 길고 평탄한 直線路를 장시간 일정속도로 주행하는 기회가 많은 환경하에서는 서지에 대한 요구 레벨은 보다 엄하게 되어진다.

2) 저감방법

위에 기술한 바와 같은 서지의 저감은 중요한 과제이어서 臺上試驗에서 평가하기 위한 계측방법이 개발되어 있다.

그림 I-20에 나타내는 것과 같이 기관의 토크를 추진축 중간에 설치한 토크미터에 의하여 측정하고, 추진축 특유의 잡음을 피하기 위하여 그 신호를 1～4 Hz 의 바운드 패스필터를 통하여 그 신호의 RMS(Root Mean Square)치를 측정하는 것으로서 차량의 서지와 좋은 상관관계가 얻어지고 있다(그림 I-21).

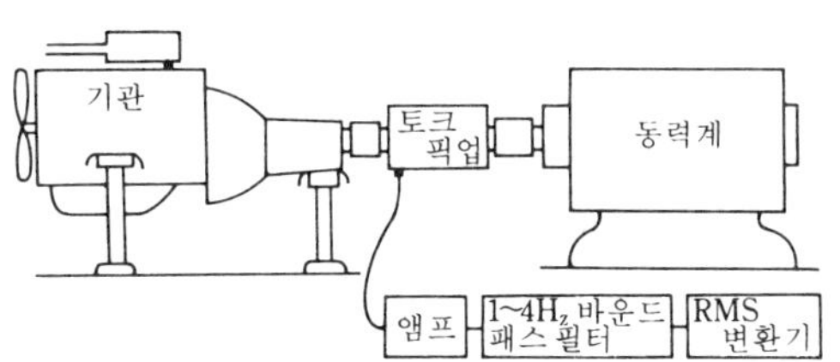

그림 I-20 臺上토크 변동의 측정법

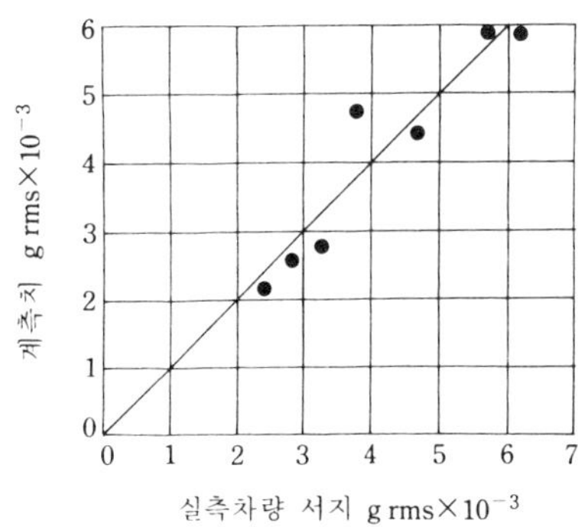

그림 I-21 실측치와 계측치의 비교

서지의 低減策으로서 구동계나 타이어의 강성과 질량 등을 변경하는 방법이 있으나 가장 현실적이고 효과적인 대책수단은 기관의 고르지 못한 토크변동을 가능한 한 억제하는 일이다. 減速開始 직후의 서지에 대하여는 EGR 밸브의 응답지연 등에 기인하는 失火에 의하여도 생기며 EGR 밸브를 소형화하여 대책한 예도 있다.

(4) 車輛의 前後振動

저·중속으로 走行하는 도중 가속페달을 조작하였을 때 차체 전체가 앞뒤로 크게 덜컹거리면서 진동하는 현상으로 일반적으로는 차량의 전후진동이라고 한다.

1) 발생기구

가속페달을 조작하였을 때의 기관의 스텝적으로 변동되는 토크변화가 加振力으로 되어 기관의 플라이휠을 매스로 하여 클러치, 드라이브 샤프트, 타이어를 스프링으로 하는 구동계가 비틀림振動을 일으킨다. 엔진 마운트계가 구동계와 관련되어 차량의 前後振動特性을 결정한다.

2) 저감방법

그림 I-22는 가속시 기관의 토크변동이 운전의 전후진동에 미치는 영향을 나타낸 것이다. B에 나타내는 기관은 가속 중의 일시적인 空燃比의 희박화 때문에 失火하여 급격한 토크의 변동을 일으켜서 차량의 전후振動을 현저하게 나타내고 있다. 실화를 방지하여 A의 기관과 같이 순차적으로 토크가 커지도록 하면 전후진동을 크게 억제할 수 있다.

그림 I-23은 차량의 전후진동에 영향을 주는 기관과 변속기의 전후진동에 관점을 두어서 해석한 결과에서 각종의 파라미터가 차량의 전후진동에 미치는 영향의 정도를 검토한 것이다. 이에 따르면 가속 쇼크, 즉 차량의 전후진동을 저감시키기 위하여는 다음과 같이 하면 효과적임을 알 수 있다.

① 뒤액슬軸의 비틀림 剛性을 낮춘다.

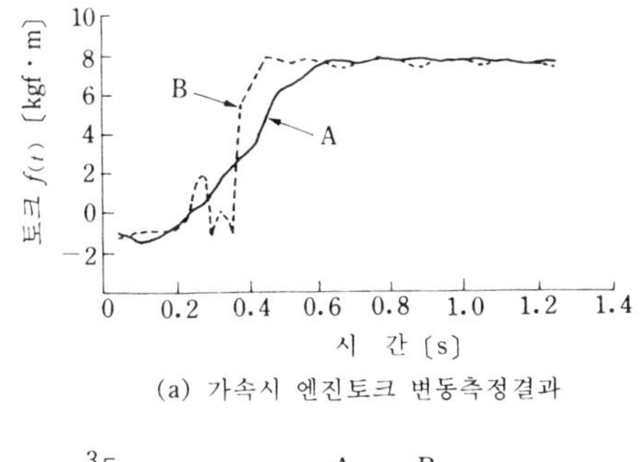

(a) 가속시 엔진토크 변동측정결과

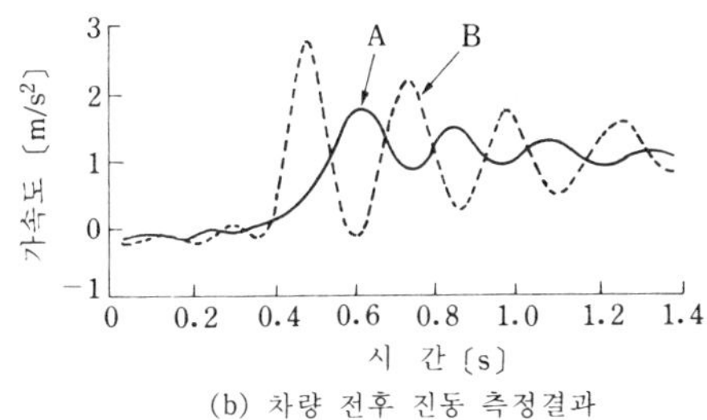

(b) 차량 전후 진동 측정결과

그림 I-22 엔진토크 가속특성이 차량진동에 미치는 영향

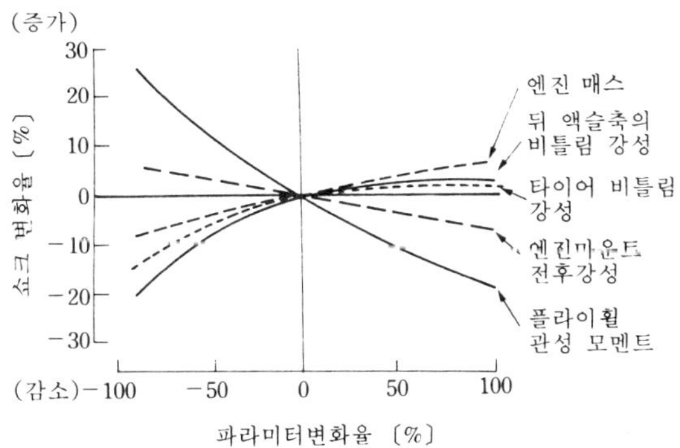

그림 I-23 기관전후진동과 구동계 비틀림진동에 관한 파라미터 해석

② 타이어의 비틀림 剛性을 낮춘다.

③ 플라이휠의 慣性모멘트를 크게 한다.

④ 기관의 질량을 작게 한다.

⑤ 엔진 마운트의 앞뒤 剛性을 높인다.

(5) 不分明音

不分明音에는 여러가지의 종류가 있다. 즉 저속시에 높은 기어(top, over-drive)로서 가속할 때 부우 하는 소리와 함께 압박감을 느끼게 하는 음과 동시에 보디나 시트에 振動을 느끼게 하는 일이 많은 저속 불분명음, 중속역, 특히 기관의 회전속도가 2000~3000〔rpm〕에서 발생되면서 뒷좌석 쪽에서 높게 나는 중속 불분명음, 그리고 고속주행시 귀를 압박하는 낮은 연속음을 발생하는 고속불분명음 등이 있다.

어느 것이나 기관의 토크변동이 가진원으로 된다는 점은 공통적이고 여기서는 高速不分明音에 주안점을 두어서 설명한다.

1) 발생기구

기관의 토크변동, 피스턴의 往復慣性力에 의하여 진동이 발생, 파워트레인 전체나 각 補機類가 공진, 리어서스팬션, 엔진 마운트를 통하여 보디를 진동시켜서 보디-패널이 음을 발생하면서 판별하기 어려운 不分明音이 된다.

2) 저감방법

不分明音의 저감방법으로서는 머플러계의 消音性能向上, 드라이브 샤프트를 中空으로 하여 共振周波數를 높인다. 엔진 마운트의 스프링 정수를 내리거나 하는 등 여러가지 방법이 있으나 補助振動系를 사용하여 기관진동에 의한 가진력을 상쇄하는 새로운 힘을 차체에 가함으로써 고속불분명음을 저감시키는 예를 설명하면 다음과 같다.

그림 I-24에 표시한 것과 같이 不分明音의 合成音壓 벡터 T의 대부분을

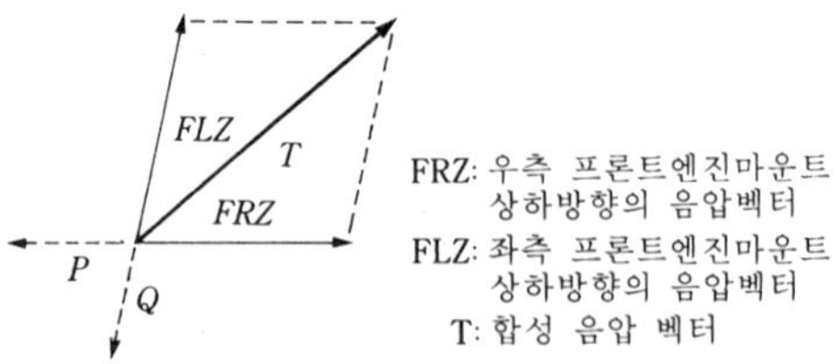

그림 I-24 불분명음 저감을 생각하는 방법

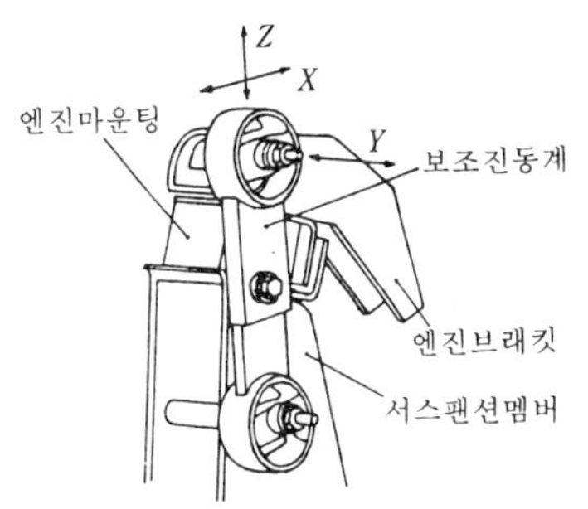

그림 I-25 보조진동계의 부착상황

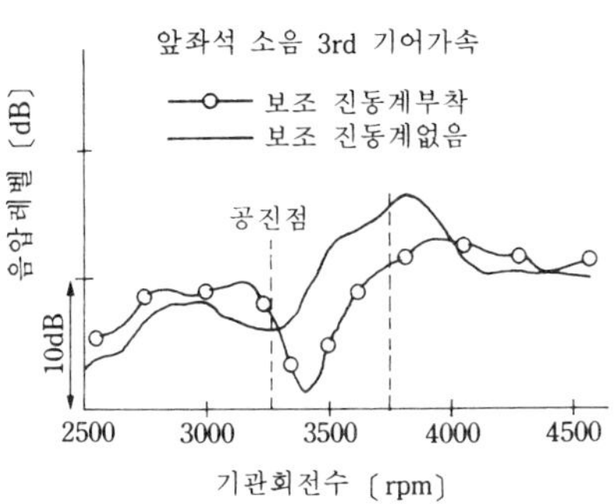

그림 I-26 보조진동계의 효과

지배하고 있는 것은 앞 엔진 마운트의 上下入力임에 착안하여 앞 엔진 마운트 상하입력에 의한 음압벡터 *FRZ*, *FLZ* 와 역방향의 음압벡터, *P*, *Q* 를 생각한 셈이다. 그림 I-25에 나타내는 것과 같이 우측 앞 엔진 마운트에 병렬로 補助振動系를 부착하는 경우의 불분명음의 低減效果가 그림 I-26에 표시되어 있다. 여기에서 보면 3260〔rpm〕을 경계로 하여 불분명음의 저감이 얻어지고 있다.

I-3 機關의 使用方法

(1) 길들이기 運轉

新車인 때에 비하여 주행시간이나 거리가 늘어남에 따라 기관의 컨디션이 좋아지고 이에 따라 원활한 운전과 燃費가 점차 향상되어감을 누구나 경험하게 되며, 이것은 다음에 설명하는 길들이기 운전이 종료되었기 때문이다. 기관에는 그 구조상 부품들 사이에 서로 미끄럼운동을 하면서 접촉하고 있는 곳이 많다. 機械加工이 정밀하고 매끄럽게 되어서 눈으로 볼 수 없는 경우일지라도 이것을 확대하여 조사하면 무수의 凹凸이 존재하고 접촉면에서는 그것들이 서로 물려져 있음을 알 수 있다. 그와 같은 상태에서 미끄럼운동이 일어나면 서로 마주치는 凸부는 서서히 마멸되어서 그림 I-27과 같은 경과를 거친 다음에는 매끄럽게 된다.

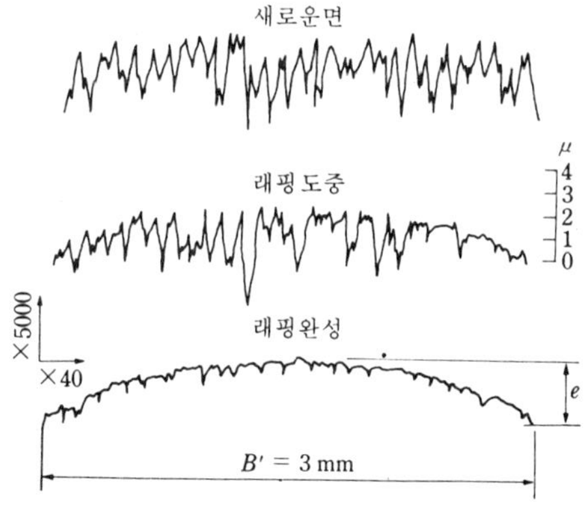

그림 I-27 피스턴링 미끄럼면의 래핑경과

이 磨滅量이 초기에는 많고(초기마모) 그 뒤에는 이 양이 적어짐과 동시에 시간에 대하여 일정의 비율로 定常磨耗가 진행되어간다. 摩擦損失의 관점에서 보면 특히 初期磨耗의 단계에서는 기관각부의 접촉면에서 서로 맞물린 凹凸이 없어지거나 찌부러져서 마멸량은 큰 값을 가지게 되고, 그 다음에 정상마모의 단계에 들어가면 접촉면의 평활도가 높아지고 따라서 윤활유막이 형성되기 쉬워지면서부터 마찰손실이 크게 작아지게 되며, 이 정상마모의 단계에 들어간 상태가 기관의 길들이기의 종료된 때이다. 최근에는 設計技術, 加工技術의 향상이나 신기술의 도입으로 예를 들면 실린더 내면의 粗度의 적정화 뿐 아니라 열팽창에 따른 自動制御形의 피스턴 등이 출현하게 되었다. 그러나 기관의 컨디션이 좋아지도록 하거나 수명을 길게 하는데는 약 1000〔Km〕를 주행하는 동안에는 지나친 低速全負荷域 혹은 高回轉域에서의 사용은 피하여 가면서 운전하는 것이 바람직하다.

(2) 始 動

스파크 점화식 가솔린기관의 시동은 주로 다음의 3가지 조건이 갖추어지면 가능하게 된다.

① 연소할 수 있는 空燃比의 범위 내에서 공기와 연료가 공급될 것.

② 시동이 될 수 있는 크랭킹 스피드까지 회전시킬 것.

③ 混合氣에 점화되기 위하여서는 필요한 에너지를 가진 전기 스파크가 튈 것.

이들의 3가지 조건은 다음과 같이 설명할 수 있다.

1) 시동시의 공연비

특히 겨울철의 시동시에는 연소실에 흡입된 연료는 극히 일부만이 氣化되고 대부분은 액체인 체로 연소에는 거의 기여할 수 없게 된다.

이와 같은 현상을 피하기 위하여 흡입되는 연료의 絶對量을 많이 하여 실질적인 空燃比를 可燃範圍에 들도록 할 것이 필요하고, 또한 그것과 동시에 흡입된 연료의 되도록 많은 비율이 유효하게 이용될 수 있도록 할 것이 바람직하다. 이 이용되는 비율을 좌우하는 것이 연료의 氣化性이며, 특히

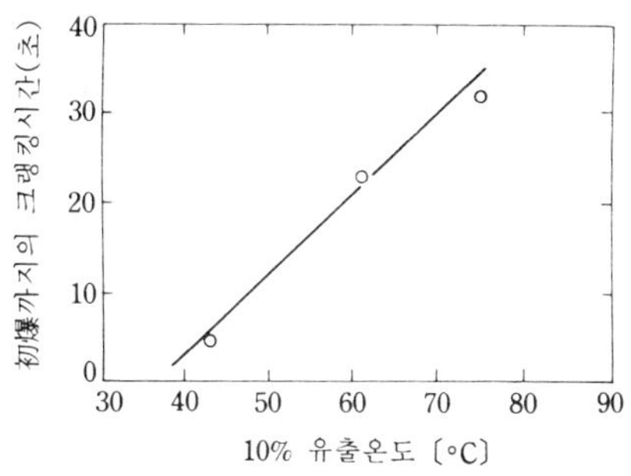

그림 I-28 10% 유출온도와 시동성

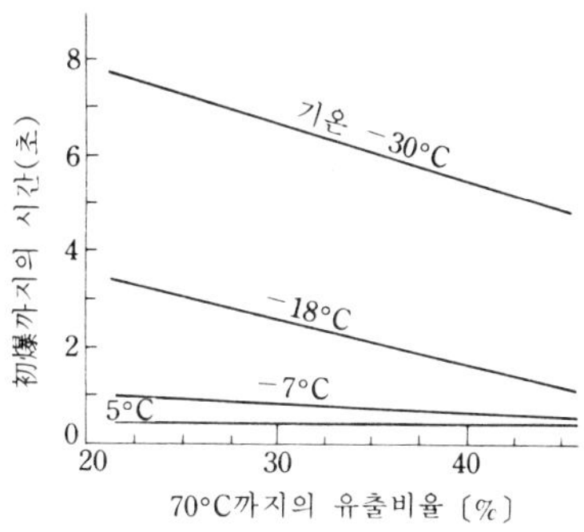

그림 I-29 증류성상과 시동시간

시동에 대하여 영향을 가장 크게 미치는 것이 10% 유출점과 70℃까지의 溜出率로 대표되는 기화성인 것으로 알려져 있다. 그림 I-28과 그림 I-29는 그 한 예를 나타낸 것이다.

2) 크랭킹 스피드

크랭킹 스피드(cranking speed)에 관련하여 어떤 조건의 시동의 되고 아니됨의 여부를 지배하고 있는가를 나타낸 것이 그림 I-30이고, 다음은 그에 관한 설명이다.

첫째는 시동에 필요한 최저의 크랭킹 스피드이다. 이 그림에 나타낸 예에서 보면 壓縮上死點에서의 混合氣의 온도가 135℃로 되기 위한 스피드를 나타내고 있다. 이 스피드는 외기의 온도가 저하됨에 따라 높은 값이 요구되고, 또한 압축누설의 많아지는 장기간 사용의 기관인 경우는 보다 빠른 스피드가 아니면 시동을 시키기 위한 최저한의 필요한 혼합기온도(이 예에서는 135℃)에 도달되지 않음을 알 수 있다. 그리고 이 압축누설은 기관을 오랫동안 세워두어서 피스턴링부의 오일이 없어져버린 상태에서는 현저하게 많아진다.

다음은 기관과 스타터모터와의 조합에 의하여 윤활유 온도에 대한 크랭킹

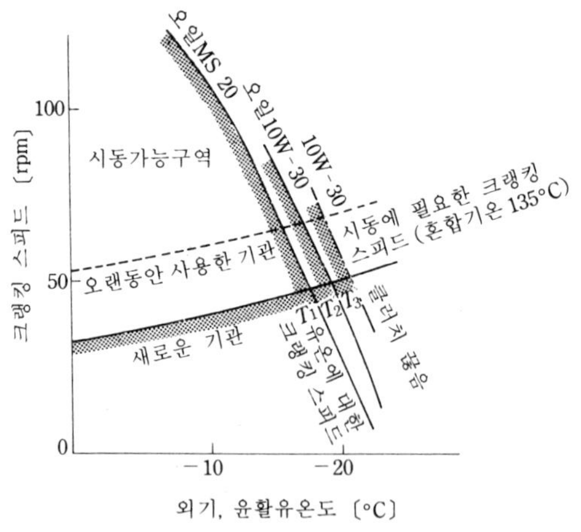

그림 I-30 시동가능역의 설명도

스피드의 관계가 실험에 의하여 구하여진다.

이 경우 潤滑油의 종류에 따라 점도가 달라지고 또 클러치를 끊으면 변속기의 카운터 기어를 구동하여야 할 필요성이 없어지게 되므로 그 특성이 달라진다. 그러나 그 어느 경우도 윤활유 온도가 저하됨에 따라 점도가 급격하게 증대하기 때문에 크랭킹 스피드는 빠른 속도로 떨어지게 된다. 이와같이 하여 정하여진 크랭킹 스피드의 하한과 상한으로 둘러싸이는 범위가 시동의 可能域이 된다.

3) 점화에너지

寒冷時에는 앞에서 기술한 바와 같이 混合氣의 온도를 높이기 위하여, 또 흡기매니폴드 내의 압력을 낮게 하여 연료의 氣化를 촉진시키기 위하여 고속의 크랭킹 스피드가 요구된다. 그와 같은 고속의 크랭킹 스피드를 유지하려면 스타터모터 쪽에 큰 전류가 공급되어야 하며, 더구나 한냉시에는 윤활유의 점도가 증대되기 때문에 기관을 크랭킹하기 위한 토크가 커지므로 보다 큰 電流의 공급이 요구된다.

그런데 축전지는 逆으로 저온으로 될수록 전류나 전압의 공급능력이 떨어진다. 이것은 電解液의 확산속도가 늦어지게 되고 化學反應이 잘 일어나지 않게 되는 것과 동시에 충전에 있어서도 지장이 생기기 때문이다.

혼합기의 점화에 필요한 初期火炎의 발생에 관하여는 점화에너지의 큰 전기 스파크가 바람직하나 이상의 설명으로부터 크랭킹시에 전압이 떨어지고 결과적으로 點火電壓도 이에 따라 낮아지게 됨으로써 점화에 충분한 전기 스파크가 튀지 못하게 된다.

4) 시동의 요령

이미 기술한 것과 같이 시동의 되고 안됨의 여부는 앞에서 설명한 3가지의 조건을 어떻게 만족시키느냐에 달려있다.

즉, 첫째 적정한 空燃比를 얻는 것이다. 氣化器式 機關인 경우 크랭킹의 앞서 가속페달을 완전히 한번 밟은 뒤 천천히 뒤돌려서 오토초크가 작동되는 상태로 한다. 수동식 초크밸브일 때에는 일반적으로 外氣溫度가 10℃

이하일 때는 초크 노브를 완전히 잡아당겨서 초크밸브를 全閉의 상태로 한다.

外氣溫度가 더욱 내려가서 −5℃ 이하인 경우에는 다음과 같은 조작을 하는 것이 좋다.

가속페달을 3~4회 밟는다. 이것은 기화기의 가속펌프로부터 가솔린을 분출시켜서 흡기매니폴드 내에 흘러들어 가도록 함으로써 처음부터 濃厚한 混合氣가 보내지도록 하기 위한 것이다.

電子制御 燃料 噴射式의 기관인 경우는 이와 같은 조작을 하지 않아도 적정의 空燃比의 혼합기가 공급된다.

이상 설명한 상태에서 크랭킹을 개시함으로써 10초 이내에 최초의 爆發인 初爆이 생겨 그 상태에서 연소가 계속되어 2~3초 사이에 기관이 자력에 의하여 회전이 계속하게 되면 이것이 完爆의 상태로 된 것이다.

위에서 기술한 조작에서 주의하여야 할 것은 지나치게 희박한 空燃比가 시동을 어렵게 할 뿐 아니라 과농의 공연비도 같거나 혹은 그 이상으로 시동되는 것을 방해하는 경우가 있다. 만약 필요 이상으로 농후한 혼합기를 공급하게 되면 점화가 되지 않는 것은 물론 연소되지 않은 액체상태인 체의 가솔린이 점화플러그를 적셔서 스파크를 튀지 않게 하거나 오일 중에 흘러들어가서 윤활유를 희석시키는 등 좋지 못한 작용을 낳게 하여 시동곤란 뿐 아니라 기관의 마모를 촉진하는 결과에까지 도달하게 만든다.

다음은 크랭킹 스피드를 되도록 높이는 방법에 대하여 설명하면 다음과 같다. 첫째 溫度低下에 따른 潤滑油의 점도 증대에 대하여는 점도의 변화가 오일의 종류에 따라서 큰 폭으로 달라지므로 기관용의 윤활유의 경우는 기온에 맞추어서 선택하면 어느 정도까지는 저온시의 크랭킹 토크를 작게 만들 수 있다.

그리고 크랭킹 토크를 감소시키기 위하여는 앞에서 설명한 것과 같이 클러치 페달을 밟는 것도 효과적인 방법 가운데 하나이다.

그림 I-31은 蓄電池에 관하여 보통 사용되고 있는 鉛蓄電池가 온도의 저하와 더불어 放電 등 그 특성이 변화하게 되는 예를 나타낸 것이다.

이와같이 동일의 電流를 흐르게 하는 경우일지라도 液溫이 낮을수록 蓄

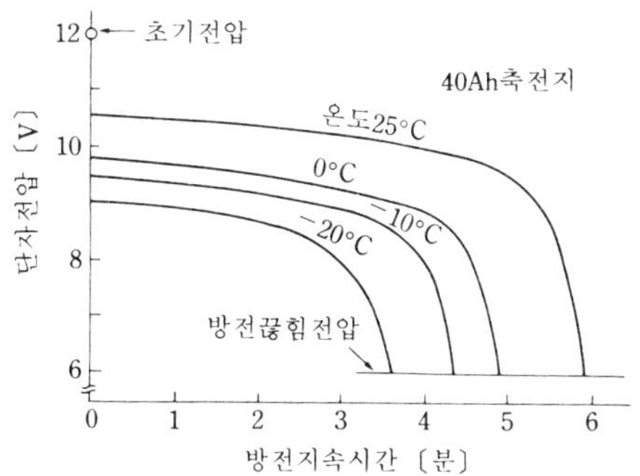

그림 I-31 축전지의 방전특성에 미치는 온도의 영향

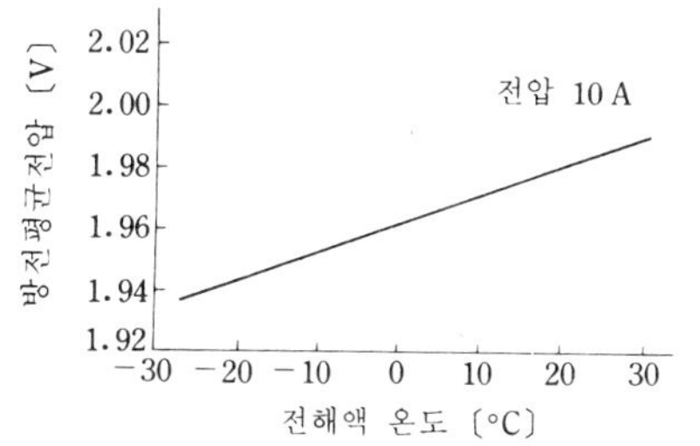

그림 I-32 전해액온도와 방전전압의 관계

電池의 端子 電壓이 떨어질 때까지의 걸리는 시간이 짧아진다.

또 이것과 동시에 액온이 낮아지게 되면 같은 값의 전류가 흐르려면 축전지의 放電電壓은 보다 크게 낮아시세 된다. 즉 축전지의 內部抵抗이 증가하여 능력이 효과적으로 쓰여지지 않기 때문이며, 그림 I-32는 그 양상을 나타낸 것이다.

이상에서와 같이 축전지의 성능은 온도에 의하여 크게 좌우되고 저온으로 될수록 능력은 떨어진다. 즉 크랭킹 스피드가 떨어지는 쪽으로 작용하는 셈이 된다.

같은 이유에서 기온이 내려가면 점화코일에 공급되는 1차 전압도 낮아지고 그것에 따라 전기 스파크도 약해진다.

따라서 크랭킹에 있어서는 크랭킹하는 기간을 길게 계속하는 것이 아니고 10초 정도의 크랭킹을 하여 초폭이 없으면 일단 크랭킹을 중지하고 약 15초

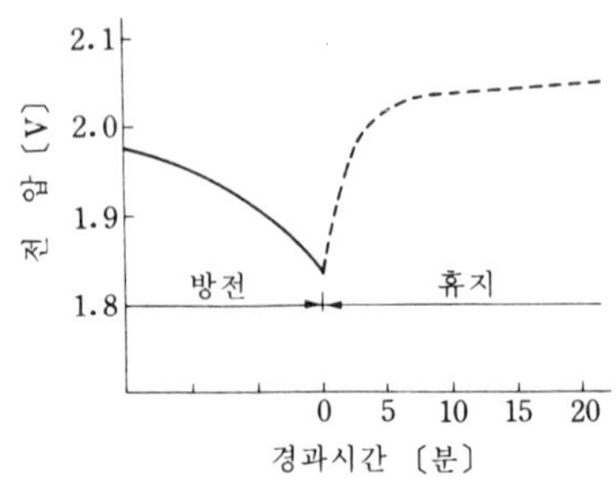

그림 I-33 방전휴지에 의한 전압회복의 예

정도 기다린 다음 그 동안 축전지 전압의 회복을 기다려서 다시 크랭킹하는 방법이 좋다. 그림 I-33은 蓄電池의 電壓回復의 예를 나타낸 것이다.

(3) 暖 機

기관이 그 능력을 충분히 발휘하기 위하여서는 冷却水, 潤滑油, 機關本體 등이 각각 어느 일정의 온도에 도달되어야 한다.

시동된 직후의 기관은 아직 각부의 온도가 外氣溫度에 가까웁고 가솔린의 氣化가 충분하게 이루어져 있지 않거나 윤활유가 각 부분에 도달되지 않는 등 하여 그 運轉狀態는 불안정 상태에 놓여 있게 되고 때에 따라서는 정상적인 運轉性能을 발휘할 수 없는 지경에 이르게 된다.

1) 저온시의 마모

보통 커넥팅 로드에 마련되어 있는 噴出孔으로부터 분출하는 오일에 의하여 윤활되는 실린더 및 피스턴은 오일의 점도가 높으면 噴出量이 감소하기 때문에 충분한 양의 오일공급을 받을 수 없게 되고, 따라서 油膜의 형성이 양호하게 되지 못하는 경우가 많다. 이와 같은 상태에서 기관에 높은 負荷를 걸거나 혹은 回轉速度를 높이거나 하면 피스턴, 링, 실린더는 마모량이 커지게 되고 그 양은 오일의 종류에 따라서도 변화한다. 따라서 그 결과 정상적인 作動溫度에 적합한 상태에 이른 뒤의 그것에 비하여 수십배에 달하는 일도 있으며, 때에 따라서는 摩耗量의 증대만에 끊이는 것이 아니고 融着에 이르는 경우마저 있다.

2) 난기운전의 요령

기관이 시동되면 특히 추위가 심할 때에는 약 5분 정도의 暖機運轉을 한다. 이때 가속페달을 몇 번이고 되풀이하여 밟게 되면 연료의 허실 뿐 아니라 이때 나는 소리도 무시할 수 없으므로 조용하게 난기토록 하는 것이 바람직하다. 또 난기중은 차로부터 떨어지지 않도록 하는 것이 좋으며, 시동이 되었다고 생각하는 경우일지라도 그 뒤에 기관이 스스로 정지될 가능성도 있고 또 차의 도난방지나 안전의 확보 등을 위하여도 피하는 것이 바람직하다.

정차시킨 체로 하는 난기운전은 기관의 컨디션을 좋게 만든다는 이점도 있으나 연료의 허실과 직접 연계되므로 길어도 5분 정도로 하고 스터트하며 기관에 그다지 큰 부담을 주지 않도록 비교적 느린 속도로 주행을 시작하는 것이 바람직하다.

(4) 엔진오일의 交換

기관의 潤滑油는 사용하는 데 따라 앞에서 설명한 바와 같이 여러가지 성능이 저하되고 기관 각부에 슬러지나 바니스(varnish)가 퇴적하는 외에 베어링부의 부식, 마찰손실을 증대시키는 원인이 된다. 潤滑油의 劣化度는 아래와 같은 상태의 변화를 조사하여 使用限界를 판정하게 된다.

1) 점도변화

점도변화는 점도의 증가와 저하가 있다. 증가는 오일의 酸化, 블로바이 가스에 의한 燃燒生成物의 혼입 등으로 일어난다. 그리고 저하는 미연연료의 혼입, 포리마라고 하는 유동점 강하제나 점도지수 향상제의 剪斷分解 등에 의하여 일어난다.

2) 산 가

酸價(acid number)의 증가는 오일의 산화에 의한 有機酸의 生成, 또는 연소생성물의 혼입에 의하여 일어난다.

3) 염기가(알카리가)

오일의 산화에 의하여 생성하는 유기산이나 연소생성물 가운데 NOx와 물이 반응하여 黃酸이나 亜黃酸으로 되어서 오일에 혼입되는 등의 이유에 의한 無機酸을 중화하는 능력으로서 기관의 부식이나 마멸의 방지성능에 이 鹽基價(base number)가 중요한 역할을 하고 그 값이 윤활유의 교환의 지표로서 중요하다.

4) 용제불용해분

溶劑不溶解分은 오일의 酸化生成物, 그을음이나 카본 등의 불완전연소생성물, 금속마멸분 먼지 등이 있고 이 양이 오일의 汚損, 劣化의 지표로 된다.

5) 금속성분 함유량

金屬磨滅粉末로부터의 철, 알루미늄, 동, 주석, 먼지로부터의 각종 금속이 증가된다.

이상의 性狀評價로부터 사용하고 있는 윤활유의 교환기준의 지표를 나타낸 예가 표 I-3이다.

적절한 교환시기의 결정은 위에서 기술한 性狀變化로부터 판단하는 것이 이상적이나 그러기 위하여서는 試驗設備가 필요하고 판단을 내리기까지는 시간이 걸린다.

따라서, 자동차메이커가 실험과 실적에 의하여 정하여진 사용기간 또는

表 I-3 가솔린 엔진오일의 교환기준성상치의 일 예

성 상 판 정 항 목			교환기준치
점 도 변 화		%	± 20～25
전 산 가 증 가		mgKOH/g	＋1.5～2.0
잔 류 전 염 기 가		mgKOH/g	0.5～1.0
불용해분	팬탄 불용해분	wt.%	1.0～1.5
	벤젠 불용해분	wt.%	0.5～1.0
	레 진 분	wt.%	0.5～1.0
금속함유량(철 분)		ppm	100～120
연 료 회 석 률		vol. %	5～7

주행거리에 의하여 교환하는 것이 좋다. 일반적으로 엔진오일의 교환은 新車 가운데에는 500~1000〔km〕에서 교환할 필요가 있으나 3000〔km〕이상으로 되면 주행거리 10000〔km〕마다, 또는 그다지 타지 않는 車인 경우는 6개월마다 교환하는 것이 좋다(오일은 사용하지 않아도 공기에 접하게 되면 산화되기 때문이다).

터보차저 장착의 기관이나 DOHC 기관인 차의 경우는 타고 있는 사람 가운데 기관을 高回轉까지 사용하는 사람은 보다 빨리, 그리고 逆으로 그렇지 않은 사람은 조금 交換時期를 연장하여도 무방하다.

오일필터는 오일교환 2회에 1회의 비율로 交換하는 것이 좋다. 필터를

表 I-4 가솔린 엔진오일의 SAE 서비스 분류

분 류	적 용
SA	첨가제 配合油를 필요로 하지 않는다. "가혹하지 않는" 조건하에서 운전되는 가솔린 및 디젤기관에 적용 이 분류에 대하여는 要求性能은 없다.
SB	최저레벨의 첨가제 배합을 필요로 한다. "가혹하지 않은" 조건하에서 운전되는 가솔린기관에 적용 SB 油는 1930년대부터 사용되고 있으며 스커핑 방지성, 산화 방지성, 부식 방지성이 있다.
SC	엔진 메이커의 보장하에 운전하는 1964~1967년제 가솔린 승용차, 가솔린 트럭에 적용 SC 油는 가솔린기관에서의 고온 디포지트, 저온 디포지트, 마찰손실, 녹, 부식 등의 방지 성능이 있다.
SD	엔진 메이커의 보장하에 운전하는 1968년제 이후의 가솔린 승용차, 가솔린 트럭에 적용 SD 油는 가솔린 기관에서의 고온 디포지트, 저온 디포지트, 마찰 손실, SD, SC 油보다 더욱 높은 성능이 요구된다.
SE	엔진 메이커의 보장하에 운전하는 1971년제의 일부 및 1972년제의 가솔린 승용차, 일부의 가솔린 트럭에 적용 SE 油는 가솔린기관에서의 산화, 고온 디포지트, 녹, 부식 등의 방지에 대하여 SD, SC 油보다 더욱 높은 성능이 요구된다.
SF	엔진 메이커의 보장하는 1980년차 이후의 가솔린 승용차, 가솔린 트럭에 적용 SF 유는 산화 안전성, 내마찰손실성에 대하여 SE 油보다 더욱 높은 성능이 요구된다.

오랫동안 교환하지 않으면 여과재가 막히게 되어 오일이 필터를 통과하지 않고 순환하도록 그 구조가 되어 있어서 여과되지 않은 오일이 기관 내를 흐르게 됨으로써 摩擦損失의 증대나 融着의 원인이 된다.

교환용의 윤활유에는 記號가 붙어 있고 점도를 나타내는 기호와 품질을 표시하는 기호가 있으며 그 품질을 나타내는 분류가 표 I-4에 표시되어 있다(API 서비스 분류).

보통의 기관 사용방법이면 SD로 충분하나 최근의 高性能車의 대표적인 터보차저 장착의 차는 SE나 SF가 쓰여진다.

(5) 冷却水의 特性과 保守

冷却水로서는 軟水를, 일반적으로는 수돗물을 사용하고 있다. 硬水는 철분이나 불순물이 많은 물, 염분을 함유하는 물, 온수지대 등에 많은 무수황산, 황화수소 등을 포함하는 물 등이 있고, 오랫동안의 사용으로 기관 내부에 물때의 퇴적과 금속의 부식 외에 고무호스의 경화 등을 일으키는 원인으로 되므로 냉각수로서는 적당하지 못한 것이 된다.

특히 최근의 기관에는 많은 輕合金을 사용하고 있어서 이것들에 대한 영향이 크므로 사용하는데 있어서는 반드시 軟水를 넣도록 주의하여야 한다. 앞에서 기술한 바 있는 것과 같이 냉각수의 凍結防止를 위하여 不凍液(LLC)을 물에 혼입한다. 그러나 그 혼입비율이 중요하고 잘못하면 기관을 파손하기에 이른다. 그러므로 그 지역의 最低外氣溫度를 예상하여 그보다 10℃ 정도 낮은 동결온도가 되도록 혼입비율로 하는 것이 좋다.

부동액의 주성분인 에틸렌 그리콜(ethylen glycol)과 물의 混合液의 結氷溫度를 그림 I-34에 나타낸다.

부동액의 비율의 60%를 초과하면 그 이상 증가시켜도 역으로 結氷溫度는 높아지게 되어 효과적이 못되므로 주의를 요한다.

에틸렌 그리콜은 비열이 0.56(20℃)으로 물에 비하여 1/2에 가깝기 때문에 난기가 빨라서 추울 때 히터(heater)의 난방효과가 빠르다고 하는 특징이 있다. 그러나 熱傳導率이 $6.2^{\times 10^{-4}}$ cal/cm·sec·℃로 물의 약 1/2.5로서 작기

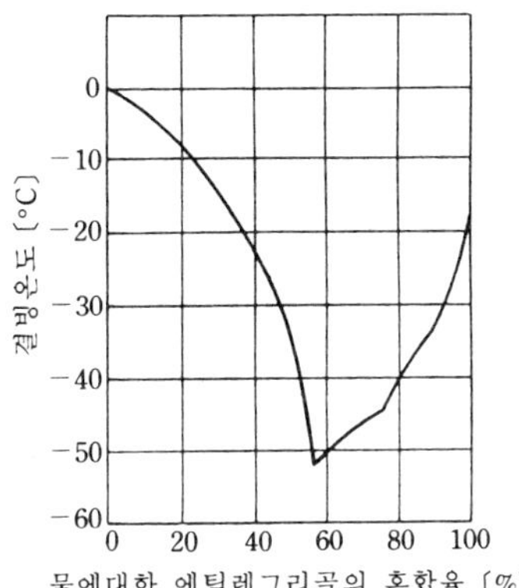

그림 I-34 에틸렌 그리콜 혼합률과 결빙온도

때문에 冷却效果가 나빠져서 실린더나 연소실의 表面溫度가 높아진다. 이로 인하여 주로 피스턴과 실린더 사이의 마찰손실의 저감에 의하여 연비가 향상된다. 또한 역으로서는 연소실 벽온이 상승하게 됨으로써 노킹이 일어나기 쉬워진다.

오랫동안 기관을 사용하게 되면 냉각수 통로에 다갈색의 점토 모양으로 된 물질, 즉 물때가 퇴적될 뿐 아니라 금속의 부식으로 금속부분이 부풀어오르는 경우가 있다. 이것들이 생기게 되면 냉각수의 통로를 막아서 물의 순환을 방해하고 이렇게 되면 물때나 녹의 표면은 연하나 하층은 열로 인하여 경화되어 있어서 냉각부족을 일으키며 따라서 과열로 인하여 성능을 발휘할 수 없는 경우가 있다.

이와 같은 현상은 부동액을 오랫동안 사용하거나 질이 낮은 不凍液을 사용하였을 때 특히 심하다. 따라서 LLC 일지라도 메이커의 지시하는 기간(보통 2년 정도)에 교환하는 것이 좋다.

(6) 蓄電池의 特性과 保守

기관고장에서 始動不良, 돌연한 기관의 運轉停止 등의 원인 가운데 가장 많은 비율을 차지하는 것은 蓄電池이다. 자동차 전기의 근원을 이루고 있는 축전지는 고장을 일으키는 데도 그에 비례하여 많은 요인이 있으므로 바른 보수와 미연에 고장을 예방할 것이 중요하다.

1) 방전상태와 비중

축전지의 電解液(electrolyte solution)은 물과 황산과의 混合液(묽은 황산)이다. 축전지가 放電하게 되면 전해액 중의 황산이 물로 변하여 물의 비율이 증가되며 이로 인하여 방전이 진행될수록 묽은 황산이 더욱 묽어진다.

따라서 이 전해액 농도를 조사하면 축전지의 방전상태, 즉 축전지 내의 작용물질이 어느 정도 쓰여졌으며 앞으로 어느 정도의 전기를 빼낼 힘이 남아 있는가를 판단할 수 있다. 이 전해액의 농도는 液의 比重에 따라서 조사할 수 있으며 그 관계를 나타낸 것이 그림 I-35이다. 完全充電의 축전지인 전해액의 비중은 온도 20℃인 상태에서 1.26으로 되어 있으며, 방전이

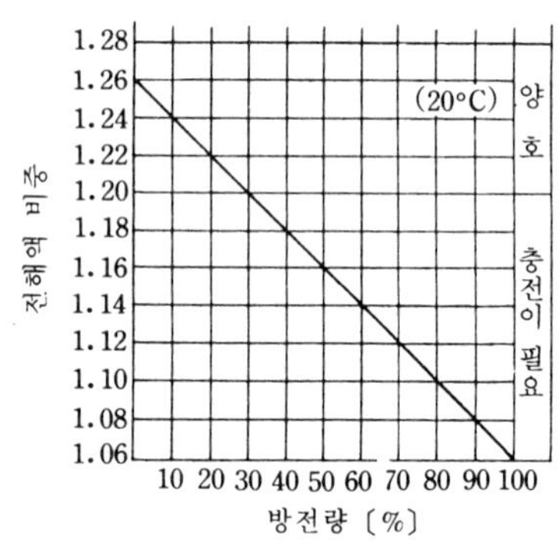

그림 I-35 전해액 비중과 방전량의 관계

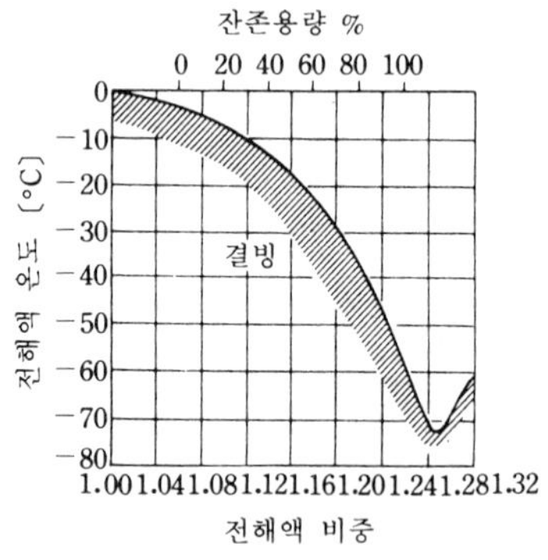

그림 I-36 전해액의 빙결온도

진행됨에 따라 전해액은 묽어지게 되고 비중도 서서히 내려가서 完全放電狀態에서는 1.06으로 된다.

2) 전해액의 결빙온도

電解液의 結氷溫度는 비중에 따라서 변화한다. 그림 I-36에서와 같이 완전 충전된 상태에서는 전해액이 결빙하는 일이 없으나 특히 寒冷地에서 사용하는 경우 방전된 상태로 방치하게 되면 결빙되는 경우가 있다. 그리고 한번 結氷된 畜電池는 재사용이 불가능하다.

3) 축전지의 자기방전

蓄電池는 방치하여 두면 외부로 전기에너지를 빼어내지 않아도 자연적으로 전기에너지를 잃어가게 되며 이것을 自己放電이라고 한다. 자기방전의 주된 원인은 다음과 같다.

① 化學作用 : 방전 중에 발생한 수소이온, 산소이온이 反對極板에 접하여 방전되거나 전해액이 부족하여 음극판이 공기 중에 노출하게 되면 산화되어 자기방전한다.

② 電氣化學作用 : 전해액 속에 Pt, Ni 등의 금속이 있으면 陰極板上에 析出하여 수소가스를 발생시킴과 함께 自己放電한다.

③ 電氣的 作用 : 活性物質이 탈락하여 셀(cell) 밑바닥에 침전, 兩極板이

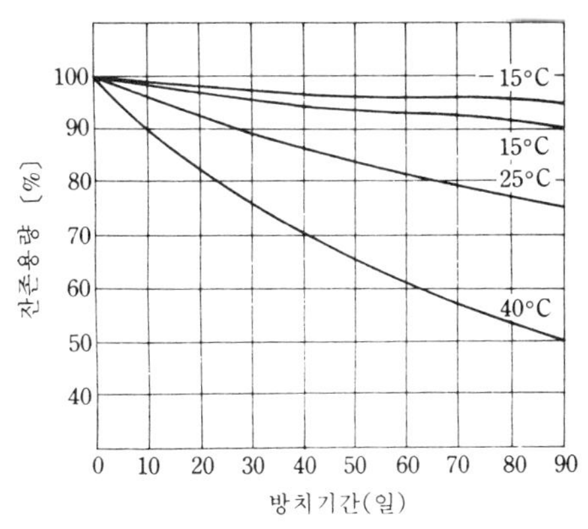

그림 I-37 충전지의 자기방전 특성

밑바닥 부분에서 短絡하면 자기방전을 일으킨다. 또 황산분이 밖으로 튀어 나와서 축전지 표면을 적시게 되면 兩極端子 사이에 전류가 흘러서 방전한다. 축전지의 자기방전량은 그림 I-37에 나타난 바와 같이 온도가 높아짐에 따라 많아진다.

이와같이 사용하지 않아도 자기방전되므로 보관중인 축전지는 여름철은 월 1회, 겨울철은 월 2회 정도의 비율로 충전을 하는 것이 좋다.

4) 충전액의 보충

축전지를 넘어뜨리거나 하여 축전지 액이 엎질러지고 그것이 원인으로 되어 축전지 액이 감소되었을 때에는 規定比重(1.26 1.28)의 묽은 黃酸을 보충하여야 하나 사용중에 자연적으로 축전지 액이 감소한 경우에는 예를 들어서 축전지 액이 0(제로)에 가까운 상태일지라도 증류수만을 보충하면 된다.

축전지 액이 0에 가까우면 묽은 황산을 보충하고자 하게 되나 그와 같은 일을 하게 되면 축전지 액의 비중이 지나치게 높아져서 逆으로 축전지의 수명을 단축시키는 결과가 된다.

묽은 황산을 만들 경우는 처음부터 적당한 용기에 넣은 증류수 속에 짙은 황산을 적은 양씩 필요한 비중에 도달될 때까지 주입한다. 逆으로 짙은 황산 속에 증류수를 주입하여 희석시키고자 하면 폭발을 일으키는 등하므로 주의하여야 한다.

5) 충전법

a) 정전류 충전

放電의 기미가 있는 축전지는 차량으로부터 떼어내어서 充電器에 의하여 보통은 定電流로 충전한다. 일반적으로 이 充電法은 보통충전이라 하고 축전지용량의 1/10 정도의 一定電流로 하는 것이다.

이 정전류 충전의 특성은 그림 I-38에 나타낸 것과 같다.

定電流 充電을 할 경우에는 다음과 같은 점에 주의한다.

① 액면이 낮아졌을 때에는 증류수를 보충한다. 충전이 진행되면 액면이

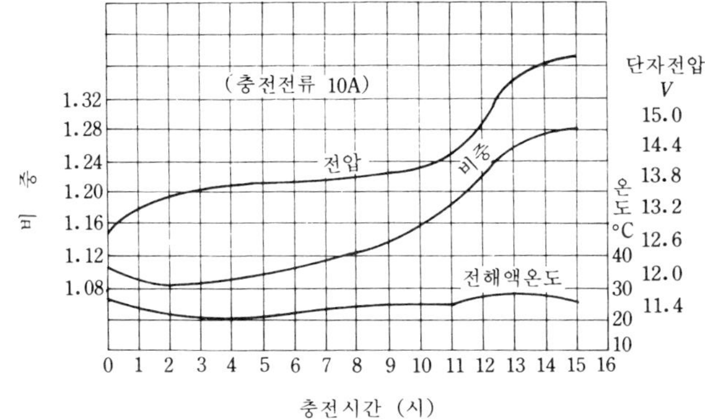

그림 I-38 정전류 충전 특성

상승되므로 規定液面보다 약간 적은듯 하게 주입한다.

② 충전 중의 액온이 45℃ 이상으로 되지 않도록 充電電流를 조정한다.

b) 급속충전(quick charge)

放電狀態에 있는 축전지를 짧은 시간에 그 충전량의 어느 정도의 양을 보충하기 위하여 大電流로서 응급적으로 하는 充電法이다. 急速充電을 할 때에는 急速充電器(quick charger)를 사용한다. 급속충전기에는 時間制限方式, 電流制限方式, 溫度制限方式 등이 있으므로 사용방법에 틀리지 않도록 주의한다.

급속충전에 있어서는 나음에 주의하여야 한다.

① 充電電流는 충전하고자 하는 축전지의 용량 Ah를 암페어로 나타내는 값을 최대로 한다. 즉 50 Ah인 축전지는 50 A가 최대로 된다.

② 電解液 溫度는 일시적으로는 55℃까지 허용되나 그 이상은 셀의 변형이나 셀 위쪽 플러그 부근의 컴파운드가 떨어지는 등 蓄電池의 수명을 짧게 한다. 보통은 45℃ 이상이 되지 않도록 주의하고 45℃ 이상으로 된 경우는 충전을 중단, 축전지를 냉각시킨다.

③ 急速充電은 축전지 온도가 급상승되므로 여름철의 충전은 특히 주의한다.

④ 完全充電에 가까워지면 가스가 활발하게 발생하게 된다. 이것은 수소

가스인 때문에 좁아서 환기가 충분하지 못한 방에서는 수소가스가 충만하게 되어 引火에 의한 重大事故로 이어지는 일이 없도록 주의할 필요가 있다.

附錄(II) 自動車의 動力性能

동력(機關)에 의하여 지배되는 자동차의 走行性能과 자동차에 필요한 기관의 크기 그리고 주행할 때 받는 저항과의 사이는 개괄적으로 다음과 같다.

II-1 機關 크기의 決定方法

搭載되는 차가 동일한 경우는 기관의 크기가 클수록 차의 주행성능이 향상되며 加速性能과 最高速度가 향상되는 것은 당연하다. 그리고 일반적으로 악화될 것으로 생각되어지는 연료소비율도 주행성능에 따라서는 기관의 큰 편이 좋아지는 경우가 있고 따라서, 차의 주행성능(動力性能)을 생각할 때에는 차에 대한 기관의 크기가 매우 중요하다.

또 기관의 크기를 결정하는 데는 過給機裝着의 여부 외에 차의 성격, 용도, 그리고 여러가지의 적용되는 법규, 규제 등이 또한 결정요소가 되므로 그 크기는 종합적으로 검토한 연후에 정하게 된다.

動力性能의 검토에서는 주행시 차의 중량에 대하여 생각하며, 차의 중량은 일반적으로 차량중량을 사용한다.

車輛重量은 승용차인 경우는 定員乘車, 트럭에서는 최대 積載時의 경우를 뜻한다. 차로서의 동력성능을 기관의 最大出力(마력)으로서 대표적 지표로 생각하여 1988년 시점에서 신차에 탑재하는 기관의 최대출력과 차량총중량과의 관계를 나타낸 것이 그림 II-1이다. 그림에서의 左上側에 있을수록 고성능이 된다. 최대출력과 차량총중량의 비(power-weight ratio)는 성능을

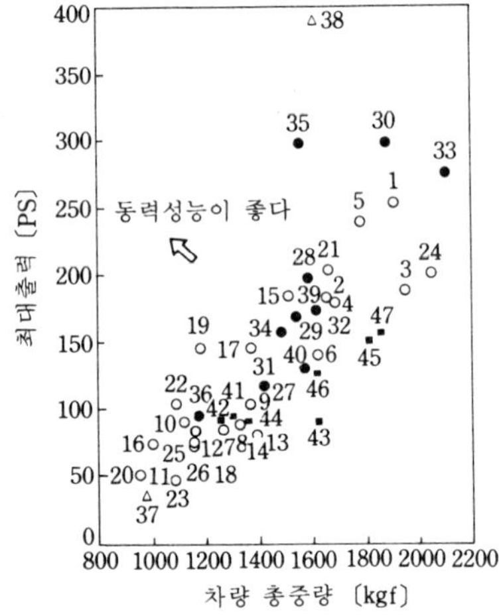

그림 II-1 차량총중량과 최대출력

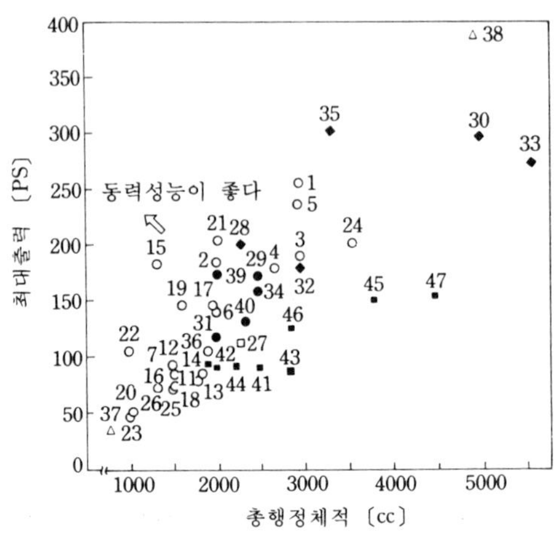

그림 II-2 총행정체적과 최대출력

비교하는데 잘 쓰여지며, 일반적으로는 스포티한 것으로 일컬어지는 차일수록 이 값은 커진다.

그림 II-2는 기관의 크기(總 行程體積)에 대한 最大出力을 나타낸 것이다. 이들 그림으로부터 과급기 장착 기관을 탑재한 차나 스포츠 카를 제외하면 일정의 범위(넓이) 속에 대부분의 기관이 포함됨을 알 수 있다.

II-2 走行抵抗

(1) 車輛이 받는 抵抗

車가 走行할 때에는 반드시 저항을 받는다. 이것을 走行抵抗(runing resistance)이라 하고 이 저항이 커지게 되면 주행에 보다 큰 출력을 필요로 하게 되며 역으로 저항이 작아질수록 그만큼 또한 출력은 작아도 된다. 지금 차가 일정 속도로 주행하고 있을 경우를 생각하면 그 때에는 차가 받고 있는 저항과 차(기관)의 내고 있는 힘이 평형을 이루고 있는 때가 된다. 만약, 이때 가속페달을 밟아서 평형이 깨어지면서 기관의 출력쪽이 커지게 되면 여유로 남은 힘, 즉 여유구동력이 차의 속도를 높이는데 쓰여져서 점차 차는 가속하게 되고 가속페달의 밟는 방법에 따라 완가속 또는 급가속도 등 加速方法이 틀려진다. 즉 가속페달을 밟음으로써 얻어지는 여유구동력으로 볼 수 있는 그때 차의 가속되는 양상(평형이 취해진)이 여유구동력에 합당하는 加速抵抗이 있는 것으로 생각하면 된다.

이와같이 차는 주행방법에 따라서 여러가지의 저항을 받고 있으며 이 저항들은 다음과 같이 설명될 수 있다.

(2) 抵抗의 表示方法(走行抵抗과 走行抵抗馬力)

일반적으로 주행저항은 차량, 즉 驅動輪(앞바퀴 구동인 경우는 앞바퀴)에 걸리는 저항으로서 기관의 시험에서는 走行抵抗馬力을 재현시켜 성능해석을 하는 것이 편리하고 기관에 걸리는 마력으로서 취급한다. 이 때에는 기관으로부터 구동륜까지의 傳達效率 η_t를 고려하여야 되며, 여기서는 편의상 주행저항을 구동륜에 걸리는 저항과 기관에 걸리는 저항이 동일한 것으로 가정하며 전달효율에 대하여는 뒤에 설명한다.

走行抵抗은 힘〔kgf〕으로서 생각하는 경우와 馬力〔PS〕으로서 생각하는 경우가 있다. 앞의 것을 주행저항력, 뒤의 것을 주행저항마력이라고 하며 이들의 관계를 식 II-1로 표시한다.

$$R = K_l F W_v \cdots\cdots (II\text{-}1)$$

여기서 R : 주행저항마력〔PS〕

F : 주행저항력〔kgf〕

W_v : 차속〔km/h〕

K_l : 계수

$$\left(K_l = \frac{1000}{75 \times 3600\,\eta_t} = \frac{1}{270\,\eta_t}\right)$$

走行抵抗力과 走行抵抗馬力의 관계를 알기 쉽게 표현하면 차가 저항하는 힘에 이기면서 어느 속도로 달리는 것이므로 저항마력은 차에 걸리는 抵抗力(kgf)에 速度(km/h)를 곱한 것으로 생각하면 된다.

(3) 타이어와 路面과의 抵抗(구름抵抗)

지상을 달리는 것보다 스키나 스케이트 등으로 눈이나 얼음 위를 미끄러지는 편이 쉽고 빠르게 달릴 수 있다. 이것은 지면에 비하여 저항이 작기 때문에 차에서 이것에 상당하는 것이 타이어와 노면과의 저항이고 이것을 구름抵抗(rolling resistance)이라고 한다. 포장된 노면에서는 이 저항이 작으나 자갈길에서는 이 저항이 현저하게 증대되는 등 노면의 상태에 따라 그 값이 크게 달라진다.

구름抵抗馬力은 타이어와 노면에 의하여 결정되는 구름抵抗係數(rolling resistance coefficient)를 사용하여 다음과 같이 표시한다.

$$R_r = K_1 \mu_r G W_v \cdots\cdots (II\text{-}2)$$

여기서 R_r : 구름저항마력〔PS〕

μ_r : 구름저항계수

G : 차량 총중량〔kgf〕

식 II-2 로부터 알 수 있는 바와같이 구름抵抗馬力은 구름抵抗係數, 車輛

總重量 및 차의 주행속도에 비례한다. 구름저항계수에 영향을 미치는 인자로서는 다음과 같은 것들을 들 수 있다.

① 노면의 상태

② 타이어의 상태

③ 車 速

타이어의 상태란 종류, 内壓(공기압) 외에 新舊(마멸)의 정도이고 그림 II-3～II-4에 표시되어 있는 것과 같이 구름저항은 차속이 증가되었을 때, 내압이 낮을 때, 타이어가 신품일 때 커지게 된다. 平地를 低速(예를 들면 50 km/h 이하)으로 일정의 주행속도로 달릴 때에는 차에 걸리는 저항의 70〔%〕 이상을 구름저항이 차지한다. 타이어의 구름저항을 저감시키는 기술은 최근에 이르러 현저하게 발달되었을 뿐아니라 그 구름抵抗係數도 저감되어 가고 있는 추세이다. 그리고 구름저항계수가 작은 레이디얼 타이어(radial tire)의 보급률도 크게 높아지고 있다.

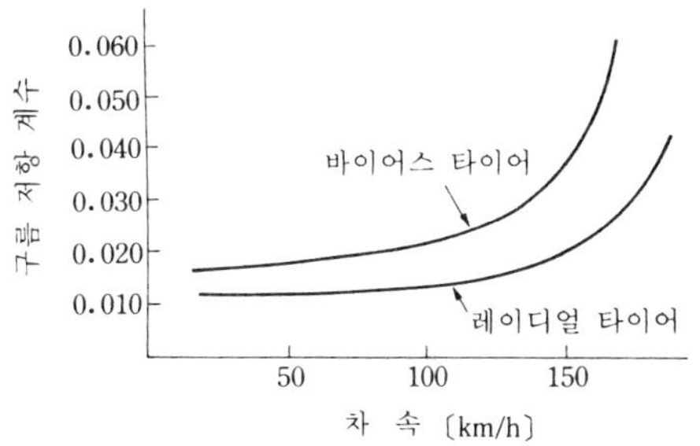

그림 II-3 타이어의 종류와 차속과 구름저항계수

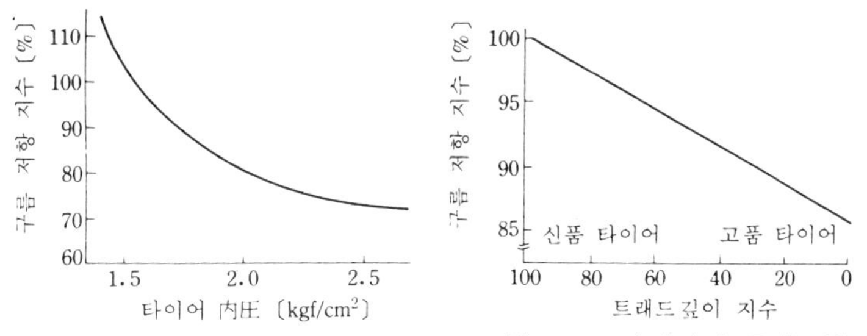

그림 II-4 타이어내압과 구름저항지수

그림 II-5 타이어의 트래드깊이와 구름 저항지수

(4) 空氣에 의한 抵抗(空氣抵抗)

전면에서 불어오는 맞바람을 받으면서 달릴 때에는 주행하기 어려우나 바람을 등지고 주행할 때에는 쉽고도 빠르게 달릴 수 있고, 이것은 달릴 때 공기저항의 영향을 받기 때문이다. 그리고 이 저항은 속도가 빨라질수록 커지게 되며 이것이 空氣抵抗(air resistance)이다. 여기서 논의되는 빠르기란 공기와의 상대적인 빠르기를 나타내며 바람이 있을 때에는 風速을 고려에 넣어서 車速을 수정할 필요가 있다. 그리고 풍속의 수정은 바람의 방향을 고려하지 않으면 안되나 풍속은 일정의 값이 아니고 그 불어오는 바람의 방향이 달라지는 데 대한 영향도 격심하므로 그에 관한 抵抗値를 수정하기는 매우 어렵고, 엄밀하게 그 값을 구하려면 실물크기의 風洞을 사용할 것이 바람직하다.

空氣抵抗의 성분은 다음과 같이 나누어진다.

① 形狀抵抗 : 차체의 전후에 생기는 압력차에 의한 것으로 차체의 형상 그 자체에 따라 결정된다.

② 誘導抵抗 : 고속으로 되면 차체를 들어올리려는 揚力이 작용한다. 이 양력으로 인하여 생긴다.

③ 摩擦抵抗 : 공기의 점성 때문에 차체표면과 공기와의 사이에 생긴다.

④ 表面抵抗 : 차체표면에 있는 凹凸이나 돌기물에 의하여 기류가 난류로 되면서 일어나 생긴다.

⑤ 內部抵抗 : 기관의 냉각이나 차 실내의 환기 때문 등으로 들어오게

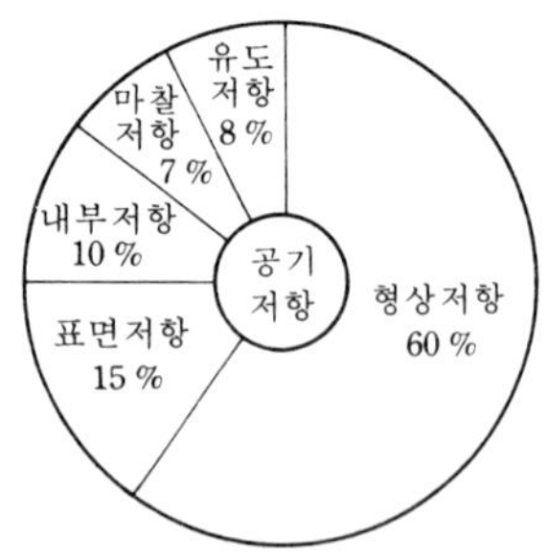

그림 II-6 공기저항의 성분비율의 예

되는 공기류에 의하여 생긴다.

그림 II-6은 일반적인 승용차에 대한 공기저항의 成分比率을 나타낸 것으로 空氣抵抗은 속도의 2승에 비례하고 空氣抵抗馬力은 속도의 3승에 비례한다. 식 II-3는 이를 나타내는 식이다.

$$R_a = K_1 C_D \frac{\rho}{2g \times 3.6^2} A W_v^3 \cdots\cdots (\text{II-3})$$

여기서 R_a : 공기저항마력〔PS〕

C_D : 공기저항계수

ρ : 공기밀도〔kgf/m³〕

(15℃, 760〔mmHg〕일 때 $\rho = 1.23$〔kgf/m³〕)

g : 중력가속도〔m/s²〕 $g = 9.8$〔m/s²〕

A : 차량의 전면 투영면적〔m²〕

차의 空氣抵抗係數 C_D는 승용차 : 0.3∼0.5, 트럭 : 0.4∼0.6, 승합차 : 0.5∼0.8, 2륜차 : 0.6∼0.9의 값을 갖는 것이 일반적이다.

차량이 받는 全走行抵抗 중 차지하는 공기저항의 비율은 중속 이상에서 급증한다. 최근에는 설계기술의 발달로 C_D는 크게 감소되어서 0.3을 초과하지 않는 승용차도 나타나고 있고 차량의 前面投影面積 A와 함께 C_D를 저감시키기 위한 시도는 앞으로 지속적으로 이루어질 것이다.

(5) 登坂抵抗(구배저항)

勾配를 오를 때에는 평지를 주행할 때의 저항 외에 또다른 저항이 가하여진다. 이것을 勾配抵抗(grade resistance) 또는 登坂抵抗(hill climbing resistance)이라고 한다.

그림 II-7에서 차량 총중량 G인 차가 θ의 구배를 오른다고 하면 중량 G는 구배면에 수직인 분력 G'와 평행한 분력 $G\sin\theta$로 나누어진다. 후자는 차를 중력에 이겨 역으로 들어올리는 힘으로서 평지주행인 때 보다도 이것만큼 저항이 증가된다. 이것이 구배저항이다.

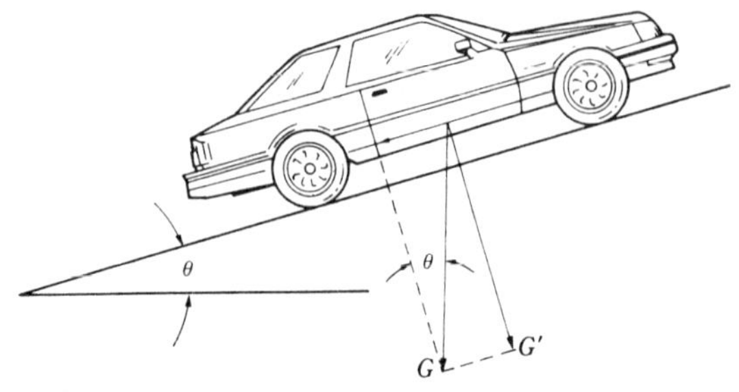

그림 II-7 구배저항

이 구배저항마력은 다음과 같이 나타내어진다.

$$R_g = K_1 G W_v \sin\theta \quad \cdots\cdots (\text{II-4})$$

여기서 R_g: 구배저항마력〔PS〕

θ: 구배각〔도〕

그림 II-8은 勾配角이 2도인 때의 예이다. 그리고 차가 고갯길을 내려오는 내리막길에서는 구배저항이 역으로서 부가되므로 다른 주행저항을 감소시키는 쪽으로 작용한다. 고갯길을 내려올 때에 구름저항과 공기저항을 합한 것보다 이 저항의 절대값이 커지면 차의 속도가 점차 증속되므로 엔진브레이크 등에 의한 속도조절이 필요하게 된다.

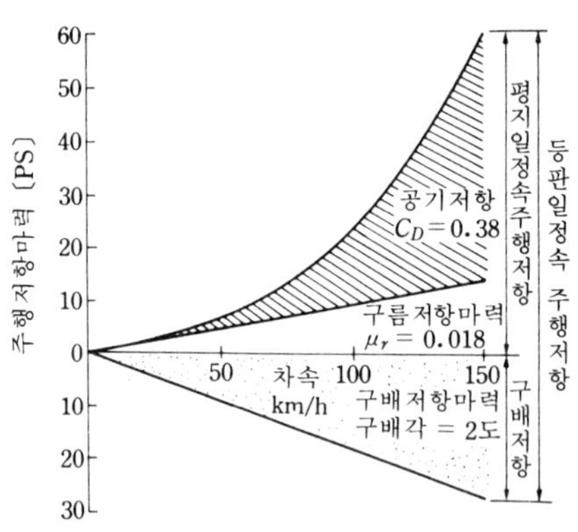

그림 II-8 주행저항마력

(6) 加速시키기 위한 抵抗(加速抵抗)

차를 가속시킬 때 생기는 저항을 加速抵抗(inertia resistance, acceleration resistance)이라고 하며 이 가속저항은 다음의 2가지에 의하여 성립된다.

① 회전부분의 가속에 요하는 저항

차가 가속하게 되면 차 구동기구의 회전부분의 回轉速度도 상승되게 되므로 이들 부분을 가속할 만큼의 힘(또는 마력)이 필요하게 된다. 예를 들면 회전하고 있는 팽이의 속도를 높이기 위하여서는 보다 팽이끈으로 힘을 가할 필요가 있는 것과 같은 원리이다.

② 회전부분은 포함되지 않는 단지 차의 가속만을 고려한 저항

①과 ②의 합은 다음 식으로 표시된다.

$$R_i = K_1 \frac{(G + \Delta G)}{g} W_v \, \alpha \quad \cdots\cdots (\text{II-5})$$

$$\fallingdotseq K_1 \frac{G}{g} W_v \, \alpha \quad \cdots\cdots (\text{II-6})$$

여기서 R_i : 가속저항마력 〔PS〕

ΔG : 회전부분의 관성에 상당하는 중량 〔kgf〕

α : 차의 가속도 〔m/s²〕

ΔG 의 값은 기관, 동력전달계, 차축 등의 바퀴와 함께 회전하는 부분의 관성모멘트를 구동축의 有效半徑上의 중량으로 바꾸어 놓은 것으로 부품의 도면상에서 계산하거나 실물의 振動週期를 측정하여 구한다. 그러나 번잡한 것을 피하기 위하여 표 II-1에 그 근사치가 규격으로 정해져 있다.

表 II-1 회전부분상당중량 ΔG 의 값

		승용차	트럭
ΔG_1	기관을 포함 (가속성능시험)	$0.08\,G_1$	$0.1\,G_1$
	기관을 포함하지 않는다 (타행시험 등)	$0.05\,G_1$	$0.07\,G_1$

G_1 : 자동차중량(공차중량)

(7) 車에 관련되는 全抵抗(全走行抵抗)

이상 여러가지 종류의 저항에 대하여 기술하였으나 차에 관련되는 모든 저항을 다음과 같이 생각할 수 있다.

$$R=R_r+R_a+R_g+R_i \quad \cdots\cdots (II\text{-}7)$$

여기서 R: 全走行抵抗馬力〔PS〕

R_r: 구름抵抗馬力〔PS〕

R_a: 空氣抵抗馬力〔PS〕

R_g: 勾配抵抗馬力〔PS〕

R_i: 加速抵抗馬力〔PS〕

식 II-7에서 R_g와 R_i를 모두 0으로 놓으면 평탄로를 일정속도로 주행하는 것이 되고 그 때의 저항을 평지—정속주행저항, R_i만을 0으로 놓으면 登坂路를 일정속도로 올라가고 있는 상태로 되며, 같이 하여 登坂一定速走行抵抗이라고 한다.

II-3 動力性能

(1) 動力의 傳達效率

기관에서 발생된 동력이 驅動輪에 전달되어서 차가 주행되기까지의 일련의 과정을 동력의 전달이라고 하며 기관에서 발생된 동력과 구동륜에 전달되는 동력의 비를 전달효율이라고 하여 식 (II-8)로 나타내어진다. 전달효율은 전달조건에 따라 변화하게 되며 그 한 예는 표 II-2와 같다.

表 II-2 전달효율 η_t

		톱기어	톱 이외의 기어
FR차		0.92	0.90
FF차	M/T	0.94	0.94
	A/T	0.92	0.90

$$전달효율=\frac{구동륜에\ 전달되는\ 동력}{기관의\ 발생한\ 동력} \cdots\cdots \text{(II-8)}$$

(2) 車速과 機關回轉速度와의 관계

예로서 변속기어 기어비를 1：1로 가정한 기어에 대하여 생각하면 차의 속도와 기관회전속도와의 관계는 최종감속 기어의 기어比(final gear ratio)와 타이어의 크기에 따라서 결정되며 다음 식으로 나타내어진다.

$$W_v=\frac{2\pi r\times 60\,n}{i_f\times 10^3}=0.377\,\frac{r\,n}{i_f} \cdots\cdots \text{(II-9)}$$

$$n=2.653\times\frac{i_f W_v}{r}=ZW_v \cdots\cdots \text{(II-10)}$$

$$W_{1000}=\frac{10^3}{Z} \cdots\cdots \text{(II-11)}$$

여기서 W_v： 차속 〔Km/h〕

r： 구동륜타이어의 유효반경 〔m〕

n： 기관의 회전속도 〔rpm〕

i_f： 최종감속기어비

Z： 기관속도계수

$\left(Z=\frac{n}{W_v}=2.653\times\frac{i_f}{r}\right)$

W_{1000}： 기관 1000 rpm 인 때의 차속 〔km/h〕

차속과 기관의 회전속도는 각각 식 II-9와 식 II-10 으로부터 구하여지며 Z 의 값을 구하여 두면 차속에 상당하는 機關回轉速度를 구하는데 편리하다.

예： $Z=34.8$ 이라고 하면 차속 40〔km/h〕인 때 기관의 회전속도는 $34.8\times 40=1392$ 〔rpm〕이 된다.

車에서 타이어의 空氣壓이 낮아지면 미터상의 주행거리가 길게 나타나는 것은 식 II-10 에서 타이어의 有效半徑이 작아지게 되면 기관의 회전속도(이 경우 추진축 회전속도)가 커지게 되어서 그 積算値가 표시되기 때문이고, 식

II-11은 차의 성능을 비교할 때 잘 쓰여진다. W_{1000}이 크면 기관의 회전속도에 대하여 차속이 빨라지게 되고 燃料消費率은 일반적으로 좋아지나 가속성능은 떨어진다. W_{1000}은 1속 기어를 시작으로 각 기어에 대한 값을 사용하는 경우가 있고 이 때에는 각각의 기어비를 고려한 i(전감속비)를 사용하면 된다.

(3) 타이어의 摩擦作用

구동륜을 슬립(slip)시키지 않고 차를 주행시키려면 차에 걸리는 全走行性能(이것이 차를 주행시키는 힘이 된다)보다도 구동륜의 타이어의 노면에 대하는 마찰작용, 즉 슬립시키지 않으려는 힘인 쪽이 커야할 것이 필요하다. 이것을 식으로 나타내면

$$\text{全走行抵抗 } F < \text{摩擦力} \qquad \text{(II-12)}$$

마찰력은 구동륜에 걸리는 차의 중량 G_d와 타이어와 노면과의 마찰계수 μ와의 관계이고 다음과 같이 표시된다.

$$\text{마찰력} = \mu G_d \qquad \text{(II-13)}$$

μ는 표 II-3에 나타내는 바와 같이 노면의 상태에 따라서 현저하게 다르다.

表 II-3 노면상태와 마찰계수 μ

노면 상태	건조한 콘크리트	젖은 콘크리트	비가 내리기 시작할 때	내린 그대로의 눈길	밟아서 다져진 눈길	얼음 위
μ	0.7~1.0	0.4~0.6	0.3~0.4	0.4~0.5	0.2~0.32	0.05~0.1

구동에 관계되는 타이어의 마찰력은 각 구동륜에 걸리는 車輛重量과 摩擦係數를 곱한값의 합한 값이므로 4륜 구동차는 2륜 구동차에 비하여 마찰계수의 작은 積雪道路나 얼음 위에서도 슬립없이 주행할 수 있게 된다.

최근 승용차에 풀타임(full time) 4 WD(4륜 구동)을 장착하는 차가 증가

되고 있다. 이것은 기관의 출력이 향상되었으므로 적설로 등이 아니라도 강대한 구동력을 2륜 구동으로는 흡수하지 못하게 된 점이나 로드홀딩 특성의 개선으로 보다 쾌적하고 또한 안전하게 드라이브를 즐길 수 있도록 하기 위해서이다.

차가 고속으로 되면 비행기의 경우와 같은(공기역학적) 揚力이 생겨서 차를 지면에 밀어붙이는 힘이 감소되고 따라서 마찰력이 작아지게 되어 구동력의 전달이 나빠진다. 양력은 속도의 2승에 비례하여 증가되므로 고속차에 대하여는 양력이 감소될 수 있는 차체의 形狀(설계)을 생각하는 것이 중요하며 위에서 기술한 구동력의 계산에는 이와 같은 것을 고려에 넣어야 할 필요가 있다.

(4) 機關의 出力과 驅動力과의 관계

기관의 성능을 走行抵抗力과 대항하는 차의 구동력으로 표시할 때에는 기관의 축토크로부터 구할 수 있다. 토크란 그림 II-9에 나타내는 바와같이 예를 들어 스패너(spaner)로 볼트를 죄어붙일 때 볼트를 돌리려고 하는 힘(회전력)을 말한다. 스패너를 잡고 있는 위치로부터 볼트의 중심까지의 거리를 생각하면 다음과 같이 표시할 수 있다.

토크〔kgf·m〕= 힘〔kgf〕× 길이〔m〕 ………………………… (II-14)

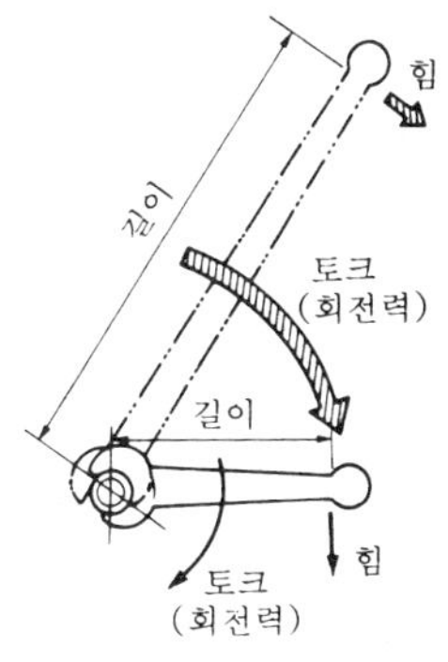

그림 II-9 토 크

기관이 회전하고 있을 때에는 물체를 돌리고자 하는 힘이 작용하게 되고 이 回轉力(kgf·m)을 기관의 축토크라고 하며 구동력과 축토크는 다음의 식으로 나타내어진다.

$$P=\frac{T i_m i_f \eta_t}{r}=\frac{T i \eta_t}{r} \quad \cdots\cdots (II\text{-}15)$$

$$T=\frac{716.2N}{n} \quad \cdots\cdots (II\text{-}16)$$

여기서 P： 구동력 〔kgf〕

T： 기관의 축토크 〔kgf·m〕

i_m： 변속기의 기어비

i_f： 최종감속장치 기어비

i： 전감속비 〔$i=i_m \cdot i_f$〕

η_t： 기관으로부터 구동륜까지의 전달효율

γ： 구동륜 타이어의 유효반경 〔m〕

N： 기관의 축마력 〔PS〕

n： 기관의 회전속도 〔rpm〕

(5) 그래프에 의한 性能解析

走行抵抗馬力과 기관의 出力(馬力)을 같은 그림 위에 겹쳐서 그리면 차의 동력성능을 이해하기 쉽고 이것은 성능의 검토나 해석을 하는데 잘 쓰여진다. 그리고 이 그림을 주행성능선도 혹은 走行性能曲線이라고 한다.

그림 II-10 에 있어서 먼저 횡축을 차속으로 잡고 종축에 마력을 나타내며 구동축에 걸리는 走行抵抗馬力曲線 R 을 긋는다. 주행저항마력은 앞에서 기술된 바와 같이 노면의 상태, 고갯길의 구배, 가속상황 등에 따라서 달라지게 되므로 필요에 따라 여러가지의 抵抗曲線을 기입한다.

다음 기관의 스로틀밸브 全開(Wide Open Throttle 이하 WOT)시의 구동마력을 기입한다. 기어비가 결정되면 차속에 대한 기관의 회전속도가 구하여지므로 횡축에는 차속과 함께 기관의 회전속도의 눈금을 넣는다.

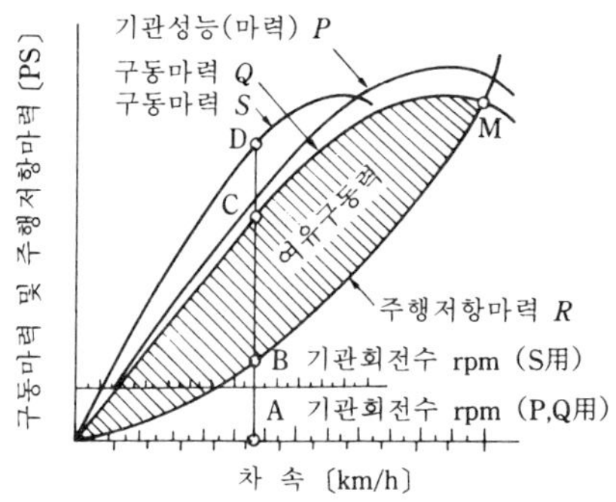

그림 II-10 구동마력, 여유구동마력과 저항마력

그림의 곡선 *P*는 기관회전속도의 눈금을 사용하여 표시한 WOT 시의 臺上性能曲線이다. 앞에서 설명한 바와 같이 기관의 동력은 구동축에 전달되기까지에는 반드시 손실이 따르게 되므로 실제 차를 구동하는데 쓰여지는 동력은 기관의 출력보다 작아지게 되고 WOT 때의 구동마력선도 *Q*로 된다. 그리고 4속 사양인 變速機(transmission)에 의하여 감속되는 경우를 생각하면 그림의 차속에 대한 기관의 회전속도가 달라지고 같은 차속에 대하여 그때의 기어비 배만큼 기관의 회전속도가 변화한다. 곡선 *S*는 감속한 경우의 구동마력곡선이고 전달효율이 동일할 경우를 생각하면 마력은 같아지고 곡선이 그림의 좌측으로 압축되는 듯한 모양으로 이동한다. 그렇게 하여 3속으로부터 1속까지의 감속기어를 사용하였을 때의 구동마력곡선이 그림의 좌측으로 압축된 모양으로 그려진다.

이 주행저항마력곡선과 구동마력곡선으로부터 차의 동력성능을 검토하면 다음과 같다. 그림에서 *R*을 평지에서의 일정의 속도로 주행할 때의 저항곡선이라 하고 A 점의 차속으로 생각하면 다음과 같이 된다.

AB＝走行抵抗馬力

AC＝WOT 時의 驅動馬力

BC＝餘裕驅動馬力 (＝AC－AB)

지금 차가 A 점의 차속으로 주행하고 있을 때 차를 주행시키는데 필요한 마력은 AB 이므로 AB를 그때의 구동마력이라고 하며 주행저항마력과 같은 값이 된다. 餘裕驅動馬力 BC는 가속, 등판 등에 쓰여진다. 그림 가운데의 斜線部는 4속기어에 있어서의 여유구동마력이고 이것이 클수록 차로서 여러가지의 주행조건에 출력적으로 적응이 가능하다. 즉 차로서 瞬發力(가속페달을 밟음과 동시에 큰 출력이 얻어져서 가속성능이 우수하다)이 크다는 것이 된다. 이때 동일의 차속의 상태에서 변속기로 감속시킨다고 하면 AD가 WOT시의 구동마력으로 되고 BD가 그때의 여유구동마력으로 된다. 이와 같이 변속기를 사용하여 감속하면 가속, 登坂 등에 쓰여지는 여유구동마력이 커지게 된다.

그림 II-10의 종축의 마력을 힘〔kgf〕으로 바꾸어 놓으면 주행저항력과 구동력과의 관계로서 그림 II-11과 같이 나타낼 수 있다. 이 그림에서 주행저항 *R*과 같은 주행방법을 하고 있을 때 A점의 차속을 생각하면 그림 II-10과 같이 AB는 주행저항력, AC는 WOT시의 구동력, BC는 여유구동력으로 되고 변속기에 의한 감속시에는 여부구동력은 BD로 증가한다. 사선부는 4속기어인 때의 여유구동력을 나타낸다.

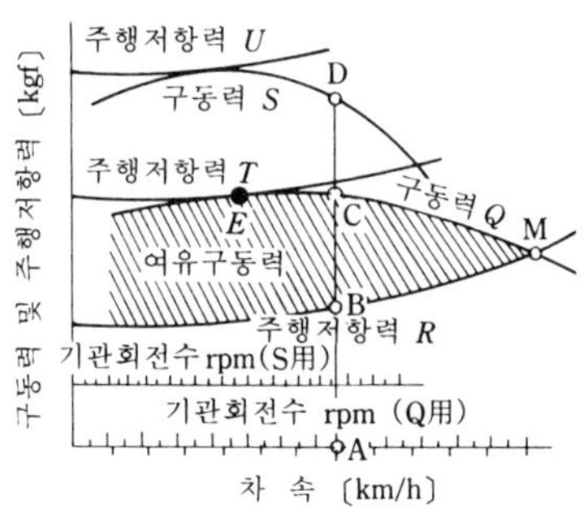

그림 II-11 구동력, 여유구동력과 저항력

(6) 最高速度

그림 II-10에서 驅動馬力曲線 *Q*와 走行抵抗馬力曲線 *R*의 교점 M에 상당하는 속도가 최고속도로 된다. 惡路에 의한 구름抵抗의 증가나 또는 등판로에 의한 구배저항의 증가가 있으면 全走行抵抗이 커지게 되므로 그림

속의 곡선 R은 보다 구배가 가파르게 되고 교점 M은 점차 좌측으로 이동되며 최고속도는 떨어진다.

(7) 登坂性能

그림 II-10과 그림 II-11은 같은 것을 나타내고 있으므로 여기서는 설명을 이해하기 쉽도록 하기 위하여 그림 II-11를 사용한다.

그림 II-11의 곡선 R을 평지의 走行抵抗이라 한다. 도로에서 고갯길을 만나게 되면 고갯길의 구배에 상응하여 抵抗曲線 R은 점차 윗쪽으로 평행이동한다. 고갯길이 급하게 되면 저항곡선 R은 점차 윗쪽으로 이동하여 驅動力曲線 Q와 접한다(이 때의 주행저항곡선을 T라고 한다). 이 보다 더 급한 고갯길은 이제는 그 기어로는 오르지 못하게 되며, 접점 E는 그때의 차의 주행속도를 나타내고 주행될 수 있는 것은 이 특정의 속도뿐으로서 이 이상이나 그 이하에서도 주행될 수 없음을 의미한다. E점 이하의 속도에서는 차의 속도는 힘이 없고 점차로 낮아져버리는 것이 된다. 변속기를 사용하여 감속하면 구동력이 다시 증가되어 곡선 S로 옮겨지므로 보다 구배의 큰 고개를 오를 수 있게 된다. 곡선 S를 1속에 있어서의 구동력으로 하여 이 곡선에 접하는 登坂走行抵抗曲線을 U라고 하면 이 고갯길이 오를 수 있는 최대의 것이 되므로 이것을 등판능력이라 하고 sin θ 또는 구배(% 혹은 도 등)로 표시한다.

이상의 설명으로부터 알 수 있는 것과 같이 예를 들어서 등판 때 그림 II-11에서 走行抵抗力 T에 가까운 고갯길에서는 기어를 1단 내리면 힘이 남고 기관의 회전속도가 지나치게 높아지고 또 기어를 원래의 위치로 되돌리면 힘이 부족하게 되기 때문에 기어의 변속을 빈번하게 자조하지 않으면 안 된다.

(8) 走行性能線圖

지금까지 설명한 바 있는 방법에 따라 차의 성능을 그림으로 설명할 수 있다.

1) M/T형 변속기 장착의 차

그림 II-12는 M/T형 변속기(Manual Transmission : M/T)를 장착한 차량의 주행성능곡선을 나타낸 것으로서 여기서 구배는 〔%〕로 표시되어 있다. 차속과 변속기의 기어를 나타내는 선과의 교점을 우축의 눈금으로 읽으면 기관의 회전속도를 알 수 있다.

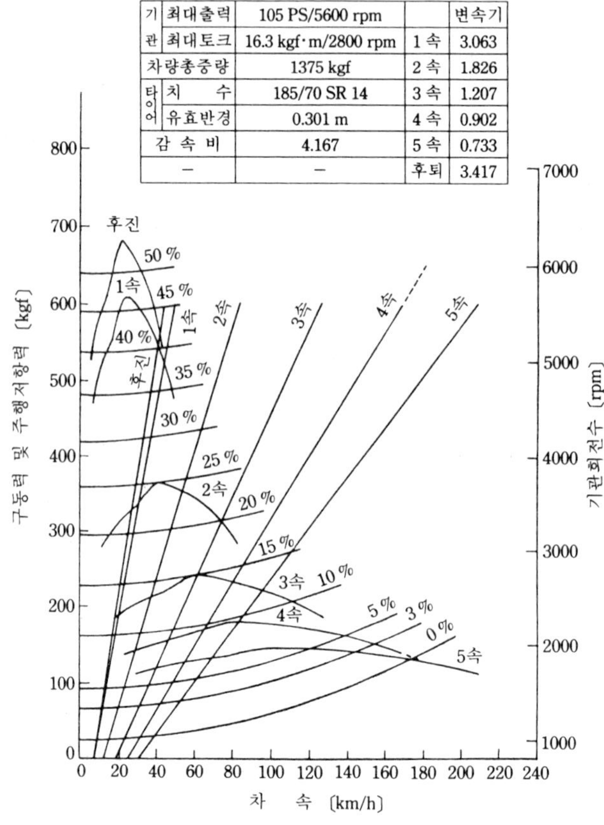

				변속기
기관	최대출력	105 PS/5600 rpm		
기관	최대토크	16.3 kgf·m/2800 rpm	1속	3.063
차량총중량		1375 kgf	2속	1.826
타이어	치 수	185/70 SR 14	3속	1.207
타이어	유효반경	0.301 m	4속	0.902
감 속 비		4.167	5속	0.733
–		–	후퇴	3.417

그림 II-12 주행성능선도 (M/T)

2) A/T 변속기 장착 차

그림 II-13은 A/T 변속기(Automatic Transmission : A/T)를 장착한 차량의

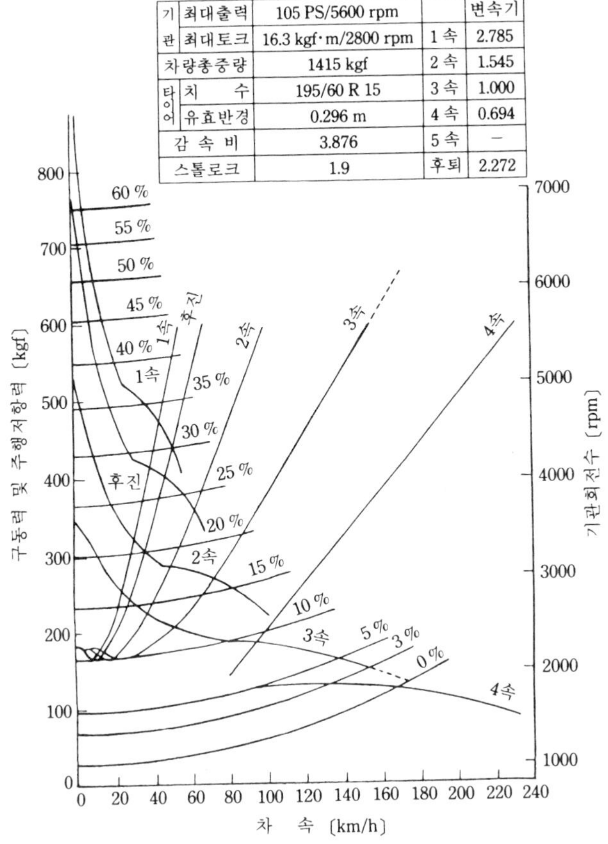

기관	최대출력	105 PS/5600 rpm		변속기
	최대토크	16.3 kgf·m/2800 rpm	1속	2.785
차량총중량		1415 kgf	2속	1.545
타이어	치 수	195/60 R 15	3속	1.000
	유효반경	0.296 m	4속	0.694
감 속 비		3.876	5속	–
스톨토크		1.9	후퇴	2.272

그림 II-13 주행성능선도 (A/T)

주행성능선도를 나타낸 것이다. A/T 변속기에는 토크컨버터(torque converter)가 조합되어 있으므로 M/T 변속기 장착 차량에 비하여 저속에서 기관 회전속도가 높고 구동력이 대단히 커짐을 알 수 있다.

3) 무단변속기 장착 차

그림 II-14는 최근 차에 탑지하게 된 무단변속기(Continuous Variable Transmission : CVT) 장착차량의 주행성능선도이다. 이 변속기에는 전자클러치를 사용하고 있어서 저속역의 구동력은 A/T 변속기만큼 크지는 않다.

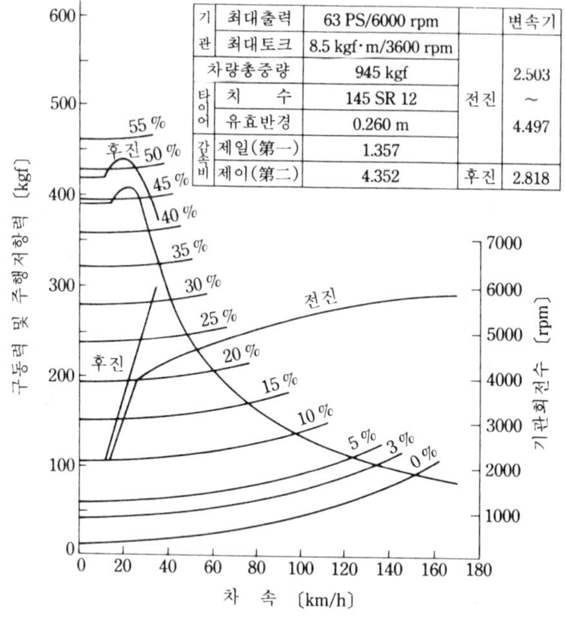

				변속기
기관	최대출력	63 PS/6000 rpm		
기관	최대토크	8.5 kgf·m/3600 rpm	전진	2.503 ~ 4.497
차량총중량		945 kgf		
타이어	치 수	145 SR 12		
타이어	유효반경	0.260 m		
감속비	제일(第一)	1.357		
감속비	제이(第二)	4.352	후진	2.818

그림 II-14 주행성능선도 (CVT)

(9) 動力性能의 向上

동력성능을 개선하는 데는 구동력을 크게 하거나 주행저항을 작게 할 것이 필요하다. 큰 구동력은 기관성능의 향상과 기어비를 크게 취함으로써, 또 작은 주행저항은 구름저항, 구배저항을 감소시키고 차량중량을 경량화 시킴으로써 가능하게 된다.

(10) 기어比의 選定

최종감속장치의 기어비와 변속기의 기어비는 動力性能에 미치는 영향이 크며 기어비의 선정에 있어서는 다음과 같이 생각하는 것이 일반적이다.

첫째 톱기어(4속 또는 5속)에 있어서의 최고속도와 전감속비와의 관계는 그림 II-15에 나타내는 것과 같이 최고속이 가장 높아지게 되는 전감속비가 존재하며 이로부터 최종감속장치의 기어비가 결정된다. 다음에는 登坂이 가능한 최대구배를 想定하면 1속의 기어비가 결정되며 그 뒤는 1속과 톱

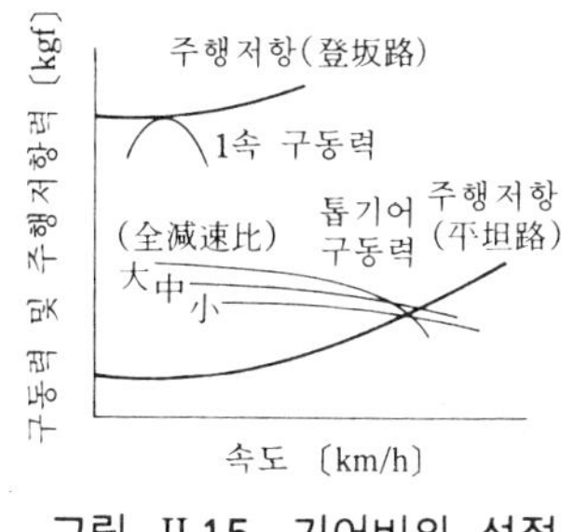

그림 II-15 기어비의 선정

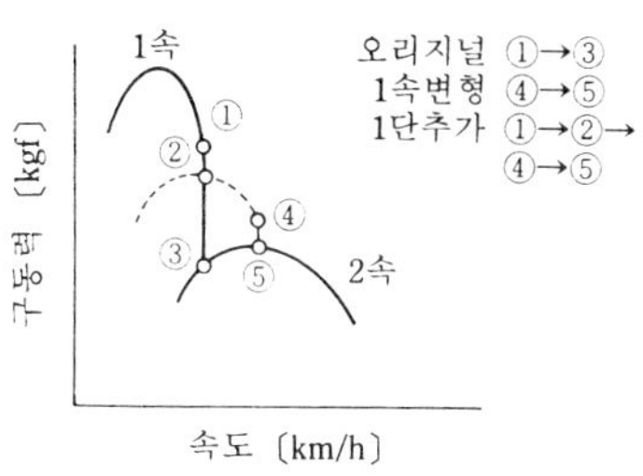

그림 II-16 기어비의 배분

기어와의 사이를 몇단계로 나누어서 변속시 구동력이 원활하게 변화될 수 있도록 배려하여 기어비를 결정하여야 한다. 예를 들면 그림 II-16 의 실선의 경우는 1 속과 2 속의 구동력의 차가 지나치게 커지는 것과 2 속의 구동력의 피크(peak)보다도 저속측에서 연계되어서 운전이 원활하지 못하고 가속성능도 나쁘다. 이와 같은 경우를 1 속이 신장되지 않는다고 한다. 이와 같은 때 1 속과 2 속과의 사이에 破線으로 나타내는 기어단을 추가하면 기관의 힘은 허실없이 살아나게 되어 동력성능의 양호한 차가 된다.

(11) 動力全性能曲線

자동차의 여러가지 주행상황에 있어서의 성능을 한 장의 선도로 나타낸 것이 그림 II-17 이다. 이 動力全性能圖를 사용하게 되면 차량의 넓은 범위에 걸친 주행상태에 대한 동력성능의 해석이나 차의 設計仕樣의 선정에 대한 검토가 될 수 있다.

주행하고 있는 도로, 차속, 변속기의 변속위치가 정하여지면 그림을 사용하여 그때의 기관의 回轉速度는 물론 走行抵抗馬力, 餘裕驅動馬力, WOT 때의 출력이나 연료소비율 등을 구할 수 있다. 도로의 상태는 해당하는 μ_r 을 선정하면 되고 등판인 때에는 平地~定速走行抵抗에 그 구배의 구배저항을 가하면 된다. 그림의 주행저항은 정원승차의 값이고 필요에 따라 승차원이 달라졌을 때의 저항을 기입할 수도 있다. 감속비를 나타내는 그림에서는 변속기를 변속하였을 때의 성능을 검토할 수 있으나 최종감속비를 바꾸었을 때의 성능이나 타이어의 크기 또는 압력을 변화시켰을 때의 성능을 비교 검토할 때에는 각각의 값을 이 그림에 기입하면 된다.

(I)

등판～안정주행저항의 구법
(1) 평지～정속주행저항 馬力 OE를 구한다. (2) 상당하는 구배각(예로서 1°)의 눈금과 원점을 맺어 차속과의 교점으로부터 등판저항마력을 구한다. (3) 평지주행저항에 등판저항 마력을 가하여 구하는 저항마력 OF를 얻는다.

(II)

	그림의 사용 방법			
조건			예 1	예 2
	도로		평지(일정속)	1°반등(일정속)
			μ_r=0.015	μ_r=0.015
	차속		60 km/h	60 km/h
	기어		5속	5속
	기관회전수		1647 rpm	1647 rpm
	주행저항		7.5 PS	13.5 PS
	기관소유출력 N_e		8.0 PS	14.4 PS
	기관 여유 마력		20.7 PS	14.7 PS
	여유 구동 마력		20.7 PS	14.7 PS
	연료소비율	b_e	315 g/PSh	230 g/PSh
		FC	17.9 km/l	13.6 km/l

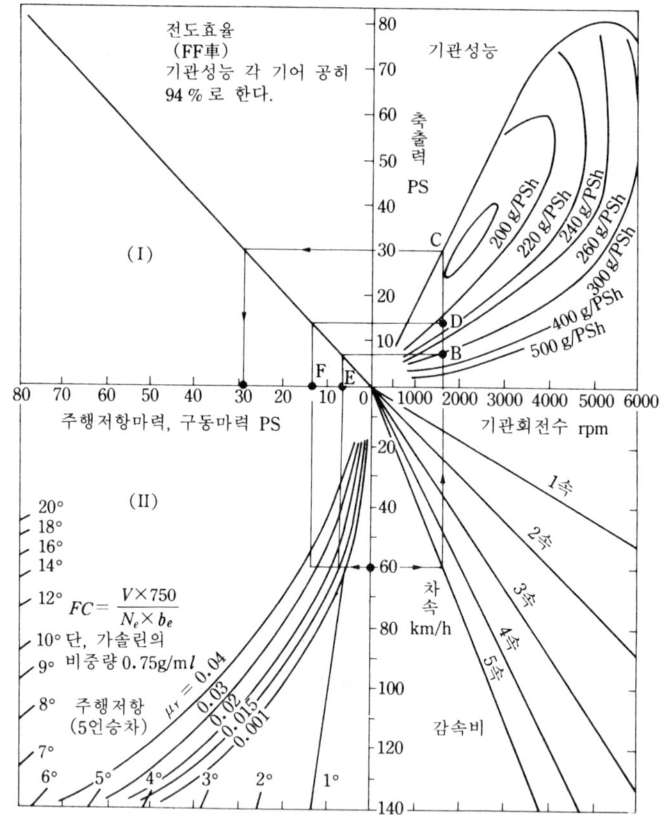

그림 II-17 동력전성능선도

II-4 機關의 性能特性

(1) 機關의 性格

사람이 각각 특징있는 성격을 가지고 있는 것과 같이 기관에는 그 기관 특유의 성격이 있다. 기관의 성격은 차와 조화를 이루면서 기관의 특징있는 성격이 바로 그 차의 나름대로의 우수한 특징과 매칭될 것이 필요하다.

새롭게 설계된 車의 車種, 用途, 重量 등이 결정되면 그것에 대하여 필요한 기관의 크기(총행정체적)나 過給의 유무가 결정되고, 또 그 차의 사용방법은 어떠하며 기관에 요구하는 성능은 무엇인가에 대하여는 앞에서 설명한 바 있다. 새로운 기관의 성격은 위에서 기술한 여러가지 점을 고려한 위에서 차의 성격, 차종, 용도, 사용되는 국가나 지역, 환경(연료, 경제, 도로, 교통사정, 법규제) 그 밖에 여러가지의 점이 참작되어서 결정된다.

구체적으로는 (2)에서 설명하는 全性能線圖를 염두에 두고 검토하여야 하며, 우선 스로틀 전개시의 성능곡선을 기입한다. 이에 대하여 차의 여러가지 사용조건(승차인원, 도로상황 등)에 따른 走行抵抗曲線을 계산하고 이를 기입한다.

이것으로부터 기관의 使用範圍, 常用範圍 등 기관의 사용방법이 명확하여지며 이 그림으로부터 신치(기관)에 부처질 성격이 결정될 수 있다. 기계효율, 열효율이 가장 좋은 곳을 전성능의 어느 부분에 위치하도록 하는가에 따라 트럭 등에 사용하는 저속토크 중시형의 기관이 되거나 또는 스포츠카 등에 쓰이는 초고속기관의 성격으로 되는가가 결정되어진다. 기관의 배기량이나 주요제원이 결정되어져 있을 때 高回轉域의 출력을 중시한 기관설정을 하게 되면 가변기구 등을 사용하지 않는 한 저회전역의 토크가 작아지는 경향이 있다. 기관의 실린더 내경, 행정이 결정되어 있을 때 토크특성을 변화시키는 요소로서는 압축비, 흡·배기밸브의 徑이나 數, 밸브타이밍, 흡·배기매니폴드의 형상이나 치수, 연료공급시스템, 과급기의 장착 등이고 사용목적에 따라 선정된다.

(2) 機關 全性能線圖

全性能線圖에는 定常狀態로 운전하고 있을 때의 성능 대부분이 기입되어 있으므로 기관성능 전체를 알려면 이것을 사용하면 된다.

그림 II-18은 축토크로 나타내는 전성능선도의 한 보기이다. 그림에는 여러가지의 성능곡선(또는 눈금)이 기입되어 있어서 차로서의 사용방법이 결정되면 예를 들어서 도로, 승차인원, 차속, 타이어를 알면 그때의 마력, 토크, 흡기부압, 스로틀밸브 개도, 연료소비율 등을 알 수 있다. 그리고 역으로 吸氣負壓과 차속을 알면 이 값들을 구할 수 있다. 이와같이 전성능곡선도를 사용하면 어떤 운전조건의 성능이 어떻게 되어 있는지 또 개선하기 위하여는 어느 곳을 어떻게 하면 좋을 지를 알 수 있다.

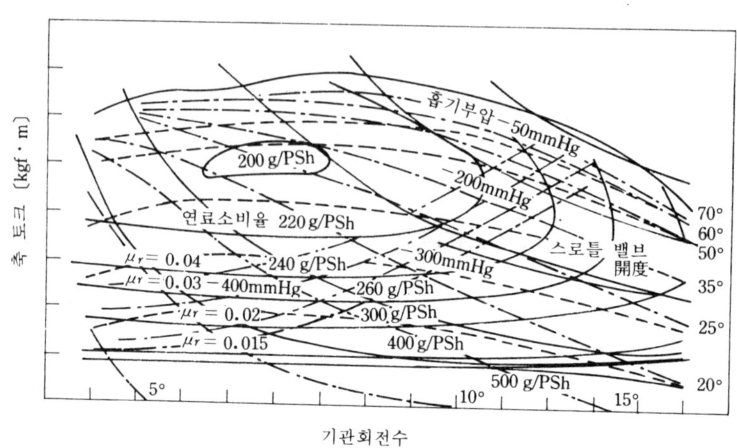

그림 II-18 기관 전성능곡선 선도

(3) 機關의 出力特性과 動力性能

최근 기관의 출력성능의 향상은 현저하다. 그들 고성능기관의 전개출력 특성과 차의 동력성능에 대하여 기술하면 다음과 같다.

1) 4 밸브기관

그림 II-19는 같은 실린더 內徑과 行程을 가진 기관인 경우 실린더 당의 밸브수를 2개로부터 4개로 하는 경우의 WOT시의 出力特性이다. 저속회전역에 있어서의 토크는 2밸브기관과 비교하여도 그다지 증가되지 않으나 중~고회전역에서는 회전속도가 높아짐에 따라 토크의 증가도 커지게 되고 고회전까지 원활하게 회전하며 시원스럽게 달릴 수 있는 차에 적합하다.

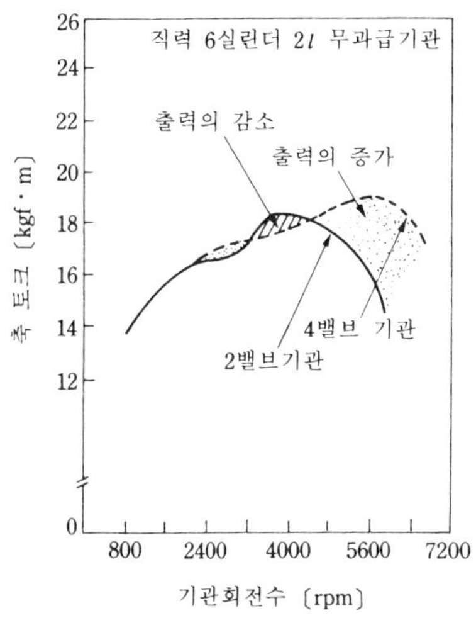

그림 II-19 2밸브기관과 4밸브기관의 출력특성

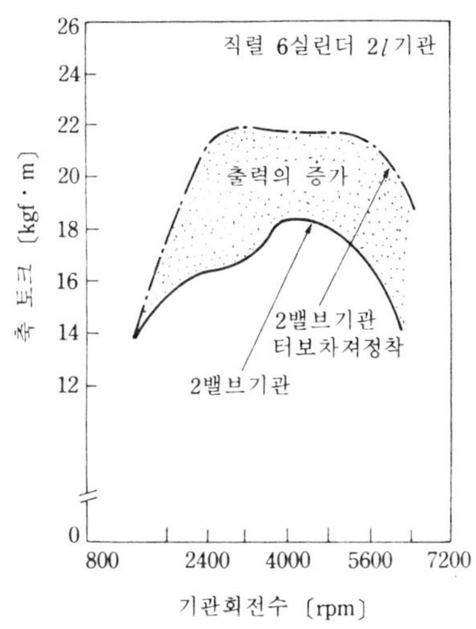

그림 II-20 터보차저 장착기관의 출력특성

2) 터보차저 장착기관

그림 II-20은 직렬 6실린더기관으로서 실린더 당의 흡배기밸브수가 각각 1개인 기관으로 터보차저(turbo charger)장착의 유무를 비교한 결과이다. 터보차저를 사용하면 저회전역에서 고회전역까지의 전역에서 토크가 증대되고(토크가 굵어진다고도 한다) 특히 중~고속역에서는 터보차저가 없는 경우에 비하여 압도적인 加速感이 얻어져서 파워감넘치는 차가 된다. 본질적으로 低速域으로부터 가속을 하게 되면 터보래그(turbo-lag)라고 하는 가속페달을 밟았을 때 터보차저의 회전이 고속으로 될 때까지에는 어느 순간의 지연이 존재하나 최근에는 여러가지의 개량으로 거의 느끼지 못하도록 되어 있다.

3) 수퍼차저 장착기관

그림 II-21은 수퍼차저 장착기관(super charger engine)의 전개출력 특성을 나타낸 것이다. 수퍼차저 장착은 터보차저 장착의 기관에 비하여 저회전역에 있어서의 토크 증가분이 큰 경향이 있다. 그리고 수퍼차저는 기계적으로 기관의 출력으로 압축기를 회전시키므로 터보차저에서 볼 수 있는 응답성의 한 순간 늦어지는 遲延現象이 없고 응답성의 좋은 저~중속의 토크가 커서 실용적으로 사용하기 좋은 차가 된다.

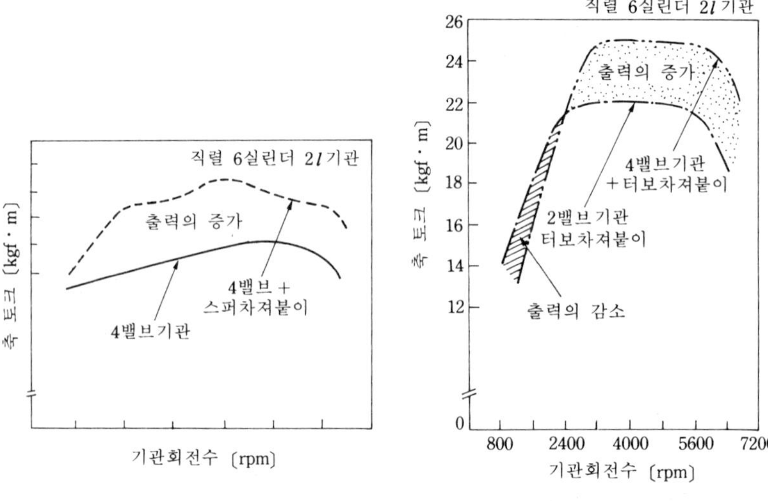

그림 II-21 수퍼차저 장착기관의 출력특성

그림 II-22 4밸브+터보차저 붙이 기관의 출력특성

4) 터보차저 장착 4밸브기관

排氣量이 동일한 경우 현재로서는 가장 高出力인 기관은 터보차저 장착의 4밸브기관에 의하여 실현되고 있다. 그림 II-22는 로터에 세라믹(ceramics)을 사용한 터보차저(터보차저의 I_P를 감소시키고 터보래그를 대폭적으로 감소시킨다) 장착의 4밸브기관과 터보차저가 장착되어 있으면서도 2밸브인 기관의 출력특성을 비교한 것이다. 터보차저 장착 4밸브의 기관은 스포츠형인 차에 탑재되어 있어서 저속에서의 토크보다는 중~고속의 큰 토크가 되어 있고 따라서 시가지에서의 주행에서는 약간 맞지 않는 점도 있다. 그러나 중~고속역에서는 다른 차에 비하여 압도적인 가속성능이 있어서 파워풀한 주행을 가능하도록 하는 차가 된다.

5) 가변 흡기기구장착기관

흡기매니폴드의 길이나 굵기에 따라 기관의 全開出力特性에서 토크가 최대로 되는 회전속도가 결정된다. 차의 성격장 고회전역과 저회전역의 어느 회전역에서 토크를 크게 하느냐 하는 것은 흡기매니폴드의 사양을 선정함으로써 결정될 수 있고 최근에는 흡기계에 가변기구를 채용하는데 따라 저속으로부터 고속에까지 비교적 평탄한 토크특성이 얻어지는 기관으로도 할 수 있다. 그림 II-23은 그 한 예로써 저회전역에서 고회전역까지 토크가 평탄한 특성의 기관으로 되며 가속시에도 대단히 원활한 가속감을 느낄 수 있어서 터보차저나 수퍼차저의 장착인 경우와는 또다른 면이 있는 無過給機關 특유의 원활함이 얻어진다.

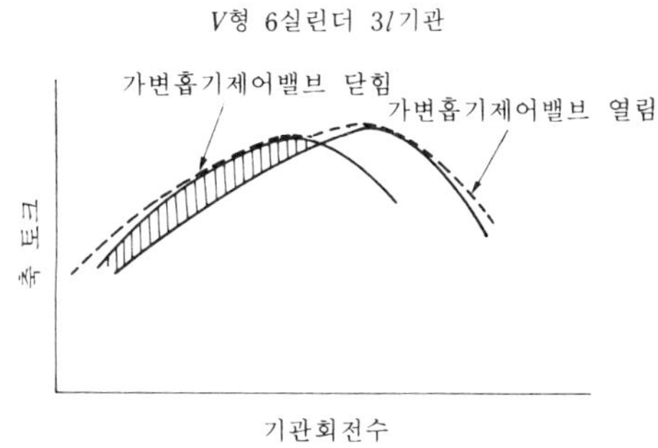

그림 II-23 가변흡기기구붙이 기관의 출력성능

(4) 機關의 熱效率과 燃費性能

가솔린기관이 가솔린의 가진 에너지 가운데 얼마만큼 軸出力으로써 이용할 수 있는가를 생각한다.

보통 기관의 열효율은 1gr의 연료로 얼마나 큰 일을 하였는가를 나타내는

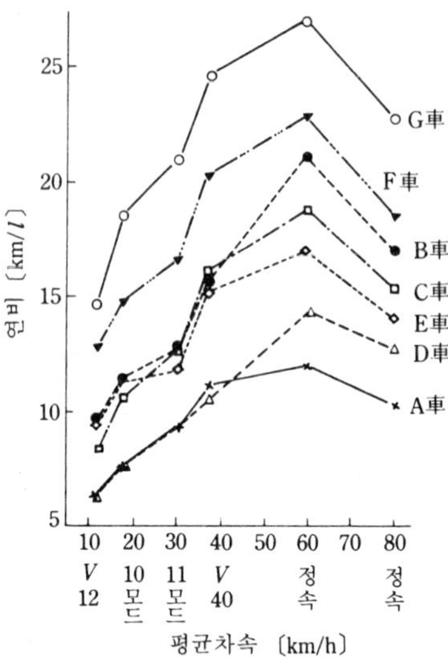

그림 II-24 평균차속의 주행연비

軸燃料消費率(brake specific fuel consumption) b_e로 나타낸다.

즉

$$b_e = \frac{1\text{시간당 연료소비량〔gr/h〕}}{\text{발생축마력〔PS〕}} \quad \cdots\cdots (\text{II-17})$$

여기서 연료의 低發熱量을 H_l 〔Kcal/kgf〕라고 하면 1〔PSh〕의 일은 632〔Kcal〕에 상당하므로 열효율 η_e는

$$\eta_e = \frac{632 \times 10^3}{H_l \cdot b_e} \quad \cdots\cdots (\text{II-18})$$

가솔린의 저발열량은 약 10000〔Kcal/kgf〕이므로 軸燃料消費率 $b_e = 200$〔gr/PSh〕인 때의 열효율은 식(II-18)에 이것을 대입하면 0.304, 즉 약 30〔%〕가 됨을 알 수 있다. 자동차의 주행연비의 표시방법으로서는 결정되어 있는 시험모드(주행패턴)를 주행하였을 때의 모드 연비와 평탄로를 일정속도로 주행하는 경우의 정지연비가 있고 앞의 것의 대표적인 것으로는 일본의 10모드, 11모드(단위는 〔km/ℓ〕), 우리나라나 미국의 시티모드, 하이웨이 모드(단위는

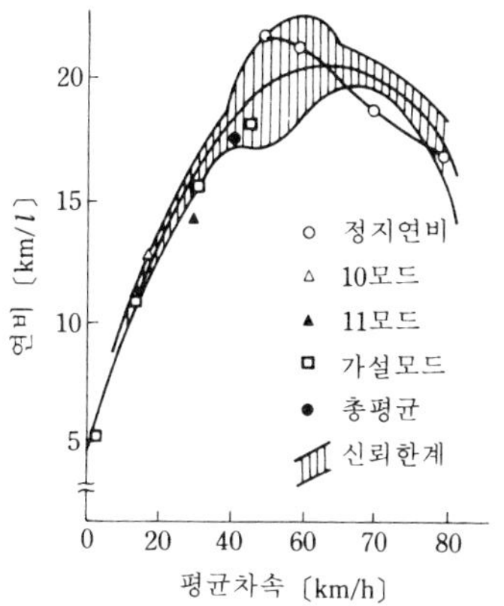

그림 II-25 평균차속과 연비

〔mpg〕: 1갈론 당의 주행 마일 수), 유럽에 있어서 ECE 모드 등이 있다. 그리고 이들 연비와 실용연비의 관계에 대하여 설명하면 다음과 같다. 그림 II-24는 평균차속과 주행연비의 관계를 나타낸 것으로 여기에서 V 12, V 40은 시가지 주행패턴에서 독자적으로 정한 모드이다. 이에 따르면 연비는 어느 평균차속까지는 그 차속이 높아질수록 좋아지고 다시 차속이 커지게 되면 나빠짐을 알 수 있다. 그리고 60〔km/h〕일정속, 80〔km/h〕一定速은 定地燃費이다. 또 그림 II-25는 각종의 燃費試驗法으로 平均車速에 대하여 연비를 나타낸 것으로 이들 결과에 따르면 연비는 평균차속에 의하여 거의 결정되어지는 것으로 생각된다. 즉 시가지에서의 평균차속이 10모드(평균속도 17.7〔km〕) 보다도 빠른 주행을 하게 되면 연비는 10모드 연비 보다도 향상되고 역으로 평균차속이 떨어지게 되면 연비도 낮아지는 것이 된다. 다만, 이것들은 모두 난기 종료 후일 때의 주행이고 난기가 아직 종료되지 않은 상태에서는 일반적으로 연비는 악화하는 경향이 있다.

찾아보기

(ㄱ)

(ㄴ)

(ㄷ)

(ㄹ)

(ㅁ)

(ㅂ)

(ㅅ)

(ㅈ)

(ㅊ)

(ㅋ)

(ㅌ)

(ㅍ)

(ㅎ)

內燃機關工學-高性能機關을 中心으로-

2009년 2월 10일 印 刷
2009년 2월 20일 發 行

著 者 趙 珍 鎬
發行人 韓 点 德
發行處 **학 연 사**

서울시 영등포구 문래1가 39번지
센터플러스 814호
TEL. (代)2164-3311
FAX. 2164-3314

<登錄: 1976年 12月 23日 第12-6號> **값 28,000 원**

ISBN 978-89-8060-400-9 93550